The Arabic Version of Aristotle's *Historia Animalium*

Aristoteles Semitico-Latinus

founded by H.J. Drossaart Lulofs

is prepared under the supervision of the Royal Netherlands
Academy of Arts and Sciences as part of the Corpus Philosophorum
Medii Aevi project of the Union Académique Internationale.

The Aristoteles Semitico-Latinus project envisages the publication of the
Syriac, Arabic and Hebrew translations of Aristotle's works, of the
Latin translations of these translations and the medieval paraphrases
and commentaries made in the context of this translation tradition.

Volumes 1–4 have been published by the Royal Netherlands Academy
of Arts and Sciences.

General Editors

H. Daiber (Frankfurt)
R. Kruk (Leiden)

Editorial Board

T.A.M. FONTAINE – J. MANSFELD – J.M. VAN OPHUIJSEN
H.G.B. TEULE – TH.H.M. VERBEEK

VOLUME 23

The titles published in this series are listed at *brill.com/asl*

The Arabic Version of Aristotle's *Historia Animalium*

Book I–X of the Kitāb Al-Hayawān

*A Critical Edition with
Introduction and Selected Glossary by*

Lourus S. Filius

In Collaboration with

Johannes den Heijer
John N. Mattock†

BRILL

LEIDEN | BOSTON

The Library of Congress Cataloging-in-Publication Data is available online at http://catalog.loc.gov

Typeface for the Latin, Greek, and Cyrillic scripts: "Brill". See and download: brill.com/brill-typeface.

ISSN 0927-4103
ISBN 978-90-04-31595-2 (hardback)
ISBN 978-90-04-31596-9 (e-book)

Copyright 2019 by Koninklijke Brill NV, Leiden, The Netherlands.
Koninklijke Brill NV incorporates the imprints Brill, Brill Hes & De Graaf, Brill Nijhoff, Brill Rodopi, Brill Sense and Hotei Publishing.
All rights reserved. No part of this publication may be reproduced, translated, stored in a retrieval system, or transmitted in any form or by any means, electronic, mechanical, photocopying, recording or otherwise, without prior written permission from the publisher.
Authorization to photocopy items for internal or personal use is granted by Koninklijke Brill NV provided that the appropriate fees are paid directly to The Copyright Clearance Center, 222 Rosewood Drive, Suite 910, Danvers, MA 01923, USA. Fees are subject to change.

This book is printed on acid-free paper and produced in a sustainable manner.

Contents

Preface VII
Abbreviations IX

Introduction: Aristotle's Historia Animalium

1 Introduction to the *Kitāb al-Ḥayawān* 3

2 The Translator of the *Kitāb al-Ḥayawān* 8

3 Reception of *De Animalibus* in the Arabic Tradition 15
   Remke Kruk

4 *De Animalibus* in the Wider Literary and Scientific Tradition. Ǧāḥiẓ 23
   Remke Kruk

5 The Manuscripts 26

6 Concordance of Arabic Book Numbers and Bekker Numbers 28

Notes to the Arabic Text 29
Index to the Notes 66
Differences between the Greek and the Arabic Texts 74
Bibliography 102

Arabic Text: Aristotle's Historia Animalium

Sigla ٤
Arabic text ٥
Concise Glossary to the Arabic-Greek Text ٢٨٠

Preface

The edition presented here is the result of many years of work. It started in 1990 as part of a project funded by NWO to produce critical editions of the Arabic translation of Aristotle's zoological works as well as of Michael Scot's Latin translation based on the Arabic. In the Arabic, and also in the Latin tradition, Aristotle's three zoological works, the *Historia Animalium, De Partibus Animalium*, and *De Generatione Animalium*, were combined into one work, known as the *Book on Animals*.

The Arabic part of the project, undertaken by myself and Han den Heijer, consisted only of the edition of the *Historia Animalium*, since critical editions of the other two works had already appeared: the Arabic version of *De Generatione Animalium* was edited by J.H. Drossaart Lulofs and J. Brugman (1971), and that of *De Partibus Animalium* by Remke Kruk (1979).

In the early 1960s the late John Mattock had already produced a preliminary edition of the parts of the Arabic *Historia Animalium* extant in the only MS of the text known at the time, BM Add. 7511, but the work remained unpublished. Mattock very kindly made his material available to the editors of the present edition, who gratefully made use of it.

Han den Heijer had to abandon work on the *Historia* at an early stage because he was appointed as director of the Dutch-Flemish Institute in Cairo, and after the NWO funding period ran out in 1994, I had to go back to fulltime teaching Greek and Latin in a secondary school, continuing my work on the edition in my spare time.

As a result, the completion of the work took a long time, and it is not only due to my continuous effort but also to the support and patience of a number of people, first of all my wife Annelies.

Aafke van Oppenraaij, who is responsible for the Latin part of the edition project and who after publishing editions of Scot's *De Generatione* and *De Partibus Animalium* is currently preparing the edition of the *Historia Animalium*, contributed many useful suggestions on the basis of her knowledge of the Latin text. Hans Daiber was an invaluable support, available at any time to let me benefit from his vast knowledge. He also read the complete Arabic text of the edition with meticulous scrutiny, and his critical remarks and questions led to substantial improvements. Remke Kruk continued to support me over the years with encouragement and useful suggestions. Hans Peterse earned my gratitude by carefully reading and correcting my English texts. Any mistakes or slip-ups that may still be found in the edition in spite of all these combined efforts are of course completely my own responsibility.

Finally, I want to thank the Commission of the Aristoteles Semitico-Latinus project for their willingness to include the edition in its series.

Lou Filius
Culemborg, 12-10-2017

Preface

The edition presented here is the result of many years of work. It started in 1990 as part of a project funded by NWO to produce critical editions of the Arabic translation of Aristotle's zoological works as well as of Michael Scot's Latin translation based on the Arabic. In the Arabic, and also in the Latin tradition, Aristotle's three zoological works, the *Historia Animalium, De Partibus Animalium*, and *De Generatione Animalium*, were combined into one work, known as the *Book on Animals*.

The Arabic part of the project, undertaken by myself and Han den Heijer, consisted only of the edition of the *Historia Animalium*, since critical editions of the other two works had already appeared: the Arabic version of *De Generatione Animalium* was edited by J.H. Drossaart Lulofs and J. Brugman (1971), and that of *De Partibus Animalium* by Remke Kruk (1979).

In the early 1960s the late John Mattock had already produced a preliminary edition of the parts of the Arabic *Historia Animalium* extant in the only MS of the text known at the time, BM Add. 7511, but the work remained unpublished. Mattock very kindly made his material available to the editors of the present edition, who gratefully made use of it.

Han den Heijer had to abandon work on the *Historia* at an early stage because he was appointed as director of the Dutch-Flemish Institute in Cairo, and after the NWO funding period ran out in 1994, I had to go back to fulltime teaching Greek and Latin in a secondary school, continuing my work on the edition in my spare time.

As a result, the completion of the work took a long time, and it is not only due to my continuous effort but also to the support and patience of a number of people, first of all my wife Annelies.

Aafke van Oppenraaij, who is responsible for the Latin part of the edition project and who after publishing editions of Scot's *De Generatione* and *De Partibus Animalium* is currently preparing the edition of the *Historia Animalium*, contributed many useful suggestions on the basis of her knowledge of the Latin text. Hans Daiber was an invaluable support, available at any time to let me benefit from his vast knowledge. He also read the complete Arabic text of the edition with meticulous scrutiny, and his critical remarks and questions led to substantial improvements. Remke Kruk continued to support me over the years with encouragement and useful suggestions. Hans Peterse earned my gratitude by carefully reading and correcting my English texts. Any mistakes or slip-ups that may still be found in the edition in spite of all these combined efforts are of course completely my own responsibility.

Finally, I want to thank the Commission of the Aristoteles Semitico-Latinus project for their willingness to include the edition in its series.

Lou Filius
Culemborg, 12-10-2017

Abbreviations

L	London-MS British library, see Manuscripts
T	Tehran MS Mağlis Library, see Manuscripts
B	Badawi, his edition
M	Mattock, J.N.
D	Daiber, H.
O	Oppenraaij Aafke M.I. van
B-K	Biberstein-Kazimirsky
GA	*De Generatione Animalium*
PA	*De Partibus Animalium*
HA	*Historia Animalium*
LS	Liddell and Scott
LCL	Loeb Classical Library
Ullmann, Manfred, WgaÜ	*Wörterbuch zu den griechisch-arabischen Übersetzungen des 9. Jahrhunderts*
Idem, WgaÜ S1 and S2	*Supplement 1* und *2*
Ullmann, NE	*Die Nicomachische Ethik*, in two parts
WKAS	*Wörterbuch zu den klassisch-arabischen Sprache*
Scotus	HA: An edition is currently prepared by A.M.I. van Oppenraaij
Mattock	his unfinished commentary on the HA
B-G	Text HA by D.M. Balme and Allan Gotthelf
TF	*A Glossary of Fishes*, edited by D'Arcy Wentworth Thompson
TB	*A Glossary of Greek Birds*, edited by D'Arcy Wentworth Thompson
DI	Davies M. and Kathirithamby: *Greek Insects*
MS	manuscript
MSS	manuscripts
expl.	explicit or explicitus est: the end of the chapter or book

Introduction: **Aristotle's Historia Animalium**

∴

CHAPTER 1

Introduction to the *Kitāb al-Ḥayawān*

1 The *Historia Animalium* in Greek

The Greek version of Aristotle's work known to us as the *Historia Animalium* consists of ten books. Since antiquity there has never been any doubt that the first six books actually belonged to the *HA*.[1] Books VII–IX are generally considered as belonging to the *HA* on the basis of Diogenes Laertius' catalogue[2] and the *Appendix of Anonymus Menagii*.[3] In the list of the *Appendix of Hesychius* and the catalogue of Ptolemaeus Chennus[4] the *Historia Animalium* consists of ten books. This tenth book was probably part of another book, perhaps named Ὑπὲρ τοῦ μὴ γεννᾶν.[5]

The oldest Greek MS, Parisinus suppl. 1156, only *HA* 567a10–569a1, dates from the 9th century, all other Greek MSS are much later from the 14th century CE. As Friederike Berger[6] has made clear, scribes made additions and corrections to the original Greek text of Aristotle from the very beginning, so by the 9th century a long period had passed in which alterations had been made to the text. This implies that the possibility to reconstitute Aristotle's original text of the *HA* on the basis of the MSS is an illusion.

A valuable aspect of the Arabic translation is that it was made on the basis of Greek MSS that are considerably older than the oldest Greek MS that is still extant today, so that it may furnish valuable material for the establishment of the original Greek text. Of course it still presents a text that dates from

1 Friederike Berger (2005), 7ff.

2 Diog. Laert. V 25, cf. P. Moraux (1951), 25, n. 102; I. Düring (1957), 47. About the catalogue of Diog. Laert., see P. Moraux (1951), 15–193.

3 P. Moraux (1951), 253, 272 and 278. About the list, see P. Moraux (1951), 249–288.

4 About Ptolemaeus Chennus, see A. Baumstark (1900; reprint 1975), 13ff., but in fact we know that he and Hesychius lived about 300 B.C., but his name is dubious. For his list, id., 65. Also P. Moraux (1951), 289–309 and Ptolemaeus' list id., 297. Hesychius' list also mentioned ten books *HA*, I. Düring (1957), p. 87, no. 155.

5 F. Berger (2005), 8, note 46; also Lesley Dean-Jones (2012), 180–1999. Cf. also G. Rudberg (1911), who made a comparison between Hippocrates and Aristoteles and spoke about a compiler. On the other hand D.M. Balme (1985) and Ph. Van der Eijk (1999) defended the authorship of Aristotle.

6 Cf. F. Berger (2005), 2.

 | DOI: 10.1163/9789004315969_001

many centuries after Aristotle. Moreover, the fact that the MSS that we do possess of the Arabic translation date from at least four centuries after the Arabic translation was made, implies that the text unavoidably bears traces of being altered by subsequent copyists—something which also applies to Michael Scotus' Latin translation of the Arabic text. Nevertheless we hope that the edition of the *HA* presented here contains a text that does not deviate too much from the translator's original text. As H.J. Drossaart Lulofs argued, the Greek text as well as the Arabic text and the Arabo-Latin translations are needed to establish the Greek text in the best possible manner, and our edition will hopefully be a contribution in that respect.[7]

2 The *Historia Animalium* in Arabic

In the Arabic tradition the كتاب الحيوان or Τῶν περὶ τὰ ζῷα ἱστοριῶν or *Historia Animalium* forms a unity with في كون الحيوان or Περὶ Ζῴων Γενέσεως or *De Generatione Animalium* (edited by H.J. Drossaart Lulofs and J. Brugman) and في اعضاء الحيوان or Περὶ Ζῴων Μορίων or *De Partibus Animalium* (edited by Remke Kruk). Together they form a work of 19 books, the كتاب الحيوان with the title *Liber de Animalibus*, or *Book of Animals*.[8]

This entire *Book of Animals* was possibly translated from Greek into Arabic around 850 CE. Later, around 1200, Michael Scotus translated the whole book from Arabic into Latin, now with the title *De Animalibus*. This was the translation used by Albertus Magnus. Shortly after this translation, around 1250, Willem van Moerbeke made a translation of Aristotle's Greek text into Latin, but this translation is of course less important for the reconstitution of the Arabic text.

Around 1500 Theodorus Gaza[9] changed the order of the books because of some supposed difficulty with the junction of Book IX with Book X. So Gaza changed the order into I–VI, VII (<VIII), VIII (<IX), IX (<VII) and X. Gaza's

7 Remke Kruk (1979), 15 and F. Berger (2005), 53, note 247.

8 The books Περὶ Ζῴων Κινήσεως *De Motu Animalium* and Περὶ Πορείας Ζῴων *De Incessu Animalium* are missing in the Arabic tradition, cf. J. Monfasani (1999), 205–247, esp. 234, n. 8 and P. Moraux (1951), 268, but there may be possibly a reference to one of these books in Ibn Bāǧǧa's commentary on *De Animalibus*. For this, see the section on Reception of this introduction, under Commentaries.

9 J. Monfasani (1999), 205–207. In this article he relates the history of the *HA* from Scotus to Gaza.

order was adopted by I. Bekker (1831) and P. Louis (1964–1969), but the original order was restored by D.M. Balme and Allan Gotthelf in their new edition of the *Historia Animalium*.[10]

The original order of the *HA* in the Arabic translation has never been disputed in the Arab world. As is the tradition in the Greek editions (including that of Balme-Gotthelf), the page and line numbers of the Bekker edition have been preserved as far as possible in the present Arabic edition in order to facilitate the comparison between the Greek and the Arabic versions.[11]

Some parts are missing in the Arabic translation. The largest of those is the second part of Book Five, from 550a8, and the last part of Book Six, from 576a3. Both parts are also missing in Michael Scotus' Latin translation.[12] Apparently those parts were never translated into Arabic. VIII 619b25–620b5 is also missing from the Arabic text as it appears in the extant MSS. Michael Scotus, however, did include this part in his Latin translation; apparently he used another MS from a different branch of the transmission than the London MS. The parts that are missing in the Arabic edition presented here are evident from Bekker's numbering in the margin of the text. Other large lost parts are specifically mentioned in the apparatus criticus and in the chapter *Differences between the Greek and the Arabic text*.

The Arabic title of the *Historia Animalium* is كتاب طباع الحيوان (*The book about the nature of the animals*). This is possibly the Arabic translation of περὶ ζῴων ποιοτήτων, found in Ptolemaeus Chennus' list.[13] In the Arabic tradition the disputed tenth book[14] was admitted as belonging to the *HA* without any discussion, as a passage from the *Fihrist* makes clear:[15]

---

10   Editio minor in the Loeb series (1991) and the Editio maior in the *Cambridge Classical Texts and Commentaries* (2002). Cf. also J. Monfasani (1999), 214–217.

11   M. Zonta supposed that there also existed a revised version by Ḥunain ibn Isḥāq, used in a *tafsīr* attributed to Ibn aṭ-Ṭayyib's, of which parts can be found in Šem Tob ibn Falaquera's *De'ot ha-Filosofim*, cf. M. Zonta (1999), 46–48 and id. (1991), 235–247.

12   An edition of the Latin translation from the Arabic text will be prepared by A.M.I. van Oppenraay. She also edited the other parts of Michael Scotus' Latin translation of the *De Animalibus, Generation of Animals* (1992) and *Parts of Animals* (1998) with indices.

13   Cf. A. Baumstark (1900: Reprint 1975), 13 ff. and Ptolemaeus' list, 65. Cf. also P. Moraux (1951), 289–309, and esp. 297.

14   Cf. note 5 above.

15   Ibn an-Nadīm, Kitāb al-Fihrist, ed. J. Roediger und A. Müller (1871–1872) and (1964), 251; ed. Teheran (1350/1971), 312.

وهو تسع عشرة مقالة. نقله ابن البطريق. وقد يوجد سرياني نقلا قديما اجود من العربي. وله جوامع قديمة، كذا قرأت بخط يحيى بن عدي في فهرست كتبه. ولنيقولاوس اختصار لهذا الكتاب. من خط يحيى بن عدي، وقد ابتدأ ابو علي بن زرعة بنقله الى العربي وتصحيحه.

Account of the Book of Animals: Nineteen Sections.[16] Ibn al-Baṭrīq translated it, and there was also an old Syriac translation, which was better than the Arabic one. From what I read written in the handwriting of Yaḥyā ibn ʿAdī,[17] in the catalogue of his books there was, moreover, an ancient compilation. Then according to what is written in the handwriting of Yaḥyā ibn ʿAdī, Nicolaus wrote an abridgement of this book. Abū ʿAlī ibn Zurʿah commenced to translate it into Arabic, as well as to correct it.[18]

3   The Edition by A. Badawi

In 1977 ʿAbd ar-Rahman Badawi published the first edition of the *Historia Animalium* with the title كتاب طباع الحيوان. This edition was exclusively based on the Teheran MS from the Maǧlis Library, described below. This manuscript is a not very good copy of one of the copies of the London manuscript L and, although it is beautifully written, it is often difficult to read, not only because diacritical points are often absent or incorrect, but also because the writing is frequently inaccurate.

While the poor MS base of Badawi's edition has inevitably led to a number of mistakes, one must also feel admiration for his ability to come up with the correct reading in spite of the defective text with which he had to work. His intention to produce a complete and understandable Arabic text, however, has led him to use methods not usually employed in scholarly editions, with the result that the transmission of a number of passages has been obscured.

Since many parts of the Greek text were missing in the Arabic text of T and parts of the Arabic text deviate from the Greek text, Badawi tried to reconstruct the Arabic on the basis of the Greek text of Bekker's edition, rather than making

---

16   This *Book of Animals* apparently contained, probably in the order as in the series Aristoteles Semitico-Latinus: *Historia Animalium*, 1–10, *De Partibus Animalium*, 11–14 (ed. R. Kruk, 1979) and *De Generatione Animalium*, 15–19 (ed. J. Brugman—H.J. Drossaart Lulofs, 1971).
17   G. Endress (1977), 7 and also Fihrist 322/264.
18   B. Dodge (1970), 605. Cf. also M. Ullmann (1972), 9 (ibn al-Biṭrīq) and F. Sezgin (1970), 351 (Yaḥyā b. al-Biṭrīq).

use of Michael Scotus' Latin translation of the Arabic text. As a result, his edition contains a number of passages that have no textual support in the extant Arabic MSS. The edition also incorporates Arabic words that do not occur in the MSS at all, and occasionally Arabic words have been replaced by current or modern equivalents. Sometimes Greek words are incorporated in the text without obvious reason. Some examples:

a. One of the additions he made, mostly on the basis of the Greek text: In I 488b3 (p. 15,10) he translated the Greek text so as to complete the Arabic text between brackets and added in the footnote (6): نقص اكملناه بحسب اليوناني!, but these words did not belong to the Arabic text.
b. p. 339, -7 (VII 599a15): The editions read ἀναπολύτων, where the Arabic translation has مرسلا, corresponding to the reading of the MSS AC ἀπολύτων, but Badawi changed it according to Bekker's edition's ἀναπολύτων into ملصق. It might have been the wrong reading, as also B-G supposed, but it is found in group α, an old group of MSS.
c. p. 9, -2–1 (I 487a22–23) used the word زنج, but this word is not found in the *HA* nor in the other parts of the Book of Animals, only اثوا and ايثوا or in Greek αἴθυια.

The Teheran MS is especially valuable because it contains the complete text of the *HA* in Arabic. The other important text witnesses are MS L, first studied by J.N. Mattock, and the Latin translation by Michael Scotus. These texts form the basis for our edition. Unfortunately the London MS has preserved only a part of the *HA*,[19] while the Latin translation of Scotus was obviously based on another manuscript than ours. This is clear from the fact that his translation sometimes contains text that is not included in MSS L and T. Mattock already pointed out the importance of the corrections and additions of the second and perhaps third hand in MS L,[20] which were sometimes overlooked by the scribe of T.

Since the defective text of MS T was the only Arabic source of a substantial part of the Arabic text of the *HA*, constitution of the text was often difficult. Fortunately it was possible in many cases to make conjectures on the basis of Michael Scotus' translation.

---

19 Unfortunately the MS L has only books 1, 2 and partly 3 and 9 and 10, whereas T contains the whole *HA*, see chapter IV about the mss.

20 Both hands, if they were indeed two, are usually called L^2, only a single case was clear L^3.

CHAPTER 2

The Translator of the *Kitāb al-Ḥayawān*

1 The Problem of the Translator

It is very likely that the *Kitāb al-Ḥayawān* was translated by a single person. Whether the translator was Yaḥyā ibn al-Biṭrīq or Usṭāṯ or someone else altogether remains a point of discussion. Evidence for the single authorship of the translation can be found in J. Brugman and H.J. Drossaart Lulofs (1971), *Glossary*, pp. 204–287, A.M.I van Oppenraay (1992), *Index Arabo-Latinus*, pp. 355–408, and (1998), *Index Arabo-Latinus*, pp. 449–581. Here we will add just a few examples to confirm their conclusions:

a. Many expressions occur frequently in all three parts of the *Kitāb al-Ḥayawān*, *GA*, *PA* and *HA*, although not always with correspondences in Greek. Some examples:
   - ἁπλοῦς is always translated with some form deduced from بسط throughout the whole of the *HA*, e.g. 490b17; 495b26; 505a8, etc. مبسوط and other forms from the same stem. This corresponds with the translations found in *GA* 718a10; 733a27, etc. and *PA* 639b24, 643b16, etc.
     The synonym مفرد was never used for ἁπλοῦς. The word does not even occur at all in the whole *Kitāb al-Ḥayawān*, the *HA*, *PA* (1979) and the *GA* (1971).
   - فينبغي لنا ان نعلم ان : *GA* I 717a17; *PA* I 639b23 et passim; *HA* I 488a29; 491a30; 497a30; II 507a34; III 514b16; 517a21, 521b5, 522a17, 522b25, V 544b12.
   - Expressions ending with فيما سلف : *GA* I 715a7 (εἴρηται), 715a14 (διώρισται πρότερον), 727b26, 728b25, III 763a31; *PA* III 668a10; وقد وصفنا فيما سلف : *GA* I 715a1 (εἴρηται), 729a13;
   - بقول عام: *GA* I 717a22; *GA* 715a2 (κοινῇ), 715a25, IV 763b21; فاني اقول ذلك بقول عام *HA* VII 588b31; بقول عام مشترك or يقال بقول كلي ان : *GA* I 716a28; *PA* III 669b8, IV 680a18, *HA* VIII 633a9.
   - بمثل هذا الفن : *HA* I 486a18: a variant of مثل هذه الحال, also in *GA*, 719a2 and 757b31, cf. also *PA* 645b31.
   - حيننا هذا : ... (νῦν): فاما حيننا هذا فانا نأخذ اولا في ذكر : *GA* I 716a2, 723b31 (νῦν δ'), 724a33 (ἐν τοῖς νῦν εἰρημένοις); *PA* I 639a22, 639b6, II 655b28, etc. *HA* I 491a7; II 505b25; 509a18; IV 523b1.

 | DOI: 10.1163/9789004315969_002

- كمثل : ὡσαύτως : very frequently used, cf. M. Ullmann *WgaÜ S2*, 745–746: *GA* 773b2; *PA* 654a3 and *S2*, 934: *HA* 502a24 and 519b12; also *HA* II 503b27; 508a1; 509a3; III 509b1.

b. Explanatory introductions of Greek terms, e.g.:
- الحيوان البحري الذي يسمى مالاقيا : *GA* I 715b1–2; *PA* II 654a21, 657a22, etc.; *HA* I 487b16 and I 494b27.
- والذي يسمى لين الخزف : *GA* I 715b2; *PA* II 654a1, 671a32, etc.; *HA* IV 523b5, 525a30, etc.

c. Terms for the translation of the Greek terms, such as:
- الجنس الخزفي الجلد : τὰ ὀστρακοδέρματα: *GA* I 715b16; *HA* IV 523b9, VII (VIII) 607b3, 607b5.
- الحيوان الذي يسمى لين الخزف : τῶν μαλακοστράκων: *GA* I 715b2; *HA* V 539a10.
- المحزز الجسد : τὰ ἔντομα : *GA* I 715b8; *HA* V 539a11.

2 The Identity of the Translator

Ibn an-Nadīm asserts in the *Fihrist* that ibn al-Biṭrīq or Yaḥyā ibn al-Biṭrīq, father or son,[1] was the translator of the *Liber de Animalibus*[2] and particularly the *Kitāb al-Ḥayawān*, namely the *HA*.

Drossaart Lulofs, following Endress,[3] doubted the authorship of ibn al-Biṭrīq. Endress suggested that the famous translator of Aristotle's *Metaphysica*, Usṭāṯ, a certain Eustathius, as Ullmann found,[4] who translated for al-Kindī and who also translated Aristotle's *Ethica Nicomacheia* V–X and *Maqala* VII, possibly also translated the *Liber de Animalibus*. Endress assumed this on the basis of the translation of different words such as ἁπλοῦς, in the *Metaph.* always with forms of بسط, and thus بسيط and مبسوط, whereas in *HA*[5] only مبسوط and the verb occur. Usually the adverbs were translated with بنوع, e.g. بنوع واحد, ὁμοίως *HA* VII 601a24, and بهذا النوع, ὡσαύτως VIII 632a31, the same as in Usṭāṯ's translation of the *Metaphysica*. However, Drossaart Lulofs suggested an Anony-

1 Cf. G. Endress 1966, 90–91 : According to the *Fihrist*, both father and son were translators and this statement is more trustworthy than the one of ibn al-Qifṭī that it was only ibn al-Biṭrīq, who was a translator. Cf. also M. Ullmann 1972, 8–10.

2 With the title *Liber de Animalibus* is meant the *GA*, *PA* and the *HA*.

3 Endress 1966, 113–115 and Ullmann 2012, 54.

4 About this translator, Ullmann 2012, 15–19 and 54–56.

5 Cf. I 490b17, 495b26; II 505a8; 508a34, b10; IV 527a7, b25; 529a5, b25; 532b6, b9; VII 603b28, et al. loc.

mus,[6] because the translator was not so accurate as is usual in the translations of Usṭāṯ, and exhibits many Syriac influences, like starting sentences with وايضا translating ὁ αὐτός with هو هو (Syriac ܗܘ ܗܘ ܗܘ)[7] and other Syriacisms. Later Ullmann followed Endress on the basis of his investigation of the *Ethica Nicomacheia*.[8] As Endress and Ullmann have argued, it is difficult to maintain that (Ibn) al-Biṭrīq[9] was the translator, because the vocabulary of the *Liber de Animalibus* differs substantially from that of *De Caelo*, which definitely was translated by him. The following table therefore offers points of comparison of the translations, ascribed to ibn al-Biṭrīq or Yaḥyā ibn al-Biṭrīq and Usṭāṯ.

	Greek	(Ibn) al-Biṭrīq	GA	PA	HA
1.	αἰτία/ αἴτιον	علة / seldom: سبب	علة passim. سبب seldom[10]	علة	علة
2.	μίγνυμι	مشوب / شاب	خلط mostly also سفد, جمع	خلط	خلط
3.	ἄπειρος	لا نهاية له / less frequent غير متناه	ما لا نهاية له ولا غاية 715b14 ولا له غاية 715b15, 742b21 ff.	–	لا عدد له 544a10
4.	ἄτακτος	نظم + شرح or طقس	–	بالبخت 684a35	–

6   Brugman-Drossaart Lulofs 1971, 2–10.
7   Most frequent in the HA is هو فهو.
8   Ullmann 2012, 16–19.
9   As do Dunlop 1959, Badawi 1977 and Najm 1979 and 1985.
10 Many times the use of سبب is to translate διὰ τοῦτο, διό, and the like, cf. 772b6, 774a3, 774b11, 763b33, 766a21.

	Greek	(Ibn) al-Biṭrīq	*GA*	*PA*	*HA*
5.	αὐξάνω	often hendiadyoin: نما ونشأ	frequently: نشأ not with نما	نشأ mostly, but نشأ 3× تربية ونشوء; النشوء 647b26; ونمى والزيادة 688b8 and also 3× زاد / ازداد	frequently: نشأ not with نما; also 601b15: يشب وينمو
6.	ἐναντίος	mostly ضد and derivatives	على خلاف / خلاف most frequent / ضد less frequent	ضد normally/ اختلاف / 6× خالف على خلاف ذلك / 2× many times / مخالفة 677a27.	ضد
7.	ἐπικρατέω	غلب	غلب: 763b27 and 773b22: κρατέω; ἐπικρατέω: ينتفعوا	κρατέω: ضبط 662b3, 693a13; قهر 662b30 / امسك 693a5; ἐπικρατέω: -	قوي على/غلب 625a28: ἐπικρατέω
8.	κηρός	شمع or موم do not occur	موم 729b17/753b5	–	شمع or موم; sometimes combination
9.	κύκλῳ	مستدير not دوري or periphrase with دائرة or دور	حدق / 3× حول 753b22 / محيط 762a29	مستدير 3×; حول 2×; محيط 685b21	مستدير 3×;
10.	λεπτός/ λεπτότης	لطف	دقيق nearly always min. two synonyms دقيق لطيف 2×	رقيق or دقيق mostly; لطيف 5×	رقيق or دقيق mostly; لطيف sometimes
11.	νόσος/ νόσημα	مرض or سقم	مرض always/ داء 784a30	مرض 4×; سقم 2×	مرض; less سقم or داء
12.	ὄψις	بصر, never ابصار	بصر	بصر ; معاينة 680a3	بصر; عين 1×
13.	πλάτος	عرض	عرض	عرض	

(cont.)

	Greek	(Ibn) al-Biṭrīq	*GA*	*PA*	*HA*
14.	στοιχεῖον	اسطقس / seldom عنصر	اسطقس	عنصر / اسطقس 648b10	–
15.	συνεχής	متصل	ملح / متتابعا 750b34 / 748a19: συνεχῶς: بنوع اتصال	اتصال / متصل mostly; متتابع 671b18 / متصل ملتئم متصل / 3× متتابع 685b18/ تلتئم وتركب 668b25	متصل 7×; متصل 1× متتابع ملتئم
16.	τέλειος/ τελειότης	frequent تام كامل or simply تام / تمّام	تام only	تام 682b31; تام كامل 3×; تمّام 646b10	2× تام كامل;
17.	φθείρομαι/ φθορά	فسد	فسد	فسد	فسد
18.	φύσις	طبيعة / never طباع	طباع only	طباع; طبيعة 10×	طباع mostly, sometimes (20×) طبيعة
19.	χρόνος	زمان more frequent than وقت	زمان mostly; also وقت / حين/ اوان	عمر; حين or زمان 677a31	زمان more frequent than وقت; seldom اوان or حين.
20.	χυμός	ذوق / طعم	رطوبة	طعام 2×; رطوبة 2×; مذاقة الرطوبات 4×	طعم 1×; مذوق or طعام never; رطوبة 7×

Regarding the difference in terminology in ibn al-Biṭrīq's[11] translation of *De Caelo* and that of the *Liber de Animalibus*: see points 2, 3, 4, 7, [8], 9, 10, [15], 18 and [20]. In general, the terminology in all parts is the same, which makes it highly improbable that two or more persons translated the different parts of

11 Cf. R. Arnzen (1998), 145–158.

Liber de Animalibus in Arabic. Moreover, if we accept the fact that there are considerable differences between the translation of ibn al-Biṭrīq and the *Liber de Animalibus* and consequently that ibn al-Biṭrīq is not the translator of the *Liber de Animalibus*,[12] we may concentrate on two possible translators: Usṭāṯ, suggested by Endress and Ullmann as the translator of the *Liber de Animalibus*, and the Anonymus, mentioned as another possible translator by Drossaart Lulofs, although he had to admit that he had found only a limited number of differences.

Regarding the possible authorship of Usṭāṯ, a comparison of the *Liber de Animalibus* translation with the part of that of the *Nicomachean Ethics* (*NE*) is enlightening. Many words and expressions that are used in this particular part of the *NE* are also found in the *Liber de Animalibus*. A comparison on the basis of the lists in Ullmann's *Die Nikomachische Ethik* II, pp. 20–53, yields a number of correspondences. For example: ἡ γέρανος is غرنوق | ὁ φάρυγξ is حلق or حنجرة | for ὁ βίος or ἡ ζωή most frequently used is عمر and حياة or حيوة and some other words like بقاء and معاش | ζάω is most frequently translated with عاش | ἡ κακία رداءة | φαῦλος ردىء | τὸ γῆρας شيب وكبر | γηράσκω كبر | ὑβρίζω طعن | ἀδεῖ and φαντασία حلم | τέλος آخرة | تمام PA | πάθος آفة and علة (freq.) and داء Bk X: سقم and جلد | ἀνδρεῖος حرّ | ἐλευθέριος جسداني | σωματώδης مهنة | ἡ τέχνη صحة | ὑγίεια عرض and العروق العظيمة المستولية على الاجساد τῶν κυριωτάτων φλεβῶν and كره | δυσχεραίνω عسر | بالجلد والجرأة.

In any case, the different Syriacisms[13] in the text also support the authorship of the Syrian Usṭāṯ. As a Christian he had Syriac as his mother-tongue, as is shown in the frequent combination هووهو and words like تنور from the Syriac ܬܢܘܪܐ.

What pleads against Usṭāṯ as the author of the *Liber de Animalibus* translation are the numerous accumulations of synonyms, translations of one concept by means of two or more synonyms,[14] in the *Liber de Animalibus* versus the result of Ullmann's search in *Die Nikomachische Ethik* II, 280: "Wie diese Zusammenstellung zeigt, ist das Hendiadyoin ... bei Eustathios ausgesprochen selten anzutreffen."

In the *HA*, on the other hand, one not only finds a large number of hendiadyoins or rather accumulations of synonyms, e.g. I 487b1: τὴν τροφήν became طعمه وغذاءه ;488a12 لا يجذب ولا يفارق :487b10 ἀποσπᾶται; تقية زكية :488b5 ἀγνευτικά;

---

12 It is possible that ibn al-Nadīm by mistake mentioned ibn al-Biṭrīq as the translator of the Arabic version instead of the Syriac version of the HA, as is suggested.
13 Cf. H.J. den Heijer, (1991), 97–114.
14 Ullmann (2012), 278–280.

ὑφ' ἡγεμόνα : لها رئيسا ومدبرا, but sometimes even attempts to translate a single concept with more than two words, e.g. I 488a23: τὰ τρωγλοδυτικὰ : في شقوق رخوة اللحم منتفخة مجوفة في كل حجاب : I 496b3 σομφός ; الصخرة الحيطان والاماكن الضيقة من الحجب or even common words like βελτίω (اقوى وافره واجود) in VI 575b25 and ἰσχυρός inVIII 630b6 (صلب شديد قوي). Many more "Synonymenhäufungen"[15] can be found in the abridged wordlist of this book. If what Ullmann says about the accumulations of synonyms[16] is true, this might be a reason to say that *possibly* Eustathios or Usṭāt̲ translated Aristotle's *HA* and the other two parts of the *Liber de Animalibus* in Arabic, but until now it is impossible to maintain "(es) kann … *kein Zweifel* bestehen, dass auch das Ensemble dieser drei Schriften aus Eustathios' Feder stammt",[17] unless we conclude that the accumulations of synonyms also belong to the style of Eustathios.

In conclusion, it seems very probable that Usṭāt̲, one of the most important translators in the Circle of al-Kindī,[18] was the translator of the *Liber de Animalibus*, the *GA*, the *PA* and the *HA*. Perhaps he used two or more synonyms to render the Greek text because he harboured some doubts about the meaning of particular words, due to of his knowledge of Greek.[19]

3 The Latin Translation by Michael Scotus

As was pointed out earlier, the Latin translation by Michael Scotus has been indispensable for the reconstruction of the Arabic text, in spite of the fact that the Arabic text used by Scotus differed considerably from the manuscripts at our disposal. The Latin translation by Willem van Moerbeke was of no use for the present edition, since Moerbeke translated directly from the Greek text.

Dr. Aafke van Oppenraaij kindly made the provisional text of her edition of Scotus' translation available to me. For a wider discussion of the relation between the Arabic text and Scotus' translation we refer to her edition of *De Generatione Animalium* and *De Partibus* as well as to her forthcoming edition of the *Historia Animalium*.

---

15 This term, used by Endress (1973), pp. 155ff. is better, because the translators often used strings of tautolologies to render the Greek words. In English I used the term *accumulation of synonyms*.

16 Ullmann (2012), 280: Wie diese Zusammenstellung zeigt, ist das Hendiadyoin bei Isḥāq häufig, bei Eustathios ausgesprochen selten anzutreffen.

17 Ullmann (2012), 19.

18 Endress-Kruk (1997), 43–76.

19 Cf. Daiber (1980), 30 and Endress (1973), 153–155.

CHAPTER 3

Reception of *De Animalibus* in the Arabic Tradition

Remke Kruk

1 The Reception of the كتاب الحيوان

The reception of the Arabic translation of Aristotle's combined three zoological works commonly known as *De Animalibus* is a topic too vast to be treated here in full. For a proper evaluation of the scale on which the text was used an extensive and detailed analysis of a wide range of works is needed, and ideally this would have been part of the edition process. Such a task, however, was clearly too vast to be undertaken, and the matter is all the more complicated because so many of the relevant texts are still unedited. What follows here is just a short survey of the state of the art regarding *De Animalibus* in the medieval Islamic world. The Latin translation and its reception will be dealt with in Aafke van Oppenraaij's edition of Michael Scot's Latin translation of the *Historia Animalium*. As for the Hebrew tradition, only one specific case will be discussed here. For further information the reader is referred to the publications of Mauro Zonta included in the bibliography.

Various aspects of the Arabic reception have already been treated in the earlier volumes of the *De Animalibus* edition project, namely Brugman and Drossaart Lulofs' edition of the Arabic *De Generatione Animalium*[1] and Remke Kruk's edition of *De Partibus Animalium*.[2] Here a brief summary of the matters treated there must suffice, augmented by the results of more recent research. The relevance of the reception history for the *Historia Animalium* will of course receive special attention.

An obvious question in this respect is whether the reception history has anything useful to offer for the text constitution of the *HA*. Given the scarcity of material on which the edition is based—one partial MS, a late complete copy of the same MS, and the Latin translation based on a different Arabic MS—, the secondary text tradition might offer useful additional evidence. Remke Kruk, who looked into this matter for *De Partibus*, comes to the conclusion that as far as *De Partibus* is concerned the secondary tradition is of limited use for text critical purposes, with the occasional exception of pseudo-Themistius'

1 Brugman and Drossaart Lulofs (1971), 38–53.

2 Kruk (1979), 37–45.

 | DOI: 10.1163/9789004315969_003

compendium (see below). She tends to see this as applying to the whole of *De Animalibus*. Whether this view can be maintained for the *Historia Animalium*, a part of *De Animalibus* much more frequently quoted than the other two, in the light of more recent discoveries will, among other things, have to be discussed.

As the many references in Arabic literature show, *De Animalibus* was widely known in the Arabic tradition. Caution, however, is needed: a substantial part of the zoological quotations that referred to Aristotle cannot be traced to the zoological works, but are part of the vast pseudo-Aristotelian zoological tradition. Most prominent in this respect is the pseudo-Aristotelian *Naʿt* (or *Nuʿūt*) *al- ḥayawān*. Two MSS of this text exist, but it is still unedited. It has become widely divulged through the many texts that deal with the *manāfiʿ wa-ḫawāṣṣ al- ḥayawān*, the useful and occult properties of the parts of animals, which incorporated large amounts of material from the *Nuʿūt*. The material is also prominent in the encyclopaedical tradition, such as Damīrī's *Ḥayāt al-ḥayawān* (14th century CE). Yet apart from the pseudo-Aristotelian tradition, the actual *De Animalibus* has also left substantial traces in Arabic, especially in the philosophical tradition. A basic question in that connection is whether authors made use of the present translation or a different version.

2 Alternative Translations

There are several indications that alternative Arabic translations of *De Animalibus* existed. The incomplete Leiden MS of the extant translation (Leiden Or. 166), which contains the last three books of *De Partibus* and the first of *De Generatione*, includes several marginal glosses presenting an alternative translation of certain passages, and the main text also differs occasionally from that of the London and Teheran MSS.[3] Quotations from *De Animalibus* in various other Arabic sources also regularly show a text that differs substantially from that of the translation known to us.

As to explicit references to other versions: Ibn abī Uṣaybiʿa mentions a revised version (*iṣlāḥ*) by Ḥunayn Ibn Isḥāq, as well as a *ṭafsīr kitāb al- ḥayawān li-Arisṭū* by Ibn aṭ-Ṭayyib.[4] *Ṭafsīr* may denote either a translation or a commentary. Ḥunayn's *Iṣlāḥ* is explicitly stated to have formed the basis of pseudo-Maimonides' compendium, while explicit references to Ibn aṭ-Ṭayyib's *tafsīr* are found in a Hebrew text, namely Ibn Falaquera's *Deʿot ha-Filosofim* (see below).

3 Kruk (1979), 34–35.

4 Ibn abī Uṣaybiʿa (1884), I 240.

As to possible MSS of Ḥunayn's revision, in an Arabic-Catalan catalogue of the *Biblioteca de El Escorial* written in 1577 there is a reference to a MS, destroyed by fire in 1671, of what possibly may have been a MS of Ḥunayn's translation. The MS bears the title *Arisṭāṭalīs fī ǧamīʿ aṣnāf ṭabāʾiʿ al-ḥayawān tarǧamat Ḥunayn ibn Isḥāq muštamil ʿalâ tisʿat ʿashar qawlan*. The matter is discussed in the Additional Note that Brugman and Drossaart Lulofs devoted to Ḥunayn ibn Isḥâq in their edition.[5] They consider it doubtful that this MS actually contained a translation by Ḥunayn.

2.1 *Other Traces of an Alternative Translation*

Further evidence of a possible alternative translation, this time regarding the *Parts of Animals*, is found in quotations from "the second *maqāla* of Aristotle's *Book of Animals*" in Abū Saʿīd Ibn Baḫtīšūʿ's (d. after 450/1058) *Risāla fī ṭ-ṭibb wa-l-aḥdāṯ an-nafsānīya*.[6] The reference to "the second *maqāla*" is puzzling. The quotations are from the second book of the *Parts of Animals*, but since as far as we know the constituent parts of *De Animalibus* did not circulate separately, it is tempting to emend *al-maqāla aṯ-ṯānīya* to *al-maqāla aṯ-ṯānīya ʿashar*, "the twelfth *maqāla*".

The quotations differ substantially from the translation known to us. Especially the Arabic text on p. 39, l. 3–15 (f. 81a–81b) of the Arabic text, corresponding with *PA* 648a2–5 and 650b24–651a5, is illustrative. The text clearly represents *PA*, but the Arabic is completely different from our translation, in syntax as well as in vocabulary. An example of the latter: the 'fibres' (Greek ἶνες) in the blood of the Aristotelian text are translated in the extant translation as *ashyāʾ* (also: *aǧsād*, 650b33) *allātī tušbihu aš-šaʿr* 'things that resemble hair' (651a1 and 5), and in Ibn Baḫtīšūʿ's text by *aš-šaẓāyā*, 'splinters, slivers'. At times of anger these fibres brings about boiling, *tuḥdiṯu ġalayān*, according to Ibn Baḫtīšuʿ's text (p. 39, l. 13) while in the extant translation of 651a1 they "become as *ǧamr*, glowing embers (Greek πυρίαι) in the blood". We do not know the origin of this divergent translation. Ibn Baḫtīšūʿ may have paraphrased the translation he had in hand, or the quotations may have originated from a different version, possibly the mysterious revision of Ḥunayn ibn Isḥâq.

2.2 *Ibn aṭ-Ṭayyib*

Ibn al-Ṭayyib's *Tafsīr kitāb al-ḥayawān li-Arisṭu* is mentioned by Ibn abī Uṣaybiʿa. It is unclear what is meant here by *tafsīr*. The word is usually interpreted

---

5 Brugman and Drossaart Lulofs (1971), 66–70.

6 Klein-Franke (1986), 39–40 of the Arabic text.

as 'commentary', but is also regularly used in the sense of 'translation', as is the case in the titles of the separate *maqālāt* in the London MS of the very translation edited in this volume. This case is not unique. For other instances, see Kruk (1979), 33.

No evidence of Ibn al-Ṭayyib's *tafsīr* has so far turned up in the Arabic tradition, but in an article published in *Aram* in 1991, Mauro Zonta pointed to evidence for this text in the Hebrew and Latin tradition. In his encyclopaedic work *Sefer De'ot ha-Filosofim*, written shortly before 1270 CE, Shem Tov ibn Falaquera includes quotations from *De Animalibus*. In his colophon he states that he used two different sources for this material. One was a compendium (textual similarities show that this must have been the pseudo-Themistius compendium), and the other a "translation" by Ibn al-Ṭayyib. Steinschneider, who also noted the quotations in Ibn Falaquera, thought that they were based on the Hebrew translation of excerpts from the first ten books of *De Animalibus* made by Ibn aṭ-Ṭayyib contained in the Berlin MS.[7] Zonta, however, thinks that it was the other way around: the "excerpts" in the Berlin MS are based on Ibn aṭ-Ṭayyib quotations in *De'ot ha-Filosofim*. As further proof of Ibn aṭ-Ṭayyib's presence in the Western tradition, Zonta points to two quotations said to be taken from Ibn aṭ-Ṭayyibs *tafsīr* in the explicit of Peter Gallego's (d. 1267) *Liber de animalibus*.[8]

2.3 Compendia

No traces of Greek compendia of *De Animalibus* translated into Arabic have so far been discovered. Nicolaus Damascenus is reported to have made a compendium (*iḫtiṣār*) of *De Animalibus*, which Ibn Zurʿa (d. 1008) "started to translate and to correct".[9] No MS of this translation has so far turned up. Whether it has left its traces in quotations in later Arabic works that deviate from the extant translation can only be guessed.

Several compendia originally composed in Arabic exist. Pseudo-Maimonides's compendium of *De Animalibus* was edited by Mattock (1966). This 'compendium' is more a collection of unconnected statements, for the major part

---

7 M. Zonta (1991), 235–236: Staatsbibliothek hebr. 212 (*olim* Or. 811 qu.); Steinschneider (1893), xxvi, 144.

8 Zonta speculates that the Ibn aṭ-Ṭayyib text used by Ibn Falaquera was in fact a revised version, probably Ḥunayn's, of the extant Arab translation. Further proof is needed to confirm this. The same applies to his suggestion that a few zoological statements said by Ibn Falaquera to come from *De Animalibus* but not traceable to Aristotle must be glosses taken from Ibn aṭ-Ṭayyib's commentary.

9 Ibn an-Nadīm 1871–1872, I, 251, l. 23–24.

taken from the *Historia Animalium*, than an actual abridgment. In the introduction the author states that he has collected his material from "Aristotle's words (*kalām*) on animals as revised (*iṣlāḥ*) by Ḥunayn ibn Isḥâq".[10] Mattock considers it highly unlikely that Maimonides was the author of the compendium, because the text shows a level of understanding of the Aristotelian material that is unworthy of Maimonides' intellectual capacities. A reference to the arrival in Cairo of a rhinoceros in 1275 CE also contradicts Maimonides' authorship: he died in 601/1204. Mattock leaves open the possibility that the event was dated wrongly, but there is additional evidence: Nuwayrī (d. 732/1332) mentions in his *Nihāya* that in 1275 a rhinoceros was brought to Sultan Baybars as a present.[11] But this may indeed have been an interpolation by the scribe, as Mattock suggests. There is another similar passage in the text where the scribe, this time explicitly identifying himself, records information of his own (p. 49, l. 4–51, l. 3).

Mattock also doubts whether the text was based on a translation by Ḥunayn, because the style seems very different from that of Ḥunayn. Yet, he says, it is clear that the author did not use the extant translation but a different version, for in a number of cases his statements agree with the Greek, but not with our translation. Mattock does not explicitly say that in a number of cases, mentioned in the footnotes, it is also the other way round: p. 10, l. 21, n. 3: both Aristoteles and the extant translation have "deer" where Pseudo-Maimonides has "horse", *HA* 500b20–24; p. 14, l. 12 and n. 1: P.-M. has "ass", where both Aristotle and our translation have "swine", *HA* 501b19–21; p. 18, l. 2 and n. 1: P.-M. has "vulture" where both Aristotle and our translation and have "falcon", *HA* 505a12–17; p. 20, l. 6, P.-M. has "adder", where both Aristotle and our translation have "snake", *HA* 508a23–27.

To complicate the matter still further, there are also cases where our translation agrees with pseudo-Maimonides *contra* Aristotle's text, as Mattock shows: on p. 4, l. 10–11 and n. 2, the order of animals in the extant translation agrees with pseudo-Maimonides, *contra* Aristoteles, omitting the ass; p. 66, l. 2 and n. 1: elephant: here the Greek "deer", ἔλαφος, is evidently read by the translator of 'our' translation as well as that of the version used by pseudo-Maimonides as ἐλέφας.

---

10 Mattock (1966), 1.
11 Nuwayrī (1923–), XXX, 221. It is unlikely that pseudo-Maimonides was Nuwayrī's source, for the latter's report is very succinct, as opposed to ps.-Maimonides, which provides ample details. Nuwayrī, on the other hand, gives the name of the sender of the present, which is not mentioned in ps.-Maimonides.

Another compendium that is still extant is the one ascribed to Themistius, allegedly translated into Arabic by Ḥunayn b. Isḥāq.[12] The text was edited in *Commentaires sur Aristote perdus en grec et autres épitres* by Badawi in 1971, and Zimmermann and Brown considered it unlikely that Ḥunayn was the translator, on the basis of discrepancies in style and terminology.[13] There also is no proof, other than the title, that Themistius was indeed the author. Kruk points out, giving examples, that the parts of the text that originate from *De Animalibus* closely resemble our translation, and thus we can safely assume that it was originally composed in Arabic by an unknown author.[14]

Of other compendia mentioned in Arabic bibliographical literature, such as Ibn al-Hayṯam's (d. 430/1039) *talḫīṣ*,[15] no traces have been found. The same is the case with a compendium by ʿAbd al-Laṭīf al-Baġdādī mentioned by Ibn abī Uṣaybiʿa (II, 211, l. 19), *Iḫtiṣār Kitāb al- ḥayawān li-Arisṭūṭālīs*.[16]

2.4 *The Philosophical Tradition*

Aristotle's zoological works, in particular *De Animalibus*, were of course well known to Arab philosophers. Ibn Sīnā, Ibn Bāǧǧa and Ibn Rušd all explicitly dealt with it, the latter two only with the more theoretical parts, namely *De Partibus* and *De Generatione Animalium*. The Arabic text of Ibn Rušd's commentaries is lost, but it has survived in the Hebrew and Latin tradition. Their treatment of the text, often referred to as 'commentary' for want of a better term, consists of a discussion in their own wording of selected topics, often with extensive use of additional knowledge and alternative views. This, as was already stated earlier,[17] makes it virtually impossible to determine whether they used the extant translation. Yet occasionally small details, especially cases involving problems with the text transmission, give us an indication that this was indeed the text they used. One such case is where an error in the Arabic translation of *De Partibus* is traceable in the Latin version of Ibn Rušd's commentary (the Arabic text is lost).[18]

Another case where a textual error proves to be useful is Ibn Sīnā's treatment of a corrupted passage in the Arabic translation of *HA* 549b4–7 which strengthens the impression that he used the extant translation. In this passage

12 Ullmann (1972), 9–10.
13 Zimmermann and Brown, *Der Islam* 50 (1973), 323–324.
14 Kruk (1979), 40–43.
15 Ibn abī Uṣaybiʿa (1884), II, 97; Brugman and Drossaart Lulofs (1971), 52–53.
16 See also Kruk (2008).
17 Kruk (1979), 37–39.
18 Kruk (1979), 38.

in the Arabic translation the cuttlefish (σηπία) instead of the crayfish (κάραβος) is said to sit on its eggs for twenty days. Ibn Sīnā attempts to sort out the muddled information with various suggestions as to what could be meant.[19]

Ibn Bāǧǧa's commentary, extant in two MSS, was edited in 2002 by Jawād al-ʿImarātī. In an article devoted to this commentary,[20] Remke Kruk also poses the question of the Arabic translation used by Ibn Bâjja. Her conclusion is that Ibn Bâjja dealt with the Aristotelian text in such a manner that it is impossible to say whether he used the extant translation. A noteworthy point in Ibn Bâjja's text is that he includes a reference to Aristotle's "two books about the movements of animals", i.e. *De Motu* and *De Progressu Animalium*, works that are mentioned nowhere else in the Arabic tradition.[21]

Ibn Sînâ's and Ibn Rushd's texts found their way into the European tradition. Ibn Sînâ's treatment of *De Animalibus* was especially influential. It circulated in medieval Europe as *Abbreviatio Avicennae De Animalibus*. It was translated by Michael Scot, just as *De Animalibus* itself, and both texts were extensively used by Albertus Magnus in his own book on animals, *De Animalibus*. Albertus freely mixed information from both these sources, and it is noteworthy that he was by no means the first to handle the material in such a manner. The same approach was taken, for instance, by Marwazī, a Persian doctor who lived around 1100 CE who was a court physician to sultan Malik Šāh in Isfahan. He wrote a book called *Kitāb ṭabāʾiʿ al- ḥayawān*, 'On the Natures of Animals'. A better translation would be: 'On the Natures of Living Beings'. The first section of this book deals with man in his various appearances. Part of this section has been edited in 1942 by Minorsky. The other chapters, about animals, remain unedited. The book is a rich source not only for traces of Aristotelian material but also for the reception of other Greek texts, such as the pseudo Aristotelian *Naʿt (Nuʿūt) al- ḥayawān*[22] and Timotheus of Gaza's book on animals.[23]

19 Ibn Sīnā, (1970), 76. See also Kruk (1985) and (1986).

20 Kruk (1997), 165–179.

21 Kruk (1997), 168; Ibn Bāǧǧa, MS Oxford, Bodleian Library, Pococke 206 (cat. J. Uri, Oxford 1787, I, 123, no. 499), f. 91a27; Ibn Bāǧǧa, *K. al-ḥayawān*, (2002), 76.

22 Marwazī, MS UCLA Ar. 52, ff. 198a–200b contains a list of birds that is also found on ff. 74a–88a of the Tunis MS of the *Naʿt al-ḥayawān* (Tunis BN 163 85).

23 See Kruk (2001).

Marwazī used both the extant translation of *De Animalibus*, which he often paraphrases, and Ibn Sīnā's 'commentary'. He frequently does not mention his sources. A curious aspect is that he often mixes the texts of Aristotle and Ibn Sīnā. His method is to go systematically through a particular part of Ibn Sīnā's *Ḥayawān*, picking out specific bits of information, and to mix these with quotations from the Arabic translation of *De Animalibus*. To that he may add material from a number of different sources, including personal communications. A few examples may be cited to demonstrate Marwazī's dependence on the extant Arabic translation of *De Animalibus*, in particular the *HA*. Marwazī references are to the UCLA MS.[24]

The entry on the eagle (Marwazī ff. 157a5–159a18) is compiled from *HA* 618b19–620a10. Discussed are the species called πύγαργος, white-rump; the πλάγγος; the black, hare-killing eagle; the γυπαίετος; the sea-eagle; the "true-bred"; the κύβιδνις or κύμινδις; and the φήνη. The Arabic transcriptions of the Greek bird names are corrupted, but the passage is obviously based on the extant Aristotle translation.

A striking example is Marwazī ff. 249b10–15, which clearly reproduces *HA* 524a13–19, sometimes using the exact vocabulary and word order: *taqbiḍu wa-taʾḫuḏu wa-talzamu* (f. 249b14).

Ff. 98a16–b1, starting with *qāla Arisṭūṭālīs fī kitāb al-ḥayawān*, is one of the rare cases where Marwazī explicitly mentions his source. The passage summarizes *HA* 498b31–499a9 according to the extant Arabic translation. The text differs only on some minor points of vocabulary (*yuqālu lahu/yusammā*; *ḥayawān/dābba*).[25]

Sometimes Marwazī did not understand the curious terminology of the translation, such as on f. 249b10–11, where the Arabic translation of *HA* 524b13 uses the verb *zaraʿa*, 'to sow' for the squirting of ink. Marwazî (or the intermediary source he may have used) did not understand this, and adds to *zaraʿa*: *fī l-ināṯ*, 'in the females', mislead perhaps by the word θολός, read by the translator as θορός, زرع, 524b15.

A careful line-by-line analysis of the whole work would undoubtedly yield valuable additional information for the text constitution of both Ibn Sīnā's *Ḥayawān* and the Arabic *De Animalibus*, but this time-consuming work has not been undertaken so far.[26]

---

24   Marwazī, Sharaf az-Zamān, *Ṭabāʾiʿ al-ḥayawān*. MS UCLA Ar. 52 (catalogue Iskandar (1984), 75–76).

25   NB: *HA*, ed. Badawî (1977), 56 l. 13 *al-baḥrī mimmā* is *al-barrī mā* in Marwazī.

26   Remke Kruk's article from 1999 attempted to do this for Marwazī's last *maqāla* (242b–264a), which deals with water animals.

CHAPTER 4

De Animalibus in the wider Literary and Scientific Tradition. Ǧāḥiẓ

As the example of Marwazī given above makes clear, the translation of *De Animalibus* known to us was well known, and the part that mostly received attention was the *HA*. In Marwazī's *Ṭabāʾiʿ al- ḥayawān*, it is clear that the author directly used the translation. This is not always so obvious. Aristotelian material found in other sources often gives the impression of having come from an intermediate source. A text that has been particularly influential in this respect is Ǧāḥiẓ's (d. 255/868–869) *Kitāb al-ḥayawān*. Ǧāḥiẓ, as was already shown by Ṭaha al-Ḥāǧirī (1952 and 1954), made extensive use of *De Animalibus*. The dissertation by Wadīʿa Ṭaha an-Naǧm (1985) listed and analysed the quotations, comparing them with the extant translation. They all originate from the *HA*. She gives the quotations and the corresponding passages in the translation in full. Ǧāḥiẓ's quotations often are not literal and there are additions and omissions, but an-Naǧm concludes that the material makes sufficiently clear that he used the extant translation.

Especially convincing are places where text corruptions in the Arabic translation are also found in Ǧāḥiẓ. An example (an-Naǧm 140, also n. 3) is the name of the region mentioned in *HA* 558b16 (Ἀδριαναί or Ἀδριανικαί), which has become *Abī Riyānūs al-malik* in Ǧāḥiẓ. In the Arabic *De Animalibus* (MS Teheran), this was *ilā Adriānūs al-malik* (emended in Badawi's edition to *Adriyā*).

An-Naǧm also studies two later zoological texts containing Aristotelian material and attempts to determine whether the authors took their material from Ǧāḥiẓ or directly from Aristotle. The texts in question are the zoological sections of Ibn Quṭayba's *ʿUyūn al-Aḫbār* (the chapter was translated by Kopf, see Kopf and Bodenheimer 1949) and Tawḥīdī's *K. al-Imtāʿ wa-l-muʾānasa* (also translated by Kopf, 1956). As to Ibn Qutayba, an-Naǧm is convinced that his Aristotelian material came through Ǧāḥiẓ, not directly from our translation. In the case of Tawḥīdī, she agrees with Kopf that he either directly used our translation, or a compendium (*talḫīṣ*) of it. Tawḥīdī's quotations, however, are mixed with material from other sources. An interesting place (an-Naǧm 1985: 65–66) is the passage where Tawḥīdī says,[1] in accordance with *HA* 609a4, that

1 Tawḥīdī (1953), 165.

 | DOI: 10.1163/9789004315969_004

the eagle (*ʿuqāb*) and the *tannīn*, giant snake, fight each other. Ǧāḥiẓ[2] omits *tannīn*, just like the text of the translation, but in his edition of the Arabic *HA* Badawi (p. 375) adds it, claiming a white space in the MS.

As said above, the range of literature in which one may accidentally come across Aristotelian zoological material—either quoted directly or taken from intermediate sources such as Ǧāḥiẓ's *Book on Animals*—is very wide. It ranges from *adab* to the wider scientific tradition, including the occult sciences. Geographical works and cosmographies regularly include material from *De Animalibus*. Encyclopaedical works, especially well-represented in Arabic literature after 1300 CE, are a rich source. They usually include a section on animals, or may even be exclusively devoted to them. They use material from a wide variety of sources, including Aristotle, but rarely quote directly from his works. We will not attempt to list the many works of this kind in which such zoological material may be found here, but just mention a few works exclusively devoted to animals.

The best known of these is Damīrī's (d. 808/1405) encyclopaedia of animals *Ḥayāt al-ḥayawān*, a book that exists in three recensions and was widely popular, especially the 'large' recension, *Ḥayāt al-ḥayawān al-kubrā*. It deals with a large number of animals in alphabetical order, providing information about all the areas in which animals may come up, from literature to Islamic law and dream interpretation. Aristotle is frequently mentioned as a source, but this material all comes from the pseudo-Aristotelian *Naʿt* (or *Nuʿūt*) *al-ḥayawān*. This does not mean that the work contains no information at all originating from *De Animalibus*, only that such material was implicitly used without awareness of its Aristotelian origin.

Of especial interest is the genre of *manāfiʿ* literature, books devoted to the medical-magical uses of animals and their parts. Often these books divide their entries into a section on the *ṭabāʾiʿ*, natural characteristics, and a section on the *manāfiʿ wa-ḫawāṣṣ*, the useful and occult properties. An early work in this genre is *K. al-Manāfiʿ allātī tustafādu min aʿḍāʾ al-ḥayawān* by ʿĪsā ibn ʿĀlī, a pupil of Ḥunayn ibn Isḥāq.[3] The book that is best known in this genre, however, especially because many of its MSS are beautifully illustrated, is Ibn Baḫtīšūʿ's (d. after 450/1058) *K. Manāfiʿ al-ḥayawān*. It exists in a number of MSS, also in Persian translation, but the text (as opposed to its illustrations) is still unpublished. As was mentioned earlier, Aristotle is frequently cited in

2 Ǧāḥiẓ (1938–1947), VII, 168.

3 Ullmann (1972), 21–22. The text will shortly be published by Lucia Raggetti.

these books, but the source usually is the pseudo-Aristotelian *Naʿt* (*Nuʿût*)) *al-ḥayawān*, a substantial part of which has been incorporated into Ibn Baḫtīšūʿs *K. al-Manāfiʿ*.

A later work in this genre is Ibn abī l-Ḥawāfir's (d. 701/1301) *K. Badāʾiʿ al-akwān fī manāfiʿ al-ḥayawān*. This work too is still unedited, and also deals with the animals in alphabetical order. It was extensively used, and even copied outright, by later authors.[4]

Even though so many of the Aristotelian references in this kind of literature are spurious, the genre deserves careful attention in the context of the reception of *De Animalibus*, as is demonstrated in Fabian Käs' edition of Ibn al-Ǧazzār's (d. 369/980) *Risāla fī l-Ḫawāṣṣ*. Apart from many references to the *Naʿt* (*Nuʿūt*) *al-ḥayawān*, this book contains a number of authentic *HA* quotations, obviously based on the extant translation.[5] Käs thinks it very likely that this material was taken by Ibn al-Ǧazzār from his main source, Ibn Zakārīyāʾ ar-Rāzī's (d. 313/925) *K. al-Ḫawāṣṣ*, a very influential book in this genre. It too is still unedited.

As the above will have made clear, our insight into the reception of the *De Animalibus* translation still has many lacunae. Future research and the edition of crucial texts in this area will undoubtedly produce new views.

---

4 Ullmann (1972), 33–34; Kruk (2007).

5 Käs (2012), 3–4.

CHAPTER 5

The Manuscripts

1 The London MS, referred to as L in this edition: British Library Add. 7511, Rich (Cat. Cureton No. 437), 175×110 mm/text 130×75 mm. 232 ff., 7th or 8th CH / 12th or 13th CE[1]

This MS contains Books I, II, a part of III (509a27–514b16), a part of IX (from 582a32), and X of the *Historia Animalium*, as well as the complete text of both *De Partibus Animalium* and *De Generatione Animalium*.

Copy Library University Leiden: **Handlist Voorhoeve,**[2] ***p. 112, Or. A39a***
Neither the name of the scribe nor the date or place of copying are given. There are 19 lines to a page. The pages are numbered. The handwriting is clear and elegant. Diacritical marks are often omitted. There is hardly any vocalisation. Punctuation, which is not very frequent, consists of three dots in a triangle (.:). The end of one book and the beginning of the next are clearly indicated. The MS has been meticulously corrected and numerous additions have been made by different hands, in the text itself as well as in the margin and between the lines, but it is impossible to distinguish between the different hands, although Mattock attempted to discern them. In fact, only a few marginal notes are clearly recognizable as made by a different hand, called L^3 in this edition, as opposed to L^2, which is used for all the other corrections and additions in the MS.

Most of the corrections of L^2 also appear in the Teheran manuscripts, which indicates that T descends from L.

2 The Teheran MS, referred to as T in this edition: Mağlis Library, Coll. Ṭabāṭabā'ī No. 1143 without date, place or name of the scribe. The handwriting is clear and gives the impression of being of rather recent date (17th–18th CE)

This manuscript contains the almost complete text of the *Historia Animalium*. A few parts are missing, the largest of which are Book V 550a8–558b3 and Book VI 576a2–581a5.

1 This part is largely based on the description of the manuscripts in Remke Kruk's *De Partibus* (1979), pp. 32–35. Cf. also F. Sezgin, *GAS* III (1970), 350–351.

2 P. Voorhoeve (1980).

 | DOI: 10.1163/9789004315969_005

Neither the name of the scribe nor the date or place of copying are given. This MS also has 19 lines to a page. The pages are numbered. The handwriting is clear, regular and nice. Punctuation is nearly absent. Beginning and end of each book are clearly indicated. Diacritical points are usually written, but frequently betray the scribe's lack of understanding. There are a few marginal corrections, all in the scribe's own hand, called T² against the first hand, then called T¹. This MS contains the almost complete text of the *Kitāb al-Ḥayawān*, apart from the lacunae in the *Historia Animalium* already mentioned.

On comparison it is obvious that T was copied from a MS from the family of L, because T has no significant variants of its own, and many a variant seems to be the result of a slight irregularity in L's handwriting that led to a misspelling in T. The samples of both MSS reproduced in Remke Kruk's edition (pp. 92–93) clearly demonstrate the direct dependence of T on L. Because MS T contains the almost complete text of the *HA*, it was very important for the constitution of the largest part of the text.

3 Some Peculiarities of Both Manuscripts

1. The alternating use of س and ص in the same word forced us to make a decision about the spelling. We opted for صفاق, whereas the MSS sometimes had سفاق, or even شفاق, cf. Brugman-Drossaart Lulofs (1971), 34.
2. Especially in T the *lām* and the *bā'* are not always easy to distinguish, e.g. II 504b19–20; VII 604a6 لشيء or بشيء in T.
3. It was often difficult to distinguish between د and ر, cf. I 491b31: دقيق or رقيق.
4. The χ is usually transliterated by ش, VI 570b30: τῶν σελαχῶν is written as صلاشي.
5. The η became always -ee-: τὰ σελάχη, VI 570b30 and صلبي : ἡ σάλπη, VII 591a15.
6. VII 592b9 ff.: 2 × alif to render the diphtong -αυ- in the Greek word γλαύξ: غلااقس.

CHAPTER 6

Concordance of Arabic Book Numbers and Bekker Numbers

The books of the Arabic version of the *Historia Animalium* according to the Bekker numbers:

Arabic version	Bekker numbers
Book I	486a5–497b2
Book II	497b6–509a23
Book III	509a27–523a27
Book IV	523a31–538b24
Book V	538b28–550a8
Book VI	558b8–581a5
Book VII	588a16–608a7
Book VIII	608a11–633b8
Book IX	581a9–588a12
Book X	633b12–638b37

 | DOI: 10.1163/9789004315969_006

Notes to the Arabic Text

Book I

486a6: Plural translated by sing.: σάρκες εἰς σάρκες: بضعة لحم في بضاع شتى, cf. 488a30–31: οἷον ἵπποι βόες ὕες ἄνθρωποι πρόβατα αἶγες κύνες: مثل الانسان والفرس والخنزير والساة والعنز والكلب. IV 524b23: τὰ στερεὰ : شيء صلب.

486a10 and a15: The forms اللواتي and اللاتي only occur on these two places, in both MSS, cf. Wright (1967), II 271 (§ 347).

486a18: بمثل هذا الفن, cf. VII 588b23, *PA* 645b31 and *GA* 757b31.

486a21: *parablepsis* in L[1] because of من الاجزاء.

486a25: Concord in *genus* is not always correct in MSS: وكرة ... يختلف.

486b13: τὰ πλῆκτρα: قنزعة على رؤوسها. Strange translation, because the spurs are on the legs of the rooster, cf. LS 1418b. The correct translation in *PA* 694a13–14 (مخاليب التي تكون في ساقيه) and *HA* II 504b7; here *the comb on their head* was supposed. According to Lane IV 1775b 'the spur' ought to be translated with الصيصية, cf. II 504b7 Badawī (1977) 75,14. Ullmann, *WgaÜ S2* 134, following Badawī, read الصيصة, but that word does not occur in MSS L and T.

قنزعة, Dozy II 419a: *crête du coq*, the crest that our translator assumed here.

486b17: ⟨لها⟩ يقال : for ⟨لها⟩, cf. I 488a4.

486b17: A frequently used addition is مثل الحيوان الذي يسمى or الذي يسمى باليونانية باليونانية for ὥσπερ followed by various animals, e.g. I 487a22, a23, a a25, a28.

The translator also often used elaborate explanations, such as in 487a5: καὶ τὰ τούτοις ἀνάλογα: وما كان ملائما لهذه الاشياء التي سميناها: here التي سميناها simply is the explanation of the Greek word τούτοις. Also II 498a31: Ἡ δὲ φώκη: فاما الحيوان البحري الذي يسمى فوقي, 498b14, III 519a23. This also applies to countries such as in II 499a4: ἐν Ἀραχώταις: في البلدة التي تسمى باليونانية ارخوطاس. See also ad IV 537b25–26.

 | DOI: 10.1163/9789004315969_007

487a6: τὰ ὑποστήματα: ما يجتمع من فضلة الطعام: The translator often paraphrases unfamiliar technical terms, cf. also e.g. II 497b31–32: ὁ ἱππέλαφος:[1] والحيوان الذي يسمى فرس ايل فانه في ناحية طرف اكتافه شعرا; cf. also II 498b34; 497b31: ἀμφιδέξιον: يكون له يمينان اعني يستعمل اليد اليسرى كما يستعمل اليد اليمنى; 498b33: τὸ πάρδιον[2] or ἱππαρίδιον: الفهد وما يشبه صنفه i.e. panther or leopard; II 501a22: καρχαρόδουν: فان جميع اسنانه حادة مختلفة يطبق بعضها على بعض; also 501a16; 502a7. Also ad III 514b10.

487a9–10: ἔτι ὅσα ἀνάλογον τούτοις: وجميع ما يلائم هذه الاشياء: The translation is often very precise, cf. also II 498b5 (cf. 486a21): اجناس الحيوان التي صورتها صورة قرود : τῶν πιθηκοειδῶν ζῴων : the *monkey-like animals*; II 501a30: κινναβάριον: *vermilion*: فشديد الحمرة شبيه بالزنجفر. III 513a20: ἣν καλοῦσί τινες ἀορτήν: العرق الذي سماه بعض الناس باليونانية اورطي; IV 529a2: κάτω: more precisely translated with تحت البطون : *under the stomachs*.

487a12: καὶ τὰ ἤθη: وغذائها : Gr.: *and in their dispositions* → Ar.: *and in their nourishment*. It is curious that Scotus has: *et sui nutrimenti mores*. Perhaps from واغذيتها : عاداتها or عاداتها or maybe he read اخلاق misreading from غذائها as اجزائها? For τὰ ἤθη is nearly always translated as شكل or اخلاق.

487a27: Abridging the text: τὰ δὲ λιμναῖα, τὰ δὲ τελματιαῖα:[3] وبعضها نقاعي; 490a7: μέλιττα καὶ μηλολόνθη : *a bee and a cockchafer* : النحلة وما يشبهها : *the bee and the like*.

487a29: ἀναπνεῖν καὶ ἐκπνεῖν : Greek: *breathing in and out*; Ar.: *breathing*.

487b1: Two synonyms in Arabic: τὴν τροφήν : طعمه وغذاءه, cf also 487b10: ἀποσπᾶται : لا ينجذب ولا يفارق ; 488a12: ὑφ' ἡγεμόνα: لها رئيسا ومدبرا and a13. Very frequently used.

487b5: Marwazi reads اسبداس → Latin: aspides and B-G: ἀσπίδων.

487b9: The Greek word سفنج (σπόγγος) here and elsewhere explained as غمام, cf. Dozy II 226a.

---

1 Peck (1965), 84–85: '*horse-deer*, probably the *nylghau* (= '*blue bull*'), *Boselaphus tragocamelus*, a large short-horned Indian antelope'. Cf. also Zierlein (2013), 399–400.

2 Peck remarks, ad loc., 85: 'Not otherwise known'. Cf. Zierlein (2013), 400: also a type of antelope. Scotus omits it.

3 Because Scotus (see edition *HA* (in preparation) by A.M.I. van Oppenraaij) translated two words (stagnaea et quaedam paludosa), perhaps the translation of one word (λιμναῖα?) was lost in the Arabic tradition.

487b33–34: Change of order: frequently ὕστερον πρότερον: κατὰ τοὺς βίους καὶ τὰς πράξεις (*with respect to animals' manners of life and activities*): من قبل افعالها وتدابير معايشها (*with respect to their activities and manners of life*); cf. also 488b17–18; II 506a16: οἷον ἐν περιστερᾷ καὶ ἰκτίνῳ καὶ ἱέρακι καὶ γλαυκί: مثل البزاة والحمام لبومة والحدأة.

488a5: مخاليب, plural from sing. مخلاب, Dozy I 389b. This form has been used throughout the whole book of *HA* and we must assume that this form is to be read in *PA* and *GA* too.

488a12: ὑφ' ἡγεμόνα : رئيسا ومدبرا : one of the many accumulations of synonyms, cf. glossary.

488a19: صيودة : B-K I 1389: صيود : *chasseur* > adjective : θηρευτικα : *catching their food.*

488a20: مكنزة : Dozy II 501a: IV stem: *thésauriser: 'to store their food'.*

488a23: τρωγλοδυτικά : يأوي في شقاق الصخر والحيطان والاماكن الضيقة : three Arabic synonyms for one Greek word.

488a31: About the word order الانسان والفرس والخنزير: H.J. Drossaart Lulofs, 'Aristotle, Bar Hebraeus, and Nicolaus Damascenus on Animals' in: *Aristotle on nature and living things, Philosophical and historical studies*, ed. by Allan Gotthelf, 345–357, esp. 348–351. Gotthelf in an inedited version of his commentary on the *HA*: *'The position of ἄνθρωποι in the Greek text is improbable, but Arabs and Scotus have it first in the list', cf. PA I 643b5* (ed. Kruk, 16) *and Probl. X 895b24. 'The later Greek MSS and Gaza placed it in the Greek text here ... It may well be that ἄνθρωποι originally stood first.'* Also in the Arabic version of the *Probl. Phys*, ed. L.S. Filius (1999), 484–485, *man* is mentioned first.

On the other hand, the word order is often different from the Greek, cf. I 488a31 ff.: τὰ μὲν ψοφητικά ... etc.

488a33: ἀγράμματος (*LS: unable to utter articulate sounds*) has been translated with ناطق كاتب.

488a33–34: لحن ... وبعضها : *parablepsis*, because of a33: وبعضها[33] (يكتب) and in a34: وبعضها لحن.

488a34: The alternation between fem. and masc. in this passage or even in this

sentence is strange. Therefore all masc., because the whole is masc. from 31 وبعض حيوان ... ناطق ...., instead of some fem. and some masc. forms, cf. *WgaÜ S2*, 735. The MSS read: وبعضها لحنة حسن الصوت وبعضها ليس بلحنة.

488b2: The Arabic translation differs strongly from the Greek text here: ἄγροικος (*dwelling in the field* and *rude*): وحشي, as if it was ἄγριος, cf. also 488b15: ἄγριος: بري, *living on land* (ἀγρός);[4] also II 499a4–5: οἱ βόες οἱ ἄγριοι: البقر البري; cf. also VII 594b30, 595a13, 595a29; VIII (IX) 628a29: τῶν ἀγρίων σφηκῶν: الدبر الجبلي; 629b7: ἀγριότητα: صعوبة الخلق, but 629b8: καὶ αὐτῶν τῶν ἀγρίων: الحيوان البري.

488b5: Two synonyms in Arabic to render ἁγνευτικά: تقية زكية, also 488b9: ἐπιτίθεται: يحمل ويشد على ما يمر به.

488b9: Some Arabic words explained: مهارشة مقاتلة اعني بمهارشة ... مهارشة, cf. I 490b22 and b24.

488b10: Abbreviation in Arabic: φυλακτικὰ δὲ ὅσα πρὸς τὸ μὴ παθεῖν τι ἔχει ἐν ἑαυτοῖς ἀλεωρήν: فاما الحافظة فعلى خلاف ذلك. Especially the words على خلاف ذلك are frequently used in these cases.

488b16: مغتال, cf. *WgaÜ S1*, 377, s.v. ἐπίβουλος.

488b17: L has جري, T جرى and the Greek text has ἐλεύθερος or ἐλευθέριος (conj. Schneider) against ἀνελεύθερος. Therefore Mattock proposed حر, but perhaps it is better to read حرّيّ *free*, cf. Dozy I 263b, because of the ligature and the opposition with عادم الحرية. Cf. also Ullmann, *WgaÜ S1*, 337, ἐλεύθερος, chose جرئ Lane II 402b1 from Badawi's edition.

488b23: حَفُوظ : *watchful*, not in the dictionaries; cf. Wright II (1967) 137D or حَفِوظ, cf. also *WgaÜ S2*, 637.

489a17: الحس, general name, here its meaning حس اللمس : ἡ ἁφή, *WgaÜ S1*, 200.

489a20: The words اظنه قسر emphasize that T is a copy, cf. also 488b26, crit. app. ad locum.

489b3: وليس له اذن : βράγχια δ' οὐκ ἔχει: *no gills*, cf. *WgaÜ S1*, 229 (not in *GALex*): Syriacism: ܐܕܢܐ.

---

4   599a15 has بري in the right meaning: οἱ χερσαῖοι κοχλίαι: الحلزون البري.

489b31: The word باطيس is obvious. The Greek text has βάτος, a fish which is also called βατίς according to *TF* (1947), 26–28. But what to do with the other letters? The combination with the τρυγών (*TF*, 170–171) occurs two times, V 540b8 and VI 565b28. Hence this conjecture here, although the ligature presupposes another combination of words.

489b33: LT ارجل instead of ارجلا: a nominative is used frequently instead of the grammatically required accusative after ان in both manuscripts, possibly influence of Syriac, which does not use cases. Cf. رسمى يوميا but LT يومي 490a34.

490a11: ... من الحيات حيات لها : τινες ὄφεις : A striking translation of τις.

490b13: جنس الطير المحزز الجسد : Insects depicted as the genus of flying animals: ἕτερον τὸ τῶν ἐντόμων: Scotus: genus volatilis (*bird*) rugosi corporis.

491a30 : The Greek θώραξ has been translated with تنور, a Syriacism ܬܢܘܪܐ with the meaning *pectoral cavity*, but also *clibanus : baking oven*, as Scotus translated this word that also exists in Arabic.

491b12: Greek text: βραδύτεροι, Arabic ثقيل : βαρύτεροι, but the meaning is nearly the same: *slow in their movement*. Remarkable is the combination الى ... ما هو : ثقيل الى البلادة ما هو : *slow to some indolence*: Ullmann (1994), p. 14: type VIII.

491b24–26: cf. *GALex* I, 164, l. 20 and 443, l. 4 f., quoting Gal., *An. Virt.* 56,2.

491b34: فاما الحاجبان ... حسود : *The eyebrows tumbling on the eyes demonstrate that its owner is envious*. Balme-Gotthelf (2002) and Louis (1964) made a transposition to 491b17, as also Mattock proposed; Peck I (1965) followed the MSS after b34.

492a12: منتقل : another possibility is Vth stem, as Mattock proposed.

492a14: Diels-Kranz (1996), I, 212, 7; Badawi (1977), 32, n. 3. Perhaps to explain the hearing through air waves (Gotthelf).

492a17: لولب: *WKAS* II 3, 1795a15–21: the labyrinth of the inner ear.

492b7–8: sneezing is often a divinatory sign or a confirmation of what was said just before, Flashar (1972), 744 and Kapetanaki-Sharpless (2006), 148–151.

492b12: Breathing via the mouth is possible, but disgusting: فهو يسمج لانه على خلاف الطباع. Remarkably, not in the Greek text!

492b23: The inf. of نبت is نبت and نبات, cf. B-K II 1179b. L and T have نبات, cf. *PA* 658b5: يكون هناك نبات شعر كثير and 658b25 نبات الشعر. Also *HA* I 491a30 the same wording, IX 582a32 نبات اللحية and IX 587b15 نبات اسنانه for ὀδοντοφυεῖ.

492b34: اصله : Here is probably meant the ἐπιγλωττίς, although the Greek word is absent. The Arabic term used in this translation is اصل اللسان, cf. II 504b4. The same term in *PA* I 664b22.

493a2: طلاطلة : *WKAS* II 3, 1594b17: syn. لهاة.

493b17: Always the cardinal *eight*: ثمنية instead of ثمانية; the same case for ثلثة instead of ثلاثة. Because these cardinals are always used in the MSS L and T, it is not indicated in the app. crit.

493b27: The correction in L²: L¹ and T read الكفين.

494a17: منحدب : VII = I, Lane II 527b; B-K I 389b: VII *former une convexité*, cf. also 496a12. Usually it means κοῖλος or κυρτός. Ullmann (*WgaÜ* S1, 567–568) quotes this line in the version of Badawi (1977): منجذب. Yet he quotes it in the Vth stam in *NE I*, 100 ad 1102a31 (ed. Akasoy-Fidora, 2005: محدّب, 149,15), also possible here, cf. Lane l.l.: متحدب.

494b4: المحاشي, cf. II 500a33.

495a34: Sometimes ليس is connected with nominative instead of the normal use with accusative: here both MSS L and T read بين instead of the expected form بينا or ببين. The nominative has always been changed to accusative, but these changes have not been indicated in the app. crit. Cf. also 496a4: ... فان بطونا, but in MSS: بطون.

495b34: The letters س and ص can apparently be used interchangeably, cf. the app. crit., صفيقة, and Blau I (1967), §§17 and 19.

496a6–7: Probably العرق العظيم is the *aorta ascendens* and the other, اورطي, the *aorta descendens*. Both are big veins, but in III 510a14 it is: العرق العظيم الذي يسمى باليونانية اورطي.

496a9: *Parablepsis* : الذي له and later the same words together.

496a33–34: *Parablepsis*: الى عمق السبيل and the same words later.

496b22–29: Most of the animals with blood have bile, which is secreted by the liver in some, by the intestines in others. In most animals, the liver contains no gall-bladder, though bile is present in some. Aristotle did not know the gall-bladder. The bile came from the liver or the spleen or from the intestines.[5] Aristotle knew χολὴ ξανθή, but mentioned it only in two places, *HA* III 511b10 and *De Anima* 425b2 and 4.

497a8: كلى: الكلى فانهما يتبددان : dualis!

497a17: L and T have a lacuna in their text; probably the Arabic term for αἱ ἀποτομαί. Badawi supposed it was φλεβίων, but it seems better to suppose that the branches that the veins divide into, are αἱ ἀποτομαί.

497a33: في علم الشق : ἐν ταῖς ἀνατομαῖς : Cf. also *PA*[6] and *HA*, e.g. III 511a13, VI 565a12. The later term علم التشريح does not occur in *GA*, *PA* or *HA*.

Book II

497b31: ἀμφιδέξιον: يكون له يمينان اعني يستمل اليد اليسرى كما يستعمل اليد اليمنى. Typical for human beings, cf. Ullmann, *NE* I, 439, s.v. يمن.

497b33: The text is ولكن ليس هو شبيه : cf. Ullmann, *NE* II, 367–368; both MSS read شبيها accusative.

498a3–5: الانسان ... ورجلي : *parablepsis.*

498b8: بخاتي : Bactrian: αἱ Βακτριαναί. Lane I 158b. Also II 499a15: Bactrian.

498b15: Repetition: اجناس الحيوان التي صورتها صورة قرود.

5 Lennox (2001), 288, and ad *PA* 676b16.

6 Glossary *PA*, A.M.I. van Oppenraaij (1998).

498b30: مَرجع : ἡ ἀκρωμία, *shoulder blade*, cf. Lane III 1042, *WgaÜ* 790 and *S*2, 736, also b33.

498b31–32: ὁ ἱππέλαφος:[7] والحيوان الذي يسمى فرس ايل فانه في ناحية طرف اكافه شعرا, cf. also 498b34; cf. also ad I 487a6: translation of the parts of this word.

498b32: χαίτην: شعرا, but 498b28: ناصية (*mane*): specific term translated with a general term.

499a5: انسي : *WgaÜ S*1 447; usually: انيس : ἥμερος.

499a15: Bactrian : بخاتي, cf. Lane I 158b, also *HA* I 498b8 αἱ Βακτριαναί. The Bactrian camel has two humps, the Arabian one.

499a19: محاشيها: see ad 500a33.

499a30: Sometimes many synonyms: ὅταν ἀλγήσωσιν: واصابها تعب وكلت وتوجعت.

499b5: الاسؤق : following the ligature in the MS. Lane IV 1471: بطون الاسؤق : αἱ γαστροκνημίαι; also Ullmann, *WgaÜ*, 350, -1, quotes 494a7, but in singular only. Badawī read الاسوق. Lane: الاسؤق seldom used, normal plural of ساق is سوق or سيقان.

499b9: في اطراف ذينك الشقين : dual. masc.: *at the ends of those two forks* (*of both feet*).

500a33, b2, b14, b19: محاش (محاش): τὰ αἰδοῖα, 500b2 with article: المحاشي, cf. Lane II 574b10–14. In L² on these places *superscripsit* مذاكير, in T only this word in the text here. As stated before, L¹ is the best text.

501a2: LT reads ولى, perhaps II stem or I stem pass.: *invested with authority*? This is about الصبي, a young child. Therefore ولد*, *when born*, only a small deviation from the text and according to what follows, a child who tries to move.

501a31–32: ἐν ᾗ κέντρον ἔχειν, καὶ τὰς ἀποφυάδας ἀπακοντίζειν: وفي ذنبه حمة وهو يرمي بشعره : Instead of a relative a copulativum, cf. I 486a22: Adaptation to the Semitic linguistic system.

7 See p. 1, note 1.

501b30: الايل, but in the Greek text this is said of the elephant.

502a17: κῆβος became in Arabic قيبوس, a monkey with the head of a dog.

502a24: كمثل : frequently used, *WgaÜ S*2, 745–746 ὡσαύτως and p. 934a, with passages from *PA* and *HA*. Cf. also II 503b8 and III 509b1.

502a28: LT read: مشابه كثير corrected in مشابهُ كثيرةٌ : *The faces of the monkeys show many resemblances to men's faces.* Lane IV 1500c: مشابه mentioned as an anomalous pl.

504a9: μετεωρίζονται in Greek without negation, but both Arabic MSS have: لا يرتفع في الهواء. Scotus: omnes vero modi volatilis qui **non** elevantur in aere ... iiii digitos: Perhaps better ⟨οὐ⟩ h.l.?

504a18: مخاليب ج مخلاب : This word is frequent in the *HA*, cf. Dozy I 389b and *WgaÜ* 461 and *S*1, 776–777: ὁ ὄνυξ, often big ones; therefore on II 504a4: τὰ γαμψώνυχα τῶν ὀρνίθων, thus *hooked claws*. Cf. III 517a33 and b2, etc.

504a19: شرقرق or شرقراق : ὁ κολοιός, Lane IV 1581b, s.v. شقرق (*green woodpecker*) and B-K I 1221b; *TB* 89: *Jackdaw*.

504a28: سام ابرص : ὁ σαῦρος or ἡ σαύρα : *lizard, WgaÜ* 601 and *S*2, 266. This combination of words is frequent in the *HA*.

504b22–23: πλησίον τῶν ἄρθρων (*near the generative organs*): قريب من المفاصل (*near the joints*). The translator departed from the normal meaning of τὸ ἄρθρον, but in plural it is also used in the meaning *generative organs*, cf. *LS* 239a.

504b26: جراءه : the calves of the dolphin. The dolphin is usually masc., cf. II 504b21 and III 516b12. Cf. *TF* 52–56; Fajen 379.

504b31: المارماهى, cf. Dozy II 572b (Persian) : eel.

505b29–b34: not translated in Arabic because of the *homoioteleuton* τῶν τετραπόδων.

506a24: Unclear which deer are meant with Ἀχαίναι, cf. Zierlein (2013), 508.

506b20: The text of L[1] is generally preferred, mostly مرة, sometimes مرارة. TL[2] reads nearly always مرارة. In b15 both MSS read المرارة.

507b31: في ... الفكين : *parablepsis.*

508a6: τοῖς κροκοδείλοις ἀμφοῖν: والتمساح والحرذون: The translator gives names to the two types of crocodiles. In fact, in Greek it would be ὁ κροκόδειλος and ὁ κορδύλος (probably a newt), two words which were often confused[8] in the Greek MSS and thus also in Arabic. In VIII ὁ ἀσκαλαβώτης (*gecko*) was translated with الحرذون, e.g. VIII 609a29.

508a18: The elative/comparative is often not translated[9] : μακρότερον: مستطيلة; IV 524b27: χονδρωδέστερον (*more like cartilage*): شبيه بالخلقة الغضروف.

N.B.: In V 544a12 the comparative is correctly translated: προμηκεστέραν: مستطيل اكثر.

508a31: ليس هو موضوع: cf. M. Ullmann, NE II, 367, § 192.

Book III

511a18: رحم is usually fem., but here masc., cf. Lane III 1056a.

513a15: وخلقة وطبيعة العروق: non-classical Arabic.

513a33–34: *parablepsis* : الصغر يكون ... الاسط يكون.

513b26–28: ἣν καὶ Ὅμηρος ἐν τοῖς ἔπεσιν εἴρηκε ποιήσας 'ἀπὸ δὲ φλέβα πᾶσαν ἔκερσεν, ἥ τ' ἀνὰ νῶτα θέουσα διαμπερὲς αὐχέν' ἱκάνει'.

وهو العرق الذي ذكر اوميرس الشاعر في بعض ابيات شعره وقال ان الذي ضرب صاحبه بالسيف في الحرب قطع ذلك العرق كله وهو العرق الذي يمر بالظهر وينتهي الى العنق. فهذا قول اميروس الشاعر في هذا العرق.[10]

This is a very complete translation of the verses of Homer. Usually poems were not included in the Arabic text, e.g. the verses of Simonides in V 542b7–10: ὡς ὁπόταν ... ποικίλας ἀλκυόνος; also VI 575b5–6 (Homer) and VIII 633a19–24

8 Cf. Zierlein (2013), 529.

9 Cf. Daiber (1980), 47–48. Daiber: "Entwerting der Steigerungsgrade" with many examples of translation of the Greek degrees of comparison.

10 Hom., Il. XIII 546–547. Cf. Leaf and Bayfield (1962), vol. II, 319 ad l. 546.

NOTES TO THE ARABIC TEXT · BOOK III 39

(Sophocles) probably from the lost tragedy *Tereus*. 513b26: The name of only one poet is mentioned: Ὅμηρος: اوميرس الشاعر and b28: اميروس الشاعر.

514a8: هي : فهي refers to the عروق in the preceding lines.

514a18–19 : *parablepsis*: فيه ... فليس.

514b10: Paraphrasing unfamiliar technical terms instead of translating them, cf. also ad I 487a6. Other examples: III 514b10: τὸ ἐπίπλοον (*the omentum*): الثرب الذي على البطن (*the integument of fat that covers the stomach*[11]); 514b18: ὡσπερεὶ λάμβδα (*like a labda*): مثل ساقي شكل المثلثة (*like both sides of a triangular form*); 515b9–10: ἐπίτονός τε καὶ ὠμιαία (*the sinews of shoulder and arm*[12] *and the shoulder-sinews*): ما يأخذ منه الى ناحية الظهر ومراجع الكتفين (*which leads from there to the side of the back and the beginning of the shoulders*); 515b27: αἱ δ' ἶνες (*the fibres*[13]): واما العصب الدقيق الذي يشبه الخيوط (*the thin sinews which are similar to threads*), cf. also 520b26 (*similar to hair*); 515b27–28: ὑγρότητα τὴν τοῦ ἰχῶρος (*fluid, viz. ichor*[14]): رطوبة مائية شبيهة بمائية الدم (*watery fluid similar to the watery substance of blood*); IV 534a28: τῆς ἀντλίας (*the bilge*): الماء الذي يستنقع في اسفل السفن (*the water that remains in the lowest part of ships*). Cf. also V 542b11–12.

516b36–517a2: Through simplification many details have been lost.

518a11: ليس هو يبس, cf. Ullmann, *NE* II, 367, § 192: Predicate in nominative.

518a16: White hair, cf. also Greek *Probl. Phys.* (ed. Hett) X 62; grey hair, only through old age, because of which the hair of animals does not grow grey, cf. Greek *Probl. Phys.* X 63, Arabic *Probl. Phys.*, ed. Filius (1999), XI 61.

518b25: In the Greek text indulging in sexual intercourse is the cause of getting bald and also of varicose veins (αἱ ἰξίαι), cf. Flashar (1975), 465, in the Arabic *Probl. Phys.*, ed. Filius (1999), V 19.

---

11 Lane I 334b.

12 LS 667b (s.v. οἱ ἐπίτονοι).

13 Peck (1965), pp. 22–23, ad 489a23.

14 Ichor or serum, see Lennox (2001), 201–203, cf. *HA* III 521b2–3: 'Ichor is simply unconcocted blood—either because it has not yet been concocted, or because it has become thin again'.

521a6: ضربان المجسة : *the bloodpulse*. Cf. Lane II 423b; Dozy I 194a; Ullmann, *WgaÜ S2*, 410, s.v. σφύζω.

521a21: The ligature makes it possible to read here ثفن for the Greek word πῶρος, chalk in the bladder; Gotthelf cited Hippocr., *Nat. Hom.* 14 (Littré, VI 66). The *lām* is probably an oversized *nūn*.

521a23–24: *parablepsis*: ἡλικίαν ... ἐν τοῖς θήλεσιν.

521b32: اللقاح : (γάλα) καμήλου, cf. *WKAS* II 1077a21 ff.: plur. of لقوح.

521b33: παχύτατον: فغليظ جدا : superlative translated with complement جدا, also 522b20: μέγιστοι: فعظيمة جدا, IV 524a5: ὀξυτάτη: حادة جدا, 541b9, 547a21: χείριστον: رديئا جدا, 548b22: μαλακώτατοι : لينا جدا.

523a17–18: cf. *Hdt.* III 101, 2: about the Ethiopians: ἡ γυνὴ δὲ αὐτῶν ... μέλαινα κατά περ τὸ χρῶμα.

Book IV

523a33: εἴρηται : translated by three verbs in Arabic: ... ذكرنا ... ووصفنا ... ولخصنا.

523b15: Two synonyms in Arabic : κεχωρισμένον: مفترق منفرد بذاته; 531b3: ἐπανοιδεῖν: ويتورم وينفخ; IV 534b23: ἐκλείπουσι: ترك عشه وانصرف عنه.

523b18: πτερωτά : ما له جناحان مع تحزيز الجسد (*the double-winged insects*): explication.

523b32: τὸ στόμα: افواهها, numeral change of words: sing. translated in plural, frequently used, cf. e.g. 524a4, 526b19 and 528b25–26.

525a7: λευκαῖς: لشدة بياضها : typical form, as if it were a superlative.

525a25: μικροί: صغير جدا, cf. 524b30 : σκληρόν: جاسيا جدا : cf. 525b18 : حادة جدا : Positive translated with جدا, as if it were a superlative.

525b4: The superlative is sometimes translated as a positive: μέγιστον: عظيم; VI 558b24: οἱ δὲ πλεῖστοι: كثير من ; 562b11: τῶν δὲ πλείστων: وكثير من, etc.

525b9: لانه ليس لها رعى : cf. Ullmann, *NE* II, § 196.

526a11: is interrupted by III 516a23–517a16. The text of the manuscript continues with ولونها.

526a12: The Arabic word بالنضح is the translation of the Greek διαπεπασμένον, but mostly we find منقط, *spotted* or *speckled* or a form of نثر, *to scatter*.

526a15: The *comparatio compendiaria* is normally completed in Arabic: καὶ ἐξ ἄκρου πλατυτέρους ἢ ὁ κάραβος: واطرافها اعرض من اطراف رجلي قارابوس; 526a33, 526b2, 526b5.

526a16: For the expression الرجل اليمنى الى الطول ما هو, cf. Ullmann (1994), p. 5 ff. Cf. also 524a6: فلونها الى البياض ما هو.

526a24: كلاهما ... فطس : according to the MS, cf. quotation Spitaler in: Nöldeke (1963), 154a ad 85,2: *kilā and kiltā werden in der klassischen Sprache immer als Singular konstruiert.* Cf. also Fischer, § 109b2.

526a26: τὰ βραγχιώδη : *the gill-like parts* became الاذان : *the gills*: simplification.

527a1: The plural κάραβοι became here ولقربوا, cf. οἱ ἑψιτοί (fish) ابسيطوا: the same plural ending with *alif otiosum*, J. Blau (1966), I, 127–128, § 28.

528b20: جاسئ and جاس : both forms are used side by side in both MSS. One form, the second one, has been chosen for the entire text. Therefore here: جاسية.

529b10: The word ἡ μήκων in IV 529b10 was not translated, but yet known to the translator, see *PA* IV 680a21: ميقون or ἡ μύτις (*PA* IV 679a8, 681b20 ff.) or ميطيس, (not in *HA*), cf. about ἡ μήκων *PA* IV 679b10 ff. and note Peck (1968), *PA*, 320, note a: *The mytis, which is the same as the mecon, is an excretory organ, and corresponds with the liver*, and Lennox (2001), p. 298 ad 679b10–11. So, it is simply والفضلة تكون ... في صفاق محتبسة.

529b19: شق الاجساد, cf. also *HA* IV 529b19, VI 565a12 etc., i.e. *anatomia* or τῶν ἀνατομῶν, cf. also *PA* XIII 666a9 and 668b29.

530a3: يتبين : Mattock in his unpublished text chose يبين, but T has سن : 4 against 3!

530a32: Syriacism, cf. Nöldeke (1977), § 219: ܡܕܡ > شيء.

530b3: The elative/comparative is often not translated: فيما صغر منها وما عظم : μείζοσι καὶ ἐλάττοσιν, cf. II 508a18.

530b12: شوك is a *nomen generis*, but in b12 it is about 'Individialbezeichnung', Fischer (1972), § 84, singularly used: شوكة هذا جنس.

530b13: The text of T, cf. M. Ullmann (1994), 10–11, type 5, esp. numbers 38 and 39, also used with بل.

531a21: كلتا الناحيتين : Fischer, *Grammatik* § 109b: The words كلا and كلتا in connection with a substantive in genitive are indeclinable.

531b15: The Greek text reads διασπῶνται : *to come to pieces, zerrissen/geteilt werden* → تنفسخ and not تنفسح : *become spacious/ become dilated.*

532b13: Perhaps we ought to follow Badawi: (بندى) يغذى ..., cf. the unpublished comm. A. Gotthelf, repeating Davies: *the cicada eats only dew.*

533a18–30: This part is absent in Arabic.

533b32: [ادركوا ذلك السمكها] 5 : هم ساروا سيرا يسيرا رقيقا رويدا بغير حركة وصياح : synonyms for ἀψοφητί and λανθάνουσι not translated.

534a28: τῆς ἀντλίας (*the bilge*): circumscription of a nautical term, ad III 514b10.

536b14: نقنق : Wehr: *to cackle*; in Greek: κακκαβίζω, a beautiful *onomatopoeia*.

537a13: نزكنه : τεκμαίρομαι : *apprendre, connaître, croire, penser*, B-K I 1001b.

Book V

540b11: Typical genitive-relation: شحم وغلظ الاذناب. Usually : شحم الاذناب وغلظها.

540b16–17: *parablepsis* : T¹: من [الذكر ... من] الذكورة : T² added [...].

540b18: خدر : ἡ ναρκή : *torpedo* (fish): *WgaÜ* S1, 715; *TF*, 169–172.

541b9: عظيمة جدا : cf. III 521b33.

542a6: صغيرا, cf. II 508a18, also 543a4.

542b8 ff.: The poem of Simonides has not been translated in Arabic as is usual with poetry quotations.

543b2: The addition ⟨ارفا⟩ is based on VII 591a11. Or is it ⟨ارفوس⟩, cf. VII 599b6 (ὀρφὸς)?

544a12: The comparative translated: προμηκεστέραν: اكثر مستطيل, cf. II 508a18.

545a29: ثمنية : cf. I 493b17.

545b6–7: تحمل ... اطول ما يكون من حملها : typical expression: *as long as possible*, translation of τὸ μακρότατον, cf. Fischer § 126 Anm. 1: يكتب اقل ما يكون.

545b9: Remarkable is the combination والانثى تنزو instead of e.g. تنزي, but the MS used this active form also in the case of females in many places, cf. 546a26: ونزت الانثى, cf. also 545b32, 546a26, etc. On the other hand, in 545b16: الانثى فهي تنزا : we changed it in تنزى.

546a27: أُذُنَيها : acc. dualis: *both her ears.*

548a14: Remarkable is يسمى سرطان صغير in T, but in the text: يسمى سرطانا صغيرا, as usual with acc., cf. 548a28 يسمى حافظا. Not mentioned in the app. crit.

548a30–31: T reads فاه, only in this place, cf. Wright II 252A and Lane VI 2446b.

548a32–b2: Greek text: ὁ μὲν μανός, ὁ δὲ πυκνός, τρίτον ... λεπτότατος καὶ πυκνότατος καὶ ἰσχυρότατος. The Arabic text of T reads: دقيق سفيق قوي جدا سخيف متحلل صفيق. The interchange of س and ص is fairly frequent in this type of Arabic, cf. J. Blau (1966), I § 19 and 17.

Finally, remarkable is متخلل, according to Lane II 781b it is better to change it to متخلخل, *uncompact, incoherent.*

549b7: عشرين ليلة : acc. temporis, in 549b9–10 with في.

Book VI

558b16–17: οἱ δ' Ἀδριανικαὶ ἀλεκτορίδες εἰσὶ μὲν μικραὶ τὸ μέγεθος : فاما الدجاج الذي ينسب الى اديانوس الملك فهو طويل الجثة : Thompson (1895) considered the Adriatic hens as a kind of bantam fowls, *TB* 23; probably from Adria, a Greek colony on the Adriatic sea. They are also mentioned in *GA* 749b28, cf. Peck *HA* II 221, note c.

The Arabic text is about hens, attributed to the Roman emperor Hadrianus, 117–138.

558b22: الاطرغلة : ὁ τρυγών : turtle dove, *TB* 172–173. الفواخت, plur. of الفاختة, ringdove, but sometimes also turtle dove, probably the φάττα, cf. *TB* 177–179, as is mentioned here.

559a2–3: The Arabic term *wind-eggs* is a strange translation of ὑπηνέμους ποιεῖται τὰς νεοττεύσεις (*sheltered against the winds*) in Arabic: بيض الريح : ὑπηνέμια ᾠά : wind-eggs : unfertilized eggs.

559a28: The eggs that are round and broad contain male hens, long and pointed eggs female hens, cf. Peck's translation II, 225, note a, and Drossaart Lulofs (1985), pp. 354–355.

559a30: ἐκλέπεται: يدفأ ويسخن البيض ويفرخ : two synonyms in Arabic : ad IV 523b15: accumulation of synonyms.

559b1: ἐν τῇ γῇ: اذا كان موضوعا في ارض دفئة : explanation of spontaneous hatching, namely by putting the eggs in warm soil such as the dung used for this purpose in Egypt.

559b15: πήγνυται καὶ γίνεται σκληρόν: جسنا : abbreviation in Arabic.

559b25: ἧττον ἡδέα καὶ ὑγρότερα: اقل لذة ... ارطب : change in order.

559b29: χηναλώπεκος: والطيرالذي يسمى باليونانية شينالوبقس وتفسيره الذي خلط من الوز

والثعلب with explanation of the Greek word, cf. also 569b13: explanation of the Greek word ἀφρός: افروس. This should be an Egyptian goose, *TB* 195–196.

560a13–560b4: probably these pages of the Arabic text got lost. These pages are also missing in the Latin text.

560b5: It seems strange to accept the form التنشئة, inf. II, and therefore Badawi chose النشوء, but perhaps the reading should be maintained, cf. Lane VIII, 2791a: *to grow up, to become a young man*. Cf. VI 568b18: النشوء والتنشئة and also X 635b9: αὐξανομένῳ.

560b20: اكثر ذلك : ὡς ἐπὶ τὸ πολύ : *mostly*, Ullmann, *WgaÜ S2*, 161.

561a1: πλείω became كثيرا, cf. II 508a18.

561a20: μικροὶ γίνονται καὶ συμπίπτουσιν: يذهب انتفاخهما وينضم ويجتمع ويظهر صغارا: here, too, some synonyms, cf. II 499a30.

561b14–15: ad I 488b17–18: καὶ γλίσχρον καὶ παχὺ καὶ ὕπωχρον: لظجا غليظا الى اللون التبني ما هو : polysyndeton changed to asyndeton, but remarkable is the rendering of ὕπ- in ما هو, cf. Ullmann (1994), 5–6.

561b27: In T من ; in Greek περί, and thus changed to في. When the chicken comes out of the egg on about the twentieth day, φθέγγεται : ينبص : *it squeaks* (B-K II 1184b: *piailler*), cf. also 562a19.

561b32: ὅ τε χοριοειδὴς ὑμὴν : الصفاق المحدق بالرطوبة : also in 562a3 the word χοριοειδής was not translated by something such as شبيه بالمشيمة, however compare 562a5 and *GA* 753b22.

562a15: ἄν τις ἀνασχίσῃ : وان نقر احد ... وفتحها ... وشق : three words for opening the egg, cf. IV 535a3.

562a30: ἐξέλεψε δίδυμα, πλὴν ὅσα οὔρια ἐγένετο: وقد باضت دجاجة في الزمان السالف ثمنية عشر بيضة لكل بيضة محتان ثم جلست على ذلك البيض واسخنته ونقرته وفتحته نخرج من كل بيضه فرخان ما خلا البيض الذي كان فاسدا من الاصل.

محتة: Dozy II 578a : δίδυμα ⟨ὠχρά⟩.

562b6: πᾶσαν ὥραν : في كل وقت كل زمان : *duplication*, cf. IV 523b15.

563a1: μὴ ῥᾳδίως καταλαμβάνεσθαι: لا تدرك ولا تصاد الا بعسر: two verbs for καταλαμβάνεσθαι and change of the *litotes* μὴ ῥᾳδίως.

563b14: The spelling of κόκκυξ (*TB*, 87–89: cuckoo) differs in MS T: كوحكس here and 563b20, b26, b28, b29, but كوحكش in 563b17 and b23.

563b32: دلم : ἡ φάττα : a kind of dove, *TB*, 177–179; there are more names than types of dove; some types of doves have more than one name.

564a7–8 : with a comparison: وكما ... الحمام يجلس على البيض مرة الذكر ومرة الانثى كذلك يفعل كثير من اجناس الطير اعني ان الذكر يجلس على البيض مرة ثم تجلس الانثى: The Greek text describes the alternation with διαδεχόμενα.

565a29: ⟨...⟩, cf. 565b27.

566a17: فاما الصنف الذي يسمى باليونانية اسطارياس وتفسيره النجمي to explain the Greek word ἀστερίας.

566a22: اشهر : cf. Lane IV 1613a : εὐθηνεῖ : اشهر واخصب.

566a25: It ought to be: يبقى : she stays with her young.

566b3: نغنغ ; plur. نغانغ : throat, plur. *parts of the throat*, cf. B-K II 1303a. In Greek here βράγχια.

566b8: ⟨τοῖς ποσίν ... ὀστᾶ⟩: this part not in the Arabic, probably a *parablepsis*.

567a19: القيفال : κέφαλος : *TF*, pp. 110–112: *grey mullet*, also 570b15.

567b26: الحيات التي تسمى باليونانية طفلينا وتفسيره العمى to explain the Greek words οἱ τυφλίναι ὄφεις,[15] possibly a glass-snake, a type of lizard, Cf. Aelian. VIII 13.

568a5: Next some examples of the formula with the name in Arabic: VI 568a5: ὃ καλοῦσι φῦκος: وهو الذي يسميه العرب طحلب: a literal translation without the Greek word. IV 528a1 uses a different formula: وجميع الاصناف التي تسمى بالعربية حلزون, Greek: καὶ πάντα τὰ καλούμενα ὄστρεα: حلزون and not the Greek word in Arabic letters as usual, e.g.: والذي يسمى باليونانية فوقينا, VII 598b1.

15 Many explanations start with the word: ... وتفسيره, cf. VIII 618b2, 620b13.

568a19: عركة: *a time, once* : Lane V 2024a; B-K II 233b. In Greek only τρίς.

569a18: T has شبيه الشمك, but because of all other cases corrected into: شبيه★بالشمك.

569a18: الصير : small salted fish : μέγεθος ἡλίκα μαινίδια μικρά. *TF* 153–155; cf. also αἱ μαινίδες : always الصير, cf. VI 570b27 and VII 607b21; cf. also Dozy I, 856b: *petits poissons*.

569b13: ad 559b29.

569b30: ⟨⟨في الاخر(ة)⟩⟩, τέλος, cf. e.g. *GA* 754b16.

570a32–b1: The Byzantines have been called الروم, cf. also 571a12. The month was called Ποσειδεών : περὶ τὸν Ποσειδεῶνα μῆνα: في شهر الروم الذي يسمى بوسيدون : *during the Roman month which is called Poseideon* : December–January.

570b10: μικρὰ καὶ ἔμψυχα (*small living things*): صغير وبارد جدا (*small cold things*): ἔμψυχα confused with ψυχρός and ψύχειν. A noteworthy mistake.

570b15: القيفال : ad 567a19.

570b20: سمولوس, as is written in T; not changed according to Greek, μόρμυρος (a kind of bream).

570b27: αἱ μαινίδες : a kind of sprat.

570b30: τῶν σελαχῶν became صلاشي : σ → ص and χ → ش.

571a4: ابرة is the translation of ἡ βελόνη, added in 571a2: بالوني.

571a9–11: The tunnies live two years, the young ones are called بلاموذاس or πηλαμύδες and after a year they are called θυννίδες or θύννοι. After the second year they are bursting of fatness, but '*no adequate description of the tunny is given by ancient authors, because the fish was too common*', and there were many types of these fishes without any precise distinction, *TF*, 79–80.

571a17: The Byzantines called those fishes αὐξίδες, because they are quick in αὐξάνεσθαι, but this play on words got lost in the Arabic text: With αὐξίδες (*growers*): young tunnyfish is meant.

571a25: ὁ κορακῖνος, *TF* 122–125 : *spawn*: plur. also in 571a28 and 571a34.

571a32: Somewhat vague translations: ψοφεῖ ἐκθλιβόμενα: وينشق, cf. also VIII 631b28: τό τε κάλλαιον ἔξωχρον γίνεται (*the crest becomes pale yellow*) became تغير (*it changes*).

571a34: γόγγροι became غنقري : -οι → ي, cf. κορακῖνοι : قوراقيني in 571a25 and a28. Remarkable is the *nasalization* of -γγ- and the rendering of the γ as غ.

572a9: T reads clearly رمك, cf. Lane III 1158c and B-K I 928a: plural of رمكة. Cf. also Ullmann, *WgaÜ S*1, 491 reads رمك, following the edition of Badawi. Cf. also VI 572a10 and b8.

572a13–14: The name of the island Κρήτη is not mentioned in Arabic here, although the translator knows the name of the island, see 612a3.

572b24: ὃ καλεῖται καπρᾶν is not translated in Arabic; the same with 572b26, σκυζᾶν; 573b2, καπρία, and 573b5, μετάχοιρον.

In 574a30 σκυζᾶν has been translated with ترضع, as if the Greek text has the word θηλάζειν. Perhaps a form of cultural adaptation.

572b25: وتدنو من الناس : The Greek text reads: ὠθοῦνται καὶ πρὸς τοὺς ἀνθρώπους, but Scotus : *ut propinquent hominibus* : following the Arabic text.

573a16: παχύτερον : احثر واغلظ : two synonyms, cf. IV 523b15.

573b5: μετάχοιρον, cf. 572b24: a technical term for the smallest and weakest of a litter of piglets, cf. VI 572b18–19.

573b24: كرّاز : ὁ ἡγεμών : *the leader of the flock*; cf. 573b25 and 574a11. *WKAS* I 125a17 ff.

575a2: ἐπὶ μὲν οὖν τῶν Λακωνικῶν … αἱ θήλειαι: واناث الكلاب : Λακωνικοὶ κύνες were a famous type of dogs, superior in courage and love of work, cf. VIII 607b31–33. But technical terms have often not been rendered.

575b5–6: Ὅμηρόν … ποιήσαντα ἄρσενα πενταέτηρον καὶ τὸ βοὸς ἐννεώροιο: ان بعض من قرب قربانا ذبح تورا ابن خمس سنين. : This is a quotation from Homer's Iliad II 402–403. The lines are not completely translated. Usually Greek poetry has

not been translated, cf. the quotation in VIII 633a19–24, originating not from Aeschylus, but probably from the lost tragedy *Tereus* of Sophocles, which was not translated.[16]

For قرب قربانا, cf. notes ad VIII 614a1 and 614a7–8.

575b15–16: ἄρχονται δὲ τῆς ὀχείας περὶ τὸν Θαργηλιῶνα μῆνα καὶ τὸν Σκιρροφοριῶνα αἱ πλεῖσται: واكثر نزوها وحملها يكون في اوان الربيع: the names of the months are missing in the Arabic text. It just says 'in springtime': Technical terms have not always been translated, cf. 572b18–19.

Book VII

588a17–18: γένεσιν: ومزاوجة وولاد; also VII 588a18: Two synonyms, sometimes even three, in Arabic for one Greek word : τὰς τροφὰς : الغذاء والطعم والعلف.

588a19: ἐν τοῖς πλείστοις: في كثير, cf. IV 525b4. Without superlative, translated as a positive.

588b4: κατὰ μικρόν: من شيء الى شيء رويدا : cf. 588a17–18.

588b14: διαφθείρεται: تهلك وتبيد : cf. 588a17–18.

588b16: For the combination of وبقول كلي جميع compare قولا عاما جميعا in *GA* 778a11: κοινῇ.

589a1: الب : *WKAS* I 92a.

589a5: سيار : οἱ δὲ σωλῆνες ... ἀρρίζωτοι διαμένουσιν; therefore سيار, cf. 548a5.

589a25: يلح : IV stem: *WKAS* II,1,262 ff.

589b28: The crocodile is described as a kind of fish, but with four feet.

590a2–4: The Greek text: ὥστε δῆλον ὅτι καὶ ἐν τῇ ἐξ ἀρχῆς συστάσει ἀκαριαίου τινὸς μεταβάλλοντος τῷ μεγέθει, ἐὰν ᾖ ἀρχοειδές, γίνεται τὸ μὲν θῆλυ τὸ δ' ἄρρεν, ὅλως δ' ἀναιρεθέντος οὐδέτερον.

---

16 Cf. Balme, HA Loeb III, 410–411, note a and b.

The text of both Balme and Louis is identical.

Scotus: *Et hoc apparet in emasculatis, quoniam si a masculo abscindatur membrum parvum, mutabit ipse ad naturam feminae, et diversitas est cum membris parvis.*

It is clear in the case of castrated animals that when a small part has been mutilated in its original constitution, the animal changes either into male or into female, but if this part is wholly destroyed the animal becomes neither.[17]

591a5: ἀπεδηδεμένας: from ἀπέδομαι: *to eat*, but مربوط mistakenly assumes to be a derivation from ἀποδέω: *to bind, attach.*

591b14: العقوسين : Greek: τῶν δὲ καρίδων, crab, *TF*, 103.

592b9: Spelling is غلااقس for ἡ γλαύξ: alif to render the diphtong. Also b10 and b13.

592b9: It seems that we have to conclude that the Greeks called βύας (Balme-Gotthelf) / βρύας (Eagle Owl) also σπιζίας (Sparrow hawk), cf. *TB* (1895), 40–41 and 158. Cf. also 592b2 : اسطفسياس : σπιζίας!

592b17: The word اسبيزا has three meanings in the Greek version according to the edition of Balme-Gotthelf. Possibly this was not noticed by the translator or the scribe, because the typeface is always the same: usually σπίζα (chaffinch) is meant, but the Balme-Gotthelf edition reads 592b2 σπιζίας and 592b18 σπιζίτης, cf. *TB* (1895), 157–158, and Arnott (2007), 325–326.

593a15–16: The order was changed: in Ar. first the περιστερά and then the φάττα. In the enumeration two kinds of birds are missing: the φάψ and the οἰνάς.

593a15–16: οἷον φὰψ (a.l. φάττα) περιστερὰ οἰνὰς τρυγών: مثل الحمامة والفاختة والاطرغلة: Arabic reads οἷον περιστερὰ φὰψ (φάττα) τρύγων with omission of οἰνάς; different sorts of doves, Arnott (2007), 267–269; 225–226; 260–261; 364–365.

593a18: ἀφανίζεται· φωλεύει (Bekker: φωλεῖ) γάρ: Ar. only وتغيب.

593b24: κόπτει (*takes prey from*): ويقطع : a loan translation. Other loan translations: 594b6: ὑγρότητα (*flexibility*) became رطوبة and 606b2: ἀκρόδρυα (*nuts*)

17 Freely rendered from Balme's translation (1991).

became اطراف الشجر (*tips of the trees*): very literally translated, but probably not understandable for Arabic speakers.

594b6: ὑγρότητα (*flexibility* : Balme (1991): *suppleness*): note 593b24.

595a2: The word κερκίς (κερκίδας) is a tree, *aspen*, but has been translated as غصنا, *branch*, cf. II 498b33: Translation of an unknown word through a word similar to it.

595a4: ὀστοῦ ψόφον became in the Arabic text: صوت كسر العظام (*the sound of breaking the bones*): some elaboration, cf. also 595b16 μετανιστάμεναι.

595a20: The numbers have not always been correctly translated : ἐν ἑξήκοντα ἡμέραις (*sixty*) : في ستة ايام (*six*); cf. 607b33.

596b12: اكول : παμφάγα : *hapax legomenon* in *HA*, cf. also *PA* 697a1: σαρκοφάγα with the same construction : وما كان منها اكول اللحم فله. اكول is active and مآكول passive, cf. Lane I 72c and *B-K* I 43b, not in *GALex*.

596b16: γλυκὺν: حلوة عذبة طيبة : three synonyms, cf. 598a17, 599a7.

595b16: μετανιστάμεναι: انتقلت من مكان الى مكان : very precise in meaning.

597b30: Sometimes change of letters in Greek names, e.g. باقلان instead of بالاقان.

598a13–15: A long series of different fishes in the Greek version, some inshore and others deep-sea fishes, but according to Aristotle some are deep-sea as well as inshore fishes, ἐπαμφοτερίζουσιν. In Arabic it is only the κόκκυγες (gurnet, *TF* 119–120), which ἐπαμφοτερίζουσιν, the others are only deep-sea: فاما الذي يسمى قوقيغاس فهو مشترك لانه ربما كان لجيا وربما كان شاطئيا او قريبا من الارض.: too many names for the translator perhaps!

598a15: ἐπαμφοτερίζουσιν has been translated as مشترك, but it seemed necessary to provide an explanation: لانه ربما كان لجيا وربما كان شاطئيا; 599a24: καὶ γὰρ αὗται φωλοῦσιν, (*for they too hide*, i.e. in winter), but the Arabic text added as explication: فانه يأوي في كوائره, (*for they stay in their beehives*).

598a17: πίονα: اسمن واخصب واطيب : more adjectives.

598b1: والذي يسمى بالينانية فوقينا : the usual formula using a Greek word. On the other hand: IV 528a1 uses a different formula: وجميع الاصناف التي تسمى بالعربية حلزون, Greek: καὶ πάντα τὰ καλούμενα ὄστρεα: حلزون and not the Greek word in Arabic letters as usual. Cf. VI 568a5.

598a17: شيء رديء الرائحة منتن الطعم, cf. 596b16: synonyms.

599a7: τὴν φωλείαν : في مأواه وعشه ومربضه, cf. 596b16: synonyms.

599a13: The plural اعشتهما is frequent in the *HA*, not mentioned in the dictionaries, cf. also *GA* 750a15, where you find the same plural.

599a19–20: اذا كان ... الحر والبرد was transposed from 599b2 (T 199,5) consistent with the Greek text.

599a31: وسام ابرص : always without article in *HA*, Lane I 188b–189a.

600b15, etc.: The Greek text uses the word γῆρας, i.e. *old age*, the slough, the outermost skin which is thrown off, e.g. by snakes every year. The MS always reads 'skin'; therefore no change in كبر, but it remained جلد as in the MS.

603a24: T has مطيرة, and thus this text. Wehr gives both forms: the one used here and مطرة.

603a32: Greek: τὰ βράγχια: للاذنين. It is possible to read here للوزتين, but this does not correspond with the Greek text. Another possibility may be something like نغنغات, but this word does not correspond with the ligature.

604b1: اجزاء المؤخر, Badawi: رجلي. Greek: τὰ σκέλη. This reading has been chosen because of the ligature of T: حبوب, cf. also VII 632a24.

604b10: τὸ νυμφιᾶν: مرض آخر ايضا شبيه بالكلب والجنون (*another sickness similar to hydrophobia and frenzy*).

605a7: مبرز معروف : Balme (1991), 189, note b, refers to VI 572a20: presumably ἱππομανές.

605b18: ἐρυσιβώδη (*mildewed*): القملة (*lice*): Technical terms are often not trans-

lated, or rendered differently. Cf. also VII 604b10: τὸ νυμφιᾶν: مرض آخر ايضا شبيه بالكلب والجنون ; cf. also 617b24; 621b9; 625b1–2.

605b30: في ناحية against في الناحية الاخرى.

606a5: ἡ Σικελία is سقلية or here اسقلية, cf. 522a22 and 520b1.

606b2: ἀκρόδρυα (*nuts*) became اطراف الشجر (*tips of the trees*): very literally translated.

606b3: وفي ارض ثراقيا واسقوثيا : The Greek text mentions only Thrace, but the Arabic text says Thrace and Scythia.

607a16: The Arabic text confirms the choice of Balme and Gotthelf: بلدة اسقوثيا, and not Caria, as is to be found in the editon of Louis.

607b21: see ad VI 569a18: الصير.

607b33: The numbers are not always correct: τάλαντα πεντεκαίδεκα: خمسة ومائة طالنطا, cf. 595a20.

Book VIII

608b8: The translator often used the same expressions, e.g. here: διόπερ: ومن اجل هذه العلة اقول ان or 616 b11: فاما الذي يسمى خلوريون وتفسيره اخضر, cf. also 618b2; 619b23, 620b12–13, etc

609a24: شاهمرج : Persian, perhaps βρένθος, a sea-bird : *TB* 40 or λάρος, *sea-gull* : *TB* 111. The meaning of the word شاه مرج (in Persian: *shahmurgh*) is unclear, but according to F. Viré (EI²), it is a Purple Gallinule. More probably it is a Porphyrio porphyrio, a purple swamphen, according to Arabic sources eaten by swines (addition by Remke Kruk)

609a25–27: It is not clear which bird is meant with شرقراق : χλωρεύς (*TB*196) or αἰγώλιος (*TB* 16–17) or κολοιός (509a1, *TB* 89–90).

609a27: ὁ κάλαρις (*TB* 74: unknown) is in Arabic: قالارينيوس (only here).

609a29: cf. I 489b2 and II 508a6: الحرذون : here ἀσκαλαβώτης, a *lizard*.

609a31: The ἐρωδιός (*TB* 58–59: *heron*) is called تدريج in VIII 609a30 and b7, but it is usually named الدراج.

609b10: The addition is made because of the Greek text: ما ⟨يتولد من⟩ بيرقيس : ὃν ἔνιοι μυθολογοῦσι γενέσθαι ἐκ πυρκαιᾶς.

609b19: ἕλη: والاماكن الكثيرة المياه الملتفة الشجر, cf. e.g. VI 559a1–2 and 595a4.

609b20: أريّ : Lane I 51c–52a; Ullmann, *WgaÜ S2*, 583: ἡ φάτνη.

609b21: وللطائر*, because الطائر (T) is the species of birds to which they (ثلثة اجناس) belong; cf. Ullmann, *WgaÜ*, 178: وفي الدبر جنسان (*HA* 627b23).

609b27: κορύδῳ (*lark*: *TB* 95–97) translated with الهدهد (*hoopoo*).

610a14: ὁ θώς (*jackal*): is incorrectly translated with نمر (*leopard* or *tiger*).

610b6: In a long series of fishes some have not been translated into Arabic, such as σαργῖνοι and πηλαμύδες, as often in such series of names.

610b34: T reads البحر, B-K I 88b: بَحِرَ inf. بَحَرٌ : *être saisi et interdit de frayeur*, and therefore the meaning : *to be frozen* / *rigid with panic*: 'They learn the sheep to get used to panic so that they will follow them when they hear a noise …' The Greek συνθεῖν has faded into the background.

611a2: واذا خرجت الثيران من قطيعها : ἀτιμαγελήσαντες: *to leave the herd*, cf. VI 572b18–19.

611a15: الحيوان البري ذوات الاربعة الارجل: somewhat strange, this plural after the singular الحيوان البري, but compare 610b24: reading T: جميع الحيوان ذات الاربعة الارجل in which حيوان is feminine, whereas this word is usually masculine.

611a18: اللوف : *seseli*: a kind of fennel: cf. Balme, *HA* 1991, p. 239 and also *WKAS* II,3, 1788a32–38.

611a28: φυλάττονται : تحفظ وتتوقى : Two synonyms in Arabic.

611b35: اللوف: Here τὸ ἄρον : *arum* or *arisarum vulgare*: *WKAS* II,3, 1788a4–18: *friar's cowl*.

612a3: The name of the island Crete is known: في ارض جزيرة اقريطية, but was not explicitly mentioned on earlier occasions, such as VI 572a14 and VII 598a16.

612a4: Another spelling: Ullmann, *WgaÜ*, 201: دقتامنون : dittany: ζητεῖν τὸ δίκταμνον : *look for the plant that is called in Greek dittany* : تطلب العشبة التي تسمى باليونانية داقتمنون.

612a7: خانقة الفهود, in Greek: παρδαλιαγχές, a kind of plant.

612a16: *Ichneumon* (quadruped): Egyptian mongoose or *Herpestes ichneumon*, well-known for killing poisonous snakes. Also mentioned in VI 580a23, but only in the Greek text.

612a32: لقلق : *WKAS* II,2, 1043a35 ff. Greek: ὁ πελαργός.

612b12: مكر : τὴν κακουργίαν : *cunning* (Wehr).

613a3–4: ترابا مالحا or *salty earth*: not in the Greek text, but in Scotus' translation: *terram salsam*.

613a4: اوجر IV : B-K II 1491a: *introduire à quelqu'un un médicament dans la bouche et le lui faire avaler*. Greek: εἰσπτύει.

613a25: هى هى: without و or ف, cf. Ullmann, *NE* II, 295–297.

613b16: Chosen is وتجلس because of the Latin text *et cubant* and the Greek text ἐπῳάζουσιν, as shown in the critical apparatus.

614a1: قرب II: it is an offering to the gods: ἀνάκεινται and ἀνατιθέμενον. The Latin translation is *appropinquare* (and a8 *in appropinquatione*), cf. Scotus *HA* (currently being prepared by van Oppenraaij). In Arabic texts through Syriac: ܩܪܒ and ܡܩܪܒܘܬܐ.

614a7–8: ἐν μὲν γὰρ τοῖς ἱεροῖς, ὅπου ἄνευ θηλειῶν ἀνάκειντο: فان الديوك اذا قربت بريئا (من اناث) في مواضع (التي تسمى كاهنية) ثم دخل بينها ديك مقرب تسفده جميع تلك الديكة. *When the cocks, without females are presented as offerings in places* ⟨⟨Scotus: *which are called holy*⟩⟩, *and then a cock enters between them, him while approaching all those cocks will tread.*

The choice for these additions is based on the following arguments:

1. The word in the Greek text is ἐν τοῖς ἱεροῖς (كاهنية) and in Scotus' translation it became '*in locis qui dicuntur kihinie*'.
2. For the word كاهنية, cf. VII 607a31 and VIII 620b35.
3. It must be ⟨في مواضع ⟨التي تسمى كاهنية : ἐν ... τοῖς ἱεροῖς. Offerings took place in holy places, usually without hens.

614a10: ἐπὶ δὲ τὸν θηρευτὴν πέρδικα ... the Arabic text explains the action of the θηρευτής: واذا وضع الصياد قبجا ذكرا في قفص يريد به غيره.

614b9: simplification: οὐ πολλῷ ἔλαττον (*not much smaller*) became simply اصغر, omitting οὐ πολλῷ, cf. e.g. IV 526b31. Sometimes the comparative is correctly translated, cf. V 544a12.

614b28: οἱ ἐν τοῖς ποταμοῖς γινόμενοι καταπίνουσι τὰς μεγάλας κόγχας καὶ λείας: ... في الانهار فهو يبلع الحلزون الاملس وهو الذي يأوي في الانهار الكبيرة, strange because الكبيرة should not belong to الانهار (2), but to الحلزون.

615b12: This part deals with the ὕβρις (Eagle-owl, *TB*174) or the πτύγξ, which does not see sharply and therefore does not appear during the day. In Arabic the bird sees sharply and therefore he appears by night to hunt, cf. also Scotus: *et ista non apparet die quod est acuti visus*. Perhaps μὴ in τὸ μὴ βλέπειν is not correct?

615b19: The Greek κίττα became قصا, from the non-Attic form κίσσα, Schwyzer (1959), I 320.

615b23: τῶν πελαργῶν (*storks*) incorrectly became غرانيق (*cranes*).

615b29: τὰ δὲ ἐπάνω ὥσπερ τῆς ἀλκυόνος κυάνεον: واعلاه الى السواد ما هو مثل لون الطير الذي يسمى باليونانية القوان: in Arabic an explication of the unknown bird ἡ ἀλκυών,[18] *alcedo atthis*, halcyon or king-fisher, *TB* 28–32.

616a18: فالى الخضرة ما هو : cf. Ullmann (1994), type xi, 17 ff.

616b11: فاما الذي يسمى خلوريون وتفسيره اخضر, cf. 608b8 and 612a4. The same type: 618b2: ὁ δὲ καλούμενος αἰγοθήλας: اما الذي يسمى اغوليثاس وتفسيره الذي يرضع المعزى; 619b23: ἡ δὲ καλουμένη φήνη: فاما الطير الذي يسمى باليونانية فيني وبالعربية كاسر العظام; 620b12–13: τὰ περὶ τὴν νάρκην: ما يذكر عن الحيوان الذي يسمى نارقي وتفسيره خدر.

18 In 616a15 the color of the ἀλκυών is mentioned: ولونه مثل لون الازورد, cf. *WKAS* II 35b42 ff.

NOTES TO THE ARABIC TEXT · BOOK VIII 57

Sometimes without Greek equivalent: the formula with the name in Arabic: VI 568a5: ὃ καλοῦσι φῦκος: وهو الذي يسميه العرب طحلب.

616b22: سطي : the difference because σίττη belongs to the α-MSS-group; B-G has a preference for σίπτη from the β-MSS-group.

616b24: πολύγονος δὲ καὶ εὔτεκνος ([the bird] *is prolific and a good parent*) became in Arabic: ولا يبيض بيضا كثيرا (*it does not lay many eggs*).

617a24: نيسورون in Arabic is the reading of the Bekker-edition: ἐν Νισύρῳ, MSS-group C; B-G followed group β: ἐν Σκύρῳ.

617b13: κόραξ καὶ κορώνη: والغراب والغداف (*TB* 91–95: *raven*, 97–100: *crow*).

617b23–24: ἀσκαλώπας δ' ἐν τοῖς κήποις ἁλίσκεται ἕρκεσιν: فاما الذي يسمى اسقالوفوس فهو يصاد في البساتين والمواضع الكثيرة الشجر, without translation of ἕρκεσιν (with nets). Ἀσκαλώπας : woodcock: *TB* 36.

617b26: الطير الذي يسمى زرزر وهو سوداني, Dozy and Lane: عصفور سودانية synonym for زرزر : ὁ ψάρος, *TB* 198.

617b29: الفَرَمَا is the name of the city that is called in Greek Πηλούσιον, as mentioned in the Greek text.

618b2: ὁ δὲ καλούμενος αἰγοθήλας: فاما الذي يسمى اغوليثاس وتفسيره الذي يرضع المعزى : ad 608b8 and 612a4. This goatsucker or nightjar: *TB* 15.

In Arabic the bird is called here, with change of consonants: اغوليثاس instead of اغوثيلاس. The bird is mentioned only here, with correction in the text.

618b32: περκόπτερος (Bk.: περκνόμερος) λευκὴ κεφαλή : ابيض اللون ابيض الريش : A strange mistake: the manuscript reads ابيض الريش, but I suppose it should be ابيض الرأس, because the Greek text has λευκὴ κεφαλή, but the word περκόπτερος, dark-winged, has not been translated.

619b23: ἡ δὲ καλουμένη φήνη: فاما الطير الذي يسمى باليونانية فيني وبالعربية كاسر العظام : ad 608b8 and 612a4. ἡ δὲ καλουμένη φήνη: فاما الطير الذي يسمى باليونانية فيني, with the noteworthy addition وبالعربية كاسر العظام (and in Arabic: *the breaker of bones*): the addition وبالعربية is not frequent.

619b7: اللاهي : *WKAS* I 42b and *WgaÜ* S1, 458–459.

619b16: ويرضع : IV: 'and feeds his young' : Scotus: 'et nutrit suos pullos …'

619b24 till 620b5: not in T, but found in Scotus' translation, see the forthcoming edition by Aafke van Oppenraaij.

620b26: The νάρκη and the βάτραχος (ونارقي والضفدع) are added in Arabic as the slowest, whereas in the Greek text the κεστρεῖς are the slowest (βραδύτατοι).

620b34: οἱ σπογγεῖς (sponge-divers) became ملاحون (sailors).

621a11: T reads instead of بينا something like يمس, which could also be بين without *alif*. This can easily be explained as a scribal error. Remarkable is that Gaza also reads *tactu* and thus Sylburg proposed ἅψει, but the reading of the MSS is ὄψει, as adverb, cf. edition Balme-Gotthelf, in Arabic بينا, reinforcing بل.

621a29: The Greek text reads ἄττει, *to shoot* or *to dart*, also in aggressive sense. The Arabic text has يعض here, to bite. Because the ligature is clear, it is difficult to change it. Perhaps Scotus tried to express it more strongly and clearly by adding ἦχον ποιεῖ and ويكون له دوي, in Latin *vociferat*.

622a16: The Arabic text reads πιλούμενος : *contracted* or *close-pressed*; the translator chose التدليك, cf. Lane III 906a. Scotus follows the Arabic text: *quoniam exiverit ex eis* … Therefore the body looses the humidity through pressure on the body. *B-G* reads πηλούμενος : *coated with earth*: in the pronunciation there was no difference between πη- and πι-.

622b21–22: The word الذكورة is the reading of T, but it is strange. To make a conjecture الدبور, based on the preceding الدبور, is also difficult. One should expect a translation of the animals, related to the الدبور, ἔτι δ' ἀνθρῆναι καὶ σφῆκες, the hornets and the wasps. Therefore in a nutshell, similar to the Greek text: καὶ πάνθ' ὡς εἰπεῖν τὰ συγγενῆ τούτοις or وجميع الاجناس الملائمة لهذه المذكورة.

622b30: نزاء, cf. *B-G* II 1243a, is coined like بكّاء, cf. e.g. Wright (1967), I 137, § 233, Fischer (1972), § 115. This form also in 622b33.

623a21: يرُمّ, رمّ : translation of the Greek word ἀκέομαι = reparare. Here it refers to the repair of the web (ὑφή) of the spider.

623b30 : ارض الخلية : ارض is here τὸ ἔδαφος, the bottom of the beehive.

624a9: كوتان : *WKAS* I 419a–420a; *WgaÜ* 301–302.

624b28: τὰ ἥμερα νεμομένων καὶ ἀπὸ τῶν τὰ ὀρεινά: this opposition caused the interpretative translation of τὰ ἥμερα (*domesticated plants*) in Arabic: السهل (*flat regions*), because τὰ ἥμερα are usually found in flat regions, cf. also 628a1: τῶν ἡμερωτέρων: الدبر السهلي (*the wasps of the plain*).

625b1–2: οἱ δὲ φῶρες καλούμενοι κακουργοῦσι μὲν καὶ τὰ παρ' αὐτοῖς κηρία, εἰσέρχονται δὲ ἐὰν λάθωσι καὶ εἰς τὰ ἀλλότρια· ἐὰν δὲ ληφθῶσι, θνήσκουσιν: فاما صنف النحل الذي يسمى فوراس فهو يضر الشهد الذي يكون فيه وربما دخل في بيوت سائر النحل ان قدر على ان يغتاله فان ادرك قتل ولا يقوي على ان يقاتل النحل ...

Here too, the robbers (φῶρες) have not been translated, but kept their Greek names (فوراس ; Scotus: *korez*: k because he read ق): cf. VII 605b18: technical terms have not always been translated: ἐρυσιβώδη (mildew) > القملة (louse).

N.B. The conjecture of Badawi يغتاله must be right in the sense of ἐπιβουλεύω, although the Greek text has λάθωσι: in both cases it is about a stealthy attack.

625b23: ἐν ὥρᾳ τοῦ ἔτους (*in spring of the year*): في اي زمان من السنة (*at every time of the year*). Perhaps there is a mistake in the translation: ὥρᾳ is interpreted as "spring", see Balme in his translation and Louis III, 120, note 3, but in Arabic it was translated as "time", زمان. Scotus: *tempus determinatum*.

627a22: يحمل as in T is difficult. It seems better to follow the Greek and Latin version : αἱ δὲ (ἐργάζονται) ἐριθάκην, Scotus: *et quaedam* (*faciunt*) *id quod dicitur artiaki*. Therefore the conjecture ⟨...⟩ يعمل.

627a25: δὶς ἢ τρίς (*two or three times*): مرة او مرتين (*one or two times*). The numbers are not always correct, cf. IX 582b24 and X 638a15.

627b26: ولونه الى السواد ما هو : Ullmann (1994), type 1.

628a29: τῶν ἀγρίων σφηκῶν : الدبر الجبلي, but I 488b2: بعض الطير جبلي : ὄρεια.

628b17–18: The translation of ἐκ τοῦ τόκου (*by birth*) with من المكان الذي يزرع (*from the place which produces them*) seems somewhat curious.

628b32: The hornet is one of the biggest wasps. Therefore الاصغر should not be retained. 629a25 reads الاصفر, which is to be preferred, the more so because the

European hornet is yellow; he is also known as *Yellow Jacket* and, as here, as *meat bees*. The Greek text does not mention a colour for these insects.

629a3: οἱ σφῆκες systematically translated with الدبر الاحمر, also 629a10.

629a12: κηρίων: من عشه, but 628a12: ثقب وبيوت. Scotus: *alvearia and domos parvas* in 628a12.

631a3: Lane VI 2445b: plur. فلاء and thus فلائها. The other possibility is فلاوى, but with suffix, فلاواها, graphically difficult.

631a31: في عمق for the Greek words εἰς βυθὸν without article. Also in T without article, cf. *GA* 783a22: في عمق : διὰ βάθος.

631b28: τό τε κάλλαιον ἔξωχρον γίνεται (*the crest becomes pale yellow*) became تغير (*it changes*): weak translation, cf. VI 571a32.

632a17: بيض here *testicles*.

633a19–24: The quotation, originating not from Aeschylus but probably from the lost tragedy *Tereus* of Sophocles, was not translated,[19] cf. 575b5–6 about Homer.

633b1–2: οἷον ἀλεκτορὶς πέρδιξ ἀτταγὴν κορύδαλος φασιανός: مثل القبج والدراج والدجاج وغيرذلك. In this case وغيرذلك briefly renders the names of the other birds: two names or more in the Greek text have often been abbreviated to one or two Arabic names.

Book IX

581a10: The coming-to-be of children forms the subject of Books IX and X, while 581a10 Books I–VIII deal with the different parts of the bodies of man and animals and their functions. As was said in the Introduction,[20] the Greek lists of Aristotle's works have for this reason classified Books IX and X as a separate work. In Arabic, however, they have been considered as an integral part of

19 Cf. Balme, HA Loeb III, 410–411, note a and b.

20 See pp. 1–5.

the Historia Animalium. This is obvious from the fact that a single translator translated the whole كتاب الحيوان in 17 Books and not 15.

Since the subject of Books IX and X is different, we may also expect a different terminology, while the general terminology and characteristic expressions of the translator remain the same. This is indeed the case, and many instances indicate that the translator of these books was the same as of the others: نشأ (αὐξάνω); طعن and كبر (γῆρας); خالف (τὸ ἐναντίον); رطوبة (ὑγρόν); وقت and زمان (καίρος and χρόνος); طباع (φύσις), etc. Expressions such as على ; بقول عام ; فيما سلف ; في كل حين ; مثل هذه الحال can also be found in *GA*, *PA* and in the other parts of the *HA* 1–8 and in *HA* 9 and 10, so that we have good reason to suppose that the whole of the كتاب الحيوان was translated by the same person. Some examples: 581a10: μέχρι γήρως is translated by means of two synonyms, الشيب والكبر, as is also often found in the books I–VIII: الى الشيب والكبر; also 581a11: ἡ διαφορά: الاختلاف والفصل; 581a18: τὸ τραχύτερον καὶ ἀνωμαλέστερον: يخشن ويعظم الصوت ويكون غير املس مستو.; 584a29: συνεχής: متتابع.

581a14: سنيه : Lane IV 1447c and Wright, (1967), p. 246A, § 108.

582a8: Some expressions have occasionally been left untranslated in Arabic: ὥς ἐπὶ τὸ πολὺ (*as a rule, mostly*), cf. also 584a26–27 (not translated in both cases), but translated in VI 560b20 and IX 581a13, اكثر ذلك.

582a15: سُمر, plural of اسمر, *brown*.

582a25: يعقى : II stem, B-K II 303b.

583a30: τὸν αὐτὸν ἀριθμὸν (*with the same number*): اربعين يوما (*in forty days*).

583b2: الاربيتين : ὁ βουβών B-K I 23a; *GALex* 194; Ullmann, *WgaÜ* 167–168, S1 226–227: *groin*; *racine de fémur*.

584a3: A literal translation of the Greek text: σκότοι πρὸ τῶν ὀμμάτων : ظلمة قبالة العينين.

584a11: For يَرْبَى, رَبِيَ : Lane III 1023a.

584a28–29: (καὶ ὁ πόνος ἐπὶ μὲν τοῖς θήλεσι) συνεχὴς καὶ νωθρότερος (*continuous and more sluggish*): في ولاد الانثى ملح متتابع with the addition in Arabic: غير انه اضعف (*without becoming less*).

584b6: διαρθροῦται : This verbal form refers to الاذنين والمنخرين. Therefore فصل is obvious, but the fifth stem from L according to Dozy II 271b refers to clothes. For this reason it is probably better to choose the VII stem, cf. Lane VI, 2406b, for the Greek διαρθροῦται after نشأ (II): L: تفصلت → انفصلت. It is a pity that the Latin translation by Scotus did not record this word, but only translated *ampliabuntur ille vie* for اتّسعت تلك السبل.

584b9: These الاولاد العجيبة are the τερατώδη, deformed children resulting from unusual births, cf. LS 1776aII, cf. also e.g. *GA* 772a36, ed. Brugman-Drossaart Lulofs.

584b10–11: ἐν δὲ τοῖς περὶ τὴν Ἑλλάδα τόποις: فاما في البلدة التي تسمى باليونانية الاس.

584b11: Names of countries: τὴν Ἑλλάδα: الاس (Ἑλλάς) and 586a3 الس (Ἑλλάς or ʾΗλις, but the Greek text has Σικελίᾳ), cf. also III 522a22. In VI 572a13–14 ἐν Κρήτῃ was omitted, although the translator knew the name, see 612a3.

584b12: لحال الظن الذي يقدم يظنون : It goes back to the belief that the child could not be born after eight months of pregnancy, and that therefore the women were mistaken about that: καὶ διὰ τὴν ὑπόληψιν κἂν σωθῇ τι νομίζουσιν οὐκ ὀκτάμηνον εἶναι τὸ γεγενήμενον, ἀλλὰ λαθεῖν ἑαυτὰς αἱ γυναῖκες ξυμβάλλουσαι πρότερον.

586a2–3: ἐν Σικελίᾳ (a.l. in elide[21]): في البلدة التي تسمى باليونانية الس.

586a3: الس should be Elis, cf. Balme-Gotthelf.[22] The Greek text reads ἐν Σικελίᾳ, III 513b26: In 522a22 ἡ Σικελία is سقلية or VII (VIII) 606a5 اسقلية, so the translator knew Sicily; or is it in IX (VII) 586a3 الس (Ἑλλάς), (possibly the consequence of a bad manuscript?), cf. 584b11 τὴν Ἑλλάδα: الاس (*Hellas*), but then لا.

586b19–20: قريب : in both cases matched with the substantives, therefore قريبة and قريبان.

587a20: رِكّ : *lean, emaciated*, cf. Lane III 1141b–c. Missing in Latin.

587b21–22: Milk flows from other places than the breasts and even from the

21 Cf. Balme-Gotthelf (2002), 487.

22 D.M. Balme-A. Gotthelf, (1991), *HA* III (Loeb 439), 455, note b.

armpits of some women: ἐνίαις ῥεῖ οὐ μόνον κατὰ τὰς θηλὰς ἀλλὰ πολλαχῇ τοῦ μαστοῦ, ἐνίαις δὲ καὶ κατὰ τὰς μασχάλας (ابطي).

587b24: مجوف : cf. Fischer (1972), § 109, Anm. 2: because of كلا.

587b26: وجع الشعر : *hair-sickness*, Balme-Gotthelf (1991):[23] ὃ καλοῦσι τριχίαν, ἕως ἂν ἢ αὐτομάτη ἐξέλθῃ θλιβομένη ἢ μετὰ τοῦ γάλακτος ἐκθηλασθῇ. It is also called τριχίασις, LS 1825a: '*a disease in the breast of women giving suck, such that the nipples crack into fine fissures*', a disease in the breast of nursing women which causes thin clefts in the nipples.

587b33–34: *Parablepsis*, frequent in L and T.

588a7–8: καὶ ἐὰν ἡ κοιλία στῇ : Balme translated: *and constipation*, cf. LS 967a3b. Here: عقل البطن, cf. Lane V, 2113b in the middle: *The belly* (or *bowels*) *became bound* or *constricted*; syn. for استمسك.

Book X

Book X is sometimes difficult to read in the London manuscript, but Mattock's unpublished edition was very helpful in deciphering this part of the manuscript.

Whether Book X belongs to the *HA* or not was not an issue in the Arabic tradition. For the discussion, see introduction to Book IX. In this context it is also important that the typical combination والعلامات الدليلة على is frequently used in the whole *HA*.

633b12: The last line of Book IX is repeated at the beginning of Book X in Greek mss: προιούσης δὴ τῆς ἡλικίας.

When man and woman are getting older, they can no longer produce offspring. Also Balme and Gotthelf took the words προιούσης δὴ τῆς ἡλικίας as part of Book X.

633b24: T: وحالها or L وحاله and T : فهو صحيح or L: فهي صحيحة, but رحم is feminine.

634a13–14: على صحة البدن وسلامته: perfectly in accord with the rules of grammar.

---

23 D.M. Balme-A. Gotthelf, (1991), *HA* III (Loeb 439), 471, note b.

634a19–635a10: This part is not transmitted in Arabic.

635a32: It is a double question in the form of a conditional subordinate clause: ان ... او ...: therefore the verb is perfect: يعرف إن كانت ... او ..., cf. Reckendorf, (1977), § 162, 2.

635b17: L² in margine, with arrows ↓ in the text, see app. crit.

636a28; a29; a32; a33; a35: نعار might be correct because of its frequency in the same form. نعر ينعر inf. نعار > σπάσμα > انقباض ; B-K II 1293b: *lancer, faire jaillir avec bruit le sang; si dit d'une veine comprimée d'abord, puis lâchée.*

نعّار : B-K II, 1293: Qui fait jaillir le sang comme jaillit l'eau de la source (veine). The other possibility would be the conjecture انقباض, departing from the Greek text, but not according to the ligature in the MS.

636a30: Two synonyms in Arabic for φλεγμασίᾳ: من قبل حرارة والتهاب عرض لها, cf. IX 581a10.

636b17: زرع كليهما, but L here: كلاهما !

636b17: افضى الرجل عاجلا : often *alif bi-ṣūrat al-yā'* ; LT: افضا.

637a11–14: δῆλον ὅτι οὐκ ἀπὸ παντὸς ἔρχεται τὸ σπέρμα τοῦ σώματος, ἀλλ' ἐφ' ἑκάστου εἴδους ἐμερίζετο. ἀπὸ παντὸς μὲν γὰρ ἐνδέχεται ἀποχωρισθῆναι καὶ τὸ πᾶν εἰς πολλά :

فهو بين ان الزرع يجيء من كل الجسد ويفترق وتكون صورته قائمة اذا تجزأ وبقي في الرحم :

In the Arabic text, this refers to pangenesis: the child was formed from all parts of the bodies of the man and the woman.[24] But this theory is not shared by Aristotle, because in the formation of the child the function of the semen of men and women is different. The formation of the child was the function of the semen of man, which forms the material, delivered by the woman in the uterus, the menstrual blood as nourishment, as *causa materialis*.[25]

24 Cf. U. Weisser (1983), 118 and 120 ff. For the theory of the pangenesis and that of Aristotle about material and form, cf. D.M. Balme (1991), 513–515, note c, and A. Gotthelf and J.G. Lennox (1987), 151–164 and 216 f. About the pangenesis, not Aristotelian, cf. A. Gotthelf and J.G. Lennox (1987), 59–61 and U. Weisser (1983), 104–109. This is one of the arguments for the spuriousness of HA X. Cf. G. Rudberg (1911) and P. van der Eijk (1999).

25 Cf. Aristotle, De Generatione 726a29–729a34; also U. Weisser (1983), 114, 143–144 and D.M. Balme (1991), 513–515, note c.

NOTES TO THE ARABIC TEXT · BOOK X 65

637a17: τῷ πνεύματι : بعنق الرحم: Gr.: *by means of the wind*; Scotus also read *vento* like the Greek text. Ar.: *through the neck of the womb*.

Therefore it is better to alter the text and read: بعون الريح than to follow the text of L and T: بعنق الرحم *through the neck of the womb*, which follows in 637a22.

L^2 reads بريح instead of L^1T بروح, cf. the end of 637a19, cf. also 637a18–20.

637a19: †ἕλκων† : in Arabic : يجذب, which probably means that Scaliger's conjecture ἕλκονται, based on the translations of Guilelmus de Moerbeke and Georgius Trapezuntius, may be ἕλκει, because the Arabic text was based on earlier Greek MSS than the extant ones, while the text of Guilelmus and Georgius was based on the extant other MSS. It is a pity that Scotus did not translate this part.

637b12: طائر : apparently masc. and fem., although it gets chicks: يستاق instead of تستاق and يفضي زرعه instead of تفضي زرعها.

637b32–33 : with the addition بريح "by wind".[26]

637b33: προίενται δ' οὐκ εἰς αὐτὰς αἱ ὑστέραι ἀλλ' ἔξω, οὗ καὶ ὁ ἀνήρ· εἶτ' ἐκεῖθεν ἕλκει εἰς αὐτάς, but the Arabic text added: بالريح (through the wind).[27]

637b36: καὶ οὐκ ἔστιν ἔξω τόπος εἰς ὃν καὶ …: خارج.

638a10–11: αἷς γίνεται … τινὶ γυναικί : ولذلك يعرض النساء … فيما سلف من الدهر : If not all food was used up by the embryo a mole came into being, namely something similar to an accumulation of flesh that might continue to stay in the uterus, even for many years, while the woman continued to seem pregnant.[28]

638a15: τρία ἢ τέτταρα: اربعة او خمسة : The numbers are not always correct, cf. VII 595a25.

638a16: The text of L^2 has been included here: it contains an explanation for the Greek word دوسنطاريا : قرح في الامعاء.

26 Cf. D.M. Balme (1991), 532, note a.

27 Cf. note a by D.M. Balme (1991), 516–517: Seed is attracted in the uterus by wind (πνεῦμα).

28 Cf. D.M. Balme (1991), 532–533, note b.

Index to the Notes

Grammar

Blau I (1966) §§ 17 en 19: 495b34; 548a32–b2; § 28 (alif otiosum): 527a1
Fischer (1972) § 84: 530b12; § 109,2: 531a21; § 109, Anm. 2: 526a24; 587b24; § 115: 622b30; § 126, Anm. 1: 545b6–7
Nöldeke, Zur Grammatik, Spitaler 154,2: 526a24
Nöldeke, Syrische Grammatik § 219: 530a32
Reckendorf (1977) § 162,2: 635a32
Schwyzer I (1959) 320: 615b19
Ullmann, WgaÜ 167–168: 583b2; 178: 609b21; 201: 612a4; 301–302: 624a9; 350–351: 499b5; 461: 504a28; 790: 498b30
Ullmann, WgaÜ S1 200: 489a17; 226–227: 583b2; 229: 489b3; 377: 488b16; 447: 499a5; 491:572a9; 567–568: 449a17; 715: 540b18; 776–777: 504a18
Ullmann, WgaÜ S2 161: 560b20; 266: 504a28; 410: 521a6; 637: 488b23; 736: 498b30, b33; 745–746: 502a24
Ullmann, NE I 439: 497b31
Ullmann, NE II 295–297: 613a25; 367–368: § 192: 497b33, 508a31, 518a11; 369–370: § 196: 525b9
Wright (1967) II 137D: § 233: حفوظ: 488b23: II 252A: 548a30; II 271: § 247: 486a10; III 246A: § 108: 581a14

English Terminology

Abrigment 487a27;487a29; 488b10; 559b15
Accusativus temporis 549b7
Addition: ⟨…⟩ 609b10
Addition frequenly used 486b17
Aelianus 567b26
Aeschylus 575b5; 633a19–24
Alif bi- ṣūrat al-yā’ 636b17
Alif otiosum 527a1
Alternation of س and ص 494b34; 548a32–b2
Alternation sitting on eggs 564a7–8

Bactrian 498b8; 499a15
Baldness 518b25
Bile 496b22–29
Blood pulse 521a6
Breathing 492b12
Byzantines 570a32–b1; 571a17
Castrated animals 590a2–4
Change in order 559b25
Change of letters σ > ص and χ > ش: 570b30
Comparatio compendiaria 526a15
Comparative 508a18; 544a12; 614b9
Comparative and elative not translated 530b3
Comparison 564a7–8
Concord in genus 486a25
Copulativum instead of relativum 501a31–32
Copy: اظنه قسر 489a20
Corrections in MSS 493b27
Crocodile 589b28
Cultural adaptation 572b24

Discussion choice of words 488b16; 488b17; 492a12; 492b23; 494a17; 494b4
Dolphin 504b26
Drossaart Lulofs' note 559a28
Dualis 497a8; 499b9; 546a27
Dung 559b1
Duplication 562b6

Ear 492a17
Eggs of male/female hens 559a28
Elaborate explanations 486b17
Embryo 638a10–11
Entwerdung der Steigeringsgrade 508a18, note 9
Enumeration of names 598a13–15; 610b6
Explication: πτερωτά 523b18
Explanation Arabic words 488b9; 559b29; 567b26; 598a15

INDEX TO THE NOTES

Fish 489b31
Formulas using Greek words 598b1
Formulas with Arabic name 568a5

Gall-bladder 496b22–29
Genitive-relation 540b11
Greek words in Arabic letters 487b9
Grey mullet 567a19; 570b15

Hadrianus emperor 558b16–17
Hapax legomenon 596b12
Hearing 492a14
Heat 559b1
Homer 575b5–6; 633a19–24
Homoioteleuton 505b29–34

Ichneumon 612a6
Insects are birds 490b13
Interruption of the text 526a11

Litotes 563a1
Litter of pugs 573b5
Liver 496b22–29
Loan translations 593b24

Missing part 533a18–30
Mole 638a10–11
Mongoose 612a16

Nasalization 571a34
Nautical term 534a28
Nomen generis: شوك, mentioned apart شوكة 530b12
Nominative after ان 489b33
Nominative after ليس 489b3; 495a34
Nuance (Ullmann 1994): ما هو 491b12; 526a16; 530b13; 561b14–15; 615b29; 616a18
Numeral 493b17; 607b33; 638a15
Numeral change of words 523b32

Old age 518a16; 600b15
Onomatopoeia 536b14

Pangenesis 637a11–14
Parablepsis 486a21; 488a33–34; 496a9; a33–34; 498a3–5; 507b31; 521a23–24; 540b16–17; 566b8; 587b33–34
Peck's note 558b16–17; 559a28

Pigs 573b5
Poem 542b8 ff.
Poetry quotations 542b8 ff.
Polysyndeton > asyndeton 561b14–15
Positive 588a19
Positive in Greek with جدا as a superlative 525a25

Repetition 498b15
Ring dove 558b22

Same type of expressions 608b8
Scotus 487a12; 572b25
Seseli 611a18
Simonides 542b8 ff.
Simplification 526a26
Sneezing 492b7–8
Sophocles 575b5–6 and note 17; 633a19–24
Spawn 571a25
Spontaneous hatching 559b1
Superlative with جدا 521b33; 541b9
Superlative in other form: لشدة بياضها 525a7
Superlative as positive: μέγιστον > عظيم 525b4; 588a19
Synonyms 487b1; 488a12, a23, b5; 499a30; 523a33, b15; 533b32; 548a32–b2; 559a30, b15; 561a20, b14–15; 562a15; 563a1; 573a16; 588a17, a18, b14; 596b16; 598a17; 599a7; 611a28; 581a10; 636a30
Syriacism 489b3, b33; 491a30; 530a32.

Technical terms 487a6, b9; 488a19, a20; 489a17, b3; 492a17, b34; 493a2; 575b15–16; 605b18
Tereus 575b5–6
T is a copy 489a20
Torpedo (fish) 540b18
Translation
    Loan translations 593b4; 594b6; 602b2
    Plur. in sing 486a6
    Precise translation 487a9–10; 488a30–31; IV 524b23
    Simplification 614b9
    Typical translation 486b13; 487a12; 488a33, b2; 490a11; 491b12
    Vague translation 571a32
Transposition 491b34; 599a19–20 from 599b2
Tunnies 571a9–11, a17

Turtle dove   558b22
Typical expressions: بمثل هذا الفن   486a18

Unfertilized eggs   559a2–3
Unusual plur.   488a5
ὕστερον πρότερον   487b33–34

varicose veins   518b25

white hair   518a16
word order   488a31
words discussed   488b23

Yellow Jacket   628b32

ἀγρίων   628a29
ἀδριανικαὶ ἀλεκτορίδες   558b16–17
αἰγοθήλας   618b2
αἰγώλιος   609a25–27
τὰ αἰδοῖα   500a33, b2, b14, b19
ἀκέομαι   623a21
ἀκρόδρυα   593b2; 606b2
ἀλεκτορὶς   633b1–2
ἀλκύων   615b29
ἀμφιδέξιον   497b31
ἀνάκεινται   614a1
ἀνασχίσῃ: opening egg   562a15
ἀνατιθέμενον   614a1
ταῖς ἀνατομαῖς   497a33
ἡ ἀντλία   534a28
ἀπεδηδεμένας   591a5
ἀποδέω   591a5
αἱ ἀποτομαί / φλεβίων   497a17
τὰ ἄρθρα   504b22–23
ἀριθμὸν   583a30
τὸ ἄρον   611b35
ὁ ἀσκαλαβώτης   508a6; 609a29
ἀσκαλώπας   617b23–24
ἀστερίας   566a17
ἀτιμαγελήσαντες   611a2
ἀτταγὴν   633b1–2
ἄττει   621a29
αὐξάνεσθαι   560b5; 571a17
αὐξίδες   571a17
ἀφανίζεται   593a18
ἡ ἁφή: حس اللمس   489a17
ἀφρός: goose   559b29
Ἀχαῖναι   506a24
ἀψοφητί   533b32

βάθος   631a31
ἡ βελόνη   571a4
ὁ βουβῶν   583b2
βράγχια   489b3; 566b3; 603a32
βραδύτερα   491b12
βρένθος   609a24
βρύας   592b9
βύας   592b9
βυθὸν   631a31

γ > غ   571a34
γαμψώνυχα   504a18
γαστροκνημίαι   499b5
-γγ- > غن   571a34
γένεσιν   588a17–18
γῆρας   600b15; 581a10
ἡ γλαύξ   592b9
γλυκὺν   596b16
γόγγροι   571a34

διαδεχόμενα   564a7–8
διαπεπασμένον: بالنضج   526a12
διαρθροῦται   584b6
διασπῶνται   531b15
διαφθείρεται   588b14
ἡ διαφορά   581a10
δίκταμον   612a4

ἔδαφος   623b30
εἰσπτύει   613a4
ἐκλέπεται   559a30
ἕλη   609b19
ἕλκει   637a19
Ἑλλάδα   584b10–11
ἔμψυχα / ψυχρός   570b10
ἐξέλεψε δίδυμα   562a30
ἐξήκοντα   595a20
ἔξωχρον γίνεται   571a32; 631b28
ἐπαμφοτερίζουσιν   598a13–15; 598a15
ἐπιγλωττίς   492b34
ἐπῳάζουσιν   613b16
ἐριθάκην   627a22
ἐρυσιβώδη   605b18
ἐρωδιός   609a31
τὸ ἔτος   625b23
εὐθηνεῖ   566a22
εὔτεκνος   616b24

ὁ ἡγεμών   573b24

INDEX TO THE NOTES

Ἦλις 584b11

ὁ Θαργηλών 575b15–16
θηλάζειν 572b24
θηλάς 587b21–22
ὁ θηρευτής 614a10
θυννίδες 571a9–11
θύννοι 571a9–11
θώς: ݴ 610a14

τοῖς ἱεροῖς 614a7–8
ὁ ἱππέλαφος 498b31–32
ἱππομανές 605a7

κακκαβίζω 536b14
ἡ κακουργία 612b12
ὁ κάλαρις 609a27
τὸ κάλλαιον 571a32; 631b28
καπρᾶν 572b24
καπρία 572b24
καρίδες 591b14
καταλαμβάνεσθαι 563a1
κατὰ μικρὸν 588b4
κερκίς 595a2
κέφαλος 567a19; 570b15
κῆβος 502a17
κηρίων 629a12
κίττα 615b19
ἡ κοιλία 588a7–8
κοινῇ 588a6
κόκκυξ 563b14; 598a13–15
ὁ κολοιός 504a19; 609a25–27
κόπτει 593b24
κορακῖνος 571a25; 571a34
κόραξ 617b13
ὁ κορδύλος 508a6
κορύδαλος 633b1–2
κορώνη 617b13
Κρήτη 572a13–14; 584b11
κροκοδείλοις ἀμφοῖν 508a6

Λακωνικοὶ κύνες 572a2
λανθάνω 533b32
λάρος 609a24

τὰ μαινίδια / αἱ μαινίδες 569a18; 570b27
τὸ μακρότατον 545b6–7
τὰς μασχάλας 587b21–22
μετανιστάμαι 595a4; 595b16

μετάχοιρον 572b24; 573b5
μετεωρίζονται 504a9
ὁ μήκων / ἡ μύτις 529b10
μόρμυρος 570b20

ἡ ναρκή 540b18; 620b12–13
ἡ νεόττευσις 559a2–3
Νισύρῳ 617a24

ἡ οἰνάς 593a15–16
ὀκτάμηνον τὸ γεγενήνον 584b12
Ὅμηρον 575b5–6
ὄρεια 628a29
ὀστοῦ ψόφον 595a4
ὄστρεα 598b1
ἡ ὀχεία 575b15–16

παμφάγα 596b12
παρδαλιάγχες 612a7
παχύτερον 573a16
ὁ πελαργός 612a32
πέρδιξ 614a10; 633b1–2
περιστερά 593a15–16
περκόπτερος 618b32
πηλαμύδες 571a9–11; 610b6
ηη-/πι-λουμενος 622a16
Πηλούσιον 617b29
πίονα 598a17
ἐν τοῖς πλείστοις 588a19
πλείω 561a1
πνεῦμα 637a17
πολύγονος 616b24
Ποσειδεῶνα μῆνα 570a32–b1
προμηκεστέραν: comparative/elative not translated 508a18; 542a6; 543a4; 544a12
πτύγξ (eagle-owl) 615b12
πῶρος 521a21

σαργῖνοι 610b6
σαρκοφάγα 596b12
ὁ σαῦρος 504a28
τὰ σέλαχη 570b30
ἡ Σικελία 606a5; 584b11; 586a2–3
σίππη / σίττη 616b22
τὰ σκέλη 604b1
ὁ Σκιρροφοριών 575b15–16
σκότοι πρὸ ὀμμάτων 584a3
σκυζᾶν 572b24

Σκύρῳ   617a24
σπίζα   592b17
σπιζίας   592b2, b9
σπιζίτης   592b18
σπογγεῖς   620b34
συνεχής   581a10
συνεχὴς καὶ νωθρότερος   584a28–29
συνθεῖν   610b34
σφηκῶν   628a29; 629a3

τεκμαίρομαι   537a13
τέλος   569b30
τερατώδη   584b9
τοῦ τόκου   628b17–18
τὸ τραχύτερον καὶ ἀνωμαλέστερον   581a10
τριχίαν / τριχίασις   587b26
τὰς τροφάς   588a17
τρυγών   558b22; 593a15–16
τυφλίναι ὄφεις   567b26

ὕβρις (eagle-owl)   615b12
ὑγρότητα   593b24
ὕπ- > ما هو   561b14–15
ὑπηνέμια ᾠά   559a2–3
ὑπηνέμους   559a2–3

φασιανός   633b1–2
ἡ φάτνη   609b20
φάττα   558b22; 563b32; 593a15–16
φάψ   593a15–a16
φήνη   619b23
φθέγγεται   ينبص   561b27
φλεγμασία   636a30
φῦκος   568a5
φυλάττονται   611a28
φωλεῖ   593a18
φωλειάν   599a7
φωλεύει   593a18
φῶρες   625b1–2

χαίτην   498b32
χηναλώπηξ   559b29
χλωρεύς   609a25–27
χολὴ ξανθή   496b22–29
χοριοειδής   561b32

ὁ ψάρος   617b26
ψοφεῖ ἐκθλιβόμενα   571a32
ψυχρός   570b10

ابيض الريش   618b32
ابرة   571a4
ابطى   587b21–22
اتسع   584b6
الاختلاف   اجزاء المؤخر   604b1
الاختلاف   518a10
اختر واغلظ   573a16
اخرة   569b30
تا βράγχια :اذنين   603a32
اربعين   583a30
الاربيتين   583b2
ارض الحلية   623b30
ارض دفئة   559b1
(رفوس)—(ارفا)   543b2, 559b29
ἡ φάτνη :اري   609b20
الاس   584b10–11
اسوق   499b5
اسبيزا   592b17
اسطفسياس   592b2
اشقوثيا   606b3; 607a16
اشهر   566a22
اضعف   584a28–29
اطراف الشجر   593b24; 606b2
الاطرغلة   558b22; 593a15–16
اطول ما يكون   545b6–7
اعشتهما   599a13
اغوثيلاس—اغوثيلاس   618b2
افروس: goose   559b29
اقريطية   612a3
اكثر ذلك   560b20
اكول   596b12
السن / الاس   584b11; 586a2–3
الب   589a1
الفرما   617b29
القوان   615b29
اللواتى—اللات   486a10, a15
اناث الكلاب   575a2
انتقلت من مكان الى مكان   595b16; 584b6
لانثى   584a28–29
الاتى تنزو   545b9
انيس: انسي   499a5
اوجر   613a4
الاولاد العجيبة   584b9
ايل: elephant   501b30

INDEX TO THE NOTES

بلاقان > باقلان : ὁ πελεκάν 597b30
بالوني 571a4
بَحَر 610b34
بلاموذاس 571a9–11
بيض 632a17
بيض الريح 559a2–3

تدريج 609a31
تدليك 622a16
تدنو من الناس 572b25
تراب مالح 613a3–4
ترضع 672b24
تغيب 593a18
تغير 571a32; 631b28
وتفسيره 567b26, note 16
تنشئة 560b5
تهلك وتبيد 588b4

ثراقيا 606b3
ثعلب 559b29
ثفن 521a21
ثقف وبيوت 629a12
ثمنية 545a29

جذب 637a19
جراءه 504b26
جاس/جاسئ : two different forms used side by side 528b20
جلد 600b15
تجلس 613b16

حرارة 636a30
حرذون 508a6; 609a29
حلزون 568a5; 598b1
الحمامة 593a15–16
حيوان 611a15

خدر 540b18
خارج 637b36
خانقة الفهود 612a7

دير 628a29
الدير الاحمر 629a3
دبور 622b21–22
دجاج 633b1–2
دراج 609a31; 633b1–2
دقامنوس 612a4
دلم 563b32
دوسنطاريا 638a16

ربى 584a11
رطوبة 593b24
لا يرتفع في الهواء 504a9
(رفوس)—(ارفا) 543b2; 559b29
رك 587a20
رمّ 623a21
رمك 572a9
الروم 570a32–b1
ريح 637b32–33

زرزر 617b26
زكن 537a13

سام ابرص 504a28; 599a31
سطي 616b22
ستة 595a20
سقلية 606a5
سمر 582a15
سمولوس 570b20

شاهمرج 609a24
شبيه + ب 569a18; 604b10
شرقرق 504a19; 609a25–27
شق الاجساد : τῶν ἀνατομῶν 529b9
شعرا 498b32
شيب 581a10
صحة البدن سلامه 634a13–14
صوت كسر العظام 595a4
صياد 614a10
صير 569a18; 607b21

ضفضع 620b26

طائر 637b12
طالنطا 607b33
طحلب 568a5
طلاطلة 493a2
طير 628a29

ظلمة قبالة العينين 584a3
ظن 584b12

عجيبة 584b9
عرك 568a19
عش : اعشتمماج 599a7, a13; 629a12
عقل البطل 588a7–8
العقوسين 591b14
في عمق 631a31

72   INDEX TO THE NOTES

عمى : τυπλῖναι 567b26
بعنق الرحم 637a7
عون الريح 637a7

غداف 617b13
غراب 617b13
غرانيق ج غرنوق 615b23
غصنا 595a2
غلاقس 592b9
غنقري 571a34
غير ذلك 633b1–2
غيرانه ... 584a28–29

فاه 548a30–31
فاختة 558b22; 593a15–16
الفصل 581a10
فلاء 631a3
فوراس 625b1–2
فوقينا 598b1
في كثير 588a19

قالارينيوس 609a27
قبج 633b1–2
قرح في الامعاء 638a16
قرب قربانا 575b5–6; 614a1, a7–8
قصا 615b19
[خرجت الثيران من] قطيعها 611a2
قلة 605b18
قوراقيني 571a34
قولا عاما جميعا 588b16
بقول كلي جميع 588b16
قيبوس 502a17
قيفال 567a19; 570b15

كاسر العظام 619b23
كاهنية 614a7–8
كبر 600b15; 518a10
كثيرا : πλείω 561a1
كراز 573b24
كلب وجنون : τὸ νυμφιᾶν 604b10
كلتا / كلا + sing. 526a24; 531a21
كمثل 502a24
كوحكش / كوحكس 563b14

لا يرتفع في الهواء 504a9
لقاح 521b32
لقلق 612a32
لهب / التهاب 636a30
لوف 611a18, b35

لولب 492a17
ليس هو شبيه 497b33; 518a11
ليس له رعى 525b9
للوزتين > للاذنين 603a32

مآكول 596b12
مبز معروف 605a7
المحاشي 494b4; 499a19; 500a33
متخلل / متخلخل 548a32–b2
محتة : δίδυμα (ὠχρά) 562a30
مخاليب 504a18
مذاكير 500a33, b2, b14, b19
المارماهي 504b31
مرارة / مرة 506b20; 627a25
مربوط 591a5
مرجع : ἡ ἀκρωμία 498b30
مزاوجة وولاد : γένεσιν 588a17
مستطيل اكثر : translation comparativ 508a18; 544a12
مسك : استمسك 588a7–8
مشابه 502a28
مشترك 598a15
مطيرة / مطرة 603a24
مكر 612b12
ملاحون 620b34
ملح متتابع 581a10; 584a28–29
من شيء الى شيء رويدا 588b4
منحدب 494a17

نارق 620b26
ناصية 498b32
نجي 566a17
نزاء 622b30
نشوء 560b5
نعار 636a28, a32, a33, a35
نغنغ 566b3
نغنغات 603a32
نقنق 536b14
نمر 610a14
نيسورون 617a24

هدهد 609b27
هي هي 613a25

وجع الشعر 587b26
وز 559b29
وقت ... ومان 562b6
*ولد 501a2
ولاد 584a28–29

INDEX TO THE NOTES

يتبين 530a3
(يتولد من) 609b10
يخشن ويعظم الصوت ويكون غير أملس مستو 581a10
يسمي + nominative 548a14
يسمى باليونانية 598b1; 616b11
يبقى 566a25
يحمل 627a22

يزرع 628b17–18
يعض 621a29
يعقي 582a25
يقطع 593b24
يلح 589a25
ينبض 561b27
ينشق 571a32

Differences between the Greek and the Arabic Texts

Book I[1]

487a12: τὰ ἤθη : غذائها.

487b18–20: τῶν δὲ χερσαίων ἐστὶ τὰ μὲν πτηνὰ ὥσπερ ὄρνιθες καὶ μέλιτται, καὶ ταῦτ' ἄλλον τρόπον ἀλλήλων : Ar.: -.

488b33–489a3: μετὰ δὲ ταῦτα ἄλλα κοινὰ μόρια ἔχει τὰ πλεῖστα τῶν ζῴων πρὸς τούτοις, ᾗ ἀφίησι τὸ περίττωμα τῆς τροφῆς καὶ ᾗ λαμβάνει· οὐ γὰρ πᾶσιν ὑπάρχει τοῦτο. καλεῖται δ' ᾗ μὲν λαμβάνει στόμα, εἰς ὃ δὲ δέχεται κοιλία· τὸ δὲ λοιπὸν πολυώνυμόν ἐστιν :
وايضا لها عضو آخر مشترك اعني الذي اليه يصير الطعام بعد دخول في الفم وهو البطن.
Cf. *De Partibus* 655b30–32 (ed. Kruk, 45).

489b6–8: καλεῖται δ' ᾠὸν μὲν τῶν κυημάτων τῶν τελείων, ἐξ οὗ γίγνεται τὸ γινόμενον ζῷον, ἐκ μορίου τὴν ἀρχήν, τὸ δ' ἄλλο τροφὴ τῷ γινομένῳ ἐστίν :
وانما اسمى بيضة التي يكون الفرخ جزء من اجزائها وسائر ذلك يكون غذاءه حتى يتم ويكمل.

489b10–11: After ᾠοτοκεῖ τῶν ζῳοτόκων has been added in Ar.:
فاذا تم صار منه شبيها بدود فاذا ولد ذلك الدود قبل صورته تامة وكان حيوانا ...

489b12: After οἷον ἄνθρωπος καὶ ἵππος follows in Ar.: وكل ما يلد حيوانا مثله.

489b21: οἷον σαύρα καὶ κύων : مثل الفرس والثور وما كان من هذا الصنف.

490b34–491a6: ἐπεί ἐστιν ἕν τι γένος καὶ ἐπὶ τοῖς λοφούροις καλουμένοις οἷον ἵππῳ καὶ ὄνῳ καὶ ὀρεῖ καὶ γίννῳ καὶ ἴννῳ καὶ ταῖς ἐν Συρίᾳ καλουμέναις ἡμιόνοις, αἳ καλοῦνται ἡμίονοι δι' ὁμοιότητα, οὐκ οὖσαι ἁπλῶς τὸ αὐτὸ εἶδος· καὶ γὰρ ὀχεύονται καὶ γεννῶνται ἐξ ἀλλήλων. διὸ καὶ χωρὶς λαμβάνοντας ἀνάγκη θεωρεῖν ἑκάστου τὴν φύσιν αὐτῶν :

---

1 Greek texts are from the edition by D.M. Balme and Allan Gotthelf.

والكلب وما اشبه ذلك. وجميع الحيوان الذي ذنبه كثير الشعر منسوب الى جنس واحد مثل البراذين والخيل والحمير والطير فان ذنب الطير كثير الريش والريش شبيه بالشعر.

492b7–8: σημεῖον οἰωνιστικὸν καὶ ἱερὸν μόνον τῶν πνευμάτων :
والعطاس فيما يزعم كثير من الناس علامة دليلة على تحقيق قول يقال في ذلك الحين.

495b19: فان بقى منه شيء كان علة خنق او موت او امراض مزمنة ومهلكة : Gr.: -.

496b22–29: τὸ δ' ἧπαρ ὡς μὲν ἐπὶ τὸ πολὺ καὶ ἐν τοῖς πλείστοις οὐκ ἔχει χολήν, ἐπ' ἐνίοις δὲ ἔπεστι. στρογγύλον δ' ἐστὶ τὸ τοῦ ἀνθρώπου ἧπαρ καὶ ὅμοιον τῷ βοείῳ. συμβαίνει δὲ τοῦτο καὶ (25) ἐν τοῖς ἱερείοις, οἷον ἐν μὲν τόπῳ τινὶ τῆς ἐν Εὐβοίᾳ Χαλκιδικῆς οὐκ ἔχει τὰ πρόβατα χολήν, ἐν δὲ Νάξῳ πάντα σχεδὸν τὰ τετράποδα τοσαύτην ὥστ' ἐκπλήττεσθαι τοὺς θύοντας τῶν ξένων, οἰομένους αὐτῶν ἴδιον εἶναι τὸ σημεῖον ἀλλ' οὐ φύσιν αὐτῶν εἶναι ταύτην :
فاما كبد الانسان فهو مستدير شبيه بكبد الثور وفيه اناء المرة الصفراء. وفي بعض البلدان يوجد اناء المرة الصفراء فيما يذبح من الضأن ايضا.

Book II

497b11–12: τῷ γένει δ' ἕτερα, τὰ δὲ τῷ γένει μὲν ταὐτὰ τῷ εἴδει δ' ἕτερα· πολλὰ δὲ τοῖς μὲν ὑπάρχει, τοῖς δ' οὐχ ὑπάρχει : Ar.:-.

Perhaps the translator had some difficulty with γένος and εἶδος.

497b30: τῷ δ' ἄκρῳ ἐγκλίνει, οὐ κάμπτεται δέ : Ar.: -.

498a7–8: καὶ ἔχουσι τὰ κοῖλα τῆς περιφερείας πρὸς ἄλληλα ἀνεστραμμένα : Ar.: -.

498a17–19: πλὴν τὰ μεταξὺ τῶν ἐσχάτων ἀεὶ ἐπαμφοτερίζει, καὶ τὴν κάμψιν ἔχει τὸ πλάγιον μᾶλλον : Ar.: -.

498b9–13: τὸ δὲ κατὰ σκέλος ἐστὶν ὅτι οὐ προβαίνει τῷ ἀριστερῷ τὸ δεξιόν, ἀλλ' ἐπακολουθεῖ. ἔχουσι δὲ τὰ τετράποδα ζῷα, ὅσα μὲν ὁ ἄνθρωπος μόρια ἔχει ἐν τῷ πρόσθεν, κάτω ἐν τοῖς ὑπτίοις, τὰ δὲ ὀπίσθια ἐν τοῖς πρανέσιν. ἔτι δὲ πλεῖστα κέρκον ἔχει : ولعامة الحيوان الذي له اربعة ارجل اذناب

498b33–34: ἀπὸ δὲ τῆς κεφαλῆς ἐπὶ τὴν ἀκρωμίαν λεπτὴν ἑκατερον : Ar.: -.

499a9–10: ὁ δ'ἐλέφας ἥκιστα δασύς ἐστι τῶν τετραπόδων : Ar.: -.

499a15–16: αἱ δ᾽ ἕνα μόνον, ἄλλον δ᾽ ἔχουσιν ὕβον τοιοῦτον οἷον ἄνω ἐν τοῖς κάτω, ἐφ᾽ οὗ, ὅταν κατακλιθῇ εἰς γόνατα, ἐστήρικται τὸ ἄλλο σῶμα :
وربما توكأت الجمال على اسمتها اذا ناخت.

499a21–22: ἀλλὰ φαίνεται διὰ τὴν ὑπόστασιν (Bk: ὑπόσταλσιν) τῆς κοιλίας : Ar.: -. (τὴν ὑπόστασιν: Gotthelf referred to PA II 659a24.)

499b25–26: ὁ δὲ λέων, οἷόν περ πλάττουσι λαβυρινθώδη : Ar.: -.

500a9–10: περὶ ὃ δὲ τοῦτο περιήρμοσται τὸ στερεόν ἐκ τῶν ὀστῶν, οἷον τὰ κέρατα τῶν βοῶν : Ar.: -.

500b10–14: ἡ δὲ θήλεια τὸ αἰδοῖον ἔχει ἐν ᾧ τόπῳ τὰ οὔθατα τῶν προβάτων ἐστίν· ὅταν δ᾽ὀργᾷ ὀχεύεσθαι, ἀνασπᾷ ἄνω καὶ ἐκτρέπει πρὸς τὸν ἔξω τόπον, ὥστε ῥᾳδίαν εἶναι τῷ ἄρρενι τὴν ὀχείαν· ἀνέρρωγε δ᾽ἐπιεικῶς ἐπὶ πολὺ τὸ αἰδοῖον : Ar.: -.

500b15: οἷον λὺγξ καὶ λέων καὶ κάμηλος καὶ δασύπους : مثل الاسد والجمل وغير ذلك مما يشبهها ; Also e.g. 505a3–5: οἷον νάρκη καὶ βάτος is omitted in Arabic.

500b23–24: ὥσπερ ἀλώπεκος καὶ λύκου καὶ ἴκτιδος καὶ γαλῆς: مثل الذئب والثعلب وما يشبههما: addition of وما يشبههما (or something like that: instead of the marten and weasel).

500b24–25: καὶ γὰρ ἡ γαλῆ ὀστοῦν ἔχει τὸ αἰδοῖον : Ar.: -.

500b30–32: τοῖς μὲν οὖν ἔχουσι πόδας τὸ ὀπίσθιόν ἐστι σκέλος τὸ κάτωθεν μέρος πρὸς τὸ μέγεθος, τοῖς δὲ μὴ ἔχουσιν οὐραὶ καὶ κέρκοι καὶ τὰ τοιαῦτα. Ar.: -.

501a3: τετραποδίζων : ثم يقيم صلبه قليلا حتى يشبّ ويقوى فاذا طعن في السن يحني ايضا : Addition in Arabic.

501a3–4: τὰ δ᾽ ἀνάλογον ἀποδίδωσι τὴν αὔξησιν, οἷον κύων : Ar.: -.

502a26–27: καὶ δασεῖς ἐπ᾽ ἀμφότερα σφόδρα εἰσὶν οἱ πίθηκοι : Ar.: -.

502a32–34: καὶ μᾶλλον τὰς κάτω, καὶ μικρὰς πάμπαν· τὰ γὰρ πάμπαν· τὰ γὰρ ἄλλα τετράποδα ταύτας οὐκ ἔχει : Ar.: -.

502b2–3: τὰς περιφερείας πρὸς ἀλλήλας ἀμφοτέρων τῶν κώλων : Ar.: -.

502b4: πλὴν πάντα ταῦτα ἐπὶ τὸ θηριωδέστερον : Ar.: -.

502b7–10: πλὴν ἐπὶ μῆκος (Bk: ἐπιμηκέστερον) τῆς χειρός, ἐπὶ τὰ ἔσχατα τεῖνον καθάπερ θέναρ· τοῦτο δὲ ἐπ' ἄκρου σκληρότερον, κακῶς καὶ ἀμυδρῶς μιμούμενον πτέρνην : Ar.: -.

502b29–30: [οὐδὲν δὲ ᾠοτοκεῖ χερσαῖον καὶ ἔναιμον μὴ τετράπουν ὂν ἢ ἄπουν]
مثل الحيوان الذي ليس له رجلان وله دم.

503a27–29: τῶν μὲν ἔμπροσθεν ποδῶν τὰ μὲν πρὸς αὑτῷ τρίχα, τὰ δ' ἐκτὸς δίχα, τῶν δ' ὀπισθίων τὰ μὲν πρὸς αὑτῷ δίχα, τὰ δ'ἐκτὸς τρίχα : Ar.: -.

503a33–34: κατὰ μέσους δ' αὐτοὺς διαλέλειπται μικρὰ τῇ ὄψει χώρα, δι' ἧς ὁρᾷ: Ar.: -.

504a12–16: αὕτη δ'ἐστὶ μικρῷ μὲν μείζων σπίζης, τὸ δ' εἶδος ποικίλον, ἰδίᾳ δ' ἔχει τά τε περὶ τοὺς δακτύλους καὶ τὴν γλῶτταν ὁμοίως τοῖς ὄφεσιν· ἔχει γὰρ ἐπὶ μῆκος ἔκτασιν καὶ ἐπὶ τέτταρας δακτύλους, καὶ πάλιν συστέλλεται εἰς ἑαυτήν : Ar.: -.

504b31–33: ὁμοίως δὲ καὶ κεστρεῖς, οἷον ἐν Σιφαῖς οἱ ἐν τῇ λίμνῃ, δύο, καὶ ἡ καλουμένη ταινία ὡσαύτως : Ar.: -.

505a16–18: οἱ δὲ τέτταρα μὲν δίστοιχα δὲ πλὴν τοῦ ἐσχάτου, οἷον κίχλη καὶ πέρκη καὶ γλάνις καὶ κυπρῖνος. ἔχουσι δὲ καὶ οἱ γαλεώδεις διπλᾶ πάντες, καὶ πέντ' ἐφ' ἑκάτερα : Ar.: -.

505a25–28: ἐλάχιστον δ' ἐστὶ πλῆθος αὐτῶν τὸ λεῖον. τῶν μὲν οὖν σελαχῶν τὰ μὲν τραχέα ἐστὶ τὰ δὲ λεῖα, γόγγροι δὲ καὶ ἐγχέλυες καὶ θύννοι τῶν λείων. καρχαρόδοντες δὲ πάντες οἱ ἰχθύες ἔξω τοῦ σκάρου : Ar.: -.

505a34: οὔτ'αὐτὸ οὔτε τοὺς πόρους, οὔτ' ἀκοῆς, οὔτ' ὀσφρήσεως.
لانه ليس لها اذنان ولا منخران بل لها سبيل السمع والمشمة فقط.

505b9–10: γογγοειδεστέραν : فانها خشنة صلبة جدا

506b1–4: ἔχει δὲ καὶ ὁ ἐλέφας τὸ ἧπαρ ἄχολον μέν, τεμνομένου μέντοι περὶ τὸν τόπον οὗ τοῖς ἔχουσιν ἐπιφύεται ἡ χολή, ῥεῖ ὑγρότης χολώδης ἢ πλείων ἢ ἐλάττων : Ar.: -.

507a14–17: ἐνίοις γὰρ ἑκάτερον τὸ μόριον ἀπήρτηται καὶ οὐ συμπέφυκεν ἡ ἀρχή, οἷον τῶν τε ἰχθύων τοῖς γαλεώδεσι, καὶ δασυπόδων τι γένος ἐστὶ καὶ ἄλλοθι καὶ περὶ τὴν λίμνην τὴν Βόλβην ἐν τῇ καλουμένῃ Συκίνῃ : Ar.: -.

507a33: ἀνομοίας δ' ἔχουσι τὰς κοιλίας : فبطونها يشبه بعضها بعضا بالخلقة والوضع :
Possibly the translator read as ὁμοίας instead of ἀνομοίας

507b2: καὶ διειλημμένη : Ar.: -.

507b20–25: καὶ ἥ γε τῆς ὑὸς ὀλίγας ἔχει λείας πλάκας, τὰ δὲ πολὺ ἐλάττω καὶ οὐ πολλῷ μείζω τοῦ ἐντέρου καθάπερ κύων καὶ λέων καὶ ἄνθρωπος. καὶ τῶν ἄλλων δὲ τὰ εἴδη διέστηκε πρὸς τὰς τούτων κοιλίας· τὰ μὲν γὰρ ὑὶ ὁμοίαν ἔχει τὰ δὲ κυνί, καὶ τὰ μείζω καὶ τὰ ἐλάττω τῶν ζῴων ὡσαύτως : Ar.: -.

508a20–22: προέχειν δὲ δοκεῖ τῆς γλώττης ἡ ἀρτηρία διὰ τὸ συσπᾶσθαι τὴν γλῶτταν καὶ μὴ μένειν ὥσπερ τοῖς ἄλλοις : Ar.: -.

508a29–30: καὶ μέχρι τοῦ τέλους ἕν : ينتهي الى موضع مخرج الفضلة

508a32–33: εἶθ' ὁ πλεύμων ἁπλοῦς, ἰνώδει πόρῳ διηρθρωμένος καὶ μακρὸς σφόδρα καὶ πολὺ ἀπηρτημένος τῆς καρδίας :
وبعد القلب الرئة وفيها اجزاء عصب دقيقة مفصلة مشبكة مستطيلة جدا متعلقة بالقلب.

509a15–16: διέχει δὲ ὁ πρόλοβος τοῦ πρὸ τῆς γαστρὸς στομάχου συχνὸν ὡς κατὰ μέγεθος : Ar.: -.

Book III

509b15–16: οἱ μὲν οὖν ἰχθύες ὄρχεις μὲν οὐκ ἔχουσιν, ὥσπερ εἴρηται πρότερον, οὐδ' οἱ ὄφεις : ولبعض الحيوان خصى وليست لبعضها خصى كما وصفنا اولا.

510a29–30: Θεωρείσθω δὲ τὰ εἰρημένα ταῦτα καὶ ἐκ τῆς ὑπογραφῆς τῆσδε. τῶν πόρων ἀρχὴ τῶν ἀπὸ τῆς ἀρτηρίας, ἐφ' οἷς Α· κεφαλαὶ τῶν ὄρχεων καὶ οἱ καθήκοντες πόροι, ἐφ' οἷς Κ· οἱ ἀπὸ τούτων πρὸς τῷ ὄρχει προσκαθήμενοι, ἐφ' οἷς τὰ ΩΩ· οἱ δ' ἀνακάμπτοντες, ἐν οἷς ἡ ὑγρότης ἡ λευκή, ἐφ' οἷς τὰ ΒΒ· αἰδοῖον Δ, κύστις Ε, ὄρχεις δ' ἐν οἷς τὰ ΨΨ : Ar.: -.

510b12–15: τοῖς πλείστοις καὶ μεγίστοις. καλεῖται δὲ τούτων τὰ μὲν ὑστέρα καὶ δελφύς (ὅθεν καὶ ἀδελφοὺς προσαγορεύουσι), μήτρα δ' ὁ καυλὸς καὶ τὸ στόμα τῆς ὑστέρας.
وذلك في كثرة الحيوان الذي له رحم مشقوق باثنين وانما قلنا ذلك لان الفم الذي يشبه الانبوب وان كان في بعض الحيوان واحدا ولكن هومشقوق من الناحية العليا كما نصف فيما يستأنف.

510b24–27: ὥστ’ ἐν τοῖς σφόδρα μικροῖς τῶν ἰχθύων δοκεῖν ἑκατέραν ᾠὸν εἶναι ἕν, ὡς δύο ἐχόντων ᾠὰ τῶν ἰχθύων τούτων, ὅσων λέγεται τὸ ᾠὸν εἶναι ψαδυρόν· ἔστι γὰρ οὐχ ἓν ἀλλὰ πολλά, διόπερ διαχεῖται εἰς πολλά :
ولذلك يظن ان اجزاء ارحام السمك مستطيلة متصلة وان البيض الذي يكون فيها مجتمع في وعاء واحد وليس هو كما يظنون وانما هو بيض مفترق في جزئين ولذلك يفترق البيض ايضا في اجزاء كثيرة.

511b4: ἔπειτα δὲ τὸ ἀνάλογον τούτοις, ἰχὼρ καὶ ἶνες :
ثم الدم الدقيق الذي لم يتلون بعد حسنا ولم يستحكم.

511b25–26: ἐκ τοῦ ὀφθαλμοῦ παρὰ τὴν ὀφρὺν διὰ τοῦ νώτου περὶ τὸν πλεύμονα ὑπὸ τοὺς μαστούς : من ناحية العينين والحاجبين ويأخذان الى نواحي العنق.

511b33–34: εἰς τὰ σκέλη, ἑκατέρα παρ’ ἑαυτῇ : Ar.: -.

512a30–512b1: ἃς ἀποσχῶσιν, ὅταν τὸ ὑπὸ τὸ δέρμα λυπῇ· ἐὰν δέ τι περὶ τὴν κοιλίαν, τὴν ἠπατῖτιν καὶ τὴν σπληνῖτιν. τείνουσι δὲ καὶ εἰς (Bk: ὑπὸ) τοὺς μαστοὺς ἀπὸ τούτων ἕτεραι : واذا اصاب الانسان حزن ترم وترتفع. فاما العروق التي تكون حول البطن قريبا من عرق لب كبد وعرق الطحال فانها تمتد وتأخذ الى ناحية الثديين.

512b2–3: τείνουσαι … εἰς τοὺς ὄρχεις, λεπταί. ἕτεραι δ’ ὑπὸ τὸ δέρμα καὶ διὰ τῆς σαρκὸς τείνουσιν. Ar.: -. (homoiteleuton?).

513a22–24: διὰ μὲν γὰρ τῶν ἄλλων σπλάγχνων, ᾗ τυγχάνουσι τείνουσαι, ὅλαι δι’ αὐτῶν διέρχονται σωζόμεναι καὶ οὖσαι φλέβες : وهما يأخذان الى سائر الجوف كله
Strong simplification.

513b6–7: καὶ ἡ μὲν φλὲψ διὰ τῆς καρδίας, εἰς δὲ τὴν ἀορτὴν ἀπὸ τῆς καρδίας τείνει : Ar.: -.

513b13–14: ἄσχιστος καὶ μεγάλη οὖσα φλέψ : Ar.: -.

514a36: εἰς τὸ ὑπόζωμα τελευτᾷ καὶ τὰς καλουμένας φρένας.
الى الحجاب وما يلي الناحية السفلى وينتهي هناك.

514b8–9: πλὴν ἐκείνη μὲν ἡ διὰ τοῦ ἥπατός ἐστιν, αὕτη δ’ ἑτέρα τῆς εἰς τὸν σπλῆνα τεινούσης : Ar.: -.

515b2–3: γίνεται γὰρ ὁ αὐτὸς τόπος λεπτῶν μὲν ὄντων φλέβια, παχυνθέντων δὲ σάρκες : Ar.: -.

515b18–20: ἡ μὲν οὖν φλὲψ δύναται πυροῦσθαι, νεῦρον δὲ πᾶν φθείρεται πυρωθέν· κἂν διακοπῇ, οὐ συμφύεται πάλιν :

وينبغي ان نعلم ان العروق تتصل وتلتئم بعد قطعها فاما العصب فانه لا يتصل ولا يلتئم بعد قطعه.

Cauterization omitted in the Arabic text.

515b13 (20): οὐ λαμβάνει δ' οὐδὲ νάρκη, ὅπου μὴ νεῦρον ἐστι τοῦ σώματος : وليس في الرأس شيء من العصب وانما يمسك عظام الرأس بعضها ببعض من قبل التشعب والخياطة التي فيها.

Remark: The text which had to be 515b20, seems to be the text of 515b13–14; therefore the statement is completely different! That is the reason that the numbers have been changed, but the order of the manuscript has been followed.

516a15: τούτου δὲ τὸ πριονωτὸν μέρος ῥαφή : Ar.: -.

516a28–29: Ἀπὸ δὲ τῆς ῥάχεως ἥ τε περονίς ἐστι καὶ αἱ κλεῖς καὶ αἱ πλευραί. ἔστι δὲ καὶ τὸ στῆθος ἐπὶ πλευραῖς κείμενον.

فاما عظام الترقوتين والاضلاع فهى لاصقة بعظام الفقار وبالفقار الاضلاع.

516a33–34: ὅσα δ' ἔχει σκέλη πρόσθια, καὶ ἐν τούτοις τὸν αὐτὸν ἔχει τρόπον. Ar.: -.

516a35–b3: κάτω δ', ᾗ περαίνει, μετὰ τὸ ἰσχίον ἡ κοτυληδών ἐστι καὶ τὰ τῶν σκελῶν ἤδη ὀστᾶ, τά τ' ἐν τοῖς μηροῖς καὶ κνήμαις, οἳ καλοῦνται κωλῆνες, ὧν μέρος τὰ σφυρά, καὶ τούτων τὰ καλούμενα πλῆκτρα ἐν τοῖς ἔχουσι σφυρόν· καὶ τούτοις συνεχῆ τὰ ἐν τοῖς ποσίν : فاما عظام الفخذين فهى لاصقة بعظم القحقح وبعدها عظام الساقين والقدمين.

516b23–29: τὰ δ' ἄλλα μόρια τῶν ὀστῶν ἐνίοις μέν ἐστιν, ἐνίοις δ' οὐκ ἔστιν, ἀλλ' ὡς ὑπάρχει τοῦ ἔχειν τὰ μόρια, οὕτω καὶ τοῦ ἔχειν τὰ ἐν τούτοις ὀστᾶ. ὅσα γὰρ μὴ ἔχει σκέλη καὶ βραχίονας, οὐδὲ κωλῆνας ἔχει, οὐδ' ὅσα τὰ αὐτὰ μὲν ἔχει μόρια, μὴ ὅμοια δέ· καὶ γὰρ ἐν τούτοις ἢ τῷ μᾶλλον καὶ ἧττον διαφέρει ἢ τῷ ἀνάλογον :

فاما سائر عظام اجسادها فانها تختلف بقدر اختلاف اعضائها.

516b35–517a3: καὶ οὐ γίνεται ἐν αὐτοῖς ὥσπερ ἐν τοῖς ὀστοῖς μυελός· ἐν δὲ τοῖς σελάχεσιν (ταῦτα γάρ ἐστι χονδράκανθα) ἔνεστιν αὐτῶν ἐν τοῖς πλατέσι τὸ κατὰ τὴν ῥάχιν ἀνάλογον τοῖς ὀστοῖς χονδρῶδες, ἐν οἷς ὑπάρχει ὑγρότης μυελώδης.

ولذلك لا يكون فيه مخ كما يكون في العظام. فاماالغضروف الذي يكون في الحيوان البحري الذي يسمى باليونانية سلاشي ففيما عرض منه ⟨في⟩ ناحية الفقار رطوبة شبيهة بمخ.

517b14–15: καὶ περὶ τῶν λεπιδωτῶν ἔχει καὶ τῶν φολιδωτῶν : Ar.: -.

518b14–15: καὶ ἕλκει εὐθὺς ἐκτιλθεῖσα τὰ κοῦφα θιγγάνουσα : تخرج معها اذا نُتفت : The Greek text remarks static electricity!

518b25–27: οἱ δ' ἰξίαν ἔχοντες ἧττον φαλακροῦνται, κἂν ὄντες φαλακροὶ λάβωσιν, ἔνοι δασύνονται. فاما الذين يجامعون جماعا معتدلا فليس يكونون صلعا الا شيئا يسيرا وبعض الناس يكونون صلعا فاذا تزوجوا نبتت ايضا شعور رؤوسهم ...

519a34: ἀλλ' ἄδηλοι ἐν τοῖς ἐλάττοσι διὰ τὸ πάμπαν εἶναι λεπτοὶ καὶ μικροί : Ar.: -.

519b20–21: ἐνίοις δ' ἤδη καὶ τοιαῦτα συνέστη ἐν τῇ κύστει ὥστε μηδὲν δοκεῖν διαφέρειν κογχυλίων : Ar.: -.

520b4–6: ἔχουσι γὰρ τοῦτο τὸ μόριον στεατῶδες πάντα ὅσα ἔχουσι τὸ τοιοῦτον μόριον ἐν τοῖς ὀφθαλμοῖς καὶ μή εἰσι σκληρόφθαλμα : وان كانت العين جاسية

520b27–29: ἔστι δὲ τῶν ἐναίμων ταῦτα πολυαιμότερα, τὰ καὶ ἐν αὑτοῖς καὶ ἔξω ζωοτόκα (Bk: ζωοτοκεῖ), καὶ τῶν ἐναίμων μὲν ᾠοτοκούντων δέ : Ar.: -.

521a1: καὶ τὸ μὲν πῖον ἄσηπτον : Ar.: -.

522a29–32: γίνεσθαι γάρ φασιν οἱ νομεῖς ἐκ μὲν ἀμφορέως αἰγείου γάλακτος τροφαλίδας ὀβολιαίας μιᾶς δεούσης εἴκοσιν, ἐκ δὲ βοείου τριάκοντα :
ومن لبن البقر يهيأ اكثر مما يهيأ من لبن المعزى قدر مرة ونصف.

Book IV

523b12–13: ὃ πολλὰ καὶ ἀνόμοια εἴδη περιείληφεν ζῴων : Ar.: -.

523b22–25: ἓν μὲν οἱ ὀνομαζόμενοι πόδες, δεύτερον δὲ τούτων ἐχομένη ἡ κεφαλή, τρίτον δὲ τὸ κύτος, ὃ περιέχει πᾶν τὸ σῶμα, καὶ καλοῦσιν αὐτὸ κεφαλήν τινες, οὐκ ὀρθῶς καλοῦντες, ἔστι δὲ πτερύγια κύκλῳ περὶ τὸ κύτος.
الرجلين والرأس وما كان بينهما وله جناحان.

524a1: τοῖς δὲ πτερυγίοις, ἃ ἔχουσι περὶ τὸ κύτος, νέουσιν :
وتستعمل بعض رجليها مثل الجناحين.

524a2: ἐπὶ δὲ ποδῶν αἱ κοτυληδόνες ἅπασίν εἰσιν : Ar.: -.

524a7–8: οὗ πρόσω αἱ κοτυληδόνες εἰσιν : Ar.: -.

524b6–7: μετὰ δὲ τοῦτο ἔξωθεν μὲν ἔστιν ἰδεῖν τὸ φαινόμενον κύτος : Ar.: -.

525a16–22: ἄλλο δέ, ἥ τε καλουμένη ἑλεδώνη, μήκει τε διαφέρουσα τῷ τῶν ποδῶν καὶ τῷ μονοκότυλον εἶναι μόνον τῶν μαλακίων (τὰ γὰρ ἄλλα πάντα δικότυλά ἐστι), καὶ ἣν καλοῦσιν οἱ μὲν βολίταιναν οἱ δ' ὄζολιν. ἔτι δ' ἄλλοι δύο ἐν ὀστρείοις, ὅ τε καλούμενος ὑπό τινων ναυτίλος καὶ ὁ ναυτικός, ὑπ' ἐνίων δ' ᾠὸν πολύποδος· τὸ δ'ὄστρακον αὐτοῦ ἐστὶν οἷον κτεὶς κοῖλος ...
ومنها الجنس الذي ليس في رجليه مفصل البتة. فاما بقيتها فلها مفصل في رجليها ومنها الجنس الذي يسمى مشطا في وسط جثته عميق ...

525a25–26 : τῷ δὲ εἴδει (Bk: τὸ εἶδος) ὅμοιοι ταῖς βολιταίναις : Ar.: -.

525a28: καὶ ἔξω ἐνίοτε τὰς πλεκτάνας προτεινει :
بل يخرج رأسه وبعض رجليه وبها يرعى وينال طعمه.

525b31: ὁ δὲ καρκίνος μόνος τῶν τοιούτων ἀνορροπύγιον : Ar.: -.

526a25: δύο ἄλλοι δασεῖς : سنان آخران حادان

526a29–30: ἔχουσι δὲ καὶ παραφυάδας λεπτὰς οἱ πρὸς τῷ στόματι πόδες : Ar.: -.

526b16–18: καὶ γὰρ ὁ ἄρρην καὶ ἡ θήλεια ὁποτέραν ἂν τύχῃ τῶν χηλῶν ἔχουσι μείζω, ἴσας μέντοι ἀμφοτέρας οὐδέποτε οὐδέτερος. غير ان زباني الذكر اعظم

528b6–7: ἴδιον δὲ τούτοις κατὰ τὸ ὄστρακον ὑπάρχει πᾶσι τὸ ἑλίκην ἔχειν τὸ ὄστρακον τὸ ἔσχατον ἀπὸ τῆς κεφαλῆς : Ar.: -.

528b16–19: τοῦτο δ'ἔσται φανερὸν ἐκ τῶν ὕστερον μᾶλλον. ἡ δὲ φύσις τῶν στρομβοειδῶν ἁπάντων ὁμοίως ἔχει, διαφέρει δ' ὥσπερ εἴρηται, καθ' ὑπεροχήν: Ar.: -.

529b26: τὸ κάτω τῆς κεφαλῆς καὶ τοῦ θώρακος μεῖζον ἔχει ἐκείνου :
رأس العنكبوت اعظم من رأس وصدر هذا.

531a3–6: κατὰ μὲν οὖν τὴν ἀρχὴν καὶ τελευτὴν συνεχὲς τὸ σῶμα τοῦ ἐχίνου ἐστί, κατὰ δὲ τὴν ἐπιφάνειαν οὐ συνεχὲς ἀλλ' ὅμοιον λαμπτῆρι μὴ ἔχοντι τὸ κύκλῳ δέρμα. ταῖς δ' ἀκάνθαις ὁ ἐχῖνος χρῆται ὡς ποσίν : وجسد القنفذ متصل في الناحية السفلى فاما في الناحية العليا حيث الشوك فمفترق وهو يستعمل شوكه مثل رجلين لانه يتكئ عليه ويتحرك

531a19: αὕτη μέντοι ἡ σὰρξ πᾶσιν ὁμοία : Ar.: -.

DIFFERENCES BETWEEN THE GREEK AND THE ARABIC TEXTS 83

531b7: καὶ ἀπολύεται δὲ γένος τι αὐτῶν, ὃ ἐάν τι προσπέσῃ : Ar.: -.

531b22: καὶ ἐνίοις πρὸς ἄλληλα συγγενικοῖς οὖσιν : Ar.: -.

532a9–11: καὶ οἱ μύωπες δὲ καὶ οἶστροι ἰσχυρὸν τοῦτο ἔχουσι, καὶ τἆλλα σχεδὸν τὰ πλεῖστα : Ar.: -.

532a24–25: ἀνορροπύγιος δὲ ἡ πτῆσις αὐτῶν πάντων ἐστί : Ar.: -.

532b25–26: καὶ λάβεσθαι ποτὲ τοιοῦτον τοῦ πολυαγκίστρου τῷ ἄκρῳ : Ar.: -.

532b31–32: εἰσὶ δὲ πλεῖσται, καὶ παρ' ἃς οὐδεμία φαίνεται ἴδιος ἑτέρα : Ar.: -.

533a7–8: πάντα ἔχοντες ταὐτὰ τὰ μέρη τοῖς ἀληθινοῖς : Ar.: -.

533a13–14: ᾗ συνάπτει †τῷ νευρῷ† (Bk: μυελῷ) :
وينبغي ان نعلم ان من الدماغ يخرج سبيلان خلقتهما عصبية قوية [14]وهذان السبيلان ينتهيان الى اصول العينين ...

Scotus: *Et debemus scire quod a cerebro exeunt duae viae quarum creatio est nervosa fortis et istae viae veniunt ad radices oculorum.*

533a31–33: ἰδίοις τε γὰρ πολλὰ χαίρει χυμοῖς, καὶ τὸ τῆς ἀμίας λαμβάνουσι μάλιστα δέλεαρ καὶ τὸ πῖον τῶν ἰχθύων (Bk.: τὸ τῶν πιόνων ἰχθύων), ὡς χαίροντες ἐν τῇ γεύσει καὶ ἐν τῇ ἐδωδῇ τοῖς τοιούτοις δελέασιν :
لان كثيرا منها يستحب شيئا معروفا من الطعم والرعى وبه يصاد.

534b9–10: οὐδὲ δὴ τῆς ὀσφρήσεως αἰσθητήριον οὐδὲν ἔχει φανερόν, ὀσφραίνεται δ' ὀξέως : Ar.: -.

535a3–4: ὁ δὲ κώνωψ πρὸς οὐδὲν γλυκὺ ἀλλὰ πρὸς τὰ ὀξέα : Ar.: -.

535a9–10: καὶ τῶν χυμῶν δὲ ὅτι αἴσθησιν ἔχει, φανερὸν διὰ τῶν αὐτῶν : Ar.: -.

535a15–16: καὶ φεύγειν κατωτέρω, ὅταν αἴσθωνται τὸ σιδήριον προσφερόμενον: Ar.: -.

535a19–20: οὐ κατὰ πνεῦμα προσιόντες θηρεύουσιν, ὅταν θηρεύωσιν αὐτοὺς εἰς τὸ δέλεαρ : Ar.: -.

535b3: ψοφεῖν δ' ἔστι καὶ ἄλλοις μορίοις : Ar.: -.

535b8–9: ὅσον (Bk. ὅσων) διήρηται, οἷον τὸ τῶν τεττίγων γένος, τῇ τρίψει τοῦ πνεύματος, καὶ αἱ μυῖαι … : … في مكان قطع جسده باثنتين مثل الذباب
Remark: τῶν τεττίγων … καὶ : not translated in Arabic.

535b17: οὗτοι γὰρ ἀφιᾶσιν ὥσπερ γρυλλισμόν : Ar.: -.

535b19–20: ἡ μὲν γὰρ ψοφεῖ οἷον τριγμόν, ὁ δὲ παραπλήσιον τῷ κόκκυγι ψόφον, ὅθεν καὶ τοὔνομα ἔχει : Ar.: -.

537a4: ἀλλὰ ταῖς ἀτρεμίαις : Ar.: -.

537a5–6: εἰ μὲν μὴ διὰ τοὺς φθεῖρας καὶ τοὺς λεγομένους ψύλλους : Ar.: -.

537a16–17: δῆλον δὲ γίνεται ὅτι καθεύδει καὶ ταῖς φοραῖς : Ar.: -.

537a18–21: ἔτι δ' ἐν ταῖς πέτραις ἁλίσκονται διὰ τὸ καθεύδειν· πολλάκις δὲ οἱ θυννοσκόποι περιβάλλονται καθεύδοντες· πολλάκις δὲ οἱ θυννοσκόποι περιβάλλονται καθεύδοντας· δῆλον δ' ἐκ τοῦ ἡσυχάζοντας καὶ τὰ λευκὰ ὑποφαίνοντας ἁλίσκεσθαι : وجميع ما وصفنا يصاد بايسر المؤونة لحال نومه.

537b9–10: δῆλον δὲ ἐπὶ τῶν ἐν ποσὶ μάλιστα τῶν τοιούτων : Ar.: -.

538a24–25: πλὴν ἡμίονος, τούτων δ'αἱ θήλειαι μακροβιώτεραι καὶ μείζους : Ar.: -.

Book V

542b14–16: περὶ μὲν οὖν τοὺς ἐνταῦθα τόπους οὐκ ἀεὶ συμβαίνει γίνεσθαι ἀλκυονίδας ἡμέρας περὶ τροπάς, ἐν δὲ τῷ Σικελικῷ πελάγει σχεδὸν ἀεί : Ar.: -.

542b21: οὐδέτερον δὲ φωλεύει τούτων τῶν ὀρνέων : Ar.: -.

543a17–18: δοκοῦσι δ' ἔνιοι τῶν γαλεῶν, οἷον οἱ ἀστερίαι, δὶς τοῦ μηνὸς τίκτειν: وقد ظن بعض القدماء انها تبيض مرتين في كل شهر.

543b14–15: Ἄρχονται δὲ καὶ κύειν τῶν κεστρέων οἱ μὲν χελῶνες τοῦ Ποσειδεῶνος : واما بعض السمك الذي يسمى باليونانية قسطروس فهو يبيض في الصيف وحروادس يبيض في الشتاء وبعضه في الصيف.

546a12: δευτεροτόκος δ' οὖσα ἀκμάζει : Ar.: -.

546b26–28: γίνονται μὲν οὖν καὶ τὰ κηριάζοντα τῶν ὀστρακοδέρμων τὸν αὐτὸν τρόπον τοῖς ἄλλοις ὀστρακοδέρμοις, οὐ μὴν ἀλλὰ μᾶλλον ὅταν προυπάρχῃ τὰ ὁμοιογενῆ : Ar.: -.

547a8–9: ἔνιαι δ' ἐρυθρὸν μικρόν. γίνονται δ' ἔνιαι τῶν μεγάλων καὶ μναῖαι : Ar.: -.

547a11–12: ἔτι δ' ἐν μὲν τοῖς προσβορείοις μέλαιναι : Ar.: -.

547a28–33: οἱ μὲν οὖν ἀρχαῖοι πρὸς τοῖς δελέασιν οὐ καθίεσαν οὐδὲ προσῆπτον τοὺς κύρτους, ὥστε συνέβαινεν ἀνεσπασμένην ἤδη πολλάκις ἀποπίπτειν· οἱ δὲ νῦν προσάπτουσιν, ὅπως ἐὰν ἀποπέσῃ, μὴ ἀπολυήται, μάλιστα δ' ἀποπίπτει, ἐὰν πλήρης ᾖ· κενῆς δ' οὔσης ἀποσπάσθαι χαλεπόν : Ar.: -.

548a11–13: ᾧ δ' οἱ γραφεῖς ὀστρέῳ χρῶνται, πάχει τε πολὺ ὑπερβάλλει, καὶ ἔξωθεν τοῦ ὀστράκου τὸ ἄνθος ἐπιγίνεται : Ar.: -.

548b4–5: τῶν δὲ πυκνῶν οἱ σκληροὶ σφόδρα καὶ τραχεῖς τράγοι καλοῦνται : Ar.: -.

548b9–10: διὰ τὸ τὴν πρόσφυσιν εἶναι κατ' ἔλαττον : Ar.: -.

548b19: Μέγιστοι μὲν οὖν γίνονται οἱ μανοί : واكثر الغمام يكون السخيف.

548b25–26: καὶ ὅλως οἵ τ' ἐπέκεινα Μαλέας καὶ οἱ ἐντος διαφέρουσι μαλακότητι καὶ σκληρότητι : فجساوته ولينه يكون بقدر الدفاء والبرد الغالب على ذلك الموضع

549a21–23: καθ' ἕκαστον γὰρ τῶν ἐπικαλυμμάτων τῶν ἐκ τοῦ πλαγίου πεφυκότων ἐστὶ χονδρῶδές τι πρὸς ὃ περιφύεται : Ar.: -.

549a24–26: σχίζεται γὰρ ἕκαστον εἰς τῶν πλείω τῶν χονδρωδῶν. ταῦτα δὲ διαστέλλοντι μὲν γίνεται φανερόν, προσβλέποντι δὲ συνεστηκός τι φαίνεται : شبيه بشكل عنقود ...

Book VI

558b10: οἱ δ' ὄρνιθες ᾠοτοκοῦσι μὲν ἅπαντες : Ar.: -.

558b13–14: πλὴν (Bk: ἔξω) δύο μηνῶν τῶν ἐν τῷ χειμῶνι τροπικῶν
ما خلا شهري الزوال في الشتاء والصيف وهما دخول الشمس ⟨في⟩ الجدى والسرطان.

558b16–17: αἱ δὲ Ἀδριανικαὶ ἀλεκτορίδες εἰσὶ μὲν μικραὶ τὸ μέγεθος :
فاما الدجاج الذي ينسب الى اديانوس الملك فهو طويل الجثة.

559a1–2: ἀλλ᾽ ἐν τῇ γῇ ἐπηλυγαζόμενα ὕλην :
فهى تبيض فيما بين الاعشاب ولا سيما فيما بين العشب الكثير الالتواء.

559a2–3: ταῦτα μὲν οὖν ὑπηνέμους ποιεῖται τὰς νεοττεύσεις :
وهذه الاصناف من اصناف الطير تبيض بيض الريح.

559a16–17: ἔνια γὰρ μαλακὰ τίκτουσιν αἱ ἀλεκτορίδες :
فانه ربما كان قشر البيض رخوا لينا من قبل فساد.

559b19–20: τὸ μὲν εἶδος ὠχρὰ ὅλα, τὸ δὲ μέγεθος ἡλίκα ᾠά : فانه يوجد لون جميع البيض تبنيا والى الصفرة ما هو.

559b19: ἃ ἐν τέρατος λόγῳ τιθέασιν :
وربما كان البيض من غير سفاد وهو الذي يسمى بيض الريح

560a5–6 : τὰ δὲ καλούμενα ὑπό τινων κυνόσουρα καὶ οὔρια γίνεται τοῦ θέρους μᾶλλον : وفساد البيض في الصيف اكثر منه في الشتاء ولا سيما اذا هبت رياح الجنوب.

560b10: αἱ δὲ περιστεραὶ ἐφέλκουσι τὸ ὀρροπύγιον :
فاما الحمام فانه ينقض ذنبه ويضمه الى داخل.

560b27–28: ἢ οὐκ ἂν ὀχεύσειεν, ὁ μὲν πρεσβύτερος ἂν μὴ τὸ πρῶτον (Bk: ἐὰν μὴ κύσῃ τὸ πρῶτον), ὕστερον μέντοι ἀναβαίνει καὶ μὴ κύσας :
وليس يكاد ان يفسد الذكر قبل ما ذكرنا الا بعد الكبر.

562a17: ἀλλ᾽ ἀνήλωται πᾶν : كانها مستمرة لاصقة بالفرخ.

563a11–12: τίκτουσι δὲ δύο ᾠὰ οἱ γῦπες : Ar.: -.

563a19–20: ὃς τρία μὲν τίκτει, δύο δ᾽ ἐκλέπει, ἓν δ᾽ ἀλεγίζει. ὡς μὲν οὖν τὰ πολλὰ οὕτω συμβαίνει : Ar.: -.: Greek poetry usually not translated in Arabic.

563a28–29: ὁ χρόνος τοσοῦτός ἐστι τῆς ἐπῳάσεως became simply كذلك .

Two words or more in the Greek text often abbreviated to one Arabic word, cf. IV 530a22–23.

564b17–18: καὶ ἐκτρέφουσιν ἐν αὐτοῖς, πλὴν βατράχου :
ثم يكون منه حيوان ويولد وبعد الولاد تتعاهد الانثى الولد بالطعم وغيره حتى يقوي ما خلا الصنف الذي يسمى الضفدع البحري فانه لا يفعل ذلك.

565a1–2: αὐξανομένου δὲ ἀεὶ ἔλαττον γίνεται τὸ ᾠὸν :
وذلك يكون في جميع خلقة الحيوان الذي يخلق من البيض على نوع واحد

567b22: ἐν γόνῳ τίκτουσι καὶ : Ar.: -.

568a23: οὕτω δὲ συνεχές ἐστι τὸ κύημα περιειλιγμένον :
وبيض الذي في الاماكن التي وصفنا كثير.

568a24–25: ὥστε τά γε τῆς πέρκης διὰ πλατύτητα ἀναπηνίζονται ἐν ταῖς λίμναις οἱ ἁλιεῖς ἐκ τῶν καλάμων :
مثل بيض برقي ولذلك يجمع الصيادون السمك الصغار من اصول القصب.

568b18–19: ὅμως δὲ ταχέως καὶ τούτων ὁ σωζόμενος διαφεύγει γόνος : Ar.:-.

570a1: πλὴν νῦν εὕρηται τοῖς ἁλιεῦσι πρὸς τὸ διακομίζειν : Ar.: -.

570a17–19: καὶ ἤδη εἰσιν ὠμμέναι αἱ μὲν ἐκδύνουσαι ἐκ τούτων, αἱ δ' ἐν διακνιζομένοις καὶ διαιρουμένοις γίνονται φανεραί : Ar.: Only: وذلك يستبين : γίνονται φανεραί.

570b3: καὶ ἴσον χρόνον κύουσι τῷ σαργῷ :
: ويبيض في اوان مساو وذلك اذا طلع النجم الذي يسمى باليونانية ارغوس
N.B.: Interchange of the name of the fish and the name of the star.

571a2–6: Ὀψίγονον δ' ἐστὶ καὶ ἡ καλουμένη βελόνη, καὶ αἱ πολλαὶ αὐτῶν πρὸ τοῦ τίκτειν διαρρήγνυνται ὑπὸ τῶν ᾠῶν· ἴσχει δ' οὐχ οὕτω πολλὰ ὡς μεγάλα. καὶ ὥσπερ τὰ φαλάγγια δέ, περικέχυνται καὶ περὶ τὴν βελόνην· ἐκτίκτει γὰρ πρὸς αὐτὴν :
والصنف الذي يسمى ⟨بالوني⟩ يهلك لانه ينشق ويؤكل من الحيوان وليس هذه الاصناف عظيمة الجثة. والسمك الذي يخرج من بيض الصنف الذي يسمى ابرة يكون حول الانثى مثل السمك الذي يتولد من بيض الصنف الذي يسمى باليونانية فالاخيوان.

571a13: φθίνοντα, τίκτουσι δὲ περὶ τὸν Ἑκατομβαιῶνα ἀρχόμενον : Ar.: -.

571a15–16: ὅταν γὰρ τέκωσιν οἱ ἰχθύες ἐν τῷ Πόντῳ, γίγνονται ἐκ τοῦ ᾠοῦ ... : Ar.: -.

571a19: ἤδη οὖσαι πηλαμύδες : Ar.: -.

571b14: καίπερ ἀσθενέστατοι (Bk. ἀσθενέστεροι) περὶ τὸν καιρὸν τοῦτον ὄντες: Ar.: -.

572a10–12: ὅθεν καὶ ἐπὶ τὴν βλασφημίαν τὸ ὄνομα αὐτῶν ἐπιφέρουσιν ἀπὸ μόνου τῶν ζῴων τὴν ἐπὶ τῶν ἀκολάστων περὶ τὸ ἀφροδισιάζεσθαι.
ولذلك يستعملون هذا الاسم على اصناف الحيوان الذي لا يضبط في اوان السفاد.

572b11–12: καὶ (Bk. κἂν) ἀναμιχθῶσι, τὰς ἄλλας (Bk. ἄλλαι) … : Ar.: -.

572b14–15: συστρέψας εἰς ταὐτὸ καὶ περιδραμὼν κύκλῳ : Ar.: -.

572b18–19: τὸν δὲ πρότερον χρόνον μετ' ἀλλήλων εἰσίν, ὃ καλεῖται ἀτιμαγελεῖν:
فاما اذا لم يكن زمان السفاد فان بعضها يرعى مع بعض.

Avoiding the term ἀτιμαγελεῖν in Arabic. This Greek term is also to find in VIII 611a2: واذا خرجت الثيران من قطيعها : ἀτιμαγελήσαντες: to leave the herd.

573a5–8: ἐλάττον δὲ κατὰ λόγον πολλῷ. ἡ μὲν οὖν βοῦς, ὅταν ὀργᾷ πρὸς τὴν ὀχείαν ἡ θήλεια, καθαίρεται κάθαρσιν βραχεῖαν ὅσον ἡμικοτύλιον ἢ μικρῷ πλεῖον· γίνεται δὲ καιρὸς τῆς ὀχείας μάλιστα περὶ τὴν κάθαρσιν : واناث الحمير والبقر تخرج ⟨منها⟩ فضلة كثيرة قدر نصف قسط اذا كان اوان نزوها. واذا القت تلك الفضلة اشتاقت الى النزو شوقا شديدا.

573b1–2: διὰ τὸ ἐκβάλλειν μετὰ τὴν ὀχείαν τὴν καλουμένην ὑπό τινων καπρίαν:
لحال الفضلة التي تلقى.

573b12–13: τὰ τέκνα καὶ τὰς δέλφακας χρηστὰς γεννῶσι.
تضع على خلاف ذلك لانها لا تضع جراء مخصبة.

573b20: κύει δὲ πέντε μῆνας καὶ πρόβατον καὶ αἴξ :
وربما وضعت ثلثا او اربعا وهى تحمل خمسة اشهر وانما تضع مرة واحدة في السنة.

575b1: καὶ γὰρ τῶν βοῶν τοὺς τομίας ἐθίζουσι : Ar.: -.

576a3–581a5 : Ar.: -.

Book VII

588a23: καὶ τῆς περὶ τὴν διάνοιαν συνέσεως ἔνεισιν ἐν πολλοῖς αὐτῶν ὁμοιοτῆτες
فان هذه الاشكال كلها تكون من قبل لب العقل وتضعف وتفسد من تغيير العقل.

589a5–7: πᾶσαι δὲ τροφαὶ διαφέρουσι μάλιστα κατὰ τὴν ὕλην ἐξ οἵας συνεστήκασιν. ἡ γὰρ αὔξησις ἑκάστοις γίνεται κατὰ φύσιν ἐκ τῆς αὐτῆς. τὸ δὲ κατὰ φύσιν ἡδύ :
وفيما بين اصناف الحيوان الطباعي.

589a13–15: τὰ δ'οὐ δεχόμενα μέν, πεφυκότα μέντοι πρὸς τὴν κρᾶσιν τῆς ψύξεως τὴν ἐφ' ἑκατέρου τούτων ἱκανῶς :
ومن الحيوان ما يقبل الماء وله طباع ومزاج موافق لتبريد الماء وللمأوى في البر.

589a16: οὔτ' ἀναπνέοντα οὔτε δεχόμενα τὸ ὕδωρ : Ar.: -.

589a16–17: τῷ δὲ τὴν τροφὴν ποιεῖσθαι καὶ διαγωγὴν ἐν ἑκατέρῳ τούτων :
مثل الحيوان الذي يولد في البر ويكون طعمه من الماء ولا يدخل الماء في جوفه.

589a31–32: τὰ δὲ πρὸς τῷ ξηρῷ, διάγει δ' ἐν τῷ ὑγρῷ. περιττότατα δὲ πάντων :
ومن الحيوان ما يأوي في البر ويغذو من الماء مثل ...

590b13–14: καὶ τις συμβαίνει περιπέτεια τούτων ἐνίοις : Ar.: -.

591a23–26: ὁ δὲ περαίας οὔ· βόσκεται δ' ὁ περαίας τὴν ἀφ' αὑτοῦ μύξαν, διὸ καὶ νῆστίς ἐστιν ἀεί. οἱ δὲ κέφαλοι νέμονται τὴν ἰλύν, διὸ καὶ βαρεῖς καὶ βλεννώδεις ἐστιν : Ar.: -.

592a4–5: ἢ κονιῶντες τοὺς ἐγχελεῶνας : او غيره من الاعشاب الرديئة.

594b17–18: (ὁ δὲ λέων) σαρκοφάγον μέν ἐστιν, ὥσπερ καὶ τἆλλα ὅσα ἄγρια καὶ καρχαρόδοντα :
فاما الاسد فانه يأكل اكلا شديدا.

595a7: (πίνει) ... λάπτοντα· ἔνια δὲ καὶ τῶν μὴ καρχαροδόντων : Ar.: -.

595a14: καρποφάγα πάντα ποηφάγα: يأكل الحبوب.

596b5: οἱ κολέροι τῶν λασίων:
والغنم الكثير الصوف يحتمل شدة الشتاء اكثر من القليل الصوف.

597a26–28: οἷον καὶ οἱ ὄρτυγες τοῦ φθινοπώρου μᾶλλον ἢ τοῦ ἔαρος. συμβαίνει δ' ἐκ τῶν ψυχρῶν τόπων ἅμα μεταβάλλειν καὶ ἐκ τῆς ὥρας τῆς θερμῆς : Ar.: -.

597b28: καὶ ἀκολαστότερον δὲ γίνεται ὅταν πίῃ οἶνον :
وهو يهيج الى السفاد جدا اذا شرب الشراب.

598b2–3: ἔξω δ’ εὐθὺς προελθόντι μεγάλοι : Ar.: -.

598b15: διὰ τὸ μὴ εἰωθέναι ἐκπλεῖν : لحال كثرة الوسخ.

599a10–11: τὰ μὲν γὰρ ὀστρακόδερμα πάντα φωλεῖ : Ar.: -.

599a29–30: καὶ ἐν οἷς εἴωθε τόποις ἐπικοιτάζεσθαι : Ar.: -.

600a11–12: εἰς ἀλεεινοὺς τόπους ἀπέρχονται πάντες : Ar.: -.

600b16–17: καὶ τὸ περὶ τὰς γενέσεις κέλυφος : Ar.: -.

600b30: καὶ λευκὴ φαίνεται πάντων : Ar.: -.

601a14: τὰ δὲ σκληρὰ διὰ τὸ μήπω περιερρωγέναι : Ar.: -.

601a31: τοῖς δ’ ἰχθύσιν οἱ αὐχμοί : Ar.: -.

601b14–15: τὸ δ’ αὐτὸ καὶ οἱ κάλαμοι πάσχουσι οἱ πεφυκότες ἐν ταῖς λίμναις : Ar.: -.

602b6–8: καὶ μετὰ τὴν δύσιν, ὅλως δὲ περὶ δυσμὰς ἡλίου καὶ ἀνατολάς· οὗτοι γὰρ λέγονται εἶναι ὡραῖοι βόλοι : Ar.: -.

603a7: καὶ ὅταν πάγος ᾖ : فاذا دخل فيه السمك.

603b5–6: ἰῶνται δ’ οἱ ὑοβοσκοί, ὅταν αἴσθωνται μένον σμικρόν, ἄλλον μὲν οὐθένα τρόπον, ἀποτέμνουσι δ’ ὅλον : Ar.: -.

603b8–9: ᾧ αἱ πλεῖσται ἁλισκονται : Ar.: -.

604b10–13: τό τε νυμφιᾶν καλούμενον, ἐν ᾧ συμβαίνει κατέχεσθαι ὅταν αὐλῇ τις, καὶ κατωπιᾶν· καὶ ὅταν ἀναβῇ τις, τροχάζει, ἕως ἂν μέλλῃ κατά τινας θεῖν· κατηφεῖ δ’ἀεί, κἂν λυττήσῃ : ويعرض لها مرض آخر ايضا شبيه بالكلب والجنون :
Ar.: Only the technical term shortly circumscribed.

604b14–15: καὶ πάλιν προτείνει, καὶ ἐκλείπει, καὶ πνεῖ : وضعفها وامتناعها من العلف

604b15–16: σημεῖον δὲ λαπάρας ἀλγεῖ : Ar.: وهو مميت.

604b18–19: καὶ ἐὰν σταφύλινον περιχάνῃ· τοῦτο δ’ ἐστὶν ἡλίκον σφονδύλῃ : Ar.: -.

DIFFERENCES BETWEEN THE GREEK AND THE ARABIC TEXTS

606b8–9: τὰ δ' ὀπίσθια ὅσον ἄχρι τῆς πρώτης καμπῆς τῶν δακτύλων : Ar.: -.

607b5–6: τὸ μὲν γὰρ μαλακόστρακα καὶ ὀχευόμενα ὁρᾶται καὶ ἀποτίκτοντα, ἐκείνων δ' οὐθέν :
فاما ما كان من الصنف اللين الجلد فانها تعين اذا سفدت واذا باضت وليس يفعل ذلك شىء من الاصناف الاخر.

607b17–18: εἶτα ἐκ τοῦ ἔαρος λευκοὶ πάλιν: Ar.: -.

Book VIII

609b16: ἐπάργεμος δ' ἐστὶ καὶ οὐκ ὀξυωπός : وهذا الطير حاد البصر جدا :
The Arabic lost the first part: ἐπάργεμος

609b18: ὅταν δὲ λάβῃ κτείνει αὐτόν: Ar.: -.

609b26: ἁρπάζει γὰρ αὐτόν: Ar.: -.

610a19–20: χρῶνται δ' οἱ Ἰνδοὶ πολεμιστηρίοις, καθάπερ τοῖς ἄρρεσι, καὶ ταῖς θηλείαις
وبين الذكورة والاناث اختلاف ايضا.

610a32–33: ἔστι δ' ἡ θήρα καὶ μεγάλων ἤδη ὄντων καὶ πώλων: Ar.: -.

610b31: ἐγκαθεύδειν δὲ ψυχρότεραι ὄιες αἰγῶν: Ar.: -.

611a19: καὶ φαγοῦσι οὕτως ἔρχονται πρὸς τὰ τέκνα πάλιν :
وهى تستحب الكينونة تحت ضوء القمر.

611b7: ἀλλ' εἰς τὸ ὀρθὸν γίνεται ἡ αὔξησις : ولا يكون نشوؤها مستقيما.

611b12: νέμονται δὲ τὸν χρόνον τοῦτον νύκτωρ : Ar.: -.

612b34–35: ἔστι δὲ περὶ τὴν ὠδῖνα δεινὴ ἡ τοῦ ἄρρενος θεραπεία καὶ συναγανάκτησις : Ar.: -.

613a10: καὶ γὰρ ἂν ἧττον ἄποθεν ᾖ: Ar.: وان قربت الاعشة.

613a17: ἀλλ' ἢ τοῖς ἐντός : الا من شق اجوافها.

613a22–23: αἱ τετυφλωμέναι ὑπὸ τῶν παλευτρίας τρεφόντων αὐτάς : Ar.: -.

614a7–8: ἐν μὲν γὰρ τοῖς ἱεροῖς, ὅπου ἄνευ θηλειῶν ἀνάκεινται:
اذا قربت بريئا (من اناث) في مواضع (التي تسمى كاهنية) ثم دخل بينها ديك مقرب.

615a23: τυγχάνει δ' ὢν καὶ ἀνάπηρος : Ar.: -.

616a6–7: φασὶ δὲ καὶ τὸ κινάμωμον ὄρνεον εἶναι οἱ ἐκ τῶν τόπων ἐκείνων, καὶ τὸ καλούμενον ...: Ar.: -.

616a22–23: τὸ δὲ σχῆμα παραπλήσιον ταῖς σικύαις ταῖς ἐχούσαις τοὺς τραχήλους μακρούς : واعظم ما يكون من هذا العنق.

616b14–15: καὶ ἐπισκεπεῖ ἐπὶ τῶν δονάκων περὶ τὰ ἕλη : وتكون حول نقائع.

616b21: ἄλλως δὲ κακόποτμος ὄρνις : Ar.: -.

616b22: τὴν δὲ διάνοιαν εὔθικτος : جيد اللون.

616b34: δειπνοφόρος καὶ ἔπαγρος : يأكل الحيوان الصغير.

617a1–2: τρία γὰρ γένη ἐστὶν αὐτῶν : Ar.: -.

617a5: ὁ ἐπικαλούμενος ὄκνος : وتفسيره النجمي.

617a12: καὶ πανταχοῦ ὤν : Ar.: -.

617b8: μέγεθος δὲ παραπλήσιον ἐκείνοις : Ar.: -.

618a33–34: τῷ τὴν κνήμην ἔχειν δασεῖαν : بانه قصير الساق وساقه كثير الريش.

618b31: οὐ γὰρ μινυρίζει οὐδὲ λέληκεν : Ar.: -.

618b32: περκόπτερος (Bk.: περκνόμερος) λευκὴ κεφαλή : ابيض اللون ابيض الريش.

619a7: οὐ δυνάμενοι φέρειν πολλάκις : Ar.: -.

619a12–13: μείζων τε τῆς φήνης : Ar.: -.

619a22–23: ἐνίοτε οὐκ ἔχουσιν ἔξωθεν κομίζειν : Ar.: -.

619a23–24: τύπτουσι δὲ ταῖς πτέρυξιν καὶ τοῖς ὄνυξιν ἀμύττουσιν, ἄν τινα λάβωσι σκευωρούμενον περὶ τὰς νεοττιάς : وان دنا احد من عش الفراخ ضربته العقاب باجنحتها وخدشته بمخالبها.

619b1: ἀλλ' εἰς τὸ πεδίον ἐάσας προελθεῖν : Ar.: -.

619b1–3: καὶ καταβαίνει οὐκ εὐθὺς εἰς τὸ ἔδαφος, ἀλλ' ἀεὶ ἀπὸ τοῦ μείζονος ἐπὶ τὸ ἔλαττον κατὰ μικρόν : تبدأ بصيد الصغار منها ثم تنتقل الى صيد الكبار رويدا رويدا وتضع صيدها على الارض مرارا شتى ثم ترفعه وتنتقل به.

621a16: πολυαγκίστροις ἐν ῥοώδεσι καὶ βαθέσι τόποις ; وفي جوفه كثرة صنارات

621a30: ὥστε οἱ ἁλιεῖς ἑκάστοτε : والسمك الذي يخرج منه كما وصفنا

621a33–b1: ταχέως ὑπὸ τοῦ ἀγκίστρου ἑάλω διὰ τὸ ἁρπάζειν τὰ προσιόντα τῶν ἰχθυδίων, ἐὰν δ' ᾖ συνήθης καὶ ἀγκιστροφάγος: وربما ابتلع صنارة الصياد واحس بها.

621b3: καὶ τὰ πλωτὰ καὶ τὰ μόνιμα : Ar.: -.

621b4–5: καὶ τοὺς ὁμοίους τούτοις· ἡ γὰρ οἰκεία τροφὴ ἑκάστων ἐν τούτοις ἐστίν : Ar.: -.

621b7–9: τὴν δὲ καλουμένην φωλίδα ἡ μύξα ἣν ἀφίησι περιπλάττεται περὶ αὐτὴν καὶ γίνεται καθάπερ θαλάμη فاما السمك الذي يسمى فولس فانه يخرج من سحره مخاط كثير ويلصق حول جسده ويكون له مثل وقاية توقيه وتستره.

621b18–19: οὐδ' ἄλλ' ἄττα· τῶν δ' ἐν τῷ εὐρίπῳ φυομένων οὐκ ἔστι πελάγιος ὁ λευκὸς κωβιός : Ar.: -.

622a1–2: τοῖς μακροῖς τοῖς ἀποτείνουσιν : Ar.: -.

622b9: καὶ κενῷ ναυτίλληται: Ar.: -.

622b28–29: τῶν μὲν δηκτικῶν φαλαγγίων δύο : Ar.: -.

624a6–7: καὶ κάτω συνυφές (Bk.: συνυφεῖς), ποιοῦσί τε ἕως τοῦ ἐδάφους ἱστοὺς πολλούς : ويصير الزوايا على اوتاد البناء.

624a17–18: ἡ δὲ συνεχὴς ἀλοιφὴ τούτῳ πισσόκηρος, ἀμβλύτερον καὶ ἧττον φαμακώδες τῆς μίτυος : وان خلط به موم وزفت يكون دواء اقوى واكثر منفعة.

624b1–2: τοὺς δὲ μέσους εἰς τὰ βλαισὰ τῶν ὀπισθίων :
الاوساط معكوسة الرجلين الى خلف.

624b6: ὅταν δ' εἰς τὸ σμῆνος ἀφίκωνται, ἀποσείονται : Ar.: -.

624b19–20: ὡς ἐπὶ τὸ πολὺ δ' ἐν τοῖς τῶν μελιττῶν· διὸ καὶ ἀποτέμνουσιν : Ar.: -.

624b33–625a1: ἂν δὲ συμβῇ ὥστ' ἐν τῷ αὐτῷ κηρίῳ ἅπαντα ποιεῖν αὐτά, ἔσται ἐφεξῆς ἓν εἶδος εἰργασμένον δι' ἀντλίας : Ar.: -.

625a4: καὶ κηφῆνες πολλοὶ καὶ οἱ φῶρες καλούμενοι :
والذكورة التي تسمى فوراس وتفسيره لصوص.

625a8: ἀραχνιοῦσθαι : وتولد فيه عنكبوت

625a8–9: καὶ ἐὰν μὲν τὸ λοιπὸν δύνωνται κατέχειν ἐπικαθήμεναι, τοῦθ' ὥσπερ ἔκβρωμα γίνεται : فان قوى على تنقيته سلم وكان غذاؤه من العسل

625a34–b2: οἱ δὲ φῶρες καλούμενοι κακουργοῦσι μὲν καὶ τὰ παρ' αὐτοῖς κηρία, εἰσέρχονται δὲ ἐὰν λάθωσι καὶ εἰς τὰ ἀλλότρια· ἐὰν δὲ ληφθῶσι, θνήσκουσιν:
فاما صنف النحل الذي يسمى فوراس فهو يضر الشهد الذي يكون فيه وربما دخل في بيوت سائر النحل ان قدرعلى ان يغتاله فان ادرك قتل ولا يقوى على ان يقاتل النحل ...

625b9: (φωνὴ) μονῶτις καὶ ἴδιος γίνεται ἐπί τινας ἡμερας :
يكون في داخل الخلية دوي وصوت قبل خروجه بيومين او ثلثة.

625b19: αἱ δ' ὑδροφοροῦσιν : Ar.: -.

625b26–27: καὶ ὅταν ἑσμὸς προκάθηται, ἀποτρέπονται ἔνιαι ἐπὶ τροφὴν εἶτ' ἐπανέρχονται παλιν : Ar.: -.

626a3: ἐὰν μὲν χειμὼν ᾖ, αὐτου θνήσκουσιν : Ar.: -.

626a4: εὐδιῶν δ' οὐσῶν ἐκλείπουσι τὸ σμῆνος : Ar.: -.

626a6–7: ἐμφερῆ τῷ κηρῷ τὴν σκληρότητα, ἣν ὀνομάζουσί τινες σανδαράκην :
من الزبيب او من الحلواء.

626a13: καὶ τὰς τῶν μερόπων νεοττείας : Ar.: -.

626a17–19: αἱ δὲ τύπτουσαι ἀπόλλυνται διὰ τὸ μὴ δύνασθαι τὸ κέντρον ἄνευ τοῦ ἐντέρου ἐξαιρεῖσθαι : وهو يلذعه ويهلكه

626a30–31: ἀπόλλυσι δὲ καὶ ὁ φρῦνος τὰς μελίττας : Ar.: -.

626b2–3: Whereas in Greek it is about τὰ κηρία, in Arabic it is first يعمل موما خشنا, but then about عسل; in fact it is about τὰ κηρία; somewhat strange change in Arabic. Perhaps a change of عسل in موم?

626b5–6: διὸ οἱ έσμοὶ φέρονται· εἰσὶ γὰρ νέων μελιττῶν: ولذلك يطير وشكلها شكل عنقود.

626b23: ὅταν ἐρυσιβώδη ἐργάζωνται ὕλην : اذا لقط الزهر الذي وقعت فيه القمل

626b32: καὶ ἐκ μόσχου : ومن فراخ النحل

627a8–9: ἀτρακτυλλὶς μελίλωτον ἀσφόδελος μυρρίνη φλεὼς ἄγνος σπάρτον: اكليل الملك و الآس والخنثى والذي يسمى باليونانية اطراقطولس واغنوس وسبرطون وفلاوس : change of order.

627a10: πρὶν τὸ κηρίον καταλείφειν : قبل ان يلقي الموم

627a16–17: κροτοῦντες φασιν ἀθροίζειν : وهو يظن ان النحل يلذ بالتصفيق.

627a30: τότε γὰρ σχαδόνας ἐργάζονται : Ar.: -.

627b2: κἂν μέγα τὸ κυψέλιον ᾖ· ἀθυμότερον γὰρ πονοῦσιν: Ar.: -.

627b19–20: τὰς ἑαυτῶν ἐν τῷ νομῷ ἄλευρα καταπάσαντες :
ذروا دقيقا حول المكان الذي يشرب النحل منه.

628a12–13: πλάττονται τὰ κηρία καὶ συνίστανται οὓς καλοῦσι σφηκωνεῖς τοὺς μικρούς : تجعل ثقبا وبيوتا شبيهة بالبيوت التي تعمل من الموم.

628a22–23: ἐν τοῖς κηρίοις οὐκέτι οἱ ἡγεμόνες ἐργάζονται : Ar.: -.

628b32: οἱ ἀνθρῆναι ζῶσι μὲν οὐκ ἀνθολογούμεναι: فليس حاله مفردة معروفة

629a10: ἀλλ' ἀεί ἐπιγινόμεναι νεώτεραι : Ar.: -.

629a12: ἤδη γὰρ εὐθηνοῦντος σμήνους : ويهيئ عشه من طين شبيه بهيئة الموم

629a25: καὶ τῶν σφηκῶν ἔνιοι ἄκεντροι εἰσι : فاما الصنف الاصفر من الدبر فلكله حمة

629b34: καὶ οὐλοτριχώτερον δειλότερον : Ar.: -.

630a6: ἐκ τῶν ἑλκῶν ἰχῶρες ῥέουσιν ὠχροὶ σφόδρα : يسيل من تلك الجراحة قيح رقيق مثل الماء شديد النتن

630a7: καὶ ἐκ τῶν ἐπιδέσμων καὶ σπόγγων ὑπ' οὐδενὸς δυνάμενοι ἐκκλύζεσθαι : ومثله يسيل ايضا من الرباط والغيم الذي يوضع على الجراح.

630a21–23: οὐ γὰρ πρόμηκές ἐστιν. τὸ δὲ δέρμα αὐτοῦ κατέχει εἰς ἑπτάκλινον ἀποταθέν : Ar.: -.

630a23: καὶ τὸ ἄλλο δὲ εἶδος ὅμοιον βοί : وفي هذا الصنف من السبع جنس آخر شبيه ببقرة.

630a26–27: βαθεῖα δὲ καὶ μέχρι τῶν ὀφθαλμῶν καθήκουσα ἡ χαίτη ἐστὶ καὶ πυκνή : وعرفه كثير الشعر يبلغ الى العينين.

630a28–29: οὐχ οἷον αἱ παρῶαι ἵπποι καλούμεναι : Ar.: -.

630a33–34: πάχος δ' ὥσπερ χωρῆσαι μὴ πολλῷ ἔλαττον ἡμίχου ἑκάτερον : وقرونه ثخان.

630b10–11: ῥᾳδίως δὲ χρῆται τούτῳ καὶ πολλάκις, καὶ ἐπικαίει ὥστε ἀποψήχεσθαι τὰς τρίχας τῶν κυνῶν : Ar.: -.

630b25: πρὸς δὲ τοὺς χειμῶνας καὶ τὰ ψύχη δύσριγον εἶναι : وهو قليل الاحتمال للشتاء والبرد + لانه يحس بالبرد جدا.

630b32–33: ἐπεὶ οὐκ ἦν ὀχεῖον : Ar.: -.

631a19: οἷον κατελεοῦντες : Ar.: -.

631b16–17: γίνονται δὲ καὶ θηλυδρίαι ἐκ γενετῆς τῶν ὀρνίθων τινὲς οὕτως ὥστε: Ar.: -.

632a20–21: τὸ φανερὸν συγγεννῶσιν : لا تلد البتة : Arabic: οὐ γεννῶσιν (β)

632a26: ἧς μικρὸν ἀποτέμνοντες συρράπτουσιν : Ar.: -.

632b5–6: μάλιστα δὲ τοῦ χειμῶνος μηρυκάζουσιν, τά τε κατ' οἰκίαν τρεφόμενα σχεδὸν: Ar.: يجتر اكثر.

632b11: τὰ δ' εὐρυστήθη: Ar.: الحيوان الطويل الساقين.

Book IX

581a21: ὃ καλοῦσι τραγίζειν : من قبل رطوبة او ندى اصابها.

581b13: ἀρχομένων αὐτῶν: Ar.: -.

581b13–16: ὥστ᾽ ἂν μὴ διευλαβηθῶσι μηθὲν ἐπὶ πλεῖον κινεῖν ἢ ὅσον αὐτὰ τὰ σώματα μεταβάλλει μηθὲν χρωμένων ἀφροδισίοις, ἀκολουθεῖν εἴωθεν εἰς τὰς ὕστερον ἡλικίας : وان لم يستعملن ذلك ويمتنعن منه تحركت اجسادهن تحركا اكثر ولا سيما في القرون التي بعد الشباب.

582a11: ἕως ἂν καταρραγῇ· ὥστε τότε λαβόντες ὄγκον οἱ μαστοὶ διαμένουσι ... : حتى يميل تلك الفضلة الى الناحية السفلى ويخرج الثديان قبل الطمث.

582a27: ὅταν τόκοις χρήσωνται πολλοῖς : Ar.: -.

582b4–5: παρὰ μῆνα δὲ τρίτον ταῖς πλείσταις· ὅσαις μὲν οὖν ὀλίγον χρόνον γίνεται : ومنها من تطمث شهرا بعد شهر فالنساء الاتي يطمثن في كل شهر.

582b16–17: ἀλλὰ μὴ ὥστε καὶ θύραζε ἐξιέναι:
ولكن لا ينبغي ان تكون تلك الرطوبة كثيرة بقدر ما يخرج الى حبل.

582b22–24: διὰ τὸ δεῖσθαι τῆς συνουσίας ἢ διὰ τὴν νεότητα καὶ τὴν ἡλικίαν ἢ διὰ τὸ χρόνον ἀπέχεσθαι πολύν :
او لحال كثرة الزمان للنكاح.

582b24: N.B. The numbers have not always been translated correctly: τρὶς (*thrice*): مرارا شتى (*many times*), cf. e.g. VII 595a20, VIII 627a25 and X 638a15.

582b26: τότε: فاذا حملن : instead of τότε! Cf. also 595a4.

583a12–13: ποιεῖ δὲ τῆς τροφῆς τὰ ὑγρὰ καὶ δριμέα τοιαύτην τὴν ὁμιλίαν μᾶλλον : Ar.: -.

583a32–34: οὐκέτι κατὰ φύσιν, ἀλλ᾽ εἰς τοὺς μαστοὺς τρέπεται καὶ γίνεται γάλα :
لا يكون مذهب الدم طباعيا اعني الى الناحية السفلى بل يرجع الى الناحية العليا الى الثديين والزرع اذا اجتمع وبقى في الرحم يكون ⟨اللبن⟩.

584a23–25: αἱ δὲ τρίχες ταῖς μὲν κυούσαις αἱ μὲν συγγενεῖς γίνονται ἐλάττους καὶ ἐκρέουσιν, ἐν οἷς δὲ μὴ εἰώθασιν ἔχειν τρίχας, ταῦτα δασύνεται μᾶλλον:

وانما ينبت للجنين الشعر الذي يولد معه وهو قليل ويقع بعد الولاد عاجلا. :

584b5: ἀσχίστους : صغيرة ضعيفة.

585a34–35: ἀρχὴ δὲ ταῖς γυναιξὶ τοῦ τεκνοῦσθαι καὶ τοῖς ἄρρεσι τοῦ τεκνοῦν, καὶ παῦλα ἀμφοτέροις, τοῖς μὲν ἡ τοῦ σπέρματος πρόεσις ταῖς δ' ἡ τῶν καταμηνίων:
واول ما يخرج من زرع الذكورة ضعيف رديء واول ما يخرج من دم الطمث كمثل.

585b16–17: καὶ ἐπὶ τοῦ γεννᾶν δ' ὅλως τὸ αὐτό: Ar.: وعلى خلاف ذلك ايضا.

586a1–2: ὁτὲ δ' οὐδὲν οὐδενί. ἀποδίδωσι δὲ καὶ διὰ πλειόνων γενῶν: Ar.: .

586a22: εἴτε ζῳοτοκεῖται ἢ ᾠοτοκεῖται : Ar.: الذي يبيض بيضا.

586a29: καὶ ἰχωρώδης ἢ αἱματώδης: Ar.: -.

586b14–15: τοῖς μὲν ἔχουσι τὰς κοτυληδόνας ἐκ τῶν κοτυληδόνων, τοῖς δὲ μὴ ἔχουσιν ἀπὸ φλεβός : Ar.: -.

587a17–19: ἐὰν δὲ μὴ συνεξέλθῃ εὐθὺς τὸ ὕστερον, ἔσω ὄντος αὐτοῦ, τοῦ παιδίου δ' ἔξω, ἀποτέμνεται ἀποδεθέντος τοῦ ὀμφαλοῦ:
فاما ان خرجت المشيمة قبل الصبي فلا تقطع السرة من خارج.

587a21–24: ἀλλὰ τεχνικαί τινες ἤδη τῶν μαιῶν γενόμεναι ἀπέθλιψαν εἴσω ἐκ τοῦ ὀμφαλοῦ, καὶ εὐθὺς τὸ παιδίον, ὥσπερ ἔξαιμον γενόμενον πρότερον, πάλιν ἀνεβίωσεν : Ar.: -.

587b7–8: οὐδὲ κνιζόμενα τὰ πολλὰ αἰσθάνεται: فاذا حرك الصبي في المهد احس بتلك الحركة.

587b22–23: καὶ διαμένουσιν εἰς τὸν ὕστερον χρόνον στραγγαλίδες ὅταν μὴ ἐκπεφθῇ μηδὲ ἐξέλθῃ ὑγρότης ἀλλὰ πληρωθῇ: وان اقمن زمانا ولم يعد اللبن الى مكانه تعقدت الابطان.

588a6: πρὸς τὸ πάθος : على كثرة اللبن.

588a8–10: διὸ καὶ τὰ ὀνόματα τότε τίθενται, ὡς πιστεύοντες ἤδη μᾶλλον τῇ σωτηρίᾳ : Ar.: -.

Book X

635a20–22: καὶ οὐκ ἐμποδίζουσι, καὶ ἀφιᾶσι πρῶτον τὰ ἀπ'αὐτοῦ τοῦ στόματος, ὅταν δὲ πλείω τὸ σῶμα, προίενται ἀναστομοῦντα·
واذا قبلت الزرع اغلقت فمها فانه ان لم ينغلق وقع ذلك الزرع وسال عنها.

635a26–28: προσσπαστικαὶ οὖν οὖσαι σημαίνουσι καλῶς ἔχειν πρὸς τὸ συλλαβεῖν πλησιάσαντος ὅταν οὕτως ἔχωσιν ἄνευ ἄλγους καὶ μετὰ ἀναισθησίας :
لكي يجذب الزرع اذا مس الرجل المرأة.

635b11–12: διὸ καὶ οὐ δύνανται τρέφειν ἀλλὰ καὶ διαφθείρουσι τὰ ἔμβρυα, ἐὰν μὲν σφόδρα τοιαῦται ὦσιν ἔτι μικρὰ ὄντα, ἐὰν δ' ἧττον μείζω: ولذلك لا تقوى الرحم على غذاء الجنين بل تسقطه ويهلك. وان كانت حال الرحم متغيرة جدا كما وصفنا فالجنين يقع ويهلك.

636a5–6: οὐ γὰρ εἰς αὐτὴν προίεται, ἀλλ' οὗ καὶ ὁ ἀνήρ :
فان الزرع لا يقع فيه بل خارجا منه.

636a10: δεῖ δὴ καὶ τοῦτο μὴ πάσχειν : (namely the wind-pregnancy) : Ar.: -.

636a19–20: ὃ ἂν ἔχῃ αὐτὴ πρὸς αὑτήν : Ar.: -.

636b19–21: διὸ καὶ συζευγνύμενοι γεννῶσι μετ' ἀλλήλων οὐ γεννῶντες δὲ ὅταν ἐντύχωσιν ἰσοδρομοῦσι πρὸς τὴν συνουσίαν :
فهذه علة مانعة للولد ولذلك اذا فارق الرجل تلك المرأة وجامع غيرها ولد له والمرأة ايضا اذا صارت الى غير ذلك الرجل ولد لها وان لم يكن لها ولد ولا للرجل قبل ذلك وقد يغير الرجل المرأة وكذلك المرأة تغير الزوج فيولد لهما بعد عدمهما للولد.

636b35–39: καὶ λανθάνουσι τότε μάλιστα κυισκόμεναι. οὐ γὰρ οἴονται συνειληφέναι ἐὰν μὴ αἴσθωνται (προιέμεναι δὲ τυγχάνουσιν), ὑπολαμβάνουσαι ὡς δεῖ ἐπ' ἀμφοῖν συμπεσεῖν ἅμα, καὶ ἀπὸ τῆς γυναικὸς καὶ ἀπὸ τοῦ ἀνδρός.
وحمل شباب النساء اسرع من حمل غيرهن وليس يمكن ان يحملن النساء ان لم يحسسن بافضاء الزرع ولا يولد من جماع المرأة ورجل ان لم يكن افضاء زرعهما معا.

Remark: The idea that the conception of young women is quicker does not exist in the Greek part.

637a9: τὸ δὲ περιέλιπε πολλαπλάσιον: وجزءا آخر جذب غيره

637a12–14: δῆλον ὅτι **οὐκ** ἀπὸ παντὸς ἔρχεται τὸ σπέρμα τοῦ σώματος, ἀλλ' ἐφ' ἑκάστου εἴδους ἐμερίζετο. ἀπὸ παντὸς μὲν γὰρ ἐνδέχεται ἀποχωρισθῆναι καὶ τὸ πᾶν εἰς πολλά :

فهو بين ان الزرع يجيء من كل الجسد ويفترق وتكون صورته قائمة اذا تجزأ وبقى في الرحم.

637a17: τῷ πνεύματι : بعنق الرحم.

637a18–20: πάντα γὰρ ὅσα μὴ ὀργάνοις προσάγεται, ἢ εἴσφυσιν ἔχει ἄνωθεν κοῖλα ὄντα ἢ πνεύματι †ἕλκων ἢ† ἐκ τούτου τοῦ τόπου : وجميع ما يجذب الى ذاته بآلة موافقة للجذب وله واحدةومدخل والناحيةالعليا منه عميقة وانما يجذب بريح.

637a26–28: καὶ τὸ ἔμπροσθεν τῆς ὑστέρας πολλῷ μεῖζον ἢ καθ' ἣν εἰς ἐκεῖνον τὸν τόπον ἐκπίπτει :
فوقوع الزرع يكون من عنق الرحم ثم يجذب من هناك الى داخل كما قلنا فيما سلف.

638a7–8: ὥστε διὰ τί οὐ γεννᾷ αὐτὰ καθ' αὑτὰ τὰ θήλεα, ἐπείπερ καὶ μιχθὲν ἕλκει τὸ τοῦ ἄρρενος :
ولا تقوى الاناث على الولاد ان لم يخالط زرع الذكر زرع الانثى فانه اذا خالطه جذبه معه اعني يجذب زرع الذكر الى جوف الرحم وربما جذبت رحم المرة الزرع الذي يفضي خارجا منه.

638a8–10: διὰ τί οὐχὶ καὶ αἱ αἶγες τὸ αὑτῆς ἕλκει, ὅπερ εἰς τὸ ἔξω διατείνει ; Ar.: -.

638a27–28: ὑπὸ τούτων γινομένης τῆς ὑστέρας, προσάγει καὶ τίκτει:
اذا صار فيها زرع الانثى تربى وتغذى وتحرك العروق.

638a30–31: ἀλλὰ κατὰ σῶμα προετικὸν γενόμενον ὅτε ἐπληροῦτο, οὐκέτι τὴν ὑστέραν ποιεῖ ἀντισπαστικήν: Ar.: -.

638a34: ἀεὶ τῶν ὁμαλῶν: Ar.: -.

638b4–7: διὸ καὶ χρόνιον τὸ πάθος, ὥσπερ τὰ ἐν ἑψήσει πολὺν χρόνον διαμένει. τὰ δ' ἑψόμενα πέρας ἔχει καὶ ταχυτῆτα. αἱ δὲ τοιαῦται ὑστέραι ἀκρόταται οὖσαι τὸν χρόνον ποιοῦσι πολύν:
ولذلك يكون الداء من مثل ما يعرض للحم الذي يطبخ فانه اذا لم يحكم طبخة اقام حينا كثيرا لا ينضج.

638b9: ἣν διὰ τὸ ζῆν προίεσθαι τὸ ἔμβρυον : Ar.: -.

638b13–14: τὰ μὲν οὖν ἑφθὰ καὶ πάντα τὰ πεπεμμένα μαλακὰ γίνεται : Ar.: وكل ما يطبخ على غير احكام يكون جاسيا.

638b15: δι' ὁμοιότητα μύλας εἶναι τὸ πάθος πάσχουσι : ولذلك هذه العلة

638b17: ἄνευ ὕδρωπος : الذي يكون من جمع الماء.

638b22: ἢ τὴν ἕξιν : Ar.: -.

638b35–37: ἐὰν δέ τι αλλο ᾖ ὁ ὄγκος, ἔσται ψυχρὰ θιγγανομένη καὶ οὐ ξηρά, καὶ ἀεὶ τὸ στόμα ὅμοιον : Ar.: -.

Bibliography

LCL   Loeb Classical Library

Aelianus: see Claudius Aelianus

Akasoy, Anna A.: see Aristotle, *Nicomachean Ethics* (Arabic version).

Aristotle: (*De generatione animalium*). *De Animalibus. Michael Scot's Arabic-Latin Translation, Part Three: Books XV–XIX. Generation of Animals*, edited by Aafke M.I. van Oppenraay, Leiden-NewYork-Köln, Brill, 1992, Aristoteles Semitico-Latinus, vol. 5,1.

Aristotle: (*De generatione animalium*). *Generation of Animals*, edited with English translation by A.L. Peck. Cambridge (Mass.)—London, Harvard University Press, 1979. LCL 366.

Aristotle: (*De generatione animalium*). *Generation of Animals*, في كون الحيوان, *The Arabic Translation commonly ascribed to Yaḥyā ibn al-Biṭrīq*, edited with Introduction and Glossary by J. Brugman and H.J. Drossaart Lulofs, Publication of the "De Goeje Fund," Nr. XXIII, Brill, Leiden 1971.

Aristotle: *De Partibus Animalium, Movement of Animals, Progression of Animals*, edited with English translation by A.L. Peck and E.S. Forster. London-Cambridge (Mass.), Harvard University Press, 1968. LCL 323.

Aristotle: (*De Partibus Animalium*). *Parts of Animals*, في اعضاء الحيوان, *The Arabic Version of Aristotle's Parts of Animals, Book XI–XIV of the Kitāb al-ḥayawān*, A critical edition with introduction and selected glossary by Remke Kruk. Verhandelingen der Koninklijke Nederlandse Akademie van Wetenschappen, Afd. Letterkunde, Nieuwe Reeks, deel 97. Amsterdam, Oxford, North-Holland Publishing Company, 1979; Aristoteles Semitico-Latinus, 2.

Aristotle: (*De Partibus Animalium*). *De Animalibus. Michael Scot's Arabic-Latin Translation, Part Two: Books XI–XIV: Parts of Animals*, edited by Aafke M.I van Oppenraay, Leiden-New York-Köln, Brill, 1998. Aristoteles Semitico-Latinus, 5,2.

Aristotle: *Historia Animalium*. I–VI. Edited by A.L. Peck with an English translation. London—Cambridge (Mass.), Harvard University Press, 1965 and 1970. LCL 437–438.

Aristotle: *Historia Animalium*. Edited by D.M. Balme and prepared for publication by Allan Gotthelf. Vol. I, Books I–X: Text. Cambridge, Cambridge University Press, 2002.

Aristotle: (*Historia animalium*). *Histoire des Animaux*. I–IV; V–VII; VIII–X. Texte établi et traduit par Pierre Louis. Paris, Société d'Édition "Les Belles Lettres", 1964–1969.

Aristotle: (*Historia animalium*). *History of Animals*. VII–X. Edited and translated by D.M. Balme, prepared for publication by Allan Gotthelf. Cambridge (Mass.), London (England), Harvard University Press, 1991. LCL 439.

BIBLIOGRAPHY

Aristotle: *Opera Omnia*, edidit I. Bekker, Deutsche Akademie der Wissenschaften zu Berlin, Berlin, G. Reimer, 1831–1870.

Aristotle: *Ṭibāʿ al-ḥayawān*. Edited by A. Badawi, Kuwait 1977.

Aristotle: *Zoologische Schriften*. I: *Historia Animalium*, 1–2. Übersetzt von Stephan Zierlein, in: *Aristoteles Werke in deutscher Übersetzung*. 16,1. Berlin, Akademie Verlag, 2013.

Aristotle: *De Anima. Eine verlorene spätantike Paraphrase in arabischer und persischer Überlieferung*. Arabischer Text nebst Kommentar, quellengeschichtlichen Studien und Glossaren. Herausgegeben von Rüdiger Arnzen. Leiden—New York—Köln, Brill, 1998. = Aristoteles Semitico-Latinus, 9.

Aristotle: (*Ethica Nicomachea*). *The Nicomachean Ethics*, with an English translation by H. Rackham. Cambridge (Mass.)—London, Harvard University Press, 1975. LCL 73.

Aristotle: (*Ethica Nicomachea*). *The Nicomachean Ethics*. The Arabic version of the Nicomachean Ethics, edited by Anna A. Akasoy and Alexander Fidora with an Introduction and Annotated Translation by Douglas M. Dunlop, Leiden-Boston, Brill, 2005. Aristoteles Semitico-Latinus, 17.

Aristotle: (*Problemata Physica*). *Problems*. Ed. W.S. Hett. I; II. London—Cambridge (Mass), 1970 and (vol. II) 1965. LCL 316–317.

Aristotle: *Problemata Physica*. Übersetzt von Hellmut Flashar, in: Berlin, Wissenschaftliche Buchgesellschaft, 1975. = Aristoteles Werke in deutscher Übersetzung. 19.

Aristotle: (*Problemata Physica*). *The Problemata Physica attributed to Aristotle. The Arabic version of Ḥunain ibn Isḥāq and the Hebrew version of Moses ibn Tibbon*, by L.S. Filius, Leiden—Boston—Köln, Brill, 1999. Aristoteles Semitico-Latinus, 11.

Arnott, W. Geoffrey: Birds in the ancient world from A to Z, London-New York, Kindle, 2007.

Arnzen, Rüdiger: see Aristotle, *De anima* (Arabic paraphrase).

Badawi, A.: see Aristotle: *Ṭibāʿ al-ḥayawān*.

Balme, D.M.: see Aristotle: *History of Animals*.

Balme, D.M.: 'Aristotle, Historia Animalium Book Ten'.—In: *Aristoteles. Werk und Wirkung, Paul Moraux gewidmet*. I: *Aristoteles und seine Schule*. Herausgegeben von Jürgen Wiesner, Berlin-New York, Walter de Gruyter, 1985, pp. 191–206.

Baumstark, Anton: *Aristoteles bei den Syrern vom 5. bis 8. Jahrhundert*. Syrische Texte, herausgegeben, übersetzt und untersucht. 1: *Syrisch-arabische Biographien des Aristoteles. Syrische Kommentare zur ΕΙΣΑΓΩΓΗ des Porphyrius*, Leipzig 1900, Neudruck Aalen, Scientia Verlag, 1975.

Bayfield, M.A., see Homer.

Bekker, Immanuel, see Aristoteles: *Opera*.

Berger, Friederike: *Die Textgeschichte der Historia Animalium des Aristoteles*. Wiesbaden, Dr. Ludwig Reichert Verlag, 2005. = SERTA GRAECA. Beiträge zur Erforschung griechischer Texte. 21.

Biberstein Kazimirski, A. de: *Dictionnaire Arabe—Français*. I–II. Paris, Maisonneuve, 1860.

Blankenborg, Ronald; van Oppenraay, Aafke M.I.: *Aristotle's History of Animals, Index Verborum*. Den Haag, Publicaties van het Constantijn Huygens Instituut, 2000.

Blau, J.: *A Grammar of Christian Arabic*. Louvain 1966–1967. = Corpus scriptorum christianorum orientalium. 267–269. Subsidia 27–29.

Bodson, Liliane: *Aristote, De partibus animalium. Index verborum. Listes de fréquence*, fasc. 17, Liège, Centre Informatique de Philosophie et Lettres, 1990.

Brugman, J., see Aristoteles: Aristotle: (*De generatione animalium*), Arabic version.

Claudius Aelianus: *De natura animalium*. Translated by A.F. Schofield. 1–3. Cambridge Mass.-London, Harvard University Press, 1971–1972. LCL 446–448–449.

Daiber, Hans: *Aetius Arabus*. Die Vorsokratiker in arabischer Überlieferung. Wiesbaden, Franz Steiner Verlag, 1980. = Akademie der Wissenschaften und der Literatur. Veröffentlichungen der orientalischen Kommission. XXXIII.

Davies, Malcolm; Kathirithamby, Jeyaraney: *Greek Insects*. London, Duckworth, 1986.

Dean-Jones, Lesley: 'Clinical Gynecology and Aristotle's Biology: The composition of HA X', in: *Apeiron* XLV, 2012, 182–199.

Diels, Hermann: *Die Fragmente der Vorsokratiker*. Herausgegeben von Walther Kranz. 1–3. Zürich, Weidmann, 1951–1952, 1966.

Diogenes Laertius: *Lives of Eminent Philosophers*, 1–2. Edited and translated by R.D. Hicks, London—Cambridge (Mass.), Harvard University Press, 1980. LCL 184–185.

Dodge, Bayard: see Ibn an-Nadīm.

Dozy, R.: *Supplément aux Dictionnaires Arabes*. 1–2. Beyrouth, Librairie du Liban, 1981.

Drossaart Lulofs, H.J.: 'Aristotle, Bar Hebraeus and Nicolaus Damascenus on Animals'.—In: Alan Gotthelf, *Aristotle on Nature and living things*. Philosophical and Historical Studies. Bristol, Bristol Classical Press, 1985.

Drossaart Lulofs, H.J.: see Aristotle: (*De generatione animalium*), Arabic version.

Dunlop, D.M.: 'The Translations of al-Biṭrīq'.—In: *Journal of the R. Asiatic Society of Great Britain and Ireland*, 1959, pp. 140–150.

Dunlop, D.M., see Aristotle: (*Ethica Nicomachea*), Arabic.

Düring, Ingemar: *Aristotle in the ancient biographical tradition*. Göteborg, 1957. = Acta Universitatis Gothoburgensis, Göteborgs Universitets Årsskrift. LXIII.

EI[2]: *The Encyclopedia of Islam*. New edition by P. Bearman, Th. Bianquis, C.E. Bosworth, E. van Donzel, W.P. Heinrichs, Leiden, Brill, 1960.

Philip J. van der Eijk: 'On Sterility ("HA X"), a medical work by Aristotle?'—In: *Classical Quarterly* 49 (1999), pp. 490–502.

Endress, Gerhard: *Die arabischen Übersetzungen von Aristoteles' Schrift De Caelo*. PhD Thesis, Frankfurt am Main, 1966.

Endress, Gerhard: *Proclus Arabus*. Zwanzig Abschnitte aus der Institutio Theologica

in arabischer Übersetzung, eingeleitet, herausgegeben und erklärt. Beirut, Franz Steiner Verlag, 1973.

Endress, Gerhard: *The Works of Yaḥyā ibn ʿAdī.* An analytical inventory. Wiesbaden, Dr. Ludwig Reichert Verlag, 1977.

Endress, Gerhard; Kruk, Remke (ed.): *The Ancient Tradition in Christian an Islamic Hellenism. Studies on the Transmission of Greek Philosophy and Sciences dedicated to H.J. Drossaart Lulofs on his ninetieth birthday.* Leiden, Research School CNWS, 1997.

Endress, Gerhard; Gutas, Dimitri: *A Greek & Arabic Lexicon, Materials for a Dictionary of the Mediaeval Translations from Greek into Arabic.* I–II. Leiden Brill, 2002–2017. = *Handbook of Oriental Studies*, section one: The Near East and Middle East. XI.

Fajen, Fritz, see Oppianus.

Fidora, Alexander, see Aristoteles: (*Ethica Nicomachea*), Arabic.

Filius, L.S.: see Aristoteles: *Problemata Physica.*

Filius, Lou: 'The Arabic Transmission of the Historia Animalium'.—In: Arnoud Vrolijk and Jan P. Hogendijk (eds.): *O ye Gentlemen. Arabic Studies on Science and Literary Culture in honour of Remke Kruk.* Leiden-Boston, Brill, 2007, pp. 25–33. Islamic Philosophy, Theology and Science. Texts and Studies, vol. LXXIV

Filius, Lou, 'The Book of Animals by Aristotle'.—In: Anna Akasoy and Wim Raven (eds.): *Islamic Thought in the Middle Ages*, Studies in text, transmission and translation, in honour of Hans Daiber. Leiden-Boston, 2008. Islamic etc. vol. LXXV

Fischer, Wolfdietrich: *Grammatik des klassischen Arabisch.* Wiesbaden, Otto Harrassowitz, 1972.

Flashar, Hellmut: see Aristotle: *Problemata Physica.*

Gotthelf, Allan, 'Aristotle on Nature and Living Things', in: *Philosophical and Historical Studies Presented to David. M. Balme on his Seventieth Birthday*, Pittsburgh and Bristol, 1985.

Gotthelf, Allan: see Aristotle, *Historia Animalium.*

Gutas, Dimitri, see Endress, Gerhard.

Gutas, Dimitri: *Greek Thought, Arabic culture.* The Graeco-Arabic translation Movement in Baghdad and Early ʿAbbasid Society (2nd–4th / 8th–10th centuries). London, Routledge, 1998 (reprint 1999).

Ǧāḥiẓ, Abū ʿUṯmān ʿAmr b. Baḥr: *Kitāb al-Ḥayawān.* Ed. ʿAbd as-Salām Muḥammad Hārūn. 1–7. Cairo, Maktabat Naḥdat Miṣr, 1356/1938–1366/1947.

al-Ḥāǧirī, Ṭaha: *'Taḥriǧ nuṣūṣ Arisṭāṭālīs fī kitāb al-ḥayawān li-l-Ǧāḥiẓ'.*—In: *Bulletin of the Faculty of Arts, Alexandria.* 7 (1952–1953), pp. 15–35 and 8 (1954), pp. 69–90.

den Heijer, H.J.: 'Syriacisms in the Arabic version of Aristotle's Historia Animalium'.—In: *ARAM* 3 (1991), pp. 97–114.

Hett, W.S.: see Aristotle: *Problemata Physica.*

Hippocrates: *Oeuvres complètes d'Hippocrate, traduction nouvelle avec le texte grec* par É. Littré, 1–10. Amsterdam, Adolf Hakkert, reprint 1961–1962.

Herodotus: *Histoires*. Texte établi et traduit par Ph.-E. Legrand. 1–9. Paris, Budé, 1963.

Homer: *Ilias*. Leaf, W. and M.A. Bayfield: *The Iliad of Homer edited with general and grammatical introductions, notes and appendices in two volumes*. London—New York, MacMillan & Co LTD, 1962.

Ibn Bāǧǧa: *Kitāb al-ḥayawān*. MS: *Majmūʿa min al-kalām li-š-šayḫ abī Bakr Muḥ. b. Bāǧǧa al-Andalusī*. MS Oxford, Bodleian Library, Pococke 206 (cat. J. Uri, Oxford 1787, I, 123, no. 499).

Ibn Badjdja: *Il libro degli animali. Kitab al-Hayawan*. Ed. Carl Alberto Fucilli. Roma 2013.

Ibn Bāǧǧa: *Kitāb al-ḥayawān*. Ed. Jawād al-ʿImārātī. Beirut-Casablanca: Al-Markaz aṯ-ṯaqāfī al-ʿarabī, 2002.

Ibn Baḫtīšūʿ: see Klein-Franke, Felix.

Ibn al-Ǧazzār: see Fabian Käs.

Ibn Qutayba: see Kopf, L.

Ibn an-Nadīm: *Kitāb al-Fihrist*. Mit Anmerkungen, herausgegeben von G. Flügel, Leipzig 1871–1872, nach dessen Tod besorgt von Joannes Roediger und August Müller. Reprint Beirut 1964.

Ibn an-Nadīm: *Kitāb al-Fihrist*. Edited by Riḍā Taǧaddud, Tehran, 1350/1971.

Ibn an- Nadīm: *The Fihrist of al-Nadim, A tenth-Century Survey of Muslim Culture*. Translated by Bayard Dodge 1–2. New York & London, Columbia University Press, 1970. = Records of Civilization, Sources and Studies, LXXXIII.

Ibn Sīnā: *Aš-Šifāʾ. Aṭ-ṭabīʿīyāt* 8: *al-Ḥayawān*. Ed. ʿAbdalḥalīm Muntaṣir and Saʿīd Zāyid, ʿAbdallah Ismāʿīl. Preface by Ibrāhīm Maḏkūr. Cairo 1970.

Ibn abī Uṣaybiʿa: *Kitāb ʿUyūn al-anbāʾ fī ṭabaqāt al-aṭibbāʾ*, 1–2. Ed. A. Müller. [Cairo] Königsberg 1884.

Iskandar, A.Z.: *A descriptive list of Arabic manuscripts on medicine and science at the University of California, Los Angeles*. Leiden, Brill, 1984.

Kapetanaki, Sophia: see Pseudo-Aristoteles.

Käs, Fabian: *Die Risāla fī l-Ḫawāṣṣ des Ibn al-Ǧazzār*. Die arabische Vorlage des Albertus Magnus zugeschriebenen Traktats De mirabilibus mundi. Herausgegeben, übersetzt und kommentiert. Wiesbaden, Harrassowitz Verlag. 2012. = Abhandlungen für die Kunde des Morgenlandes, 79.

Klein-Franke, Felix (ed.): Abū Saʿīd ibn Baḫtīšūʿ, *Über die Heilung der Krankheiten der Seele und des Körpers. Erstmalige Veröffentlichung des arabischen Textes von* Felix Klein-Franke. Beirut, Dār al-Mašriq 1986.

Kopf, L. (transl.): *The Natural History Section from a 9th century Book* 'Book of Useful Knowledge', *the ʿUyūn al-Aḫbār of Ibn Qutaiba*. Ed. by F.S. Bodenheimer and L. Kopf. Paris-Leiden, Brill, 1949.

Kopf, L.: 'The Zoological Chapters of the *Kitāb al-imtāʿ wa-l-muʾānasa* of Abū Ḥayyān at-Tauḥīdī'.—In: *Osiris* 12 (1956), pp. 390–466.

Kruk, Remke: see Aristotle: (*De Partibus Animalium*).

Kruk, Remke: 'Hedgehogs and their chicks. A case history of the Aristotelian reception in Arabic zoology'.—In: *Zeitschrift für die Geschichte der arabisch-islamischen Wissenschaften*, 2 (1985), pp. 205–234.

Kruk, Remke: 'Aristoteles, Avicenna, Albertus en de locusta maris'.—In: *Tussentijds, Bundel studies aangeboden aan W.P. Gerritsen ter gelegenheid van zijn vijftigste verjaardag.* = Van Buuren, Lie; van Dijk en van Oostrum (red.): *Utrechtse Bijdragen tot de medievistiek*, Utrecht 1985, pp. 147–156.

Kruk, Remke: 'From Aristotle to Albertus: Problems around the karabo'.—In: *Symposium Graeco-Arabicum*. I. Proceedings of a Conference held at the Netherlands Institute for Advanced Study Wassenaar, 19–21 February, 1985. Bochum 1986, p. 8.

Kruk, Remke: 'Ibn Bājja's Commentary on Aristotle's De Animalibus'.—In: Gerhard Endress and Remke Kruk (ed.): *The ancient tradition in Christian and Islamic Hellenism*, pp. 165–179.

Kruk, Remke: 'On Animals: excerpts of Aristotle and Ibn Sīnā in Marwazī's ṭabāʾiʿ al-ḥayawān'.—In: C. Steel, G. Guldemond en P. Beullens (eds.): *Aristotle's Animals in the Middle Ages and Renaissance*, Leuven, Leuven University Press, 1999, pp. 96–126.

Kruk, Remke: 'Timotheus of Gaza's *On Animals* in the Arabic Tradition'.—In: *Le Muséon, Revue d'Etudes Orientales* 114 (2001), pp. 389–421.

Kruk, Remke: 'La zoologie aristotélicienne. Tradition arabe'.—In: Richard Goulet (ed.), *Dictionnaire des philosophes antiques*. Supplément, préparé par Richard Goulet et al., Paris: CNRS Editions (2003), pp. 329–334.

Kruk, Remke. "Abd al-Laṭīf al-Baġdādī's *Kitāb al-hayawān; a chimaera?*'—In: Anna Akasoy and Wim Raven (eds.), *Islamic Thought in the Middle Ages: Studies in Transmission and Translation, in Honour of Hans Daiber*. Leiden-Boston: Brill. 2008, pp. 345–362.

Lane, Edward William: *An Arabic-English Lexicon*. 1–8. Beirut, Librairie du Liban, 1980.

Leaf, W.: see Homer.

Lennox, James G.: *Aristotle, On the parts of animals I–IV*. Translated with an introduction and commentary, Oxford, Clarendon Press, 2001.

Liddell, H.G. and Scott, R.: *A Greek-English Lexicon*. New edition, revised and augmented throughout by H.S. Jones. Oxford, Clarendon Press, 1961.

Littré, É.: see Hippocrates.

Louis, Pierre: see Aristotle: (*Historia animalium*).

Mattock, J.N. (ed.): *Maqāla tashtamilu ʿalā fuṣūl min Kitāb al-ḥayawān li-Arisṭū* (*Tract comprising excerpts from Aristotle's Book of Animals*). Attributed to Mūsā b. ʿUbayd Allāh al-Qurṭubī al-Isrāʾīlī (Maimonides). Ed. and transl., with introduction, notes and glossary. Cambridge, published for Middle East Center, Heffer, 1967.

Monfasani, J.: 'The Pseudo-Aristotelian Problemata and Aristotle's De Animalibus in the Renaissance'.—In: *Natural Particulars. Nature and the Disciplines in Renaissance*

Europe. Edited by Anthony Grafton and Nancy Siraisi. Cambridge (Mass.) and London, The MIT Press, 1999, pp. 205–247.

Moraux, Paul: *Les Listes Anciennes des ouvrages d'Aristote*, Louvain, Éditions universitaires de Louvain, 1951.

Najim, Wadīʿa Ṭaha an-: 'Aristotle's book Corpus de Animalibus and al-Ǧāḥiẓ's book al-Ḥayawān'.—In: *Arabica* XXVI (1979), pp. 307–309.

Najm, Wadīʿa Ṭaha an-: *Manqūlāt al-Ǧāḥiẓ ʿan Arisṭū fī kitāb al-ḥayawān. Nuṣūṣ wa-dirāsa* (*Jahiz Quotations from Aristotle in al-Ḥayawān book*), Kuwait, al-Kuwayt 1405/1985.

Nöldeke, Theodor: *Zur Grammatik des classischen Arabisch*. Im Anhang: 'Die handschriftlichen Ergänzungen von Anton Spitaler', Darmstadt, Wissenschaftliche Buchgesellschaft, 1963.

Nöldeke, Theodor: *Kurzgefasste Syrische Grammatik*. Anhang: 'Die handschriftlichen Ergänzungen' von Anton Schall. Darmstadt, Wissenschaftliche Buchgesellschaft, 1977.

Oppenraay, Aafke M.I. van, see Aristotle and Blankenborg.

Oppianus: *Halieutica*. Einführung, Text, Übersetzung in deutscher Sprache, Ausführliche Kataloge der Meeresfauna, von Fritz Fajen, Stuttgart und Leipzig, 1999.

Payne Smith, J.: *A Compendious Syriac Dictionary*. Oxford, Clarendon Press, 1903 (1967).

Payne Smith, J.: *Thesaurus Syriacus*.1–2. Oxford, Clarendon Press, 1879–1881.

Peck, A.L., see Aristotle, *De partibus animalium*.

Peters, F.E.: *Aristoteles Arabus*. The oriental translations and commentaries in the Aristotelian Corpus. Brill, Leiden 1968.

Pseudo-Aristoteles (Pseudo-Alexander): *Supplementa Problematorum*, edited by Sophia Kapetanaki and Robert W. Sharples. Berlin-New York, 2006. = Peripatoi Band 20.

Reckendorf, H.: *Arabische Syntax*. Heidelberg, Carl Winter—Universitätsverlag, 1977.

Rudberg, Gunnar: *Zum sogenannten zehnten Buche der aristotelischen Tiergeschichte*, Uppsala, Leipzig, A.B. Akademiska Bokhandeln and Otto Harrassowitz, 1911.

Schwyzer, Eduard: *Griechische Grammatik* 1–3. Herausgegeben von Albert Debrunner, München, C.H. Beck'sche Verlagsbuchhandlung, 1959–1960.

Scotus, Michael: see Aristoteles: (*De partibus animalium*).

Sezgin, Fuat: *Geschichte des arabischen Schrifttums*. III, Leiden, Brill, 1970.

Sharpless, Robert W.: see Pseudo-Aristoteles.

Steinschneider, Moritz: *Die Hebraeischen Uebersetzungen des Mittelalters und die Juden als Dolmetscher*. Ein Beitrag zur Literaturgeschichte des Mittelalters, meist nach handschriftlichen Quellen, Berlin, Kommissionsverlag des bibliographischen Bureaus 1893 (reprint: Graz, Akademische Druck- und Verlagsanstalt, 1956).

at-Tawḥīdī, Abū Ḥayyān: *Kitāb al-imtāʿ wa-l-muʾānasa*. Ed. Aḥmad Amīn and Aḥmad Zayn. Cairo, al-Qahira, 1953.

at-Tawḥīdī: see Kopf, L.

Themistius, pseudo-: *Ǧawāmiʿ Arisṭūṭālīs fī muqaddimat ṭabāʾiʿ al-ḥayawān.*—In: Badawī, ʿAbd ar-Raḥmān. *Commentaires sur Aristote perdus en grec et autres épitres.* Beirut, Recherches publiées sous la direction de l'Institut de Lettres Orientales de Beyrouth, 1971, pp. 193–270.

Thompson. D'Arcy Wentworth: *A Glossary of Greek Birds.* Oxford, Clarendon Press, 1895.

Thompson. D'Arcy Wentworth: *A Glossary of Greek Fishes.* London, Oxford University Press, 1947.

Ullmann, Manfred: *Die Natur- und Geheimwissenschaften im Islam.* Leiden, Brill, 1972.

Ullmann, Manfred: *Launuhū ilā l-ḥumrati mā huwa.* Beiträge zur Lexicographie des Klassischen Arabisch Nr. 11, München, Verlag der Bayerischen Akademie der Wissenschaften, 1994.

Ullmann, Manfred: 'Was bedeutet duʿmus?'—In: *Die Welt des Orient* 26, 1995, pp. 145–160.

Ullmann, Manfred: *Wörterbuch zu den griechisch-arabischen Übersetzungen des 9. Jahrhunderts*, Wiesbaden, Harrassowitz Verlag, 2002; *Supplement* I, 2006, and *Supplement* II, 2007.

Ullmann, Manfred: *Die Nikomachische Ethik des Aristoteles in arabischer Übersetzung.* Teil 1: *Wortschatz*, Wiesbaden, Harrassowitz Verlag, 2011; Teil 2: *Überlieferung—Textkritik—Grammatik.* 2012.

Voorhoeve, P.: *Handlist of Arabic manuscripts in the Library of the university of Leiden and other Collections in the Netherlands.* The Hague, Boston, London, Leiden University Press, 1980.

West, Martin L.: *Textual Criticism and Editorial Technique applicable to Greek and Latin texts.* Stuttgart, B.G. Teubner, 1973.

Wehr, Hans; Kropfitsch, Lorenz: *Arabisches Wörterbuch für die Schriftsprache der Gegenwart*, Wiesbaden, Harrassowitz Verlag, 1985.

Weisser, Ursula: *Zeugung, Vererbung und pränatale Entwicklung in der Medizin des arabisch-islamitischen Mittelalters.* Erlangen, Verlagsbuchhandlung Hannelore Lüling, 1983.

Witkam, J.J.: *Catalogue of Arabic Manuscripts in the library of the university of Leiden and other collections in the Netherlands*, Leiden 1983 ff.

Wright, W.: *A Grammar of the Arabic Language.* Third edition, revised by W. Robertson Smith and M.J. de Goeje. Cambridge, Cambridge University Press, 1967.

Zierlein, S.: see Aristotle: *Zoologische Schriften.* I.

Zonta, Mauro: *La filosofia antica nel Medioevo ebraico.* Brescia, Paideia Editrice, 1996.

Zonta, Mauro: 'Ibn al-Ṭayyib Zoologist and Ḥunayn ibn Isḥaq's Revision of Aristotle's De Animalibus. New evidence from the Hebrew tradition.'—In: *ARAM* 1991, pp. 235–247.

Zonta, Mauro: 'Maimonides as Zoologist?—Some Remarks About a Summary of Aris-

totle's Zoology Ascribed to Maimonides'.—In: G.K. Hasselhoff—O. Fraisse (edd.): *Moses Maimonides (1138–1204). His Religious, Scientific and Philosophical Wirkungsgeschichte in Different Cultural Contexts.* = 'Ex Oriente Lux'. 4. Würzburg, Ergon Verlag, 2004, pp. 83–94.

Zonta, Mauro: 'La tradizione medievale arabo-ebraico delle opere di Aristotele: stato della ricerca'.—In: *Elenchos, Rivista di studi sul pensiero antico*, 28, 2007, pp. 369–387.

Zonta, Mauro: 'The Zoological Writings in the Hebrew Tradition. The Hebrew approach to Aristotle's zoological writings and to their ancient and medieval commentators in the Middle Ages'.—In: C. Steel, G. Guldentops, P. Beullens (edd.): *Aristotle's Animals in the Middle Ages and Renaissance.* = 'Mediaevalia Lovaniensia', series I / Studia XXVII, Leuven, Leuven University Press, 1999, pp. 44–68.

Arabic Text: Aristotle's Historia Animalium

∴

ارسطوطاليس

كتاب الحيوان

المقالات ١–١٠

الترجمة القديمة
من اليونانية الى العربية

حققها وقدم لها

لاوروس فيليوس

بمشاركة يوهانس دن هاير وجون متوك

TUTA SUB AEGIDE PALLAS · 1683 ·

بريل

الناشر

دار بريل للنشر فى ليدن المحروسة وبوسطن

٢٠١٨

Sigla

The pages, columns and lines of Bekker's Greek edition have been indicated in the text, and the apparatus refers to those lines.

L	MS British Library Add 7511, 6th cent. H
L²	second hand L
L³	third hand L
T	MS Teheran Majlis Library 1143, 11th cent. H
T²	second hand T
Σ	text Michael Scotus
Conjecture by: B*	A. Badawi
D*	H. Daiber
M*	J.N. Mattock
O*	A.M.I. van Oppenraaij
[ ]	to be omitted.
⟨ ⟩	to be added
الاجزاء(1)	the first word الاجزاء in the same paragraph.
***	lacuna
del.	delevit (erased by the editor)
s.p.	sine punctis

L1v., T1 بسم الله الرحمن الرحيم

ترجمة القول الاول من الكتاب الذي وضع ارسطاطاليس الفيلسوف في معرفة طبائع الحيوان البري والبحري وفيه صفة مزاوجة ومولد جميع الحيوان وصفة ما يكون منه من غير جماع مع تصنيف اعضائها الباطنة والظاهرة وتلخيص افعالها واعمالها ومنافعها ومضارها وكيف يضاد ما يضاد منها وفي اي الاماكن يكون ومتى ينتقل من موضع الى موضع لحال حضور الصيف والشتاء ومن ماذا معاش كل واحد من الحيوان اعني ما كان من صنف الطير والسباع وسمك البحر وما يأوي فيه من السباع ايضا.

ابتداء القول الاول

486a ⟨١⟩ [5]ان بعض اجزاء اجساد الحيوان تسمى غير مركبة وهى الاجزاء التي تجزأ [6]في اجزاء يشبه بعضها بعضا مثل ما تجزأ بضعة لحم في بضاع شتى وبعض اجزائها تسمى مركبة [7]وهى التي تجزأ في اجزاء لا يشبه بعضها بعضا مثل اليد فان اليد لا تجزأ في ايد كثيرة [8]ولا الوجه في اوجه كثيرة. وبعض ما كان على مثل هذه الحال [9]لا يقال له جزء فقط بل يسمى عضوا ايضا. وذلك مثل [10]الاعضاء اللواتي هى كليات وفيها اجزاء اخر مثل الرأس [11]والساق واليد وجميع العضد والصدر.
L2r [12]فان جميع هذه الاعضاء يقال لها كليات ولها [13]اجزاء | اخر. وجميع الاجزاء التي لا تشبه اجزاؤها بعضها بعضا مركبة من التي [14]اجزاؤها يشبه بعضها بعضا مثل اليد فانها مركبة من لحم وعصب وعظام. [15]وجميع الاعضاء اللاتي في بعض اجناس الحيوان يشبه بعضها بعضا [16]وتختلف فى بعضها. فالاعضاء التي يشبه بعضها بعضا بالصورة مثل ما نقول ان [17]انف فلان يشبه انف فلان وعين فلان

tit. الرحيم + اول L^2 + يبرك به ثقتي T ‖ طبائع] طباع T ‖ غير -T ‖ تصنيف] تصيف T ‖ ومضارها] ومضادها T ‖ ما يضاد منها -L^1 a6 تجزأ] بحرى LT ‖ بضعة] بصمه T : Σ frustum ‖ شتى] ستى LT ‖ تسمى + غير L^2 del.   a7 *ايد كثيرة] ادى كمعوه LT : χεῖρας : Σ manus multas   a8 مثل -L^1 a9 له -L^1 a13 الاجزاء + الاعضاء L^3 a13–15 من ... وعصب -L^1 a14 لحم] جسم T : σαρκὸς : Σ carne   a16 وتختلف] قد تختلف L^2 : δ' ἕτερα : Σ dissimilantur ‖ بالصورة + لصورة L^2 : εἴδει : Σ in forma

 DOI: 10.1163/9789004315969_013

شبيهة بعين فلان [18]واللحم شبيه بلحم والعظم شبيه بعظم وبمثل هذا الفن [19]يقال ان الفرس يشبه |
الفرس وما كان من سائر اصناف الحيوان الذي يتفق بصورته. [20]وذلك من اجل انه كمثل ملاءمة T2
الكل الى الكل كذلك [21]ملاءمة كل واحد من الاجزاء الى كل واحد من الاجزاء. وبعضها في
الاتفاق على مثل هذه الحال [22]ولكن اختلافها يكون من قبل الزيادة والنقص. وذلك يعرض
لاصناف الحيوان المنسوبة الى [23]جنس واحد. وانما اقول جنسا واحدا مثل الطائر والسمكة فان
كلا واحدا من هذين [24]يختلف بالجنس وفي الطائر اصناف كثيرة [25]وفي السمك كمثل. وكثرة
486b اعضائها تختلف [5]من قبل ضديات خواصها مثل [6]اللون والشكل فان ذلك يعرض لبعضها اكثر
[7]ولبعضها اقل وتختلف ايضا بالكثرة والقلة والعظم [8]والصغر وبقول كلي بالزيادة والنقص [9]لان
بعضها لينة اللحم وبعضها جاسية اللحم [10]ولبعضها منقار طويل ولبعضها منقار قصير [11]وبعضها كثير
الريش وبعضها قليل الريش [12]وايضا لبعضها اعضاء اخر ولبعضها اخر. وذلك بين من قبل ان
لبعضها [13]قنزعة على رؤوسها وليس لبعضها ولبعضها ناصية | [14]وليس لبعضها ولبعضها عرف وليس L2v
لبعضها. وبقول عام اكثر الاعضاء والتي منها ركبت اعظام الاجساد [15]اما تكون هى فهى واما
تختلف بالضديات [16]والزيادة والنقص. فان الاكثر [17]والاقل يقال ⟨لها⟩ زيادة ونقص وليس
لبعض الحيوان [18]اجزاء هى فهى بالصورة ولا بالزيادة والنقص [19]بل بالملاءمة التي تكون للعظم
الى الشوكة [20]وللظفر الى الحافر ولليد الى الزبانة [21]وللريش الى القشر فانه بقدر ما يكون الريش
في الطير كذلك يكون القشر في السمك. [22]فبهذا النوع يقال ان اعضاء جميع الحيوان تختلف.
[23]وايضا يختلف بعض اعضائها من قبل الوضع [24]فان لبعض الحيوان اعضاء متفقة هى فهى
487a ولكن [25]وضعها مختلف وذلك مثل ما اقول ان ثدى بعض الحيوان في الصدر [1]وثدى بعضها
في البطن قريبا من الفخذين. وايضا بعض الاعضاء التي تشبه اجزاؤها بعضها بعضا لينة [2]رطبة
وبعضها يابسة صلبة. فاما الرطبة منها فانها تكون رطبة على كل حال [3]او تكون رطبة ما كانت في
الطباع التي هى فيه | مثل الدم ومائية الدم والشحم والثرب [4]والمخ والمنى والمرة واللبن في كل T3
ما كان له لبن واللحم [5]وما كان ملائما لهذه الاشياء التي سميناها وبنوع آخر الفضول [6]مثل البلغم

a17 شبيهة] يشبه T : Σ sunt similes   a18 شبيه] يشبه T : Σ assimilatur   a19 ان -L¹   a21 الاجزاء[(1)]
a23 واحدا[(1)] -L¹   ... وبعضها -L¹   b15 *اما B] انما LT : ἤ : Σ aut   b20 *الزبانة M] الريانه LT :
χηλὴν : (زيادة) augmentum   b21 وللريش] والريش LT   b22 جميع -L¹ : ἕκαστα : Σ omnium
a5 الفضول -L¹ : τὰ περιττώματα : Σ superfluitatum

وما يجتمع من فضلة الطعام في البطن والمثانة [7]واما اليابسة الصلبة فمثل العصب والجلد والعرق
والشعر والعظم [8]والغضروف والظفر والقرن [9]وجميع ما يلائم [10]هذه الاشياء | التي سمينا. [11]وايضا L3r
اصناف الحيوان تختلف من قبل تدبير معاشها [12]وافعالها وغذائها واجزائها التي ذكرنا بقول مقتصر.
[13]وسنصف فيما يستقبل جنسا جنسا وكل ما يعرض له من الاعراض [14]واصناف اختلافها من
قبل تدبير اعمارها واشكالها [15]وافعالها فنقول ان بعضها مائية وبعضها [16]برية. والمائية تقال بنوعين
اما لان مأواها وغذاءها [17]في الماء وتقبل الماء في باطنها ثم [18]تدفعه فاذا عدمته لا تقوى على الحيوة
في البر مثل ما يعرض لكثير [19]من السمك واما ان يكون غذاؤها [20]ومأواها في الماء ولا تقبل
الماء في باطنها بل تقبل [21]الهواء وتلد خارجا من الماء [22]مثل الحيوان الذي يسمى باليونانية اندريس
ولاطقس والتمساح والطائر الذي يسمى باليونانية [23]ايثوا وقلمبيس والتي لا ارجل لها مثل الذى
يسمى ادروس واما ان [24]يكون غذاؤها في الماء ولا تستطيع ان تعيش خارجا منه [25]ولكن لا
تقبل في باطنها الماء ولا الهواء مثل ما يسمى باليونانية اقاليفي [26]واصناف الحلزون. وبعض الحيوان
الذي يأوي في الماء بحري وبعضه [27]نهري وبعضه نقاعي مثل الضفدع [28]والحيوان الذي يسمى
باليونانية قردولوس. ومن الحيوان البري ما يقبل [29]الهواء ويخرجه اعني يتنفس مثل [30]الانسان
وجميع الحيوان البري الذي له رئة. [31]ومنه ما لا يقبل الهواء وحياته وغذاؤه مما فوق [32]الارض مثل
الدبر والنحل وسائر الحيوان المحزز وانما سمى [33]محززا كل ما كان له تحزيز في مقدم جسده [34]او
487b في مؤخره. [1]وكما قلنا كثير من الحيوان البري يكسب طعمه وغذاءه من الماء. [2]فاما | ما كان من L3v
الحيوان الذي يأوي في الماء ويقبل ماء البحر في باطنه فليس يطعم من البر شيئا. [3]وبعض الحيوان
يعيش في الماء [4]ثم يتغير الى صورة | اخرى ويعيش خارجا من الماء مثل [5]الذي يسمى باليونانية T4
اسبداس فانه يأوى في الانهار اولا ثم تتغير صورته ويكون منه الحيوان الذي يسمى [6]اسطرس
ويعيش خارجا. وايضا بعض الحيوان ثابت على صورة واحدة وبعضه متغير [7]فاما الحيوان الثابت
على صورته فمأواه الماء واما الحيوان البري فليس [8]بثابت بل يتغير. وبعض الحيوان يعيش في الماء

---

a12 *مقتصر] مقتصد LT   a14 تدبير] تدابير T : Σ regimen   a19 ان -L^1 a20 *باطنها B] بطنها LT : Σ intra se   a22 اندريس] اربدس LT : ἐνυδρίς   a23 *ايثوا وقلمبيس] اووارفلسس LT : αἴθυια καὶ κολυμβίς   a25 لا -T ‖ ولا الهواء] والهوا L^1 ‖ اقاليفي] والتقى LT : ἀκαλήφη   a26 الماء + بعضه .L del.
b5 *اسبداس] اسداس LT : ἐμπίδων : Σ ambides ‖ فانه] وانه T : Σ nam

لانه لاصق بصخرة مثل [9]اجناس الحلزون. وفيما يظن للسفنج وهو الغمام شيء من [10]الحس والدليل على ذلك انه لا ينجذب ولا يفارق الصخرة التي هو بها لاصق ان لم [11]يحركه ويجذبه احد بغتة كما يزعم اهل الخبرة. وبعض الحيوان لاصق بصخرة [12]وهو مرسل اذا طلب الطعم مثل الجنس الذي يسمى باليونانية اقاليفي [13]فان منه ما يبرز عن موضعه ليلا ويرعى ثم يرجع اليه. [14]وكثير من الحيوان مرسل وليس بمتحرك عن مكانه مثل الحلزون [15]والتي تسمى باليونانية الاثوريا وبعضه يعوم برأسه مثل السمك والذي يسمى [16]مالاقيا وكل ما كان خزفه لينا مثل الذي يسمى قاربو. وبعض الحيوان سيار [17]مثل جنس السراطين فان طباعه طباع مائي وهو [18]سيار. [20]وبعضه مشاء ومن المشاء ما هو سيار [21]وما يمشي على بطنه مثل مشي الدود وحركته. فاما جميع الطير فانه يمشي [22]وكل ما كان جناحه من جلد [23]يمشي ايضا مثل الوطواط لان له رجلين. [24]وبعض الطير رديء الرجلين [25]ولذلك يقال انه ليس له ارجل مثل الخطاف وهو طائر جيد الجناح. [26]وكل ما يشبهه | من الطير جيد الجناح رديء الرجلين [28]وصورها جميعا متشابهة. [29]فاما صنف منها L4r
وهو الذي يقال انه ليس له ارجل فهو يظهر في كل حين. فاما الذي يسمى باليونانية دربانس [30]فانه لا يظهر الا بعد المطرة التي تكون في آخر الصيف وفي ذلك الاوان يظهر ويبدو [31]وجنس هذا الطائر قليل جدا ولذلك لا يظهر الا في الحين مرة. [33]وايضا اصناف الطير تختلف من قبل افعالها وتدابير معايشها [34]لان منها ما يكون مع كثير من اصحابه مثل الرف الذي يطير [1]ومنها ما 488a
يفارق سائر الطير الذي يناسبه ويشبهه وينفرد | بنفسه. وذلك يعرض في الطير والحيوان المشاء T5
وما يعوم منه. ومن الحيوان ما يفعل الفعلين [2]ويكون مرة متوحدا منفردا ومرة مجتمعا مع ما كان مثله ومن الحيوان المنفرد ما هو [3]مديني ومنه ما يأوي القرى والمزارع. فاما الطير الذي يأوي مع اصحابه ويشاركهم بالجنس فمثل [4]الحمامة والغرنوق والطير الذي يقال له قاقي. [5]فاما ما كان من الطير الذي له اظفار معقفة اعني مخاليبه فليس يمكن ان يكون معه شيء من امثاله. وكذلك يعرض لكثير [6]من اجناس السمك مثل الذي يسمى باليونانية درومادس وثونا وبيلامودس

b8 لانه -L^{1} b9 الغمام] العام T : ὁ σπόγγος : Σ spongiae   b10 هو] هى T   b15 يعوم] يعوص L^{2} : يغوص T : νευστικά : Σ natant   b29–30 له ... فانه -T   b30 فانه -T^{1} ‖ آخر] *اجزاء T : Σ ultimo   a1 ويشبهه -L^{1} a2 ومرة + جميعا .L del   a4 قاقي] قانى L : فاى T : κύκνος : Σ kaki   a5 مخاليبه] محاسه T   a6 وبيلامودس] وبيلاهوداس LT : πηλαμύδες : Σ baubilamodez

[7]واميا. فاما الانسان فانه يفعل الفعلين جميعا لانه ربما توحد وانفرد بنفسه وربما كان مع الجماعة. فاما الحيوان المديني [8]فهو الذي يفعل كل ما ينسب الى جنسه فعلا واحدا ويعمل عملا واحدا [9]وليس يفعل مثل هذا الفعل كل حيوان يأوي مع امثاله. ومثل ما وصفنا الانسان | [10]والنحلة L4v
والدبر والنملة والغرنوق. ومن هذا الحيوان ما [11]يرؤسه رأس ويكون له مطيعا مثل جنس الغرانيق [12]والنحل فان لهما رئيسا ومدبرا ومنه ما [13]ليس له رئيس ولا مدبر مثل النمل وكثير من اشباهه. [14]ومن الحيوان المنفرد والذي يكون مع اصحابه ما يكون في مكانه مقيما في كل زمان ومنها ما يغيب في بعض الازمنة ثم يرجع الى مكانه ومن الطير ما يأكل اللحم [15]ومنه ما يأكل الحبوب ومنه ما يأكل كلا ومنه ما يأكل طعما خاصا [16]مثل جنس النحل وجنس العنكبوت. [17]فان طعم النحل العسل واشياء اخر يسيرة من الحلو [18]فاما العنكبوت فان معاشه من صيد الذباب. [19]ومنها ما يعيش من اكل السمك وبعضها صيودة [20]وبعضها مكنزة لطعمها وبعضها على خلاف ذلك. ولبعض الحيوان [21]مسكن ومأوى وبعضه لا مسكن له. فاما الذي له مسكن منها فمثل الخلد والفأر [22]والنحل والنمل فاما ما ليس له مسكن فمثل كثير من الحيوان المحزز الجسد [23]وما كان منه ذا اربعة ارجل. وايضا بعض الحيوان يأوي في شقوق الصخر والحيطان والاماكن الضيقة مثل [24]السام ابرص والحيات وبعضها | يكون فوق الارض مثل الفرس والكلب. ولبعضه [25]اجحار T6
موافقة لمأواها وبعضها على خلاف ذلك وايضا بعضها يتحرك ويكسب مصلحة معاشه ليلا مثل [26]البومة والوطواط وبعضها يتحرك ويعيش في النهار. وبعضها انيسة في كل حين [27]وبعضها وحشية في كل حين فاما الانيسة في كل حين فمثل الانسان والبغل [28]واما الوحشية | في كل حين فمثل L5r
الفهد والذئب وربما صار الفهد انيسا [29]ومن الوحشية ما يستأنس عاجلا مثل الفيل. وينبغي ان نعلم ان [30]جميع اجناس الحيوان الانيسة توجد ايضا وحشية مثل [31]الانسان والفرس والخنزير والشاة والعنز والكلب. وايضا بعض الحيوان يصوت [32]وبعضها لا يصوت ولبعضها دوي وبعض الحيوان ناطق كاتب [33]وبعضها ناطق لا يكتب [34]وبعضها ساكت وبعضها كثير الضوضاء والكلام

a7 واميا] واماله T : ἄμιαι : Σ amia   a13 ولا مدبر] ومدبر L¹   a14 مع L¹- || اللحم] الحبوب T : σαρκοφάγα : Σ carnem   a19 صيودة] صودة T : θηρευτικά : Σ venantia   a20 مكنزة*] M مكثزة + L مدخرة L² : مذخرة T : θησαυριστικὰ : Σ accumulantia   a21 مسكن له L¹- : οἰκητικὰ : Σ habitacula   a25 يتحرك] يتحرى T : Σ moventur   a27 فاما] واما T   a33–34 وبعضها ... لحن T-

488b وبعضها لحن حسن الصوت وبعضها ليس بلحن. [1]ويعرض لجميع الحيوان الذي يصوت شيء آخر مشترك اعني كثرة الكلام والضوضاء عند اوان سفادها ما خلا الانسان. [2]وبعض الطير وحشي مثل الفاختة وبعضها جبلي مثل [3]الهدهد. ومنها ما [4]يكثر النكاح مثل جنس الحجل والديكة [5]ومنها تقية زكية مثل جنس الطائر الذي يسمى باليونانية قراقويدون فان جميع ما كان من هذا الجنس لا يسفد الا في الحين مرة. [6]وايضا بعض الحيوان البحري [7]لجي وبعضه شاطئي وبعضه صخري. [8]وايضا بعض الحيوان مهارشة مقاتلة وبعضها حافظة وانما اعني [9]بمهارشة مقاتلة ما يحمل منها ويشد على ما يمر به ويدفع عن نفسه بجهده كل ما يريد ان يضر به [10]فاما الحافظة فعلى خلاف ذلك. [12]فالحيوان يختلف بجميع الاصناف التي وصفنا ويختلف ايضا بانواع اخلاقها [13]لان بعضها وديع

L5v قليل الغضب ليس بجاهل مثل [14]البقرة وبعضها غضوب جاهل لا يقبل شيئا من الادب | مثل الخنزير البري [15]وبعض الحيوان حليم جزوع مثل الايل [16]وبعضها عادم الحرية مغتال مثل الحية وبعضها [17]حري جلد كريم شريف مثل الاسد وبعضها [18]مغتال قوي شديد وحشي مثل الذئب. [20]وايضا بعض الحيوان منكر رديء الفعل مثل الثعلب [21]وبعضها غضوب متحبب ملاق مثل |

T7 [22]الكلب وبعضها وديع يكيس ويستأنس سريعا مثل الفيل وبعضها [23]حيي حفوظ مثل الاوز وبعضها حسود [24]محب للجمال مثل الطاوس فاما الحيوان الذي له رأى ومشورة فهو الانسان فقط. [25]وكثير من الحيوان يحفظ ذكر ما يرى ويتعلم [26]فاما التذكرة فليست تكون الا في الانسان. [27]وسنصف فيما نستأنف جميع اخلاق كل واحد من اجناس الحيوان واصناف تدبير معاشه [28]ونلطف النظر في ذلك اكثر مما فعلنا فيما سلف.

⟨٢⟩ [29]ولجميع الحيوان عضوان يشترك فيهما اعني العضو الذي به يقبل [30]الطعام والذي به يخرجه. وهذان العضوان ايضا متفقان ومختلفان [31]بقدر الانواع التي وصفنا اعني بالمنظر او بالزيادة والنقص او [32]بالملاءمة او بالوضع. وايضا [33]لها عضو آخر مشترك

489a [1]اعني الذي اليه يصير الطعام

b5 قراقويدون] قراقوسندوق LT : κορακοειδῶν : Σ cracocenderon   b6 وايضا + بعضها لجية LT

b9 *بمهارشة] مهارشة LT : ἀμυντικὰ : Σ impetuosum   b15 *الايل] الابل LT : ἔλαφος : Σ cervus

b17 حري] جرى LT : ἐλεύθερα   b23 حيي] حى L[1] : αἰσχυντηλά : Σ verecunda   b26 التذكرة + اظنه الفكرة L[2] : اظنه الفكرة T : ἀναμιμνήσκεσθαι : Σ rememoratio   b30 ومختلفان -T : ἕτερα : Σ differentia

بعد دخوله في [2]الفم وهو البطن. [3]وينبغي ان نعلم ان الفضلة التي تكون في اجواف الحيوان على
صنفين. فجميع الحيوان الذي له عضو قبول [4]للفضلة الرطبة له ايضا وعاء قبول للفضلة اليابسة [5]فاما
الحيوان الذي له وعاء قبول للفضلة اليابسة فليس له عضو قبول للفضة الرطبة ايضا على كل حال.
فكل حيوان له مثانة [6]فله بطن ايضا وليس لكل ما له بطن مثانة ايضا.

L6r 〈٣〉 [8]وجميع | الحيوان [9]الذي له زرع [10]ويتولد منه حيوان مثله عضو موافق له. [11]وينبغي ان نعلم
ان كل ذكر من الحيوان يلقي زرعه في الانثى [12]فاما الانثى فانها تلقي زرعها في داخل رحمها. ومن
الحيوان ما ليس فيه ذكر ولا [13]انثى. وجميع الحيوان الذي له زرع ويتولد منه ولد اعضاء موافقة
لخلقة المحمول والمولود. وتلك الاعضاء ايضا [14]تختلف بالصورة لان لبعض الاناث رحما ولبعضها
عضو آخر ملائم للرحم. [15]فهذه الاعضاء التي تكون في جميع الحيوان او في كثير منها باضطرار
وما لا بد منه. [17]وفي جميع الحيوان حس واحد مشترك عام اعني [18]الحس. وليس العضو الذي
يكون فيه الحس يسمى باسم واحد خاص [19]لان ذلك العضو في بعض الحيوان متفق هو فهو وفي
بعضها عضو ملائم له.

T8 〈٤〉 [20]وفي كل حيوان رطوبة اذا عدمها اما من قبل الطباع [21]واما من قبل قسر وشدة | يبيد
ويبلى. [22]وفيه ايضا العضو الذي تجتمع فيه تلك الرطوبة وهى في بعض الحيوان دم وفي بعضها
رطوبة اخرى ملائمة للدم [23]اعني الرطوبات التي ليست بتامة مثل السم والرطوبة التي الى الصفرة
ما هى شبيهة بمائية القيح. [24]فحس اللمس يكون في عضو اجزاؤه يشبه بعضها بعضا اعني في اللحم
وفي شيء آخر مثله [25]وذلك في الحيوان الذي فيه دم فاما في الحيوان الذي ليس فيه دم [26]فان
الحس يكون في عضو آخر ملائم للاعضاء التي ذكرنا وهو يكون على كل حال في الاعضاء التي تشبه
L6v اجزاؤها بعضها بعضا. فاما القوى الفاعلة [27]فانها تكون في الاعضاء التي لا تشبه | اجزاؤها بعضها
بعضا مثل قطع ومضغ الطعام فان القوة التي تفعل ذلك [28]في الفم وقوة الحركة من مكان الى مكان

a3 اجوف ... الحيوان(2) -T   a4 له -L^1 ‖ وعاء -T^1 : δεκτικὰ μόρια : Σ vas   a6 بطن + فله L^2T
a11 وينبغي] فينبغى T   a13 ولد + فله .L del   a17 حس] جنس T : αἴσθησις : Σ sensus   a21 قسر]
قصر L + اظنه قسر L^2T : βίᾳ ‖ وشدة] وسدة LT   a24 *يشبه M] شبيهة LT : ὁμοιομερεῖ : sunt sibi
Σ similes

في الرجلين او [29]في الجناحين او في عضو آخر ملائم لهذه الاعضاء. [30]وايضا في بعض الحيوان دم مثل الانسان [31]والفرس وجميع ما ليس له ارجل البتة او [32]له رجلان او اربعة ارجل وليس في بعض الحيوان دم مثل النحل والدبر [33]وبعض الحيوان البحري مثل الذي يسمى باليونانية سبيا وقرابوس وجميع ما له اكثر من [34]اربعة ارجل.

⟨٥⟩ وايضا بعض الحيوان يلد حيوانا وبعضه يبيض بيضا [35]وبعضه يلد دودا. فاما الذي يلد حيوانا
فمثل الانسان والفرس [1]وجميع ما له شعر وما عظم من الحيوان البحري [2]مثل الدلفين والذي يسمى 489b
باليونانية سلاشي. ومنها [3]ما له عضو خاص شبيه بانبوبة وليس له اذن مثل الدلفين [4]وفالانا وهذه الانبوبة تكون في ظهر الدلفين [5]وفي جبهة فالانا. ولبعض الحيوان البحري اذن مكشوفة مثل [6]الذي يسمى باليونانية سلاشي وغلاو وباطو. وانما اسمى بيضة [7]التي يكون الفرخ من جزء من اجزائها [8]وسائر ذلك يكون غذاءه حتى يتم ويكمل. واسمى [9]دودة التي من كلها يكون كل الحيوان اذا انفضل [10]وتمت صورته ونشأ. وينبغي ان نعلم ان بعض الحيوان الذي يلد حيوانا انما يلد في رحمه بيضا اولا فاذا تم صار منه شبيها بدود فاذا ولد ذلك الدود قبل صورته تامة وكان منه حيوانا
مثل الحيوان البحري الذي يمسى | باليونانية [11]سلاشي. وبعض الحيوان يلد في الرحم حيوانا مثله T9
فاذا تم خلقه وكمل خرج الى خارج مثل [12]الانسان والفرس وكل ما يلد حيوانا | مثله. [14]وبعض L7r
البيض يكون صلب الخزف وفي داخله لونان من الرطوبات مثل بيض [15]الطير ومن البيض ما هو لين القشر وللرطوبة التي في داخله لون واحد مثل بيض الحيوان الذي يسمى [16]سلاشي. وبعض الدود الذي يولد من الحيوان متحرك من ساعته [17]وبعضه لا يتحرك الا بعد ايام. [18]وسنصف ذلك كله صفة لطيفة فيما يستقبل اذا اخذنا في ذكر ولادها. [19]وايضا لبعض الحيوان ارجل ولبعضها لا [20]والذي له ارجل ايضا مختلف لان منه ما له رجلان فقط مثل الانسان [21]والطير ومنه ما له اربعة ارجل مثل الفرس والثور وما كان من هذا الصنف ومنه ما له [22]ارجل كثيرة مثل النحلة والدبر والحيوان الذي يسمى ذا اربعة واربعين رجلا [23]وارجل جميع الحيوان ازواج ليس

a32 رجلان] رجلين L^1T a35 دودا] دوبا T : σκωληκοτόκα : Σ vermes a35–b1 فمثل ... الحيوان T^1-

b1 وما عظم] واعظم T b3 بانبوبة + لا فصا T b6 وغلاو] وعلاو L : وعلاف T : γαλεοί : Σ gali

b7 من⁽¹⁾ L^1- b9 اذا T- b10 ان⁽²⁾ T- ‖ حيوانا⁽¹⁾ + ايضا T ‖ انما + ايضا L^2 ‖ منه⁽²⁾ L^1-

b15 القشر L^1T- : μαλακόδερμα : Σ testae ‖ واحد + لون واحد T

بافراد. فاما الحيوان المائى الذي يعوم فان له [24]اجنحة مثل السمك. ومنه ما له اربعة [25]اجنحة
اثنان منها في بطنه واثنان [26]فيما يلي الظهر مثل السمك الذي يسمى خرسافرس واللبراق ومنها
ما له جناحان [27]مثل جميع السمك المستطيل الاملس مثل الانكليس والذي يسمى باليونانية
[28]اسمورينا وكل ما معاشه [29]من الماء مثل معاش الحية من الارض. [30]وليس لبعض السمك
الذي يسمى سلاشي اجنحة مثل [31] كل ما كان منها عريضا له ذنب مثل الذي يسمى اطروغون
وباطيس [32]وانما يعوم هذا الصنف بعرض جسده. واما الضفدع البحري فله اجنحة وجميع ما
L7v [33]لم يكن آخر عرضه الى الرقة ما هو. فاما كل ما كان من السمك | البحري الذي يظن ان له
ارجلا [34]وهو يعوم بها وبالاجنحة مثل جميع الصنف الذي يسمى باليونانية مالاقيا [35]فانها تسرع
الحركة والعوم حتى تصير من شاطئ البحر الى اللج وخاصة السمك الذي يسمى سبيا وطوثيس
490a [1]والصنف الكثير الارجل. [2]فاما ما كان من السمك الجاسي الجلد مثل الذي يسمى باليونانية
T10 قرابس | فانه يتحرك بذنبه حركة سريعة [3]مع حركة اجنحته. والتمساح [4]يتحرك ويعوم برجليه وذنبه
[5]وبقدر ما يقاس صغير الى كبير فذنب التمساح شبيه بذنب السمكة التي تسمى غيلانيس. ولبعض
الطير [6]ريش مثل العقاب والبازي وبعضه محزز الجسد مثل [7]النحلة وما يشبهها ومنها ما جناحه
من جلد مثل [8]الوطواط وما يشبهه. وجميع الطير الذي له ريش والذي جناحه من جلد دم [9]فاما
المحزز الجسد فليس له دم البتة. [10]ولبعض الطير الذي له ريش والذي جناحه من جلد رجلان
[11]وليس لبعضه رجلان. فانه يقال ان من الحيات حيات لها اجنحة وليس لها رجلان وذلك
يكون في ارض الحبشة. [12]وجميع ما له جناحان منسوب الى جنس الطير. [13]ومن الطير الذي
ليس له دم [14]ما لجناحيه غلاف لان حناحيه تحت غطاء يسترهما [15]مثل الدبر والجعل ومنه ما له
غطاء رقيق شبيه بالقشر. [16]ومما وصفنا ما له جناحان ومنه ما له اربعة اجنحة. فاما التي لها اربعة
L8r اجنحة فهى التي [17]لها عظم او لها في مؤخرها حمة. | فاما التي لها جناحان فهى التي [18]ليس لها عظم
وهى التي تلسع بخرطومها الذي في مقدم رؤوسها [19]وليس لشيء مما لجناحه غلاف حمة. فاما التي

---

b25 اثنان] سان T : δύο : Σ duas   b26 *خرسافرس M] حرساقسد LT : χρύσοφρυς   b28 *اسمورينا M] اسموربا LT : σμύραινα   b31 *اطروغون وباطيس] ساباطيس LT : τρυγὼν καὶ βάτος   b33 الى] التى T : Σ ad   b35 وطوثيس] وطونيس LT : τευθίς   a5 وبقدر] بقدر LT || *فذنب] ذنب L¹ : وذنب L²T : τὸ οὐραῖον : Σ caudae || شبيه -L¹ : ὅμοιον   a11 الحيات ⁽¹⁾] الحميات T : ὄφεις : Σ serpentes

لها جناحان فقط [20]فهى تلسع بالخرطوم الذي في مقدم رأسها مثل الذباب والبعوض وذباب
الدواب. [21]وجميع الحيوان الذي ليس له دم اصغر جثة [22]من الحيوان الذي له دم ما خلا الحيوان
البحري. فان منه حيوانا ليس له دم اكبر [23]من حيوان له دم وذلك يكون قليلا يسيرا مثل بعض
السمك الذى يقال له مالاقيا. [24]فان هذا الجنس يكون عظيما جدا في الاماكن الحارة ولا سيما
في اللجج [25]اكثر من الاماكن التي تقرب من البر وخاصة في المواضع التي تكثر فيها المياه العذبة
الطيبة. [26]وجميع ما يتحرك من الحيوان يتحرك باربعة اعضاء من اعضائه او باكثر منها. [27]وما كان
من الحيوان الذي له دم فهو يتحرك باربعة اعضاء فقط مثل الانسان فانه يتحرك [28]برجلين ويدين.
T11 [29]فاما ما كان ذا | اربع فانه يتحرك باربعة ارجل والسمك يتحرك [30]باربعة اجنحة. فاما ما كان
له جناحان او ليس له رجلان البتة [31]فهو يتحرك ايضا على اربعة اعني الالتواء الذي يلتوي اذا
مشى ويرفع بعض جثته عن الارض ويضع عليها بعضها مثل الحية. [32]واما ما كان من الحيوان
الذي ليس له دم [33]ان كان من جنس الطير وان كان من جنس المشاء فهو يتحرك بارجل كثيرة
L8v [34]مثل الحيوان الذي يسمى يوميا فانه يتحرك [1]بجناحين واربعة ارجل | [2]وانما سمى بهذا الاسم لانه 490b
لا يعيش الا يوما واحدا. [6]واما السرطانات فان لها ثمنية ارجل تتحرك بها حركة معتدلة.

⟨٦⟩ [7]والاجناس الكلية التي منها تجزأ سائر الاجناس [8]فهذه اما الواحد فجنس الطير والآخر
جنس السمك والآخر [9]جنس السباع البحرية العظيمة الجثث وجميع هذه الاجناس دم. ومن
الحيوان جنس آخر [10]اعني الجاسي الخزف وهو كل ما كان من اصناف الحلزون. وايضا جنس
آخر وهو الذي يسمى [11]لين الخزف مثل الذي يسمى قارابوا [12]واجناس من اجناس السراطين
والذي يسمى اسطاقوس وجنس آخر يسمى مالاقيا [13]مثل طوثيس وطوثو وسيبيا وجنس آخر
يقال له جنس الطير المحزز الجسد [14]وليس لشيء من هذا الجنس دم البتة. فاما ما كان من الحيوان
البحري الذي له ارجل [15]فهو كثير الارجل. ومن الحيوان المحزز الجسد ما يطير ومنه ما لا يطير.
[16]فاما ما كان من سائر اجناس الحيوان فانه ليس بعظيم لانه لا يحيط [17]باصناف كثيرة بل منها

a22 اكبر] اكبر L : اكثر T : μείζονα : Σ maius   a23 مالاقيا] الاقيا T : τῶν μαλακίων : Σ malakie
a30 ما -L[1]   a34 يتحرك + بارجل كثيرة مثل الحيوان الذي يسمى بمى T   b6 ثمنية] ثميته T   b11 قارابوا]
فارانوا LT : καραβοι : Σ karabo   b13 طوثيس] طوبلس LT : τευθίδες : Σ tartanorum || وطوثو]
وطوثق LT : τεῦθοι : Σ toto   b15 فهو] وهو LT

ما هو مبسوط ليس فيه [18]جنس آخر مثل الانسان ومنها ما فيه اصناف مختلفة [19]ولكن لا تسمى
باسماء بينة معروفة. [21]وينبغي ان نعلم ان لجميع الحيوان الذي يلد حيوانا مثله شعرا [22]فاما الحيوان
الذي يبيض فله تفليس في جسده اعني بالتفليس آثارا [23]شبيهة بآثار القشور اذا نزعت. وجنس
L9r الحيات جنس واحد مبسوط سيار له دم | من قبل الطباع [24]وهو مفلس الجسد وانما اعني بقولي
T12 سيار حركته وسيره الذي يسير على | بطنه ولكن جميع [25]الحيات تبيض بيضا واما الافعى فانها
تلد حيوانا اعنى افاعيا مثلها فقط. [26]وليس لجميع الحيوان الذي يلد حيوانا مثله شعر لان بعض
السمك [27]يلد حيوانا. فاما كل ما كان له شعر من الحيوان فهو يلد حيوانا مثله. [28]وينبغي ان يصير
الشوك الذي في بعض الحيوان من صنف الشعر [29]مثل شوك القنافذ البرية والحيوان الذي يسمى
شكاعا فان الشوك الذي في جلده يكون مكان الشعر ويستره مثل ستر الشعر وهو له مثل سلاح
يرمي به من طلبه واراد اخذه [30]وليس الحاجة اليه مثل الحاجة الى الرجلين. [31]وفي البحار اصناف
حيوان لا يجمعها جنس واحد مشترك وفي البر ايضا حيوان على مثل هذه الحال [32]لا تنسب الى
جنس واحد محيط بها بل لكل واحد منها صورة مفردة خاصة به [33]مثل الانسان والاسد والايل
491a والفرس [34]والكلب وما اشبه ذلك. [1]وجميع الحيوان الذي ذنبه كثير الشعر منسوب الى جنس
واحد مثل البراذين والخيل والحمير والطير فان ذنب الطير كثير الريش والريش شبيه بالشعر. [7]وانما
وصفنا جميع هذه الاصناف وموافقة واختلاف اجناس الحيوان حيننا هذا بقول جازم ومن
اراد ان يتفقد ذلك كله سيعرف تحقيق قولنا. [9]ونحن سنصف فيما يستأنف كل جنس من هذه
L9v الاجناس على حدته ونلطف | النظر فيه بقدر مبلغ رأينا وعلمنا. وانما تقدمنا وذكرنا ما ذكرنا [10]لكي
نبين الفصول التي بين الحيوان اولا مع جميع الاعراض التي تعرض لها. ثم [11]نصف فيما يستقبل
علل ذلك كله فان هذا المأخذ والمسلك [12]طباعي مستقيم [13]وفيه يكون البيان [14]والايضاح. فنحن
نذكر اولا [15]اعضاء الحيوان الذي هو منها مركب فان [16]اختلاف الحيوان بهذه الاعضاء يكون
خاصة لان لبعضها كل الاعضاء [17]ولبعضها على خلاف ذلك. والاعضاء ايضا تختلف من قبل

b25 واما] فاما T   b26 وليس لجميع] ولجميع T^1 : οὐ πάντα : Σ non omne   b32 تنسب] ينتب T :
Σ attributa ‖ به -L^1 : له T   b33 والاسد -L^1 : λέων : Σ leo ‖ والايل -L^1 : ἔλαφος : Σ cervus
a1 والريش -T : Σ et pluma   a7 *جازم] جزم L^1T + وجيز L^2 : ὡς τύπῳ : Σ praeciso   a10 لكي]
لكن T : ἵνα : Σ ut ‖ نبين] سن L : نلبن T : λάβωμεν : Σ manifestaretur   a17 ولبعضها] وبعضها T

المرتبة والوضع [18]والزيادة والنقص والصورة والملاءمة [19]ومضادات الآفات والاعراض كما | قلنا وفصلنا فيما سلف. [20]صفة اعضاء الانسان واجزائه. وينبغي لنا ان نذكر اعضاء الانسان اولا T13
[22]لانه اكرم واعظم شأنا من جميع الحيوا ن وهوعندنا اعرف واثبت من غيره [23]باضطرار. فكمثل ما يجرب جميع نقر الذهب والفضة اذا قيس الى النقي المضروب على السكة منه كذلك تعرف حال جميع الحيوان اذا قيس الى الانسان لحسن وتمام وكمال خلقه. فاعضاؤه الظاهرة معروفة لحس كل من كان له حس طباعي [24]ولكن نريد ذكرها وتصنيفها لحال مؤدى العلة مع المعرفة [25]بالحس فان ذلك اوفق واصوب من غيره. ونحن نذكر الاعضاء [26]التي هى آلة ايضا اولا ثم نذكر الاعضاء التي اجزاؤها يشبه بعضها بعضا.

⟨٧⟩ [27]فالاعضاء العظيمة من اعضاء [28]الجسد الرأس والعنق والتنور [29]والعضدان والساقان
وجميع ما بين العنق الى | منتهى البطن [30]يقال له تنور. فينبغي ان نعلم ان جزء الرأس الذي فيه L10r
نبات الشعر يسمى [31]فروة الرأس وجزؤه الذي في المقدم يسمى يافوخا [32]وهو موضع العظم الذي لا يصلب بعد الولادة الا اخيرا بعد ان يصلب ويشتد جميع عظام الجسد. [33]فاما مؤخر الرأس فانه يسمى نقرة القفا وفيما بينها وبين اليافوخ وسط الرأس وهو يسمى [34]القمحدوة وتحت اليافوخ
491b الدماغ. واما ما [1]تحت نقرة القفا ففارغ وقحف الرأس مخلوق من عظم صلب مستدير [2]يحيط به جلد ولحم وفيه خياطة من قبل الطباع وتلك الخياطة في رؤوس [3]النساء واحدة مستديرة حول قحف الرأس. فاما رؤوس الرجال ففيها خياطات كثيرة متصلة بعضها ببعض [4]اكثر ذلك. وقد اصيب رأس رجل فيما سلف من الدهر [5]ليست فيه خياطة البتة. ووسط الرأس يسمى ايضا [6]التواء الشعر وربما كان في بعض الرؤوس مضاعفا.

⟨٨⟩ [9]فاما ما تحت فروة الرأس من قدام فهو يسمى وجها وليس هو من الصواب ان يسمى ذلك
الجزء وجها [10]في شيء من الحيوان ما خلا الانسان. [11]والناحية العليا من | الوجه اعني التي بين T14

a19 كما قلنا -L1 : κατὰ τὰς εἰρημένας : Σ sicut diximus   a23 فاعضاؤه] واعضاوه (corr.) L2T || لحس{2}] لجنس T : αἰσθήσει : Σ sensui || كل من -L1 || حس] جنس T : Σ sensum   a24 نريد + من غيره ونحن نذ .L del   a27 اعضاء -L1   a28–29 والعنق ... وجميع -L1   a30 يسمى] يبيّض T : καλεῖται : Σ dicitur   b5 ليست] نيت T : οὐδεμίαν : Σ non

اليافوخ [12]والعينين تسمى جبينا. واذا كان هذا الجبين عظيما جدا يدل على ان صاحبه ثقيل الى البلادة ما هو [13]واذا كان صغيرا يدل على جودة حركة واذا كان عريضا يدل على ان صاحبه قليل العقل [14]واذا كان مستديرا يدل على ان صاحبه غضوب.

L10v ⟨٩⟩ وتحت | الجبهة الحاجبان. [15]واذا كان الحاجبان مستقيمين كانه خط يدل على لين وتأنيث واسترخاء. [16]واذا كانا متعوجين آخذين الى طرف الانف فهو يدل على ان صاحبه كيس خفيف لطيف في جميع اموره. [17]واذا كان اعوجاجهما مائلا الى الصدغين فهو دليل على ان صاحبه مستهزئ رديء الحال. [18]وتحت الحاجبين العينان [19]واجزاؤهما الشفر الاعلى والاسفل. [20]فاما داخل العينين [21]فان الرطوبة التي يبصر بها تسمى حدقة وما يلي الحدقة يقال لها سواد العين [22]وما كان خارجا من ذلك السواد يقال ⟨له⟩ بياض العين. ومن اجزاء العين ايضا [23]زاوية الاشفار التي تلي الانف والزاوية الاخرى التي تلي [24]الاصداغ والمأق الاعلى والاسفل. فاذا كان المأق وما يلي زواية العين صغيرا دقيقا يدل على رداءة حال صاحبه وسوء مسلكه وسيرته. [25]واذا كان ذلك الموضع كثير اللحم مثل ما يعرض لعين الحدأة يدل على [26]خبث ورداءة وفجور. وجميع اجناس الحيوان عينان وان لم تكن تامة ما خلا [27]الحيوان البحري الذي جلده صلب شبيه بالخزف. [28]فاما جميع الحيوان الذي يلد حيوانا مثله فله عينان ما خلا الخلد [29]فانه عادم العينين فيما يظهر منه لانه لا [30]يبصر البتة. واما ان شق احد [31]الجلدة التي على اماكن عينيه وسلخها سلخا رقيقا [32]فانه سيجد مواضع العينين وسوادها على حالها [33] كانه انما تصيبه الضرورة والفساد وذهاب البصر [34]في اوان الولادة لحال نبات الجلد على العينين. [فاما الحاجبان الواقعان على العينين فانهما دليلان على ان صاحبها حسود.]

L11r T15 ⟨١٠⟩ [1]فاما بياض العين فانه يكاد ان يكون متشابها | في جميع الناس [2]واما | سواد العين فمختلف 492a
لانه ربما كان [3]شديد السواد وربما كان شديد الزرقة وربما كان اشهل وربما كان الى الحمرة ما هو. فاذا كان على مثل هذه الحال [4]دل على ان سيرة صاحب تلك العين سيرة جميلة وعلى انه

b12 *ثقيل] ثقل L : يقبل T : βραδύτεροι || البلادة + البلهة L² : Σ stultitiam   b14 صاحبه + قليل T del.   b17 اعوجاجهما] اعوجاجها T   b19 واجزؤهما] اجزوها T   b28 الخلد] الجلد T : ἀσπάλακος : Σ talpam   b30 يبصر] يتصور T : ὁρᾷ : Σ videt

حاد العقل. [5]وانما اختلاف الوان سواد العين خاصة في الانسان [6]فاما في سائر الحيوان فليس هو بمختلف ما خلا الخيل فانه ربما اختلفت الوان سواد اعينها [7]ومنها ما يكون اشهل وازرق واسود العين. وينبغي ان نعلم انه ربما كانت العينان كبيرتين وربما كانتا صغيرتين وربما كانتا وسطتين. [8]فما كان منها وسط القدر فهو دليل على حسن حال صاحبها في ذكائه وعقله ومروءته. وربما كانت العين ناتئة وربما كانت غائرة [9]وربما كانت فيما بين ذلك. فاذا كانت العين غائرة فهى تدل على حدة في جميع [10]الحيوان واذا كانت ناتئة فهى دليلة على اختلاط عقل وسوء حال فاذا كانت فيما بين ذلك فهى ممدوحة لانها تدل على خير. [11]وربما كانت العين كثيرة التغميض وربما كانت كثيرة الانفتاح قليلة الحركة وربما كانت فيما بين ذلك. [12]فاذا كانت العين كثيرة الانفتاح قليلة التغميض تدل على لحة وبله واذا كانت كثيرة التغميض تدل على ان صاحبها منتقل عن كل ما يدخل فيه خفيف العقل ليس له ثبات في شيء من اموره. واذا كانت فيما بين كثرة الحركة وقلة التغميض تدل على حسن حال العقل وغير ذلك.

⟨١١⟩ [13]ومن اجزاء الرأس الاذن وهى آلة السمع وليست توافق شيئا من النفس [14]ولذلك |
نقول ان القميون الشاعر كاذب حيث زعم ان المعزى تتنفس [15]بآذانها. والناحية السفلى من L11v
الاذن تسمى شحمة الاذن وما كان من الناحية العليا مستديرة تسمى محارة [16]وتركيب الاذن من
غضروف ولحم. فاما داخل الاذن [17]فانه ثقب ملتو شبيه بخلقة لولب ومنتهاه من عظم في الخلقة
[18]شبيه بالاذن. والدوي وكل صوت ينتهي اليه [19]ومنه يؤدى الى الدماغ. وليس للاذن منفذ الى
الدماغ [20]بل له منفذ الى الحنك ومن الدماغ يخرج | عرق ينتهي [21]الى الاذن اليمنى [22]وعرق T16
آخر يخرج مثله وينتهي الى الاذن اليسرى. وحركة الاذنين تكون على تلك العروق [23]وكل حيوان
له اذنان يحركهما ما خلا الانسان فقط. [24]وليس لبعض الحيوان الذي يسمع اذن البتة بل له
[25]ثقب ومعبر بين ظاهر يسمع به مثل جميع الحيوان المنسوب الى جنس الطائر والحيوان المفلس

a6 اعينها] اعينهما T : oculorum Σ   a8 على- T ‖ ناتئة] نابته T : ἐκτὸς : prominentes Σ   a10 ناتئة] نابته T : ἐκτὸς : prominentes Σ   a15 محارة] مجارة T : λοβός : concosa Σ   a17 بخلقة] بحلقة LT : τὴν μὲν φύσιν ‖ الخلقة] الحلقه LT : forma Σ   a23 اذنان] اذن T : ὦτα : aures Σ ‖ يحركهما] فحركهما T : mobiles Σ   a25 ومعبر بين ظاهر + في نسخة ومعبرتان ظاهرتين L² : τὸν πόρον φανερόν : foramen et viam manifestam Σ ‖ المفلس] الفلس T : φολιδωτά : squamosum Σ

الجلد. فاما جميع الحيوان الذي يلد حيوانا [26]فله اذن ما خلا الذي يسمى باليونانية فوقي والدلفين. [27]فاما الحيوان البحري العظيم الجثة فله اذن ناتئة وهو جيد السمع. [32]ومن آذان الناس ما يكون كثير الشعر في ناحية منها ومنها ما ليس فيه شعر ومنها ما فيه [33]شعر يسير وهو دليل على سمع جيد. [34]وربما كانت الآذان كبارا وربما كانت صغارا وربما كانت فيما بين الكبير والصغير. وربما كانت
492b ناتئة جدا [1]وربما كانت على خلاف ذلك او فيما بين الامرين والاوساط من جميع الانواع التي ذكرنا دليل على خير. [2]فاما اذا كانت الآذان ناتئة كبارا جدا فهى دليلة على حمق وخرق وكثرة كلام
L12r صاحبها. [3]فاما الجزء الذي بين | العينين والاذن فانه يسمى [4]صدغا. [5]والانف آلة حس المشمة [6]وبه يكون النفس وهو مجاز العطاس [7]اذا كثرت الريح في الدماغ وخرجت بغتة والعطاس فيما يزعم كثير من الناس علامة [8]دليلة على تحقيق قول يقال في ذلك الحين. [9]وليس يمكن ان يكون النفس ودخول الهواء الى الجوف وخروجه منه الا [10]بالانف [11]بقدر الواجب في الحلقه. [12]فاما التنفس الذي يكون بالفم فهو مما يكون من قبل ضرورة وهو يسمج لانه على خلاف الطباع. [14]والانف عضو جيد الحس والحركة [15]وليس هو مثل الاذن غير متحرك [16]والحجاب الذي في وسطه مخلوق من غضروف واما معابر المخاط والنفس نخالية. [17]فاما انف الفيل فانه طويل [18]قوي وهو الذي تسميه العامة خرطوما والفيل يستعمل ذلك الخرطوما مثل يد [19]وبه يأخذ الطعام ويؤديه الى فيه [20]وبه يؤدي شربه الى فيه ايضا [21]وليس يفعل ذلك شيء من الحيوان غيره. [22]وفيما يلي انف الانسان الوجنتان [23]ثم تحت الوجنتين الفك وعليه يكون نبات شعر اللحية. وجميع الحيوان يحرك
T17 الفك الاسفل [24]ما خلا التمساح | فانه يحرك الفك الاعلى. وتحت [25]الانف الشفتان وهى مخلوقة من لحم جيد الحركة. فاما داخل [26]الشفتين فهو يسمى الفم ومنه ما يسمى حنكا [27]ومنه ما يسمى لسانا وهو آلة حس كل مذوق وانما ذلك الحس [28]في طرفه فاما ما عرض منه فانه اقل حسا.
L12v واللسان يحس [29]بجميع ما يحس سائر الجسد اعني الحار [30]والبارد والجاسي واللين ويفعل | ذلك بجميع اجزائه. وربما كان اللسان عريضا [31]وربما كان دقيقا وربما كان فيما بين العرض والدقة وهو

---

b3 بين + الذي من L del.   b5 حس] جنس T : Σ sensus   b7 بغتة] نعته T : Σ ex insperato   b8 الحين] العين T : Σ temporis   b9 الجوف] الخوف T   b12 مما] ما T   b16 واما] فاما T ‖ معابر] مغاير T : Σ via sternutionis : τὸ δ’ ὀχέτευμα   b19 فيه + ايضا L del.   b23 الفك (2) T-   b28 اقل] اول T : Σ minoris : ἧττον ‖ يحس] حس T : Σ sentit : αἰσθάνεται   b29 بجميع] فجميع T : Σ omne : πάντων

الذي يستحب اعني الاوسط فانه اوفق لجودة الحركة وايضاح الكلام وبيانه. [32]وربما كان اللسان
مرسلا وربما كان فيه رباط وعقدة مثل ما يعرض لمن به لثغة او [33]غير ذلك من آفات اللسان
وانما خلقة اللسان من لحم رخو [34]ومن اجزائه العضو الذي يكون على اصله. وايضا من اجزاء الفم
493a [1]اللثة وهى مخلوقة من لحم وفي اللثة [2]الاسنان. وفي الحنك العضو الذي يسمى طلاطلة اعني اللهاة
[3]وهو موضوع على عرق وهو موافق للصوت. وربما كثرت رطوبته وانتفخ فاذا عرض له ذلك
[4]يسمى عنبة وربما خنق الانسان. وتحت اصل اللسان في جوانب الحلق اللوزتان.

⟨١٢⟩ [5]فاما العضو الذي بين الوجه والتنور اعني الصدر وما يليه فهو يسمى عنقا [6]وفيه انبوبتان
واحدة في مقدم الحلق وهى التي تسمى الحنجرة والانبوبة الاخرى خلف وهى التي تسمى المريء
وفم المعدة. [7]وخلقة الانبوبة التي في مقدم الحلق من غضروف وهى آلة الصوت [8]والتنفس فاما
انبوبة المريء فخلقتها من لحم وهى لاصقة بالفقار. [9]واما ما تحت الفقار فانه يسمى ما بين الكتفين.
فهذه [10]اعضاء الانسان التي من رأسه الى التنور. [11]فاما التنور فانه مجزأ في مقدمه [12]بجزءين اعني
اجزاء الصدر وفيه [13]الثديان وفي الثديين حلمتان. والثديان آلة اللبن في الاناث وبهما [14]يصفى وربما
L13r كان في ثدى الذكورة [15]لبن يسيل لا يظهر لحال سفاقة خلقتها. | فاما خلقة ثدى النساء [16]فمن لحم
رخو مجوف مملوء سبلا.

T18 ⟨١٣⟩ [17]وبعد التنور في مقدم الجسد البطن [18]وفيه السرة التي يقال انها اصل | البطن. وتحت
السرة في كلا الجانبين الحالبان [20]وفي آخر البطن موضع العانة والوركان خلف الحالبين. [21]وما
خلف الوركين من الظهر يسمى [22]الصلب وهو مكان المنطقة والزنار [23]وتحته العظم الذي يسمى
القحقح وتحت عظم القحقح رأس عظم الفخذ وبعض الناس يسميه التفاحة وبعضهم يسميه
الحرقفة [24]وهو مكان حركة الفخذ. فاما الاناث فلها [25]عضو خاص اعني الرحم. وفي آخر العانة
الذكر [26]وخلقته من لحم [30]وغضروف وهو ينبسط [31]وينقبض والذي ينتفخ منه عند شهوة المجامعة
الغضروف [26]وطرفه [27]يسمى كمرة [28]والجلد الذي يغطيه يسمى قلفة واذا انقطع منها شيء لا يلتئم

---

b34 ومن] من L^1 ‖ اصله + بلغ L^2 : Σ radicem eius   a2 طلاطلة] طىطله LT : σταφυλοφόρος
a5 والتنور -L^1 : θώρακος : Σ clibanum pectoris   a16 سبلا -T : πόρων   a20 والوركان] والوركى T

كما لا يلتئم ما دق من طرف [29]الوجنة. [32]وتحت الذكر الانثيان وليس [33]خلقتهما مثل خلقة اللحم
493b ولا بعيدة منها [1]وسنلطف في ذكر [2]خلقتهما فيما نستأنف.

⟨١٤⟩ [5]والذكر مجاز الفضلة الرطبة ومجاز المنى. [7]فاما مكان الذبحة فانه مشترك فيما بين العنق والصدر. [8]والابط مكان مشترك فيما بين الصدر والاضلاع والعضدين والاكاف. [9]فاما مكان الاربية فهو مكان مشترك بين الفخذ والقحقح والمريطاء وفوق المريطاء صفاق البطن. [11]فهذه صفة الصدر وما يليه من مقدمه [12]فاما ما خلفه فانه يسمى الظهر.

⟨١٥⟩ ومن اجزاء الظهر الاكاف [13]والفقار. [14]فاما الاضلاع فهى مشتركة فيما بين الصدر والظهر
L13v وهى ثمنية من كل ناحية [17]وفي جسد الانسان الناحية | العليا والناحية السفلى [18]والمقدم والمؤخر والناحية اليمنى والناحية اليسرى والاعضاء التي فيها يشبه بعضها بعضا اعني التي [19]في الناحية اليمنى والتي في الناحية اليسرى [20]وان كانت اعضاء الناحية اليمنى اقوى من الاعضاء التي في الناحية اليسرى. فاما الاعضاء التي في الظهر [21]فليس تشبه الاعضاء التي في مقدم الجسد ولا تشبه ايضا الاعضاء التي في اسفل الجسد الاعضاء التي في اعلى الجسد وان كان بعضها يشبه بعضا [22]بجودة
T19 اللحم [23]مثل الفخذين والعضدين والساقين والذراعين. [24]واذا كانت العضدان قصيرتين | فان الفخذين تقصران ايضا على مثل تلك الحال [25]واذا صغرت الرجلان صغرت اليدان ايضا. [26]وعظم العضد واحد وعظام الذراع اثنان. وبعد الذراع [27]الكفان المجزأة بالاصابع [28]وكل اصبع مجزأة بثلثة اجزاء وبثلثة عظام [21]ومفاصل [29]ما خلا الابهام فانها تجزأ بجزءين وفيها عظمان ومفصلان [30]وانقباض [31]الاصابع يكون الى داخل وانبساطها يكون الى خارج [32]ومرفق اليد وموضع اصل العضد ينقبض وينبسط كمثل وما يلي داخل الكف [33]فهو مجزأ بخطوط وآثار بينة واذا كانت
494a تلك الخطوط اثنين او ثلثة تشق كل الكف تدل على طول العمر [1]واذا كانت اثنين قصيرين تدل على قلة العمر. [2]فاما ظهر الكف فانه معرق كثير العظام قليل اللحم. [4]وفي اسفل الجسد [5]الفخذان ثم الركبتان وعلى الركبة العظم الذي يسمى الداغصة [6]ثم الساقان ومقدم الساق يقال له انف

---

b8–9 والعضدين ... مكان(2) -L¹   b12 ما -L¹   b17 والناحية -T   b19 والتي في الناحية اليسرى] واليسرى L¹   b21 الجسد(2) + و .L¹ del   b22 بجودة] جودة T : εὐσαρκίᾳ : Σ in bonitate
b32 وموضع] موضع L¹   b33 فهو] وهو T ‖ وآثار] واثان T : Σ lineationes

الساق [7]ومؤخره يقال | له بطن الساق وخلقته من لحم وعصب وعروق [9]وفيما بين اسفل الساق L14r
والقدم [10]الكعب [11]ومؤخر القدم يسمى العقب [13]وما تحت طرف القدم يسمى صدر القدم وما يلي
اعلى القدم [14]كثير العظام والعصب. [15]وفي طرف القدم الاصابع والاظفار [16]وفي جميع الاصابع
انقباض وانبساط. واذا كان اسفل القدم [17]غليظا سمينا ليس بعميق ولا منحدب وكان صاحب
تلك القدم يطأ ويمشي على كله [18]فهو دليل ⟨على⟩ نكر ورداءة حال واذا لم يكن على ما ذكرنا يدل
على خلاف ذلك. والعظم الذي يسمى داغصة ومكان الركبة مشترك فيما بين الفخذ والساق.
[19]فهذه الاعضاء مشتركة للاناث والذكورة [20]وانما وضع جميع اعضاء الجسد بقدر ما يسمى الاعلى
والاسفل والمقدم [21]والمؤخر واليمين والشمال. [22]ولست اشك ان جميع الاعضاء التي في الظاهر
من الجسد بينة للحس معروفة للكل [23]وانما ذكرناها وسميناها [24]لكيما يكون قولنا تاما ولانا نريد ان
نقيس بهذه الاعضاء جميع اعضاء سائر الحيوان [25]ولا يخفى علينا شيء من وضعها ولا اشكالها.
[27]واجزاء جسد الانسان خاصة مخلوقة موضوعة بقدر | خلقة ووضع جميع هذا [29]لعالم [28]اعني ان T20
ناحية جسد الانسان العليا والسفلى [30]ومقدمه ومؤخره واليمين واليسار مخلوق خلقة طباعية [31]بقدر
خلقة هذا العالم. وليس ذلك في سائر الحيوان لان من الحيوان ما ليس فيه جميع هذه الاعضاء
[32]ومنه ما فيه هذه الاعضاء ولكن ليس وضعها مثل وضع اعضاء الانسان. [33]فان رأس الانسان
[34]موضوع فوق جميع جسده | بقدر خلقة الكل كما قلنا فيما سلف. [32]فاما رؤوس سائر الحيوان L14v
فعلى خلاف ذلك لانها وان كانت موضوعة على اجسادها فهى مائلة الى اسفل ناظرة الى الارض
494b وليست هى [34]قائمة مستقيمة ناظرة الى الهواء والسماء مثل رأس الانسان. [1]وبعد الرأس العنق
[2]والصدر والظهر. فاما الصدر فهو مقدم الجسد والظهر موضوع [3]في مؤخر الجسد والبطن موضوع
بعد الصدر والصلب قبالته وبعد ذلك المحاشي [4]والوركان ثم الانخاذ والساقان ثم القدمان. [11]فاما
الحواس وآلة الحواس مثل [12]العينين والمنخرين واللسان فانها موضوعة كلها [13]في مقدم الوجه فاما
السمع وآلة السمع فهى موضوعة [14]في جوانب الرأس قبالة [15]العينين. وعينا الانسان قريبة بعضها
من بعض بقدر عظم رأسه اكثر [16]من جميع الحيوان. [17]وحس اللمس في الانسان لطيف جدا

a7 يقال له] يقاله T   a20 يسمى] يسير T   a22 ولست] ول . ت T || اشك] اسك L : اسل T : ἂν
Σ dubito : εἶναι δόξειε   a29 العالم] العلل T : τοῦ παντὸς : Σ mundi   a28 والسفلى + ومقدمه T del.
a32 فهى] وهى T   b12 كلها L¹-   b13 الوجه + جميعا L del.

اكثر من سائر الحواس وبعده حس المذاقة وهى في الانسان ايضا لطيفة. [18]فاما سائر الحواس
اعني البصر والمشمة والسمع فانها في الانسان دون ما هى في كثير من الحيوان.

⟨١٦⟩ [19]فهذا وضع اعضاء الجسد فيما يلي الناحية الظاهرة منه بقدر ما [20]رتبها الطباع واسماؤها كما
سمينا فيما سلف [21]وهى معروفة بينة لحال العادة التي جرت. واما الاعضاء التي في باطن الجسد
[22]فعلى خلاف ذلك لانها ليست معروفة لكثير من الناس [23]فنحن نذكرها ونقيسها الى سائر
اعضاء الحيوان الذي [24]طبيعته قريبة من طبيعة الانسان لما يجب من تمام وضع كتابنا. [25]فالدماغ
موضوع في مقدم رأس الانسان وهو موضوع على مثل هذه الحال | [26]في سائر رؤوس الحيوان. | T21
[27]ولجميع الحيوان الذي له دم دماغ ايضا وللحيوان البحري الذي يسمى باليونانية مالاقيا دماغ. L15r
[28]فاما الانسان فدماغه كبير جدا بقدر عظم رأسه [29]وهو رطب جدا وحوله صفاقان يحيطان به
من كل ناحية. والصفاق الذي يلي [30]العظم اقوى من الآخر جدا فاما الصفاق الذي يلي الدماغ
فهو في القوة دون الصفاق الذي سميناه الآخر. [31]والدماغ مجزأ بجزءين في جميع الحيوان وخلف
الدماغ [32]دماغ آخر في بطن من بطون الرأس [33]مخالف لهذا الدماغ الذي في مقدم الرأس بالمنظر
495a واللمس. فاما مؤخر [34]الرأس فهو مجوف خال بقدر [1]عظم كل رأس. ورؤوس بعض الحيوان
عظيمة [2]ووجوهها اصغر من رؤوسها. وذلك في بعض الحيوان المستدير الوجه. [3]ولبعض الحيوان
رأس صغير [4]ولحيان كبيران طويلان مثل جنس جميع الحيوان الذي ذنبه كثير الشعر. وليس
[5]في الدماغ دم البتة ولا فيه عرق من العروق [6]وهو بارد تحت اللمس وفي وسطه [7]موضع عميق
مستطيل. فالدماغ في جميع الحيوان على ما ذكرنا. فاما الصفاق الذي يليه [8]ففيه عروق وانما الصفاق
شبيه بجلد دقيق حابس [9]للدماغ. وفوق الدماغ [10]عظم دقيق ضعيف جدا اكثر من عظام سائر
الرأس وهو في المكان الذي يسمى اليافوخ. [11]وفي كل عين ثلثة سبل آخذة الى جوف الرأس.
[12]فاما الاعظم والاوسط منها فانهما آخذان الى مؤخر الرأس. [13]فاما الصغير فهو آخذ الى الدماغ
بعينه. واما هذا السبيل الاصغر [14]هو الذي يلي الانف | خاصة والسبيلان العظيمان احدهما قريب L15v

b17 وهى (mg.) TL^2 : وهو (corr. et del.) L^2 : L^1- b24 لما + هو T ‖ تمام -T : Σ compleatur b25 وهو
موضوع] وموضوع L^1 : κεῖται τὴν θέσιν : Σ est positum b27 دماغ ⁽²⁾ + وحوله شفاقان L^2T : καὶ
Σ cerebrum : ἔτι b29 والصفاق] والسماق L : والساق T : ὁ μὲν : Σ tela a2 في -L^1 : Σ in
a13 الى -T^1 ‖ هذا -L^1 a14 هو -L^1

من الآخر [15]ومذهبهما واحد واحدهما يلقى الآخر قبل ان ينتهيا الى مكانهما. [16]وذلك بين في
السمك خاصة لان هذين السبيلين في السمك يقربان [17]من الدماغ. فاما السبيلان الصغيران فان
احدهما [18]يبعد من الآخر جدا وليس يلتقيان البتة. وفي داخل العنق بعد الفم [19]المريء وهو
[20]ضيق مستطيل. والوريد [21]موضوع في مقدم العنق وخلفه المريء في الناحية | التي تلي القفا. T22
فهذا وضعهما في جميع الحيوان الذي [22]له مريء ووريد اعني قصبة الرئة وانما يكون هذا الوريد
في جميع الحيوان الذي له رئة. [23]وخلقة الوريد من غضروف وهو قليل الدم [24]تحيط به عروق
دقاق جدا ووضعه من [25]الناحية العليا بعد الفم قبالة ثقب المنخر وهو الثقب الآخذ [26]الى الفم.
ولذلك ربما شرب الانسان [27]نخرج بعض تلك الرطوبة من المنخر لحال الفتح الذي فيما بين
الانف والفم. وفيما بين [28]الثقبين العضو الذي على اصل اللسان [29]وهو شبيه بغطاء يغطي قصبة
الرئة لكيما لا يقع فيها شيء من الطعام او الشراب. [31]فاما الناحية السفلى من القصبة فانها تفترق
بفرقين شبيهين بانبوبتين ويأخذان الى جوانب الرئة. [32]فان الرئة تنشق ايضا بجزءين [33]وهى على مثل
هذه الحال في جميع الحيوان الذي له رئة ولكن [34]ليس ذلك الافتراق بينا جدا في الحيوان الذي
495b يلد حيوانا مثله وخاصة [1]في الناس. فان رئة الانسان ليست كثيرة الافتراق | [2]مثل افتراق رئات L16r
بعض الحيوان الذي يلد حيوانا مثله ولا هى ملساء بل فيها اختلاف. [3]فاما في الحيوان الذي يبيض
بيضا مثل جميع جنس الطائر وما كان من الحيوان ذا اربعة ارجل يبيض بيضا [4]فان الرئة توجد
فيه كثيرة الافتراق ولذلك يظن كل من يعاينها من الجهال خلقتها انها [5]رئتان. فاجزاء قصبة الرئة
تفترق وتنتهي الى الفرقين اللذين ذكرنا انهما في الرئة [6] كل واحد من الجزءين الى فرق واحد. وتلك
القصبة لاصقة [7]بالعرق العظيم والعرق الكبير الآخر الذي يسمى باليونانية اورطي. [8]فان نفخ احد
في قصبة الرئة دخلت الريح الى المواضع العميقة المجوفة التي [9]في الرئة ولذلك تنتفخ وتنتفخ جميع
الرئة. فان في الرئة ثقبا واماكن مجوفة خلقتها من غضروف [10]واواخر تلك الثقب [11]ضيقة حادة فاما
اصولها فواسعة. [12]وتلك القصبة لاصقة بالقلب ايضا [13] كانها مربوطة برباط خلقته من غضروف

a18 يبعد] ينفذ T : ἀπηρτήνται ‖ الفم -T   a21 القفا + فيها L del.   a24 عروق] عرق T : φλεβίοις Σ venae   a29 لا -T : Σ non   a31 شبيهين] يشبيهان L^2T : Σ assimilantur   b1 فان] فانه T   b3 جميع -L^1 ‖ جميع جنس] جنس جميع T   b5 الفرقين] العرقين T : δύο … πνεύμονας : Σ duo pulmones   b6 فرق] عرق L^2T : Σ ramum   b9 تنتفخ] سمح L : تنتفح T : φυσωμένης : Σ inflatur ‖ *وتنتفخ] وسمح L : وتنتفح T

وعصب دقيق شبيه بالشعر ويعلو ذلك كله شحم. والمكان الذي يكون | فيه التزاق القصبة والرئة T23
[14]عميق. ومن الحيوان ما اذا نفخ احد في رئته [15]لا يستبين الفرقان اللذين وصفنا. فاما اذا نفخ
في رئة الحيوان العظيم الجثة فهو يستبين [16]لان الريح تصل الى الرئة. [17]فهذه حال قصبة الرئة وهى
معبر وسبيل ريح التنفس اذا دخلت واذا خرجت. [18]وليس تقبل القصبة | شيئا من الطعام ولا L16v
الشراب لا يابسا ولا رطبا ان لم يقع فيها شيء بغتة فان عرض ذلك [19]سعل صاحبه سعالا متتابعا
حتى يلقيه. فان بقى منه شيء كان علة خنق او موت او امراض مزمنة ومهلكة. فاما المريء
وهو الذي يسمى فم المعدة [20]فانه موضوع خلف القصبة لاصق بها [21]وابتداؤه من ناحية الفم
العليا التي تلي اصل اللسان وهو لاصق بالقصبة كما وصفنا وبينهما رباط من صفاق دقيق يضمهما
[22]وهو آخذ الى الحجاب الذي في الجوف ومنه يأخذ الى البطن وخلقته من لحم [23]يمكن ان يمتد
ويتسع بالطول والعرض. [24]فاما بطن الانسان فانه شبيه ببطن الكلب [25]وان كان اوسع منه سعة
[26]ومن البطن يخرج معاء مبسوط ملتف التفافا يسيرا [27]وهو عريض واما البطن الاسفل فهو
شبيه ببطن خنزيز [28]لانه عريض وجزؤه الآخذ الى المقعدة قصير ثخين. [29]فاما الثرب فهو لاصق
بوسط البطن [30]وخلقته من صفاق يعلوه شحم كما يكون [31]في سائر الحيوان الذي ليس له الا بطن
واحد وله اسنان في اللحيين جميعا اعني فوق واسفل وفوق المعاء [32]يكون المعاء الاوسط وهو شبيه
بصفاق وهو ايضا عريض [33]سمين وهو لاصق بالعرق العظيم وبالعرق الذي يسمى [34]اورطي وفيه
496a عروق كثيرة صفيقة [1]تمتد وتنتهي الى وضع المعاء وهو يبتدئ من فوق [2]وينتهي الى اسفل. فهذه
خلقة | وحال المريء والقصبة [3]والبطن والمعاء. L17r

⟨١٧⟩ [4]فاما القلب فان فيه ثلثة بطونا وهو موضوع فوق [5]الرئة حيث تفترق قصبة الرئة بانبوبتين. وفي
القلب صفاق [6]سمين غليظ في المكان الذي يلصق به العرق العظيم والعرق الذي يسمى [7]اورطي
وذلك في الناحية الضيقة الحادة منه. [8]والناحية الحادة من القلب موضوعة | على الصدر في جميع T24

b14 عميق + متحكك .L del : عضو متحكك T   b14–15 اذا ... نفخ -T   b15 الفرقان] العرقان L
b17 سبيل] يسيل T || التنفس] الشفتين T   b18 القصبة + القصبة .L del   b19 فاما] واما T
b25 سعة -T   b26 التفافا] التفاتا T   b31 اللحيين] اللحيتين T   b34 صفيقة] صعيفة L¹T + سفيقة L² :
πυκναί : Σ spissae   a1 تمتد] ممتر T : κατατείνουσαι   a3 والمعاء] وللمعا T   a4 فاما] واما T
a6 *العظيم] الغليظ LT : τῇ μεγάλῃ : Σ magna

الحيوان [9]الذي له صدر ووضعه على حال واحدة في جميع الحيوان الذي له رئة والذي ليس له
رئة [10]اعني ان الجزء الحاد منه موضوع في مقدم الجسد. [11]وذلك يخفى مرارا شتى على الذي يشق
الجسد لمعاينة خلقة الجوف لانه ربما انقلب. [12]فاما الجزء المنحدب من القلب فهو موضوع فوق
الجزء الحاد منه وهو من لحم [13]صفيق صلب وفي بطون القلب عروق [14]ووضعه فيما كان من سائر
الحيوان في وسط الصدر. [15]فاما في الناس فانه مائل الوضع الى الناحية اليسرى ميلا يسيرا [16]وذلك
لانه يزوغ عن المفرق الذي بين الثديين قليلا ويميل الى ما يلي [17]الثدي الايسر وهو في الناحية العليا
من نواحي الصدر. وليس هو بكبير [18]ولا منظر خلقته مستطيل بل الى الاستدارة ما هو [19]وطرفه
الواحد ضيق حاد. وله ثلثة بطون [20]كما قلنا فيما سلف والبطن الذي في الناحية اليسرى عظيم
[21]والذي في الوسط معتدل العظم والذى في الناحية اليمنى صغير. [22]وذلك البطن الاوسط والصغير
مثقبان [23]بثقب آخذة الى ناحية الرئة [24]وذلك بين [25]في اسفل البطون. والبطن | الاعظم [26]لاصق L17v
بالعرق العظيم وهو الذي به يلصق المعاء الاوسط ايضا. [27]فاما البطن الاوسط فهو لاصق بالعرق
الذي يسمى اورطي. [28]وفي القلب سبل آخذة الى الرئة تفترق بقدر افتراق انابيب القصبة في جميع
الرئة وهى تتبع الافتراق [29]الذي يفترق من القصبة في كل ناحية. [30]وافتراق القصبة فوق افتراق
السبل الآخذة [31]من القلب الى الرئة ولحال [32]التزاق بعضها ببعض تقبل ريح الهواء الذي يدخل
في القصبة وتؤديه الى القلب [33]لان العرق الواحد يأخذ الى عمق السبيل الايمن والآخر يأخذ الى
عمق [34]السبيل الايسر. واما العرق العظيم والعرق الذي يسمى اورطي [35]فانا سنذكر حالهما معا
فيما يستأنف. [1]وفي الرئة دم كثير اكثر من الدم الذي يكون في سائر اعضاء الحيوان الذي [2]له 496b
رئة ويلد حيوانا في بطنه [3]وخارجا. وكل رئة رخوة اللحم منتفخة مجوفة في كل حجاب من الحجب
التي فيها [4]سبل تأتي من العرق العظيم. وقد يظن بعض الناس [5]ان الرئة خالية من الدم لما يعاينون
من اجساد [6]الحيوان التي تشق ولم يعلموا ان الدم الذي فيها | يخرج منها بغتة من ساعته. [7]وليس T25
في سائر اعضاء الجوف شيء آخر فيه دم كثير ما خلا القلب. [8]فاما الدم الذي في الرئة فليس
بثابت [9]واما القلب فالدم فيه ثابت لانه يكون في جميع بطونه [10]والدم الذي في البطن الاوسط

a9 الذي(1) ... له(2) -T ‖ رئة(1) + والذى له ريه .L del   a10 ان -L1 ‖ في + جميع .L del   a12 فاما
الجزء -L1 ‖ الجزء(1) -T ‖ وهو -L1   a13 *صفيق B] شفيق LT : πυκνόν : Σ spissa   a16 يزوغ] نزوع T
a18 بل -L1   a33–34 عمق ... سبيل -T   b3 رخوة اللحم] رخوما للحم T ‖ *حجاب] حجب LT ‖ *الحجب]
الحجاب LT   b7 سائر + الحيوان .L del

لطيف دقيق صاف جدا. وتحت الرئة [11]حجاب الصدر [12]وهو لاصق بالاضلاع والجنبين | والفقار L18r
[13]وفي اوسطه اجزاء دقيقة خلقتها من صفاق [14]وفيه ايضا عروق ممتدة. [15]والحجاب الذي في جسد
الانسان غليظ بقدر قياسه الى جميع جثته وتحت [16]الحجاب من الجانب الايمن الكبد وتحته من
الجانب [17]الايسر الطحال. ووضع هذه الاعضاء على حال واحدة في جميع الحيوان الذي له هذه
[18]الاعضاء من قبل خلقة الطبيعة وربما [19]تبدل وضع هذه الاعضاء في بعض الحيوان وانما ذلك
صنف من اصناف العجائب. [21]وطحال الانسان ضيق مستطيل شبيه بطحال الخنزير. [22]فاما كبد
الانسان فهو [23]مستدير [24]شبيه بكبد الثور وفيه اناء المرة الصفراء [25]وفي بعض البلدان يوجد اناء
المرة الصفراء فيما يذبح من الضأن ايضا. [29]والكبد لاصق بالعرق العظيم [30]وليس يشارك شيئا
من اجزاء العرق الذي يسمى اورطي. [31]فاما العرق العظيم فهو لاصق بالكبد حيث المكان الذي
[32]يسمى ابواب الكبد. [33]والطحال لاصق بالعرق العظيم فقط لان جزءا منه يمتد وينتهي [34]الى
الطحال. وبعد هذه الاعضاء الكليتان وهما موضوعتان على [35]الفقار وخلقتهما شبيهة بخلقة كلى
497a البقر [1]والكلية اليمنى ارفع وضعا من الكلية اليسرى وذلك بين في اجناس جميع الحيوان التي لها
كلى. [2]وشحم الكلية اليمنى اقل من شحم الكلية اليسرى وهى ايضا اجف [3]جفافا. [4]ومن العرق
العظيم [5]والعرق الذي يسمى اورطي يخرج عرقان وينتهيان الى اجساد الكليتين وليس | يدخلان L18v
في اعماقهما. [6]فان في وسط كل كلية عمقا شبيها ببطن وربما كان اكبر وربما كان اصغر [7]فذلك
يوجد في جميع كلى الحيوان ما خلا كلوتي الحيوان البحري الذي يسمى فوقي فان كلوتيه تشبهان
كلى البقر [8]وهى صلبة جدا اكثر من جميع الكلى. | فاما العرقان الآخذان الى الكلى فانهما يتبددان T26
ويفترقان [9]في اجسادها وليس ينتهيان الى بطونها وعلامة ذلك من قبل انه [10]ليس في بطونها
دم ولا يجمد في بطونها من الدم شيء. [11]وفي الكلى بطون صغار كما قلنا فيما سلف. [12]ومن اعماق
الكليتين يخرج سبيلان صلبان قويان [13]ومن العرق الذي يسمى اورطي يخرج سبيلان آخران.
ومن وسط [14]كل كلوة يخرج عرق مجوف خلقته من عصب [15]وينتهي الى فقار الظهر [16]ومن
هناك يأخذ الى الوركين ويفترق هناك ثم يظهر ايضا [17]ممتدا على الورك. فاما السبل التي تخرج من
العروق التي تسمى ... [18]فهى تنتهي الى المثانة لان المثانة آخر الاعضاء التي في الجوف [19]وهى متعلقة
بالسبل الآخذة من الكليتين [20]الى اصل الذكر. [21]وحول المثانة من كل ناحية اجزاء صفاق دقيقة

---

b21 ضيق] صفق T   b22 فاما] واما T   b30 يشارك] سارك L : سارى T   a7 كلى -L¹   a19 الآخذة] الاحد T

شبيهة بالشعر [22]ومنظرها قريب من منظر [23]حجاب الصدر ومثانة الانسان عظيمة بقدر قياسها الى
جثته. [24]والذكر لاصق بعنق المثانة والسبل التي تخرج من العروق وتنتهي [26]الى المثانة ثم تأخذ
الى الانثيين [29]وسنذكر حال خلقة الانثيين وخلقة الارحام فيما يستأنف. [30]وينبغي ان نعلم ان
L19r جميع | اعضاء الجوف في الذكورة والاناث [31]متفقة متشابهة ما خلا الارحام [32]ومنظرها يعرف
من الرسم الموضوع في علم الشق. [33]فاما وضع الرحم فعلى المعاء وبعد الرحم المثانة. [35]وليس خلقة
497b جميع ارحام الحيوان واحدة ولا يشبه بعضها بعضا لا بالوضع ولا بغير ذلك. [1]فهذه حال خلقة
اعضاء الانسان في باطن جسده والتي خارج ووضها على ما وصفنا.

تم تفسير القول الاول من كتاب ارسطاطاليس الفيلسوف
في الحيوان وطبائعها والوانها.

---

a24 والسبل] والسبيل LT : viae Σ   b1 اعضاء -L[1]

تفسير القول الثاني
من كتاب ارسطاطاليس الفيلسوف
في طبائع الحيوان

⟨١⟩ [6]ان بعض اجزاء الحيوان متشابهة متفقة [7]كما قلنا فيما سلف وذلك يكون في اصناف الحيوان |
التي تشترك بالاجناس وبعض اعضاء الحيوان [8]مختلفة بقدر اختلاف اجناسها كما قلنا فيما سلف T27
مرارا شتى. [9]فجميع الحيوان المختلف بالاجناس [10]يكون مختلفا بصورة الاعضاء اكثر ذلك وربما
كان الاختلاف [11]بالملاءمة فقط. [13]فلجميع الحيوان الذي له اربعة ارجل وهو [14]يلد حيوانا من
الاعضاء رأس وعنق واعضاء الرأس [15]وصورة اعضاء كل واحد منها مخالف لغيره [16]فان عظم
عنق الاسد واحد متصل ليس فيه شيء من [17]الخرز فاما جميع جوفه فهو شبيه بجوف [18]الكلب.
وللحيوان الذي له اربعة | ارجل ويلد حيوانا بدل [19]يدي الانسان الرجلان المقدمتان [20]وما كان L19v
منها مشقوق الرجلين المقدمتين له اصابع فهو يستعملها [21]كما يستعمل الانسان يده في اشياء كثيرة.
وليس الرجل المقدمة اليسرى من ارجل الحيوان [22]مرسلة سهلة الحركة مثل يد الانسان اليسرى
بل دون ذلك ما خلا الفيل. [23]وليس اصابع رجليه مفصلة تفصيلا بينا كتفصيل اصابع ارجل
سائر الحيوان [24]ورجلاه المقدمتان اعظم من المؤخرتين كثيرا وله خمسة [25]اصابع في الرجلين
المؤخرتين. وله كعبان [26]صغيران بقدر قياس عظم جثته وله خرطوم طويل يستعمله بقدر استعمال
الانسان [27]يديه وبه يتناول الطعم والشرب ويؤديه الى [28]فيه ويؤدي به الى راكبه وسائسة ما
اراد. وبخرطومه ايضا [29]يقتلع الشجر باصولها واذا سبح في الماء يرفع خرطومه ويتقمع ويلقي الماء
[30]وذلك الخرطوم مخلوق من غضروف. [31]وليس في الحيوان شيء يكون له يمينان اعني يستعمل
اليد اليسرى كما يستعمل اليد اليمنى [32]ما خلا الانسان ولجميع الحيوان عضو ملائم لصدر الانسان

tit. تفسير] يتلوه تفسير LT   b6 اجزاء ‎-L¹ : τὰ μόρια : Σ membra   b15 اعضاء ‎-L¹ : τῶν μορίων : Σ membra   b17 بجوف] بحرف T   b22 بل دون] بادون T   b24 *ورجلاه مقدمتان B] ورجليه المدمين LT : τὰ πρόσθια σκέλη : Σ pedes eius anteriores   b25 المؤخرتين] الوحرس T : Σ posterioribus   b29 يقتلع] بقلع T : ἀνασπᾷ : Σ erradicat ‖ *سبح B] سحح L : نسخ T : Σ natat   b30 مخلوق ‎-L¹ : Σ creatur   b31 يمينان] نمسا T : ἀμφιδέξιον   b32 لصدر] لقدر T : τῷ δὲ στήθει : Σ pectori

DOI: 10.1163/9789004315969_014

[33]ولكن ليس هو شبيه به لان الانسان [34]عريض الصدر فاما سائر الحيوان فضيق الصدر. وليس
498a لشيء من الحيوان ثديان [35]في مقدمه ما خلا الانسان واما الفيل فله [1]ثديان اثنان ولكن ليسا هما في
صدره. [3]فاما انثناء يدي ورجلي الحيوان المقدمة منها [4]والمؤخرة فعلى خلاف [5]انثناء يدي ورجلي
الانسان ما خلا الفيل وربما كان ذلك في بعض الحيوان مختلفما ايضا. وما كان من الحيوان
T28 [6]الذي له اربعة ارجل وهو يلد حيوانا مثله فهو يثني الرجلين المقدمتين الى ما بين | يديه [7]ويثني
الرجلين المؤخرتين الى خلفه. [8]فاما الفيل [9]فانه يجلس وهو يثني رجليه [10]ولكن لا يقوى على ان
يثني الاربعة الارجل لحال ثقل جثته بل [11]يتوكأ على جانبه الايسر او الايمن [12]وينام وجسده على
L20r مثل هذا | الشكل وهو يثني الرجلين المؤخرتين [13]مثل الانسان. فاما الحيوان الذي له اربعة ارجل
الذي يبيض بيضا مثل [14]السام ابرص والحرذون وهى العظاية وما يشبه هذا الصنف [15]فانه يثني
جميع ارجله الى ما بين يديه [16]ويميلها قليلا الى جانب واحد وكذلك يفعل [17]جميع الحيوان الذي
له ارجل كثيرة. [19]فاما الانسان فانه يثني رجليه ويديه [20]قبالته اعني الى ما بين يديه [21]وهو يثني
يديه الى داخل ويميل ذلك الانثناء الى [22]ناحية صدره قليلا ويثني رجليه الى ما بين يديه ايضا.
[23]وليس في الحيوان شيء يثني رجليه المقدمة والمؤخرة الى ما خلف جميعا البتة. [25]فاما انثناء اليد
التي تكون في ناحية مفصل المنكبين [24]فهو على خلاف انثناء المرفقين والساقين وناحية الفخذين.
[26]فلان الانسان [27]يثني هذه الاماكن على خلاف انثناء سائر اطراف جميع الحيوان الذي له
مفاصل عند منكبه يثني تلك الاماكن على خلاف انثناء بقية اعضائه. [28]وكذلك يفعل جميع
اجناس الطير [29]فانها تثني رجليها الى خلف [30]وتثني اجنحتها التي صارت لها مكان اليدين [31]الى
مقدمها. فاما الحيوان البحري الذي يسمى فوقي فانه [32]مثل الحيوان ذي الاربعة الارجل مضرور
من قبل طباعه لان [33]رجليه بعد مراجع اكتافه وهى تشبه اليدين لانها مثل ايدي [34]الادباب.
498b ولرجليه خمس اصابع وفي كل اصبع [1]ثلثة مفاصل تثنى وفي آخر كل اصبع من اصابعه ظفر ليس
بكبير. واما [2]رجلاه المؤخرتان فلهما خمس اصابع ومفاصل [3]واظفار وانثناؤهما يكون مثل انثناء

---

b34 الصدر^(2) L¹- ‖ لشيء] بسبر T : οὐθὲν Σ nullum   a3–5 الحيوان ... ورجلي -T   a14 والحرذون] والحردور T ‖ العظاية] العضاية L : العصابة T : σαύρα   a15 ما -L¹   a16 قليلا -T : μικρὸν Σ modicum   a19 ويديه .del L : -T : ἄμφω τὰς καμπὰς τῶν κώλων   a21 وهو يثني يديه -T   a24 المرفقين] المرقفين T : τοῖς ἀγκῶσι Σ cubiti   a30 اليدين] التدبر T : βραχιόνων Σ manuum   a34 *الادباب] الدواب LT : τῆς ἄρκτου

الرجلين المقدمتين فاما شكل رجليه فانه شبيه [4]باذناب السمك. [5]فاما حركات اصناف الحيوان
فمختلفة [6]ومنها ما اذا مشى حرك مرة الرجل اليمنى المقدمة | اولا ومرة الرجل اليسرى المقدمة L20v
اولا [7]ومنها ما يقدم الرجل اليمنى المقدمة ابدا مثل [8]الاسد والجمال البخاتي [9]والعرابي. [11]ولعامة |
الحيوان الذي له اربعة ارجل [13]اذناب [14]وكذلك للحيوان البحري الذي يسمى فوقي ذنب صغير T29
شبيه بذنب الايل. [15]وسنصف فيما يستأنف حال اجناس الحيوان التي صورتها صورة قرود.
[16]وجميع الحيوان الذي له اربعة ارجل كثير الشعر في كل جسده. [17]وليس شيء منه مثل الانسان
مكشوف الجسد قليل الشعر قصير الشعر [18]ما خلا الرأس فان رأس الانسان كثير الشعر طويله
اكثر من جميع [19]الحيوان ومقدم كل حيوان ذي شعر [20]كثير الشعر ومؤخره املس او قليل
[21]الشعر فاما الانسان فعلى خلاف ذلك وفي الشفرين من اشفار عين الانسان [22]شعر اعني الشفر
الاعلى والشفر الاسفل وفي ابطيه [23]وموضع العانة منه شعر. فاما سائر الحيوان فليس له شعر في
الاماكن التي ذكرنا ما خلا الشفر الاعلى [24]فاما الشفر الاسفل فليس له شعر ولكن [25]ربما كان
شعر نابت تحت الشفر الاسفل. وبعض الحيوان الذي له اربعة ارجل [26]وله شعر ازب الجسد كله
مثل شعر [27]الخنزير والدب والكلب وبعض الحيوان ازب كثير الشعر فيما يلي مقدم العنق [28]وهو
الحيوان الذي له ناصية مثل الاسد وما اشبهه وبعض الحيوان ازب [29]فيما يلي مقدم العنق الى
ناحية الرأس [30]واطراف الكتفين مثل جميع ما له عرف اعني الفرس والبغل. [31]ومن الحيوان
البري ما له قرون مثل البقر البري والحيوان [32]الذي يسمى فرسا ايلا فان في ناحية طرف اكتافه
شعرا [33]والفهد وما يشبه صنفه. [34]وللحيوان الذي يسمى فرسا ايلا شعر [1]تحت حلقه شبيه بلحية وله 499a
قرون [2]ولرجليه اظلاف فاما الاناث من هذا الصنف فليس لها قرون [3]وعظم جسد هذا الحيوان
كعظم جسد الايل وهو يكون [4]في | البلدة التي تسمى باليونانية ارخوطاس حيث يكون البقر L21r
[5]البري كثيرا ايضا. وبين البري والانسي منها خلاف بقدر الخلاف الذي بين الخنزير [6]الانيس
والبري وهي سود [7]المناظر قوية جدا ووجوهها الى القبوة ما هي وقرونها مائلة الى خلف. [8]فاما

---

b9 والعرابي] والعراب T : αἱ Ἀράβιαι : Σ arabicus b16 *وجميع الحيوان] والحيوان T : πάντα δ' : Σ et omnia animalia : ὅσα ارجل -T[1] : τετράποδα : Σ quadrupedia b17 الجسد + والانسان L[2] b27 مقدم -L[1] : Σ anteriori || مقدم العنق] العنق مقدم T b28 وهو الحيوان -L[1] a5 والانسي + والانيس L[2] a6 وهي] وهو T a6–7 سود المناظر] سودا لها ظر T a7 *القبوة M] القيوله L : القبوله T : ἐπίγρυποι

قرون الحيوان الذي يسمى فرسا ايلا فقريب | من قرون [9]الغزال في المنظر. [10]فاما شعر اذناب T30
الحيوان فمختلف ايضا [11]بالكثرة والقلة [12]والصغر والعظم. [13]فاما الجمال فلها عضو خاص ليس
يكون في سائر الحيوان اعني [14]السنام الذي يكون على ظهرها [15]ولبعض البخاتي سنامان وربما
[17]توكأت الجمال على اسمتها اذا هى ناخت. [18]ولاناث الجمال اربعة ثدي مثل البقر وللجمال [19]اذناب
مثل اذناب الحمير فاما محاشيها نخلف. [20]وفي كل رجل من ارجل الجمل ركبة وفي ذلك المكان
تنثني الرجل [22]وفي كل رجل كعب شبيه بكعب رجل البقر لانه صغير [23]بقدر عظم الجثة وهو
سمج المنظر. وارجل الجمل مشقوقة باثنين وليس لها اسنان في الفك الاعلى بل في الفك الاسفل
[24]ومؤخر رجليها مشقوق شقا يسيرا [27]وفيما بين شقوق رجليها جلد [28]شبيه بالجلد الذي بين شقوق
رجلي الاوز. وما تحت رجليه كثير اللحم مثل [29] كثرة لحم ارجل الدب ولذلك يلبسون رجل الجمل
[30]بجلود قوية شبيهة بخفاف اذا انطلقوا بها الى بلدة بعيدة واصابها تعب وكلت وتوجعت. [31]وارجل
499b جميع الحيوان الذي له اربعة ارجل مخلوقة من عظم [32]وعصب ولحم يسير وسائر الحيوان [1]الذي
له رجلان كمثل ما خلا الانسان [2]وارجل اصناف الطير كمثل. فاما الانسان [3]فعلى خلاف ذلك
لان رجليه كثيرتي اللحم ولا سيما [4]فيما يلي الوركين والفخذين [5]وبطون الاسؤق. [6]وبعض الحيوان
L21v الذي له اربعة ارجل وله دم ويلد الحيوان [7]مشقوق اطراف الارجل | مثل الانسان فانه مشقوق
اطراف اليدين والرجلين [8]باصابع وعلى هذه الصفة الاسد والفهد وما يشبه هذا الصنف. [9]وبعض
الحيوان الذي ذكرنا مشقوق الرجلين بجزءين وفي اطراف ذينك الشقين اظلاف بدل الاظافير مثل
[10]العنز والشاة والايل والفرس النهري. وبعض الحيوان [11]ليس بمشقوق الرجلين وله في طرف كل
رجل حافر مثل حافر الفرس والبغل والحمار وما يشبه هذا الصنف. [12]فاما جنس الخنازير فمختلف
لان في البلدة التي تسمى باليونانية اللوريا [13]والتي تسمى باونيا وفي بلدان اخر خنازير ليس لها في
T31 كل رجل الا ظلف واحد وفي غيرها من البدان | خنازير لها في كل رجل [14]ظلفان. وكل ما
كان مشقوق مقدم الرجلين بظلفين فمؤخر رجله ايضا مشقوق وكل ما كان مقدم حافره متصلا

---

a17 توكأت] بر كت L¹T : κατακλιθῇ   a22 رجل⁽¹⁾ L¹T-   a23 المنظر] النظر T || الاسفل + اسنان
L del.   a29 يلبسون + ينعلون L²   a30 واصابها] واصابعها T   a31 له] لها LT   b1 كمثل -L¹
b5 الاسؤق] الاصو (.del) L¹ : γαστροκνημίαι   b6 *ويلد M] وذلك LT : ζῳοτόκων : generantia
Σ animalia   b12 اللوريا -T : Ἰλλυριοῖς   b14 فمؤخر] فموحرا L : فهو حر T : ὄπισθεν : Σ posterius

فما خلفه ايضا [15]متصل. ولبعض الحيوان قرون [16]وليس لبعضها قرون وكثير من الحيوان ذوات
القرون مشقوقة الاظلاف [17]من قبل الطباع مثل الثور والايل والعنز والشاة [18]ولم يظهر قط حيوان
له قرنان ليس بمشقوق الاظلاف. فاما الحيوان الذي له قرن واحد وحافر واحد في كل رجل
[19]فقليل مثل الحمار الهندي. فاما الحيوان الذي يسمى باليونانية [20]ارقص فله قرن واحد وظلفان في
كل رجل وفي رجلي هذا الحيوان كعاب ايضا. [21]فاما الخنزير فهو مشارك في بعض الاوقات في
خلقة الاظلاف ومخالف في بعضها كما ذكرنا آنفا. [22]وفي رجلي كثير من الحيوان المشقوق الرجلين
بجزءين [23]كعاب ولم يوجد حيوان مشقوق الرجلين باجزاء كثيرة فيها [24]كعب مثل الانسان
وغيره. فاما الحيوان الذي يسمى لغكس ففي اسفل رجليه شيء شبيه [25]بنصف كعب [26]وانما
تكون الكعاب في [27]الرجلين اللتين خلف والكعب يكون قائما [28]ويكون بطنه مائلا الى خارج
وظهره مائلا الى داخل واعماق الكعبين [29]مائلة بعضها الى بعض. فاما نواحيها التي تسمى وركين
فمائلة الى خارج [30]واطرافها | الناتئة تكون في الناحية العليا فبهذا النوع يكون وضع الكعاب L22r
في ارجل جميع الحيوان الذي [31]له كعاب. وبعض الحيوان مشقوق الرجلين بظلفين [32]وله ناصية
وقرون معقفة الى داخل كل واحد منها مائل الى الآخر [1]مثل البقر البري [2]وجميع الحيوان الذي 500a
له قرون ذو اربعة [3]ارجل ما خلا الحيوان الذي يقال ان له قرونا بنوع الاستحالة [4]مثل الحيات
التي تكون في ناحية البلدة التي تسمى باليونانية ثيباس كما [5]يزعم اهل مصر وانما تلك التي يظن
قرونا نتوء جاس في رؤوسها شبيه بالقرون. [6]وجميع قرون الحيوان مجوفة ما خلا قرون الايل فانها
صلبة ليس فيها شيء من التجويف. [7]فاما سائر القرون فمجوفة في جزء من اجزائها فما كان من
اطرافها فصلب [8]وما كان من الاصل نابتا لاصقا بالجلد فهو مجوف. [10]وليس يلقي القرون شيء
من الحيوان الذي له قرون ما خلا الايل فقط [11]فانه يلقيها كل عام مرة ويكون | ابتداء ذلك T32
اذا كان الايل ابن سنتين ثم تنبت له قرون ايضا. فاما [12]سائر الحيوان الذي له قرون فليس يلقي
منها شيئا ان لم تصبه آفة من الآفات. [13]ووضع الثديين ايضا مختلف في سائر [14]الحيوان اذا قيس

b21 في بعض الاوقات -L^{1} ‖ في (^{2})] وفي $L^{2}T$ ‖ ومخالف في بعضها -L^{1} b23 الرجلين -L^{1} : Σ pedis
b24 *لغكس M] كعاس $L^{1}T$: غكاس L^{2} : λὺγξ   b30 جميع -L^{1} b32 مائل] مايلى LT ‖ الى -L^{1} : εἰς
a3 ان -L^{1} a4 ثيباس] سيباس L : Θήβας : Σ tebez   a5 يظن] تَظَن L : + تُظَن L^{2} : تطر T   a7 في -L^{1}
a8 الاصل -$L^{1}T$ a13 الثديين] الدبين L : الدين T : τοὺς μαστοὺς : Σ mamillarum

بعضه الى بعض والى النساء. [15]والآلة الموافقة للجماع والسفاد مختلفة ايضا وذلك لان [16]ثدى بعض
الحيوان في صدورها او قريب منها [17]وليس لها الا ثديان وحلمتان مثل المرأة والفيل [18]كما قلنا فيما
سلف. فان للفيل [19]ثديين قريبين من ابطيه وثديا الفيل الانثى [20]صغيران جدا ليسا بملائمين لعظم
[21]جثتها ولذلك لا يظهر من احد جانبيها [22]ولذكورة الفيلة ثديان ايضا مثل ثدى الاناث صغيران
جدا. فاما [23]الدب فله اربعة ثدى. ولبعض الحيوان ثديان [24]وحلمتان فيهما مثل جميع الضأن
ولبعض الحيوان [25]اربع حلمات في كل ثدى حلمتان مثل البقر. فاما بعض الحيوان [26]فثديها
في بطونها وليست قريبة من ابطيها ولا قريبة من نخذيها مثل | الكلبة [27]والخنزيرة فانها كثيرة L22v
الثدى وليس كلها بمستوية. فلعامة الحيوان [28]ثدى كثيرة فاما اناث الفهود فلها في بطونها اربعة
ثدى واما [29]اللبؤة فلها في بطنها ثديان فقط وهما صغيران لا يلائمان عظم جثة جسدها وللناقة
ثديان [30]واربع حلمات مثل اناث البقر. فاما [31]ذكورة الحيوان الذي له حوافر فليس له ثديان
ما خلا الذكورة التي تشبه امهاتها [32]وذلك يعرض في الخيل. [33]ومحاشي بعض ذكورة الحيوان
ناتئة الى خارج الجسد مثل [34]ذكر الانسان والفرس وسائر ذلك ومحاشي بعض الحيوان داخلة
500b اجسادها مثل [1]الدلفين وما يشبهه. [2]وهذه المحاشي في بعض الحيوان مرسلة [3]وانثياه ايضا مثل
الانسان وبعضها [4]لاصقة ببطونها ومنها ما هو [5]مرسل قليلا وما هو مرسل اكثر من ذلك فذلك فيها
مختلف مثل ما يعرض [6]للخنزير البري والفرس. ووضع [7]ذكر الفيل شبيه بوضع ذكر الفرس ولكنه
صغير وليس [8]بملائم لعظم جثته وليست انثياه خارجة ظاهرة [9]بل داخلة قريبة من كليتيه ولذلك
هو سريع السفاد. [14]فهذا حال وضع محاشي الحيوان واختلافه. [15]وبعض الحيوان يبول الى خلف
مثل [16]الاسد والجمل وغير ذلك مما يشبهها | [17]فاما جميع اناث الحيوان [18]فهي تبول الى خلف. [19]وفي T33

---

a14 والى] الى L[1]   a22 صغيران -L[1] : μικρούς : Σ mamillulas   a26 في بطونها -T : ἐν τῇ γαστρί : in
Σ ventre   a27 والخنزيرة] والخنزير T ‖ فانها] هي L[1]   a27–28 فانها ... كثيرة(2) -T   a28 كثيرة] كثير L   a29 للناقة + الانثى L del.   a33 ومحاشي + مذاكير L[2] : ومذاكير T   a34 ومحاشي + مذاكير L[2] : ومذاكير T   b2 المحاشي + المذاكير L[2] : المذاكير T   b3 وانثياه] انثييها L[1] del. : مع سك L[2] : مع الانثين T : καὶ τοὺς ὄρχεις : Σ et etiam testiculi   b5 من ذلك -L[1]   b6 البري] الذي T : Σ agresti   b8 وليست (L[2] corr.)] ليسهه L[1] ‖ انثياه] انثيان T : τοὺς δ’ ὄρχεις : Σ eius testiculi   b14 حال -L[1] : Σ dispositio ‖ محاشي + مذاكير L[2] : مذاكير T

خلقة محاشي الحيوان [20]اختلاف كثير لان ذكر بعضها من لحم وغضروف [21]مثل الانسان الذي
ينعظ [22]وينتفخ منه الغضروف وليس اللحم الذي فيه وذكر بعض الحيوان من عصب [23]مثل
الجمل والايل وذكر بعضها من عظم مثل الذئب [24]والثعلب وما يشبههما. [26]وايضا اذا كمل الانسان
L23r تكون الناحية العليا من جسده [27]اقل من الناحية السفلى | فاما سائر الحيوان فعلى [28]خلاف
ذلك. وانما نسمي الناحية العليا من الجسد الجزء الذي من الرأس الى اماكن [29]مخرج الفضول
وما كان من هناك الى اطراف الرجلين فهو يسمى الناحية السفلى. [33]فاذا كان الانسان [34]حدثا
تكون ناحية جسده العليا اعظم من السفلى واذا كبر [1]يكون على خلاف ذلك وهذه هي علة 501a
اختلاف سيره وحركته [2]اذا كان جسده في زيادة واذا كمل. واذا ولد فان الصبي اول ما يتحرك
[3]يمشي على يديه ورجليه ثم يقيم صلبه قليلا قليلا حتى يشب ويقوى فاذا طعن في السن يخني ايضا.
[4]فاما بعض الحيوان فان اعلى جسده يكون اولا اصغر [5]واسفل جسده اعظم فاذا نشأ يكون على
خلاف ذلك اعني يكون اسفله اصغر من اعلاه [6]مثل جميع الحيوان ذوات الاذناب والنواصي
[7]فان اسفلها اصغر من اعلاها بعد ان تكمل. [8]وفي اسنان الحيوان اختلاف كثير ايضا [10]وجميع
الحيوان الذي له اربعة ارجل [11]وهو يلد حيوانا مثله اسنان ولبعضها اسنان في الفك الاعلى والفك
الاسفل ولبعضها على خلاف ذلك [13]من قبل انه ليس لها مقاديم الاسنان في الفك الاعلى ومنها
[14]ما هو على هذه الحال وليس له قرون مثل الجمل. [15]ولبعض الحيوان نابان مثل ذكورة الخنازير
وليس لبعضها [16]انياب. وايضا بعض الحيوان حاد الاسنان مختلف الوضع بعضها ينطبق على بعض
مثل الاسد [17]والفهد والكلب واسنان بعضها على خلاف ذلك مثل الفرس [18]والثور. [19]وليس
يكون شيء من الحيوان له ناب وقرون [20]ولا حاد الاسنان كما ذكرنا وله قرن بل يكون له شيء
T34 واحد مما ذكرنا فقط. | [21]ومقاديم اسنان كثير من الحيوان حادة واسنانه الداخلة عريضة ليست
L23v بحادة. فاما [22]الحيوان البحري | الذي يسمى فوقي فان جميع اسنانه حادة مختلفة يطبق بعضها على
بعض كأن جنسه جنس آخر مخالف [23]لجنس السمك فان جميع السمك [24]حاد الاسنان. وليس

---

b19 محاشي + مذاكير L²: مذاكير T   b21–22 *ينعظ وينتفخ] سعط وسفح L: نمص وسمخ L²: نقبض وسفح T: ... ἐμφυσᾶται ... ἔχει αὔξησιν Σ tumescunt   b28 نسمي] نسمي L: يسمى T: λέγομεν: Σ dico   b29 فهو] وهو T   a2 *ولد] ولى TL   a3 يشب] نسب L: -T: Σ iuvenescat   a11 ولبعضها[(2)] بعضها L¹   a16 بعضها -T

في هذه الاجناس التي وصفنا من اجناس الحيوان شيء له صفان من صفوف الاسنان. [25]فاما ان كان ينبغي لنا ان نصدق قول اقطسياس فهو يزعم في بعض كتبه [26]ان في ارض الهند سبعا يسمى باليونانية مارطيخوران وان له [27]ثلثة صفوف من الاسنان في الفك الاعلى والفك الاسفل وان عظمه [28]كعظم الاسد كثير الشعر مثله ورجلاه شبيهتان برجل الاسد [29]فاما وجهه وعيناه واذناه فشبيهة بوجه الانسان وهو [30]اشهل العينين واما لونه فشديد الحمرة شبيه بالزنجفر وذنبه شبيه [31]بحمة العقرب البري وفي ذنبه حمة وهو [32]يرمي بشعره ويتكلم وصوته عظيم شبيه بصوت [33]زمارة
501b وهو سريع الجري مثل جري الايلة [1]وهو بري يأكل الناس. فاما الانسان فانه [2]يلقي اسنانه وغيره من الحيوان ايضا مثل [3]الفرس والبغل والحمار وانما يلقي الانسان مقاديم اسنانه [4]فاما الاضراس فلا. وليس في الحيوان شيء يلقي الاضراس واما الخنزير فليس [5]يلقي شيئا من اسنانه البته.

⟨٢⟩ فاما طرح الاسنان للكلاب فمشكوك فيه [6]لان بعض الناس يظنون انها لا تلقي شيئا من اسنانها ومنهم من يظن انها تلقي [7]النابين فقط وقد استبان طرح اسنانها لغير واحد وانما تطرح المقاديم مثل الانسان [8]وذلك يخفى على كثير من الناس لانها لا تلقي منها شيئا قبل ان [9]ينبت مكانه آخر مثله. [10]وخليق ان يكون مثل هذا العرض يعرض لسائر الحيوان البري فاما انيابها فانها [11]تلقيها. وانما يعرف حدث الكلاب وما [12]طعن منها في السن من قبل الاسنان لان اسنان ما كان
L24r منها حدثا بيض [13]حادة فاما اسنان | ما طعن في السن فهي سود ليس بحادة.

⟨٣⟩ [14]وقد يعرض للخيل عرض مخالف لما يعرض لسائر الحيوان [15]فان جميع الحيوان اذا طعن
T35 في السن [16]تسود اسنانه فاما الفرس فهو يكون ابيض | الاسنان اذا كبر. [17]والنابان يفرقان بين الاسنان الحادة والعريضة اعني الاضراس [18]وذلك من قبل ان خلقتهما مشتركة [19]واسفلهما عريض واعلاهما حاد. وما كان من الذكورة [20]فهو اكثر اسنانا من الاناث وذلك بين في الناس [21]والمعزى والخراف والخنازير فاما في سائر الحيوان فليس يستبين ذلك. [22]وينبغي ان نعلم ان الذين اسنانهم كثيرة تكون اعمارهم طويلة اكثر ذلك [23]فاما الذين اسنانهم قليلة مفترقة فاولئك قصيرة

---

a25 اقطسياس] اقسطاس LT : Κτησίᾳ a26 *مارطيخوران] ماريطن حورن L : نار بطن حورو T : μαρτιχόραν a32 يرمي] يومي T : ἀπακοντιζειν b7 المقاديم] المقادم T : κυνόδοντας : Σ anteriores

اعمارهم اكثر ذلك.

⟨٤⟩ [24]والاضراس التي تنبت في داخل اللثة انما تنبت [25]للرجال والنساء بعد العشرين سنة [26]وقد نبتت لبعض النساء في سنة ثمنين [28]ونباتها يكون بوجع شديد ولا سيما [29]اذا لم تنبت في الاوان الذي ينبغي ان تنبت فيه.

⟨٥⟩ [30]فاما الايل فله اربعة اسنان في ناحية فمه الواحدة وفي الناحية الاخرى اربعة ايضا وبها يطحن [31]طعامه طحنا غليظا وله ايضا [32]سنان آخرتان كبيرتان وهما تكونان في الايل الذكر عظيمتين مائلتين فاما [33]في الانثى فصغيران [1]واسنان الايل مائلة الى الناحية السفلى. [2]واذا ولد 502a
الفيل تظهر له اسنان من ساعته مولودة معه فاما اسنانه الكبار [3]فليس تظهر حتى يشب.

⟨٦⟩ ولسان الفيل صغير جدا [4]وهو داخل فلذلك تعسر معاينته على الذي يريد ان يعاينه.

⟨٧⟩ [5]وافواه الحيوان ايضا مختلفة العظم [6]لان بعضها مشقوقة الافواه جدا مثل [7]الكلب والاسد والفهد وجميع ما كان من الحيوان حاد الاسنان مختلفا يطبق بعضها على بعض. ومن الحيوان ما هو [8]صغير الفم مثل الانسان ومنها ما افواهها معتدلة فيما بين العظم والصغر | [9]مثل جنس الخنازير. L24v
واما الفرس النهري الذي يكون بارض مصر [10]فان له ناصية مثل ناصية الفرس ورجلاه مشقوقتان كل رجل بجزءين ولهما اظلاف مثل [11]البقر وهو افطس الوجه وفي رجليه كعاب مثل [12]كعاب ارجل الحيوان الذي له في كل رجل ظلفان وذنبه شبيه بذنب [13]خنزير وصوته كصوت الفرس وعظمه كعظم حمار [14]وجلده غليظ جدا ولذلك تهيأ منه سياط. فاما [15]جوفه | فشبيه بجوف فرس T36
وحمار.

⟨٨⟩ [16]ومن الحيوان ما هو مشترك الطبيعة اعني فيما بين طبيعة [17]الانسان وذوات الاربعة الارجل مثل القرود التي تسمى باليونانية قيبوس والذين [18]رؤوسهم رؤوس كلاب وانما سمي قيبوس

---

b30 الواحدة del. L : T- : Σ una   b32 عظيمتين] عظيمان LT : μεγάλους : Σ magnos || مائلتين*] ملان L : سان T : ἀνασίμους : Σ declinant ad inferius   a10 ناصية(2) -T : χαίτην : Σ crines || ولهما] لهما L[1]

القرد الذي له ذنب. فاما [19]الذين رؤوسهم رؤوس كلاب فمناظرهم شبيهة بمناظر القرود [20]الا
انهم اعظم جثثا واقوى ووجوههم [21]تشبه وجوه الكلاب واخلاقهم اخلاق برية خشنة صعبة
[22]واسنانهم شبيهة باسنان الكلاب وهى قوية جدا. فاما [23]القرود فهى كثيرة الشعر في مقاديم
اجسادها لانها من ذوات الاربعة الارجل [24]وظهورها كمثل [26]وشعورها غليظة. [27]فاما وجوه
القرود [28]ففيها مشابه كثيرة من وجوه الناس اعني [29]بالانف والاذنين والاسنان [30]فان لها مقاديم
اسنان مثل الناس واضراسا شبيهة باضراس الناس [31]وفي اشفار عينها شعر. فاما سائر الحيوان
الذي له الاربعة الارجل فليس له شعر الا في الشفر الاعلى [32]وشعر اشفار عيون القرود صغير
دقيق جدا. [34]وفي صدرها ثديان صغيران لهما حلمتان [35]وذراعاها مثل ذراعي الانسان غير انها
502b كثيرة الشعر. [1]والقرود تثني يديها ورجليها مثل الانسان [3]ولها يدان واصابع واظفار [4]مثل الانسان
[5]ورجلاها مثل اليدين ايضا [6]واصابعها مثل اصابع اليدين والاصبع الوسطى طويلة [7]واسافل
L25r رجليه المؤخرتين مثل اسافل اليدين [10]وهى تستعمل ايديها | مثل يدين [11]ورجلين وتثني رجليها
مثل ما تثني يديها [12]ومرافق يديها وفخذيها قصيرة بقدر ذراعيها [13]وساقيها. وليس لها سرة ناتئة
[14]بل ذلك المكان منها جاس وما فوق السرة [15]اكبر مما تحتها وكذلك جميع الحيوان الذي له اربعة
ارجل فان الناحية التي فوق السرة اذا قيست الى الناحية التي تحتها تكون مثل قياس [16]الخمسة الى
الثلثة. [17]فرجلاها كما ذكرنا شبيهتان باليدين وهى مثل شيء مركب من [18]يد ورجل اما من رجل
T37 فلحال اجزاء العقب [19]واما من يد فلحال سائر الاجزاء [20]والذي يقال له بطن | الكف يكون
بعد وصول الاصابع. والقرود تمشي [21]على اربعة ارجل وربما مشت قائمة مثل الانسان حينا يسيرا.
وليس لها وركان مثل الحيوان الذي له رجلان فقط [22]ولا لها ذنب مثل الحيوان الذي له اربعة
ارجل وانما لها شيء صغير شبيه [23]بعلامة فقط. ومحاشي الاناث منها شبيهة بمحاشي [24]المرأة فاما
الذكورة منها فان ذكرها شبيه بذكر الكلب.

---

a19 رؤوس] رورس L : روس T ‖ بمناظر] كمناظر T : Σ aspectui   a30 فان] وان T ‖ اسنان] اسنانها لانها بين ذوات الا ربعة وظهر T del. ‖ واضراسا] واضراسه T   a32 عيون القرود] عين القرد L^1 b1 والقرود] والقرد L^1 b7 واسافل] اسافل L^1 ‖ المؤخرتين] والموخرتين L^1 b10–11 يدين ورجلين] يدي ورجلي الانسان L^2T : καὶ ὡς ποσὶ καὶ ὡς χερσί : Σ sicut manibus et pedibus   b13 ناتئة] ناتية L : ثانية T : ἐξέχοντα : Σ prominentem   b15 تحتها -T   b17 شبيهتان] شبيهة L^1 b23 بعلامة] بقلامة L^1 + طمر L^1T : σημείου : Σ signum

⟨٩⟩ فاما التي تسمى قيبوس [25]كما قلنا فيما سلف فلها اذناب فاما اجواف القرود [26]فانها شبيهة بجوف الانسان في كل حال. [27]فهذه الاعضاء الخارجة التي في اجساد الحيوان الذي يلد حيوان ووضعها وشكلها على كل حال [28]فهو على ما وصفنا.

⟨١٠⟩ فاما الحيوان الذي له اربعة ارجل وله دم ويبيض بيضا [29]مثل الحيوان الذي ليس له رجلان وله دم [30]فله رأس وعنق وظهر [31]ومقدم ومؤخر جسد. وما كان منها ذا اربعة ارجل فله ساقان [32]وعضو شبيه بصدر الحيوان الذي يلد حيوانا [33]وله ذنب. [34]وجميعها مشقوقة الرجلين كثيرة
503a الاصابع [35]ولها من آلة الحواس لسان [1]ما خلا التمساح الذي يكون بارض مصر فان لسانه شبيه
بلسان [2]بعض السمك. وقد ذكرنا فيما سلف ان ليس للسمك لسان الا عضو صغير | يشبه بشوكة L25v
[3]ليس بمرسل ومن السمك ما لا يظهر له لسان البتة [4]بل يوجد مكان اللسان املس ليس بمفصل ولذلك لا يظهر منه شيء ان لم يمل احد [5]شفة السمكة جدا. وليس لهذا الحيوان الذي وصفنا اذنان وانما لها في رؤوسها ثقب فقط وهو سبيل السمع. [6]وليس لشيء منها ثديان ولا انثيان ولا محاش ظاهرة خارجا [7]بل باطنا وليس لها شعر بل كلها مفلسة الجلود [8]وهي حادة الاسنان. وللتمساح [9]اعين شبيهة باعين الخنازير وهي عظيمة الاسنان ولها [10]انياب واظافير يديها ورجليها قوية وجلودها صلبة قوية [11]لا تنشق الا بعسر وشدة. وهي تبصر في الماء بصرا ضعيفا فاما اذا كانت خارجة من الماء فبصرها [12]حاد جدا. واكثر مأواها نهارا في الارض [13]فاذا كان الليل فمأواها الماء لانه ادفأ [14]من الهواء الخارج.

⟨١١⟩ [15]واما الحيوان الذي يسمى باليونانية خماليون فجميع | جسده شبيه بجسد [16]السام ابرص. T38
فاما اضلاعه فطويلة تنتهي [17]الى قرب اسفل بطنه مثل اضلاع السمك ووسط فقاره [18]ناتئ مثل فقار السمك فاما وجهه فشبيه [19]بوجه الحيوان الذي يقال له انه مركب من قرد وخنزير وله ذنب طويل جدا [20]آخره دقيق وهو يلتوي جدا مثل [21]سير. وجثته مرتفعة عن الارض اكثر من [22]السام ابرص وما يشبهه. وانثناء ساقيه ورجليه شبيه بانثناء رجل السام ابرص [23]وكل واحد من

---

b28 فهو L¹- ‖ اربعة ارجل وله del. L : T- : τὰ τετράποδα : Σ quadrupedia   b29 مثل L¹-   b32 بصدر] بقدر T : τῷ στήθει : Σ pectori   a6 خارجا + حا L²   a11 *تنشق] B تلصق LT : ἄρρηκτον   a13 *فمأواها] فاواها T : διατρίβει : Σ mansio   a19 *انه] افه L : افة T

رجليه مجزأ بجزءين [24]قياس بعضها الى بعض شبيه بقياس ابهام الانسان [25]الى سائر كفه. [26]وكل واحد من تلك الاجزاء مجزأ باصابع [29]وله اظفار اعني مخاليب [30]شبيهة بمخاليب الطير المعقف الاظفار. وكل جسده خشن [31]مثل جسد الحرذون وعيناه غائرة [32]عظيمة مستديرة [33]يحدق بها
503b جلد شبيه بجلد جميع جسده [35]وليس يغطي عينيه بذلك الجلد البتة وهو يحرك [1]عينه الى كل ناحية
L26r بنوع | مستدير. [2]فاما تغير لونه [3]فانه يكون اذا نفخ جلده ولونه يكون ايضا الى السواد [4]ما هو مثل لون الحرذون ويكون ايضا تبنيا مثل [5]لون السام ابرص ويكون فيه سواد مبقع مثل سواد في جلد الفهد. [6]وهذا التغيير يكون في جميع جسده [7]وعيناه ايضا تتغير مثل تغير [8]سائر الجسد وذنبه كمثل. فاما حركته فبطيئة [9]جدا مثل حركة اللجأة واذا مات [10]يكون تبني اللون [11]فاما ما يلي معدته وقصبة رئته فشبيه [12]بخلقة السام ابرص. وليس في جسده شيء من اللحم غير [13]شيء يسير في ناحية رأسه ولحييه واصل [14]ذنبه. وله دم في اصل ذنبه وفيما يلي [15]القلب والمكان الذي فوق القلب [16]والعروق التي تخرج منه وفيما حول عينيه ايضا وذلك [17]يسير جدا. ودماغه موضوع [18]فوق عينيه قليلا [19]واذا نزع الجلد الذي على عينيه [20]يظهر تحته شيء شبيه بحلقة من نحاس دقيقة وهي تضيء. [21]وفي كل جسد عصب ممتد [22]كثير قوي جدا [23]وان شق جسده احد يقيم حينا يفعل الفعل الذي يفعل بروحه [24]وانما تبقى حركة يسيرة [25]فيما يلي قلبه. وهو يجمع [26]اضلاعه وما يليها في كل حين وسائر [27]اعضائه كمثل. وليس له طحال بين وهو يأوي في الاحجار [28]مثل السام ابرص.

T39 ⟨١٢⟩ [29]ولاصناف الطائر | ايضا بعض الاعضاء شبيه باعضاء الحيوان الذي ذكرنا [30]لانه لجميعها رأس وعنق [31]وظهر وما خلف الجسد ومقدم ولها عضو ملائم للصدر. [32]ولكل طير ساقان مثل الانسان [33]وهو يثنيهما الى خلف مثل الحيوان الذي له اربعة ارجل كما [34]قلنا فيما سلف. وليس لشيء من الطائر رجلان متقدمتان ولا يدان بل [35]جناحان لان ذلك خاص له من بين سائر
504a الحيوان. وورك الطير طويل شبيه [1]بفخذ وهو يكون في ناحية وسط البطن [2]ولذلك يظن انه نخذ اذا قطع فاما نخذ الطائر فهو [3]فيما بين الورك والساق. [4]وكل ما كان من الطائر المعقف

b4 تبنيا + تبنّيا L[2] : سنا T : ὠχρὰν   b5 سواد(2) + الدي L del. : μέλανι : Σ nigrae   b9 مثل L[1]- : καθάπερ : Σ sicut   b10 تبني] ثنى T : ὠχρὸς   b11 ما T-   b13 وحييه] وحيه L : وحيته T : καὶ ταῖς σιαγόσιν : Σ mandibulae   b15 والمكان] المكان LT

المخاليب فله | نخذان عظيمان وصدره اقوى [5]من صدور بقية الطائر. ولاصناف الطائر اسماء L26v
كثيرة [6]وجميعها مشقوقة الرجلين وشقوق رجلي بعضها [7]مفصلة بينة. فاما ما يعوم منها ويأوي في
الماء ففيما بين اصابع رجليه جلد قوي متصل. [9]فاما جميع اصناف الطائر الذي لا يرتفع في الهواء
فلها في كل رجل اربع اصابع منها ثلث في [10]المقدم وخلف اصبع واحدة وانما خلقت تلك الاصبع
الواحدة [11]مكان العقب. ومن الطائر اجناس يسيرة لها في مقدم كل رجل اصبعان [12]وخلف
الرجل اصبعان آخران ايضا مثل البوم [16]وهو يقلب الاصبع الواحدة [17]الى خلف ويكون بقية
جسده ساكنا مثل [18]الحية وله مخاليب كبار شبيهة بمخاليب [19]الشرقرق وهى تصيح صياحا شديدا
وتصر. ولاجناس الطائر [20]شيء خاص اعني ان ليس لها شفة ولا اسنان [21]بل منقار وليس لها
منخر ولا اذنان بل لها سبل [22]الحواس وسبيل المنخر في مناقيرها وسبيل [23]السمع في رؤوسها.
وجميعها اعين مثل [24]سائر الحيوان وهى تغمض عينيها بغير اشفار فاما ما ثقل من الطير فهو يغمض
عينيه [25]بالشفر الاسفل وبجلد يأتي من زاوية العين. [26]وبعض اجناس الطير يفعل ذلك بالشفر
الاعلى [27]ومثل هذا الفعل يفعل جميع الحيوان المفلس الجلد مثل [28]اصناف السام ابرص وجميع
ما يشبهها بالجنس لانها تغمض عينيها [29]جميعا بالشفر الاسفل وليس تغمض عينيها حسنا | [30]مثل T40
اصناف الطائر. وليس ايضا لشيء من اصناف الطائر تفليس ولا شعر [31]بل ريش فقط وجميع
الريش اصل مجوف مثل القصبة ولها اذناب ايضا. [34]ومن الطائر ما يبسط رجليه اذا طار ومنها
504b ما يضمها الى بطنه. [35]وجميع اصناف الطير السن مختلفة [1]الان لبعضها السنا مستطيلة ولبعضها السن
عريضة [2]وبعض اجناس الطائر يتكلم كلاما شبيها بكلام الانسان [3]وهى العريضة الالسن خاصة.
[4]وليس | لشيء من الحيوان الذي يبيض بيضا عضو ناتئ اعني الذي يكون على اصل اللسان L27r
ويغطي رأس سبيل قصبة الرئة [5]بل يجمع ويفتح ذلك السبيل اذا طعم طعمه بقدر ما لا ينزل فيها

---

a5 ولاصناف] والاصناف L^1 a7 يعوم] يقوم T : πλωτά : Σ natalia a11 الطائر + احباس L del.
a11–12 رجل ... اصبعان T- a17 بقية] هية L^1 : τοῦ λοιποῦ : Σ residuum a19 وتصر] وقصر T :
τρίζει : Σ vociferat a20 شيء T- a21 منقار] ممار L : مندار T : ῥύγχος : Σ rostrum || *ولا
اذنان] والاذنان LT : οὔτ’ ὦτα : Σ non ... aures a25 *وبجلد ياتي من B] : وبجلدتي L : وبجلدى T :
δέρματι ἐπιόντι : Σ claudit ..... per corium a30 لشيء] بشيء T b4 لشيء T- || سبيل L^1-
b5 لا L^1- || ينزل + سرل L del.

شيء من الطعام [6]مما له ثقل فيكون مؤذيا للرئة. ولبعض اجناس الطائر [7]مثل اصبع وهى الصيصية ناتئة في اسافل الساق وليس يمكن ان يكون منها شيء معقف المخالب [8]ويكون له ذلك العضو. وما كان من الطائر معقف المخاليب فهو جيد الطيران [9]وما كان منها له ذلك العضو الذي في الساق الناتئ فهو ثقيل الطيران. ولبعض اجناس الطائر شيء ناتئ في وسط رؤوسها شبيه بقنزعة [10]وربما كان ذلك النتوء من ريش. [11]فاما الديك فله في رأسه شيء ناتئ خاص الا انه ليس بلحم ولا هو ببعيد من اللحم [12]في طباعه.

⟨١٣⟩ [13]وينبغي ان نعلم ان جنس السمك [14]مفرد من سائر الحيوان المائي وله اصناف واجناس كثيرة وصور مختلفة. [15]ولجميع اصناف السمك رؤوس ومقاديم اجساد وظهور وفي مقاديم اجسادها بطونها [16]وامعاؤها ولها اذناب متصلة [17]ليست بمفترقة وان كانت مختلفة الصورة. وليس يكون شيء من اصناف السمك له عنق [18]ولا ذكر ولا انثيان البتة لا داخلا ولا خارجا اعني الباطن والظاهر. [19]وليس لشيء منها ثديان ايضا البتة ولا لشيء من الحيوان الذي لا يلد حيوانا [20]ولا لجميع الذي يلد حيوانا بل الذي يحمل في بطونه حيوانا من ساعتها [21]ولا يكون في ارحامها بيض قبل ان يتغير ويصير هناك حيوانا. فاما الدلفين [22]فهو يلد حيوانا ولذلك له ثديان ولكن
T41 ليس له ثديان فوق بل قريبا من [23]المفاصل وليس لثدييه حلمات | بينة [24]بل فيهما عمقان يشبهان سواقي من كل ناحية من نواحي الثديين عمق [25]واحد ومنها يسيل اللبن [26]ويرضع جراءه وهى تتبعه وقد عاين ذلك غير واحد من الناس معاينة بينة. [27]واما اصناف السمك فليس لها ثديان
L27v كما قلنا فيما سلف ولا سبيل جماع [28]من خارج. | ولها شيء خاص اعني خلقة الآذان التي في رؤوسها [29]وهى التي بها تخرج وتدفع الماء اذا هى قبلته بافواهها. [30]ولبعض اصناف السمك اربعة اجنحة [31]مثل السمك المستطيل اعني الانكليس وهو المارماهى وما يشبهه ولبعضها جناحان فقط وهما قريبان من آذانها [33]وليس لبعض السمك المستطيل جناح البتة [34]ولا آذان مفصلة

b6 فيكون] ويكون T b7 وهى الصيصية L^{1}- : πλῆκτρα ‖ في L^{1}- b19 لا L^{1}- b19–20 يلد ... حيوانا T- b20 لجميع + بل التي L^{3} ‖ الذي ... يحمل L^{1}- b24 عمقان] عنقان T ‖ يشبهان + سواقي LT : ῥύακας : Σ canalibus b26 ويرضع] ووضع T : Σ lactat ‖ جراءه] حراه LT : τεκνων : Σ fetus b29 بافواهها] بافوانها L^{1} : κατὰ τὸ στόμα b31 ولبعضها] لبعضها L^{1} ‖ قريبان] قريب L b34 ولا آذان] ولا دان L^{1} ‖ تفصيل] نفصل T

505a مثل تفصيل آذان [35]سائر السمك. وآذان السمك ايضا مختلفة لان لبعضها [1]غطاء يستر تلك
الآذان وليس لبعضها غطاء مثل جميع السمك الذي يسمى باليونانية سلاشي. [2]وجميع ما كان
لآذانه غطاء [3]تكون آذانه في ناحية من نواحي رأسه واما الذي يسمى سلاشي وهى عريضة
الاجساد [4]فآذانه مائلة الى ناحية ظهورها. فاما ما كان منها [5]مستطيل الجسد فآذانه مائلة الى
الناحية السفلى. فاما الحيوان البحري الذي يسمى [6]ضفدعا فان آذانه مائلة الى ناحية واحدة
ولها [7]غطاء يسترها وهى خشنة شبيهة بالشوك. فاما الصنف الذي يسمى سلاشي فليس لآذانها
غطاء يسترها بل هى شبيهة بجلد يستر آذانها. [8]وايضا اصناف السمك تختلف بخلقة آذانها لان
بعضها مبسوط [9]الآذان وبعضها مثنية والآذان الآخرة لاصقة باجساد [10]جميع السمك مبسوطة.
وايضا لبعض السمك آذان يسيرة [11]ولبعضها آذان كثيرة وهى بعددها مساوية في الجانبين. [12]واقل
ما يكون من آذان السمك اذن واحد مثنية في كل ناحية من نواحي رأسها. [13]ولبعضها اذنان
في كل ناحية احداهما مبسوطة [14]والاخرى مضاعفة ولبعضها اربعة آذان [15]مبسوطة في كل
ناحية. [18]فاما السمكة التي تسمى باليونانية قسفياس [19]فلها ثمنية آذان مضاعفة في كل ناحية.
فهذه حال آذان [20]السمك واختلافها وتصنيفها. وبين اجناس السمك وبين سائر | الحيوان T42
[21]ايضا اختلاف [22]من قبل انه ليس لشيء من السمك شعر مثل ما للحيوان الذي يلد حيوانا ولا
[23]لاجسادها تفليس مثل تفليس | اجساد الحيوان الذي له اربعة ارجل ويبيض بيضا ولا [24]لها L28r
ريش مثل ما لجنس الطائر بل لكثرة اجناس السمك قشور [25]وبعضها خشنة الجلود. [29]ولجميع
اصناف السمك اسنان حادة مختلفة كثيرة الصفوف [30]ولبعض السمك اسنان في السنتها. والسنتها
جاسية خشنة شبيهة بالشوك [31]وهى لاصقة بافواهها بقدر ما لا يظن احد ان لها السنا. [32]وبعض
السمك والحيوان البحري عظيم الفم مشقوق جدا مثل بعض الحيوان الذي له اربعة ارجل ويلد

---

a1 يستر] يسير T : ἔχει ἐπικαλύμματα : Σ habent coopertorium || تلك -L¹ : فلد T   a2 كان] دان T
a5 البحري -T   a10 يسيرة] سسره L : يستره T : ὀλίγα : Σ paucos   a11 آذان -L¹ : βραγχίων || كثيرة +
آذان .L del || بعددها] بعددها L : تعددها T   a14 اربعة -T¹ : τέτταρα : Σ iiii || آذان] اذنان T
a19 مضاعفة + اربعه T² : ὀκτὼ διπλᾶ : Σ octo ... in utraque parte   a20 وتصنيفها] وتضيقها T
a22 من⁽²⁾ + من L   a23 تفليس⁽²⁾ + مثل بعليس .L del : φολίδας : Σ squamas   a24 قشور]
فلوس L²T : λεπιδωτοί : Σ corticales   a30 السنتها] السنها T : τῇ γλώττῃ : Σ linguam

حيوانا. [33]وليس لها آلة [34]بينة في الحواس ما خلا العينين لانه ليس لها اذنان ولا منخران بل
505b لها سبيل السمع والمشمة فقط. [35]وليس لشيء من عيني السمك اشفار من شعر [1]لان اشفارها
جاسية الجلود. ولجميع اصناف السمك دم [2]وبعضها يلد حيوانا وبعضها يبيض بيضا [3]فجميع السمك
الذي له قشور يبيض بيضا فاما جميع الذي يسمى سلاشي [4]فهو يلد حيوانا ما خلا الذي يسمى
ضفدعا.

⟨١٤⟩ [5]فاما جنس الحيات فهو [6]مشترك فيما بين الذي له دم البري والمائي لان اكثر الحيات
يأوي في البر [7]وقليل منها يأوي في مياه الانهار. [8]وفي البحر ايضا حيات تشبه بصورتها وخلقة
اجسادها خلقة [9]حيات البر ما خلا رؤوسها فانها خشنة صلبة جدا. [10]وفي البحر اجناس حيات
كثيرة مختلفة الالوان [11]وليس تأوي في الاماكن العميقة المياه جدا بل في الاماكن التي تقرب
من البر. [12]وليس لشيء من اجناس الحيات ارجل ولا لاجناس السمك. [13]ويكون في البحر
ايضا من الحيوان الذي يقال له اربعة واربعين لحال كثرة ارجله وهو شبيه [14]بما يكون في البر من
صنفه غير ان ما يكون منه في البحر اصغر عظما من البري. وانما يأوي هذا الحيوان [15]في الاماكن
L28v الصخرية ولونه شديد الحمرة [16]وهو كثير الارجل دقيق الساقين اكثر مما يكون [17]في البر | وليس
يأوي هذا الحيوان [18]في الاماكن العميقة جدا. وفي البحر سمكة صغيرة [19]تسمى ماسكة السفينة
T43 لانها تعرض للسفينة وهى تسير في البحر فتمسكها وتمنعها من | المسير بقوة طباعية وغريزية فيها.
وكثير من الناس يستعمل هذه السمكة في اشياء موافقة للخصومة [20]والمصادقة وليس هى مما يؤكل.
وقد زعم بعض اهل الخبرة بها ان لها ارجلا [21]وذلك باطل وانما يظن ان لها ارجلا لان اجنحتها
شبيهة [22]بارجل. [23]فقد وصفنا اعضاء جميع الحيوان الذي يكون في خارج الجسد وبينا كم هى
وايما هى اعني اعضاء اجناس الحيوان التي لها دم [24]ووصفنا الاختلاف الذي يخالف ⟨به⟩ بعضها
بعضا.

---

a34 لها(2) + ادبا T del. Σ falsum : ἔχον　　b14 عظما + جسما L[2] : جسما T : τὸ δὲ μὲγεθος　　b21 باطل] بط T : οὐκ
b23 وايما] وانما L + وانما T : καὶ ποῖα : Σ et quae sunt

〈١٥〉 [25]فاما حيننا هذا فانا نهم بذكر تصنيف الاعضاء التي في باطن اجساد الحيوان ونبتدئ ايضا
بالذي له دم [26]لان هذا الاختلاف والفصل العظيم الذي بين [27]اجناس الحيوان اعني ان لبعضها
دما وليس لبعضها [28]والذي له دم منها مثل الانسان وجميع الحيوان الذي له اربعة ارجل وهو يلد
حيوانا مثله [35]وما كان له اربعة ارجل وهو يبيض بيضا وما كان من اصناف الطير [1]فان اعضاءها 506a
تختلف بالمناظر. وبقول عام لجميع الحيوان [2]الذي يقبل الهواء في جوفه ويتنفس رئة [3]وقصبة الرئة
ومعدة ووضع المعدة [4]والقصبة في مكان واحد وان لم تكن هذه الاعضاء متشابهة. فاما الرئة فهى
[5]مختلفة في المنظر والوضع في جميع الحيوان الذي له هذا العضو. [6]ولجميع الحيوان الدمي قلب وصفاق
اعني الحجاب [7]ولكن ليس هو بظاهر فيما صغر من الحيوان لحال دقته وصغره. [9]وفي قلب البقر
[10]عظم وفي قلب الجمل ايضا وفي بعض الخيل فاما سائر قلوب الحيوان فليست فيها عظام. [11]وليس
لبعض الحيوان رئة مثل اصناف السمك وكل ما [12]له اذنان يقبل بهما الماء ويخرجه ولجميع
الحيوان الدمي كبد. فاما الطحال [13]فلكثير منها وليس للكل فاما كثير [14]من الحيوان الذي لا يلد |
حيوانا مثله بل يبيض بيضا فله طحال صغير جدا [15]ولذلك يخفى على حس البصر. وطحال بعض L29r
اجناس الطير على مثل هذه الحال [16]مثل البزاة والحمام والبومة والحدأة [17]فاما الطير الذي يسمى
باليونانية اغوقيفالوس اى الذي رأسه شبيه برأس عنز فليس له طحال البتة. [20]ولبعض الحيوان
مرة [21]تكون في الصفاق لاصقة بالكبد وليس لبعضها مرة. فمن الحيوان الذي له اربعة | ارجل T44
ويلد حيوانا [22]ما ليس له مرة مثل الايل والفرس [23]والبغل والحمار والحيوان البحري الذي يسمى
باليونانية فوقي وبعض الخنازير. فاما الايلة التي [24]تسمى باليونانية اخاينا فلها مرة في اذنابها فيما
يظن كثير من الناس [25]وهى رطوبة تشبه بلونها المرة وليس هى [26]رطبة مثلها بل هى مثل رطوبة
الطحال. [27]وفي رؤوس جميع الحيوان دود حي وهو يكون [28]تحت اللسان في العمق الذي هناك
وفيما يلي الخرزة [29]اللاصقة بالرأس [31]فهو بالعدد عشرون. [32]وليس للايلة مرة كما قلنا بل معاؤها

---

b25 باطن + الاجساد L del.   b26 العظيم] العظم T   b27 وليس لبعضها -L[1] : τὰ δ' ἄναιμα : Σ (sanguinem) non habere   b28 منها -L[1]   b35 بيضا] ستا L   a1 فان] بان T
a14 لا -L[1] : μὴ || *يلد] يولد LT : ζωοτόκων   a17 باليونانية -T   a20 مرة] مرارة L[2]T   a21 لاصقة] لارصه L[1] : Σ applicatum || مرة] مرارة L[2]T   a22 مرة] مرارة L[2]T   a24 اخاينا] احايل LT : ἀχαίναι : Σ hahane || مرة] مرارة L[2]T   a27 وهو يكون] ويكون T[1]   a28 *الخرزة] الجرزة LT : τὸν σφόνδυλον : Σ spondyli   a32 مرة] مرارة L[2]T

506b [33]مر جدا ولذلك لا تأكله الكلاب ان لم [1]تكن جائعة جدا. [4]فاما الحيوان الذي يصل ماء البحر الى جوفة وله رئة [5]فالدلفين ليس له مرة. فاما جميع اصناف الطائر وجميع اجناس السمك [6]وكل حيوان ذو اربعة ارجل وكل ما يبيض بيضا فله مرة [7]اكثر واقل. وربما كانت المرة [12]في سبل [13]لطيفة جدا ممتدة من ناحية الكبد الى المعاء مثل السمك الذي يسمى باليونانية امياس [14]وربما كانت هذه السبل اعني التي فيها المرة مثنية. [15]وربما كانت المرارة في المعاء [17]وذلك ايضا مختلف [18]لانها ربما كانت في المعاء الاعلى وربما كانت في الاوسط وربما كانت [19]في الناحية السفلى. ومثل هذا العرض يعرض لاجناس الطير ايضا [20]لان منها ما تكون مرته في بطنه ومنها ما تكون مرته في الامعاء [21]مثل الحمام ⟨الغراب⟩ والدراج | والخطاف [22]والعصافير ومنها ما تكون مرته L29v
على الكبد وفي المعاء [23]والبطن ومنها ما تكون مرته في الامعاء والكبد [24]فقط مثل ما يوجد في البازي وفي الحدأة.

⟨١٦⟩ [25]فاما الحيوان الذي له اربعة ارجل وهو يلد حيوانا مثله فله كليتان ومثانة فاما الحيوان الذي له اربعة ارجل ويبيض بيضا [26]فليس له كليتان ولا مثانة اعني من الطائر والسمك. [27]فاما من الحيوان الذي له اربعة ارجل فللجأة البحرية كليتان [28]شبيهة بكليتي [29]البقر وكليتا البقر في المنظر كانها [30]مركبة من كلى صغار كثيرة وجميع جوف البقر البري [31]شبيه بجوف البقر الانسي. [32]ووضع جميع هذه الاعضاء في كل الحيوان واحد متشابه.

507a ⟨١٧⟩ [33]فاما القلب | فهو موضوع في جميع الحيوان في وسط الصدر ما خلا الانسان [1]فان قلب T45
الانسان مائل الى الناحية اليسرى كما قلنا [2]فيما سلف. والجزء الحاد من اجزاء القلب مائل الى [3]مقدم الصدر في جميع الحيوان ما خلا السمك لان [4]الجزء الحاد من القلب من السمك مائل الى

b5 مرة] مرارة L^2T || فاما جميع] فاجميع L^1 b6 مرة] مرارة L^2T b7 مرة] مرارة L^2T b13 *امياس] ايباس L : اماس T : ἀμία b14 مرة] مرارة L^2T || مثنية] منبثة L : منبه T : ἐπαναδίπλωμα b18 وربما[(1)] ... كانت[(2)] L^1- b19 ومثل] مثل T || العرض] الظهر T b20 *مرته L^1- : مرارتها L^2 : مرار T || مرته] مرارتها L^2T b21 ⟨والغراب⟩ : κόραξ : Σ coturnices b22 مرتها] مرارتها L^2T b23 مرتها] مرارتها L^2T b25 فله + فله L^2 || كليتان] كلوتان L^1 : νεφροὺς : Σ renes b29 وكليتا البقر L^1- : ὁ τοῦ βοὸς : Σ renes vaccae a2 الحاد] الحلد T : τὸ ὀξὺ : Σ pars ... acuta || اجزاء] احرا L^2 : احر L^1T

ناحية الرأس [5]والفم وانما هو متعلق بالمكان الذي فيه تلتقي الآذان [6]التي في الناحية اليسرى والتي في الناحية اليمنى. ومن القلب [7]تخرج سبل اخر وتمتد حتى تنتهي الى كل واحد من الآذان [8]وتلك السبل عظيمة فيما عظم من السمك وصغيرة فيما صغر من السمك. [9]فاما فيما عظم منها جدا فانه يصاب سبيل آخذ من القلب الى الآذان [10]مجوف ابيض شبيه بقصبة. وليس لاجناس السمك فم معدة [11]ما خلا اصناف منها يسيرة معروفة مثل الانكليس والذي يسمى باليونانية غنقروس فان لها معدا صغارا جدا. [12]واكباد السمك تكون في الناحية اليمنى [13]وربما كانت مشقوقة بجزءين من الطرف الاعلى الى الناحية السفلى وربما كانت متصلة ليس فيها شيء من الافتراق. واذا
L30r كانت الكبد مجزأة بجزءين يكون الجزء الاعظم | [14]فيما يلي الناحية اليمنى. [17]وربما [18]ظن الذي يعاين الكبد المجزأة بجزءين ان ذينك الجزءين كبدان لان السبل التي تجمع بين الجزءين تبعد عنهما [19]كما يعرض لرئة الطائر. فاما الطحال [20]هو موضوع في جميع الحيوان في الناحية اليسرى من قبل الطباع ووضع الكليتين [21]واحد متشابه في جميع الحيوان الذي له كلى. وربما شق انسان بعض [22]اجواف الحيوان فوجد الطحال في الناحية اليمنى [23]والكبد في الناحية اليسرى وكل ما كان من هذا الصنف فانه ينسب الى العجائب. [24]واما قصبة الرئة فانها في جميع الحيوان تنتهي الى الرئة [25]وسنصف فيما يستقبل كيف يكون ذلك. فاما فم المعدة فهو آخذ الى [26]البطن لانه يمر بالصفاق اعني الحجاب الذي في البطن. فهذه حال فم المعدة في جميع الحيوان الذي له معدة [27]فانا قد بينا فيما سلف من قولنا انه ليس لكثير من اجناس السمك فم معدة [28]بل معدتها اعني بطونها
T46 لاصقة برؤوسها وليس فيما | بين رؤوسها وبطونها عضو آخر متوسط بينها ولذلك يعرض [29]لما عظم منها خروج معدها من افواهها اذا هى طلبت اكل السمك الذي هو اصغر منها. [30]ولجميع الاجناس التي وصفنا بطون وهى موضوعة وضعا [31]واحدا متشابها لانها موضوعة تحت الحجاب وبعدها المعاء [32]وهى تنتهي الى مخرج الطعام [33]فبطونها يشبه بعضها بعضا بالخلقة والوضع. [34]وينبغي لنا ان نعلم ان لجميع الحيوان الذي له اربعة ارجل وهو يلد حيوانا مثله [35]وله قرون وليس له اسنان في الفك الاعلى
L30v بل في الفك الاسفل اربعة [36]بطون. وهذا الحيوان الذي يقال انه يجتر لان [37]فم المعدة | يبدأ من

a6 والتي T- a9 سبيل] سل LT : ὁ δ' <πόρος> : Σ viae || *آخذ] اخرى LT : + اخده L² a18 كبدان] كبدين LT : δύο ἥπατα : Σ duo || السبل] السبيل LT : τοὺς πόρους a28 بطونها] رطوبها T : ἡ κοιλία : Σ stomachus || فيما L¹-

507b ناحية الفم ويأخذ الى ناحية [1]الرئة ويمر بالصفاق حتى ينتهي الى البطن العظيم [2]وما في داخل ذلك البطن خشن. [3]وبطن آخر لاصق بالبطن العظيم قريب من المكان الذي فيه يلتئم فم المعدة بالبطن [6]وذلك البطن الثاني اصغر [7]من البطن العظيم جدا. وبعد البطن العظيم بطن آخر ايضا خشن [8]كثير التشبيك وهو في عظمه شبيه بعظم البطن الصغير الذي وصفنا قبله. [9]وبعد هذا البطن الثالث بطن آخر رابع شبيه بالبطن الثالث في العظم وربما كان [10]اعظم منه فاما شكل خلقته فمستطيل وفي داخله [11]تشبيك كثير املس وبعده [12]المعاء. [13]فهذه صفة بطون الحيوان الذي له قرون وليس له اسنان في الفك الاعلى والفك الاسفل معا. [14]وربما كان فم المعدة آخذا [15]الى وسط البطن وربما كان آخذا الى ناحية من نواحيه. فاما الحيوان الذي له اسنان في الفك الاعلى والفك الاسفل [16]فله بطن واحد مثل الانسان والاسد والكلب والدب [17]والذئب [18]فلجميع هذه الاصناف من اصناف الحيوان بطن واحد. وبعد البطن [19]المعاء ولكن بطون بعضها اعظم من بطون غيرها مثل الخنزير [20]والدب. [25]والبطون تختلف بالعظم والصغر [26]والشكل والغلظ والدقة [28]وطباع المعاء مختلف في [29]الحيوان الذي له اسنان في الفكين جميعا وفي الفك الواحد وذلك الاختلاف من

T47 قبل العظم [30]والغلظ | والانثناء. وجميع معاء [31]الحيوان الذي ليس له اسنان في الفكين اعظم من معاء الحيوان الذي له اسنان في الفكين لان جثثها [32]اعظم من جثث غيرها وقليل منها يكون صغير الجثة وليس لشيء من الحيوان الصغير الجثة [33]قرن. ولبعض الحيوان معاء دقيق ينشؤ ⟨من⟩ المعاء الاعظم [34]وليس يمكن ان يكون شيء من الحيوان مستقيم المعاء ان لم يكن له اسنان في

L31r الفكين جميعا. | فاما الفيل [35]فله معاء كثير التشبيك ولذلك يظن الذي يعاينه ان له اربعة بطون [36]وفي ذلك المعاء يكون طعمه وليس له وعاء [37]آخر غيره يكون فيه طعمه ما خلا معاءه وجميع

508a جوفه شبيه بجوف الخنزير. [1]فاما كبده فهو اكبر من كبد الثور اربعة اضعاف وسائر جوفه كمثل. [2]فاما طحاله فهو صغير بقدر ملائمة جثته وبقدر هذا النوع [3]طباع بطون ومعاء [4]الحيوان الذي له اربعة ارجل وهو يبيض بيضا مثل اللجأة [5]البرية والبحرية والسام ابرص والتمساح [6]والحرذون

---

b2 في -L^1 b9 رابع] دابع T : Σ quartus   b29 الفكين] الكفين T   b31 الفكين] الكفين T : Σ mandibula ‖ في ... الفكين$^{(2)}$ -L^1 ‖ *له$^{(2)}$] B ليس لها LT ‖ جثثها] جثتها LT   b32 جثث] جثة T   b33 *ينشؤ] نسف L : نسق T : ἀποφυάδας   b37 معاءه] معاه L : معا T   a3 طباع -T   a6 والحرذون] والحردور L : والجردور T : Σ et hardon

[7]لان لكل واحد مما وصفنا بطنا واحدا بسيطا ومنها ما له بطن شبيه ببطن [8]الخنزير ومنها ما له بطن شبيه ببطن الكلب. فاما اجناس الحيات [9]فاجوافها وامعاؤها شبيهة باجواف وامعاء [10]الحيوان الذي له اربعة ارجل ويبيض بيضا وخاصة تشبه اجواف السام ابرص ان توهم احد ان السام ابرص مستطيل ليس له [11]ارجل لان الحيات وما كان من اصناف السام ابرص مفلسة الظهور ملس [12]البطون ولذلك يشبه بعضها بعضا بالخلقة. ولكن ليس للحيات خصى بل [13]لها سبيلان يلتئم الواحد بالآخر مثل سبل السمك وارحام الحيات [14]مستطيلة مشقوقة بجزءين. فاما سائر اجوافها فشبيه باجواف [15]السام ابرص غير انها مستطيلة ضيقة لحال ضيق وطول جثتها [16]ولذلك تخفى اجوافها على كثير ممن يعاينها لحال [17]شبه بعضها ببعض. وقصبة رئة الحيات [18]طويلة جدا ومعدها مستطيلة وطرف [19]القصبة بعد الفم ولذلك يظن الذي يعاين ذلك الطرف [20]انه متصل بناحية

T48 L31v اصل اللسان. [22]والسن الحيات دقيقة مستطلية [23]سود [25]مشقوقة | باثنين | [23]ولذلك تخرج من افواهها كثيرا [24]وهو خاص للحيات. وما كان من اجناس السام ابرص [25]تكون اطراف السنتها مشقوقة باثنين والسن [26]الحيات خاصة مشقوقة واطرافها دقيقة جدا شبيهة بشعر [27]ولسان الحيوان البحري الذي يسمى باليونانية فوقي مشقوق ايضا. فاما بطن [28]الحية فهو ضيق شبيه بمعاء واسع وذلك المعاء شبيه بمعاء [29] كلب. وللحية بعد البطن معاء دقيق ينتهي الى موضع [30]مخرج الفضلة ولها قريب من الحلق قلب صغير مستطيل ومنظره شبيه بمنظر كلية [31]ولذلك يظن بعض من يعاينه ان الجزء الحاد من القلب ليس هو موضوع قبالة الصدر. [32]وبعد القلب الرئة وفيها اجزاء عصب دقيقة مفصلة مشبكة [33]مستطيلة جدا متعلقة بالقلب وبعد الرئة [34]الكبد وهو مستطيل مبسوط. فاما طحال الحية فهو صغير مستدير [35]مثل طحال السام ابرص وللحية مرة تشبه مرة

[1]السمك وهي تكون على الكبد في الحيات الثخينة العظيمة فاما فيما دق وصغر منها [2]فالمرة تكون 508b على المعاء اكثر ذلك. واسنان الحيات حادة مختلفة ينطبق بعضها على بعض. [3]وللحيات اضلاع كثيرة مساوية لعدة ايام الشهر [4]لان لها ثلاثين ضلعا. وقد زعم بعض الناس انه يعرض [5]للحيات مثل العرض الذي يعرض لفراخ الخطاف [6]وانه ان ضرب احد عينيها بابرة او بشيء آخر حاد اعماها [7]نبتت ايضا الصفاقات وتعود اعينها الى الصحة كما كانت اولا. واذناب [8]الحيات والسام

a7 ببطن(1) -L¹   a10 وخاصة] خاصة L¹   a19 *بعد] تعم L : تعمر T : post Σ   b6 ضرب + نحسا L² : ἐκκεντήσῃ : perforaverit Σ   b7 *الصفاقات M] السفافات L : السافاد T

ابرص تنبت اذا هى قطعت. [9]فاما خلقة ما يلي المعاء والبطن فشبيهة بخلقة ما يلي بطن ومعاء
السمك لان بطن كل حية واحد [10]مبسوط وانما تختلف بطون اصناف السمك باشكالها | لانها L32r
ربما كانت [11]شبيهة بامعاء مثل بطن السمكة التي تسمى باليونانية سقاروس [12]وهى سمكة تجتر.
فاما عظم المعاء فهو [13]مبسوط وان كان فيه انثناء لانه ينحل من ذلك الانثناء ويكون واحدا.
[14]ولاجناس السمك واجناس كثيرة من الطير شيء خاص اعني فروعا تكون خارجة من معائها
[15]ولكن ذلك يكون | فيما كان من اصناف الطير في الناحية السفلى مع قلة. فاما [16]في اصناف T49
السمك فتلك الفروع تكون في الناحية العليا وربما كانت تلك الفروع كثيرة [22]وفي السمك ما
ليس لامعائه فروع [25]وفي خلقة اجواف اصناف الطائر [26]اختلاف كثير اذا قيست الى خلقة
سائر اجواف الحيوان والى خلقة بعضها [27]لان في اجواف بعض الطير حوصلة مثل ما للديك
[28]والفاختة والحجلة والحمامة وانما خلقة الحوصلة من جلد [29]عظيم عميق يكون فيه الطعام الذي لم
ينضج بعد. [30]والطرف الاعلى اضيق من فم المعدة ثم يكون اوسع منه [31]والطرف الذي يلي البطن
ايضا دقيق اضيق من فم المعدة. [32]فاما بطون اصناف الطائر فخلقتها من لحم وهى صلبة [33]ولها
غشاء من جلد قوي يمكن ان يسلخ سلخا ويخرج من الجزء الذي خلقته من لحم. وليس لبعض
اصناف الطير [34]حوصلة بل لها بدل الحوصلة فم معدة واسع [35]وربما كان ذلك الفم كله واسعا
509a عريضا وربما كان الجزء الذي يلي البطن منه عريضا فقط مثل ما يكون [1]في الشرقرق والغراب
والغداف فاما الدراج فان ما يلي البطن من فم المعدة [2]عريض [3]والبومة والاوز البري والمائي
كمثل. [5]ولبعض اصناف الطائر [6]بطون تكون خلقة بعض اجزائها شبيهة بخلقة حوصلة. [7]ومن
الطير ما ليس له فم معدة عريض ولا حوصلة عريضة [8]بل بطن مستطيل مثل ما يكون فيما
صغر من الطائر مثل الخطاف [9]والعصافير. وقليل من الطير ما ليست له حوصلة ولا [10]فم معدة
واسع | بل مستطيل جدا وذلك يوجد في الطير [11]الطويل العنق. وزبل الطير الذي يكون على هذه L32v
الحال [12]ارطب من زبل غيره. فاما الدراج [13]فله شيء خاص ليس هو لسائر اجناس الطير لان
له حوصلة [14]وفم معدة عريضة واسعة. [16]فاما معاء الطائر فهو دقيق [17]محلل من تشبيكه [18]كما قلنا
فيما سلف وانما ذلك التشبيك [19]في الناحية السفلى عند تمام المعاء وليس في الناحية العليا مثل

b25 وفي] في L^1 b29 لم -L^1 : ἄπεπτός : Σ indigestus b33 سلخا -L^1 a1 الشرقرق] السرقرق L : الشرقوق T a7 فم -L^1 : Σ os a10 بل + معا L^2T || وذلك] ولذلك LT : Σ et hoc

معاء السمك. [20]وليس تشبيك المعاء في جميع اصناف الطائر بل في كثير منها مثل الديك [21]والحجلة واصناف الاوز [22]وربما كان ذلك ايضا | في الطائر الصغير الجثة [23]ولكن يكون تشبيكا يسيرا جدا مثل ما يوجد في العصفور. T50

تم القول الثاني من كتاب ارسطوطالس الفيلسوف
في طبائع الحيوان وتركيبها

a20 السمك] الطائر L[1]   expl. ارسطوطالس] ارسطا طاليس T

تفسير القول الثالث
من كتاب ارسطوطالس
في طبائع الحيوان

⟨١⟩ [27]فقد ذكرنا حال سائر الاعضاء التي في باطن اجزاء الحيوان [28]واحصينا كم وايما هى واختلاف اصنافها. [29]فاما حيننا هذا فانا نذكر الاعضاء الموافقة للولاد اعني الخصى وغير ذلك [30]فانها ليست بظاهرة في جميع الاناث بل باطنة فاما [31]الذكورة فلها خصى مختلفة بانواع شتى. فينبغي ان نعلم انه ليس لبعض [32]الحيوان الذي له دم خصى البتة ولبعض الذكورة خصى وهى باطنة [33]في اماكن مختلفة لانها في بعضها تكون لاصقة بالفقار [34]قريبة من موضع الكلى وفي بعضها تكون لاصفة بالبطن. [35]وما كان منها ظاهرا فهو مختلف ايضا لانها ربما كانت لاصقة [1]بالبطن 509b
وربما كانت مرسلة مدلاة والذكر كمثل يكون في بعض الحيوان لاصقا ببطونها وفي بعض الحيوان مرسلا مدلى. [2]وذلك مختلف ايضا في الحيوان الذي يبول الى خلف والذي يبول الى قدام. [3]فينبغي
L33r ان نعلم انه ليس لشيء من | اصناف واجناس السمك خصى [4]ولا لشيء مما له آذان يقبل بها الماء ويدفعه ولا لشيء من اجناس الحيات [5]ولا لجميع الحيوان الذي ليس له ارجل وهويلد حيوانا مثله في جوفه. [6]فاما اجناس الطائر فلها خصى لاصقة بفقارها [7]ولجميع الحيوان الذي له اربعة ارجل ويبيض بيضا [8]مثل السام ابرص واللجأ والحرذون والقنفذ فانه يلد حيوانا في جوفه. [9]فاما الحيوان الذي له خصى لاصقة ببطنه فهو مثل [10]الدلفين وما يشبهه من الحيوان الذي ليس له ارجل. فاما الحيوان الذي له اربعة ارجل ويلد حيوانا مثله في جوفه فمثل الفيل. [11]فاما سائر الحيوان الذي
T51 ذكرنا فله خصى بينة ظاهرة وهى متعلقة | بالبطن [12]والمكان المتصل به اعني الذي يليه وقد وصفنا فيما سلف اختلافها [13]لانها تكون في بعض الحيوان متصلة بالبطن ليست [14]بمرسلة [15]مثل خصى الناس. ولبعض الحيوان خصى [16]وليست لبعضها خصى كما وصفنا اولا. فاما الحيات فلها سبيلان [17]آخذان من ناحية الحجاب الى نواحي [18]الفقار وذانك السبيلان يجتمعان الى سبيل واحد فوق

---

tit. ارسطوطالس] ارسطا طاليس T   b1 والذكر] والدكر L : والركن T : καὶ τὸ αἰδοῖον : et
Σ virga || *كمثل] كلما LT   b4 آذان : + ان L^1 del. : اذان ان T : βράγχια : Σ brancos || ويدفعه +
ولا لشى مما له اذان يقبل بها الما ويد فعه L del.   b5 لجميع] بجمع T   b7 بيضا -L^1 b10 *من] B
مثل LT || فاما + من L^2 b16 خصى كما وصفنا -L^1 : ὥσπερ εἴρηται πρότερον

 | DOI: 10.1163/9789004315969_015

مكان [19]مخرج الفضلة عند الشوكة [20]وهذان السبيلان يكونان في اوان السفاد مملوئين من الزرع
[21]وذلك بين من قبل انه ان عصرهما احد بيده يخرج الزرع ابيض. [22]فاما الاختلاف الذي بينهما
فليس يظهر الا عند شق الاجواف وكشفها [23]وسنذكر فيما يستقبل حال كل واحدة منها خاصة
[24]بقول الطف. فاما جميع الحيوان الذي يبيض بيضا وله رجلان او اربعة [25]ارجل فله خصى
تحت الحجاب [26]وهى في بعضها بيض وفي بعضها تبنية اللون [27]متشبكة محتبسة بعروق دقاق جدا.
وسبلها [28]تلتئم الى سبيل واحد كما وصفنا اعني ‹في› السمك فوق [29]موضع | مخرج الفضلة. وذلك L33v
ايضا فيها مختلف [30]لانه ليس يبين فيما صغر منها فاما فيما عظم منها فبين مثل ما يكون في الوز وما
[31]يشبهه في عظم الجثة فانه يكون فيها ظاهرا بينا ولا سيما اذا كان السفاد حديثا. [32]فاما السبل فهى
لاصقة [33]بالفقار تحت البطن والمعاء فيما [34]بين العرق العظيم الذي يخرج منه سبيلان ويأخذ الى
كل [35]واحد من الخصى. وهذه السبل في السمك على مثل هذه الحال وكما قلنا فيما سلف ان هذه
السبل تكون في اوان [1]سفاد السمك مملوءة زرعا ولذلك تكون ظاهرة جدا [2]فاذا جاز اوان السفاد 510a
تكون غامضة خفية. [3] كذلك تكون خصى اجناس الطير قبل اوان السفاد فانها صغار [4]خفية فاذا
سفدت [5]ظهرت خصاها كبيرة بينة جدا وذلك خاصة يعرض [6]لليمام والقبج ولذلك يظن كثير
من الناس انه ليس لها [7]خصى في زمان الشتاء. وكما قلنا فيما سلف ان خصى بعض الحيوان في
مقاديمها [8]لاصقة ببطونها مثل [9]الدلفين وخصى بعضها خارجة ظاهرة | في آخر بطونها [10]فاما سائر T52
ذلك فهو فيها متشابه لان بعضه قريب من بعض [11]والاختلاف الذي بينها من قبل ان خصى
بعضها تكون مفردة بذاتها [12]وبعضها في جلد يسترها ويغطيها. [13]وخلقة الخصى في جميع الحيوان
المشاء الذي يلد حيوانا مثله على مثل هذه الحال: [14]يخرج سبيلان خلقتهما من عروق من العرق
الاعظم الذي يسمى باليونانية اورطي وينتهي كل واحد من السبيلين الى [15]رأس كل واحد
من الخصى ويخرج سبيلان آخران من الكلى [16]وهما مملوآن دما. فاما السبيلان اللذان يخرجان
من العرق الذي يسمى اورطي فليس فيها دم. [17]فاما من ناحية رأس كل واحدة من الخصى

---

b24 الطف + وجيز L² : ἀκριβέστερον   b26 بيض] ببعض T : λευκοτέρους : Σ albi   b29 فيها L¹T-
b31 الجثة + فانه .L del ‖ بينا + ولا يكون .L del   b35 السبل⁽¹⁾] السبيل LT : πόροι : Σ viae   a2 جاز +
جاز L² : παρέλθῃ   a6 لليمام + للحمام L² : للحمام T : φάτταις : Σ turturibus   a7 ان -L¹   a9 ظاهرة]
ظاهر L : فظاهر T : ἐν τῷ φανερῷ   a12 وبعضها -T : οἱ δ’   a13 مثل -L¹   a16 وهما -L¹   a17 واحدة]
واحد L¹T

كتاب الحيوان ٣ 160

فانه يخرج سبيل | [18]اصفق من السبل الاخر وهو من عصب ثم يعطف ايضا [19]الى رأس الخصية L34r
[20]ويجتمع السبيلان فيلتئم الى [21]مقدم الذكر. والسبيلان اللذان يعطفان اعني [22]الثابتين على الخصى
فهما مستوران بصفاق واحد [23]ولذلك يظن الذي يعاينهما انهما سبيل واحد ان لم يشق الصفاق
ويفرق فيما بينهما. [24]وفي هذين السبيلين اللاصقين في الخصى رطوبة [25]اقل من الرطوبة التي توجد
في السبيلين اللذين يخرجان من العرق الذي يسمى اورطي. فاما في السبيلين الآخذين [26]الى الذكر
فانه توجد رطوبة بيضاء [27]ويخرج سبيل من المثانة وينتهي [28]الى الناحية العليا من الذكر. [35]فاذا
510b نزعت او قطعت [1]الخصى تنجذب هذه السبل الى الناحية العليا وربما رض [2]بعض الناس خصى
الحيوان اذا كانت صغيرة وربما اخصوها بعد ان تكبر. [3]وقد عرض لثور من الثيران انه خصى ثم
سفد من ساعته [4]وعلقت منه الانثى فولدت. فهذه صفة خصى [5]الحيوان وخلقتها واختلافها فاما
ارحام [6]الحيوان الذي له رحم فهى ايضا مختلفة لا يشبه بعضها بعضا [7]وليس ارحام الحيوان الذي
يلد حيوانا مختلفة فقط [8]بل ارحام الحيوان الذي يبيض بيضا ايضا. [9]واطراف ارحام جميع الحيوان
مفترقة بفرقين [10]الفرق الواحد في الناحية اليسرى والفرق الآخر في الناحية اليمنى. [11]فاما رؤوس |
T53 الارحام فمتصلة وافواهها كمثل لان فم الرحم مثل انبوب مجوف خلقته من لحم [12]وعصب
وذلك في كثرة الحيوان الذي له رحم مشقوق باثنين وانما قلنا ذلك لان الفم الذي يشبه الانبوب
وان كان في بعض الحيوان واحدا ولكن هو مشقوق من الناحية العليا كما نصف فيما يستأنف.
[15]فجميع ارحام الحيوان الذي يلد حيوانا وله رجلان او اربعة ارجل [16]تكون تحت الحجاب [17]مثل
L34v ما | يكون في النساء واناث الكلاب والخنازير والخيل والثيران [18]وذوات القرون فذلك في جميعها
متفق متشابه. [19]وللارحام فوق الاطراف التي تسمى قرونا التفاف والتواء. [20]فاما ارحام الحيوان
الذي يبيض بيضا في الظاهر فهى مختلفة [21]لان ارحام جميع اصناف الطير موضوعة تحت الحجاب
[22]وارحام اصناف السمك في اسفل البطن كمثل ما يكون في الحيوان الذي يلد حيوانا [23]وله
رجلان او اربعة ارجل وارحامها دقاق مستطيلة خلقتها من عصب. [24]ولذلك يظن ان اجزاء
ارحام السمك مستطيلة متصلة [25]وان البيض الذي يكون فيها مجتمع في وعاء واحد [26]وليس هو

---

a19 الخصية] الخفية T   a22 *الثابتين] النابتين L : النايتن T : προσκαθημένοι Σ cooperiuntur
a24 وفي] فى T   b1 السبل] السبيل LT : οἱ πόροι   b5 ارحام] ارجاص T : αἱ ὑστέραι Σ matrices
b6 لا -L¹T : οὔθ'   b18 فذلك] وذلك T   b24 اجزاء -T¹ : اجزا صح T²

كما يظنون وانما هو بيض مفترق في جزءين [27]ولذلك يفترق البيض ايضا في اجزاء كثيرة. [28]فاما
ارحام اصناف الطير فان انابيبها من اسفل مخلوقة من لحم صلب شديد. [29]فاما ما يلي ناحية
الحجاب منها فخلقته من صفاق دقيق [30]جدا بقدر ما يظن الذي يعاين البيض انه خارج من الرحم
[31]وذلك ان الصفاق بين فيما عظم من الطير. [32]وان نفخ احد عنق الرحم الذي يشبه الانبوب كما
وصفنا ينتفخ ويرتفع ايضا صفاق الرحم فاما فيما [33]صغر من الطير فليس ذلك يبين. فهذه حال
[34]الارحام في الحيوان الذي له اربعة ارجل ويبيض بيضا [35]مثل اللجأة والسام ابرص والضفدع
وكل ما [1]يشبه هذا الصنف لان اعناق ارحامها من اسفل مخلوقة من لحم [2]فاما الافتراق والبيض 511a
ففوق تحت الحجاب. [3]فاما ما كان من الحيوان الذي ليس له رجلان وهو يبيض في جوفه ويلد
حيوانا في الظاهر | [6]فان ارحامها مفترقة باثنين [7]وهى تحت الحجاب مثل ارحام اصناف الطير. [8]وفي T54
ذينك الفرقين [9]يكون البيض في [10]الناحية العليا التي تلي الحجاب | فاذا نزل الى الناحية السفلى L35r
حيث المكان [11]الواسع يكون حيوانا. [4]وذلك بين في جميع الحيوان الذي يسمى باليونانية غالا او
[5]سلاشي وانما يسمى سلاخوس الحيوان البحري الذي ليس له رجلان وله [6]اذنان ويلد حيوانا.
[12]واختلاف ارحام هذه الاصناف فهذا الاختلاف الذي بين خلقة [13]الارحام واشكالها يظهر
من الشق وبالمعاينة. [14]وفي ارحام اجناس الحيات ايضا اختلاف فيما بينها وبين ارحام سائرها
من الحيوان [15]وفيما بين بعضها لبعض لان جميع اجناس الحيات [16]تبيض بيضا. فاما الافاعي فهى
تلد حيوانا فقط وهى تبيض اولا في جوفها بيضا ثم يصير هناك حيوانا قبل ان يولد [17]ولذلك خلقة
رحم الافعى شبيهة بخلقة رحم الحيوان البحري الذي يسمى سلاشي [18]فرحم الحية مستطيل
الخلقة شبيهة بخلقة الجسد. [19]ورحم الحية يبتدئ من الناحية السفلى ويأخذ الى الناحية العليا من
كلا جانبي [20]الشوكة وكل ناحية منه شبيهة بسبيل آخذ الى ناحية [21]الحجاب وفيه يكون البيض
مصفوفا واحدة واحدة. فاذا باضت الحية [22]فانها لا تبيض بيضة مفردة بل تبيض جميع البيض
متصلا بعضه ببعض. وارحام الحيات التي تبيض [23]في باطنها وفي الظاهر تكون فوق بطونها. [24]فاما
ما يلد منها حيوانا فرحمه قريب من الفقار وما [25]يبيض بيضا في جوفه ويلد في الظاهر حيوانا فهو

---

b28 شديد] سديد LT : στιφρόν : Σ durissima   b33 يبين] بين T : Σ apparet   a2 تحت -L[1] :
πρὸς (ἄνω) : Σ (supra) sub   a10 فاذا] واذا T   a4–5 باليونانية ... سلاخوس -L   a5 سلاخوس]
سلاحوس L : سلاجوس T   a13 الشق + لحال .L del   a20 الشوكة] الشركة T : τῆς ἀκάνθης : Σ spine
a22 تبيض] بيض T : ἐκτίκτει || *بيضة] بعضه LT

مشترك فيما بين الامرين اللذين وصفنا [26]لان جزء ارحامها الذي يكون فيه الحيوان قريب من الفقار. [27]فاما الجزء الذي منه يكون الخروج وهو المكان الذي فيه البيض ففوق المعاء. وايضا [28]في خلقة الارحام اذا قيست بعضها الى بعض اختلاف آخر [29]من قبل ان الحيوان الذي له قرن وليس له اسنان في الفك الاعلى والفك الاسفل تكون في ارحامه عروق ظاهرة كثيرة [30]اذا كانت حاملة | وبعض الحيوان الذي له اسنان في الفكين [31] كمثل الفأر والوطواط وما | يشبههما. L35v T55
فاما سائر الحيوان الذي له [32]اسنان في الفكين ويلد حيوانا وله ارجل فارحامه ملس [33]وما يحمل فيها يكون متعلقا [34]بالرحم وليس بافواه العروق التي وصفنا. [35]فهذه حال اعضاء الحيوان التي اجزاؤها لا يشبه بعضها بعضا [1]ما كان منها باطنا وما كان في الظاهر. 511b

⟨٢⟩ فاما امر اعضاء الحيوان التي اجزاؤها يشبه بعضها بعضا فان [2]المشترك العام منها هو الدم في جميع الحيوان الدمي [3]والعضو الذي يكون فيه اعني الذي يسمى عرقا. [4]ثم الدم الدقيق الذي لم يتلون بعد حسنا ولم يستحكم ثم [5]اللحم الذي هو جسد الحيوان وما يلائم هذه الاشياء [6]وايضا العظم وما يلائمه [7]مثل الشوكة والغضروف ثم الجلد والصفاق والعصب [8]والاظفار والشعر وما يشبه هذه الاشياء. وايضا [9]الشحم والثرب والفضول مثل الرجيع [10]والبلغم والمرة السوداء والصفراء. ولان [11]طبيعة الدم والعروق ابتداء خلقة الاجساد فينبغي لنا ان نذكر حالها اولا [12]ولا سيما لان الذين وصفوها من القدماء الذين كانوا قبلنا [13]لم يحكموا صفتها وتلخيصها. وعلة جهلهم بذلك عسر معاينتها [14]فان طبيعة العروق العظيمة المستولية على الاجساد ليست بظاهرة في اجساد الموتى [15]لانها تنضم من ساعتها اذا خرج [16]الدم وهو يخرج منها بغتة [17]كما يخرج الشيء الذي يكون في اناء. وجميع الدم يكون في العروق وليس في شيء من اعضاء الجسد دم بذاته ما خلا [18]القلب فان فيه دما يسيرا.

---

a26 الفقار] الفقاث T : spondilia Σ a27 وايضا] ايضا L^1 b1 الظاهر. فاما] الظافاما T : τὰ ἐκτός ... δ’ : extra ... vero Σ ‖ امر اعضاء] طابع L^1 : membra Σ ‖ بعضا + وما كان منها باطنا L del. b2 الدم] الذي L^1T : τὸ αἷμα : sanguinem Σ b4 الدم] الامر T : sanguis Σ ‖ لم] بل T : non Σ ‖ يتلون] ىلون L : يلون T : coloratur Σ b9 الرجيع] الرحم T : κόπρος : stercus Σ b10 *والبلغم] والحام LT : φλέγμα : flegma Σ b11 اولا L^1- : πρῶτον : prius Σ b14 الموتى] المرى T : τοῖς τεθνεῶσι : mortuorum Σ b15 تنضم] يتضمن T : τὸ συμπίπτειν : contrahuntur Σ b16 وهو L^1- b17 الذي T-

[19]وليس مما يستطاع ان يعاين احد خلقة هذه العروق في اجساد الاحياء [20]لان اكثرها يكون
في الباطن فلم يكن القدماء [21]يعاينون اوائل العروق العظيمة في | اجساد الموتى. وبعض القدماء L36r
[23]فصلوا اوائل العروق من قبل ما يظهر منها [22]في خارج الجسد اذا كان ذلك الجسد منهوكا مهزولا
جدا. [23]فاما سيانسوس [24]القبرسي فانه يصف خلقة العروق بمثل هذه الصفة ويقول خلقة العروق
الثخينة العظيمة [25]على ما نصف. يخرج عرقان من ناحية العينين والحاجبين ويأخذان الى نواحي
العنق ومن هناك يأخذ الى [26]الظهر ويعطف الى ناحية الرئة تحت الثديين ثم يأخذ العرق الواحد
من الناحية [27]اليمنى الى | الناحية اليسرى والعرق الآخر يأخذ من الناحية اليسرى الى الناحية T56
اليمنى. ويأخذ العرق الذي [28]يمر بالكبد الى الكلية والخصية اليمنى. [29]فاما العرق الذي يمر بالطحال
فانه يأخذ الى الكلية اليسرى والخصية اليسرى. [30]فاما دياجانس الابلوني فانه [31]يصف العروق
على مثل هذه الحال ويقول ان العرقين العظيمين اللذين في جسد الانسان [32]يمتدان من ناحية
البطن ويأخذان الى [33]شوكة الظهر واحدهما يأخذ الى الناحية اليمنى والآخر يأخذ الى الناحية
اليسرى. [34]ثم يأخذ العرقان الى ناحية الرأس وينتهيان [35]الى الترقوتين ومكان الذبحة ومن هناك
512a [1]يتجزآن باجزاء كثيرة ويفترقان في جميع الجسد وما كان منها في الناحية اليمنى يأخذ الى [2]الناحية
اليسرى وما كان منها في الناحية اليسرى يأخذ الى الناحية اليمنى. وعرقان عظيمان [3]يخرجان من
ناحية خرز الظهر ويذهبان الى ناحية القلب [4]وعرقان آخران يخرجان من فوق ذلك المكان قليلا
ويأخذان الى نواحي الصدر والابطين [5]واليدين حتى ينتهيا الى الكفين واحدهما يسمى [6]عرق
الطحال والآخر يسمى عرق الكبد. وكل واحد من هذه العروق يتجزأ بجزءين [7]ويأخذ الجزء
الواحد الى الابهام والآخر الى اصل الكف. [8]وتتجزأ هذه الاجزاء ايضا في اجزاء كثيرة | وتتفرق L36v
في سائر [9]اليد والاصابع. ومن العروق الاولى تخرج ايضا عروق ادق منها [10]ويأخذ العرق الواحد
من الناحية اليمنى الى الكبد والعرق الآخر يأخذ من [11]الناحية اليسرى الى الطحال والكليتين.
[12]فاما العروق التي تمتد وتأخذ الى الفخذين والساقين فانها تفترق في اصول الفخذين [13]وتمر بجميع

---

b20 الباطن] البطن T : ἐντός : Σ interius   b21 الموتى] المرى T : τοῖς τεθνεῶσι : Σ mortuorum
b23 سيانسوس] سناسيوس : LT : Συέννεσις   b24 القبرسي] الصوسى T : Κύπριος ὁ   b30 دياجانس
الابلوني] دياجالس الايلوي LT : Ἀπολλωνιάτης ὁ Διογένης   a1 ويفترقان] ىصرقان L^2 : وىعرن L^1 :
Σ sparguntur : διατείνουσιν   a5 واليدين] والىدىن L : والثدين T : χεῖρα τὴν ἑκατέραν : Σ partes
Σ manus   a8 هذه الاجزاء + الحز الاخر L^2 a12 في] من L^1 : κατά

الفخذين. والعرق العظيم منها يمتد ويأخذ خلف [14]الفخذ ويظهر غليظا وعرق آخر ايضا يأخذ
الى خلف الفخذ [15]وهو اقل غلظا من العرق الذي وصفنا اولا قليلا. ثم تمتد هذه العروق وتأخذ
[16]الى ناحية الساقين والرجلين كما تأخذ العروق التي في اليدين [17]الى الكفين [18]واصول الاصابع.
وايضا تفترق عروق كثيرة من العروق الكبار وتأخذ الى ناحية البطن [19]والجنبين وهي دقاق
جدا. | [20]فاما العروق التي تمتد وتأخذ الى الرأس من ناحية مكان الذبحة فانها تظهر [21]في العنق T57
عظيمة وهذان العرقان [22]الآخذان الى الرأس متجزآن باجزاء كثيرة ويفترقان في الرأس ويأخذ
بعضها من [23]الناحية اليسرى الى الناحية اليمنى وبعضها من الناحية اليمنى الى [24]الناحية اليسرى
ومنتهاها قريب من الاذنين. [25]وفي العنق عرق آخر يتجزأ بجزءين ويأخذ كل جزء منهما الى قريب
من العرق العظيم [26]غير انه اصغر منه قليلا. وكثير من العروق التي تنزل من الرأس [27]تنتهي اليها
وتشتبك وتأخذ الى ناحية ⟨مكان⟩ الذبحة ومن هناك تغيب الى داخل. [28]ثم تأخذ الى تحت مراجع
الاكتاف ومن هناك تأخذ الى [29]اليدين قريبا من عرق الكبد وعرق الطحال [30]غير انها اصغر
منها واذا [31]اصاب الانسان حزن ترم وترتفع. فاما العروق التي تكون حول البطن قريبا من عرق
الكبد [32]وعرق الطحال فانها تمتد وتأخذ الى ناحية الثديين. [1]وبعض تلك العروق يمتد ويأخذ الى 512b
[2]ناحية مخ الفقار [3]والى ناحية الكليتين | [4]وينتهي في اجساد الرجال اذا بلغت الى الخصى. فاما في L37r
اجساد النساء فانها تنتهي اذا بلغت الى [5]الارحام. واما العروق الاولى التي تخرج من البطن فانها
تكون اولا [6]واسعة ثم تكون دقيقة حتى [7]تتغير وتأخذ من الناحية اليمنى الى الناحية اليسرى ومن
الناحية اليسرى الى [8]الناحية اليمنى وهذه العروق تسمى عروق الزرع. فاما الدم [9]الغليظ الثخين
فان اللحم ينشفه ويشربه فاما غير ذلك اعني الذي يكون [10]في العروق والاماكن التي وصفنا فرقيق
حار يخالطه زبد.

---

a15 وهو] هو L[1]   a23–24 الناحية[(1)] ... اليسرى -T   a28 ثم] ىم L : ىمر T : deinde Σ ‖ تحت LT[2]] ناحية T[1] : ad inferius Σ   a29 الكبد وعرق -T : σπληνῖτιν καὶ τὴν ἠπατῖτιν : venam epatis et splenis Σ   a31 ترم] يرم L : برص T : elevabuntur Σ ‖ تكون -L[1]   a32 *الثديين] اليدين LT : τούς μαστούς   b4 فانها] وانها T

⟨٣⟩ [12]فهذا قول سيانسوس وديوجانس في صفة العروق. فاما بلوبيس [13]فانه يصف العروق على مثل هذه الحال ويقول ان جميع العروق التي تفترق في الجسد تخرج من اربعة ازواج عظيمة. فاما الزوج الاول [14]فانه يخرج من خلف الرأس ويأخذ الى ناحية العنق من خارج ويمر [15]بنواحي الفقار حتى ينتهي الى الوركين والساقين [16]ويأخذ الى نواحي الكعبين الداخلة ومن هناك يأخذ الى خارج ويفترق في [17]القدمين. ولذلك يفصد المتطببون [18]من خلف الركبتين ومن ناحية الكعبين خارجا اذا عرضت اوجاع | في الظهر والوركين. [19]واما الزوج الآخر فانه يخرج من ناحية الرأس T58
ويمر بالاذنين [20]ومن هناك يأخذ الى العنق ولذلك يسمى هذا الزوج عرقي الذبح. ومن هناك يأخذان الى [21]الفقار والظهر والحصى [22]والفخذين ويمران بالركبتين والساقين وينتهيان الى ناحية [23]الكعبين التي داخلا ثم يفترقان في [24]القدمين ولذلك يفصدها الاطباء اذا عرضت [25]اوجاع في الظهر والحصى وانما يفصدونها من الناحية التي داخل الركبتين ومن ناحية | [26]الكعبين. فاما L37v
الزوج الثالث فانه يأخذ من العنق [27]الى مراجع الاكتاف ومن هناك الى الرئة [28]والعرق الواحد منهما يأخذ من الناحية اليمنى الى الناحية اليسرى ويجوز تحت الثدى [29]وينتهي الى الطحال والى الكلية. واما العرق الذي يأخذ من الناحية اليسرى [30]الى الناحية اليمنى فانه يمر بالرئة ومن هناك يمر بالثدى [31]وينتهي الى الكبد ثم يأخذ العرقان جميعا الى السرم. [32]فاما الزوج الرابع فانه يأخذ
من مقدم الرأس [1]والعينين الى تحت العنق والترقوتين ومن هناك [2]يمتد فوق العضدين ويمر بانثناء 513a
المرفقين ثم [3]يجوز من هناك الى الذراعين واصول الكفين [4]ثم يعطف من الذراعين الى الابطين [5]والجنبين من الناحية العليا حتى ينتهي العرق الواحد الى [6]الطحال والآخر الى الكبد ومن هناك يأخذ العرقان فوق البطن [7]حتى ينتهيا كلاهما الى المحاشي. [8]فهذا قول القدماء في صفة العروق [9]وبعض اصحاب العلم الطباعي وصفوا العروق ايضا [10]ولم يلطفوا النظر فيها وجميعهم [11]يزعم ان ابتداء العروق من ناحية الرأس والدماغ [12]ولم يصيبوا في قولهم والنظر الى خلقة العروق وتجزئتها

b12 سيانسوس] ساسوس L : ساسوس T : Συέννεσις || وديوجانس] ودبوحاس L : ودبوجاس T : Διογένης || بلوبيس] بلموبس LT : Πόλυβος b14 يخرج L^{1}- b20 يسمى] سمى T || يأخذ + ان $L^{2}T$ b22 ويمر + ان $L^{2}T$ || وينتهيان] وينتهي L^{1} b23 يفترقان] يفترق L^{1} b24 يفصدها] يقصدها T : τὰς φλεβοτομίας ποιοῦνται b25 يفصدونها] يقصدونها T b28 منهما] منها T b31 السرم] السره T : τὸν ἀρχόν a2 العضدين] العضد L^{1} : τὰς κλεῖδας a7 ينتهيا] ينتها T a12 يصيبوا] يصبوا T

ومأخذها ومنتهاها عسر كما [13]قلنا اولا وانما يمكن معاينتها في الحيوان المخنوق [14]الذي هزل قبل
ذلك جدا. [15]فمن اراد معرفتها يقينا فليهتم ويعبأ بالنظر الى مثل هذا الحيوان الذي وصفنا وخلقة
وطبيعة العروق بقدر مبلغ علمنا على مثل هذه الحال. [16]في الصدر عرقان موضوعان [17]داخلان في
ناحية الفقار واحدهما اعظم من الآخر فذلك العرق الاعظم | يأخذ الى [18]مقدم الجسد والآخر T59
اعني الاصغر يأخذ خلفه | ثم يعدل الاعظم [19]الى الناحية اليمنى والاصغر الى الناحية اليسرى L38r
[20]وهو العرق الذي سماه بعض الناس باليونانية اورطي لانهم عاينوا [21]الجزء الذي فيه من عصب
في الاجساد الميتة. [22]وابتداء هذين العرقين من القلب وهما يأخذان الى سائر الجوف كله. [24]فاما
القلب فهو مثل جزء [25]من اجزائها لان العرق الاعظم موضوع [26]فوق القلب والاصغر موضوع
تحت القلب وفيما بينهما [27]القلب موضوع. ولجميع القلوب بطون في داخلها [28]ولكن ما صغر
من اجساد الحيوان جدا [29]تكون بطون قلوبها ليست بظاهرة وخاصة البطن العظيم. فاما ما كان
من الحيوان وسط الجثة [30]فالبطن الاوسط في قلوبها بين والبطن الآخر ايضا فاما ما عظم من
الجثث ففيه الثلثة البطون بينة ظاهرة [31]والجزء الحاد الناتئ من القلب مائل الى مقدم الجسد
[32]كما وصفنا اولا. والبطن العظيم يكون في الناحية العليا واليمنى [33]من القلب والبطن الاصغر
يكون في الناحية اليسرى والبطن الاوسط [34]يكون فيما بين هذين البطنين وهما [35]اصغر من
البطن الاعظم جدا. وهذه البطون جميعا مثقوبة [36]الى ناحية الرئة ولكن ليس ثقبها بينا لحال
صغر [1]السبل ما خلا ثقب البطن الواحد. والعرق العظيم [2]يخرج من بطن القلب الاعظم من 513b
الناحية العليا واليمنى [3]ويمر بالعمق الاوسط ويكون عرقا ايضا لان في ذلك البطن [4]جزءا من
اجزاء العرق وفيه يستنقع الدم. فاما العرق الذى يسمى اورطي [5]فانه يخرج من البطن الاوسط
وليس يشارك القلب مثل هذا العرق الذي وصفنا بل [6]جوفه اضيق كثيرا | [8]وخلقة العرق العظيم L38v

---

a13 يمكن] كان L^{1} a15 فليتم] فليهم T ‖ بقدر] وبقدر LT a18 خلفه] خلقه T a25 جزء من] حرم T : μόριον : Σ pars a28 اجساد] احشا L^{1} a30 فالبطن] والبطن T ‖ والبطن -T ‖ بينة] بديه T a31 الناتئ] الناتي L : الثانى T : πρόσθεν τὸ εἰς ἔχουσης : Σ prominens a corde a32 الناحية + اليسرى والبطن الاوسط يكون في الناحية L^{2}T a33–34 الصغر ... يكون -L^{2}T : ἐλαχίστη ἐν τοῖς ἀριστεροῖς : Σ minor sinister : ἡ δʻ a35 *الاعظم] الاوسط LT : τῆς μεγίστης : Σ maiore b3 *عرقا ايضا لان] عرقان بحولان LT : φλέψ πάλιν γίγνεται : Σ et erit vena quasi b4 *الدم] الامر T : τὸ αἷμα : Σ sanguis

من صفاق وجلد والعرق الآخر اضيق [9]منه وخلقته من عصب محض واذا امتد ونفذ [10]الى ناحية
الرأس والاعضاء التي تحت [11]يكون ضيقا. [12]ومن العرق العظيم يمتد جزء من ناحية القلب اولا
وينتهي [13]الى الرئة وينضم الى العرق الذي يسمى اورطي [14]ومن ذلك العرق يخرج عرقان آخران
T60 [15]ويأخذ احدهما | الى الرئة والآخر الى الفقار [16]والخرزة الآخرة من خرز العنق. والعرق الذي
يمتد الى الرئة يتجزأ اولا بجزءين [17]لان الرئة مجزأة ايضا بجزءين [18]ثم يتجزأ ذانك الجزآن في اجزاء
كثيرة ويأخذ كل جزء منها الى انبوب من انابيب الرئة اعني الى كل ثقب من ثقبها [19]والجزء
الاعظم يأخذ الى الثقب الاعظم والاصغر الى [20]الاصغر بقدر ما لا يكون جزءا من اجزاء الرئة
ليس فيه [21]ثقب ولا عرق فاما اواخرها فليست بينة [22]لحال صغرها وجميع الرئة [23]يظهر مملوءا
دما. وسبل العرق العظيم فوق سبل العرق الذي يسمى اورطي اعني [24]السبل الآخذة الى انابيب
وثقب الرئة. [25]فاما العرق الذي يمتد ويأخذ الى ناحية خرزة العنق والفقار [26]فيمتد ايضا ويمر
بالفقار وهو العرق الذي ذكر اوميرس الشاعر في بعض [27]ابيات شعره وقال ان الذي ضرب
صاحبه بالسيف في الحرب قطع ذلك العرق كله وهو العرق الذي [28]يمر بالظهر وينتهي الى العنق.
فهذا قول اميروس الشاعر في هذا العرق ومنه [29]ايضا تخرج اجزاء عروق تأخذ الى كل ضلع والى
[30] كل خرزة من الخرز وهو [31]يتجزأ بجزءين فوق الخرزة التي تعلو الكليتين. [32]فالعرق العظيم يتجزأ
بقدر ما وصفنا والعرق الذي فوق [33]هذا العرق العظيم اعني الذي يخرج من القلب ايضا [34]يتجزأ |
L39r باجزاء كثيرة وبعض تلك الاجزاء تأخذ الى [35]الترقوتين والجنبين ومن ناحية الابطين تأخذ [36]الى
العضدين في اجساد الناس. فاما في اجساد ذوات الاربع قوائم فانها تمتد الى [1]خلف الساقين 514a
وفي اجساد الطير تأخذ الى الجناحين [2]وفي اجساد السمك تأخذ الى الاجنحة التي في مقاديم
اجسادها. [3]والعروق التي تفترق من هذا العرق اولا تسمى [4]عروق الذبحة وما يفترق من عروق
العرق العظيم في ناحية العنق [5]فانها تمتد وتأخذ الى العرق الخشن اعني قصبة الرئة. [6]وان امسك
احد هذه العروق بيده حينا عرض لصاحبها خنق [7]حتى يقع مثل الميت بغير حس ويغمض
T61 عينيه. [8]فهى تمتد كما وصفنا [9]والعرق الخشن فيما بينها حتى | تنتهي الى ناحية الاذن حيث يلتئم

b18 ذانك] ذلك LT || *الجزآن] الحران L : الحرار T : Σ duo   b25 ناحية -L^{1} b28 اميروس -L^{1}

b31 *بجزءين] بحروين L : جروين T : διχῇ : Σ in duo   b32 فالعرق] والعرق T   b33 اعني -L^{1}

b36 قوائم + قوايم L^{2} a1 الطير -L^{1} : τοῖς δ’ ὄρνισιν : Σ avium   a4 الذبحة] الذبيحة T : σφαγίτιδες :
Σ vene decollationis

[10]عظم اللحى بالرأس ومن هناك ايضا تفترق العروق وتتجزأ باربعة اجزاء. [11]فالعرق الواحد من
الاربعة يعطف [12]الى ناحية العنق والكتف ويأخذ [13]الى العرق الذي ينشق من العرق العظيم
الذي في انثناء العضد. [14]فاما الجزء الآخر فانه يأخذ الى اليد [15]والاصابع وينتهي هناك. وعرق
آخر يمتد من الناحية التي تلي [16]الاذنين ويأخذ الى الدماغ ثم يتجزأ [17]بعروق دقيقة كثيرة تفترق
في الصفاق الذي يحيط [18]بالدماغ. فاما الدماغ بعينه فليس فيه دم البتة في صنف من اصناف
الحيوان [19]ولذلك ليس فيه عرق صغير ولا كبير [20]فاما سائر العروق التي تفترق من هذا العرق
الذي وصفنا [21]فبعضها يحيط بالرأس وبعضها [22]ينتهي الى آلة الحواس والاسنان [23]بعروق لطيفة
جدا.

⟨٤⟩ وبمثل هذا النوع [24]تتجزأ عروق من العرق الاصغر الذي يسمى اورطي [25]وتلك الاجزاء تتبع |
اجزاء العرق الاعظم وسبلها اصغر واضيق [26]من سبل العروق التي تتجزأ من [27]العرق الاعظم. L39v
[28]فهذه صفة جميع العروق التي تكون فيما يلي ناحية الجسد التي فوق القلب. [29]فاما جزء العرق
العظيم الذي تحت القلب [30]فانه يمتد ويمر على الحجاب مرتفعا عليه [31]وهو متشبك بالعرق الذي
يسمى اورطي وبناحية الفقار بسبل [32]خلقتها من عصب لينة. ومن ذلك العرق يأخذ [33]جزء واحد
الى ناحية الكبد وهو عرق عريض قصير ومنه [34]تخرج عروق كثيرة دقيقة وتمتد في الكبد
وتغيب فيه. [35]والعرق الذي يأخذ الى الكبد ينشق ايضا باثنين ويأخذ الشق الواحد [36]الى الحجاب
وما يلي الناحية السفلى وينتهي هناك [37]فاما الشق الآخر فانه يأخذ الى الابط والعضد [1]الايمن ويلتئم 514b
بالعرق الآخر الذي [2]في داخل انثناء المرفق ولذلك يفصد المتطببون هذا العرق [3]للذين بهم اوجاع
الكبد فيبرأون من تلك الاوجاع فاما من الناحية اليسرى [4]فانه يخرج عرق صغير لطيف وينتهي
الى الطحال [5]وينشق ايضا بعروق دقيقة جدا ويفترق ويغيب في الطحال. [6]وجزء آخر يفترق من
الناحية اليسرى من العرق العظيم [7]مثل ما وصفنا ويصعد الى العضد الايسر. | [10]وتفترق عروق T62
اخر من العرق العظيم ويأخذ العرق الواحد منها الى الثرب الذي على البطن [11]والآخر الى البطن
ومنه تفترق ايضا [12]عروق كثيرة وتأخذ الى المعاء الاوسط. وجميع هذه العروق [13]تلتئم الى عرق

a18–19 فليس ... فيه T-   a25 تتبع + احرا L del.   a31 يسمى] سمى T || بسبل] سبل LT : πόροις
a35 ايضا L¹-   a36 يلي + تلك L del. || السفلى L¹-   b10 *الى الثرب] بالثرب LT : ἐπὶ τὸ ἐπίπλοον : ad
Σ zirbum

واحد عظيم ويمر ذلك العرق بجميع المعاء [14]والبطن حتى ينتهي الى فم المعدة ومن هناك [15]ينشق
ايضا في عروق كثيرة. [16]وينبغي ان نعلم ان العرق العظيم والعرق الذي يسمى اورطي | ينتهي lac. L
الى ناحية الكليتين بغير افتراق [17]واذا صارت الى ناحية الفقار [18]افترق كل واحد منهما باثنين
مثل ساقي شكل المثلثة. واجزاء العرق العظيم تأخذ الى ناحية الظهر اكثر من اجزاء العرق الذي
يسمى اورطي [20]لان ذلك العرق يلصق بالفقار خاصة قبالة [21]القلب وانما يلصق بالفقار بعروق
صغار صلبة شبيهة بعصب [22]وهذا العرق واسع عند خروجه من القلب [23]فاذا استبعد عنه ضاق
وصارت خلقته شبيهة بخلقة عصب. [24]ومن هذا العرق ايضا تخرج عروق وتأخذ الى وسط المعاء
مثل [25]العروق التي تبدر من ⟨العرق⟩ العظيم وتأخذ الى وسط المعاء ولكن هذه اصغر [26]والطف
من العروق التي تبدر من العرق العظيم [27]وخلقة منتهى هذه العروق شبيهة بخلقة العصب دقيقة
مجوفة. فاما الى الكبد [28]والطحال فليس ينتهي عرق من العرق الذي يسمى اورطي البتة. [29]فاما
العروق التي انشقت من العرق الاعظم فانها تنتهي الى الوركين [30]وتماس العظم. [31]ومن العرق
العظيم تخرج ايضا عروق تأخذ الى الكليتين [32]وليس تفترق في عمق الكليتين بل في اجسادها
[33]ومن العرق الذي يسمى اورطي يخرج [34]سبيلان قويان ويأخذان الى المثانة [35]وسبل اخر
تخرج من عمق الكليتين ولكن ليس تشارك هذه السبل في العرق العظيم البتة. [36]ومن اوساط
الكليتين تخرج ايضا عروق مجوفة [37]خلقتها خلقة عصب وتأخذ الى الفقار [1]ومن هناك تأخذ 515a
الى الوركين وتغيب هناك حتى لا تظهر [2]ثم تستبين ايضا ممتدة على [3]الوركين ومن هناك تأخذ
الى المثانة والذكر [4]في الرجال واما في النساء فانها تأخذ الى [5]الارحام. وليس يأتي الى الارحام
عرق | من العرق العظيم البتة [6]واما من العرق الذي يسمى اورطي فانه ينتهي ⟨منه⟩ عروق T63
كثيرة متتابعة. [7]ومن العرق العظيم والعرق الذي يسمى اورطي تنشق [8]عروق اخر تأخذ الى ناحية
الاربيتين وهي مجوفة عظيمة [9]ومن الاربيتين تأخذ الى الفخذين والساقين وتنتهي الى [10]القدمين
والى الاصابع وايضا عروق اخر تمر بالاربيتين [11]وتأخذ الى ناحية الفخذين على خلاف لان العرق
الواحد يأخذ من الناحية اليسرى [12]الى الناحية اليمنى والآخر يأخذ من الناحية اليمنى الى الناحية

---

b16 والعرق -L^{1} b16–582a33(IX) اورطي ... في -L   b25 *⟨العرق⟩ : φλεβός : Σ vena   b29 *انشقت] اسقت T : Σ dividuntur   b35 *وسبل اخر تخرج] وسبيل آخر يخرج T : καὶ ἄλλοι : Σ alia via exit
a2 *ثم] يمر T : ἔπειτα : Σ deinde

اليسرى [13]ويأخذ بالعروق الاخر التي وصفنا انها عند الركبتين. [14]فقد بينا حال العروق من اين تخرج وكيف تفترق في جميع اعضاء الجسد [15]واصل العروق في جميع [16]الحيوان الذي له دم ولا سيما [17]العروق العظيمة. فاما سائر كثرة العروق فهو مختلف [18]لان الاعضاء تختلف ايضا باشكالها [19]وليس هى في جميع الحيوان متفقة متشابهة وانما يستبين كلما وصفنا خاصة [20]فيما عظم من الحيوان وكان كثير الدم [21]فاما فيما صغر منها وكان قليل الدم [22]فان ذلك يخفى اما لحال خلقتها واما لحال شحم غالب على اجسادها. [23]وربما كانت السبل مفترقة مسددة خفية شبيهة بسواقي ومجاري [24]ماء قد غلب عليها الطين والحمأة. وربما كانت عروقها دقيقة لطيفة قليلة [25]شبيهة بخيوط عروق وليست بعروق مجوفة فاما العرق العظيم [26]فهو بين ظاهر في جميع اجساد الحيوان ما عظم منها وما صغر.

⟨٥⟩ [27]فاما العصب الذي في اجساد الحيوان فهو على ما نصف. اما [28]اصلها فهو من القلب لان [29]في البطن العظيم من بطون القلب عصبا وخلقة العرق الذي يسمى [30]اورطي شبيهة بخلقة عصب لان اواخرها [31]ليست بمجوفة وهى قوية ممتدة مثل [32]العروق ولا سيما في الاماكن التي فيها تلصق بالعظام ولكن ليست [33]خلقة العصب متصلة متتابعة ملتئمة باصل واحد [34]مثل العروق فان
جميع العروق [2]تظهر [1]في كل الجسد المهزول جدا. [3]فاما [4]العصب فانه مفترق فيما يلي المفاصل 515b
T64 وانثاء العظام [5]ولو كان طباع جميع الحيوان متصلا متتابعا [6]لظهر | ذلك في الاجساد المهزولة
جدا. [7]واعظم اجزاء العصب يكون [8]في باطن الركبتين [9]والاجزاء الموافقة لقوة الاجساد [10]ولا سيما ما يأخذ منه الى ناحية الظهر ومراجع الكتفين. فاما ما يلي انثناء العظام من العصب فليس يسمى باسماء خاصة لها [11]لان جميع العظام التي يلصق بعضها ببعض [12]او يتركب بعضها في بعض مربوطة بعصب وفيها يلي جميع العظام [13]كثرة عصب. [14]والعصب من قبل [15]طباعه ينشق بالطول فاما بالعرض فليس ينشق البتة. [16]وهو يمتد امتدادا كثيرا وحول العصب رطوبة [17]بيضاء مخاطية

a13 *بالعروق اخر] بالعرق T : φλεψίν ἑτέραις ταῖς : Σ cum aliis   a23 *مسددة] سبدده T : συγκεχυμένοι   a25 العرق] العروق T[1] : φλὲψ : Σ vena   a26 *ظاهر] ظاهرين T : διάδηλος : Σ apparet   a31 *ممتدة] ممتل T : τάσιν ἔχει : Σ sunt ... extensa   a33 *متصلة B] مسعله T : συνεχὴς : Σ coniuncta   b6 *لظهر] بطهر T : καταφανὴς ἐγίνετο   b9 *والاجزاء] الاجزا T : Σ deinde partes

لزجة ومن تلك الرطوبة يتولد ويتغذى. [18]وينبغي لنا ان نعلم ان العروق تتصل وتلتئم بعد قطعها فاما العصب [19]فانه لا يتصل ولا يلتئم بعد قطعه. [13]وليس في الرأس شيء من العصب وانما [14]يمسك عظام الرأس بعضها ببعض من قبل التشعب والخياطة التي فيها. [21]وكثرة العصب تكون فيما يلي اليدين والرجلين [22]والاضلاع ومراجع الاكتاف والعنق [23]والعضدين. وجميع الحيوان الدمي عصب فاما [24]الحيوان الذي ليس له اثناء اعضاء لانه ليس له يدان ولا رجلان فله عصب دقيق [25]ليس ببين ولذلك لا يستبين العصب في اجناس السمك ما خلا العصب الذي يكون فيما يلي [26]الاجنحة.

⟨٦⟩ [27]واما العصب الدقيق الذي يشبه الخيوط فان طباعه فيما بين طباع العصب والعروق ويوجد في بعضه [28]رطوبة مائية شبيهة بمائية الدم وهي ممتدة منسوجة فيما بين [29]العصب والعروق. [30]ومن هذا الصنف صنف يكون في الدم [31]ولكن ليس في دم كل الحيوان بل في دم بعضها فاذا نزع من الدم [32]لا يجمد وان ترك على حاله جمد. [33]فهذا العصب الدقيق الذي وصفنا يكون في دم كثير من الحيوان فاما في دماء [34]الايلة والثيران والجواميس فليس يكون البتة [35]ولذلك لا تجمد دماؤها كما
516a تجمد دماء [1]غيرها. ودم الايل يجمد قليلا كما يجمد دم [2]الارنب ولكن لا يجمد جمودا صلبا [3]بل جمودا لينا مسترخيا مثل جمود اللبن [4]الذي لم تلق عليه انفحة ولا شيء آخر مما يجمد واما دم [5]الجواميس فهو يجمد جمودا قريبا [6]من جمود دم الخروف. [7]فهذه طبيعة العروق وجميع العصب اعني ما غلظ | منه وما دق جدا. T65

⟨٧⟩ [8]فاما العظام التي في اجساد سائر الحيوان فبعضها يلي بعضها [9]وتركيبها مؤلف لان بعضها لاصقة ببعض [10]وليس يمكن ان يكون عظم مفردا بذاته في شيء من الاعضاء اعني في اجساد الحيوان [11]التي يكون فيما عظام فاما تركيب الفقار فمن خرز وابتداء الفقار [12]من ناحية الرأس الى الوركين وجميع الخرز [13]بعضه لاصق ببعض وفوقها عظم الرأس [14]لاصق بها اعني الجمجمة. [15]وليس عظم الجمجمة في رؤوس جميع الحيوان على حال واحد [16]لانها ربما كانت مركبة من

b18 *تتصل] متصل T   b23 *الدمي B] الدى T : ὅσα ἔχει αἷμα Σ habens sanguinem   b24 *فله B] وله T   b27 ويوجد في بعضه] وبعضه T¹ : ἔνιαι δ’ αὐτῶν ἔχουσιν   a11 *وابتداء B] ابتداء T : ἀρχὴ δὲ : Σ et initium

عظم واحد [17]مثل رأس الكلب وربما كانت مركبة من عظام كثيرة مثل رأس الانسان. وفي رؤوس الناس خياطات فاما [18]رؤوس النساء فخياطتها مستديرة واما رؤوس الرجال ففيها ثلث [19]خياطات تجتمع الى اصل واحد ويكون شبيها بشكل مثلثة وقد وجد فيما سلف [20]رأس رجل ليس فيه خياطة البتة. وعظم الرأس مركب [21]ليس من اربع خياطات بل من ست منها اثنتان
فيما يلي [22]الاذنين والاربع في سائر الرأس فاما عظام [23]الوجنتين | فهي ممتدة من مقدم عظم T85
الرأس. وجميع الحيوان يحرك [24]الفك الاسفل ما خلا التمساح [25]فانه يحرك الفك الاعلى من جميع الحيوان فقط. [26]والاسنان مغروزة في عظام الوجنتين والفك الاسفل وربما كانت اسنان بعض الحيوان [27]مثقوبة بثقب نافذة الى اصولها وربما كانت على خلاف ذلك وليس يمكن ان ينقش شيء من الاسنان بالحديد. [28]فاما عظام الترقوتين [29]والاضلاع فهي لاصقة بعظام الفقار وبالفقار [30]الاضلاع تلصق وينضم بعضها ببعض ومنها ما لا يلصق بصاحبه الذي يكون قبالته. وليس [31]يكون عظام في بطون شيء من الحيوان البتة. [32]وعظام مراجع الكتفين مركبة على عظام الاكتاف وبعدها عظام العضدين والذراعين [33]والكفين. [36]فاما عظام الفخذين فهي لاصقة
516b [1]بعظم القحقح [2]وبعدها عظام الساقين [3]والقدمين. وليس فيما بين عظام الحيوان الذي له دم ورجلان [4]اختلاف الا شيء يسير وانما اختلافها [5]باللين والجساوة والعظم [6]وفي عظام بعض الحيوان مخ وليس في بعضها [7]ومن الحيوان ما ليس في عظمه مخ [8]الا شيء قليل في يسير منها مثل الاسد [9]فانه لا يوجد في عظامه مخ غير ⟨في⟩ عظام الفخذين والعضدين وذلك دقيق قليل [10]وعظام الاسد خاصة صلبة اكثر من عظام جميع الحيوان واكثره جساوتها [11]ولذلك اذا حك احد بعضها ببعض خرجت منها نار [12]وللدلفين ايضا عظام وليس له شوك. فاما عظام سائر [13]الحيوان الذي له دم فهي تختلف اختلافا يسيرا مثل اجناس [14]الطير. وشوك [15]حيوان البحر ايضا مختلف لان ما كان منها يلد حيوانا فهو غليظ الشوكة [16]مثل الحيوان الذي يسمى باليونانية سلاشي. فاما ما يبيض منها بيضا فله شوك [17]شبيه بفقار الحيوان الذي له اربعة ارجل. وفي اجساد [18]السمك شيء خاص
بها اعني ان في لحوم عظامها [19]شوكا دقيقا مفترقا وللحيات ايضا شوك شبيه بشوك | السمك [20]لان T86

---

a21 اثنتان] سان T : δύο : Σ duabus   a27 *ينقش] O يتقس : T γλύφεσθαι : Σ sculpetur
a29 *وبالفقار] بفقر T   b9 ⟨في⟩ : ἐν : Σ in   b11 اذا] اذ T : Σ quando   b19 بشوك] بالشوك T : ἀκάνθια : Σ spinae

فقارها شبيهة بالشوك. فاما ما كان من الحيوان الذي له اربعة ارجل [21]ويبيض بيضا فان خلقة عظام ما عظم منها اشبه بخلقة عظام غيرها فاما [22]ما صغر منها فخلقتها قريبة من خلقة الشوك. وجميع الحيوان الذي له دم [23]فقار مخلوق اما من عظم واما من شوك فاما سائر [24]عظام اجسادها فانها تختلف [25]بقدر اختلاف اعضائها. [30]فهذه صفة خلقة وحال عظام [31]الحيوان.

⟨٨⟩ وينبغي لنا ان نعلم ان طبيعة الغضروف وخلقته قريبة من خلقة [32]العظام وطبعها وانما الاختلاف بينهما في اللين والجساوة. [33]وكمثل ما لا ينبت عظم ولا يلتئم اذا قطع كذلك لا يلتئم ولا ينبت الغضروف ايضا. [34]وليس غضروف الحيوان البري الذي يلد حيوانا [35]مثقوبا مجوفا ولذلك لا يكون فيه [36]مخ كما يكون في العظام. فاما الغضروف الذي يكون في الحيوان البحري
517a الذي يسمى باليونانية سلاشي [1]ففيما عرض منه ⟨في⟩ ناحية الفقار [2]رطوبة [3]شبيهة بمخ. وفيما يلي آذان الحيوان المشاء الذي يلد حيوانا [4]غضروف وفي آنافها وفي بعض اطراف [5]عظامها ايضا.

⟨٩⟩ [6]وفي اجساد الحيوان اعضاء اخر لا تشبه [7]خلقة العظام والغضروف ولا هى بعيدة من خلقتها مثل الاظافر والاظلاف [8]والقرون والحوافر ومناقير [9]الطير. وجميع ما وصفنا من هذه الاعضاء [10]مما يمكن ان يعقف وان يشق فاما العظم [11]فليس يعقف ولا ينثني ولا يشق بل يرض رضا. والوان [12]القرون والاظفار والحوافر والاظلاف [13]تكون بقدر الوان الجلد والشعر [14]واما ⟨ما⟩ كان منها اسود الجلد فهو اسود القرون [15]والاظلاف وما كان منها ابيض الجلد [16]فان ما وصفنا
من اعضائها بيض ايضا واذا كان لون الجلد فيما بين البياض | والسواد يكون لون هذه الاعضاء T65
كمثل وكذلك [17]تكون الاظفار ايضا. فاما الاسنان [18]فلونها مثل لون العظام ولذلك [19]اسنان السود والحبشة بيض مثل عظامهم [20]فاما لون اظفارهم فاسود كلون اجسامهم. [21]وينبغي ان نعلم ان كثيرا من القرون مجوفة في الناحية السفلى [22]فيما يلي الرأس عند موضع نباتها فاما الطرف الاعلى [23]فصلب ما خلا قرون الايلة فانها [24]صلبة من كلا الطرفين وهى كثيرة الشعب. [25]وليس يلقي شيء من الحيوان قرونه ما خلا الايل [26]فقط فانه يلقيها في كل سنة مرة ان لم يخص [27]وسنصف

---

b21 بخلقة] خلقة T   a1 ⟨في⟩ : ἐν : Σ in   a12–14 تكون ... والشعر -T¹ : κατὰ τὴν τοῦ ... χρόαν
Σ secundum colores corii et pilorum : δερματος καὶ τῶν τριχῶν   a16 *بين B] كان T : μεταξὺ
a21 *القرون] العروق T : κεράτων δὲ τῶν : Σ cornua

حال قرون الايلة التي تخصى فيما يستأنف. والقرون اللاصقة بالجلد نابتة عليه [28]اكثر من نباتها على العظم ولذلك يزعمون ان في البلدة التي تسمى باليونانية افروجيا [29]اصنافا من الحيوان تحرك قرونها كحركة [30]الآذان. ولجميع الحيوان الذي له اصابع فله اظفار ايضا [31]وكل ما كان له ايضا منها ارجل فله اصابع ما خلا الفيل ‹فان له› [32]اصابع بعضها ملتئم ببعض بمفاصل خفية لانها ليست | 517b بمشقوقة [33]وليس للفيل اظفار اعني مخاليب البتة. واظفار بعض الحيوان مستقيمة مبسوطة [1]مثل الانسان واظفار بعضها معقفة وهى التي تسمى مخاليب مثل [2]مخاليب الاسد والعقاب من اصناف الطير. T66

‹١٠› [4]فاما الشعر فانه لا يكون الا في اجساد الحيوان المشاء [5]الذي يلد حيوانا فاما ما كان منها يبيض بيضا ويمشي فجلده مفلس بتفليس بين ظاهر. [6]فاما اصناف السمك فهى مختلفة لان ما يبيض منها بيضا رقيقا سخيفا ضعيفا فله قشور فاما ما كان منها [7]مستطيل الجسد فليس له قشور ولا يبيض بيضا مثل الذي يسمى باليونانية جنجروس واسموريا [8]فاما الانكليس فليس له شيء مما وصفنا البتة. فاما الشعر فهو يختلف بالغلظ [9]والدقة والعظم [10]وانما يكون كثرة ذلك الاختلاف بقدر الاعضاء والجلد الذي نابت منه الشعر فانه [11]اذا غلظ الجلد [12]كان الشعر اجسى واغلظ [13]فاما ما كان منه في اعضاء كثيرة الرطوبة عميقة فهو الين وادق واطول. [14]وكذلك يعرض [15]للحيوان الذي له شعر [16]فانه اذا نقل من مراع ليست بمخصبة الى مراع مخصبة صار شعرها اجسى واغلظ واذا نقل من مراع مخصبة الى خلاف ذلك صار [17]شعرها الين واقصر والصوف كمثل. والشعر ايضا يختلف بقدر اختلاف البلدان [18]الحارة والباردة المزاج مثل شعر الناس فان [19]شعورهم في الاماكن الحارة جاسية وفي الاماكن الباردة لينة. [20]وما كان من الشعر مستقيما فهو لين وما كان منه جعدا [21]فهو جاس.

‹١١› والشعر ينشق من قبل طباعه [22]وفيه اختلاف كثير اذا قيس بعضه الى بعض لان منه [23]ما يزداد جساوة قليلا قليلا حتى يكون غير شبيه بالشعر [24]ويصير كالشوك مثل شوك القنافذ

a31 *‹فان له› : O : ἔχει : Σ quoniam habent   a32–33 وليس] ولذلك ليس T² : οὐκ ὅλως .... καὶ : Σ et propter hoc   b6 *فله قشور B] القشور T : λεπίδας ... ἔχει   b16 مراع (3x)] مراعى (3x) T   b20 *مستقيما B] شكا T : εὐθεῖαι : Σ rectum

البرية [25]وذلك ايضا يعرض لجنس الاظفار فانه يكون في بعض [26]الحيوان جاسيا جدا شبيها
بخلقة العظام. [27]فاما جلد الانسان فهو رقيق جدا اكثر من جلود جميع الحيوان او بقدر [28]عظم
جسده. وفي بعض الجلود رطوبة لزجة مخاطية [29]وهى في بعضها اقل وفي بعضها اكثر مثل الرطوبة
التي تكون في جلود [30]البقر اعني التي منها يهيأ الغراء وفي بعض الاماكن | [31]يهيأ ايضا غراء T67
من السمك. وليس للجلد حس اذا قطع [32]وخاصة جلد الرأس [33]لانه ⟨ليس⟩ فيما بين الجلد
والعظم لحم البتة في ذلك المكان. واذا [1]كان الجلد في موضع من مواضع الجسد خاليا من اللحم 518a
البتة فانه لا يلتئم اذا قطع [2]مثل الجزء الرقيق من الوجنتين وطرف القلفة واطراف الاشفار.
[3]وجلود جميع اجساد الحيوان ملتئمة ليس بمفترقة ولا منفصلة ما خلا [4]الاماكن التي فيها سبيل
الطعم [5]والتنفس وخروج الفضول واماكن الاظفار وما كان من السبل اللطيفة التي يخرج منها
العرق. ولجميع الحيوان الدمي جلد [6]وليس لجميعها شعر بل كما وصفنا فيما سلف. [7]والشعر يتغير في
الانسان عند الكبر و يبيض [8]وذلك يعرض لسائر الحيوان ايضا من غير ان يكون بينا [9]جدا ما خلا
الفرس فان بياض الشعر يظهر فيه ظهورا جيدا. وانما مبدأ بياض الشعر من الاطراف [10]وكثير
منه ينبت ابيض من اصله. [11]ولذلك نقول ان الشيب وبياض الشعر ليس هو يبس كما زعم
بعض الناس الذين يدعون العلم [12]لانه ⟨لا⟩ يمكن ان يكون شيء من الاشياء يابسا من اصل نباته.
[13]وربما مرض بعض الناس [14]فيبيض شعره جدا فاذا برئ وقع ذلك الشعر الابيض ونبت مكانه
شعر اسود كما كان قبل ان يمرض [15]وربما ابياض الشعر اذا غطى كثيرا بعمامة وغير ذلك [16]واذا
اصابه تنفس شديد من قبل انفتاح السبل. واول ما يبياض من شعر الرأس [17]في الناس الصدغان
ومقدم الرأس قبل المؤخر [18]وآخر ما يبياض من شعر الانسان شعر العانة. وبعض الشعر مولود
مع الانسان [19]وبعضه ينبت اخيرا بعد ما يطعن الانسان في السن وانما يعرض ذلك للانسان فقط
وليس يعرض [20]لسائر الحيوان. والشعر الذي يولد مع الانسان شعر الرأس والحاجبين والاشفار
[21]فاما ما ينبت منه اخيرا فشعر العانة ينبت [22]اولا ثم يتبعه ⟨شعر⟩ الابطين وبعد ذلك شعر [23]اللحية
فهذه الاماكن التي يكون فيها شعر [24]مع الولاد وبعد الولاد. والشعر ينقص ويقع [25]من الرأس

---

b33 *⟨ليس⟩ : ἀ(σαρκότατον) : Σ carente (carne) ‖ العظم] الطعم T : τὸ ὀστοῦν   a5 الدمي] الذى T : ἔναιμα Σ habens sanguinem   a12 *⟨لا⟩ يمكن] يمكن B T : Σ non est possibile ‖ *نباته] بيانه B T : Σ : sui crementi

T68 بقدر السن [26]واول الشعر الذي يقع | ⟨من⟩ الرأس ما يكون في مقدمه ثم ما يليه الى وسط الرأس فاما ما كان منه خلف الرأس فليس يقع ولا ينتثر لانه لا يكون [27]احد اصلع من مؤخر رأسه فالصلعة تكون في مقدم الرأس ووسطه وما قرب منه فاما الشعر الذي ينقص من مقدم الرأس فهو يسمى [28]نزعة. [29]وليس يكاد ان يعرض شيء مما وصفنا قبل الاحتلام [30]وليس يكون صبي اصلع ولا امرأة [31]ولا احد ممن يخصى وان خصي احد قبل الاحتلام لم [32]ينبت في جسده شيء من الشعر الذي ينبت بآخرة وان خصي بعد الاحتلام فذلك الشعر يتناثر فقط [33]ما خلا شعر العانة. وليس ينبت للنساء شعر في مكان اللحية [34]ما خلا شعرا يسيرا لبعضهن وذلك اذا احتبس

518b طمثهن [1]فاما سائر الشعر فانه ينبت في اجساد النساء غير انه اقل. [2]وربما كان بعض الرجال والنساء ناقص [3]الشعر الذي ينبت اخيرا وذلك الصنف مما لا يكون له زرع ولا ولد ولا سيما [4]من لم يكن له شعر في موضع العانة. والشعر [5]الذي في الرأس يطول [6]والذي في اللحية لا سيما الشعر الدقيق. وربما كثر [7]شعر الحاجبين عند الكبر حتى تدعو الحاجة الى قصه [8]وذلك لانه نابت من الجلد الذي على عظمين لاصقين احدهما بالآخر [9]فاذا افترق ذلك الالتصاق خرجت منه رطوبة اكثر. فاما شعر [10]الاشفار فليس يطول وشعر الرأس ينتثر ويقع عند ابتداء المجامعة [11]ولا سيما للذين يفرطون في الجماع [12]وشعر الحاجبين يبياض اخيرا. واذا نتف شيء من الشعر في وقت قبل [13]الشبيبة وفي اوانها فهو ينبت ايضا فاما بعد ذلك فليس ينبت الا نباتا ضعيفا. وفي اصول جميع الشعر [14]رطوبة لزجة تخرج معها اذا نتفت [15]وكل ما كان من الحيوان مختلف الوان [16]⟨الشعر فمختلف الوان⟩ الجلد ايضا [17]ولون جلد ⟨لسان⟩ الانسان يكون ايضا مختلفا. [18]وربما كان بعض الرجال كثير الشعر في اسفل اللحية وما بين الصدغ الى حد الخد [19]مكشوفا قليل الشعر وربما كان على خلاف ذلك اعني اسفل اللحية قليل الشعر والناحية العليا كثيرة الشعر [20]فاما المنتوفو اللحى فليس يكونون صلعا الا شيئا يسيرا. [21]والشعر يطول ويكثر في | بعض الامراض مثل ما T69

---

a25 *السن B] السق T : τὴν ἡλικίαν : Σ aetates   a26 *⟨من⟩ : ἐκ : Σ a   a31 *قبل B] من T : πρὸ : Σ ante   a32 ينبت(1)] يشبت T : φύει : Σ oritur || *يتناثر B] ساىن T : ἐκρέουσι : Σ fluunt   a33 *للنساء] النسا T : Σ in mulieribus   b10 *ينتثر O] سين T : ῥέουσι : Σ fluunt   b12 *وقت B] فد T || *قبل B] مثل T : μέχρι : Σ ante   b13 *الشبيبة B] السبية T : τῆς ἀκμῆς : Σ iuventutem   b16 *⟨الشعر فمختلف الوان⟩ : τὰς τρίχας .... προϋπάρχει ἡ ποικιλία : Σ in pilis et etiam diversi coloris   b17 *⟨لسان⟩ : τῆς γλώττης : Σ linguae   b19 الشعر(2) + اللحية قليل الشعر T

يعرض في اصناف السل [22]وعند الكبر فاما شعر الموتى فانه يكون اجسى بعد ما [23]كان لينا ومثل هذه الاعراض يعرض للاظفار. [24]وشعر الذين يفرطون في الجماع ينتثر اكثر [25]اعني الشعر الذي يكون من الولادة فاما الشعر الذي ينبت آخيرا فانه ينبت لمثل هذا الصنف عاجلا. فاما الذين يجامعون جماعا معتدلا [26]فليس يكونون صلعا الا شيئا يسيرا وبعض الناس يكونون صلعا فاذا تزوجوا [27]نبتت ايضا شعور رؤوسهم وليس ينشؤ شيء من الشعر من الناحية التي يقع او يقص بل [28]ينشؤ وينبت من اصله حتى يعظم. فاما قشور [29]اصناف السمك فانه يكون اجسى واغلظ بعد السفاد فاما عند [30]الكبر والهزال فان القشر يكون اجسى. [31]واذا طعنت في السن ذوات الاربعة الارجل فشعرها يكثر وما [32]كان منها له صوف فهو يكون اخصب واكثر [33]ومثل هذا العرض يعرض للحوافر والاظلاف اعني العرض الذي يعرض للاظفار.

519a ⟨١٢⟩ [35]فاما الوان ريش [1]اصناف الطير فانه ليس يتغير بقدر اسنانها [2]ما خلا الغرانيق فان لون ريشها يكون في حداثتها رماديا ويسواد عند [3]كبرها وربما تغيرت الوان ريش بعض الطير [4]لحال تغير الزمان لشدة برد الهواء او حره ولذلك [5]يتغير سوادها ويكون الى البياض [6]ما هو مثل ما يعرض للغربان والعصافير والخطاف فاما ما كان ريشه [7]ابيض فليس يتغير ذلك اللون الى السواد. [8]ولون ريش بعض اصناف الطير يتغير بقدر تغير ازمان السنة [9]حتى لا يعرفها الا العالم بحالها. [10]ولون شعر بعض الحيوان يتغير بقدر تغير المياه التي يشرب منها [11]ولذلك يكون لون الشعر في مكان ابيض وفي مكان آخر اسود. [12]ومن المياه [13]اذا شرب منها الاغنام ثم سفدت بعد شربها [14]تلد خرفانا سودا مثل ما يعرض في البلدة التي تسمى باليونانية خلقيدقي [15]فيما يلي ثراقي فانها اذا شربت من النهر الذي يسمى [16]البارد ثم سفدت تولدت بمثل ما وصفنا وفي البلدة التي تسمى باليونانية | انطندريا T70
نهران [17]احدهما يصير الوان ما يولد من الغنم سودا والآخر يصير الوانها بيضا. [18]فاما النهر الذي يسمى باليونانية اسقمندروس فانه يصير الوان ما يولد من الغنم شقرا. [20]ومن الحيوان ما ليس له [21]شعر لا فيما يلي خارج جسده ولا فيما يلي باطنه. [22]فاما الارانب فهي كثيرة الشعر وفي باطن

b24 *ينتثر B] سز T : ῥέουσι : Σ fluunt   b25 *آخيرا] اخرا T : αἱ δ’ ὑστερογενεῖς : Σ post   b30 القشر] الشعر T : (b29) αἱ λεπίδες : Σ corticis   a11 لون] الوان T : Σ color   a12 المياه + مياه T   a15 ثراقي] نواقى T : Θρᾴκης : Σ Traciam   a18 اسقمندروس] اسعدرون T : Σκάμανδρος : Σ aschamidaroz

اشداقها [23]شعر وتحت ارجلها وليس للحيوان الذي يسمى باليونانية مسطقيطوس اسنان [24]في فيه بل شعر شبيه بشعر الخنزير. [25]فاما اطراف اجساد الحيوان الذي له شعر فله شعر كثير في مؤخر تلك الاطراف فاما في مقدمها فلا والشعر يطول وينشؤ من اصله اذا قطع وليس من موضع القطع كما وصفنا فيما سلف. [26]فاما الريش فانه اذا قطع لا ينشؤ ولا يزداد لا من فوق ولا من اسفل بل يقع وينتثر. [27]واذا وقع جناح شيء من النحل لا ينبت ولا شيء آخر [28]مما له جناح ⟨لا⟩ ينشق واذا [29]القت النحلة حمتها لا تنبت بل تموت النحلة.

⟨١٣⟩ [30]وفي جميع اجساد الحيوان الدمي غطاء اعني صفاقات [31]والصفاق شبيه بجلد رقيق صفيق ومن الصفاقات [32]صنف لا ينشق ولا يمتد وفيما يلي [33] كل عظم وكل عضو من اعضاء الجوف
519b صفاق [34]فيما عظم من الحيوان وما صغر. [2]واعظم الصفاقات التي في الجسد الصفاقان اللذان في الرأس [3]واحدهما الذي يحيط بقحف الرأس وهو اقوى واغلظ من الذي [4]يحيط بالدماغ وبعد هذين صفاق كبير وهو الذي يلي القلب [5]وليس يلتئم صفاق مكشوف من اللحم واذا انكشفت العظام [6]من الصفاقات تضرب ضربانا وجيعا مؤذيا.

⟨١٤⟩ [7]والثرب ايضا صفاق ولجميع الحيوان الدمي ثرب [8]وهو في بعضها سمين كثير الشحم وفي بعضها مهزول وليس عليه شيء من الشحم. [9]وابتداء الثرب متعلق بوسط البطن في الحيوان الذي يلد حيوانا [10]وله اسنان في الفكين جميعا وذلك التعليق شبيه بخياطة. [11]فاما في الحيوان الذي ليس له اسنان في الفكين فهو متعاق بالبطن الاعظم [12] كمثل.

⟨١٥⟩ [13]والمثانة ايضا شبيهة بصفاق ولكن كانها جنس آخر منفرد من اجناس [14]الصفاقات لانها
T71 تمتد جدا. ولجميع الحيوان الذي يلد حيوانا | مثانة [15]فاما الحيوان الذي يبيض بيضا فليس له مثانة ما خلا اللجأة. فاذا انقطعت [16]المثانة لا تلتئم ان لم يكن قطعها قريبا من اصل [17]الذكر وربما اصابها

---

a22 *اشدقها B] اشدابها T : τῶν γνάθων : Σ mandibulas   a27 جناح] حماح T : τὸ πτερὸν : Σ ala   a28 ⟨لا⟩ ينشق] ىشوا T : ἄσχιστον   a30 *غطاء] عصد T : ὑμένες : Σ tele   a33 *اعضاء] اعظا T : Σ membrum   b6 *وجيعا] وجميعا T : Σ doloroso   b7 *والثرب] وللسرب T : τὸ ἐπίπλοον : Σ zirbus   b10 *الفكين B] الكفين T : ἀμφώδουσιν : Σ utraque mandibula   b11 *الفكين B] الكفين T : ἀμφώδουσιν

قطع فالتأمت وذلك في الفرط مرة وقد عرض فيما سلف عرض مثل هذا. [18]وليس تخرج رطوبة من مثانة الموتى [19]وربما اجتمعت فضلة يابسة في مثانة الاحياء ومن تلك الفضلة تكون الحصاة. [22]فهذه طبيعة العروق والعصب والجلد [23]والعضل والصفاقات والشعر [24]والاظلاف والحوافر والقرون والاسنان والمناقير [25]والعظام والغضروف وما يلائمها من الاعضاء.

⟨١٦⟩ [26]واما اللحم وما يلائمه في الطبيعة [27]فانه يكون في جميع الحيوان الدمي فيما بين الجلد [28]والعظم وكل ما يلائم العظام وبقدر ملاءمة [29]العظمة الى الشوكة كذلك ملاءمة اللحم الى ما يشبهه [30]في الحيوان الذي في جسده عظم وشوك. [31]واللحم يقطع وينشق بالعرض والطول وبكل وجه من الوجوه وليس ينشق بالطول فقط مثل العصب والعرق. [32]فاذا هزلت اجساد الحيوان تذهب لحومها [33]ولا يظهر فيها شيء ما خلا العصب والعروق مع الجلد واذا خصبت اجسادها [34]امتلأت شحما [1]واذا كثر لحم اجساد الحيوان تكون عروقها اضيق وادق من غيرها ويكون 520a
الدم الذي فيها [2]اكثر حمرة واجوافها اصغر. فاما [3]اذا كانت العروق عظيمة فان الدم يكون شديد السواد [4]وجميع اعضاء الجوف الى السواد ما هو والبطون عظيمة واللحم [5]قليل واذا كانت البطون صغيرة يكون اللحم كثير الشحم.

⟨١٧⟩ [6]وفيما بين الثرب والشحم اختلاف [7]من قبل ان الثرب يتفتت ويجمد اذا برد [8]فاما الشحم فهو يذوب ولا يجمد. [9]وليس تجمد امراق لحم الحيوان السمين مثل الفرس والخنزير فاما ما كان [10]كثير الثرب فمرقه يجمد مثل مرق لحم المعزى والغنم. [11]وبينهما اختلاف من قبل الاماكن التي تكون فيها لان الشحم يكون فيما [12]بين الجلد واللحم فاما الثرب فليس يكون الا في [13]آخر اللحم. والثرب يكون [14]سمينا في الاجساد السمينة فاما في الاجساد المهزولة فمهزول. [15]وفي اجساد
الحيوان الذي له اسنان في الفكين جميعا شحم | وفي اجساد ما ليس له اسنان الا في الفك الواحد T72
[16]ثرب. فاما من اعضاء الجوف فالكبد تكون [17]كثيرة الشحم في بعض الحيوان كما تكون في بعض اصناف السمك اعني الذي يسمى باليونانية سلاشي [18]فان بعض الناس يذيبون اكبادها ويخرجون

b19 *الحصاة] الحصاه T : οἱ λίθοι : Σ lapis   a7 *يتفتت O] نعفتب T : θραυστὸν ἐστι : Σ pulverizatur

a10 المعزى] الحيوان والبقر T[1] : αἰγός : Σ caprae   a14 الاجساد(2)] الاحشا T   a18 *يذيبون] يدينون T : Σ liquefaciunt : τηκομένων

منها زيتا كثيرا. [19]فاما اجساد هذا الحيوان الذي وصفنا فليس فيها شيء من الشحم مفترق لا في لحومها ولا في [20]بطونها وثرب السمك [21]مخلوط بشحم ولذلك لا يجمد. ولحوم بطون السمك الذي يسمى سلاشي تظن ان [23]ليس فيها شحم البتة لانه ليس فيها شحم مفترق وعلى حدته. وفي ثرب بعض اجناس السمك شحم مخلوط ولذلك لا يجمد. وهذا العرض في جميع اجساد الحيوان مختلف لان شحم [22]بعضها مختلط باللحم [23]فهو قليل الشحم فيما يلي [24]البطن والثرب مثل الانكليس فان شحمه قليل [25]فيما يلي الثرب وكثير من الحيوان يكون سمينا فيما يلي [26]البطن ولا سيما ما لم يكن منها كثير الحركة. [27]فاما دماغ الحيوان الذي له شحم فهو دسم مثل الخنزير [28]واما دماغ الحيوان الذي له ثرب فهو يابس جاف. وما يلي الكليتين [29]كثير الشحم خاصة اكثر مما يلي سائر جوف الحيوان والكلية اليمنى تكون في كل حين [30]اقل شحما من اليسرى. وان كانت الكليتان سمينة جدا فربما عرضت سدة للحيوان من قبل الشحم الذي يكون [31]على بين الكلى [32]ولا سيما اذا كان الحيوان كثير الشحم من قبل الطباع مثل الخروف فانه [33]اذا تغطت كليتاه بالشحم من كل ناحية يهلك
520b ويموت. وانما يكثر شحم كلى الحيوان من قبل جودة المرعى [1]مثل ما يعرض في بلد من البلدان ولذلك يصرفون [2]الاغنام من مراعيها سريعا لكيما لا تنال منها اكثر من حاجتها.

⟨١٨⟩ [3]وما يلي حدقة العين في جميع الحيوان كثير [4]الشحم [5]وان [6]كانت العين جاسية. وجميع الحيوان الكثير الشحم قليل الزرع [7]الذكر منها والانثى وشحم جميع الحيوان يكون عند الكبر والطعن في السن [8]ولا سيما اذا انتهى نشوء الطول والعرض [9]وكانت زيادة من زيادة الجسد وتربية في العمق.

T73 ⟨١٩⟩ [10]فاما الدم فهذه حاله فان الدم شيء [11]مشترك عام في جميع الحيوان الدمي وهو مما | يحتاج اليه باضطرار وهو [12]طباعي ليس بمستأنف ولا عرضي. وكل دم [13]يكون في اوعية اعني في التي تسمى العروق وليس يكون في عضو آخر [14]ما خلا القلب فقط. وليس للدم حس [15]اذا مسه

---

a21 يجمد] بجمده T : πήγνυται : Σ coagulatur   a24 *فان] فلى T || *شحمه] شحماه T : πίονα :
pinguedinis || قليل] دليل T : ἧττόν : Σ paucae   a30 *فربما] وربما T   a33 *المرعى B] الم
عن T : εὐβοσίαν : Σ pascua   b1 من البلدان T^{1}-   b9 *وتربية] ورس T : αὐξάνηται   b11 *الدمي]
الذي T : ἐναίμοις : Σ habentibus sanguinem   b12 وكل] كل T : πᾶν δ' : Σ et omnis   b14 حس]
حس T : αἴσθησιν : Σ sensum

احد في شيء من اجساد الحيوان كما ليس لفضلة [16]البطن حس ولا للدماغ ولا للمخ [17]اذا مس
احد شيئا منها. وحيث ما قطع اللحم [18]خرج منه دم اذا كان الجسد حيا ان لم يكن ذلك اللحم
فاسدا من قبل مرض او عرض له. [19]ومذاقة الدم حلوة من قبل طباعه اذا [20] كان صحيحا ولونه
احمر. [21]وليس بغليظ جدا ولا رقيق [22]ان لم يعرض له ذلك من قبل عارض او شيء آخر مخالف
لطباعه. [23]واذا كان الدم في جسد الحيوان فهو رطب حار واذا خرج [24]من الجسد وظهر للهواء
فهو يجمد. ودم كل حيوان يجمد ما خلا دم الايل والارنب وكل [25]ما له طباع مثل طباعها واما دم
سائر الحيوان فهو يجمد [26]ان لم يخرج منه العروق الدقاق التي تشبه الشعر [27]ودم الثور يجمد عاجلا
اكثر من جميع الدماء. [29]وما كان من الحيوان حسن الحال اما من قبل الطباع واما من قبل
[30]الصحة فليس هو كثير الدم جدا مثل دم من شرب شرابا [31]حديثا وليس دمه ايضا قليلا مثل
دم الاجساد السمينة جدا فان دم [32]الاجساد السمينة قليل نقي ولذلك تكون [33]تلك الاجساد
521a سمينة لانه كلما كثر الشحم قل الدم. [1]وكل جسد دمي يعفن عاجلا [2]ولا سيما ما يلي العظام.
[3]وللانسان دم نقي رقيق جدا [4]فاما دم الحيوان الذي يلد حيوانا فهو غليظ اسود جدا وخاصة
دم الثور والحمار. [5]والدم الذي يكون في اسافل الاجساد اغلظ واشد سوادا من الذي يكون في
عليتها. [6]والدم واللبن يضربان ضربانا شبيها بضربان محس [7]في جميع عروق الحيوان وليس شيء
من الرطوبات [8]التي في الجسد رطوبة تعم في جميع جسد الحيوان ما خلا الدم فقط وهو موجود
في الجسد في كل حين ما دام [9]حيا. فاول ما يكون الدم في جسد الصبي الذي يخلق في الرحم
انما يخلق في القلب [10]من قبل ان يفصل جميع الجسد. [11]واذا عدم الجسد الدم بلي وفسد [12]ولذلك
T74 يموت كثير من | الناس وغيرهم من الحيوان من افراغ كثرة الدم. فاما اذا ترطب الدم [13]جدا
فانه يكون علة سقم لانه يرق ويصير مائيا [14]ولذلك ربما عرق بعض الناس عرقا دميا. واذا خرج
ذلك الدم من الجسد [15]وكان مفترقا على حدته من سائر الرطوبات لا يجمد الدم البتة. واذا نام احد
[16]يكون الدم الذي في ظاهر جسده قليلا والذي في باطنه كثيرا [17]ولذلك ربما غرز جسد النائم

---

b19 حلوة] خلوه T : γλυκύν : Σ dulcis   b22 *شيء B] متى T   b32 *نقي] بقي T : καθαρὸν : Σ mundus
a1 *يعفن] بعض T : σήπεται : Σ putrescit   a6 يضربان] بضربان T : σφύζει : Σ pulsat ‖ بضربان] يضربان T : Σ pulsationi ‖ *محس] المحس T   a8 *ما دام B] ادام T : ἕως : Σ dum   a10 *يفصل] نعصل T : διηρθρῶσθαι   a13 *ويصير] وقصير T : γίνεται : Σ fit   a14 من + من T

بحديد فلم يخرج منه دم كثير شبيه بالدم الذي يخرج من جسد اليقظان. [18]والدم الدقيق اذا اصابه
النضج يجود واذا طبخ ونضج الدم الصحيح يكون شحما. واذا تغير [19]الدم من طباعه وفسد يسيل
من المقعدة ومن المنخر [20]واذا عفن في اعضاء الجسد يكون منه [21]قيح ومن القيح يكون ثفن.
وبين دم الاناث [22]والذكورة اختلاف من قبل ان دم الاناث اغلظ واكثر سوادا [23]اذا كانت
حال الذكورة والاناث في حال الصحة والجيل متفقة. [24]والدم يكون في ظاهر اجساد الاناث
قليلا وفي باطنها [25]كثيرا والنساء اكثر دما من جميع اناث الحيوان [26]ولذلك يعرض لهن الطمث
اكثر مما يعرض [27]لسائر الحيوان. واذا تغير دم الطمث من قبل مرض يسمى [28]سيل دم فليس
طمث لانه يسيل في كل حين. ولذلك تكون امراض النساء اقل من امراض الرجال [29]ولا سيما
الرعاف وسيل الدم الذي يسيل من المقعدة والوجع الذي يسمى عرق النسا [30]فان هذه الاوجاع
لا تعرض لهن [31]الا في الفرط. والدم يختلف [32]بالكثرة والمنظر بقدر اختلاف القرون فانه يكون
في الاحداث [33]رقيقا مائيا وكثيرا وفي اجساد المشيخة غليظا [34]اسود قليلا فاما في الشباب فمعتدل
ودم [1]المشيخة يجمد عاجلا اذا كان في الجسد واذا خرج الى الهواء [2]وليس دم الاحداث على مثل 521b
هذه الحال وانما يكون الدم مائيا [3]اما لانه لم ينضج بعد نضجا بليغا ⟨واما⟩ لانه مفترق بذاته.

⟨٢٠⟩ [4]فهذه حال طبيعة الدم. [4]فاما المخ فنصف حاله ايضا لانه واحد من الرطوبات التي تكون
في اجساد [5]الحيوان الدمي وينبغي ان نعلم ان جميع [6]الرطوبات التي في الاجساد من قبل الطباع
تكون في اوعية مثل ما يكون [7]الدم في | العروق والمخ في العظام وبعض الرطوبات يكون في اوعية T75
صفاقية [8]في جلد وبطون. [9]والمخ يكون دميا في الاجساد الحديثة جدا فاما في الاجساد التي قد
طعنت في السن [10]فانه يكون فيها شحم ان كان الشحم غالبا على تلك الاجساد فاما ان كان الثرب
غالبا عليها فهو يغلب على المخ ايضا. [11]وليس في جميع العظام مخ بل فيما كان منها [12]عميقا مجوفا فقط
وربما لم يكن في بعض العظام المجوفة مخ مثل عظام الاسد [13]فانه ليس فيها مخ وفي بعض عظامه
الرقيقة مخ يسير [14]كما [15]قلنا فيما سلف والمخ ايضا في عظام الخنازير قليل [16]وليس في بعضها شيء

a21 *قيح B] فتحا T : πύον Σ virus || *القيح B] الفتح T : τοῦ πύου Σ viru || *ثفن B] سل T : πῶρος : Σ sanies a27 *لسائر] له ساير T || *مرض] عرض T : νενοσηκὸς a28 فليس] وليس T || حين] حير T a29 *وسيل B] وسبيل T : ῥύσις Σ fluxu a31 *في] ر T b3 *⟨واما⟩] : ἤ Σ aut b10 فيها] فيه T || *شحم B] مخ T : πιμελώδης Σ pinguedo

منه البتة. [17]فهذه الرطوبات مولدة مع اجساد الحيوان وهى فيها ابدا [18]فاما الرطوبات التي تتولد في اجسادها اخيرا فهي اللبن والمنى. [19]واللبن مفترق على حدته اذا تولد في الاجساد فاما [20]المنى اعني الزرع فليس هو مفترق بذاته في جميع اجساد الحيوان بل في بعضها مثل اصناف السمك. [21]وجميع لبن الحيوان يكون في الثديين والثديان تكون [22]للحيوان الذي يلد حيوانا في جوفه وخارجا مثل حيوان له شعر [23]اعني الانسان والفرس وغير ذلك من الحيوان الذي له اربعة ارجل وما عظم من الحيوان البحري مثل الدلفين [24]والذي يسمى باليونانية فوقي وفالانا فان لهذا الحيوان ثديين [25]ولبنا فاما ما يبيض من الحيوان فليس له [26]ثديان ولا لبن مثل اصناف السمك والطير. وفي كل لبن [27]مائية رقيقة وجزء غليظ جسداني [28]وهو الذي يسمى جبنا وكل ما كان من الالبان اغلظ يكون اكثر جبنا من غيره. [29]ولبن الحيوان الذي ليس له اسنان في الفكين جميعا يجمد [30]ولذلك يهيأ مما كان منه انيسا جبن فاما لبن الحيوان الذي له اسنان في الفكين [31]فليس يجمد كما لا يجمد شحمها ولبنها رقيق [32]حلو. ولبن اللقاح رقيق لطيف جدا اكثر من البان سائر الحيوان وبعده لبن [33]الخيل وبعده لبن الاتن فاما لبن البقر فغليظ جدا. [34]وليس يجمد اللبن من البرد بل يفترق منه كل
522a ما كان | مائيا ويبقى سائر ذلك غليظا خاثرا [1]فاما من النار فاللبن يغلظ ويجمد. وليس يكون [2]لبن T76
في شيء من اجساد الحيوان قبل الحبل البتة [3]فاما اذا حبلت فانه يكون وليس ينتفع بأول ذلك اللبن [4]ولا بآخره. فاما اذا لم تحمل الاناث فربما وجد في ثدييها لبن وذلك من قبل عشب ترعى منه وانما يعرض ذلك في الفرط [5]وربما حلبت الاناث التي طعنت في السن [6]فخرج من ثدييها لبن بقدر ما يرضعن [7]صبيا. وفي بعض البلدان لا ينتظر اهلها [8]حمل المعزى بل يأخذون القريص فيدلكون به حلمات الثديين [9]بشدة وجعة مؤذية فيخرج اول ما يخرج منها دم [10]ثم شيء شبيه بقيح وفي الآخرة يخرج لبن طيب [11]ليس بدون لبن الجواري. [12]وليس يكون لبن في ثديي الذكورة ولا في ثديي الانسان ولا سائر الحيوان اكثر ذلك [13]وربما عرض ان يكون لبن في ثديي الذكورة فانه قد عرض في البلدة التي تسمى باليونانية لمنو ان [14]تيسا كان هناك [15]يحلب من ثدييه التي تقرب من

---

b20 مفترق] مفترقا T   b24 *وفالانا] وبالا Σ kalane : καὶ φάλαινα : T   b28 *جبنا(1)] حنا Σ caseus : τυρός : T || *اكثر جبنا(2)] اكثر حينا Σ caseatius : πλείω τυρὸν : T   b30 جبن] حينا T   b32 *اللقاح B] الملفاح Σ cameli : καμήλου : T   a1 فاللبن] ماللبن T   a6 *ثدييها] بدىها Σ a mamillis : T   a8 *القريص B] العريض Σ urtica : κνίδην : T   a10 بقيح] بفتح Σ saniei : ὑπόπυον : T   a13–14 *لمنو ان تيسا] لمواريبس Σ Lanuweren caper : (ἐν) Λήμνῳ αἴξ : T

ذكره لبن بقدر ما يكون منه جبنة صغيرة [16]ثم سفد ذلك التيس بعض الاناث فولد منه ذكر فكان يحلب ايضا من ثدييه مثل ابيه [17]ولكن ينبغي لنا ان نعلم ان هذه الاشياء وما يشبهها علامات ودلالات امور ستكون وتحدث من الزمان. [19]فاما في ثديي الرجال فربما كان لبن [20]قليل اذا عصرت وان حلبت خرج لبن كثير وذلك يعرض لقليل من الناس وفي الفرط. [21]وفي اللبن دسم وهو الذي [22]يظهر مثل زيت اذا جمد اللبن. وفي سقلية [23]يخلطون لبن المعزى مع لبن الضأن وليس يجمد [24]اللبن الذي فيه جبن كثير فقط بل ما كان منه يابسا ايضا. [25]ولبعض الحيوان لبن كثير اكثر مما يحتاج [26]لرضاع الولد وهو موافق لتهيئة الجبن منه [27]وخاصة لبن الضأن ⟨والتيس⟩ ثم لبن [28]البقر واما لبن الخيل ولبن الاتن فليسا بموافقين لتهيئة الجبن. [29]ومن لبن البقر يهيأ اكثر مما يهيأ من لبن المعزى [30]قدر مرة ونصف [32]واما سائر الالبان [33]فليس بموافق لشيء من التجبين | ولا T77
522b سيما لبن الحيوان الذي له اثداء كثيرة [1]اعني اكثر من اثنين لانها ليس لشيء منها كثرة لبن [2]ولا يمكن ان يهيأ منه جبن. واللبن يجمد من الانفحة وهي المسوة ومن لبن التين [3]ويجمع في صوفة ثم تغسل [4]تلك الصوفة بلبن يسير ويلقى ذلك اللبن في الباقي منه فاذا مزج واختلط به جمد. [5]والمسوة تجمد ايضا لانها لبن وانما تكون في [6]بطون ما يرضع بعد من الجراء.

⟨٢١⟩ وفي المسوة لبن فيه [7]جبن يكون من حرارة الحيوان اذا نضج اللبن. [8]وانما تكون المسوة في جميع ما يجتر من الحيوان فاما مما [9]له اسنان في الفكين جميعا فللارنب مسوة فقط. والمسوة تكون كلما عتقت اجود وابلغ [10]وهي موافقة لاختلاف البطن [11]ولا سيما مسوة الارنب الصغير ومسوة [12]الايل ايضا موافقة لما وصفنا. وانما تكون كثرة المسوة بقدر كثرة البان [13]الحيوان وعظم اجسادها [14]واختلاف مراعيها. وفي البلدة التي تسمى باليونانية فاسيس بقر صغار [15]⟨تحلب⟩ لبنا كثيرا فاما [16]في البلدة التي تسمى ابيروس فانه يكون بقر عظيم الجثة يحلب لبنا كثيرا وكل بقرة

a23 *وفي] او في T   a24 *جبن] خير T : τὸ τυρὸν : Σ caseus   a27 *⟨والتيس⟩ : καὶ τὸ αἴγειον : et Σ caprae   a29 المعزى] المعرى T : τῷ αἰγείῳ   a32 سائر] لساير T   b1 لشيء] بسى T ‖ كثرة] كثيره T   b2 *المسوة B] المنوه T : πυετία   b3 *ويجمع] يجمع T   b4 تلك] بلد T : Σ illa ‖ *ذلك] ولد T : Σ illud   b5 *والمسوة B] والمنوه T : ἡ δὲ πυετία : Σ coagulum   b6 الجراء] الجدا T : τῶν .... θηλαζόντων   b8 *يجتر B] نحن T : μηρυκάζοντα : Σ ruminantium   b9 *فللارنب B] للارنب T   b12 *المسوة B] المشوه T : πυετία : Σ coagulum   b15 *⟨تحلب⟩ : βδάλλεται : Σ extrahitur

تحلب قدر [17]الكيل والذي يحلبها [18]يقوم قائما بعد ان يطأطئ قليلا لانه لا [19]ينال الثديين وهو
جالس. وجميع [20]الحيوان الذي له اربعة ارجل عظيم الجثة في تلك البلدة ما خلا الحمار فاما البقر
[21]والكلاب فعظيمة الجثث جدا. واذا عظمت جثث الحيوان احتاجت الى رعى اكثر [22]فتلك
البلدة موافقة لها لخصبها وكثرة مراعيها. [23]وفيها اغنام عظيمة الجثث [24]تسمى باليونانية بورخا من
قبل اسم [25]برس الملك الذي اتخذها. وينبغي لنا ان نعلم ان من الرعى ما يطفئ [26]ويقل اللبن مثل
القت ولا سيما لبن الحيوان الذي يجتر [27]فاما ما يكثر اللبن ويغزره فمثل الكرسنة والعشبة التي تسمى
باليونانية قوطسوس [28]ولكن ليست هذه العشبة بموافقة لها اذا زهرت لانها تكثر حرارتها [29]فاما
الكرسنة فليس بموافق لحوامل الاغنام لانها اذا اعتلفت منها عسر ولادها. [32]وبعض العلف الذي
523a ينفخ يكثر اللبن [33]مثل الباقلى فانه موافق للمعزى والبقر [1]مهيج للضرع وعلامة [2]كثرة اللبن نزول
T78 وميل | الضرع الى الاسفل قبل الولاد. [3]واللبن يبقى يحلب زمانا كثيرا ما [4]لم تسفد الاناث وكان
لها من العلف ما يصلحها ويوافقها [5]والشاة خاصة من بين جميع ذوات الاربع الارجل تحلب
زمانا كثيرا فانها تحلب ثمنية اشهر. [7]فاما فيما يلي البلدة التي تسمى باليونانية طروني فانه يكون بقر
يحلب [8]السنة كلها ما خلا اياما يسيرة قبل ولادها. [9]فاما لبن النساء فانه اذا كان الى السواد ما
هو اجود من [10]الابيض واوفق للرضاع ولبن النساء السمر [11]اصح واكثر غذاء من لبن البيض.
واذا كان في اللبن جبن كثير فهو اكثر غذاء [12]واللبن الذي ليس فيه غير جبن يسير اوفق لرضاع
الصبيان.

⟨٢٢⟩ [13]وجميع الحيوان الدمي زرع [14]وسنصف فيما يستأنف موافقة الزرع للولاد وكيف يكون ذلك. [15]والانسان خاصة كثير الزرع [16]وزرع كل حيوان له شعر لزج فاما زرع غير ذلك من الحيوان فليس [17]بلزج وزرع جميع الحيوان ابيض اللون وقد كذب ارادوطوس الحكيم [18]حيث زعم ان زرع السودان اسود. [19]واذا خرج الزرع فهو من ساعته غليظ ابيض ان كان صحيحا [20]فاما

---

b17 والذي] الذي T   b19 *ينال] يقال T : ἐφικέσθαι || *وجميع B] وهو جميع T : Σ et omne   b20 الحمار] الجسار T : ὄνου : Σ asinum   b24 بورخا] بردحا T : Πυρρίχα   b25 برس] برسى T : Πύρρου   b27 *الكرسنة] الكرسية T : ὄροβοι : Σ orobus   b29 *الكرسنة] الكرسية T : ὄροβοι δ’ οἱ : Σ orobus   b33 *للمعزى] للمغرى T : αἰγὶ : Σ caprae   a2 *قبل] نقبل T : πρὸ : Σ ante   a7 *طروني] فروى T : Τορώνην   a18 السودان] السوادان T : Αἰθίοπας

اذا مكث قليلا يرق ويسواد واذا كان برد شديد [21]فلا يجمد بل يكون دقيقا جدا مائيا [22]فاما الحر فهو يجمد الزرع [23]ويصيره خاثرا واذا ازمن في الرحم [24]يخرج وهو اغلظ واخثر وربما خرج وهو يابس متعقد. [25]وما كان منه موافقا للولدان القي في اناء فيه ماء ينزل الى اسفل الاناء وما [26]كان مخالفا لما ذكرنا يفترق و يتبدد في الماء. وقد كذب اقطيسياس فيما ذكر [27]عن زرع الفيلة.

تم تفسير القول الثالث.

a22 الحر] الحار T   a23 *الرحم] الحر T : τῇ ὑστέρᾳ   a26 *اقطيسياس B] اطساس T : Κτησίας

تفسير القول الرابع

T79 ⟨١⟩ [31]وقد ذكرنا فيما سلف حال الحيوان الدمي ووصفنا جميع [32]اعضائه العامية والخاصية | التي
لكل جنس من الاجناس ولخصنا ايضا اعضاءها التي اجزاؤها لا يشبه بعضها بعضا [33]وكل ما
523b كان منها في ظاهر الجسد وكل ما كان في باطنه. [1]فاما حيننا هذا فانا نصف حال الحيوان الذي
ليس له دم [2]فانها اجناس مختلفة كثيرة منها الجنس الذي يسمى باليونانية مالاقيا ومعناه اللينة [3]وهو
الجنس الذي ليس له دم ولحمه خارج [4]وما كان منه صلب باطن مثل جنس الحيوان الدمي الذي
يسمى باليونانية سبيا [5]ومنها جنس آخر يسمى اللين الخزف [6]وهو جميع ما كان منها خارج جسده
صلبا واما ما داخل فلين شبية بلحم [7]وليس يرض ما كان منه جاسيا بل يتك مثل [8]جنس الحيوان
الذي يسمى قارابو وجنس السراطين. وايضا [9]جنس آخر يسمى الخزفي الجلد وهو جميع الحيوان
الذي لحمه داخل [10]وخارجا الخزف الصلب وهو يكسر ويرض [11]مثل جنس الحلزون وما يشبهه.
[12]وايضا جنس آخر وهو الحيوان المحزز الجسد [13]فان تحزيزه [14]يكون اما في الظهر واما في البطن
واما [15] كليهما وليس في اجساد هذا الصنف عظم مفترق منفرد بذاته ولا لحم [16]بل شيء آخر
خلقته فيما بين اللحم والعظم لان اجساد هذا الصنف [17]جاسية من داخل وخارج بنوع واحد.
ومن هذا الصنف ما هو محزز الجسد وليس له جناح [18]مثل الحيوان الذي يسمى اربعة واربعين
وما يشبهه ومنه ما له جناحان مع تحزيز الجسد مثل النحل [19]والدبر ومن هذا الصنف جنس واحد
يكون لبعضه جناحان [20]ولبعضه لا يكون مثل النمل فان بعضه مجنح وبعضه على خلاف ذلك
[21]والجنس الذي يسمى حباحبا كمثل وهو الذي يطير في الليل ويظهر شبيها بالنار. فنحن نبدأ
بصفة اعضاء الحيوان الذي يسمى باليونانية كما ذكرنا ملاقيا [22]فان له من الاعضاء التي في خارج
T80 جسده الرجلين [23]والرأس [24]وما كان بينهما [25]وله جناحان [26]ورؤوس هذا الصنف | تكون فيما
بين الرجلين [27]والبطن. وجميع الحيوان الذي من هذا الصنف ثمنية ارجل [28]مفصلة بفصلين ما

a33 في(1)] من T   b4 سبيا] سانا T : σηπιῶν : Σ sepiae   b7 جاسيا] حاسا T : τὸ στερεόν : Σ durum || *يتك M] ساله T : θλαστόν : Σ contritibile   b8 قارابو] فارا بر T : τῶν καράβων : Σ karabo   b15 كليهما] كلاهما T : ἐν ἀμφοῖν : Σ utroque || *لحم M] لجزء T : σαρκῶδες : Σ caro   b17 *جناح M] جسد T : ἄπτερα : Σ corpus   b21 *حباحبا M] حاجب T : πυγολαμπίδες || الليل] اليل T   b27 *والبطن M] والبطنين T : τῆς γαστρὸς : Σ ventrem

 | DOI: 10.1163/9789004315969_016

خلا جنسا واحدا [29]وهو الجنس الذي يسمى الكثير الارجل. وللجنس الذي يسمى باليونانية سبيا والذي يسمى طوثيس [30]والذي يسمى طوثوا شيء خاص ليس هو لغيرها اعني خرطومين طويلين [31]اطرافهما جاسيين ولهما فصلان وبهما تأخذ [32]طعمها وتذهب به الى افواهها. واذا كان الشتاء
524a شديد البرد [33]تلصق بالصخرة وتحرك تلك الخراطيم مثل المجاديف. [1]وتستعمل بعض رجليها مثل الجناحين [3]وهى ايضا تستعمل رجليها مثل يدين ورجلين [4]وانما تذهب بالطعم الى افواهها بالرجلين التي فوق اعينها. [5]فاما رجلاها التي اطرافها حادة جدا [6]فلونها الى البياض ما هو واطرافها مشقوقة باثنين [7]واصلها ناحية الفقار وانما يسمى فقار هذا الحيوان الجزء الاملس منه [8]وبهذه الرجلين تتشبك وتلتوي عند اوان سفادها. [9]وفي الناحية التي تعلو رجليها عضو شبيه بانبوب [10]بها تدفع الرطوبة [11]التي تصل الى اجوافها من البحر وربما امالت ذلك الانبوب [12]الى الناحية اليسرى وربما امالته الى الناحية اليمنى ومن هذا العضو [13]تلقي الذكورة زرعها. وهى تسبح على الجنب اعني على العضو الذي يسمى الرأس [14]وتبسط ارجلها ويعرض عند ذلك لها عرض لا يعرض لغير هذا الجنس من اجناس الحيوان لانها تكون ناظرة [15]الى ما بين ايديها من اجل ان اعينها فوق رؤوسها وتكون افواهها [16]من خلف. واما رؤوسها ما دامت في الحيوة فهى جاسية [17]كأنها منتفخة منتورمة وهى تقبض وتأخذ وتلزم [18]بارجلها والصفاق الذي بين رجليها [19]ممتد فاذا وقعت في الرمل لا تقوى على [20]ضبط شيء البتة. وبين هذا الحيوان الكثير الارجل [21]واجناس الحيوان الذي يسمى باليونانية ملاقيا اختلاف اعني الاجناس التي ذكرنا فيما سلف من قبل ان صنف الحيوان الكثير
T81 | الارجل [22]صغير الجثة طويل الرجلين. فاما الاصناف الاخر [23]فجثتها عظيمة وارجلها قصيرة ولذلك لا تقوى على ان تسير عليها. [24]وفي تلك الاصناف ايضا اختلاف من قبل ان الذي يسمى [25]طوثيس اطول فاما الذي يسمى سبيا فهو اعرض والذي يسمى طوثوا من جنس آخر وصنف طوثيداس [26]اعظم كثيرا لان جثتها تكون قدر خمسة اذرع [27]وربما يكون في جنس الحيوان الذي يسمى سبيا ما طول جثته ذراعان [28]وربما كانت ارجل الحيوان الكثير الارجل على مثل

b29 سبيا] سابا T : σηπίαι : Σ sepie || *طوثيس M] طوهين T : τευθίδες   b31 وهما] ولها T   a3 *يدين] ثدين T : χερσὶ : Σ manuum   a11 امالت] مالت T : μεταβάλλει : Σ declinat   a17 وتلزم] ويلذم T : κατέχει : Σ tenet   a23 *وارجلها B] ورحليها T : οἱ πόδες : Σ brevipedes   a25 *طوثيس] طرىس T || طاثوا] طونوا T   a28 *ارجل B] رجلى T : Σ pedes

هذا العظم او اكثر [29]وجنس الحيوان الذي يسمى طوثوا قليل وبينه وبين الحيوان الذي يسمى
[30]طوثيداس اختلاف لان [31]الناحية الحادة من جثث طوثوا اعرض من غيرها والجناح يحيط
بكل [32]الجثة. فاما جناح طوثيداس ففيه خلل ونقص وهو حيوان لجي مثل [33]طوثيس. وبعد
524b رجليها خلقة رؤوسها [1]فيما بين الرجلين [2]وافواهها في رؤوسها وفي تلك الافواه سنان وعلى تلك
الافواه [3]عينان عظيمتان وبينهما غضروف صغير فيه [4]دماغ قليل يسير وفي افواهها لحم يسير.
[5]وليس لشيء من الاصناف التي ذكرنا لسان وانما تستعمل ذلك اللحم مكان [6]اللسان [7]ولحم سائر
جثة هذا الحيوان ينشق وليس ينشق مستويا بل [8]مستديرا. ولجميع اصناف الحيوان الذي يسمى
ملاقيا جلود تستر اجسادها [9]فاما خلقة اجوافها فعلى مثل ما نصف. لها بعد افواهها العضو الذي
يسمى المريء طويل ضيق [10]وبعد ذلك المريء حوصلة عظيمة مستديرة شبيهة بحوصلة الطير وبعد
الحوصلة [11]البطن وشكله شكل [12]ملتو منعوج وبعد ذلك [13]معاء دقيق آخذ الى الفم وهو اغلظ
من رأس المعدة. [14]وليس لشيء من اصناف الحيوان الذي يسمى مالاقيا شيء من الجوف غير ما
وصفنا ما خلا عضو يسمى باليونانية [15]مسطيس وفيه يكون الزرع وهو كثير [16]ولا سيما في الحيوان
الذي ⟨يسمى⟩ سبيا. واذا [17]فزع شيء من هذه الاصناف القى ذلك الزرع في الماء وعكره وغيره
وخاصة الحيوان | الذي يسمى سبيا. فاما هذا العضو الذي يسمى مسطيس فهو موضوع [18]تحت T82
الفم وبعده يمتد فم المعدة وحيث ينتهي المعاء من اسفل [19]ويمتد الى فوق يكون زرعه محبسا في
صفاق [20]ومن مخرج واحد يخرج [21]زرعه وفضلة طعمه وفي اجسادها نبات شبيه بالشعر. [22]وفي
باطن جسد الحيوان الذي يسمى سبيا وطوثيس والاصناف التي تشبهها [23]شيء صلب وذلك
في مقاديم ⟨جثتها⟩ ولذلك العضو الصلب اسم خاص له بالرومية ومنه ما يسمى [24]سبيون ومنه
ما يسمى اقسيفوس. وبين هذين اختلاف من قبل ان الذي يسمى اقسيفوس [25]قوي عريض
وهو في خلقته فيما بين الشوكة والعظم [26]وجزء منه رقيق سخيف. فاما ما يكون في طوثيداس فهو
[27]دقيق خلقته شبيه بخلقة الغضروف. وفي اشكالها اختلاف [28]مثل اختلاف جثثها فاما الحيوان

---

a31 *جثث M] حيث T || لجي] لحمى T : πελάγιον : Σ pelagosum   b2 سنان] اسنان T : δύο ὀδόντες : Σ dentes duo   b8 ملاقيا] بلاقيا T   b12 منعوج] منعرج T : τῇ ... ἑλίκῃ : Σ tortuose   b13 آخذ] احدا T   b18 *ينتهي M] سمى T : Σ pervenit   b23 مقاديم ⟨جثتها⟩] مقادم T : ἐν τῷ πρανεῖ τοῦ σώματος : Σ in anterioribus corporis   b24 *سبيون] سمور T : σήπιον : Σ sinon || اقسيفوس(1, 2)] اقسسموس T : ξίφος

الكثير الارجل فليس [29]في باطن جسده شيء صلب مثل ما وصفنا البتة بل حول رأسه شبيه
بغضروف [30]واذا كبر وعتق يكون ذلك الذي يشبه الغضروف جاسيا جدا. [31]وفيما بين الذكر
والانثى من هذا الصنف اختلاف فان للذكر [32]سبيلا تحت المعدة يمتد من الدماغ الى [33]ناحية
جسده السفلى وامتداده شبيه بخلقة ثدي [1]فاما الانثى فلها سبيلان في الناحية العليا. [2]وتحت هذه 525a
السبل في الذكورة والاناث اجساد حمر الالوان وفيها يكون بيضها [3]وذلك البيض في الناحية العليا
التي تلي ما خارج. [4]فاما الرطوبة اعني الزرع فهى داخلة ولها لون واحد وهى ملس بيض [5]فاما
كثرة بيض هذا الحيوان فقد تكون بقدر ما يملأ اناء اعظم [6]من رأسه. فاما الحيوان الذي يسمى
سبيا فله [7]في جوفه وعا آن مملوءآن بيضا شبيها بالبرد لشدة بياضها [8]فاما وضع وشكل جميع ما
وصفنا فهو يعرف من [9]شق اجسادها والنظر اليها. وجميع ذكورة ما وصفنا من الحيوان [10]مخالفة
للاناث ولا سيما الذي يسمى سبيا لان مقاديم [11]جثتها اشد سوادا من ظهورها [12]واجساد الذكورة
اخشن من اجساد الاناث لان اجسادها ملس مسيرة | بخطوط يشبه بعضها بعضا ولا سيما فيما T83
بين عجزها. [13]واجناس الحيوان الكثير الارجل مختلفة كثيرة العدة ومنها الجنس [14]الذي يطفو على
الماء وهو اعظم اجناسها [15]ثم الجنس الذي لا يفارق قرب الارض واجناس اخر صغار [16]كثيرة
الاختلاف ومنها الجنس الذي ليس في رجليه مفصل البتة. فاما بقيتها فلها مفصل في رجليها ومنها
الجنس الذي يسمى [22]مشطا في وسط جثته عميق ليس بملتئم بعضه ببعض وهو [23]يرعى مرارا
شتى في قرب الارض ولذلك تلقيه وتدفعه الامواج [24]الى البر [25]ويموت هناك لانه لا يقوى على
العودة الى الماء بعد ان يمس خزفه الارض بل يموت وهذا الصنف صغير جدا. [26]وايضا منها
صنف آخر يكون في خزف [27]لا يخرج من ذلك الخزف البتة [28]بل يخرج رأسه وبعض رجليه
وبها يرعى وينال طعمه [29]فهذا الحيوان البحري الذي يسمى باليونانية مالاقيا.

a2 السبل] السبيل T : Σ viis   a7 وعا آن] وعلان T : Σ duo vasa : δύο τε τὰ κύτα   a12 *مسيرة B] يسيرة T : Σ lenia filosa : διαποίκιλα ῥάβδοις || *عجزها] محدها T : Σ inter coxas : τὸ ὀρροπύγιον
a16 *البتة فاما M] السفاما T   a22 *عميق] عمق T : Σ profunditas : κοῖλος

⟨٢⟩ [30]فاما صنف الحيوان اللين الخزف فمنه جنس واحد وهو الذي يسمى باليونانية قارابوا [31]وجنس آخر يسمى باليونانية [32]اسطاقوا وبين هذين الجنسين اختلاف من قبل ان للجنس الواحد منهما زبانتين [33]وانواع اخر من انواع الاختلاف ليس بكثيرة. ومنها صنف آخر يسمى الاربيان
[34]وصنف آخر يسمى جنس السراطين. وفي جنس الاربيان [1]اجناس منها الجنس الذي يسمى 525b
الاحدب [2]والجنس الذي يسمى المستطيل والجنس الثالث الذي بين هذين الجنسين اعني الجنس الصغير لانها لا تعظم البتة. [3]فاما صنف السراطين ففيه اجناس كثيرة مختلفة [4]ليس بيسيرة في العدد. ومنها جنس عظيم الجثة يسمى باليونانية مياس [5]وجنس ثان يسمى باغوروا وجنس ثالث يسمى باليونانية السرطان الهرقلي [6]وبعد هذه الثلثة الاجناس اجناس السراطين البحرية. فاما سائر هذه الاجناس من اجناس السراطين التي ذكرنا فجثثها صغيرة وليس لها اسماء. [7]فاما البحر الذي يلي ساحل الشأم فانه يكون في الشط سراطين صغار تسمى [8]الفرسان لسرعة جريها فانها تجري
جريا سريعا جدا بقدر ما ⟨لا⟩ يكون دركها يسيرا [9]وان اخذ منها شيء | ثم شق جوفه لم يصب T84
فيه لحم ولا فضلة البتة لانه ليس لها رعى. [10]وفي السراطين جنس آخر صغير جدا ومنظره [11]شبيه بمنظر الاسطاقوس. فجميع هذه الاصناف التي وصفنا [12]جاسية الجلود شبيهة بالخزف خشنة الجلود [13]فاما لحومها فباطنة. [14]وما يلي الناحية الخارجة من بطونها فمخلوطة من لين وجساوة وفي تلك الناحية تبيض الاناث بيضها. [15]واما الجنس الذي يسمى قارابوا فله عشر ارجل في كل ناحية خمس مع التي تسمى [16]زبانتين وللجنس الذي يسمى سرطانا خاصة عشر ارجل ايضا [17]مع الزبانتين. فاما جنس الاربيان الذي يسمى الاحدب فله اثنتا عشرة رجلا [18]في كل ناحية ست ارجل والرجلان اللتان تلي الرأس حادة جدا [19]وسائر الارجل فيما يلي البطن واطرفها [20]عريضة [21]وبطونها شبيهة ببطون الحيوان الذي يسمى قارابو. فاما الجنس الذي يسمى باليونانية قرنجو [22]فعلى خلاف ذلك لان له فيما يلي الرأس اربع ارجل في كل ناحية [23]فاما سائر [24]جسده فمبسوط. [25]وارجل جميع الاجناس التي وصفنا تثنى الى الجوانب مثل ارجل الحيوان المحزز الجسد. [26]فاما

---

a30 قارابوا] بهادابوا T : τῶν καράβων : Σ karabo   a32 اسطاقوا] اسطانوا T : τῶν … ἀστακῶν : Σ astacho ‖ *زبانتين M] دباسر T : χηλὰς : Σ duos aculeos   a33 الاربيان] الارسان T : τῶν καρίδων   b4 مياس] مناس T : μαίας   b8 *⟨لا⟩ : μὴ : Σ non   b13 فباطنة] فباطن T   b17 الاربيان] الاربيا T   b21 قارابو] فاباىو T ‖ قرنجو B] ورىحو T : κραγγὼν   b25 *وارجل M] ورجل T : πόδες ‖ *تثنى] سى T : Σ flectuntur : κάμπτονται

زبانتا كل ما كان له منها زبانتان فهى تثنى الى داخل. [27]وللحيوان الذي يسمى قارابوس ذنب
ايضا وله خمسة اجنحة وللاربيان [28]الاحدب ذنب واربعة اجنحة [29]وللذي يسمى قرنجوا اجنحة
فيما يلي الذنب من كل ناحية فاما الوسط الذي بين رجليها [30]فشبيه بشوك حاد وهو في هذا
الصنف عريض [31]وفي صنف العقورين الاحدب حاد. [32]والجنس الذي يسمى قارابو واجناس
العقورين مستطيلة الجثث [33]فاما اجناس السراطين فمستديرة الجثث. وفيما بين القرابوس [34]الذكر
والانثى اختلاف لان الرجل الاولى من ارجل الانثى [1]مشقوقة باثنتين وليس رجل الذكر بمشقوقة 526a
والاجنحة التي [2]في ظهر الانثى كبيرة [3]ومما يلي العنق منها فاصغر. [4]وايضا اطراف اواخر رجلي الذكر
منها عظيمة [5]حادة فاما اطراف اواخر رجلي الانثى فصغار [6]ملس. وللذكر منها والانثى نقط قريبة
من [7]عينيها عظيمة خشنة ولها قرون [8]صغار تحت تلك النقط. | فاما عينا جميع ما وصفنا [9]فجاسية T85
صلبة تحرك الى داخل والى خارج والى [10]الجوانب وعينا كثير من السراطين كمثل [11]وخاصة عينا
الذي يسمى اسطاقوس. | ولونها الى البياض ما هو [12]مع سواد فيها شبيه بالنضح [13]ورجلاها السفلية T86
التي بعد الرجلين العظيمين فعددها ثمنية [14]وبعدها الرجلان العظيمان التي هى اعظم من الاخرى
جدا واطرافها اعرض [15]من اطراف رجلي قرابوس غير انها مختلفة ايضا [16]لان الجزء العريض
من طرف الرجل اليمنى الى الطول ما هو مع دقة واما طرف الرجل اليسرى [17]فغليظ مستدير.
| واطرافها مشقوقة [18]مثل اللحيين وفيها اسنان من فوق ومن اسفل. [19]والاسنان التي في الناحية T87
اليمنى صغيرة جميعا مختلفة حادة يطبق بعضها على بعض لحال اختلافها فاما في الناحية اليسرى
[20]ففي الطرف اسنان حادة مختلفة وفي الاصل اوساط مثل اضراس. [21]وفي الناحية السفلى اربعة
اسنان يتلو بعضها بعضا ومن الناحية العليا [22]ثلثة اسنان مفترقة وهى تحرك الجزء الاعلى [23]وتشده
على الجزء الاسفل [24]وكلاهما من الناحية السفلى فطس كأنها خلقت على مثل هذه الحال لاخذ
الطعم وضبطه. [25]وفوق الاخر سنان آخران حادان [26]وتحت هذه الاسنان الآذان [27]التي تلي الفم
وهى تحرك تلك الآذان ابدا. [28]وهذا الحيوان يتحدب ويأتي برجليه الاثنين [29]الى فيه [30]واسنانه
شبيهة باسنان الحيوان الذي يسمى [31]قرابوس وفوقها القرون الطوال غير انها اقصر [32]وادق من
قرون قرابوس جدا وله [33]اربع قرون ايضا منظرها شبيه بمنظر القرون الاخر غير انها اقصر [1]وادق 526b

a12 *بالنضح] بالنضح T : διαπεπασμένον a22 *تحرك [M تحرى : T : κινοῦσι : Σ movet a27 *تلي [B
تلق : T : περὶ : Σ prope a28 *ويأتي [B ومانى : T : προσάγεται : Σ reducit

وفوقها تكون العينان ضعيفتين صغيرتين [2]ليستا بعظيمتين مثل عيني قرابوس. فاما الجزء الذي فوق [3]العينين لحاد خشن شبيه بجبهة اعظم [4]من جبهة قرابوس. وبقول عام وجه هذا الحيوان احد من وجه قرابوس وغيره [5]فاما صدره فهو اعرض من صدر قرابوس جدا وجميع جسده [6]شبيه بخلقة لحم لين الين من لحم غيره. فاما الاربعة الارجل من الثمنية [7]فهى مشقوقة الاطراف فاما الارجل التي [8]تلي العنق فهى مشقوقة في كل ناحية [9]والجزء العريض [10]فيما يلي الناحية الداخلة. وللانثى اربعة ارجل من ناحية البطن حيث يكون بيضها. [11]ولجميع ما وصفنا من الناحية الخارجة شوكة [12]قائمة مستقيمة فاما سائر الجسد وما يلي الصدر [13]فاملس ليس بخشن مثل ما يكون لقرابوس وانما له شوك عظيم [14]في رجليه التي هى اكبر من غيرها فيما يلي الناحية الخارجة منها. [15]وليس فيما بين الذكر والانثى اختلاف ظاهر البتة [16]غير ان زبانتي الذكر [17]اعظم. [18]وهى تقبل ماء البحر بافواهها [19]ثم تلقيه اذا غلقت افواهها قليلا | قليلا. [20]ولاصناف السراطين والقرابو اعضاء في T88
افواهها شبيهة بآذان [21]غير انها كثيرة وذلك شيء مشترك يكون في جميعها. [22]ولكل ما ذكرنا سنان [23]وخاصة لقرابو وافواهها مخلوقة خلقة قريبة من خلقة اللحم [24]وهى تستعمل ذلك اللحم مكان اللسان وبعد اللحم البطن لاصق بفم المعدة. [25]فاما ما كان من صنف قرابوا فافواه معدها صغار قبل بطونها [26]ومن البطن يخرج معاء وينتهي فيما كان من اصناف قوابوا [27]واصناف العقورين الى المكان الذي منه تخرج [28]الفضلة والمكان الذي منه تبيض البيض. فاما السراطين [29]فعلى بطونها ابواب تنفتح وتنغلق. [30]وبيض اناثها [31]يكون في المعاء [32]وذلك المعاء يكون في جميعها اقل واكبر. [33]فينبغي لنا ان نتفقد اختلاف جميع اصناف هذا الحيوان لكيما نعرف به ولا يكون مجهولا. [1]ولقربوا كما ذكرنا سنان [2]عظيمان عميقان فيهما رطوبة من الرطوبات [3]وفيما بين السنين 527a
لحم شبيه بلسان. [4]ولها بعد افواهها مريء قصير وبطن بتلو ذلك المريء [5]خلقته مثل صفاق. وفي افواهها ثلثة اسنان ايضا [6]منها سنان احدهما يتلو الآخر والواحد الباقي تحتهما مفترق منهما ولها تحت البطن [7]معاء مبسوط مستوي الغلظ [8]حتى ينتهي الى موضع خروج الفضلة. فكل ما ذكرنا من الاعضاء [9]يكون في جميع اجناس قرابو واصناف العقورين [10]واصناف السراطين لان لها سنين

---

b10 بيضها M] بعضها T : Σ ova   b13 *بخشن B] لحسين T : τραχύς   b16 *زبانتي M] رماى T : τῶν
b26 *فيما كان B] فى مكان T : Σ aculei : χηλῶν   b27 منه] فيه T   a6 ولها] ولهما T   a9 قرابو] قوابد T : οἱ κάραβοι : Σ karabo

كما ذكرنا فيما سلف. [11]ولقرابو سبيل آخذ من الصدر [12]الى المكان الذي منه تخرج الفضلة وفي ذلك السبيل [13]يكون زرع الذكورة وبيض الاناث وذلك السبيل يكون [14]في عمق اللحم [15]والمعاء يكون في ناحية حدبة الجسد. فاما هذا السبيل ففي ناحية [16]العمق كمثل ما يكون في الدواب التي لها اربعة ارجل [17]وليس هذا السبيل مختلفا في الذكورة والاناث لانه فيهما جميعا [18]دقيق ابيض وفيه رطوبة [19]تبنية اللون وابتداؤه من ناحية الصدر [20]وفيه يكون البيض ولا سيما بيض العقورين. والتواء المعاء [21]في الذكورة والاناث واحد متشابه قريب من اللحم على [22]الصدر وهو
مثنى باثنين مفرد بذاته ابيض اللون معتدل [23]التقويم. وللحيوان الذي | يسمى سبيا خرطوم ملتف T89
[24]مثل عضو الحيوان الذي يسمى ميقون من اعضاء الحيوان الذي يسمى قيريقوس ابتداؤه [25]من ناحية افواه العروق التي تحت اواخر [26]الرجلين وفيه لحم احمر دمي [27]اللون وهو باللمس لزج ليس يشبه [28]اللحم. وفي العضو الذي وصفنا الذي يكون في ناحية الصدر [29]التواء آخر وتحت ذلك العضو اجزاء معاء [30]لاصقة بالمعاء الاعظم وفيها يكون زرع الذكورة. فهذه [31]حال اعضاء ذكورتها واما الاناث فلها وعاء [32]احمر اللون ابتداؤه من ناحية البطن والمعاء [33]ينتهي الى الصفاق الدقيق الذي خلقته شبيهة بخلقة لحم وفيه يكون البيض محتبسا. [34]فهذه صفة اعضاء الحيوان الذي ذكرنا في باطن وظاهر اجسادها.

527b 〈٣〉 [1]ويعرض للحيوان الدمي ان يكون لجميع اجوافها اسماء [3]وليس للاعضاء التي تكون في باطن الحيوان الذي ليس له دم اسم آخر مشترك عام. ولجميع ذلك الصنف بطون [4]ومعد ومعاء. وقد وصفنا فيما سلف ان لاجناس السراطين [5]زبانتين ورجلين وكيف خلقتهما. [6]وينبغي ان نعلم ان الزبانة اليمنى اعظم [7]واقوى من اليسرى اكثر ذلك وان [8]عينيها ناظرة الى الجانب الواحد وذلك في اكثرها معروف. [9]فاما جثثها فليست بمفترقة ولا منفصلة ولا محدودة باعضاء معروفة. [10]وعينا بعضها تكون [11]فوق من ناحية واحدة فيما يلي مقدم اجسادها وهى مفترقة بعضها من بعض جدا ومنها ما عيناه [12]يقرب بعضها من بعض مثل عيني السرطان الذي يسمى الهرقلية والتي تسمى

a12 وفي] وهي T : Σ in illa   a24 قيريقوس] فيرمقوس T : κήρυκος   a29 *اجزاء معاء] احمرامعا T : Σ partes intestini   a33–34 *محتبسا فهذه] محتبس الفهد T   b5 *زبانتين] وباسى T : τῶν χηλῶν : Σ duos aculeos   b7 اكثر + من T : Σ ut in pluribus   b8 عينيها] عينيهما T : ὀφθαλμῶν : Σ oculi   b9 *محدودة] محذورة T

[13]مايا. وتحت العينين تكون افواهها وفيها [14]سنان ⟨مثل سني⟩ قرابو وليس هذان السنان مدورين [15]بل مستطيلين وعليهما بابان وبينهما عضو [16]مثل العضو الذي لقرابوس [17]وهي تقبل الماء بافواهها وتدفعه بتلك الابواب [19]⟨التي تغلق⟩ الاماكن التي منها دخل الماء وتلك السبل التي يدفع منها الماء [20]تحت عينيها. واذا قبلت الماء [21]غلقت افواهها بذينك البابين [22]ثم القت الماء ودفعته.وبعد الاسنان [23]لها افواه معد قصيرة جدا بقدر ما يظن الذي يعاين اجوافها انها ليس لها [24]غير بطون فقط. | وبطونها مشقوقة باثنين. [25]ومن تلك البطون يخرج معاء مبسوط دقيق [26]وآخر هذا المعاء T90 ينتهي الى ناحية الابواب كما [27]وصفنا فيما سلف. ولها فيما بين الاغطية عضو [28]مثل العضو الذي لقوابوس قريب من الاسنان. وفي داخل اجسادها [29]رطوبة تبنية اللون واجزاء صغار مستطيلة بيض [30]واجزاء اخر حمر مشبكة بعضها ببعض. وفيها بين الذكر والانثى اختلاف [31]من قبل العظم والغلظ والغطاء [32]من قبل ان غطاء الانثى اعظم وبعضه متباعد عن بعض تباعدا كبيرا [33]وليس بلاصق مثل غطاء الذكر ومثل هذا العرض يعرض لاناث قرابوا. [34]فهذه حال صفة الحيوان البحري اللين الخزف.

528a ⟨٤⟩ [35]فاما الحيوان الجاسي الخزف مثل الذي يسمى باليونانية نخّليا [1]او نخّلو وجميع الاصناف التي تسمى بالعربية حلزون [2]وجنس القنافذ فان الجزء الذي خلقته شبيهة بخلقة اللحم اذا كان فيها فهو [3]شبيه بالجزء الذي في الحيوان اللين الخزف لان ذلك اللحم يكون في باطنها [4]والخزف يكون في ظاهر اجسادها وفي هذه الاصناف التي وصفنا [5]اختلاف في فصول كثيرة اذا قيست بعضها الى بعض من قبل اختلاف خزفها [6]واللحم الذي في باطنها لان منها صنفا ليس في باطنه لحم البتة [7]مثل القنفذ البحري وفي باطن بعضها لحم. [8]ورؤوس هذا الصنف ليس بظاهرة بل خفية مثل رؤوس الحيوان الذي يسمى نخّليا الذي يكون في البر [9]والحيوان الذي يسميه بعض الناس قفليا

b13 مايا] هاا T : μαῖαι   b14 *⟨مثل سني⟩ : Σ sicut dentes || السنان] السنين T   b16 لقرابوس] لمرابوس T   b19 *⟨التي تغلق⟩ : ἐπιλαμβάνων   b21 بذينك] بذلك T   b28 لقرابوس] لموا بوس T   b29 رطوبة] نطوبه T : χυμός : Σ humiditates   b35 نخّليا] نخليا T : κοχλίαι   a1 نخّلو] نخلو T : κόχλοι   a2 *خلقته شبيهة B] خلقه شبيه T   a3 *اللحم B] الحرف T : Σ carnosam   a4 والخزف] والحرف الذي T : τὸ δ’ ὄστρακον ἐκτός : Σ testa extra   a5 *في فصول] وفصول T   a8 *ورؤوس] وس T : Σ capita || نخّليا] نحلىا T : κοχλίαι   a9 قفليا] فعا T : κοκάλια

[10]والحيوان البحري الذي يسمى باليونانية [11]اسطرمبوس. فاما سائر ذلك فلبعضه بابان [12]وانما اعني بقولي بابين كل ما كان له خزفان محيطان بجسده. [13]ومنها ما ليس له غير باب واحد لان جزء اللحم الذي فيه يكون في الظاهر [14]مثل الحيوان الذي يسمى باليونانية لوباس. فلبعض الحيوان الذي له بابان تنفتح وتنغلق مثل الحيوان الذي يسمى باليونانية [15]اقطاناس ومواس فان جميع هذا الصنف [16]لاصق الابواب في ناحية ومتحلل في ناحية ولذلك تنفتح وتنغلق. [17]ولبعضها بابان وهى تنغلق
T91 [18]من كلا الجانبين مثل الحيوان الذي يسمى سولناس. | ومنها ما كان جسده محتبسا [19]بخزف وليس شيء من لحمه مكشوفا ظاهرا [20]مثل الحيوان الذي يسمى طيثوا. وايضا في خزف الحيوان الذي ذكرنا اختلاف اذا قيس [21]بعضه الى بعض لان بعضها ملس الخزف مثل [22]الحيوان الذي يسمى سوليناس ومواس وقنشا والحيوان الذي يسميه [23]بعض الناس غلاقاس وبعضها غليظة خشنة الخزف مثل الحيوان الذي يسمى لمنسطريا [24]وبينا واجناس من الحيوان الذي يسمى قنشا وقيروقاس. وايضا [25]بعضها مسيرة الخزف بخطوط شبيهة بعضها ببعض مثل الذي يسمى باليونانية اقطيس وجنس من اجناس قنشا ومنها ما هو على خلاف ذلك لانه [26]ليس بمسير بتلك الخطوط مثل الذي يسمى بينا وجنس من اجناس قنشا وايضا [27]في خزفها اختلاف من قبل الغلظ والدقة وربما كان ذلك في كل [28]الخزف وربما كان في جزء من اجزائها مثل ما يعرض لشفاهها فان بعضها [29]دقيقة الشفة مثل الذي يسمى لمنسطريا وبعضها غليظة الشفة. [30]وايضا بعضها متحركة من اماكنها مثل الحيوان الذي يسمى اقطيس [31]ولذلك يزعم بعض الناس انه يطير لانه يزول ويخرج من [32]الاناء الذي به يصاد مرارا شتى وبعضها لا يتحرك ولا يزول [33]من المكان الذي هو به لاصق متشبك مثل الحيوان الذي يسمى بينا. فاما جميع الحيوان الذي يسمى اسطرمبوس فهو
528b [1]يتحرك ويمشي ويرعى اذا ارسل من المكان الذي يأوي فيه مثل الذي يسمى لوباس [2]ويعرض لهذا الصنف ولسائر الحيوان البحري الجاسي اللحم [3]ان يكون املس الخزف. ولحم الصنف الذي

---

a11 اسطرمبوس] اسطوموس T : στρομβώδη   a11 etc. بابان] نابان T : δίθυρα : Σ duas portas   a13 etc. باب] ناب T : μονόθυρα : Σ unam portam   a14 *لوباس] روباس T : ἡ λεπάς   a17 تنغلق] ىعلق T : συγκέκλειστα : Σ clauduntur   a23 غلاقاس] علا ىاس T : γάλακες ‖ لمنسطريا] لمسطوفا T : λιμνόστρεα   a24 وقيروقاس] وفروماس T : κήρυκες   a25 اقطيس] افلس T : κτείς   a29 لمنسطريا] لمسطريا T : λιμνόστρεα   a32 يتحرك ولا + يتحرك ولا T   a33 اسطرمبوس] اسطرسوس T : στρομβώδη

له باب واحد [4]وبابان لاصق بالخزف ولذلك لا يتبرأ منه الا بشدة وعسر [5]فاما لحم الحيوان
الذي من صنف اسطرمبوس فهو متبرئ من الخزف [8]وجميعها غطاء من قبل الولاد. وايضا كل
ما كان من صنف الاسطرمبوس [9]وهو جاسي الخزف يتحرك الى الناحية اليمنى. [10]فهذه اصناف
[11]اختلاف الحيوان الجاسي ⟨الخزف⟩ فاما ما في باطنها من الاعضاء [12]فهو متشابه بنوع من الانواع
T92 وخاصة في جنس | [13]الاسطرمبوس وانما اختلافها من قبل جثتها [14]والاعراض التي تعرض لها.
وليس فيما بين الحيوان الذي له باب واحد [15]او بابان اختلاف الا شيئا يسيرا فاما الاختلاف
الذي بينه [16]وبين الحيوان الذي لا يتحرك من مكانه فكثير. [19]واختلاف اعضاء اجوافها يكون
من قبل ان بعضها اعظم وابين [20]وبعضها اعرض واخفى وبعضها جاسية وبعضها لينة [21]وهي
تختلف لسائر الاوقات والاعراض ايضا وذلك من قبل ان [22]لجميع هذه الاصناف في الناحية
الخارجة من افواه الخزف لحما [23]صلبا جاسيا وربما كان ذلك اللحم قليلا وربما كان كثيرا. وفي
وسط ذلك اللحم [24]الرأس والقرنان وهذه الاعضاء عظيمة فيما عظم منها [25]وصغيرة فيما صغر
منها [26]ورؤوسها جميعا تخرجها خارجا فاذا فزعت [27]انقبضت وادخلت رؤوسها داخل الخزف.
ولبعضها اسنان في افواهها [28]مثل الذي يسمى باليونانية نخلياس فان له اسنانا حادة صغار دقيقة
ولبعضها [29]خراطيم بها ترعى وتنال طعمها مثل الذباب وغيره وتلك الخراطيم [30]في خلقتها شبيهة
بخلقة لسان. وللحيوان الذي يسمى باليونانية قيروقاس وفرفر هذا العضو ايضا [31]وهو صلب جاس
مثل خرطوم ذباب الدواب ولذلك [32]تنفذ جلود الدواب التي لها اربعة ارجل. وقوة خراطيم
هذا الحيوان البحري [33]اقوى كثيرا ولذلك ربما ثقبت بخراطيمها خزف غيرها من الحيوان [1]وبعد 529a
افواهها تكون بطونها. ولكل واحد منها حوصلة شبيهة [2]بحوصلة ⟨الطير⟩ وتحت بطونها [3]عضوان
ابيضان صلبان شبيهان خلقة ثديين وهما مثل العضوين اللذين يكونان في الحيوان الذي يسمى [4]سبيا
غير انهما في هذا الصنف اصلب كثيرا. وبعد بطونها [5]افواه معدها مبسوطة طويلة تنتهي الى العضو
الذي في اسفل جثتها [6]وجميع ما ذكرنا بين [7]في التواء خزف الحيوان الذي يسمى قيروقاس. وبعد

---

b5 اسطرمبوس] اسطرسوس T : στρομβώδεσιν   b8 اسطرمبوس] اسطرسوس T : στρομβώδη

b13 الاسطرمبوس] الاسطرسوس T : στρομβωδῶν   b14 *باب] ناب T : μονόθυρα : Σ unam portam

b15 بابان] نابان T : δίθυρα : Σ duas || *شيئا يسيرا] ساسرا T   b22 *الخزف] الجوف T : τοῦ ὀστράκου

b28 نخلياس] فلحاس T : κοχλιάς   a2 ⟨الطير⟩ : ὄρνιθος : Σ avis   a7 *خزف] حواف T : ὀστράκου || قيروقاس] فبروماس T : κηρύκων

فم المعدة يصاب [8]معاء متصل بالمعدة [9]وهو كله مبسوط حتى ينتهي الى مكان خروج الفضلة
وابتداء ذلك [10]المعاء من ناحية التواء العضو الذي يسمى باليونانية | ميقون وهو اوسع من ذلك T93
العضو [11]وانما ميقون مثل بطن قبول للفضلة التي في جميع الحيوان الذي له خزف [12]ثم يعطف هذا
المعاء ويأخذ الى الناحية العليا ايضا [13]حيث اللحم الذي ذكرنا ومنتهاه قريب من الرأس [14]حيث
مكان خروج الفضلة. وذلك يكون بنوع واحد في جميع الصنف الذي ينسب الى [15]الاسطرمبوس
البحري والبري. [17]وايضا يصاب سبيل طويل ابيض [18]لونه شبيه بلون العضوين اللذين ذكرنا آنفا
[16]وهو كأنه سبيل منسوج بالمعدة من ناحية البطن فيما عظم من الحيوان الذي يسمى [17]نخلوس.
[18]وفيه تحزيز مثل تحزيز البيض الذي يكون في الحيوان الذي يسمى قرابوس [19] والاختلاف الذي
بينهما من قبل ان هذا ابيض [20]وذاك احمر وليس في هذا السبيل منفذ ولا مخرج البتة [21]فانما
هو محتبس في صفاق دقيق وفيه عمق ضيق. [22]وبعد المعاء تصاب ايضا اعضاء سوداء خشنة
[23]متصلة ممتدة الى الناحية السفلى مثل ما يصاب في صنف اللجأة غير ان سواد هذه دون سواد
تلك. [24]وهذه الاعضاء توجد في الحيوان البحري الذي يسمى نخلوا ايضا والاعضاء البيض كمثل
[25]غير انها اصغر فيما صغر منها. فاما الحيوان الذي له باب وبابان [26]فهو يشبه خلقة ما وصفنا بنوع
ويخالفه بنوع آخر من اجل ان له رأسا [27]وقرنين وفما والعضو الذي يشبه اللسان ولكن [28]ليس
هذه الاعضاء بينة فيما صغر منها بل فيما عظم وليس هى بينة [29]في الميت منها ولا في الذي لا
يتحرك. فاما العضو الذي يسمى باليونانية ميقون فهو فيها جميعا [30]ولكن ليس في مكان واحد هو
فهو ولا مساو ولا بين بنوع واحد [31]وانما يوجد في الحيوان الذي يسمى لوباس في ناحية الجسد
السفلى في العمق. فاما في التي لها بابان فهو يوجد قريبا من العضو المستدير [1]مثل ما يكون في الحيوان 529b
الذي يسمى امشاطا. وهو المكان الذي يكون فيه البيض [2]اذا كان له بيض فانه يكون في الناحية
الواحدة من العضو المستدير | [3]مثل ما تكون الرطوبة البيضاء في الحيوان الذي يسمى نخلو. [4]فان T94

---

a10 ميقون] ومعون T : μήκωνος : Σ matcon   a11 ميقون] معون T : μήκων : Σ matchon   a12 الناحية] ناحية T   a15 الاسطرمبوس] الاسطوسوس T : στρομβώδεσι   a16 منسوج] منسوخ T : παρύφανται : Σ texta   a17 نخلوس] نحلوس T : κόχλοις : Σ kahaloz   a18 تحزيز] تحرين T : ἐντομὰς : Σ anulositas   a22 وبعد] وبعض T : Σ et post   a25 غير] عين T : πλὴν || باب] ناب T : μονόθυρα : Σ unam portam || بابان] نابان T : δίθυρα : Σ duas   a26 فهو] وهو T   a29 ميقون] معوف T : Σ matchon   a31 لوباس] روباس T : λεπάδες

تلك الرطوبة في ذلك الصنف موضوعة على مثل ما وصفنا [5]ولكن جميع هذه الاعضاء وامثالها كما قلنا فيما سلف بينة فيما عظم [6]واما فيما صغر منها فليست بينة البتة وربما استبانت بيانا ضعيفا. ولذلك [7]هى بينة في الامشاط الكبار وهى التي بابها الواحد [8]عريض مثل غطاء فاما موضع [9]مخرج الفضلة فهو في الاخر من ناحية واحدة من نواحي جثتها لان لها سبيلا [10]تخرج منه الفضلة الى ما خارج والفضلة تكون كما قلنا فيما سلف [11]في صفاق محتبسة. فاما التي تسمى البيضة فليس لها سبيل في [12]شيء من اصناف هذا الحيوان وانما هى موضوعة على اللحم كانها لحم ناتئ. وليس هى بموضوعة [13]على المعاء بعينه بل ربما كانت في الناحية اليمنى والمعاء [14]في الناحية اليسرى. فعلى مثل هذه الحال يكون موضع مخرج [15]الفضلة في الحيوان الذي يسمى لوباس البري وهو الذي تسميه العامة [16]اذن البحر فمخرج الفضلة يكون من تحت الخزفة [17]لان الخزفة مثقوبة في الناحية السفلى والبطن موضوع تحت [18]الفم والاعضاء التي تشبه الثديين كما وصفنا فيما سلف [19]فمن اراد علم ما ذكرنا يقينا فليعاين شق اجساد جميع هذا الحيوان. [20]فاما الذي يسمى سرطانا فهو بنوع من الانواع مشترك عام في الحيوان البحري اللين الخزف [21]والجاسي الخزف لان جميع هذا الحيوان في خلقة طباعه [22]شبيه بخلقة الحيوان الذي ينسب الى منظر قرابوس وهو يكون مفردا بذاته [23]ويظهر ويغيب ويخفى في الخزف مثل جميع الحيوان الذي جلده مثل الخزف [24]ولذلك طباعه فيما بينهما مشترك. فاما منظره [25]فهو بقول مبسوط شبيه بمنظر العنكبوت غير ان [26]رأس العنكبوت اعظم من رأس وصدر هذا. [27]وله قرنان احمران دقيقان وعيناه تحتهما [28]طويلتان ليس بغائرتين لانهما لا تنغلقان [29]مثل عيني السراطين بل هما قائمتان [30]وافواهها تحت عينيها وفيما يلي الافواه اعضاء مستديرة صغيرة كثيرة. [31]وبعد هذه الاعضاء رجلان مشقوقة الاطراف بهما ينال طعمه [32]ثم
530a رجلان آخران من كل ناحية | ورجل ثالثة صغيرة. فاما ⟨ما⟩ تحت [1]الصدر فكله لين ينفتح من T95
داخل ولونه لون تبني [2]ومن الفم سبيل آخذ الى البطن [3]وليس سبيل الفضلة يتبين. فاما الصدر

---

b19 *اجساد] اصناف T   b24 *منظره B] منظر T : τὴν δὲ μορφὴν   b28 تنغلقان M] يتعلقان T : Σ pendent : κατακλειομένους   b30 وفيما] فيما T || الافواه] الفواه T : Σ os : τὸ στόμα   b32 ⟨ما⟩ : Σ illud quod est sub   a1 فكله] وكله T || *تبني M] ظبي T : Σ pallidus : ὠχρόν   a2 *البطن B] النظر T : Σ ventrem : τῆς κοιλίας   a3 يتبين] سين T : Σ manifestatur : δῆλος || الصدر] القدر T : ὁ : Σ pectus : θώραξ

بعينه والرجلان [4]لجاسية وجساوتها دون جساوة السراطين وليس لحمه لاصقا [5]بخزفه مثل الحيوان الذي ⟨يسمى⟩ فرفورا وقيروقاس بل لحمه [6]سريع التبرئ من الخزف. وما يكون في الحيوان الذي يسمى سطرمبوس من الاعضاء فهو مستطيل اكثر [7]من اعضاء الحيوان الذي يسمى نريطا. فانه يكون جنس آخر من جنس هذا الحيوان يسمى نريطا [8]خلقة جسده قريبة من خلقة الآخر ولكن اطراف رجليه مشقوقة باثنين [9]والرجل اليمنى صغيرة والرجل اليسرى كبيرة ولذلك يميل ويحمل [10]ثقل جسده عليها اذا مشى وتحرك [13]وخزف هذا الحيوان املس اسود مستدير. [14]فاما منظره فشبيه بمنظر الحيوان الذي يسمى قيروقاس ولكن ليس العضو الذي يسمى [15]ميقون فيه اسود بل احمر وهو لاصق [16]بوسط الخزف لصوقا قويا. فاذا كان الهواء صافيا يكون هذا الحيوان مرسلا [17]يرعى واذا هاجت الرياح يلصق [18]بالحجارة ويسكن فلا يتحرك. ومن جنس نريطا ما يخرج ويرعى مثل [19]اللوباداس فالذي يسمى باليونانية امرويداس كمثل وجميع [20]هذا الجنس الذي هو مثل هذا وهو يلصق بالصخور اذا مالت [21]غطاءه شبيه بغطاء [22]الحيوان الذي له بابان. [23]فاما باطن جسده فخلقته من لحم وفي ذلك اللحم فمه [24]وسائر خلقة جثته شبيه بخلقة الحيوان الذي يسمى [25]فرفورا وامرويداس وجميع الصنف الذي يلائمها. [26]وليس يوجد في صنف الحيوان المنسوب الى الاسطرمبوس شيء من الحيوان الذي رجله اليسرى اعظم من اليمنى [27]بل يوجد في الحيوان الذي يسمى نريطا. وفي بعض الحيوان الذي يسمى نخلو يوجد [28]حيوان آخر شبيه بالحيوان الذي يسمى اسطاقوس الصغير وهو يوجد [29]فيما كان منه نهريا. وانما الاختلاف الذي بينه من قبل لين [30]الجسد وخشونة الخزف فاما منظر خلقة ما وصفنا [31]فهو يعرف يقينا من الشق.

a4 لجاسية] لحاسيه T : σκληρὰ : Σ dura || دون] دور T : ἧττον δ' ἤ   a5 فرفورا] فوبوبا T : πορφύραι   a6 سطرمبوس] سطربوس T : στρόμβοις   a7 نريطا[(1)] ربطاقانه T : νηρείταις : Σ brita   a8 رجليه] ارجليه T : ποδῶν : Σ pedum   a9 *اليسرى B] اليمنى T : ἀριστερὸν : Σ sinister || كبيرة] كثيرة T : μέγαν : Σ magnus   a14 فشبيه] شبيه T   a15 *ميقون] مهون T   a16 بوسط] فوسط T : κατὰ τὸ μέσον || قويا B] فو T : νεανικῶς : Σ forti || فاذا] مادا T : μὲν οὖν : Σ cum ergo   a19 اللوباداس] الرباراس T : αἱ λεπάδες || وجميع] جميع T : καὶ πᾶν   a21 غطاءه] عطاءها T   a25 فرفورا] ارقودا T : πορφύραις || وامرويداس] وامرونداس T : αἱμορροίσι || الصنف] صنف T   a26 الاسطرمبوس] الاسطرسوس T : τοῖς στρόμβοις   a27 نخلو] نحلق T : κόχλοι   a28 اسطاقوس] السطافوس T : ἀστακοῖς : Σ astacoz   a31 فهو يعرف يقينا M] يقينا فهو يعرف T

⟨٥⟩ [32]فاما القنافذ فليس لها لحم شيء وذلك خاص [33]لها اعني عدم اللحم [34]ولكن في بطونها اجزاء سود. وللقنافذ اجناس كثيرة [1]ومنها جنس واحد يؤكل وهو الجنس الذي فيه شيء شبيه 530b
T96 [2]ببيض كبير فهو يؤكل ويوجد | [3]فيما صغر منها وما عظم لان ذلك البيض يكون فيها من صغرها. [4]وفيها جنسان آخران لهما اسماء خاصة باليونانية [5]وانما توجد في لج البحر [6]وهى قليلة وفيها جنس آخر ايضا عظيم الجثة [7]وجنس صغير الجثة [8]كبير الشوك وشوكه جاس وهو يكون في عمق [9]البحر في بعد ابواع كثيرة هو الجنس الذي يعالج به عسر البول. [10]فاما في البلدة التي تسمى باليونانية طروني فانه يكون جنس قنافذ ابيض [11]الخزف والشوك والبيض وهذا الجنس في طول الجثة اطول واعظم [12]من سائر اجناس القنافذ وليس شوكة هذا الجنس عظيمة ولا قوية [13]بل الى اللين ما هى. فاما الاجزاء السود التي تكون بعد الفم [14]فهى فيه كثيرة وهى لاصقة بعضها ببعض فيما يلي السبيل الآخذ الى خارج [15]فاما في الناحية التي تلي من داخل فليس هى بلاصقة. والقنافذ التي تؤكل تتحرك [16]خاصة حركة كثيرة ولها علامة [17]بينة في شوكها. ولجميع اجناس القنافذ [18]بيض ولكن لبعضها بيضا صغيرا جدا لا يؤكل ويعرض [19]لبعض القنافذ ان تكون رؤوسها وافواهها [20]في الناحية السفلى فاما سبيل مخرج الفضلة ففي الناحية العليا. وهذا العرض [21]يعرض لجميع الحيوان الذي ينسب الى سطرمبوس وللحيوان الذي يسمى [22]لوباس لانها ترعى من الناحية السفلى ولذلك افواهها [23]في تلك الناحية فاما مخرج الفضلة ففي الناحية العليا اعني ظهر [24]الخزف. وللقنفذ خمس اسنان عميقة في داخل فمه [25]وفيما بين تلك الاسنان جزء شبيه بلحم تستعمله مكان اللسان وبعد ذلك الجزء [26]فم المعدة ثم البطن مجزأ بخمسة اجزاء [27]مملوءة فضلة [28]وهى تخرج تلك الفضلة من ثقب [29]الخزف وتحت البطن في صفاق آخر ⟨ما يسمى [30]البيض⟩ وعددها مساو لعدد اجزاء بطونه لانها خمسة. [31]وفي الناحية العليا تلك الاجزاء السود لاصقة بابتداء [32]الاسنان وهى اجزاء صغار لا تؤكل. [33]وهذه الاجزاء توجد في كثير من الحيوان او اجزاء تلائمها مثل ما يوجد [34]في اجناس اللجأ

---

b2 كبير] كثير T : μέγαλα : Σ multa   b8 كبير] كثير T : μεγάλας : Σ multarum   b9 ابواع] انواع T : ὀργυιαῖς   b10 *قنافذ ابيض] فاحدا بيض T : ἐχῖνοι λευκοὶ : Σ ericii albae   b14 *السبيل] البسار T : πόρον   b21 سطرمبوس] سطرسوس T : τοῖς στρομβώδεσι : Σ starninoz   b22 لوباس] اوباس T : λεπάσιν : Σ lupes ‖ *من] في T : ἐκ : Σ ex   b23 تلك] ذلك T : Σ illa ‖ ففي] وفى T   b26 بخمسة] لخمسة T   b29–30 ⟨ما يسمى البيض⟩ : τὰ καλούμενα ᾠά

531a والضفادع [1]والمنسوبة الى سطرمبوس والى فرنوس وفي جميع الحيوان اللين الجسد وانما اختلاف هذه الاجزاء من قبل اللون [2]ولان بعضها لا يؤكل وبعضها يؤكل. [3]وجسد | القنفذ متصل في T97 الناحية السفلى [4]فاما في الناحية العليا حيث الشوك فمفترق [6]وهو يستعمل شوكه مثل رجلين لانه يتكئ عليه [7]ويتحرك.

⟨٦⟩ [8]فاما الحيوان الذي يسمى باليونانية طيثو فطباعه [9]كثير الفضلة اكثر من جميع الحيوان وذلك لان جميع جسده يخفى في [10]خزفه. فاما خلقة خزفه فهى فيما بين خلقة الخزف والجلد [11]ولذلك يقطع كما يقطع الجلد العظيم الجاسي وخزفه لاصق [12]بالصخور. وفي جسده سبيلان [13]صغيران جدا ولذلك لا تعاين الا بعسر واحدهما بعيد من الآخر [14]وبذينك السبيلين يقبل الرطوبة ويخرجها لانه ليس له فضلة [15]بينة مثل فضلة اصناف الحلزون ولبعضها فضلة [16]ولبعضها التي تسمى ميقون. واذا شقت اجوافها يوجد فيها اولا [17]صفاق خلقته شبيهة بخلقة العصب حول الخزف وفي هذا الصفاق [18]يكون اللحم وليس يشبه لحمه شيئا من لحوم سائر الحيوان البحري. [19]وذلك اللحم لاصق [20]بالصفاق والجلد من الناحية الواحدة [21]وهو في تلك الناحية التي بها يلصق بالجلد والصفاق اضيق والصفاق ممتد من كلتا الناحيتين [22]الى السبل التي خارجة اعني التي في الخزف والسبيل الذي به [23]يقبل هذا الحيوان الرطوبة والذي منه يخرجها وبواحد من هذين السبيلين يقبل الطعم. [24]واحد السبيلين [25]غليظ والآخر دقيق فاما داخل فعميق [26]وفي ذلك [27]العمق تكون الرطوبة. وليس لهذا الحيوان الذي يسمى طيثو جزء آخر ولا آلة حس [28]ولا شيء آخر من سائر الآلات كما وصفنا [29]في سائر الحيوان ولونه [30]ربما كان تبنيا وربما كان احمر. [31]وجنس الحيوان الذي يسمى باليونانية اقاليفي جنس خاص ايضا وهو لاصق [32]بالصخور مثل بعض الحيوان الذي خزفه خشن شبيه بخزف الآنية [33]وربما ارسلت من الصخور وليس لها خزف بل جميع جسدها من خلقة شبيهة

---

a1 سطرمبوس] سطرسوس T : τοῖς στρομβώδεσι : Σ asaturninoz || اختلاف] الاختلاف T

a3 وجسد] وجنس T : τὸ σῶμα : Σ genus

a6 يتكئ B] يبكى T : ἐπ/ἀπερειδόμενος

a9 *يخفى] يحى T : κέκρυπται : Σ est absconsum

a16 ميقون] معوف T : μήκωνα

a22 السبل] السبيل T : πόρους : Σ vias || والسبيل الذي] والسبل التى T : Σ viam per quam

a27 *آلة] له T : ὀργανικὸν : Σ instrumentum

a28 الآلات] الات T[1]

a31 اقاليفي] امالىعى T : ἀκαληφῶν : Σ akaleki

531b بخلقة لحم. [1]وهذا الجنس يحس ويخطف [2]اذا دنت منه اليد ويلصق بالصخور برجليه مثل الحيوان الذي يسمى الكثيرالارجل [3]وربما يتورم وينفخ جسده اذا لصق بشيء. [4]وفمه في وسط جسده وهو يرعى ويحيا من الصخور [5]لانه يصيد ما يمر به من السمك الصغير [6]ويأكل كل ما يمر به من الحيوان الذي يؤكل. | [7]ومنه جنس آخر [8]يأكل القنافذ والحيوان الذي يسمى مشطا [9]وليس يوجد T98 في جسده فضلة البتة ولهذه الخصلة يشبه [10]الشجر. وفي هذا الجنس صنفان احدهما صغير الجثة [11]وهو يؤكل وصنف آخر كبير الجثة وهو جاس [12]مثل ما يكون في البلدة التي تسمى خلقيس. ولحمها في الشتاء [13]صلب ولذلك تصاد وتؤكل [14]فاما في الصيف فهي ترسل من اماكنها وتكون شبيهة بما يشوط وان [15]مسها احد تنفسخ من ساعتها وهي تتعب وتسوء حالها في اوان الحر والدفاء وتدخل في داخل الصخور. [18]فقد وصفنا حال الحيوان الذي يسمى باليونانية مالاقيا والحيوان اللين الخزف [19]والحيوان الجاسي الخزف وجميع الاعضاء التي في ظاهر اجسادها وباطنها.

⟨٧⟩ [20]فاما حيننا هذا فانا نريد ان نذكر ونصف حال الحيوان المحزز الجسد [21]فان في هذا الجنس ايضا اصنافا كثيرة [22]وليس لها اسم مشترك عام [23]مثل وصف الدبر والنحل والدبر الاصفر [24]وما يشبه هذا الصنف وايضا صنف الحيوان الذي لجناحيه غلاف مثل [25]الدبر وما يشبهه. [26]فينبغي ان نعلم ان لجميع هذه الاصناف اعضاء ثلثة مشتركة اعني الرأس وما يلي [27]البطن والعضو الثالث الذي بينهما مثل ما [28]لغيرها من الصدر والظهر وهذا العضو في كثير منها [29]واحد فاما ما كان منها مستطيل الجثة كثير الارجل فهو مستوي [30]التحزيز. وجميع هذا الحيوان يحيا حينا بعد ان يقطع جسده [31]ان لم يكن بارد الطبيعة جدا او يبرد عاجلا لحال صغر جثته [32]وقد عاينا مرارا شتى الدبر يقطع باثنين [33]ويحيا حينا وذلك اذا قطع الرأس مع الصدر [1]فاما ان كان بغير صدر فليس يحيا. 532a وكل ما لم يكن طويل الجثة [2]كثير الارجل فهو يحيا اذا قطع حينا وتحرك [3]القطعتان التي يقطع بها [4]ويمشي ويحرك ذنبه ورأسه مثل الحيوان الذي يسمى [5]اربعة واربعين. ولجميع اصناف هذا

b1 *يحس] يحس T : αἰσθάνεται : Σ sentit   b5 *يصيد] يصد T : Σ venatur   b8 *مشطا] قسط T : κτένας : Σ pecten   b12 *خلقيس] حلىس T : Χαλκίδα   b14 *شبيهة] سبيها T : Σ similis || *يشوط] سوط T   b15 *تنفسخ] يتسنح T : διειλημμένος ἐστίν : Σ dissolvitur || *والدفاء] والذدفا T   b30 *التحزيز] البحرى T : ταῖς ἐντομαῖς : Σ anulositas   b32 *باثنين M] بادىر T : in Σ duo   a5 هذا + هذا T

الحيوان عينان [6]وليس لها آلة حس آخر بينا ظاهرا البتة ولبعضها عضو شبيه بلسان مثل العضو الذي يكون [7]للحيوان الجاسي الخزف ولجميعها عضو به يذوق [8]ويجذب طعمه. وربما كان هذا العضو في بعضها لينا وربما كان جاسيا [9]قويا جدا مثل ما يوجد في الحيوان الذي | يسمى باليونانية T99
فرفورا. [11]وهذا العضو يكون في الصنف الذي ليس له حمة لانه يكون له مثل [12]سلاح يقوى به على معاشه. وليس يكون هذا العضو في الحيوان الذي له اسنان [13]ما خلا اصنافا يسيرة. والذباب يمس ما يمس من الاجساد ويدميها بهذا العضو [14]وبه يلسع انواع البعوض ولبعض [15]الحيوان المحزز الجسد حمة وربما كانت تلك الحمة في باطنها [16]مثل حمة الدبر وحمة بعضها خارجة ظاهرة مثل حمة العقرب. [17]فينبغي ان نعلم ان جنس العقارب طويل الذنب فقط [18]وللعقرب زبانتان وللحيوان الصغير الذي يكون في المصاحف زبانتان ايضا [19]لان خلقته شبيهة بخلقة العقرب وهو الحيوان الذي يسمى الارضة. ولما يطير من هذا الحيوان مع سائر [20]الاعضاء التي وصفنا جناحان ايضا ومنها ما له جناحان فقط [21]مثل الذباب ومنها ما له اربعة اجنحة مثل النحل [22]وليس لشيء مما له في مؤخر جسده حمة جناحان فقط بل اربعة اجنحة وايضا لبعضها [23]غلاف تدخل فيه اجنحتها ويسترها مثل الدبر وبعضها [24]على خلاف ذلك مثل النحل [25]وليس لشيء من اجنحة هذا الصنف قصبة مثل ما لسائر اجنحة الطير [26]ولا يكون شيء منها مشقوقا. ولبعضها فوق عينيها مثل شامات او نقط مثل الذي يسمى [27]انفس وهو الفراش وما يشبه هذا الصنف. فاما ما ينزو منها اذا مشى [28]فرجلاه اللتان في مؤخره اعظم من الرجلين اللتين في مقدم جثته [29]ومنها ما اذا نزا ثنى رجليه الى خلف مثل انثناء رجلي الدواب التي لها اربعة ارجل. [30]ومقدم جسد هذا الحيوان مخالف لمؤخره [31]بخلاف مقدم ومؤخر سائر الحيوان. فاما خلقة جسده [32]فليس هو خزفيا ولا مثل اللحم الذي يكون في داخل الخزف [33]بل فيما بينهما ولذلك ليس لشيء من جسد هذا الصنف
شوكة ولا [1]عظم ولا يحيط به خزف [2]وانما يسلم جسده لحال جساوته ولا يحتاج الى شيء آخر 532b
[3]يستره ويعضده ولهذا الصنف جلد غير انه [4]دقيق جدا. فهذه اعضاء هذا الصنف من الحيوان وعدتها مثل ما ذكرنا [5]فاما ⟨ما⟩ داخل جسده من الاعضاء فله بعد الفم معاء وهو في كثير منها [6]مبسوط مستقيم حتى ينتهي الى موضع خروج الفضلة وذلك المعاء في قليل منها [7]ملتو. وليس
لشيء من هذا | الصنف جوف غير ما وصفنا من المعاء [8]كما ليس لشيء من الحيوان الذي ليس T100

a6 *حس] جنس T : αἰσθητήριον Σ sensus   a9 فرفورا] برفورا T : πορφύραις   a29 *ثنى] ثنا T

له دم ولبعضها [9]بطن وبعد البطن معاء مبسوط [10]ملتو مثل معاء الجراد. فاما الذي يسمى باليونانية طاطقس وهو الذي يصوت بالليل [11]فليس له فم مثل ما لسائر الحيوان بل له عضو طويل شبيه بلسان نابت عن رأسه مثل [12]ما لسائر الحيوان الذي حمته في مقدم جثته. [13]وليس ذلك العضو بمشقوق ولهذه العلة يغذى [14]وليس في بطنه فضلة البتة. ولهذا الجنس اصناف كثيرة [15]يخالف بعضها بعضا في العظم والصغر [16]وبعضها محزز الوسط ولها في وسط جسدها صفاق [17]بين ظاهر. [18]وفي البحر ايضا اصناف حيوان لا يمكن ان تنسب الى جنس معروف [19]لحال قلتها وقد زعم بعض [20]اهل التجربة من الصيادين انهم عاينوا في البحر [21]حيوانا خلقته شبيهة بخلقة خشب وهو اسود مستدير الطول مستوي الغلظ [22]وعاينوا ايضا حيوانا شبيها بافاع حمر اللون له اجنحة [23]متتابعة كثيرة وحيوان آخر شبيه بذكر انسان [24]بالمنظر والعظم غير ان له بدل الانثيين جناحين [25]اثنين. [27]فهذه اعضاء جميع الحيوان التي في ظاهر الاجساد وباطنها [28]وقد وصفنا كل ما كان منها عاما مشتركا وما هو خاص لكل جنس من الاصناف.

⟨٨⟩ [29]فاما حال الحواس فانا نصفها حيننا هذا لان آلة الحواس لا توجد [30]في جميع الحيوان على حال واحد بل ربما كانت جميع الآلة في بعض اجناسها وربما لم يكن كلها بل [31]قليل منها. [32]وعدة الحواس خمسة اعني البصر والسمع والمشمة والمذاقة [33]واللمس. فينبغي لنا ان نعلم ان للانسان وللحيوان المشاء الذي يلد حيوانا مثله [1]ولجميع ما له دم ويلد حيوانا [2]جميع آلة الحواس ما 533a
خلا المضرور منها [3]مثل جنس الخلد فانه ليس لهذا الحيوان حس البصر [4]من اجل انه ليس له عينان ظاهرتان. فاما ان سلخ [5]جلد رأسه وهو غليظ فسيوجد في [6]مكان العينين شيء شبيه بخلقة العينين غير انه [7]مضرور [8]لان سوادها بينا وما يكون في وسط السواد [9]اعني الحدقة وما حول ذلك سمين كثير الشحم وهو يكون اقل [10]مما يكون حول العينين الظاهرتين البينتين. وليس شيء مما وصفنا [11]بظاهر خارج لحال غلظ الجلد وانما ذلك لحال [12]الضرورة التي تصيب هذا الحيوان في اوان | الولاد من قبل الطبيعة. وينبغي ان نعلم ان من الدماغ يخرج [13]سبيلان خلقتهما عصبية T101

b9 *وبعد M] بعض T : Σ post   b11 فليس] ليس T   b14 *ولهذا M] وهذا T : αὐτῶν δ' ἔστι : et in illo Σ genere   b24 الانثيين] الاسن T : ὄρχεων τῶν : Σ testiculorum   b29 نصفها] نصفه T || حينا] حبدا T : νῦν : Σ modo || *آلة M] له T : Σ instrumentum   a3 *جنس الخلد] حس الجلد T : τὸ τῶν ἀσπαλάκων (sc. γένος) : Σ genus talpae

قوية [14]وهذان السبيلان ينتهيان الى اصول العينين وسبيل آخر ايضا ينتهي [15]الى الانياب في الحيوان الذي له انياب. فاما سائر الحيوان فله [16]حس به يعرف اختلاف الالوان وحس به يعرف اختلاف الاصوات والدوي وايضا حس المشمة [17]والمذاقة. فاما الحس الخامس وهو حس اللمس فانه موجود [18]في جميع اصناف الحيوان. [31]وهو بين ان اصناف السمك تحس بما تذوق لان كثيرا منها [32]يستحب شيئا معروفا من الطعم والرعى وبه يصاد. [34]وليس لشيء من
اصناف السمك [1]آلة بينة لحس السمع ولا لحس المشمة. فاما ما يظن [2]كثير من الناس ان لها 533b
آلة حس المشمة من قبل سبيل المنخر فليس شيء من تلك السبل يصل [3]الى الدماغ بل بعضها سبل تخفى وبعضها [4]يصل الى العضو الذي يسمى الآذان. وهو بين ان اجناس الحيتان تشم وتسمع [5]من قبل انا نعاينها تهرب من الاصوات والدوي [6]العظيم وحركة مجاذيف السفن ولذلك [7]تصاد في اعشتها بايسر المؤونة. وان كان [8]الدوي الذي يصيبها من خارج صغيرا ولكن هو يواقع سمعها مثل [9]دوي ثقيل مفزع عظيم. وذلك [10]يعرض لجميع اصناف السمك وهو بين من قبل صيد الدلافين فان الصيادين اذا هموا بصيدها [11]يحيطون بها ويضربون باعواد ضربا متتابعا. فاذا سمعت دوي ذلك الصوت [12]تهرب [13]الى الارض فزعا من ذلك الدوي وتصاد بايسر المؤونة كانها سدرة من ثقل رؤوسها [14]وليس للدلافين آلة حس السمع بينة البتة. [15]واذا اراد الملاحون صيد شيء من اصناف السمك [16]يلزمون السكون ويتوقون حركة المجاذيف والشباك وغير ذلك من آلاتهم. [17]واذا علموا في مكان من الاماكن [18]حيتان كثيرة يزكنون بعد المكان منهم وبقدر ذلك يرخون الشراع وينزلونه لكيما لا يكون سير السفينة شديدا [19]فتسمع تلك الحيتان سيرها وتهرب [20]وهم يأمرون ايضا [21]جميع الملاحين بالسكوت [22]حتى يحيطوا بما يريدون من صيدها. وربما ارادوا [23]اجتماع صنف من اصناف السمك الى مكان واحد وفعلوا مثل الفعل الذي يفعلون في صيد |
T102 الدلافين [24]لانهم يضربون الحجارة بعضها ببعض لكيما يفزع السمك ويجتمع الى [25]مكان واحد ويصاد بتلك الشباك [26]فهم يمنعون الحركة قبل ان يحيطوا بها فاذا [27]احاطوا بها صاحوا وجلبوا لانها [28]اذا سمعت ذلك الصياح والجلبة هربت ووقعت في داخل الشباك لحال الفزع. [29]وايضا اذا عاين الصيادون صنفا من اصناف السمك [30]كثيرا يرعى في اوان الصحو وسكون الريح ويطفو

---

a17 فانه] وانه T   a18–a30 :-T   b16 *آلاتهم] الهم : Σ instrumenta   b20 *يأمرون B] مرور T : Σ praecipiunt : παραγγέλλουσι

على وجه الماء [31]واذا ارادوا ان يعرفوا عظم ذلك السمك وجنسها [32]ان هم ساروا سيرا يسيرا رقيقا رويدا بغير حركة وصياح ادركوا ذلك السمك [33]وهو يطفو على الماء وان جلبوا وصاحوا
534a هرب [34]ذلك السمك ولم يدركوا منه شيئا. وفي الانهار [1]صنف من اصناف السمك معروف يأوي في الصخور [2]فاذا اراد الصياد صيد ذلك السمك ضربوا [3]تلك الصخور بالحجارة فاذا سمع ذلك السمك ذلك الصوت يتواقع من الصخور [4] كانه متصدع من ذلك الدوي والصوت ويصاد عاجلا. [5]فهو بين من جميع ما وصفنا ان السمك يسمع وبعض اهل التجربة والمعرفة بطباع حيوان البحر يزعمون ان [6]السمك خاصة حاد السمع [7]وانما يذكرون ذلك بما بلوا وعرفوا [8]وبخاصة اصناف السمك الجيدة السمع والاصناف التي تسمى باليونانية قسطروس [9]وسرفي وحروميس والا براق وكل ما اشبه هذه الاجناس [10]واما سائرها فهي تسمع سمعا دون سمع الذي سميناه ولذلك يكون مأواها قريبا من [11]وسط البحر. [12]وحس ⟨مشمة⟩ السمك ايضا على مثل ما وصفنا وذلك بين من قبل ان كثيرا من اصناف السمك [13]لا يدنو من الوعاء الذي به يصاد ان لم يكن جديدا حديثا [14]فاما سائرها فلها حس ولكن دون حس غيرها ولذلك يصاد اكثرها. ولكل جنس من اجناس السمك شيء خاص يصاد [15]به ولذلك يشمه ويعرفه ويهرب عنه وبعض السمك يصاد [16]باشياء منتنة الريح مثل ما يصاد الصنف الذي يسمى سارفي بالزبل. وايضا كثير من [17]السمك يأوي في الصخور واذا اراد الصيادون [18]اخراجها [19]يدلكون افواه المغاير التي في الصخور باشياء مملوحة فاذا شمت رائحتها خرجت [20]عاجلا وصادوها وبمثل هذا النوع يصاد الانكليس ايضا |
T103 [21]فان الصيادين يضعون اناء من انية الفخار التي كان فيها شيء مملوح عند [22]فم المغارة فاذا شمه الانكليس دخل في ذلك الاناء. ومن السمك ما [23]يستحب ريح الاشياء المحرقة المدخنة ولذلك يسرع اليها اذا شمها [24]ولذلك يأخذ الصيادون لحوم السمك الذي يسمى سبيا ويشيطونها حتى تخرج رائحتها [25]ويصيدون بها ما ارادوا. وقد زعموا ان بعض الصيادين يأخذون الزنابيل الحدب ويضعون فيها الحيوان الذي يسمى الكثير الارجل بعد ان يشووه [26]ليس الا لحال رائحة الشوي

a4 كانه] وكانه T : ὡς : Σ sicut   a7 بلوا] بلواو T : ἐντυγχάνειν   a9 وسرفي] وسوى T : σάλπη   a10 سميناه] سمينا T   a12 *وحس ⟨مشمة⟩] وجنس T : ὀσφρήσεως : Σ sensum tactus   a15 يشمه] يشبه T : ὀσφραίνεσθαι : Σ olfaciunt   a16 سارفي] سارى T : σάλπη   a22 *المغارة] المعاده T : τοῦ : Σ cavernae : σπηλαίου   a25 الزنابيل] الوباسل T : τοὺς κύρτους || *الحدب] الحدد T

ويصيدون به اصنافا كثيرة. [27]وايضا السمك الذي يسمى باليونانية رواداس يهرب اذا القيت في
البحر غسالة [28]السمك الذي يغسل الملاحون واذا القي الماء الذي يستنقع في اسفل السفن فانه
534b يهرب [29]اذا شم رائحته. [1]وهذا السمك يشم دم ذاته عاجلا ويهرب منه وهو بين انه يهرب [2]من
قبل انه يستبعد عن ذلك المكان الذي يأوي فيه جدا ولا سيما اذا شم دم سمك. [3]وايضا اذا كان
الظرف الذي يصاد ⟨به⟩ السمك وسخا عتيقا [4]لا يكاد ان يدنو منه السمك ولا يدخل فيه [5]واذا كان
الوعاء حديثا وما يوضع فيه نظيفا طري الرائحة بادر اليه السمك من كل مكان بعيد ودخل فيه.
[6]وهو خاصة بين مما ذكرنا عن [7]الدلافين انه ليس لاصناف السمك آلة حس سمع [8]بينة البتة وانه
يسمع من قبل انه يصاد من الصداع وثقل الرأس الذي يصيبه من الدوي [9]كما ذكرنا فيما سلف
من قولنا. [11]فقد اوضحنا الآن ان لاصناف هذا الحيوان جميع الحواس [12]فاما سائر اجناس الحيوان
فهى اربع [13]مفصلة اعني جنس الحيوان الذي يسمى باليونانية [14]ملاقيا واللين الخزف [15]والذي
خزفه جاس مثل خزف الفخار وما كان محزز ⟨الجسد⟩ [16]فلها جميع الحواس [17]اعني حس البصر
وحس السمع وحس المذاقة وسائر الحواس. [18]فان المحززة الاجساد تحس من بعد كبير ما كان
من صنفه [20]وليس تفعل ذلك الا بحس ذكي وعلمه ما يطالب منه. [21]وبعض هذه الاصناف يبيد
ويهلك من رائحة الكبريت [22]وان اخذ احد شيئا من كبريت | وصعتر جبلي ودقهما دقا نعما T104
وذرهما على جحر مأوى النمل [23]ترك عشه وانصرف عنه. وان بخر احد قرن ايل [24]يهرب عن المكان
الذي يبخر فيه كثير من الاصناف التي ذكرنا وهى تهرب خاصة [25]اذا بخرت الميعة السائلة. والحيوان
الذي يسمى سيبا وقرابو والصنف الكثير الارجل [26]فانه يخدع ويصاد بهذا البخور [27]فاما الكثير
الارجل فانه يستحب هذا البخور ويدخل في الوعاء الذي به يصاد [28]ويقطع ولا يفارقه فاما ان
535a بخره احد بالعقار الذي يسمى قونوزا [29]فهو يهرب من ساعته اذا شمه ويستبعد بعدا كبيرا. [1]وكل
صنف من اصناف الحيوان يستحب غذاء خاصيا ويطلبه ويشتاق اليه [2]ولا يستحب جميع اصناف
الحيوان مذاقة رطوبة واحدة. وذلك بين من قبل النحل فانه لا يجلس على [3]شيء منتن ولا رديء
الطعم او الرائحة وانما يجلس على كل حلو ويستحب ان يغذى منه. [4]واما بعض الحيوان فهو يحس
باللمس [5]كما قلنا اولا وبينا ان لجميع الحيوان حس ⟨اللمس⟩. [6]فاما الحيوان الذي جلده خشن مثل

---

a26 ويصيدون] ويصدون T   b15 *محزز ⟨الجسد⟩ : τὰ ἔντομα : Σ anulosi corporis   b26 *البخور] التجوز T : Σ fumum   b27 *البخور] التجوز T   a4 *باللمس] بالمس T

الخزف فله حس المشمة والمذاقة فذلك بين [7]من انواع الخدائع التي بها يخدع مثل الحيوان البحري الذي يسمى فرفورا فانه [8]يخدع بكل منتن الريح ويسرع اليه [9]وليس يفعل ذلك الا لحسه. [11]فكل صنف من اصناف الحيوان يستحب كل شيء خاص من الطعم ويطلبه طلبا حثيثا [12]وكل ما كان له فم فهو يستحب ويكره بعض ما يذوق من الطعم. [13]وليس عندنا شيء ثابت بين في بصر وسمع هذا الصنف [14]وقد زعموا ان الحيوان البحري الذي يسمى باليونانية سوليناس فهو يغيب في اسفل البحر [15]اذا احس بصوت او دوي [16]وليس يخرج الا شيئا قليلا من جثته [17]من الجحر الذي يأوي اليه وان [18]ادنى احد اصبعه الى الحيوان الذي يسمى مشطا غمض عينه من ساعته. [19]واذا اراد الصيادون صيد الحيوان الذي يسمى نريتا [21]لزموا السكوت واكتفوا بالغمز والاشارة وليس يعرض ذلك الا لانه يشم ويسمع [22]فان تكلم احد هرب. [23]والقنفذ يسمع سمعا ضعيفا اقل من سمع الحيوان الذي جلده مثل خزف [24]ويسير على رجليه فاما من الصنف الذي ⟨لا⟩ يتحرك فالحيوان الذي يسمى طيثو وبلانو | فهو قليل الحس جدا. [26]فهذه حال حواس جميع [27]الحيوان T105
واما حال صوت الحيوان فهو على ما نصف.

⟨٩⟩ [28]ينبغي ان نعلم ان الصوت غير الدوي والكلام شيء آخر ثالث غير هذين فليس يكون الصوت [29]بشيء من الاعضاء ما خلا الحنجرة [30]ولذلك كل حيوان ليس له رئة لا يصوت وانما الكلام [31]تفصيل الصوت وذلك التفصيل يكون باللسان. فما كان من حروف الكتّاب التي لها اصوات [32]فهي تصوت بالصوت والحنجرة فاما الحروف التي لا صوت لها فهي تصوت [1]باللسان. وكل 535b
حيوان [2]ليس له لسان مرسل لا يصوت ولا يتكلم وانما [4]يكون دوي الحيوان بالروح الذي في باطن جسده [5]وليس بالروح الذي خارج منه لانه لا يتنفس شيء من هذا الصنف بل من هذا الصنف ما [6]يكون منه دوي فقط مثل النحل وكل ما يشبهه ومنه ما يصوت صوتا لذيذا [7]مثل الحيوان الصغير الذي يشبه الجراد وهو الذي يصر بالليل. ودوي جميع ما ذكرنا وصريره يكون

---

a7 فرفورا] فوبورا T : πορφύρας   a11 *حثيثا B] حسا T : Σ appropriatam   a14 سوليناس] دسولساس T : σωλῆνες : Σ solinez   a15 احس] حس T : Σ senserit   a16 وليس] ليس T   a19 نريتا] برسا T : νηρείτας   a24 ⟨لا⟩ يتحرك : ἀκινήτων ‖ طيثو] طسو T : τήθυα ‖ وبلانو] ملانق T : βάλανοι ‖ الحس] الجنس T   b4 *بالروح] بالذوى T : τῷ ... πνεύματι   b7 يصر] يضر T : ᾄδειν : Σ sibilat

بالصفاق [8]تحت الحجاب في مكان قطع جسده باثنتين مثل [9]الذباب [10]والنحل وكل ما كان يشبهه فانه انما يكون له دوي من قبل طيرانه وبسط وقبض جناحيه [11]لان ذلك الدوي انما هو دلك الهواء الذي يقع فيما بين الجناحين والجسد [12]وكذلك يفعل الجراد ايضا. [13]فاما الحيوان الذي يسمى مالاقيا فليس يصوت ولا يكون منه دوي البتة [14]ولا شيء من هذا الحيوان البحري اللين الخزف. فاما اصناف السمك فليس تصوت [15]من قبل انه ليس لها رئة ولا حنجرة ولا العرق الخشن [16]وقد زعموا ان بعضها يصر ويصوت [17]مثل الذي يسمى باليونانية لورا وخرومس [18]والخنزير البري الذي يكون في البلدة التي تسمى اشالون يفعل مثل ذلك وايضا الحيوان الذي يسمى باليونانية خلقيس وقوقس. [20]لجميع ما ذكرنا [21]يصوت فيما يظن وبعضها يفعل ذلك بدلك الآذان [22]لان تلك الاماكن شبيهة بالشوك وبعضها يصوت [23]بالروح الذي في باطن جسده فيما يلي البطن فان في جوف جميعها روحا فاذا دلكته [24]وحركته كان منه دوي. وبعض الحيوان البحري الذي يسمى
باليونانية | سلاشي [25]يصر فيما يظن عنه وليس لها صوت بين [26]بل شبيه بصرير مثل الحيوان الذي T106
يسمى مشطا فانه يتحرك وهو متوكئ [27]على الماء ويصر وخطاف [28]البحر يفعل مثل ذلك اذا ارتفع عن الماء وطار [29]لان له اجنحة [30]عراض صغار. فهو يفعل مثل ما يفعل الطير بجناحه اذا طار
536a [31]وليس لشيء مما وصفنا صوت. [32]فاما الدلفين فانه يصر [1]فاذا خرج الى الهواء لم يفعل كفعل غيره
مما وصفنا وصريره شبيه [2]بصوت لان له رئة والعرق الخشن [3]ولكن ليس لسانه بمرسل ولا شفتيه موافقة [4]لتفصيل الصوت. فاما الحيوان الذي له لسان ورئة [5]وله اربعة ارجل فانه يصوت صوتا [6]ضعيفا جدا. فاما ما كان منه يبيض فانه يصفر مثل الحيات [7]ومنها ما يصوت صوتا دقيقا ضعيفا جدا مثل [8]السلحفاة. فاما الضفدع فله لسان خاص [9]لان مقدم لسانه لاصق بفيه مثل السن السمك وهذا الطرف في غيره من الحيوان [10]مرسل فاما ما يلي ⟨الانبوبة⟩ من لسانه فهو مرسل [11]كانه شيء مثني في ذلك المكان ومن اجل هذه العلة للضفدع صوت خاص ونقنقة [12]وانما يفعل ذلك اذا كان في الماء فقط ولا سيما ذكورة الضفادع تفعل ذلك اذا كان زمان السفاد [13]فدعت الاناث الى السفاد باصوات معروفة. [14]وينبغي ان نعلم ان لجميع الحيوان اصواتا خاصة يدعو بها

---

b11 دلك] ذلك T : τρίψις   b18 خلقيس] حاقيس T : χαλκὶς || وقوقس] ونوفس T : κόκκυξ : kokiz

b21 *بدلك] بذلك T : τῇ τρίψει : Σ confricationem   a10 ⟨الانبوبة⟩ : T lac. : τὸν φάρυγγα : Σ cannae

a11 *مثني] مربر T : ἐπέπτυκται

بعضها بعضا عند السفاد [15]مثل ما يفعل التيوس والخنازير والكباش. [16]واما الضفدع فانه يكثر من التصويت اذا صير الفك الاسفل مستويا [17]بالماء ومد الفك الاعلى [18]ومن امتداد فكيه تضيء عيناه وتكون مثل سرج تسرج [19]وسفاده يكون ليلا مرارا شتى. [20]فاما اصناف الطير فهي تصوت [21]وما كان منها عريض اللسان عرضا يسيرا فهو يتكلم كلاما [22]وما كان منها دقيق اللسان ايضا ومن اصناف الطير ما [23]يصوت صوتا واحدا ملائما بعضه لبعض ان كان ذكرا وان كان انثى وبعض اجناسها [24]مختلفة الاصوات من قبل ان اصوات الذكورة مخالفة لاصوات الاناث. وما
T107 كان من الطير صغير الجثة فهو اكثر كلاما وتصويتا من العظيم | الجثة [25]ولا سيما في اوان السفاد فان تصويت كل طير يكثر في ذلك الزمان. [26]ومنه ما يصوت ويصخب مثل الدراج [27]ومنها ما يدعو الانثى مثل الحجل او يدعو بعد القتال والقهر مثل ما تفعل [28]الديوك ومنها ما يصوت صوتا لذيذا ان كان ذكرا وان كانت انثى [29]مثل الطير الذي يسمى باليونانية ايدون فان الانثى تصوت مثل تصويت الذكر [30]فاذا جلست على البيض والفراخ كفت عن التصويت. ومن اصناف الطير [31]اصناف ذكورتها تكثر التصويت فاما الاناث فلا مثل الديوك وذكورة الدراج. [32]واما الحيوان
536b الذي يلد حيوانا وله اربعة ارجل فلكل واحد منها [1]صوت مخالف وليس ينطق شيء منها لان [2]الكلام خاص للانسان فقط. ولكل ناطق صوت ايضا [3]وليس ينطق كل ما له صوت فاما الذين يكونون صما [4]من ولادهم فهم ايضا خرس ولهم صوت [5]وليس لهم كلام مفصل البتة. فاما الصبيان [6]فليس يضبطون السنتهم كما لا يضبطون شيئا آخر من اعضائهم في صباهم [7]ولذلك يقال انهم نقص ليس لهم شيء من الكمال حتى يستولي ومن الصبيان من لا يقوى لسانه الا بعد زمان كثير [8]ومنهم من يكون الثغ او تعرض له ضرورة اخرى. والصوت والكلام مختلف بعدد [9]البلدان والاماكن واختلاف الصوت يكون [10]بالثقل والحدة واما بالصنف فليس يختلف [11]شيء من صوت الحيوان المنسوب الى جنس واحد. [13]وربما كان الصنف الواحد من الحيوان مختلف التصويت مثل الحجل فان بعضها [14]ينقنق وبعضها يصر. ويعض الفراخ الصغار من فراخ الطير [15]لا يصوت بصوت الذي ولده [16]ان لم يشب ويغذ وهو معه لانه يتشبه باصوات اخر من اصوات

---

a15 التيوس] السوس T : τράγοις : Σ capri   a16 *الضفدع] الضفادع T : Σ rana   a27 *مثل الحجل B] قبل الصحب T : οἷον ὄρτυξ : Σ ut chehof   a28 الديوك] بالدبول T : ἀλεκτρυόνες : Σ gallus
a30 *عن] على T   a32 فلكل] ولكل T   b13 فان] وان T : Σ quoniam

الطير الذي يسمع. [17]وقد ظهر مرة الطير الذي يسمى باليونانية ايدون يعلم فرخ طير آخر [18]وذلك دليل على ان شكل الصوت ليس بمطبوع ولا المنطق بل يمكن ان [19]يكون الصوت والمنطق بقدر تعليم المعلمين. واصوات الناس متشابهة [20]فاما النطق فمختلف ليس بمتفق. فاما الفيل فهو يصوت [21]بفيه بغير منخره | وتصويته يكون مع ريح كثير [22]مثل الانسان اذا خرج النفس من جوفه بصوت جهير فاما اذا صوت الفيل من ناحية منخره فصوته يكون [23]مثل زمارة خشنة حفيفة. T108

⟨١٠⟩ [24]فاما نوم وسهر الحيوان فعلى مثل هذه الحال نقول ان جميع الحيوان [25]الدمي المشاء ينام ويسهر عن نومه وذلك بين [26]من قبل الحس وجميع ما له اشفار من الحيوان [27]يغلقها عند نومه وهو بين. وبلغنا ان بعض الحيوان يحلم في نومه [28]ليس الانسان فقط بل الفرس والكلب والثور [29]والعنز وجميع ما ينسب الى الحيوان الذي ⟨له⟩ اربعة ارجل ويلد حيوانا مثله [30]وذلك بين من قبل نبح الكلاب اذا رأت الاحلام. فاما الحيوان [31]الذي يبيض بيضا فهو ينام نوما ضعيفا [32]والحيوان
537a المائي مثل السمك وما كان منه [1]لين الخزف [2]يسير النوم. وجميع ما وصفنا ينام نوما بينا [3]وليس يمكن ان يعرف ذلك من قبل اعينها [4]لانه ليس لاعين شيء من هذه الاصناف اشفار. [5]وكثير من السمك يصاد ويهلك من قبل الثقل الذي يقع فيه [6]ولذلك ربما اخذ باليد اخذا [7]وان لبثت السمكة في الشبكة حينا قطع تلك الشبكة ولا سيما ان كان ليلا [8]ويفعل ذلك بقدر كثرته. وكثرة السمك يكون في قعر [9]البحر وربما قطع الشبكة [10]وهي مطروحة على الارض ان ازمنت قليلا [11]وربما رفع الصيادون الشبكة وفتحوها فوجدوا السمك الذي في داخلها قد تدور وصار مثل [12]كرة عظيمة مستديرة. فاما [13]نومها فنحن نزكنه فيما نصف وربما صيد [14]السمك بغير ان يحس بالصياد ويؤخذ باليد اخذا او يضرب ببعض آلة الصياد فيؤخذ من ساعته. [15]والسمك عند نومه يسكن جدا [16]ولا يتحرك شيء من اعضائه اكثر من ذنبه حركة يسيرة [17]وان يحرك شيء قريب من السمك النائم الساكن [18]ينتبه ويهرب ويكثر الحركة مثل المنتبه من نومه وجميع ما وصفنا يصاد بايسر المؤونة [19]لحال نومه. [21]ونوم السمك يكون في الليل [22]اكثر منه بالنهار ولذلك يضرب

---

b20 *النطق] بمطق T : διάλεκτον : Σ locutio   b25 عن] عند T   a4 *لاعين] لاعر T : τὰ
ὄμματα : Σ oculos   a7 *لبثت B] لبيت T : χρονίσωσιν : Σ maneat   a10 *ازمنت] ارميت T : χρονίσῃ
a11 *رفع B] وقع T : ἀνέλκουσι : Σ elevant || *تدور] تكون T : σφαῖραν συνεχομένων αὐτῶν : rotundos
Σ factos   a13 *نزكنه] نزكيه T : ἔστι τεκμαίρεσθαι

بالآلة التي لها ثلثة اسنان ولا يتحرك. [23]وكثير من السمك والحيوان البحري ينام على الارض او على الرمل او [24]على صخرة تكون في العمق لانه يختفي فيها | وربما نام في بعض احجار الصخور T109 التي [25]تكون في الشط. فاما ما عرض من هذه الاصناف فهو ينام في الرمل ويعرف ذلك [26]من قبل شكل الرمل ويضرب بالحديد المضرس ويؤخذ. [27]وبهذا النوع يصاد اللبراق [28]والاخرسافيد والذي يسمى باليونانية قسطروس وكل ما يشبه هذا الصنف لانها تضرب بالحديد الذي له ثلثة اسنان وتؤخذ [29]ومرارا شتى يفعل به ذلك لحال نومه. ولولا النوم لم يصد شيء من هذه الاصناف [30]بهذه الآلة فاما الحيوان الذي يسمى باليونانية سلاشي فربما ثقل نومه [31]بقدر ما يؤخذ باليد. واما
الدلفين والحيوان العظيم الذي يسمى باليونانية فلانا [1]وكل ما له انبوب في جسده ناتئ يتنفس به 537b
الهواء فهو ينام وذلك الانبوب ناتئ على الماء [2]لانه به يتنفس ويحرك جناحيه حركة يسيرة. [3]فاما الدلافين فقد سمعها غير واحد من الناس تنخر عند نومها [4]وصنف السمك الذي يسمى باليونانية مالاقيا ينام [5]وكل ما كان لين الخزف بقدر ما وصفنا [6]فاما الحيوان البري المحزز الجسد فهو ينام ايضا [8]وذلك بين من النحل فانه يسكن [9]ولا يصوت في الليل البتة [10]وليس يفعل ذلك من قبل انه لا [11]يبصر وان كان بصر جميع [12]الجاسي العينين ضعيفا وان ادنى الانسان سراجا مسرجا الى النحل في اوان الليل [13]عاينه ساكنا لا يتحرك البتة. والانسان خاصة يحلم [14]من بين جميع الحيوان [15]وليس يحلم الصبي قبل ان [16]يبلغ اربعة اعوام او خمسة وقد كان فيما سلف رجال [17]ونساء لم يروا حلما قط وبعضهم [18]رأى حلما بعد ان طعن في السن فعرض ⟨بعد⟩ ذلك [19]لجسده تغيير الى الموت [20]او الى مرض. [21]فهذه حال الحس والنوم والسهر.

⟨١١⟩ [22]فاما الذكر والانثى فهما يكونان في بعض الحيوان [23]ولا يكونان في بعضها بل يقال انها [24]تحبل وتولد بقدر الحيوان الذي فيه ذكر وانثى. [25]وليس في الحيوان البحري الذي جلده جاس شبيه بالخزف ذكر ولا انثى فاما في الحيوان اللين الخزف الذي يسمى مالاقيا [26]ففيه ذكر وانثى

a26 *ويؤخذ B] وبوجد T : λαμβάνονται : Σ venantur   a28 *وتؤخذ B] ويوجد T   a30 *ثقل B] يقل T : Σ graviter   a31 فلانا] حلانا T : φάλαινα   b1 *ناتئ(1)] بان T : ὑπερέχοντα : Σ prominentem || *ناتئ(2)] فان T : Σ prominent   b3 *تنخر] بنخو T : ῥέγχοντος : Σ stertere   b18 فعرض] يعرض T : συνέβη : Σ et … accidebat || ⟨بعد⟩ : μετὰ : Σ post   b24 *تحبل B] يحيل T : κύειν || وتولد] ويلد T   b26 *ففيه] فمنه T

214 كتاب الحيوان ٤

T110 [27]وفي جميع الحيوان المشاء الذي له رجلان والذي له اربعة ارجل [28]وكل ما يلد | حيوانا او بيضا
او دودا من جماع فذلك مختلف في [29]سائر الاجناس لانه ربما كان وربما لم يكن. [30]فاما جميع
الحيوان الذي له اربعة ارجل ففيه ذكر وانثى [31]فاما الحيوان البحري الذي جلده شبيه بالخزف
538a لجساوته وخشونته فليس فيه ذكر ولا انثى ولكن كما يكون بعض الشجر [1]مثمرا وبعضه ليس بمثمر
كذلك هذا الصنف ايضا. [2]ومن الحيوان المحزز الجسد ومن السمك ما ليس فيه [3]هذا الاختلاف
البتة على الذكر والانثى مثل الانكليس فانه ليس فيه ذكر [4]ولا انثى ولا يتولد حيث يرون في
حمأة الماء [5]حيوانا شبيها بشعر ودود ويظنون انه من ولاد الانكليس [6]وهم في ذلك مخطئون [7]من
قبل انه ليس صنف من هذه الاصناف يلد حيوانا قبل ان يبيض بيضا [8]ولم يوجد شيء من
الانكليس قط فيه بيض. وكل ما [9]يبيض من الحيوان فبيضه لاصق بالرحم وليس [10]بالبطن ولو
كان البيض في البطن لنضج وطحن كما ينضج الطعام الذي يكون فيه. [11]فاما الاختلاف الذي
يزعم بعض الناس انه في الانكليس بين الذكر والانثى من قبل ان رأس الذكر اعظم [12]واطول
ورأس الانثى صغير [13]فليس هو كذلك وانما هو اختلاف الاجناس. [14]ومن السمك [15]النهري
اصناف تسمى باليونانية قبرنوس وبالاغروس لا يوجد فيها [16]بيض ولا زرع ولم يظهر فيها قط بل
ما كان منها صلبا [17]سمينا فانه له معاء صغير فهو اطيب ما يؤكل من ذينك الصنفين. [18]وبعضها مثل
الحيوان الجاسي الجلد ومثل الشجر [19]لان منها ما يلد من غير ان يكون فيها ذكر يسفد الانثى مثل
[20]جنس السمك الذي يسمى باليونانية باسطا وارثرني [21]وخنا [22]فما لا يبيض بيضا من الحيوان
المشاء الدمي [23]فذكورته اعظم جثثا واطول عمرا اكثر ذلك. [25]فاما في الحيوان الذي يبيض بيضا
او يلد دودا [26]مثل بعض السمك والحيوان المحزز الجسد [27]فالاناث اعظم من الذكورة مثل
الحيات والحراذين [28]والضفادع والعنكبوت وبعض اصناف السمك [29] كمثل اعني الذي يسمى
سلاشي الصغار وجميع الذي يعوم جميعا شبيه برف [30]وجميع السمك الذي يأوي في الصخورة. |
T111 وهو بين ان الاناث اطول عمرا [1]من الذكورة من ان الاناث تصاد وهى عتيقة جاسية اللحم اكثر 538b
[2]من الذكورة [3]ومقاديم اجساد الحيوان الذكورة اصلب واقوى [4]واجود اضلاعا وما يلي الناحية

---

b31 *لجساوته B] لجسادته T   a6 مخطئون] محطور T : mentiuntur Σ   a17 *فهو] وهو T   a20 وارثرني] وارثوى T : τῶν ἐρυθρίνων   a21 وخنا] وحيا T : χάνναι   a23 اكثر + من T   a27 فالاناث] والاناث T   a29 *يعوم] يقوم T : natant Σ   b1 الاناث] اناث T : οἱ θήλεις : feminae Σ ‖ تصاد] تضاد T : ἁλίσκεσθαι : deprehenduntur Σ

العليا منها اصلب من غيرها. فاما ما كان من الاناث فالناحية السفلى والمؤخرة من اجسادهم اقوى واكثر لحما [5]وذلك يكون كما وصفنا في الناس [6]وسائر الحيوان المشاء وجميع ما يلد حيوانا مثله. [7]واجساد الاناث اضعف مفاصلا واقل اعصابا [8]وادق شعرا في الصنف الذي له شعر. [9]فاما ما ليس له شعر فهو بقدر ملاءمة ذلك لان الاناث ارطب لحما [10]من لحم الذكورة وساقيها [11]ادق ورجليها اضعف وادق في الحيوان الذي له هذه الاعضاء. [12]فاما الصوت فان حميع [13]الاناث ادق واحد صوتا من الذكورة ما خلا جنس البقر [14]فان صوت اناث البقر اثقل [15]من صوت الذكورة. فاما الاعضاء الموافقة للقوة من قبل الطباع [16]مثل الاسنان والانياب والقرون والمخاليب [17]وجميع ما يشبه هذا الصنف فهو يوجد [18]في الذكورة في بعض الاجناس وليس يوجد في الاناث فان [19]الايل الانثى ليس لها قرون وبعض اصناف الطير الذي له واحد من المخاليب في ساقيه يوجد في الذكورة [20]ولا يوجد في الاناث البتة وكذلك [21]اناث الخنازير البرية فانه ليس لها انياب. ومن الحيوان اصناف توجد فيها [22]هذه الاعضاء اعني في ذكورتها واناثها وربما كانت في الاناث اقوى واشد مما يكون [23]في الذكورة مثل قرون الثيران فان قرون اناث البقر اقوى من قرون الذكورة جدا.

تم تفسير القول الرابع.

---

b7 *اعصابا] اعضا T : ἀναρθρότερον : Σ paucioum nervorum

تفسير القول الخامس

⟨ا⟩ [28]قد وصفنا فيما سلف من قولنا حال جميع اعضاء الحيوان وكل ما كان منها [29]ظاهرا وكل ما
539a كان باطنا ولخصنا حال الحواس والصوت [30]والنوم وبينا حال الذكورة | منها والاناث [1]فاما حيننا T112
هذا فانه ينبغي لنا ان نذكر اصناف ولادها [2]ونبدأ من اولها وننتهي الى اواخرها. فان في اصناف
ولادها [3]اختلافا كثيرا وبعضها شبيه ببعض وبعضها مخالف لبعض. [4]فانا قد فصلنا اجناسها [5]فيما
سلف ونروم ايضا تفصيلها حيننا ⟨هذا⟩ بقدر ذلك [6]الرأى وانما كان ابتداء قولنا فيما سلف من
صفة [7]اعضاء الانسان فاما حيننا هذا فانا نصير الى ذكر ولاد الانسان في الآخر [8]ونحن نبدأ اولا
بذكر [9]الحيوان الذي خلقه بالجساوة شبيه بالخزف ثم نأخذ في ذكر [10]الحيوان الذي يسمى لين
الخزف. ثم نذكر ولاد سائر [11]الحيوان الذي يسمى باليونانية مالاقيا والمحزز الجسد ثم نأخذ في ذكر
[12]اجناس السمك الذي يلد حيوانا والذي يبيض بيضا [13]وبعد ذلك نأخذ في ذكر ولاد الطير.
وبعده نأخذ في ذكر ولاد الحيوان المشاء [14]وما يلد منه حيوانا وما يبعض بيضا. وينبغي لنا ان نعلم
ان [15]بعض الحيوان الذي له اربعة ارجل يلد حيوانا فاما الحيوان الذي له رجلان فقط فليس
يلد منه شيء حيوانا ما خلا الانسان. [16]وقد يعرض للحيوان مثل العرض الذي يعرض [17]للشجر
فان بعض الشجر ينبت من زرع شجر آخر وبعضه [18]ينبت من ذاته [19]وبعض الشجر يغذى من
الارض وبعضه [20]يكون في شجر آخر ويغذى منه كما قلنا في الكتاب الذي وضعنا [21]في الشجر.
وكذلك يعرض للحيوان ايضا لان بعضه يكون [22]بقدر الجنس والشبه وبعضه يتولد من ذاته وليس
من [23]جنس متقادم. وايضا بعضه يتولد من ارض عفنة ومن عفونة شجر [24]مثل كثير مما يعرض
للحيوان المحزز الجسد ومن الحيوان ما يتولد في جوف حيوان آخر [25]من قبل الفضول التي في
الاعضاء. فاما الحيوان الذي يكون [26]ولاده من حيوان آخر شبيه به [27]فهو يكون من جماع وسفاد
واذا كان في ذلك الجنس الذكر والانثى وانما ذكرت ذلك لان في اجناس السمك [28]اجناسا ليس
فيها ذكر ولا انثى وهو بالجنس [29]شبيه بجنس آخر من اجناس السمك فاما بالصورة فختلف. |
[30]ومن اجناس السمك ⟨ما⟩ لا يوجد فيها غير اناث فاما ذكورة [31]فلا ومن تلك الاجناس ما T113
يبيض بيضا مثل البيض الذي يكون في الطير من قبل الريح. ومن [32]اجناس الطير ما لا يتولد

a3 ببعض] بعض T   a11 الحيوان + الذي يسمى لين الخزف ثم يذكر ولاد ساير الحيوان T   a23 *بعضه]B بعض T

539b منه شيء ما [33]خلا بيض لان الطبيعة لا تقوى على ان تفعل شيئا اكثر منه ان لم [1]يعرض لها عرض آخر من قبل سفاد الذكورة [2]وسنلطف النظر في ذلك كله فيما يستقبل. [3]ومن اصناف السمك اصناف تبيض بيضا من ذاتها [4]ويكون من ذلك البيض حيوان وربما كان من ذلك البيض حيوان من ذاته وربما [5]لم يكن بغير ذكورة وسنبين فيما يستأنف كيف يكون ذلك كله. [6]وهذا العرض قريب من [7]العرض الذي يعرض لاصناف الطير والذي يتولد من ذاته اما في الحيوان [8]واما في الارض واما في الشجر واما في بعض اجزائه. فاذا كان الذكر [9]والانثى في هذه الاصناف فهى تلد بعد السفاد ومنها ما [10]لا يلد حيوانا تاما بل ناقصا مثل القمل فانه يتولد من سفاده [11]صئبان ومن سفاد الذبان دود [12]ومن سفاد الفراش ايضا دود شبيه ببيض لا يتولد منه [13]حيوان آخر بل يبقى على حاله. [14]وينبغي لنا ان نذكر اصناف ما يسفد من الحيوان [15]ثم نأخذ في ذكر سائر ما وصفنا ونبين الاعراض الخاصية [16]والعامية التي تعرض لها.

⟨٢⟩ [17]فجميع الحيوان الذي فيه الذكر والانثى يسفد [18]وسفاده مختلف. [19]فلجميع الحيوان المشاء الدمي الذي يلد حيوانا [20]اعضاء موافقه لولاد ما يولد منه [21]وليس يكون سفاد جميع هذا الحيوان بنوع واحد بل بانواع مختلفة فان [22]ما يبول منها الى خلف ينزو بنوع آخر مثل الاسد [23]والارانب وما كان من ذلك الصنف فاما الارانب فربما [24]ركبت الانثى الذكر عند الجماع. [25]واكثر الحيوان ينزو بنوع واحد قدر ما يمكن [26]وكثير من الحيوان الذي له اربعة ارجل ينزو اذا ركب [27]الذكر الانثى. وكذلك يسفد جميع اجناس الطير [28]وفي سفادها ايضا اختلاف [29]لان منها ما يسفد اذا جلست الانثى على الارض وصعد عليها [30]الذكر مثل الدجاج وما يشبه صنفها ومن الطير [31]ما يسفد وهو قائم مثل الغرانيق لان الانثى لا تجلس | للذكر بل [32]ينزو الذكر على الانثى ويسفدها T114
540a سفادا [33]سريعا مثل العصافير. فاما الدببة [1]فانها تنزو وهى مضطجعة على الارض [3]واما القنافذ البرية فانها تسفد قائمة وظهر [4]الذكر لاصق بظهر الانثى. فاما الحيوان الذي يلد حيوانا وله عظم جثة فنزوه ايضا مختلف [5]وليس تصبر اناث الايلة لسفلد الذكورة ان لم يكن [6]في الفرط مرة

b4 حيوان(1) -T[1] : ζῷα : Σ animal ‖ من ذاته -T[1] : καθ' αὐτά : Σ per se ‖ وربما(2) + كان T del.
b7 والذي] الذي T   b11 *صئبان B] صبيان T : κονίδες : Σ lendes   b20 منه] منها T   b33 العصافير] العطافر T : τὰ στρουθία : Σ passeres   a5 تصبر] بصير T : ὑπομένουσιν : Σ possunt pati

ولا تصبر اناث البقر لنزو الذكورة ايضا لحال صلابة وشدة الذكر. [7]واما الاناث فانها تقبل الزرع وهى ذاهبة سائرة وقد [8]ظهر ذلك العرض في الايلة التي استأنست. [9]فاما الذئاب فهى تنزو مثل نزو [10]الكلاب واما السنور فليس تنزو الذكورة على الاناث من خلف بل الذكورة يقوم قائما [11]فاما الانثى فانها تستوي تحته واناث السنور [12]محبة للنزو جدا وهى تدعو وتجتر الذكورة الى نزوها [13]وتصيح في اوان ذلك. فاما الجمال فان نزوها [14]اذا بركت الانثى وركبها الذكر [15]كما يفعل سائر الحيوان الذي له اربعة ارجل [16]وتقيم هى عليه النهار كله تنزو وهو خاص للجمال ان تخلو [17]في البراري عند نزوها وليس يستطيع احد ان يدنو منها في ذلك الاوان [18]ما خلا الراعي الذي يرعاها. وذكر الجمل صلب جدا [19]لانه من عصب ولذلك تهيأ منه اوتار للقسي. [20]فاما الفيلة فانها تنزو في البراري وخاصة [21]فيما يلي الانهار وحيث عاودت ان يكون مأواها فالفيل الانثى [22]تقعد وينزو عليها الذكر ويركبها. [23]والحيوان البحري الذي يسمى باليونانية فوقي ينزو مثل نزو الحيوان الذي يبول الى خلف [24]ولذلك يتعلق في اوان نزوه حينا كثيرا [25]مثل الكلاب وذكر ذكورتها عظيم.

⟨٣⟩ [27]فاما الحيوان الذي له اربعة ارجل [28]ويبيض بيضا فهو يسفد مثل سفاد الحيوان الذي له اربعة ارجل ويلد جيوانا لان الذكورة تركب الاناث [29]كما يفعل الحيوان الذي يلد حيوانا مثل السلحفاة البرية والبحرية [30]ولها عضو خاص موافق لالصاق السبل به وبذلك العضو [31]يكون سفادها | ودنو بعضها من بعض مثل الحيوان البري الذي يسمى فاختة والضفادع وكل [32]جنس يشبه هذه الاجناس. T115

540b ⟨٤⟩ [33]فاما الحيوان المديد الجثة الذي ليس له ارجل مثل اصناف الحيات [1]والجنس الذي يسمى باليونانية اسمورينا فانها يشتبك بعضها ببعض تشبيكا شديدا عند اوان سفادها. [2]والحيات يلتوي

---

a6 تصبر] بصير T   a9 *الذئاب B] الذباب T : λύκος : Σ lupi   a10 *السنور] السوس T : οἱ δ' αἴλουροι : Σ furoniorum   a11 *واناث] واناس T : αἱ θήλειαι : Σ feminae || *السنور] السوس T : Σ furoniorum   a13 وتصيح] ويصح T : κράζουσιν : Σ clamant   a19 اوتار] اونار T : νευρὰν : Σ chordae || للقسي] للفسى T : τοῖς τόξοις : Σ arcuum   a24 نزوه] نزوها T   a30 *السبل] السسل T : οἱ πόροι   a33 *المديد الجثة B] السديد الحفه T : μακρά : Σ magnae levitatis || *ليس] يسمى T   b1 اسمورينا] اسمودربا T : σμύραιναι

ويشتبك بعضها ببعض بقدر ما يظن الذي يعاينها انها [3]جثة واحدة لحيوان له رأسان وبهذا [4]النوع يكون سفاد اصناف السام ابرص لانها يشتبك بعضها ببعض.

⟨٥⟩ [6]فاما اصناف جميع السمك العريض الجثة الذي يسمى سلاشي [7]فانها يسفد بعضها لبعض اذا صيرت الذكورة ظهورها قبالة ظهور الاناث [8]فاما الاصناف العريضة الجثث المذنبة مثل الذي يسمى باليونانية باطوس واطروغون [9]وما يشبه هذا الصنف فانها تسفد اذا ركبت الاناث [10]وصيرت الذكورة ظهورها على بطون الاناث اذا لم [11]يمنعها من ذلك شحم وغلظ الاذناب. واما الحيوان البحري الذي يسمى باليونانية رينوس وما يشبه [12]ذلك الصنف الذي ذنبه غليظ عظيم فهو يسفد اذا صيرت [13]الذكورة ظهورها قبالة ظهور الاناث وسحقت بعضها بعضا سحقا شديدا وقد ذكر بعض اهل الخبرة بحال الحيوان البحري انه عاين [14]بعض هذه الاصناف عند اوان سفادها متعلقا بعضها ببعض مثل الكلاب. [15]وينبغي لنا ان نعلم ان الانثى في جميع هذه الاصناف اعظم جثة [16]من الذكر واكثر ذلك تكون اناث سائر اجناس السمك [17]اعظم جثثا من الذكورة. فاما التي تسمى باليونانية سلاخيا فهى التي ذكرنا آنفا. والبقرة [18]والعقاب والضفادع والخدر والتي تسمى الاميا فان اصناف جميع هذه الحيوان تكون في البحور ايضا. [19]فجميع اصناف هذا الحيوان يسفد على ما وصفنا وقد عاينها [20]جماعة من الناس [21]وينبغي لنا ان نعلم ان سبيل وسفاد جميع الحيوان الذي يلد حيوانا اكثر مكثا وزمانا من مكث الحيوان الذي يبيض | بيضا. [22]والدلافين وجميع T116
السبع البحري يسفد على مثل هذه الحال [24]ويمكث حينا ولا يزمن زمانا كثيرا. والاختلاف الذي [25]بين الذكورة والاناث في الحيوان البحري الذي يسمى سلاشي من قبل ان [26]العضوين الموافقين للسفاد متعلقين قريبا من موضع خروج الفضلة [27]وليس يظهر في اناثها شيء من هذين العضوين مثل ما يظهر في الصنف الذي يسمى باليونانية غالاودس [28]فان هذين العضوين يظهران في اناث هذا الصنف فقط. [29]وليس لشيء من اصناف السمك ولا لحيوان آخر من اصناف الحيوان التي ليس لها ارجل انثيان بل لها سبيلان [30]مثل ما يظهر في الحيات وذكورة السمك والسبيلان يكونان [31]مملوئين زرعا في اوان السفاد وتخرج منهما رطوبة [32]لبنية. وهذان السبيلان

b8 *باطوس] ماقوس T : βάτος   b16–17 الذكر ... من -T¹   b17 فهى] وهى T   b18 *والعقاب] والعقارب T : ἀετὸς : aquila Σ   b27 *غالاودس] عالاردى T : γαλεώδεσιν   b32 *لبنية] لينة T : γαλακτώδη

ينضمان ويجتمعان الى سبيل واحد [33]كمثل ما يكون في اصناف الطير فان انثي الطير في باطنه
541a [1]وجميع سائر الحيوان الذي يبيض بيضا وله ارجل وذلك السبيل [2]يمتد ويدخل في عضو الاناث
اعني المكان [3]الذي به تقبل الزرع. وفي جميع الحيوان الذي يلد حيوانا [4]يوجد سبيل الزرع [5]فيما
يلي الناحية الخارجة واحدة هى فهى فاما في الناحية الباطنة فالسبيلان مختلفان كما قلنا فيما سلف
[6]حيث ذكرنا حال اختلاف الاضلاع. واما في الحيوان الذي ليس له مثانة [7]فان سبيل خروج
الفضلة الرطبة واليابسة خارج يظهر واحدا هو فهو فاما باطن السبيلين [8]فاحدهما قريب من الآخر.
وحال هذين السبلين واحد في ذكورها واناثها [9]لان ليس لها مثانة ما خلا السلحفاة [10]فانه ليس
للسلحفاة الانثى عير سبيل واحد وان كان لها مثانة [11]وينبغي ان نعلم ان السلحفاة من الحيوان
الذي يبيض بيضا. فاما سفاد السمك الذي يبيض بيضا [12]فليس هو بينا جدا ولذلك يظن كثير من
الناس [13]ان الاناث تجمع زرع الذكورة في افواهها وتضعه في بطونها [14]وقد ظهر ذلك كائنا مرارا
شتى [15]لان الاناث تتبع الذكورة في اوان السفاد وتفعل ما ذكرنا [16]اعني تأخذ الزرع بافواهها |
وتضعه تحت بطونها. [17]فاما في اوان الولاد فالذكورة تتبع [18]الاناث وتبتلع البيض ومن البيض T117
[19]الباقي يكون تولد السمك فاما في ناحية الشام التي تسمى فونيقي [20]فان الصيادين يصيدون بعض
السمك ببعض اعني الذكورة [21]بالاناث والاناث [22]بالذكورة ولان ذلك يظهر مرارا شتى [23]يظن
الذين يعاينونها انها يسفد بعضها بعضا. وربما فعل هذا الفعل بعض [24]الحيوان الذي له اربعة ارجل
لانه اذا كان زمان سفادها [25]تنضح الذكورة والاناث شيئا من الزرع ولذلك يشتم بعضها اعضاء
[26]بعض اعني الاعضاء الموافقة للسفاد. فاما اناث الحجل فانها ان وقعت قبالة الذكورة وكانت
الريح تهب من ناحية [27]الذكورة تحبل مرارا شتى وربما حملت [28]من صوت الذكورة ان كانت
هائجة الى السفاد جدا ومرارا شتى يكون ذلك من طيران [29]الذكورة على الاناث اذا كانت الريح
موافقة واذا كان اوان السفاد فالاناث والذكورة [30]تفتح افواهها وتخرج السنتها لحال شدة شوقها
الى السفاد. [31]فاما السفاد الحقي الذي يكون للسمك الذي يبيض بيضا فلم يظهر الا في الفرط
مرة [32]لانها اذا واقعت بعضها بيضا افترقت من ساعتها وقد [33]يظهر ان سفادها كان بقدر النوع
الذي وصفنا.

a7 واحدا] واحد T a31 الحقي] الخفي T : ἀληθινὴ ‖ للسمك] السمك T

541b ⟨٦⟩ [1]فاما الحيوان البحري الذي يسمى مالاقيا والذي يسمى سبيا وطوثيداس وما كان منها كثير الارجل [2]فهى يدنو بعضها من بعض بقدر هذا النوع [3]لانها تضع افواهها بعضا على بعض ثم تتشبك رجلي بعضها على بعض وتسفد. [4]واما الحيوان الذي يسمى الكثير الارجل فانه يفعل ذلك اذا وضع العضو الذي [5]يسمى الرأس على الارض وبسط [6]الارجل وجاء آخر وصار عليه وشبكت رجلاه برجلي الآخر [7]وصارت افواه عروقها مطبقة بعضها على بعض. [8]وقد زعم بعض الناس ان لذكورتها شيئا شبيها بذكر في [9]بعض رجليه وفيما يليه افواه عروق عظيمة جدا [10]وان ذلك الذكر في خلقته شبيه بعصب ذاهب الى | وسط [11]الرجل وانه يضع ذلك العضو في فم [12]الانثى. فاما T118 الحيوان الذي يسمى باليونانية سبيا وطوثيداس فهى يسفد بعضها بعضا وهى متشبكة تعوم في الماء [13]واذا تشبكت صيرت افواهها بعضها قبالة بعض وشبكث ارجلها بعضها ببعض. [14]واذا فعلت ذلك فهى تعوم على خلاف ما كانت تعوم اولا [15]وهى تصير مناخر بعضها في بعض [16]ويكون ميل احدهما الى خلف وميل الآخر الى الفم. ثم تبيض البيض من العضو الذي يسمى نفاخة وقد زعم بعض الناس [18]ان سفادها يكون به ايضا.

⟨٧⟩ [19]فاما ما كان من الحيوان البحري اللين الخزف مثل الذي يسمى باليونانية قرابوا [20]واسطاقوا والعقورين وما يشبه هذه الاصناف فهى تسفد مثل سفاد [21]الحيوان الذي له اربعة ارجل وهو يبول الى خلف اذا صار احدهما على ظهره [22]وصير الآخر ذنبه ⟨على ذنبه⟩ وانما يكون سفادها في ابتداء الربيع قريبا من [23]الارض. وقد ظهر سفاد جميع هذه الاصناف وفي بعض البلدان يكون سفادها [24]اذا بدأ نضج التين وبمثل هذا [25]النوع يكون سفاد الحيوان الذي يسمى اسطاقوا ايضا. فاما سفاد السراطين [26]فهو يكون اذا ركبت مقاديم جثتها بعضها على بعض اعني اذا شبكت الاغطية [27]التي تشبه الابواب بعضها على بعض. [28]وانما يصعد السرطان الاصغر الذكر من خلف الانثى فاذا [29]صعد على السرطان الاعظم اعني الانثى تميل اليه الانثى وتصير على جانبها ويتم سفادها. [30]وليس بين ذكورة السراطين واناثها اختلاف آخر اكثر من ان غطاء [31]الانثى اعظم

b15 مناخر] متاخر T : μυκτῆρα   b19 *قرابوا] موابوا T : κάραβοι Σ karabo   b20 واسطاقوا] واسافطوا T : καὶ ἀστακαὶ Σ astaco   b22 ⟨على ذنبه⟩ : τὴν κέρκον Σ ad caudam   b24 *وبمثل] وبميل T : τὸν αὐτὸν   b29 *صعد B] ضعف T : ἀναβῇ Σ ascendit

وبعد الاغطية بعضها من بعض اكثر من بعد اغطية الذكورة. [32]وانما تبيض بيضها من المكان الذي تخرج منه الفضلة [33]وليس لشيء منها عضو يدخل في جسد الآخر.

⟨٨⟩ [34]فاما ما كان من الحيوان المحزز الجسد فان الذكورة والاناث تجتمع من خلف ثم يصعد
542a [1]الاصغر على الاعظم اعني بقولي الاصغر الذكر. ثم تخرج [2]الانثى التي تحت عضو السفاد وتصيره
في عضو الذكر الذي فوقها [3]وليس يدخل عضو الذكر في عضو الانثى كما يعرض في سائر الحيوان. |
T119 وهذا [4]العضو يظهر في بعضها اعظم من [5]ملاءمة سائر الجثة وان كانت جثتها صغيرة جدا وفي
بعضها يظهر هذا العضو [6]صغيرا وذلك بين لمن اراد ان يفرق ما بين الذباب الذي يسفد [7]وليس
يفترق الا بعسرة لان [8]سفاد هذه الاصناف يلبث حينا كثيرا وذلك بين في [9]الذباب والذراريح
[11]والعنكبوت وجميع ما يسفد من هذه الاجناس. [12]فاما اجناس العنكبوت فانها اذا ارادت
السفاد [13]تجذب الانثى بعض خيوط منسجها [14]اعني تجذبه من الوسط الى ذاتها فاذا فعلت ذلك
فعل الذكر [15]مثل فعلها فلا يزال يفعل ذلك مرارا شتى حتى يلتقي [16]ويشتبك ويصير بطن الذكر
قبالة بطن الانثى [17]وهذا النوع من انواع السفاد موافق لها لحال استدارة بطونها. [18]فسفاد جميع
الحيوان كما وصفنا [19]وقرون وازمان سفاد جميع اصناف الحيوان محدودة [20]معروفة وسفاد كثير
من الحيوان يكون [22]عند خروج الشتاء ودخول [23]الربيع فانها في ذلك الاوان [24]تهيج وتشتاق الى
السفاد. وبعض الحيوان يسفد [25]ويلد في الخريف والشتاء مثل بعض [26]اجناس الطير وما يأوي
في الماء واما الانسان فهو يجامع في كل [27]حين وكثير من الحيوان الذي يأوي مع الناس ويستأنس
بهم لحال [28]الدفاء والخصب ولا سيما الحيوان الذي يحمل زمانا يسيرا [29]مثل الخنزير والكلب وكل
ما يلد مرارا شتى في العام الواحد. [30]وكثير من الحيوان لا يسفد في كل حين بل اذا تمت مؤونة
542b [31]جرائها فهى تفعل ذلك [32]بالاوان الطباعي. فاما الرجال فهم يشتاقون الى كثرة الجماع [1]في الشتاء
فاما الاناث ففي الصيف. [2]فاما اجناس الطير فهى تسفد في اوان [3]الربيع ومدخل الصيف وفي
ذلك الاوان يكون وضعه البيض وخروج فراخه [4]ما خلا الطير البحري الذي يسمى باليونانية
القوون فان ذلك الطير يبيض البيض ويفرج في زمان مدخل [5]الشتاء ويقوم اربع عشرة ليلة

a30 *مؤونة B] قربة T : πρὸς τὰς ἐκτροφάς   a32 *بالاوان] بالاركان T : ὥρᾳ   b4 القوون] العرور T : Σ alcoran : ἀλκυόνος

قبل ان تتم فراخه سبعة منها [6]قبل الزوال الشتوي والسبعة الباقية [7]بعد الزوال كما ذكر سيمونيدس |
الحكيم في كتابه. [10]وربما كانت تلك الايام ساجية اذا [11]كانت ريح الجنوب تهب في اوان الزوال T120
وكانت الريح التي تهب في غيبوبة الثريا شمالا. [12]وهذا الطير يعشش في سبعة ايام [13]وفي السبعة
الباقية يبيض [14]ويفرخ كما يصف اهل الخبرة بحاله وهذا الطير يبيض [17]خمس بيضات.

⟨٩⟩ فاما الطير الذي يسمى باليونانية ايثوا ولا روس وما يشبه هذه الاصناف فهى تبيض بيضات في
[18]الصخور البحرية واكثر ما تبيض بيضتين او ثلثة فاما [19]لاروس فهو يبيض في الصيف وايثوا
يبيض في ابتداء الربيع [20]بعد زوال الشتاء ويجلس على بيضه كما يجلس سائر اصناف الطيور.
[22]وليس يظهر الطير البحري الذي يسمى القوون الا في الحين مرة وذلك في اوان غيبوبة الثريا
[23]وانما يظهر في اماكن المواني والمراسي فقط لانه [24]يطير حول المراكب ثم يغيب من ساعته كما
[25]ذكر بعض الحكماء. [26]والطير الذي يسمى باليونانية ايدون يبيض في اول الصيف خمس بيضات
او ستا [27]ويعشش في اوان الربيع والخريف. فاما [28]الحيوان المحزز الجسد فهو يسفد في الشتاء
اذا كان زمان الهواء موافقا [29]وكانت الرياح التي تهب جنوبية وخاصة ما لا يعشش منها مثل
الذباب [30]والنمل وما يشبه ذلك. وكثير من الحيوان البري يحمل مرة في السنة مثل [1]الاصناف التي 543a
تسمى باليونانية اخطوس وثنس [2]وبيلاموس وقسطروس وخلقيس وخروميس وبسطا [3]وما يشبه
هذه الاصناف ما خلا اللبراق فانه وحده يبيض مرتين في كل سنة [4]والبيض الذي يبيض في
المرة الثانية يكون ضعيفا. [5]والصنف الذي يسمى باليونانية طراخياس وجميع الاصناف الصخرية
كمثل فاما الصنف الذي يسمى اطرغلا فهو يبيض ثلث مرات في كل عام [6]وانما يذكرون ذلك
الناس من قبل بيضه فانه يظهر في بعض الاماكن ثلث مرار [7]في كل سنة. فاما العقرب البحري

---

b6 الزوال + الى T   b7 سيمونيدس] سيوىدس T : Σιμωνίδης   b10 *ساجية B] ماحه T : εὐδιειναί
b17 ايثوا] ابوا T : αἴθυια   b17–18 *في الصخور] والصخور T : ἐν ταῖς .... πέτραις : Σ in lapidibus
b18 بيضتين] بيضات T : δύο : Σ duo   b19 وايثوا] وابوا T : αἴθυια || يبيض[(2)] + بيضتين T del. :
Σ ovat   b22 القوون] القرون T : ἀλκυόνα : Σ coron   b23 *المواني B] المساى T : τοῖς ὑφόρμοις :
Σ locis ancorationum   b26 ايدون] ادوى T : ἀηδὼν : Σ andaron   a2 وبيلاموس] وسلاموس T :
πηλαμύς || وقسطروس] وسطروس T : κεστρεύς : Σ castaroz   a6 بيضه] بيضة T : Σ sua ova

فهو يبيض [8]مرة في الربيع ومرة في الخريف فاما صنف السمك الذي يسمى باليونانية سالبي فهو
يبيض في الخريف مرة [9]فاما الذي يسمى ثونس فهو يبيض ايضا مرة | واحدة ولكن لانه يبيض T121
بعض بيضه قبل بعضه [10]يظن الناس انه يبيض مرتين واول بيضه [11]يكون في آخر الشتاء والاخير
يكون في اول الربيع. [12]وفيما بين الذكر والانثى من هذا الصنف اختلاف لان [13]تحت بطن الانثى
جناح وليس تحت بطن الذكر جناح.

⟨١٠⟩ [14]فاما من الحيوان البحري الذي يسمى باليونانية سلاشي فليس يبيض منها شيء مرتين في
السنة ما خلا الذي يسمى ريني فانه يبيض [15]في اول الخريف واذا غابت الثريا وهذا الصنف
يكون [16]في الخريف اخصب واسمن كثيرا وانما يبيض سبع بيضات [17]او ثمانيا. وقد ظن بعض
القدماء انها تبيض مرتين في كل [18]شهر لانها لا تبيض جميع بيضها معا ولا يكون [19]تمام البيض معا
بل بعضه يتقدم وبعضه يتأخر. ومن الحيوان البحري ما يبيض في كل زمان مثل [20]الحيوان الذي
يسمى باليونانية اسمورينا فان اناث هذا الصنف تبيض بيضا صغيرا كثيرا [21]ثم ينشؤ ويعظم عاجلا
مثل بيض [22]الحيوان الذي يسمى ابوروس فان بيضه يكون صغيرا جدا ثم يعظم جدا عاجلا.
[23]فاما اسمورينا فانه يبيض في كل زمان واما ابوروس [24]فليس يبيض الا في الربيع فقط. وبين
ذكورة واناث اسمورينا اختلاف من قبل ان [25]الاناث مختلفة اللون ضعيفة فاما لون الذكورة
فواحد [26]وهي قوية ولونها مثل لون الحيوان الذي يقال مروس [27]ولها اسنان من داخل وخارج
[28]وهي تخرج [29]الى البر وتؤخذ مرارا شتى. [30]فنشوء بيض جميع اصناف سمك البحر يكون عاجلا
543b [31]ولا سيما السمك الصغير الذي يسمى باليونانية قوراقينوا وهو يبيض [1]على الارض في الشط بين
الصوف الاخضر الذي يكون في الماء. وبيض [2]السمك الذي يسمى ⟨ارفا⟩ يعظم عاجلا بعد صغر
فاما السمك الذي يسمى باليونانية بيلامودس وثنو [3]فهو يبيض في الموضع الذي يقال له بنطوس
فاما في مكان آخر فلا. فاما السمك الذي يسمى قسطريس واخرسفريس [4]ولبراق فهو يبيض عند

a8 يسمى] سمى T ‖ سالبي] مالي T : σάλπη Σ celni   a9 ثونس] بومس T : θυννὶς Σ boniz
a26 *مروس] مدوس T : σμῦρος/μύρος   a28 وتؤخذ] ويوجد T : καὶ λαμβάνονται Σ deprehenditur
a31 قوراقينوا] فورا مىوا T : κορακίνῳ   b2 *الذي يسمى ⟨ارفا⟩] الحسمى T : ὁ ὀρφὼς ‖ *بيلامودس] سلامو داس T : πηλαμύδες   b3 واخرسفريس] واحرسفد T : καὶ χρυσόφρυες

مسيل الانهار. [5]فاما السمك الذي يسمى ارقوناس وسقربداس واجناس واخر مثلها كثيرة فهى تبيض في لجج [6]البحر [7]في اوان الربيع. |

T122

⟨١١⟩ فاما في الخريف فليس يبيض الا القليل من السمك [8]مثل الذي يسمى باليونانية سالبي وسرغوس وما يشبهها [9]قبل استواء الليل والنهار الذي يكون في الخريف ونارقي وريني كمثل. [10]وبعض السمك البحري يبيض في الشتاء والصيف كما قلنا فيما سلف [11]اما في الشتاء فالذي يسمى لا براق وقسطروس وبالوني فاما في الصيف [12]فالذي يسمى ثونيداس في الزوال الصيفي وانما يبيض [13]شيئا شبيها بمزود صغير يكون فيه بيض صغير كثير [14]والسمك الذي يسمى حروادس يبيض في الصيف بيضا صغيرا كثيرا. واما بعض السمك الذي يسمى باليونانية قسطروس فهو يبيض في الصيف وحروادس يبيض [15]في الشتاء وبعضه في الصيف والقيفال والذي يسمى سارغوس ومقسون كمثل [16]وهى تلبث تبيض ثلثين [17]يوما. وبعض السمك الذي يسمى قسطروس لا يكون بسفاد ولا جماع بل [18]يتولد من الحمأة والرمل. فكما ذكرنا [19]كثير من السمك يحمل ويبيض في الربيع [20]ومنها ما يبيض في الصيف والخريف والشتاء ولكن [21]ليس يعرض لها جميعا هذا العرض بنوع واحد ولا بقول عام ولا [22]لكل جنس ولا لكثرة ما يعرض في الربيع ولا يبيض بيضا [23]كثيرا مثل السمك الذي يبيض في سائر الازمان. وبقول عام [24]ينبغي ان لا يخفى علينا ان اختلاف [25]البلدان يكون اختلافا كثيرا في النبات وجميع الحيوان [26]وليس بالخصب فقط بل [27]بكثرة سفادها وحملها وولادها. وكذلك يفعل [28]اختلاف الاماكن والبلدان في السمك ليس [29]في العظم فقط بل بالخصب [30]والسفاد والولاد ايضا ولذلك يبيض كثير من السمك مرارا شتى في بعض الاماكن وفي بعضها لا يبيض.

b5 *وسقربداس] وسمربداس T : καὶ σκορπίδες   b8 *سالبي] ىلاى T : σάλπη || وسرغوس] وسوعوس T : καὶ σαργὸς : Σ et cergoz   b11 وقسطروس] وفسطووس T : κεστρεύς   b13 بمزود] بمرود T : θυλακοειδές : Σ simile utri   b14 وحروادس] حروادس T : καὶ οἱ ῥυάδες   b15 *ومقسون] ومورود T : καὶ ὁ μύξων : Σ et moron   b17 بسفاد] سفاد T : συνδυασμοῦ : Σ per coitum   b18 والرمل] والربل T : καὶ τῆς ἄμμου   b23 *وبقول] ويقوم T : ὅλως δὲ   b25 اختلافا] احتلاما T : διαφορὰν : Σ diversat   b30 كثير من -T[1]

544a ⟨١٢⟩ [1]والسمك الذي يسمى باليونانية مالاقيا يبيض في الربيع وفي اول ما [2]يبيض من السمك البحري. واما الذي يسمى سبيا فهو يبيض في كل زمان [3]ويكون تمام بيضه في خمس عشرة ليلة. فاذا باضت الانثى [4]يتبع الذكر بيضها وينضح فيها من زرعه وتكون [5]صلبة. وانما يعوم هذا الصنف في البحر ازواجا ازواجا ولون الذكر [6]كثير السواد فيما يلي ظهره وهو مختلف | الالوان فاما الانثى فعلى خلاف ذلك. فاما الحيوان البحري الكثير [7]الارجل فهو يسفد في الشتاء ويبيض في الربيع وفي ذلك الاوان [8]يعشش شهرين ويبيض بيضة صغيرة شبيهة [9]بثمرة الحور وهذا الحيوان كثير الولاد [10]لانه يكون من ذلك الذي يبيض الانثى سمك كثير لا عدد له. [11]والاختلاف الذي بين الذكر والانثى من قبل ان رأس الذكر [12]مستطيل اكثر من رأس الاناث [13]واذا باضت الانثى جلست على بيضها ولذلك [14]يكون هذا الصنف رديء اللحم في ذلك الاوان لانه لا يرعى ولا يشبع. [15]والصنف الذي يسمى برفورا والحلزون يتولد [16]في آخر الشتاء ومدخل الربيع. وبقول عام ان جميع الحيوان البحري الذي جلده في الجساوة شبيه بالخزف [17]يظهر في الربيع وهو مملوء بيضا ويظهر في [18]الخريف ايضا ما خلا القنافذ التي تؤكل فان تلك تظهر [19]في كل زمان [20]ولا سيما في ايام امتلاء القمر وايام الدفاء [21]ما خلا الذي يكون في الموضع الذي يسمى باليونانية اورويوس في ناحية القوم الذين يسمون بوريوا فان الذي يكون هناك [22]لا يتولد الا في الشتاء وهى صغيرة الجثة مملوءة [23]بيضا. والحيوان الذي يسمى باليونانية نخليا يتولد ايضا في كل [24]زمان. T123

⟨١٣⟩ [25]واما الطير البري فانه يسفد ويبيض مرة في السنة كما قلنا فيما سلف [26]واما الخطاف فانه يبيض مرتين [27]والطير الذي يسمى باليونانية قطوفوس كمثل. فاما البيض الذي يبيض اولا فانه [28]يهلك ويبيد من الشتاء لانه يتقدم ويبيض قبل جميع اصناف الطير [29]فاما البيض الذي يبيض اخيرا فانه يتم وتخرج فراخه. فاما ما كان من الطير الانيس او الذي [30]يمكن ان يكيس ويستأنس فهو يبيض مرارا شتى مثل الحمام فانه يبيض في [31]جميع الصيف والدجاج كمثل [32]وانما يكثر بيضها

a4 *وينضح] ونضج T : καταφυσᾷ τὸν θορόν Σ insufflat super ea suum semen   a9 الحور] الجوز T : τῆς λεύκης Σ nucis   a10 الانثى + شبيه صغيرة T   a21 اورووبوس] اوربوس T : τῷ εὐρίπῳ || *بوريوا] روسوا T : τῶν Πυρραίων Σ Bronio   a27 قطوفوس] فطوموس T : κόττυφος   a31 الصيف] الصنف T : τοῦ θέρους Σ aestate

544b لحال كثرة سفادها [33]ما خلا الزمان الذي يكون فيه الزوال الشتوي. [1]وفي | الحمام اصناف كثيرة T124
ومن تلك الاصناف [2]الحمامة التي تسمى بالياس باليونانية وهى في الجثة اصغر من الحمامة [3]وليس يستأنس بالياس مثل الحمامة [4]ولونها الى السواد ما هو ورجلاها خشنة حمراء ولذلك [5]لا يتخذها احد في منزله. وفي الطير اصناف كثيرة تشبه الحمام بالمنظر مثل الدلم والفاختة والطرغلة واعظمها جثة الدلم [6]ثم الفاختة [7]واصغرها جثة الطرغلة. [8]والحمام يبيض في كل حين ويفرخ اذا كان المكان الذي يأوي فيه [9]دفيئا وكان علفه عتيدا وجميع ما يصلحه واذا لم يكن ذلك فهو يبيض في الصيف فقط [10]واجود فراخ الحمام الذي يكون في الربيع والخريف فاما الذي يكون في [11]شدة الصيف والشتاء فهو اردؤها.

⟨١٤⟩ [12]وينبغي لنا ان نعلم ان الزمان الذي يبدأ فيه [13]⟨سفاد⟩ الحيوان مختلف لانه لا يكون [14]خروج الزرع والولاد في كل حيوان في زمان واحد بل في ازمنة مختلفة [15]وما يولد من جميع الحيوان مختلف ايضا بقدر اختلاف قرونها فالزرع الاول الذي يخرج من الحيوان في اول ما يهيج الى السفاد لا يخرج منه شيء [16]فان ولد منه شيء فالولد اضعف جسدا واصغر جثة. وذلك [17]بين خاصة في الناس [18]والحيوان الذي له اربع ارجل ويلد حيوانا وفي صنوف الطير ايضا لان ولد الحيوان الذي يلد حيوانا يكون [19]اصغر جثة واضعف وبيض ما يبيض منه اصغر ايضا فاما قرون الحيوان الذي يسفد [20]فهى اكثر ذلك في كل جنس متفقة [21]لانه يكون في زمان ووقت واحد ان لم يعرض لشيء منها عرض ما مثل الاعاجيب [22]التي تكون وما يكون لحال آفة وضرورة الطبيعة. فخروج المنى يعرض لذكورة الناس [23]عند تغيير الصوت [24]والمحاشي فانها تتغير ليس بالعظم فقط بل بالشكل والمنظر ايضا [25]وعلى مثل هذه الحال يتغير ثدى الاناث ويكثر الشعر في العانة. وانما يكون ابتداء [26]خروج الزرع عند تمام السبوعين اعني الرابع عشر عاما ويكون المنى موافقا للولاد
[27]لتمام الاسبوع الثالث. فاما في سائر الحيوان فليس يظهر الاحتلام [28]لانه ليس | لبعضها شعر T125
وشعر بعضها في [29]مقاديم اجسادها ومآخرها ضعيف ليس بمختلف. فاما الصوت [30]فهو يتغير في

a33 الشتوي] السوى T : τῷ χειμῶνι : Σ hiemalis   b2 بالياس] بالناس T : πελειάς : Σ bellez   b3 بالياس] بالناس T : πελειάς   b5 *تشبه] شبيه T : Σ assimilantur   b8 ويفرخ] ويفرح T : καὶ ἐκτρέφουσιν Σ faciunt pullos   b13 *⟨سفاد⟩ : τὴν ὀχείαν : Σ coitus   b26 *السبوعين] السوعين T : τὰ δὶς ἑπτὰ ἔτη : Σ termino duorum septennium

بعضها ويكون دليلا على انه قد هاج ومن الحيوان ما [31]يستبين ذلك فيه من قبل بعض اعضاء
الجسد ويستبين ان زرعها [32]موافق للولاد. فاما صوت الاناث فهو [33]احد من صوت الذكورة
545a في كثير من الحيوان وكل حدث احد صوتا من الذي طعن في السن. [1]واصوات الايلة الذكورة
اجهر من اصوات الاناث. [2]وانما يكثر الذكورة التصويت في اوان [3]السفاد فاما الاناث فاذا فزعت
[4]وصوت الاناث ضعيف وصوت الذكورة على خلاف ذلك. [5]فاما الكلاب فانها اذا طعنت في
السن يكون صوتها اجهر مما كان اولا. [6]واصوات الخيل ايضا مختلفة بقدر قرونها [7]لان الاناث منها
تصوت عند الولاد اصواتا ضعيفة [8]والذكورة كمثل غير انها اعظم [9]واجهر من اصوات الاناث
فاذا شبت اشتدت اصواتها وصارت اعظم من غيرها. [10]واذا كانت للفرس الذكر سنتان وبدأ
ينزو يكون صوته [11]عظيما جهيرا والانثى [12]كمثل غير ان صوتها اصفى من صوت الذكر والفرس
يبقى عشرين عاما [13]اكثر ذلك وبعد ان يجاوز هذا الزمان يكون ضعيفا [14]وذلك يعرض للاناث
والذكورة. فاختلاف اصواتها يكون [15]كما وصفنا [17]وليس يعرض هذا الاختلاف لجميع الحيوان
على مثل هذه الحال بل لبعضها [18]فاما لبعض فعلى خلاف ما ذكرنا مثل ما يعرض للبقر فان
[19]اناثها اجهر من الذكورة صوتا وخاصة اناث العجاجيل. [20]واصوات الذكورة تتغير اذا خصيت
[21]وتكون مثل اصوات الاناث. [23]فاما ازمان سفاد اصناف الحيوان بقدر قرونها وهو على مثل
هذه الحال. [24]اما الشاة والعنز فهى تنزو من سنتها ⟨الاولى⟩ [25]وخاصة العنز لان الذكورة تهيج الى
النزو في ذلك الاوان [26]وفيما بين ما يولد من زرع التيوس وزرع سائر ذكور الحيوان اختلاف
T126 [27]لان ما يولد منها اولا اجود واخصب | مما يولد اخيرا. [28]فاما الخنزير فانه ينزو [29]اذا تمت له ثمنية
اشهر والانثى تضع اذا تمت لها سنة [31]وما يولد من زرع الذكر قبل ان يتم له سنة فهو رديء ضعيف.
[32]وكمثل ما ذكرنا فيما سلف لا تعرض هذه الاعراض لقرون متفقة في كل بلدة لان في بعض
545b البلدان [1]الخنازير تنزو اذا تمت لها اربعة اشهر [2]وتلد وتربي اناثها جراءها اذا تمت لها ستة اشهر وفي
بعض البلدان تبدأ الخنازير تنزو اذا تم لها عشرة اشهر. [3]واجود ما يولد منها في ذلك الاوان الى
ان يتم له ثلث سنين. فاما الكلب [4]فانه ينزو اذا تمت له سنة [5]وربما عرض له ذلك اذا تمت ثمنية

a3 فزعت] فرغت T : φοβηθῶσιν : Σ timent   a9 شبت] اشبت T   a20 خصيت] خصت T
a23 *فاما ازمان] فازمان T[1]   a24 *⟨الاولى⟩ : αὐτοετὲς : Σ unius   a29 ثمنية] ثمينة T   b2 وتربي] يرى T : ἐκτρέφειν   b3 *الاوان] الا بار T : Σ tempore   b5 ثمنية] ثمينة T

اشهر [6]وذكورة الكلاب تهيج الى النزو قبل الاناث والكلبة الانثى تحمل [7]واحدا وستين يوما اطول ما يكون من حملها [8]وليس تضع قبل ان يتم لحملها ستون يوما البتة وان وضعت قبل هذا الوقت [9]فليس يربى ولا يبقى والانثى تنزو ايضا بعد وضعها [10]ستة اشهر. فاما الفرس فانه يبدأ بالنزو [11]اذا كان ابن سنتين ويولد منه وان كان ما يولد منه [12]في ذلك الاوان ⟨فانه⟩ اصغر جثة واضعف نفسا [13]وربما كان اول نزوه لثلثة اعوام [14]وكل ما يولد منه بعد ذلك الزمان يكون اجود واقوى الى [15]ان يتم له عشرون سنة. والفرس الذكر ينزو الى تمام [16]ثلثة وثلثين سنة واما الفرس الانثى فهى تنزى الى تمام اربعين [17]سنة فنزوها يكون اكثر ذلك في جميع عمرها [18]لان الفرس الذكر يحيا خمسا [19]وثلثين سنة فاما الانثى فاكثر من اربعين سنة [20]وقد زعموا ان فرسا ذكرا بقى خمسا وسبعين سنة فيما سلف من الدهر. فاما الحمار [21]فهو ينزو اذا كان ابن ثلثين شهرا وليس يولد منه شيء [22]قبل ان يتم له ثلث سنين او سنتان وستة اشهر [23]وربما ولد منه ولد اذا كان ابن سنة وبقى الولد. فاما البقرة فربما [24]وضعت وبقى وضعها وانما يكون ذلك في الفرظ. [25]فهذه اصناف اوائل [26]نزو وولاد الحيوان فاما الانسان فانه يولد منه [27]آخر ما يولد اذا كان ابن سبعين سنة فاما المرأة | [28]اذا كانت T127
ابنة خمسين سنة يكون ذلك في الفرط [29]لانه لا يولد اولاد للذين طعنوا في هذه القرون الا لقلة من الناس فاما اكثر ذلك [30]فانه يولد آخر ما يولد للرجال اذا كانوا بني خمس وستين سنة فاما آخر ما يولد للنساء فاذا بلغن خمسا [31]واربعين. فاما الشاة فهى تضع الى ان تبلغ ثماني سنين وان [32]تعوهدت تعاهدا حسنا وضعت الى ان يتم لها احدى عشرة سنة فهى تنزو وتضع جميع عمرها
546a اكثر ذلك. [1]فاما التيوس [2]فزرعها موافق للولاد ولحمها رديء لقلة شحمه ولذلك يسمون اليونانيون الكرم [3]الذي لا يثمر ثمرة طيبة تيوس. [4]فاما الكباش فهى تنزو اولا ما يطعن في السن من اناث الخرفان [5]ولا تدنو من احداثها [6]وكما قلنا فيما سلف ان احداثها تضع اولادا اصغر واضعف مما تضع [7]التي طعنت في السن. فاما الخنزير البري فهو موافق للنزو حتى تمر به ثلثة اعوام [8]فاما ما يولد من الخنازير التي طعنت في السن فهو رديء لانه يكون صغير الجثة ولا تكون [9]له قوة. وللخنزير عادة ينزو اذا شبع [10]ولم ينز على انثى اخرى قبل ذلك الحين فاما ان كان نزا على انثى اخرى قبل

---

b7 واحدا] واحد T : καὶ μίαν   b8 *ستون] ستور T : ἑξήκοντα : Σ sexaginta   b9 يربى] بريا T : ἐκτρέφεται || تنزو] سروا T : ὀχεύεται : Σ coiverit   b11 ابن] بن T   b16 تنزى] سرا T : ὀχεύεται
a2 اليونانيون] اليونانس T   a4 السن] السر T

[11]فان الخنازير التي تولد من ذلك النزو تكون اقل عددا واصغر جثثا. [12]واذا كانت الخنزيرة الانثى
بكرا فهى تلد جراء صغيرة الجثة [13]واذا طعنت في السن لا تلد الا في الفرط [14]واذا بلغت الخنازير
خمسة عشرة سنة لا تلد بل تكون بريئة. [15]فاما اذا خصبت وسمنت فهى تهيج الى النزو [16]ان
كانت حديثة وان طعنت في السن وان سمنت الخنزيرة جدا اذا حملت [17]يكون لبنها بعد الولاد
قليلا. واجود جراء الخنازير [18]ما يولد من شبابها وفي ولادها اختلاف ايضا بقدر الازمان [19]فان
اجودها ما يولد في اول الشتاء واردأها ما يولد في الصيف [20]لانها تكون صغار مهازيل رطبة. فاما
الخنزير فانه اذا خصب وسمن [21]يقوى على النزو في كل حين في الليل والنهار [22]وخاصة في اوان
الصبح وكلما طعن في السن [23]ثقل وضعف نزوه كما قلنا فيما سلف وربما لم يقو [24]الخنزير على النزو
عاجلا اما لحال السن واما | لحال الضعف [25]فاذا كان ذلك اضطجعت الانثى [26]واضطجع الذكر T128
كمثل ونزت الانثى. والخنزيرة الانثى تحمل خاصة [27]اذا هاجت للنزو والقت اذنيها ونزت فان
لم تحمل [28]هاجت ايضا. واما الكلاب فليس تشتاق الى النزو كل عمرها بل الى [29]وقت معلوم
من سنها [30]وهى تلد اكثر ذلك [31]الى ان تبلغ ثمني عشرة سنة وربما عرض لها الحمل والوضع لتمام
546b عشرين سنة. [33]والكبر يقطع حملها وولادها كما يعرض [1]لسائر الحيوان. فاما الجمل فهو من الحيوان
الذي يلد الى خلف [2]وهو ينزو كما وصفنا فيما سلف وزمان نزو الجمال [3]في شباط والاناث تحمل
اثني [4]عشر شهرا وتضع بكرا واحدا لانها من الحيوان الذي لا يضع الا واحدا. [5]والانثى تنزى اذا
بلغت ثلث سنين والذكر ايضا ينزو اذا بلغ ذلك الوقف [6]ثم تقيم الانثى سنة قبل ان تنزى. [7]فاما
الفيل الانثى فانها تنزى اذا كانت شابة بنت عشر سنين [8]وآخر ما تنزى وتحمل اذا كانت ابنة
خمس عشرة سنة. فاما الفيل الذكر فهو ينزو اذا كان ابن خمس [9]او ست سنين وزمان نزوها الربيع
[10]واذا وضعت الفيل الانثى لا تنزى ايضا الا بعد ثلث سنين واذا حملت الانثى [11]الا يقربها ولا
يمسها الذكر البتة وهى تحمل سنتين وتضع جروا واحدا [12]لانها من الحيوان الذي لا يلد الا واحدا
وجروها يكون مثل عجل بقرة ابن شهرين [13]او ثلثة. [14]فقد وصفنا حال نزو جميع الحيوان ولخصناه
بقدر مبلغ رأينا.

---

a15 خصبت] خصيت T : ἢ εὐτραφὴς Σ pinguis   a16 *الخنزيرة] الخنزير T : Σ porca   a29 سنها] سنها T : Σ sua vita   a33 والكبر] والكسر T : τὸ γῆρας   b2 *ينزو B] سدا T : ὀχεύεται   b5 تنزى] نروا T   b6 تنزى] ينزوا T   b7 تنزى] نروا T   b8 تنزى] نروا T ‖ سنة] سنين T¹   b10 تنزى] نزوا T

⟨١٥⟩ [15]فاما حيننا ⟨هذا⟩ فينبغي لنا ان نأخذ في صفة ولاد وكينونة الحيوان الذي يكون من سفاد [16]والذي لا يكون من سفاد ونذكر اولا حال [17]الحيوان البحري الذي جلده جاس مثل خزف فان جميع هذا الجنس لا يسفد البتة. [18]فالصنف الذي يسمى باليونانية برفورا وهو صنف من اصناف الحلزون ويجتمع في زمان الربيع [19]في موضع واحد ويهيئ شيئا شبيها بشهد [20]وليس في الرقة مثله بل هو مثل شيء [21]جامد مبني من قشور بيض او من حمص ابيض وليس [22]لشيء من هذا الصنف سبيل مفتوح ولا يكون الحيوان | الذي يسمى برفورا منه [23]بل ينبت نباتا مثل سائر T129
الحيوان الجاسي الخزف [24]من الحمأة والعفونة وكذلك يتولد [25]الحلزون ايضا لانه يهيئ شيئا شبيها بالشهد الذي ذكرنا [29]واذا بدأت تهيئ ذلك الشيء الذي يسمى الشهد تلقي لزوجة مخاطية [30]ومنها يكون التقويم الذي يشبه خزف البيض. [31]وانما تهيئ وتلقي تلك الرطوبة في الارض [32]ويتولد منها اولاد صغار وربما صادها الصيادون [33]قبل ان تتم [1]صورتها. وان صادوها قبل ان تلد ⟨تلد⟩ 547a
في [2]تلك الزنابيل حيث كان بالبخت بل تجتمع الى ذاتها في موضع واحد [3]كما تفعل في البحر ولذلك ربما وضعت شيئا مشتبكا شبيها بعنقود لحال ضيق المكان. [4]واجناس هذا الحيوان كثيرة وبعضها [5]عظيمة الجثة مثل التي تكون في البحر الذي يسمى سغيون ولوقتون ومنها [6]صغار الجثة مثل الذي يكون في اخروبوس وفي ناحية قاريا. وما يكون منها [7]داخل البحر يكون عظيما جسيما وزهر [8]كثير منها اسود اللون. [9]فاما ما كان منها [10]في الرمال وفي قرب الصخور فهو [11]صغير الجثة وزهره احمر [12]وهى تكون فيما يلي ناحية الجنوب حمراء [13]اكثر ذلك. وهى تصاد في اوان الربيع اذا بدأت تهيئ الشمع الذي يشبه شمع الشهد [14]واما في اوان طلوع الشعرى فليس تصاد لانها لا ترعى بل تختبئ [15]وتعشش. فاما زهرها فهو فيما يلي [16]العنق والعضو الذي يتلوه والصاقها [17]صفيق فاما الجثة فهى في المنظر بصفاق ابيض وهو [18]يلقي ذلك الصفاق واذا عصره احد تصبغ يده

---

b18 برفورا] بربورا T : αἱ πορφύραι   b22 برفورا] برقورا T : αἱ πορφύραι : Σ barcora   b29 *واذا بدأت] ولذا ندات T : ἀρχόμενα : Σ in principio   a1 ⟨تلد⟩ : ἐκτίκτουσι   a2 *الزنابيل B] الرمامل T : ταῖς φορμίσιν : racemo   a5 *سغيون] سعربون T : Σίγειον   a6 اخروبوس] اخرربوس T : Εὐρίπῳ || *قاريا] واريا T : Καρίαν   a10 *الرمال] الشمال T : τοῖς αἰγιαλοις   a11 *وزهره B] ودهنه T : τὸ δ᾽ ἄνθος   a14 *تختبئ] يحبى T : κρύπτουσιν : Σ abscondunt se   a18 *عصره] عصوه T : θλιβόμενος : Σ expresserit || *تصبغ] نضع T : ἀνθίζει καὶ βάπτει : intinget

بتلك الزهرة. [19]وفيه شيء ممتد شبيه بعروق وهو فيما يبين بطن الزهرة [20]فاما سائر ذلك فهو يشبه الشهد. واذا اخذ في تهيئة الشمع [21]حينئذ يكون زهرها رديئا جدا [22]ولذلك يدقون ما صغر منها مع خزفها لان نزوع خزفها ليس بهين [23]فاما ما عظم منها فانهم يخرجون الخزف من الزهر ولذلك [24]يفترق العنق والعضو الذي يسمى باليونانية ميقون فان الزهر يكون فيما يتهيأ [25]فوق العضو الذي
T130 يسمى البطن فباضطرار تفترق هذه الاعضاء | اذا خرج الخزف. ومن الناس من يحرص على دقها وهى احياء لانها ان [27]ماتت قبل ان تدق القت ذلك الزهر ولذلك يحفظونها [28]في زنابيل الصيد
547b لكيما تجتمع وتستقبل ويبقى زهرها على حاله. فهذه الاعراض [1]التي تعرض للحيوان البحري الذي يسمى برفورا ومثل هذا العرض [2]يعرض لاصناف الحلزون. [3]وجميعها اغطية من [4]قبل الطباع وللاصناف التي تسمى باليونانية اسطرومبودي وانما يرعى جميع ما ذكرنا [5]اذا خرج من تحت الغطاء العضو الذي يسمى لسانا. [6]وعظم لسان برفورا اعظم من الاصبع الذي به [7]يرعى وبذلك اللسان يثقب خزف اصناف الحلزون. [8]وبرفورا والحلزون [9]تبقى قريبا من ست سنين [10]ونشوؤها الذي يكون في كل عام بين من مثل الابعاد التي بين الالتواء الذي في الخزف. [11]والحيوان الذي يسمى باليونانية مواس يهيئ ايضا شيئا شبيها بالبناء الذي يكون من الشمع. واما الحيوان الذي يسمى لمنوسطريا [12]فتقويمه يكون في كل موضع يكون فيه حمأة وطين ومن تلك الاماكن يكون [13]ابتداء كينونتها. فاما الحيوان البحري الذي يسمى باليونانية قونخا وكيمي وسوليناس [14]واقطاناس فهو يكون في الاماكن الرملية ومنها يتولد. [15]فاما الحيوان الذي يسمى بينا فهو يتولد من الصوف الاخضر الذي يكون [16]في الاماكن الرملية والكثيرة الحمأة. وفي هذا الصنف حيوان صغير يقال انه حافظ لها [17]وربما كان ذلك الحيوان الصغير العقورين وربما كان سرطانا صغيرا واذا عدمته بليت [18]عاجلا. وبقول كلي جميع الحيوان البحري الخشن الخزف يتولد [19]من ذاته في الحمأة وانما

a19 *يبين] بين T : δοκεῖ : Σ est simile   a24 ميقون] ميعور T : μήκων : mathcon   b4 اسطرمبودي] اسطرسورى T : στρομβώδη   b6 *لسان برفورا] لسىرىرفوىا T : τῆς γλώττης (...) ἡ πορφύρα   b11 التي] الذي T || *الشمع] السع T : Σ cerae || لمنوسطريا] لموسطرفا T : λιμνόστρεα   b13 *قونخا] فرىحا T : κόγχαι || وكيمي] وكىو T : οἱ χῆμαι   b14 *واقطاناس] وامطاناس T : καὶ οἱ κτένες || فهو] وهو T   b15 *الصوف] الصوت T : τῆς βύσσου : Σ lana || *الاخضر] الاخص T : Σ viridi   b17 بليت] ىلىث T : διαφθείρονται : Σ corrumpentur

يكون اختلافه بقدر اختلاف تلك الحمأة. [20]ولذلك ما يتولد من ذاته في الحمأة لا يشبه ما يتولد في
الرمل والذي يتولد في الحمأة يسمى باليونانية اسطريا فاما الذي يتولد في الرمل فهو يسمى قنخا [21]وما
يشبه ذلك الصنف. فاما الذي في شقوق واحجار الصخور فهو يتولد الحيوان الذي يسمى باليونانية
طيثوا [22]وبالانوا وما يطفو على الماء مثل الذي يسمى لوبادس [23]ونريطا. وجميع | الاصناف التي T131
وصفنا تنشؤ نشوءا [24]سريعا وخاصة برفورا واقطاناس [25]فانها تكون تامة كاملة في سنة. ويتولد
[26]سراطين صغار بيض في داخل خزف الحيوان الجاسي الجلد مثل خزف [27]وخاصة في الحيوان
الذي يسمى مواس [28]فاما في الحيوان الذي يسمى بينا يتولد الذي يسمى بنوتيرا وهى تكون [29]ايضا
في اقطاناس وفي الذي يسمى لمنسطريا وليس ينشؤ هذا الحيوان البتة [30]بل يبقى على حاله وقد
زعم الصيادون [31]انها تتولد مع تولد هذا الحيوان. [33]فاما الحيوان الذي يسمى اسطريا يتولد كما
548a وصفنا [1]وبعضه يكون في لجج البحر وبعضه في الشط وبعضه في [2]الاماكن الكثيرة الطين والحمأة
ومنه ما يتولد [3]في المواضع الرملية ومنه ما يتولد في الاماكن الجاسية الخشنة. ومنه ما ينتقل [4]من
موضعه وما لا ينتقل من مكانه ومن التي لا تنتقل من مكانها [5]مثل الحيوان الذي يسمى بينا
لان له شيئا شبيها باصول بها ينبت في موضعه فاما الذي يسمى سوليناس وقنخا فهى تنبت في
مواضعها بغير اصول [6]واذا فككت او حركت هذه الاصناف من اماكنها لا تحيا. [7]فاما الحيوان
البحري الذي يسمى نجما فهو حار الطبيعة جدا [8]وان ابتلع شيئا من الحيوان الذي هو اصغر منه ان
اخرج من جوفه من ساعته يوجد مثل شيء قد طبخ مرتين وقد زعموا [9]ان في البحر الذي يسمى
اوربوس يكون صنف من هذا الحيوان عظيم جدا [10]ومنظره شبيه بمنظر نجم. [11]والحيوان البحري
الذي يسمى رئة يتولد من ذاته [13]وهذه الاصناف تكون [14]بخاصة فيما يلي البلدة التي تسمى قاريا.
فاما الذي يسمى سرطانا صغيرا [15]فهو يتولد من الارض والحمأة ولذلك [16]يدخل في كل المواضع
الخالية من خزف سائر الحيوان واذا شب ونشأ قليلا ينتقل من ذلك الخزف [17]الى خزف اكبر

---

b20 والذي] الذي T : Σ et quod || اسطريا] اسطرابا T : ὄστρεα || قنخا] قيحًا T : κόγχαι b22 *لوبادس] لودباس T : λεπάδες : Σ lonadez b24 واقطاناس] وافطاماس T : καὶ οἱ κτένες b27 *مواس] موادس T : μυσὶ : Σ molin b28 *بنوتيرا] سوس T : πιννοτῆραι b29 لمنسطريا] لسطريا T : λιμνοστρέοις b33 اسطريا] اسطرق T : ὄστρεα a7 *نجما] نحر T : ἀστὴρ : Σ stella

منه مثل خزف الحيوان الذي يسمى نيريطاس [18]واسطرمبوس وما يشبهها وهو يدخل ايضا [19]في الحلزون الصغير و يبقى فيه [20]ويغذى و ينشؤ فاذا عظم [21]انتقل الى غيره اعظم منه.

T132 ⟨١٦⟩ [22]وكثمل ما نتولد اصناف الحيوان الخزفي كذلك [23]يتولد | الحيوان الذي ليس له خزف مثل الغمام والذي يسمى قنيدا فانها نتولد في [24]شقوق الصخور. والاقنيدا جنسان [25]فما يتولد منها في المواضع العميقة لا يفارق تلك الصخور [26]فاما التي نتولد في المواضع الملس التي لا عمق لها فهى تنتقل من اماكنها وترعى. [27]والحيوان الذي يسمى لوبادس ينتقل من موضعه. [28]وفي اماكن الغمام اي السفنج يكون حيوان آخر يسمى حافظا [29]وهو حيوان صغير شبيه بعنكبوت وهو في تلك المواضع ثابت [30]يفتح فاه قبل ان يصيد شيئا من السمك [31]فاذا دخل فيه شيء منه اغلق فاه.
548b [32]وفي الغمام ثلثة اصناف اما الصنف الواحد فسخيف متخلخل واما الآخر فصفيق [1]والصنف الذي هو الثالث الذي يسمى اخليوس دقيق صفيق [2]قوي جدا ولذلك يضعونه تحت بيض الحديد وتحت ساقي الحديد [3]فاذا اصابت الحديدة ضربة السيف او غير ذلك من آلة الحرب لا يكون لها دوي ولا ضرورة شديدة وهذا الصنف قليل جدا. [5]وجميع ما ذكرنا ينبت ويتولد في الصخور او في الحجارة [6]التي في الشط وهى ترعى في الحمأة والدليل على ذلك من قبل انها اذا [7]احدث توجد حمأة ومثل هذا العرض يعرض [8]لجميع الحيوان الذي يتولد من الحمأة ويغذى منها. [9]وما كان منها صفيق الجسد فهو اضعف من السخيف. [10]وقد زعموا ان لهذا الحيوان حسا [11]والدليل على ذلك من قبل انه ان احس بالذي يريد اخذه ويريد قلعه من موضعه [12]يجتمع الى ذاته ويكون قلعه عسرا جدا. [13]وهو يفعل مثل هذا الفعل ايضا اذا هبت ريح عاصفة وتموج البحر لكيما لا [14]يقع من موضعه. ومن الناس من يشك في ذلك مثل [15]الذين يسكنون البلدة التي تسمى باليونانية طوروني. ويكون في هذا الغمام دود [16]وغير ذلك واذا انتزع من مكانه يأكله السمك الصغير الذي يكون في الصخور [17]وما بقى من اصوله. وان [18]انشق جزء من ذلك الغمام ووقع ينبت ايضا من الباقي

a17 نيريطاس] سريطلس T : νηρείτου : Σ binitiz   a18 واسطرمبوس] واسطرسوس T : στρόμβου : Σ asturbior   a27 *لوبادس] لوداس T : λεπάδες : Σ lubedez   a28 السفنج] السفح T : σπόγγων δὲ τῶν : Σ spongiae   a32 *متخلخل D] متخلل T : μανός : Σ rara   b3 ضربة] صوبه T : πληγή : Σ percussio   b11 احس] حس T : αἴσθηται : Σ sentit ‖ *ويريد] وبزيد T : μέλλοντος : Σ volet   b16 *يأكله] ياكل T : ἁ .... κατεσθίει : Σ comedit   b18 *انشق] اسق T : ἀπορραγῇ : Σ ceciderit

مثله وامتلأ. [19]واكبر الغمام يكون السخيف وهو كثير في ناحية [20]البلدة التي تسمى لوقيا فاما
الغمام | الصفيق فهو الين. فاما الصنف الثالث الذي يسمى الذي اخليوا [21]فهو اصلب واقوى من T133
هذين الصنفين. وبقول عام يكون الغمام [22]لينا جدا في الاماكن العميقة الكثيرة الصخور الا ان
الرياح والبرد مما [23]يعين على جساوته كما يعرض لغيره من النبات ويمنع [24]كثرة النشوء. ولذلك
يكون الغمام الذي في البلدة التي تسمى السبونطوس خشنا [25]صفيقا [26]لجساوته ولينه يكون بقدر
الدفاء والبرد الغالب على ذلك الموضع [27]وهو يعفن ويفسد في المواضع الحارة جدا كما يعرض
لسائر النبات. ولذلك [28]يجود جدا ما كان منه في الصخور الناتئة البحرية القريبة العمق [29]فان
مزاجها جيد لحال قرب العمق. [30]والغمام اذا كان حيا غير مغسول يكون اسود اللون وليس
هو لاصق بالصخور [31]بجزء واحد من اجزاء جثته ولا بجميع جثته لان في جسده سبلا [32]خالية
وعليه مثل صفاق ممتد في الناحية السفلى [1]والجزء الذي به يلصق بالصخرة اكبر من غيره. فاما من 549a
الناحية العليا فجميع السبل [2]مغلقة وانما يستبين منها اربعة او خمسة ولذلك [3]يزعم بعض الناس ان
بتلك السبل يقبل طعمه. [4]وفي الغمام جنس آخر وهو الذي يسمى غير مغسول لانه لا يستطاع
ان يغسل [5]وسبله عظيمة فاما غير السبل من جثته [6]فهو صفيق جدا واذا قطع يكون اكثر صفاقة
ولزوجة [7]من الغمام ويوجد شبيها بخلقة رئة. وقد اقر [8]جميع الناس ان لهذا الجنس حسا وانه
[9]يبقى زمانا كثيرا وهو بين في البحر [10]لان بينه وبين الغمام في اللون اختلافا من قبل ان الغمام
ابيض اللون اذا حلت عليه [11]الحمأة فاما هذا الجنس فهو اسود اللون. وقد وصفنا حال مولد الغمام
[12]وسائر الحيوان الذي جلده في الخشونة شبيه بالخزف.

⟨١٧⟩ [14]فاما من الحيوان اللين الخزف والذي يسمى باليونانية قارابو بعد سفاد [15]يحمل ويكون
فيه بيض ثلثة اشهر [16]ثم [17]يبيض ذلك البيض وينشؤ [18]ويعظم مثل الدود. ومثل هذا العرض
[19]يعرض للذي يسمى مالاقيا والسمك الذي يبيض بيضا [20]لان بيض جميع ما ذكرنا ينشؤ ويعظم

---

b20 اخليوا] احلسورا T : Ἀχίλλειοι   b24 *النشوء B] السو T : τὴν αὔξησιν || السبونطوس] السرنطوس T : Ἑλλησπόντῳ   b28 *الناتئة B] النابته T : ἀγχιβαθεῖς   b31 بجميع] يجتمع T : κατὰ πᾶν   a2 مغلقة] معلقة T : συγκεκλεισμέναι   a5 *وسبل] وسيله T : πόρους   a8 *حسا] جنس T : αἴσθησιν : Σ sensum   a9 *زمانا] زما T : πολυχρόνιον   a10 *عليه] عنه T : ἐφιζούσης : Σ super ipsum   a14 قارابو] وارابو T : οἱ κάραβοι : Σ karabo

عاجلا. وبيض [21]الذي | يسمى قارابو سخيف وهو مجزأ بثمنية اجزاء [23]وشكله [24]شبيه بشكل عنقود. T134
[26]واعظم البيض [27]لا يكون في الناحية العليا بل في الوسط واصغره يكون [28]في الناحية السفلى. وعظم البيض الصغير شبيه [29]بحب الدخن وليس البيض موضوع في آخر السبيل لاصق به بل [30]في الوسط بين كلتا الناحيتين التي بين الذنب [31]والصدر فان بينهما بعدان وكذلك [32]خلقته خلقة الاغطية من قبل الطباع. [33]ولذلك لا يمكن ان تحبس الاغطية البيض التي في الجوانب بل يحبس
549b [34]ويغطى جميع ما في الطرف. [1]واذا وضع هذا الصنف البيض يدفعه بعرض ذنبه الى الناحية التي خلقتها من غضروف [2]ويثني ويعصر تلك البيض حتى [3]يضعه. والناحية التي خلقتها من غضروف تنشؤ في ذلك الاوان [4]وتعظم بقدر ما تكون موافقة لقبول البيض [5]لانه من هناك يكون خروج البيض فاما الحيوان الذي يسمى سبيا فانه يضع بيضه في [6]موضع حمأة وقماش من اعواد وغير ذلك. فاذا وضعه هناك [7]حبس عليه فادفأه حتى يعظم ويشب عشرين ليلة [8]ثم يصير مثل شيء مجتمع كبير بعضه لاصق ببعض وبهذا النوع يظهر [9]ثم يكون من ذلك البيض الحيوان الذي يسمى قارابوا في [10]خمس غشرة ليلة ولذلك يصاد مرارا شتى وهو اصغر من اصبع. [11]والاناث تحمل قبل مطلع ذنب بنات نعش وبعد مطلعه [12]تضع البيض. وولاد العقورين يكون [13]لتمام اربعة اشهر والحيوان الذي يسمى قارابو يكون في [14]الاماكن الصخرية الخشنة واما الحيوان الذي يسمى اسطاقوا فهو يكون في الاماكن الملس [15]وليس يكون شيء من هذين الصنفين في الاماكن الكثيرة الطين. ولذلك [16]تكون اسطاقوا كثيرة [15]في البحر الذي يسمى باليونانية السبنطوس [16]وفيما يلي ثاسوس المدينة فاما في ناحية البحر الذي سمى سغيون [17]واثوان تكون قارابوا كثيرة. وانما يعرف الصيادون اماكنها من قبل [18]المواضع الخشنة والتي فيها طين كثير وصخور وسائر [19]العلامات التي تشبهها فبها
T135 يستدلون | على مواضعها اذا كانوا في لجج البحر وطلبوا [20]صيدها. وهى تكون في الشتاء [21]والربيع قريبا من الارض والشط فاما في الصيف فهى تكون في اللجج لانها تطلب [22]مرة الدفاء ومرة

---

a21 قارابو] مارابو Σ karabo : τῶν καράβων : T   a26 *البيض] النبض Σ ova : T   a28 البيض] النبض Σ ova : ᾠῶν : T   a29 بيض] النبض Σ ova : T   a33 البيض] النبض Σ ova : T   b1 البيض] النبض Σ ova : τὰ ᾠὰ : T   b2 تلك] ذلك T   b3 *تنشؤ] وىسى Σ crescit : αὐξάνει : T   b7 *ويشب] وست T   b15 السبنطوس] السطوس Ἑλλησπόντῳ : T   b16 *ثاسوس] سوس Θάσον : T || سغيون] معربون Σίγειον : T   b17 واثون] وابودا Ἄθων : T || قارابوا] فاداىوا κάραβοι : T   b22 الدفاء] الدوا T : Σ calorem : τὴν ἀλέαν

اخرى البرد. [23]فاما الحيوان الذي يسمى ارقطوا فهو يضع في مثل هذه الازمان بيضه ويكون منه قارابوا [24]ولذلك يضع البيض في الشتاء وقبل ان يبيض البيض يكون طيب اللحم جدا [25]فاذا وضع بيضه يكون رديء اللحم جدا. وهذا الصنف يسلخ جلده [26]في الربيع كما تسلخ الحية جلدها [27]وهو يسلخ جلده اذا وضع من ساعته والسراطين والذي يسمى قاربوا كمثل [28]وجميع اصناف قارابو كبيرة العمر.

(١٨) [29]فاما الحيوان الذي يسمى مالاقيا فهو يكون من سفاد [30]وبيضه شديد البياض فاذا ⟨بقى⟩ زمانا صار مثل بيض [31]الحيوان الجاسي الجلد رخوا رقيقا. فاما الحيوان الذي يسمى كثير الارجل فهو يبيض بيضا [32]في حجار مأواه او في اناء من خزف او في شيء آخر عميق شبيه [33]بضفيرة وتلك الضفيرة شبيهة بثمرة الحور كما ذكرنا [34]فيما سلف. وذلك البيض يكون متعلقا برأس العش اذا [1]وضعته الانثى. فاما كثرته فهو يكون بقدر ما [2]يملأ اناء اكبر من رأس الانثى التي تحمله كثيرا 550a
اذا وضع فيه. [3]وذلك البيض بعد خمسين ليلة [4]ينشق ويخرج منه حيوان كثير الارجل صغير [5]ويمشي كما يمشي العنكبوت كثيرا جدا [6]وليس تكون خلقة اعضائه بينة بعد فاما كلية [7]الصورة فبينة. ولحال صغرها وضعفها [8]يبيد ويفسد كثير منها.

تم القول الخامس.

b30 وبيضه] وبيضة T : ᾠὸν : Σ et ova eius || ⟨بقى⟩ lac. T : Σ remanserint b33 بضفيرة*] نصعىره T || وتلك الضفيرة] وذلك الضعير T || بثمرة] ثمرة T : καρπῷ : Σ fructibus 550a8–558b4 : -T

القول السادس

558b ⟨١⟩ [8]فهذه مواليد الحيات والحيوان المحزز الجسد [9]ومواليد الحيوان الذي له اربعة ارجل والذي
يبيض بيضا. [10]فاما اوان سفادها [11]وزمان ولادها فهو في جميع ما وصفنا مختلف غير متشابه لان
T136 منها ما يسفد [12]ويلد في كل زمان وكل وقت فاكثر | ذلك مثل الدجاجة [13]والحمامة فان الدجاجة
تبيض بيضا في السنة كلها ما خلا [14]شهري الزوال في الشتاء والصيف وهما دخول الشمس ⟨في⟩
الجدى والسرطان. [15]ومن الدجاج العظيم الجثة ما يبيض بيضا كثيرا قبل ان يجلس على بيضه
ويفرخ ومن الدجاج ما يبيض ستين بيضة واكثر واقل [16]والدجاج العظيم الجثة يبيض اكثر من
الصغير الجثة. فاما الدجاج الذي ينسب الى ادريانوس الملك [17]فهو طويل الجثة ويبيض [18]في
كل يوم وهو رديء الخلق صعب [19]كثير الالوان ومرارا شتى يقتل فراخه. [20]ومن الدجاج الذي
يربى في المنازل ما يبيض مرتين في اليوم ومن الدجاج ما اذا باض بيضا كثيرا [21]هلك عاجلا
لتلك العلة. والدجاج يبيض [22]على اصناف مختلفة كما وصفنا. فاما الحمام والفواخت والاطرغلة
[23]والحمام البري فانه يبيض بيضا مرتين في السنة ولكن الحمام [24]يبيض عشر مرات في السنة.
وكثير من اجناس الطير يبيض ويفرخ [25]في اوان الربيع ومنها ما يبيض بيضا كثيرا [26]ومنها
ما هو على خلاف ذلك ومنها ما يبيض ويفرخ مرارا شتى مثل الحمام [27]ومنها ما يبيض بيضا
متتابعا مثل الدجاج. فاما جميع الطير المعقف المخاليب [28]فهو يبيض بيضا يسيرا ما خلا الطير الذي
يسمى باليونانية كنخريس [29]فان هذا الطير فقط من اصناف المعقفة المخاليب يبيض مرارا شتى
وربما باض اربع بيضات [30]وهو يبيض اكثر سن ذلك ايضا. وكثير من اصناف الطير يبيض
559a [31]في العشبة. [1]فاما القبج والدراج فهى تبيض ايضا فيما بين الاعشاب ولا سيما فيما بين العشب
الكثير الالتواء. [2]وكذلك يفعل الطير الذي في رأسه قنزعة والطير الذي يسمى باليونانية طاطرقس
وهو العصفور الحسن الصوت [3]وهذه الاصناف من اصناف الطير تبيض بيض الريح. فاما الطير
الذي يسميه اهل بلدة بوتيا [4]اربس فانه يبيض في حجارة الارض وهناك يفرخ. [5]فاما الطير الذي
يسمى باليونانية نخلى فانه يبني عشا [6]من طين في الشجر المرتفع في الهواء مثل ما يبني الخطاف
T137 ويهيئ اعشة [7]يتلو بعضها | بعضا [8]مثل سلسلة. فاما الهدهد فليس يسوئ عشا ظاهرا [9]بل يدخل

b15 بيضه] بيضة T   b20 *يربى] ربى T : οἰκογενεῖς : Σ domesticae   a1 القبج] السح T : πέρδικες … αἴ : Σ cubeg   a2 *طاطرقس] طاطفس T : τέτριξ

 | DOI: 10.1163/9789004315969_018

[10]في اعماق وتجويف جذور الشجر و يبيض ويفرخ هناك من غير ان يجمع من خارج ما يهيئ به عشه. [11]فاما الطير الذي يسمى باليونانية قرقس فانه يبيض ويفرخ في البيوت والصخور. [12]فاما الطير الذي يسمى باليونانية طاطرقس وهو الطير الذي يسميه اهل اثينياس عورا كا فليس يبيض ولا يفرخ على الارض [13]ولا على الشجر العالي بل على الشجر الذي يقرب من الارض.

⟨٢⟩ [15]وبيض جميع اصناف الطير جاس صلب الجلد [16]ان كان من سفاد ولم تصبه آفة ولا ضرورة فانه ربما [17]كان قشر البيض رخوا لينا من قبل فساد وعرض يعرض له مثل ما يظهر في بيض اصناف الطير لونان [18]اما الصفرة اعني المح فداخل واما البياض فخارج محدق بالمح. [19]وبين بيض الطير الذي يأوي في شاطئ الانهار والنقائع [20]وبين بيض الطير الذي يأوي في البراري واليبس اختلاف من قبل ان الصفرة التي تكون في داخل بيض [21]الطير الذي يأوي في قرب المياه اكثر من البياض مرارا شتى. [22]وفيما بين الوان اصناف بيض الطير اختلاف بقدر الاختلاف الذي بين الاجناس [23]من قبل ان من البيض ما يكون ابيض اللون مثل بيض القبج والحمام [24]ومنه ما يكون تبني اللون مثل لون بيض ⟨الطير⟩ الذي يأوي حول النقائع ومن البيض ما يكون منقطا بنقط سود [25]مثل بيض الطير الذي يسمى باليونانية مالاغرايداس وفاسياني. [26]فاما بيض الطير الذي يمسى باليوانانية كنخريس فهو احمر اللون مثل المغرة وبين البيض [27]اختلاف ايضا من قبل ان منه ما يكون محدد الاطراف ومنه ما يكون عريض الاطراف واذا باض الطير بيضه [28]يخرج اولا الطرف العريض. وينبغي ان نعلم ان ما كان من البيض مستطيلا محدد الاطراف [29]يفرخ الاناث فاما ما كان منه مستديرا عريض الاطراف [30]فهو يفرخ الذكورة. وانما يدفأ ويسخن
559b البيض ويفرخ اذا جلس الطير عليه اياما [1]وربما دفئ وفرخ البيض من ذاته | اذا كان موضوعا في T138
ارض دفئة مثل ما يفعل اهل مصر [2]حيث يضعون البيض في داخل الزبل. وقد كان في البلدة التي تسمى باليونانية سوراقوسا رجل محب لكثرة شرب الخمر [3]فكان يضع بيضا تحت الحصير الذي يجلس عليه [4]فلا يزال يشرب الخمر حتى ينكسر قشر البيض ويفرخ منها الفراخ [5]وربما كان البيض موضوعا في آنية دفئة فيسخن ويخرج الفرخ [6]من ذاته. ومنى جميع اصناف الطير ابيض مثل [7]منى

---

a11 قرقس] قوقس T : κίρκος a12 اثينياس] اسلناس T : Ἀθηναῖσι || عورا كا] قوراطالا T : οὔραγα

a15 وبيض] ويبيض T : τὸ δ᾽ ᾠόν : Σ et ova a26 وبين -T¹ b2 سوراقوسا] سوداقرسا T : Συρακούσαις

b4 منها] ومنها T

سائر الحيوان ايضا. واذا سفدت [8]الانثى يمسك المنى فوق عند صفاق الحجاب ويظهر ذلك المنى
اولا ابيض صغيرا [9]ثم يظهر احمر دميا بعد ذلك [10]ويكون كل لونه تبنيا اشقر. [11]فاذا غلظ يفترق
ويكون اللون التبني داخلا [12]واللون الابيض خارجا محدقا بالتبني. فاذا تمت خلقته [13]يخرج في
اوانه يتغير من اللين [14]الى الجساوة وهو يخرج ليس بجاس فاذا خرج [15]جسا ان لم تصبه آفة او علة.
[17]وربما كان لون كل البيض تبنيا مثل ما يكون لون الفرخ الذي يخلق منه [16]وقد يظهر البيض
على الحال التي وصفنا [18]في جوف الدجاج تحت صفاق الحجاب اذا شق [19]فانه يوجد لون جميع
البيض تبنيا والى الصفرة ما هو. وربما كان البيض من غير سفاد وهو الذي يسمى بيض الريح
[21]فاما الذين يزعمون ان ذلك البيض انما هو من بقية [22]سفاد فهى كذبة لانه قد ظهر [23]من فراريج
الدجاج ما باض بيضا بغير سفاد ومن صغار الوز ايضا. [24]وانما يكون ذلك البيض من قبل الريح
والبيض الذي يتولد من الريح اصغر [25]من الذي يتولد من السفاد وهو ارطب منه كثيرا واذا اكل
كان اقل لذة وطيبا من الذي يكون من السفاد. [26]وان وضع البيض الذي يتولد من الريح تحت
دجاجة او غيرها من الطيور لا تخثر [27]رطوبته ولا تتغير بل يبقى اللون التبني على حاله والبياض
على حاله. [28]وانما يكون بيض الريح من الدجاج والقبج [29]والحمامة والطاوس والوز والطير الذي
يسمى باليونانية شنالوبقس وتفسيره الذي هو خلط من | الوز والثعلب. [30]واذا جلس الطير على T139
البيض في اوان الصيف تدفأ وتخرج منه الفراخ اسرع من دفائها وخروجها في زمان الشتاء.
[1]ولذلك يجلس الدجاجة على البيض ثمنية عشر ليلة في الصيف ويخرج فراخها [2]فاما في الشتاء 560a
فربما دفئ البيض وفرخ لتمام خمسة وعشرين يوما. [3]وفيما بين اصناف الطير اختلاف ايضا من
قبل ان بعضها اكثر الحاحا في الجلوس على البيض والدفاء من غيرها. [4]وان عرض رعد في الهواء
اذا كان الطير جالسا على البيض فسد [5]وفساد البيض [6]في الصيف اكثر منه في الشتاء ولا سيما اذا
هبت رياح الجنوب وقد سمى بعض الناس بيض الريح البيض الجنوبي [7]لان اصناف الطير تقبل
الريح في اجوافها في اوان الربيع فيما يظهر [8]ويعرض مثل هذا العرض ايضا اذا مست بالاصبع
بنوع من الانواع. [9]وربما فرخ البيض الذي يتولد من الريح اذا كان [10]سفاد بعد تولده [11]واذا كان
سفاد بعد تولد البيض ايضا يتغير لونه التبني فيكون الى البياض ما هو. [12]واذا سفد الطير من صنف

---

b17 تبنيا] سا T : ὠχρὸν   b25 يتولد + يكون T   b26 تخثر] تحترر T : παχύνεται   b28 بيض] بعض T : ὑπηνέμια Σ ova   b29 شنالوبقس] سسالوىڡس T : χηναλώπεκος   b30 في(2)] من T : ἐν : Σ in
a3 والدفاء] والدقا T

560b آخر من اصناف الطيور بعد ان يكون في جوفه يتغير الفرخ الذي يكون منه [13]ويصير شبيها بالطير. [4]وشباب اناث الطيور تبيض بيضا اكثر [5]واول ما تبيض اناث الطيور من البيض يكون اصغر ثم يعظم عند التنشئة حتى ينتهي الى حد عظمه. [6]وايضا ان لم تجلس اناث الطيور على البيض [7]تمرض وتسوء حالها. واذا سفدت الدجاج [8]يقشعر وينتقض ومنه ما [9]يحمل شظية عود في فمه ومرارا شتى يفعل الدجاج مثل هذا الفعل اذا باض ايضا. [10]فاما الحمام فانه ينقض ذنبه ويضمه الى داخل فاما الوز فانه اذا سفد يكثر السباحة في الماء. [11]وكثير من اصناف الطير يسفد ويبيض بيضا من ذلك السفاد [12]عاجلا ويبيض من الريح ايضا مثل ما يعرض [13]للقبج اذا هاج واشتاق الى السفاد لان الانثى اذا [14]وقفت قبالة الذكر وهاجت من ناحية الذكر ريح مقبلة الى ناحية الانثى تحمل من ساعتها وتبيض ولا تصلح [15]للصيد من قبل ان رائحتها تكون بينة ظاهرة. [16]وانما
T140 يختلط البيض بعد السفاد | ومن البيض [17]يكون تولد الفراخ ايضا. [18]وذلك يكون في ازمان مختلفة بقدر اجناس وعظم جثة [19]الطير الذي يبيض ويفرخ. وبيض الدجاج يكون بعد [20]السفاد وتتم خلقته في عشرة ايام اكثر ذلك [21]واما بيض الحمام فهو يكون تاما في زمان اقل من زمان تمام بيض الدجاج. ويمكن ان [22]تحبس الحمامة البيض في جوفها بعد الوقت الذي ينبغي ان تبيض فيه لانه ان اصابها اذى [23]من وجه من الوجوه او من قبل عشها او نتف احد ريشة من ريشها او [24]عرض لها وجع فانها حينئذ تحبس البيض في جوفها ولا تبيضه اياما. [25]ويعرض للحمام ايضا شيء خاص لها [26]في اوان السفاد ان يقبل بعضها بعضا اذا اراد [27]الذكر ان يعلو على الانثى وليس يكاد ان يسفد الذكر قبل ان يفعل ما ذكرنا [28]الا بعد الكبر. [29]فاما الشباب فليس يسفد قبل ان يقبل الانثى ثم يدع ذلك عند الكبر. [30]واناث الحمام يعلو بعضها بعضا اذا لم يكن ذكر [31]في
561a قربها وليس يعلو بعضها بعضا الا بعد القبل كما تفعل الذكورة وليس يفضي [1]بعضها في بعض شيئا وهي تبيض بيضا كثيرا [2]ولا يكون من ذلك البيض فراخ بل يكون مثل البيض الذي يتولد من الريح.

T- 560a13–b3   b5 *التنشئة] الشبيه T   b8 وينتفض] B وسقص T : ἀποσείονται : cum Σ horripilatione   b10 ينقض] نقض T : ἐφέλκουσι : Σ extrahunt   b14 *وقفت] وقعت T : στῇ   b18 ازمان] زمان T : χρόνοις

⟨٣⟩ [4]وتولد الفراخ من بيض جميع اصناف الطير يعرض [5]بنوع واحد ولكن في زمان تمامها وكمالها اختلاف [6] كما قيل اولا. وفي بيض الدجاج يستبين ابدا خلقة الفراخ اذا مضت ثلثة ايام [7]وثلثة ليال وذلك في شباب الدجاج [8]فاما في المسن منها ففي ايام وليال اكثر. [9]وفي ذلك الوقت توجد الصفرة في الناحية العليا من البيضة [10]عند الطرف المحدد حيث يكون ابتداء البيضة [11]وحيث يكون اول نقرها وتقشيرها. والقلب يستبين في بياض البيضة مثل نقطة من دم [12]وتلك النقطة اعني العلامة تحرك وتختلج وتنزو مثل ما يحرك الشيء المتنفس. [13]ومن تلك النقطة تخرج مجريان مثل عروق فيهما دم [14]وتأخذ الى كل واحد من الصفاقات التي تحدق بالذي يتولد. ويظهر [15]صفاق فيه عروق دمية | دقيقة مثل الشعر وذلك الصفاق يحدق [16]ببياض البيضة في ذلك الوقت وابتدأ T141
الصفاق من السبيلين [17]المخلوقين من عروق وبعد ذلك بزمان يسير يفترق ويظهر الجسد [18]ويكون اولا صغيرا جدا ابيض اللون والرأس ايضا يستبين [19]والعينان ايضا خاصة منتفختان [20]وتبقيان على مثل تلك الحال اياما ثم يذهب انتفاخهما وتنضم وتجتمع وتظهر صغارا. [21]وليس يظهر شيء من جزء الجسد الاسفل البتة [22]بل يظهر الجزء الاعلى اولا. ومن السبيلين الممتدين من [23]القلب يأخذ الواحد الى الصفاق المحدق بالفرخ [24]والآخر يأخذ الى الصفرة ويكون مثل سرة. فابتداء خلقة [25]الفرخ يكون من البياض وغذاؤه يكون من الصفرة وانما اغتذاؤه بالسرة. [26]واذا تمت عشرة ايام تكون خلقة كل الفرخ بينة ظاهرة [27]وجميع اعضائه واجزائه ورأسه يكون اكبر من [28]جسده اذا قيس اليه. وتظهر عيناه في رأسه وان لم يكن فيها [29]بصر بعد. وان اخرجت العينان في ذلك الزمان [30]تظهر سوداء اكبر من حب الباقلي. وان سلخ [31]الجلد توجد في داخل العينين رطوبة بيضاء باردة جدا [32]لها بصيص اذا وضعت قبالة ضوء الشمس وليس يظهر فيها شيء صلب البتة.
561b فهذه خلقة [1]الرأس والعينين في الزمان الذي ذكرنا [2]وفي ذلك الاوان يظهر جوف الفرخ ايضا [3]وما يلي البطن وخلقة المعاء [4]والعروق التي تظهر آخذة من القلب الى [5]السرة ومن السرة تخرج عروق [6]يأخذ احدها الى الصفاق المحدق بالصفرة والآخر الى الصفاق المحدق بالبياض والصفرة [7]في ذلك الزمان رطبة اكثر من الرطوبة [8]الطباعية. فاما العرق الآخر فانه يأخذ الى الصفاق المحيط

a13 *مثل] من T : ὥσπερ Σ sicut   a14 واحد + الى كل وهحد T ‖ بالذي] الذي T   a22 ومن] من T : τῶν δὲ   a28 *عيناه] عسه T : τοὺς ὀφθαλμοὺς Σ oculi   a32 *ضوء B] هو T : τὴν αὐγήν   b2 جوف] خوف T : τὴν κοιλίαν   b5 *السرة⁽¹⁾] العين T : τῷ ὀμφαλῷ ‖ *السرة⁽²⁾] العين T : τοῦ ὀμφαλοῦ   b8 العرق] العروق T : ἡ δ'

[9]بكل الفرخ اعني الصفاق الذي يكون فيه الفرخ ويحدق بصفاق الصفرة [10]وبالرطوبة التي بينها.
واذا نشأ الفرخ [11]يكون بعض الصفرة فوق وبعضها اسفل وذلك رويدا رويدا [12]ويكون البياض
T142 في الوسط او تكون في الوسط رطوبة ويكون في الناحية السفلى من الصفرة البياض | [13]مثل ما
كان اولا. فاذا تمت للفرخ عشرة ايام يكون [14]البياض آخر ما في البيضة وبعد ذلك يقل ويكون
لزجا [15]غليظا الى اللون التبني ما هو وكل واحد منها ممتد بالوضع بقدر ما وصفنا ولخصنا. [16]ويكون
الصفاق الذي تحت صفاق قشر [17]البيضة اولا وآخرا وليس الصفاق اللاصق بالقشر. وفي [18]هذا
الصفاق تكون رطوبة بيضاء وفيها الفرخ [19]والصفاق الذي يحدق به لانه يفرق بينه وبين الرطوبة
لكيلا يكون الفرخ في رطوبة وتحت [20]الفرخ الصفرة التي كان احد العروق آخذا اليها [21]والعرق
الآخر آخذا الى البياض المحدق ثم يوجد صفاق محدق بكل ما كان [22]رطوبة تشبه مائة القيح.
ثم صفاق آخر حول [23]الفرخ يفرق بين الفرخ والرطوبة وتحت [24]ذلك الصفاق صفرة محتبسة في
صفاق آخر واليه [25]تمتد السرة من القلب ومن العرق الكبير [26]بقدر ما لا يكون الفرخ ولا في
رطوبة واحدة من [27]الرطوبات التي وصفنا. واذا صار الفرخ من عشرين يوما ينبص [28]ان حركه
احد ويكون ازب الريش ان كسر البيضة [29]بعد تمام العشرين يوما. ويوجد [30]رأس الفرخ فوق
الساق الايمن على جانب مراق البطن [31]والجناح فوق الرأس. وفي هذا [32]الزمان يظهر الصفاق
المحدق بالرطوبة موضوعا بعد الصفاق الآخر اللاصق بقشر البيضة [1]وهو الصفاق الذي احدى 562a
السرتين ممتدة اليه [2]والفرخ يكون في آخره ويظهر الصفاق الآخر [3]المحيط بالرطوبة محيطا بالصفرة
التي كانت تمتد اليها السرة الاخرى [4]وابتداء الصفاقين من القلب ومن العرق [5]الاعظم. وفي هذا
الوقت تكون السرة [6]الخارجة التي تمتد الى المشيمة مرسلة عن الفرخ لانه يقع وينضم الى الفرخ.
[7]فاما الصفاق الآخذ الى الصفرة فهو متعلق بالفرخ لاصق [8]بالمعاء الداخل الدقيق. [9]وفي هذا
الوقت توجد فضلة صفراء في بطن الفرخ [10]ويخرج منه بعض تلك الفضلة ويصير في الصفاق
T143 الخارج [11]وبعضها يبقى في البطن. والفضلة التي تبقى خارجا [12]وداخلا تكون | بيضاء وفي الآخرة

---

b12 *البياض B] بيضا T : τὸ λευκόν Σ una res alba   b17 اولا وآخزا] اول واخر T   b21 *يوجد] يوخذ T   b27 *ينبص] سض T : φθέγγεταί Σ fistulat   b28 ازب] اذب T : δασὺς   b30 *فوق] تحت T : ὑπὲρ Σ supra || *الساق] الصفاق T : σκέλους Σ crus   a1 *السرتين] العسن T : τῶν ὀμφαλῶν   a3 *السرة] العين T : ὁ ὀμφαλός   a7 فهو] وهو T   a11 خارجا] خارج T   a12 وداخلا] وداخل T

تقل الصفرة [13]حتى تفنى وتذهب البتة [14]وتكون محتبسة في داخل الفرخ. وان نقر احد البيضة [15]وفتحها في اليوم العاشر وشق ما يلي المعاء سيجد في السرة جزءا يسيرا [16]من الصفرة ويجد ناحية من الصفرة مرسلا [17]ولا يكون فيما بينها وبين الفرخ شيء بل يجد الصفرة كانها مستمرة لاصقة بالفرخ. وفي الوقت [18]الذي ذكرنا اولا يكون الفرخ شبيها بالنائم غير انه يتحرك [19]وينبص والقلب [20]يختلج ويتحرك وينتفخ مع السرة كما يفعل المتنفس نخلقة وولاد الفرخ [21]في داخل البيضة يكون على مثل هذه الحال. والدجاج يبيض [22]بعض البيض ضعيفا وربما عرض ذلك البيض الذي يكون من السفاد [23]واذا جلست الدجاجة على ذلك البيض الضعيف لا يكون منه فرخ البتة. فاما ما ذكرنا حيننا هذا من حال البيض الضعيف فمعروف مجرب وقد نظر اليه مرارا شتى [24]في بعض الحمام. ويكون من البيض ما له [25]صفرتان وربما كان فيما بين تلك الصفرتين [26]صفاق يحجب ما بينهما وبين البياض وربما لم [27]يكن ذلك بل الصفرة الواحدة تكون لاصقة بالاخرى. [28]ومن الدجاج ما يبيض بيضا له الصفرتان في كل حين وقد [29]ظهر العرض الذي يعرض للصفرة في هذا البيض [30]وقد باضت دجاجة في الزمان السالف ثمنية عشر بيضة لكل بيضة محتان ثم جلست على ذلك البيض واسخنته ونقرته وفتحته نخرج من كل بيضة فرخان ما خلا البيض الذي كان
562b فاسدا من الاصل. [31]واذا خرج فرخان من البيضة الواحدة يكون احدهما اكبر جثة [1]والآخر اصغر. ويكون آخر البيض الذي يباض على مثل هذه الحال عجيبا.

⟨٤⟩ [3]وجميع اصناف الطائر الذي يشبه الحمام مثل الدلم [4]والفواخت والاطرغلات وما يشبه هذا الصنف يبيض بيضتين اكثر ذلك وربما باضت [5]الفاختة والحمامة ثلث بيضات وكما قلنا فيما سلف الحمامة تبيض [6]في كل وقت وكل زمان. فاما الاطرغلات والفاختة فهى تبيض مرتين وربما فعلت ذلك اكثر [7]من | عركتين. وهذه الاجناس ايضا تبيض [8]اذا فسد البيض الذي باضت اولا وفي T144
الطائر ما يفسد البيض الذي يبيض. [9]فكما ذكرنا ربما باضت هذه الاجناس ثلث بيضات في الفرط وليس [10]يخرج من ذلك البيض اكثر من فرخين البتة وربما اخرجت فرخا واحدا فقط. [11]فاما البيضة التي تبقى فهى فاسدة على كل حال. وكثير من اجناس [12]الطير لا يبيض من سنة بل

a19 *وينبص] وببيص T : καὶ φθέγγεται Σ vociferat   a29 *البيض] البياض T   b1 يباض] بياض T
b5 الحمامة] الحمله T : ἡ ... περιστερά   b7 *عركتين] عدكىن T : δίς Σ bis

بعد ان تمضي له سنة كاملة وجميع صناف الطير [13]يبيض في اوقاتها في كل عام ولا يزال يفعل
ذلك بعد ان يبيض مرة واحدة حتى يكبر ويبيد. [14]فاما الحمامة فانها تبيض بيضتين ويخرج منها
فرخ واحد [15]ذكر والفرخ الآخر انثى وذلك يعرض مرارا شتى. وهى تبيض البيضة التي يخرج منها
[16]فرخ ذكر اولا ثم تقيم يوما وليلة [17]وتبيض البيضة الاخرى التي تخرج منها الانثى. والذكر من الحمام
يجلس على البيض ويسخنه [18]في جزء من النهار فاما الانثى فهى تجلس على البيض بقية النهار وكل
الليلة. [19]والبيضة التي باضت الحمامة اولا تبلغ وتفرخ وينكسر قشرها لتمام عشرين يوما [20]والحمامة
تنقر البيض اولا ثم [21]تكسره وتفتحه والذكر والانثى تدفئ الفراخ وتضعها تحت جناحيها اياما
حتى يقوى الفرخ وتفعل ذلك [22]كما تفعل بالبيض بشفقتها عليها. والحمامة الانثى اردأ [23]من الذكر
في التربية وغذاء الفرخ وكذلك سائر [24]الحيوان بعد الولاد. والحمام يبيض ويفرخ عشر مرات في
كل عام [25]ومنها ما يفعل ذلك احدى عشرة مرة فاما الحمام الذي يكون بمصر فهو يبيض ويفرخ
اثنتي عشرة مرة [26]والحمامة تسفد وتسفد لتمام سنة [27]وربما فعلت ذلك اذا مضت لها ستة اشهر.
فاما الفواخت [28]والاطرغلات فانها تسفد وتبيض وتفرخ اذا مضت لها ثلثة اشهر كما يزعم بعض
الناس [29]وعلامة ذلك بزعمهم كثرتها. وهى تحمل [30]اربعة عشر يوما وتجلس على البيض اربعة
عشر يوما آخر [31]ولتمام اربعة عشر يوما ايضا ينبت ريش الفراخ وتطير طيرانا جيدا [1]بقدر ما لا 563a
تدرك ولا تصاد الا بعسر. وكما يزعم بعض الناس ان الفاختة تعيش [2]اربعين عاما والحجل يعيش
ستة | عشر سنة واكثر من ذلك قليلا. [3]واذا فرخ الحمام يبيض ايضا بعد [4]ثلثين يوما او اقل من T145
ذلك.

⟨٥⟩ [5]فاما الزخمة فهى تفرخ على صخور مشرفة عالية جدا لا يمكن ان ينالها احد [6]ولذلك لا يوجد
عش زخمة ولا فراخها الا في الفرط. ولذلك [7]يزعم اوردوروس ابو برسون السوفسطائي الحكم
ان [8]الزخم تأتي الى ناحيتنا من بلدة اخرى ليست بمعروفة لنا ويقول ان [9]الشاهد له على ذلك

---

b13 *ويبيد] وبتيد T   b18 *جزء من B] حرص T : τῷ μέρει τῆς   b27 *لها] به T   a1 تصاد] تضاد T : καταλαμβάνεσθαι Σ venantur   a5 الزخمة] الرحمة T : Ὁ δὲ γὺψ   a6 عش] عسر T : νεοττιάν Σ nidus   a7 برسون] برسور T : βρύσωνος   a9 عش] عشر T : νεοττιάν

انه لم يعاين احد عش رخمة وانه [10]يظهر رخم كثير بغتة يتبع العساكر. [11]وذلك عسر في معاينة اعشة الرخم عسرا ومن الناس من عاينه. [12]فاما سائر اجناس الطير الذي يأكل اللحم فلم يظهر انه يبيض ويفرخ اكثر [13]من مرة ما خلا الخطاف فانه يبيض ويفرخ مرتين في السنة الواحدة. [14]وان ضرب احد عيني فراخ [15]الخطاف بحديد حاد اذا كانت الفراخ صغارا وافسدها تبرأ ايضا وتبصر فراخه.

⟨٦⟩ [17]فاما العقاب فهو يبيض ثلث بيضات ويخرج من ذلك البيض [18]فرخين فقط ويدع البيضة الواحدة كما يزعم موساوس الشاعر. [20]وقد عوينت ثلثة [21]فراخ للعقاب ولكن اذا شبت تلك الفراخ يلقي العقاب واحدا منها ويخرجه من عشه [22]لان تربية وغذاء وطعم ثلثة افراخ يثقل عليه. ويقال [23]ان العقاب يضعف في ذلك الاوان لكي لا يخطف [24]جراء السباع ومخالبيه تنقلب [25]اياما يسيرة وريشه يبياض ولذلك [26]يكون سيء الخلق في تربية فراخه. فاما الفرخ الذي يخرجه ويلقيه [27]فان الطائر الذي يسمى باليونانية فيني يقبله ويربيه حتى يقوي وينشؤ. والعقاب يجلس على البيض ويسخنه ثلثين [28]يوما. وكذلك يفعل سائر الطير العظيم الجثة [29]مثل الوز وامثاله. فاما الطائر الوسط الجثة فهو يجلس على البيض ويدفئه [30]عشرين يوما مثل الحدأة واصناف البزاة والحداء [31]تبيض بيضتين اكثر ذلك وربما باضت ثلث بيضات واخرجت منها ثلثة افراخ. فاما الطير الذي يسمى باليونانية اغيوليوس [32]فربما باض ⟨اربع⟩ بيضات واخرج فراخه. والغراب
563b يبيض [1]بيضتين [2]وهو يجلس على البيض عشرين يوما ثم يخرج فراخه. [3]وكثير من اجناس الطير
يفعل مثل فعل العقاب [4]اعني ما يبيض منها بيضا كثيرا | ثلثا او اربعا يخرج ويلقي بيضة T146
واحدة. وليس [5]جميع اجناس العقاب عسرة الاخلاق في تربية فراخها بنوع واحد ولا بالسوية بل [6]العقاب الذي يسمى باليونانية بوغرغوس عسر جدا فاما العقبان السور الالوان فهي حسنة الخلق في تربية وطعم فراخها. [7]وجميع اصناف الطير العقف المخاليب اذا علمت ان [8]فراخها تقوى على الطيران تضربها وتخرجها [9]عن اعشاشها وسائر اصناف الطير [10]يفعل مثل هذا الفعل. واذا

---

a11 *عسر] عساكر T : χαλεπὸν : Σ difficile || *في] سو T || *معاينة] فسعانيه من T : ἰδεῖν || *اعشة] اعسر T || الرخم] الرحم T || *عسرا] عسر T   a18 موساوس] مرساوس T : Μουσαίου   a23 لكي] لكن T : ὅπως   a31 افراخ] افرخ T : νεοττούς : Σ pullos   a32 ⟨اربع⟩ : τέτταρες : Σ quattuor   b5 عسرة] عشره T : χαλεπός   b6 بوغرغوس] بوعرعرس T : πύγαργος   b10 *اخرجت] خرجت T

اخرجت الفراخ من اعشتها لا تتعاهدها [11]بعد ذلك بوجه من وجوه التعاهد ما خلا الغداف فانه يقيم زمانا [12]متعاهدا لفراخه بعد طيرانه وخروجه من عشه ويطعمه الطعم وهو يطير في الهواء.

〈٧〉 [14]فاما الطير الذي يسمى باليونانية كوحكس فانه كما يزعم بعض الناس يتغير [15]ويكون مثل
البازي وانما يقال ذلك لان البازي في ذلك الزمان لا يظهر البتة [16]وهو شبيه بالبازي وسائر
اصناف البزاة لا يظهر في ذلك الاوان [17]اعني اذا صوت الطير الذي يسمى كوحكش الا اياما
يسيرة. [18]وهذا الطير يظهر زمانا كثيرا وذلك في الصيف [19]ثم يغيب ولا 〈يظهر〉 في الشتاء. والبازي
معقف المخاليب [20]فاما كوحكس فلا [21]ورأسه لا يشبه رأس البازي بل بهذين اعني انبساط
المخاليب والرأس لا يشبه البازي بل يشبه الحمامة [22]وانما يشبه البازي باللون فقط [23]ولون ريش
البازي مختلف لان فيه مثل خطوط سود وفي ريش كوحكش [24]مثل نقط سود. فاما عظم
الجثة وطيرانه فشبيه بجثة وطيران [25]اصغر من البزاة اعني البازي الذي [26]يغيب ولا يظهر في
الزمان الذي يظهر فيه الطائر الذي يسمى كوحكس [27]وربما ظهرا معا اعني البازي وكوحكس
وقد عاين بعض الناس [28]البأزي يأكل كوحكس وليس يفعل هذا الفعل شيء من الطير المتفق
في الجنس. [29]ويقال انه لم يعاين احد فراخ كوحكس [30]وهو يبيض فى عش غيره وربما فعل
ذلك [31]فى بعض اعشة الطائر الذي هو اصغر منه جثة واضعف وليس يبيض في ذلك العش
564a حتى يأكل بيض الطائر الذي باض هناك. [32]ويفعل ذلك خاصة باعشة الدلم | ويأكل [1]بيضه T147
اولا ثم يبيض وهو يبيض مرارا شتى بيضة واحدة وربما باض بيضتين في الفرط. [2]ويبيض في
عش الطائر الذي يسمى بايونانية ابولايس. واذا [3]باض واخرج فراخه يربيها ويحسن تعاهدها
ويكون في ذلك الاوان سمينا لذيذ اللحم [4]وفراخ البزاة تسمن وتكون [5]رطبة اللحم جدا. وجنس
من اجناس البزاة يعشش [6]في اماكن تبعد عن سبل الناس ومأواهم وفي صخور عالية.

〈٨〉 [7]وكما وصفنا وقلنا ان [8]الحمام يجلس على البيض مرة الذكر ومرة الانثى [7] كذلك يفعل كثير من اجناس الطير اعني ان الذكر يجلس على البيض مرة ثم تجلس الانثى [9]وانما يجلس الذكر عليه بقدر ما تخرج الانثى وتنتفض وتكتسب طعمها. [10]فاما الوز فان الاناث تجلس على البيض [11]وتبقى

b16 بالبازي] بالباز T   b21 بهذين] هذين T

جالسة عليه في كل حين ولا تحل بذلك من حين تبدأ بالجلوس حتى تخرج الفراخ من البيض. [12]واعشة جميع اصناف الطير الذي يأوي فيما يلي النقائع والمياه تكون في المواضع الملتفة الشجرة [13]التي فيها عشب ولذلك [14]تجلس على البيض وتقوى على ان تكتسب لذاتها طعما وهى جالسة على البيض ساكنة [15]ولا تبقى بلا طعم البتة. [16]واناث الغربان تجلس على البيض جلوسا [17]دائما والذكورة تأتيها بطعمها [18]وتغذيها. فاما الدلم فان الاناث [19]تجلس على البيض بعد نصف النهار وتبقى عليه سائر النهار وكل الليل [20]والى ارتفاع نهار اليوم المقبل اعني حين شهوة الطعام ثم تقوم الانثى ويجلس الذكر بقية الحين الذي وصفنا. [21]فاما الحجل فانه يهيئ لبيضه عشين ويبيض فيهما [22]ويجلس الذكر على البيض الذي في العش الواحد والانثى على البيض الذي في العش الآخر. [23]واذا خرجت الفراخ يتعاهد الذكر الفراخ التي في عشه بالطعم وغير ذلك والانثى تتعاهد الفراخ التي في عشها [24]واول ما يخرج الذكر الفراخ من العش يسفدها.

⟨٩⟩ [25]فاما الطاوس فانه يعيش خمسا وعشرين سنة وليس يبيض [26]حتى يبلغ ثلث سنين وفي ذلك الاوان تتم الوان ريشه وتحسن [27]وهو يجلس على البيض ثلثين يوما او اكثر من ذلك قليلا
T148 [28]وانما يبيض مرة واحدة في السنة فقط | وهو يبيض اثني عشر بيضة [29]او اكثر من ذلك قليلا واذا باض يحل يومين وثلثة [30]ولا يبيض بيضا متتابعا. والطاوس اول ما يبيض انما يبيض ثماني [31]بيضات وربما باض الطاوس بيض الريح. وتسفد اناث الطواويس في زمان الربيع [32]ثم يبيض
564b بعد السفاد عاجلا. والطاوس يلقي ريشه في زمان الخريف [1]اذا بدأ اول الشجر يلقي ورقه [2]واذا بدأ اول الشجر ينبت او اول فروع الشجر يبدأ يظهر فينبت ريش الطاوس. وبيض الطواويس يوجد [3]ويوضع تحت دجاجة لتجلس عليه وتسخنه وذلك لان [4]الطاوس الانثى جالسة على البيض يطير عليها ويعنت ويكسر البيض [5]فلحال هذه العلة كثير من اناث الطير البري [6]يهرب من الذكورة ويبيض ويسخن بيضها ويفرخ. [7]وانما توضع تحت الدجاجة بيضتان من بيض الطاوس لتسخنهما وتجلس عليها لانها [8]لا تقوى على اسخان اكثر من بيضتين ولا على خروج فراخها. [9]واذا اجلسوا الدجاجة على بيض الطاوس يتعاهدونها بالعلف لكي لا تقوم عن البيض فيبرد ويفسد ولذلك يوضع علفها قريبا منها. [10]فاما ذكورة اجناس الطير فان خصاها تكون في اوان السفاد اعظم

---

a12 *والمياه + التى T   a30 ثماني] ثمار T   a31 زمان] ازمان T   b2 فينبت] وينبت T   b4 *ويعنت] وبعث T : ascendetur Σ   b9 اجلسوا] جلسوا T

وذلك بين ظاهر [11]وما كان من الطير كثير السفاد فخصاه يعظم اكثر من غيره [12]مثل الديوك والقبج فاما الطير الذي لا يسفد سفادا ملحا دائما فعظم خصاه يكون دون عظم غيره [13]فهذه حال حمل اجناس الطير وولادها.

⟨١٠⟩ [14]فاما اصناف السمك فقد قلنا فيما سلف انها لا تبيض كلها [15]وذلك ان الجنس الذي يسمى باليونانية سلاشي يلد حيوانا [16]فاما سائر اجناس السمك فهو يبيض بيضا. والجنس الذي يسمى سلاشي [17]وفي جوف هذا الجنس يخلق بيض اولا ثم يكون منه حيوان ويولد وبعد الولاد تتعاهد الانثى الولد بالطعم وغيره حتى يقوى [18]ما خلا الصنف الذي يسمى الضفدع البحري فانه لا يفعل ذلك. ولارحام جميع اصناف السمك شعبتان كما قلنا فيما سلف [19]وفي ارحامها اختلاف وشعب ارحام السمك الذي يبيض بيضا [20]يكون في الناحية السفلى فاما | شعب ارحام T149 الجنس الذي يسمى سلاشي فهى شبيهة بارحام الطير [21]وذلك من قبل ان بيض بعض السمك لا يكون عند صفاق الحجاب [22]بل فيما بين الصفاق والفقار [23]واذا عظم البيض انتقل من هناك الى الناحية السفلى. ولبيض جميع [24]السمك لون واحد وليس لشيء منه لونان ولون بيضه الى البياض ما هو وليس الى اللون التبني [25]واذا تولد من البيض حيوان يكون لونه ايضا على مثل هذه الحال. [26]وفيما بين ولاد الحيوان الذي يكون من بيض الطائر والسمك اختلاف من قبل انه [27]ليس لفرخ السمك الذى يخلق في داخل البيضة سرة تمتد الى الصفاق الذي [28]تحت القشر ولكن له السرة التي تمتد الى الصفرة مثل ما للطائر وله هذا السبيل فقط [29]وليس له السبيلان اللذان وصفنا. فاما سائر الاكوان التي [30]من بيض الطير والسمك فواحد هو فهو من قبل ان الفرخ يكون في [31]طرف البيضة والعروق تمتد [32]من القلب اولا على فن واحد والرأس والعينان تظهر كما وصفنا [1]والناحية العليا من الجسد تكون اعظم من الناحية السفلى اولا وذلك يكون في جميع خلقة 565a الحيوان الذي يخلق من البيض على نوع واحد. فاذا شب الفرخ يكون ما في داخل البيضة ابدا اقل [2]حتى يتم الخلق ولا يكون هناك من الفضلة شيء [3]كما وصفنا عن حال فراخ الطير. [4]والسرة لاصقة بالناحية السفلى من جسد البطن الصاقا يسيرا. [5]واذا ابتدأ خلقة الفرخ تكون السرة طويلة

b23 *انتقل] اسمص T : μεταβαίνει   b28 السبيل] السبل T : πόρον   b29 *الاكوان B] الالوان T : γένεσις || التي + T lac.   a1 *اقل] اول T : ἔλαττον : Σ diminuetur

واذا كمل خلقته [6]تكون السرة صغيرة وعند التمام تدخل في الجسد ولا تظهر كما [7]وصفنا حيث ذكرنا خلقة فراخ الطير. والبيضة والفرخ تحدق [8]بصفاق مشترك وتحت ذلك الصفاق صفاق آخر [9]وفيه يكون الفرخ محدقا. وفيما بين الصفاقين [10]رطوبة والطعم يكون في بطون السمك [11]مثل ما يكون في بطون فراخ الطير وتلك الرطوبة تكون في بطون السمك بيضاء [12]وفي بطون فراخ الطير تبنية اللون. ومن شق الاجساد وكشفها يظهر شكل الرحم في جميع حاله [13]وفيما بين ارحام اصناف السمك اختلاف مثل الاختلاف الذي يكون في ارحام السمك | الذي يسمى باليونانية
[14]غالاودى وفيما بين ارحام هذا الصنف وارحام الصنف العريض الجثة اختلاف ايضا [15]من T150
قبل انه يوجد البيض في بعض اصناف السمك في وسط الرحم لاصقا بالفقار [16]كما قلنا فيما سلف وكذلك يوجد البيض في ارحام الكلاب البحرية واذا عظم ذلك البيض [17]ينتقل الى الناحية السفلى. وقد بينا ان لارحام السمك شعبتين وانها لاصقة [18]بصفاق الحجاب وعلى هذه الحال يكون في جميع الحيوان [19]الذي يشبه هذا الصنف. وفي هذه الارحام [20]وارحام صنف السمك الذي يسمى باليونانية غالاودى [21]تحت الحجاب قليلا مثل ثديين ابيضين واذا لم يكن في الارحام بيض [22]لا توجد ذانك الثديان. وفي جوف الكلاب البحرية وصنف السمك الذي يسمى باليونانية باطيداس [23]خلقة شبيهة بالخزف وفي داخلها رطوبة تشبه رطوبة البيض. [24]وشكل الخزف الذي يكون في داخلها شبيه بخلقة السن الزمارات [25]وفي داخل ذلك الخزف سبل دقاق لطاف مثل الشعر. [26]واذا انشق الخزف الذي في جوف صنف من اصناف كلاب البحر [27]تخرج فراخه فاما الصنف الذي يسمى باليونانية باطيس [28]ففراخه تخرج بعد ان يضع ذلك الخزف وينشق ويخرج الحيوان الذي في داخله. [29]فاما صنف السمك الذي يسمى باليونانية غاليوس ⟨اغنثياس وتفسير هذا الاسم⟩ المشوك فان بيضه يكون عند صفاق الحجاب [30]فوق الاجساد الناتئة التي سميناها
ثديين فاذا نزل البيض الى ذينك الثديين [31]ينشق ويخرج منه الفرخ ومثل هذا النوع [1]يعرض 565b
لولاد صنف السمك الذي يسمى الثعلب البحري. فاما صنف السمك الذي يسمى [2]غاليوس وهو الصنف الاملس الجسد فان بيضه يكون فيما بين الارحام [3]كما يكون في جوف الكلاب

a10 *والطعم] والبيض T : καὶ ἡ τροφή Σ et .... cibus   a13 الاختلاف] اختلاف T   a22 *الثديان B] اليدين T : μαστοὺς Σ mamillae || باطيداس] طداس T : βατίδες   a26 كلاب] الكلاب (del. ال) T
a29 *المشوك] لطبسول T : ἀκανθίας   b1 الذي -T[1]

البحرية ثم ينتقل ذلك البيض ويصير [4]الى شعبتي الرحم والحيوان ايضا ينزل الى الناحية السفلى ولذلك يخرج [5]كل ما له سرة قريبا من الرحم. ولذلك اذا فنيت [6]الرطوبة التي في داخل البيض يظن ان حال الفرخ مثل حال | الحيوان الذي يكون من الدواب التي لها اربعة ارجل. [7]والسرة T151
تكون طويلة لاصقة بالناحية السفلى من نواحي الرحم [8]مثل ما تكون متعلقة بافواه العروق [9]وفي جوف الفراخ فضل الطعم [10]وان لم يكن شيء باقيا من الرطوبة في البيضة يوجد الكبد في وسط جسد الفرخ. وحول كل فرخ مشيمة [11]وصفاقات خاصة كما تكون في [12]اولاد الحيوان. ورؤوس الفراخ تكون اولا [13]في الناحية العليا واذا نشأت وتمت وقويت تكون رؤوسها في الناحية السفلى وتكون [14]في الناحية اليسرى من الرحم فراخ ذكورة وفي الناحية اليمنى فراخ اناث وفي [15]الناحية الواحدة ايضا من الرحم فراخ اناث وذكورة. واذا انشقت اجواف اصناف السمك [16]توجد اجوافها [17]كبارا مثل الكبد وجميع الاجواف الدمية وكذلك توجد اجواف الدواب التي لها اربعة ارجل. [18]وبيض جميع اصناف السمك الذي يسمى باليونانية سلاشي يوجد فوق صفاق الحجاب [19]وما عظم من البيض يكون قليلا وما صغر منه يكون كثيرا وفي الناحية السفلى ايضا توجد [20]⟨فراخ⟩. ولذلك يظن كثير من الناس ان السمك يسفد ويلد في كل شهر [21]مثل ما يعرض لهذه الاصناف من اصناف السمك وذلك يكون من قبل انها لا [22]تخرج جميع البيض معا بل مرارا شتى في زمان كثير. فاما ما يكون من البيض اسفل [23]في الرحم فهو ينضج وتتم خلقته معا. [24]والصنف الآخر من السمك الذي يسمى باليونانية غالائي يخرج الفراخ من جوفه ويقبله ايضا في جوفه [25]والصنف الذي يسمى باليونانية ريني والصنف الذي يسمى باليونانية نارقي وتفسيره خدر وقد ظهرت نارقي [26]عظيمة الجثة في جوفها قريب من ثمانين فرخا [27]فاما السمكة التي تسمى باليونانية اغنثياس وتفسير هذا الاسم المشوك فليس يقبل فراخه في جوفه بعد خروجها وهو فقط يفعل ذلك من صنف السمك الذي يسمى غالا لحال شوكته. [28]ومن اصناف السمك العريض الصنف الذي يسمى باليونانية طريغون والصنف الذي يسمى باطوس لا يقبل فراخه في | جوفه T152

b4 *يخرج] يكون T : exeunt Σ   b5 سرة] شره T : τὸν ὀμφαλὸν : umbilicos Σ   b13 *السفلى] اليسرى T : ὄντα κάτω : imum Σ   b15 *انشقت] انفت T : διαιρούμενα   b20 ⟨فراخ⟩ : ἔμβρυα : pulli Σ   b25 ريني] دىا T : ῥῖναι || ظهرت] ظهر له T   b26 ثمانين] ثمانى T : ὀγδοήκοντα : octoginta Σ   b27 وهو] وحو T || غالا] عالا T : γαλεῶν   b28 طريغون] ربعوس T : τρυγών

لحال خشونة [29]ذنبه. والضفدع البحري ايضا لا يقبل [30]الفراخ في جوفه بعد خروجها لحال عظم
رأسه وحال الشوك [31]وهذا الصنف فقط لا يلد حيوانا كما قلنا فيما سلف. [1]فهذه الفصول التي بها 566a
تختلف [2]مواليد السمك.

⟨١١⟩ وسبل الذكورة من السمك توجد مملوءة من رطوبة المنى في اوان [3]السفاد واذا ظهرت
تلك السبل [4]خارجا يظهر منها ذلك المنى ابيض. ولتلك السبل شعبتان [5]وهى تحت صفاق الحجاب
وابتداؤها تحت العرق الاعظم [6]فسبل الذكورة بينة في اوان السفاد [8]ولا سيما للذي لم يعاود شقها
ولم يطلب معرفتها. [9]وربما كانت هذه السبل خفية لا تستبين البتة كما وصفنا عن حال [10]جميع
ذكورة الطير. وفي السبل التي فيها المنى اختلاف ايضا [11]اذا قيست بعضها الى بعض من اجل ان
[12]بعضها لاصقة في وسط الظهر وبعضها على خلاف ذلك فاما سبل الاناث فهى جيدة الحركة
[13]ولها صفاق دقيق يحدق بها. ومن اراد معرفة [14]سبل الذكورة وحالها فليعلم ذلك من الكتب
التي وضعت في [15]شق الحيوان. وصنف السمك الذي يسمى سلاشي يحمل [16]ويلد ولادا متتابعا
ستة اشهر فاما الصنف الذي يسمى باليونانية [17]اسطارياس وتفسيره النجمي فانه يبيض مرارا
كثيرة وهو يبيض في كل شهر مرتين [19]وليس بقية جنس السمك الذي يسمى غالاي على مثل
هذه الحال فاما الكلب البحري فليس يلد الا مرة [20]في السنة وفي هذه الاصناف ما يلد في الربيع
فاما الصنف الذي يسمى باليونانية ريني فهو يلد [21]في الخريف اذا غابت الثريا وهو آخر ولادة
[22]واوله ولادة في الربيع وما يلد في الآخرة يكون اشهر واخصب. [23]فاما الصنف الذي يسمى
نارقي فهو يلد في اوان الخريف [24]والصنف الذي يسمى سلاشي يلد فوق الارض قريبا من الشط
لانه يصعد من اعماق البحر [25]ويطلب الدفاء ويفعل ذلك ايضا لانه يبقى [26]على فراخه ولم يظهر
شيء من السمك يسفد شيئا من الاناث التي [27]لا تشبه بالجنس ونظن ان الجنس الذي يسمى
ريني فقط [28]يفعل ذلك والصنف الذي يسمى باليونانية باطوس ايضا. وفي السمك | صنف يسمى T153
رينوباطيس [30]فاما مؤخر واسفل جثته فهو يشبه مؤخر واسفل رينيس وانما يعرض ذلك لانه
يتولد من كليهما. [31]فاصناف السمك التي تسمى باليونانية غالا والاصناف التي تسمى غالاوديس

---

a17 اسطارياس] اسطارياس T : ἀστερίας : Σ hastariez   a30 واسفل(2)] وسفل T || رينيس] وريناسس T : ῥίνης   a31 غالا] عالا T : γαλεοί : Σ galeon || غاولاوديس] عاولاديس T : γαλεοειδεῖς

مثل الثعلب البحري والكلب البحري [32]واصناف السمك العريض الجثة مثل الخدر وباطوس
566b وليوباطوس [1]وفاختة تلد حيوانا بعد ان تبيض بيضا في اجوافها قدر ما وصفنا وبينا.

⟨١٢⟩ [2]فاما الدلفين والسبع العظيم الذي يسمى باليونانية فالانا وسائر السباع الكبار التي ليس [3]لها نغانغ بل لها آلة تنفخ بها فهى تلد حيوانا وايضا الذي يسمى باليونانية فرستيس والذي يسمى [4]بقرة يلد حيوانا وليس يظهر بيض في اجواف هذه الاجناس التي وصفنا البتة بل يظهر [5]حملها بعد سفادها ثم ينفصل ذلك الحمل ويخلق منه الحيوان كما يخلق من حمل النساء [6]ومن حمل جميع الدواب التي لها اربعة ارجل وتلد حيوانا. والدلفين يلد [7]ولدا واحدا وربما ولد اثنين فاما الذي يسمى باليونانية فالانا [8]فهو يلد اثنين وربما ولد واحدا [9]والذي يسمى باليونانية ⟨فوقينا⟩ مثل الدلفين لانه يشبه الدلفين الصغير ويكون [10]في بلاد بنطوس وبينه وبين الدلفين اختلاف من قبل انه [11]اصغر جثة من الدلفين [13]وجميع اصناف الحيوان الذي له آلة موافقة للنفخ يتنفس ويقبل [14]الهواء لان له رئة ايضا [15]وقد ظهر الدلفين مرارا شتى نائما يخر وخطمه يعلو فوق الماء. [16]وللدلفين ولفوقينا لبن [17]وجراؤهما ترضع منها وتقبل جراءها في اجوافها اذا كانت صغارا [18]وجراؤها تنشؤ وتكبر عاجلا [19]وهى تكمل وينتهي عظم جثتها في عشرة اعوام وهى تحمل عشرة [20]اشهر. والدلفين يلد في الصيف وليس يلد في زمان آخر [21]البتة وربما غاب تحت الموج [22]ثلثين يوما لا يظهر وجراؤه تتبعه زمانا كثيرا [23]وهذا الحيوان محب لجرائه. والدلفين يبقى سنين كثيرة وقد يظهر [24]منها ما عاش ثلثين عاما وذلك يستبين من قبل ان [25]بعض الناس يصيدونها ويقطع اذنابها [26]ثم يخلي سبيلها في
T154 الماء ومن هذه العلامة يعرفون عمرها وحياتها. | [27]واما الحيوان الذي يسمى فوقي فهو من اصناف الحيوان المشترك الذي يقال له انه بري وبحري ولذلك لا يقبل [28]الماء في جوفه بل يتنفس وينام ويلد [29]على الارض قريبا من الشط لانه بري ومن الحيوان المشاء الذي له اربعة ارجل [30]واكثر مأواه في البحر ومنه غذاؤه وطعمه [31]ولذلك صيرناه من حيوان البحر وصفناه مع تصنيف الحيوان
567a البحري. فهو يحمل حيوانا [32]ويلد حيوانا مثله ومشيمة بعد الحيوان [1]وهو يلد واحدا واثنين [2]واكثر

a32 وليوباطوس] ولسوباطوس T : λειόβατος   b2 فالانا] فالا T : φάλαινα   b3 نغانغ] نغافع T : βράγχια Σ brancos || فرستيس] مرسس T : πρίστις : Σ cristiz   b9 ⟨فوقينا⟩ : φώκαινα
b20 الصيف] الصنف T : θέρει : Σ aestate   b25 *يصيدونها] يصدر بها T : οἱ ἁλιεῖς   b26 *يخلي] B يحلق T : ἀφιᾶσιν

ما يلد ثلثة وللانثى ثديان [3]وجراؤها ترضع منهما كما ترضع جراء الدواب التي لها اربعة ارجل وتلد [4]في كل زمان من ازمنة السنة كما تلد المرأة. [5]واذا كانت اولادها بني اثني عشر يوما تدخلها في [6]البحر في كل يوم مرارا شتى لتعودها السباحة والمأوى فيه قليلا قليلا [7]وجراؤها تتبعها وتذهب الى الناحية السفلى لانها لا [8]تقوى ان تستند ‹...› [9]خلقة الغضروف [10]وقتل فوقي عسر جدا لانها لا تهلك ان [11]لم يضربها احد ضربة على الصدغ لان جسدها من لحم لين كما قلنا آنفا [12]ولهذا الحيوان صوت مثل صوت البقرة. [13]وللانثى حياء شبيه بالحيوان الذي يسمى باطس فاما سائر اعضائها فهو شبيه باعضاء النساء. [15]فهذه حال اجناس الحيوان البحري الذي يلد حيوانا منه اما في جوفه [16]واما خارجا.

‹١٣› [17]فاما السمك الذي يبيض بيضا فللاناث منه رحم له شعبتان [18]وهو في الناحية السفلى كما قلنا اولا. [19]وجميع اصناف السمك الذي له قشور يبيض بيضا مثل الابراق والقيفال والذي يسمى باليونانية قسطروس [20]واصناف السمك الذي يقال له ابيض وجميع اصناف السمك الاملس ما خلا [21]الانكليس وهذه الاصناف تبيض بيضا رقيق القشر. وذلك يظهر من قبل ان [22]الرحم كله يكون مملوءا بيضا ولذلك نظن ان ليس في اجواف [23]السمك الصغير غير بيضتين [24]وارحامها غير بينة لحال صغرها ورقتها. [25]وقد وصفنا فيما سلف حال سفاد جميع السمك [26]وفي جميع اصناف السمك ذكورة واناث [27]فاما اصناف السمك الذي يسمى باليونانية ارثرينوس | والذي يسمى T155 خني فليس يعرف فيهما اناث وذكورة. وفي جوف جميع ما يصاد من هذين الصنفين [28]بيض وفي كل ما يسفد من السمك بيض [29]ومنه ما يوجد في جوفه بيض من غير سفاد. [30]وذلك بين واضع من السمك النهري لانه يوجد في اجواف الاناث منه بيض وهو بعد صغير جدا [31]مثل السمك الذي يسمى باليونانية فوسيني والسمك يعوم في الماء وينضح [32]البيض وفيما يقال [33]الذكورة تبتلع كثيرا من ذلك البيض. [1]فاما اذا باض السمك في الاماكن التي له عادة ان يبيض فيها ‹فانه› 567b يسلم اكثر بيضه [2]ولو كان يسلم جميع البيض لكثر جدا [3]وكثير من البيض يفسد ويهلك ولا يكون منه سمك وليس يسلم منه الا [4]ما ينضح عليه الذكر من زرعه. فاذا باضت الانثى يتبعها [5]الذكر

---

a2 وللانثى] والانثى T   a8 *تستند] لئد T : ἀπερείδεσθαι : Σ se sustinere   a13 باعضاء] اعضا T

a21 الانكليس] الارى ليس T : ἔγχελυος : Σ enkeloz   a27 ارثرينوس] اورسوس T : ἐρυθρίνου

a31 فوسيني] فرسى T : φοξῖνοι   b1 بيضه] بيضة T   b2 لكثر] اكثر T : παμπληθὲς : nimium Σ multiplicarentur

وينضح من زرعه على البيض [6]فجميع البيض الذي ينضح عليه من ذلك الزرع يكون سمكا [7]ومنه
ما يهلك بالبخت. وهذا العرض ⟨يعرض⟩ لجنس السمك [8]الذي يسمى باليونانية مالاقيا وتفسيره
اللين الجلد وذكر الجنس الذي يسمى باليونانية سبيا يتبع الانثى اذا باضت [9]وينضح من زرعه على
ذلك البيض. وينبغي ان يكون هذا العرض يعرض [10]لسائر اصناف الجنس الذي يسمى مالاقيا
ولكن لم يظهر ذلك الى زماننا هذا الا في الجنس الذي يسمى سبيا [11]فقط. وصنف السمك
الذي يقال له باليونانية قوبيي وهو السمك الصغير يبيض [12]بين الحجارة وبيضه عريض رخو القشر
[13]وكذلك يفعل سائر الاصناف التي تشبهه. وذلك لان ما [14]قرب من الارض على شاطئ البحر
والنهر ادفأ مما يلي عمق المياه ولان طعمها وغذاءها هناك موجود بايسر المؤونة ولكن لا [15]يؤكل
السمك الذي يخرج من ذلك البيض من السمك الذي هو اكبر واقوى. ولذلك يقال ان كثيرا
من السمك الذي يكون في بحر [16]بنطوس يبيض فيما يلي النهر الذي يسمى باليونانية ثرمودون
[17]لان الرياح لا تهب هناك في ذلك الموضع وهو مكان دفيء وماؤه [18]عذب. وسائر السمك الذي
يبيض انما يبيض مرة [19]في السنة ما خلا صنف السمك الصغير الذي يسمى باليونانية فوقيداس |
فان ذلك الصنف يبيض [20]مرتين في كل سنة وبين الذكر والانثى اختلاف من قبل ان لون T156
الذكر اكثر سوادا [21]وقشوره اكبر من قشور الانثى. فسائر اصناف السمك [22]يبيض بلا ضرورة
فاما صنف السمك الذي يسميه بعض الناس [23]ابرة فانه اذا اراد ان يبيض ينشق [24]ويخرج
بيضه من ذلك الشق وانما ينشق [25]ما تحت البطن والكبد وذلك الموضع يكون [26]ملتئما قبل ان
يبيض من قبل خلقة الطبيعة مثل الحيات التي تسمى باليونانية طفلينا وتفسيره العمى واذا باضت
الانثى بيضها من ذلك الشق يلتئم الشق ايضا وتبقى وتعيش. فالولاد [27]من البيضة يعرض بنوع
واحد ان خلق الحيوان في اجواف الاصناف التي تبيض في اجوافها [28]والتي تبيض خارجا لان
الحيوان الذي يخلق من البيض يكون عند الطرف الواحد [29]محدقا بصفاق. وتستبين العينان اولا
[30]لانها تظهر مستديرة ولذلك يوضع لنا قول الذين [31]يزعمون ان خلقة الحيوان في البيضة تكون مثل
خلقة الدود خارجا. [32]وقد علمنا انه يعرض خلاف ذلك لانه اذا كان ابتداء خلقه الدود تكون
الناحية السفلى من الجسد اعظم [33]ثم في الآخرة يظهر الرأس والعينان. واذا فنيت [1]الرطوبة في 568a

b11 قوبيي] بوىى T : κωβιοί   b16 ثرمودون] برمودوس T : Θερμώδοντα   b21 *فسائر] في ساير T
b26 طفلينا] طىسا T : τυφλίναι || بيضها] بعضها T   b29–30 اولا لانها] اولانها T : πρῶτον ... ὄντες || لنا + ان T

البيضة لا يكون للفرخ الذي يخلق منها [2]طعم وانما غذاء ونشوء الفرخ من الرطوبة التي في البيضة. [3]فاما السمك الذي يخلق من البيض فانه اذا خرج منه يغذى ويصيب طعمه من الماء وذلك بين [4]في مياه الانهار. واذا استنقى البحر الذي يسمى باليونانية بنطوس يظهر على الشط [5]في ناحية اليسبنطوس شيء اخضر شبيه بصوف وهو الذي يسميه العرب طحلبا. [6]وقد زعم بعض الناس انه زهر الذي يسمى باليونانية فوقوس. [7]فاذا كان ابتداء الصيف تظهر في ذلك الطحلب [8]سميكات صغار واصناف الحلزون وقد زعم [9]بعض الذين يكثرون المأوى في البحار ان لون الفرفيرا يكون عندهم من هذا [10]الزهر الذي وصفنا آنفا.

⟨١٤⟩ [11]فاما السمك النهري والنقائعي فانه يحمل بيضا [12]اذا كان ابن ستة اشهر اكثر ذلك [13]وهو يبيض بيضا مرة | في السنة كما يبيض [14]السمك البحري وليس فيها صنف يبيض بمرة واحدة ولا T157 [15]الذكورة تلقي زرعها بمرة واحدة بل يوجد [16]بيض في اجواف الاناث في كل اوان اما اكثر واما اقل ويوجد في جوف الذكورة زرع ايضا. والسمك النهري والنقائعي يبيض البيض [17]في حينه الذي ينبغي وصنف السمك الذي يسمى باليونانية قوبرينوس يبيض خمس او ست مرات [18]وهو يبيض خاصة في اوقات مطالع النجوم. فاما الصنف الذي يسمى باليونانية خلقيس فهو يبيض [19]ثلث عركات وجميع سائر اجناس السمك يبيض مرة في السنة وهو يبيض [20]عند شاطئ النهر وحيث يكون [21]قصب نابتا مثل الصنف الذي يسمى باليونانية فوسيني ⟨وبرقي⟩. فاما الصنف الذي يسمى باليونانية [22]غلانيس وبرقي فانه يبيض بيضا متتابعا مثل الصنف الذي يسمى [23]الضفدع والبيض الذي في الاماكن التي وصفنا كثير مثل بيض برقي [24]ولذلك يجمع [25]الصيادون السمك الصغار من اصول القصب. فاما ما كبر من صنف السمك الذي يسمى باليونانية [26]غلانيس فهو يبيض بيضه في المياه العميقة وربما باض في اماكن يكون [27]عمق مائها قدر باع. فاما ما كان من اصناف السمك اصغر جثثا من الاصناف التي ذكرنا فهو يبيض [28]عند اصول الخلاف او غيره من الشجر وربما باض في اصول [29]القصب وربما فعل ذلك فيما بين الطحلب. ويوجد السمك لازما

a2 ونشوء] ويشق T : αὐξάνονται   a3 فاما + في T   a4 بنطوس] فنطوس T : τοῦ δὲ πόντου : Σ tontoz   a5 اليسبنطوس] السرسطوس T : Ἑλλήσποντον   a6 وقد زعم] وقدر عمر T : Σ et dixerunt   a9 الفرفيرا] الفرفين T : τὴν πορφύραν   a16 النهري] الدهري T   a18 فهو] وهو T   a21 ⟨وبرقي⟩ : καὶ αἱ πέρκαι : Σ et berica   a22 غلانيس] لاعنس T : γλάνεις

ارسطوطاليس 257

[30]بعضه بعضا مشتبكا وربما كانت السمكة الكبيرة مشتبكة لازمة للصغيرة [31]وسبل آلة سفادها
568b بعضها قبالة بعض وهى الاماكن التي يسميها بعض الناس ⟨سرر⟩ [1]اعني المكان الذي يلقي منه الذكر الزرع والانثى تبيض البيض. [2]وجميع البيض الذي يخالط زرع الذكر [3]يظهر من ساعته اكثر بياض لون ويكون من يومه اكبر بقدر قول القائل ثم بعد ذلك [4]بزمان يسير تستبين عينا السمك لان [5]العينين تستبين في سائر اصناف الحيوان [6]وتظهر كبارا. وجميع [7]البيض الذي لا يسمه زرع
T158 الذكورة بعد ان يباض [8]يبقى فاسدا لا يخلق منه سمك وكذلك | يعرض لبيض سمك البحر. [9]واذا شب السمك الصغير ينقشر منه قشر [10]وهو الصفاق المحدق بالبيضة وبالسمكة الصغيرة. [11]واذا خالط زرع الذكورة البيض الذي يباض يصير [12]ما يأوي منه عند اصول الشجر وحيث يلد لزجا جدا. [13]واذا باضت الانثى بيضا كثيرا في موضع من المواضع يكون هناك الذكر مقيما يحفظ البيض فاما الانثى فانها [14]اذا باضت تنصرف وتدع البيض. وبيض صنف السمك الذي يسمى باليونانية [15]غلانيوس بطيء النشوء والتنشئة ولذلك يرابطها ويحفظها الذكر وربما فعل ذلك اربعين [16]او خمسين يوما لكيلا تؤكل [17]السميكات من السمك الذي يليها. [18]وبيض صنف السمك الذي يسمى باليونانية قوبرينوس بطيء النشوء والتنشئة ايضا [19]فاما بيض اصناف السمك الصغير [20]فهو يشب عاجلا وربما ظهرت منه سميكات صغار لتمام ثلثة ايام وجميع البيض [21]الذي يصيبه زرع الذكورة يشب فينشؤ من يومه وبعد ذلك قليلا. فبيض [22]الصنف الذي يسمى باليونانية غلانيوس يكون مثل حبة كرسنة فاما بيض الذي يسمى قوبرينوس [23]وامثاله فهو يكون مثل حب الدخن. فالاصناف التي وصفنا [24]تبيض البيض وتعاهده كما ذكرنا فاما صنف السمك الذي يسمى باليونانية خلقيس فهو يبيض في اعماق المياه ويبيض بيضه كله معا [25]ويسمى قطيعيا لانه يعوم في الماء مثل قطيع غنم. فاما الصنف الذي يسمى باليونانية طيلون فانه يبيض في الشط [26]حيث لا تهب ريح شديدة وهو ايضا قطيعي. فاما الصنف الذي يسمى قوبرينوس والصنف الذي يسمى باليونانية

---

a31 ⟨سرر⟩ : ὀμφαλούς : Σ umbilicus   b9 ينقشر] ىقش T : ἀποκαθαίρεται : Σ eiciunt   b11 يباض] بياض T   b15 غلانيوس] لاعسوس T : γλανίων || *والتنشئة B] والشبيه T : αὔξησις   b17 يليها B] ثليه T : παρατυχόντων   b18 قوبرينوس] فرىرسوس T : κυπρίνου || *والتنشئة B] والشبيه T : αὔξησις   b19 اصناف + اصناف T   b22 غلانيوس] علاسوس T γλάνεις : Σ galleniuz   b23 وصفنا] صفنا T   b25 قطيعيا] ىمعيلعى T : ἀγελαῖα : Σ gregem || طيلون] فيلون T : τίλωνα : Σ tilon   b26 قوبرينوس] فورسوس T : κυπρῖνος

[27]باليرس والاصناف التي تشبه هذين الصنفين فهى بقول كلي تدفع البيض الى ناحية [28]النقائع ومرارا شتى تتبع [29]ذكورة كثيرة ثلثة عشر او اربعة عشر انثى واحدة. [30]فاذا باضت الانثى بيضها وانصرفت تتبع الذكورة ذلك البيض [31]تنضح عليه الزرع. وكثير من البيض يهلك من اجل ان
569a [1]الانثى اذا باضت انصرفت وافترق وتبدد [2]البيض وخاصة ما يذهب به مسيل الماء ولا يقع في
مكان فيه [3]عشب او حجارة ولم يظهر شيء | من اصناف السمك يحفظ بيضه ما خلا الصنف T159
⟨الذي⟩ يسمى غلانيس [4]والصنف الذي يسمى قوبرينوس فانه يفعل ذلك ان اصاب بيضا كثيرا مجتمعا في مكان واحد. [5]ولجميع ذكورة السمك زرع [6]ما خلا الانكليس فانه لا يوجد في اجواف اناث الانكليس بيض ولا في اجواف الكورة زرع. [7]وصنف السمك الذي يسمى قاسطريس يصعد من البحر ويصير الى [8]النقائع والانهار فاما الانكليس فهو يفعل خلاف ذلك لانه يصير من الانهار والنقائع [9]الى البحر.

⟨١٥⟩ [10]فكما وصفنا اكثر اجناس السمك يخلق [11]من البيض ومنها ما يخلق من الطين والحمأة [12]والرمل ويكون ايضا من هذه الاجناس ما يخلق من سفاد [13]ومن بيض وذلك في النقائع ومواضع اخر. [14]وقد زعم بعض الناس ان في الزمان السالف في ناحية البلدة التي تسمى باليونانية قنيدوس لما طلع كوكب الكلب قل الماء [16]وتولد من تلك الحمأة سمك كثير [17]وكان ذلك السمك من الجنس الذي يسمى باليونانية قسطروس فان هذا الجنس لا يكون من بيض ولا من [18]سفاد وهو شبيه بالسمك الصغير المستطيل الذي يهيأ منه الصير وليس يوجد في اجواف اناث هذا السمك بيض ولا في اجواف الذكورة [19]زرع البتة. وفي الاماكن التي منها تسيل الانهار الى البحر في ارض آسيا [20]يكون سمك صغير مثل صنف السمك الصغير الذي يسمى باليونانية ابسيطوا فان ذلك السمك شبيه بالصغير [21]وان كان يخالفه بشكل المنظر. وبعض الناس يزعم ان صنف السمك الذي يسمى باليونانية [22]قسطريس يتولد من الطين والحمأة وكل من يقول هذا القول كاذب لان [23]اناث هذا الصنف تظهر واجوافها مملوءة بيضا والذكورة مملوءة زرعا [24]ولكن في هذا الصنف ما يتولد من الحمأة [25]والرمل. وهو بين واضح ان بعض اصناف السمك يتولد من ذاته ولا يكون

b27 باليرس] بالدس T : βάλερος : Σ belluruz || *كلي] حرو T : ὡς εἰπεῖν   b31 *تنضح B] سعح T : ἐπιρραίνουσι Σ eicient   a3 بيضه] بيضته T   a3–4 يسمى غلانيس والصنف -T¹   a18 بالسمك] السمك T   a20 ابسيطوا] السطوا T : ἐψητοί

من سفاد ولا من بيض والشاهد على ذلك تولد السمك من ذاته. [26]وجميع ما لا يبيض بيضا [27]يتولد من الحمأة ومنه ما يتولد [28]من الرمل ومن العفونة التي تطفو على الماء مثل [29]الجنس الذي يسمى باليونانية افوئي والجنس الذي يسمى باليونانية افروس. | فان هذين الجنسين يتولدان من T160
الارض ⟨الرملية⟩ [30]وهذا الجنس الذي يسمى باليونانية افوئي لا يشب يكبر ولا يتولد منه غيره
واذا [1]مضى به زمان هلك وتولد غيره من ⟨الارض⟩ الرملية [2]ولذلك يوجد هذا الجنس في كل 569b
حين ما خلا زمانا يسيرا من السنة [3]وابتداؤه يكون من مطلع ذنب بنات نعش الذي يطلع في الخريف [4]وفي الربيع. والدليل على ان هذا الجنس يتولد ويصعد من الارض ما نصف حيننا هذا [5]فانه ان كان برد شديد لا يصاد منه شيء [6]وان كان الهواء صافيا يصاد منه شيء كثير وذلك من قبل انه يصعد من الارض [7]الى الدفاء واذا جردت الارض [8]مرارا شتى يعاد اكثر واخصب. واما سائر اصناف جنس السمك الذي يسمى افوئي [9]فرديء لانه يشب عاجلا ويكون في [10]مواضع الفيء الكثيرة العفونة اذا كان الهواء طيب المزاج [11]ودفئت الارض في البلدة التي تسمى باليونانية اثيناس وما يلي البلدة التي تسمى باليونانية صالامينا [12]وقريب من المواضع التي ⟨تمسى⟩ باليونانية ثامستقليو وفي المواضع التي تمسى ماراثون. [13]فان الصنف الذي يسمى افروس وتفسيره زبد فهو يظهر في مثل هذه الاماكن [14]اذا كان زمان خصب وربما كان في بعض الاماكن اذا [15]مطر على الزبد الذي يجتمع على الماء [16]ولذلك يسمى صنف السمك ⟨الذي⟩ يتولد منه زبدا [17]وربما ظهر هذا الصنف يطفو على البحر اذا كان في زمان خصب [18]مثل ما يظهر الدود الصغير في روث الدواب فبهذا النوع [19]يظهر ابتداء خلقة هذا الصنف من السمك في كل موضع يجتمع فيه زبد ولهذه العلة يوجد في مواضع كثيرة [20]يخرج من عمق البحر الى الشاطئ وهو يخصب [21]ويصاد منه كثير اذا كان الزمان مطيرا والهواء طيب المزاج. [22]فاما الصنف الآخر من اصناف افوئي فهو يكون من بيض السمك مثل [23]الذي يسمى باليونانية قوبيطس ومنه يكون السمك الصغير الرديء [24]⟨الذى⟩ يغيب في الارض ومن الصنف الذي يسمى باليونانية فالاريقي يكون الصنف الذي يسمى [25]ممبراداس. ومن هذا الصنف يكون الصنف الآخر ⟨الذي⟩ يسمى

a29 افروس] اىوس T : ἀφρός : afroz || ⟨الرملية⟩ .lac T : ἀμμώδους a30 يتولد] يتوالد T

b11 صالامينا] صالافسا T : Σαλαμῖνι b12 ثامستقليو] ىامسىسس T : Θεμιστοκλείῳ || ماراثون] مارايون T : Μαραθῶνι b14 خصب] وخصب T b22 افوئي] قوي T : ἀφύη b23 قوبيطس] فوسطس T : κωβῖτις b24 فالاريقي] مالاريفى T : φαληρικῆς

T161 طريخيداس ومن ذلك الصنف ايضا يكون صنف آخر | يسمى [26]طريخيا ومن صنف واحد من اصناف الافوئي يكون في ميناء اثينا الصنف الذي يسمى باليونانية [27]انقراسخولوس وايضا يكون صنف آخر من اصناف الافوئي [28]وذلك الصنف يكون من بعض اجناس السمك الذي يسمى باليونانية مانيداس وقاسطريس. فاما الصنف الذي يسمى باليونانية افروس فليس يتولد منه شيء [29]وهو رطب اللحم وانما يبقى زمانا يسيرا كما قلنا [30]ولا وليس يبقى في الآخر⟨ة⟩ ما خلا العينين 570a والرأس [1]وان ملح هذا الصنف [2]اقام زمانا كثيرا.

⟨١٦⟩ [3]فاما الانكليس فليس يكون من سفاد ولا يبيض بيضا [4]ولا ظهر ذلك لاحد من الناس قط ولا في اجواف الذكورة زرع. [5]وان شق احد اجواف الذكورة لا يوجد فيها سبيل الزرع ولا يوجد في الاناث ارحام بل [6] كل هذا الجنس من اجناس السمك الدمية لا يكون من سفاد [7]ولا من بيض وهو بين واضح ان قولنا في ذلك حق من قبل انه [8]ان نفد جميع الماء الذي في بعض النقائع [9]وجرد الطين اذا [10]مطر المطر ايضا يتولد الانكليس في تلك النقائع وليس يكون البتة اذا قلت الامطار وغلب القحط والسموم. وهذا الجنس يوجد في كل حين في [11]النقائع الباقية المياه وهو يغذى ويعيش بماء السماء. [13]وهو بين ان هذا الجنس ايضا يكون سمكا من قبل الدود الذي يوجد في اجواف بعضها [14]فلذلك يظنون انه يخلق من الدود سمك. [15]وذلك كذب بل يكون بعض سمك هذا الجنس من [16]الارض ويخلق من ذاته من بين الدود الذي يسمى معاء الارض وهذا الدود الذي يكون [17]في التراب الندي وقد يظهر ان هذا السمك [18]يخلق من مثل هذا الدود الذي يكون في التراب الندي. [19]وذلك يستبين في البحار [20]والانهار وخاصة اذا كانت العفونة غالبة [21]ويكون في الاماكن التي يقع فيها الطحلب من البحر [22]ويكون في شاطئ الانهار والنقائع لان [23]الحرارة تغلب على تلك المواضع وتعفن [24]فهذه حال تولد الانكليس وخلقته.

b26 الافوئي] الافوى T : ἀφύης ‖ الصنف] والصنف T ‖ اثينا] اسا T : Ἀθηναίων b27 انقراسخولوس] انموسحولوس T : ἐγκρασίχολοι : Σ ankaracuolo a1 ملح] صلح T : ἁλιζομένη : Σ saliatur a7 بين] بيض T : φανερόν : Σ manifestum a9 *وجرد] وجد T : ξυσθέντος : Σ invenietur! a20 غالبة] غالية T a24 وخلقته] وحلقه T : Σ dispositio

⟨١٧⟩ [25]وينبغي لنا ان نعلم ان في حمل السمك اختلافا في الازمنة التي يبيض فيها [26]وفي انواع
وضعه البيض. وقبل اوان | [27]السفاد يعوم اصناف السمك الذي يعوم معا بعضه مع بعض. واذا T162
[28]كان اوان السفاد ينفرد ويعوم الذكر مع الانثى فقط واذا سفدت الاناث [29]منها ما يحمل البيض
اكثر من ثلثين يوما ومنها ما يحمل [30]زمانا اقل من ذلك وجميعها يحمل في ازمان تجزأ في [31]عدد
السوابيع. والصنف الذي يسمى باليونانية [32]مارينوس يحمل البيض زمانا كثيرا فاما الصنف الذي
يسمى باليونانية سارغوس فهو يحمل في شهر الروم الذي يسمى بوسيدون [1]ولا يبيض حتى يتم ثلثين 570b
يوما والذي يسمى باليونانية [2]شيلون والذي يسمى مقسون [3]يحمل في زمان واحد ويبيض في اوان
مساو وذلك اذا طلع النجم الذي يسمى باليونانية ارغوس. وجميع اصناف السمك يتوجع في
الزمان الذي يبيض فيه [4]ولذلك يكون صيدها اهون والذكورة في اوان السفاد [5]تخرج الى ناحية
الارض. وبقول عام تكثر حركة السمك [6]بعد السفاد حتى تبيض الاناث [7]ويفعل ذلك خاصة
الصنف الذي يسمى قاسطوس فاذا باضت الاناث [8]سكنت. وتمام حمل الاناث للبيض [9]اذا تولد
الدود في بطونها [10]فانه يوجد في بطونها دود صغير بارد جدا ويمنع حمل البيض. [11]واصناف السمك
تبيض في ازمان مختلفة والصنف الذي يسمى باليونانية رواس وهو يبيض في الربيع [12]واصناف
كثيرة ايضا من السمك تبيض في زمان استواء اليل والنهار وهو الاستواء الذي يكون في الربيع.
فاما سائر اصناف السمك فليس يبيض [13]في زمان واحد من ازمنة السنة بل منها ما يبيض
في الصيف ومنها ما يبيض [14]في زمان استواء الليل والنهار الذي يكون في الخريف والصنف
الذي يسمى باليونانية [15]اثاريني يبيض في ذلك الاوان ويبيض في قرب الارض. فاما القيفال
فانه يبيض آخر السمك [16]وذلك بين من قبل ان [17]السمك الذي يسمى باليونانية قسطروس من
اول ما يبيض واما الذي يسمى صالبي [18]فانه يبيض في اول الصيف في اماكن كثيرة ويبيض
في بعض الاماكن في الخريف. [19]والصنف الذي يسمى اولوبياس وهو | الذي يسميه بعض T163
الناس انثياس يبيض في الصيف. [20]وبعد هذا الصنف تبيض الخروسافد واللبراق والذي يسمى
باليونانية سمولوس [21]وبقول عام الاصناف التي تسمى باليونانية درومااذاس وآخر ما يبيض من

a32 سارغوس] مارعوس T : σάργος ‖ *الروم] الدوم T b8 للبيض] البيض T b10 صغير] صغار T
b17 صالبي] صالى T : σάλπη b19 انثياس] اساس T : ἀνθίαν b20 الخروسافد] في الحر وسفد T :
χρύσοφρυς ‖ واللبراق] والبراق T : λάβραξ b21 دروماذاس] روباذاس T : δρομάδες

اصناف السمك الذي يسير ويعوم معا الصنف الذي يسمى [22]طريغلا وقوراقينوس فان هذين الصنفين يبيضان في اوان الخريف [23]والصنف الذي ⟨يسمى⟩ طريغلا يبيض في الطين ولذلك [24]يبقى الطين باردا زمانا كثيرا لحال البيض الذي فيه. فاما الذي يسمى قوراقينوس فهو يبيض بعد [25]طريغلا وانما يبيض في الطحلب وذلك لانه يعيش ويأوي [26]في الاماكن الصخرية. [27]فاما السمك الذي يكون منه الصير فانه يبيض بعد الزوال الصيفي فاما كثير من اصناف السمك [28]اللجي فانه يبيض في الصيف والدليل على ذلك انه لا [29]يصاد في ذلك الاوان. والصنف الذي يسمى باليونانية [30]ماينيس يبيض بيضا كثيرا ومرارا شتى ومن صنف السمك الذي يسمى صلاشي الضفدع يبيض بيضا كثيرا وانما قلته [31]من انه يهلك عاجلا وهو يبيض بيضه [32]على
571a الارض وبقول كلي ما كان من اصناف السمك الذي يسمى صلاشي اقل بيضا من غيره [1]لانه يلد حيوانا وانما يسلم لحال ⟨عظم⟩ جثته. [2]والصنف الذي يسمى ⟨بالوني⟩ [3]يهلك لانه ينشق ويؤكل من الحيوان [4]وليس هذه الاصناف عظيمة الجثة. والسمك الذي يخرج من بيض الصنف الذي يسمى ابرة [5]يكون حول الانثى مثل السمك الذي يتولد من بيض الصنف الذي يسمى باليونانية فالاخيوان [6]وان مسها احد تهرب. فاما الصنف الذي يسمى باليونانية اثاريني فانه [7]يدلك بطنه بالرمل حتى يرق ويبيض بيضه [8]والصنف الذي يسمى ثيني ينشق من كثرة الشحم وهو يبقى سنتين [9]والدليل على ذلك من قبل الصيادين فانهم يزعمون انه اذا نفد [10]السمك الصغير الذي يتولد من بيض ثينا بعد سنة ينفد ايضا ما بقى من الثينا الكبار [11]وفيما يظن الثينا اكبر من الذي
T164 يسمى باليونانية بلاموذاس بسنة. [12]وصنف ثيني وصنف سقمبري يسفد | في شهر الروم الذي يسمى الافيبوليون [14]وانما يبيض بيضه وهو في صفاق شبيه بمزود والسمك الذي يخرج من بيض [15]ثيني يشب عاجلا [16]ولذلك يسميه بعض الناس باليونانية قورديلاوس [17]فاما اهل القسطنطينية فانهم يسمون السمك الذي يشب لانه يشب ويعظم عاجلا. [18]وهذا الصنف يخرج في الخريف

---

b25 طريغلا] اطريغلا T   b27 السمك -T[1]   b31 *بيضه] بيضة T   a1 *⟨عظم⟩ : τὸ μέγεθος : Σ magnitudinem   a2 ⟨بالوني⟩ : βελόνη : Σ beloni   a4 *ابرة] براه T   a6 اثاريني] اماريني T : ἀθερίνη   a8 ثيني] ثلثي T : θύννοι   a10 ثينا] ثلثا T ‖ ينفد] ىعد T ‖ ثينا] ثلثا T ‖ ينفد] سد T ‖ الثينا] اليثا T   a11 الثينا] البثا T ‖ اكبر] اكثر T : πρεσβύτεροι : Σ maius magis   a12 سقمبري] سمعيرى T : σκόμβροι ‖ الروم] الدوم T ‖ الافيبوليون] لافسوليوس T : ἐλαφηβολιῶνα   a14 بمزود] ىمرود T : ἐν θυλάκῳ

مع الصنف الذي يسمى ثيني [19]ثم يعوم ويدخل في اللج في اوان الربيع. [20]وجميع اصناف السمك بقدر قول القائل يشب عاجلا [21]ولا سيما ما كان منه يأوي ناحية البحر الذي يسمى بنطوس ومنها ما يشب من يومه والصنف الذي يسمى [22]اميا يشب ويكبر عاجلا. وذلك بين ظاهر وبقول عام ينبغي لنا ان نعلم ان [23]اصناف السمك التي هى فهى تختلف بقدر الاماكن وتختلف [24]ازمان سفادها وازمان وضعها للبيض ولذلك تختلف [25]ازمان خصبها ايضا. وصنف السمك الذي يسمى باليونانية قوراقيني [26]يبيض في اوان دياسة الحنطة ولكن ينبغي لنا ان نذكر ونتمسك بما يكون ويعرض اكثر ذلك. [27]ويوجد ايضا في اجواف صنف السمك الذي يسمى باليونانية [28]غنقري بيض ولكن ليس ذلك ببين واضح في جميع الاماكن بقدر واحد [29]ولا بيض هذا السمك بين جدا لحال كثرة الشحم [30]وبيضه يكون في وعاء مستطيل مثل ما يكون بيض الحيات ولكن [31]يستبين ذلك اذا وضع السمك على النار لان الشحم يذوب ويتحلل في بخار [32]والبيض ينزو وينشق [33]وايضا ان مسه احد بيده مسا رفيقا ودلكه باصبعه [34]يجد الشحم لينا املس ويجد
571b البيض خشنا. ومن صنف السمك الذي يسمى باليونانية غنقري ما له [1]شحم فقط وليس فيه شيء من البيض البتة ومنه ما يوجد على خلاف ذلك اعني انه لا يوجد فيه شحم [2]بل يوجد فيه بيض في وعاء مستطيل مثل ما ذكرنا آنفا.

⟨١٨⟩ [3]فقد وصفنا سائر الحيوان اعني الطائر والمشاء والذي يعوم في الماء [4]وجميع ما يبيض منه
T165 [5]ووصفنا ازمان سفادها وحملها ولخصنا جميع الاصناف التي | تشبه [6]هذه الاصناف التي فرغنا من ذكرها فاما حيننا هذا فانه ينبغي لنا ان نذكر الانسان وجميع الحيوان المشاء الذي يلد حيوانا [7]والاعراض التي تعرض كما قلنا فيما سلف من قولنا. [8]وقد قلنا قولا عاما وخاصا في الجماع والسفاد وقد يعرض [9]شيء مشترك عام لجميع الحيوان اعني الشوق والشهوة [10]التي تكون فى اوان الجماع والسفاد. وجميع الاناث [11]اشد شوقا الى الجماع عند اول الولاد والذكورة ايضا في ذلك الزمان [12]اشد شوقا منها بعد عبور الشباب. وينبغي ان نعلم ان ذكورة الخيل تعض الاناث تلقيها على الارض [13]وتطرد ما كان في قربها من الذكورة والرجال والخنازير البرية صعبة خبيثة الاخلاق

a21 بنطوس] بوطوس T : ἐν τῷ Πόντῳ   a22 اميا] امنا T : ἄμιαι   a25 *خصبها] حصنها T : τῆς εὐημερίας || قوراقيني] فوباسى T : κορακῖνοι   a28 غنقري] عمرى T : γόγγροι || *بقدر] بقر T   a29 بيض] يبيض T : κύημα   a32 *ينزو] بنزوا T : πηδᾷ : Σ salient   b12 تعض] بعضا T : δάκνουσι

[15]في زمان نزوها وهى تقاتل بعضها بعضا قتالا [16]شديدا وتتهيأ لذلك القتال وتتشمر [17]وتدنو من
الشجر وتدلك جلودها [18]ثم تذهب الى مواضع الطين والحمأة وتلطخ اجسادها. فاذا جف ذلك
الطين [19]وتواقع لطخية بغيرها وذكر الخنازير يطرد الذكر الآخر الذي يكون في الصيرة حتى يخرجه
عن الانثى [20]وربما يقاتل الذكران حتى يهلكا جميعا. [21]وكذلك يفعل ايضا الثيران والكباش والتيوس
[22]فانها قبل زمان النزو والسفاد تأوي وترعى معا [23]فاذا هاجت وبلغ زمان نزوها وسفادها يقاتل
بعضها بعضا. [24]والجمل الذكر صعب الخلق اذا كان اوان السفاد ولا يدع انسانا [25]ولا جملا يدنو
منه الا عقره والجمل الذكر خاصة يكره قرب الفرس [26]ويقاتله ابدا. ومثل هذا العرض يعرض
للحيوان البري [27]وما كان من الدببة والذئاب والاسد صعب الخلق خبيث [28]عند اوان السفاد
والنزو وليس يقاتل بعضها بعضا قتالا شديدا [29]لانه لا يأوي بعضها مع بعض بل ينفرد كل ذكر
مع الانثى. [30]واذا كان للدب الانثى جراء صعب خلقها جدا [31]واناث الكلاب كمثل. [32]والفيلة
ايضا تخبث وتكون سيئة الاخلاق في زمان سفادها ولذلك يزعمون ان [33]الذين يربون الفيلة بارض
572a الهند لا يدعون الذكورة تنزو على الاناث [34]لانهم ان تركوها تجن وتحمل عليهم | وتهدم [1]منازلهم T166
لرداءة وسخافة بنائهم ايضا [2]وتفعل شرورا اخر كثيرة ايضا وفيما زعم بعض الناس من اهل بلاد
الهند الذين يربون الفيلة [3]اذا كيسوا بعضها احسنوا اليها بالعلف حتى تخصب وتنمو ثم يرسلونها [4]على
غيرها من الفيلة التي لم تكيس [5]فتضربها الكيسة حتى تكيس وتستأنس تلك ايضا. فاما اصناف
الحيوان الذي ينزو على الحيوان مرارا شتى [6]وليس مرة واحدة من السنة فليس تجهل ولا تصعب
اخلاقها لكثرة نزوها مثل [7]الخنازير والكلاب وان جهل شيء منها فهو يجهل جهلا يسيرا لحال
استئناسه بالناس [8]ولكثرة نزوه. فاما من اناث الحيوان [9]فان الرمك تشتاق الى النزو جدا [10]واناث
البقر ايضا ولذلك يزعمون انه يوجد من الرمك شيء يقال له جنون الخيل ولذلك [11]يستعملون هذا
الاسم [12]على اصناف الحيوان الذي لا يضبط في اوان السفاد. [13]ويزعم بعض الناس ان الاناث
تمتلئ ريحا في زمان النزو فلذلك [14]لا يبعدون الذكورة عن الاناث [15]واذا اصابت الاناث هذه
الآفة تركض ركضا شديدا [16]مثل ما يقال انه يصيب اناث الخنازير ايضا. واذا ركضت ركضا

b15 قتالا] فالا T   b31 كمثل] كمل T : similiter Σ   b33 سيئة] شبيه T   a1 منازلهم] مناولهم T : τὰς οἰκήσεις αὐτῶν Σ domos   a3 وتنمو] وىمر T ‖ *تكيس] بكليس T   a5 الكيسة] الكيس T[1]   a9 تشتاق] تشاق T : desiderant Σ   a10 له + حيوان T

شديدا لا تأخذ [17]الى الغرب ولا الى الشرق بل الى الشمال والجنوب. [18]واذا اصاب الاناث هذا الداء لا تدع احدا يدنو منها حتى تكل [19]من التعب او تدنو من البحر فتقف. فحينئذ يخرج من ارحامها [20]شيء كما يخرج منها عند وضعها اولادها [21]وهو شبيه بالذي يخرج من الخنازير البرية وذلك الذي يخرج منها يطلب [22]خاصة فيما يحتاج اليه من آلة السحر. واذا كان زمان [23]نزوها يطأطئ رؤوسها بعضها الى بعض اكثر مما كانت تفعل ذلك اولا [24]وتحرك اذنابها تحريكا متتابعا [25]وتتغير اصواتها ويسيل [26]من قبلها شيء شبيه بالزرع غير انه ارق من زرع الذكورة جدا. [27]ومن الناس من يسمي هذا الذي يسيل جنون الخيل وليس هو الذي يكون على ظهور [28]الفلاء مثل الزهر واخذه فيما يزعم بعض الناس عسر جدا [29]لانه يسيل قليلا قليلا واذا اشتاقت الاناث الى النزو تبول بولا | متتابعا [30]ويلعب بعضها مع بعض. فهذه حال الخيل والرمك في زمان النزو T167
والسفاد [31]فاما اناث البقر فانها اذا اشتاقت الى النزو [32]تصعب وتنفر جدا حتى لا يقدر [33]الرعاة على امساكها وضبطها [1]واناث الخيل والبقر تستبين انها تشتاق الى [2]النزو من رفعها اذنابها ومن 572b
ورم اقبالها وكثرة [3]بولها. فاما اناث البقر [4]فانها تركب الذكورة وتتبعها ابدا وتقف بين ايديها [5]وما كان من شباب اناث الرمك والبقر يشتاق الى النزو اولا [7]وخاصة اذا كانت اجسادها سمانا مخصبة [8]واذا جز شعر اعراف الرمك تكف وتسكن من الشوق الى النزو [9]وتكون كئبة. وذكورة الخيل تعرف [10]الاناث التي ترعى معها من رائحتها [11]وان لبثت معها اياما يسيرة قبل زمان السفاد تعرفها من رائحتها [12]وتعضها وتخرجها من القطيع وتكون معها على حدة [13]ويكون الذكر مع ثلثين انثى [14]واكثر من ذلك. وان دنا منها ذكر آخر [15]يتحول اليه ويقاتله ويجري خلفه ويطرده [16]وان تحرك بعض الاناث يعضها ويمنعها ويردها الى مواضعها فاما الثور فانه اذا كان اوان [17]النزو يرعى مع البقر ويقاتل الذكورة [18]فاما اذا لم يكن زمان السفاد فان بعضها يرعى مع بعض [19]ومرارا شتى يرعى في البر معا ولا [20]يظهر لتمام ثلثة اشهر وبقول عام اكثر الحيوان البري يكون مفترقا [21]ولا تجتمع الاناث والذكورة ولا ترعى معا حتى يبلغ اوان النزو والسفاد [22]بل اذا شبت وقويت الذكورة تبرز وتفترق من الاناث [23]وترعى على حدتها. فاما اناث الخنازير فانها اذا [24]اشتاقت الى

---

a21 البرية] والبرية T   a23 مما] ما T   a29 *تبول] سولد T : οὐροῦσι   a30 والرمك] والرمل T ‖ النزو] نزو T ‖ والسفاد] السفاد T   b5 الرمك] الرمل T   b17 ويقاتل] ويقابل T : μάχεται : Σ proeliabitur

النزو تتبع الذكورة [25]وتدنو من الناس. واناث الكلاب ايضا تلقى مثل ما ذكرنا [26]واذا اشتاقت الاناث الى النزو ترم [27]اقبالها [28]وتكون فيما يلي تلك الاماكن رطوبة. فاما اناث الخيل فانها في زمان نزوها تنضح [29]رطوبة بيضاء [30]والطمث يعرض لاناث الخيل وليس مثل طمث النساء بل اقل منه ويعرض ايضا لكثير من اناث [31]سائر الحيوان ويكون دون ما يعرض للنساء وهو |
T168 يعرض للمعزاء ولاناث الشاء اذا كان زمان [32]نزوها قبل ان تنزى وبعد ان [33]تنزى ثم يحل ذلك
الطمث حتى [1]تحمل وتضع ومن هذه العلامة يعلم [2]الرعاة انها حوامل. فاذا وضعت خرجت منها 573a
رطوبة [3]كثيرة واول ما يخرج منها ليس بدمي ثم يكون دما. [4]فاما اناث البقر والحمير والخيل فان الفضلة التي تخرج منها في اوان الطمث اكثر من الفضلة التي ذكرنا [5]لحال عظم جثتها واناث الحمير والبقر تخرج فضلة كثيرة قدر نصف قسط اذا كان اوان نزوها واذا القت تلك الفضلة [6]اشتاقت الى النزو شوقا شديدا. [9]واناث الخيل يسيرة الوضع والولاد اكثر من جميع اصناف الحيوان الذي له اربعة ارجل [10]وليس ينزف بعد الوضع الا دم قليل [11]بقدر عظم جثتها. [12]فالطمث يعرض خاصة لاناث الخيل والبقر ويحل شهرين [13]واربعة اشهر وربما احل ستة اشهر ولكن ليس يعلم ذلك [14]الا من تفقده وتبع الاناث وكان معاودا لها ولذلك يظن بعض الناس ان الطمث لا [15]يعرض لها البتة فاما اناث البغال فليس يعرض لها شيء من [16]الطمث ولكن يكون بولها اخثر واغلظ. [17]وبقول عام فضلة مثانة الحيوان الذي له اربعة ارجل اعني البول [18]اغلظ واخثر من بول الناس فاما بول المعز او اناث الشاء [19]فهو اخثر واغلظ من بول الذكورة. [20]فاما بول اناث الحمير فهو ارق وبول اناث البقر فهو اشد حرافة من بول الذكورة [21]وبول جميع اناث الحيوان الذي له اربعة ارجل بعد الوضع [22]يكون اخثر واغلظ وخاصة بول الحيوان الذي [23]يستنقى بالطمث. واذا بدأت الاناث تسفد يكون لبنها رقيقا [24]شبيها بالقيح وهو يطيب ويجود بعد وضعها [25]واذا حملت المعز او اناث الشاء تكون اخصب واسمن [26]وتعتلف علفا اكثر واناث البقر وسائر الحيوان [27]الذي له اربعة ارجل كمثل. [28]واذا كان اوان الربيع يشتاق كثير من الحيوان الى النزو [29]وليس يشتاق جميع اصناف الحيوان الى النزو في زمان واحد [30]وانما يعرض اكثر ذلك بقدر خصب |
T169 اجسادها واوقات نزوها. [31]واناث الخنازير تحمل اربعة اشهر واكثر ما تضع [32]عشرين جروا وان

b26 *ترم] نوم T : ἔπαρσις … γίγνεται   b28 تنضح] ينضج T : ἀπορραίνουσι Σ exibit   b32 تنزى] نزوا T   b33 تنزى] وينزوا T   a5 الفضلة + واشتقت T   a10 *ينزف] ينزو T : ῥύσιν … προΐεται : Σ superfluitates

وضعت جراء كثيرة لا تقوى على رضاعها وتربيتها. [33]واذا عجزت اناث الخنازير لا تضع جراء مثل
كثرة جراء الشباب وهى تنزى بعد نزو الشباب [34]بزمان واناث الخنازير تحمل من نزوة واحدة وربما
[1]كان ذلك مرارا شتى لحال الفضلة التي تلقى. وهذا العرض يعرض [3]لكل ما يلقى الزرع مع تلك 573b
الفضلة. [4]وربما اصاب بعض ما تحمل الخنازير الانثى [5]ضرورة وفساد وتلك تكون في جميع نواحي
واماكن [6]الرحم. واذا وضعت الخنزيرة الجرو الاول [7]تمكنه من الضرع الاول. واذا اشتاقت
اناث الخنزير الى النزو لا يحمل احد عليها الذكورة قبل ان [8]تضع وترخي اذنيها فان انزيت قبل
ذلك هاجت ايضا واشتاقت الى السفاد [9]فاما ان انزيت في الاوان الذي ذكرنا فهى تكتفي بنزوة
واحدة. وينبغي [10]ان يعلف الخنزير الذكر شعيرا في اوان النزو واذا حملت الانثى [11]ينبغي ان نعلف
شعيرا مطبوخا. وبعض الخنازير [12]يضع جراء مخصبة من اول ولادها وبعضها تضع على خلاف
ذلك لانها لا تضع [13]جراء مخصبة حتى تشب. وقد زعم بعض الناس انها ان [14]قلعت العين الواحدة
من عيون الخنزيرة تهلك عاجلا [15]اكثر ذلك وكثير من الخنازير يعيش ويبقى خمسة عشرة عاما
[16]ومنها ما يبقى قريبا من عشرين عاما.

⟨١٩⟩ [17]فاما اناث الشاء فانها تحمل بعد ان ينزى عليها ثلث او اربع مرات [18]وان مطر مطرا بعد
نزوها انتقص حملها [19]وكذلك تلقى المعزاء ايضا والشاة والمعزاء تضع اثنين [20]وربما وضعت ثلثا او
اربعا وهى تحمل خمسة اشهر وانما تضع مرة واحدة في السنة [21]وان كانت ترعى في اماكن دفئة
[22]وكان مرعاها كثيرا مخصبا تضع مرتين في السنة. [23]والعنز يعيش ويبقى قريبا من ثماني سنين
فاما الخروف فهو يبقى عشرة اعوام [24]واكثر الشاء يبقى اقل من ذلك وكراز الغنم يبقى [25]خمسة
عشر سنة وانما يهيء الرعاة في كل قطيع كرازا واحدا [27]ويعودونه التقدم وقيادة الغنم من شبيبته.
[28]فاما الغنم | الذي يكون في ارض الحبشة فان الغنم يبقى ويعيش اثني عشر سنة [29]والمعز ايضا T170
يبقى احد عشر سنة واثني عشر سنة والغنم والمعزى مما يسفد ويسفد [30]ما بقى واناث الغنم والمعزاء
تضع اثنين [31]لحال حسن الحال وخصب المرعى ولا سيما اذا كان الكبش او [32]التيس يزرع زرعا
يتولد منه اثنان او تكون الام على مثل هذه الحال. ومنها ما يضع اناثا ومنها ما يضع ذكورة [33]وذلك
يعرض [34]ايضا من قبل الاماكن التي تنزى فيها [1]واذا انزيت والريح التي تهب جنوب تضع اناثا 574a

a33 تنزى] ننزو T b20 اربعا] واحدا T : τεττάρα b21 *دفئة] وفيه T : ἀλεεινοί b24 كراز] وكران T : οἱ ἡγεμόνες b29 والمعزى] المعزى T b32 ومنها(2)] او منها T

[2]وربما تغيرت التي تضع اناثا فتضع ذكورة وعلى خلاف ذلك تضع ايضا. [3]وينبغي ان تكون الغنم التي تنزى ناظرة الى ناحية الشمال وان سفد الغنم مرتين بالغداة [4]وسفد ايضا عند العشاء لا يحتمل سفاد الكباش. [5]وان كانت العروق التي تحت السن الكباش بيضاء فان اناث الغنم تضع حملانا بيضاء [7]وان كانت تلك العروق سوداء تكون الحملان سوداء ايضا وان كانت لتلك العروق لونان [8]فالوان الحملان تختلف ايضا وان كانت العروق شقراء تكون الوان الحملان شقراء والغنم التي تشرب الماء المالح [9]تنزى قبل غيرها وينبغي ان يملح اناث الغنم قبل ان تضع [10]واذا وضعت وخاصة في اوان الربيع. وليس يهيء [11]الرعاة للنسل كرازا متقدما وقائدا للمعزاء لان طباعه ليس بثابت [12]بل حاد سريع الحركة خفيف. وقد زعم بعض الناس ان [14]الرعاة يعلمون ان الغنم يخصب في تلك السنة ان [13]هاجت المسنة منها الى النزو اولا [15]فاما ان هاجت الشباب منها قبل المسنة فتلك السنة رديئة للغنم.

⟨٢٠⟩ [16]وفي الكلاب اجناس كثيرة والكلب [17]السلوقي يسفد اذا كان من ثمنية اشهر الانثى ايضا تسفد اذا بلغت ذلك الوقت ولا سيما اذا رفعت الرجل الواحدة [18]وبالت ومنها ما لا يسفد ولا يسفد في ذلك الاوان. [19]والكلبة تحمل من نزو واحد وذلك بين من قبل الذين [20]يسرقون ذكورة الكلاب ويحملونها على الاناث فانهم يكتفون بسفادها مرة واحدة وارحام الاناث تمتلئ من سفاد
واحد. [21]والكلبة السلوقية تحمل سدس سنة اعني [22]ستين يوما | وربما زادت على ذلك يوما او يومين T171
او ثلثة [23]ايام او اقل من يوم واذا وضعت جراءها تكون عمياء [24]اثني عشر يوما ثم تبصر وهي تسفد ايضا بعد وضعها الجراء [25]في الشهر السادس ولا يسفد قبل ذلك الوقت. ومن اناث الكلاب ما يحمل [26]خمس السنة اعني اثني وسبعين يوما [27]واذا وضعت الجراء تكون عمياء [28]اربعة عشر يوما. ومن اصناف الكلاب ما يحمل ربع [29]السنة اعني ثلثة اشهر وتضع جراءها وتبقى عمياء [30]سبعة عشر ⟨يوما⟩ ثم تبقى ايضا ترضع جراءها [31]على قدر عدة هذه الايام. واناث الكلاب تطمث في
كل سبعة [32]ايام وعلامة ذلك ورم اقبالها [33]وليس تقبل السفاد في ذلك الزمان بل في [1]السبعة 574b

a2 تضع⁽²⁾] فضع T   a7 لونان] لونين T : ἀμφότεραι Σ duorum colorum   a11 للنسل*] نسل T   a25 السادس] الثاني T : ἕκτῳ Σ sexto   a26 خمس] حر T : πέμπτον μέρος Σ quinta : pars   a28 اربعة عشر] اربعة وعشرين T : δεκατέσσαρας Σ quattuordecim   a30 سبعة عشر] سبعة وعشرين T : ἑπτακαίδεκα Σ decem et septem

الايام التي بعدها فذلك يكون لتمام [2]اربعة عشر يوما اكثر ما يكون [3]وربما كان ذلك لتمام ستة عشر يوما. [4]واناث الكلاب تلقي بعد وضع الجراء [5]رطوبة غليظة بلغمية [6]واذا وضعت جراءها هزلت [7]اجسادها ولبنها يظهر في ضرعها قبل ان تضع [8]بخمسة ايام واكثر من ذلك وربما ظهر اللبن في ضرع بعضها قبل وضعها بسبعة ايام [9]وربما كان ذلك قبل ان تضع باربعة ايام ولبنها يجود [10]اذا وضعت من ساعتها. فاما الكلبة السلوقية فلبنها يظهر في ضرعها بعد حملها بثلثين [11]يوما ويكون لبنها اول ما يقع غليظا فاذا ازمن [1]صار ادق والطف [13]ولبن الكلاب يخالف لبن سائر الحيوان بالغلظ بعد لبن الخنازير والارانب [14]وهو يكون علامة مبلغ سفادها. [15]وكمثل ما يعرض للنساء [16]انتفاخ وارتفاع الثديين كذلك يعرض لبعض اصناف الحيوان ومعرفة ذلك عسرة [17]على من لم يعود نفسه ولم يتفقد ما ذكرنا لانه ليس لها علامة ظاهرة العظم [18]فهذا العرض لاناث الكلاب وليس يعرض [19]لذكورتها شيء منه البتة. وذكورة الكلاب ترفع الرجل وتبول [20]لتمام ستة اشهر ومنها ما يفعل ذلك [21]بعد هذا الوقت اعني لتمام ثمنية اشهر ومنها ما يفعل ذلك قبل ان يتم ستة اشهر
T172 [22]وبقول عام انما يفعل | هذا الفعل ذكورة الكلاب اذا قويت [23]فاما جميع اناث الكلاب فهى تبول جالسة [24]ومنها ما يرفع الساق ويبول. والكلبة الانثى تضع [25]اكثر ما تضع اثني عشر جروا وذلك في الفرط وهى تضع خمسة او [26]ستة جراء اكثر ذلك وربما وضعت الكلبة جروا واحدا. فاما اناث الكلاب السلوقية فهى تضع [27]ثمنية جراء والاناث تسفد والذكورة تسفد [28]ما بقيت. ويعرض للكلاب السلوقية عرض خاص لها اعني انها [29]اذا تعبت كانت اقوى على السفاد منها اذا بطلت. [30]وذكورة الكلاب السلوقية تعيش عشر سنين والاناث تعيش [31]اثني عشر سنة وكثير من سائر اجناس الكلاب يعيش [32]اربع عشرة سنة ومنها ما يبقى عشرين سنة [33]ولذلك يزعمون
ان اميروس الشاعر اصاب حيث قال في شعره ان [1]كلب ادسوس هلك وهو ابن عشرين سنة. 575a
[2]واناث الكلاب اطول عمرا [3]من الذكورة لان الذكورة تتعب تعبا شديدا وليس ذلك [4]بينا جدا في سائر اصناف الكلاب وعلى ذلك ذكورتها اطول اعمارا من الاناث. [5]وليس يلقي الكلب سنا

b8 بسبعة] سبعة T : ἑπτὰ : Σ septem   b15 *وكمثل] وكمل T : ὥσπερ : Σ sicut   b17 ظاهرة - T[1] : Σ manifesta   b18 وليس + لها علامة ظا .T del ‖ يعرض + الى T[2]   b21 ثمنية] ستة T : ὀκτάμηνοι : Σ octo ‖ قبل + هذا الوقت .T del : πρότερον   b28 انها] لنها T   a4 اعمارا] اعماما T : μακροβιώτεροι : Σ plus vivunt   a5 سنا] شيئا T : ὀδόντας : Σ dentes

ما خلا [6]النابين وانما يلقيهما اذا كان ابن اربعة اشهر ان كان ذكرا وان كانت انثى [7]ومن اجل
ان الكلاب لا تلقي غير هتين السنين يشك [8]بعض الناس ويزعم انها لا تلقي سنا البتة [9]ومعرفة
ذلك عسرة على من لم يتفقده ومن الناس من [10]يظن ان الكلاب تلقي جميع الاسنان اذا هو رآها
تلقي النابين. وانما يعرف قرون الكلاب من [11]الاسنان لان اسنان ⟨شباب⟩ الكلاب بيض حادة
[12]وسنان ما كان منها مسنة سود ليست بحادة.

⟨٢١⟩ [13]فاما ذكورة البقر فانها تملأ الرحم من نزو واحد وهى تنزو على الاناث [14]نزوا شديدا ولذلك
تنثني الاناث تحت الذكورة ولا سيما اذا اخطأت [15]المجرى ثم تبقى الانثى عشرين يوما وتهيج
وتطلب [16]السفاد ايضا. وما كان مسنا من الثيران لا يركب الانثى [17]مرارا شتى في يوم واحد بل
[18]يحل ذلك اليوم ثم ينزو ايضا. فاما ما كان منها شابا فانه ينزو على الانثى الواحدة [19]مرارا شتى
وينزو على | اناث كثيرة ايضا بنشاطه وشبيبته. [20]وذكورة البقر تكثر النزو واذا قاتل بعضها بعضا T173
ينزو الغالب على الاناث [21]واذا ضعف لكثرة النزو يشد عليه [22]الذكر المغلوب ويغلبه مرارا شتى
والذكورة تنزو [23]والاناث ينزى عليها اذا تمت لها سنة وربما حملت من ذلك النزو [24]ومن اناث
البقر ما ينزى عليها اذا كانت انثى تمنية اشهر. [25]فاما الامر المقرر المعروف فنزو البقر الموافق للحمل
والولاد لتمام سنتين واناث البقر تحمل تسعة [26]اشهر وتضع في الشهر العاشر ومن الناس من يزعم
انها [27]تحمل تمام عشرة اشهر وان وضعت قبل [28]هذه الاوقات يكون وضعها شقطا ولا يعيش
فما يقدم وقت الوضع المعروف لا يعيش [29]لان اظلافه تكون رديئة ليست بتامة واكثر ما تضع
اناث البقر واحد [30]وربما وضعت اثنين في الفرط وذكورة البقر تنزو واناثها ينزى عليها وتلد جميع
عمرها. [31]وعمر اناث البقر خمسة عشر سنة اكثر ذلك [32]وعمر الذكورة كمثل ان خصيت ومنها ما
يبقى عشرين [33]سنة واكثر من ذلك ان كان سمينا مخصب الجسد. [1]وللبقر قواد تتقدم غيرها [2]مثل 575b
قواد الغنم وتلك تعيش اكثر [3]من الاخر لحال التعب ولانها ترعى مرعى طيبا. [4]وذكورة البقر
تشب وتقوى القوة كلها اذا كانت انثى خمس سنين ولذلك يمدح بعض الناس اوميرس الشاعر

a8 سنا] شيئا T : Σ dentes   a9 عسرة] عشره T : χαλεπὸν   a11 ⟨شباب⟩ : οἱ .... νέοι : Σ iuvenes
a19 *بنشاطه وشبيبته] ساطه وىسانه T : διὰ τὴν ἀκμήν   a20 قاتل] قابل T : Σ pugnant   a24 *كانت]
كان T   a28 اظلافه] اطلاقه T : αἱ ὁπλαί : Σ suae ungulae   a32 *يبقى] ينقا T : ζῶσι : Σ vivent
b3 *ترعى] رعا T : τὸ νέμεσθαι || مرعى] من عا T : νομήν : Σ pastum

[5]حيث قال في شعره ان بعض من قرب قربانا ذبح ثورا [6]ابن خمس سنين. [7]والبقر يلقي الاسنان اذا كان ابن سنتين وليس يلقي جميع الاسنان معا [8]مثل الفرس. واذا كانت ببعض البقر نقرس لا يلقي شيئا من اظلافه. [10]واذا وضعت الانثى يجود لبنها من يوم وليس يوجد في ضرعها لبن قبل ان تضع [11]واذا جمد اول لبنها يكون جاسيا جدا [12]مثل حجر وذلك يعرض ان خلط اللبن بماء. [13]وليس ينزى على شيء من اناث البقر حتى تتم لها سنة ان لم يكن شيئا من اصناف العجب [14]وربما نزت الذكورة على الاناث ولها عشرة اشهر. [15]واكثر نزوها وحملها يكون في اوان | الربيع T174 [16]ومنها ما [17]يحمل في الخريف واذا كثر سفاد ونزو ذكورة البقر وحمل الاناث [18]يكون ذلك علامة شتاء [19]وجودة امطار كما يظن بعض الناس. واناث البقر تطمث [20]مثل اناث الخيل.

⟨٢٢⟩ [21]وذكورة الخيل بطيئة النزو اكثر من اناث البقر [22]لان اناث الخيل ينزى عليها اذا مضت لها سنتان والذكورة تنزو اذا كانت بني سنتين ومن اجل هذه العلة يكون وضعها وولادها قليلا وان حملت الاناث قبل الوقت الذي ذكرنا [23]تضع افلاء صغار الجثث ضعافا. [24]فاما الوقت الذي هو اجود لنزو ذكورة الخيل فهو تمام ثلثة اعوام [25]والافلاء التي تضع الاناث تكون اقوى وافره واجود ثم تزداد جودة [26]الى ان تكون انثى عشرين سنة. واناث الخيل تحمل احد عشر شهرا وتضع في الثالي عشر [27]وذكورة الخيل تملأ ارحام الاناث في ايام ليست بموقتة ولا معروفة [28]وذلك لانها ربما ملأت من نزو واحد او اثنين او ثلثة وربما فعلت ذلك مرارا شتى. [29]واذا نزا الحمار على الانثى يملأ رحمها اسرع من الذكر الخيل الآخر وليس نزو [30]ذكورة الخيل بصعب شديد مثل نزو البقر. واناث [31]وذكورة الخيل تهيج وتشتاق الى النزو اكثر من جميع الحيوان بعد الرجال والنساء. [32]فاما نزو الذكورة فانه يسرع من قبل خصب العلف [33]والرعى وانما [1]تضع اناث الخيل فلوا واحدا اكثر 576a ذلك وربما وضعت اثنين في الفرط [2]وربما وضعت بغلا او بغلين.

تمت المقالة السادسة من كتاب ارسطاطاليس في طبائع الحيوان.

b6 ابن] بن T   b8 *اظلافه B] انحلافة T : τὰς ὁπλάς : Σ ungulas   b11 جمد] اجمد T : παγῇ : Σ coagulatur   b13 *تتم B] نتز T   b14 *نزت B] نزلت T : Σ coniunxerunt se   b17 ونزو] نزو T : κύωσι : Σ impraegnatur   b23 افلاء] فلا T : τὰ ἔκγονα : Σ filii   b25 والافلاء] والفلى T : τὰ ἔκγονα : Σ et sui filii   b26 *انثى] نى T   T- 576a3–581a5

المقالة السابعة من كتاب ارسطاطاليس في طبائع الحيوان

588a ⟨١⟩ [16]فهذه حال طبائع [17]ومزاوجة وولاد وكينونة اجناس الحيوان وبينها اختلاف من قبل الافعال والاعمار [18]والاشكال واصناف الغذاء والطعم والعلف. [19]وفي كثير من سائر الحيوان آثار اشكال النفس | [20]وفصول تلك الاشكال في الناس ابين واوضح من غيره [21]اعني الدعة والصعوبة T175 واللين والخشونة [22]والجلد والجزع والجرأة والفزع [23]والغضب والنكر فان هذه الاشكال كلها تكون من قبل لب العقل وتضعف وتفسد من تغيير العقل. [24]وآثار هذه الاشكال توجد في كثير من اصناف الحيوان [25]ومنه ما بينه وبين اشكاله واشكال الانسان اختلاف كثير [27]ومنه ما بين اشكاله واشكال الانسان اختلاف يسير [29]ومثل ما في الانسان حكمة ولب ومهنة [30] كذلك في الحيوان قوة اخرى طباعية. [31]وما قلنا يكون بينا واضحا لمن نظر في ابتداء صبا الصبيان [32]فانه سيجد فيهم عند شبيبتهم [33]⟨آثار وزروع⟩ بلوغهم وكمالهم. 588b [1]وليس بين انفس الصبيان وبين انفس السباع [2]في الوقت الذي ذكرنا اختلاف فليس بعجيب ان كانت اشكال الناس والسباع [3]متدانية في زمان الكمال وربما كانت اشكال الناس شبيهة باشكال الحيوان. [4]وبمثل هذا الفن ينتقل الطباع للتي لا انفس لها الى الحيوان وانما ينتقل الطباع من شيء الى شيء رويدا [5]ولذلك يخفى الحد الذي ⟨يكون له⟩ [6]ويخفى الاوسط ولا نعلم لاي الطرفين هو. [7]وبعد جنس التي لا انفس لها جنس الشجر قبل غيره [8]وبين الشجر ايضا اختلاف من قبل انه يظن ان في بعضه مشتركة حياة اكثر من بعض [9]وجميع جنس الشجر يظهر متنفسا اذا هو قيس الى سائر اجساد [10]التي لا انفس لها. [11]والتنقل الذي يكون من الشجر الى الحيوان صالح متتابع كما قيل [12]اولا. فان في البحر اشياء يسأل فيها [13]ان كانت حيوانا او من اصناف الحيوان ⟨او شجرا⟩ لانها لاصقة بالاماكن التي فيها لازمة لزوما شديدا. [14]فان فارقت تلك الاماكن تهلك وتبيد اصناف كثيرة منها مثل صنف الحيوان الذي يسمى باليونانية [15]بينا فان هذا الصنف لاصق بالمكان الذي يكون فيه والصنف الذي يسمى

---

a17 اختلاف] احلاف T : διαφέρουσιν : Σ diversatur   a20 تلك] بلد T   a22 *والجرأة] B والحواه T : θάρρη   a23 تغيير] نعبير T   a32 شبيبتهم] سلسهم T ‖ ⟨آثار وزروع⟩ : ἴχνη καὶ σπέρματα : signis et seminibus Σ ‖ بلوغهم] وبلوغهم T   b3 متدانية] مداينه T : παραπλήσια   b4 *ينتقل(2) B] ينقل T : μεταβαίνει : Σ graditur   b5 ⟨يكون له⟩ : T lac. : αὐτῶν   b13 ⟨او شجرا⟩ : ἢ φυτόν : Σ aut plantae   b15 بينا] ساسا T : πίνναι ‖ *والصنف] الصنف T : δὲ

 | DOI: 10.1163/9789004315969_019

T176 باليونانية سوليناس وتفسيره بالعربية قنى اذا قطع من مكانه يهلك ولا يقوى [16]على المعاش | وبقول كلي جامع جميع جنس الحيوان الذي له جلد جاس مثل الخزف [17]يشبه الشجر وهو ايضا بنوع يشبه الحيوان المسمى السيار. [18]وفي بعض هذه الاصناف من الحيوان حس يسير ومنها ما ليس له حس البتة. [19]وطباع جسد بعض هذا الحيوان مثل طباع اللحم اعني مثل [20]جنس الحيوان الذي يسمى باليونانية ⟨طيثوا⟩ واقاليفي فاما الحيوان البحري الذي يسمى باليونانية اسفنج وهو الغمام الذي ينشف به الماء [21]فشبيه بالشجر على كل حال. وبين الاصناف التي ذكرنا فصل واختلاف يسير [22]اذا قيس بعضه الى بعض ومنه ما له حركة اكثر من غيره [23]وبمثل هذا الفن تختلف افعال حياتها وبقائها [24]وليس يظهر للشجر عمل آخر [25]ما خلا فعلها شيئا آخر مثلها اعني جميع اصناف الشجر التي تكون من بزر وزرع [26]وكذلك ليس لبعض الحيوان عمل آخر ما خلا الكينونة [27]ولذلك اقول ان مثل هذه الافعال [28]مشتركة لجميع اصناف الحيوان. فاما اجناس الحيوان التي تحس [29]بالسفاد والجماع لحال اللذة ففي تدبير حياتها اختلاف [30]وفي اصناف ولادها وتربية وغذاء وتعاهد اولادها وجرائها. [31]فمنها ما يهيء كينونته التي هى له خاصة في الازمان والاوقات التي تنبغي مثل اصناف الشجر فاني اقول ذلك بقول عام [32]ومنها ما يتعب في تربية اولاده [33]واذا كملت وتمت فتفترق
589a ولا تكون بينها ولا شركة واحدة البتة. [1]فاما ما كان منها الب من غيره واكثر شركة فكر وذكر [2]فهو يأوي مع جرائه ويتعاهد زمانا كثيرا باصناف التعاهد. [3]فينبغي ان نعلم ان اصناف تعاهد الاولاد لمصلحتها جزء واحد من اجزاء الحيوة [4]وايضا جزء من اجزاء الحيوة صنف الغذاء والطعم [5]والعمر والحيوة تكون في هذين الجزءين [7]وفيما بين اصناف الحيوان الطباعي [8]وكل صنف من اصناف الحيوان يطلب [9]اللذة الطباعية.

T177 ⟨٢⟩ [10]وبين اجناس الحيوان اختلاف ايضا من قبل الاماكن | التي تأوي فيها لان من الحيوان ما هو مشاء بري ومنه ما هو [11]مائي. وهذا الفصل ايضا يقال بنوعين [12]لان منه ما يقال مشاء لحال قبوله الهواء [13]ومنه ما يقال مائيا لقبوله الماء. ومن الحيوان ما يقبل الماء [14]وله طباع ومزاج موافق

---

b17 *السيار] السان T : τὰ πορευτικά : Σ ambulans   b20 ⟨طيثوا⟩ : τήθυα : Σ ticho || واقاليفي] واتيقى T : καὶ τὸ τῶν ἀκαληφῶν   b21 حال] حاله T   b29 تدبير] بدىس T   a1 *الب] الاب الاب T : συνετώτερα || *واكثر ... وذكر] وليس له سركه وحرو دكر T : καὶ κοινωνοῦντα μνήμης ἐπὶ πλέον   a13 ⟨لا⟩ : οὐ

لتبريد [15]الماء وللمأوى في البر ويسمى من هذين الامرين بريا ومائيا مثل الحيوان الذي يولد في
البر [17]ويكون طعمه من الماء ولا يدخل الماء في جوفه. [18]وقد علمنا ان كثيرا من الحيوان يأوي
ويغذى في هذين المكانين لانه يقبل الهواء ويتنفس [19]ويلد في اليبس وطعمه من الاماكن المائية
[20]ويأوي زمانا كثيرا في الماء فقط. وهذا الصنف من اصناف الحيوان يشبه [21]ان يكون مشتركا
فقط لانه مثل مشاء بري [22]ومثل مائي وليس شيء من الحيوان الذي يقبل الماء في جوفه [23]يأوي
⟨في⟩ البر ولا يكتسب الطعم من البر. [24]فاما الحيوان البري الذي يقبل الهواء فكثير منه يأوي في
الماء ويكتسب طعمه منه [25]ومنه ما يلح بالمأوى في الماء ولا يقدر ان يفارقه وان هو فارق طباع
الماء هلك [26]مثل الحيوان الذي يسمى لجأة بحرية [27]والتماسح والافراس البحرية والحيوان الصغير
[28]مثل الذي يسمى باليونانية اموداس وجنس الضفادع [29]فان هذه الاصناف ان لم تتنفس في
الحين بعد الحين [30]تختنق وهى تضع جراءها في البر وتغذوها هناك. [31]ومن الحيوان ما يأوي في
البر ويغذو من الماء مثل [32]الدلفين وما يشبهه [33]من الحيوان المائي وكل [1]ما يداني خلقته مثل الذي 589b
يسمى باليونانية فالانا وكل ما [2]له انبوبة. وليس هو يهين ان يسمى كل واحد من هذه مائيا فقط
[3]لانا قد قلنا فيما تقدم من قولنا ان البري المشاء الذي يقبل الهواء [4]والمائي الذي هو في طباعه
قبول للماء. وهذه الاصناف تشارك الامرين معا [5]لانها تقبل ماء البحر في اجوافها وتخرجه وتقبل
[6]الهواء ايضا بالآلة التي تشبه الانبوب حتى يصل الهواء الى الرئة [7]فلها رئة وتتنفس. [9]واذا كانت
خارجة من الماء تعيش زمانا وهى تتنهد | وتضطرب [10]مثل كثير من الحيوان الذي يتنفس وايضا T178
اذا نام الدلفين [11]يعلو خطمه الماء لكي يتنفس. وليس ينبغي ان يوضع هذا الصنف [12]في فصلي
الحيوان الذي يضاد بعضه بعضا [13]بل ينبغي ان يجزأ الجنس المائي ايضا لان منه ما [14]يقبل الماء
ويخرجه لحال العلة التي هى فهى اعني التي ذكرنا فيما سلف وقلنا ان [15]الحيوان الذي يقبل الهواء
انما يقبله لحال التبريد ومنها ما يقبل الماء [16]لحال الطعم فانه اذا قبل ذلك الطعم باضطرار [17]يقبل
الماء ايضا لمأواه فيه واذا قبل الماء فله آلة [18]تخرجه. فلجميع الحيوان الذي يستعمل الماء مثل
استعمال الهواء [19]نغانغ وللحيوان الذي يستعمل الماء لحال الطعم انبوب [20]وذلك بين في الحيوان
الدمي. فان الحيوان البحري الذي يسمى باليونانية مالاقيا والذي يسمى مالاقوسترا وتفسيره اللين

a14–15 *لتبريد الماء] للبن والما T : τῆς ψύξεως   b1 فالانا] فالاما T : φάλαινα   b9 *تتنهد] ساهد T : στένων   b12 *في B] من T : εἰς : Σ in || الحيوان] البحر من T : Σ animalia

الخزف [21]يستعمل الماء لحال الغذاء [22]ويقال مائيا بنوع آخر [23]لحال مزاج الجسد ومكسب الطعام
[24]كما يقبل الماء [25]وله نغانغ ويذهب الى البر ايضا فيصيب [26]طعاما. وقد ظهر حيوان واحد الذي
يسمى [27]تمساحا فانه ليس لهذا الحيوان رئة بل له [28]نغانغ وهو يخرج الى البر ويصيب طعاما وله
اربع ارجل ويمشي من قبل طباعه. [29]وربما كان بعض ذكورة وبعض اناث الحيوان كاذبة بحادثة
الاسماء [30]لانها ربما كانت ذكورة طباعها شبيهة بطباع الاناث [31]وتكون اناث طباعها شبيهة بطباع
الذكورة لان اختلاف الحيوان وفصلها يكون باجزاء وآلات صغار [32]ويظهر ذلك الاختلاف
والفصل عظيما بقدر [33]طباع كل الجسد. وذلك بين في الذكورة التي تخصى [1]فانه اذا قطع جزء ما 590a
صغير من اجسادها تتغير وتكون طبائعها مثل طبائع اناث الحيوان. [2]فهو بين ان من ابتداء المزاج
الاول [3]وتقويم القليل [4]يكون بعض ما يولد ⟨و⟩ لا يكون، بعض ما يولد انثى وبعضه ذكرا. واذا باد
الحيوان وتحلل ذلك المزاج الاول [5]لا يكون ذكرا ولا انثى. فالمشاء والمائي يكونان [6]بهذين الصنفين
لانه اذا تغيرت اجزاء واعضاء صغيرة من الجسد [7]يعرض ان يكون | بعض الحيوان مشاء وبعضه T179
مائيا [8]ومنه ما هو مشترك [9]لحال الاشتراك الذي يكون في تقويم الهيولى في اوان [10]الولاد وهو به
يغذى من تلك الهيولى [11]لان كل واحد من اجناس الحيوان يحب الشيء الطباعي وبه يتلذذ كما
قلنا [12]فيما سلف. [13]فقد جزأنا اجناس الحيوان في مشاء ومائي على ثلثة اصناف [14]اعني قبولها الماء
والهواء ومزاج [15]الجسد والفن الثالث على الطعم الذي به يغذى وتدبير حياتها يكون [16]بقدر هذا
التجزئ اعني ان التدبير يتبع المزاج [17]والغذاء والتدبير ايضا يكون بقدر قبولها الماء [18]والهواء ومنها
ما يتبع المزاج فقط. [19]ومن الحيوان البحري الذي جلده صلب خشن مثل الخزف ما يغذى بالماء
العذب من غير ان يتحرك [20]لان الماء يصفى بالسبل الضيقة ويكون ماء البحر بتلك التصفية عذبا
[21]وكذلك اول [22]تقويم وكينونة هذا الحيوان وهو بين انه يمكن [23]ان يصفي ماء البحر فيكون عذبا
يشرب [24]من قبل التجربة التي سلفت. فانه ان اخذ احد موما وهيأ منه [25]اناء رقيقا ثم ربطه والقاه

b27 لهذا] لهذ T || رئة] به T : πνεύμονα   b31 وآلات] واله T : μορίοις   a3 *القليل] الملب T : ἀκαριαίου   a4 *باد B] باو T : ἀναιρεθέντος   a6 *الصنفين B] العسين T : ἀμφοτέρους τοὺς τρόπους   a8 ومنه] منه T : καὶ τὰ μὲν   a10 *به يغذى من] بدامر T : ἐξ οἵας ποιεῖται τὴν τροφήν   a13 اجناس + اجناس T   a16 *التجزئ B] البحرى T   a20 بتلك B] تلك T || *عذبا] عدىا T : Σ dulci   a22 وهو] هو T : δ' : Σ et

في البحر وهو خال [26]سيجد فيه كثرة ماء عذب في يوم وليلة [27]ويكون ذلك الماء طيبا يشرب. فاما جنس الحيوان الذي يسمى باليونانية اقاليفي فانه يغذى من [28]السمك الصغير الذي يدنو من فيه وفمه في وسط جسده وذلك بين [29]خاصة فيما يكون منها عظيم الجثة. ولهذا الجنس [30]سبيل يخرج منه فضلة الغذاء مثل سبيل الحلزون وذلك السبيل في اعلى جسده. وهذا الجنس الذي يسمى اقاليفي شبيه [31]بخزف الحلزون اعني الجزء اللحمي الذي يكون في داخله. [32]وهذا الجنس يستعمل الصخور مثل الحلزون وصنف الحيوان البحري الذي يسمى باليونانية لوباداس [33]ينتقل
من مكانه ويغذى وهو من سيار. فاما اصناف الحيوان البحري المتحرك [1]فانه يغذى من السمك 590b
الصغار مثل الحيوان الذي يسمى باليونانية [2]بورفورا فان هذا الحيوان يأكل لحم السمك وبه يخدع ويصاد. [3]ومنها ما يغذى من النبات الذي ينبت في البحر مثل [4]اصناف اللجأة والتي تسمى باليونانية
T180 قونخليا [5]لان لها فما قويا جدا اكثر من افواه جميع الحيوان. واذا اخذ بفيه [6]حجرا وشيئا | آخر مما كان يكسره ويأكله ويخرج ايضا الى ناحية الشط [7]ويرعى من العشب. وهذا الصنف من الحيوان البحري يتعب مرارا شتى ويكون مرسلا [8]اذا كان يطفو على الماء ويجف من حرارة الشمس [9]ولا يقوى على النزول في العمق الا بعسر وشدة. ومثل هذا النوع يلقى [10]الحيوان البحري اللين الخزف فان هذا الحيوان يأكل كلا اعني حجارة [11]وطحلبا ورملا وما وجد من الهيولى مثل السراطين الصخرية [12]وهي ايضا تأكل اللحم. فاما الحيوان البحري الذي يسمى باليونانية قارابوا فانه يغلب ويقهر [13]السمك الكبير ويأكله [14]والحيوان البحري الكثير الارجل [15]يقهر الحيوان الذي يسمى قارابوا ايضا ويأكله. وان صاد الصياد بشبكته هذين الجنسين من اجناس الحيوان [16]يموت الذي يسمى قارابوا من فزع الحيوان الكثير الارجل. والذي يسمى قارابوا يأكل [17]الحيوان البحري الذي يسمى باليونانية غنقري لانها لا تزلق ولا تفلت منها لحال خشونة اجسادها. [18]وغنقري ايضا يأكل الحيوان الكثير الارجل [19]لانه لا يقوي على قتاله ومدافعته لحال ملوسة جسده. [20]فاما جميع اصناف الحيوان البحري الذي يسمى باليونانية مالاقيا فطعمه اللحم وقارابوا يأكل [21]السمك الصغير ويصيده من مأواه واحجاره [22]وهذا الصنف من اصناف الحيوان يكون في لج البحر فيأوي في الاماكن [23]الصخرية الخشنة وانما يهيئ [24]اعشها ومأواها في مثل هذه الاماكن التي وصفنا.

a25 *خال] حديد T : κενόν : Σ vacuum a27 اقاليفي] فالىمى T : ἀκαλῆφαι a31 اقاليفي] اقاليفي T : ἡ ἀκαλήφη a33 *سيار] سل T : μεταχωροῦσι b10 * كلا] B كلا T : صلا παμφάγα b20 وقارابوا] رفارابوا T : δ' οἱ κάραβοι

وكل ما يصيد [25]بزبانته يذهب به الى فمه كما تفعل السراطين وهو يمشي [26]الى قدام من قبل الطباع اذا لم يكن فزعا مخيفا ويرخي [27]قرونه ويمشي مشيا حثيثا واذا فزع يهرب ويسير على خلاف ما ذكرنا [28]ويرمي بنفسه الى بعد كبير. وقارابوا يقاتل بعضها بعضا [29]بالقرون مثل الكباش ويدفع ويضرب بعضها بعضا [30]ومرارا شتى يظهر كثير منها بعضها مع بعض مثل [31]قطيع غنم [32]فاما الحيوان البحري اللين الخزف يعيش بمثل هذا الفن. [33]ومثل الحيوان اللين الخزف والصنف الذي

591a يمسى باليونانية طاوثيداس والذي يسمى سبيا يغلب ويقهر السمك العظيم | الجثة. [1]فاما الحيوان T181

البحري الكثير الارجل فانه يأكل الصنف الذي يسمى قونخيليا لانه يجمعه [2]ويخرج لحمه ومنه يغذى ولذلك [3]يعرف الصيادون اماكنها ومأواها من قبل خزف القنخيليا. [4]فاما قول بعض الناس ان هذا الصنف يقيم في مكانه ويصيب طعمه من غير ان يبرح فهو كذب [5]وانما يقال هذا القول لان مخاليب بعض هذا الحيوان تكون كانها مربوطة من قبل صنف الحيوان الذي يسمى [6]غنقري. [7]وكثير من اصناف السمك يغذى ويعيش من البيض [8]والسمك الصغير الذي يخرج منه. فاما اذا لم يكن ذلك الزمان فليس طعم جميع السمك واحدا ⟨هو⟩ [9]فهو من اجل ان بعضها يأكل اللحم فقط [10]مثل الحيوان الذي يسمى سلاخي وغنقري وخنا [11]وثنو واللبراق وسنودونوطاس واميا وارفا [12]واسميرني. فاما الحيوان البحري الذي يسمى طرغلى فهو يغذى من الحلزون والطحلب [13]ويأكل اللحم ايضا فاما القيفال فانه يغذى من [14]الروث والحمأة والذي يسمى باليونانية سقاروس [15]والذي يسمى مالانوروس وتفسيره الاسود الذنب فهو يرعى من الطحلب والذي يسمى صلبي فيأكل الزبل والطحلب [16]وهو يسير ويرعى وهذا الصنف من اصناف السمك فقط يصاد بالقرع. [17]وجميع اصناف السمك يأكل بعضه بعضا [18]ما خلا الصنف الذي يسمى قسطريوس فاما الذي يسمى غنقري فهو خاصة يأكل غيره من السمك. فاما القيفال [19]وقسطروس فهى لا تأكل لحما البتة فقط والدليل على ذلك من قبل انه [20]لا يصاد قط شيء من هذين الصنفين وفي بطنه صنف من الحيوان [21]ولا يصاد ويخدع ⟨شيء من⟩ هذين الصنفين بلحم حيوان دمي بل بخبز. [22]وجميع الحيوان الذي يسمى قسطريوس يأكل الطحلب والرمل ومنه يغذى [23]فاما القيفال الذي يسمي بعض الناس شلون باليونانية فهو يأوي على الارض قريبا من الشط. [25]فاما اصناف السمك

---

b24 يصيد] بصىد T: λάβῃ   a1 الحيوان] حيوان T ‖ قنخيليا] ىحىسا T: κογχύλια   a11 واللبراق] والبراف T: λάβρακες ‖ وسنودونوطاس] وسوروبوطاس T: σινόδοντες ‖ واميا] واهىا T: ἄμιαι ‖ وارفا] وارقا T: ὀρφοί   a14 *الروث] الحب T: κόπρῳ

القيفال فهى تغذى من الحمأة ولذلك هى [26]ثقيلة رخوة مخاطية | الاجساد وليست تأكل شيئا من T182
السمك البتة [27]ولانها تأوي في الحمأة تنزو وتعوم مرارا شتى [28]لكي تغسل اجسادها من الفضلة
المخاطية وليس يأكل بيضها ولا السمك الذي يكون منه شيء [29]من السباع البتة ولذلك يكثر
القيفال. ولكن اذا هلكت وتحللت اجسادها [30]تؤكل من سائر السمك ولا سيما الصنف الذي
591b يسمى باليونانية [1]اخرنوس وهذا الصنف خاصة رغيب كثير الطعم اكثر من جميع اصناف السمك
[2]وليس يكاد ان يشبع ولذلك يمتد ويتسع بطنه جدا [3]واذا لم يكن صائما فهو رديء اللحم واذا
فزع يخفي [4]رأسه كانه يخفي جميع جسده. [5]والصنف الذي يسمى باليونانية سونودن يأكل اللحم
وخاصة الذي يسمى باليونانية مالاقيا. ومرارا شتى [6]يطرد هذا الصنف الذي يسمى باليونانية خنا
سائر السمك ويأكل منه حتى تلقي بطونها من افواهها [7]لان معدها تقرب من رؤوسها. [8]فكما ذكرنا
بعض الحيوان البحري يأكل اللحم [9]فقط مثل الدلفين والخرسفريس والذي يسمى سونودون
[10]واصناف السمك الذي يسمى سلاخوديس والذي يسمى ملاقيا. [11]ومن الحيوان البحري ما
يرعى من الطحلب ويغذى من الحمأة ومن [12]العشب والذي يسمى باليونانية قاوليون ومن الهيولى
النابتة [13]مثل ما يفعل الذي يسمى فوقيس وقوبيوس والسمك الصخري. فاما فوقيس فانه [14]لا
يدنو ولا يمس لحما آخر ما خلا لحم العقوسين وربما [15]اكل بعضه بعضا [16]والكبير منه يأكل
الصغير والعلامة الدليلة على ⟨ذلك⟩ انها تصاد ايضا [17]باللحم. والصنف الذي يسمى اميا وثنوا
ولبراق [18]يكثر من اكل اللحم وربما رغب من الطحلب ايضا [19]فاما الذي يسمى سرغوس فهو
يرعى خلف الذي يسمى طريغلا وان حركت الطريغلا [20]الطين وانصرفت فانها قوية على الحفر
ينزل سرغوس [21]ويرعى في ذلك الطين ويمنع ما كان اضعف من السمك ويدفعه عن الرعى.
[22]ويظن ان الصنف الذي يسمى باليونانية سقاروس يجتر من سائر السمك فقط فهو يجتر [23]كما
يجتر الدواب | ذوات الاربعة الارجل. وسائر اصناف السمك [24]يصيد السمك الذي هو اضعف T183
واصغر منه بنوع الاستقبال اعني بافواهها [25]على قدر الفن الذي خلقت عليه طباعها. فاما اصناف

---

b5 سونودن] سوبودى T : σινόδων   b9 والخرسفريس] والحرسفد T : χρύσοφρυς   b10 سلاخوديس] سلاحورى T : σελαχώδεις   b12 والذي] الذي T : καὶ τὸ καλούμενον || قاوليون] ماوليون T : καυλίον   b17 اميا] اما T : ἀμία || ولبراق] ولبراو T : καὶ λάβραξ   b20 *سرغوس] طرغون T : σάργος   b25 سلاخوديس] سلاحورى T : σελαχώδεις

السمك الذي يسمى باليونانية سالاخوديس والدلفين [26]وجميع الحيوان البحري العظيم الجثة فهى
تستلقي على ظهورها وتصيد ما تريد من السمك [27]لان افواهها من الناحية السفلى. ولذلك يسلم
منها السمك الاصغر [28]ولولا هذه العلة لقل السمك جدا فان [29]الدلفين له حدة وقوة عجيبة في
كثرة الطعم. [30]فاما اصناف الانكليس فهى تغذى [1]من الحمأة ومن الحبوب والخبز ان القى احد 592a
لها شيئا منه فذلك يكون في بعض الاماكن [2]واكثر الانكليس يغذى بالماء العذب الذي يشرب
ولذلك يحفظون ذلك الماء الذين يربون الانكليس فيه [3]لكي يكون نقيا فان مر ذلك الماء [4]بدفلى
او غيره من الاعشاب الرديئة [5]يختنق الانكليس عاجلا اذا لم يكن الماء نقيا [6]لان نغانغها صغار.
واذا اراد الصيدون صيدها يعكرون [7]الماء وفي الموضع الذي يسمى باليونانية سطرومون تصاد كثرة
من الانكليس في اوان مطلع الثريا [8]لان الماء يتعكر ويتحرك الطين في ذلك الاوان [9]لحال الرياح
المخالفة التي تهب ولذلك ينبغي ان [10]يكون الماء ساكنا اذا لم يرد صيدها. واذا هلك الانكليس
لا يطفو على الماء [11]ولا يرتفع الى فوق كما يرتفع كثير من السمك [12]وبطن الانكليس صغير جدا
وذلك بين من قبل انه يوجد في بعضها بطن [13]وفي كثير منها لا يوجد البتة. واذا خرج الانكليس
من الماء يعيش [14]خمسة او ستة ايام وان كانت الريح التي تهب شمالا يعيش اكثر من ذلك [15]وان
كانت الريح جنوبا يعيش اقل. واذا نقل الانكليس من النقائع الى [16]الاماكن التي يربى فيها في
اوان الصيف يهلك وان نقل في الشتاء يبقى. [17]وليس يحتمل الانكليس تغيير شدة الهواء [18]ولذلك
ان اصابها برد شديد يهلك منها [19]كثير بغتة. وان غذى الانكليس | في ماء يسير يختنق. [20]وهذا T184
العرض يعرض لسائر اصناف السمك ايضا [21]يعنى انها تهلك في الماء [22]القليل الذي هو فيه فهو
اذا كان مأواه ابدا فيه وكذلك يلفى الحيوان الذي يتنفس الهواء اذا ضاق به ذلك الهواء. [23]ومن
الانكليس ما يعيش سبعا او ثماني سنين. [24]والسمك النهري يأكل بعضه بعضا ايضا وهو يأكل
[25]عشابا واصولا وان وجد في الحمأة شيئا اكله [26]وهو يرعى في الليل اكثر مما يرعى في النهار لانه
اذا كان النهار [27]غاب في الاعماق. [28]فهذه حال غذاء جميع اصناف السمك.

⟨٣⟩ [29]فاما اجناس الطير فكل ما كان منها معقف المخاليب فانه يأكل اللحم [30]وان اطعمها احد
لحما ابتلعته عاجلا [1]مثل جميع اجناس العقبان واجناس الحدأة والبزاة [2]مثل البازي الذي يسمى 592b

a2 يحفظون] يحفظوا T   a12 وبطن] ويظن T : κοιλίαν

باليونانية فابوطوبوس والذي يسمى اسطفسياس وبين هذين الصنفين اختلاف [3]كثير لعظم الجثة
والذي يسمى باليونانية طرارشيس كمثل [4]وعظم هذا الصنف مثل عظم الحدأة وهو يظهر في كل
حين. [5]وايضا الصنف الذي يسمى باليونانية فيني والرخمة وجثة فيني [6]عظيمة جدا ولونها رمادي.
وفي البزاة التي تسمى فابوطوبوا [7]صنفان صغير وكبير والصغير اكثر بياضا من الكبير فاما الكبير
[8]فلونه رمادي اكثر من الصغير. وايضا بعض الطير الليلي معقف المخاليب [9]مثل البومة والذي
يسمى باليونانية غلاقس وبرواس. وايضا الذي يسمى باليونانية اسبزا وبرواس [10]فان منظره يشبه
منظر الذي يسمى غلاقس وعظم جثته مثل عظم العقاب وليس هو اصغر منه. وايضا [11]الصنف
الذي يسمى باليونانية اليوس والصنف الذي يسمى اغوليوس والذي يسمى سقوبس. واما اليوس
فهو [12]اعظم من ديك واغوليوس مثله وكلاهما [13]يصيدان الطير الذي يسمى باليونانية قيسا فاما
الذي يسمى سقوبس فهو اصغر جثة من غلاقس. [14]وهذه الثلثة الاصناف يشبه بعضها بعضا
بالنظر وكلها يأكل اللحمان. [15]ويكون في اجناس الطير ما ليس هو معقف المخاليب وهو [16]يأكل
اللحم مثل الخطاف ومن الطير ما يأكل | الدود مثل الذي يسمى باليونانية [17]اسبيزا وعصفور T185
وباطيس [18]عظيم الجثة جدا وهو مثل [19]اسبيزا وصنف آخر يسمى جبليا لانه يأوي الجبال [20]وله
ذنب طويل. فاما الصنف الثالث فشبيه بهذين الصنفين ولكن يخالفهما [21]بالنظر لانه اصغر منهما
جدا وايضا الذي يسمى سوقالس [22]وهو اسود الرأس والذي يسمى بروسولاس واريثاقوس وابي
لاس وايسطروس [23]وطورانوس. وعظم جسد هذا الطائر اكبر من الجراد قليلا وهو [24]احمر اللون
له قنزعة جيد الصوت حسن الزهو. [25]فاما الذي يسمى سفزوس [26]فهو شبيه باسبيزا بالعظم وهو
قريب منه [27]ولون ما يلي عنقه مثل لون اللازورد ويأوي في الجبال. وايضا الطير [28]الذي يأكل

---

b2 اسطفسياس] اسطقسات T : σπιζίας b3 باليونانية] بالنفانه T ‖ طرارشيس] طراوسس T : τριόρχης
b8 فلونه] ملونه T b9 غلاقس] علامس T : γλαύξ ‖ اسبيزا وبرواس(2)] اسىدوبرواس T : βρύας /
βύας b11 and 12 اغوليوس] اعولوس T : αἰγώλιος b11 سقوبس] سمصىس T : σκώψ b12 ديك]
دىل T : ἀλεκτρυόνος b13 قيسا] فسا T : κίττας ‖ سقوبس] سفلس T : σκὼψ ‖ غلاقس] اعلاقس T :
γλαυκός b17 اسبيزا] اسفرا T : σπίζα b19 جبليا] حلى T : ὀρεινὸς : Σ montanus b21 بالنظر]
بالغظر T b22 واريثاقوس] وارساڡوس T : ἐρίθακος ‖ وابي لاس وايسطروس] واى لاسطروس T :
ἐπιλαῖς οἶστρος b23 الجراد] الحرارة T : ἀκρίδος b24 *حسن الزهو] حس الدهر T : εὔρυθμον
b26 باسيزا] اسىرا T : σπίζῃ b27 اللازورد] اللازرود T : κυανοῦν

الحبوب لجميع هذه الاصناف [29]يأكل الدود ومنها ما لا يأكل غيره البتة ومنها ما اكثر طعامه
الدود. [30]فاما الطير الذي يسمى باليونانية اقنشيس واطرابيس والذي يسمى خرسومطرس [1]لجميع 593a
هذه الاصناف يجلس على الشوك ويرعى [2]ولا يأكل شيئا له نفس البتة وهو ينام ويرعى. [3]ومن
الطير ما يأكل البق وما صغر من الحيوان ومنه ما يعيش خاصة [4]مثل الذي يسمى بيبان الاكبر
والاصغر [5]ومن الناس يسمونها الطيور التي تنقر الشجر [6]والصنف الواحد شبيه بالآخر وصوتهما
شبيه ايضا غير ان للاكبر صوتا اعظم. [7]وهذان الطيران يطيران حول الشجر ويكتسبان طعامهما.
[8]وايضا الطائر الذي يسمى باليونانية ⟨قاليوس⟩ وعظمه مثل عظم [9]الاطرغلة ولون كل جسده
اخضر وهو ينقر الخشب نقرا [10]شديدا ويرعى على ذلك الخشب وله صوت [11]عظيم وهذا الطائر
يكون خاصة في البلدة التي تسمى باليونانية بالابونيسوس. [12]وايضا طير آخر يسمى قنيبولوغوس
وهو صغير [13]مثل الذي يسمى اقنثوليس ولونه رمادي وهو منقط [14]صغير الصوت وهذا ايضا ينقر
الخشب ويقطعه. [15]وفي الطير اجناس اخر تلقط الحبوب وتعيش منه مثل [16]الحمامة والفاختة |
والاطرغلة. فاما الفاختة والحمامة [17]فهي تظهر ابدا والاطرغلة تظهر في الصيف وتغيب في الشتاء. T186
[18]فاما الطير الذي يسمى باليونانية اناس فهو يظهر خاصة في الخريف وفي الربيع وفي ذلك الاوان
[19]يصاد وهو اعظم [20]من الحمامة واصغر من الطير الذي يسمى فبص وصيد [21]هذا الصنف يكون
خاصة عند شربه الماء وهو يأتي الى [22]هذه الاماكن مع فراخه. فاما جميع اصناف الطير [23]فهي
تجيء الى هذه النواحي في الصيف وتعشش واكثرها يعيش [24]من الحيوان ما خلا اصناف الطير
الذي يشبه الحمام وبقول عام بعض اصناف الطير [25]يمشي ويكتسب طعمه. ومن الطير ما يأوي
حول النقائع والانهار [26]ومنه ما يأوى حول البحر فاما ⟨ما⟩ كان من الطير [27]في رجليه جلد يجمع
ما بين اصابعه فهو يأوي في الماء اكثر ذلك [28]والطير المشقق الرجلين يأوي حول الماء [29]ويغذى
من العشب النابت اعني الطير الذي لا يأكل اللحم [1]والطير الذي يأوي حول النقائع والانهار مثل 593b
الذي يسمى باليونانية اروديوس والذي يسمى [2]اروديوس الابيض وهذا اصغر جثة من الآخر

b29 الدود] الدوده T : σκωληκοφάγα : Σ vermes   a1 لجميع] جميع T   a2 وهو] رهر T   a7 ويكتسبان] ويكىسان T   a8 ⟨قاليوس⟩ : κελεός : Σ kaleoz   a12 قنيبولوغوس] فىدولوعوس T : κνιπολόγος   a13 اقنثوليس] اڡسوليس T : ἀκανθυλλίς   a18 اناس] الاس T : οἰνὰς   a26 *فاما] فما T   a27 *فهو] وهو T

[3]وهو عريض طويل المنقار. وايضا الطير الذي يسمى بالارغوس والاروس [4]⟨والاروس⟩ رمادي
وايضا الذي يسمى سقونيس [5]وخنقولوس وبوغرغوس وهذا اعظم جثة من الذي يكون اصغر
منه [6]وهو في العظم مثل السمان وجميع هذه الاصناف تحرك اذنابها. وايضا الطير الذي يسمى
[7]سقلدريس واللون الغالب عليه رمادي وفيه اختلاف الوان كثيرة. [8]وايضا جنس الطير الذي
يسمى باليونانية القوان ويأوي في الماء [9]وهو صنفان اما الصنف الواحد فهو [10]اذا جلس على
القصب يصوت. فاما الصنف الآخر فليس يصوت والذي لا يصوت [11]اعظم جثة من الآخر
وظهور كليهما مثل لون اللازورد وايضا الطير الذي يسمى طروشيلوس. [12]وحول البحر يكون
الطير ⟨الذي⟩ يسمى القوان وقيريلوس وايضا اصناف [13]الغداف تعيش من الحيوان الذي يقع
[14]لانه | طير يأكل كلا وايضا لاروس الابيض وكبفوس [15]واثوا وخرادريوس. وما ثقل من T187
الطير الذي فيما بين اصابعه جلد يأوي [16]حول النقائع والانهار مثل وز الماء وقاقي وفالاريس
[17]وقولومبس. وايضا الذي يسمى باسقاس وهو شبيه بوز الماء وعظم جثته [18]اصغر من جثة وز
الماء والطير الذي يسمى غرابا [19]وعظم جسده مثل عظم الذي يسمى فالارغوس غير ان ساقيه
اصغر وبين اصابع رجليه جلدة [20]وهو جيد السباحة. فاما لونه فاسود وهو يجلس [21]على الشجر
ويفرخ هناك وليس يفرخ على الشجر شيء من اصناف الطير الذي يأوي حول النقائع والانهار
غير هذا فقط. [22]وايضا الوز الصغير الذي يقال له قطيعيا والوز الذي يسمى باسم مركب وزوثعلبا
[23]والذي يسمى اقس وبرنيولوس فاما الذي يسمى اليادوس فهو يأوي حول البحر [24]ويقطع
النقائع. واصناف كثيرة من الطير [25]تأكل كلا فاما الطير المعقف المخاليب [26]فهو يأكل كل ما
يقهر من الحيوان والطير [27]غير انه لا يأكل الطير الذي يناسبه بالجنس ولا يفعل فعل [28]السمك
فان السمك مرارا شتى يأكل ما يشبهه بالجنس. واجناس الطير [29]تقل من شرب الماء جدا فاما
594a اجناس الطير المعقف المخاليب [1]فليس البتة غير اصناف يسيرة تشرب في الفرط [2]مثل الطير الذي
يسمى قنخريس والحدأة فانهما يشربان في الفرط مرة [3]وقد يظهر ذلك.

b3 بالارغوس] مالارعوس T: πελαργὸς   b4 ⟨والاروس⟩: ὁ δὲ λάρος: Σ et lairoz   b5 وبوغرغوس] وبرعوعوس T: πύγαργος   b7 سقلدريس] سعدوىس T: σκαλίδρις   b11 اللازورد] اللازرود T: κυανοῦν || طروشيلوس] طروسلوس T: τρόχιλος   b14 وكبفوس] وطيعوس T: κέπφος   b16 وقاقي] وفاى T: κύκνος   a2 قنخريس] فحرس T: κεγχρίς

⟨٤⟩ [4]فاما ما كان من الحيوان مفلس الجلد مثل السام ابرص [5]وسائر الحيوان ذوات الاربعة الارجل والحيات فهى تأكل كلا اعني انها [6]تأكل اللحم والعشب. فاما الحيات فهى رغيبة جدا اكثر من [7]سائر الحيوان وهى ايضا قليلة الشرب وسائر الحيوان [8]الذي له رئة مجوفة وهو [9]قليل الدم لجميع هذه الاصناف تبيض بيضا. فاما الحيات [10]فليس تضبط انفسها اذا شمت الشراب بل تشتاق اليه جدا ولذلك يصيدون الحيات بعض الناس [11]بآنية من خزف | فيها شراب واذا T188
اخذوها اصابوها قد [12]سكرت. والحيات تأكل اللحمان [13]وتمص رطوبة كل حيوان تقوى عليه ثم تبتلعه وتخرجه من السبيل الذي تخرج منه فضلة الطعام [14]وبقول عام سائر الحيوان المفلس الجلد يفعل مثل هذا الفعل. فاما اصناف العنكبوت [15]فهى تمص رطوبة الحيوان الذي تصيد واما الحيات فهى توصل ما تصيد الى بطونها [16]فالحية تأخذ ما تعطى من حيث ما كان بالبخت [17]وهى تأكل الطير والسباع وتبتلع البيض واذا ابتلعت شيئا [18]ترده ايضا الى خلفها حتى يكون في الطرف [19]ثم تجمع جثتها وتنقبض [20]حتى تكسر وتفتت ما ابتلعت ويصير الى موضع خروج فضلة الطعام. [21]وانما تفعل ذلك لان معدها دقيقة طويلة [22]والحيات وسائر اصناف الهوام تقوى على ان تعيش زمانا كثيرا بلا طعم [23]وذلك يعلم من الحيات التي توجد [24]تغذى عند باعة الادوية.

⟨٥⟩ [25]فاما من الحيوان ذوات الاربعة الارجل التي تلد حيوانا مثلها فجميع ما كان بريا [26]قوي الاسنان يأكل اللحم ما خلا الذئاب فان الذئاب يزعم بعض الناس [27]اذا شرهت اكلت ترابا. [28]وهذا الحيوان فقط لا يأكل شيئا من العشب البتة الا عند مرضه كما تفعل [29]الكلاب فانها اذا مرضت واعتلت اكلت عشبا من الاعشاب وقاءت واستنقت اجسادها. [30]وما خبث من الذئاب يأكل الناس [31]واما الضبعة العرجاء [32]فعظم جسدها مثل عظم الذئب ولها عرف مثل
594b [1]عرف الفرس وشعرها اجسى من شعر الفرس وهى كثيرة الشعر [2]في كل الفقار وتغتال وتأكل الناس [3]وهى تعي وتصيد الكلاب مثل ما تصيد الناس [4]وتنبش القبور لشوقها الى اكل اللحم. [5]فاما الدب فهو يأكل كلا اعني انه [6]يصعد على الشجر ويأكل ثمرها ويفعل ذلك لرطوبة [7]جسده ويأكل الحبوب ايضا [8]ويكسر كوائر النحل ويأكلها والسراطين والنمل [9]ولحال قوته يشد على

a27 *شرهت] شربت T : πεινῶσιν || اكلت] اكلت T : ἐσθίειν : Σ comedunt   b9 *يشد] يشتد T : ἐπιτίθεται : Σ proeliatur

[10]الايلة وعلى اصناف الخنزير البري ان قوي على ان يخفى عنها [11]ويشد عليها بغتة. | والدب ايضا يشد على الثور [12]ويستلقي على ظهره بين يدي وجه الثور [13]واذا هم الثور بضربه اخذ الدب بقرونه بذراعيه [14]ولا يزال يعض بفيه ما بين اكتافه حتى يلقي [15]الثور. وهو يمشي حينا يسيرا [16]على الاثنين قائم الجثة ويأكل جميع اللحمان ويعفنه [17]اولا. فاما الاسد فانه يأكل [18]اكلا شديدا [19]ويبلع بضعا كبيرة بغير ان يقطعها او يمضغها ثم يقيم يومين وليلتين [20]بلا طعم لكثرة الامتلاء [21]وهو قليل الشرب. وليس يلقي روثه الا مرة في اليوم وربما فعل ذلك [22]في كل ثلثة ايام مرة او كما جاء بالبخت وروثة جاس جدا [23]ليس فيه شيء من الرطوبة شبيه بروث الكلب. والريح التي تخرج من جوفه [24]حريفة منتنة جدا ولبوله رائحة ثقيلة. ولذلك اذا دنت الكلاب من الشجر تشمها [25]والاسد يرفع الرجل الواحدة اذا بال كما تفعل [26]الكلاب ولمأكوله رائحة ثقيلة [27]وان شق احد جوفه وجد منه بخارا [28]ثقيل الرائحة. وبعض الحيوان البري الذي له اربعة ارجل [29]يكتسب طعمه وغذاءه من النواحي التي تلي النقائع والانهار. [30]وليس شيء منها فيما يلي البحر ما خلا الحيوان الذي يسمى باليونانية فوقي واصناف الحيوان الذي يأوي فيما يلي الانهار والنقائع والذي يسمى باليونانية [31]قاسطور والذي يسمى ساثاريون والذي يسمى ساتيريون والذي يسمى انودريس [32]والذي يسمى لاطقيس وهذا الحيوان اعرض جدا من الذي يسمى انودريس [1]وله اسنان قوية 595a وهو يخرج بالليل مرارا شتى [2]حول النهر ويقطع باسنانه غصنا ويعض باسنانه عضا شديدا واذا عض [3]انسانا لا يترك العضو الذي يعض [4]حتى يسمع صوت كسر العظم. وشعره [5]جاس ومنظره فيما بين منظر شعر فوقي [6]وشعر الايل.

⟨٦⟩ [7]والحيوان القوي المحدد الاسنان يشرب [8]كما يشرب الفأر. فاما الحيوان [9]المستوي الاسنان فهو يشرب بنوع آخر الماء مثل الخيل والبقر. فاما الدب فهو يشرب [10]بنوع آخر وبعض اجناس الطيور يشرب بنوع آخر [11]غير ان الطويلة الاعناق منها ما يحل فيما | بين شربها [12]وترفع رؤوسها ثم تعود T190 الى الشرب والطائر الذي يسمى باليونانية برفوريون يشرب بنوع آخر فقط. [13]فاما ذوات القرون من الحيوان المشاء اعني المستأنس والبري [14]وما ليس هو محدد الاسنان فكله يأكل الحبوب [15]ان

T189 (margin, line 1)

b10 الخنزير] الحيوان T : τοῖς … ὑσίν Σ porcis b13 *بذراعيه] بدراعنها T b26 *ولمأكوله] ولبوله T : ἐν τοῖς ἐσθιομένοις b31 قاسطور] باسطور T : κάστωρ a9 الدب] الذباب T : ἄρκτος Σ ursus

لم يجع جدا ما خلا الكلب [16]فانه لا يأكل عشبا ولا حبوبا الا اقل ذلك. فاما الخنزير فهو من الحيوان خاصة يأكل الاصول [17]لان خلقة خرطومه موافقة [18]لهذا العمل وخرطومه موافق [19]لكل طعم اكثر من جميع الحيوان [20]وجسده يعظم عاجلا ويسمن سريعا فانه يخصب ويسمن في ستة [21]ايام والذين يعانون هذا الامر بتجاربهم يعلمون كم يكون زيادة شحمه [22]وهم يصومون فان الخنزير اذا جاع [23]ثلثة ايام [24]ثم اكل شبعا من الطعام [25]سمن عاجلا. فاما اهل ثراقي فانهم اذا ارادوا ان يسمنوا الخنزير [26]يسقونه في اليوم الاول ثم يخلونه يوما واحدا اولا [27]وبعد ذلك يخلونه يومين او ثلثة او اربعة والى [28]السبعة الايام. وهذا الحيوان يسمن من اكل الشعير والدخن [29]والتين والكمثرى البري والقثا وما يشبه هذا الصنف. فالخنازير خاصة تسمن عاجلا كما وصفنا [30]والسكون يسمن جميع الحيوان الجيد البطن. [31]فاما الخنازير فهى تسمن اذا تمرغت في الطين وصارت اجسادها
595b مطينة وهى ترعى معا [1]بقدر قرونها والخنزير يقاتل الذئب. [3]وجميع اناث الحيوان اعني الخنازير [4]وغيرها تهزل اذا ارضعت جراءها. فطعم اصناف الحيوان الذي ذكرنا على ما حال ما وصفنا.

⟨٧⟩ [5]فاما البقر فهو يعتلف الحبوب [6]ويسمن من الحبوب التي تنفخ مثل الكرسنة [7]والباقلى المطحون وعشب الباقلى الطري وهو يسمن خاصة ان [8]شق احد ناحية اجسادها ونفخها ثم علف [9]المسن منها ويسمن من الشعير الذي لم يطبخ والشعير [10]المقشر والثمرات الحلوة مثل التين والزبيب [11]والشراب وورق الغرب ويسمن ايضا من الشموس [12]والحمام بالماء الحار. وان وضع احد [13]موما
T191 مسخونا على قرون عجول | البقر ذهبت معه حيثما شاء بايسر المؤونة [14]وان دهن احد قرون البقر بموم او زيت او زفت لم يوجع رجليها الا وجعا يسيرا [15]وهى تتوجع رجليها وتتعب [16]اذا انتقلت من مكان الى مكان وتتأذى من الثلج. والبقر ينشؤ ويشب عاجلا اذا [17]لم ينز ولم تنز سنين كثيرة. ولذلك الذين يسكنون البلدة التي تسمى باليونانية ايبيروس [18]يحفظون [19]ويسمونها باسم خاص وانما يفعلون ذلك لكي تنشؤ وتشب عاجلا. [20]وعدة هذا البقر تبلغ اربع مائة رأس وهى للملوك خاصة [21]وليس يقوى ذلك البقر على المعاش في بلدة اخرى وقد جرب ذلك بعض الناس فهلك.

---

a21 *بتجاربهم] بجارتهم T : πραγματευόμενοι b7 *وعشب] وعشف T : χλόη b11 *الشموس] السمسم T : οἱ ἥλιοι b12 *والحمام] والحميم T : τὰ λουτρὰ b13 مسخونا] مستحونا T : χλιαινόμενα : Σ calefiant b17 سنين] سنا T : ἔτη : Σ annis || ايبيروس] اسوسر T : Ἠπείρῳ b21 جرب] جرت T : πεπειρᾶσθαί

⟨٨⟩ [22]فاما الخيل والبغال والحمير فهى تأكل الخضر والحبوب [23]وانما تسمن وتخصب خاصة من
الشرب فانها بقدر ما تروى [24]من الماء كذلك تعتلف من العلف [25]واذا عسر سقيها [26]عسر علفها
ايضا. فاما القصيل فانه يكثر الشعر [27]اذا حمل الزرع فاما اذا جسا قصيل يكون رديئا. [28]واول جزء
القت رديء وخاصة اذا [29]سقى القت بماء منتن لان القت يكون رديء الرائحة ايضا. [30]والبقر
يشتهي شرب الماء النقي فاما الخيل فهى تشرب مثل الجمال [31]وشرب الماء الكدر الغليظ الذ للجمل
596a من غيره [1]ولذلك لا تشرب الجمال من ماء الانهار قبل ان تحركه وتعكره بارجلها. والجمال تقوى على
ان تبقى بغير شرب ماء [2]اربعة ايام ثم بعد ذلك تشرب [3]ماء كثيرا.

⟨٩⟩ فاما الفيل فهو يعتلف علفا كثيرا ويعتلف [4]تسعة امداء بالمد المقدوني بمرة واحدة وهو يخاف
عليه اذا اعتلف علفا كثيرا بقدر ما وصفنا. [5]فاما القدر الصالح الذي يعتلف فستة او سبعة امداء
ويعتلف من السويق [6]خمسة ماريس وهو كيل رومي ويكون ماريس قدر ستة [7]قوطولاس وقد
شرب فيل فيما سلف بمرة واحدة [8]ثمنية عشر كيلا ما بالكيل المقدوني وايضا بالعشي يشرب ثمنية
[9]اكيال اخر. والجمال تعيش قريبا من [10]ثلثين عاما ومنها ما يعيش اكثر من ذلك وقد | عاش بعض T192
الجمال مائة سنة [11]فاما الفيل فانه يعيش فيما زعم بعض الناس مائتي سنة [12]ومنهم من يزعم انه
يعيش اربع مائة سنة.

⟨١٠⟩ [13]فاما الغنم والمعزاء فهى تعتلف العشب والحشيش [14]والغنم يرابط ويثبت في الموضع الذي
يجد فيه الرعي [15]فاما المعزى فهى تنتقل من مكان الى مكان وليس ترعى الا من اطراف الشجر
والعشب. [16]والغنم يسمن خاصة من الشرب [17]ولذلك يطعم الملح في كل خمسة ايام اذا كان صيفا.
والرعاة يطعمونه [18]في مائة من الغنم مدى من الملح ويكون قطيح الغنم بهذا التدبير سليما صحيحا
مخصبا [19]ولذلك يلقون الرعاة الملح في كثير من اعلافها [20]اعني في التبن وغير ذلك فان الغنم اذا
اعتلفت من ذلك العلف وعطشت [21]يشرب شربا اكثر. واذا كان الخريف يملحون الرعاة القرع
ويعلفون الغنم [22]لانه يدر ويكثر اللبن ايضا. واذا تحرك الغنم [23]في انصاف النهار يشرب شربا اكثر

b26 علفها] علقها T   b27 *قصيل] وسعل T : ἀθέρας   a7 فيل] قبل T : ἐλέφας : Σ elephas
a8 المقدوني] المفدرى T : Μακεδωνικοὺς   a11 مائتي] مائى T : διακόσιά : Σ ducentis   a17 يطعمونه]
يطعمه T : διδόασιν : Σ dant   a18 *في مائة] رمايه T : τοῖς ἑκατόν

ولا سيما اذا كان عند الرواح [24]واذا وضعت اناث الغنم وطعمت الملح يكون ضرعها اكبر. والغنم
يسمن من [25]العدس ومن التبن ايما كان [26]واكثر ما يسمنها نضح الملح على ما يعتلف. [27]وان اجاع
احد الغنم ثلثة ايام وثلثة ليال ثم اشبعها من العلف سمنت عاجلا. [28]وفي الخريف شرب الماء الذي
يصيبه ريح الشمال اوفق من الماء الذي يصيبه ريح الجنوب [29]والرعى عند المساء اوفق لها من
سائر الاوقات [30]وهى تهزل من التعب والطريق. فاما الرعاة فانهم [31]يعرفون القوي والضعيف
596b من الغنم في اوان الشتاء من قبل ان [1]الثلج والجليد تبقى على ما كان منها قويا فاما الضعيف
منها فانه [2]يتحرك وينتفض ويلقي عن ظهره الثلج والجليد لحال ضعفه. وكل لحم ذوات الاربع
الارجل [3]رديء اذا كان مأواه ورعيته في اماكن منقع المياة ملتفة الشجر [4]واذا كان مرعاها في
مواضع جبلية مشرقية فلحمها اطيب والذ. وما كان من الغنم عريض الالية يحتمل الشتاء الشديد
اكثر [5]من الطويل الالية والغنم الكثير الصوف يحتمل شدة الشتاء اكثر من القليل | الصوف T193
[6]والجعد الصوف منها قليلة الاحتمال للشتاء والخنازير اصح اجسادا من المعزاء [7]واجساد المعزاء
اقوى من الخنازير. وجزز الغنم ⟨الذي⟩ اكل من الذئاب [8]وصوفها والثياب التي تعمل منه [9]تولد
قملا كثيرا اكثر من الثياب التي تعمل من صوف الغنم الذي لم يتناول منها شيئا.

⟨١١⟩ [10]فاما الحيوان المحزز الجسد فما له اسنان فهو يأكل شيئا [11]وما ليس له اسنان ⟨بل⟩ لسان فقط
فهو يغذو من الرطوبات [12]لانه يمصها مصا من كل ناحية. فما كان منها اكولا لكل شيء [13]فهو
يذوق جميع الرطوبات مثل الذباب ومنها ما يعيش من اكل ومص الدم [14]مثل البق وذباب
الدواب الذي يسمى باليونانية اسطروس ومنها ما يعيش من رطوبات الشجر والثمرات. [15]فاما
النحل فقط فليس يجلس على [16]شيء رديء الرائحة منتن الطعم ولا يطعم طعاما البتة ما خلا
الطعام الذي فيه رطوبة حلوة عذبة طيبة [17]والنحل يشرب الماء [18]النقي الطيب الصافي. [19]واجناس
الحيوان تطعم وتغذى من الاشياء التي وصفنا.

---

a24 *وطعمت] واطعمت T : Σ comederint   a27 *اشبعها] اسعمها T : Σ recipiant cibum multum
b3 كان + اذا كان T   b7 وجزز] وحرز T : τὰ κώδια : Σ panni   b11 *بل لسان] بالسنان T : δὲ
γλῶτταν : Σ nisi linguam   b14 الذي] والذى T

⟨١٢⟩ [20]ولها افعال خاصة لها عند اوان سفادها [21]وولادها وتكسب طعمها [22]واحتيالها للبرد
والدفاء [23]وتغيير الزمان لانها [24]تحس من قبل الطباع بالدفاء والبرد [25]كما يحس الناس. فان الناس
اذا كان الشتاء دخلوا في المنازل وتدثروا [26]واذا كان الصيف انتقلوا [27]الى المواضع الباردة واذا
كان الشتاء انتقلوا الى المواضع الدفئة [28]وكذلك يفعل كثير من اجناس الحيوان كلما يقوى على
التنقل وتبدل الاماكن. [29]ومن الحيوان ما يختزن في المواضع التي عاود المأوى فيها [30]ومنها ما
ينتقل الى بلاد بعيدة اذا كان استواء الليل والنهار الذي يكون في الخريف [31]وانما تنتقل من
597a مواضعها لهربها من [1]شدة الشتاء. فاذا كان استواء الليل والنهار الذي يكون في الربيع ينتقل من
الاماكن الدفئة الى [2]الاماكن الباردة لخوفها من تغيير الهواء [3]ومنها ما ينتقل من اماكنها الى
T194 [4]بلاد بعيدة جدا مثل ما تفعل الغرانيق [5]ومنها ما ينتقل | من ارض اسكوثيا وهى من بلاد
خراسان الى ناحية [6]مصر حيث يسيل ماء النيل وفيما يقال هنالك يقاتل الرجال الذين قامات
اجسادهم قدر ذراع. [7]وليس هذا القول مثلا بل هناك بالحقيقة [8]جنس من اجناس الناس
صغير القامة كما يقال [9]وخيلهم ايضا كمثل ومساكن اولائك الاسراب والجحرة وفيها يأوي جميع
عمرهم والطائر الذي يسمى باليونانية بالاقاناس [10]ينتقل من ناحية النهر الذي يسمى اسطرومون
الى [11]النهر الذي يقال له اسطروس ويعيش ويفرخ هناك واذا انتقل هذا الطائر لا يبقى منه في
المكان الذي ينتقل عنه [12]وما تقدم منه ينتظر ما يأتي بعده حتى يجوز الجميع من الجبل [13]ويكون
الاول مع الاخير. [14]والسمك ايضا يفعل ذلك وينتقل من بحر بنطوس الى موضع آخر [15]وفي
السمك جنس آخر اذا كان الشتاء انتقل من اللج [16]وصار الى ناحية البر لطلب الذمام والدفاء واذا
كان الصيف انتقل [17]من ناحية البر وصار الى ناحية اللج لطلب البرد. [18]والاصناف الضعيفة من
الطائر اذا كان الشتاء والزمهريرات ⟨هربت⟩ [19]الى البقعة المستوية لما يطلب من الدفاء [20]واذا كان
الصيف انتقلت الى الجبال المشرفة لحال الحر والسموم. [21]وما كان من اصناف الطائر اضعف

a6 الذين] الدر T   a8 صغير] صعر T : μικρόν : Σ parvum   a9 الجحرة] الحجره T ‖ *والطائر] هى الطاير T : καὶ : Σ et ‖ بالاقاناس] بالاماماس T : πελεκᾶνες   a16 *الذمام] الدثار T ‖ والدفاء] والدوا T : τὴν ἀλέαν : Σ calorem   a17 لطلب : -T[1]   a18 والزمهريرات] الزمهررات T : καὶ τοῖς πάγοις ‖ *⟨هربت⟩ : καταβαίνουσι : Σ fugiunt ‖ والزمهريرات] الزمهريرات T   a19 المستوية] الستوبة T

ارسطوطاليس 289

من غيره فهو ينتقل من مكانه في زمان [22]الفضل قبل غيره مثل الدراج فانه ينتقل عن مكانه قبل الغرانيق والسمك الذي يسمى باليونانية سقومبري ينتقل عن موضعه قبل السمك الذي يسمى ثنوا. [24]وجميع هذه الاصناف تكون اسمن واخصب [25]اذا هى انتقلت من البرد واذا انتقلت [26]من الحر الى البرد. [29]وجميع ما ذكرنا يهيج الى النزو والسفاد في زمان الربيع اكثر من سائر الازمنة واذا [30]انتقلت من الاماكن الصيفية تفعل ذلك ايضا. [31]وكما قلنا فيما سلف الغرانيق بل جميع اصناف الطير تنتقل من اول الارض الى اواخرها [32]وهى تطير مع الريح التي تهب. فاما ما يقال
597b عن [1]الحجر فكذب لان بعض الناس يزعم ان في الغرانيق حجرا [2]موافقا لتجربة الذهب وهو يوجد | فيها. [3]والحمام البري والفواخت والاطرغلات تنتقل من اماكنها [4]ولا تشتو فيها [5]فاما الحمام فهو T195
يبقى في موضعه والدراج ايضا [6]وربما بقى بعض الدراج والفواخت في [7]مواضع دفئة واذا انتقلت الفواخت والاطرغلات تطير رفا رفا [8]واذا عادت كمثل. [9]فاما الدراج فانه اذا وقع في موضعه وكان الهواء صاحيا [10]والريح شمالا يتزاوج ويخصب وان كان [11]الريح جنوبا ساءت حال الدراج ومرضت لانها ليست بطيارة [12]وريح الجنوب رطبة ثقيلة ولذلك لا يطلب صيدها علماء الصيادين [13]اذا كانت الريح شمالا فانها تطير في تلك الريح ولا تقوى على الطير اذا كانت الريح جنوبا لحال ثقل اجسادها [14]ولذلك تصوت عند طيرانها لحال التعب الذي يصيبها. [15]واذا انتقلت الغرانيق من هذا المكان الى ناحية الحبشة فهى لها رئيس يتقدمها ويقودها. [16]فاما اذا انصرفت من هناك الى ناحيتها فلا. [17]والطائر الذي يسمى باليونانية اوطوس والذي يسمى نخراموس [18]فاذا كان الليل صوتت هذه الطيور ودعت بعضها بعضا واذا سمع الصيادون اصواتها [19]علموا انها لا تبيت في اماكنها. فاما السمن [20]فمنظره شبيه بمنظر الطائر النقائعي وللطائر الذي يسمى غلطيس [21]لسان يخرج من فيه الى بعد والذي يسمى باليونانية اوطوس [22]شبيه بالطائر الذي يسمى غلوقس وله في ناحية الاذنين شيء شبيه بجناحين ومن الناس من [23]يسميه بومة وهو يحاكي و يتشبه [24]ويرقص قبالة من يرقص وانما يصاد اذا ذهب احد [25]الصيادين الى خلفه مثل الطائر الذي يسمى غلوقس. وبقول عام جميع الطير المعقف المخاليب [26]قصير العنق غليظ اللسان محاك. [27]وللطير الهندي الذي يسمى باليونانية

---

a22 *الفضل] المطر T : τὴν ὑπερβολήν || سقومبري] سفوسرى T : σκόμβροι a31 تنتقل] وينتقل T
b17 اوطوس] ارطوس T : ὠτὸς b21 اوطوس] اطوس T : ὠτὸς b24 *ويرقص] ورقن T : ἀντορχούμενος || يرقص] رقن T b25 غلوقس] علومس T : γλαύξ

ابسطاخي لسان مثل لسان الانسان [28]وهو يهيج الى السفاد جدا اذا [29]شرب الشراب. واجناس الطير الذي يطير رفا رفا صنف الغرانيق والقاقي [30]والوز الصغير والذي يسمى باليونانية بالاقان.

⟨١٣⟩ [31]وكما قيل اولا بعض السمك ينتقل [32]من ناحية اللج الى ناحية البر ومن ناحية البر الى اللج
598a [1]لهربه من شدة البرد | والحر. [2]والسمك الذي يأوي في ناحية البراطيب والذ وانفع من الذي يأوي T196
في اللج [3]لان الرعى الذي يرعى اجود من رعى اللج. وكل مكان تطلع عليه الشمس [4]ينبت نباتا اجود والين من غيره وذلك بين من نبات البساتين [5]وفي قرب الارض ينبت نبات اجود من غيره والذي ينبت منه في ناحية اللج شبيه [6]بالبري. وايضا اماكن البحر التي في قرب البر ممتزجة مزاجا جيدا [7]ليس بحار ولا باردا جدا [8]ولذلك يكون لحمان السمك الذي يأوي في قرب الشاطئ اقوى واشد واطيب والذ من [9]السمك اللجي وباضطرار يكون السمك اللجي رطبا رخو الجسد. والسمك الذي يأوي في قرب البر [10]الذي يسمى باليونانية سونودون وقنثاروس واخرسفيد وقسطروس واطريغلا [11]ونخلا ودراقون وقليونيموس وقوبيوس وجميع الاجناس الصخرية. [12]فاما اجناس السمك اللجي فالذي يسمى طرغلة واصناف الذي يسمى باليونانية سلاخي [13]وغنقري البيض وخنا واروثرينوس وغلقوس وفاغري [14]وغنقري السود واسموراني. [15]فاما الذي يسمى قوقيغاس فهو مشترك لانه ربما كان لجيا وربما كان شاطئيا او قريبا من الارض. وفي هذه الاجناس فصول واختلاف [16]بقدر الاماكن التي تأوي فيها مثل قوبيو وجميع السمك الصخري [17]فانه يكون هناك اسمن واخصب واطيب. واصناف السمك الذي يسمى ثنوس تطيب [18]ايضا بعد مطلع ذنب بنات نعش فانه في ذلك الزمان يكف ولا يهيج الى السفاد [19]ومن اجل هذه العلة يكون لحمه في الصيف رديئا. ويكون ايضا كثير من اصناف السمك [20]في البحيرات مثل صالبي [21]واخرسفيد وطريغلا واجناس اخر كثيرة من اجناس السمك. [22]ويكون ايضا فيها الصنف الذي يسمى باليونانية اميا مثل ما يكون في ناحية البلدة التي تسمى باليونانية بلابونيسوس [23]وفي النقعة التي

b29 رفا رفا] رفا فا T ‖ والقاقي] والفاختى T : κύκνος b30 *بالاقان] باقلان T : πελεκᾶν a3 مكان + مظان T a10 واطريغلا] واطرن فلا T : τρίγλη a11 ونخلا] ونخا T : κίχλη a13 اروثرينوس] ان ورسوس T : ἐρυθρῖνος a15 قوقيغاس] فرفعاس T : κόκκυγες a16 قوبيو] فونيق T : κωβιοὶ a20 الصالبي] صالى T : σάλπαι a22 اميا] امسا T : ἄμιαι a23 النقعة] البقعة T

تسمى باليونانية بسطونيس فان اجناسا كثيرة | من السمك تكون في هذه الاماكن. [24]وكثير T197
من صنف السمك الذي يسمى قوليون لا يكون في بحر بنطوس [25]وهو يصيف في البحر والموضع
الذي يسمى بروبنطيس ويولد هناك ويشتو [26]في الموضع الذي يسمى اجيون. واما اصناف السمك
الذي يسمى ثونيداس وبيلاموداس [27]واميا فانها في الربيع تذهب الى بحر بنطوس وتصيف هناك
[28]وكثير من الجنس الذي يسمى رواداس ومن اصناف السمك الذي يعوم في البحر رفا رفا
[29]وكثير من السمك يعوم على مثل هذه الحال وجميع رفوف السمك قواد تتقدمها اذا عامت.
[30]وانما تأخذ اصناف السمك الى ناحية بنطوس لحال الطعم والرعى [31]فان الرعى هناك اجود
598b واخصب لان الماء عذب [1]وما عظم من السباع هناك قليل وليس في ذلك الموضع شيء من السباع
ما خلا الدلفين والذي يسمى باليونانية فوقينا [2]والدلفين الصغير. [3]فاذا صارت الى ذلك الموضع
عامت الى الشط لحال الرعى [4]ولكي تبيض هناك فان في ذلك الموضع اماكن موافقة لذلك
[5]والماء العذب الحلو يغذي [6]السمك الصغير الذي يخرج من البيض. فاذا باضت تلك الاجناس
وشب السمك الذي يخرج من البيض يعوم ويرجع الى المواضع التي كانت فيها اولا [7]بعد طلوع
الثريا. وان كان في ذلك الاوان شتاء والريح التي تهب جنوبا لا يعوم الا [8]شيئا يسيرا واذا نفخت
ريح الشمال يعوم كثيرا لان [9]الريح معينة لهم على ذلك. واذا بلغت [10]الى ناحية البوزنتيونا اعني
مدينة القسطنطينية يصاد كثير منها لحال تعبها ومأواها الذي كان في بنطوس [11]فجميع اصناف
السمك يستبين اذا عامت ذاهبة واذا عامت راجعة. [12]فاما الجنس الذي يسمى باليونانية اطريخيا
فانه يصاد بكثرة اذا كان متوجها الى الموضع الذي وصفنا [13]فاما اذا رجع فليس يظهر البتة
واذا صيد شيء منها [14]في ناحية القسطنطينية نقى الصيادون شباكهم [15]لحال كثرة الوسخ وعلة
ذلك ان هذا | الجنس فقط يرجع [16]الى ناحية البحر الذي يسمى ادرياس [18]ويصاد بكثرة واذا T198
رجع من هناك لا يصاد البتة. [19]فاما الصنف من السمك الذي يسمى ثنوا فانه اذا توجه الى
ناحية تلك البلدة يعوم يمنة من الارض [20]واذا رجع يعوم يسرة من البر وقد زعم بعض الناس

---

a23 بسطونيس] سطوسس T : Βιστωνίδι   a24 قوليون] فولور T : κολιῶν   a25 ويشتو] وينشوا T : Σ et hiemant : χειμάζουσι δ'   a27 واميا] واسا T : ἄμιαι   a28 *رفا رفا B] دفا دفا T : ἀγελαῖοι   b4 *ولكي تبيض B] ولكن سن T : Σ ad pullificandum   b6 البيض(1) + يعوم ويرجع T ‖ يعوم] ويعوم T   b12 اطريخيا] اطوىحا T : τριχίαι

انه يفعل ذلك لانه [21]يبصر بالعين اليمنى بصرا اجود وهذا الجنس من قبل الطباع رديء البصر. [22]واذا كان نهارا يصاد الجنس الذي يسمى روادا س واذا كان الليل يسكن [23]ويغذى ان لم يكن مقمرة فاذا كانت مقمرة يصاد [24]ولا يسكن. وقد زعم بعض الناس الذين يأوون فيما يلي البحر انه [25]اذا كان الزوال الشتوي لا يتحرك هذا الصنف بل [26]يسكن ويقيم حيث ما كان الى زمان استواء الليل والنهار. [27]فاما ما كان من جنس السمك الذي يسمى قوليي فانه يصاد اذا توجه واذا رجع يصاد صيدا [28]⟨يسيرا⟩ وهو اطيب اللحم قبل ان يبيض في الموضع الذي يسمى بروبنطوس. [29]فاما الصنف الآخر من اصناف رواداس فانه اذا خرج من بنطوس يصاد اكثر [30]وهو في ذلك الاوان طيب اللحم واذا توجه السمك وكان قريبا من الموضع الذي يسمى اجيون
599a [31]يصاد سمينا جدا والذي يصاد فيما يبعد من ذلك المكان يوجد مهزولا جدا. [1]ومرارا شتى اذا عرضت لصنف [2]السمك الذي يسمى سقمبري ريح جنوب يصاد بكثرة ولا سيما [3]في ناحية البزنطون. [4]فاجناس السمك تنتقل من اماكن الى اماكن في اوان الصيف والشتاء كما وصفنا [5]ومثل هذا العرض يعرض للحيوان البري في [6]المواضع التي يأوي فيها فانه اذا كان الشتاء دخل كل واحد منها في [7]مأواه وعشه ومربضه واذا كان اوان الصيف يبرز الى ما خارج. [8]وكثير من الحيوان يهيء العش والمربض بقدر ما يكنه ويستره من [9]افراط البرد والحر. ومن الحيوان اجناس تصير الى تلك الاماكن جميعا [10]ومنها ما يصير اليها ومنها ما لا يصير اليها [11]مثل الحيوان الذي في البحر الذي يسمى بورفيري [12]وقيريقيس وجميع الجنس الذي يشبهها واذا كانا مرسلين [13]تكون |
T199 في موضع اعشتهما ابين لانهما يخفيان ذاتهما [14]مثل الجنس الذي يسمى اقطاناس وتفسير هذا الاسم امشاط ومن الحيوان ما لظاهر جسده غطاء مثل [15]الحلزون البري فاما ما كان منها مرسلا فليس يستبين تنقله حسنا. [16]وليس يعشش جميع الحيوان في زمان واحد بل الجنس الذي يسمى حلزونا يعشش [17]في الشتاء فاما الجنس الذي يسمى بورفيري وقيريقيس فهما يعششان قبل طلوع الثريا [18]بثلثين ليلة والذي يسمى اقطانيس يعشش في ذلك الزمان ايضا [19]اذا كان زمان افراط [20]الحر والبرد.

---

b21 يبصر] يبصن T : ὁρῶσι   b23 *ويغذى] وبهذا T : καὶ νέμονται   b28 *⟨يسيرا⟩ B : ἧττον : Σ raro

a8 *يكنه B] يكفه T : πρὸς τὴν βοήθειαν : Σ secundum privationem   a17 بورفيري] بوقرى T : πορφύραι

⟨١٤⟩ وكثير من اجناس الحيوان المحزز الجسد [21]فهو يعشش ما خلا الصنف الذي يأوي في البيوت مع الناس [22]ولم يبلغ تمام سنتين فاما ما تمت له سنتان فهو يعشش. [23]ومن الحيوان ما يأوي في عشه اياما كثيرة ومنه ما يأوي [24]اياما يسيرة مثل النحل فانه يأوي في كوائره [25]والعلامة الدليلة على انه لا يذوق من [26]الطعم الذي يوضع قريبا منه صفاوة جسده فانه ان مشى وخرج من ثقب الكوارة يظهر صافيا [27]ليس في بطنه من الطعم شيء. وهو يسكن في مكانه من زمان غيبوبة [28]الثريا الى زمان الربيع وكثير من الحيوان [29]يختفي في عشه وفي اماكن دفئة.

⟨١٥⟩ [30]وايضا يعشش كثير من الحيوان الدمي [31]مثل الحيوان المفلس الجلد اعني الحيات والسام ابرص والحراذين [32]والتماسيح النهرية فان هذه الاصناف تسكن في اعشتها ومخابئها الاربعة الاشهر
599b [33]الشديدة الشتاء ولا تطعم شيئا البتة وسائر اصناف الحيات [1]يعشش في الارض فاما الافاعي فانها تختفي تحت الصخور. [2]وكثير من اجناس السمك يسكن في اعشته [3]مثل الذي يسمى باليونانية ابوروس والذي يسمى قوراقينوس فان هذين الصنفين يختفيان في الشتاء [4]ولا يصاد منها شيء فقط ولا في موضع من المواضع وانما يصاد في زمان واوقات معروفة [5]هي فهي ابدا فاما سائر اصناف السمك فهو يصاد ويعشش ايضا الصنف الذي يسمى [6]سمورانا وارفوس وغنقروس.
T200 [7]وجميع اجناس السمك الصخري يعشش زوجا زوجا | اعني الذكورة مع الاناث [8]مثل الذي يسمى نخلي وقوطيفي وبرقي. [9]وثنوا ايضا يعشش في الشتاء في الاعماق ويكون سمينا مخصبا جدا [10]بعد خروجه من عشه ويكون ابتداء صيده من مطلع الثريا [11]الى غيبوبة ذنب بنات النعش فاما بقية السنة [12]فهو يسكن في عشه. ومن اصناف السمك ما يصاد في [13]اوان مأواه في عشه اعني من هذا الصنف ومن سائر الاصناف [14]التي تعشش لانه يتحرك اذا كانت الاماكن دفئة واذا كان الهواء صافيا [15]والقحط غالبا لانها تخرج ليلا من اعشتها [16]وتطلب الرعى ولا سيما في ليالي بدر القمر [17]وكثيرا ما يكون طيب اللحم اذا عشش. فاما الصنف الذي يسمى باليونانية برماداس فهو يختفي [18]في الحمأة والدليل على ذلك انه يصاد في ذلك الاوان [19]وما يلي ظهره مملوء حمأة وجناحاه [20]معصوران ومجتمعان. وفي الاوان الذي ذكرنا يتحرك ويبرز [21]الى الارض والاناث منه تسفد وتبيض وتصاد [22]مملوءة بيضا وفي ذلك الزمان يكون هذا الصنف طيب اللحم. فاما ما يصاد منه

---

a26 *ثقب B] تعب T : Σ foramine   a31 والسام] وسام T   b6 سمورانا] سهورانا T : μύραιναι
b17 برماداس] بوماداس T : πριμάδες   b20 وفي] فى T

في اوان الخريف [23]والشتاء فلحمه اردأ واقل طيبا وما يصاد من ذكورة هذا الصنف ⟨في⟩ بطنها [24]زرع. فاذا كان البيض صغيرا [25]يكون صيد هذا الصنف عسرا جدا واذا عظم البيض يصاد منه شيء كثير [26]لانه يهيج ايضا. ومنه ما يعشش في الرمل ومنه ما يعشش في [27]الطين ويكون فمه فقط عاليا ذلك الطين. وكثير من الاجناس التي ذكرنا يعشش [28]في الشتاء فقط فاما اصناف السمك اللين الخزف والاصناف [29]الصخرية والتي تسمى باليونانية سلاشي وباطو فهى تعشش في [30]ايام شدة الشتاء والدليل على ذلك من قبل انها لا تصاد في صعوبة البرد. [31]ومن اصناف السمك ما يعشش في الصيف مثل الذي يسمى باليونانية [32]غلوقس فانه يعشش ستين يوما من
600a ايام الصيف [33]ويعشش ايضا الاخرسفيد والذي يسمى حمارا والدليل على ذلك [1]من قبل ان هذا الصنف فقط يلبث زمانا كثيرا لا [2]يصاد. [3]وكثير من اصناف السمك يصاد في مطالع الكواكب
T201 [4]ولا سيما في مطلع كوكب الكلب | لان البحر يهيج في ذلك الاوان [5]وما ذكرنا معروف جدا في ناحية البحر الذي يسمى باليونانية بصفوروس لان الماء يتحرك ويكون مملوءا حمأة [6]وعلى تلك الحمأة سمك يعوم. وقد زعم بعض اهل الخبرة بهذا الامر انه [7]اذا سحق وجرد طين من عمق البحر مرارا شتى يوجد سمك كثير في المرة الواحدة والمكان الواحد [8]وبعضه يتلو بعضا واذا كانت امطار [9]غزيرة تظهر اصناف كثيرة من اصناف الحيوان وتلك الاصناف اما لم تظهر فيما سلف البتة [10]واما لم تظهر مرارا شتى وتظهر ايضا اصناف الحيوان ⟨التي⟩ لم تكن تستبين قبل ذلك الزمان.

⟨١٦⟩ [11]وليس جميع اصناف السمك والطير ⟨يعشش⟩ على مثل هذه الحال كما يظن كثير من الناس [12]بالاصناف التي تكون في قرب مثل هذه الاماكن [13]التي فيها مأواها ابدا مثل اصناف الخطاف والحدأة فانها تعشش [14]هناك. فاما الاصناف التي تنفذ من مثل هذه الاماكن فليس تغيب ولا تنتقل من اماكنها الى اماكن اخر [15]بل تختفي وقد ظهرت [16]خطاطيف [17]وحدايات كثيرة تخرج من الآنية ريشها واقع وهى جرد اول ما تظهر. [18]ومن الطير المعقف المخاليب [19]ومن الطير المستقيم المخاليب ما يعشش ويغيب مثل الاطرغلة والهدهد والذي يسمى باليونانية بالارغوس

b23 *بطنها] بطن منه T   b29 وباطو] وباطق T : καὶ βάτοι   b32 *ستين] سسن T : ἑξήκονθ' : Σ sexaginta   b33 حمارا] حملت T : ὄνος : Σ onoz   a5 بصفوروس] بصطوروس T : Βοσπόρῳ : Σ Boskoroz   a6 زعم + ان T del.   a10 *الحيوان] طير T : ζῷα : Σ animalia   a11 *⟨يعشش⟩ : φωλοῦσι   a19 بالارغوس] بلاغوس T : πελαργός

وهو اللقلق [20]وقوسوفوس. فاما غيبوبة الاطرغلة [21]فهي خاصة معروفة لكل لانه لم يعاين احد من الناس [22]اطرغلة في الشتاء ولا في مكان من الاماكن ان لم تكن مرباة في المنازل وهي تبتدئ تعشش [23]بعد ان تسمن جدا وتلقي ريشها في العش [24]وتبقى سمينة على حالها اياما. ومن الطير الذي يستأنس بالناس ما يعشش ايضا [25]ويغيب ايضا مع الخطاطيف [26]والزرازير ايضا والسمان [27]والحدأة تغيب اياما يسيرة والذي يسمى باليونانية غلوقس كمثل.

⟨١٧⟩ فاما من الحيوان الذي [28]له اربعة ارجل ويلد حيوانا مثله فليس يغيب ولا يعشش ما خلا الحيوان الذي يسمى شكاعا والدبة [29]وهو بين ان الدبة تختفي في مجاثمها [30]ومشكوك ان كانت تفعل ذلك لحال البرد او لعلة اخرى [31]واناثها وذكورتها توجد | في ذلك الزمان سمانا [32]ولذلك T202
تكون عسرة الحركة. فاما الاناث فهي تضع في [1]ذلك الاوان وتقيم في مجاثمها حتى يبلغ وقت 600b
خروج [2]جرائها وتفعل ذلك في الشهر الثالث بعد الزوال الذي يكون في الربيع. [3]واقل ما تبقى الدبة في مجاثمها اربعون يوما [4]وليس تتحرك البتة اربعة عشر يوما من تلك الايام [5]واذا مضت الاربعة عشر يوما تبقى في مجاثمها غير انها تقوم وتتحرك. [6]ولم يصد احد دبا حاملا ان لم يكن ذلك في الفرط [7]وهو بين ان الدبة لا تأكل شيئا في ذلك الاوان [8]لانها لا تخرج وان صيد شيء منها وشق جوفه يظهر [9]البطن والمعاء ليس فيه شيء من الطعم. ويقال انه من اجل انه لا [10]يطعم شيئا يكاد معاؤه يلتصق بعضه ببعض وينسد ولذلك [11]اول ما يخرج الدب من مجثمه يأكل اللوف لكي يتسع [12]ويتفرق معاؤه. والذي يسمى باليونانية اليوس يعشش في [13]الشجر ويكون في ذلك الزمان سمينا جدا والذي يسمى باليونانية موس بنديقوس ⟨كمثل⟩. [15]ومن الحيوان الذي يغيب في عشه ما يسلخ جلده [16]وهو آخر قشر الجلد [17]وعلة غيبوبة الدب [18]مشكوكة كما قيل اولا وليست بينة مثل علة غيبوبة سائر الحيوان الذي يلد حيوانا مثله. [19]فاما الحيوان المفلس الجلد فكثير منه يغيب في عشه اياما [20]وكل ما كان منه لين الجلد يسلخ جلده فاما ما كان منه جاسي الجلد مثل الخزف فلا مثل جلد [21]السلحفاة فان السلحفاة من الحيوان المفلس الجلد والذي يسمى باليونانية [22]اموس ايضا والحرذون والسام ابرص [23]والحيات خاصة تسلخ جلودها اكثر من سائر الحيوان المفلس

a22 في(3) + الاماكن .T del   a28 شكاعا] سكاع T   b8 جوفه] حرفه T   b13 *⟨كمثل⟩ B : Σ similiter
b21 *والذي B] الذي T   b22 *اموس] موس T : ἐμύς

الجلد وهى تسلخ جلودها في اوان الربيع [24]عند خروجها من اعشتها وفي اوان الخريف كمثل
[25]وليس هو كما [26]زعم بعض الناس ان في الحيات جنسا لا يسلخ جلده. [27]واذا بدأت الحيات
تسلخ جلودها يبتدئ السلخ من ناحية اعينها [28]اولا ولذلك يظن الذي يعاينها انها عمى [29]اذا كان
جاهلا بالآفة التي تصيبها وبعد ذلك يبدأ السلخ من رؤوسها. [30]والحيات تسلخ جلودها في يوم
601a وليلة من الرأس الى الذنب [32]ويصير ما داخل الجلد خارجا | منه [1]وتسلخ جلودها كما يسلخ الجنين T203
المشيمة وبمثل هذا [2]النوع يسلخ جلده الحيوان المحزز الجسد مثل [3]البق وجميع ما يطير ولجناحيه
غلاف مثل الجعل والدبرة. وجميع هذه الاصناف [4]تسلخ جلودها بعد الولاد ومثلما يخرج الجنين
من [5]المشيمة والدود من [6]قشر جلده كذلك يعرض للنحل والجراد. فاما الصرار فانه [7]اذا خرج
يجلس على شجر الزيتون والقصب [8]واذا شق قشر جلده يخرج منه وتنزل فيه [9]رطوبة يسيرة وبعد
ذلك بايام يطير [10]ويصوت. فاما ما كان من اصناف الحيوان البحري فليس شيء يسلخ جلده
ما خلا الصنف الذي يسمى باليونانية قارابو واصطاقو [11]فان هذين الصنفين يسلخان جلودهما مرة
في الربيع ومرة في الخريف وذلك بعد ان [12]يبيضا. وقد صيد من الصنف الذي ⟨يسمى⟩ قارابو
[13]وما يلي ناحية صدره لين جدا لان [14]خزفه اعني جلده الجاسي ينشق وينسلخ [15]وليس سلخه
شبيها بسلخ الحيات [16]وقارابو يأوي في عشه خمسة اشهر [17]واصناف السراطين اللينة الخزف وقد
زعموا [18]ان السراطين الجاسية الخزف تسلخ ايضا مثل الصنف الذي يسمى باليونانية ماياس. واذا
سلخت السراطين جلودها [19]تكون لينة الخزف جدا وفي ذلك الاوان لا تقوى [20]السراطين على
المشي الا مشيا ضعيفا وهذه الاصناف تسلخ جلودها [21]ليس مرة بل مرارا شتى. [22]وقد وصفنا
حال جميع الحيوان الذي يعشش ومتى وكيف واى الاصناف [23]تسلخ جلودها ومتى وبينا ذلك
كله.

⟨١٨⟩ واجناس الحيوان تخصب ويحسن حالها في [24]ازمان واوقات مختلفة ولا يعرض لها ذلك في اوان شدة الحر والبرد بنوع واحد. [25]وايضا صحتها وسقمها [26]يختلفان ولا يكونان في ازمان متفقة [27]والقحط ويبس الهواء اوفق للطير من غيره فانه يصح ويحسن حاله اذا كان قحطا [28]ويبيض ويفرخ ولا سيما الدلم والحمام البري. فاما اصناف السمك فهى تخصب ويحسن حالها [29]اذا كثرت

---

b27 اعينها] عينها T : ὀφθαλμῶν : Σ oculos   a5 *والدود] والبرور T : σκωληκοτοκουμένοις : Σ vermes

a16 وقارابو] وقا T : κάραβοι : Σ karobo

الامطار ما خلا | اصنافا يسيرة منها فاما القحط فمخالف لها [30]وانما يوافق القحط لجميع اصناف T204
601b الطير [31]لقلة شربه [32]فما كان من اصناف الطير معقف المخاليب [1]لا يشرب شيئا من الماء البتة كما قيل اولا. وقد جهل ذلك اسيودوس الشاعر [2]فانه زعم في شعره ان العقاب المتقدم في دلالة الرجز يشرب ماء وانما ذكر هذا الذكر في كتابه [3]الذي كتب في حصار المدن فاما سائر اصناف الطير الذي ليس بمعقف المخاليب [4]فهو يشرب من الماء شربا يسيرا وبقول عام ليس يشرب الماء شيء من الحيوان [5]الذي له رئة مجوفة ويبيض بيضا. [6]وامراض اصناف الطير تستبين من قبل ريشها لان الريش يختلف ولا [7]يكون ثابتا ساكنا على حاله كما يكون [8]في اوان صحتها.

⟨١٩⟩ [9]فاما اكثر اجناس السمك فيكون اخصب واحسن حالا في السنين الكثيرة الامطار [10]كما قلنا فيما سلف وعلة ذلك لان [11]طعمها يكون اكثر وبقول كلي ماء المطر [12]اوفق لها من غيره مثل موافقته لجميع نبات الارض [13]فان اصناف البقول وان كانت تسقى [14]فهى تكون اخصب واجود واطيب اذا اصابها ماء السماء. [15]وليس يكاد ان يشب ولا ينمو شيء مما وصفنا [16]اذا لم يصبه ماء السماء والعلامة الدليلة على ذلك من قبل ان كثيرا من اصناف [17]السمك ينتقل الى ناحية بنطوس في اول الصيف لحال [18]كثرة الانهار هناك التي تصب الى البحر والماء يكون اعذب ومع مسيل الانهار [19]يقع في تلك الناحية من البحر طعم كثير. [20]وايضا كثير من السمك يعوم ويخرج من البحر الى الانهار ويخصب في تلك الانهار [21]والنقائع مثل الصنف الذي يسمى باليونانية اميا وقسطريوس [22]والصنف الذي يسمى قوبيو يكون كثيرا في الانهار. وبقول عام [23]جميع المواضع التي فيها مراع واسعة جياد تكون اجود اكثر سمكا من غيرها [24]والامطار التي تكون في الصيف اوفق [25]للسمك من غيرها واذا كان الربيع والصيف والخريف [26]مطيرا والشتاء صاحيا قليل الامطار يخصب السمك وبقول عام [27]اذا كان مزاج السنة موافقا للناس. [28]يحسن حال السمك ويخصب ايضا وليس يحسن حاله | في الاماكن الباردة وخاصة [29]يسوء حال اصناف السمك T205 التي ⟨في⟩ رؤوسها حجر اذا كان اوان الشتاء [30]مثل الصنف الذي يسمى باليونانية خروميس والابراق واسقيانا وفاغروس [31]من اجل انها تجمد من برد الحجر [32]وتقع وتهلك. فماء المطر موافق
602a لكثير من اصناف السمك [1]وهو مخالف للصنف الذي يسمى قسطريوس والقيفال والذي يسمى

b7 ثابتا] ساكا T   b18 الانهار(2) + هناك التى .T del   b22 قوبيو] فرسو T : κωβιοί   b30 ⟨في⟩ : ἐν

بعض الناس مارينوس [2]لان هذه الاصناف تعمى من مياه الامطار [3]ولا سيما اذا كانت غزيرة [4]والقيفال يكون رديء الحال في الشتاء اكثر من غيره [5]لان عينيه تبيض ولذلك يصاد في ذلك الاوان [6]مهزولا جدا وفي الآخرة يهلك جدا ويشبه ان لا [7]يكون يلقى ذلك لحال الامطار بل لحال شدة البرد. [8]وقد صيد كثير من هذا الصنف في شدة البرد في البلدة التي تسمى باليونانية نوبليا ارغياس [9]فيما يلي المكان الذي يسمى طاناغوس وعيناه قد عميتا البتة [10]وقد صيد ايضا كثير منه قد علا عينيه البياض. [11]والاخرسفيد ايضا سيء الحال في الشتاء واما في الصيف فان الذي يسمى باليونانية [12]اخرناس يكون سيء الحال مهزولا رديء اللحم. والقحط وقلة الامطار اوفق للصنف الذي يسمى باليونانية قوراقيني [13]اكثر من سائر اصناف السمك [14]لحال الدفاء الذي يكون [15]في القحط. [16]وما كان من اصناف السمك لجيا من قبل الطباع فاللج اوفق لخصبه وحسن حاله وما كان مأواه في قرب الشط من قبل الطباع فذلك الموضع اوفق لخصبه [17]ومن اصناف السمك ما يكون مشتركا اعني كون مأواه من قبل الطباع في اللج وقرب الشط. ولجميع اصناف السمك [18]اماكن خاصة لها يخصب فيها [19]ومن تلك الاصناف ما يخصب في الاماكن التي فيها طحلب كثير ولذلك تصاد في تلك الاماكن مخصبة جدا [20]ولا سيما ما كان من السمك يرعى في اماكن مختلفة وكل ما كان من اصناف السمك يأكل الطحلب [21]فهو يجد طعما كثيرا فاما السمك الذي يأكل اللحم فهو يتناول اصنافا كثيرة من اصناف [22]السمك. وايضا يكون في السمك اختلاف من قبل الريح التي تهب اعني الشمال [23]والجنوب. فما كان من اصناف السمك مستطيل | الجثة T206 فهو يخصب في الصيف واذا هبت ريح الشمال [24]ولذلك يصاد كثير منها في مكان واحد [25]اذا دامت ريح الشمال فاما السمك العريض الجثة فعلى خلاف ذلك. فاما صنف السمك الذي يسمى باليونانية ثنوا والذي يسمى [26]اقسفياس فهو يهيج في اوان مطلع كوكب الشعرى [27]لانه يوجد قريبا من اجنحة هذين الصنفين شيء شبيه بدودة صغيرة يسمى [28]تهيجا. وخلقته شبيهة بخلقة عقرب وعظمه مثل عظم العنكبوت [29]وهو يؤذي هذين الصنفين اذى شديدا ولذلك ربما يرى الذي يسمى اقسفياس ينزو نزوا شديدا ليس [30]بدون الدلفين ولذلك يصاد منه كثير. [31]والصنف الذي يسمى باليونانية ثنوا يستحب [32]الدفاء ولذلك يأوي في الرمل الذي يقرب من

a6 *جدا] جيدا T   a8 نوبليا] وبلبا T : Ναυπλίαν ‖ ارغياس] ان عاس T : Ἀργείας   a32 الرمل] الدمل T : ἄμμον : Σ arenas

602b ارض الشط [1]لحال الدفاء واذا دفئ [2]يطفوا على الماء. وكثير من اصناف السمك الصغير يسلم [3]لان السباع تحقره ولا تطلبه بل تطلب السمك الاعظم فهذا فعل الحيوان العظيم. [4]وكثير من اصناف السمك الصغير الذي يخرج من البيض يهلك من دفاء الهواء [5]والحيوان الكبير يبتلع ويأكل جميع ما هو دونه. والسمك يصاد [6]اكثر قبل طلوع الشمس [8]ولذلك يرفع الصيادون شباكهم في تلك [9]الساعة لان بصر السمك يكون [10]في ذلك الاوان ضعيفا [11]والسمك يسكن في الليل واذا اضاء النهار حسنا يجود بصره. [12]وليس يظهر مرض ووباء يعم السمك [13]مثل ما يعم الناس مرارا شتى ويعم [14]كثيرا من الحيوان الذي يلد حيوانا مثله وله اربعة ارجل مثل الخيل والبقر [15]وبعض الحيوان الانيس والبري وهو يظن ان السمك ايضا يمرض [16]والصيادون انما يزكنون ذلك من قبل ان كثيرا منه يصاد مهزولا جدا [17]ضعيفا متغير اللون [18]وكان يصاد قبل ذلك الاوان سمينا مخصبا حسن اللون [19]فهذه حال اصناف الحيوان والسمك البحري.

⟨٢٠⟩ [20]فاما السمك النهري والنقائعي فليس يعرض له مرض ووباء [21]يعمه بل يعرض لبعضه مرض خاص مثل السمك الذي يسمى باليونانية [22]غلانيس فانه يمرض في اوان طلوع كوكب الكلب خاصة | لانه يعوم على وجه الماء وطلوع ذلك الكوكب يضره [23]ويصدع من الرعد الشديد T207 [24]والذي يسمى قوبرينوس ربما لقي ذلك ولكن دون ما يلقى الذي يسمى غلانيس [25]وربما هلك كثير من السمك اذا ضربه التنين الذي يسمى حية. [26]فاما في البلدة التي تسمى باليونانية باليرو وطيلون فانه يقع في السمك دود [27]في زمان طلوع كوكب الكلب ويمرضه ويرفعه على وجه الماء فاذا ارتفع على وجه الماء [28]هلك من شدة الحر. فاما الصنف الذي يسمى باليونانية خلقس فانه يعرض له [29]مرض شديد قوي اعني قمل كثير تحت النغانغ [30]ويهلكه وليس يعرض [31]هذا المرض لصنف آخر من اصناف السمك البتة. والسمك يهلك في اوان شدة الشتاء والزمهرير [32]ولذلك 603a يصاد كثير من السمك الذي يأوي الانهار [1]والنقائع في ذلك الاوان والقوم الذين يسمون باليونانية فونيقاس وهم من سكان الشأم يصيدون كثيرا من السمك في ذلك الاوان [2]وبعض الناس يحتال ايضا بحيل اخر ويصيدون السمك. ولان [3]السمك في الشتاء يهرب من اعماق الانهار [4]ولان الماء

---

b2 الصغير + الصغير T   b12 السمك + مثل ما يعم السمك T   b22 *في] مع T : διά : Σ in   b26 وطيلون] رطلون T : τίλωνι   a3 *يهرب] يقرب T : φεύγειν : Σ fugiunt

العذب يبرد جدا يحفرون فيما يلي النهر في اليبس خندقا [5]ثم يغطونه [6]بحجار وحشيش ويصيرونه
مثل عش له مدخل من النهر [7]فاذا دخل فيه السمك صادوه باهون السعى. [8]وايضا يصادون
السمك بحيلة اخرى في الصيف والشتاء [9]اعني انهم يسدون وسط النهر بحشيش وحجارة واعواد
[10]ويدعون في ذلك السد موضعا مفتوحا ويضعون فيه زنبيلا موافقا للصيد ثم يطردون السمك
حتى يقع فيه [11]ويصيدونه. [12]والسنون المطيرة موافقة لاصناف السمك الجاسي الجلد [13]ما خلا
الصنف الذي يسمى باليونانية بورفيري وعلامة ذلك من قبل انه اذا وضع [14]في موضع ينبع منه
ماء معين وذاق من ذلك الماء ويهلك [15]من يومه. وهذا الصنف من اصناف السمك يعيش اياما
بعد ان يصاد [16]وبعضه يغذى من بعض | [17]لانه يكون على خزفه شيء شبيه بالطحلب ثابت [18]ومن T208
الصيادين من اذا صاد السمك يدخل في خزفه طعما ليكون في الميزان [19]اثقل. فاما القحط ويبس
الهواء فهو [20]غير موافق لسائر اصناف السمك النهري لانه يكون اصغر واردأ لحما. والسمك الذي
يسمى باليونانية [21]اقديناس يكون في ذلك الموضع والزمان اخصب وفي زمان من الازمنة الماضية
[22]باد الصنف الذي يسمى باليونانية اقديناس في الموضع الذي يسمى بوراس اوريبوس ليس لحال
الآلة التي كان الصيادون [23]يجردون بها الارض فقط بل لحال القحط ايضا. فاما سائر اصناف
السمك [24]الجاسي الجلد فانه يخصب في السنين المطيرة لان [25]ماء البحر يكون احلى فاما في بلدة
بنطوس فليس يكون هذه الاصناف لحال البرد [26]ولا يكون في الانهار ما خلا اصنافا يسيرة من
التي لها [27]بابان فاما التي لجثتها باب واحد فهى تهلك خاصة في زمان شدة البرد والزمهرير لانها
[28]تجمد [29]فهذه حال جميع الحيوان المائي.

⟨٢١⟩ [30]فاما اصناف الحيوان ذوات الاربعة الارجل فالخنازير تمرض ثلثة امراض [31]والمرض
603b الواحد يسمى خاصة بحوحة لانه يعرض [32]للاذنين واللحي فيرم وربما عرض ذلك [1]في سائر
اعضاء الجسد وربما اصاب الرجل [2]وربما عرض للاذن. فاذا اصابها هذا الوجع يسوء حالها وتهزل
[3]ويتمادى ذلك حتى ينزل الداء الى الرئة فتهلك [4]وهذا الداء يسرع فيها واذا بدأ لا تعتلف شيئا.

a4 *خندقا B] حيدفا T : τάφρον : Σ foveam   a7 *صادوه] مادوه T : θηρεύουσι : Σ venantur
a8 بحيلة] بحتله T   a10 *زنبيلا B] ونيلا T : κύρτον   a14 *معين] معر T : ποταμὸς : Σ (aqua) pluviae
a17 خزفه] خوفه T : ὀστράκοις   a18 *خزفه] جوفه T   a21 *يكون] ويكون T   a22 الصيادون] الصادون T   a32 *للاذنين] للوزين T : βράγχια : Σ auricula

ارسطوطاليس

7ويعرض لها ايضا مرضان آخران 8احدهما يسمى باليونانية قراوروس وهو وجع الرأس وثقل 9فاما الآخر فهو سيل يعرض في البطن وهذا 10ليس له دواء وربما عولج احد هذين المرضين بشراب 11تسعط به مناخيرها وليس تكاد تسلم من 12هذا الداء لانه يقتلها في ثلثة ايام. 13والبحوحة تعرض لها ايضا خاصة في الصيف اذا كانت 14سمينة جدا وان علفت من الجميز انتفعت بذلك 15وان صب عليها ماء حار كثير انتفعت به ولا سيما ان قطعت العروق التي 16تحت اللسان انتفعت به. ويوجد في الخنازير الرطبة اللحم 17فيما يلي العنق والكتفين والساقين شيء معقد شبيه | 18بالبرد 19واذا كان ذلك قليلا يكون حلوا وما كثر 20يكون لحمها رطبا رخوا وذلك يستبين 21في اسفل اللسان 22وان نتف احد شعرا من 23اعرافها يجدها دمية. واذا كثر في اجسادها هذا التعقد الذي يشبه البرد 24لا تقوى على سكون رجليها بل تحركها حركة دائمة وليس يعرض لها هذا التعقد 25حين تحمل وتضع وتبدأ ترضع. وهذا التعقد يخرج 26اذا علفت العلف الذي يسمى باليونانية طيفي فانه علف موافق لها 27واذا علفت الحمص والتين تسمن وتخصب جدا. 28ويقول كلي لا يوافق الخنازير العلف البسيط بل 29العلف المختلف لانها تشتاق الى العلف كما يشتاق 30غيرها من اصناف الحيوان واذا علفت علفا مختلفا صار صنف من العلف ينفخ اجسادها وصنف منه يربي لحومها وصنف منه 31يكثر شحومها. وهي تستحب اكل البلوط واذا 32اكلت البلوط صارت لحومها رطبة واذا وضعت جراءها وكثر 1علفها (اسقطت) مثل الغنم لان الغنم 2تستحب اكل البلوط.

(٢٢) 4فاما الكلاب فهى تمرض ثلثة اصناف من الامراض واسماؤها 5الكلب والذبحة والنقرس واذا عرض لها 6جنونا تجن واذا عض الكلب بشيء من الحيوان كلب هو ايضا 7ما خلا الانسان وهذا الداء يقتل الكلاب 8ويقتل جميع الحيوان الذي يعض ما خلا الانسان فانه ان عولج سلم. 9والذبحة ايضا تهلك الكلاب وقليل منها 10يسلم من داء النقرس ايضا. وداء الكلب يعرض 11للجمال ايضا فاما الفيلة فليس تمرض سائر الامراض 12فيما يزعم اهل الخبرة بها والنفخ والرياح مؤذية لها جدا.

⟨٢٣⟩ [13]فاما البقر المخلاة في الرعى فهى تمرض مرضين احدهما [14]نقرس والآخر يسمى باليونانية قراوروس وهو شبيه بصدام. فاذا عرض لها النقرس [15]تتورم ارجلها ولا تهلك من ذلك المرض ولا تلقى اظلافها ولا تجد راحة من هذا الداء [16]واذا دهنت قرونها ⟨تسلم⟩. [17]فاما اذا عرض لها الداء الآخر الذي يشبه الصدام يكون نفسها حارا [18]متتابعا وهذا الداء شبيه بالحمى التي تعرض للناس. [19]واذا اصاب البقر [20]ارخت اذانها وامتنعت من العلف وهلكت [21]عاجلا وان شقت اجوافها وجدت رئاتها فاسدة.

⟨٢٤⟩ [22]فاما ما كان | من الخيل مخلى في الرعى فليس يعرض له شيء من [23]الامراض غير انه T210
[24]ربما القى الحوافر واعتل من ذلك واذا القى شيء من الخيل حافره [25]ينبت حافر آخر عاجلا لان نباته يظهر [26]مع خروج الحافر الاول وعلامة [27]ذلك اختلاج الخصية اليمنى او يكون وسط [28]اسفل المنخر عميقا عمقا يسيرا كثير الوسخ. [29]فاما الخيل التي تعتلف في البيوت فهى تمرض
امراضا كثيرة [30]ويعرض لها حصر البول وعلامة هذا الداء [1]انضمام مؤخر اجسادها بقدر ما 604b
يظن الذي يعاينها ان اجزاء المؤخر لاصقة بعضها ببعض. [2]وربما امتنع الفرس من العلف [3]اياما واصابه شبيه بالجنون [4]فان قطع لها عرق واخرج منه دم بقدر الكفاف انتفعت به. والكزاز ايضا يعرض للخيل والعلامة الدليلة على ذلك [5]ورم وامتداد جميع العروق والرأس والعنق [6]مع ثقل المشي وعسر حركة الرجلين. وربما عرض للخيل وجع القرح الذي يكون في الرئة. [7]ويعرض لها داء آخر ايضا اعني [8]الحمى التي تكون من كثرة علف الشعير وعلامة ذلك لين [9]الحنك وحرارة النفس ولا يسكن هذا الداء ان لم يكف من ذاته. [10]ويعرض لها مرض آخر ايضا [13]شبيه بالكلب والجنون وعلامة ذلك استرخاء اذنيها [14]الى ناحية اعرافها وضعفها وامتناعها من العلف [15]وليس لهذا الداء ايضا علاج ويعرض لها وجع القلب وهو مميت. [16]وربما اوجعت المثانة لانتقالها من موضعها والدليل [17]على ذلك انها لا تقوى على ان تبول واذا مشت جرت حوافرها [18]وساقيها.

---

a14 قراوروس] فراودوس T : κραῦρος : Σ crocaroz   a16 *واذا] اذا T : δ' : Σ et si || دهنت] ذهبت T : ἀλειφομένων : Σ inunguantur || ⟨تسلم⟩ : ἴσχουσι .... βέλτιον : Σ sanabuntur   a23 *الامراض] B الاعراض T : ἀρρωστημάτων : Σ aegritudo   a27 الخصية] الحصوه T : ὄρχις : Σ ovi testicularis   b1 *اجزاء] حبوب T : σκέλη : Σ membra   b6 وعسر] عسر T   b9 *الحنك] الحيل T : οὐρανὸς : Σ palatum   b10 *مرض] عرض T   b16 موضعها] مواضعها T

[19]فاما عضات الحيوان الذي ⟨يسمى⟩ باليونانية مغالي فهو رديء للخيل [20]ولسائر الحيوان واذا
عضت شيئا منها يعرض لجسده نفاخات [21]وان كانت حاملا وعضت فرسا فعضها يكون اخبث
واردأ كثيرا [22]لان النفاخات تنشق وتسيل ماء فان لم يعرض ذلك لم تقتل. [23]واذا عضه الحيوان
الذي يسمى باليونانية خلقيس [24]ومن الناس من يسميه كغنيس ويوجع ويؤذي جدا وهو الحيوان
الشبيه بالسام ابرص الصغير [25]ولونه شبيه بلون بعض الحيات. [26]واهل الخبرة بتدبير الخيل |
يزعمون انها [27]تمرض مثل جميع الامراض التي تمرض الانسان والشاة كمثل. [28]والفرس وما يشبهه T211
يهلك من الزرنيخ الاحمر [29]ان صفا وسقى بماء. [30]والفرس الانثى تسقط اذا شمت دخان السراج
المطفأ [1]وهذا يعرض لبعض حوامل النساء ايضا فهذا حال امراض [2]الخيل. فاما الذي يسمى 605a
باليونانية ابومانيس [3]فهو يكون على اجساد الفلو فيما يقال [4]واناث الخيل تلحسه وتنقيه وتأكله
[5]والنساء يقلن فيه اقاويل شتى [6]والذين يعالجون الرقى ايضا. وحال الذي يسمى باليونانية بوليون
[7]وهو الذي يخرج من اناث الخيل قبل الفلو مبرز معروف [8]وكل فرس يعرف صوت الفرس الذي
قاتله فيما سلف. [9]والخيل تستحب المروج والاماكن الكثيرة المياه والشجر [10]وشرب الماء الكدر
وان كان الماء السائل صافيا نقيا [11] كدرته بحوافرها ثم شربت واذا شربت [12]استحمت بذلك الماء
لان هذا الحيوان يحب الاستحمام بالماء [13]ويحب الماء جدا ولذلك طبع الفرس النهري على هذا
الطباع [14]فاما البقر فهى تفعل خلاف هذا الفعل لانه ان لم يصب [15]ماء نقيا صافيا لا تشرب.

⟨٢٥⟩ [16]فاما الحمير فهى تمرض خاصة مرضا واحدا. [17]وذلك وجع يعرض لرؤوسها اولا ثم يسيل [18]من مناخيرها بلغم كثير احمر اللون فان [19]نزل ذلك البلغم الى الرئة قتلها فاما اذا كان في الرأس فقط [20]فليس هو مميت. والحمير تحس بالبرد جدا اكثر من سائر [21]الحيوان وكذلك لا تكون في ناحية بنطوس ولا في ناحية اسكوثيا.

---

b19 *عضات] اعضا T : δήγματα : Σ morsus   b21 وعضت] وضعت T : δάκη : Σ momorderit
b22 ماء] ماه T ‖ *تقتل] نعل T : ἀποκτείνει   b23 عضه] عفر T : δάκνουσα : Σ momorderit
b29 صفا] صفى T   a7 الفلو] اللو T : τοῦ πώλου   a20 *تحس] نحسن T : δυσριγότατον : Σ sentit

⟨٢٦⟩ [23]فاما الفيلة فانها تمرض الامراض التي تكون من النفخ [24]فاذا عرض لها شيء منها لا
تقوى على البول ولا تروث. [25]واذا اكلت الفيلة ترابا اعتلت ان لم تدمن اكله [26]فان ادمنت اكله
لا يضرها شيء وربما ابتلعت [27]حجارة ويصيبها اختلاف البطن واذا اختلفت [28]تسقى ماء حارا
وتعلف حشيشها [29]مبلولا بعسل ويسكن اختلافها. [30]واذا تعبت الفيلة تعبا شديدا لانها لم تنم
فتدلك [31]اكتافها بزيت وماء حار فتبرأ. [2]وبعض الفيلة تشرب الزيت وبعضها لا يشرب [3]واذا 605b
شربت الزيت يخرج ما في اجسادها من الحديد | [4]كقول بعض الناس. واذا لم تشرب الفيلة شرابا T212
يؤخذ من اصول بعض الاعشاب [5]ويطبخ بزيت ويطعمونها اياه [6]فهذه حال الحيوان الذي له
اربعة ارجل.

⟨٢٧⟩ [7]فاما كثير من الحيوان المحزز الجسد فهو يخصب في الزمان الذي [8]يتولد فيه ولا سيما اذا كان مزاج ذلك الزمان موافقا مثل الربيع رطبا حارا. [9]ويكون في كوائر النحل صنفان من اصناف الحيوان [10]يضران به اعني الدودة التي تنسج العنكبوت [11]وتفسد موم الشهد وهي تسمى باليونانية اقليروس ومن الناس من يسميه بارستيس [12]وهو يولد قريبا من الموم شيئا شبيها [13]بالعنكبوت ويمرض النحل ويكون ايضا في الكوائر حيوان آخر [14]مثل الفراشة التي تطير حول السراج [15]واذا تنفست خرج منها شيء شبيه بغبار دقيق وليس يلسع النحل هذا الحيوان [16]وانما يهرب من الخلايا اذا اصابه الدخان. ويكون ايضا صنف دود آخر [17]في الخلايا ⟨ليس⟩ يلسعه النحل [18]والنحل يمرض ويسوء حاله خاصة اذا وقعت القملة في الازهار [19]واذا كانت السنة قحطة قليلة المطر. وكل [20]حيوان محزز الجسد يهلك اذا دهن بزيت ويهلك عاجلا ان دهن بزيت رأسه [21]ووضع في الشمس.

⟨٢٨⟩ [22]وفي اصناف الحيوان اختلاف كثير من قبل الاماكن والبلدان التي تكون فيها وكمثل ما [23]⟨لا⟩ يكون بعض الحيوان في بعض الاماكن البتة فكذلك يكون في بعض البلدان [24]اصغر جثثا واقل عمرا ولا يخصب. [25]وربما كان ذلك الاختلاف في بعض الحيوان من قبل الاماكن

---

a28 حارا] حدرا T : θερμὸν : Σ calidae   a29 ويسكن] ويسكر T : ἵστησιν : Σ prohibent
b11 بارستيس] بارستير T : πυραύστην : Σ foraciz   b16 الخلايا] الحلاما T : τοῖς σμήνεσιν   b17 ⟨ليس⟩ : οὐκ
b23 ⟨لا⟩ : οὐ : Σ non   b25 ذلك + الطعام T del.

التي تقرب بعضها من بعض [26]في البلدة التي تسمى باليونانية ماليسيا [27]ربما كان الصرار في بعض المواضع وفي بعضها لا يكون [28]وفيما يلي النهر الذي في البلدة التي تسمى باليونانية قافالانيا يكون الصرار في ناحية منه [29]ولا يكون في ناحية الاخرى وفي البلداة التي تسمى باليونانية باردوصال مفرق طريق: [30]يكون الصرار في ناحية ولا يكون في الناحية الاخرى [31]وفي البلدة التي تسمى
606a باليونانية بواطيا يكون من الخلد [1]شيء كثير. فاما في البلدة التي | تسمى ليباذياقي فهى قريبة من T213
بواطيا لا يكون خلد البتة [2]وان حمل احد خلدا او جاء به هناك لا يحفر الارض البتة. وان جلب احد ارانب الى البلدة التي تسمى باليونانية اثاقي [3]لا تقوى على المعاش هناك بل [4]تهلك وهى ملتفتة الى البحر. [5]وفي الجزيرة التي تسمى اسقلية لا يكون صنف النمل الذي يسمى فرسانا [6]ولم تكن الضفادع التي تصوت في ارض قورنية فيما سلف من الدهر وفي ارض لوبية [7]لا يكون خنزير بري ولا ايل ولا عنز بري. [8]وكما يزعم اقطسياس الذي لم يكن صدوق اللسان لا يكون في ارض الهند [9]خنزير انيس ولا بري فاما كل حيوان دمي وجميع الحيوان الذي يعشش يكون هناك [10]عظيما جدا. وايضا لا يكون الحيوان البحري الذي يسمى باليونانية مالاقيا في ناحية بنطوس [11]ولا الجاسي الجلد ايضا الا في اماكن يسيرة شيء قليل [12]فاما في البحر الاحمر فجميع الحيوان الجاسي الجلد يكون عظيم الجثة جدا [13]وفي غنم ارمينية والشأم ما في عرض اليته [14]ذراع ومن المعزى ما يكون طول اذنيه شبرا ونصفا [15]ومنها ما يكون طويل الاذنين يماس الارض. وللبقر [16]اعراف فوق اطراف الكتفين مثل الجمال [17]وفي ارض قلقية يجز المعزى مثل ما يجز الغنم [18]وفي ارض لوبية يولد الكباش النائتة القرون من ساعة ولادها [19]وكما يزعم اوميرس الشاعر في شعره ليس تولد الذكورة على مثل هذه الحال فقط [20]بل الاناث ايضا فاما في بنطوس فيما يلي ارض اسقوثيا [21]فهو يعرض خلاف ذلك لان الاناث والذكورة تولد بلا قورن. والحيوان يكون في ارض مصر

b27 *الصرار] الصرر T : τέττιγες   b28 *الصرار] الضرر T : τέττιγες   b29 باردوصال] بادودصال T : Πορδοσελήνη   b30 *الصرار] الضرر T : τέττιγες   a1 ليباذياقي] طلساذباى T : Λεβαδιακῇ || فهى] وهى T   a2 خلدا] حلبا T : ἀσπάλακες : Σ talpae || ارانب] ارانبا T : οἱ δασύποδες : Σ lepores   a4 ملتفتة] ملقه T : ἐστραμμένοι : Σ reverti   a6 قورنية] فروسه T : Κυρήνῃ   a7 عنز] غير T : αἴξ : Σ caper   a8 اقطسياس] اقسطناس T : Κτησίας   a11 في -T¹   a13 اليته] البته T : τὰς οὐρὰς : Σ caudae   a17 *قلقية] بلمه T : Κιλικίᾳ || يجز] يحر T : κείρονται : Σ tonduntur

[22]اكبر جثثا مما يكون في البلدة التي تسمى باليونانية الاص مثل البقر [23]والغنم ومن الحيوان ما يولد هناك اصغر جثثا مثل الكلاب والذئاب [24]والارانب والثعالب والغربان والبزاة [25]والغداديف وما يقارب هذه الاصناف في طبائع الحيوان. ويزعمون ان الرعى والطعم علة كل ذلك [26]لان الرعى يكون في اماكن كثيرة مناحا وفي اماكن يكون قليلة جدا والعظم ايضا كمثل. ومن قبل هذه العلة صار اختلاف الذئاب [27]والبزاة لان طعم الحيوان الذي يأكل اللحم هناك قليل جدا لقلة

606b [1]اصناف الطير الصغير. فاما الارانب | وجميع الحيوان الذي لا يأكل اللحم فهو هناك صغير الجثث T214

[2]لقلة اطراف الشجر ولان الفاكهة لا تزمن. وفي اماكن كثيرة تكون [3]علة ذلك من قبل مزاج هذه البلدة ولذلك تكون الحمير صغار الجثث في البلدة التي تسمى باليونانية الوريس وفي ارض ثراقيا واسقوثيا [4]وابيروس. فاما ⟨في⟩ البلدة التي تسمى قلتيكي واسكوثيكي [5]فليس تكون حمير البتة لان تلك البلدان شديدة الشتاء جدا. فاما في ارض اربيا [6]فانه يكون من اصناف السام ابرص ما جثته اعظم من ذراع ويكون هناك فأر عظيم الجثة اكبر [7]من الفأر الذي يتولد في البر وتكون مقاديم رجليه طوالا [8]قدر نصف شبر. [9]فاما في ارض لوبية فجنس الحيات مستطيل ليس له عرض [10]فيما يقال وقد زعم بعض الناس من ركاب البحر [11]انه عاين هناك ⟨عظام⟩ بقر كثيرا وهو بين [12]ان ذلك البقر يؤكل من الحيات لانها تشد على [13]المراكب وتقلبها وتأكل ما تجد فيها من الحيوان. [14]والاسود تكون في البلدة التي تسمى باليونانية اوروبي [15]عظيمة الجثث ولا سيما بين الموضع الذي يسمى اشيلوس [16]والنهر الذي يسمى نصوس. فاما الفهود فهى تكون في ارض آسيا ولا تكون في بلدة اوروبي [17]وبقول كلي ما كان من الحيوان الذي في ارض [18]آسيا فهو اصعب خلقا من غيره وما يكون منه في اوروبي فهو يكون اجلد واكثر جراءة. ومناظر الحيوان [19]في ارض لوبية كثيرة الاختلاف ولذلك يقال في مثل من الامثال ان [20]ارض لوبية ابدا تنبت وتأتي بشيء حديث وعلة ذلك من قبل قلة الامطار والمياه [21]فان جميع اصناف الحيوان تلتقي عند المياه اعني ما يناسب بعضه وما لا يناسب فيسفد بعضها بعضا [22]ويتولد منها حيوان غريب ولا سيما اذا اتفقت

---

a22 الاص] الارض T : τῇ Ἑλλάδι   a23 الذئاب] الذباب T : λύκοι : Σ lupi   a26 الذئاب] الذباب T : Σ lupi : λύκοις   b3 ثراقيا واسقوثيا] بارسا واسفوسا T : τῇ Θρᾴκῃ καὶ τῇ ʼΗπείρῳ   b4 ⟨في⟩ : Σ in : ἐν || قلتيكي B] فلسكن T : Κελτικῇ   b11 ⟨عظام⟩ : ὀστᾶ : Σ ossa   b12 *يؤكل] يا كل T : Σ comederunt : κατεδηδεσμένα ἦν   b16 نصوس] نصييوس T : Νέσσου   b18 *جراءة B] حرارة T : Σ magis fortia : ἀνδρειότερα

ازمان الولاد والحمل [23]وعظم الجثث وانما يستأنس بعضها الى بعض [24]لحاجتها الى الشرب [25]في الشتاء اكثر من الصيف على خلاف ذلك سائر الحيوان. [26]وذلك لانه لا يكون خارجا مياه في
607a اوان الصيف ولذلك يذهب عن الحيوان عادة [27]الشرب. والفأر اذا شرب | هناك يهلك. [1]وتكون T215
ايضا اصناف حيوان آخر من مزاوجة سباع لا يتناسب بعضها بعضا [2]مثل الذئاب التي تسفد الكلاب في ارض قورنية [3]وتتولد كلاب سلوقية من ثعالب وكلاب ويزعمون ان [4]من الحيوان الذي يسمى باليونانية طاغريس ومن الكلب تكون الكلاب الهندية وليس [5]تكون من السفاد الاول من ساعته بل من السفاد والحمل الثالث لان المولد من السفاد الاول [6]يكون صعب الخلق مثل خلق السباع فيما يزعمون. وانما تؤخذ اناث الكلاب وتربط في [7]البراري لتسفد هناك ولذلك يؤكل كثير من تلك الكلاب ⟨من⟩ السباع ان لم يكن [8]السبع هائجا الى السفاد.

⟨٢٩⟩ [9]واختلاف الاماكن والبلدان يصير اخلاق الحيوان مختلفة اعني [10]المواضع الخشنة الجبلية والمواضع الرخية السهلة اللينة [11]فما كان منها في المواضع الخشنة الجبلية افظع منظرا واقوى من غيره كثيرا مثل [12]السباع ⟨التي تكون في البلدة⟩ التي تسمى باليونانية اثوس فان الذكورة التي تكون في السهل لا تقوى على قتال الاناث التي تكون في الجبل. [13]وعض السباع ولدغ الهوام يختلف بقدر [14]اختلاف البلدان كقولي العقارب في ناحية فارس [15]واماكن اخر ⟨فانها⟩ ليست بردیئة. فاما في اماكن اخر [16]مثل بلدة اسقوثيا فالعقارب فيها كبار كثيرة رديئة [17]فان لدغت انسانا او سبعا آخر قتلته [18]وهي تقتل الخنازير ايضا [19]ولا سيما الخنازير السود الالون وعضة جميع السباع مؤذية للخنازير جدا [20]واذا لدغت الخنازير وذهبت الى الماء تهلك عاجلا. [21]ولسع الحيات ايضا مختلف بقدر اختلاف البلدان [22]فان الافاعي التي تكون في ارض لوبية رديئة جدا ومنها يهيأ الشراب الذي يعفن [23]وليس لمن لدغته علاج وتكون ايضا في البلدة التي تسمى باليونانية صلفيون [24]حية صغيرة رديئة اللسع جدا ويزعمون ان تلك اللسعة تعالج بحجر يؤخذ [25]من بعض قبور قدماء الملوك

---

a1 مزاوجة] امزاوجه T : μίξεως : Σ coitu   a2 الذئاب] الذباب T : οἱ λύκοι : Σ lupis || قورنية] ڡرونه T : Κυρήνῃ   a11 افظع B] ليقطع T : ἀγριώτερα   a12 ⟨التي ... البلدة⟩ : Σ qui sunt in loco || اثوس] اڡوس T : Ἄθῳ   a15 ⟨فانها⟩ : Σ quoniam   a17 قتلته] فثلثه T : ἀποκτείνουσι : Σ interficient   a19 للخنازير + ايضا T del.   a23 صلفيون] صفليون T : σιλφίῳ   a24 يؤخذ] بوجد T : λαμβάνουσιν : Σ accipiunt   a25 قبور] ڡوم T : τάφου : Σ sepulturis

T216 وذلك الحجر يصبغ بشراب [26]ويشرب ذلك الشراب. وفي بعض الاماكن التي في بلدة | اطاليا [27]جراذين تعض عضا مميتا [28]ولدغ جميع الهوام الذي له سم يكون اردأ واخبث اذا اكل بعض جسد بعض [29]مثل العقارب والافاعي [30]وريق الانسان مخالف لكثير من الهوام. وتكون حية [31]صغيرة يسمي بعض الناس كاهنية وهى خبيثة جدا ولذلك [32]تهرب منها الحيات الكبار وعظم هذه الحية قدر ذراع ومنظرها ازب كثير الشعر [33]واذا لسع شيئا من ساعته يعفن ما حول ذلك اللسع [34]وفي ارض الهند تكون ايضا حية صغيرة رديئة اللسع ولذلك لم يوجد للسعها دواء البتة.

607b ⟨٣٠⟩ [1]واصناف الحيوان تختلف ايضا من قبل الخصب وسوء الحال [2]وتختلف من قبل ازمان حملها. ولذلك ما كان من الحيوان خزفي الجلد مثل الذي يسمى باليونانية اقتاناس [3]وجميع اصناف الحلزون والاصناف اللينة الخزف تكون مخصبة طيبة اللحم [4]اذا حملت مثل الصنف الذي يسمى قارابو [5]وجميع الصنف الخزفي الجلد. فاما ما كان من الصنف اللين الجلد فانها تعين اذا سفدت [6]واذا باضت وليس يفعل ذلك شيء من الاصناف الاخر. والصنف الذي يسمى باليونانية مالاقيا [7]اذا حمل يكون مخصبا طيب اللحم مثل السمك الذي يسمى طاوثيداس وصبيا والاجناس الكثيرة الارجل [8]فانها تكون في اول حملها مخصبة طيبة اللحم [9]واذا ازمن حملها منها ما يكون مخصبا ومنها ما يكون على خلاف ذلك. [10]فالسمك الذي يكون منه الصير يكون طيبا عند حمله ومنظر بطنه يكون مستديرا [11]فاما الذكورة فهى تكون اطول واعرض ويعرض في اول [12]حمل الاناث ان يكون لون الذكورة مختلفا اشد سوادا [13]ولحومها في ذلك الاوان رديئة ولذلك يسميها [14]بعض الناس في ذلك الزمان تيوسا وتكون رديئة اللحم. [15]والصنف الذي يسمى باليونانية قاطيفي ونخلي يتغيران ايضا فاما الصنف الذي يسمى عقورين فانه يبدل [16]اللون بقدر الازمان مثل ما تبدل اصناف كثيرة من الطير الوانها [17]وتكون في الربيع سود الالوان. [18]ولون الصنف الذي يسمى فوقيس يتغير ايضا لان [19]لونه يكون في الربيع مختلفا وفي سائر الزمان الذي | بعد الربيع ابيض. T217

---

a26 اطاليا] اطاليا T : Ἰταλίας : Σ Italiae   a28 جسد] جسده T   a31 كاهنية] كهيته : ἱερόν

a33 يعفن] يصفر T : σήπεται : Σ putrefient   b2 *حملها] حالها T : κυήσεις ‖ اقتاناس] افاراس T : κτένες

b4 قارابو] مارابو T : καραβώδη   b5 تعين] نعن T : ὁρᾶται   b6 شيء] شيء ا T

b15 قاطيفي] فاطمف T : κοττύφους ‖ ونخلي] ومحلي T : κίχλας ‖ *الصنف] اصناف T

وهذا الصنف فقط [20]من اصناف السمك البحري يهيئ مثل دكان ويبيض [21]في ذلك الدكان
كما يزعم اهل الخبرة والذي يعالج منه والصير ايضا يتغير كما [22]قيل اولا والعقورين يكون في اوان
الصيف ⟨ابيض⟩ ثم يعود لونه [23]الى السواد ما هو وذلك خاصة بين [24]فيما يلي جناحيه ونغانغه.
والصنف الذي يسمى قوراقينوس [25]طيب اللحم اذا حمل مثل الصير. فاما الذي يسمى قسطروس
والا براق [26]وكل صنف له قشور فكله رديء اذا حمل [27]والذي يسمى باليونانية اغلوقوس كمثل.
[28]وكل ما كان من السمك مسنا فرديء والصنف الذي يسمى ثنوا رديء اذا كان مسنا ولذلك
لا يصلح للتمليح [29]لان كثيرا من بطنه يذبل ويذوب [30]ومثل هذا العرض يعرض لسائر اصناف
السمك ايضا [31]والمسن من السمك بين معروف من قبل جساوة لحمه وعظم قشوره. [32]وقد صيد
فيما سلف ثونو ⟨مسن⟩ كان في وزنة [33]خمسة ومائة طالنطا وكان بعد ذيله قدر ذراعين [34]وشبر.
608a فاما اصناف السمك النهري والنقائعي فهو مخصب طيب اللحم [1]بعد ان يبيض بيضه والذكورة بعد
طرح المنى ولا سيما [2]اذا ربيت. ومن اصناف السمك ما يكون مخصبا اذا حمل مثل الذي يسمى
باليونانية صا برديس [3]ومنه ما يكون مهزولا رديء اللحم مثل الذي يسمى غلانيس ومن سائر
اصناف السمك [4]الذكورة اخصب واطيب من الاناث. فاما من الصنف الذي يسمى غلانيس
فالانثى اطيب من الذكر. [5]ومن الانكليس الذي يسمى اناثا [6]اطيب من الذكورة وانما قلت تسمى
اناثا لانها ليست اناثا بالحقيقة بل [7]⟨تختلف⟩ بالمنظر فقط.

ثم القول السابع من كتاب الحيوان لارسطاطاليس

b21 والصير] الصير T : καὶ ἡ μαινίς   b22 ⟨ابيض⟩ : λευκοτέρων : Σ album   b25 حمل] عمل T : κύων || *مثل] منه T : ὥσπερ   b28 ثنوا] فموا T : θύννοι   b32 ⟨مسن⟩ : γέρων : Σ senem   b33 *ذيله] حنكه T : τοῦ οὐραίου   a2 صا برديس] صابودس T : σαπερδίς   a7 ⟨تختلف⟩ : διαφόρους : Σ diversi sunt

تفسير القول الثامن كتاب الحيوان لارسطاطاليس

⟨١⟩ [11]انا نعلم بالجنس اشكال وحالات الحيوان وعلمنا باشكال الحيوان الضعيف المهين [12]القليل |
T218 العمر [13]دون علمنا باشكال الحيوان القوي الطويل العمر وانما اقول ذلك لانه يظهر لنا ان في
اصناف الحيوان [14]قوة طباعية تشبه كل واحدة من قوى النفس وافعالها اعني [15]الحلم وحسن
الشكل والجلادة والجزع [16]والدعة والجهل وسائر القوى والحالات التي تشبه ما وصفنا. [17]وفي
الحيوان ما له شرك في الادب [18]والتعليم ومنه ما يتعلم بعضه من بعض ومنه ما يتعلم من [19]الناس
اعني اصناف الحيوان الجيد السمع الذي يحس بالاصوات وانواع الدوي [20]ويحس ايضا بفصول
العلامات. [21]واشكال اناث وذكورة جميع اصناف الحيوان الذي فيه ذكر وانثى [22]مختلفة [23]وذلك
بين ظاهر في الناس [24]وفي جميع الحيوان الذي له عظم جثة والحيوان الذي له اربعة ارجل ويلد
حيوانا مثله. [25]فان شكل الاناث الين واضعف وهي تكيس وتستأنس [26]وتمكن من ايديها عاجلا
[27]وهي اكثر ادبا وتعليما مثل اناث الكلاب السلوقية فانها اسرع الى الادب [28]من الذكورة. فاما
جنس الكلاب التي تكون في البلدة التي تسمى باليونانية مولوطيا اعني [29]الجنس الصياد فليس
بينه وبين سائر الاجناس اختلاف. [30]فاما الجنس الذي يتبع الغنم فبينه وبين غيره اختلاف
بالعظم [31]والجلادة ومضادة السباع وقتالها والكلاب التي تتولد من هذين الجنسين [32]اللذين يكونان
في ارض ملوطيا [33]والكلاب السلوقية اعظم جثثا واجلد من غيرها وبينها وبين سائر اصناف
الكلاب اختلاف كثير. وجميع اناث اجناس الحيوان اقل جرأة واجزع [34]من الذكورة ما خلا
جنس الدببة والفهود فان اناث هذين الجنسين [35]يظن ان تكون اصعب خلقا واكثر جرأة واقدم
608b من الذكورة. فاما اناث سائر اجناس الحيوان [1]فهي الين وامكر واقل انبساطا [2]واكثر عناية وتعاهدا
لجرائها [3]فاما ذكورتها فعلى خلاف ذلك اعني اصعب اخلاقا واشد غضبا [4]واكثر انبساطا واقل
دغلا وغائلة. وبقدر قول القائل توجد آثار لهذه الاشكال والحالات [5]في جميع اجناس الحيوان
T219 وهي في الاجناس [6]التي لها شكل ابين واوضح وخاصة في الانسان لان | [7]طباع الانسان كامل تام

a15 *والجلادة] والحلارة T : ἀνδρεῖαν Σ audacia   a17 *شرك] شوك T : κοινωνεῖ || *في] من T
a25 *الين] البر T : μαλακώτερον Σ levior   a34 *الدبة] الذيته T : ἄρκτος Σ ursum   b1 *وامكر] وامكن T : κακουργότερα Σ astutiores

 | DOI: 10.1163/9789004315969_020

ولذلك تكون هذه الاشكال والحالات [8]فيه ابين واعرف ومن اجل هذه العلة اقول ان المرأة اكثر رحمة [9]واغزر بكاء واكثر حسدا [10]ولائمة لاصل المولود ومحبة للشتيمة والبغى [11]واجزع نفسا من الرجل [12]والمرأة ايضا اكثر قحة واكثر كذبا واسرع الى الخديعة [13]واكثر ذكرا واردأ رخاء واكثر فشلا [14]وبقول عام الانثى اقل حركة من الذكر او اقل طعما [15]واحسن عونا فيما قيل اولا [16]والذكر اجلد من الانثى. وذلك بين في صنف الحيوان البحري الذي يسمى باليونانية مالاقيا [17]فانه اذا ضرب الصياد الذكر منها بالحديدة التي لها ثلث شعب تهرب الانثى وتدعه واذا ضربت الانثى بتلك الحديدة لا يهرب الذكر بل يقاتل عن [18]الانثى بكل جهده وقوته. [19]ويكون بين الحيوان الذي [20]يأوي في اماكن ⟨هى⟩ فهى وطعمه [21]وحياته من اماكن متفقة قتال وخلاف شديد. وان كان الرعى والطعم قليلا [22]فكل جنس من اجناس الحيوان يقاتل ما وافقه واشبهه بالجنس ولذلك يزعمون ان الحيوان الذي يسمى باليونانية فوقي يقاتل بعضه بعضا [23]اذا كان في مكان واحد هو فهو الذكر والانثى [24]حتى يقتل بعضه بعضا او يخرج احدهما الآخر وينفيه عن مكانه [25]وجميع جراء السباع يفعل مثل هذا الفعل اذا قل صيدها ومرعاها وضاقت حالها. وايضا [26]جميع اصناف الحيوان يقاتل الصنف الذي يأكل اللحم النى وهذا الصنف يقاتل جميع سائر الاصناف [27]لان غذاءها من الحيوان ولذلك [28]يقضي العرافون واصحاب زجر الطير على اتفاق الجلوس وافتراق المأوى [29]ويزعمون ان اتفاق الجلوس دليل على صلح واختلاف المأوى دليل على مشاجرة وخلاف. [30]واذا كان الطعم والرعى مباحا كثيرا تكاد السباع والحيوان [31]تستأنس الى الناس وبعضها الى بعض واذا كان خلاف ذلك تنفر وتجزع وتسوء اخلاقها وتهرب من المأوى ومن قرب الناس ومن كينونة بعضها مع بعض. [32]وذلك بين [33]في الحيوان الذي يكون
T220 بارض مصر فان [34]اصناف الحيوان المختلفة تعيش هناك بعضها مع بعض | لان الطعم والرعى هناك كثير مباح [35]وما كان من اصناف الحيوان صعب الخلق نزقا بريا يكون هناك آنس لحال
كثرة المنفعة [1]كما يعرض في بعض المواضع التي يكون فيها جنس الجراذين يأوي في قرب البزاة 609a
لحال [2]كثرة الطعم وهذا يستبين [3]في سائر البلدان وسائر الاماكن. [4]وينبغي لنا ان لعلم ان العقاب

---

b8 رحمة] زحمة T : ἐλεημονέστερον : Σ pietatis   b9 *واغزر] وعرر T : καὶ ἀρίδακρυ μᾶλλον : et eicit Σ citius lacrimas   b26 *الني] التي T : ὠμοφάγοις : Σ crudam   b26–27 الاصناف لان غذاءها من T¹-

والتنين يقاتل بعضها بعضا [5]والعقاب يأكل الحيات والحيوان الذي يسمى باليونانية اخنومون يقاتل الخلد واذا ظفر [6]احدهما بالآخر اكله. فاما من اصناف الطير فان الذي يسمى باليونانية فوليداس [7]والذي يسمى قوريدوناس والذي يسمى خلوروس والذي يسمى بيبر يقاتل بعضها بعضا [8]ويأكل بعضها ⟨بيض⟩ بعض والغداف يقاتل البومة فان الغداف [9]يخطف بيض البومة في انصاف النهار ويأكله لان البومة لا تبصر بصرا حادا [10]في ذلك الاوان [11]واذا كان الليل شدت البومة على بيض الغداف فاكلته لان البومة في الليل اقوى من الغداف فاما الغداف فهو في النهار اقوى واحد بصرا [12]وبين البومة والطير الذي يسمى باليونانية ارشيلوس قتال ايضا [13]وكل واحد منهما يأكل بيض الآخر لان ارشيلوس يأكل بيض البومة بالنهار والبومة تأكل بيضه بالليل. [14]وسائر الطير يطير حول البومة [15]ويضربها وينتف ريشها ولذلك صيادو الطير [16]يصيدون بالبومة اصناف الطير المختلفة. [17]والطير الذي يسمى باليونانية برازبيس والغداف يقاتلان ابن عرس [18]ويأكلان بيضه وفراخه. وبين الاطرغلة والطير الذي يسمى باليونانية بوراليس خلاف وقتال ايضا [19]لان مأواها ومكسب طعمها واحد والذي يسمى باليونانية قاليوس [20]والذي يسمى باليونانية ليبيوس يقتتلان ايضا وبين الحدأة والغداف قتال ايضا [21]لان الحدأة تسرق وتخطف بيض الغداف وتفعل ذلك لانها اقوى واشد [22]مخاليب واسرع طيرانا فهو بين ان قتال اصناف السباع والطير يكون من قبل الاماكن والطعم والمرعى. [23]وايضا اصناف الطير التي تعيش من البحر يقاتل بعضها بعضا مثل الذي يسمى باليونانية برنثوس [24]والطير الابيض الذي يسمى | شاهمرج والطير الذي يسمى باليونانية اربي T221
والذي يسمى طرارشيس والحية والذي يسمى فرونوس [25]واطراورشيس يأكلهما. وبين الاطرغلة والشرقراق قتال ايضا [26]لانه يقاتل الاطرغلة والغداف يقتل [27]الذي يسمى باليونانية طوبانوا والذي يسمى الشرقراق يقاتل الذي يسمى باليونانية قالارينيوس وسائر اصناف الطير [28]المعقف

---

a4 *والتنين] وا ... T : δράκων : Σ draco   a7 *بيبر] سو T : πίπρα || *بعضا] بعضها T   a8 *⟨بيض⟩ بعض] بعضا T : τὰ .... ᾠὰ .... ἀλλήλων : Σ ova aliorum   a9 *في] فان T : Σ apud   a13 *واحد] وحد T || *ارشيلوس] سطوس T : ὄρχιλος   a16 *يصيدون] يطير حول T : θηρεύουσιν : Σ deprehendunt   a18 بوراليس] بوراىس T : πυραλλίς   a23 تعيش] ىعىس T : ζῶντες   a24 شاهمرج] شاهمبرج T || *طرارشيس] ارسيس T : τρίορχης || *فرونوس] ڡروىوس T : φρῦνος   a25 *والشرقراق] والسمراف T : ὁ χλωρεύς   a26 *طوبانوا] طربانوا T : τύπανον   a27 الشرقراق] السرقوق T : αἰγιωλὸς

المخاليب يقهر غيره. [29]وبين العنكبوت والحرذون قتال ايضا لان [30]الحرذون يأكل العنكبوت والذي يسمى باليونانية بيبو يقاتل التدرج [31]ويأكل بيضه وفراخه والطير الصغير اعني عصفور الشوك يقاتل الحمار [32]لان الحمار اذا مر بالشوك وكانت به دبره يحك دبره بالشوك [33]ولذلك ان نهق الحمار يقع [34]بيض ذلك العصفور وفراخه تخرج من عشها وانما تقع من مخافتها منه [35]ولهذه العلة
609b والضرورة يطير العصفور حول الحمار وينقر ويدمي جراحه. [1]فاما الذئب فهو مخالف للثور والحمار والثعلب لانه يأكل اللحم النيء [2]ولذلك يقع على البقر والحمير [3]والثعالب. ⟨وبين الثعلب⟩ والذي يسمى قرقوس وهو الدراج خلاف ايضا لحال هذه العلة [4]لانه معقف المخاليب ويأكل اللحم النيء فهو يقع على الثعلب [5]وينقره ويجرحه. والغراب يخالف الثور والحمار [6]ويطير حولهما وينقرهما بمنقاره وربما جرح عينيهما. [7]والعقاب يقاتل التدرج لان العقاب معقف المخاليب [8]واذا وقع عليه جرحه واهلكه. والذي يسمى باليونانية اسالون [9]يقاتل الذي يسمى اجوبيوس والذي يسمى قركس يقاتل الذي يسمى الوس وقتوفوس [10]واخوريون الذي يقال ما ⟨يتولد من⟩ بيرقيس وقد قيل انه يولد ويكون من الحريق [11]ولذلك يضر بيضها وفراخها. والذي يسمى باليونانية سطي [12]واطرشيلوس يقاتلان العقاب والذي يسمى سطي يكسر [13]بيض العقاب لهذه العلة ولان العقاب يأكل اللحم النيء [14]يقاتل جميع اصناف الطير. والطير الذي يسمى باليونانية انثس مخالف للفرس [15]ولذلك يطرده الفرس ويخرجه من مرعاه لانه يرعى من الحشيش والعشب. [16]وهذا الطائر ⟨ليس⟩ حاد البصر
T222 جدا وهو شبيه [17]بصوت الخيل ويحاكيها ويطير حولها | ويخيفها ويطردها [18]وهذا الطير يأوي في قرب الانهار [19]والاماكن الكثيرة المياه الملتفة الشجر وله لون حسن جيد التدبير لمعاشه. والحمار مخالف للطائر الذي يسمى باليونانية قولوطوس [20]لانه ينام في آري الحمار [21]ويمنعه من العلف ولا سيما اذا دخل في مناخيره. وللطائر الذي يسمى باليونانية اروديوس [22]ثلثة اجناس احدها يسمى

---

a30 ببيو] سق T : πίπῳ / ἵππῳ   b3 ⟨وبين الثعلب⟩ : καὶ ἀλώπηξ δὲ : Σ et vulpe || قرقوس] ففوس T : κίρκος Σ kirokoz || *الدراج] الدرق T   b5 *وينقره B] وسفره T : κόπτων || ويجرحه] ويخرجه T : ἕλκη ποιεῖ   b6 وينقرهما] وينفرهما T : τύπτειν Σ nocet || جرح] اخرج T : κολάπτειν Σ pungit   b9 وقتوفوس] وفروفوس T : κοττύφῳ   b10 يقال] يقاتل T : μυθολογοῦσι Σ dicunt || *ما ⟨يتولد من⟩ بيرقيس] ما سوس T : γενέσθαι ἐκ πυρκαιᾶς   b14 انثس] انيس T : ἄνθος   b16 *⟨ليس⟩ حاد البصر : οὐκ ὀξυωπός Σ debilis visus   b17 *ويخيفها B] وىحمها T : φοβεῖ Σ stupefacit || *ويطردها] ويطير T : ἐξελαύνει Σ cogit ipsum fugere   b21 *وللطائر] والطائر T || اروديوس] اروربوس T : ἐρωδιῶν Σ arodieon

باليونانية بالوس والآخر يسمى لوقوس والثالث يسمى اسطارياس. [23]فاما الذي يسمى بالوس فانه يسفد سفادا صعبا شديدا [24]ويصيح باعلى صوته عند سفاده وكما يزعم بعض الناس انه سفد يخرج من عينيه دم [25]والانثى تبيض بيضها بعسر وشدة واسوأ الحالات. هو يقاتل [26]جميع ما يضر العقاب ويقاتل الثعلب [27]ولا سيما اذا كان الليل ويقاتل الهدهد ويسرق بيضه. [28]والحية تقاتل الخنزير وابن عرس وانما يقاتل [29]ابن عرس اذا كان مأواهما في بيت واحد معا لانهما [30]يعيشان من شيء واحد هو فهو فاما الخنزير فهو يأكل الحيات. والذي يسمى باليونانية اسالون يقاتل الثعلب [31]ويضربه وينتف صوفه ويقتل فراخه [32]لانه معقف المخاليب. فاما الغراب [33]فمصادق للثعلب ولذلك يقاتل الطير الذي يسمى اسالون واذا [34]ضرب الثعلب يعينه. والذي يسمى باليونانية
610a اجوبيوس يقاتل الذي يسمى اسلون ويضربه وينتف ريشه [35]ولكليهما مخاليب معقفة. [1]والذي يسمى اجوبيوس يقاتل العقاب والقاقي والعقاب يقتلان ومرارا شتى يغلب القاقي. [2]والقاقي يأكل بعضه بعضا ويأكل كل طير ويقهره خاصة. [3]وايضا من السباع ما يقاتل بعضه بعضا [4]في الفرط والحين مثل الناس. والحمار مخالف للعصفور الذي يأوي في الشوك كما قلنا اولا [5]لان معاش ذلك العصفور من الشوك [6]والحمار يرعى ذلك الشوك اذا كان طريا. والذي يسمى انثوس يقاتل الذي يسمى اقنثيس وهو عصفور الشوك [7]ويقاتل الذي يسمى اجيثوس ايضا. ويقال ان دم اجيثوس لا يختلط بدم انثوس. [8]فاما الغداف فهو مصادق للذي يسمى اروديوس والذي يسمى | سخونيون T223
محب [9]للذي يسمى قوريدوس والذي يسمى لايدوس موافق للذي يسمى قاليوس لان قاليوس [10]يأوي في قرب الانهار والغياض فاما لايدوس فهو يأوي في الجبال والصخور [11]والاماكن الخالية والذي يسمى بفنقس واربي والحدأة بعضها [12]مصادق لبعض. والثعلب موافق للحية وهما يسكنان في الثقب والحجارة [13]والطير الذي يسمى قوطيفوس موافق للاطرغلة. فاما الاسد [14]والنمر فمختلفان لانهما يأكلان اللحم النيء ومعاشهما من شيء واحد هو فهو. [15]والفيلة ايضا يقاتل بعضها بعضا قتالا شديدا [16]ويضرب بعضها بعضا بانيابها والمقهور منها يخضع [17]ويتعبد للقاهر ويخاف من

b22 *بالوس] مالوس T : πέλλος a1 اجوبيوس] احسوس T : αἰγυπιὸς a6 *انثوس] انيوس T : ἄνθος ‖ *اقنثيس] امدس T : ἀκανθὶς a7 *اجيثوس⁽¹⁾] احسوس T : αἴγιθος ‖ انثوس] افدىس T : ἄνθου a8 اروديوس] ارودفوس T : ἐρωδιὸς ‖ *سخونيون] سحرىون T : σχοινίων a9 *لايدوس] دارىوس T : λαεδὸς ‖ قاليوس⁽²⁾] مالوس T : κελεὸς a10 لايدوس] زادىوس T : λαεδὸς a11 *بفنقس] سعس T : πίφιγξ ‖ *واربي] عراوى T : καὶ ἅρπη

صوته. [18]وبين الفيلة اختلاف شديد بالجلد والجرأة [20]وبين الذكورة والاناث اختلاف ايضا لان الاناث اصغر جثثا من الذكورة [21]وهى اقل اقداما وجرأة. والفيلة تحمل [22]بانيابها على الحيطان فتقلبها [23]وهى تدفع شجر النخل بجثتها حتى يميل ويصير قريبا من الارض فاذا قرب [24]ركبته وبسطته على وجه الارض. والفيلة تصاد [25]بمثل هذا النوع يركبون ساسة الفيلة على ما كان منها انيسا [26]جلدا ويطلبون ما كان منها وحشيا بريا فاذا ادركوها [27]امروا الانيس الجلد بضرب ذلك الوحشي حتى يصغر ويخضع فاذا فعل [28]نزا عليه احد الساسة وضرب رأسه بالحديد [29]فهو يستأنس ويكون مطيعا للسائس عاجلا. واذا كان [30]سائس الفيل راكبا عليه فهو وديع لين ساكن فاذا نزل عنه ربما كان الفيل ساكنا [31]وربما نفر وصعب خلقة ولكن الساسة يحتالون للصعبة الاخلاق منها ويربطون مقاديم ارجلها [32]بالحبال لكي تسكن. [33]فهو بين مما ذكرنا ان المصادقة والموافقة والاختلاف والقتال [34]تكون بين هذه السباع لحال تدبير حياتها ومأواها ومكسب طعمها.

610b 〈٢〉 [1]فاما من اصناف السمك فكثير منها يسير ويعوم في البحر وسائر المياه رفا رفا والاصناف التي تعوم بعضها مع بعض رفوفا [2]محبة بعضا لبعض فاما التي لا تعوم بعضها مع بعض رفوفا فهى تخالف وتقاتل | بعضها مع بعض. ومن السمك ما يعوم ويسير بعضه مع بعض رفوفا [3]اذا حمل T224
ومنه ما يفعل ذلك اذا باض البيض. وبقول عام [4]فهذه اصناف السمك التي يعوم ويسير بعضه مع بعض اعني ثنيداس وماينيداس وقوبيو وبوقاس [5]وصورو وقوراقيني وسونادنطاس وطريغلي واسفورانا وانثيا [6]والاغيني واثارينوا وبولوني وطاوثي ويوليداس [7]وسقمبري وقوليا. ومن هذه الاجناس ما يسير ولا يعوم بعضه مع بعض مثل رفوف فقط [8]بل يتزاوج بعضها مع بعض. فاما سائر الاصناف فهى تتزاوج بعضها مع 〈بعض〉 [9]ولا تعوم وتسير معا في كل زمان كما [10]قيل اولا

a22 فتقلبها] فقبلهما T : προσβάλλων : Σ prosternit   a23 بجثتها] بحثها T   a25 *بمثل] تميل T
a29 *مطيعا B] وطيعا T : πειθαρχεῖ : Σ oboediet   b4 فهذه] وهذه T ‖ *ثنيداس وماينيداس] سداس ومامداس T : θυννίδες, μαινίδες ‖ *وقوبيو وبوقاس] وبوفماس T : κωβιοί, βῶκες   b5 *وقوراقيني وسونادنطاس] وفورافى وسوبادىطاس T : κορακῖνοι, συνόδοντες ‖ *واسفورانا وانثيا] واسقورقورانا T : σφύραιναι, ἀνθίαι   b6 *والاغيني] ولاطىى T : ἐλεγῖνοι ‖ *واثارينوا] واناسوا T : ἀθερῖνοι ‖ *وبولوني] وبولوى T : βελόναι ‖ *وطاوثي] وطاوىى T : τευθοί   b7 وسقمبري] وسفسرى T : σκόμβροι
b8 بعضها(1) + بعضها T ‖ بعضها(2)] بعص ما T

بل اذا حملت الاناث ومنها ما يفعل ذلك اذا باض البيض ايضا. فاما الابراق [11]والذي يسمى قسطراوس فهما يخالفان احدهما للآخر وفي بعض الازمنة يسير [12]احدهما مع الآخر مثل رف وربما عامت اصناف من اصناف السمك وسارت رفا رفا وليس [13]الاصناف المتفقة بالجنس فقط بل التي رعيها واحد [14]وطعمها متقارب ان كان كثيرا مباحا. ومرارا شتى يعيش السمك [15]الذي يسمى قاسطريس مقطوع الذنب والذي يسمى غنقري يعيش وهو مقطوع الذنب الى موضع مخرج [16]الفضلة والابراق ويأكل كل القاسطريوس [17]واسمرانا يأكل الغنقروس. وانما تقاتل الاجناس الاقوى [18]للاضعف لان القوي يقهر الضعيف ويأكله [19]فهذه حال اصناف الحيوان البحري.

⟨٣⟩ [20]فاما اشكال الحيوان فهى مختلفة كما قيل اولا اعني [21]بالجلد والجزع والدعة والجرأة والسكون [22]والتدبير بعقل وبخرق. وجنس الغنم [23]فيما يقال رديء الشكل قليل العقل وهو في هذه الحالات [24]اردأ من جميع ذات الاربعة الارجل وهو تسير على وجه الارض في البراري كما جاء [25]واذا كان شتاء شديدا يخرج مرارا شتى من داخل الى خارج ويصير خارجا في الهواء [26]واذا ادركه المطر لا يتحرك من موضعه ان لم يلجئه الراعي الى ذلك [27]بل يهلك الى مكانه وليس

T225 يكاد ان يتحرك ان لم [28]تأت الرعاة بذكورة متقدمة فاذا تقدمت الذكورة تبعها | سائر الغنم. [29]فاما المعزى فهى تتبع اذا اخذ الراعي بناصية واحد منها وان لم يفعل [30]وقفت المعزى كانها باهتة ولا تفعل شيئا. [32]والغنم اكسل واقل حركة من المعزى والمعزى تدنو من الناس اكثر من الشاء [33]وهى تحس بالبرد اكثر من الغنم. [34]والرعاة يعلمون الغنم البحر فتتبعهم اذا احست بدوي او رعد شديد

[35]وان بقى شيء منها ولم يتحرك اذا كان رعد وكانت حاملا اسقطت [1]من ساعتها ولحال هذه العلة 611a

ان كان في البيت صوت شديد او دوي يخرج جميع الغنم ويصير بعضها ملتفا ببعض لحال العلة التي سلفت. [2]واذا خرجت الثيران من قطيعها [3]وضلت تؤكل من السباع. والشاء [4]والمعزى وينضجع بعضها قبالة بعض قدر اجناسها والرعاة يزعمون انه اذا زادت الشمس [5]لا ينضجع بعض المعزى ناظرة الى بعض [6]بل يحول وجوهها بعضها الى بعض.

---

b14 *متقارب] متفاوت T : παραπλήσιός : Σ consimilem   b24 *تسير] سر T : ἕρπει : Σ exeunt

b30 وقفت B] وقعت T : ἑστᾶσιν   b34 فتتبعهم] وتتبعهم T

〈٤〉 [7]فاما البقر فهو يأوي بعضه مع بعض وينضجع معا بقدر السنة التي سلفت وان [8]ضلت البقرة الواحدة تبعتها الاخر ولذلك [9]وان يفقد الرعاة بقرة واحدة ولم يجدوها من ساعتهم يطلبون سائرها ايضا. [10]فاما الخيل فانها اذا ضلت او هلكت الانثى منها وكان لها فلو فسائر اناث الخيل ترضعه وتربيه [11]وبقول عام يظن ان يكون جنس الخيل [12]من الطباع محبا للاولاد والعلامة الدليلة على ذلك من قبل ان [13]عقام الاناث تحب الفلاء ويتعاهدها لذهاب وهلاك امهاتها [14]ولكن يهلكها لانه ليس لها لبن.

〈٥〉 [15]فاما من اصناف الحيوان البري ذوات الاربعة الارجل فالايل [16]يظن ان له حلما لان الايلة تلد قريبا من السبل والطرق [17]لهرب السباع من الناس. فاذا وضعت الاناث [18]اكلت اللوف اولا [19]وبعد اكلها اياه تحن الى جرائها وهى تستحب الكينونة تحت ضوء القمر [20]وتأتي بجرائها الى اماكن شرب الماء وتعرفها المواضع التي ينبغي لها ان [21]تهرب اليها اذا كان اوان هرب وهى صخور فيها شقوق وتجويف ليس له الا [22]مدخل واحد تقف في ذلك المدخل وتقاتل بجهدها كل حيوان يطلب ضررها. [23]والذكر من الايلة يسمن جدا فاذا سمن [24]يختفي ولا يظهر نفسه بل يغيب في مواضع| ليست بمعروفة [25]لانه يصاد عاجلا لكثرة شحمه. والايلة تلقي [26]قرونها في اماكن T226
عسرة صعبة لكي لا توجد ولذلك قيل في [27]المثل الذي يقول هى حيث تلقي الايلة قرونها [28]واذا القت قرونها تحفظ وتتوقى من ان تظهر كانها قد القت سلاحها. [29]ويقال انه لم يعاين احد القرن الايسر من قرون الايلة قط [30]لان فيه منفعة ودواء موافقا لبعض الادواء. [31]وليس تنبت قرون الايلة اذا مضت لها سنة [32]بل يظهر في رؤوسها شيء صغير ناتئ كثير الشعر واذا مضت لها سنتان تنبت [33]قرونها اول نباتها مستقيما مثل اوتاد ولذلك يسمونها [34]في ذلك الزمان اوتادها وفي السنة
611b الثالثة تكون لها شعبتان [35]وفي السنة الرابعة تغلظ وتخني [1]حتى تبلغ ست سنين وبعد ذلك يكون نباتها على فن واحد [2]ولا نعلم سني قرونها [3]وكبرها يعلم من خصلتي اعني انه لا يكون [4]لبعضها اسنان ومنها ما يكون لها اسنان يسيرة ولا [5]ينبت الاسنان التي بها تقاتل بعد ذلك الوقت [6]وتلك الاسنان هى المائلة المعوجة الى خارج وبها تقاتل [7]فليس توجد هذه الاسنان في المسن من الايلة

---

a13 *عقام] عوام T : στέριφαι : Σ steriles   a30 *ودواء] ودا T : φαρμακείαν : Σ iuvamentum

a33 *مثل] بل T : καθάπερ : Σ sicut   a34 *اوتادها] اوباره T : πατταλίας : Σ vomer   a35 *وتخني B] يخن T

ولا يكون نشوؤها مستقيما [8]وهى تلقي قرونها في كل سنة مرة واحدة [9]في الشهر الذي يسمى
ثرجليون. [10]فاذا القت قرونها [11]اختفت بالنهار في الغياض لحال اتقائها في [12]الذباب كما قيل اولا.
واول ما [13]ينبت القرون تكون كانها جلد [14]كثير الشعر واذا نشأت قرون الايلة يستحب المأوى
في الشمس [15]لكي تنضج وتيبس وتجود قرونها. فاذا كان ذلك ولم [16]توجع قرونها اذا حكت بها
الشجر حينئذ تترك [17]اماكن الغياض وتخرج الى سفح الجبال والارض المستوية لثقتها بان لها
سلاحا تقاتل به. وقد [18]صيد ايل في الزمان السالف وعلى قرونه عشبة يقال لها قيتون [19]نابتة كثيرة
خضراء كانها تنبت في تلك القرون وهى لينة بعد [20]وكان نباتها مثل نبات الخشب في موضع
عميق. واذا لسعت [21]الايلة حية او صنف آخر من اصناف الهوام تجمع السراطين [22]يأكلها ويظن
ان هذا العلاج موافق للانسان ايضا [23]ولكنه علاج ليس | بلذيذ. واذا [24]وضعت اناث الايلة من T227
ساعتها تأكل المشيمة ولا يمكن ان توجد [25]لانها تأكلها قبل ان تقع الى الارض ويظن ان المشيمة
[26]دواء موافق لبعض الادواء. والايلة تصاد بالصفير [27]والغناء لانها تنضجع من اللذة [28]والذين
يفعلون ذلك يكونون رجلين احدهما يصفر ويغني غناء بينا والآخر يقف [29]خلفها ويرشقها اذا
امكن ذلك واشار اليه صاحبه. فان [30]كانت اذنا الايل في ذلك الاوان قائمة فهو يسمع سمعا
جيدا ولا يخفى عليه ما يراد به [31]وان كان مسترخي الاذنين خفى عليه ذلك.

⟨٦⟩ [32]فاما الدبة ⟨فانها⟩ اذا هربت دفعت جراءها بين يديها واذا اضطرت [33]حملتها وانطلقت وان
لحقها طالبها صعدت [34]الى الشجر واصعدت معها جراءها. واذا خرجت من مجاثمها بعد مأواها
612a هناك اياما [35]تأكل اللوف كما قيل فيما سلف [1]وتمضغ العيدان كانها تنبت اسنانها. وكثير من [2]سائر
الحيوان الذي له اربعة ارجل يحتال بحيل [3]حلم موافق لمعونتها وسلامتها. وقد زعم بعض الناس ان
المعزى البرية التي في ارض جزيرة اقريطية [4]اذا رشقت بسهم ودخل في اجسادها تطلب العشبة
التي تسمى باليونانية داقتمنون وتأكل منه لانه يظن ان يكون [5]مخرجا دافعا للحديدة التي تدخل
في الجسد. [6]والكلاب ايضا اذا مرضت مرضا من الامراض تأكل عشبة من الاعشاب وتتقيأ
وتبرأ من ذلك المرض. [7]فاما الفهد فانه اذا اكل العشبة التي تسمى خانقة الفهود [8]يطلب زبل

---

b10 *فاذا] ماذا T   b11 *اتقائها] اساما T : εὐλαβούμενα   b16 توجع] يرجع T : πονῶσι   b18 قيتون] فسوس T : κιττὸν   b19 وهى] هى T   b20 *الخشب] النعش T : ξύλῳ   a7 اكل] اقل T : φάγῃ : Σ comedunt

الانسان ويتعالج به [9]وهذه العشبة تهلك الاسد ايضا واذا اكلت منها طلبت زبل الانسان. ولذلك يأخذ [10]الصيادون وعاء ويملأونه من زبل الناس ويعلقونه على شجرة [11]لكي لا يستبعد منها السبع لطلبه. فاذا وجد السبع وقف مكانه [12]وجاءه لمنفعته حتى يهلك مكانه. وقد زعم بعض الناس ان [13]السباع تستحب رائحة الفهد [14]ولذلك يختفي الفهد واذا كانت السباع [15]قريبة منه تناولها واكلها وبهذا النوع يأكل الايلة ايضا. [16]فاما الحيوان الذي يكون بمصر الذي يسمى باليونانية اخنومون فانه اذا رأى الحية الافعى قد دنت منه وهمت به [17]لا تبدأ | بقتاله حتى تدعو اعوانا [18]اخر وهو T228
يلطخ كل جسده بطين لحال اللدغ [19]يبل جسده اولا بالماء ثم [20]يتمرغ بالتراب حتى يصير طينا ويبدأ بقتال الافعى. فاما التماسحة فانها تكون فاتحة افواهها ويدخل الطير الذي يسمى باليونانية [21]طروشيلوس فيها ويطير وينقي اسنانها [22]ويكون طعمه من تلك التنقية والتماسحة لا [23]تضره شيئا لحال المنفعة التي تحس بها واذا هم الطير بالخروج تحرك اعناقها [24]لكي لا تعضها. فاما السلحفاة فانها اذا اكلت شيئا من جسد الحية الافعى تأكل بعده [25]صعترا جبليا وقد عاينها انسان [26]تفعل هذا الفعل مرارا شتى وكانت بعد اكلها الصعتر [27]تعود ايضا وتأكل من جسد الافعى ثم ترجع الى الصعتر [28]فلما فعلت ذلك مرة بعد مرة هلكت. فاما ابن عرس فانه اذا قاتل الحية [29]يأكل السذاب لان رائحة السذاب تخالف [30]الحية. فاما التنين فانه في اوان الفاكهة يأكل من العشبة المرة [31]وقد عاينه غير واحد يفعل ذلك والكلاب اذا كان في اجوافها دود [32]تأكل سنبل القمح. فاما الطير الذي يسمى لقلقا [33]وسائر الطير فانها اذا جرحت من قتال بعضها لبعض تضع على ذلك الجرح [34]صعترا جبليا. وقد عاين غير واحد من الناس الافعى ⟨ان⟩ اذا [35]قاتلت الحيات
تأخذ باعناقها. [1]ويظن ايضا ان ابن عرس يحتال للطيور بحلم [2]ويذبحها ذبحا كما يفعل الذئاب بالغنم 612b
وهو ايضا يقاتل [3]الحيات التي يصيد الفأر لانه [4]يصيد هذا الحيوان ايضا. فاما فعل القنافذ وجودة حسها [5]فقد عاين كثير من الناس اعني انها تحس بالريح التي تهب ان كانت شمالا وان كانت [6]جنوبا. فما كان منها يأوي في الارض يغير الثقب التي منها يدخل لئلا تصيبه الريح [7]والذي يأوي البيوت ينتقل الى [8]الحيطان. وقد زعموا انه كان في مدينة البزنطية وهى القسطنطنية رجل يتقدم

---

a17 اعوانا] عوانا T : βοηθοὺς : Σ adiutores   a21 طروشيلوس] طروسلوس   a25 صعترا] صغيرا T : τὴν ὀρίγανον : Σ origanum   a30 التنين] اليبس T : ὁ δὲ δράκων : Σ et draco   a32 يسمى + باليونانية T ‖ لقلقا] لعلق T : οἱ δὲ πελαργοὶ : Σ et laclac   a33 قتال] فال T   a34 جبليا] جليا T ‖ ⟨ان⟩ اذا : ὅτι ὅταν

ويقول اى ريح تهب حتى [9]شرف من ذلك وعظم شأنه وانما كان يعلم ذلك من قبل قنفذ كان
في منزله. [10]فاما الحيوان الذي يسمى باليونانية اقطس فعظمه مثل عظم بعض الكلاب الصغار
[11]وهو ازب كثير الشعر في الوجه وسائر الجسد [12]وفيما يلي تحت عنقه بياض وهو في المكر شبيه
T229 بابن عرس [13]ويكون انيسا جدا | ويفسد الخلايا [14]لانه يحب العسل ويأكل الطير ايضا [15]مثل
السنور وهو النمس. وذكره مثل [16]عظم كما قلنا اولا ويظن ان يكون دواء لعسر البول [17]وانما يجرد
العظم ويسقى المريض من تلك الجرادة بالماء.

⟨٧⟩ [18]وبقول عام ان تفقد احد انواع تدبير اصناف الحيوان بينا يعاين اشياء كثيرة [19]من سائر
اصناف الحيوان يفعل بمثل كانه تدبير حيوة الانسان. وذلك يستبين خاصة [20]في اصناف الحيوان
الصغير اكثر من الحيوان الذي له جثة عظيمة ففعلها يشبه ان يكون بحلم وتدبير [21]ورأى لطيف.
وذلك يظهر اولا فيما يصغر من الطير فان فعل الخطاف [22]وبناء عشه عجيب جدا كيف يهيئ
الطين وكيف يخلط معه اعوادا صغارا [23]تشبه خلط التبن مع الطين وان [24]لم يجد طينا مهيئا صبغ
ذنبه بالماء ثم تمرغ [25]على التراب حتى يمتلئ جناحه منه ويصير شبيها بالطين. واذا هيأ عشه [26]وضع
الطين الجاسي اولا كما يفعل الناس ويصير عظم العش مقتدرا بقدر ما [27]يسعه ويسع فراخه. ثم
يتعاهد الفراخ الذكر والانثى ويطعم فرخا بعد فرخ [28]بعادة قد جرت [29]لكي يعدل بينها. واذا
كانت الفراخ صغارا [30]تنقل الزبل بافواهها وتلقيه واذا كبرت [31]تعلمها ان تحول وتلقي الزبل الى
خارج. والحمام [31]ايضا يفعل افعالا مثل هذه ايضا لان [33]الاناث تكره ان تسفد من كثرة ذكورة
613a ولا تدع الانثى ذكرها ولا الذكر انثاه [34]ان لم يهلك احدهما ويوحد او تأيس منه. [1]واذا باضت
الانثى وعجزت عن الدخول الى عشها والجلوس على بيضها لحال ضعفها [2]يضربها الذكر ويضطرها
الى الدخول. واذا خرجت [3]الفراخ من البيض يمضغ الذكر ترابا مالحا [4]ويفتح افواه الفراخ ويوجرها
من ذلك التراب ليسهل به سبيل [5]الطعم واذا اراد الذكر ان تخرج فراخه [6]يسفدها. فبقدر هذا

b14 الطير] الطين T : ὀρνιθοφάγον Σ gallinas   b15 السنور] القور T : αἱ αἴλουροι Σ furon   b16 لعسر] العسر T¹ : στραγγουρίας   b17 *الجرادة B] الجراره T   b18 *يعاين] نعا ر T : θεωρηθείη   b19 *يستبين B] سسر T   b23 التبن مع] -T¹ : τοῖς κάρφεσι Σ palea   b34 *ويوحد او تأيس] او يوجد وياس T : γένηται χήρα ἢ χῆρος Σ mas amiserit suam feminam aut femina marem

النوع [7]تحب الحمار بعضها بعضا وربما سفدت [8]اناث الحمام التي لها ذكورة من ذكورة اخر والحمام حيوان مهارش [9]محب للقتال. وربما دخل في عش غيره [10]وذلك في الفرط وان قربت الاعشة [11]يقاتل بعضها بعضا قتالا شديدا. [12]ويعرض للحمام والفواخت [13]والاطرغلات | شيء خاص T230
اعني لا ترفع رؤوسها وتميل بها الى خلف اذا شربت ان لم تشرب شربا كثيرا. [14]وللاطرغلات والفاختة زوج واحد وذكر واحد يسفدها [15]لا تعدوه الى غيره ولا تمكن من سفادها لغيره. واذا باضت الاناث تجلس هى والذكورة على البيض. [16]وليس معرفة فصل ما بين الذكورة ⟨والاناث⟩ بيسير [17]الا من شق اجوافها. والفواخت تعيش وتبقى سنين كثيرة [18]وقد ظهر منها ما عاش خمسا وعشرين سنة ومنها ما عاش ثلثين عاما [19]ومنها ما بقى اربعين عاما. واذا كبرت جدا [20]تعظم مخاليبها ويضر بها ذلك ولكن [21]الذين يربونها يقطعون فضل مخاليبها وليس تصيبها ضرورة اخرى بينة. [22]والاطرغلات والحمام البري تعيش ثماني سنين [24]والقبج خمس عشرة سنة [25]والاطرغلات والحمام البري ⟨تفرخ⟩ في اماكن هى هى. [26]وذكورة اصناف الطير اكثر عمرا من الاناث ما خلا [27]هذين الصنفين فان بعض الناس يزعم ان ⟨من⟩ هذين الصنفين الذكورة تهلك قبل الاناث [28]ويزكنون ذلك مما يربون في المنازل. [29]وقد زعم بعض الناس ان ذكورة العصافير تبقى سنة فقط [30]العلامة الدليلة على ذلك من قبل ان [31]الاطواق السود التي في اعناق الذكورة لا تظهر في اول الربيع بل بعد ذلك بايام وانما يعرض هذا العرض لانه [32]لا يبقى شيء من الذكورة التي كانت في العام الماضي فاما اناث العصافير فهى اطول اعمارا [33]والدليل على ذلك من قبل انها تصاد مع
613b الفراخ [1]ويستبين من الجساوة التي تكون فيما يلي مناقيرها. [2]والاطرغلات تأوي في الصيف في الاماكن [3]الدفئة. فاما التي تسمى باليونانية سبزي فهى تأوي في [4]الصيف في الاماكن الدفئة وفى الشتاء في الاماكن الباردة.

⟨٨⟩ [6]فاما ما كان من الطير الثقيل الجثة فليس يهيئ عشا لان ذلك لا يوافقه [7]من قبل انه ليس يجيد الطيران مثل الدراج والقبج [8]وسائر اصناف الطير الذي يشبهها. واذا باضت اناث

a9 *عش] عشر T : τὰς νεοττείας : Σ nidos   a14 وذكر] ذكر T   a15 تمكن] تمكر T : προσίεται : Σ accipiunt   a16 ⟨والاناث⟩ : καὶ τὴν θήλειαν : Σ et feminam   a21 *يربونها B] رفونها T : οἱ τρέφοντες : Σ illi qui creant eos   a22 سنين + سنه T   a25 *⟨تفرخ⟩ : νεοττεύουσι : Σ ponunt nidos   a28 *ويزكنون] ركون T : τεκμαιρόμενοι : Σ est cognitum   Σ suos

هذين الصنفين انما تبيض [9]على تراب لين فاما في مكان آخر فلا. وربما جمع [10]شوكا وعشبا لين
القضبان ولف بعضه على بعض [11]وباض هناك وجلس | على بيضه لحال الدفاء والتوقي من العقبان T231
والبزاة. [12]واذا نقرت الاناث بيضها واخرجت فراخها من ساعتها تخرج الفراخ لانه [13]لا يقوى
على الطيران وكسب طعمها. واذا استراحت [14]اناث الدراج والقبج تخرج فراخها تحت جناحيها
[15]كما يفعل الدجاج وليس [16]تبيض وتجلس على بيضها في مكان واحد هو فهو لكيما لا يعاينها احد
ويعرف موضعها [17]لما رأوها فيه زمانا كثيرا. واذا دنا الصياد من [18]موضع اعشتها تخرج القبجة
الانثى بين يديه وتخدعه [19]وتطمعه في صيدها وهى تفعل ذلك حتى [20]يهرب ويسلم كل واحد
من فراخها ثم تطير [21]وتدعو فراخها اليها ايضا. واناث القبج تبيض [22]خمس عشرة او ست عشرة
بيضة وكما قيل اولا [23]القبج طير منكر رديء الشكل. فاذا كان اوان الربيع يخرج كل واحد من
الذكورة مع اناثها اينما كانت [24]وتبرز من الرف مع قتال وصوت حسن. وهو طير كثير السفاد
[26]ولذلك يطلب الذكر موضع البيض وان وجده يدحرجه [27]ويكسره لكي لا تجلس الانثى على
البيض وتشتغل عن السفاد. والانثى تحتال ايضا للذكر [28]وتهرب وتبيض في اماكن خفية وتفعل
ذلك مرارا شتى لشوقها [29]الى ان تبيض [30]وانما تفعل ذلك لسلامة بيضها. وان [31]عاينها انسان وهى
جالسة على بيضها تفعل ذلك كفعلها بالفراخ اعني [32]تقوم عن البيض وتخرج قريبا من الرجل
الذي عاينها وطلبها حتى [33]يطمع بصيدها ويستبعد عن مكان البيض ثم تطير وتستبعد. واذا هربت
614a الاناث وجلست على بيضها تصيح الذكورة صياحا شديدا [1]ويقاتل بعضها بعضا ومن الناس من
يسمى الذكورة في ذلك الزمان ارامل. [2]واذا تقاتلت الذكورة وقهر بعضها صاحبه المغلوب يتبع
الغالب [3]ويسفد منه فقط واذا غلب ذكر آخر من الذكر المغلوب اولا [4]فهو ايضا يسفد منه في الخفاء
[5]وذلك يكون ليس في كل اوان بل في زمان من ازمنة السنة. وهذا العرض يعرض [6]للدراج ايضا
وربما عرض [7]للديوك فان الديوك اذا قربت بريئا ⟨من اناث⟩ في مواضع ⟨التى تسمى كاهنية⟩ [8]ثم

---

b12 *نقرت] بمرب T : ἐκλέψαντες   b16 *وتجلس على] سخن T : ἐπῳάζουσιν : Σ et cubant
b17 رأوها] رواه T   b19 وهى تفعل] فهو يفعل T   b22 وكما] كما T : Σ et   b23 القبج] والقبج T : ὁ
πέρδιξ : Σ cubeg ‖ *طير] مر T : Σ et ista avis   b24 الرف] الدف T : τῆς ἀγέλης   b26 البيض +
ويدحرجه T   b27 لكي] لكن T   b28 لشوقها] لشرفها T : διὰ τὸ ὀργᾶν   a1 ويقاتل] ويقال T : καὶ
μάχονται   a7 *قربت B] فلنت T : ἀνάκεινται : Σ appropinquant ‖ *⟨من اناث⟩ : ἄνευ θηλειῶν :
Σ feminis ‖ *مواضع ⟨التى تسمى كاهنية⟩] معضع T : τοῖς ἱεροῖς : Σ locis qui dicuntur kihinie

دخل بينها ديك | مقرب تسفده جميع تلك الديكة. واما [9]ما كان من ذكورة القبج اهليا مستأنسا T232
〈فانه〉 يسفد القبج البري [10]ويضربه ويؤذيه. واذا وضع الصياد قبجا ذكرا في قفص يريد ان يصيد
به غيره [11]يخرج اليه رئيس ويتقدم القبج البري يريد قتاله [12]واذا وقع في الفخ وصيد يخرج اليه ذكر
آخر قبالته ويريد قتاله فيقع هو ايضا في الفخ [13]ويفعل ذلك آخر بعد آخر. [14]وان كانت القبجة التي
وضعت في القفص انثى تصوت بصوت حسن خرج [15]اليها الذكر المتقدم للقبج الذي يريد قتالها
يجتمع سائر القبج فيضربه [16]ويطرده عن الاناث [17]فاذا احس الذكور ذلك مرارا شتى يذهب
الى الاناث ساكنا [18]لكي لا يسمع آخر صوته فيجيء اليه ويقاتله. [19]وقد زعم اهل الخبرة بالصيد
ان الذكر اذا دنا من [20]الانثى سكنها لكي لا يسمع سائر الذكورة فتجيء [21]فيضطر الى قتالها.
[22]والقبج يغير صوته باصناف شتى بقدر الحاجة الداعية الى ذلك. [23]وان كانت [24]انثى الذكر الذي
ينطلق الى الانثى الموضوعة لحال الصيد جالسة على بيضها احست انه يريد [25]سفاد تلك الانثى
قامت عن بيضها وذهبت قبالته لكي تسفد وتفارق ذكرها الانثى الصيادة التي تطالب. [26]فمثل
هذا النوع يشتاق القبج والدراج [27]الى السفاد ولذلك ربما وقع القبج بين يدي الصيادين [28]وربما
جلس على رؤوسهم. [29]فهذه الاعراض تعرض لسفاد القبج [30]وهذه حال ذكر اشكالها. [31]والقبج
يفرخ على الارض كما قيل اولا والدراج كمثل [32]ومن اصناف الطير الذي يجيد الطيران ما لا
يجلس على شيء من الشجر بل على الارض [33]مثل الذي يسمى باليونانية قوريدوس والذي يسمى
اسقولوبقس وغيره فان هذه الاصناف لا تقع على [34]الشجر بل على الارض.

〈٩〉 فاما الطير الذي ينقر الشجر [35]فليس يقع على الارض بل ينقر ويقطع الشجر لخروج الدود
[1]والحيوان الصغير الذي يأوي فيه. فاذا خرج منه شيء لقطه [2]بلسانه وله لسان عريض كبير 614b
[3]ويمشي على الشجر مشيا سريعا جدا بكل نوع من الانواع وربما مشى على الشجر وهو مستلق
على ظهره [4]كما تفعل الحراذين. ومخاليبه [5]اجود واقوى من مخاليب الشرقرق وخلقتها على مثل هذه
الحال طباعه | لحال موافقة [6]ثباتها على الشجر فانه يغرس مخاليبه في الشجر ويسير عليه. [7]وفي هذا T233

---

a8 *مقرب] عرب T : ἀνατιθέμενον : Σ in appropinquatione   a15 يجتمع] بجميع T : ἀθροισθέντες : Σ adunantur   a22 *والقبج B] بالقبج T   a25 *قبالته B] قتاله T : ἀντᾴσασα : Σ occurrit mari   a31 *قيل B] مثل T : εἴρηται : Σ diximus   a33 قوريدوس] فورسوس T : κόρυδος : Σ kororoz   b4 ومخاليبه] ومجالسة T : τοὺς ὄνυχας : Σ ungulas   b5 الشرقرق] السرقوق T : τῶν κολοίων

الطير الذي ينقر الشجر اجناس مختلفة اما الجنس الواحد فالذي يسمى باليونانية [8]قوسوفوس وفي ريشه لون احمر يسير والجنس الثاني اكبر [9]من قوسوفوس والجنس الثالث اصغر [10]من دجاجة. وهو يفرخ في الشجر كما [11]قيل اولا واكثر ما يفرخ في الزيتون وربما فرخ في شجر آخر ايضا وطعمه [12]النمل والدود الذي يكون في [13]الشجر وقد زعم بعض الناس ان من كثرة وشدة نقر هذا الطير للشجر لطلبه الدود [14]تصير مواضع في خدود الشجر عميقة جدا حتى ينكسر ويقع. [15]وقد وضع رجل مرة لوزة قوية في شق عود [16]ملائم للوزة لكي يحتمل نقر هذا الطير فلما مضت ثلثة ايام انطلق لينظر الى اللوزة فوجدها قد [17]نقرت واكل ما في جوفها.

⟨١٠⟩ [18]ونذكر تدبيرا كثيرا من تدبير الغرانيق يشبه ان يكون من حلم فان الغرانيق اذا احست بزوال زمان [19]تغيب من مكانها الى بلدان بعيدة وترتفع وتطير في الهواء العالي [20]لكي تعاين ما يبعد عنها جدا وان عاينت سحابا او ⟨شتاء⟩ [21]سفلت وسكنت وتنضم الى رئيسها ومتقدمها [22]لكي [23]تسمع صوته وتتبعه. واذا جلست على الارض وارادت [24]النوم تخفي رؤوسها تحت اجنحتها وتنام قائمة على [25]رجل واحدة اخرى بعد اخرى فاما قائدها ومتقدمها فانه ينام مكشوف الرأس [26]وينظر الى جميع النواحي فان احسن بشيء صاح باعلى صوته واعلم اصحابه. [27]فاما الصنف من الطير الذي يسمى باليونانية بالاقاناس وهو الذي يأوي في الانهار فهو يبلع [28]الحلزون ⟨الكبير و⟩الاملس وهو الذي يأوي في الانهار الكبيرة فاذا بلعه واقام في بطنه ساعة [29]وان ظن انه قد نضج قاءه لكي ينفتح [30]ويخرج اللحم الني في جوفه ويأكله.

⟨١١⟩ [31]فاما اصناف الطير البري فهى تنتقل من مواضعها الى اماكن اخر [32]لسلامتها وسلامة فراخها [34]ومن اصناف الطير ما هو جيد الاحتيال لمعاشه ومنه ما هو قليل الحيلة [35]ومن اصناف الطير ما يأوي في الاماكن الصخرية العميقة التي يجتمع اليها سيل ماء السماء لعمقها ويأوي
615a ايضا في شقوق | الصخور وثقب الجبال [1]مثل يسمى باليونانية خارادريوس [2]وهو رديء الصوت T234

b8 قوسوفوس] فوسوس T : κοττύφου   b15 *شق B] شى T : ῥωγμὴν : Σ fissuris   b21 *⟨شتاء⟩ : χειμέρια : Σ pluviam ‖ *وسكنت B] انشبكت T : ἡσυχάζουσιν ‖ رئيسها B] بيسها T : ἡγεμόνα : Σ rector   b27 بالاقاناس] بالافاس T : οἱ δὲ πελεκᾶνες : Σ falakenez ‖ *يبلع B] ببلغ T : καταπίνουσι : Σ transglutit   b28 *⟨الكبير⟩ : μεγάλας : Σ magnum ‖ بلعه] بلغه T   b29 *وان ظن] وظن T : ὅταν : Σ cum

رديء اللون وهو يظهر في [3]الليل واذا كان النهار هرب واختفى. والباز يفرخ في اماكن صخرية
بعيدة من الناس [4]ويأكل اللحم الني واذا صاد طيرا وقهره [5]اكل قلبه وقد عاينه اناس يفعل ذلك
[6]بدراج وسمان واصناف اخر من اصناف الطير. [7]وفي اصناف صيد البزاة اختلاف [8]وقد زعم
بعض الناس انه لم [9]يعاين احد قط عش ولا فراخ رخمة ولذلك قال ارودوروس [10]ابو بروس
الحكيم ان الرخم يجيء من [11]بلدة عالية والدليل على ذلك من قبل ان الرخم يظهر [12]كثرة بغتة
[13]وعلة ذلك انه يعشش في صخور عالية لا ينال وليس يكون هذا الطير في كل بلدة [14]ويفرخ
واحدا او اثنين اكثره. [15]وبعض الطيور يأوي في الجبال والغياض [16]مثل الهدهد والذي يسمى
باليونانية برنثوس وهو جيد الصوت جيد التدبير لمعاشه. [17]واما الذي يسمى اطروشيلوس فهو
يأوي في شقوق الصخور والاماكن الخشنة الصبة. فاما الذي يسمى دوساليوس [18]والذي يسمى
ادراباطيس والذي يسمى طويثوس فطيور ضعيفة ومنها طير جيد الاحتيال لمعاشه [19]وهو يسمى
باليونانية ملكا ورئيسا ولذلك يزعمون ان [20]العقاب يقاتله.

⟨١٢⟩ ومن الطير اصناف تأوي فيما يلي [21]البحر مثل الذي يسمى باليونانية قنجلوس [22]وهو منكر لا
يصاد الا بعسرة واذا صيد يكون انيسا جدا [23]وليس يكون يضبط ما خلف جسده [24]وهو يأوي
حول الانهار والنقائع ايضا [25]وجميع اصناف الطير الذي فيما بين اصابع رجليه جلد ايضا لان
الطبائع تطلب [26]الموافقة. وكثير من اصناف الطير الذي ليس فيما بين اصابع رجليه جلد يأوي
حول المياه [27]والمواضع الكثيرة الشجر مثل الذي يسمى باليونانية انثوس فانه يأوي حول الانهار
وهو [28]جيد اللون حسن التدبير لمعاشه فاما الذي يسمى باليونانية قاطاراقتيس فهو [29]يعيش حول
البحر واذا غطس في العمق [30]يلبث فيه حينا بقدر ما يسير فيه الانسان ميلين وهو [31]اصغر من
الباز. | والطير الابيض الذي يسمى قاقي من اصناف الطير [32]الذي بين اصابع رجليه جلد ومأواه T235
حول النقائع وكثرة الشجر وهو طير جيد التدبير لمعاشه [33]جيد الشكل جيد الفراخ حسن الكبر
615b واذا [1]بدأ العقاب يقاتله يضاده ويقاتله ويغلبه وليس يبدأ هو بقتال العقاب. [2]وهو حسن الصوت
جدا ولا سيما اذا دنا من الموت وهو يطير [3]على البحر ايضا وقد كان اناس يسيرون في البحر [4]بناحية

a5 يفعل] فعل T   a10 ابو] ابا T   a11 *بلدة] تلك T : γῆς Σ terra   a28 قاطاراقتيس] ماطارافيس T : καταρράκτης   a32 *ومأواه] ومساواه T : βιοτεύουσι Σ manet   a33 *حسن] حنس T : εὔγηρος Σ bonae

لوبية فرأوا كثيرا من هذا الطير يطير ويصوت [5]بصوت محزن شبيه بصوت من ينوح ورأوا بعضها يقع ويموت. [6]واما الطير الذي يسمى باليونانية قومنديس فليس يظهر الا في الفرط لانه يأوي في الجبال وهو اسود اللون [7]وعظمه شبيه بعظم الباز [8]وانما يسميه قومنديس اهل بلدة ايونيا [9]وقد ذكر هذا الطير اوميرس الشاعر في شعره الذي يسمى الياس فانه زعم ان [10]الناس يسمونه قومنديس وقد زعم بعض الناس ان هذا الطير هو الذي يسمى خلقيس ايضا [12]لانه حديد البصر لانه لا يظهر فى النهار فاذا كان [13]الليل صاد كما تصيد العقبان هو يقاتل [14]العقاب قتالا شديدا جدا ولذلك مرارا شتى يأخذهما [15]الرعاة احياء واناث هذا الطير تبيض بيضتين وهو ايضا يعشش [16]في الصخور والمغاير. والغرانيق ايضا يقاتل [17]بعضها بعضا قتالا شديدا ولذلك ربما صيدت [18]وهو يقاتل بعضها بعضا لانها تلبث في تلك المهارشة حينا طويلا واناث الغرانيق تبيض [19]بيضتين.

⟨١٣⟩ فاما الطير الذي يسمى باليونانية قصا فهو يصوت اصواتا كثيرة مختلفة وفي [20] كل يوم يبدل صوتا. والانثى تبيض [21]تسع بيضات وهذا الطير يعشش على الشجر ويهيئ عشه من [22]شعر وصوف واذا علم ان البلوط يفنى يكنز منه ما يكتفي به. [23]فاما ما يذكر عن الغرانيق ان فراخها اذا قويت تتعاهد [24]الآباء والامهات بالطعم وغير ذلك فمشكوك فيه. [25]وقد زعم بعض ان فراخ الطير الذي يسمى باليونانية ماروس تتعاهد [26]الآباء والامهات بالطعم وغير ذلك ليس اذا كبرت فقط بل
T236 اذا قويت وشبت تفعل ذلك من ساعتها | [27]فاما الآباء والامهات فانها تبقى داخلا في اعشتها ولا تخرج. [28]ومنظر هذا الطير معروف لان اسفل ريشه تبني [29]واعلاه الى السواد ما هو مثل لون الطير الذي يسمى باليونانية القوان وطرف [30]جناحيه احمر اللون. والانثى تبيض ست بيضات او سبع بيضات في [31]اوان الفاكهة في الاودية اللينة التراب وهو يدخل في الثقب الذي يعشش فيه [32]قدر اربع اذرع. فاما الطير الذي يسمى باليونانية خلوريس فان [33]لون اسفل ريشه تبني فهو
في العظم مثل الذي يسمى قورولوس والانثى تبيض اربع [1]او خمس بيضات وتهيء عشها من 616a

b6 قومنديس] فوىدلس T : κύμινδις   b8 قومنديس] فوسر T : κύμινδιν ‖ ايونيا] اىوىا T : Ἴωνες

b10 قومنديس] اڡوىدس T : κύμινδιν ‖ خلقيس] ىلى T : χαλκίδα : Σ halkida   b13 تصيد] يصاد T :

Σ venatur   b24 *فمشكوك] فمشكول T   b25 فراخ] فرخ T : Σ pulli   b29 القوان] العوار T :

ἀλκύονος   b30 *جناحيه B] خاصة T : τῶν πτερυγίων ‖ *ست] سبعة T : ἕξ : Σ sex ‖ في] وفي T :

Σ in   b32 خلوريس] حلووىس T : χλωρὶς

العشب الذي يسمى سنفوطون [2]وتقلع العشبة باصولها وتفرش العش بشعر وصوف. [3]ومثل هذا الفعل يفعل الذي يسمى قوسوفوس والذي يسمى قسا اعني [4]يفرشان عشها بشعر والصوف. فاما الطير الذي يسمى باليونانية [5]اغنثوليس فهو يهيئ عشه بهيئة محكمة جدا لان يكون مركبا متشبكا مثل كرة معمولة [6]من كتان ومدخل العش صغير جدا. وقد زعم بعض الناس [8]ان هذا الطير يجلب الدارصيني من موضعه [9]ويفرش به عشه وهو يعشش في الشجر العالي جدا وفي اعراق الشجر الذي لا ينال ولكن اهل البلدة [11]يعلقون على السهام رصاصا ويرمون اعشتها [12]ويلقونها ويجمعون منها الدارصيني.

⟨١٤⟩ [14]فاما الطير الذي يسمى باليونانية القوان فجثته اعظم من جثة العصفور قليلا [15]ولونه مثل لون اللازورد وفيه خضرة ولون مائل الى لون الارجوان [16]وهذه الالوان مختلفة في جميع جسده وجناحيه [17]وما يلي حلقه وليس هذه الالوان بمفرقة كل واحد بذاته [18]فاما لون منقاره فالى الخضرة ما هو وهو طويل دقيق. [19]فهذا لون الطير وشكل عشه مثل شكل [20]صنوبرة معمولة من شيء شبيه بزبد البحر [21]ولونه الى الحمرة ما هو [23]واعظم ما يكون من هذا العنق اكبر من [24]الغيم العظيم ومنه ما يكون اعظم ومنه ما يكون اصغر [25]وفيه تجويف مثل الانابيب وهو قعر صلب. [26]وان اراد احد ان يقطعه بحديد لا يقطعه الا بعسر [27]وينكسر بالايدي ويتفتت عاجلا [28]مثل زبد البحر. | ومدخل العش صغير [29]بقدر ما ان ماج البحر لا يدخل فيه باول [30]والاماكن المجوفة منه شبيهة بتجويف الغيم وليس يعرف [31]مماذا يركب عشه ويظن انه يهيئ من [32]شوك الحيوان البحري الذي يسمى ابرة ومعاشه من السمك. ويخرج [33]الى الانهار ايضا والانثى تبيض خمس بيضات [34]وتسفد جميع عمرها وانما تبدأ بالسفاد اذا مضت بها اربعة اشهر. T237

616b ⟨١٥⟩ [35]فاما الهدهد فانه يهيء عشه من [1]زبل الانسان وهو يغير منظره في الصيف [2]والشتاء مثل ما يغير مناظرها كثيرة من اصناف الطير البري. [3]⟨فاما الذي⟩ يسمى باليونانية اخيثالوس فهو يبيض بيضا كثيرا كما يزعم بعض الناس والطير ⟨الذي⟩ [4]يسمى اسود الرأس يبيض بيضا كثيرا

a1 سنفوطون] سفوطور T : τοῦ συμφύτου a6 ومدخل] مدخل T a14 القوان] العواد T : ἡ δ' ἀλκυών a24 الغيم] الغنم T : σπογγιᾶς a25 *قعر] فعد T : τὸ κοῖλον : Σ concavitas a29 ان] ار T : ἂν : Σ si ‖ *باول] با T a30 *الغيم] الغنم T : τῶν σπόγγων : Σ spongiae a32 شوك] شول T : τῶν ἀκανθῶν : Σ spinis

[5]والعصفور الذي يكون في لوبية فانه يبيض سبع عشرة بيضة [6]وربما باض اكثر من عشرين بيضة وانما يبيض ابدا افرادا [7]كما يزعم بعض الناس وهو يعشش في الشجر [8]ويأكل الدود. والطير الذي يسمى باليونانية ايدون وهو الطير المليح الصوت فله شيء خاص ليس هو [9]لسائر اصناف الطير اعني ليس له الجزء الحاد الذي يكون في اللسان. [10]فاما الذي يسمى باليونانية اجيثوس فهو جيد التدبير لمعاشه ويفرخ فراخا كثيرا وهو اخضر الرجل. [11]فاما الذي يسمى خلوريون وتفسيره اخضر فهو جيد التعليم جيد الاحتيال لمعاشه الا انه رديء الطيران [12]ليس بجيد اللون.

⟨١٦⟩ فاما الذي يسمى لحيا فهو مثل واحد [13]من سائر اصناف الطير ويجلس في الصيف على [14]اماكن ريحة كثيرة الفيء وفي الشتاء في مواضع تطل عليها الشمس [15]وتكون حول النقائع وهو صغير الجثة [16]وله صوت حسن. فاما الذي يسمى باليونانية اغنافالوس [17]فهو حسن الصوت جيد اللون كثير الاحتيال لمعاشه [18]جميل الجثة ويظن ان يكون طيرا غريبا [19]لانه لا يظهر في الاماكن التي ليست له خاصة الا في الفرط.

⟨١٧⟩ [20]فاما الذي يسمى قرقس فشكله شكل مهارش وهو جيد الاحتيال [21]لمعاشه. فاما الطير الذي يسمى باليونانية [22]سطي فشكله شكل مهارش جيد اللون [23]حسن التدبير لمعاشه ويقال انه ساحر | [24]لرفعة وكثرة معرفته ولا يبيض بيضا كثيرا ومعاشه [25]من نقر الشجر. فاما الذي يسمى T238 اغوليوس فهو يظهر في الليل فقط وربما ظهر في الفرط نهارا [26]ومأواه الصخور والمواضع الصعبة [27]وهو جيد التدبير لمعاشه كثير الاحتيال. [28]ومن الطيور طير صغير يسمى قارثيوس [29]وشكله جاهد ويأوي في الشجر وطعمه البق وما صغر من الحيوان [30]جيد التدبير لمعاشه حسن الصوت. [31]فاما الطير الذي يسمى اغنثس فهو رديء التدبير لمعاشه رديء اللون غير ان له صوتا حلوا.

⟨١٨⟩ [33]فاما من اصناف الطير الذي يسمى باليونانية اروديوس فان الذي يسمى بالوس يسفد سفادا شديدا عسرا كما قيل اولا [34]وهو جيد الاحتيال يأكل الحيوان الصغير [35]وحركته وعمله

---

b5 فانه] وانه T   b8 ايدون] اندروز T : ἀηδόνι   b11 خلوريون] حلودىون T : χλωρίων   b16 اغنافالوس] اعرامالوس T : γνάφαλος   b22 سطي] سطى T : σίττη   b28 ومن] وهى T ‖ قارثيوس] فارمموس T : κέρθιος   b29 *جاهد] جاهل T : θρασύς

617a بالنهار وهو رديء اللون [1]رطب البطن في كل اوان. فاما الصنفان الآخران [2]فالابيض منهما جيد اللون [3]يسفد سفادا ليس بمؤذ و يبيض ويفرخ على [4]الشجر ويرعى فيما يلي النقائع والمروج والاماكن الملتفة الشجر. [5]فاما الذي يسمى اسطارياس وتفسيره النجمي فانه يقال في الامثال ان [6]خلقته من خلقة عبيد وفعله شبيه باسمه [7]لانه كثير الشكل والبطلان. [8]فهذه حال تدبير اصناف الطير الذي يسمى اروديوس فاما الطير الذي يسمى باليونانية [9]فااقس فله شيء خاص ليس من سائر اصناف الطير اعني انه يأكل عيون [10]الطيور وهو يقاتل الطير الذي يسمى اربي لان ذلك الطير [11]ايضا ربما اكل عيون الطيور.

⟨١٩⟩ فاما الطير الذي يسمى قوسوفوس ففيه خصلتان احدهما [12]⟨اسود⟩ اللون والآخر شديد البياض جدا وعظمه [13]مثل الآخر وصوته شبيه بصوته وانما يكون هذا الطير [14]في البلدة التي تسمى اقوليني في ناحية ارقاديا وليس يكون في مكان آخر. [15]وهو شبيه بقوسوفوس الاسود غير انه [16]اقل عظما منه وهو يأوي في الصخور وعلى القراميد [17]وليس منقاره احمر [18]مثل منقار قوسوفوس.

⟨٢٠⟩ وفي الطير الذي يسمى نخلي ثلثة اصناف اما الصنف الواحد | [19]يأكل الدبق وصمغ الصنوبر T239
وعظمه مثل عظم الذي يسمى [20]قيتا والصنف الآخر كثير الريش حاد الصوت [21]عظمه مثل عظم قوسوفوس والصنف الثالث الذي يسمى الياس [22]وهو اصغر جثة من الصنفين الآخرين وليس هو مختلف الالوان.

⟨٢١⟩ [23]وايضا يكون طير آخر صخري يسمى قوانوس وهذا الطير يكون في البلدة التي تسمى [24]نيسورون خاصة ويأوي على الصخور [25]وعظمه اقل من عظم قوسوفوس [26]وهو اكبر من الذي يسمى سيبي قليلا وهو اسود الرجلين يصعد على الصخور [27]وكل لونه مثل لون اللازورد ومنقاره دقيق [28]طويل وهو قصير الرجلين مثل رجلي الطير الذي يسمى بيبو.

---

a5 *النجمي B] البحرى T   a10 *يقاتل] يا كل T : πολέμιος Σ pugnat || اربي] ارى T : ἄρπη Σ arki
a12 *⟨اسود⟩ : μέλας Σ niger   a15 بقوسوفوس] فوفوس T : κοττύφῳ   a24 نيسورون] سورون T : Νισύρῳ
a25 قوسوفوس] فوسرقوس T : κοττύφου   a27 اللازورد] اللازرود T : κυανοῦς

⟨٢٢⟩ اما الطير الذي يسمى ⟨خاوريون وتفسيره⟩ الاخضر [29]فكل جسده اخضر وليس يظهر في
الشتاء بل يظهر في [30]الزوال الصيفي [31]واذا طلع النجم الذي يقال له ذنب بنات نعش يغيب
ويخفى وعظمه [32]مثل عظم اطرغلة. فاما الطير الذي يسمى مالاقوقرانوس فهو ابدا يجلس على
مكان واحد هو فهو [1]وهناك يصاد وهو في المنظر [2]عظيم الرأس وجثته اقل من جثة الذي يسمى 617b
نحلي [3]وله فم صغير مستدير قوي ولونه [4]رمادي جيد الرجلين رديء الجناحين وهو يصاد [5]بالبومة.

⟨٢٣⟩ [6]وهذا الطير يكون مع كثرة من صنفه [7]لا يكاد ان يوجد واحدا مفردا بذاته. [8]ويكون
طير مثله رمادي اللون جيد الرجلين [9]ليس برديء الجناحين كثير التصويت ليس بثقيل الصوت
[6]واسمه باليونانية بردالوس. [9]فاما الذي يسمى قولوثريون [10]فهو يشبه الذي يسمى قوسوفوس وعظمه
[11]مثل عظم الصنفين الذين وصفنا اولا ويصاد في الشتاء [12]خاصة وهذه الطيور ظاهرة في كل
زمان [13]ولها عادة ⟨ان⟩ تأوي وتعشش في المدن خاصة والغراب والغداف ايضا [14]تستبين في كل
زمان ولا تنتقل من اماكنها ولا [15]تختفي في اعشتها.

⟨٢٤⟩ [16]وفي الطير الذي يسمى شرقرق ثلثة اصناف اما الواحد فهو يسمى قراقيس وعظمه [17]مثل
عظم غداف احمر المنقار والصنف الآخر ابيض [18]صغير محاك ويكون صنف آخر من اصناف
الشرقرق | [19]في ناحية لوديا وافروجيا وفيما بين اصابع رجليه جلدة. T240

⟨٢٥⟩ [20]وفي الطير الذي يسمى قورودوس صنفان احدهما يأوي على الارض وفي رأسه قنزعة
[21]فاما الآخر فليس يتفرق ولا يتوحد مثل الذي وصفنا بل يكون مع كثرة من الطير الذي يشبهه
[22]وهو ملائم ⟨لونا⟩ للصنف الذي ذكرنا غير ان جثته اصغر [23]وليس على رأسه قنزعة وهو يؤكل.

⟨٢٦⟩ فاما الذي يسمى اسقالوفوس [24]فهو يصاد في البساتين والمواضع الكثيرة الشجر وعظم
جثته مثل عظم دجاجة [25]طويل المنقار ولونه مثل لون الذي يسمى الطاغيني [26]وهو محب لقرب

---

a28 ⟨خاوريون وتفسيره⟩ : ὁ δὲ χλωρίων : Σ halodon   b9 قولوثريون] فولوثرىور T : κολλυρίων
b16 *قراقيس] عراى T : κορακίας   b19 *لوديا] بودىا T : Λυδίαν ‖ وافروجيا] وافروحىا T : καὶ Φρυγίαν   b22 ⟨لونا⟩ : τὸ ... χρῶμα : Σ color

الناس. فاما الطير الذي يسمى زرزر وهو السوداني فمختلف اللون [27]وعظمه مثل عظم الذي يسمى قوسوفوس.

⟨٢٧⟩ فاما الطير الذي يسمى ابياس فهو يكون بمصر [28]وهو صنفان اما الواحد فابيض والصنف الآخر اسود [29]والابيض منه يكون في جميع ارض مصر ولا يكون في الفرما والاسود [30]يكون في الفرما ولا يكون في سائر البلاد.

⟨٢٨⟩ فاما الطير الذي يسمى اسقوباس فهو يكون ⟨ابدا⟩ في مكان [32]ويسمى اسقوباس ابدا ولا
618a يؤكل [1]الرداءة لحمه ومنه صنف يكون في الخريف [2]وهو يظهر في الخريف يوما او يومين اكثره [3]ويؤكل وهو رطب طيب اللحم جدا. وبينه وبين [4]الذي يسمى اسقوباس ابدا اختلاف [5]لانه ليس لهذا الصنف صوت فاما الصنف الآخر فهو يصوت. [6]ولم يظهر شيء يعرف به مولد هذين الصنفين البتة وهو معروف [7]انهما يظهران اذا هبت الريح الغربية.

⟨٢٩⟩ [8]فاما الطير الذي يسمى قوقكس فهو كما قيل فيما سلف اعني انه لا يهيئ عشا [9]بل يبيض في اعشة ليست له وخاصة [10]يبيض في عش الطير الذي يسمى فابيض والذي يسمى ابولايس والذي يسمى قوريدوس واعشة هذه الاصناف على الارض [11]ويبيض ايضا في عش الطير الذي يسمى خلورس على الشجر. والانثى تبيض [12]بيضة واحدة ولا تجلس هى على تلك البيضة بل تتركها مع بيض [13]الطير الغريب فاذا بلغ بيضة نقر بيضة قوقكس ايضا [14]واخرج الفرخ ثم نرى ذلك |
T241 الفرخ ويلقي فراخه [15]وتهلك. ومن الناس من زعم انه يقتل فراخه [16]ويطعمها فرخ قوقكس لانه [17]يستحب ذلك الفرخ لجودته ويبغض فراخه. [18]وكثير مما ذكرنا مقرر معروف من قول الذين عاينوا ذلك عيانا [19]فاما حال قتل فراخ الطير فهو مشكوك لانه لم [20]يتفق قول جميع الذين عاينوه بل بعضهم يزعم انه اذا خرج فرخ قوقكس من بيضه يطير [21]ابوه على ذلك العش ويأكل بعض

b26 زرزر] زرزن T : ψάρος   b27 قوسوفوس] فرسوقوس T : κόττυφος || ابياس] اسسار T : ἴβιες
b31 ⟨ابدا⟩ : ἀεὶ   a4 اسقوباس ابدا] اسعوفاس ابدا T : ἀεισκωπῶν   a6 مولد] ومولد T   a10 ابولايس] ابولانيس T : ὑπολαΐδος

⟨فراخ⟩ الطير الذي قبله في عشه [22]وبعض الناس قال ان فرخ قوقكس لعظم جثته [23]يتقدم ويأكل الطعم الذي يجلب ولا يدع شيئا منه لسائر الفراخ ولذلك [24]تهلك الفراخ جوعا ومن الناس من يزعم انه اذا شب وقوى [25]يقتل سائر الفراخ التي تغدى معه لانه اقوى واشد منها. ويظن ان يكون قوقكس [26]يدبر تدبير بيضه وفراخه بحلم وهو يفعل ذلك لعلمه [27]بالخوف الذي يخاف من الطير الذي هو اعظم منه واقوى وانه لا يقوى ان يدفع عن فراخه ولذلك [28]يخفي فراخه في عش غيره لكي تسلم. [29]وهذا الطير يجزع ويخاف من الطيور لان [30]الطيور التي هى اصغر منه تنتف ريشه ولذلك يهرب منها.

⟨٣٠⟩ [31]فاما صنف الطير الذي يقال ان ليس له رجلان وهو الخطاف البري [32]الذي يشبه الخطاف الانيس فقد ذكرنا حاله فيما سلف وليس [33]يفرق بينه وبين الخطاف الانيس الا بانه قصير الساق وساقه كثير الريش [34]وهى تعشش في اعشة مستطيلة معمولة من طين [35]في اماكن
618b ضيقة وصخور ومغاير والمدخل الى عشه ضيق جدا [1]لهربه من الناس والسباع. [2]فاما الذي يسمى اغوثيلاس وتفسيره الذي يرضع المعزى [3]فهو جبلي وعظم جثته اكبر من [4]الذي يسمى قوقكس والانثى تبيض بيضتين او ثلثة او اكثر [5]وهو رديء الشكل يطير حول المعزى ويرضع من لبنها [6]ولهذا الفعل سمى بهذا الاسم. وقد زعم بعض الناس انه اذا [7]رضع من ثدى العنز يذهب لبنها ويعمى العنز [8]وليس هو بحاد البصر بالنهار بل [9]يبصر بالليل.

⟨٣١⟩ فاما | الغربان فهى تكون في اماكن صغار [10]وحيث لا يكون غذاء يكفي كثره وانما يكون في T242
موضع غرابان فقط [11]واذا خرجت فراخها من البيض وقويت [12]يخرجها اولا ثم يطردها من عشها ايضا. [13]والغراب يبيض اربع او خمس بيضات وفي الزمان [14]الذي فيه تهلك اصناف مدياس في البلدة التي تسمى باليونانية فرسالوس [15]وبالوبونيسوس [16]ظهر جنس غربان يحس ويستدل بما يكلم بعضه بعضا.

---

a21 ⟨فراخ⟩ : τὰ .... νεόττια : Σ pullos || قبله] قله T : ὑποδεξαμένης   a22 قوقكس] ورفكس T : κόκκυγος : Σ kokukez   a23 *يجلب] نحلد T : προσφερόμενα : Σ anteriorant   a25 قوقكس] ورفكس T   a26 بحلم] يحلم T : φρόνιμον : Σ sapienter   a28 فراخه] وفراخه T   a33 الساق] للساق T   b2 اغوثيلاس] اغولساس T : αἰγοθήλας   b4 قوقكس] ورفكس T   b10 *غرابان] غراس T : δύο : Σ duo   b11 *خرجت B] حفرجت T

(٣٢) [18]وفي العقبان اجناس كثيرة مختلفة اما الجنس الواحد فالذي يسمى [19]بوغرغوس وهو يأوي في الصحارى والاماكن الكثيرة المياه والشجر وحول [20]المدن ومن الناس من يسمي هذا الجنس شديد الصوت وهو يطير [21]في الجبال والغياض لجرأته. [22]فاما سائر اجناس العقبان فليس يأوي الى الصحارى والمواضع الكثيرة المياه والشجر الا في الفرط مرة. [23]وفي العقبان جنس آخر يقال له باليونانية بلنغوس وهو [24]في عظم الجثة والقوة دون الجنس الاول ويأوي في الغياض والمرافئ والاماكن الجبلية التي تسلك [25]وهو يسمى قاتل اوز الماء واميروس الشاعر [26]يذكره في شعره حيث ذكر خروج ابرياموس من مدينته. وايضا يكون جنس آخر من اجناس العقبان اسود [27]اللون وجثته اصغر من جثة غيره وهو قوي جدا يأوي [28]في الجبال والغياض ويسمى العقاب الاسود ويقتل الارانب. [29]وهذا العقاب فقط يربي فراخه ويتعاهدها حتى تكمل وهو سريع الطيران [31]جيد الصوت. وايضا في العقبان [32]جنس آخر ابيض اللون ابيض الرأس عظيم الجثة [33]قصير الجناحين مستطيل الذنب شبيه بذنب رخمة [34]وله بالرومية اسماء كثيرة مختلفة ومأواها في

619a الاماكن الجبلية الخشنة [35]وليس فيه شيء من جودة الخصال التي في غيره من الاجناس [1]لانه يصاد ويطرد من الغربان ومن الاصناف [2]الاخر وهو ثقيل رديء التدبير لمعاشه وطعمه الجيف والاجساد النتنة [3]وهو ابدا جائع يصيح. وفي العقبان جنس آخر [4]يسمى باليونانية الياطوس وله

عنق [5]كبير ثخين وريشه معقف وذنبه عريض ومأواه حول البحر والصخور الناتئة العالية | واذا T243

خطف شيئا [7]ذهب به الى ناحية العمق. [8]وايضا في العقبان جنس آخر يسمى الجنس الخالص [9]ومن الناس من يزعم ان هذا الجنس فقط خالص [10]لان سائر الاجناس مختلطة لحال سفاد بعضها بعضا [11]اعني اجناس العقبان والبزاة والاصناف الاخر الاصغر منها جثثا. [12]وهذا الجنس عظيم الجثة جدا اكبر من جميع [13]العقبان جنس يسمى اميوليوس اشقر اللون [14]مثل الذي يسمى قومندس. [15]وانما يطير ويصيد من حين الغداة الى حين الرواح [16]فاما من اوان الصبح الى ترحل النهار وامتلاء الاسواق من الناس فهو قاعد على مكانه لا يتحرك. [17]ومنقار العقبان الاعلى ينشؤ ويعظم ويعقف [18]ابدا ثم في الآخرة يهلك لانه لا ينال الطعم ولذلك يقال [19]مثل من الامثال

---

b19 بوغرغوس] بوعرعوسى T : πύγαργος   b23 بلنغوس] بلىعوس T : πλάγγος   b26 ابرياموس] ابن ىاموس T : Πριάμου   b32 *الرأس] الريش T : κεφαλή : Σ caput   a4 الياطوس] الماطوس T : ἁλιαετοί   a13 اميوليوس] اسوليوس T : ἡμιόλιος   a14 قومندس] فوىدس T : κύμινδις

ان العقاب يلقى ذلك لانه كان في الزمان الذي سلف انسانا [20]وظلم غريبا. واذا فضل [21]شيء
من طعم العقاب يضع تلك الفضلة في عشه لحاجة مزاجه اليه وانما يفعل ذلك لانه ⟨لا⟩ [22]يجد
الصيد في [23] كل يوم. [24]وان دنا احد من عش الفراخ [23]ضربته العقاب باجنحتها وخدشته بمخاليبها.
[25]واعشة العقبان تكون ليس في الاماكن السهلة بل في المواضع العالية [26]ولا سيما في الصخور التي
لا تنال وربما عششت [27]في الشجر ايضا. وانما تربي العقبان فراخها الى ان تقوى على [28]الطيران ثم
تخرجها من العش [29]وتنفيها من جميع مواضعها البتة. [30]والزوج الواحد من ازواج العقبان يمسك
مكانا كثيرا ولذلك لا يدع غيره يأوي قريبا [31]منه. ولا تصيد صيدها من [32]الاماكن التي تقرب
من عشها بل تطير وتستبعد بعدا كثيرا. فاذا [33]صادفت وخطفت شيئا لا تحمله وتأتي به الى اعشتها
من ساعتها بل [34]تبلو الثقل وتضعه على الارض ثم ترفعه وتنطلق به واذا صادت الارانب [1]تبدأ 619b
بصيد الصغار منها ثم تنتقل الى صيد الكبار رويدا رويدا [2]وتضع صيدها على الارض مرارا شتى ثم
ترفعه وتنتقل به [3]وتفعل هذين الفعلين [4]لكيلا تغتال من كمين يكمن لها. [5]وانما تجلس على المواضع
المشرفة العالية لانها لا ترتفع عن الارض الا بابطاء وعسرة [6]والعقبان تطير | في اعلى الهواء لتعاين T244
وتبصر مكانا كثيرا ولذلك [7]يزعم بعض الناس ان جنس العقبان فقط من بين اجناس الطير
اللاهي. وجميع اصناف الطير [8]المعقف المخاليب لا يجلس على الصخر الا في الفرط لان [9]خشونة
الصخر مخالفة لتعقيف مخاليبها. وهي تصيد ما صغر من [10]الغزلان والثعالب وسائر اصناف الطير
الذي تقوى عليه [11]والعقبان طويلة الاعمار وذلك بين من قبل ان [12]العش يبقى على حاله هو فهو
ابدا.

⟨٣٣⟩ [13]وفي ارض اسقوثيا جنس طير اصغر من العقبان [14]وهو يبيض بيضتين ولا يجلس على البيض بل يخفيه في جلد [15]ارنب او جلد ثعلب حتى يبلغ البيض وينقره ويخرج فراخه. [16]واذا لم يصد صيدا يجلس على رأس الشجرة ويرضع وان اراد احد ان يصعد الى الشجرة [17]قاتله وضربه بجناحه كما يفعل العقبان.

---

a21 ⟨لا⟩ B : Σ non   a24 دنا احد من B] نا احد من T² : ἄν τινα λάβωσι σκευωρούμενον περὶ : Σ si vultur viderit aliquid volens rapere || الفراخ] العقاب T : τὰς νεοττείας : Σ nidificat   a23 ضربته العقاب] ضربته الفراخ T   b5 وعسرة] رعسره T   b7 اللاهي] لاهى T : θεῖον : Σ dei

⟨٣٤⟩ [18]فاما البومة والذي يسمى غراب الليل والاصناف التي تشبهها [19]فليس تبصر بالنهار بل تبصر بالليل [20]وتكسب طعمها ولا تفعل ذلك في الليل كله [21]بل في اول الليل وعند اختلاط الظلام وفي اوان الصبح وهى تصيد [22]الفأر وسام ابرص والتي تسمى اسفندولاس واصناف الحيوان الصغير. [23]فاما الطير الذي يسمى باليونانية فيني وبالعربية كاسر العظام فهو وديع جيد التدبير لحياته جيد الخروج لفراخه [24]جيد التعاهد لها وهو يتعاهد فراخه [25]وفراخ العقاب. وان العقاب يلقي على الارض ⟨...⟩

620b ⟨٣٦⟩ [5]ويصيدونها بهذا النوع. [6]وقد زعم بعض الناس ان في ناحية النقعة التي تسمى باليونانية ماوطيس ذئاب قد عاودت صيادي [7]السمك فاذا لم يلقوا لها من ذلك الصيد تشد على [8]شباكهم وتقطعها وهى مبسوطة على الارض لحال الجفاف [9]فهذه حال اصناف واجناس الطير.

⟨٣٧⟩ [10]ويمكن من اراد على ما نذكر ان يعاين في اصناف الحيوان البحري اشياء كثيرة تفعل بحيل [11]قدر تدبير معاش كل واحد منها. وما يذكر عن [12]الضفدع البحري الذي يسمى باليونانية اليا وما يذكر عن الحيوان الذي يسمى [13]نارقي وتفسيره خدر حق. فان للضفدع شيئا مخلوقا في مقدم عينيه [14]مستطيلا | شبيها بالشعر [15]وطرفه مستدير موافق للخديعة والصيد. [16]فاذا اختفى في T245 الاماكن الرملية والعكرة الماء [17]⟨اقام⟩ تلك الاعضاء الناتئة بين عينيه وصاد بها [18]السمك الصغار حتى يشبع ويمتلئ معدته. [19]فاما الذي يسمى خدرا فهو يصيد كل ما يدنو منه من [20]السمك لانه اذا دنا من جسده خدر ولم يقو على الحركة ولا البراح فهو يتناول ويأكل [21]ويختفي في الرمل والطين [22]ويصيد كل ما يمر به ⟨من⟩ السمك بخدر [23]وقد عاين ذلك كثير من الناس عيانا. [24]والاطرغلة البحرية تختفي ولكن ليس مثل ما يختفي الخدر. والعلامة الدليلة على [25]انها تعيش بمثل هذا النوع من قبل انها تصاد مرارا شتى وفي اجوافها السمك الذي يقال له قاسطريوس [26]وهو من اسرع السمك ونارقي والضفدع من ابطأ السمك [27]واذا لم تكن الاجزاء الناتئة التي في رأس الضفدع قوية [28]يصاد مهزولا سيء الحال. فاما الذي يسمى خدرا فهو معروف لانه يخدر [29] كل من مسه

b22 اسفندولاس] الفلل T : σφονδύλας 619b26 - 620b4 - T   b12 اليا] اليسا T : ἁλιέα   b13 نارقي] بارقى T || خدر] جدر T || *حق] حو T : ἀληθῆ   b15 للخديعة] الحدىعه T   b17 ⟨اقام⟩ : ἐπαίρει : Σ erigit || *عينيه B] عشه T : πρὸ τῶν ὀφθαλμῶν : cf. 620b13–14   b26 ونارقي] ونادقى T

من الناس. وايضا الذي يسمى [30]حمارا والذي يسمى بسيطي وريني تختفي في الرمل كما يختفي الضفدع واذا [31]اختفت صادت [32]السمك الصغير الذي يوجد في الطحلب. [33]فاما حيث يكون انثياس لا يكون سبع [34]والملاحون يعرفون هذه العلامة [35]ويسمون الانثياسات سمكا كاهنيا
621a ويشبه ان يكون ذلك عرضا كما يقال انه [1]حيث يكون حلزون فلا يكون خنزير ولا قبج لان كليهما يأكلان [2]الحلزون. فاما الحية البحرية فلونها [3]مثل لون السمك الذي يسمى غنقروس وجسدها ايضا مثل جسده غير انها [4]اقوى لانها اذا فزعت وخلي سبيلها [5]غابت في الرمل عاجلا لانها تثقبه بطرف فمها الحاد [6]ولانه يكون ⟨احد من⟩ افواه الحيات. فاما الحيوان البحري الذي يسمى اربعة واربعين [7]فاذا بلعت الصنارة انقلب جوفها وصار ما داخل [8]خارجا وينقلع الصنارة فاذا انقلعت رجع الى [9]الحال الاول. وهذا الحيوان يستحب كل ما كان رائحته رديئة [10]مثل ما يفعل البري منه وليس يلسع بفمه [11]بل بينا بكل جسده مثل الحيوان الذي يسمى باليونانية قنيدا. [12]فاما من اصناف السمك فالذي يسمى ثعلبا اذا احس [13]انه قد بلع الصنارة يحتال [14]ويتبع [15]الخيط
T246 ويأكله حتى يقطعه ولذلك يصاد كثير | من هذا الصنف [16]وفي جوفه كثرة صنارات وانما يصاد في الاماكن العميقة. [17]وصنف من السمك الذي يسمى اميا اذا عاين سبعا يجتمع بكثرة ويكون [18]ما عظم منه حول الصغار فاذا دنا السبع من بعضها حامت البقية وقاتلت عنها [19]ولها اسنان قوية. [20]فاما صنف السمك النهري الذي يسمى باليونانية [21]اغلانيس وهو يتعاهد فراخه تعاهدا شديدا [22]فاما الانثى فاذا باضت تركت البيض والذكر [23]يتبع البيض ويحفظه ويقيم معه وخاصة حيث يجتمع كثير من البيض [24]وانما منفعته لذلك البيض لانه يمنع سائر [25]السمك الصغير من خطفه وابتلاعه فهو يفعل ذلك [26]اربعين او خمسين يوما حتى ينشؤ السمك [27]ويقوى على الهرب من غيره. [28]والصيادون يعرفون مكانه الذي يأوي فيه حافظا لبيضه لانه اذا دنا منه شيء من

---

b30 وريني] ودىى T : ῥίνη   b31 صادت] صارت T   b33 انثياس] اساس T : ἀνθίας
b35 الانثياسات] الاساسات T || كاهنيا] كهى T   a6 ولانه] وك T : Σ quoniam || *⟨احد من⟩ : ὀξύτερον : Σ acutius   a7 *بلعت B] بلغت T : καταπίῃ : Σ transglutit   a11 *بينا] يمس T : τῇ δὲ ὄψει || مثل] من T : ὥσπερ : Σ sicut || قنيدا] فسا T : κνῖδαι   a12 احس] حس T   a13 بلع] بلغ T : καταπεπώκασι : Σ transglutit   a18 وقاتلت] وقابلت T : ἀμύνουσιν : defendendo   a25 *خطفه] حفظه T : διαρπάσωσι

[29]السمك يريد اكل بيضه يعضه ويصر ويكون له دوي فهو محب [30]لبيضه والسمك الذي يخرج
منه كما وصفنا. وان [31] كان البيض عند اصول شجر عميق جدا رفعه من ذلك العمق [32]وقام حافظا
621b له [33]وربما ابتلع صنارة الصياد واحس بها [1]لا يدع حفظه بيضه بل [2]يعض تلك الصنارة ويلويها
بشدة وصعوبة اسنانه. ويلقى جميع [3]اصناف السمك الذي يريد ان يرعى في الاماكن التي فيها
[4]بيضه ويدفعها بجهد. [5]واصناف السمك الذي يأكل اللحم يضل خاصة [6]وجميع اصناف السمك
يأكل اللحم الا قليل منها مثل [7]الذي يسمى باليونانية قسطروس وصالبي واطريغلا وخالقس. فاما
السمك الذي يسمى [8]فولس فانه يخرج من سحره مخاط كثير ويلصق حول [9]جسده ويكون له مثل
وقاية توقيه وتستره. فاما من اصناف السمك الخزفي الجلد [10]الذي ⟨ليس⟩ له رجلان فالذي يسمى
مشطا يتحرك خاصة حركة كثيرة [11]ويطير طيرانا فاما الذي يسمى فورفورا فليس يكون من موضعه
الا قليلا [12]والاصناف التي تشبهه كمثل ومن اوريبوس التي في البلدة التي تسمى برا [13]السمك في
الشتاء يعوم ويخرج الى خارج ما خلا الصنف الذي يسمى قوبيوس لحال [14]البرد فان اوريبوس
موضع بارد جدا واذا كان اوان الربيع [15]عام السمك ورجع الى اللج. وليس يكون | في اوريبوس T247
صنف السمك الذي يسمى سقاروس [16]ولا الذي يسمى ثريطا ولا شيء من الاصناف المختلفة
الالوان ولا غالا [17]ولا اغنثيا ولا قاربو ولا الاصناف الكثيرة الارجل ولا الصنف الذي ⟨يسمى⟩
بوليطي. [19]واصناف السمك التي [20]تحمل ⟨بيضا⟩ تشب وتخصب في اوان الربيع الى ان تبيض
بيضها فاما اصناف الحيوان الذي يلد حيوانا مثله فهو يسمن ويخصب [21]في اوان الخريف مثل
الذي يسمى قاسطروس واطريغلي [22]وجميع سائر الاجناس التي تشبهها واما في ناحية البلدة التي
تسمى باليونانية لازبوس فجميع الحيوان البحري [23]والذي يكون في اوريبوس يلد في اوريبوس
وهي تسفد [24]في الخريف وتلد وتبيض في الربيع [25]والاصناف التي تمسى باليونانية سلاشي كمثل.

a29 يعضه] بعضه T : ἄττει : Σ facit cum eius orificio opus quoddam ‖ ويصر] ويضر T : ἦχον ποιεῖ : Σ vociferat b1 يعض B] بعض T : ἀγκιστροφάγος : Σ comedet b4 بيضه] بيضة T : φυῶσι b5 *يطلب] بطل T : πλανᾶται : Σ quaerunt ipsum b6 *الا B] با كلا T : πλὴν b7 وصالبي] وصالى T : σάλπης ‖ وخالقس] وحلالفس T : χαλκίδος : Σ halkiz b8 سحره] سجره T b10 ⟨ليس⟩ B : ἀπόδων : Σ carentibus b11 فورفورا] بورقورا T : πορφύρα b12 ومن] ور T : ἐκ b13 قوبيوس] فوموس T : κωβιοῦ b20 ⟨بيضا⟩ B : ᾠοφόροι : Σ ova

واذا كان الخريف تعوم هذه الاجناس مختلطة اعني الذكورة [26]مع الاناث لحال السفاد واذا
كان الربيع تعوم مفترقة [27]حتى تلد او تبيض واذا كان اوان السفاد يصاد [28]كثير منها بعضه
لاصقا ببعض اعني الذكورة مع الاناث. فاما من صنف السمك الذي يسمى مالاقيا [29]فالذي
يسمى سبيا منكر جدا لانه يقيء شيئا اسود يعكر به الماء ليخفى به نفسه [30]وليس لحال الجزع فقط
فاما الحيوان الكثير الارجل والذي يسمى طاوثيس [31]فهو ⟨لحال الجزع⟩ يقيء ايضا شيئا كدرا
واذا قاءه ⟨ليس⟩ يقيء جميع ما في جوفها منه بل تبقى بقية [32]واذا قاء تلك الفضلة تنشؤ وتخصب
ايضا. [33]فاما سبيا فهى تفعل ذلك مرارا شتى [34]لتخفي نفسها كما قلنا فيما سلف وربما برزت قليلا
622a من الماء الذي كدرت بقيئها ثم عادت [1]اليه وهى تصيد [2]صغار السمك وربما صادت السمك
الذي يسمى قاسطروس. [3]فاما الصنف الذي يسمى الكثير الارجل فليس له توق لانه ربما عام
وجاء الى [4]يد الرجل اذا رآها في الماء وله تدبير حسن لمعاشه [5]ويجمع كل ما يقدر عليه الى مأواه
وموضعه [6]واذا اكل اطايبها اخرج [7]الخزف واعظم السراطين والحلزون [8]وشوك السمك الصغير.
[9]وهو يغير لونه ويصيره مثل لون [10]الحجارة التي يقرب منها وبذلك يخدع السمك ويصيده وهو
يفعل هذا الفعل ايضا اذا فزع واتقى. وقد زعم [11]بعض الناس ان الذي يسمى سبيا يفعل مثل
هذا الفعل ايضا [12]لانه يغير لونه ويصيره مثل لون المكان الذي يأوي فيه. [13]وليس في اصناف
السمك الصغير شيء يفعل هذا الفعل ما خلا الذي | يسمى ريني فانه يغير [14]لونه مثل ما يغير لون T248
الحيوان الكثير الارجل وعامة [15]الحيوان الكثير الارجل ⟨لا⟩ يبقى اكثر من سنتين لان جسده
سريع الذوب [16]واذا اصابه شيء من التدليك ذابت منه رطوبة وفي الآخرة [17]يفنى ويهلك فاما
الاناث فانها تلقى ذلك بعد الولاد [18]وتحمق ولا تحس بالامواج [19]ولذلك يكون صيدها بالايدي
ممكنا يسيرا. [20]وتكون اجسادها رخوة مخاطية ولا تثبت في اماكنها ولا تصيد [21]فاما الذكورة فان
اجسادها تكون لزجة شبيهة بالجلود الرطبة. والعلامة الدليلة [22]على انها لا تبقى اكثر من سنتين
من قبل انه بعد ولاد الاصناف [23]الكثيرة الارجل في الصيف لا يمكن ان يوجد منها في الخريف

b26 *مفترقة B] مفرقه T : διακεκριμένα : Σ separati   b28 لاصقا] لاصق T   b29 فالذي] والذي T
b31 *⟨لحال الجزع⟩ B : διὰ φόβον : Σ propter timorem || ⟨لا⟩ : οὐδέποτε : Σ non   a7 واعظم]
واعظمه T : τὰ ὄστρακα : Σ cortices   a10 هذا] دا T   a13 ريني] دىى T : ἡ ῥίνη   a14 الكثير -T[1]
a15 الارجل] الاجل T || ⟨لا⟩ : οὐ : Σ non   a16 *التدليك B] باراللىلد T : πιλούμενος

[24]شيء مسن وقبل ذلك [25]الاوان بقليل يوجد منها في الخريف كثيرة مسنة عظيمة الجثث. واذا
باضت الاناث [26]ضعفت وعجزت ومرضت [27]ولذلك يأكلها جميع اصناف السمك [28]وتجذب من
اعشها بايسر المؤونة [29]وقد زعم بعض الناس ان الصغار ⟨و⟩الحدث من اصناف السمك الكثيرة
الارجل [30]لا تلقى شيئا من الآفات التي ذكرنا بعد الولاد بل تكون اقوى [31]من الكبار وصنف
الذي يسمى سبيا ليس يبقى سنتين. [32]وليس يخرج شيء من الاصناف التي يسمى مالاقيا الى البر
ما خلا الحيوان الذي يسمى كثير الارجل وانما يسير [33]على المواضع الخشنة ويهرب من الاماكن
622b اللينة وجميع اعضاء هذا الحيوان [34]قوية ما خلا العنق فانه ضعيف فاذا اخذ بعنقه هلك. [1]فهذه
حال صنف السمك الذي يسمى باليونانية مالاقيا واما الحيوان الذي ⟨يسمى⟩ [2]قونخي فان الدقيق
والخشن منه بقدر ما زعم بعض الناس انه يهيئ [3]حوله مثل ثوب جاس ليوقيه واذا كان الحيوان
[4]عظيما هيأه اعظم فهو يخرج منه كما يخرج غيره من عشه [5]ومكان مأواه. والحيوان البحري الذي
يسمى ناطيلوس كثير الارجل من الطباع [6]وهو يعوم على وجه الماء [7]ويصعد من اسفل اعني من
العمق واذا صعد [8]يكون منقلب الخزف لكي يصعد عاجلا [9]وبعد ما يكون على وجه الماء ينقلب
ويذهب الى العمق ايضا. [10]وبين رجليه شيء نابت من الطباع شبيه بالجلد [11]الذي يكون بين اصابع
T249 رجلي بعض الطيور ولكن الجلد الذي يكون بين اصابع بعض الطيور غليظ ثخين [12]فاما | الذي
يكون بين ارجل هذا الحيوان فهو يكون رقيقا سخيفا شبيها بنسيج العنكبوت وهو يستعمل [33]ذلك
الجلد مثل شراع اذا طابت الريح ويستعمل [14]الرجلين مثل السكان واذا فزع نزل الى عمق [15]البحر
بعد ان يملأ خزفه فاما حال كينونته ونشوء [16]الخزف فلم نعلم بعد علما لطيفا ونظن ان هذا الحيوان
لا يكون [17]من سفاد بل يتولد من ذاته مثل سائر اصناف الحلزون [18]ولم يستبن بعد ان كان يعيش
وهو مرسل ام لا.

---

a29 *الصغار والحدث] صغار الحدث T : τοὺς μικροὺς καὶ νέους : Σ parvis et iuvenibus   a33 اللينة] البته T : τὸ λεῖον : Σ loca plana   b2 زعم] وزعم T   b4 غيره] عىر T   b6 *يعوم B] يقوم T : ἐπιπλεῖ : Σ natat   b15 خزفه] جوفه T : τὸ ὄστρακον : Σ testam   b18 يستبن] ىىں T : δῆλον ‖ يعيش] ىعسس T : δύναται ζῆν : Σ vivat

⟨٣٨⟩ [19]وسائر اجناس النمل كثير العمل والمكسب اكثر من جميع اصناف الحيوان المخزز الجسد [21]وايضا الدبور الكبير والصغير [22]وجميع الاجناس الملائمة لهذه المذكورة. ومن اصناف العنكبوت [23]اصناف عمالة اعني ما كان منها ذا جسد وادق خلقة فانها اكثر احتيالا من غيرها [24]لمصلحة معاشها. وعمل النمل [25]ظاهر بين ان جميع النمل ابدا يسير في مسلك واحد [26]وانه يكنز طعمه [27]واذا كانت ليال مقمرة يعمل ايضا.

⟨٣٩⟩ وللعنكبوت [28]والحيوان اللداغ الذي يشبهه اجناس كثيرة ومنها [29]جنس واحد شبيه بالذي
يسمى ذئابا وهو [30]صغير مختلف اللون نزاء حاد وهو يسمى [31]برغوثا وجنس آخر اكبر منه اسود
اللون [32]ومقاديم ساقيه طويلة وهو بطيئ الحركة [33]يمشي قليلا قليلا ليس بقوي ولا بنزاء فاما
سائر الاجناس [34]التي يحملها باعة الادوية فمنها ما لا يلدغ البتة [1]ومنها ما يلدغ لدغا ضعيفا. وايضا 623a
فيها جنس آخر وهو الذي يسمى [2]جنس الذئاب فهذا الصغير الذي وصفنا لا ينسج العنكبوت
[3]وانما ينسج الاكبر وينسجه نسجا ⟨خشنا⟩ رديئا على وجه الارض [4]والصخور وانما ينسج نسجه
خارجا [5]وتكون الاطراف داخلا يحتفظ بها حتى يقع عليها شيء ويتحرك فاذا احس بحركته
[6]خرج اليه فاما المختلف اللون فهو يهيئ تحت الشجر [7]نسجا ⟨صغيرا⟩ رديئا. وفي العنكبوت جنس
آخر [8]حكيم جدا دقيق الخلقة فانه ينسج اولا اولا [9]ويمد الشعر ناحية الحدود والاوتاد ثم يبتدئ
[10]من الوسط ويكون لذلك السدى عظيما صالحا ثم [11]يعمل اللحمة [12]ويهيئ موضع ما يصيد في
مكان آخر ويهيئ [13]موضع| الصيد في الوسط. فاذا وقع عليه شيء وتحرك [14]الوسط يربط ويزداد T250
النسج على ذلك الحيوان [15]حتى يضعف فاذا علم ضعفه حمله وذهب به الى خزانته [16]وان كان
جائعا من ساعته يمص ما فيه من الرطوبة [17]ويخليه وان لم يكن جائعا يعود ايضا الى [18]الصيد
بعد ان يرم ما انشق من نسجه. وان [19]وقع شيء في وسط النسج واحس به يخرج اولا الى وسط

---

b21 الدبور] الدبر T : τὸ τῶν μελιττῶν : Σ apes   b22 *المذكورة] الذكورة T : (!) ὡς εἰπεῖν   b26 يكنز] يكثر T : ταμιείαν : Σ deponunt   b30 *نزاء] نزا T : πηδητικόν : Σ saltans ‖ حاد] حادات T : ὀξὺ : Σ acutum   a3 *⟨خشنا⟩ : παχὺ : Σ asperum   a7 *⟨صغيرا⟩ : μικρὸν : Σ parvam   a9 *الحدود B] العرود T : τὰ πέρατα : Σ terminis   a10 *السدى B] السنى T : στημονίζεται ‖ عظيما] عظم T ‖ صالحا] صلح T   a18 *انشق B] اسف T : λυμήνηται : Σ ruptum est

النسج ومن هناك يعود [20]الى الحيوان الذي وقع في نسجه وان افسد احد شيئا من [21]ذلك النسج يبدأ العنكبوت يرمه عند غيبوبة [22]الشمس او اذا اشرقت لان الحيوان في تلك الاوقات خاصة [23]يقع على النسج. وانما تعمل العنكبوت الانثى ⟨وتصيد⟩ [24]فاما الذكر فهو يحل وينقض النسج. وفي العنكبوت الدقيق الحلقة [25]الذي ينسج نسجا صفيقا جنسان احدهما [26]اعظم والآخر اصغر فالعنكبوت الطويل الساقين يتعلق من اسفل [27]وينظر لكي لا يخاف الحيوان ويتوقى [28]الوقوع على النسج فانه لا يكاد يخفى لعظم جسده [29]فاما الذي جسده مقتدر فانه يختفي في بعض نسجه. [30]واذا ولد العنكبوت قوى [31]من ساعته على النسج وذلك الذي ينسج به لا يخرج من داخل جوفه مثل فضلة كما [32]قال ديمقراطيس بل من خارج جسده فانه على جسده مثل اللحاء وهو شبيه بما [33]يلقي شعره وشوكه مثل الحيوان الذي يسمى شكاعا. والعنكبوت يلف [34]وينسج نسجه على
623b الحيوان الاعظم من الذباب ايضا فانه ينسج على السام ابرص [1]الصغير [2]ويربط فاه اولا فاذا فعل ذلك احترز حينئذ يدنو منه ويعضه ويمص الرطوبة التي فيه [4]فهذه حال اجناس العنكبوت.

⟨٤٠⟩ [5]وايضا في الحيوان المحزز الجسد جنس يشترك بالاسم [6]ويشترك بالمنظر ايضا اعني [7]جميع الاصناف التي تهيئ موما مثل النحل وما يشبهه بالمنظر. [8]وهي تسعة اصناف منها ستة اصناف يأوي بعضها مع بعض اعني النحل [9]والذكورة التي تكون في النحل [10]والدبر الذي يأوي على وجه الارض والدبر الصغير الاصفر والدبر الاسود المستطيل فاما الاصناف التي تنفرد [11]فثلثة
اصناف التي | تسمى باليونانية صيرين الصغير وهو اغبر اللون والذي يسمى صيرين الكبير [12]وهو T251
اسود مختلف اللون والثالث الذي يسمى باليونانية بومبوليوس [13]اكبر من الصنفين الآخرين جدا. وينبغي ان نعلم ان النمل لا يصيد شيئا [14]وانما يجمع المعمول المفروغ منه فاما العنكبوت فليس يعمل شيئا [15]ولا يكنز وانما يصيد طعمه فقط وسنذكر في آخر قولنا التسعة [16]الاجناس التي وصفنا. [17]فاما النحل فليس يصيد شيئا بل هو يهيئ [18]ويكنز حاجة غيره وانما غذاؤه من العسل وذلك يستبين من

a21 يرمه] برمنه T : πάλιν ἄρχεται τῆς ὑφῆς : Σ reparare   a23 ⟨وتصيد⟩ : καὶ θηρεύει : Σ et venatur
a32 *اللحاء B] الحا T : φλοιόν : Σ corticem   a33 شكاعا] سقا T : αἱ ὕστριχες   b2 احترز] واحترز T :
συλλάβῃ : Σ liget ‖ ويعضه B] وبعضه T : δάκνει : Σ mordet ‖ ويمص] وبمض T   b11 صيرين(1)]
صرر T : σειρὴν ‖ صيرين(2)] صسرر T   b12 بومبوليوس] بارفولوس T : βομβύλιος

قبل [19]القوام على النحل فانهم اذا ارادوا اخراج شيء من الشهد [20]بخروا الخلايا فاذا اصاب النحل
اذى الدخان حينئذ [21]يأكل العسل خاصة فاما في غير ذلك الوقت فليس يكثر من اكله [22]لشفقته
عليه ولانه يريد ان يكنزه. [23]وللنحل غذاء آخر [24]وهو ثفل العسل ليس يحلو جدا وحلاوته شبيهة
بحلاوة التين والنحل يجلبه [25]على ساقيه كما يجلب الموم. [26]وفي اعمال اصناف النحل وتدبيره لمعاشه
اختلاف كثير. واذا [27]اصاب النحل خلية نقية نظيفة يبني فيها بيوتا [28]من الموم وانما يأتي ذلك
الموم من سائر الازهار ومن اطراف الشجر [29]ومن الخلاف وسائر الاصناف التي فيها [30]رطوبة
لزجة وبتلك الرطوبة تلطخ ارض الخلية لحال سائر [31]الهوام التي تضر به واصحاب تعاهد العسل
يسمون ذلك لطخا. [32]وان كانت مداخل الخلايا واسعة ثناها النحل وضيقها وهو يبني [33]اولا
بيوتا معمولة من شمع اعني بالبيوت الثقب التي يأوي فيها النحل ثم يهيئ البيوت التي يأوي فيها
[34]ملوك النحل وذكورة النحل. فالنحل ابدا [1]يبني البيوت التي يكون هو فيها فاما بيوت الملوك 624a
فهو يبنيها اذا كان الطرد اعني فراخ النحل كثيرا ويبني [2]بيوت الذكورة التي لا تعمل شيئا اذا
كان العسل مباحا كثيرا. والنحل يهيئ [3]بيوت الملوك قريبة من بيوتها وهى ثقب صغار [4]ثم يبني
بعدها بيوت الذكورة والذكورة اصغر [5]جثة من النحل الذي يعمل العسل. وهو | يبدأ من البناء T252
والنسج من فوق اعني من [6]سقف الخلية ويأخذ من الارض اعني الناحية السفلى ويصير الزوايا
على اوتاد البناء. [7]ويكون العسل [8]والفراخ مثنى اعني مدخلين لانهما كوبان ناتئان على اساس
واحد [9]مثل الكوبين ذوات الفمين احدهما من داخل والآخر من [10]خارج. والنحل يبني حول
الثقب التي فيها العسل والتي فيها الفراخ [11]صفين او ثلثة من الثقب [12]الفارغة التي ليس فيها عسل
والثقب [13]المغطاة بالموم توجد ملأى عسل ومدخل الخلية [14]يوجد ملطخا بشيء شبيه بالموم وهو
اسود [15]جدا كانه وسخ الموم وهو [16]حريف الريح نافع من ضرب السياط واصناف [17]الجراحات
التي تقيح وان خلط به موم وزفت [18]يكون دواء اقوى واكثر منفعة. وقد زعم [19]بعض الناس
ان الذكورة تنفرد ببيوتها وتكون على حدتها في [20]الخلية الواحدة والشهدة الواحدة وتقاسم النحل
[21]وليس تعمل الذكورة شيئا من العسل البتة بل تغذى من عمل [22]النحل هى والفراخ. والذكورة

b22 يكنزه] بكثره T : ἀποτιθέμεναι   b28 *الازهار B] الانهار T : ἀνθέων : Σ florum   a1 يكون] يكوي T[1]   a8 *مثنى B] فىنى T : ἀμφίστομοι : Σ duas portas   a11 صفين] صنفين T : δύο στίχους : Σ duae bases   a15 *الريح] الذبح T : τὴν ὀσμὴν : Σ eius odor   a16 *السياط] الشياط T

[23]وتكثر المأوى في داخل الخلية وان طارت فهى تخرج من الخلية [24]باجمعها وترتفع الى الهواء
ويكون لها دور [25]كانها تريد ان تخرج وتحرك اجسادها فاذا فعلت ذلك رجعت ايضا الى الخلية
[26]واكلت من العسل قدر شبعها. فاما ملوك النحل فليس يخرج خارجا ان لم يخرج [27]مع جميع
النحل الذي في الخلية ولا يذهب الى الرعى ولا الى مكان آخر. وقد زعم بعض الناس انه [28]ان
طلب الطرد اعني الفرايخ ونزل الملك ينتقل من موضعه ايضا ويطلب الملك حتى [29]يجده بمعرفة
رائحته. وقد زعم ان النحل يحمل [30]الملك حملا اذا لم يقو على الطيران وان [31]هلك الملك هلك
جميع الطرد وان [32]اقام النحل زمانا ولم يبن بيوتا من موم لا يوجد في الخلية عسل [33]فالنحل يهلك
624b عاجلا. والنحل يلقط الموم [34]من الزهر لقطا سريعا ويحمله على رجليه المقدمة [1]وينقي تلك الرجلين
باوساط الارجل ثم ينقي الاوساط [2]معكوسة الرجلين الى | خلف. فاذا حمل النحل كفافه من T253
الموم طار [3]وهو بين من طيرانه انه مثقل واذا طار النحل [4]لا يقعد على ازهار مختلفة بل على زهر
واحد اعني انه ينتقل من زهر البنفسج [5]الى زهر البنفسج ولا يدنو من زهر آخر حتى يعود الى
خليته. [7]وتتبع كل نحلة محملة ثلاثة او اربعة نحلات [8]وليس يمكن ان يعاين احد ذلك الذي يأخذ
النحل ولا يعلم باي نوع [9]يعمل ما يعمل فان ذلك لم يعاين فقط. فاما حمل الشمع من ورق وزهر
[10]الزيتون فقد عوين لان النحل يجلس على ورق الزيتون [11]حينا كثيرا لحال صفاقته. وبعد ذلك
يفرخ النحل وليس شيئا يمنع ان يكون [12]في الشهدة الواحدة فراخ وعسل وذكورة النحل. [13]فان
كان الملك حيا فالذكورة تكون على حدتها [14]وان هلك تتولد من النحل في ثقب النحل [15]فيكون
ذلك النحل اشد غضبا ومن اجل ذلك [16]يسمى النحل اللداغ فاما الذكورة فهى تهم باللدغ [17]ولا
تقوي عليه. وبيوت ذكورة النحل اكبر واوسع من غيرها [18]والنحل ربما بنى من الموم [19]بيوتا
للذكورة مفردة. [20]واجناس النحل [21]كثيرة كما قيل اولا وللملوك جنسان [22]احدهما احمر اللون
وهو اجود الملوك والآخر اسود مختلف اللون. [23]وعظم جثة الملك يكون مثل عظم جثة النحلة
التي يعمل العسل مرتين [24]والنحلة الكريمة تكون صغيرة مستديرة الجسد مختلفة اللون وتكون ايضا
نحلة اخرى مستطيلة الجسد [25]شبيهة بالنحل الذكر وتكون نحلة اخرى كبيرة عظيمة البطن. [26]فاما
النحل الذكر فجثته اكبر من سائر جثث النحل غير انه ليس له حمة [27]وهو كسل رديء الحركة.

---

a24 *دور] درى T : ἐπιδινοῦντες   a28 ويطلب] وطلب T   b1 *وينقي B] ويبقى T : ἐκμάττουσιν
b2 *كفافه B] كافه T   b4 اعني T^1- ‖ *البنفسج] التنفس T : ἴου   b5 *البنفسج] السفس T : ἴου
b26 *النحل] النحله T

وبين النحل الذي [28]يرعى في السهل وبين النحل الذي يرعى في الجبال اختلاف فان [29]الذي
يرعى في الغياض والجبال اصغر جثثا واكثر عملا. [30]فالنحل الكريم [31]يعمل الشهد املس مستويا
واغطية الثقب ايضا [32]ملس مستوية وهو يملأ بعض الثقب عسلا وبعضه فراخا [33]وبعضه نحلا
625a ذكرا. [1]فاما النحل المستطيل الجسد فهو يعمل شهدا قليلة الاستواء ويعمل [2]الاغطية منتفخة شبيهة
Γ254 باغطية ثقب النحل | الذكر ويعمل [3]ايضا سائر الاعمال المنضدة كما جاءت بالبحث على غير احكام.
[4]ومنها تكون الملوك الرديئة والذكورة [5]التي تسمى باليونانية فوراس وتفسيره لصوص فليس يعمل
هذا الصنف الا عسلا يسيرا ولا يعمل شيئا البتة. [6]والنحل يجلس على ثقب الشهد لينضج العسل
[7]وان لم يفعل ذلك فسد الشهد [8]وتولد فيه عنكبوت فان قوى على تنقيته سلم [9]وكان غذاؤه من
العسل وان ضعف عنه هلك. [10]ويتولد في الخلايا التي تفسد دود صغير [11]فتنبت له اجنحته. واذا
وقع شيء من بيوت الموم اقامه [12]النحل واسنده ببناء لكيلا يقع ولكي [13]يكون سهل المدخل واذا
لم يكن له مدخل [14]لا يجلس على الثقب. وليس لذكورة النحل ولا للتي تسمى باليونانية فورس
جنس [15]ولا عمل وانما يأكل عمل غيرها ويضر بالنحل. [16]فاذا شد عليها النحل قتلها والنحل ايضا
يقتل [17]الملوك [18]الرديئة لكي لا تكثر وتفرق ما بين النحل الذي في الخلية [19]ويقتل كثيرا من
الملوك خاصة اذا لم يكن الفراخ كثيرة [20]ولا الطرد فالنحل في تلك الازمان [21]يفسد بيوت الملوك
[22]ويفسد [23]بيوت ذكورة النحل وخاصة اذا قل العسل [24]فانه اذا عرض ذلك قاتل النحل [25]ما
كان في الخلية من الذكورة [26]ولذلك تظهر الذكورة مرارا شتى جالسة على ظهر الخلية. [27]وجنس
النحل الصغير يروم قتال النحل المستطيل [28]واخراجه من الخلايا فان قوى على ذلك [29]فهو منتهى
جودة النحل فاما الصنف الآخر فانه [30]اذا يكون بطالا [31]لا يعمل عملا فيه خير البتة وهو يهلك في
الخريف. [32]فاذا قتل النحل شيئا فهو يروم قتله [33]خارجا من الخلية فاما ان قتل شيئا داخلا [34]فهو
625b يخرجه ويلقيه. فاما صنف النحل الذي يسمى فوراس فهو يضر [1]الشهد الذي يكون فيه وربما دخل
في [2]بيوت سائر النحل ان قدر على ان يغتاله فان ادرك قتل ولا يقوى على ان يقاتل النحل ويدخل

b32 فراخا] مزاجا T : νεοττοὺς : Σ pulli   a1 الجسد + الذي ليس يكون T   a4 ومنها + ما T
a12 *اسنده B] اسده T : ὑφιστᾶσιν ἐρείσματα : Σ ponunt sub ipso quiddam a quo sustentabitur
a21 *يفسد] يمسك T : διαφθείρουσι || الملوك] الملك T : τῶν βασιλέων : Σ regum   a24 قاتل] فعل T :
μάχονται : Σ pugnant   a34 فوراس] لس T : φῶρες   b2 *يغتاله B] يعاله T : ληφθῶσι

في بيوته الا بعسرة وشدة [3]لان في بيوت كل واحد من النحل حفظة [4]وان قدر على الدخول خفية لم يقدر على الطيران لانها ممتلئة عسلا [5]بل يتمرغ بين يدي الخلية فليس | يكاد ان [6]يفلت من النحل. T255
فاما الملوك فليس تظهر خارجا بنوع آخر [7]ان لم يكن مع عنقود من عناقيد الفراخ واذا خرج يكون سائر الفراخ حوله [8]ملتفة به واذا اراد ان يخرج طرد فراخ [9]يكون في داخل الخلية دوي وصوت قبل خروجه [10]بيومين او ثلثة ويظهر قليل من الفراخ خارجا على مدخل الخلية [11]ولم يظهر ان كان الملك فيها لان [12]معاينته ليست يسيرة. واذا اجتمعت الفراخ طارت [13]وافترقت مع كل واحد من الملوك فرقة وان [14] كان في الفراخ قلة فهى تجلس على غير بعد [15]وتصير القلة الى الكثرة وان تبعها الملك الذي تركته [16]قتلته. فهذه حال خروج [17]فراخ النحل. وينبغي ان نعلم ان [18]النحل مرتب على حال من الاعمال اعني ان بعض النحل [19]يأتي بالزهر وبعضه يلين ويصلح [20]الموم. ومنه ⟨ما⟩ يسقي ماء اذا كان له فراخ [21]وليس يجلس النحل على جسد آخر ولا يدنو من اصناف الاطعمة. وليس يعمل النحل زمانا [22]معروفا ولا وقت الابتداء وانما يبدأ بالعمل اذا [23] كان مخصب الحال في اي زمان كان من السنة [24]واذا كان الهواء صاحيا فهو يعمل عملا صالحا متتابعا. [25]واذا خرجت الفراخ الحدث يبدأ بالعمل بعد ثلثة ايام [26]ان كانت لها حاجتها من الطعام. [28]وليس ينقص ⟨في⟩ الخلايا شيء من فراخ النحل ما خلا [29]اربعين يوما فقط اعني الايام التي بعد الزوال الشتوي. [30]وان شبت الفراخ شقت [32]الغطاء الذي على الثقب وخرجت. فاما الهوام التي تكون في الخلايا [33]تضر بالشهد فالنحل الكريم [34]يطردها ويخرجها فاما النحل الآخر فانه يتغافل عنها
626a لرداءته ويترك اعماله تفسد وتهلك. [1]واذا قطعت شيئا من الشهد القوام على تعاهد النحل [2]تركوا للنحل كفافه من العسل ليكون طعم له في الشتاء فان كان ذلك الطعم كفافا [3]سلم النحل الذي في الخلية [4]. وطعم [5]النحل العسل في الصيف والشتاء ويوضع للنحل [6]طعم آخر من الزبيب او من الحلواء. [7]والدبر يضر بالنحل جدا [8]والطير الذي يسمى باليونانية اخيثالوس والخطاف [9]والطير الذي يسمى ماربس والضفادع التي تكون في النقائع تلقى النحل وهو يريد شرب الماء فتأكله | [10]ولذلك T256

b5 *يتمرغ] B يتمرح T : κυλίεται : Σ vagabuntur   b15 *تركته] ركب T : ἀπέλιπον : Σ dimittunt
b17 فراخ -T[1]   b19 *يلين] سين T : λεαίνουσι : Σ mollificant   b20 ⟨ما⟩ : Σ aliae   b26 الطعام]
العطا T : τροφήν : Σ cibum   b28 ⟨في⟩ : ἐν   b30 *شبت] B ست T : ηὐξημένον ὦσιν : Σ excreverint
b32 *الغطاء] القطا T : τὸ κάλυμμα   a2 *تركوا] يزكوا T : ἀπολείπουσιν : Σ dimittunt || كفافه]
كفافها T   a8 اخيثالوس] احتيالوس T : αἰγίθαλοι

يصيد الضفادع القوام على النحل [12]ويفسد اعشة الدبر والخطاف الذي يكون في قرب [13]الخلايا. وليس [14]يهرب النحل من اصناف الحيوان البتة بل يهرب بعضه من بعض ويقاتل [15]بعضه بعضا مع قتاله للدبر. واذا كان النحل خارجا من الخلايا [16]لا يضر بعضه ببعض ولا بشيء آخر البتة وانما يلدغ ويقتل ما يدنو من [17]الخلية اذا قدر ان يقهره ويغلبه وهو يلدغه [18]ويهلكه [19]وربما سلم الملدوغ ان تعاهد [20]موضع اللدغ وعصره حتى تخرج منه الحمة واذا ذهبت حمة [21]النحلة ماتت وهو يلدغ الحيوان العظيم الجثة. [22]وقد هلك فيما سلف فرس من لدغ النحل وليس [23]تلدغ ملوك النحل ولا تغضب. واذا هلك [24]شيء من النحل في داخل الخلايا اخرجته الاحياء الى خارج وهذا الحيوان نقي نظيف جدا [25]اكثر من جميع الحيوان ولذلك يلقي زبله [26]وهو يطير مرارا شتى لانه منتن. والنحل يكره [27]كل ريح يكون منتنا وعفن الرائحة كما قلنا فيما سلف ويكره رائحة الازهار الطيبة الريح [28]ولذلك تلذع من ادهن بشيء منها ودنا منه. والنحل يهلك [29]لحال اعراض كثيرة تعرض له واذا كثرت ملوكه [30]صار مع كل واحد منها وافترق. [31]والحرذون يجيء قريبا من مدخل الخلية وينفخ [32]ويرصد ما يخرج من النحل ويأكله [33]وليس يقوى النحل على ضرورته
626b البتة وانما يحتال ويقتله القيم عليه. [1]وقد ذكرنا فيما سلف انه يكون في النحل جنس [2]رديء يعمل موما خشنا [3]وقد زعم بعض القوام على العسل ان العمل الخشن عمل فراخ النحل [4]لقلة تجربتها وخبرها بذلك. [5]وليس تلدغ الفراخ لدغا شديدا ايضا ولذلك تطير وشكلها شكل عنقود. [6]واذا يفنى في الخلايا عسل اخرجوا الذكورة منها [7]واطعموا النحل تينا وغير ذلك من الحلواء. [8]وما كان من النحل مسنا فهو يعمل داخلا [9]وهو ازب لكينونة هناك فاما حدث من النحل فهو يجلب من خارج [10]وهو املس اجرد الجسد اكثر من المسن. والنحل يقتل الذكورة خاصة [11]اذا لم يكن له سعة في داخل الخلية يعمل فيما عمله وهي تكون في آخر [12]الخلية. وقد اعتلت خلية في الزمان

a17 *ويغلبه B] ويغليه T : ἂν κρατήσωσιν
a19 *الملدوغ B] الملاوع T : ὁ πληγεὶς : Σ qui pungitur
a22 *فرس] قوم T : ἵππος : Σ equus
a24 *نقي B] بقى T : καθαριώτατόν : Σ multum mundum
a27 *ريح] رعى T : ὀσμαῖς : Σ odor ‖ *وعفن] وهم T : δυσώδεσιν : Σ fetidus ‖ رائحة] الرايحة T[1]
a30 صار] وصار T
a31 *يجيء] يجلس T : ἐλθὼν : Σ vadit
a32 *ويرصد ما B] ويرصدها T : ἐκπετομένας : Σ eam
b6 *يفنى] بقى T : ὑπολίπῃ : Σ est modicum ‖ اخرجوا] اخرجه T : ἐκβάλλουσι
b9 لكينونة] الكينونة T : διὰ τὸ … μένειν
b11 في[(1)] T[1]-

T257 السالف ⟨و⟩مرض ما كان فيها | من النحل فجاء بعضه الى خلية [13]اخرى غريبة وقاتل النحل الذي
كان فيها واخرج العسل. [14]واقبل القيم على الخلايا يقتل النحل الذي جاء الى غير مأواه فخرج
النحل من الخلية [15]وقاتل الخلية الغريبة ولم يلدغ الرجل البتة لحال دفعه المكروه عنه. والامراض
[16]تعرض خاصة للنحل المخصب اعني المرض الذي يسمى [17]خليسيا وهو دود صغير يكون في
ارض الخلية [18]واذا نشأ يكون مثل عنكبوت ويستولي على كل [19]الخلية ويعفن الشهد والموم.
وايضا يعرض لها مرض آخر وهو من بطلان [20]النحل ولذلك يعرض للخلايا رائحة منتنة جدا
فتفسد وتهلك في حال تلك العلة. [21]والنحل يرعى الصعتر والابيض اجود من [22]الاحمر. لا ينبغي
ان يكون النحل في مكان بارد اذا كان اوان الصيف والسموم وفي الشتاء [23]في مكان دفيء. وانما
يمرض النحل خاصة اذا لقط الزهر الذي وقعت فيه القمل [24]واذا اصابه ريح عاصف ليستتر بحجر
[25]يكون قبالة الريح. والنحل يشرب من الماء [26]القريب ولا يشرب من غيره وليس يشرب حتى
يلقي [27]ثقله اولا وان لم يكن في قربه ماء شرب من الماء الذي يبعد عنه والنحل يقيء [28]العسل في
مأواه ثم ينطلق الى العمل ايضا. [29]وهو يعمل العسل في زمانين اعني زمان الربيع وزمان الخريف
[30]والعسل الذي يعمل في الربيع اشد بياضا واجود [31]من الذي يعمل في الخريف على كل حال.
والعسل الجيد يكون من الموم الحديث [32]ومن فراخ النحل فاما العسل الاحمر فهو اردأ لحال الموم
627a لان الموم يفسد [33]كما يفسد الشراب في الاناء فلذلك ينبغي ان ييبس. [1]واذا ازهر الصعتر وكان
الموم مملوءا [2]لا يجمد العسل واجود العسل الذي لونه مثل لون الذهب وليس يكون العسل الابيض
[3]من الصعتر الخالص وهو جيد للعينين [4]والجراحات واضعف العسل يكون ابدا في اعلى الاناء
[5]وينبغي ان يلقط ويخرج فاما العسل النقي الطيب فهو يكون في اسفل الاناء. واذا ازهرت
الاعشاب [6]يعمل النحل موما ولذلك ينبغي ان يخرج بعض الموم من الشهد في ذلك الاوان [7]فانه
T258 يعمل من ساعته ايضا والنحل يلقط ازهار | العشب التي تسمى [8]كليل الملك والآس والخنثى
والذي يسمى باليونانية اطراقطولس [9]واغنوس وسبرطون وفلاوس واذا عمل النحل شيئا من
الصعتر اخلط معه ⟨ماء⟩ [10]قبل ان يلقي الموم. وجميع النحل يروث [11]وهو يطير كما قيل اولا ويروث

---

b12 فجاء B] وحا T   b14 يقتل] بقتل T   b15 *دفعه B] دبعه T   b17 *خليسيا] حاسا T : σκλῆρος
b19 *ويعفن] وبعص T : σήπεται : Σ putrefacit   b21 من] ومن T   b23 *يمرض B] يعرض T :
νοσοῦσι ‖ القمل] القملة T   a8 *والخنثى] والحنا T   a9 *وفلاوس] وملاوس T : φλεώς ‖ *⟨ماء⟩ :
ὕδωρ

في مكان واحد من الخلية. [12]والنحل الصغير يعمل اكثر من الكبير كما [13]قيل فيما سلف واجنحة النحل الصغير منسحقة وهى سود الالوان [14] كانها محترقة فاما النحل الصافي النقي فهو [15]شبيه بالنساء البطالات اللاتي لا يعملن شيئا. وهو يظن ان النحل يلذ [16]بالتصفيق ولذلك يصفقون اذا ارادوا جمع الفراخ كما زعم بعض الناس وليس [17]هو بين [18]ان كان كل النحل يسمع وهو يفعل ذلك لحال اللذة او لحال الجزع. [19]والنحل يخرج ما كان منه بطالا وما [20]لا يبقي على العسل وهو يقسم الاعمال كما قلنا فيما سلف [21]وبعضه يعمل الموم وبعضه يعمل العسل وبعضه [22]يعمل ⟨...⟩ ويبني البيوت وبعضه يسقي الماء ويصبه [23]في الثقب ويخلطه بالعسل. ومنه ما يبكر وينطلق الى العمل [24]ومن النحل ما يسكت حتى تنهض واحدة وتصر [25]مرة او مرتين فاذا سمعه سائر النحل طار كله بغتة ثم [24]يعود ايضا ويصر اولا ويفعل ذلك رويدا رويدا [27]حتى تمر بها نحلة واحدة وتصر كانها تعلمه انه قد بلغ وقت النوم [28]فيسكت بغتة. وانما نعرف خصب [29]الخلية من قبل كثرة الدوي وكثرة حركة النحل عند خروجه [30]ودخوله. والنحل يجوع [31]خاصة في اول الشتاء [32]وان ترك للنحل عسل اكثر من حاجته في زمان قطاف الشهد يكون بطالا قليل العمل [33]فينبغي
627b ان يترك في الخلية شهد وعسل قدر كفاف النحل [1]فانه ان ترك ايضا عسل اقل من حاجته صار كسلا قليل العمل. [2]ويقطف [3]من الخلية الواحدة من العسل قدر الكيل الذي يسمى باليونانية خوش او قدر كيل ونصف وربما قطف من الخلية المخصبة ⟨كيلان او⟩ [4]كيلان ونصف فاما ثلثة اكيال فلم يخرج خلية الا في الفرد. والشاة مخالف [5]للنحل والدبر ايضا كما قلنا [6]فيما سلف والقوام
T259 على النحل يصيدون الدبر بحيل مثل هذه [7]يضعون لحما في قدر فاذا اجتمع الدبر [8]ووقع على | ذلك اللحم غطوا القدر بغطائها ووضعوها على النار واهلكوا ما فيها. [9]واذا كانت في الخلية ذكورة يسيرة نفعت النحل لان النحل يكون انشط واسرع الى العمل. [10]والنحل يتقدم ويعلم الشتاء الآتي [11]والمطر وعلامة ذلك انه لا يطير [12]بل يثبت متلكئا في داخل الخلية والهواء صاف فاذا كان ذلك علم القوام على النحل [13]انه يترجى الشتاء. واذا تعلق [14]بعضه ببعض في داخل الخلية فانه يدل

---

a20 *يبقى] يسقو T : φειδομένας Σ ferunt : φέρουσιν a22 *يعمل] يحمل T : ἐργάζονται Σ faciunt ‖ ويصبه] ويضبه T : φέρουσιν Σ ferunt a27 تعلمه] يعلمها T ‖ *النوم] الموم T : καθεύδειν Σ dormiendi b3 *⟨كيلان او⟩ : δύο χοᾶς ἤ Σ duo vel b8 *ووقع B] ورفع T : ἐμπίπτωσιν Σ cadunt b9 ذكورة + ذكوره T b10 *ويعلم] ويعمل T : προγινώσκουσι Σ cognoscunt b12 *متلكئا] لشيا كا T : ἀνειλοῦνται Σ vagantur

على انه يريد تركها [15]ولذلك ينضح القوام شرابا حلوا [16]اذا احسوا بتعليق بعضها بعضا. وينبغي
ان تنصب في المكان الذي تكون فيه [17]الخلايا كمثرى جبلي وباقلى وقثاء رطب وجنار [18]وآس
وخشخاش وصعتر ولوز. [19]والقوام على النحل يعرفون نحلهم [20]اذا ذروا دقيقا حول المكان الذي
يشرب النحل منه واذا كان الربيع جنوبيا كثير القحط واذا [21]وقعت القملة في المزروع اسرع
النحل الى التفريخ [22]فهذه حال النحل وتدبيرها.

〈٤١〉 [23]وفي الدبر جنسان اعني الجنس الجبلي والذي يكون في السهل [24]فالجبلي يأوي في الجبال
والاماكن الصعبة ولا يعشش على الارض [25]بل في الشجر وهو في المنظر اعظم جثة من الجنس
الآخر وهو مستطيل الجسد [26]ولونه الى السواد ما هو اكثر من الآخر ولكل هذا الجنس [27]حمة
وهو اقوى من غيره ولدغته [28]اوجع من لدغة الآخر لان حمته [29]اكبر من حمة غيره. وهذا الجنس
من الدبر يبقى اقل من سنتين وفي الشتاء يظهر [30]لانه يطير ويخرج من الشجر الذي يقطع وفي
الشتاء يختفي في عشه ولا يخرج [31]ومأواه في الشجر. [32]ومنه ما يسمى امهات ومنه ما يسمى عمالا
وكذلك يسمى الدبر الذي يكون في السهل ايضا [33]وسنبين طباع العمال من الامهات اذا اخذنا
628a في ذكر [1]الدبر السهلي فان للدبر السهلي ايضا [2]اجناسا ومنه ما يسمى امهات اعني قواد الدبر ومنه
ما يسمى عمالا. [3]والقواد اودع واعظم جثثا [4]والعمال لا يبقى سنتين بل يموت كله [5]في اوان
الشتاء وذلك بين من قبل انه اذا كان [6]ابتداء الشتاء يحمق واذا كان اوان الزوال [7]لا يظهر البتة
T260 فاما قواد الدبر وهى التي | تسمى الامهات فهى [8]تظهر في كل شتاء وتعشش في الارض [9]واذا
حرثت وحفرت الارض في الشتاء تظهر امهات [10]كثيرة وقد عاينها غير واحد من الناس فاما
الدبر العمال فلم يعاينه احد. وولاد [11]الدبر يكون على ما نصف الامهات اذا اصابت مكانا موافقا
[12]في اوان الصيف تجعل ثقبا وبيوتا شبيهة بالبيوت التي تعمل من الموم وتهيئ [13]لتلك البيوت مثل

---

b18 *وصعتر] وسسر T : ἕρπυλλον || ولوز] ولون T : ἀμυγδαλῆν Σ amygdalum   b20 القحط + يسرع النحل منه واذا كان الربيع جنوبيا كثير القحط الى النحل T   b24 *فالجبلي] بالجبلى T : ἐν τοῖς ὄρεσι Σ montanis   b27–28 ولدغته اوجع B] ولدعها وجع T : τὸ πλῆγμα ὀδυνηρότερον Σ punctura forti pungit   a2 قواد] فواد T : ἡγεμόνες Σ rectores || عمالا] عمالد T : ἐργάται Σ argalta   a6 *يحمق] يحفى T : μωροι γίνονται   a9 *حرثت] كربت T : ἀροῦντες   a10 العمال] والعمال T : ἐργάτας Σ argalta || وولاد] وولا T : ἡ δὲ γένεσις Σ generatio vero

اربعة ابواب ⟨او⟩ قريبا [14]منها ويكون في تلك البيوت دبر ولا تكون امهات. فاذا شب ذلك الدبر
[15]هيأت الامهات بيوتا اكبر [16]واذا شب الدبر ايضا بنت اكبر من تلك البيوت ولذلك في آخر
الخريف [17]تكون بيوت الدبر كثيرة ⟨وكبيرة⟩ وفيها يكون القائد [18]الذي يسمى اما وليس يلد بعد
ذلك دبرا بل امهات. وتكون [19]تلك الامهات فوق البناء في الظاهر مثل دود عظيم [20]في ثقب لها
اربعة ابواب او اكثر. [21]واذا خلقت [22]كسب الدبر العمال [23]اطعمتها وادخلها اليها [24]وذلك بين
من قبل ان القواد لا تطير ولا تخرج بعد ذلك حينا [25]بل تقيم داخلا ساكنة. [26]واذا تولدت القواد
الحدث ماتت [27]القواد التي كانت في العام الاول وذلك لان الدبر يقتلها وهذا العرض يعرض
بنوع واحد [28]وليس يستبين ان كانت تبقى [29]الامهات او تعيش اكثر من الوقت الذي ذكرناه
ولم يعاين احد ذلك في الدبر الجبلي ايضا [30]ولا آفة اخرى مثل هذه البتة. والام تكون عريضة
[31]ثقيلة الثخن واكبر من الدبر العمال [32]ولحال ثقل الجسد لا تنزو نزوا شديدا [33]والامهات تبقى
داخلا في الثقب والبيوت [34]لانها تحيل وتدبر ما هناك. [35]والامهات توجد في اعشة الدبر كثيرة.
628b وهو مشكوك [1]ان كانت لها حمة ام لا وهو شبيه بان تكون مثل [2]ملوك النحل اعني ان لها حمة
وليس تخرجها ولا تلدغ. [3]ومن الدبر ما ليس له حمة مثل ذكورة النحل [4]ومنه ما له حمة ويلدغ
والذي ليس له حمة اصغر واضعف [5]والذي له حمة اكبر [6]واقوى ومن الناس من يسميه ذكورة
ويسمى البدر الذي [7]ليس له حمة اناثا. وقد زعم بعض الناس ان [8]كثيرا من الدبر الذي له حمة
T261 يلقي حمته في الشتاء ولم يعاين | ذلك عيانا الى زماننا هذا. [9]والدبر يكون اكثر في اوان القحط وقلة
الامطار [10]وفي الاماكن الخشنة وانما يكون الدبر تحت الارض [11]ويحيل البيوت من تراب وحمأة.
[12]كل واحد من الدبر يبدأ بالبناء من الاصل وغذاء الدبر من [13]الثمرات والازهار واكثر طعمه
من الحيوان. [14]وقد ظهر كثير من الدبر يسفد ويسفد ولم يظهر ان [15]كانت حمة للتي لا تسفد وللتي
تسفد ام لا الى يومنا هذا. [16]وقد ظهر كثير من الدبر البري يسفد ولاحدهما [17]حمة ولم يستبن بعد
للآخر حمة. وظن ان الزرع لا يكون من المكان [18]الذي يزرع بل يكون من ساعته اعظم من فرخ
الدبر. [19]وان اخذ احد دبرا وربط رجليه [20]وتركه يصر بجناحيه طار حوله النحل الذي ليس له

---

a13 *⟨او⟩ : ἤ : Σ vel   a16 اكبر] اكثر T : μείζους   a17 *⟨وكبيرة⟩ : καὶ μεγιστα : Σ et magna
a18 *اما] امل T : μήτρα : Σ mutira   a19 *البناء] التنا T : τοῦ σφηκίου   a22 الدبر] الدبره T : σφῆκες
a24 *حينا] حسا T   a29 *تعيش B] نعشر T : ζῆν   a34 تحيل] يحبل T : συμπλάττουσι   b1 بان] ان T
b20 يصر] يضر T : βομβεῖν

حمة [21]ولم يطر حوله الدبر الذي له حمة ومن هذه العلامة يزكنون ان بعض الدبر [22]ذكورة وبعضها اناث. واذا كان شتاء يصير الدبر في [23]المغاير ولبعضه حمة وليس لبعضه حمة [24]ومن الدبر ما يبني بيوتا صغارا قليلة. [25]فاما الذي يسمى امهات فانها تصادف [26]كثيرة في شجر الغرب في زمان الحول لانها يجب ان تجمع [27]الصمغ السمج الرديء. وقد [28]كان فيما سلف مطر غزير فتولد من الدبر كثرة [29]والدبر ايضا يصاد في الادوية والشقوق [30]من الصخور وظهرت في ذلك الزمان لكل الدبر حمة [31]فهذه حال الدبر.

⟨٤٢⟩ [32]فاما الصنف الذي يسمى باليونانية انثريني وهو الدبر الاصفر فليس حاله مفردة معروفة مثل النحل [33]وهو يأكل اللحم ولذلك [34]يأوي حول الزبل لانه يصيد الذباب الكبير [35]واذا صاد
629a منه شيئا قطع رأسه وحمل بقية جثته وطار [1]وهو يصيب من الفاكهة الحلوة ايضا [2]فهذا طعم هذا الصنف من الدبر. وله [3]قائد مثل للنحل وللدبر الاحمر قواد وهذا الصنف [4]اعظم جثثا من غيرها جدا واذا قيست الى قواد [5]الدبر الاحمر والى [6]ملوك النحل كان لها فضل بين. وقائد هذا الصنف يأوي في داخل عشه [7]مثل قائد الدبر الاحمر وهو يهيئ عشه تحت [8]الارض ويخرج التراب من مكان مأواه كما يفعل النمل. [9]وليس يخرج من هذا الصنف طرد فراخ مثل ما يخرج من النحل
[10]ولا يخرج طرد فراخ من الدبر الاحمر ايضا بل مأواه ابدا | في الارض [11]وهو يهيئ عشا اعظم T262
من عش الدبر الاحمر لانه يخرج التراب [12]وعشه كبير جدا ويهيئ عشه من طين شبيه بهيئة الموم [13]وقد اخرج مرة من عش واحد ثلثة او اربعة زنابيل من عشه. وليس يكنز هذا الصنف طعما [14]مثل ما يفعل النحل وهو يعشش في الشتاء اعني يختفي في عشه [15]واكثره يهلك ولم يستبن لنا بعد ان كان يهلك كله ام لا. [16]وليس يكون قواد كثيرة في عش واحد [17]كما يكون في خلية النحل بل يكون قائد ⟨واحد⟩ او اذا كانت ملوك كثيرة في خلية واحدة من خلايا النحل افترق ذلك النحل وفسد. [18]واذا طار هذا الصنف من [19]مكان مأواه يجتمع ايضا في موضع غيضة ويهيئ عشا [20]وقد وجدت وعشها ظاهر مرارا شتى وهي تهيئ هناك [21]قائدا واحدا. فاذا خرج ونشأ [22]نهض

---

b21 ومن] من T   b26 الغرب] العرب T : τὰς πτελέας   b32 *الاصفر] الاصغر T   b34 الزبل] الدبر T : τὴν κόπρον Σ stercus   a1 *يصيب B] يصير T : ἅπτονται Σ comedunt   a3 للنحل] النحل T   a8 التراب] الىواب T : τὴν γῆν Σ terram ‖ النمل B] النحل T : οἱ μύρμηκες Σ formicae   a17 ⟨واحد⟩ B : ἑνός Σ uno

واخذ معه بقية صنفه وطلب موضع خلية وأوى فيه. [23]ولم يظهر لنا الى زماننا هذا حال سفاد هذا الصنف ولا نعلم من اين يكون [24]زرعه واول تولده. وقد قلنا فيما سلف انه ليس لذكورة النحل حمة [25]ولا سيما الصنف الذي يسمى باليونانية باسيليس فاما الصنف الاصفر من الدبر [26]فلكله [27]حمة. وينبغي لنا ان نتفقد ان كان لقائد هذا الصنف [28]حمة ام لا.

‹٤٣› [29]فاما صنف الدبر الذي يسمى باليونانية بمبوليو فانه يأوي على وجه الارض تحت الصخور [30]ولمأواه مدخلان واكثر ويوجد في عشه [31]ابتداء عمل عسل رديء. فاما الصنف الذي يسمى باليونانية طنثردون فهو شبيه [32]بصنف الدبر الاصفر وهو مختلف اللون وعرض جثته [33]مثل عرض النحل وهو رغيب جدا يطلب المطابخ ويأكل مما فيها ويأكل [34]السمك ايضا فهو محب جدا لما وصفنا [35]ويطير مفردا على حدته. ويعشش ويتولد على الارض مثل الدبر الاحمر وعشه يكون كثير التراب [1]واكبر من عش الدبر الاحمر [2]وشكل جسده مستطيل. [3]فهذا وصف وحال 629b
النحل واصناف الدبر [4]واعمال وحال كل واحد منها.

‹٤٤› [5]فاما اشكال واصناف الحيوان ففيها اختلاف كثير كما قلنا [6]فيما سلف اعني الاختلاف الذي يكون في الجلادة والجرأة | [7]والجزع والخوف والدعة وصعوبة الخلق [8]فهذه الاشكال توجد T263
مختلفة في اصناف الحيوان البري ايضا. فان الاسد في اوان اكله يكون صعب الخلق خبيثا جدا [9]فاما اذا اكل ولم يكن جائعا وتملأ فهو وديع جدا [10]وليس هو من الحيوان الذي يستريب ولا يظن ظنا من الظنون البتة [11]وهو يحب اللعب مع كل ما ربي ونشأ معه وكان له معاودا مع شدة مودته له. [12]واذا هم بالصيد وعاينه احد لا يجزع ولا [13]ينهزم ابدا وان الجئ الى ذلك في وقت من الاوقات اذا احس بكثرة الصيادين [14]يولي وينطلق ويمشي مشيا رقيقا [15]ويلتفت الى خلفه التفاتا يسيرا. وان تمكن من غيضة [16]هرب عاجلا حتى يبلغ مكانا يظهر فيه فاذا علم انه قد ظهر [17]يمشي مشيا رقيقا وان كان في موضع سهل والجئ الى [18]الهرب لحال كثرة الصيادين جرى جريا شديدا [19]وليس

a24 *تولده] مولده T   a25 باسيليس] بالس T : βασιλεῖς   a29 بمبوليو] بهوالبولا T : βομβύλιοι
b3 *وصف] نصف T   b4 وحال] رحال T   b10 *يستريب B] يسر T : ὑπόπτης : Σ audax || *الظنون B] الطيور الطيور T : ὑφορώμενος : Σ timorosus   b11 *مودته B] موته T : στερκτικός   b12 *يجزع B] تجوع T : πτήσσει : Σ timet   b13 ينهزم] يهزم T : φεύγει

ينزو في جريه بل يجري جريا متصلا متقاربا ملائما لجرى الكلب [20]واذا طلب هو شيئا من صيده
وقرب منه وثب ووقع عليه. [21]والذي يقال عنه انه يخاف النار خاصة حق [22]كما قال اوميرس
الشاعر [23]وهو يرصد الذي يرميه ويرشقه [24]ويشد عليه خاصة. فان رماه احد ولم يؤذه [25]فهو يشد
عليه وان اخذه لم يضره ولم ينكه بل يخدشه ويحكه [26]بمخاليبه ثم يخليه بعد ان يفزعه. [28]واذا كبرت
الاسد وضعفت ولم تقو على [29]الصيد لحال ضعف المخاليب ووقوع الاسنان [27]جاءت الى قرب
المدن وآذت الناس [30]وهي تبقى سنين كثيرة. وقد صيد فيما سلف اسد ⟨كسيح⟩ وكثير [31]من
اسنانه مكسورة ومن هذه العلامات يذكر بعض الناس [32]ان الاسد يعيش سنين كثيرة ولولا انها
تبقى بقاء كثيرا لم يكن يعرض لها هذا العرض اعني كسر الاسنان وفناءها. [33]وفي الاسد جنسان
احدهما [34]مستدير الجثة والآخر طويل الجثة [35]جيد الشعر جلد. وربما هربت الاسد بعد ان تمد
[1]اذنابها مثل الكلاب وقد عوين اسد مرة [2]يهم ان يقع على خنزير فلما رآه يهم بقتاله هرب. [3]وهو 630a
ضعيف اذا جرح في ناحية مراق | البطن وما يليه [4]فاما اذا جرح جراحات كثيرة في سائر جسده T264
فليس يكترث لذلك وله رأس [5]صلب قوي. واذا عض شيئا باسنانه او جرح بمخاليبه يسيل من
[6]تلك الجراحة قيح رقيق مثل الماء شديد النتن ومثله يسيل ايضا من الرباط [7]والغيم الذي يوضع
على الجراح [8]وعلاج عضة الاسد وعضة الكلب واحد هو فهو. [9]والسبع الذي يقال له باليونانية
ثوس محب للناس ولذلك لا يضرهم [10]ولا يجزع جدا وهو يقاتل الكلاب [11]والاسد فمن اجل
ذلك لا يكونان في موضع واحد. [12]وما صغر من صنف هذا السبع اجرأ واجلد من غيره. قد زعم
بعض الناس ان لهذا السبع جنسين [13]وبعضهم يقول ان له ثلثة اجناس وليست له اجناس اكثر
من التي وصفنا. [15]وهو يغير اللون في ازمان الزوال ولونه [16]في الشتاء آخر وفي الصيف آخر [13]كما
يعرض لبعض اصناف [14]السمك والطير والدواب ذوات الاربعة الارجل [16]واذا صار الصيف
صار جلده [17]املس واذا كان الشتاء صار جلده ازب كثير الشعر.

---

b25 *ينكه] سكسه T : βλάπτει : Σ nocebit   b30 ⟨كسيح⟩ : χωλὸς : Σ claudus   b32 كثيرا] يسيرا T : πολυχρονίῳ : Σ multi anni   a5 جرح] خرح T : ἑλκώσῃ : Σ mala   a7 والغيم] والغنم T : σπόγγων : Σ spongiam   a10 يجزع] يجرع T : φοβοῦνται : Σ timent   a15 الزوال] الدوال T : Σ diversus est

⟨٤٥⟩ [18]فاما الصنف الذي يسمى باليونانية بوناسوس فهو يكون في البلدة التي تسمى باونيا في جبل القوم الذين يسمون [19]اماصابيون وهذا الجبل يحد ما بين بلدة باونيقي وبلدة ميديقي [20]وباوناس يسمونه مونابون. وعظم هذا السبع [21]مثل عظم ثور غير ان جسده انفج من جسد الثور. [23]وفي هذا الصنف من السبع جنس آخر شبيه ببقرة [24]وله عرف الى موضع طرف اكتافه مثل عرف الفرس وشعره الين [25]من شعر الفرس واقصر منه. [26]ولون جسده من الرأس الى موضع الشعر اشقر [27]وعرفه كثير الشعر يبلغ الى العينين [28]فاما لون سائر جسده ففيما بين اللون الرمادي والاحمر [29]وشعره اكثر يبسا من شعر الفرس وارداً منظرا [30]واصول الشعر شبيهة بصوف وليس يكون شيء من صنف هذا الحيوان اسود جدا ولا احمر جدا. [31]وصوته شبيه بصوت بقرة وقرونه معقفة احدهما مائل [32]الى الآخر وليس ينتفع بهما في قتال ولا مناهضة [33]وطول القرون قدر شبر |
630b واصغر قليلا وقرونه [34]ثخان وسوادها [35]حسن وناصيته مائلة [1]الى ناحية العينين ولذلك تصير الى T265
جانب الوجه ولا تصير [2]الى مقدمه. وليس يحرك الاسنان التي في اللحى الاعلى كما لا يحركها [3]⟨بقرة⟩ ايضا ولا شيء آخر من اصناف الحيوان ذوات القرون. وفخذاه كثيرة الشعر ولرجليه [4]اظلاف مشقوقة باثنين وهو قصير الذنب اذا قيس الى جثته وهو شبيه [5]بذنب البقرة وهو يحفر الارض بخرطومه وينسف التراب مثل [6]الثور وجلده صلب شديد قوي لقبول الجراحات [7]ولحمه اطيب ولذلك يصاد. واذا جرح هرب [8]واذا ضعف رمح برجليه وقاتل [9]ورمى بزبله على بعد قدر اربعة اذرع [12]وهو يفعل ذلك اذا قلق وخاف فاما اذا لم يفزع [13]فلا. فهذه صفة طباع ومنظر هذا السبع. [14]واذا كان اوان الولاد ولدت الاناث باجمعها [15]في الجبال وهى تروث روثا كثيرا [16]قبل ان تضع وتهيئ من ذلك الروث مثل سد [17]وهو كثير الروث جدا.

⟨٤٦⟩ [18]فاما الفيل فهو يكبس ويستأنس عاجلا اكثر من جميع الحيوان البري [19]وهو يفهم ويؤدب [20]ويعلم سجودا للملك وهو [21]جيد الحس اكثر من سائر الحيوان واذا [22]سفد الفيل الذكر الانثى وحملت لا يدنو منها ايضا البتة. [23]وقد زعم بعض الناس ان الفيل يبقى مائتي سنة ومنهم من يزعم

a19 يحد] يجد T : ὁρίζει : Σ circumdat || باونيقي] بارسى T : Παιονικήν   a20 يسمونه] ويسمونه T : καλοῦσι δ᾽ αὐτὸν : Σ vocant   a33 وطول T^{1}-   b2 الى*] في T : εἰς || مقدمه*] مقدمة T : τὸ πρόσθεν
b3 ⟨بقرة⟩ : βοῦς   b7 جرح] خرج T : πληγῇ : Σ percutitur   b20 للملك] لملك T : βασιλέα : Σ regem

انه يبقى [24]عشرين ومائة سنة والانثى تبقى مثل بقاء الذكر والفيل يشب [25]الى تمام ستين عاما وهو قليل الاحتمال للشتاء والبرد لانه يحس بالبرد جدا. [26]وليس هذا الحيوان نهريا بل مأواه في قرب الانهار [27]ويعوم ويسير في الماء ويصير كل جسده في الماء منغمسا [28]ما خلا خرطومه فانه يكون فوق الماء وبه يتنفس وينفخ [29]ويلقي الماء ولا [30]يقوى على السباحة جدا لثقل بدنه.

⟨٤٧⟩ [31]فاما ذكورة الجمال فليس تنزو على الامهات [32]وان اضطرها احد الى ذلك كرهته وقد [33]كان رجل في الدهر الذي سلف ستر الام بثوب ثم ارسل [34]بكرها عليها فلما نزا عليها ونزل عنها لم يعد الى [35]النزو ولم يتم سفاده وبعد حين قليل عض على الجمال [1]فقتله. ويقال انه كانت لملك 631a
T266 الاسقوثيا | [2]فرس انثى جسيمة جلدة فارهة وجميع فلائها فره [3]فلما اراد ان يحمل على الانثى من اجود فلائها ادنى منها الفلو [4]فكره سفادها فلما سترت بثوب [5]خفي ذلك عليه وركبها فلما نزا عليها وكشف وجه [6]الانثى ورآها حصر وهرب والقى بنفسه [7]في بعض الاودية فهلك.

⟨٤٨⟩ [8]ويقال قول كثير وعلامات دليلة على ان [9]للدلافين دعة واستئناسا بالناس والصبيان خاصة [10]لعشق وشوق وذلك في ناحية البلدة التي تسمى طارنطا والتي تسمى قاريا [11]واماكن اخر. وقد زعم بعض الناس انه صيد في ناحية قاريا دلفين [12]مجروح فلما صيد جاءت كثيرة دلافين [13]الى المرفأ حتى خلاه الملاح الذي صاده فلما خلاه [14]انصرفت جميع الدلافين الى موضعها ايضا. [15]ودلفين كبير يتبع ابدا صغار الدلافين ويحفظها وقد [16]ظهر في الزمان السالف رف دلافين كبار وصغار معا [17]ثم بقى اثنان من تلك الدلافين وبعد حين قليل ظهرت حاملة دلفينا [18]صغيرا ميتا وحيث كان يفلت من الاثنين ويهوي الى العمق تحمله ايضا وتعوم وترفعه [19]على ظهورها الى وجه الماء وكانت تفعل ذلك لكي لا يؤكل [20]من سائر السباع. ويقال عن [21]سرعة هذا الحيوان قولا لا يؤمن به من انه اسرع من جميع اصناف الحيوان [22]المائي والبري جدا وربما نزا الدلفين في البحر نزوة عظيمة حتى يجوز [23]اعظم ما يكون من دقل السفينة وانما [24]يعرض له ذلك اذا طلب شيئا من السمك يريد اكله فانه [25]اذا هربت منه السمكة التي تطلب فصارت الى العمق اتبعها الدلفين لجوعه [26]واذا لبث في العمق حينا حبس [27]نفسه وفكر وصعد من بعد ذلك الماء

---

b25 ستين] سنين T : ἑξήκοντα : Σ sexaginta   a1 الاسقوثيا] الأسمونا T : Σκυθῶν   a8 للدلافين] الدلافين T : τοὺς δελφῖνας : Σ delphin   a10 والتي] التي T : καὶ   a16 *رف] رو T : ἀγέλη

الى الناحية العليا [28]مسرعا مثل السهم الذي يبدر من القوس [29]لطلبه التنفس وان كانت سفينة بين يديه وثب وثبة عظيمة حتى يجوز [30]الدقل ويصير الى الناحية الاخرى ومثل هذا الفعل يفعل [31]الغواصون واصحاب السباحة اذا القوا انفسهم في عمق فانهم اذا احتاجوا الى التنفس [32]رجعوا
631b بسرعة الى وجه الماء. [1]والدلافين يكون بعضها مع بعض ازواجا اعني الذكور [2]مع الاناث وهو
T267 مشكوك فيه | لاي علة ربما وقعت الدلافين [3]في البر فانها تفعل ذلك بزعم بعض الناس في الفرط [4]وبالبخت لغير علة معروفة.

⟨٤٩⟩ [5]وكمثل ما تتغير اشكال الحيوان بقدر افعالها [6] كذلك تتغير افعال بقدر الاشكال ايضا [7]ومرارا شتى يتغير بعض الاعضاء [8]كما يعرض للطائر فان اناث الدجاج [9]اذا قاتلت الديوك وقهرتها صرخت وتشبهت [10]بالذكورة ورامت السفاد واذا كان ذلك ارتفعت [11]ناحية اذنابها حتى لا يعلمن [12]ان كانت اناثا ام لا وربما نبتت في ساقيها مخاليب صغار. [13]وقد عوينت بعض الذكورة اذا هلكت [14]الاناث تتعاهد فراخها مثل تعاهد الاناث [15]وتغذيها وتدور معها [16]ولا تصرخ بعد ذلك ولا تروم السفاد [18]وان رام بعض الذكورة سفادها اذعنت بذلك.

⟨٥٠⟩ [19]وبعض الحيوان يتغير بالمنظر [20]والشكل والقرون والازمان وليس بهذه الانواع يتغير فقط بل [21]اذا اخصى شيء منها ايضا وانما يخصى من الحيوان كل ما له خصى. [22]وخصى الطير داخل وخصى الحيوان الذي يبيض [23]وله اربعة ارجل قريب من الفقار فاما الحيوان المشاء الذي له اربعة ارجل [24]فمنه ما خصاه خارج ومنه ما خصاه داخل فالذي خصاه خارج اكثر وابين وجميع خصى الحيوان في آخر [25]البطن. واصناف الطيور تخصى من اصول الاذناب [26]في الاماكن التي بها يركب بعضها بعضا اذا سفدت فانه ان كوى [27]احد ذلك الموضع بحديد مرتين او ثلثة وكان الذكر قد كمل وبلغ [28]تغير وان كان ديكا لا يصرخ [29]ولا يروم السفاد وان كان فرخا بعد لا يعرض له [30]شيء مما ذكرنا اعني انه لا يصرخ ولا يروم السفاد. ومثل هذا العرض يعرض للانسان ايضا
632a [31]فانه ان اخذ ⟨احد⟩ صبيانا لم يبلغوا بعد فاخصاهم لم [32]تنبت لحاهم ولا تتغير اصواتهم [1]بل تبقى حادة دقيقة وان اخصى احد غلمانا قد احتلموا [2]وقع الشعر الذي ينبت اخيرا ما خلا شعر العانة

---

b2 ربما] وربما T b4 لغير] لغر T : δι' οὐδεμίαν b10 ورامت] ودامت T : ἐπιχειροῦσι b31 ⟨احد⟩ : Σ homo : τις

ويكون ذلك الشعر اقل [3]غير انه يبقى ولا يقع [4]وليس يكون خصي اصلع البتة. [5]وصوت جميع
T268 اصناف الحيوان الذي يخصى يتغير | [6]ويكون مثل صوت الاناث وفي سائر الحيوان الذي له اربعة
ارجل اختلاف اذا [7]اخصى صغيرا واذا اخصى بعد الشبيبة وليس ذلك الاختلاف في الخنازير.
[8]وفي سائر الحيوان اذا خصى شيء حدث يكون اكبر [9]وارق من الذي لم يخص وان كانت قد
انتهت شبيبته وخصى [10]لا ينشؤ بعد ذلك البتة. فاما الايلة فانها ان خصيت قبل [11]نبات قرونها
لا تنبت لها [12]قرون بعد ذلك وان خصيت بعد نبات قرونها [13]يبقى عظم القرون على حاله لا
يقع. فاما العجول [14]فهي تخصى اذا مضت لها سنة وان خصيت قبل ذلك ساءت حالها وصغرت
اجسادها [15]والعجول تخصى بمثل هذا النوع: تلقى على ظهورها [16]ثم يفتق جلد الخصى من اسفل
[17]ويعصر بالايدي فاذا بدر البيض قطع من اصله [18]وربط ذلك القطع بشعر لكي تحل الرطوبة
التي تشبه القيح الرقيق [19]فاذا ورم الموضع او التهب يكوى جلد الخصى ويذر بذرور. [20]فاما الثيران
التي بلغت وتدلت خصاها فاذا خصيت لا تلد البتة [21]واناث الخنازير تخصى ايضا [22]لكي لا تحتاج
بعد ذلك الى سفاد بل تسمن عاجلا وانما تخصى الخنازير الانثى [23]بعد ان تصوم يومين وانما تعلق
[24]بمؤخر رجليها ثم يقطع الجلد الذي في مراق البطن حيث تعلق خصى الذكورة [25]خاصة وفي
ذلك المكان يكون العضو المهيج للاناث الى شهوة السفاد وهو لاصق على الرحم. [27]واناث الجمال
تخصى ايضا اذا [28]اختيج اليها في الحرب لكي لا تحمل [29]ومن الناس من يكون له ثلثة آلاف
جمل [30]وهي تجري جريا اسرع من الخيل النساوية كثيرا لحال [31]عظم الخطوة. ويقال ان الحيوان
الذي يخصى يكون اطول عمرا [32]من الذي لا يخصى. [33]وجميع الحيوان الذي يجتر ينتفع ويلتذ
بذلك [1]كانه يعتلف اذا اجتر وانما يجتر من الحيوان كل ما ليس له [2]اسنان في اللحى الاسفل واللحى 632b
الاعلى معا مثل البقر والغنم والمعزى [3]ولم يظهر شيء من الحيوان البري يجتر ان لم يكن مما يستأنس
[4]مثل الايل فانه يجتر. وجميع ما يجتر اذا كان مضطجعا [5]يجتر اكثر [6]وهو يفعل ذلك سبعة اشهر
[7]فاما ما كان منه يأوي بعضه مع بعض | في قطيع واحد فهو يجتر زمانا اكثر واقل [8]وايضا يجتر T269
بعض الحيوان الذي له اسنان في اللحيين جميعا [9]مثل بعض الحيوان الذي يكون في بنطوس وصنف

---

a7 الشبيبة] التشبيه T   a14 تخصى] تخصب T : ἐκτέμνονται Σ castrantur   a18 تحل] نكل T : ἕξω Σ exeat : ῥέῃ   a24 *تعلق] يقطع T : κρεμάσωσι Σ suspendent   a30 النساوية] السابقة T : Νισαίων
a33 يجتر] محن T : μηρυκάζουσιν Σ ruminantia

السمك [10]الذي يسمى من فعله المجتر. وينبغي ان نعلم ان الحيوان [11]الطويل الساقين رطب البطن وهو ايضا سريع القيء [12]وذلك بين في الحيوان الذي له اربعة ارجل وفي اصناف الطير [13]والناس.

⟨٤٩ ب⟩ [14]ومن الطير ما يغير [15]واللون والصوت في تغيير وتنقل الازمان مثل الذي يسمى باليونانية قوسوفوس فانه اسود اللون حسن الصوت ويبدل سواد لونه [16]فيكون اشقر اللون [17]واذا كان الشتاء صوت بصوت شبيه [18]بالضوضاء. والطير الذي يسمى نخلا يغير لونه [19]في الشتاء فان لونه يكون فيما يلي عنقه مختلفا وفي الصيف يكون مثل لون الزرازير [20]وليس يتغير صوته. فاما [21]العصفور الحسن الصوت فهو يصوت ⟨بصوت⟩ لذيذ خمسة عشر يوما وليلة ويفعل ذلك بفعل دائم متتابع [22]اذا خرج ورق الشجر الذي في الجبال والتفت بعضه ببعض وبعد ذلك الوقت يصوت ايضا [23]ولكن لا يلح بل مرة بعد مرة واذا مضى من الصيف زمان لا يصوت بصوت [24]مختلف ولا حسن [25]وهو يغير اللون ويسمى في ارض اطالية [26]في ذلك الوقت باسم آخر ولا يظهر [27]زمانا كثيرا لانه يختفي في عشه. [28]واصناف الطير الذي يسمى باليونانية اريثاقوس والذي يسمى فونيقورو ⟨فيتغير⟩ بعضها الى بعض [29]والذي يسمى اريثاقوس طير شتوي والذي يسمى فونيقوروس طير صيفي وليس بينهما اختلاف [30]بقدر قول القائل الا باللون فقط. [31]وبهذه النوع يتغير الطير الذي يسمى سوقاليس والطير الاسود الرأس [32]فان هذين ايضا يتغيران كل واحد الى
633a لون الآخر وسوقاليس يكون [33]في زمان الفاكهة فاما الاسود الرأس فهو يكون في اول [1]الخريف وليس فيما بين هذين اختلاف ايضا الا [2]باللون والصوت. [4]وليس هو [5]من الخطئ ان يكون يعرض لهذين الطيرين تغيير ⟨الصوت او⟩ اللون كما يعرض لهما. [6]والفاختة لا تصوت في الشتاء
T270 [7]الا اذا كان صحوا بعد شتاء شديد [8]وقد عجب من ذلك اهل الخبرة به وانما | [9]تبدأ بالتصويت في ابتداء الربيع وبقول كلي جميع اصناف الطير [10]تصوت خاصة اذا كان اوان [11]سفادها. [12]وان اراد ان يغيب [11]الطير الذي يسمى باليونانية قوقس يغير صوته ولونه [12]وانما يغيب [13]عند مطلع كوكب الكلب ويظهر ايضا في ابتداء الربيع [14]الى مطلع الشعرى. والطير الذي [15]يسمي بعض

---

b18 نخلا] نحلا T : κίχλη || b28 اريثاقوس] ارساقوس T : ἐρίθακοι || فونيقورو] فوسمورق T : φοινίκουροι || ⟨فيتغير⟩ B : μεταβάλλουσι : Σ mutantur || b29 فونيقوروس] فوسوروس T

a5 ⟨الصوت او⟩ B : αἱ φωναὶ .... ἢ : Σ suas voces etiam || a10 تصوت] فصوت T

الناس اينثي يغيب عند مطلع الكلب وهو الذي يسمى سيريون ويظهر مع غيبوبته [16]وهو يهرب مرة من البرد ومرة من الدفاء. [17]والهدهد ايضا يغير اللون والمنظر ايضا [18]كما قال ايشولوس الحكيم. [29]ومن اصناف الطير ما يتمرغ في التراب ومنه ما يستحم بالماء. [30]فما كان من الطير ثقيل الجثة
633b ليس يجيد الطيران [1]فهو يتمرغ في التراب مثل القبج والدراج والدجاج وغير ذلك [2]فاما الطير المستقيم المخاليب ولا سيما الذي يأوي حول [3]الانهار والنقائع والبحار فنه ما يستحم [4]ومنه ما يتمرغ في التراب ويستحم مثل الحمامة والعصفور [5]فاما كثير من الطير المعقف المخاليب فليس يفعل واحدا من هذين الفعلين اعني انه لا يستحم ولا يتمرغ في التراب. فكل ما وصفنا [6]على مثل هذا الحال ويعرض لبعض الطيور شيء خاص [7]مثل العصافير والاطرغلات فانها تصر [8]وربما كانت لمقاعدها حركة شديدة مع التصويت ايضا.

تم تفسير القول الثامن من كتاب طبائع الحيوان لارسطاطاليس.

a15 اينثي] انصر T : οἰνάνθην || *يغيب] نطهر T : ἀφανίζεται : Σ latet || *ويظهر] ويغب T : φαίνεται : Σ apparet   a18 ايشولوس] اسىولوس T : Αἰσχύλος   T - a19–b29   b7 تصر] ىصىر T : ἀποψοφεῖν : Σ vociferatio

تفسير القول التاسع من كتاب طبائع الحيوان لارسطاطاليس

581a ⟨١⟩ [9]فاما حال اول ولاد الانسان وخلقته في رحم [10]الانثى وجميع الاعراض التي تعرض له الى الشيب والكبر لحال [11]خصوصية طباعه فهو على مثل هذه الحال وقد بينا فيما سلف من قولنا الاختلاف والفصل الذي بين [12]الذكر والانثى مع تصنيف اختلاف الاعضاء. وكينونة [13]الزرع تبتدئ في الذكر اكثر ذلك [14]في تمام اسبوعين من سنيه ويبدأ نبات شعر [15]العانة مثل الشجر الذي يبدأ [16]بثمر فان الشجر يزهر قبل ذلك كما قال القميمون الذي كان من البلدة التي تسمى

T271 باليونانية قروطنيا. [17]وفي ذلك الوقت | [18]يخشن ويعظم الصوت ويكون غير املس مستو ولا [19]يكون حادا ولا ثقيلا ولا كله ملائم بعضه لبعض بل يكون شبيها [20]بالاوتار الخشنة المسترخية من قبل رطوبة او ندى اصابها. [21]وهذا العرض يعرض اكثر للذين يرومون [22]الجماع فان الذين بهم نشاط الى الجماع [23]تتغير اصواتهم وتصير مثل اصوات الرجال [24]وان لم ينشطوا للجماع وامتنعوا عنه عرض لهم خلاف ذلك وان تعاهدوا جودة اصواتهم [25]كما يفعل بعض اصحاب الغناء [26]لا تتغير اصواتهم الا تغيرا يسيرا. [27]وليس يعرض ارتفاع الثديين وتغير [28]اعضاء المحاشي بالعظم فقط بل بالمنظر ايضا ويعرض [29]للاتي يكثرن السحق لحال خروج [30]الزرع ليس لذة فقط عند [31]خروجه بل اذى جرى في الوقت الواحد الذي هو فهو. وفي الزمان الذي ذكرنا [32]يكون

581b ارتفاع الثديين ويطمث الجواري [1]والطمث دم يشبه [2]دم الحيوان المذبوح حديثا فاما الطمث الابيض فهو يعرض للجواري اللواتي لم يبلغن بعد اعني للحوادث [3]ولا سيما ان كان غذاؤهن رطبا [4]ولذلك لا تنشؤ الاجساد بل تهزل. [5]والطمث يعرض لكثير من الجواري اذا ارتفعت الثديان قدر غلظ [6]اصبعين وصوت الجواري [7]يتغير ايضا في ذلك الزمان ويكون اثقل وبقول عام [8]المرأة احد صوتا من الرجل واحداثهن ⟨احد⟩ اصواتا من المسنات الكبار [9]مثل ما يكون صوت الصبيان

---

a16 القميون] ابولون T : Ἀλκμαίων   a18 *مستو] مسوى T : ὁμαλὴ : Σ (in)aequalis   a23 وتصير] ويضير T   a29 للاتي] الاى T   a30 لذة] للذة T : ἡδονὴν : Σ delectantur   a32 ويطمث] ومطمن T : καταμήνια : Σ menstruus   b5 الثديان] الغديان T : τῶν μαστῶν : Σ mamillae   b6 الجواري] الحيوان T : ταῖς παισὶ : Σ puellarum   b8 ⟨احد⟩ : ὀξυφωνότερον : Σ acutior

 | DOI: 10.1163/9789004315969_021

احد من صوت الرجال [10]وصوت صبيان النساء احد من صوت الذكورة [11]والزمارة التي يزمر بها الصبية احد من صوت الزمارة التي يزمر بها الصبي. [12]واذا طمثت الجواري هيجت [13]الى استعمال الجماع وان لم يستعملن ذلك ويمتنعن منه [14]تحركت اجسادهن تحركا اكثر ولا سيما [16]في القرون التي بعد الشباب. فان احداث الجواري [17]اذا اعتدن الجماع يشتد شوقهن اليه والذكورة كذلك [19]من اجل ان السبل تنفتح وتتسع ويكون الجسد سهل المسيل [20]وذكر الجماع [21]يلذهم بغير فعال. وبعض [22]الذكورة لا يحتلمون ولا يلقون زرعا ولا يكون لهم ولد لضرورة اصابت [23]مكان الزرع من الولاد وبعض النساء لا يطمثن لضرورة عرضت [24]من الولاد ايضا. واجساد الذكورة
T272 [25]والاناث تتغير عند الاحتلام والطمث ومنها ما يتغير من السقم يكون بها | الى الصحة وعلى خلاف ذلك من الصحة الى السقم [26]ومن هزال الى سمن [27]وخصب وعلى الضد وبعد الاحتلام يسمن بعض الذكورة [28]ويكون اصح وبعضهم على خلاف ذلك. ومثل هذا العرض [29]⟨يعرض⟩ للعواتق ايضا لانه اذا كانت اجساد الصبيان [30]والعواتق كثيرة الفضول تخرج [31]تلك الفضول مع زرع الذكورة [32]وطمث الاناث ويكون الاجساد اكثر صحة واخصب حالا [1]لخروج تلك
التي كانت تمنع الصحة والخصب. [2]واذا كانت الاجساد على خلاف ما ذكرنا تكون الاجساد 582a
اكثر هزالا واكثر سقما بعد الاحتلام والطمث [3]لان الذي يخرج انما يخرج من الطباع والاشياء [4]الموافقة لمزاج الابدان فهي تخرج مع زرع الذكورة [5]وطمث النساء. وارتفاع ونتوء ثديي العواتق [6]يكون مختلفا اذا قيس بعضها الى بعض [7]ومنهن من يعظم ثدياها جدا ومنهن من يبقى ثدياها صغيرين. [8]وذلك يعرض اذا كانت اجساد العواتق كثيرة الفضول [9]فانه اذا قرب زمان الطمث [10]وكان الجسد كثير الرطوبة يرتفع الثديان ارتفاعا اكثر لان الرطوبة [11]تضطرهما ان يرتفع الى فوق حتى تميل تلك الفضلة الى الناحية السفلى ويخرج [12]الثديان قبل الطمث ويبقى على تلك الحال بعد الطمث ايضا. [13]وثدى الذكورة يكون بعد الاحتلام ابين [14]واذا كانت الذكورة رطبة [15]ملسا لينة سمانا قد يكون ثديهم في الشبه قريبة من ثدى النساء ولا سيما في سمر الالوان اكثر [16]من الذين

b10 *النساء] الرجال T : τῶν θηλειῶν : Σ feminarum b11 والزمارة] والدمار T : αὐλὸς ... ὁ ‖ يزمر(1)] يومر T ‖ يزمر(2)] بومر T b12 طمثت] طمر T ‖ *هيجت] هجر T : ὁρμῶσι : Σ moventur b17 *اعتدن B] اعتذر T : εἴωθεν : Σ utuntur b22 يحتلمون] يحتملون T : Σ accidit somnus pollutionis b25 *الاحتلام] الاختلاف T b26 *ومن B] والى T b29 *⟨يعرض⟩ : συμβαίνει : Σ accidit a15 سمانا] شمانا T : μέλασιν : Σ nigris

الوانهم بيض [14]وذلك يعرض لهم في حداثة السن وفي زمان الكبر. [16]والى تمام ثلثة اسابيع اعني احدى وعشرين سنة [17]يكون الزرع غير موافق للولاد وبعد ذلك يكون منه ولد ويكون صغيرا [18]ليس بتام فهذا العرض يعرض لاحداث الذكورة والاناث وكذلك يعرض [19]الكثير من سائر اجناس الحيوان. [20]واحداث النساء يعلقن ويحملن عاجلا فاذا حضر وقت الولاد يكون وجع الطلق [21]اشد جدا ويكون اجساد الذين يولدون منهن اقل تماما وكمالا [22]اكثر ذلك [23]والرجال الذين يسرفون في النكاح يشيبون ويشيخون اسرع من غيرهم والنساء معا اللاتي ⟨يلدن⟩ اولادا
T273 كثيرة كمثل [24]فانه يظن ان الجسد لا ينشؤ بعد ثلثة [25]اولاد [26]والنساء اللاتي يشتقن | الى الجماع جدا [25]تعفى وتسكن وتصلح حالها. [27]واذا مضت ثلثة [28]سوابيع اعني احدى وعشرين سنة بالنساء صرن موافقات للولاد وذلك الزمان موافق للولاد خاصة [29]فاما الذكورة فلهم بعد ⟨ذلك⟩ الزمان زيادة في حسن الحال [30]وليس يكون ولد من المنى الدقيق فاما المنى الجامد الذي يشبه البرد فهو موافق للولاد [31]وخاصة لولاد الذكورة فالمنى الدقيق الذي فيه شيء شبيه بشعر [32]فهو موافق لولاد
L54r الاناث. ونبات اللحية يبدأ | [33]في هذا الاوان اعني تمام الثلثة السوابيع.

582b ⟨٢⟩ [34]والطمث يهيج في آخر [35]الشهور والاهلة ولذلك يزعم بعض المنجمين ان القمر ايضا [1]انثى لان طمث النساء يكون مع [2]نقص الهلال وبعد تنقية الطمث وتعصر الهلال يكون الامتلاء في [3]كليهما. ومن النساء من تطمث في كل شهر مرة [4]ومنهن من تطمث شهرا بعد شهر [5]فالنساء اللاتي يطمثن في كل شهر انما يطمثن يومين او ثلثة ثم [6]يسترخن عاجلا فاما النساء اللاتي يطمثن بعد ايام كثيرة فوجعهن يكون شديدا ويصيبهن اذى كثير [7]لان افراغهن يكون كثيرا بغتة [8]فاما الاخر فهن يفرغن قليلا قليلا وجسد كل امرأة يثقل [9]عند دنو وقت الطمث حتى يستفرغن. ويعرض لكثير من النساء عند تهيج [10]الطمث شيء شبيه بالخنق ودوي [11]في الارحام حتى ينزل ذلك الدم

a14 الكبر + من الذين الوانهم بيض T del. a23 *⟨يلدن⟩ B : χρωμένων : Σ parientes a25 اولاد + كثيرة T del. : τόκους : Σ multos filios a26 والنساء] لنسا T : ὅσαι τῶν γυναικῶν : Σ et mulieres a25 *تعفى] يعفن T a28 *للولاد⁽¹⁾] للاولاد T : τὰς τεκτογονίας : Σ partum ‖ *للولاد⁽²⁾] للاولاد T a29 ⟨ذلك⟩ B : Σ isto a30 *للولاد] للاولاد T : γόνιμα b2 وتعصر الهلال -L¹ : περὶ φθίνοντας τοὺς μῆνας : Σ in fine mensis b8 يفرغن] يعرض T : ἡ κάθαρσις γίνεται ‖ *امراة B] مرة LT : πάσαις : Σ omnium mulierum b10 بالخنق] بالحنق T : πνιγμοὶ : Σ suffocatio

والفضلة المؤذية. فالحبل [12]يكون من قبل الطباع بعد طهر النساء من الطمث. [14]وربما حملن بعض
النساء بعد ذلك الوقت ايضا [15]اذا كانت رطوبة مجتمعة في الرحم مثل الرطوبة التي [16]تبقى بعد
افراغ الطمث ولكن لا ينبغي ان تكون تلك الرطوبة كثيرة بقدر ما [17]يخرج الى الحبل وربما حملت
المرأة قبل ان تطهر من طمثها [18]فاما النساء اللاتي تتعلق افواه ارحامهن بعد افراغ الطمث فليس
يحملن. [19]وربما عرض الطمث لبعض النساء وهن حوامل [20]ولكن يعرض ان تكون الاولاد التي
تولد منهن على اردأ الحالات [21]ولا تسلم ولا تنشؤ وتكون ضعيفة سقيمة. [24]وربما نزلت ارحام كثير
من النساء الى اسفل [22]لحال الحاجة الى الجماع او [23]لحال الشباب او لحال كثرة الزمان للنكاح
[24]فيطمثن [25]في كل شهر مرارا شتى حتى يحملن. [26]فاذا حملن عادت الارحام الى | المكان الاول T274
التي كانت فيه. [27]وربما حملت المرأة فان كانت رطبة الرحم جدا القت [28]فضلة رطوبة المنى. وكما
[29]قيل فيما سلف الطمث الذي يعرض | للنساء اكثر من [30]الطمث الذي يعرض لجميع اجناس L54v
الحيوان. [31]وليس يعرض شيء من الطمث للحيوان الذي لا يلد حيوانا مثله لان تلك الفضلة [32]تميل
الى الجسد وجثث كثير من الاناث اكبر من جثث الذكورة. [33]وايضا ربما نفذت تلك الفضلة في
قشور وربما نفذت في التفليس وربما نفذت [34]كثرتها في الريش فاما الحيوان الذي [35]يلد حيوانا
583a مثله ففضلته تفنى في الجسد والشعر لانه ليس حيوان املس الجسد ما خلا [1]الانسان فقط. وتلك
الفضلة تخرج في سائر الحيوان مع البول لانه [2]يبول بولا كثيرا كدرا [3]فاما فضلة النساء فانها تميل
الى الطمث بدلا من الاصناف التي وصفنا. [4]وحال ذكورة الناس كمثل [5]لان منى الانسان اكثر
من منى جميع الحيوان اذا قيس عظم الانسان الى اجسام الحيوان [6]ومن اجل هذه العلة الناس
اكمل من جميع الحيوان واذا [7]كان الانسان رطب الطباع جدا ولم يكن كثير اللحم [8]وكان ابيض
اللون فزرعه اكثر من زرع السمر والسود الالون وخاصة اذا لم يكن حال اجسادهم كما وصفناه
مثل هذا العرض يعرض في النساء ايضا [9]فان المرأة اذا كانت جيدة البضعة كثيرة اللحم تفنى

---

b12 الطباع] الصباع T : φύσει : Σ naturaliter   b14 بعض النساء L^1- : ἔνιαι : Σ quae   b16 تلك L^1-
b18 افراغ] فراغ LT : τὴν κάθαρσιν : Σ mundificationem menstrui   b23 لحال الشباب + لغرارة حرارة
الابدان L^2 : διὰ τὴν νεότητα : Σ propter pueritiam || كثرة + ملاومه L^2 || للنكاح L^1- : ἀπέχεσθαι :
Σ remotionem temporis coitus   b32 جثث (2x)] خبث (2x) T   b34 الريش] الدس T : τῶν
πτερῶν : Σ pennarum   a2 كدرا + كدرا L^2 : παχεῖαν : Σ turbidam   a3 من] ر T   a6 اكمل*]
اكثر LT : τελειότατον (MSS graec. αγ:)

[10]كثرة الرطوبة التي تخرج من الجسد في كثرة ذلك اللحم. [11]والبيض الالوان من النساء في وقت الجماع يستقن الزرع [12]اكثر من السود والسمر الالوان.

⟨٣⟩ [14]والعلامة الدليلة على ان المرأة قد حملت [15]يبس الموضع بعد الجماع فان كانت [16]شفتا الموضع ملسا زلق المنى وخرج [17]وان كانت الشفتان غلاظا [18]خشنة عند المجس بالاصبع بقى المنى مكانه وان كانت الشفتان دقاقا جافة [19]فذلك موافق للجماع الذي يراد لحال الحمل [21]واذا كانت على خلاف ذلك فهى موافقة لمنع الحمل. [22]ولذلك يأمر بعض الناس [23]ان يدهن في الرحم | بدهن L55r قطران او اسفيداج او [24]كندر مداف بزيت ليبقى المنى ولا يزلق ويخرج. فان بقى المنى سبعة ايام ولم يقع [25]فهو دليل على ان المرأة قد حملت لان الذي يسمى مسيلا في تلك [26]الايام يكون قد انسد. وربما عرض الطمث لبعض [27]النساء بعد ان يحملن | بزمان واذا كان المحمول انثى يعرض T275 الطمث [28]ثلثين يوما خاصة واذا كان المحمول ذكرا يعرض الطمث اربعين يوما. [29]وبعد الولاد يكون نزف الدم [30]اربعين يوما وليس ذلك الوقت محدودا معروفا بعد حمل [31]جميع النساء بنوع واحد. فاذا تم الحمل [32]لا يكون مذهب الدم طباعيا اعني الى الناحية السفلى بل يرجع الى الناحية العليا الى الثديين [33]والزرع اذا اجتمع وبقى في الرحم يكون [34]⟨اللبن⟩ الذي في الثديين من الدم
583b قليلا ضعيفا. واذا حملن النساء [35]يكون لهن حس بين بما في بطونهن [2]وذلك الحس يعرض ابين للمهازيل منهن ولا سيما في نواحي الاربيتين [3]واذا كان المحمول ذكرا فالحس يكون اكثر ذلك في الناحية اليمنى بعد [4]اربعين يوما ويكون حركة الانثى في الناحية اليسرى [5]بعد تسعين يوما وليس ما وصفنا محدودا معروفا على كل حال [6]لان كثيرا من الحوامل اللاتي يحملن انثى يجدن حركة [7]في الناحية اليمنى وكثير من الحوامل اللاتي يحملن ذكرا يجدن حركة في الناحية اليسرى ولكن [8]هذه الاشياء وجميع ما يشبهها تختلف فانه [9]ربما كان اكثر وربما كان اقل. واذا بلغ وقت هذا الزمان

a11 يستقن] ينعتز L[2] : يسقن T : ἐξικμάζουσι : Σ attrahunt   a16 ملسا] فلسا T : λεῖα : Σ lenia
a18 عند -L[1]   a23 اسفيداج] سفيداج LT : λιβανωτῷ   a26 قد انسد -L[1]   a30 يوما + وبعد الولاد يكون نزف الدم اربعين يوما .L del.   a34 ⟨اللبن⟩ : γάλα : Σ lac ‖ من الدم -L[1]   a35 في -L[1]   b5 تسعين] سعين L : سبعين T : ἐνενήκονθ’ : Σ nonaginta   b6 انثى + ذكرا L[1] ‖ يجدن] تحدث T : ὑποληπτέον
b9 وربما كان -L[1]

انشق [10]المنى وبدأ بالتفصيل فاما قبل ذلك فهو غير مفصل مقوم من لحم. [11]واذا وقع المنى من
الرحم في السبعة الايام التي ذكرنا يقال ذلك الوقوع مسيلا وزلقا [12]واما ما يقع منه بعد السبعة
الايام الى تمام الاربعين يوما يسمى سقطا [13]والنساء يسقطن اسقاطا كثيرة في تلك الاربعين
يوما. | [14]فان وقع السقط ⟨الذكر⟩ لتمام الاربعين ووضع [15]على شيء يذوب ويفسد وان وضع [16]في L55v
ماء بارد يجتمع ويكون في صفاق فان شق ذلك الصفاق [17]ظهر عظم الجنين مثل نملة [18]عظيمة
وجميع سائر اعضائه بينة [19]والذكر والعينان تظهر كبارا جدا كما تظهر عينا سائر الحيوان. [20]فاما ان
كان السقط الذي يسقط من الرحم انثى ثلثة [21]اشهر فهو يظهر اكثر ذلك غير مفصل فاما ان
كانت الانثى قد [22]دخلت في الشهر الرابع فالسقط يظهر مشقوقا [23]ويقبل سائر التفصيل عاجلا
في الرحم. [24]ويكون تمام وكمال جميع اعضاء الانثى ابطأ [25]من تمام اعضاء الذكر وربما دخلت
الانثى في الشهر العاشر قبل ان تولد [26]فاما | بعد الولاد فالاناث [27]تنشؤ وتشب وتعجز اسرع من T276
الذكورة ولا سيما اللاتي [28]يلدن اولادا كثيرة كما قلنا فيما سلف.

⟨٤⟩ [29]واذا ثبت المنى في الرحم من ساعتها يغلق فمها وينقبض [30]الى تمام سبعة اشهر فاذا كان
الشهر الثامن [31]تبدأ الرحم تنفتح والجنين ان كان حيا صحيحا ينزل الى الناحية السفلى [32]في الشهر
الثامن والرحم تبدأ تنفتح فيه. [1]فذلك دليل على انه ليس للمولود بقاء ان لم تعرض هذه العلامات. 584a
[2]واجساد النساء تثقل بعد الحمل [3]وتكون ظلمة قبالة العينين وصداع الرأس [4]وهذه الآفات تعرض
لبعض النساء عاجلا [5]لتمام عشرة ايام ولبعض النساء تعرض بعد ذلك كما جاء بالبخت [6]بقدر
الفضول التي في اجسادهن فبقدر هذه العلة تسرع وتبطؤ الآفات التي ذكرنا. وايضا [7]لكثير من
النساء يعرض في ذلك الزمان قيء [8]ولا سيما اذا كان الجسد كثير الفضول وخاصة اذا وقف

b10 بالتفصيل] بالتفصل B LT : σχίζεται : Σ figuratur || *غير] مثل LT : ἄναρθρον   b14 ⟨الذكر⟩ B : ἄρρεν : Σ mas || ووضع] وضع L¹T : Σ et (si) ceciderit   b16 فان شق -T : διακνισθέντος : et si : Σ findatur   b20 فاما ان] فان T¹ || انثى + ايلة L   b21 يظهر -T : φαίνεται || فهو ... مفصل + فان مفاصلها لا تكون بينة L² || فاما ... قد + وان شققت L²   b22 الشهر + في الشهر L² || مشقوقا + فان بعض مفاصلها تكون بينة L²   b23 في الرحم -L¹   b29 يغلق] يعلق LT : συμμύει : Σ constringitur   a1 لم تعرض] عرضت L¹T : μὴ : Σ non   a2 واجساد] وجساد T   a4 عاجلا] علاجلا T : θᾶττον : Σ cito   a5 لتمام + عسر .L¹ del

الطمث ولم [9]يمل الدم الى الثديين. فلبعض النساء يعرض الوجع عند ابتداء الحمل [10]ولبعضهن بعد
الحمل | بايام كثيرة اعني اذا بدأ الجنين [11]يربى وينشؤ وربما عرضت لبضع النساء [12]عسر بول في L56r
الآخرة. [13]واذا كان المحمول ذكرا يكون الانثى الحامل احسن حالا [14]ولونها اجود الى ان يلد
واذا كان الحمل انثى يعرض للحامل خلاف ذلك اعني انها تكون رديئة اللون [15]سيئة الحال بطيئة
الحركة [16]وتعرض لساقيها اورام وقروح [17]وربما عرض لبعضهن خلاف ذلك. [18]وتعرض للحوامل
شهوات اشياء مختلفة [19]وتلك الشهوات تتغير عاجلا. [20]واذا كان الجنين انثى فتلك الشهوات اشد
واغلب من غيرها واذا عرضت تلك الشهوات [21]لا تكف الا بعسر وربما حسنت [22]حال اجساد
بعض النساء اذا حملن. والغثيان يعرض للنساء خاصة اذا [23]بدأ الجنين ينبت الشعر وانما ينبت
للجنين الشعر [24]الذي يولد معه وهو قليل ويقع بعد الولاد عاجلا. [26]والجنين الذكر يتحرك اكثر
[27]من حركة الانثى ويولد عاجلا [28]فاما الانثى فولادها بطيء ووجع الطلق الذي يعرض في
ولاد الانثى ملح متتابع [29]غير انه اضعف فاما الوجع الذي يعرض على ولاد الذكر فهو احد
[30]واشد. والنساء اللاتي يجامعن الرجال قبل وقت | الولاد [31]يلدن عاجلا وربما ظن بعض النساء T277
ان بهن طلقا [32]بغير ان يكون عرض لها طلق ولكن ذلك يكون لان الجنين يقلب رأسه [33]وهو
يظهر انه ابتداء الطلق. [34]وسائر اصناف الحيوان يضع في وقت واحد وحمله يكمل ويتم في زمان
واحد [35]لان زمان وضع جميع اصناف الحيوان محدود فاما حد وقت ولاد الانسان فمختلف
[36]فان بعض النساء يلدن لتمام الشهر السابع وبعضهن يلدن لتمام الشهر التاسع [37]ودخول ايام الشهر
584b العاشر وبعض النساء يلدن في ايام تدخل [1]من الشهر الحادي عشر. فما يولد من الاولاد قبل [2]تمام
السبعة اشهر لا يعيش البتة فاما ما | يولد في الشهر السابع [3]فله بقاء وحيوة وكثير مما يولد في الشهر L56v
السابع يكون ضعيفا سقيما ولذلك [4]يلفونه بصوف وربما كانت سبل بعض الذين يولدون في الشهر
السابع [5]صغيرة ضيقة جدا اعني سبل الاذنين والمنخرين ولكن اذا نشأ [6]انفصلت واتسعت تلك
السبل ويقوا وعاشوا. [7]وفي ارض مصر وفي بعض الاماكن حيث تكون النساء اللاتي لهن جلد

---

a10 كثيرة $-L^{1}$ a15 سيئة] شبيه T : βαρύτερον   a20 كان + عاجلا T del.   a21 وربما] واربما T^{1} : Σ raro   a23 ينبت⁽²⁾ $-L^{1}$ a30 والنساء + وامعد L^{2} a31 بهن] بهر T   a33 انه $-L^{1}$ b3 فله ... السابع $-L^{1}$ ‖ وحيوة + وكسر L^{2} : + فانها L^{2} del.   b6 *انفصلت] نقصلت L : تفصلت T : διαρθροῦται ‖ وعاشوا] وعاشا T : βιοῦσι : Σ vivent   b7 وفي بعض] وبعض T : καὶ ἐν ἐνίοις

واحتمال لكثير مما يلقين [8]فان ولادهن تكون بايسر المؤونة [9]ويلدن بعضهن اولادا لتمام ثمنية اشهر
وتبقى وتعيش الاولاد وان كانت من الاولاد العجيبة ففي تلك البلدة [10]تعيش الاولاد التي تولد
في الشهر الثامن وتغذى. فاما في البلدة التي تسمى باليونانية [11]الاس فليس يسلم من الاولاد التي
تولد في الشهر الثامن الا قليل جدا فاما اكثرها فهى [12]تهلك وان سلم شيء منها لحال الظن الذي
يقدم يظنون ان المولود ليس هو ابن ثمنية اشهر وان [13]النساء غلطن [14]وحملن قبل ذلك الوقت.
واذا اسقطت المرأة [15]في الشهر الرابع واذا ولدت في الشهر الثامن اصابها وجع شديد [16]وهلكت
هى ايضا مع المولود [17]اكثر ذلك فهو بين ان الاولاد التي تولد في الشهر الثامن لا تبقى [18]واللاتي
يلدن يهلكن ايضا. وبمثل هذا [19]النوع يظن ان النساء يغلطن فيما يظن انه يولد مولود [20]لاكثر
من عشرة اشهر وانما يغلطن النساء [21]في اول الحمل لانه ربما عرضت لهن [22]رياح ونفخ ثم بعد
ذلك [23]يجامعن الرجال ويحملن ويكون ظنهن ان ابتداء [24]الحمل كان من الوقت | الذي عرضت T278
لهن فيه الرياح. [26]فهذه حال اختلاف اوقات ولاد الانسان اذا قيس الى ولاد [27]سائر الحيوان.
[28]وبعض الحيوان يضع ولدا واحدا وبعضه يلد كثرة فاما [29]جنس الانسان فهو مشترك في هذين
الامرين لان اكثر ما [30]تلد المرأة في مواضع كثيرة ولدا واحدا من البطن ومرارا شتى تلد النساء
[31]توءمين كما يعرض في ارض | مصر. وربما ولدن [32]ثلثة واربعة اولاد في بعض الاماكن كما L57r
[33]قيل اولا وربما ولدت المرأة خمسة اولاد عددا [34]وذلك في الفرط وليس يمكن ان تلد امرأة
اكثر من خمسة. وقد عوين هذا العرض عرض لكثير من النساء اعني انهن ولدن خمسة اولاد من
بطن واحد وقد [35]ولدت امرأة في الدهر الذي سلف من اربعة بطون عشرين ولدا لانها وضعت
من كل بطن خمسة اولاد [36]وغذى وعاش كثير منهم. وسائر [37]الحيوان الذي يلد حيوانا ان وضع
توءمين ذكرا وانثى فكلاهما يعيشان [1]ويسلمان وان وضع ذكرين او انثيين ايضا فكلاهما يعيشان فاما 585a
[2]النساء فاذا وضعن توءمين فقليل منهم يسلم ان كان احدهما [3]ذكرا والآخر انثى. والمرأة الحامل
تحتمل الجماع خاصة من بين جميع [4]الحيوان والفرس الانثى كمثل فاما اناث سائر الحيوان فانه

b15 اصابها + وجع .L del : πονοῦσι : Σ dolebunt   b30 المرأة] كثرة (del.) T¹   b31 توءمين] يومين L : يومين T : δίδυμα : Σ geminos   b35 امرأة] مرة LT : μία δέ τις : Σ quaedam mulier || بطون] يكون T : τόκοις : Σ vicibus   b37 توءمين] يومين T : δίδυμα : Σ gemini   a1 انثيين] اسان L : انثان T : θηλειῶν   a2 فاذا] ماذا T || توءمين] يومين T : τῶν διδύμων   a3 ذكرا] ذكرين T¹ : τὸ δ’ ἄρρεν || من بين] مرتين T

اذا امتلأت ارحامهن هربت من [5]الذكورة ان لم يكن مما يحتمل حبلا مثل الحيوان الذي يسمى
باليونانية داسوفوس. [6]واذا علقت الفرس الانثى لا تعلق [7]ايضا حتى تضع ما في بطنها وانما تضع
فلوا واحدا فقط اكثر ذلك. [8]فاما النساء فربما علقن بعد الحمل الاول وذلك في الفرط وقد كان في
الزمان الاول الذي سلف. واذا علقت المرأة بعد [9]زمان مضى فالذي علقت اولا يتم وقت زمان
ولاده ولكن [10]يعرض منه وجع شديد ويهلك الجنين الاول. وقد [11]عرض فيما سلف سقط
لبعض النساء فاسقطت اثنى عشر مما حملت مرة بعد مرة [12]فاما اذا علقت ثانية بعد المرة الاولى
ولم يكن فيما بينهما الا زمان يسير فكلاهما [13]يسلمان مثل التوءمين كما [14]يذكر المثل عن افيقلوس
واراقلوس [15]فان امرهما كان | واضحا بينا اعني ان امرأة كانت فاسقة فولدت ولدين من بطن واحد T279
[16]فخرج احدهما يشبه الزوج | والآخر يشبه الذي فسق بها. وقد كانت امرأة ايضا [17]حملت توءمين L57v
ثم علقت وحملت ثالثا فلما بلغ وقت الولاد [18]وضعت التوءمين تامين ووضعت الثالث [19]من خمسة
اشهر فمات من ساعته. وعرض لامرأة اخرى [20]ان تلد ولدا ابن سبعة اشهر وبعده وضعت اثنين
ابني تسعة اشهر [21]فعاش احدهما وهلك الآخر. [22]ومن النساء من اسقط ومع [23]السقط كان وضع
ولد تام وكثير من النساء ان جامعهن الرجال [24]وكن حوامل لتمام ثمنية اشهر ثم وضعن [25]يخرج
الولد ملطخا برطوبة لزجة [26]وبقايا من الطعام الذي كن تغذين به ويكون الولد ليس له [28]اظفار
[27]ان اكثرن من اكل الملح قبل الولاد.

⟨٥⟩ [31]فاما اللبن مع وقت الولاد الطباعي فاول اللبن مالح مثل لبن الغنم [32]واذا حملن النساء
تحسسن بالشراب خاصة لان كثيرا منهن [33]بعد ان يشربن شرابا يتحللن ويضعفن. [34]واول ما
يخرج من زرع الذكورة ضعيف رديء واول ما يخرج من [35]دم الطمث كمثل فلذلك يكون اول
585b مولود منه الى الضعف ما هو وليس يكون كل ولد بكر باقيا ولا [36]اذا كان الطمث [1]قليلا ضعيفا.
[2]وقد بينا فيما سلف وقت ابتداء الولاد [3]والطمث ينقطع عن كثير من الناس بعد تمام الاربعين

a5 داسوفوس] واسونوس T : δασύπους   a8 علقت] غلقت T   a13 يسلمان] يسلم L[1] : + في T
a14 افيقلوس] افقلوس T : Ἰφικλέα || واراقلوس] واباقلوس T : Ἡρακλέα   a17 وحملت -T : ἐπεκύησε : Σ impraegnata fuit
a20 ولدا ابن] ولداين L : ولدين T : ἑπτάμηνον : unum filium septimo Σ mense || ابني] ابى L : انثى T : δύο : Σ duos filios
a35 بكر] ذكر L[1]T

ارسطوطاليس 369

عاما وان جاز [4]هذا الوقت لبعضهن طمثن حتى يبلغن خمسين سنة [5]وقد ولد كثير من النساء في هذا الوقت فاما بعد خمسين سنة فلم تلد امرأة البتة.

⟨٦⟩ فاما الرجال [6]فيولد من زرعهم الى تمام ستين سنة وربما كان [7]الى تمام سبعين سنة وقد ولد لبعض الناس [8]بعد ان بلغوا سبعين سنة. ويعرض لكثير من [9]المتزوجين [10]ان لا يولد لهم ولد من شأنهم ما كانوا معهم فاذا اتخذوا غيرهن ولد لهم ايضا. [11]ومثل هذا العرض يعرض في ولاد
L58r الذكورة والاناث | فانه [12]ربما كان رجل مع زوجة له [13]فلا يولد له منها الا الاناث وبعضهم لا يولد له الا الذكورة فاذا جامع غيرها كان الامر على خلاف ذلك. [14]وايضا يكون من الناس من اذا
T280 كان حدثا [15]ولد له اناث واذا طعن في السن ولد له | ذكورة [16]وعلى خلاف ذلك ايضا [17]ويكون حدثا لا يولد له البتة فاذا طعن في السن [18]ولد له وعلى خلاف ذلك. [19]وبعض النساء لا يحملن الا في الفرط وبعسر واذا [20]حملن احتملن غذاء الجنين الى وقت الوضع والولاد وبعض النساء على خلاف ذلك اعني انهن يحملن [21]عاجلا ولا يقوين على غذاء الجنين ولا الصبر عليه حتى يلدن. ومن الرجال [22]والنساء من لا يلد الا ذكرا ومنهم من لا يلد الا انثى [23]ويقال مثل من الامثال انه ولد لاراقلوس اثنان وسبعون ولدا كلهم ذكورة ما خلا انثى [24]واحدة. فاما النساء اللاتي لا يقوين على الحمل فانه [25]ان حملن لحال علاج او لعلة اخرى عرضت [26]يلدن اناثا اكثر من الذكورة. [27]ويعرض لكثير من الرجال القوة على الولاد في حداثة سنهم ثم يعرض لهم [28]الضعف عند ذلك وبعد سنين يعودون الى الحال الاولى. وايضا يمكن ان يولد [29]من المضرور الجسد مضرور اعني من اعرج اعرج [30]ومن اعمى اعمى وبقول كلي يكون في المولود العرض الذي كان في الاب على غير الطباع اعني [31]آثار الخراج ونتوء في اجسادهم. [32]وربما عرض ذلك للمولود بعد قرن وقرنين اعني ان [33]رجلا تكون به شامة فيولد له ولد ليس في جسده تلك الشامة [34]ثم يولد لابنه ولد يكون به تلك الشامة في المكان الذي كانت في جسده جده [35]والذي يكون على مثل هذه الحال قليل

b4 طمثن] طمثين T : Σ menstruans   b6 سنة $-L^1$: ἐτῶν : Σ annos   b10 شأنهم] ساهم L || ايضا $-L^1T$
b13 الا ... الا $-L^1$ || له$^{(2)}$ -T   b16 وعلى] على LT : Σ et   b19 وبعسر -T : μόλις : Σ non … nisi raro
b22 والنساء + على خلاف ذلك اعنى انهن يحملن عاجلا ولا يقوين على غذاء الجنين ولا الصبر عليه حتى تلدن ومن الرجال والنسا T || من لا يلد $-T^1$: ἀρρενοτοκοῦσιν   b31 الخراج ... اجسادهم -T || الخراج + بوجد فى حسد الاب مثل نتوء بعض اعضابه او قصر او ما اشبه رلك ودلك عىر طبعى L^2

وكثير منه لا يكون بل يولد [36]من ناقص تام ومن مضرور صحيح وليس في هذه الاشياء وقت
586a ولا حد معروف. وربما ولد مولود [1]يشبه الجد او الاب الابعد [2]كما عرض مرة في البلدة التي
L58v تسمى باليونانية [3]الس فان | امرأة كانت هناك فجامعت حبشيا [4]فولدت بنتا بيضاء ثم ولدت الابنة
حبشيا. واكثر ذلك الاناث يشبهن الام اكثر والذكورة يشبهون [5]الاب ويكون خلاف ذلك اعني
ان الاناث يشبهن الاب [6]والذكورة يشبهون الام. [8]فاما التوءمان فربما ولدا [9]لا يشبه احدهما الآخر
T281 فاما اكثر ذلك [10]فهما يتشابهان. وقد كانت فيما سلف امرأة جامعت زوجها بعد اليوم | السابع
من الولاد [11]فعلقت وحملت وولدت الاخير يشبه الاول مثل [12]توءمين. ومن النساء نساء يلدن
جميعا الاولاد يشبهون امهم في كل وقت [13]ومنهن نساء يلدن جميع الاولاد يشبهون الاب ابدا كما
عرض في البلدة التي تسمى باليونانية فرسالوس.

⟨٧⟩ [15]واذا كان خروج المنى تتقدمه [16]ريح وهو بين ان المنى لا يخرج الا مع ريح [17]من قبل ان كلما يخرج من موضعه يدره ويرق حتى يقع الى موضع بعيد لا يخرج بغير ريح. [18]واذا علق المنى بالرحم وازمن هناك [19]يكون حوله صفاق وهو يستبين انه ان وقع من الرحم قبل ان ينفصل يكون [20]مثل بيضة في صفاق ليس عليها القشر الخزفي [21]وذلك الصفاق مملوء عروقا. وجميع الحيوان الذي يعوم [22]والطير والحيوان المشاء الذي يبيض بيضا يكون ويخلق بنوع واحد [23]ما خلا السرة فان سرة [24]الحيوان الذي يلد حيوانا مثله قريب من الرحم ومن الحيوان ما تكون سرته قريبة من البيض ومن الحيوان ما تكون سرته على النوعين اللذين وصفنا مثل ما يعرض [25]لجنس من اجناس السمك. وربما حدق بالمنى صفاق [26]وربما حدق به مشيمة والحيوان يكون اولا في داخل الاخير [27]ثم يكون صفاق حول الباقي واكثره لاصق بالرحم [28]ومنه ما يبعد من الرحم ومنه ما يقرب وفيما بين ذلك [29]رطوبة مائية تسميها [30]النساء باليونانية ا بروفوروس.

---

a3 الس] السن T 9–a8 ولدا لا] الا T a17 يدره ... ريح + ينقذف مه الى بعد لا يحرج الا بحافذ يحفذه من ريح او غيره L^2

L59r ⟨٨⟩ [31]وجميع الحيوان الذي له سرة يغذى | وينشؤ [32]بالسرة وان كانت للسرة افواه عروق [33]فهى
لاصقة بها فاما الحيوان الذي له سرة ملساء فهى لاصقة [34]بالرحم. [35]وجميع اصناف الحيوان الذي
586b له اربعة ارجل تكون ممتدة منبسطة فاما الحيوان الذي ليس له رجلان [1]فهو يكون موضوعا على
جنب مثل اصناف السمك فاما الحيوان الذي له رجلان فقط فانه يكون موضوعا منجذبا مثل
اصناف الطير [2]وانف هذا الحيوان يكون بين الركبتين [3]والعينين على الركبتين والاذنين خارجا
منها. [4]ورؤوس جميع الحيوان تكون اولا في الناحية العليا بنوع واحد واذا نشأت [5]وذنت من
T282 الخروج تصير رؤوسها في | الناحية السفلى. [6]والولاد الطباعي لجميع الحيوان خروجه منجذب على
الرأس [7]ومنه ما يخرج رجلاه اولا وذلك على غير الولاد الطباعي. [8]واذا ولد الحيوان الذي له
اربعة ارجل توجد في معاء المولود فضلة ⟨و⟩زبل او ان كان تاما [9]توجد ايضا رطوبة في المثانة
وربما كانت الفضلة في آخر المعاء [10]والبول في المثانة. واذا كانت افواه العروق لاصقة [11]بالرحم
فكلما نشأ الجنين الذي في الرحم خفيت تلك الافواه [12]وفي الآخرة لا تظهر البتة. وانما السرة
[13]مثل قشر على عروق وابتداء تلك العروق من الرحم [15]وهذه العروق في كبار الحيوان [16]اربعة
مثل ما يوجد في البقر وفي [17]صغار الحيوان اثنان وفيما صغر منها جدا عرق واحد مثل ما يكون في
الدجاج. [18]والعرقان يمتدان من الكبد الى ناحية الجنين [19]وهى التي تسمى ابوابا قريبة من العرق
العظيم. [20]فاما العرقان الآخران فهما قريبان من العرق الكبير الذي يسمى باليونانية اورطي وهذه
العروق تفترق وتصير [21]عرقين من عرق واحد. وحول كل زوج من ازواج [22]العروق صفاقات |
L59v والسرة محدقة بالصفاقات [23]مثل غشاء وغطاء. واذا نشأ الجنين ضمرت تلك [24]العروق وانضمت
بعضها الى بعض واذا غلظ الجنين جاء الى ناحية اعماق البطن [25]وربما ادركت حركته هناك وربما
يدحرج [26]قريبا من حياء المرأة.

---

a32 عروق -T¹ : عرق T² : κοτυληδόνας : Σ cotylidones   a35 ليس له رجلين + له رجل واحدة L²
b1 جنب] خبث T : πλάγια : Σ super latus   b2 الحيوان + الطير L²   b3 والاذنين] والارس LT : ὦτα : Σ auriculae   b4 نشأت] سار T : αὐξανόμενα   b8 *⟨و⟩زبل او ان] زبلا وان L¹ : جيلية (?) وزبلا وان L² : وغىر ربلا وان T : καὶ περιττώματα ὅταν   b19 العرق] العروق T : τὴν φλέβα : Σ venam
b25 ادركت + وحدت L² : δῆλόν ἐστι : Σ apparet   b26 حياء المرأة] حيال السرة L² : τὸ αἰδοῖον : Σ inguines

⟨٩⟩ [27]واذا اخذ المرأة الطلق [28]تعرض الاوجاع لاعضاء كثيرة من الجسد ولكثير من النساء تعرض الاوجاع [29]في الفخذ الواحد وربما كان في الفخذين. واذا كانت الاوجاع شديدة فيما يلي البطن [30] كان الولاد سريعا جدا [31]واذا اخذت الاوجاع في ناحية الصلب يكون الولاد عسرا وان كانت الاوجاع [32]فيما يلي بين السرة والعانة فالولاد سريع وان كان المولود ذكرا تتقدمه رطوبة [33]مائية تبنية اللون شبيهة بمائية القيح وان كان المولود انثى تقدمتها رطوبة دمية [34]وربما لم يتقدم
587a الولاد شيء من هذين اللذين ذكرنا [35]وليس يكون وجع طلق سائر الحيوان مؤذيا شديدا جدا [1]بل
T283 يكون معتدلا وسطا. وذلك بين لمن عاينه وعرفه. [2]فاما اوجاع طلق النساء | فشديدة جدا [3]ولا سيما لاهل الخلاوة منهن واللاتي لا تكون لهن اضلاع قوية جدا [4]ولا يقوين على حبس النفس [5]وان تنفس فيما بين امساك النفس عسر ولادهن ايضا. [6]واول ما يخرج من المرأة ماء لحال خنق الجنين [7]وشق الصفاقات ثم يخرج الجنين بعد انقلاب [8]الرحم وبعد ان ينقلب المشيمة ويكون ما داخل منها خارجا.

⟨١٠⟩ [9]وقطع القابلة للسرة جزء عظيم من احكام عمل العقل [10]فان ذلك مما [11]يعين على تسهيل عسر ولادة النساء مع موافقته للاعراض التي تعرض بعد ذلك [12]ورباط سرة [13]المولود محكم ايضا. وانما [14]يربط لحال وقع المشيمة ولكيلا يسيل منها دم فانه ان سال الدم قبل ان يجمد ويسكن
L60r هلك | الصبي. [15]وفضلة السرة التي تربط بالصوف تماسك وتقع ويلتئم موضع قطع السرة [16]فاما ان حل الرباط قبل ان يجمد الدم سال الدم وهلك [17]الصبي كما قلنا آنفا. فاما ان خرجت المشيمة قبل الصبي فلا [18]تقطع السرة من خارج [19]ومرارا شتى يظن ان المولود ميت [20]اذا كان ركا وقبل ان تربط السرة صار دم [21]خارجا منها وسال حولها. [24]وكما قلنا فيما سلف ولاد الصبي [25]وسائر الحيوان الطباعي على الرأس فاما [26]الانسان فربما ولد ويداه ممتدان على اضلاعه. [27]واذا ولد نعر من ساعته وذهب بيديه الى فه [28]وربما القى المولود فضلة من ساعته [29]وربما فعل ذلك بعد حين يسير وكل مولود يفعل ذلك من يومه وربما كانت تلك [30]الفضلة اكثر مما ينبغي ان تخرج من

---

a3 جدا] حياد L¹ a6 لحال + الحامل L² a14 ان⁽¹⁾ -T a15 تماسك] مماسل L¹T ‖ ويلتئم + من T
a16 ان حل] ارجل T : ἐὰν δὲ λυθῇ Σ si … dissolvatur a20 *ركا] ذكرا LT : ἀσθενικοῦ a27 *نعر
B] نغير LT : φθέγγεται

تلك الجثة [31]والنساء يسمين تلك الفضلة باليونانية ماقونيون ولونها دمي وربما كان شديد [32]السواد
مثل لون القار. وبعد تلك الفضلة تخرج فضلة لبنية [33]لان المولود يأخذ الثدي من ساعته ولا ينعر
587b المولود قبل الخروج [34]ولا ان خرج رأسه [35]وبقى سائر بدنه داخلا لعسرة الولاد. واذا [1]تقدم
الافراغ والنزف قبل خروج الصبي يكون الولاد عسرا جدا [2]فاما اذا تقدم الصبي وتبعه النزف
يكون الولاد ايسر. [5]وحمل النساء بعد ان يطهرن من نزف الولاد اوفق واسرع من غيره [6]الى تمام
T284 اربعين يوما لا [7]يضحك ولا يبكي اذا كان ساهرا فاما | اذا كان الليل فهو يفعل الامرين فاذا
حرك الصبي في المهد [8]احس بتلك الحركة وهو يكثر النوم. [9]وكلما نشأ وشب سهر [10]وهو يرى في
L60v نومه الاحلام وينسى تلك الاحلام وربما تثبت له في ذهنه [11]بعد زمان. وليس في | عظام سائر
الحيوان اختلاف [12]بل جميع عظامه تكون عند الولاد تامة وافرة فاما الصبي فلا لان [13]العظم
الذي في يافوخ الرأس يكون لينا جدا ولا يجسو الا بعد زمان. وسائر الحيوان [14]يولد وله اسنان
فاما الصبي فليس يولد معه سن البتة وانما [15]اول نبات اسنانه في الشهر السابع ومقاديم الاسنان
تنبت اولا [16]وربما ينبت اعلى الاسنان قبل وربما ينبت اسفل الاسنان وجميع الاسنان [17]ينبت
عاجلا اذا كان لبن المرضع اسخن.

⟨١١⟩ [19]وبعد الولاد وتنقية واغتسال النساء من النزف [20]يكثر اللبن ومن النساء من لا يخرج اللبن من حلمات ثدييها فقط [21]بل من اماكن اخر من الثديين ايضا وربما يخرج لبن من [22]ابطي بعض النساء. وان اقمن زمانا [23]ولم يعد اللبن الى مكانه تعقدت الابطان [24]لان كلا الثديين مجوف. [25]وان وقعت فيه شعرة عرض منها وجع شديد [26]يسمى وجع الشعر ويدوم ذلك الوجع حتى يعصر الثدي ويخرج مع اللبن [27]او ينقطع ويفنى ولبن النساء دار دائما حتى [28]يحملن ايضا وحينئذ ينطفئ وينقطع [29]وذلك معروف فى الناس وفى سائر الحيوان الذي له اربعة ارجل ويلد حيوانا مثله. [30]وليس يعرض للنساء طمث ما دام اللبن دارا [31]اكثر ذلك وانما اقول هذا القول لانه قد عرض طمث لبعض اللاتي يرضعن. [32]وبقول كلي لا يمكن ان يكون خروج الدم من اماكن

---

a32 القار] المقار T : πιττῶδες : Σ picis || *لبنية B] سه LT : γαλακτῶδες : Σ lacteum a33 *ينعر B] يتغير LT : φθέγγεται a34–b1 واذا ... الولاد -T b7 فاما] تاما T b10 تثبت] ست L : ينبت T : μνημονεύει b17 المرضع] الرضع L¹ : الموضع T : αἱ τίτθαι b22 وان اقمن زمانا + فادا دام دلك نهز L² b26 يعصر] يصعر T : θλιβομένη : Σ cum erit expressum

مختلفة [33]مثل النساء اللاتي ينزفن الدم من ناحية المعقدة لا يطمثن وان عرض لهن طمث لا يكون الا ضعيفا ودنيئا [34]وربما خرج الدم من ناحية الوركين اذا مال اليها من ناحية الصلب
588a [35]قبل ان يجيء الى الرحم وان [1]عرض قيء دم النساء اللاتي لا يطمثن لا يضرهن شيء.

⟨١٢⟩ [3]وقد يعرض كزاز لكثير من الصبيان [4]ولا سيما لمن كان منهم مخصبا سمينا يرضع لبنا [5]كثيرا غليظا من مرضع| جيدة اللحم. والشراب الاسود مضر [6]على كثرة اللبن اكثر من الابيض ولا سيما L61r
[7]ان لم | يشرب ماء والطعام المنفخ يضر على ذلك ايضا ولا سيما [8]عقل البطن. وكثير من الصبيان T285
يموت قبل اليوم السابع [10]واذا كان ببعضهم وجع اشتد في ايام امتلاء القمر [11]وان عرض النقار للصبي وكان ابتداؤه من ناحية الظهر كان اردأ لحاله.

تم القول التاسع من تفسير كتاب طبائع الحيوان لارطاطاليس الفيلسوف.

b33 مثل ... من + ما هى فانه ان نزفن النساء من ناحية المقعدة لم يعرض لهن الا L²   b33–34 المقعدة ... الناحية L¹-   b33 ودنيئا] وديا L² : ودنا T   a1 قيء] في LT : + ذلك .L del. : ἐμέσαι ‖ شيء T-   a5 مرضع] موضع T : τίτθαις ‖ *مضر] معين LT : βλαβερὸν : nocet   a7 *يضر] يعين LT ‖ ايضا L¹-   a10 القمر] الفم T : ταῖς πανσελήνοις : Σ lunae   a11 *النقار] النفار L : المنقار T : οἱ σπασμοὶ : Σ spasmus

القول العاشر من تفسير كتاب طبائع الحيوان لارسطاطاليس الفيلسوف

633b 〈١〉 [12]واذا طعن الرجل وزوجته في السن ربما انقطع عنهم [13]الولاد وربما كانت علة ذلك من كليهما [14]وربما كانت من احدهما فينبغي ان [15]نتفقد حال المرأة اولا وكيف حال رحمها لكي ان كانت [16]العلة من قبل الرحم عولج بالعلاج الذي ينبغي [17]وان كانت من عضو آخر من اعضاء الجسد عولج ايضا. [18]ويستبين ان كان العضو صحيحا [19]اذا فعل فعله تاما كاملا بغير اذى ومكروه [20]وبعد العمل لا يلزمه تعب ولا ضعف كقولي اذا لم تكن العين مؤذية [21]وتبصر بصرا جيدا وبعد البصر لا [22]تقلق ولا تضعف بل تقوى على البصر ايضا. واذا لم تكن الرحم [23]مؤذية ولم يعرض للجسد من ناحيتها وجع وعمل عملها الطباعي بنوع الكفاية [24]وبعد العمل لا تضعف ولا تتعب | L61v فهى صحيحة وحالها سليمة. [25]ويقال ان الرحم ربما كانت سيئة الحال وعلى ذلك [26]تعمل عملها الطباعي بغير اذى ولا مكروه. [28]وقد يمكن ان تكون العين رديئة الحال وهى بعد تبصر بصرا حادا ان لم يعرض لها وجع يمنعها من ذلك. والرحم ايضا ان اصابتها آفة في موضع حمل الجنين لا تعمل

634a عملها الطباعي. [1]وينبغي ان نعلم حسن حال الرحم وان كانت في [2]مكانها وان لم تزل عنه وتصير في مكان آخر [3]فانها ربما استبعدت عن موضعها بغير آفة مكروهة وربما [4] كان حس الرحم رديئا ومعرفة ذلك يسيرة ليست بعسرة لانها تعرف من المس. [5]ويستبين انه ينبغي ان تكون الرحم على ما ذكرنا من الصفات التي نصف حيننا هذا [6]فانه ان لم تكن الرحم في مكانها قريبة من الموضع

T286 التي يصل اليه ذكر | الانسان لا تجذب الزرع الى ذاتها [7]لحال بعدها من المكان الطباعي [8]وان كانت الرحم متسافلة ايضا اكثر مما ينبغي [10]لا تنفتح ولا ينشف الزرع [11]ولذلك ينبغي ان نتفقد حال الرحم ونعالج حتى تبرأ من السقم الذي لزمها. [12]وينبغي ان يكون سيل النساء مستقيم الحال

---

b16 العلة -T^{1} : αἴτιον   b22 تقلق + ولا ينفكر L del.   b23 الكفاية] الكاية T : ἱκανῶς   b24 وحالها] وحاله L : وحال T   b25 سيئة] شبيه T : μὴ καλῶς : Σ non ... sana   b28 وقد يمكن] ويمكن L^{1} || العين -T : ὄμμα   a1–3 الرحم ... مكروهة + في نسخة اخرى به لا لكلام الغريب العلاميين قد الكلام حال الرحم وهل هى زائلة عن مكانها ام لا فانها ربما تباعدت من موضعها بغير آفة L^{2} a4 حس] حسن T   a6 ذكر + هذا T del.   a8 ايضا + في نسخة عن الموضع الطبيعي لها L^{2} a10 *ينشف] ينسف LT   a11 الذي] التي L : -T

 | DOI: 10.1163/9789004315969_022

[13]وفي الاوقات المتساوية المعروفة ولا تكون في ازمان مختلفة فانه اذا كان على مثل هذه الحال دل على صحة [14]البدن وسلامته وعلى ان الرحم [15]تنفتح وتقبل الرطوبة التي تخرج من جسد الرجل [16]فاما ان كان الطمث مرارا كثيرة ومرارا قليلة او [17]في غير اوقاته ولم يكن سائر الجسد سقيما بل [18]صحيحا فهو بين ان العلة من قبل الرحم.

⟨lacuna⟩

635a ⟨٢⟩ [11]وايضا اذا لم يكن لون الطمث احمر بل متغيرا [12]يدل على سقمها وان العروق التي فيها مفتوحة الافواه. [14]واذا كف | الطمث [15]ينبغي ان يكون فم الرحم منفتحا جدا جافا ولا يكون جاسيا L62r ويكون على مثل هذه الحال [16]يوما ونصفا او يومين فان هذه العلامات [17]دليلة على ان الرحم حسنة الحال [18]وانها تعمل عملها الطباعي وانما اقول انه ينبغي ان تكون مفتوحة الفم من ساعتها [19]ولا تكون لينة جدا لانها [20]تسترخي مع استرخاء الجسد. واذا قبلت الزرع اغلقت فمها فانه ان لم ينغلق وقع [21]ذلك الزرع وسال عنها [22]فهذه حال الرحم الصحيحة الحال. واذا كف السيل [24]ينبغي ان يكون فم الرحم جافا [25]يابسا [26]لكي يجذب الزرع [27]اذا مس الرجل المرأة. [28]واذا كان كل جسد المرأة صحيحا ولم يكن متغيرا [29]فهو دليل ايضا على سلامة الرحم وانه ليس شيء مانع من [30]الحمل.

⟨٣⟩ [31]فمن هذه العلامات يعرف [32]ان كانت حال الرحم سليمة او على خلاف ذلك. فينبغي ان [33]يعرض للرحم بعد التطهر من الطمث مثل هذه العلامات اذا [34]نامت المرأة ينبغي ان ترى في حلمها كأنها تجامع زوجها وتلقي فضلة رطوبة كما تلقي اذا هى [35]دنت منه بغير عسرة وتلقي ذلك مرارا شتى. [36]وينبغي ان تنتبه ايضا وتتعالج بالعلاج الذي يتعالج به [37]اذا دنت من الزوج وليس ينبغي ان يكون جفاف الرحم [38]من ساعته بل بعد حين | [40]وتكون الرطوبة التي تصب المرأة T287 635b [1]شبيهة بالرطوبة التي تصبها اذا جامعت الرجل. فان جميع [2]هذه العلامات دليلة على ان الرحم قبول للزرع الذي يصل اليها وان [3]افواه العروق التي في فم الرحم جاذبة ماسكة له. [4]وينبغي ان تعرض

a15 الرطوبة + منى الرجل L²: ὑγρότητα   a17 الجسد -L¹   635a a14 الطمث + لانا L²   a21 عنها -L¹
a22 السيل] السبيل L   b2 للزرع] للزع L¹: Σ sperma

للرحم ارياح ونفخ بغير [5]سقم كما يعرض للبطن وان يخرج منها [6]صغار وكبار بغير آفة فان هذه العلامات دليلة على [7]ان الرحم ليس هى اصلب مما ينبغي | ولا ارخى [8]لا من قبل الطباع ولا من L62v مرض وان الرحم قوية على ان اذا قبلت الزرع وامسكت [9]وغذت ونشأت كان في الرحم سعة وامتداد للناشئ. فان [10]لم يكن ذلك على ما وصفنا فهو دليل على ان الرحم صفيقة اكثر مما ينبغي وان ليس لها حس اما [11]من قبل الطباع واما من قبل المرض ولذلك لا تقوى الرحم على غذاء الجنين بل تسقطه ويهلك. [12]وان كانت حال الرحم متغيرة جدا كما وصفنا فالجنين يقع ويهلك وهو بعد [13]صغير وان كانت ضرورة الرحم دون ذلك فالجنين يقع ويهلك بعد ان يكبر وان كانت ضرورة الرحم يسيرة جدا [14]فهو يولد ويغذى غذاء رديئا ويكون مثل [15]غذى في اناء رديء. وايضا ينبغي ان تكون الناحية اليسرى والناحية اليمنى من نواحي الرحم [16]لينة اذا مست وكذلك سائر جسدها. [17]واذا جامعها الرجل ينبغي ان تترطب فيما بين ذلك ولا تترطب [18]مرارا شتى ولا جدا وانما هذا الترطيب مثل [19]عرق المكان او مثل ما يجتمع الريق في افواهنا [20]اذا اشتقنا الى الطعام او اذا [21]عملنا عملا كثيرا عرقت اجسادنا او تدمع اعيننا [22]اذا نظرنا الى بصيص الشمس وشدة ضوئها وربما لقينا ذلك ايضا من برد شديد او حر [23]شديد. فكمثل ما تترطب هذه الاعضاء [24]كذلك تترطب الارحام اذا عملت وتعبت ولا سيما [25]اذا كان طباعها ارطب. وهذه الآفات تعرض [26]خاصة للنساء اللاتي حال اجسادهن حسنة ولذلك [27]يحتجن النساء الى علاج وتعاهد في كل حين اما اكثر واما اقل [28]وكذلك يحتاج الفم الى خروج البزاق ايضا. ولكن قد يكون في

---

b4 بغير] نعين T : ἄνευ : Σ sine b8 قبل L^{1}- ‖ على ان + وعلى انه L^{2} b9 وامسكت + مسكته L^{2} ‖ *وغذت] وغذيت LT : + ته L^{2} ‖ للناشئ + وقوة على امساك الناشى L^{2} : αὐξανομένῳ : Σ extendi et ampliari b10 *صفيقة] سحته LT : πυκνότεραί : Σ valde durae b12 وهو T^{1}- ‖ بعد + ان يكبر .T del b13 صغير] صغر T ‖ ضرورة + صورة L^{2}T b15 غذي + شى L^{2} ‖ تكون + في LT : εἶναι : Σ debent ... esse b16 مست] مشت LT : θιγγανομένης : Σ tactus ‖ وكذلك سائر] وساير L^{1} ‖ جسدها + كمثل .L del b17–23 ذلك↓ ... شديد↓ : + نسخة تدل بين علامتى ↓ في القلة والكثرة - وذلك كالعرق او مثل ما يتحلب الفم اذا اشتقنا الى الطعام او عرقنا عند المعاناة للاعمال المتعبة او دمع اعيننا عند نظرنا الى قرص الشمس او لبرد او الحر شديد يصيبنا (the arrows borrowed L^{2} in marg. from the manuscript L) b21 عرقت] عرفت T : ἵδρωμα : Σ sudori ‖ تدمع L^{1}- : δακρύομεν : Σ lacrimantur ‖ عينا + بدمع .L^{1} del b22–23 او حر شديد -T : θερμότητος ἰσχυροτέρας : Σ forti calore b25 طباعها] رطباعها T^{1} ‖ الآفات] الاوقات T : τὸ πάθος b28 قد L^{1}-

L63r T288 ارحام بعض النساء رطوبة | كثيرة [29]حتى | لا يقوين على جذب زرع الانسان بافواهها [30]لحال خلط الرطوبة التي تكون من المرأة. [31]ومع النظر في هذه الآفات التي ذكرنا ينبغي ان نتفقد ايضا [32]ان كانت امرأة اذا رأت في حلمها انها تجامع [33]الرجل كيف تكون اذا انتبهت هل تكون قوية او ضعيفة [34]وان كانت مرة قوية ومرة ضعيفة وان [35] كانت تحس اولا يبس وجفاف ثم تترطب لانه ينبغي ان [36]تعرض هذه الاعراض للمرأة الموافقة للولاد. فان الاسترخاء والضعف الذي يصيب المرأة [37]دليل على انها تقبل زرع الرجل [39]واذا لم تلق ذلك دل على ان جسدها على
636a الحال الطباعي [40]والنوع الذي ينبغي ولو لم يعرض ذلك دل على ان الجسم سقيم. [1]فاما اذا بقى الجسد قويا والرحم في الاول جافة [2]ثم ترطب فهو دليل على ان الجسد كله [3]يأخذ ويفسد وليس الرحم فقط والجسد ايضا [4]قوى. وينبغي ان نعلم ان الرحم تجذب الزرع الذي يقع [5]خارجا منها بريح كما قيل اولا فان الزرع لا يقع فيه [6]بل خارجا منه وكل جذب يكون بريح فهو قوي [7]فقد استبان ان الجسد ايضا يجذب هذه الرطوبة. [9]ومن النساء نساء تصيبهن آفة اخرى اعني امتلاء الرحم ريحا فينبغي ان نتفقد ذلك ايضا. [10]وهذا العرض يعرض [11]اذا جامعت امرأة زوجها فلم تلق [12]زرعا ولم تحمل وامتلأت الرحم ريحا. [13]وعلة ذلك ايضا من قبل الرحم اذا كانت جافة جدا [14]فانها اذا جذبت الزرع الذي يقع خارجا الى ذاتها يبس وذهبت رطوبته [15]وصار صغيرا جدا ووقع [16]وخفى على المرأة لحال صغره لم تحس بخروجه. فاذا كانت هذه حال [17]الرحم وغلب
L63v عليها اليبس | القت الزرع ولذلك [18]يستبين ان المرأة لم تحمل وان غفلت عما وصفنا واقامت زمانا [19]ظنت انها حامل [20]لحال الاعراض التي تعرض لها فانها [21]شبيهة بالاعراض التي تعرض للحامل الحق. وان مضى بها [22]زمان كثير ارتفعت الرحم وانتفخت حتى تظن المرأة [23]انها قد حملت يقينا

b31 الآفات] الاوقات T : τοῖς πάθεσι b32 تجامع] مع L^{1} : πλησιάσαι b33 انتبهت] اسهت $L^{1}T$: ἐξανίσταται b34 مرة -T ‖ ومرة ضعيفة .L del : -T b35 *وان كانت] وكانت LT : εἰ δὲ ‖ اولا $-L^{1}$: τὸ πρῶτον b35–36 لانه ... تعرض] لانه لا ينبغي ان يعرض .L del : -T : δεῖ γὰρ ταῦτα συμβαίνειν b36 هذه] فهذه $L^{2}T$: ταῦτα : Σ ista ‖ الاعراض + تصيب L^{2} ‖ المرأة + بعد يقظتها من الحلم الكاين يدر ازمنها L^{2} : + بعد نعمها من الحلم الكاين يدر ان نمسها T b37 تقبل + الزرع .L del b39 تلق] يكن T a1 فاما اذا] فاذا T^{1} a3 ويفسد + يضعف L^{2} : ἀφανίζει a5 بريح + وذلك دليل على قوته وشوقه L^{2} : وذلك دليل على ان (.del) قوته وشوقه T a13 قبل + ان $L^{2}T$ a14 فانها] وانها LT : γὰρ

حتى يخرج منها ما فيها فاذا خرج عاد الرحم الى الحال الاول. [24]ومن الناس من ينسب هذه الآفة
الى التدبير الالهي وهى يسيرة | [25]العلاج اذا لم تكن المرأة مطبوعة على هذا الطباع جدا [26]والعلامة T289
الدليلة على ذلك ان كان يظهر [27]ان تلك المرأة ⟨لم⟩ تفض زرعها وان كانت رحمها تجذب زرع
الرجل [28]ولا تعلق.

⟨٤⟩ وان كان في رحم المرأة نعار ايضا يمنع من الحمل [29]والنعار يعرض للارحام [30]اذا امتدت من
قبل حرارة والتهاب عرض لها او من امتلاء كبير كان في وقت الولاد [31]بغتة وبقى فم الرحم
مغلقا. [32]فمن شدة الامتداد يعرض للرحم نعار والعلامة الدليلة [33]على انه ليس في الرحم نعار ان
ظهر [34]من قبل اعمالها اعني الرحم ليس فيها ورم ولا التهاب فانه اذا عرض لها [35]النعار باضطرار
يعرض لها الورم والالتهاب. وايضا ان كانت قرحة في [36]فم الرحم وفي تلك القرحة جرح شديد
يكون مانعا [37]للحمل والعلامة الدليلة على انه ليس في فم الرحم قرحة ان كانت [38]الرحم تنفتح
636b وتنغلق انفتاحا وانغلاقا حسنا [39]في اوان الطمث ووقت جماع الرجل مع المرأة. [1]وايضا يمكن ان
يكون فم الرحم ملتئما ملتصقا من قبل [2]الولاد او من قبل مرض يعرض بعد الولاد. وهذا الداء
ربما كان مما يبرأ اذا عولج وربما كان [3]مما لا يبرأ وليس معرفة ذلك عسرة | اعني ان كان الداء L64r
يبرأ ام لا فانه ان كان مما لا يبرأ ولا يعالج لا يمكن [4]ان تقبل الرحم شيئا من الزرع الذي يقع
فيها ولا تخرج منها زرع المرأة. [5]فاما ان كانت المرأة تقبل زرع الرجل وهى تفضي ايضا فهو بين
ان [6]ذلك الداء يعالج حتى يبرأ صاحبه فاما النساء اللاتي ليس بهن شيء من الادواء التي ذكرنا
المانعة للولاد [7]بل حالهن حسنة كما ينبغي ان تكون وكما وصفنا فهن يحملن ان لم يكن بالرجل علة
[8]عدم الولاد. فالولد يكون من المرأة والرجل [9]اذا اتفقا فصار زرعيهما معا [10]فاما ان اختلف وقت
افضاء زرعيهما لا يكون منهما ولد.

---

a23 فيها + ولا تحس به L² a25 العلاج] الفلاح T : θεραπευτὸν : Σ medicationis a27 ⟨لم⟩ : μὴ : Σ non a33–35 ان ... يعرض + فى سحه يدل الدلام فى بين علامتى م انما بها جميع اعمالها ولا يكون فيها ورم ولا التهاب دمع كون النعار يعرض لها L² a34 اعمالها + اعلامها L² a35 *وايضا M] ايضا LT : ἔτι : δὲ : Σ autem ‖ ان M] وان LT a36 جرح] خرج T b3 يعالج + فان الرحم .L² del b5 تفضي] يقضى T : ἀφιεῖσα : Σ eiecerit b6 حتى + حتى T ‖ بهن] بهر T

⟨٥⟩ [11]والعلامات الدليلة على ان الرجل خاصة علة عدم الولد كثيرا [12]ولا سيما ان جامع نساء اخر
[13]فولد له منهن اولاد. فهو بين ان هذه العلة فقط مانعة للولد اعني اختلاف افضاء زرع الرجل
والمرأة [14]اذا كانت سائر الحالات مستقيمة. [15]فهو بين انه | اذا كانت المرأة موافقة لقبول [16]الزرع T290
والولاد ينبغي [17]ان يكون افضاء زرع كليهما معا فان افضى الرجل عاجلا [18]وابطأت المرأة فلا
يمكن ان يكون منهما ولد واكثر ذلك النساء ابطأ افضاء للزرع من الرجال. [19]فهذه علة مانعة
للولد ولذلك اذا فارق الرجل تلك المرأة وجامع غيرها ولد له والمرأة ايضا اذا صارت الى غير ذلك
الرجل ولد لها [20]وان لم يكن لها ولد ولا للرجل قبل ذلك وقد يغير الرجل المرأة وكذلك المرأة تغير
الزوج فيولد لهما بعد عدمهما للولد. [21]وان كانت المرأة هائجة متهيئة للجماع [22]مشتاقة اليه نشيطة
والرجل حزينا مهموما بارد الجسد [23]باضطرار ان يكون افضاء زرعهما معا. [24]وربما عرض ان
تكون المرأة رأت في حلمها انها تجامع رجلا فافضت زرعها وربما القى الرجل مثل ذلك [25] فكان
اصح صحة واحسن حالا | لخروج تلك الفضلة [26] وانما يعرض هذا العرض اذا اجتمع في الجسد L64v
زرع كثير وصار [27]في الاماكن التي يخرج منها. فان خرجت تلك الفضلة لا يعرض للجسد التي
تخرج منه [28]ضعف وليس يعرض الضعف في كل حين مجامعة [29]اذا كان الزرع الذي يخرج من
فضلة ولا اذا كان الزرع الذي يخرج رديئا. [30]فان الجسد اذا خرج منه الفضلة الرديئة [31]يصح وان
كان لا يزداد قوة بل خفة بينة. فاما اذا خرج الزرع من [32]ذلك الذي يحتاج اليه الجسد فحينئذ
يضعف واذا كان الجسد ضعيفا [33]فهو يمتنع من الجماع عاجلا اعني من كثرته. [34]وقرن الشباب
اسرع الى اجتماع الزرع اكثر من سائر القرون والذين يشبون [35]عاجلا يحتلمون عاجلا والذين لا
يشبون عاجلا على خلاف ذلك. وحمل شباب النساء اسرع من حمل غيرهن [36]وليس يمكن ان
يحملن النساء ان لم يحسسن بافضاء الزرع [37]ولا يولد من جماع المرأة والرجل ان لم يكن [38]افضاء
637a زرعهما معا. [39]وربما علقت المرأة وخفى ذلك عليها من قبل انها تظن انه لا يمكن ان [1]تحمل ان
لم تجف اعضاء الجماع وغاب الزرع غيبة بينة [2]وربما افضت المرأة اكثر مما ينبغي [3]والرجل كثل

---

b13 افضاء $-L^1$ ‖ والمرأة + فهو بين ان هذه العلة T del.   b18 للزرع $-L^1$ b19–20 والمرأة ... ولد -T   b20 لها] له T ‖ وقد ... للولد $-L^1$ b24 زرعها $-L^1$ b27–29 التي(2) ... يخرج -T   b29 الذي] التى T ‖ الزرع(2) $-L^1$ b30 الفضلة $-L^1$ ‖ الرديئة + واذا حرحت منه الفصلة L^1 del.   b31 لا -T : οὐκ ‖ بل + فانه يخف L^2 b34 اجتماع + احتمال L^2 ‖ والذين] الذين LT   a1 تجف] يخف T : ξηρανθῶσι

فلا يمكن ان يبقى ذلك الزرع في الرحم ولا يخفى لان الرحم انما تحبس كفافها من الزرع. [4]فاذا جذبت الرحم كفافها وبقي منه كثير وسال حينئذ يخفى على المرأة وتظن انها لا تحمل [5]فهو بين انه يمكن ان يكون ما ذكرنا ولا يكون ذلك من كل مجامعة وكل افضاء زرع. [6]والدليل على ما
T291 قلنا الحيوان الذي يضع| جراء كثيرة من [7]سفاد واحد وولاد التوءمين شاهد على ذلك لانه ربما
L65r كان من [8]جماع مرة واحدة. وهو| بين ان [9]جزءا من اجزاء الرحم جذب الى ذاته بعض الزرع وجزءا آخر جذب غيره [10]والشاهد لنا انه تولد اولاد كثيرة من سفاد واحد العرض الذي يعرض [11]للخنازير فانها تضع جراء كثيرة العدد والنساء ربما ولدن توءمين او اكثر من ذلك كما قلنا ووصفنا فيما سلف. فهو بين ان [12]الزرع يجيء من كل الجسد [13]ويفترق وتكون صورته قائمة اذا تجزأ وبقي في الرحم [14]فليس يمكن ان يجتمع كل الزرع في مكان واحد واماكن مختلفة معا. [15]وايضا المرأة تفضي خارجا من فم [16]الرحم حيث يفضي الرجل اذا جامع المرأة ومن هناك [17]تجذب الرحم الزرع بعنق الرحم كما يجذب المنخر ما يجذب والفم ايضا. [18]وجميع ما يجذب الى ذاته بآلة موافقة للجذب وله سبيل واحدة ومدخل والناحية [19]العليا منه عميقة وانما يجذب بريح [20]ولذلك نتعاهد النساء ذلك الموضع اذا كان جافا حتى يعود [21]الى الحال الاولى. ولارحام النساء سبيل منه يدخل ما يدخل حتى يصير الى [22]الموضع المجوف وهو مثل عنق شبيه [23]بذكر الرجل وانما يصل الزرع الى الرحم بالريح ومجازه بذلك العنق ولذلك [24]مجرى بول النساء فوق هذه السبيل قليلا. ومن اجل هذه العلة لا يكون ذلك المكان قبل ان يهجن النساء الى [25]الجماع وبعد ذلك على حال واحدة. [26]فوقوع الزرع يكون من عنق الرحم [27]ثم يجذب من هناك الى داخل كما قلنا فيما سلف [28]وفعله هذا شبيه بفعل المنخرين [29]فان للمنخر سبيلا اخر آخذا الى داخل الحلق ومن ذلك السبيل يدخل الهواء لجذب المنخر [30]ومنه يخرج ايضا. فعنق الرحم على مثل هذه الحال وله خارج سبيل صغير
L65v [31]جدا بقدر موافقته لمجاز الريح [32]وذلك| السبيل واسع اذا قرب من جسد الرحم مثل سبيل المنخر [33]اذا دنا من الحنك ومدخل الحلق [34]فسبيل عنق الرحم في الناحية الداخلة [35]اوسع منه

---

a5 انه + لا LT   a6 على + خلاف T del.   a17 بعنق] يعتق T : τοῦ στόματος Σ orificium   a19 بريح] بروح L¹ : τῷ πνεύματι   a23 *بالريح] بالروح L : بالزوج T : ἀποπνέουσι Σ ventus   a29 للمنخر] للمنخرين T¹ || داخل] -L¹ : εἴσω   a31 الريح] الروح LT   a32 واسع + احد L² : εὐρύχωρον Σ amplam   a33 ومدخل] ويدخل T : φάρυγγα Σ foramine

من الناحية الخارجة وهو موافق لبقية الزرع هناك [36]والمرأة تقبل الزرع الذي يولد منه اكثر من غيره. [37]واذا كانت علل الاشياء هى فهى فالاعراض التي تعرض | لها هى فهى ايضا. T292

637b ⟨٦⟩ [6]ومن اناث الحيوان [7]ما اذا هاج واشتاق الى السفاد طلب الذكورة وعبث بها مثل الدجاج فانها [8]اذا هاجت طلبت الديوك وجلست لها ولا سيما اذا لم تكن الذكورة هائجة [9]وكثير من سائر الحيوان يفعل مثل هذا الفعل ايضا. فهذه الآفات تظهر لجميع اصناف الحيوان [10]في اوقات التهييج والسفاد فهو بين ان العلل [11]التي تعرض لها هى فهى. والطائر لا يشتاق الى قبول زرع الذكر فقط [12]بل يشتاق الى ان يفضي زرعه ايضا والعلامة الدليلة على ذلك من قبل انه [13]⟨ان⟩ لم يحضر الذكر مع الانثى تهيج الانثى وتحمل [14]وتبيض البيض الذي يسمى بيض الريح فانما تفعل ذلك لشوقها الى ان تفضي [15]الزرع وتقبل زرع الذكر. [16]وكثير من اصناف الحيوان يفعل ذلك والجراد الحسن الصوت ايضا [17]وقد جربت ذلك امرأة فيما سلف واخذت اناث جرادة وربتها حتى شبت [18]وحملت من ذاتها بغير سفاد الذكورة اياها. فمن هذه الاشياء التي ذكرنا يستدل على ان [19]كل انثى موافقة للزرع والحمل اذا [20]رأينا ذلك كائنا في كل جنس من الاجناس. وليس [21]بين البيضة التي تكون من سفاد الذكر وبين البيضة التي تكون من الريح اختلاف اكثر من ان البيضة التي تكون من السفاد تخرج حيوانا فاما البيضة التي تكون من الريح فلا. [22]ولذلك نقول انه ينبغي ان يتفق وقت خروج زرع الانثى وزرع الذكر معا ولذلك لا يكون ولد من [23]كل | زرع يخرج من الذكورة بل ربما لم L66r يكن ولد من زرع الذكورة اذا لم [24]يتفق معه زرع الانثى وصار ملائما له. وقد ذكرنا فيما سلف ان النساء يحلمن [25]وتعرض لهن اعراض مثل الاعراض التي تعرض اذا جامعن الرجال وذلك [26]بعد الفراغ من الحلم اعني انه يعرض لهن استرخاء وضعف. فهو بين انه [27]ان كن النساء يفضين في الحلم فزرعهن ايضا [28]موافق للولاد مع زرع الذكورة وبعد الحلم الذي ترى النساء [29]يترطب مكان الولاد ويحتاج الى علاج مثل العلاج الذي [30]يحتجن اليه اذا جامعن الرجال فقد وضح لنا [31]انه ينبغي ان يكون افضاء المنى من كليهما معا ان كان يراد ان يكون [32]من تلك المجامعة ولد. والنساء يفضين خارجا | من الرحم وليس في داخله اعني [33]حيث يفضي الرجل ثم من هناك T293

a37 لها L^{1}- b9 تظهر + لازمة : L^{2}T b13 ⟨ان⟩ : ἐὰν : Σ quando b17 وربتها] وربتها LT : τρέφουσα : Σ nutrivit b20 كل T- || جنس + واحد L del. b24 وصار] وقعار T || يحلمن] يحملن LT : ἐξονειρώττουσι b25 مثل الاعراض L^{1}- : Σ sicut accidit

تجذبه الرحم بالريح. فبعض [34]اناث الحيوان يبيض من ذاته اعني الطائر الذي يبيض من الريح وبعض الحيوان [35]لا يفعل ذلك مثل الغنم والخيل. وعلة ذلك لان اناث الطائر الذي يبيض من ذاته تفضي في داخل [36]الرحم وليس لها خارجا مكان آخر تفضي فيه الانثى [37]ولا الذكر
638a [38]ولذوي الاربع من الحيوان مكان خارج من الرحم [1]تفضي فيه زرعها. ومن اجل هذه العلة في سائر الحيوان [2]يذوب الزرع ويسيل كما يسيل سائر الرطوبات ولا يكون لها تقويم ولا اجتماع في الرحم لانه [3]لا يدخل هناك. فاما رحم الطير فهى تمسك الزرع وتنضجه [4]وتصير منه بيضة غير انه لا يخرج منها حيوان ولذلك نقول انه ينبغي ان [5]يكون الحيوان من زرع الانثى والذكر معا.

⟨٧⟩ وفيما يقول بعض النساء شك ومعاودة فانهن يزعمن انهن [6]اذا رأين حلم مجامعة ينهضن وذلك المكان جاف يابس فانه يستبين من هذا القول ان [7]الرحم تجذب الى ذاتها الزرع ولا تقوى الاناث على الولاد [8]ان لم يخالط زرع الذكر زرع الانثى فانه اذا خالطه جذبه معه اعني يجذب زرع الذكر
L66v الى جوف الرحم وربما جذبت رحم المرأة الزرع الذي يفضى | خارجا منه. [10]ولذلك يعرض لبعض النساء السقم [11]الذي يسمى باليونانية مولي وهو شيء شبيه بلحم يكون في جوف الرحم ويقيم على حاله سنين كثيرة كما عرض لامرأة فيما سلف من الدهر. فانها لما جامعت [12]زوجها ظنت انها قد علقت وارتفع فم [13]الرحم وجسا وكانت سائر الاشياء التي تتبع كما ينبغي. [14]فلما بلغ وقت الولاد لم تلد المرأة ولم يصغر ذلك الانتفاخ ولا الورم [15]بل بقيت على تلك الحال اربعة او خمسة سنين فلما [16]عرض لها الذي يكون من قرح المصارين وكادت تهلك به ولدت بضعة لحم [17]جيدة العظم وهى التي تسمى مولي. وربما عرض هذا السقم لبعض النساء وبقى على حاله الى زمان الشيب [18]ومات معهن. وانما يكون هذا الوجع من قبل حرارة [19]اذا كانت الرحم سخنة
T294 [20]يابسة ولسخونتها ويبسها تجذب الرطوبة الى ذاتها [21]فاذا جذبت امسكت | تلك الرطوبة ولم

b35 الذي ... ذاته -L^{1} b36 خارجا] خارج LT : ἔξω b37 ولا الذكر] والذكر $L^{1}T$: οὐδὲ ὁ ἄρρην b38–a1 ولذوي ... زرعها : -$L^{1}T$ a1 في سائر الحيوان : -L del., T- a3 الزرع] الجماع T^{1} a4 ينبغي] يقول T^{1} a5 ومعاودة] ومقاولة L^{2} a7 الزرع -L^{1} a8 يجذب -L^{1} a11 لما] اذا T a14 يصغر] يضعن T a16 عرض + طال L^{2} : γενομένης : Σ accidit ‖ لها + لهما T ‖ لها + الوجع المسمى دوسنطاريا وقرح في الامعاء ويكون معه اختلاف شديد -$L^{1}T$ ‖ المصارين] المصاريف T ‖ به -L^{1} a18 يكون + هذا السقم لبعض النسا وبقى على حاله زمان السيب ومات معهن وانما يكون T a20 ولسخونتها] وسخونتها T

تدعها تسيل ولا تنزل. فاذا كانت حال الرحم على ما وصفنا وجذبت الزرع الى ذاتها [22]ولم يكن
معه مخلوطا زرع الذكر [23]يجتمع ويتولد منه البضعة التي تسمى [24]مولي وهذا الاجتماع شبيه بما يتولد
في ارحام الطائر من البيض الذي يسمى بيض الريح فتلك البضعة لا تسمى حيوانا لانها ليست
من خلط زرع كليهما ولا هى غير متنفسة [25]لانها تشبه المتنفس وهى مثل ما يجتمع في رحم
الطائر من بيض الريح. [26]وانما تبقى تلك البضعة زمانا كثيرا لحال الرحم [27]ولان رحم الطائر
اذا صار فيها زرع الانثى [28]تربى وتغذى وتحرك العروق فاذا [29]انفخ فم الرحم مرة خرج منه
البيض متتابعا مرارا شتى وليس فيما بين ذلك شيء يمنع. [31]فاما الحيوان الذي يحمل ويلد حيوانا
مثله [32]فقوة رحمه تتغير اذا نشأ ما فيها ولا سيما لانه [33]يحتاج الى غذاء مختلف بقدر اختلاف
L67r الزمان في الرحم يثور ويلتهب [34]ويلقي ما فيه. فاما البضعة فلانها لحم ليست | هى حيوانا [35]لا
تثقل الرحم ولا تلجئه الى الورم والالتهاب [36]ولذلك ربما اقام هذا الداء زمانا كثيرا حتى يعبرن
النساء اللاتي يعرض لهن ان لم [37]يحدث فيما بين ذلك سقم آخر بسعادة البخت كما عرض للاتي
638b اصابها اختلاف من قرح المصارين. [1]وهو مشكوك ان كان هذا العرض من قبل حرارة [2]او من
قبل الرطوبة اعني اجتماع البضعة التي وصفنا [3]او من قبل كثرة برودة الرحم ونقول ان حرارة
الرحم لا تكون كثيرة حتى تنضج ولا تكون باردة جدا حتى تدع وتخلي ما في الرحم ويقع.
[4]ولذلك يكون الداء من مثل ما يعرض للحم الذي يطبخ فانه [5]اذا لم يحكم طبخة اقام حينا كثيرا
لا ينضج [7]فلان البضعة التي تكون في الرحم ليست بحيوان [8]لا يعرض منها طلق وانما الطلق حركة
[9]الرطوبات. [10]والجساوة التي تكون في تلك البضعة انما تكون من قبل سوء الطبخ [11]وهى تكون
جاسية جدا حتى لا يستطاع [12]ان تقطع بفأس [13]وكل ما يطبخ على غير احكام يكون [14]جاسيا غير
نضيج. [15]وكثير من الاطباء جهل هذه العلة ولذلك [16]اذا عاينوا البطون ترتفع بغير الارتفاع [17]التي
تكون من جمع الماء وانقطاع الطمث وازمن [18]بصاحبه يظنون انه هذا الداء الذي وصفنا وليس |
T295 ذلك كما يظنون لان [19]البضعة لا تكون في الرحم الا في الفرط. وربما كانت نازلة [20]فضول لزجة

a33 بقدر -T ‖ يثور + يرم L^2 ‖ ويلتهب] ويلهب T : ἐπιφλεγμαίνουσά a36 يعبرن] نعبرى T b2 او من M] ومن LT b3 ما في] باقى T b7 فلان] فان LT b11 بفأس] نعاس T : πελέκει : Σ per securim b13 وكل ما -L^1 b17 جمع] جميع LT ‖ وازمن] وان مر T : χρονίζῃ b18 يظنون(1)] يطوبه T ‖ انه] ان L^1T b20 لزجة + برحة L^2

رطبة دقيقة مائية تنزل الى ناحية الرحم وربما كانت نازلة فضول غليظة [21]الى ناحية البطن ولا سيما اذا كان الطباع موافقا لذلك. [22]فان هذه الفضول لا تكون موجعة ولا مؤذية ولا تعرض منها حرارة غالبة [23]لحال بردها بل تجتمع وتنشؤ فمنه ما يعظم [24]ومنه ما يبقى صغيرا ولا يعرض منه سقم آخر حادث [25]بل يبقى على حاله مثل شيء مفروغ منه. وحبس [26]الطمث يكون لان الفضول تفنى هناك [27]كمثل ما يفنى في اللبن اذا رضع| الصبي من امه فانه اذا در اللبن [28]لا L67v
يعرض شيء من الطمث وان عرض لا يكون الا ضعيفا قليلا. وربما [29]سالت الفضول وصارت في المكان الذي بين الرحم والبطن حتى [30]يظن انها الداء الذي يسمى باليونانية مولي وليست هي كذلك. وليس معرفة ذلك عسرة اعني [31]ان كانت البضعة تماس الرحم ام لا فان الرحم اذا لم [32]ترم وترتفع وكانت خفيفة ليس فيها شيء من الثقل تدل على ان ذلك الداء ليس فيها. فاما ان [33]كانت حال الرحم كحالها اذا كانت فيها صبي ففيها تلك البضعة وربما كانت الرحم حارة يابسة وربما كانت باردة [34]يابسة تمايل الرطوبات الى داخلها ويكون [35]فم الرحم كما يكون عند الحمل.

تم تفسير القول العاشر من كتاب طبائع الحيوان.

b25 حاله T- b27 كمثل] فكمثل LT || رضع] ارضع T b29 الفضول L^1- b34 تمايل] تعابل L : تقابل T : τετράφθαι b35 فم] في LT : στόμα || الحمل + وربما افضت المرأة والرجل من الزرع اكثر مما يحتاج اليه الرحم لحال الولد فاذا جذبت الرحم كفافها من الزرع وبقى منه خارجا بقاء صالحا ابدا يخفى الحمل على المرأة والدليل على ذلك الحيوان الذي يحمل عدة ويلد من سفاد واحد وولاد التوءمين فهو بين ان الحمل انما كان جزاء من اجزاء الزرع وبقى اكثره خارجا LT (cf. 637a2–9).

Concise Glossary to the Arabic-Greek Text

B Balme. HA VII–X. Loeb 439
Bk Bekker: edition HA
B-G Balme-Gotthelf: edition HA
DI Greek Insects
P1/P2 Peck HA I–III and IV–VI Loeb
TB (Birds) Thompson (1895), later reprint
TF (Fishes) Thompson (1947)

For detailed information about quotations, see Bibliography.

ابرة (ἡ βελόνη: pipe-fish or needlefish): TF 29–32; II 508b6, VI 567b22–23, 571a4.

ابروفوروس (ὁ πρόφορος: fore-runner): IX 586a30, cf. Balme 1991, p. 459, note d.

ابرياموس (ὁ Πρίαμος): VIII 618b26.

ابسطاخي (ἡ ψιττάκη: parrot): TB 198–199; VII 597b27.

ابسيطوا (οἱ ἑψητοί: tiny (boiled) fishes): TF 73; VI 569a20.

ابط (ἡ μασχάλη): I 493b8, II 498b22, IX 587b22; قريبة من ابطيها (ἐν τῷ στήθει): II 500a26.

ابلوني (ὁ Ἀπολλωνιάτης): III 511b30.

ابوروس (ὁ ἵππουρος: goldmackerel): TF 94; V 543a22, a23, VII 599b3.

ابولايس (ἡ ὑπολαίς: wheatear): TB 175; VI 564a2, VIII 618a10.

ابومانيس (τὸ ἱππομανές): VII 605a2.

ايباس (ἡ ἶβις: ibis): TB 60–64; VIII 617b27.

ابيروس (ἡ Ἤπειρος): III 522b16.

ابي لايس (ἡ ἐπιλαΐς: unknown bird): TB 54; VII 592b22.

اتان (ὁ ὄνος: donkey): III 521b33; لبن الاتن (τὸ ὄνειον): III 522a28.

اثارينوا (ὁ ἀθερῖνος: sand-smelt): TF 3–4; VIII 610b6; also: اثاريني (ἡ ἀθερίνη): VI 570b15, 571a6.

اثاقي (ἡ Ἰθάκη): VII 606a2.

اثر (τὸ ἴχνος): VII 588a19, a24*, a33, VIII 608b4; crust over a healed wound: I 490b22–23*; بخطوط وآثار بينة (ἄρθροις): I 493b33; τὸ σημεῖον: IX 585b31.

اثوا (ἡ αἴθυια: gull): TB 17–18 I 487a23, VII 593b15.

اثوس (ὁ Ἄθως): V 549b17, VII 607a12.

اثينا (οἱ Ἀθηναῖοι): VI 569b26; في ميناء اثينا (ἐν τῷ Ἀθηναίων λιμένι): VI 569b26; اهل اثينياس (οἱ Ἀθηναῖοι): V 559a12; اثيناس (αἱ Ἀθῆναι): VI 569b11.

اجوبيوس (ὁ αἰγυπιός: vulture): TB 16; VIII 609b9, 610a1.

اجيون (ὁ Αἰγαῖος; πόντος): VII 598a26, b30.

اجيثوس (ὁ αἴγιθος: perh. linnet): TB 15; VIII 610a7, 616b10.

اخاينا (ἡ ἀχαίνης: deer): II 506a24.

آخِر (ἔσχατος): II 505a9: τὸ ἔσχατον: IX 586b9; في آخرالخريف (τοῦ μετοπώρου τελευτῶντος): VIII 628a16; في آخر الشهور (περὶ φθίνοντας τοὺς μῆνας): IX 582a34; ὕστατος: VI 570b15; مؤخر (τὸ ὀπίσθιον): I 494a7, III 518a17; آخير (ὕστερος): VII 597a13, IX 586a11; τὸ ἔσχατον: IX 586a26; آخرة (τέλος): VII 602a6, VIII 619a18.

اخرسفيد (ὁ χρύσοφρυς: gilthead or dorade): TF 292–294; V 543b3, VII 598a10, 599b33.

اخرناس (ὁ ἀχάρνας or λάβραξ: basse): TF 6–7; VII 602a12 or اخرنوس (ὁ ἄρχαρνας): VII 591b1.

اخروبوس (ὁ Εὔριπος: the strait which separates Euboia from Boeotia): V 547a6.

اخطوس (ὁ χυτός: shoal of fishes): V 543a1.

اخليوا (ὁ Ἀχίλλειος: sponge): TF 23–24; V 548b20; also اخليوس: V 548b1–2.

اخنومون (ὁ ἰχνεύμων: weasel): VIII 609a5, 612a16.

اخيثالوس (ὁ αἰγίθαλος: titmouse): TB 14; VIII 616b3, 626a8.

ادراباطيس (ὁ δραπέτης: fugative, a quality of the τροχίλος): VIII 615a18.

ادروس (ὁ ὕδρος: watersnake): I 487a23.

ادرياس (ὁ Ἴστρος: Greek name for the river Danube): VII 598b16.

ادريانوس (αἱ Ἀδριαναί or Ἀδριανικαὶ (ἀλεκτορίδες): hen): TB 20–26; VI 558b16.

ادسوس (ὁ Ὀδυσσεύς): VI 575a1.

ادى (II: ادى الى: ὀρέγω εἰς): I 496a32, 497b27; مؤدى العلة (τοῦ λόγον ἔχειν): I 491a24.

اذن (τὸ οὖς): I 492a13, II 501a29, VII 597b22; الاذن اليمنى: I 492a21*; الاذن اليسرى: I 492a22*.

اذن البحر (θαλάττιον οὖς: ormer; wild limpet): TF 296–297; IV 529b16.

اذن (τὸ βράγχιον): I 489b3, III 509b4, IV 533b4; اذن مكشوفة (ἀκάλυπτα βράγχια): I 489b5; τὰ βραγχιώδη: IV 526a26, a27*; اعضاء في افواهها شبيهة بآذان (τὰ βραγχιοειδῆ): IV 526b20.

ارادوطوس (ὁ Ἡρόδοτος: ارادوطوس الحكيم): III 523a17.

اراقلوس (ὁ Ἡρακλῆς): IX 585a14, b23.

اربس (ὁ εἴροψ: bee-eater): TB 116–117; الطير الذي يسميه اهل بلدة بوتيا اربس (ὅν δ' οἱ Βοιωτοὶ καλοῦσιν μέροπα): Bk: εἴροπα; VI 559a3–4.

اربي (ἡ ἅρπη: perh. lammergeier): TB 35–36; VIII 609a24, 610a11, 617a10.

اربيا (ἡ Ἀραβία: في ارض اربيا): VII 606b5.

اربيان (ἡ καρίς: crab): TF 103–104; صنف اخر الاربيان: IV 525a33–34; جنس الاربيان الذي يسمى الاحدب (τῶν δὲ καρίδων αἱ μὲν κυφαί): IV 525b17; للاربيان الاحدب (ἡ καρὶς ἡ κυφή): IV 525b27–28.

اربية (ὁ βουβών): B-K: I 23a: racine de fémur; فاما مكان الاربية فهو مكان مشترك بين الفخذ والقحقح والمريطاء: I 493b9, III 515a8–10; نواحي الاربيتين (ἐν τοῖς βουβῶσιν): IX 583b2.

ارجوان (ὑποπόρφυρος: ولون مائل الارجوان): VIII 616a15.

ارخوطاس (ὁ Ἀραχώτης: في بلدة التي تسمى باليونانية ارخوطاس): II 499a4.

ارثرينوس or **ارثرني** (ὁ ἐρυθρῖνος): (perh. braize): TF 65–67; IV 538a20, VI 567a27.

ارشيلوس (ὁ ὄρχιλος: wren): TB 126; VIII 609a12.

ارض (ἡ γῆ): I 487a32, II 503a12, IV 525a23. Often in combination with a name: في ارض لوبية: VII 606b19; ارض الهند (ἐν Ἰνδοῖς): II 501a26; من ارض اسكوثيا وهى من بلاد خراسان (ἐκ τῶν Σκυθικῶν πεδίων): VII 597a5; فوق الارض (ὑπέρ-

γεια): I 488a24; والدبر الذي يأوي على وجه الارض (σφὴξ ὁ ἐπέτειος (> ἐπίγεος?)): VIII 623b10; على الشجر الذي يقرب من الارض (ἐπὶ τοῖς χαμαιζήλοις φυτοῖς): VI 559a13.

ارض (τὸ ἔδαφος): VIII 619b2, 623b30, 626b17.

اَرَض: الحيوان الذي يسمى الارضة (τὸ σκορπιῶδες: woodworm: insect found in books): IV 532a19.

ارغوس (ὁ σαργός: sargue): TF 227–228; النجم الذي يسمى باليونانية ارغوس (τῷ σάργῳ (sic!)): VI 570b3.

ارغياس (ἡ Ἀργεία): VII 602a8.

ارفا (ὁ ὀρφός: sea-perch): TF 187–188; VII 591a11; also ارفوس (sg): VII 599b6.

ارقاديا (ἡ Ἀρκαδία: region in Greece): VIII 617a14.

ارقص (ὁ ὄρυξ: gazelle): II 499b20.

ارقطوا (ἡ ἄρκτος: bear-crab): V 549b23.

ارقوناس (ὁ ὄρκυς: large tunny): TF 185–186; οἱ ὄρκυνες: V 543b5.

ارمينية (ἡ Συρία: غنم ارمينية والشأم: ἐν δὲ Συρίᾳ τὰ πρόβατα): VII 606a13.

ارنب (ὁ δασύπους: rabbit): III 516a2, 522b9, VIII 619a34; لبن الارانب (τὸ δασυπόδειον): VI 574b13; λαγωοί: VII 606a24, VIII 619b15; ويقتل الارانب (λαγωφόνος): VIII 618b28; ἡ πρόξ (deer!): III 520b24.

اروثرينوس (ὁ ἐρυθρῖνος: braize): TF 65–67; VII 598a13.

اروديوس (ὁ ἐρωδιός: heron): TB 58–59; VII 593b1, VIII 610a8, 617a8; اروديوس الابيض (λευκερωδιός): TB 112; spoonbill: VII 593b2; اروديون: VIII 609b21.

ارودوروس (ὁ Ἡρόδωρος: ارودوروس ابو برسون السوفسطائي الحكيم: Ἡρόδωρος ὁ Βρύσωνος τοῦ σοφιστοῦ πατήρ): VI 563a7, VIII 615a9–10.

آريّ (ἡ φάτνη): VIII 609b20.

اريثاقوس (ὁ ἐρίθακος: robin): TB 57; VII 592b22, VIII 632b28.

اساس (ἡ βάσις): VIII 624a8.

اسالون (ὁ αἰσάλων: hawk): TB 18; VIII 609b8, b30, b33.

اسبداس: (aspides: Guill.): B-G ἀσπίδες: gnat/mosquito: I 487b5.

اسبيزا (ἡ σπίζα: chaffinch): TB 157–158; VII 592b17, b19, b26.

اسبيزا (ὁ σπίζίας: sparrow-hawk): TB 158; VII 592b9 (γλαύξ in B-G, 620a20 not in T).

اسد (ὁ λέων): I 488b17, 490b33, II 497b16.

اسطارياس (ὁ ἀστερίας: perh. spotted dog-fish): TF 19; الصنف الذي يسمى باليونانية اسطارياس وتفسيره النجمي (ὁ καλούμενος τῶν γαλεῶν ἀστερίας): VI 566a17.

اسطارياس (ὁ ἀστερίας: bittern): TB 36–37; اسطارياس وتفسيره النجمي فانه يقال في الامثال ان خلقته من خلقة عبيد (ὁ δ' ἀστερίας ὁ ἐπικαλούμενος ὄκνος (TB 121–122) μυθολογεῖται μὲν γενέσθαι ἐκ δούλων): VIII 617a5–6.

اسطاقوا (ὁ ἀστακός: lobster): TF 18; V 541b20, b25, 549b14; also اسطاقوس (sg): وجنس آخر يسمى باليونانية اسطاقوس (ἕτερον τὸ τῶν καλουμένων ἀστακῶν): I 490b12, IV 525a31–32, 526a11, 530a28.

اسطرس (ὁ οἶστρος: horse-fly: ذباب الدواب الذي يسمى باليونانية اسطروس): I 486b6, VII 596b14.

اسطرمبوس (ὁ στρόμβος: whelk): TF 252–253; IV 530a26, V 548a18; τὰ στρομβώδη: IV 528a10–11; الصنف الذي ينسب الى الاسطرمبوس البحري والبري (τοῖς στρομβώδεσι καὶ τοῖς χερσαίοις καὶ τοῖς θαλαττίοις): الصنف الذي ينسب الى الاسطرمبوس البحري والبري (τοῖς στρομβώδεσι καὶ τοῖς χερσαίοις καὶ τοῖς θαλαττίοις): IV 529a15.

اسطروس (ὁ Ἴστρος: river Danube): VII 597a11.

اسطرومون (ὁ Στρυμών: river in Macedonia): VII 597a10.

اسطفسياس (ὁ σπιζίας: sparrow-hawk): و⟨البازي⟩ الذي يسمى اسطفسياس: TB 158 VII 592b2.

اسطرومبودي (τὸ στρομβῶδες: shell): V 547b4.

اسطريا (τὸ ὄστρεον: oyster): TF 190–191; V 547b20, b33.

اسفنج (ὁ σπόγγος): TF 249–250; الحيوان البحري الذي يسمى باليونانية اسفنج وهو الغمام: VII 588b20.

اسفندولاس (ἡ σφονδύλη: beetle): VIII 619b22.

اسفورانا (ἡ σφύραινα: spet): TF 256–257; VIII 610b5.

اسفيداج (τὸ ψιμύθιον): IX 583a23.

اسقالوفوس (ὁ ἀσκαλώπας: woodcock): TB 36; VIII 617b23; اسقوباس (ἀεισκῶπες): VIII 617b32, 618a4.

اسقلية (ἡ Σικελία): VII 606a5.

اسقمندروس (ὁ Σκάμανδρος: river near Troia): VII 519a18.

اسقوباس (ὁ σκώψ: owl): TB 155–156; VIII 617b31; اسقوباس ابدا (ὁ ἀείσκωψ): VIII 617b32, 618a4.

اسقوثيا (ἡ Σκυθική): VII 606a20, VIII 619b13; بلدة اسقوثيا (ἐν τῇ Σκυθίᾳ): Bk: ἐν τῇ Καρίᾳ; VII 607a16; Σκυθῶν: VIII 631a1.

اسقولوبقس (ὁ σκολόπαξ: woodcock): TB 155; VIII 614a33.

اسقيانا (ἡ σκίαινα: maigre): TF 241–243; VII 601b30.

اسكوثيا (Σκυθίαν): Bk: ἡ Σκυθική: VII 605a21; من ارض اسكوثيا وهى من بلاد خراسان (ἐκ τῶν Σκυθικῶν πεδίων): VII 597a5.

اسكوثيكي (ἡ Σκυθική; البلدة التي تسمى قلتيكي واسكوثيكي: ἐν δὲ Σκυθικῇ καὶ Κελτικῇ): VII 606b4.

اسمرانا ((sg) ἡ μύραινα: murry): TF 162–165; VIII 610b17; also اسموراني (pl): VII 598a14; اسمورينا (sg): II 489b28, III 517b7, V 540b1, 543a20, a23, a24; also اسميرني (pl): VII 591a12.

آسيا (ἡ Ἀσία): VI 569a19, VII 606b16, b18.

اسيودوس (ὁ Ἡσίοδος; اسيودوس الشاعر): VII 601b1.

اشالون (ὁ Ἀχελῷος): IV 535b18; also اشيلوس: VII 606b15.

اصطاقو (ὁ ἀστακός: lobster): TF 18; VII 601a10.

اصل (ἡ ἀρχή): III 515a15, 516a19, 519b16; وموضع اصل العضد (κατὰ τὸ ὠλέκρανον): I 493b32; اصول العينين (τὰς ἕδρας τῶν ὀφθαλμῶν): IV 533a14; العضو الذي يكون على اصله (ἡ ἐπιγλωττίς): I 492b34; also: اصل اللسان: I 495a28, II 509a20*; عضو

(τὴν δ'ἐπιγλωττίδα ناتئ اعني الذي يكون على اصل اللسان ويغطي رأس سبيل قصبة الرئة ἐπὶ τῆς ἀρτηρίας): II 504b4; واصول الكفين (τοὺς καρποὺς καὶ τὰς συγκαμπάς): III 513a3; ἡ ρίζα: I 493b18: اصل البطن: II 500a8*, III 516b13; وتقلع ... باصولها (ἕλκουσα πρόρριζον): Bk: πρόσριζον; VIII 616a2; له شيئا شبيها باصول بها ينبت في (ἐρρίζωνται): V 548a5; بغير اصول (ἀρρίζωτοι): V 548a5; موضعه اصل الذكر (παρὰ τὸν καυλὸν τὸν ἐπὶ τὴν οὐρήθραν τείνοντα): I 497a20; اصل مجوف مثل القصبة (καυλόν): II 504a31; اصل ذنبه (ἄκραν τὴν τῆς κέρκου πρόσφυσιν): II 503b13–14; اصل الكف (τὸν ταρσόν): III 512a7; من اصل (εὐθὺς): III 518a12; من اصله (κάτωθεν): III 518b28; واصول الشعر (κάτωθεν): VIII 630a30.

اطاغيني (ἀτταγήν: francolin): TB 37–38; VIII 617b25.

اطاليا (ἡ Ἰταλία): VIII 607a26, 632b25.

اطرابيس (ἡ θραυπίς: perh. finch): TB 60; VII 592b30.

اطراقطولس (ἡ ἀτρακτυλλίς: spindle-thistle): VIII 627a8.

اطراورشيس (ὁ τριόρχης: buzzard): TB 170; VIII 609a25.

اطرشيلوس (ὁ τρόχιλος: wren): TB 171–172; VIII 609b12; also اطروشيلوس: VIII 615a17.

اطرغلا (ἡ τρίγλη: red mullet): TF 264–268; V 543a5, also اطريغلا: VII 598a10 and اطريغلي: VIII 621b21.

اطرغلة (ἡ τρυγών: turtle dove): TB 172–173; V 558b22, VII 600a19, VIII 610a13.

اطروغون (ὁ τρυγών: sting-ray): TF 270–271; V 540b8; also اطريغون: I 489b31.

اطريخيا (ὁ τριχίας: sardine): TF 268–270; VII 598b12.

اغلانيس (ὁ γλάνις: sheatfish): TF 43–48; صنف السمك النهري: VIII 621a20–21.

اغلوقوس (ὁ γλαῦκος: perh. blue shark): TF 48; VII 607b27.

اغنافالوس (ὁ γνάφαλος: perh. waxwing): TB 47; VIII 616b16.

اغنثس (ἡ ἀκανθίς: goldfinch): TB 18–19; VIII 616b31.

اغنثوليس (ἡ ἀκανθυλίς: goldfinch): TB 19; VIII 616a5.

اغنثياس (ὁ ἀκανθίας: picked dogfish): TF 6; VI 565b27, VIII 621b17; صنف السمك الذي يسمى باليونانية غاليوس ‹اغنثياس›: ὁ ἀκανθίας γαλεός: VI 565a29.

اغنوس (ἡ ἄγνος: chaste-tree): VIII 627a9.

اغوقيفالوس (ὁ αἰγοκέφαλος: owl): TB 15–16; اغوقيفالوس اى الذي رأسه شبيه برأس عنز: II 506a17.

اغوليثاس (ὁ αἰγοθήλας: nightjar): TB 15; وتفسيره الذي يرضع المعزى ...: VIII 618b2.

اغوليوس (ὁ αἰγωλιός: owl): TB 16–17; VII 592b12, VIII 616b25, or: ὁ αἰτώλιος: VI 563a31.

افروجيا (ἡ Φρυγία): III 517a28, VIII 617b19.

افروس (ὁ ἀφρος: froth: الصنف الذي يسمى افروس وتفسيره زبد): VI 569a29, b13, b28.

افوئي (ἡ ἀφύη: whitebait): TF 21; VI 569a29, a30, b8.

افيقلوس (ὁ Ἰφικλῆς): IX 585a14.

اقاليفي (ἡ ἀκαλήφη: sea-anemone): TF 5; I 487a25, b12, IV 531a31, VII 588b20, 590a27, a30.

اقتاناس (ὁ κτείς: scallop): TF 133–134; V 547b24, b29, VII 607b2; also اقديناس: VII 603a21–22.

اقريطية (ἡ Κρήτη; في ارض جزيرة اقريطية): VIII 612a3.

اقس (ὁ αἴξ: perh. horned owl): TB 18; VII 593b23.

اقسفوس (τὸ ξίφος: bone in the cuttlefish): IV 524b24.

اقسفياس (ὁ ξιφίας: swordfish): TF 178–180; VII 602a26, a29.

اقطاناس (ὁ κτείς: scallop): IV 528a14–15, V 547b14; الجنس الذي يسمى اقطاناس وتفسيرهذا الاسم امشاط: VII 599a14, a18.

اقطس (ἡ ἴκτις: weasel): VIII 612b10.

اقطسياس (ὁ Κτησίας: Greek writer): II 501a25, VII 606a8; also اقطيسياس: III 523a26.

اقطيس (ὁ κτείς): IV 528a25, a30.

اقليروس (ὁ κλῆρος): DI 65–66; beetle destroying larvae of the honey bee: VII 605b11.

اقنثوليس (ἡ ἀκανθυλλίς: goldfinch): Cf. 111: TB 19; VII 593a13.

اقنثيس (ἡ ἀκανθίς: goldfinch): VII 529b30, VIII 610a6.

اقوليني (ἡ Κυλλήνη: mountain in Peloponnesus): VIII 617a14.

اكل (ἐσθίω: to eat): II 506a33, IV 530b1, 538a17; καταβρωθῆναι: VIII 631a19; βόσκεται: VIII 616b8; ويأكله حتى يقطعه (ἀποτρώσουσι): Bk: ἀποτρώγουσι: VIII 621a15; γεύεσθαι: VII 600b11; اكل شبعا (εὐωχοῦσιν): VII 595a24, VIII 624a26; νέμονται: VII 590b20; τρέφεται: VII 591a22; اكثرن من اكل (δαψιλεστέρῳ χρησαμένων): IX 585a27; ما يعيش من اكل ومص الدم (αἱμοβόρα): VII 596b13; يأكل بعضه بعضا (ἀλληλοφαγοῦσι): VII 591a17, 593b27; الذي يؤكل (ἐδώδιμον): IV 531b6, IV 530b15; الغنم (الذي) اكل من الذئاب: τῶν λυκοβρώτων προβάτων: VII 596b7; يأكل عيون (ὀφθαλμοβόρος): VIII 617a9, cf. 617a11, Greek: ὁμοιοβίοτος (!); يأكل عشبا (ποηφάγον): VII 595a16.

اكل (ἡ τροφή): II 488a19; لشوقها الى اكل اللحم (ἐφιέμενον τῆς σαρκοφαγίας): VII 594b4.

اكول (اكول لكل شيء: παμφάγα): VII 596b12.

مأكول (τοῖς ἐσθιομένοις): VII 594b26.

الابراق (ὁ λάβραξ: sea-basse): TF 140–142; IV 534a9, VI 567a19, VII 601b30.

الاثوريا (τὸ ὁλοθούριον: perh. oyster): TF 181; I 487b15.

الاخرسافيد (ὁ χρύσοφρυς: gilt-head or dorade): TF 292–294; IV 537a28, also الاخرسفيد: VII 602a11; الخرسفريس: VII 591b9 and الخروسافد: VI 570b20.

الاروس (ὁ λάρος: gull): TB 111; VII 593b4.

الاس (ἡ Ἑλλάς): IX 584b10–11, also الاص: VII 606a22.

الاطرغلة (ἡ τρυγών: turtle-dove): VII 593a9, 597b3, VIII 609a18, 633b7.

الاطرغلة البحرية (ἡ τρυγών: sting-ray): TF 270–271; VIII 620b24.

الاغيني (ὁ ἐλεγῖνος: a kind of herring): TF 61; VIII 610b6.

الافيبوليون (ὁ Ἐλαφηβολιών: Attic month); في شهر الروم الذي يسمى الافيبوليون: VI 571a12.

الاقنيدا (ἡ κνίδη: sea-anemone:): TF 118; V 548a24.

الاميا (ἡ λάμια: shark): TF 144; V 540b18.

الانثياسات (ὁ ἀνθίας; pl. of انثياس): TF 14–16; VIII 620b35, but not a plural in Greek!

الانكليس (ἡ ἔγχελυς: eel): TF 58–61; II 504b31, IV 538a3, VI 567a21, VII 591b30.

الس (ἡ Ἦλις: region in Greece): IX 586a2–3*.

الفرما (τὸ Πηλούσιον: city in Egypt): VIII 617b30, b31.

القميون (ὁ Ἀλκμαίων: philosopher): I 492; IX 581a16.

القوان (ἡ ἀλκυών: kingfisher): TB 28–32; VII 593b8, VIII 615b29, 616a14; also القوون: V 542b4, b22.

القيفال (ὁ κέφαλος: grey mullet): TF 110–112; VI 567a19, 570b15, VII 591a18, a23, a25.

اللبراق (ὁ λάβραξ: sea-basse): TF 140–142; I 489b26, IV 537a27, V 543a3, VI 570b20, VII 591a11.

اللوريا (οἱ Ἰλλυριοί): I 499b12.

اللوريس (ἡ Ἰλλυρίς): VII 606b3.

الاهي (θεῖος): VIII 619b7.

الوباداس (ἡ λεπάς: limpet): TF 147; IV 530a19.

الوس (ὁ ἐλεός: owl): TB 53; VIII 609b9; also اليوس: VII 592b11, 600b12.

الية (ἡ οὐρά): VII 606a13; عريض الالية (πλατύκερκοι): VII 596b4; طويل الالية (τῶν μακροκέρκων): VII 596b5.

اليا (ὁ ἁλιεύς: angler or fishing-frog): TF 28–29; ὁ βάτραχος ὁ θαλάσσιος: VIII 620b12.

الياس (ἡ Ἰλιάς; في شعره الذي يسمى الياس): VIII 615b9.

الياس (ἡ ἰλιάς: thrush): TB 69–70; VIII 617a21.

اليادوس (ὁ ἁλιαιετός: sea-eagle): TB 26–28; VII 593b23; also الياطوس: VIII 619a4.

اليسبنطوس (ὁ Ἑλλήσποντος): VI 568a5 or السبونطوس: V 548b24, 549b15.

ام (ἡ μήτηρ): II 500a31, VI 573b32, VIII 611a13; الآباء والامهات (οἱ ἔκγονοι): VIII 615b26; ἡ μήτρα: mother-wasp: VIII 627b32, 628a2; القائد الذي يسمى اما (ἡ καλουμένη μήτρα): VIII 628a18, a30.

اماصابيون (Μεσσάπιος: Messapian mountain in northern Macedonia): VIII 630a19.

امرويداس (ἡ ἀπορραΐς; (αἱμορροΐς)): Bk: TF 4; shellfish, perh. murex: IV 530a19, a25.

اموداس (ἡ ἐμύς: tortoise): VII 589a28; also اموس: VII 600b22.

اميا (ἡ ἀμία: pelamid or bonito): TF 13–14; I 488a7, VI 571a22, VII 591a11, also امياس: II 506b13.

اميروس (Ὅμηρος: اميروس الشعير): VI 574b33, VIII 618b25.

اميولوس (ἡμιόλιος): من جميع العقبان جنس يسمى اميولوس: τῶν δ' ἀετῶν καὶ ἡμιόλιος: VIII 619a13.

اناس (ἡ οἰνάς: pigeon): TB 120–121; VII 593a18.

انث; نأنيث (ἡ θηλύτης): I 495b15.

انثى (θῆλυς): I 489a11, 493a13; العنكبوت الانثى (ἡ θήλεια): VIII 623a23; شبيهة بطباع الاناث (θηλυκά): VII 589b30; موافق لولاد الاناث (θηλυγόνα): IX 582a32; فلا يولد له الا الذكورة منها الا الا ناث وبعضهم لا يولد (θηλυγόνοι εἰσὶν ἢ ἀρρενογόνοι): IX 585b13; كثيرا من في ولاد الذكورة والاناث (περὶ ἀρρενογονίας καὶ θηλυγονίας): IX 585b11; الحوامل اللاتي يحملن انثى (πολλαῖς γὰρ θητοκούσαις): IX 583b6; واناث الخنازير (αἱ μὲν οὖν (ἥμεροι) ὕες): VI 573a31, VII 595b3; اناث البقر (ἡ βοῦς): II 500a30, VI 572a10; اناث الخيل (αἱ ἵπποι): VI 572b1; اناث الكلاب السلوقية (αἱ Λάκαιναι κύνες αἱ θήλειαι): VIII 608a27; اناث الجمال (αἱ κάμηλοι αἱ θήλειαι): VIII 632a27; اناث الفهود (ἡ πάρδαλις): II 500a28; وشباب اناث الطير (αἱ νεοττίδες): VI 560b4; اناث الجاج (αἵ … ἀλεκτορίδες): VIII 631b8; اناث القبج (ἡ πέρδιξ): VIII 613b21; اناث التي تشبه بالجنس (τὰς συγγενείας): VI 566a26.

انثيان (ὄρχεις δύο): I 493a32, II 500b3, IV 532b24.

انثريني (ἡ ἀνθρήνη: bumblebee: يسمى باليونانية انثريني وهو الدبر الاصفر): VIII 628b32.

انثس (ὁ ἄνθος: perh. yellow wagtail): TB 33; VIII 609b14; also انثوس: VIII 610a6, 615a27.

انثيا (ὁ ἀνθίας: perh. sea-perch (pl)): VIII 610b5; also انثياس: VIII 620b33; perh. indentical with the اوليياس (ὁ αὐλωπίας): VI 570b19, cf. TF 14–16.

اندريس (ἡ ἐνυδρίς: otter): I 487a22.

انس (X: استأنس; ἡμεροῦμαι): I 488a29; يمكن ان يكيس ويستأنس (ἡμεροῦσθαι δύναται): V 544a30, VI 572a5*; τιθασσεύω: VIII 608a25, 610a29; τιθασσῶς ἔχειν: VIII 608b31; يكيس ويستأنس سريعا (τιθασσευτικὰ): I 488b22; τῶν συνανθρωπευομένων ζῴων: V 542a27; وانما يستأنس بعضها الى بعض (πρὸς ἄλληλα δὲ πραΰνεται): VII 606b23.

انسي (ἥμερος): II 506b31*; وبين البري والانسي (οἱ ἄγριοι τῶν ἡμέρων): II 499a5.

استئناس (ἡ ἡμερότης): VIII 631a9.

مستأنس (ἥμερος): VII 595a13; اهليا مستأنسا (οἱ τιθασσοί): VIII 614a9.

ناس (ἄνθρωπος; τις): I 492a23, 495b1; ταῖς γυναιξὶ: IX 585b3; يأكل الناس (ἀνθρωποφάγον): II 501b1, VII 594a30; تبعد عن سبل الناس (πόρρω): VI 564a6; ومن الناس من (ἔνιοι): VII 597b22; محب للناس (φιλάνθρωποι): VIII 630a9; τὰ παιδία: IX 587a26.

انيس (ἥμερος): I 488a26, II 499a6, III 521b30, V 602b15, 606a9; τῶν τιθασσῶν: VIII 610a25, 612b13.

انسان (ἄνθρωπος; τις): I 487a30, VI 571b7, VIII 608b6; تدبير حيوة الانسان (τῆς ἀνθρωπίνης ζωῆς): VIII 612b19; فشبيهة بوجه الانسان (ἀνθρωποειδές): II 501a29.

انطندريا (ἡ Ἀντανδρία): III 519a16.

استأنف (X: في ما يستأنف; ὕστερον): I 488b27, 491a9, 493b2, 496a35, II 498b15.

انف (ἡ ῥίς): I 486a17, 491b16, IX 586b2; ὁ μυκτήρ: I 492b10, III 517a4; ومقدم الساق يقال له انف الساق (τὸ πρόσθιον ἀντικνήμιον): I 494a6.

انقراسخولوس (ὁ ἐγκρασίχολος: anchovy): TF 58; VI 569b27.

انكليس (ἡ ἔγχελυς: eel): TF 58–61; II 507a11, III 517b8; IV 534a20; الانكليس وهو المارماهي (ἔγχελυς): II 504b31.

انودريس (ἡ ἐνυδρίς: otter): VII 594b31, b32.

اناء (τὸ ἀγγεῖον): III 511b17, IV 525a5, VI 559b5; بآنية من خزف (ὀστράκια): VII 594a11;

اناء من انية الفخار (τι κεραμίων): IV 534a21; τὰ κύτη: IV 525a7; τὸν καλούμενον ἠθμόν: IV 534a22.

اهلي; اهليا مستأنسا (οἱ τιθασσοὶ): VIII 614a9.

اوربوس (ὁ εὔριπος: strait): V 544a21; في البحر الذي يسمى اوربوس: V 548a9; also اوريبوس: VIII 621b14; في الموضع الذي يسمى بوراس اوريبوس (ἐν τῷ Πυρραιῳ ποτ' εὐρίπῳ): VII 603a22; والذي يكون في اوريبوس (τὰ εὐριπώδη): VIII 621b23.

اوروبي (ἡ Εὐρώπη: في البلدة التي تسمى باليونانية اوروبي): VII 606b14, b16, b18.

اورطي (ἡ ἀορτή): I 495b7, 497a5; قريب من العرق الكبير الذي يسمى باليونانية اورطي (πρὸς τὴν ἀορτήν): VI 568b20.

اوز (ὁ/ἡ χήν: goose): TB 193–195; I 488b23, II 499a28; والاوز البري والمائي: II 509a3, a21, VIII 618b25; νηττοφόνος: TB 118; also وز: III 509b30.

اوس; آس (ἡ μυρρίνη: plant): VIII 627a8, b18.

اوطوس (ὁ ὦτος: owl): TB 200–201; VII 597b17, b21.

اوف; آفة (τὸ πάθος): VII 600b29, VIII 628a30, X 634a3; τὸ πάθημα: I 491a9; لحال تصبه وضرورة; آفة وضرورة (διὰ βλάβην): V 544b22; اصابتها آفة (βλάπτοι): X 633b30; آفة (διαφθαρῇ): VI 559a16; تصبه آفة او علة (νενοσηκός): V 559b15; νόσου: X 635b6; لم تصبه آفة من الآبات; اصابت الاناث هذه الآفة (τοῦτο πάθωσι): VI 572a15, X 636a9; (μή τι βίᾳ πηρωθῇ): II 500a12; يعرض لمن به ... غير ذلك من آفة اللسان (τοῖς τραυλοῖς): I 492b33.

اول; آلة (τὸ ὄργανον): II 500a15, IV 537a14, VII 589b6*; آلة الصوت (δι' οὗ ἡ φωνὴ): I 493a7; آلة اللبن (τὸ γάλα διηθεῖται): I 493a13; وسبل آلة سفادها (τοὺς πόρους): VI 568a31; آلة تنفخ بها (φυσητῆρα): VI 566b3, b13; τριόδοντι: IV 537a30; آلة السحر (περὶ τὰς φαρμακείας): VI 572a22; الاعضاء التي هى آلة (τὰ ὀργανικά): I 491a26; آلة حس السمع (τῆς ἀκοῆς αἰσθητήριον): I 494b13, IV 533b14, 534b7; الة السمع (δι'οὗ ἀκούει): I 492a13; آلة حس كل مذوق (τὸ αἰσθητικὸν χυμοῦ): I 492b27; آلة الحواس (τὰ αἰσθητήρια): I 494b11, II 502b35, III 514a22.

اول (ὁ πρότερος): VII 597a13, IX 586a11; ἀρχή: IX 585a34; اوائل العروق العظيمة (τὰς

μεγίστας ἀρχὰς): III 511b21; اوائل العروق (τὰς ἀρχὰς τῶν φλεβῶν): III 511b23; في اول الصيف (τοῦ θέρους ἀρχομένου): V 542b26.

اولا (πρῶτον): I 491a10, VIII 626b7, IX 586a26; اولا ما (πρῶτον): II 501a2.

ايل (ὁ ἔλαφος: stag): I 488b15, II 498b14, III 516a1; ἐλαφείου: IV 534b23; τοῦ νεβροῦ: III 522b12; فرس ايل (ἱππέλαφος): II 498b32, 499a8.

ايلة (ἡ ἔλαφος: deer): II 501a33, 506a23, IV 538b19; اناث الايلة (αἱ θήλειαι τῶν ἐλάφων): VIII 611b24.

اولوبياس (ὁ αὐλωπίας: a kind of tunny or sea-perch): TF 20–21; الصنف الذي يسمى اولوبياس وهو الذي يسميه بعض الناس انثياس: VI 570b19.

اوميرس (ὁ Ὅμηρος: اوميرس الشاعر): III 513b26, VI 575b4, VII 606a19.

اوان (ἡ ἡλικία): II 501b29, IX 582a33; ἡ ὥρα: III 509b20, V 542a23; في اوان مطلع كوكب الشعرى (περὶ κυνὸς ἐπιτολήν): VII 602a26; في اوان الخريف (περὶ τὸ φθινόπωρον): VI 566a23; περὶ τὸ μετόπωρον: VI 570b22, VIII 621b21; في اوان الشتاء (ὅταν χειμὼν ᾖ): VII 596a31, VIII 628a5; اذا كان اوان الزوال (περὶ τροπὰς): VIII 628a6; اذا كان اوان السفاد (κατὰ τὴν ὀχείαν): VIII 621b27, VIII 621b14; في اوان الربيع (τοῦ ἔαρος): VIII 621b20; ὁ χρόνος: V 544a14, 545b11; ὁ καιρός: VI 559b13, 564a3; في ذلك الاوان (τότε): VII 598b30; من اوان الصبح الى ترجل النهار وتمتلاء الاسواق (τὸ γὰρ ἕωθεν ... μέχρι ἀγορᾶς πληθυούσης): VIII 619a16.

اوى (αὐλίζομαι): VIII 619a30; βιοτεύω: VII 593a25, VIII 615b26; يعيش ويأوي (βιοτεύειν): VIII 615a20; γίνομαι: II 505b11; الذي يأوي في الانهار (οἱ ἐν τοῖς ποταμοῖς γινόμενα): VI 559a19; VIII 614b27; διατρίβω: IV 534a17; ζάω: VIII 615a24; تأوي وتعشش (ζῆν): VIII 617b13; οἰκέω: VIII 609b18; الصنف الذي يأوي ... مع الناس (συνανθρωπεύεται): VII 599a21; τίκτω: VIII 629a29; τρέφομαι: VIII 612b7; φωλέω: VII 599a23; يأوي في عشه: VII 601a16; ما كان منه يأوي بعضه مع بعض في قطيع واحد (τὰ δ'ἀγελαῖα): VIII 632b7; الذي يأوي في الماء (τῶν ἐνύδρων): I 487a26; الطير الذي يأوي في البراري واليبس (τὰ τῶν ξηροβατικῶν): VI 559a20; ما يأوي منه (τὸ συνεστηκὸς): VI 568b12.

مأوى (ὁ βίος): I 487a16; ἡ διαγωγή: IV 534a11; διατρίβω: II 503a12; وافتراق المأوى (τὰς διεδρείας): VIII 608b28, b29; اذا كان مأواه ابدا فيه (ἀεὶ ὄντες): VII 592a22; مأواه واجحاره (τὰς θαλάμας): VII 590b21; تهيء اعشها ومأواها (ποιοῦνται καὶ τὰς θαλάμας): VII 590b24; οἰκέω: VIII 616b26; مأواه وموضعه (οὗ τυγχάνει κατοικῶν): VIII 622a5.

ايبيروس (ἡ Ἤπειρος: region in Greece): VII 595b17.

ايثوا (ἡ αἴθυια: gull): TB 17–18; I 487a23, V 542b17, b19.

ايدون (ὁ ἀηδών: nightingale): TB 10–14; IV 536a29, b17, V 542b26, VIII 616b8.

ايس (ὁ χῆρος): IV 536a29, b17, V 542b26; يوحد ويأيس منه (χῆρος ἢ χήρα γένηται): VIII 612b34.

ايسطروس (ὁ οἶστρος: horsefly: see 71): VII 592b22.

ايشولوس (ὁ Αἰσχύλος: ايشولوس الحكيم): VIII 633a18.

انثي (ἡ οἰνάνθη: perh. a kind of owl): TB 120; VIII 633a15.

ايونيا (οἱ Ἴωνες): VIII 615b8.

Glossary Arabic-Greek: ب

باردوصال (ἡ Πορδοσελήνη: island near Lesbos): VII 605b29.

بارستيس (ὁ πυραύστης: moth attracted to fire, but here synonym for κλῆρος): VII 605b11.

باسطا (ἡ ψῆττα: sole or flounder): TF 294–295; IV 538a20.

باسقاس (ἡ βόσκας: duck): TB 40; VII 593b17.

باسيليس (ὁ βασιλεύς: mother-bee): VIII 629a25.

باطس (ἡ βατίς: skate or ray): TF 26–28; VI 567a13, also باطيداس (οἱ βατίδες): VI 565a22, or باطو (βάτοι): VII 599b29, or باطوس (ὁ βάτος): I 489b31, IV 540b8, VI 565b28; or باطيس (ἡ βατίς): VI 565a27.

باطس (ἡ βατίς: bird, perh. stonechat): TB 39; VII 592b17.

باغوروا (ὁ πάγουρος: crab): TF 193; IV 525b5.

باقلان (ὁ πελεκάν: pelican): TB 134–136; VII 597b30, and بالاقاناس (οἱ πελεκᾶνες): VII 597a9, VIII 614b27.

باقلى (ὁ κύαμος: bean): III 522b33, VII 595b7, VIII 627b17; حب الباقلى (κυάμων): VI 561a30; عشب الباقلى الطري (χλόη κυάμων): VII 595b7.

بالابونيسوس (ἡ Πελοπόννησος): VII 593a11, also بالونيسوس: VIII 618b15.

بالارغوس (ὁ πελαργός: stork): TB 127–129; VII 593b3, 600a19: بالارغوس وهو اللقلق.

بالاغروس (ὁ βάλαγρος; B-G: βαρῆνος: carp): TF 24; IV 538a15.

بالانوا (ὁ βάλανος: barnacle): TF 24–25; βάλανοι: IV 547b22.

بالوس (ὁ πέλλος: heron): TB 136–137; VIII 609b22, b23; اروديوس فان الذي يسمى بالوس: VIII 616b33.

بالوني (ἡ βελόνη: pipefish/ needlefish): TF 29–32; V 543b11, VI 571a2.

بالياس (πελειάς: pigeon): TB 129–134: V 544b2, b3.

باليرس (ὁ βάλερος: carp): TF 24; VI 568b27, also باليرو (ὁ βαλλιρός): VII 602b26.

باوناس (οἱ Παίονες): VIII 630a20.

باونقي (Παιονικός): VIII 630a19.

باونيا (ἡ Παιονία): II 499b13, VIII 630a18.

بحوحة (ὁ βράγχος: disease: hoarseness): VII 603a31; βραγχῶσι: VII 603b13.

بحر (ἡ θάλαττα): I 490b31, IV 537a9, VII 590a25; في البحر احمر (ἐν τῇ ἐρυθρᾷ θαλάττῃ): VII 606a12; في اسفل البحر (φεύγειν καθωτέρω): IV 535a14; الى عمق البحر (τῆς θαλάττης): VIII 622b15; اذن البحر (θαλάττιον οὖς): sea-ear: TF 148; IV 529b16; في لج وتموج البحر (καὶ κλύδων): V 548b13; داخل البحر (ἐν τοῖς κόλποις): V 547a7; البحر (ἐν τῷ πελάγει): V 543b5–6, VII 590b22; بعض الناس من ركاب البحر (τινες προσπλεύσαντες): VII 606b10; ما قرب من الارض على الشاطئ البحر والنهر (τὰ περὶ τὴν γῆν): VI 567b14.

بحيرة (ἡ λιμνοθάλαττα): VII 598a20.

بحري (θαλάττιος): I 487a26, VII 589a26; الحيوان البحري (τῶν θαλαττίων): I 488b6,

الحيوان البحري 489a33; في الصخور الناتئة البحرية (πρὸς ταῖς ἀκταῖς): V 548b28; اصناف الحيوان المشترك الذي يقال له انه بري وبحري (τῶν ἐνύδρων): I 489b1, b5*; اجناس السراطين البحرية (τῶν ἐπαμφοτεριζόντων ζῴων): VI 566b27; (οἱ ποτάμιοι (καρκίνοι)): IV 525b6.

بخت (τυγχάνω): V 547a2, VI 567b7; بالبخت (ὅπως ἂν τύχῃ): VII 594a16, b22; كما جاء بالبحت على غير احكام (ὡς ἂν τύχῃ): VIII 625a3, 631b4; بسعادة البحت (δι' εὐτύχημα): X 638a37.

بخاتي (Βάκτριος): II 499a15; والجمال البحاتي والعرابي (αἱ κάμηλοι ἀμφότεραι αἵ τε Βακτριαναὶ καὶ αἱ Ἀράβιαι): II 498b8–9.

بخر (II: θυμιάω): IV 534b23, b28, VIII 623b20.

بخار (ἀτμίδα): VII 594b27; يتحلل في بخار (θυμιᾶται): VI 571a31.

بخور (ἡ ὀδμή, ὁ λίβανος; τοῖς δελέασιν (!)): IV 534b26, b27*.

تبدد (V: καταναλίσκομαι: يتبددان ويفترقان): I 497a8; يفترق ويتبدد (διαχεῖται): III 523a26; σκεδάννυται: VII 569a1.

بدّ: لا بد منه (ἀναγκαῖόν ἐστιν: باضطرار وما لا بد منه: ἀναγκαιότατα): I 489a16.

بدأ (I: ἄρχω): V 541b24, 544b12*; لا تبدأ بقتاله حتى (οὐ πρότερον ἐπιτίθεται πρὶν ...): VIII 612a17.

ابتدأ (VIII; ἄρχομαι): VII 600a22, VIII 623a9*; IX 581a13.

ابتداء (ἡ ἀρχή): III 511b11, 519b9, IV 529a9; ويكون ابتداء صيده (ἄρχονται θηρεύεσθαι): VII 599b10; في ابتداء الربيع (ὅταν ἔαρ γένηται): VIII 633a9; واذا ابتداء خلقة الفرخ (νέοις μὲν οὖσιν): VI 565a5; συμβαίνει: IX 582a32; ἡ πρόσφυσίς: IV 527a32; ἤστην ἀπό (τε τῆς καρδίας): VI 562a4.

مبدأ (ἡ ἀρχή): III 518a9*.

بدر (I: φέρομαι): VIII 631a28; ἀναστέλλουσι: VIII 632a17.

بدر (ἡ πανσέληνος: في ليالي بدر القمر: ταῖς πανσελήνοις): VII 599b16.

بدل. (II: ἀλλάττω): في كل يوم يبدل صوتا: καθ' ἑκάστην ... ἡμέραν ἄλλην ἀφίησι: VIII 615b20.

تبدل (V: μεταλλάττομαι): I 496b19; التنقل وتبدل الاماكن (μεταβάλλειν τοὺς τόπους): VII 596b28, 607b16*.

بدو; بدا (ἁλίσκομαι (sic!)): I 487b30.

بدوس (ἡ πίτυς: pine tree: ولونها مثل لون الحيوان الذي يقال بدوس): V 543a26 (sic!).

بر (ἡ γῆ): I 487b3, 490a25; الفأر الذي يتولد في البر (τῶν ἀρουραίων): VII 606b7; τῶν προσγείων: VII 597a17; والسمك الذي يأوي في قرب البر (πρόσγειοι): VII 598a9; في البر (ταῖς χερσαίαις): II 505b14; τὸ ξηρόν: IV 525a24.

بري (χερσαῖος): I 487a16, 490b29, II 500a31; οἱ ἄγριοι: II 498b31, V 544a25, VI 564b5; البقرالبري (ὁ βόνασος): II 498b31; الخنزير البري (ὗς ἄγριος): I 488b14, VII 606a7; صعب الخلق نزقا بريا (αὐτὰ τὰ ἀγριώτατα): VIII 608b35; τὰ πεζά: VII 589a15, a24; مثل مشاء بري ومثل مائي (ὡς πεζὰ καὶ ὡς ἔνυδρα): VII 589a21.

بري (ἀγριαίνονται): Moerbeke: silvestres fiunt; Bk: γραῖαι (γίνονται); V 546a14.

برية (ἡ ἐρημία): V 540a17, VII 607a7; الطير الذي يأوي في البراري واليبس (τὰ τῶν ξηροβατικῶν): VI 559a20.

برا (ἡ Πύρρα; ومن اوريبوس التي في بلدة التي تسمى برا: ἐκ τοῦ εὐρίπου τοῦ ἐν Πύρρᾳ): VIII 621b12.

برازييس (ὁ πρέσβυς: wren): TB 150–151; VIII 609a17.

برئ (I: ἀπολύομαι): III 514b3; γίνεται … ἰατὸν: X 636b2; ὑγιασθεῖσι: III 518a14, VII 605a31.

تبرأ (V: ἀποσπᾶμαι): IV 528b4; ἀπολέλυται: IV 528b5.

بريء; (ἄνευ; بريئا ⟨من اناث⟩: ἄνευ θηλειῶν): VIII 614a7.

تبرؤ; سريع التبرئ (εὐαπόλυτον): IV 530a6.

برد (I: ψύχομαι): III 520a7; καταψύχεται: IV 531b31; ψυχρόν: VII 603a4.

بَرْد (τὸ ψῦχος): IV 523b32, V 548b26, VIII 621b14; واذا كان برد شديد (ἐν … τοῖς πάγοις): IV 523a20; ὁ χειμών: V 548b22; شدة الحر والبرد (ταῖς ὑπερβολαῖς): VII 601a24, VII 599a9.

بَرَد (χαλάζαις): IV 525a7; τὰ χαλαζῶντα: VII 603b23; τὰ χαλαζώδη γόνιμα: VII 582a30, 603b18.

بارد (ψυχρός): III 517b18, VI 561a31, X 638b3: النهر الذي يسمى البارد (ὁ καλούμενος ποταμὸς Ψυχρός): III 519a16; μὴ ἀλεεινός: VIII 626b22; ἔμψυχα (!): VI 570b10.

برودة (ψυχρά): X 638b3.

تبريد (ἡ ψῦξις): VII 589a14; ἡ κατάψυξις: VII 589b15.

بردالوس (ὁ πάρδαλος: perh. golden plover): TB 127; VIII 617b6.

برذون (ὁ ὀρεύς: mule): I 491a1.

برس (ὁ Πύρρος; برس الملك: Πύρρου τοῦ βασιλέως): III 522b25.

برسون (ὁ Βρύσων; ارودوروس ابو برسون الحكيم السوفسطائي الحكيم: Ἡρόδωρος ὁ Βρύσωνος τοῦ σοφιστοῦ πατήρ): VI 563a7, VIII 615a9–10.

برغوث (ἡ ψύλλα: flea): VIII 622b31.

برفورا (ἡ πορφύρα: purple shellfish or murex): TF 209–218; V 544a15, 546b18, 547b6.

برفوريون (ὁ πορφυρίων: purple gallinule): TB 150; VII 595a12.

برقي (ἡ πέρκη: perch): TF 195–197; VI 568a21, a22, VII 599b8.

برك (I: κάθημαι): V 540a14.

برماداس (αἱ πριμαδίαι: tunny or pelamyd): Bk: αἱ πριμάδες; TF 219; VII 599b17.

برنثوس (ὁ βρίνθος: kind of goose): Bk: ὁ βρένθος; TB 40; VIII 609a23, 615a16.

برنيلوس (ὁ πηνελοψ: duck): TB 147–148; VII 593b23.

برواس (ὁ βύας: owl): Bk: ὁ βρύας; TB 40; VII 592b9.

بروبنطيس (ἡ Προποντίς; في البحر وموضع الذي يسمى بروبنطيس): VII 598a25, b28.

بروسولاس (ὁ πυρρούλας: bullfinch): TB 152; VII 592b22.

بزر (τὸ σπέρμα: من بزر وزرع: διὰ σπέρματος): VII 588b25.

بزاق (ἡ πτύσις): X 635b28.

بزنطون (τὸ Βυζάντιον): VII 599a3; also بزنطية: في مدينة البزنطية وهى القسطنطنية (ἐν Βυζαντίῳ): VIII 612b8 and بوزنتيونا: VII 598b10.

باز (ὁ ἱέραξ: hawk): TB 65–67; II 506b24, VI 563b15, VII 592b1.

بازة (ὁ ἱέραξ): II 506a16, VI 563a30; في قرب البزاة (πρὸς τὸν ἱερέα (!)): VIII 609a1.

بستان (ὁ κῆπος): VII 598a4, VIII 617b24.

بسط (I: ἐκτείνω): II 504a34, IV 524a14; κατατείνει: VIII 610a24; διαπετάννυμι: V 541b5.

ابتسط (VII: κάμπτεται): ينقبض و ينبسط: I 493b32; εὐαυξές: I 493a30.

انبساط: انبساط المخاليب: [the talons outstretched] VI 563b21*; والنقباض ... والنبساطها (ἡ κάμψις): I 493b31; μονόκαμπτοι: I 494a16; واقل انبساطا (ἧττον ἁπλᾶ): VIII 608b1.

مبسوط (ἁπλοῦς): I 490b17, VII 603b28; ἄπουν (!): IV 525b24; مبسوط السيار: I 490b23.

منبسط; ممتدة منبسطة (ἐκτεταμένα): IX 586a15.

بسطا (ἡ ψῆττα: sole or flounder): V 543a2, also بسيطي: VIII 620b30.

بسطونيس (ἡ βιστωνίς; النقعة التي تسمى بسطونيس: τῇ Βιστωνίδι λίμνῃ): VII 598a23.

بصر (I: βλέπω): I 491b21, IV 537b11; ὁράω: I 491b30, VII 598b21.

بصر (ἡ ὄψις): IV 532b32; حس البصر (ὄψιν): I 491b33, IV 534b17; τὴν ὅρασιν: VIII 633b21; رديء البصر (οὐκ ὀξὺ βλέποντες): VII 598b21; حاد البصر (ὀξυωπός): VIII 609b16; ذهاب البصر (πηρουμένων): I 491b33.

بصفوروس (ὁ βόσπορος; البحر الذي يسمي باليونانية بصفوروس): VII 600a5.

بطؤ (ἧττον): X 584a6.

بطيء (βραδύς): VI 568b15, VIII 620b26; بطيئة الحركة: IX 584a28; νωθρὸν: VIII 622b32.

ابطاء; بابطاء وعسرة (βραδέως): VIII 619b5.

بطل (ἀργέω): VI 574b29.

بطال (ἀργός): VIII 627a15, a19, a32; ἀργοῦσί: VIII 625a30.

بطلان (ἡ ἀργία): VIII 626b19; كثير الشكل والبطلان (ἀργότατος): VIII 617a7.

بطن (ἡ γαστήρ): I 493a17, II 500a26; اسفل بطنه (τὸ ὑπογάστριον): II 503a17; عظيمة البطن (πλατυγάστωρ): VIII 624b25; ومؤخره يقال له بطن الساق (τὸ ὀπίσθιον γαστροκνημία): I 494a7; τὸ καλούμενον ἤνυστρον: II 507b9; لاختلاف البطن (πρὸς τὰς διαρροίας): III 522b10; في مراق البطن (τὸ ἦτρον): VIII 632a24; بطن الكف (τὸ ... θέναρ): II 502b20; وبطون الاسؤق (τὰς κνήμας): II 499b4; ἡ κοιλία: I 487a6; عقل

البطن (ἐὰν ἡ κοιλία στῇ): IX 588a8; فاما القلب فان فيه ثلثة بطون (ἡ δὲ καρδία ἔχει μὲν τρεῖς κοιλίας): I 496a4, III 513a27; بطون القلب (τοῖς κοίλοις αὐτῆς): I 496a13; رطب البطن (ὑγροκοίλια): VIII 632b11; بما في البطونهن (ἐν ταῖς λαγόσιν): IX 583a35; في البطن قريبا من الفخذين (πρὸς τοῖς μηροῖς): I 487a1; صفاق البطن (ὁ ἐντὸς περίνεος): I 493b9; في بطنه (ἄνω ἐν τοῖς πρανέσι): I 489b25; ومن يلي الناحية الخارجة من بطونها (ἐν τοῖς ὑπτίοις): IV 525b14; ويصير بطن الذكر قبالة بطن الانثى (ἀντίπυγα): V 542a16; τόκος: [litter]: IX 584a34; وقد ولدت امرأة في الدهر الذي سلف من اربعة بطون عشرين ولدا (μία δέ τις ἐν τέτταρσι τόκοις ἔτεκεν εἴκοσιν): IX 584b35; في بطنه وخارجا (ἐν αὐτοις τε καὶ ἐκτός): I 496b2; τὸ καλούμενον πάγκρεας: III 514b11.

باطن (ἐντός): IV 523a33, 527a34, V 540b33; الاعضاء التي في باطن الجسد (τὰ ἐντός): I 494b21; وتقبل الماء في باطنها (καὶ δέχεται τὸ ὑγρὸν …): I 487a17; في باطن جسده (εἴσω): IV 524b29.

بعوض (ὁ κώνωψ: mosquito): IV 532a14; ὁ μύωψ: horse-fly: I 490a20.

ابغض (IV; ἀποδοκιμάζω): VIII 618a17.

بغل (ὁ ὀρεύς: mule): I 488a27, II 498b30, 499b11, VI 573a15, VII 595b22; ἡμιόνους: VI 576a2.

انبغى (VII; δεῖ): VIII 611a20; ينبغي ان نعلم ان: I 488a29, 489a3; كما ينبغي (κατὰ λόγον): X 638a13.

بغي; ومحبة البغي (πληκτικώτερον): VIII 608b10.

بفنقس (ὁ πίφηξ): Bk: πίφιγξ: perh. κορύδαλος; TB 148–149; VIII 610a11.

بق (σίλφη καὶ ἀσπίς): Bk: σίλφη καὶ ἐμπίς: gnat and mosquito: يأكل البق (σκνιποφάγος): VII 593a3; μύωψ: horse-fly; VII 596b14; وطعمه البق (καὶ ἔστι θριποφάγος): woodborer-eater: VIII 616b29.

بقر (ὁ βοῦς): II 499a18. البقر البري (ὁ βόνασος): II 498b31; but also οἱ βόες οἱ ἄγριοι: II 499a4–5; اناث البقر (βοῦς): VI 572a10; لبن البقر (τὸ βόειον): III 521b33; بقر صغار (τὰ βοίδια): III 522b14.

بقرة (βοῦς): I 488b14, III 522b16; عجل بقرة (μόσχος): V 546b12; τῶν νέων: VII 595b13.

بقرة (ὁ βοῦς: horned ray): TF 34–35; V 540b17, VI 566b4.

بقعة (τὸ πεδίον; البقعة المستوية): VII 597a19.

مبقع: ويكون فيه سواد مبقع (μέλανι ... διαπεποικιλμένην): II 503b5.

بقول (τὸ λάχανον: vegetable): VII 601b13.

بقاء (ὁ βίος; حياتها وبقائها:): IX 588b23, 584b3*; γόνιμον: IX 584a1.

بكر (ὄρθριος: early morning): VIII 627a23.

بكر (πρωτοτόκος): V 546a12, b4*; IX 585a35*.

بكر (τὸν πῶλον: camel foal): VIII 630b24.

بكاء; واغزر بكاء (ἀρίδακρυ μᾶλλον): VIII 608b9.

بل (βρέχω): VIII 612a19.

مبلول (βάπτοντες): VII 605a29.

بلابونيسوس (ἡ Ἀλωπεκόννησος: city on the west coast of the Thracian Chersonesos): VII 598a22.

بلانو (ἡ βάλανος: barnacle): TF 24–25; IV 535a24.

بلاموذاس (ἡ πηλαμύς): TF 197–199; VI 571a11.

بلادة (ἀνανδρία; ثقيل الى البلادة ما هو: βραδύτεροι): I 491b12.

بلوط (ἡ βάλανος: acorn): VII 603b31, b32*; 604a2, VIII 615b22.

بلع (I: καταπίνω): VII 594b19, VIII 614b27, 621a7.

ابتلع (VIII: ἀνακάπτω): V 541a18, VI 567a33; ابتلع صنارة الصياد (ἑάλω ὑπὸ τοῦ ἀγκίστρου): VIII 621a33; من خطفه وابتلاعه (μὴ διαρπάσωσι (τὸν γόνον)): VIII 621a25; καταπιεῖν: VII 592a30, 605a26; λάβῃ: V 548a8, VII 594a17; يبتلع ويأكل (λυμαίνονται): VII 602b5.

بلغ (I: ἐκπέττεται): VI 562b19, VIII 619b15*; ἐκκολάπτει καὶ τρέφει: VIII 618a13; [ἱκνέομαι]: VII 598b9*; 599a22*; VIII 627a27*; واذا بلغ وقت هذا الزمان (περὶ τοῦτον τὸν χρόνον): IX 583b9; طمثن حتى يبلغن خمسين سنة (διαμένει μέχρι τῶν πεντήκοντα ἐτῶν): IX 585b4, b8; γενομένου: IX 585a17; καθήκουσα: VIII 630a27;

كمل وبلغ (ἤδη τέλειον ὄντα): VIII 631b17; الثيران التي بلغت وتدلى خصاها (ἐνόρχαι): VIII 632a20.

بلوغ: بلوغهم وكمالهم (τῶν ὕστερον ἕξεων ἐσομένων): VII 588a33.

مبلغ: بقدر مبلغ رأينا (ὅσα θεωρητέον): I 491a9; يكون علامة مبلغ سفادها (ὅταν ἡλικίαν ἔχωσι ...): VI 574b14.

بلغم (τὸ φλέγμα): I 487a6, VII 605a18, a19.

بلغمي (φλεγματώδης): VI 574b5.

بيلاموداس (ἡ πηλαμύς: a kind of tunny): TF 197–199; I 488a6.

بلنغوس (ὁ πλάγγος: eagle): TB 149; وفي العقبان جنس آخر يقال له باليونانية بلنغوس: VIII 618b23.

بله (ἡ ἀναίδεια): I 492a12.

بلا (ἀποπειράομαι): VIII 619a34.

بلِيَ (I: διαφθείρομαι): V 547b17; يبيد ويبلى (φθείρεται): I 489a21; بلى وفسد (ἐκθνήσκουσι): III 521a11.

بلوبيس (ὁ Πόλυβος): III 512b12.

بمبوليو (ὁ βομβύλιος: bumble bee; صنف الدبر): DI 73: VIII 629a29; also بومبوليوس: VIII 623b12.

ابن (ὁ υἱός): IX 585b34; ابن سنتين (ἀπὸ διετοῦς): II 500a11.

ابن عرس (ἡ γαλή; γαλῆ: weasel): VIII 609a17, 612a28, b1, b12.

بنت (ἡ θυγάτηρ): IX 586a4.

بنطوس (ὁ Πόντος): VII 598a30, 601b17, VIII 632b9; في بلاد بنطوس (ἐν τῷ Πόντῳ): VI 566b10, V 543b3; في بحر بنطوس (ἐν τῷ Πόντῳ): VI 567b16, 571a21, VII 597a14.

بنفسج (τὸ ἴον: violet): VIII 624b4, b5.

بنوتيرا (ὁ πιννοτήρης: crab): TF 202; V 547b28.

بنى (I: οἰκοδομέω): VIII 623b27, 624a10*; πλάττουσι: VIII 623b32, 624a1, 627a22; ἐργάζονται: VIII 628a16*, b24; يبني عشا (νεοττιὰν ποιοῦνται): VI 559a5.

لرداءة وسخافة بنائهم: بناء: واسنده ببناء (ὑφιστᾶσιν ἐρείσματα [a.l. ἐρύματα]): VIII 625a12; البناء (φαύλως ᾠκοδομημένας): VI 572a1; وبناء عشه (ἡ σκηνοπηγία): VIII 612b22; والنسج (τῶν ἱστῶν): VIII 624a5; ويصير زوايا على اوتاد البناء (συνυφὲς: (Bk: συνυφεῖς); ποιοῦσιν ἕως τοῦ ἐδάφους ἱστοὺς πολλούς): VIII 624a6; فوق البناء (ἄνω ἐπὶ τοῦ σφηκίου): VIII 628a19, b12.

مبني: خامد مبني (συμπλακεῖεν: (Bk: συμπαγείῃ): V 546b20.

بهت (μωρόομαι): μεμωρωμέναι): VIII 610b30.

ابهام (ὁ δάκτυλος ὁ μέγας): I 493b29, II 503a24, III 512a7.

بواطيا (ἡ Βοιωτία): VII 605b31, 606a1*; also بوتيا: اهل بلدة بوتيا (Bk: οἱ Βοιωτοί): B-G: οἱ Βοιώτιοι; VI 559a3–4.

باب (ἡ πύλη; يسمى ابواب الكبد: αἱ καλούμεναι πύλαι εἰσὶ τοῦ ἥπατος): I 496b32; IX 586b19; τὴν θυρίδα: IV 529b7, V 541b27*; التي لها بابان (δίθυρα): IV 528a11, 529a31, VII 603a27; باب واحد (μονόθυρα): IV 528a13, VII 603a27; في ثقب لها اربعة ابواب (ἐν θυρίσι συνεχέσι τέταρσιν): VIII 628a20; ἐπικαλύμματα: IV 527b15; ابواب تنفتح وتنغلق (τὸ ἐπίπτυγμα): I 496b32, IV 526b29.

مباح (ἡ ἀφθονία): VIII 608b30; كثير مباح (ἄφθονος): VIII 610b14; ὑπάρχειν καὶ μὴ ἀπορεῖν: VIII 608b34.

بوراس (Πυρραῖος; في الموضع الذي يسمى بوراس اوريبوس: ἐν δὲ τῷ Πυρραίῳ ποτ' εὐρίπῳ): VII 603a22.

بوريوا (οἱ Πυρραῖοι): V 544a21.

بوراليس (ἡ πυραλλίς: pigeon): TB 152; VIII 609a18.

بورخا (Πυρρικός): III 522b24.

بورفورا (ἡ πορφύρα: purple shellfish or murex): TF 209–218; VII 590b2; also بورفيري (αἱ πορφύραι): VII 599a11, a17, 603a13.

بوسيدون (ὁ Ποσειδεών; في شهر الروم الذي يسمى بوسيدون: περὶ τὸν Ποσειδεῶνα μῆνα): VI 570a32.

باع (ἡ ὀργυιά): IV 530b9, VI 568a27.

بوغرغوس (ὁ πύγαργος: eagle or falcon): TB 151–152; العقاب الذي يسمى باليونانيي بوغرغوس: VI 563b6, VII 593b5, VIII 618b19.

بوقاس (ὁ βῶξ: bogue): TF 36–37; VIII 610b4.

بال (I: οὐρέω): VI 572a29, b3, 574a18, VII 594b25; يبول الى قدام (ἐμπροσθουρητικοῖς): II 509b2; يبول الى خلف (ὀπισθουρητικά): II 500b15, V 539b22, 541b21; τὸ ὑγρὸν περίττωμα προίεσθαι: VII 605a24.

بول (τὸ οὖρον): VI 573a16, VII 594b24, IX 583a1, 586b10; ᾗ οὐροῦσιν: VIII 637a24; حصر البول (εἰλεός: intestinal obstruction (disease)): VII 604a30; عسرالبول (ἡ στραγγουρία): VI 530b9, VIII 612b16, IX 584a12.

بولوني (ἡ βελόνη: pipe-fish or needlefish): TF 29–32; VIII 610b6.

بوليطي (ἡ βολίταινα: a kind of octopus): TF 33; VIII 621b17.

بوليون (τὸ πωλίον): VII 605a6.

بوم (ἡ ἴυγξ: owl): TB 45–46; I 488a26, VII 592b9, VIII 609a8; νυκτικόρακα: TB 119–120; VII 597b23.

بومبوليوس (ὁ βομβύλιος: bumble-bee): DI 73: VIII 623b12.

بوناسوس (ὁ βόνασος): VIII 630a18.

بيبان (ἡ πιπώ: woodpecker): TB 148; VII 593a4; also بيبر (ἡ πίπρα): VIII 609a7 and بيبو: VIII 609a30, 617a28.

بيت (ἡ οἰκία): VI 559a11, VIII 609b29, 611a1, 612b7; τοῖς οἰκησεσι: VI 599a21; τὰ κηρία: VIII 624a1*; 625a21, 627a22, 628b11; بيوتا من الموم (τὰ κηρία): VIII 623b27, 624a32, 625a11; بيوتا معمولة من شمع (κηρία): VIII 623b33, 628a12; بيوت ذكورة النحل (οἱ τῶν κηφήνων κύτταροι): VIII 624b17; σφηκία: VIII 628b24; بيوت الدبر (σφηκία): VIII 628a17; في ثقب والبيوت (ἐν τοῖς σφηκίοις): VIII 628a33; οὓς καλοῦσι σφηκωνεῖς τοὺς μικρούς: VIII 628a13; الخيل التي تعتلف في البيوت (οἱ τροφίαι ἵπποι): VII 604a29.

باد (I: ἀπολλυμαι): VI 562b13*; ἀναιρεθέντος: VII 590a4; διαφθείρεται: VII 588b14; ἐξέλιπον: VII 603a22; يبيد ويهلك (ἀπόλλυται): IV 534b21; يبيد ويبلى (φθείρεται): I 489a21; يبيد ويفسد (φθείρεται): V 550a8.

بيرقيس (ἡ πυρκαιά): VIII 609b10.

باض (I: τίκτω): V 542b12, 544a1, VI 558b15; τοῦ ἀποτικτομένου: VI 566a17, VII 607a6; وتلد وتبيض (ἐκτέκωσιν): VIII 621b27, 622a25; يبيض ويفرخ (τίκτουσι): VI 558b24; πρὸς τοὺς τόκους: VII 601a28; لكي تبيض (διὰ τὸν τόκον): VII 598a4, VI 568a18; يبيض بيضا مرتين في السنة (διτοκοῦσι): VI 558b23; وما يبيض بيضا (ὅσα … ζῳοτοκεῖ (!)): III 511a25, IV 538a9; τὰ ᾠὰ ἀφιᾶσι: VI 567b22, 568a22; بعد ان يبيض بيضه (μετὰ τὴν ἄφεσιν τοῦ κυήματος): VII 608a1; γεννᾶν: VI 562b8, X 637b34; الطير الذي يبيض ويفرخ (τῶν γεννώτων): VI 560a19; يبض بيضا كثيرا (εἰσὶν … πολύγονοι): VI 558b25; يبيض بيضا يسيرا: VI 558b28; κύειν: V 543b14, VI 570a26; يحمل ويبيض (κυίσκεται): V 543b19; τῇ κυήσει: VI 570b3; واذا باضت الانثى (διὰ τὴν ὀχείαν): VIII 613a1; νεοττεύει: VI 559a4, 563a13; تبيض بيض الريح: ὑπηνέμους ποιεῖται τὰς νεοττεύσεις (!): VI 559a3; باض واخرج (ἐκπέττει): VI 564a3; بعد الوقت الذي ينبغي ان تبيض فيه (ἤδη τοῦ ᾠοῦ ἐν ὠδῖνι ὄντος): VI 560b22; يبيض بيضا (ᾠοτοκοῦσιν): V 549a19, VI 564b16; ولا يبيض بيضا كثيرا (πολύγονος δὲ καὶ εὔτεκτος (!)): VIII 616b24; وبعضه يبيض بيضا (τὰ δὲ ᾠοτόκα): I 489a34, II 505b3; الحيوان الذي ويبيض بيضا من يبيض (τὰ δ' ᾠοτόκα): I 490b22, VI 571b4; ᾠοτοκίας: IV 538a8; من ذلك السفاد (αἱ … τῶν ὑπηνεμίων ᾠῶν συλλήψεις): VI 560b11.

بيّض (II: λευκαίνονται): III 518a7; γίνεται λευκά: VII 602a5; πολιαὶ ἐγένοντο: III 518a14.

ابياضّ (XI: γίνονται … πολιαί): III 518a15; πολιοῦνται: III 518a16, b12; λευκαίνονται: VI 563a25.

بيض (τὸ ᾠόν): III 510b25, IV 526b10, 527a13; يلد في رحمه بيضا (ᾠοτοκεῖ): I 489b10, II 504b21; شبيه ببيض (ᾠοειδεῖς): V 539b12, VI 565a23; ἡ γένεσις: VI 568b18; γόνῳ: VI 569a4, VIII 621b1; السمك الذي يخرج من البيض (τὰ γενόμενα): VII 598a6; اقل بيضا من غيره (ὀλιγογονώτερα ἐστι): VI 570b32; واذا خرجت الفراخ من البيض (γενομένων τῶν νεοττῶν): VIII 613a2; مملوءة بيضا (κύουσαι): VII 599b22; جلس

على البيض (ἐπῳάζῃ): IV 536a30; يدبر تدبير بيضه وفراخه بحلم (φρόνιμον ποιεῖσθαι τὴν τέκνωσιν): VIII 618a26; واول بيضه (ὁ πρῶτος τόκος): V 543a10; والبيض الذي يبيض في المرة الثانية (ὁ τόκος αὐτῷ ὁ ὕστερος): V 543a4, 544a29; بيض الريح (τὰ ὑπηνέμια): VI 559b19, X 637b14; في الاماكن التي فيها بيضه (τοὺς τόπους ἐν οἷς φυῶσι): VIII 621b4.

بيضة (τὸ ᾠόν): I 489b6, IV 529b11; δύο νεοττούς: VIII 619b14.

بياض (τὸ λευκόν): VI 559a18, 560a11; بياض العين (τὸ λευκόν): I 492a1; شديد البياض (ἴσχει λευκόν): V 549b30, VIII 617a12; اكثر بياضا (ἐκλευκότερος): VII 592b7; الى البياض ما هو (παράλευκος): IV 524a6, 524a11; λευκαίνεται: III 518a8; الشيب و بياض الشعر (ἡ πολιότης): III 518a11.

ابيض (λεύκος): II 507a10, III 509b21, 510a26; والصنف الآخر ابيض: ὁ λύκος καλού-μενος (< λευκός) VIII 617b17; واصناف السمك الذي يقال له ابيض (καὶ οἱ λευκοὶ καλούμενοι πάντες): VI 567a20; ابيض اللون (λευκότεροι): VIII 618b32*; IX 583a8.

بائع (ὁ πώλης): عند باعة الادوية: (παρὰ τοῖς φαρμακοπώλαις): VII 594a24, VIII 622b34.

بيلامودس (ἡ πηλαμύς: pelamys or bonito): TF 197–199; I 488a6, V 543b2, VII 598a26; also بيلاموس: V 543a2.

بينا (ἡ πίννα: shellfish): TF 200–202; IV 528a24, V 547b15, 548a5, VII 588b14–15.

Glossary Arabic-Greek: ت

تبن (τὸ ἄχυρον): VII 596a20, a25; τὸ κάρφος: VIII 612b23; شديد التبن (ὠχροὶ σφοδρα): VIII 630a6.

تبني (ὠχρός): II 503b4, III 509b26, IV 527a19; الى اللون التبني ما هو (ὕπωχρον): VI 561b15; تبنية اللون شبيهة بمائية القيح (ὕπωχροι): IX 586b33.

تدرج (ὁ ἐρωδιός: heron): TB 58–59; VIII 609a30, b7.

ترب (ἡ γῆ): VII 594a27, 605a25, VIII 612a20, 629a8; في التراب الندي (ἐν τῇ ἐνίκῳ):

VI 570a17; ἡ κόνις: VIII 612b25, 630b5; يتمرغ في التراب (οἱ κονιστικοί): VIII 633a29, b1; τὸν χουν: VIII 629a11; كثير التراب (πολύχουν): VIII 629a35; على تراب لين (ἐν τῷ λείῳ): VIII 613b9; الاودية اللينة التراب (μαλακοῖς): VIII 615b31.

ترقوة (ἡ κλείς): III 511b35, 513a1, b35, 516a28.

تعب (I: πονέω): VI 574b29, VII 590b7, 597b14; ἐκπονεῖται: VII 588b32; تتعب وتسوء حالها (πονοῦσι): VII 595b15; تبعت ... تعبا شديدا: κοπιάσωσιν: VIII 605a30; عملت وتعبت (ἐργαζόμεναι): X 635b24.

تعب (ὁ πόνος): VI 572a19; τὸ μὴ πονεῖν (!): VI 575b3; اصابها تعب (ἀλγήσωσι): II 499a30; αἱ ταλαιπωρίαι: VII 596a30; وبعد العمل لا يلزمه تعب ولا ضعف (καὶ μετὰ τὰς ἐργασίας ἄκοπον): X 633b20.

تفاحة (the head of the thigh-bone, which is in the haunch-bone]: رأس الفخذ وبعض الناس يسميه التفاحة). I 493a23*.

تك (I: θλαστός): IV 523b7.

تم (I: στοχαζόμαι): V 542a30; ἀπολαμβάνει: VI 564a26; يتم ويخرج (εἰς τέλος ἐκτρέφει): V 544a29; διηκριβωμένα: V 546b33, 560a20; كملت وتمت (ἀποτελέσῃ): VII 588b33; يكمل ويتم: (ποιεῖται τὴν ... τελείωσιν): IX 584a34; حتى تتم لها سنة (ἐνιαυσίων): VI 575b14; ὅλος: VI 561a26; ولا يتم وقت زمان ولادة (οὐδὲν λαμβάνει τέλος): IX 585a9; τελεσιουργεῖται: VI 565b23.

تام (τέλειος): VI 560a21*; IX 586b8; τελεόγονα τῷ χρόνῳ: IX 585a18; ليست بتامة (ἀτελεῖς): I 489a27, 491b26; اذا فعل فعله تاما كاملا (ὅταν τὸ ἔργον τὸ αὑτοῦ ἱκανῶς ἀποτελῇ): X 633b19; تامة وافرة (τετελεσμένα): IX 587b12; ὁλόκληρα: IX 585b36; περαίνεται: I 494a24.

تمام (ἡ τελείωσις): I 491a23*; IX 583b25; تمامها وكمالها (τῆς τελείωσεως): VI 561a5, IX 583b24; اقل تمامها وكمالها (ἀτελέστερα): IX 582a22; تمام المعاء (τὴν τοῦ ἐντέρου τελεύτην): II 509a19; عند تمام السبوعين اعني الرابع عشر عاما (περὶ τὰ δὶς ἑπτὰ ἔτη): V 544b26; في هذا الاوان اعني تمام الثلثة السوابيع (περὶ τὴν ἡλικίαν ταύτην): IX 582a33; في تمام اسبوعين من سنيه (πρότερα τῶν ἑπτὰ μηνῶν): IX 584b2; قبل تمام السبعة اشهر

(ἐν τοῖς ἔτεσι τοῖς δὶς ἑπτὰ τετελεσμένοις): IX 581a4; ولم يبلغ تمام سنتين: (ὅσα ... μὴ διετίζει): VII 599a22; τέλος: VI 565a6; πέρας: VI 570b8; لتمام (ἐντός): VI 562b19; لتمام ثمنية اشهر (μετὰ τὸν ὄγδοον μῆνα): IX 585a24; يشب الى تمام ستين عاما (ἀκμάζειν περὶ ἔτη ἑξήκοντα): VIII 630b25.

تمساح (ὁ κροκόδειλος): I 487a22, II 503a1, VII 589a27; τοῦ ποταμίου κροκοδείλου: I 492b24, II 503a8; وتماسيح النهرية (κροκόδειλοι οἱ ποτάμιοι): VII 599a32; ὁ κορδύλος: I 490a3, VII 589b27.

تنين (ὁ δράκων): VII 609a4, 612a30; تنين الذي يسمى حية (δράκοντος τοῦ ὄφεως): VII 602b25.

تنور (ὁ θώραξ): I 491a28, 493a5, a17.

تقي; تقية زكية (ἁγνευτικά): I 488b5.

توءم (δίδυμος): IX 584b31, 585a2, 586a8.

تيس (ἡ αἴξ: goat): III 522a14, a27; τράγοις: IV 536a15, VI 571b21; ثمرة طيبة تيوس (τραγᾶν): V 546a3.

تين (τὸ σῦκον: fig): V 541b24, VII 595a29, VIII 626b7; لبن التين: ὀπός ... συκῆς: III 522b3.

Glossary Arabic-Greek: ث

ثاسوس (ἡ Θάσος: island): V 549b16.

ثامستقلس (τὸ Θεμιστόκλειον: tomb of Themistocles): VI 569b12.

ثبت (προσεδρεύω): يرابط ويثبت: (προσεδρεύοντα καὶ μονίμως): VII 596a14.

ثبات (ἡ ἐφεδρεία): VIII 614a6; منتقل عن كل ما يدخل فيه خفيف العقل ليس له ثبات في شيء من اموره (ὁ δ' ἀβέβαιος): I 492a12.

ثابت (μόνιμον): I 487b8, II 496b8*; VI 574a11; بعض الحيوان الثابت على صورة واحدة (τὰ μόνιμα): I 487b7; βέβαιον: IV 535a13, V 548a29*; ولا يكون ثابتا ساكنا على حاله (καὶ οὐ τὴν αὐτὴν κατάστασιν): VII 601b7; شيء شبيه بالطحلب ثابت (φῦκος τι καὶ βρύον): VII 603a17; وهو عندنا اعرف واثبت من غيره (γνωριμώτατον): I 491a22.

ثخين (παχύς): VIII 619a5, 628a31, 630a34; الثخينة العظيمة (παχεῖαι): III 511b24; الغليظ الثخين (παχύτατον): III 512b9, VIII 622b11; قصير ثخين (παχὺ καὶ βραχύ): I 495b28.

ثدي (ὁ μαστός): I 486b25, 493a14, 496a16; فوق الاجساد الناتئة التي سمينا ثديين (ἄνωθεν τῶν μαστῶν): VI 565a30; (θηλάς): II 499a18, 502a34; من حلمات ثدييها (κατὰ τὰς θηλάς): IX 587b20; τὰ οὔθατα: III 522a8; والاعضاء التي تشبه الثديين (τὰ ᾠοειδῆ) (!): IV 529b18.

ثراقي (ἡ Θρᾴκη): III 519a15; اهل ثراقي (οἱ Θρᾷκες): VII 595a25; or: وفي ارض ثراقيا :ثراقيا (οἱ Θρᾷκες): VII 606b3.

ثرب (τὸ στέαρ): I 487a3, III 519b9, 520a6; στεατωδῶν: III 520a28, 521b10; τὸ ἐπίπλοον: omentum: III 514b10, 519b7; الثرب فهو لاصق بوسط البطن (τὸ δ'ἐπίπλοον ἀπὸ μέσης τῆς κοιλίας ἤρτηται): I 495b29.

ثرجليون (ὁ Θαργηλιών): في الشهر الذي يسمى ثرجليون (περὶ τὸν Θαργηλιῶνα μῆνα): VIII 611b9.

ثرمودون (ὁ Θερμώδων): النهر الذي يسمى باليونانية ثرمودون (τὸν Θερμώδοντα ποταμόν): VI 567b16.

ثريا (ἡ Πλειάς): V 542b11, 543a15, VI 566a21; في اوان مطلع الثريا (περὶ Πλειάδας): VII 592a7; من مطلع الثريا (μετὰ Πλειάδα): VII 598b7; بعد طلوع الثريا (ἀπὸ Πλειάδος ἀνατολῆς): VII 598b10–11; من زمان غيبوبة الثريا (ἀπὸ Πλειάδος): VII 599a27–28; قبل طلوع الثريا (ὑπὸ κύνα): VII 599a17.

ثريطا (ἡ θρίττα: a kind of herring): TF 77–78; VIII 621b16.

ثعلب (ἡ ἀλώπηξ): I 488b20, II 500b24, VII 606a24; والوز الذي يسمى باسم مركب وزا ثعلبا (ὁ χηναλώπηξ: Egyptian goose): TB 195–196; 593b22; وطير الذي يسمى باليونانية سينالوبقس (χηναλώπεκος): VI 559b29.

الثعلب البحري (ἡ ἀλώπηξ: fox shark): TF 12–13; VI 565b1, 566a31, VIII 621a12.

ثقب (I: διατρυπάω): IV 528b33, V 547b7, VIII 621a5.

ثقب (τὸ τρῆμα): I 492a17*; II 503a5*; 513b1*; ثقب ومعبر (τὸν πόρον): I 492a25*; ᾗ τετρύπηται: IV 530b28; οἱ στρόμβοι: I 492a17*; ثقب المنخر (τὴν ἐκ τῶν μυκτη-

ρων σύντρησιν): I 495a25; في ثقب لها اربعة ابواب (ἐν θυρίσι συνεχέσι τέταρσιν): VIII 628a20; في ثقب والبيوت (ἐν τοῖς σφηκίοις): VIII 628a33; τοῖς (τῶν μελιττῶν) κυττάροις: VIII 624b14, 627a23.

ثقبة (τῶν τρήσεων): I 495a28, III 513a36, VII 599a26; ثقبا واماكن مجوفة (διαφύσεις): I 495b9; ἐκ τῶν διαφύσων τρήματα: I 495b10; τετρημένας: I 496a23; وهما يسكّان في لبثقب والحجارة (τρωγλοδύται): VIII 610a12; شقوق الصخور وثقب الجبال (χηραμοὺς καὶ πέτρας): VIII 614b35–615a1; الثقب التي منها يدخل (τὰς ὀπάς): VIII 612b6; ثقب الشهد (τοῖς κηρίοις): VIII 625a6; ثقبا وبيوتا (τὰ κηρία): VIII 628a12.

مثقوب (συντέτρηνται): III 513a35; τετρύπηται: IV 529b17; τρητόν: III 516a27; وليس مثقوبا ... (ἄτρητοι): III 516b35.

ثقل (I: βαρύνεται): V 546a23*; IX 582b8, 584a2; وما ثقل من الطير (τὰ μὲν βαρύτερα): VII 593b15; ثقل نومه (οὕτω καθεύδει): IV 537a30; ἀχθόμενος: VI 563a22.

اثقل (IV: πρὸς τὸ πλέον ἕλκειν): VII 603a19.

ثقل (τὸ βάρος): I 498a10, II 504b6, VII 597b13; ولحال ثقل الجسد (διὰ τὸ βάρος): VIII 628a32; βαρύτητι: IV 536b10; τὸ ἄχθος: VIII 626b27; ὑποδεέστερον: VIII 623b4; سدرة من ثقل رؤوسها (καρηβαροῦντας): IV 533b13; من صداع وثقل الرأس (διὰ τὸ καρηβαρεῖν): IV 534b8.

ثقيل (βαρύς): IV 533b9, 538b14, VII 591a26, 597b12; ثقيل الى البلادة ما هو (βραδύτεροι): I 491b12; ثقيل الطيران (τῶν βαρέων): II 504b9; ثقيل الرائحة (βαρεῖαν): VII 594b28; ثقيل الجثة (βαρεῖς): VIII 613b6, 633a30*.

مثقل (βαρυνόμεναι): VIII 624b3.

مثلثة: مثل ساقي شكل المثلثة (ὡσπερεὶ λάμβδα): III 514b18; شبيها بشكل مثلثة (τριγωνοειδεῖς): III 516a19.

ثلج (ἡ χιών): VII 595b16, 596b1*; b2*.

ثمر (I: φέρω): V 546a3; σπέρμα φέρειν: IX 581a16.

ثمر (ὁ καρπός): V 544a9, 549b33, VII 594b6, 596b14, VIII 628b13.

مثمر (εὔφορα): IV 538a1; ليس بمثمر (ἄφορα): IV 538a1.

ثنس (ὁ θύννος: tunny): TF 79–90; V 543a1; or ثنو: V 543b2, VII 591a11, 597a22; or ثنوا: VII 598b19, 599b9; ثنوس: VII 598a17; ثونا: I 488a6; ثونو: VII 607b32; ثينا: VI 571a10; or ثيني: VI 571a8; ἡ θυννίς: VII 591b17; or ثنيداس (ἡ θυννίς): VIII 610b4; ثونس: V 543a9; ثونيداس: V 543b12, VII 598a26; ثيني: VI 571a14–15.

ثني (κάμπτω): I 498a6, II 502b1, IV 525b25; τὰς καμπάς: I 498a19, a29; συγκάμπτει: II 502b11.

اثني (IV: καμπτόμενα): IV 532a29 (ἐπέπυκται): Bk: πέπυκται; IV 536a11; προσαναπτυσσομένης: IV 549b2.

انثنى (VII: ἔχει ... τὰς καμπάς): II 498b3*; 499a20; فليس يعقف ولا ينثني (οὐδὲν καμπτὸν): III 571a11; συγκάμπτεσθαι: VI 575a14.

اثنان (δύο): على الاثنين قائم الجثة (τοῖν δυοῖν ποδοῖν ὀρθή): VII 594b16.

انثناء (ἡ κάμψις): I 498a3, III 515b4; ταῖς ... καμπαῖς: I 498a4, II 503a22, III 513a2; ταῖς ἐπαναδιπλώσεσιν: II 507b30; ويميل ذلك الانثناء (ἐβλαίσωται): I 498a21; ἀναδίπλωσιν: II 508b13.

مثني (διπλοῦς): II 505a9, a12; ἐπαναδίπλωμα: II 506b14; مثني اعني مدخلين (ἀμφίστομοι): VIII 624a8.

ثوب (τὸ ἱμάτιον): VII 596b8, VIII 630b33*; ثوب جاس ليوقيه (θώρακα σκληρόν): VIII 622b3.

ثار (I: يثور ويلتهب: ἐπιφλεγμαίνουσα): X 638a33.

ثور (ἡ βοῦς): I 498b21 (κύων!); II 499b17, IV 536b28; بكبد الثور (τῷ βοείῳ): I 496b24; ὁ ταῦρος: III 510b3, 520b27; ἄρσενα: VI 575b6; ὁ/ἡ πρόξ: III 515b34.

ثوس (ὁ θώς: jackal): VIII 630a9.

ثيباس (αἱ Θῆβαι): II 500a4.

Glossary Arabic-Greek: ج

جاموس (ἡ βουβαλίς: buffalo): III 515b34, 516a5.

جبل (τὸ ὄρος): VII 592b19, 597a12, VIII 614b35.

جبلي (ὄρειος): I 488b2, VIII 627b23*; ὀρεινός: VII 607a10, VIII 618b3, 624b28; ὁ ὀρεινός: a kind of titmouse: TB 122; VII 592b19; μετεωρότερα: VII 596b4; الذي يرعي في الغياض والجبال (τῶν ὑλονόμων): VIII 624b29; والاماكن الجبلية التي تسلك: ἄγγη: (Bk: ἄγκη); VIII 618b24; في الاماكن الجبلية الخشنة (ἄλση): VIII 618b34; صعترا جبليا (τὴν ὀρίγανον): VIII 612a25, a34; الدبر الجبلي (τῶν ἀγρίων σφηκῶν): VIII 628a29.

جبن (ὁ τυρός): III 521b28, 522a24, 523a11; فليسا بموافقين لتهيئة الجبن: μίγνυται εἰς τὸν Φρύγιον τυρόν (!): III 522a28; يهيأ مما كان منه انيسا جبن (τυρεύεται τῶν ἡμέρων): III 521b30, 522b2; لتهيئة الجبن (τύρευσιν): III 522a26.

جبنة; جبنة صغيرة (τροφαλίδα): III 522a15.

تجبين (ἡ τύρευσις): III 522a33.

جبين (τὸ μέτωπον): I 491b12.

جبهة (τὸ μέτωπον): I 489b5, 491b14, IV 526b3.

جثة (τὸ σῶμα): III 513a29, 522b21, IV 524a27; بقدر قياسه الى جميع جثته (ὡς κατὰ λόγον τοῦ σώματος): I 496b15, II 497b26*; ليسا بملائمين لعظم جثتها (οὐ κατὰ λόγον τοῦ σώματος): II 500a20–21; τὸ χρῶμα (σῶμα?): V 547a17; تجمع جثتها (συνάγει ἑαυτὸν): VII 594a19; τὸ κύτος: IV 524a22, 525a11; τὸ κύτος τοῦ σώματος: IV 527b9; السباع البحرية العظيمة الجثث (κήτους): I 490b9; الحيوان البحري العظيم الجثة (ὅσα οὕτω κητώδη): I 492a27; τὰ μεγέθη: I 490a21, V 547a11; اذا قيس الى جثته (ἢ κατὰ τὸ μέγεθος): VIII 630b4, IX 587a30; الحيوان العظيم الجثة (ἐν τοῖς μείζοσι τῶν ζῴων): I 495b15, III 522b16; جميل الجثة (τὸ εἶδος εὐπρεπής): VIII 616b18; τῷ μετώπῳ: VIII 610a23.

مجثم (ὁ φωλεός): VII 600b11*; VIII 611b34; تبقى في مجاثمها (φωλεῖ): VII 600b3, b5.

جحر (τὸ τρηματῶδες): I 488a25, VII 597a9.

جد (ὁ γεννήσας): IX 585b34*; 586a1.

جديد (πρόσφατος); جديدا حديثا (προσφάτου): IV 534a13.

جدي (ὁ αἰγοκέρως): الجدي والسرطان ⟨في⟩: (δύο μηνῶν τῶν ἐν τῷ χειμῶνι τροπικῶν): VI 558b14.

جذر (τὸ στέλεχος) جذور الشجر (τὰ στελέχη): VI 559a10.

مجذاف (ἡ ἄγκυρα): IV 523b33; τὰς εἰρεσίας: IV 533b6; κώπης: IV 533b16.

جرّ (I: ἐφέλκω): VII 604b17.

اجترّ (VIII: προσάγονται): V 540a12; μηρυκάζειν: II 507a36, III 522b8.

مجترّ (ὁ μῆρυξ: parrot-fish (σκάρος)): TF 160–161; VIII 632b10.

جرأة (τὸ θάρρος): VII 588a22; τὸ θάρσος: VIII 618b21; بالجلد والجرأة (τῇ ἀνδρείᾳ): VIII 610a18, 629b6; واكثر جرأة (ἀνδρειοτέρα): VIII 608a35; اقل جرأة واجزع (ἀθυμότερα): VIII 608a33; اقل اقداما وجرأة (ἀψυχότεραι): VIII 610a21.

جريء; اجرأ واجلد (ἄριστοι): VIII 630a12; ἐλεύθερα: I 488b17.

جرح (I: ἑλκόω): VIII 612a33, 630a5; ἕλκη ποιεῖ: VIII 609b5; κολάπτειν (τὰ ὄμματα): VIII 609b6; ἀμυνόμενος (!): VIII 609b8; τὰς πληγάς: VIII 630a3, b6; δέχεται: VIII 630a4; πληγῇ: VIII 630b7.

جُرح (τὸ ἕλκος): VIII 609a35, 612a33*; 627a4; في القرحة جرح شديد (πολλὰ ἑλκωθέντος): X 636a36.

مجروح (τραύματα λαβόντος): VIII 631a12.

جرد (I: ξύω): VI 570a9; ἀναξύω: VII 603a23; ἐπιξύοντες: VIII 612b17; ἐψιλωμέναι: VII 600a17; املس اجرد الجسد اكثر من المسن (εἰσὶ λειότεραι): VIII 626b10; سحق وجرد (τριβομένου): VII 600a7; ἑλκόντων καὶ ἀναξυομένης: VI 569b7.

جراد (ἡ ἀκρίς: grasshopper): IV 532b10, VII 592b23, X 637b16; اناث الجرادة: X 637b17*; الحيوان الصغير الذي يشبه الجراد (οἱ τέττιγες: cicada): IV 535b7.

جرادة (τὸ ξυστόν): VIII 612b17*.

جرو (τὸ τέκνον): II 504b26, V 542a31, VI 566b17; τὰ τέκνα καὶ τὰς δέλφακας: VI

573b13; τοῖς ἀπογόνοις: VII 589a2; τὰ δ' ἔγκονα: V 546a17; τὸ δ' ἔμβρυον: V 546b12; τοὺς σκύμνους: VI 563a24, VII 600b2; τὰ σκυμνία: VIII 608b25, 611b32; τὰ σκυλάκια: VI 574a23; تضع جراء مخصبة (καλλίχοιροι): VI 573b12.

جرى (θέω): VIII 632a30; τρέχει: VIII 629b18; περιδραμὼν: VI 572b15; διατηροῦσα: VIII 612b28; يجري جريا متصلا متقاربا ملائما كجري الكلب (τὸ δὲ δρόμημα συνεχῶς ὥσπερ κυνός ἐστι κατατεταμένον): VIII 629b19.

جري (τὸ δρόμημα): VIII 629b19; سريع الجري (ταχὺ δὲ θεῖν): II 501a33; لسرعة جريها (διὰ τὸ οὕτως ταχέως θεῖν): IV 525a8.

مجرى (πόροι): VI 561a13, X 637a24; τῆς ὁρμῆς: VI 575a15; شبيهة بسواقي ومجاري ماء (καθάπερ ὀχετοί τινες): III 515a23–24.

جارية (τὸ παιδίον): IX 581b2, b16; لبن الجواري (γάλα τῶν ὀχευομένων): III 521a11.

جزّ (I: κείρω): VII 606a17; واذا جز شعر اعراف الرمك (αἱ μὲν οὖν ἵπποι ὅταν ἀποκείρωνται): VI 572b8.

جزة (τὸ κώδιον): جزز الغنم (τὰ κώδια τῶν προβάτων): VII 596b7.

جزأ (II: διαιρέω): I 486a5, 493b33, IV 530b26; διοριστέον: VII 589b13.

تجزأ (V: σχίζομαι): I 490b7, III 512a6, 513b16; τείνει: III 513b18; يتجزآن ... ويفترقان (διατείνουσιν): III 512a1, also: σχίζονται: III 512a22; ἀποχωρισθῆναι: X 637a13.

جزء (τὸ μέρος): I 486a9, 491a30, III 511a26*; ويفعل ذلك بجميع اجزائه (καθ' ὁτιοῦν μέρος): I 492b30; بجزءين (διμερῆ): III 513b16; διφυής: I 494b31; اجزاؤها يشبه بعضها بعضا (ὁμοιομερῆ): I 486a6, III 511b1; الاعضاء التي لا تشبه اجزاؤها بعضها بعضا (τοῖς ἀνομοιομερέσιν): III 511a35, IV 523a32; τὸ μόριον: I 486a5, III 514a14; باجزاء وآلات صغار (ἐν μικροῖς γὰρ μορίοις): VII 589b31, 590a6; الابهام تجزأ بجزءين (δάκτυλος δ' ὁ μέγας μονοκόνδυλος, οἱ δ' ἄλλοι δικόνδυλοι): I 493b29; الجزء المنحدب (τὸ δὲ κυρτὸν): I 496a12; الجزء الحاد (τὸ ὀξύ): I 496a10, II 507a2; اول جزء القت (τῆς δὲ πόας τῆς Μηδικῆς ἥ τε πρωτόκουρος): VII 595b28; اجزاء المؤخر [τὰ ὀπίσθια σκέλη]: VII 604b1*.

تجزئة [ἡ διαίρεσις]: III 513a12*; also تجزؤ (τὰς διαιρέσεις): VII 590a16.

مجزأ (διῄρηται): II 503a26; مجزأ بجزءين (διχῇ σχίζεται): III 513b17.

جزيرة [ἡ νῆσος]: VII 606a5*; VIII 612a3*.

جزع (I: φοβοῦνται): VIII 608b31, 630a10; يجزع ويخاف (τὴν δειλίαν ὑπερβάλλει): VIII 618a29; πτήσσει: VIII 629b12.

جزع (ἡ δειλία): VII 588a22, VIII 608a15, 610b21; والجزع والخوف (δειλίαν): VIII 629b7; φόβον: VIII 627a18; لحلل الجزع (φοβουμένη): VIII 621b30.

جزوع (δειλός): I 488b15.

اجزع: اقل جزأة واجزع (ἀθυμότερος): VIII 608a33; واجزع نفسا (δύσθυμον μᾶλλον): VIII 608b11.

جزم [ὁ ὄγκος]: بقول جزم (ὡς τύπῳ): I 491a7.

جس (ἡ ἁφή): I 489a18.

جسد (τὸ σῶμα): I 491a28, III 511a18, IV 526b5; في سائر جسده (κατὰ δὲ τὸ ἄλλο σῶμα): VIII 630a4; خارج جسده من (ἀπὸ τοῦ σώματος): VIII 623a32; في اعضاء الجسد (ἐν τῷ σώματι): III 521a20; σωμάτια: IV 525a2; وتحرك اجسادها (ἀπογυμνάζοντες): VIII 624a25; ما كان منها ذا جسد ادق خلقة (γλαφυρώτατοι): VIII 622b23; τὸ δέρμα: VII 595b8; اكل بعض جسد بعض (τύχῃ ἀλλήλων ἐδηδοκότα): VII 607a28; وكل جسد دمي (τὰ ἔναιμα): III 521a1; يلطخ كل جسده (καταπλάττουσιν ἑαυτούς): VIII 612a18; τοῦ κύτους: IV 524b33, 527b28; فوق الاجساد الناتئة التي سمينا ثديين (ἄνωθεν τῶν μαστῶν): VI 565a30; في ظاهر جسده (ἐν τοῖς ἐκτὸς μέρεσιν): III 521a16; اسافل الاجساد (τοῖς κάτω δὲ μορίοις): III 521a5; اعظام الاجساد (ὁ πᾶς ὄγκος): I 486b14; مقاديم اجسادها (τὰ πρανῆ): II 502a23; ومقدم ومؤخر جسد (τὰ πρανῆ καὶ τὰ ὕπτια τοῦ σώματος): II 502b31; مستطيل الجسد (προμήκη): II 505a5; τῶν τέκνων (!): VI 573a30; الجيف والاجساد النتنة (τὰ τεθνεῶτα): VIII 619a2; ما يحس سائر الجسد (ἡ ἄλλη σάρξ): I 492b29; مؤخر اجسادها (τὰ ὀπίσθια σκέλη): VII 604b1, VIII 632a24; حال اجسادهن حسنة (αἱ μάλιστα καλῶς πεφυκυῖαι): X 635b26.

جسداني (σωματῶδες): III 521b27.

جسم (τὸ σῶμα): IX 583a5*; X 635b40*; 636a3; τὸ δέρμα: III 517a20.

جسيم (τραχεῖαι): V 547a7; γενναίαν: VIII 631a2.

جسمي: السمك الجسمي (ὁ ὀρφός: sea-perch): Bk: ὀρφώς; TF 187–188; V 543b2.

جسا (I): VII 587b13 (جسو) and (جسى): [πήγνυμαι]: X 638a13*; σκληρούς: VII 595b27.

جاس (σκληρός): I 490b10, II 502b14, IV 528b20; σκληρότητι: IV 528b20; جاس صلب الجلد (σκληρόδερμον): VI 559a15; لاصناف السمك الجاسي الجلد: τῶν δ' ὀστρακοδέρμων: VII 603a12; also I 490a2, VII 606a11; كانت العين جاسية (εἰσι σκληρόφθαλμα): III 520b6, IV 526a9; جاسية اللحم (σκληρόσαρκα): I 486b9.

جساوة (ἡ σκληρότης): III 516b5, 517b2; σκληρύνει: V 548b24; τὸ σκληρὸν: VI 559b14.

جعل (I: πλάττομαι): VIII 628a12.

جعل (ὁ κάνθαρος: dung beetle): DI 84–89; I 490a15, VII 601a3.

جف (I: ξηραίνω): VII 590b8, VIII 620b8, X 637a1.

جاف (ξηρός): X 635a15, 636a1, 637a20; جاف يابس (ξηραὶ): X 638a6; يابس جاف (αὐχμηρός): III 520a28.

جفاف (ἡ ξηρότης): X 635a37; بيبس وجفاف (ξηροτέρα): X 635b35; اجف جفافا (αὐχμηρότερος): I 497a2.

جلب (I: κομίζω): VII 606a2, VIII 623b24; φέρειν: VIII 616a8, 626b9; الطعم الذي يجلب (τὰ προσφερόμενα): VIII 618a23; ψοφεῖν: IV 533b27; جلبوا وصاحوا (ψοφήσας): IV 533b33.

جلبة (τὸν θόρυβον): IV 533b28.

جلد (ἀνδρεῖος): I 488b17, VIII 610a26; ἡ ἀνδρεία: VIII 588a22; بالجلد والجرأة (τῇ ἀνδρείᾳ): VII 610a18; اجلد واكثر جراءة (ἀνδρειότερα): VII 606b18; لهن جلد واحتمال لكثير مما يلقين (εὐέκφοραι αἱ γυναῖκες): IX 584b7–8.

جلد (τὸ δέρμα): I 491b2, III 511b7, IV 524b8; آخر قشر الجلد (τὸ ἔσχατον δέρμα): II 600b16; شبيهة بجلد (δερματώδει): II 505a7; من جلد (δερματώδης): I 495a8; الحيوان البحري الذي جلده صلب شبيه اسود الجلد: τῶν ... μελανοδερμάτων: III 517a14;

اصناف السمك الخزفي الجلد: (τῶν ὀστρακοδέρμων) I 491b27, IV 535a23; بالخرف: (τῶν δ' ὀστρακοδέρμων) VIII 621b9; وكل ما كان جناحه من جلد (τὰ δερμόπτερα): I 487b22, 490a7; اشفارها جاسية الجلود σκληρόφθαλμοι ὄντες: II 505b1; τὸ καλούμενον γῆρας: V 549b26, VII 600b30; بجلود قوية شبيهة بخفاف (καρβατίναις): I 499a30; لجنس السمك الذي يسمى باليونانية مالاقية (τὸ κέλυφος): V 549b25, VII 601a6; قشر جلده (τῶν μαλακίων): VI 567b8; وتفسيره اللين الجلد (τῆς ὀσχέας): VIII 632a16; جلد الخاصى جميع اصناف الطير الذي فيما بين اصابع (σκυτώδεις): II 505a7, VIII 622a21; شبيهة بجلود الطير الذي فيما بين اصابعه جلد (οἱ στεγανόποδες ἅπαντες): VIII 615a25; رجليه جلد (οἱ στεγανόποδες): VII 593b15; اصناف الطير الذي ليس فيما بين اصابع رجليه جلد (τῶν σχιζοπόδων): VIII 615a26; خشنة الجلود (τραχεῖς): II 505a25; ⟨والحيوان⟩ المفلس الجلد (φολιδωτά): I 492a25, VII 594a4.

جلدة (τοῦ δέρματος): I 491b31, VIII 631a2; وبين اصابع رجليه جلدة (στεγανόποδες): VIII 617b19.

جلد (ἡ ἀνδρεία): جلد واحتمال لكثير مما يلقين (εὐέκφοροι): IX 584b7.

جلادة (ἡ ἀνδρεία): VIII 608a15, a31; الجلادة والجرأة (ἀνδρείαν): VIII 629b6.

جليد (ἡ πάχνη): VII 596b1; ἀνδρεια: VIII 608a33; ἀνδρειότερον: VIII 608b16.

جلس (I: καθέζομαι): III 522b19, VI 547b23, VIII 625b14; ἐκλέπει: VI 564a27; جلس على البيض (ἐπῳάζῃ): IV 536a30, VI 559a30; قبل ان يجلس على بيضه (πρὸ ἐπῳασμοῦ): VI 558b15; اكثر الحاحا في الجلوس على البيض (τῷ ἐπῳαστικώτεραι): VI 560a3; ἡσυχίαν ἔχοντες ἐπὶ τῶν ᾠῶν: VI 564a14; ἐπικαθεύδει: V 542b20; ἐφεδρεύουσαι: VI 564a11; يجلس ... ويرعى: νέμεται: VII 593a1.

اجلس: (IV: καταβαίνω): VI 564b9.

جلوس: اتفاق الجلوس (τὰς συνεδρίας): VIII 608b28; σύνεδρα: VIII 608b29.

جلّنار (τὸ βαλαύστιον: wild pomegranate): VIII 627b17*.

جمجمة (τὸ κρανίον): III 516a14, a15.

جمد (I: πήγνυμαι): I 497a10, III 515b32, 516a1; ولا يجمد (ἄπηκτον): III 520a8.

جامد (θρομβώδη): IX 582a30; جامد مبني (συμπαγείη): V 546b21.

جميز (τὸ συκάμινον: mulberry): VII 603b14.

جمع (I: συλλέγοντες): VIII 611b21; συμφορούμενος: VI 559a10; ἀνακάπτοντα: V 541a13; ἀναπηνίζονται: VI 568a24; ἐπηλυγασάμενοι: VIII 613b9; تجمع جثتها (συνάγει ἑαυτὸν): VII 594a19.

جامع: (III; ἀφροδισιάσασι): X 636b24; πλησιάζουσαι: IX 584a30, X 635b1, 636b12; الذين يجامعون جماعا معتدلا: III 518b25; συγγένωνται: IX 585a23, 586a10; συζευγνύμενοι: X 636b19; اذا جامع غيرها (διεζευγμένοι): IX 585b13; μοιχευθεῖσα: IX 585a3; ἐν τῇ πρὸς τὸν ἄνδρα συνουσίᾳ: X 635b17.

اجتمع: (VIII; ἀθροίσωσι): V 547a28, VIII 614a15, 625b12; يجتمع ويكون (συνίσταται οἷον): VIII 621a23, IX 583b16; συστραφεῖσαι: VIII 629a19; ولا يجتمع ... ولا يرعى مما (οὐ συννέμονται): VI 572b21; يجتمع الى ذاته (συνάγει ἑαυτὸν): V 548b12; تجتمع وتنشؤ (αὔξησιν δὲ λαβόντα): X 638b23; ويجتمع السيلان فتلتئم الى (πάλιν εἰς ταὐτὸ συνάπτουσιν εἰς): III 510a20; ينضمان ويجتمعان (συνάπτουσιν): V 540b32; وتنضم وتجتمع (συμπίπτουσιν): VI 561a20; معصوران ومجتمعان (ἐντεθλιμμένα): VII 599b20.

جمع; جمع الماء (ὕδρωψ): X 638b17.

جماعة (κοινωνία): I 488a7*.

جماع (ὁ συνδυασμός): IV 537b28, V 539a27, VI 571b11*; X 636b32*; ὀχείαν: IX 585a3, X 637a8*; بالسفاد والجماع (τὴν ὀχείαν): VII 588b29, II 500a15, VI 571b9, b10; τῆς συνουσίας: IX 582b22, X 636b21*; ἀφροδισιάζειν: IX 581a22, X 637a25; τῆς συμβαινούσης ἡδονῆς: IX 581b20; αἱ πρὸς τὸν ἄνδρα χρήσεις: X 636a39; τὴν ὁμιλίαν: V 542a32, IX 583a15; يشتاق الى الجماع (ἀκόλαστοι πρὸς τὴν ὁμιλίαν εἰσὶ τὴν τῶν ἀφροδισίων): IX 582a26; في زمان الجماع (ἐν ταῖς ὁμιλίαις δὲ τῶν ἀφροδισίων): IX 583a11; للذين يفرطون في الجماع (τοῖς μᾶλλον ἀφροδισιαστικοῖς): III 518b11, b24; سبيل جماع (αἰδοίων πόρον): II 504b27.

اجمع; باجمعها (ῥύβδην): VIII 624a24; ἀθρόοι: VIII 630b14.

مجامعة (ἀφροδισιάζειν): III 510b10, X 637a5*; شهوة المجامعة: I 493a31*.

اجتماع؛ اجتماع الزرع (σπερμοποιεῖ): X 636b34; ولا يكون لها تقويم ولا اجتماع (οὐ συνί-στανται): X 638a2; τὸ πλήρωμα: X 638b2.

مجتمع (τῶν ἀγελαίων): I 488a2; ἀθρόῳ: VI 569a4; συναθροίζεται: IX 582b15; مجتمع كبير بعضه لاصق ببعض (συνεστηκὸς καὶ ἀθρόον): V 549b8.

جمل (ὁ/ἡ κάμηλος): I 499a13, II 500b16, V 540a13; اناث الجمال (αἱ κάμηλοι αἱ θήλειαι): VIII 632a27; ἡ κάμηλος: II 499a18; وجمال البحاتي والعرابي (αἱ κάμηλοι ἀμφότεραι, αἵ τε Βακτριαναὶ καὶ αἱ Ἀράβιαι): II 498b8–9.

جمال (τὸν καμηλίτην): VIII 630b35.

جميل؛ سيرة جميلة (ἤθους βελτίστου): I 492a4; جميل الجثة (τὸ εἶδος εὐπρεπής): VIII 616b18.

جن (I: ἐμμανεῖς γὰρ γινομένους): VI 571b34; تجن جنون (ἐμποιεῖ μανίαν): VII 604a5–6.

جنون: جنون الخيل (ἱππομανοῦσιν): VI 572a10; ἱππομανές: VI 572a27; بالكلب وجنون (λυττήσῃ): VII 604b13.

جنين (τὸ ἔμβρυον): VII 601a1, IX 583b17, 584a23; τοῖς ζῳοτοκουμένοις: VII 601a4; τοῦ κυήματος: IX 584a10; ταῖς κυούσαις (!): IX 584a23; الجنين الاول (τὸ προυπάρχον): IX 585a10.

جنب (ὑποχόνδριος; الجنبين; τὰ ὑποχόνδρια): I 496b12; τὰ πλάγια: II 500a21*; III 513b35; على الجنب (πλάγιος): IV 524a13, IX 586b1; τὸ πλευρὸν: III 512a19, 513a5.

جنوب (νότιος): V 547a12, VI 572a17, VII 598b7; ريح الجنوب (νοτίους): V 542b11, VII 592a15; اذا كان الريح جنوبا (τοῖς νοτίοις): VII 597b13; ὁ νότος: VII 597b11, VIII 612b6; ζεφύρια: VI 560a6.

جنوبي (νότιος): V 547a12, VII 574a1; رياح جنوبية (νότια): V 542b11, b29; ὄψιον: X 627b20; البيض الجنوبي (τὰ ὑπηνέμια): VI 560a6.

جانب (τὸ πλάγιον): 494b14, 495a31; الى جانب واحد: I 498a16, IV 525b25; الى جانب الوجه: VIII 630b1; والى الجوانب: IV 526a10: εἰς τὸ πλάγιον; في الجوانب (ἐκ τοῦ πλαγίου): V 549a33; من جانب الايسر (ἐν δὲ τοῖς ἀριστεροῖς): I 496b16–17; من جانب

الايمن (ἐν μὲν τοῖς δεξιοῖς): I 496b16; في الجانبين (ἐφ’ ἑκάτερα): II 505a11; في كلا الجانبين (τὸ διφυὲς λαγών): I 493a18.

جنجروس (ὁ γόγγρος; conger eel): TF 49–50; III 517b7.

جناح (τὸ πτερόν): I 490a14, III 519a27, IV 531b24; ما ليس له جناح (ἄπτερα): IV 523b17; وبعض جناحه من جلد (τὰ δερμόπτερα): I 487b22, 490a7; ما له جناحان (τὰ μὲν δίπτερα): I 490a16, IV 532a22; ما له اربعة اجنحة (τὰ δὲ τετράπτερα): I 490a16, IV 532a21; جيد الجناح (εὔπτερον): I 487b25; رديء الجناحين (κακόπτερος): VIII 617b4; ما لجناحيه غلاف (τὰ δὲ κολεόπτερα): I 490a14, VII 601a3; قصير الجناحين (πτερὰ δὲ βραχύτατα): VIII 618b33; الطير الذي له ريش (πτερωτά): I 490a8; شيء شبيه بجناحين (πτερύγια): VII 597b22.

مجنح (πτερωτοί): IV 523b20.

جنس (τὸ γένος): I 486a23, a24, 487a13; وجميع الجنس الذي يشبهها (καὶ πᾶν τὸ τοιοῦτον γένος): VII 599a12; اكثر اجناس (τὸ πλεῖστον γένος): VII 601b9; الاصناف المتفقة بالجنس (τὰ ὁμόγονα): VIII 610b13; وجميع ما يشبهها بالجنس (τἆλλα τὰ ὁμοιογενῆ τούτοις τῶν ζῴων): II 504a28; من جنس متقادم (ἀπὸ συγγενῶν): V 539a23; قدر اجناسها (κατὰ συγγένειαν): VIII 611a4; فكل جنس من اجناس الحيوان يقاتل ما وافقه واشبهه بالجنس (πρὸς ἄλληλα τὰ ὁμόφυλα μάχεται): VIII 608b22; الجنس المائي (τὸ ἔνυδρον): VII 589b13; الجنس الذي يطفو على الماء: ἓν μὲν τὸ μάλιστ’ ἐπιπολάζον: IV 525a13–14; جنس الطير (πτηνά): I 490a33, 497b28; الاجناس الكثيرة الارجل (πολύποδες): VII 607b7.

جهد (ἡ σπουδή: وتقاتل بجهدها: ἀμύνεσθαι): VIII 611a22; ويدفع عن نفسه بجهده (ἀμύνεται): I 488b9.

جاهد (θρασύς): VIII 616b29.

جهير (βαρύς): V 545a1, a5; بصوت جهير (αἰάζῃ): IV 536b22.

جهل (I: ἀγνοέω): I 495b4*; VI 572a6*; VII 601b1, X 638b15.

جاهل (ἐνστατικός): I 488b13; ليس بجاهل (οὐκ ἐνστατικά): I 488b13; μὴ συννοοῦσι: VII 600b29.

جهل (χαλεπότητα): VIII 608a16.

جود (جاد: I: εἰσὶ κάλλιστοι): V 548b28; وتيبس وتجود (ξηράνωσι): VIII 611b15; χρήσιμον ἐστι: VI 573a24, 574b9, 575b10; يجود بصره (μᾶλλον ὁρῶσιν): VII 602b11.

اجاد (IV: to make good): ليس يجيد الطيران (μὴ πτητικοῖς οὖσιν): VIII 613b7; الذي يجيد الطيران (τῶν πτητικῶν): VIII 614a32.

جودة [εὖ ἔχω]: لجودته (διὰ τὸ καλὸν εἶναι): VIII 618a17; من جودة الخصال (τῶν δ'ἀγαθῶν): VIII 618b35; جودة المرعى (εὐβοσίαν): III 520a33; جودة امطار (ἐπομβρίας): VI 575b19.

جيد (ἀρίστους): VII 601b23, VIII 631a3; βέλτιστα: V 544b10, 545b3; اجود واخصب (βελτίους): V 545a27; اجود واقوى (βελτίω): V 545b14, VIII 614a5; اقوى وافره واجود (βελτίω): VI 575b25; جيد الحس (εὐαίσθητον): VIII 630b21; جيد التدبير لمعاشه (εὐβίοτος): VIII 609b19, 615a16; جيد الشكل (εὐήθεις): VIII 615a33; جيد الحركة (εὐκίνητοί): VI 566a12; المواضع التي فيها مراع واسعة جياد (τὰ εὔλιμνα τῶν χωρίων): VII 601b23; جيدة العظم (εὐμεγέθη): X 638a17; اجود اضلعا (εὐπλευρότερα): Bk: εὐοπλότερα(!); IV 538b4; جيد الرجلين (εὔπους): VIII 617b4; جيد الفراخ (εὔτεκνοι): VIII 615a33; ولونها اجود (εὐχροίας): IX 584a14; جيد التعاهد لفراخ (δειπνοφόρος): VIII 619b24; اخصب واجود واطيب: ἐπιδίδωσιν ... πλέον: VII 601b14; نبات اجود: ὁ θὶς ὁ μέλας (!): VII 598a5; جيد السباحة (νευστικός): VII 593b20.

جاع (πεινάω): VIII 619a16, 623a16; κατεχόμενα τῷ πεινῆν: VII 595a15; προλιμοκτονηθεῖσα: VII 595a22.

اجاع (IV: προλιμοκτονηθέντα): VII 595a27.

جائع (πεινῶν): II 506b1*; VII 629b9.

جوع (λιμῷ): VIII 618a24; τὸ πεινῆν: VIII 631a25.

جوف (τὰ δ'ἐντὸς / ἡ κοιλία): I 495b22, II 502a15, IV 524b9; τὸ κοῖλον: VIII 616a25; σπλάγχνον: IV 524b14, VI 561b2; في سائر اعضاء الجوف: τῶν δ' ἄλλων σπλάγχνων: I 496b7, III 513a23, 519a33; واجوافها (τὰ σπλάγχνα καὶ κοιλία): III 520a2; ἐν αὐτοῖς: III 521b22, IV 539a24; من داخل جوفه (ἔσωθεν): IV 531a16, VIII 623a31;

تجويف 428

τὰ ἔσω: VII 594b27; في اجواف الاصناف التي تبيض في اجوافها والتي تبيض خارجا (ἐπί τε τῶν ἔσω ᾠοτοκούντων καὶ ἐπὶ τῶν ἔξω): VI 567b27; τῷ κύτει: III 524a11, 525a7; وجميع الاجواف الدمية (αἱματώδη): VI 565b17; ما في جوفها (τὸ μαλακόν): VIII 614b17.

تجويف (τὸ κοῖλον): II 500a6, VIII 616a30*; في اعماق وتجويف (ἐν τοῖς κοίλοις): VI 559a10; صخور فيها شقوق وتجويف (πέτρα ἀπορρώξ): VIII 611a21.

مجوف (κοῖλος): I 494b34, II 500a6, III 514b27; عميقا مجوفا (τὰ κοῖλα): III 512b12; المواضع والاماكن المجوفة (τὰ δὲ κοῖλα): VIII 616b30; ليست بمجوفة (ἄκοιλα): III 515a31; العميقة المجوفة (τὰ κοῖλα μέρη): I 495b8; عرق مجوف خلقته من عصب (φλὲψ κοίλη καὶ νευρώδης): I 497a14; اصل مجوف مثل القصبة: II 504a31; σομφός: IX 587b24; رخو مجوف (σομφή): I 493a16; الحيوان الذي له رأة مجوفة (ὅσα ἔχει τὸν πλεύμονα σομφόν): VII 594a8; رخوة اللحم منتفخة مجوفة في كل حجاب (σομφός): I 496b3.

جيفة: الجيف والاجساد النتنة (τὰ τεθνεῶτα): VIII 619a2.

جيل (ἡ ἡλικία): III 521a23.

Glossary Arabic-Greek: ح

احب (IV: στέργω): VIII 611a13, 613a7; χαίρει: VIII 612b14; يحب ... يتلذذ: προσφιλὲς: VII 590a11; يحب الاستحمام بالماء (ἐστὶ φιλόλουτρον): VI 605a12; يحب اللعب (φιλοπαίγμων): VIII 629b11.

استحب (χαίρει): IV 533a32, 535a11, VII 602a31; ἡδέως: VII 603b31; ἐπιδηλοτέρως (!): VII 604a2.

محب (φίλοι): VIII 610a8*; محب للجمال (φιλόκαλα): I 488b24; محب لجرائه (φιλότεκνον): VI 566b23; محب لكثرة شرب الخمر (φιλοπότης): VI 559b2; محبا للاولاد (φιλόστοργον): VIII 611a12; محب لقرب الناس (φιλάνθρωπον): VIII 617b26; ومحب للشتيمة (φιλολοίδορον μᾶλλον): VIII 608b10; محب للقتال (ἐνοχλοῦσιν ἀλλήλοις): VIII 613a9.

متحبب (φιλητικά): I 488b21.

حب (ὁ καρπός): VII 592a1*; τοὺς καρποὺς τοὺς χέδροπας: VII 594b7: ما يأكل الحبوب:

τὰ δὲ καρποφάγα I 488a15, VII 595a14; يعتلف الحبوب (καρποφάγοι καὶ ποηφάγοι): VII 595b5, 593a15; حب الدخن (κεγχραμίς: seed of fig): V 549a29; κέγχρος: millet: VI 568b23; حب الباقلى: bean: VI 561a30; حب كرسنة (ὄροβος): VI 568b22; الطير الذي يأكل الحبوب (σπερμολόγος: rook): VII 592b29; الحبوب التي تنفخ (τοῖς φυσητικοῖς): VII 595b6.

حُباحِب (ἡ πυγολαμπίς: glowworm): IV 523b21.

حبشة (ἡ Αἰθιοπία): I 490a11; في ارض الحبسة (περὶ τὴν Αἰθιοπίαν): VI 573b28; Αἰθιόπων: III 517a19.

حبشي (Αἰθίοπι): IX 586a3, a4*.

حبل (ἡ σειρά): VIII 610a32.

حبل (I: ἔγκυος εἰμί): III 522a3; ἔγκυοι γίνονται: V 541a27; κύειν: IV 537b24.

حبل (ἔγκυον γίνεται): III 522a2; ἐπικυίσκεσθαι: IX 585a5; ἡ σύλληψις: IX 582b11.

حجب (I: ἡ διάφυσις): VI 562a26.

حجاب (τὸ διάφραγμα): I 492b16, 497a23, II 507a31; الحجاب الذي في الجوف (τοῦ διαζώματος): I 495b22, 496b16; وصفاق اعني الحجاب: τὸ διάζωμα, ὃ καλοῦνται φρένες: II 506a6, a26; حجاب الصدر: τὸ διάζωμα τὸ τοῦ θώρακος, αἱ καλούμεναι φρένες: I 496b11; صفاق الحجاب (τὸ ὑπόζωμα): II 509b17, 510b16; في كل حجاب من الحجب: παρ' ἑκάστην τὴν σύριγγα (!): I 496b3.

حاجب (ὀφρύες): Bk: τὴν ὀσφὺν; I 491b14, III 511b25; 518a20.

حجر (ὁ λίθος): IV 530a18, 533b24, VI 567b12; وهو يأوي في الاحجار (φωλεύει): II 503b27; مأواه واحجاره (τὰς θαλάμας): VII 590b21; في شقوق واحجار الصخور (περὶ δὲ τὰς σήραγγας τῶν πετριδίων): V 547b21; في حجارة الارض (εἰς τὰς ὀπὰς ἐν τῇ γῇ): VI 559a4; وهما يسكان في الثقب والحجارة (τρωγλοδύται): VIII 610a12.

حجرة: حجر مأوى النمل (τὰς μυρμηκίας): IV 534b22; θαλάμη: IV 535a17, V 549b32.

حجل (ὁ / ἡ πέρδιξ: partridge): TB 137–139; I 488b4, II 508b28, VI 563a2.

حدّ (ὁρίζω): VIII 630a19.

حدّ (τὸ μεθόριον): VII 588b5; الحدود والاوتاد (τὰ πέρατα): VIII 623a9; وليس في هذه الاشياء وقت ولا حد معروف (καὶ οὐθὲν ἀποτέτακται τούτων): VII 585b36.

حدة (ὀξύτητι): IV 536b10, VII 591b29; ὀξυωπέστατοι: I 492a9.

حديد (τῷ δρεπάνῳ): VIII 610a28; σιδήριον τι: VII 605b3, VIII 616a26, 631b27; بالحديد المضرس (τοῖς τριόδουσιν): IV 537a26; بالحديد الذي له ثلثة اسنان: IV 537a28; ينقش ... بالحديد: γλύφεσθαι: III 516a27; غرز ... بالحديد: κεντουμένων: III 521a17; بيض الحديد (τὰ κράνη): V 548b2; ساقي الحديد (τὰς κνημῖδας): V 548b2.

حديد; حديد البصر (βλέπειν ὀξύ): VIII 615b12.

حديدة; بالحديدة التي لها ثلث شعب (τῷ τριόδοντι): VIII 608b17; للحديدة التي تدخل في الجسد (τῶν τοξευμάτων ἐν τῷ σώματι): VIII 612a5.

حاد (ὀξύς): I 496a7, II 501a16, 505a29; الجزء الحاد (τὸ ὀξύ): I 496a10, II 507a2; الناحية الحادة (τὸ ὀξύ): IV 524a31; حاد العقل (πρὸς ὀξύτητα ὄψεως κράτιστον): I 492a4; ضيقة حادة (εἰς ὀξὺ συνηκούσας): I 495b11, 496a19; حادة دقيقة (ὀξεῖα): VIII 632a1; حاد السمع (ὀξυηκόους): IV 534a6; احد صوتا (ὀξυφωνότερον): IX 581b8; حاد البصر (ὀξυωπός): VIII 609b16; δασεῖς (!): IV 526a25; ليست بحادة (ἀμβλεῖς): VI 575a12; ἀκριβῶς: X 633b28.

محدود (ὥρισται): IX 584a35; فليست بمفترقة ولا منفصلة ولا محدودة (ἓν ἐστιν ἀδιόριστον): IV 527b9; محدودة معروفة (ὡρισμέναι): V 542a19; وليس ذلك الوقت محدودا معروفا (οὐ μὴν ἐξακριβοῦσί): IX 583a30; وليس ما وصفنا محدودا معروفا على كل حال (οὐ μὴν ἀλλ' ἀκρίβειάν γε τούτων οὐδεμίαν ...): IX 583b5.

محدد; محدد الاطراف (ὀξὺ): VI 559a27, a28, 561a10; الحيوان القوي المحدد الاسنان (τῶν ζῴων τὰ μὲν καρχαρόδοντα): VII 595a7; وما ليس هو محدد الاسنان (ὅσα μὴ καρχαρόδοντα): VII 595a14.

حدأة (ὁ κτείς: scallop): TF 133–134; I 491b25.

حدأة (ὁ ἰκτῖνος: kite): TB 68–69; II 506a16, VI 563a30, VII 592b1.

تحدب (V: κάμπτω): IV 526a28.

حدبة (ὁ κυρτός): IV 527a15.

احدب (ἡ κυφή; ἡ καρίς ἡ κυφή: crab): TF 103–104; جنس الاربيان الذي يسمى الاحدب: IV 525b1, b17, b27–28; صنف العقورين الاحدب: IV 525b31.

منحدب: ليس بعميق ولا منحدب (μὴ κοῖλον): I 494a17; الجزء المنحدب (τὸ κυρτόν): I 492a12.

حدث (συμβαίνω): X 638a37.

حدث (νέος): II 500b34, III 521a32, V 544b33.

حداثة (ἡ νεότης): III 519a2*; IX 585b27*; حداثة السن (νεωτέροις … οὖσιν): IX 582a14.

حديث (νέου): VIII 626b31, IX 581b8, 582a18; νεαρῷ: IV 534b5; المذبوح حديثا (νεόσφακτον): IX 581b2; καινός: VII 606b20; πρόσφατος: III 509b31, 520b31; جديدا حديثا (προσφάτου): IV 534a13; ἄλλην: X 638b24.

حرّ (θερμός): III 523a22, VII 597a26; θερμότητος: X 635b22; τῆς ἀλέας: VII 598a1; في اوان الحر والدفاء (ταῖς ἀλέαις): IV 531b16, VII 599a19; لحال الحر والسموم (διὰ τὰ καύματα): VII 597a20, 602b28; شدة الحر والبرد (ταῖς ὑπερβολαῖς): VII 601a24; افراط البرد والحر (τὰς ὑπερβολὰς τῆς ὥρας ἑκατέρας): VII 599a9.

حرارة (ἡ θερμότης): III 522b7, X 638a18, b22; θερμὸν: VII 604b9; ἡ ἀλέα: VI 570a23; تكثر حرارة (πίμπρησι): IV 522b28; من قبل حرارة والتهاب (φλεγμασίᾳ): X 636a30.

حارّ (θερμοῦ): I 492b29, III 512b10, 517b18; ἀλεεινόν: VII 605b8.

حرّيّ (ἐλεύθεριος): I 488b17.

حَرّيّة; عادم الحرية (ἀνελεύθερα): I 488b16.

حرب (ὁ πόλεμος): VIII 632a28; آلة الحرب: [τὸ ὅπλον]: V 548b3*.

حرث (I: ἀρόω): VIII 628a9.

حرذون (ὁ κροκόδειλος): II 503a31, III 509b8, VIII 609a1; والتمساح والحرذون (τοῖς κροκοδείλοις ἀμφοῖν): II 508a5–6; والحرذون وهى العظاية (κροκοδείλῳ): I 498a14; ἀσκαλαβῶται: gecko: IV 538a27, VII 599a31, VIII 609a29; ὁ φρῦνος: toad: VIII 626a31.

حرف: [ὁ ψῆφος]: فاما ما كان من حروف الكتّاب التي لها اصوات (τὰ φωνήεντα): IV 535a31; الحروف التي لا صوت لها (τὰ ἄφωνα): IV 535a32.

حرافة (δριμύτερον): VI 573a20.

حريف; حريف الريح (τὴν ὀσμὴν δριμύ): VIII 624a16; حريفة منتنة جدا (σφόδρα δριμεῖαν): VII 594b24.

احرق: [IV: θυμιάω]: ريح الاشياء المحرقة المدخنة (τὰ κνισώδη): IV 534a23.

حريف (πυρκαΐας): VIII 609b10.

محترق (ἐπικεκαυμένα): VIII 627a14.

حرقفة [ἡ κοτυληδών]: رأس عظم الفخذ ... وبعضهم يسميه الحرقفة: I 493a23*.

حرك (II: κινέω): I 492b23, III 516a23, 517a29; يحركه ويجذبه: γένηται ... ἡ κίνησις: I 487b11; يحركهما ما خلا الانسان فقط (ἀκίνητον δὲ τὸ οὖς ἄνθρωπος ἔχει μόνος): I 492a23; فككت او حركت (ἀνασπασθῶσιν): V 548a6; وتحرك اجسادها (ἀπογυμνάζοντες): VIII 624a25; κνιζόμενα: IX 587b7; στρέφει: II 503a35; تحركت وتعكره بارجلها (συνταράξαι): VII 596a1.

تحرك (V: κινεῖται): I 490a26, a33, II 500a2*; تحرك وتختلج وتنزو (κινεῖται): VI 561a12, IX 581b14; κίνησιν δὲ παρέχεται: IX 584a26; من غيران يتحرك (ἀκινητίζοντα): VII 590a19; مشى وتحرك (τὴν βάδισιν): IV 530a10; ἐγείρεται: VI 562a18; يتحرك ويعيش (ζῇ): I 488a26; يلصق بالحجارة ويسكن فلا يتحرك (ἡσυχάζει πρὸς τοῖς λίθοις): IV 530a17–18; وليس يكاد ان يتحرك: VIII 610b26; وايضا بعضها يتحرك ويكسب مصلحة معاشه ليلا (τὰ μὲν νυκτερόβια): I 488a25; لا يتحرك (μὴ συνδράμῃ): VIII 610b35.

متحرك (κινητικοί): I 489b16; εὐκίνητος: I 492b15.

غير متحرك (ἀκίνητον): I 492b15; ليس بمتحرك عن مكانه: I 487b14.

حركة (ἡ κίνησις): I 492a11, II 498b5, III 520a26; κινεῖσθαι: VIII 627a29, IX 586b25; قوة الحركة من مكان الى مكان (ἡ τῆς κινήσεως τῆς κατὰ τόπον): I 489a28; اقل حركة (ἀκινητότερον): VIII 608b14; سريع الحركة خفيف (εὐκίνητον): VI 574a12; كثيرة الانفتاح قليلة الحركة (ἀτενεῖς): I 492a11; وحركته وعمله (ἐργάζεται): VIII 616b35; اكسل واقل حركة (μᾶλλον ἡσυχάζουσι): VIII 610b32; فيما بين كثرة الحركة وقلة التغميض (οἱ μέσοι): I 492a12; كسل رديء الحركة (νωθρός): VIII 624b27; مكان حركة الفخذ (ἐν ᾧ στρέφεται ὁ μηρός): I 493a24; ψοφεῖν (!): IV 533b26.

حروادس (ὁ ῥυάς: pilchard or tunny): TF 224; V 543b14.

حروميس (ἡ χρομίς: maigre): TF 291–292; IV 534a9.

حزيز (ἡ ἐντομή): I 487a33, IV 523b13, 529a18.

محزز (τὰ ἔντομα: insects (الحيوان المحزز الجسد)): I 487a32, 488a22, IV 523b17; الحيوان البري المحزز الجسد (τὰ ἔντομα δὲ τῶν ζῴων): IV 537b6; جنس الطير المحزز الجسد (τὸ τῶν ἐντόμων): I 490b13; محزز الجسد (τὰ δὲ πτιλωτά): I 490a6.

حزن (I: λυπέω): III 512a31.

حزين; حزينا مهموما (προλελυπημένος): X 636b22.

محزن (γοώδει): VIII 615b5.

حسّ (I: αἰσθάνομαι): V 548b11.

احس (IV: αἰσθάνεται): I 492b28, IV 531b1, 533a31; συναισθάνεται: IV 534b18; προσούσης αἰσθήσεως: VII 588b28; αἴσθησιν ἔχει: VII 596b24, VIII 618b16; تحس بالبرد جدا (δυσριγότατον): VII 605a20, VIII 610b33; ᾖ συνήθης: VIII 621a33*.

حسّ (ἡ αἴσθησις): I 487b10, 491a23, 492b14; معرفة الحس: I 491a24; وجودة حسها: τῆς … αἰσθήσεως: VIII 612b4; حس واحد مشترك عام (αἴσθησις μία ὑπάρχει κοινὴ μόνη): I 489a17; ἡ αἴσθησις ὀσμῆς: I 492b14; بغير حس: μετ᾽ ἀναισθησίας: III 514a7, X 634a4, 635b10; حس المس (τὴν ἁφήν): I 494b17; حس المذاق (τὴν γεῦσιν): I 494b17; τὴν ὄσφρησιν: IV 535a24.

حاسة (αἰσθήσεις): I 494b11, II 505a34; سبل الحواس (τοὺς πόρους τούτων τῶν αἰσθήσεων): II 504a21–22; τῶν αἰσθητηρίων: IV 535a26; وليس لها آلة بينة في الحواس (τῶν αἰσθητηρίων τῶν μὲν οὐθὲν ἔχουσι φανερὸν): II 505a33–34.

حسد [ὁ φθόνος]: اكثر حسدا (φθονερώτερον): VIII 608b9.

حَسود (φθονερὰ): I 488b23.

حسن (I: βέλτιον ἔχειν): IX 584a21.

احسن (IV: δαψίλειαν παρέχειν): VI 572a3; يربيها ويحسن تعاهدها (ἐκτρέφει): VI 564a3; تخصب وتحسن حالها (εὐημεροῦσι): VII 601a23, 601b28*; يصح ويحسن حالها (πρὸς τὴν ἄλλην ὑγίειαν): VII 601a27.

حسن (καλός): X 634a1, 635b7; وله صوت حسن: φωνὴν δ᾽ ἔχει ἀγαθήν: VIII 616b16, b17; حسن الحال (βέλτιστοι): VII 592a8; حسن حال العقل: βελτίστου δ᾽ἤθους: I 492a12; حسن التدبير لمعاشه (εὐβίοτον): VIII 615a28; لحال حسن وخصب المرعى

(διά τε εὐβοσίαν): VI 573b31; حسن الكبر (εὔγηροι): VIII 615a33; حسن الشكل (εὐήθειαν): VIII 608a15; فيكون اخصب واحسن حالا (εὐθηνεῖ): VII 601b9; حسنة الخلق في تربية وطعم فراخها (εὔτεκνοι περὶ τὴν τροφήν): VI 563b6; حسن الزهو (εὔχαρι): VII 592b24; حسن الصوت (τὴν φωνὴν ἔχει λαμπράν): VIII 616b30; ᾠδικοὶ: I 488a34, VIII 615b2; حسن اللون: τὸ χρῶμα μεταβεβληκότας (!): VII 602b18; وله تدبير حسن لمعاشه: οἰκονομικὸς δ'ἐστίν: VIII 622a4.

حشيش (ὁ χόρτος): VII 603a6, 605a28; الحشيش والعشب (πόαν): VIII 609b15; يعتلف العشب والحشيش (εἰσὶ μὲν ποηφάγα): VII 596a13.

محشاة (τὸ αἰδοῖον; محاش: plur.): I 494b4, II 499a19, 500a33.

حصر (I: αἰσχύνομαι): VIII 631a6*; حصر البول (ὁ εἴλεος): VII 604a30.

حصار المدن (τὴν πολιορκίαν): VII 601b3.

حصير (τὴν ψίαθον): VI 559b3.

حصاة (ὁ λίθος): III 519b19.

حفيف; خشنة حفيفة (τραχύνομαι): IV 536b23.

حفر (I: ὀρύττω): VII 591b20, 606a2, VIII 630b5; σκάπτω: VIII 628a9.

حافر (ἡ ὁπλή): I 486b20, III 517a8, VII 604a24; الحيوان الذي له حوافر (τῶν δὲ μωνύχων): II 500a31, also: وله في طرف كل رجل حافر: II 499b11; وكل ما كان مقدم حافره متصلا: τοῖς δὲ μώνυξι II 499b14, b18.

حفظ (I: φυλάττω): V 547a27; مقيما يحفظ البيض (ᾠοφυλακεῖ): VI 568b13, VIII 621a23; مكانه الذي يأوي فيه حافظا لبيضه (οὗ ἂν τύχῃ ᾠοφυλακῶν): VIII 621a28; يرابطها ويحفظها (προσεδρεύει): VI 568b15; τηροῦσιν: 592a2; διατηροῦσιν: VII 595b18; φυλακῆς χάριν: VIII 631a15.

تحفظ (V: تحفظ وتوقى: φυλάττονται): VIII 611a28.

احتفظ (VIII: τηρεῖ): يحتفظ بها: VIII 623a5.

حافظ (φυλακτικά): I 488b8, b10; φύλακές: VIII 625b3; πιν(ν)οφύλακα: a kind of crab: TF 202; V 547b16; حيوان آخر يسمى حافظا وهو حيوان صغير شبيه بعنكبوت (πιν(ν)οφύλακες): (a kind of fish, cf. Fajen 387–388): V 548a28–29.

تحقيق [ἡ ἀλήθεια]: I 491a8*; على تحقيق قول يقال في ذلك الحين (οἰωνιστικὸν καὶ ἱερὸν): I 492b8.

حقر (I: παρορᾶσθαι): VII 602b3.

حكّ (I: συντρίβομαι): III 516b11; ξύεσθαι: VII 609a32; κνώμενοι: VIII 611b16.

احكم [IV: διανοέω] جزء عظيم من احكام عمل العقل (μέρος ἐστὶν οὐκ ἀστόχου διανοίας): VII 587a9.

حكمة (ἡ σοφία): VII 588a29.

حكيم (σοφώτατον): VIII 623a8; ارودوروس ابو برسون السوفسطائي الحكيم (Ἡρόδωρος ὁ Βρύσωνος τοῦ σοφιστοῦ πατὴρ): VI 563a7, VIII 615a9–10; ارادوطوس الحكيم (Ἡρόδοτος): III 523a17.

محكم (ἀγχίνουν): IX 587b13; بهيئة محكمة (τεχνικῶς): VIII 616a5.

حاكى (III: μιμέομαι): شبيه بصوت الخيل ويحاكيها (μιμεῖται): VIII 609b16; يحاكي ويتشبه (ἔστι δὲ κόβαλος καὶ μιμητής): VII 597b23.

محاك (μιμητικά): VII 597b26; βωμολόχος: VIII 617b18.

تحلل (V: διαλύομαι): VII 590a4*; IX 585a33; يتحلل في بخار (θυμιᾶται): VI 571a31.

حلب (I: βδάλλω): III 522a5, b15, 523a3*; ἀμέλγω: III 522a15, a16*.

حالب (τὸ μὲν διφυὲς λαγών: the two spermatic ducts): I 493a18, a20.

حلزون (τὸ ὄστρεον: oyster): TF 190–192; I 487a26, 490b10, IV 523b11; τὰ ὀστρεώδη: VII 607b3; οἱ κήρυκες: whelk: TF 113–114; V 544a15, 546b25; τὰς ... κόγχας: shell: TF 118; VIII 614b28; κοχλίας: snail: TF 129–131; VIII 621a1; الحلزون البري (οἱ χερσαῖοι κοχλίαι): VII 599a15; τὰ κογχύλια: V 547b7, VIII 622a7, b17.

حلق (ὁ φάρυγξ): II 508a30, X 637a29; ὁ λάρυγξ: في مقدم الحلق (τούτου τὸ μὲν πρόσθιον μέρος λάρυγξ): I 493a6; تحت حلقه (κατὰ τὸν λάρυγγα): II 499a1; وما يلي حلقه (καὶ τὰ περὶ τὸν τράχηλον): VIII 616a17; بقدر الواجب في الحلق: κατὰ τὸν γαργαρεῶνα (trachea): I 492b11.

حلقة: حلقة لولب (οἱ στρόμβοι: whelk): TF 252–253; I 492a17; بحلقة من نحاس (κρίκος χαλκοῦς): II 503b20.

حلم (I: ἐνυπνιάζειν): IV 536b27, 537b13, b15; ἐξονειρώττουσι: X 637b24, 638a6.

احتلم (VIII: ἀφροδισιάζειν ἄρξηται): III 518a29, IX 581b25*; ἤδη ἡβῶντες: VIII 632a1; لا يحتلمون: γίνονται ... ἄνηβοι: IX 581b22.

حُلم (τὸ ἐνύπνιον): IV 536b30*; 537b17; يرى في نومه الاحلام (ἐνυπνιαζόμενον): IX 587b10, X 635a34*; اذا رأت في حلمها (ὅταν δόξῃ ἐν τῷ ὕπνῳ): X 635b32; τὰς φαντασίας: IX 587b10; τῷ ὀνειρωγμῷ: X 637b27.

حِلم (φρόνησιν): VIII 608a15; له حلما (φρόνιμον): VIII 611a16, 614b18; يحتال بحيل حلم موافق: ποιεῖ (πρὸς βοήθειαν αὑτοῖς) φρονίμως: VIII 612a2–3; يدبر تدبير بيضه وفراخه بحلم (φρόνιμον ποιεῖσθαι τὴν τέκνωσιν): VIII 618a26; بحلم وتدبير ورأي لطيف (τὴν τῆς διανοίας ἀκρίβειαν): VIII 612b20–21.

حليم (φρόνιμα): I 488b15.

حلمة (θηλὰς): II 500a17, a24, 504b23; حلمتان (μαστῶν): II 502a34; ἡ θηλὴ διφυής: I 493a13.

احتلام (ἥβης): III 518a31, V 544b27, IX 581b27.

حلا (I: γλυκυτέρα): VII 603b19, VIII 623b24.

حلواء (τὰ γλυκέα): VIII 626a6*, b7.

حلاوة (γλυκύτητα): VIII 623b24.

حلو (γλυκέων): I 488a17, III 520b19; حلوة عذبة طيبة (γλυκὺν): VII 596b16; λιγυρὰν: VIII 616b31.

استحم (X: λούομαι): VII 605a12, VIII 633a29, 633b3.

حمام (τὸ λουτρόν): والحمام بالماء الحار (τὰ λουτρὰ τὰ θερμά): VII 595b12.

استحمام; يحب الاستحمام بالماء (ἐστὶ φιλόλουτρον): VII 605a12.

حمى (ὁ πυρετός): VII 604a18; الحمى التي تكون من كثرة علف الشعير (κριθιᾶν): VII 604b8.

حمام (ἡ περιστερά: pigeon): TB 139–146; II 506a16, V 544a30, VI 558b22; τῶν περιστεροειδῶν: V 544b1.

الحمام البري (ἡ οἰνάς: a kind of pigeon): TB 120–121; VI 558b23; αἱ περιστεραὶ: VIII 613a22; αἱ φάβες: wild pigeon: TB 179–180; VIII 613a25; αἱ πελειάδες:

(*pigeon*): TB 129–134; VII 597b3; الذي يشبه الحمام (τὰ περιστεροειδῆ): VI 562b3, VII 593a24.

حمامة (ἡ περιστερά): I 488a4, II 508b28, V 544b2; ἡ φάττα: ringdove: TB 177–179; VI 562b5.

حمأة (ἡ ἰλύς): V 543b18, 547b19; ὁ βόρβορος: V 547b12, VII 592a25; الاماكن الرملية والكثيرة الحمأة (τοῖς ἀμμώδεσι καὶ βορβορώδεσι): V 547b16; الطين والحمأة (πολλῆς ἰλύος): III 515a24; τῷ πηλῷ: VI 571b18, VII 591b11; في الاماكن الكثيرة الطين والحمأة (ἐν τοῖς σπιλώδεσι τόποις): V 548a2; τῆς προσφύσεως: V 548b8.

حمرة (αἰγωπός): I 492a3; فشديد الحمرة (γλαυκόν): II 501a30.

حمار (ὁ ὄνος): I 491a1, II 499a19, 501b3; الحمار الهندي (ὁ Ἰνδικὸς ὄνος): II 499b19.

(السمك) الذي يسمى حمارا: ὁ ὄνος: hake: TF 182–183: VII 599b33.

حُمرة: شديد الحمرة (ἐρυθρότεραι): II 505b15, III 520a2; الى الحمرة ما هو (ὑπόπυρρον): VIII 616a21.

احمر (ἐρυθρός): III 520b20, IV 525a2; ورجلاها خشنة حمراء (ἐρυθρόπουν καὶ τραχύπουν): V 544b4; ὑπέρυθρα: VIII 614b8; πυρρὰ: IV 527b30, 529b27; φοινικοῦν: VII 592b24, VIII 617a17; احمرالمنقار (φοινικόρυγχος): VII 617b17; σαρκινώτερα: X 635a11.

حمص (ὁ ἐρέβινθος): V 546b21, VII 603b27.

حمق (I: γίνονται μωραί): VIII 622a18, 628a6.

حمق: حمق وخرق (μωρολογίας): I 492b2.

حمل (I: τίκτω): V 542b30, VI 573b11; تحمل وتضع (τίκτειν): VI 573a1; γεννᾶν: VI 575a23, VIII 631a3; وما يحمل فيها (τῶν ἐμβρύων): III 511a33; يحمل حيوانا: ζῳοτοκεῖ ... ἐν αὑτῇ: VI 566b31, II 504b20; κύει: V 545b6, 549a15; يحمل البيض (κύουσι): VI 570a29, VI 570b3; κυίσκεται: VI 570a32, 574a19; τῇ κυήσει: VI 573b4; الحيوان الذي يحمل زمانا يسيرا (ὅσων καὶ αἱ κυήσεις ὀλιγοχρόνιοί εἰσιν): V 542a28; حمل الزرع (ἔγκυος ᾖ): VI 562b29, VII 595b27; ἐγκύμονα ποιήσῃ: V 546b10; ἐν γαστρὶ λάβωσιν: VIII 632a28; συλλαμβάνουσιν: IX 582b14, b17; φέρεσθαι: VIII 624a29, 628b35;

التي تحمل ⟨بيضا⟩: X 638a31; الحيوان الذي يحمل ويلد حيوانا مثله (ὅσα δὲ ζῳοφορεῖ): ᾠοφόροι: VIII 621b20; ما تحمل وتضع وتبدأ ترضع (ὧσι γαλαθηναὶ μόνον): VII 603b25; ويحملونها على الاناث ἴσχουσι: VI 568a11; يحمل منها ويشد على يمر به (ἐπιτίθεται): I 488b9; (ἐπιβάντες): VI 574a20; حمل احد خلدا او جاء به (κομίζω): VII 606a2.

احتمل (VIII: δέχεται): VI 585a3; احتملن غذاء الجنين الى وقت الوضع والولاد (ἐκφέρουσιν): VI 585b20; ὑπομένουσι: VI 574a4, VII 592a17; يحتمل الشتاء الشديد اكثر من: εἰσὶ δ' εὐχειμερώτεραι: VII 596b4; قليلة الاحتمال للشتاء (δυσχείμεροι): VII 596b6; δύσριγον εἶναι: VIII 630b25.

حمل (ἡ ὀχεία): III 522a8, 546a31, VI 574b10; نزوها وحملها (τῆς ὀχείας): VI 575b15; κύουσα: VII 607b10, X 638b35; τῆς κυήσεως: VI 571b5, VII 606b22; τὸ κύημα: VI 566b5, VI 570b10; κυισκόμεναι: X 636b35, VII 607b8; انتقص حملها (ἀνακυίσκει): VI 573b18; τὴν σύλληψιν: IX 583a19, 584a2; τὸ … συλλαμβάνειν: IX 583a21; συμμύειν (!): X 635a30; حمل الاناث للبيض (τοῦ τίκτειν): VI 570b8; τοὺς δὲ τόκους: VI 570a25, IX 584a34.

احتمال; جلد واحتنال لكثير مما يلقين (εὐέκφοροι): IX 584b7.

حُملان (τὰ ἔκγονα): VI 574a5, a8; cf. Lane II 694a.

حامل (κύουσαι): III 522b29, VII 600b6; اذا كانت حاملة (ὅταν ἔχῃ τὸ ἔμβρυον): III 511a30.

محمول (τὸ ἔμβρυον): IX 583a27*, 584a13; لخلقة المحمول والمولود: I 489a13*.

حمة (ἡ κέρκος): II 501a31; τὸ κέντρον: I 490a19, III 519a29; ليس له حمة (ἄκεντρος): VIII 624b26, 628b1; ولكل هذا جنس حمة (ἔγκεντροι): VIII 627b27, 628b1; له في مؤخرها حمة (ὀπισθόκεντρα): IV 532a22, 532b12.

حامى (III: ἀμύνουσι): حامت … وقاتلت: VIII 621a18.

حنجرة (ὁ λάρυγξ): I 493a6, IV 535a32; τῷ φάρυγγι: IV 535a29, b15.

حنطة (ὁ πυραμητός: دياسة الحنطة): VI 571a26.

حنك (ὁ οὐρανός): VII 604b9; τὸν τοῦ στόματος οὐρανόν: I 492a20; τὸ στομα: X 637a33; ὑπερῴα: I 492b26.

انحنى [VII: κάμπτομαι]: II 501a3*; تغلظ وتحني (τραχύτερον): VIII 611a35.

حوت (ὁ ἰχθύς): IV 533b4*, b18*.

احتاج (δέομαι): VIII 632a22, X 635b27; βούλωνται: VIII 632a28; اذا احتاجوا الى التنفس: VIII 631a31*.

حاجة (τὴν; … χρείαν): I 490b30, VII 606b24, VIII 614a22; τὸ δεῖσθαι: IX 582b22.

حَوَر (ἡ λεύκη: tree): V 544a9, 549b33.

محارة [ἡ κόγχη (?): auricle]: I 492a15*.

حوصلة (ὁ πρόλοβος): II 508b27, 509a6, a9: شبيهة بحوصلة الطير (ὀρνιθώδη): IV 524b10.

احاط (IV: περικυκλόω): IV 533b11; συγκυκλώσωνται: IV 533b22; περιέχω: I 490b16, 491b2.

حائط (τοὺς τοίχους): VIII 610a21, 612b8; بعض الحيوان يأوي في شقوق الصخر والحيطان والاماكن الضيقة (τὰ μὲν τρωγλοδυτικά): I 488a23.

محيط (περιέχοντα): VI 561b8, 562a3*; περὶ: I 490b32*; VI 562a3.

حال (ἀποστρέφομαι): تحول وجوهها بعضها الى بعض; ἀπεστραμμένας ἀπ' ἀλλήλων): VIII 611a6.

احال (IV: πλάττουσιν): VIII 628b11; συμπλάττουσαι: VIII 628a34.

تحول (V: προσελθὼν): يتحول اليه: VI 572b15; μεταστρέφοντας: VIII 612b31.

احتال: [VIII: μηχανάομαι]: VIII 610a31*; ἀντιμηχανωμένη: VIII 613b27; ἐπιμελόμενος: VIII 626a33; يحتال بحيل حلم موافق: ποιεῖ (πρὸς βοήθειαν αὑτοῖς) φρονίμως: VIII 612a2–3; βοηθοῦσι: VII 621a13; يحتال للطيور بحلم (φρονίμως χειροῦσθαι τοὺς ὄρνιθας): VIII 612b1; جيد التدبير لمعاشه كثيرالاحتيال: VIII 616b20, 616b27; كثير الاحتيال لمعاشه (βιομήχανος): VIII 616b17; εὐβίοτος δὲ καὶ τεχνικός: VIII 615a18.

حال (ἡ διάθεσις): I 497a29*; VIII 628b31*; ὁ τρόπος: I 495b17, II 505a19; على مثل هذه الحال (τοῦτον τὸν τρόπον): I 486a8, VIII 633a13*; على مثل تلك حال (ὡς ἐπὶ τὸ πολύ): I 493b24; على كل حال (ὅλως): I 487a2, 489a5*; سيء الحال (πονεῖ): VII 602a11, 602a12*; βαρύτερον διάγουσι: IX 584a15; على حال واحدة (ὁμοίως): I 496a9, b17; ما

كان مثل هذه الحال (τῶν τοιούτων): I 486a8, II 501a14*; الى الحال الاولى (εἰς αὐτό): IX 585b28; οἷα πρὸ τοῦ ἦν: X 636a23; على كل حال (τὸ σύνολον): VIII 626b31.

حالة: اشكال وحلات: τὰ δ᾽ ἤθη: VIII 608a11; τὰς ἕξεις: VIII 608b4; القوى والحلات (τὰς ἕξεις): VIII 608a16.

حول: حول الزبل (περὶ τὴν κόπρον): VIII 628b34; حولها (τὸ πέριξ): IX 587a21; κύκλῳ: I 497a21.

حيلة: قليل الحيلة (ἀμηχανώτεροι): VIII 614b34; اشياء كثيرة تفعل بحيل (πολλὰ τεχνικά): VIII 620b10.

احتيال: واحتيال لبرد: πρὸς τὰ ψύχη … πεπορισμέναι: VII 596b22; اكثر احتيالا (τεχνικώτεροι): VIII 622b23.

استحالة; بنوع الاستحالة (κατὰ μεταφοράν): II 500a3.

حية (ὁ ὄφις): I 488a24, 489b29, II 500a4; الحية الافعى (τὸν ὄφιν τὴν ἀσπίδα): VIII 612a16; ἔχεως: VIII 612a24, VII 594a10; οἱ μὲν ὕδροι: II 508b1; الحية البحرية: ὁ δ᾽ ὄφις ὁ θαλάττιος: TF 192–193: VIII 621a2; حية صغيرة (τι ὀφίδιον): VII 607a24, 607a30–31; تنين الذي يسمى حية (δράκοντος τοῦ ὄφεως): VII 602b25.

حين; في كل حين (πᾶσαν ὥραν): I 487b29, VI 569b2; ἀεί: I 488a26; διὰ παντός: VII 592b4; في الحين بعد حين: διά τινος … χρόνου: VII 589a29; بعد حين يسير (διὰ ταχέων): IX 587a29; لا … حينا: μηκέτι: VIII 628a24; حينا هذا (νῦν): I 491a7; من حين الغداء الى حين الزوال: ἀπ᾽ἀρίστου μέχρι δείλης: VIII 619a15.

حى (I: ζάω): IV 531b3, 532a1; يرعى ويحيا (ζῇ): IV 531b4, b30.

حي (ζῶντας): II 506a27; حيا صحيحا (γόνιμον): IX 583b31.

حيي (αἰσχυντηλά): I 488b23.

حياء (τὸ αἰδοῖον): VI 567a13, IX 586b26.

حياة (τὴν ζωήν): VIII 608b21; حياتها وبقائها (τοῦ βίου): VII 588b23; في تدبير حياتها (οἱ βίοι): VII 588b29.

حيوة (τῆς ζωῆς): VII 589a3; والعمر والحيوة (ὁ βίος): VII 589a5; بقاء وحيوة: IX 584b3*; تدبير حيوة الانسان (τῆς ἀνθρωπίνης ζωῆς): VIII 612b19.

كل حيوان (τὸ ζῷον): I 486a5; θηρία: VII 605b9; τετράποδα: I 496b19, II 499a13; حيوان يأوي مع امثاله (τὰ ἀγελαῖα): I 488a9; الحيوان البري (τῶν ἀγρίων): II 498b31, V 542b30; الحيوان الذي ليس له دم (τὰ ἄναιμα): I 490a21, IV 523b1; الحيوان الذي ليس له رجلان (τῶν ἀπόδων): III 511a3, IX 586a35; الحيوان الذيله رأي ومشورة: βουλευτικὸν … τῶν ζῴων: I 488b24; وبعض الحيوان ناطق كاتب …: τούτων τὰ μὲν διάλεκτον ἔχει …: 488b32; الحيوان المحزز الجسد (τὰ ἔντομα): I 487a32, IV 523b12; الحيوان الذي يلد حيواما (τὰ ζῳοτοκοῦντα): I 490b27, II 504b20; الحيوان الذي له قرون (ὅσα κερατοφόρα): II 500a2, VIII 630b3; الحيوان الذي ذنبه كثير الشعر (τοῖς λοφούροις): I 491a1, II 501a6; ومن الحيوان المنفرد (τῶν μοναδικῶν): I 488a2; الحيوان الذي له حوافر (τῶν μωνύχων): II 500a31; الحيوان المائي الذي يعوم (τῶν νευστικῶν): I 489b23; الحيوان الذي يبول الى خلف (τοῖς ὀπισθουρητικοῖς): III 509b2; الحيوان البحري الجاسي الخزف (τῶν ὀστρακοδέρμων): IV 529b20, V 540a24; الحيوان البحري الخشن الخزف (τὰ ὀστρακώδη): V 547b18; الحيوان التي صورتها صورة قرون (τῶν πιθηκοειδῶν ζῴων): II 498b15; الحيوان الذي يعوم (τὰ πλωτά): IX 586a21; الحيوان الذي له رئة مجوفة (ὅσα ἔχει τὸν πνεύμονα σομφόν): VII 594a8, 601b5; حيوان مشقوق الرجلين بأجزاء كثيرة (πολυσχιδὲς): II 499b23; الحيوان الذي يسمى ذا اربعة واربعين رجلا (σκολόπενδρα: millepeds) DI 81: I 489b22, IV 523b18; وبعضه يلد دودا (τὰ σκωληκοτόκα): I 489a35, IV 538a25; الحيوان اللداغ (τῶν φαλαγγίων): VIII 622b28.

Glossary Arabic-Greek: خ

خارادريوس (ὁ χαραδριός: thick-knee): TB 185–186; VIII 615a1, also: خرادريوس: I 593b15.

خالقس (ἡ χαλκίς: sardine): TF 282–283; VIII 621b7.

مخبأ: [ἡ φωλεία]: φωλεῖ: VII 599a32.

خبث (I: ἐξαγριαίνομαι): VI 571b32.

خبث; خبث ورداءة وفجور (ἡ πονηρία): I 491b26.

خبيث (χαλεπός): VII 607a31*; اخبث واردأ كثيرا (χαλεπώτερον): VII 604b21; صعبة الخلق خبيثة (χαλεποὶ): VI 571b27; حبيثة الاخلاق (χαλεπώτατοι): VI 571b13; اردأ واخبث (χαλεπώτερα): VII 607a28.

خبر (ἡ ἀνεπιστημοσύνη; لقلة تجربته وخبره بذلك: δι' ἀνεπιστημοσύνην): VIII 626b4.

خبرة (ὁ ἔμπειρος; اهل الخبرة: οἱ ἔμπειροι): I 487b11, VIII 614a19.

خبز (ἡ μᾶζα): VII 591a21; σιτίοις: VII 592a1.

خثر (I: παχύνομαι): VI 559b16.

خاثر (πάχυς): III 521b34*; ويصير خاثرا (παχύνεται): III 523a23; اغلظ واخثر (παχύνοτερον): III 523a24.

خثونة (ἀγριότης): VII 588a21.

خدّ (τὸ γένειον): III 518b18; ἡ ῥωγμή: VIII 614b14.

خدر (II: ναρκάω): VIII 620b20*, b28.

خدر (ἡ νάρκη: torpedo or ray): TF 169–172; V 540b18, VIII 620b19; الحيوان الذي يسمى نارقي وتفسيره خدر (τὴν νάρκην): VIII 620b13; ναρκήσῃ: VIII 620b22.

خدش (I: ἀμύττω): VIII 619a23.

خدع (I: δελεάζω): VII 590b2, VIII 622a10*; ولا يصاد ويخدع (οὔτε δελέατι χρῶνται): VII 591a21; تخرج القبجة الانثى بين يديه وتخدعه (προκυλινδεῖται ἡ πέρδιξ τοῦ θηρεύοντος ὡς ἐπίληπτος οὖσα): VIII 613b18.

خديعة (τῶν δελεασμάτων): IV 535a7; للخديعة والصيد (δελέατος χάριν): VIII 620b15.

خراسان: [ἡ Χορασμίη]: من ارض اسكوثيا وهي من بلاد خراسان (ἐκ τῶν Σκυθικῶν πεδίων): VII 597a5*.

خرج (I: ἀμέλγονται): III 522a9; ἀναβαίνω: VIII 616a32; يعوم ويخرج (ἀναπλέουσι): VII 601b20; ἐκπίπτουσιν: VIII 609a34; βαδίζει: VIII 623a19; يخرج عرق ينتهي الى الاذن (φλὲψ τείνει εἰς αὐτό): I 492a20; ἐξέρχομαι: III 509b21, III 511b24; ἐκ τῆς νεοττιᾶς ἐξάγειν: VIII 613a5; يتم ويخرج (εἰς τέλος ἐκτρέφει): V 544a29; مشى وخرج (ἐξερπύσῃ): VII 599a26; من سبيل الذي تخرج منه فضلة الطعام (κατὰ τὴν ὑποχώρησιν): VII 594a13; يعوم ويخرج الى خارج (ἐκπλέουσιν ἔξω): VIII 621b13;

ὑποχωρεῖ: VII 590a30; σχίζεται: III 513b14; πέτομαι: VIII 624a26; ἐκπετόμενοι: VII 600a17, VIII 626a32.

اخرج (IV: προκαλέσασθαι): IV 534a18; يخرج من ارحامها (ἐκβάλωσι): VI 572a19; الفرخ الذي يخرجه ويلقيه (τὸν ἐκβληθέντα): VI 563a26; مخرجا دافعا (ἐκβλητικὸν): VIII 612a5; ἐξίημι: VIII 628b2, VI 565b24; ἐξάγει: VI 562b10, 563a31; يسلخ سلخا ويخرج من الجزء الذي خلقته من لحم (ἀφαιρούμενον ἀπὸ τοῦ σαρκῶδες): II 508b33; يلقط ويخر (ἀφαιρεῖν): VIII 627a5; ἐκκαθαίρουσιν: VIII 625b34.

خروج (τῇ ἐξόδῳ): VIII 618b26, 625b9; τὴν ἀπόλειψιν: VIII 625b16; خروج المنى (τὴν τοῦ σπέρματος πρόεσιν): V 544b22, IX 581a29; ἡ ὁρμή: IX 587b32; النفس ودخول الى الجوف وخروجه منه (ἀναπνεῦσαι ἢ ἐκπνεῦσαι): I 492b9; جيد الخروج لفراخ (εὔτεκνος): VIII 619b23.

مخرج (ἔξοδος): II 500b29, III 509b19, IV 529a20; ينتهي الى موضع مخرج الفضلة (μέχρι τοῦ τέλους): II 508a30; موضع مخرج الفضلة (ἡ ἔξοδος τῆς περιττώσεως): IV 529b14–15; τὸν πόρον: IV 524b20.

خراج (τὸ φῦμα; آثار الخراج ونتوء في اجسادهم: φύματα καὶ οὐλάς): IX 585b31; واصناف الخراجات التي تقيح (τῶν τοιούτων ἐμπυημάτων): VIII 624a17.

خرز (ὁ σφονδύλος): II 497b17, 506a28, III 513b16; خرز الظهر (τὴν νωτιαίαν ἄκανθαν): III 512a3.

خرس (I: ἐνεὸς γίνομαι): IV 536b4.

خرسافرس (ὁ χρύσοφρυς: gilthead or dorade): TF 292–294; I 489b26.

خرسومطرس (ἡ χρυσομῆτρις: goldfinch): TB 197; VII 592b30.

خرطوم (ὁ μυκτήρ): I 492b18, II 497b26, VIII 630b28; προβοσκίδας: IV 523b30, 527a23; τὸ ῥύγχος: VII 595a17, VIII 630b5*; تلسع بخرطومها الذي في مقدم رؤوسها (ἐμπροσθόκεντρά): I 490a18.

خروف (τὸ πρόβατον): II 501b21, III 516a6, V 546a4; τοὺς ἄρνας: III 519a14.

خريف (τὸ μετόπωρον): V 542a25, VI 566a21; ما يصاد منه في اوان الخريف والشتاء (οἱ δὲ μετοπωρινοὶ καὶ χειμερινοὶ): VII 599b22–23; τῷ φθινοπώρῳ: V 543a16, 544b10;

قبل استواء الليل والنهار في الخريف (πρὸ ἰσημερίας τῆς φθινοπωρινῆς): V 543b9, VI 570b14; في اول الخريف (ἀρχομένου τοῦ φθινοπώρου): V 543a15; في اول الخريف (εὐθέως μετὰ τὸ φθινόπωρον): VIII 633a1.

خرق: حمق وخرق (ἡ μωρολογία): I 492b2; وتدبير بعقل وبخرق (νοῦν τε καὶ ἄνοιαν): VIII 610b22.

خرومس (ἡ χρομίς: maigre): TF 291–292; IV 535b17; also: خروميس: V 542a2, VII 601b30.

اختز (VIII: εὑρίσκομαι): VII 596b29.

خزف (τὸ ὄστρακον): IV 525a26, 528a4; τὸ ὀστρακῶδες: IV 531a17, VII 600b20; آنية من خزف (ὀστράκια): VII 594a11; τοῦ ὀστρέου: oyster: TF 190–192; IV 525a25; الجاسي الخزف (ὀστρακοδέρμων: shellfish): TF 189–190; I 490b10, IV 528b9; also: اصناف السمك الخزفي الجلد: VIII 621b9; والذي خزف جاس مثل خزف الفخار: IV 534b15; الحيوان الذي جلده مثل الخزف: IV 525b12; في اناء من خزف (εἰς κεράμιον): VI 565a23; ملس الخزف (λειόστρακα): IV 528a21; الذي يشبه خزف البيض (τὰ λεπυριώδη): V 546b30; اللين الخزف (οἱ μαλακόστρακα): I 490b11, IV 536a1.

خزفة (τὸ ὄστρακον): IV 529b17; من تحت الخزفة (ὑποκάτω τοῦ ὀστράκου): IV 529b16.

خزفي (ὀστρακώδης): IV 532a32; القشر الخزفي (τοῦ ὀστράκου): IX 586a20.

خزانة [τὸ ταμιεῖον]: وذهب به الى خزانته (ἐξήνεγκεν): Bk: ἀπ-); VIII 623a15.

خشب (τὸ ξύλον): VII 593a10, VIII 611b20; حيوانا خلقته شبيهة بخلقة خشب (ὅμοια δοκοῖς): IV 532b21; ينقر الخشب نقرا شديدا (ξυλοκόπος σφόδρα): VII 593a9, a14.

خشخاش (ἡ μήκων: poppy, papaver): VIII 627b18.

خشن (I): يخشن ويعظم: μεταβάλλειν ἄρχεται ἐπὶ τὸ τραχύτερον: IX 581a18.

خشن (τραχύς): II 507b2, IV 528a23, V 548a3; العرق الخشن (ἡ ἀρτηρία): III 514a9, IV 535b15; في شقوق الصخور والاماكن الخشنة الصعبة (λόχμας καὶ τρώγλας): VIII 615a17; في المواضع الخشنة والتي طين كثير (τοὺς τραχεῖς καὶ τοὺς πηλώδεις): V 549b18; خشنة حفيفة (τετραχυσμένη): IV 536b23.

خشونة (τὴν τραχύτητα): VI 565b28, VII 590b17; τὴν σκληρότητα: VIII 619b9.

خصوصية: [ἡ οἰκειότης]: لحال خصوصية طباعه (διὰ τὴν φύσιν τὴν οἰκείαν): IX 581a11.

خاص (ἴδιος): II 490a13, II 499a13, IV 531a31; شيء خاص (τὸ ἴδιον): VIII 616b8; يأكل طعما خاصا (τὰ δὲ ἰδιότροφα): I 488a15, IV 535a1; في الاماكن التي ليست له خاصة (ἐν τοῖς μὴ οἰκείοις τόποις): VIII 616b19.

خاصة (τῶν παθημάτων): I 486b5; μαλιστα: I 491a16, 492a5; μᾶλλον: IX 582a31; ἥκιστα: I 495a34.

خصب (I: εὐημερέω): VII 597b10, 605b24; تشب وتخصب (ἀκμάζουσι): VIII 621b20; تنشؤ وتخصب (αὐξάνεται): VIII 621b32; تخصب وتنمو (δαψίλειαν): VI 572a3; εὐβοσίᾳ: III 519b33, 522b22; εὐετηρίας εἶναι: VI 574a14; εὐθηνεῖ: VII 601b20; اذا خصبت وسمنت: ἐὰν δ'εὐτραφής: V 546a15, VII 595b23; πιαίνεται: VII 595a20.

خِصب (εὐβοσίαν): III 522b22; εὐβοσία καὶ ἀφθονία: VI 575b32; لحال حسن وخصب المرعى (διά τε εὐβοσίαν): VI 573b31; εὐημερίαν: V 543b26; εὐσθένειαν: VII 602a16; εὐτροφίαν: V 542a28; τὴν τροφήν: IX 582a1.

خَصِب (βελτίων): VI 569b8, VII 603a21; اخصب واطيب (ἀμείνους): VII 608a4; اخصب واسمن كثيرا: εὐημερεῖ ... μᾶλλον: V 543a16; اذا كان ⟨في⟩ زمان خصب: εὐημερίαις τοιαύταις: VI 569b14, b17; اشهر واخصب (εὐθηνεῖ): VI 566a22; فيكون اخصب خاحسن حالا (εὐθενεῖ): VII 601b9; εὐτραφέστερα: IX 581b32; اسمن واخصب واطيب (πίονα): VII 598a17.

مخصب (ἀγαθοί): VII 608a2; مخصبة طيبة اللحم (ἄριστα): VII 607b3; εὐβοσίᾳ χρώμενα: III 517b16; εὐθηνοῦντα: VIII 626b16, 627b3; سمانا مخصبة (εὐημερίαι γίνωνται): VI 527b7; مخصبا سمينا (εὐτραφέστερα): IX 588a4.

خصلة: وهذه الخصلة (κατὰ τοῦτο): IV 531b9; من جودة الخصال (τῶν δ'ἀγαθῶν): VIII 618b35.

خصى (I: ἐκτέμνω): III 510b2, 517a26, 518a31.

اخصى (IV: ἐκτέμνω): VII 589b33, VIII 631b21, b25; الذي لم يخص (τῶν ἀτμήτων): VIII 632a9; πηρόω: VIII 631b31.

خصي (εὐνοῦχος): VIII 632a4.

خصية (ἡ ὄρχις): II 508a12, III 510a3; جلد الخصى (τῆς ὀσχέας): VIII 632a16; الثيران التي بلغت وتدلب خصاها (ἐνόρχαι): VIII 632a20.

خضر: [ἡ πόα]: تأكل الخضر (ποηφάγοι): VII 595b22.

خضرة (χλωρὸς): VIII 616a15; الى خضرة ما هو (ὑπόχλωρον): VIII 616a18.

اخضر (ὠχρὸν): VI 568a5; χλωρὸς: VII 611b19, 617a29; الذي يسمى خلوريون وتفسيره اخضر (χλωρίων: golden oriole): TB. 197: VIII 616b11, 617a28; بين الصوف الاخضر (βρυώδεσι καὶ δασέσιν): V 543b1; اخضر الرجل: τὸν πόδα χωλός (!): VIII 616b10.

خضع (I: خضع ويتعبد: δουλοῦται ἰσχυρῶς): VIII 610a16–17; يصغر ويخضع (ἐκλύσωσιν): VIII 610a27.

خط (ἡ γραμμή): I 491b15, 563b23; بخطوط وآثار بينة (ἄρθροις): I 493b33; مسيرة بخطوط (διαποίκιλα ῥαβδοις): IV 525a12.

اخطأ (IV: ἁμαρτάνω): VI 575a14.

خطأ: وليس هو من الخطئ: οὐδὲν δ' ἄτοπον: VIII 633a5.

خطف (I: ἁρπάζω): VI 563a23, VII 619a6; συναρπάζει: IV 531b1; ὑφαρπάζουσα: VIII 609a9; αἴρω: VIII 619a33; تسرق وتخطف (ὑφαιρεῖται): VIII 609a20; من خطفه وابتلاعه: μὴ διαρπάσωσι (τὸν γόνον): VIII 621a25.

خطاف (ἡ χελιδών: swallow): TB 186–192; II 506b21, III 519a6, V 544a26; τοῦτο τὸ ὀρνίθιον: I 487b25; الخطاف البري الذي يشبه الخطاف الانيس (ὅμοιοι ταῖς χελιδόσιν): VIII 618a31–33.

خطاف البحر (αἱ χελιδόνες αἱ θαλάττιαι: flying fish): TF 285–287; IV 535b27.

خطم (τὸ ῥύγχος): VI 566b15, VII 589b11.

خف (ἡ καρβατίνη; بجلود قوية شبيهة بخفاف): II 499a30.

خفة (κουφότητι): X 636b31.

خفيف (εὐσταλὴς): X 638b32; سريع الحركة خفيف (εὐκίνητον): VI 574a12.

خفي (I: κρύπτω): IV 531a9, VII 591b3, X 638b35*; ἐγκρύψαν: VIII 619b14; εὐκρυφές ἐστι: VIII 623a28; يغيب ويخفى (ἀπαλλάττεται): VIII 617a31; تخفى ... تحت اجنحتها: ὑπὸ τῇ πτέρυγι ... ἔχουσαι: VIII 614b24.

اختفى (VIII: ἀποκρύψαντες): IV 537a24, VII 599a29, VIII 612a14; κρύπτουσιν ἑαυτάς: V 547a14, VII 599b17; هرب واختفى (ἀποδιδράσκει): VIII 615a3; تختفي في الرمل: καθαμμίζουσι δ᾽ἑαυτά: VIII 620b30; φωλοῦσιν: VII 599b3; يختفي ولا يظهر نفسه (οὐδαμοῦ ποιεῖ αὑτὸν φανερὸν): VIII 611a24.

خفي (ἀδήλους): III 510a4, VI 566a9; غامصة خفية (ἄδηλοι): III 510a2; مسددة خفية (συγκεχυμένοι): III 515a23.

خلل (II: ἐλλείπω): خلس ونقص: IV 524a32.

متخلل; سخيف متخلل (μανός): V 548a32.

مخلاب (ὁ ὄνυξ): II 504a18, VI 563a24; πλῆκτρα: IV 538b16, VIII 631b12; الطير الذي له اظفار معقفة اعني مخاليبه (γαμψώνυχον): III 517b1, III 609a28; معقف المخاليب (τὰ γαμψώνυχα): II 504b7, VI 563b7; لتعقيف مخاليبها (τῇ γαμψότητι): VIII 619b9; الطير المستقيم المخاليب (τῶν εὐθυωνύχων): VIII 633b2.

اختلج (VIII: ἀναφυσάω): VI 562a20; تحرك وتختلج وتنزو (κινεῖται): VI 561a12.

خلد (ὁ ἀσπάλαξ: mole): I 488a21, IV 533a3, VII 605b31; φάλαγξ: spider: VIII 609a5.

خالص (γνήσιος): VIII 619a9; εἰλικρινοῦς: VIII 627a3.

خلط (I: μιγνύω): III 522a23, VI 575b12; كيف يخلط معه اعوادا صغارا (τῇ ἀχυρώσει): VIII 612b22.

خالط (III: μιγῇ): VI 568b11, X 638a8; يخالطه زبد (ἀφρῶδες): III 512b10.

اخلط (IV: μιγνύουσιν): VIII 627a9.

اختلط (VIII: μιχθῇ): VI 568b2; συμμίγνυμι: VIII 610a7; مزج واختلط (κεραννύμενον): III 522b4; في اول الليل وعند اختلاط الظلام (ἄχρι ἑσπερίου): VIII 619b21; συμπεττομένου: VI 506a16.

خلط: [ἡ μίξις]: τὴν σύμμιξιν: X 635b30; συγκαταπλέκει: VIII 612b23; والطير الذي يسمى باليونانية شينالوبقس وتفسيره هو خلط من الوز والثعلب (χηναλώπεκος): TB 195–196; VI 559b29.

خالف (III: διαφέρω): VI 574b13, VII 592b20; تخالف وتقاتل بعضها مع بعض (πολέμιοι): VIII 610b2, 609b5.

اختلف (VIII: διαφέρει): I 489a14, 491a17*; αἱ διαφοραί: I 487a11, II 498a7; يختلفان ولا يكونان في ازمان متفقة (κατὰ τὰς ὥρας τοῖς ἑτερογενέσιν ἕτεραι): VII 601a26.

خلف (τὸ ὀπίσθιον): I 493a6; الى خلف (εἰς τοὐπίσω): II 504a17; يبول الى خلف (ὀπισθουρητικά): II 500b15; ويلتفت الى خلفه التفاتا يسيرا (κατὰ βραχὺ ἐπιστρεφόμενος): VIII 629b15; مائلة الى خلفها (ἐξυπτιάζοντα): II 499a7; ترده ... الى خلف: ἐπανάγει: VII 594a18; ترفع رؤوسها وتميل بها الى خلف (ἀνακύπτειν): VIII 613a13.

خلاف: على خلاف ذلك (τοὐναντιον): II 501a5; على خلاف انثناء مرفقين (ἐναντίως τοῖς ἀγκῶσι): II 498a29; قتال وخلاف شديد (πόλεμος): VIII 608b21, b29.

خلاف (ἡ ἰτέα: willow-tree): VI 568a28, VIII 623b21.

مخالف (διαφέρει): II 497b15, IV 525a10, 532b15; I 499b21, IV 532a30; τὸ ... ἄγονον: III 523a26; ἄλλην: IV 536b1; II 497b10; ἀσύμφορα ἑκατέροις: VI 601a29; VII 529a9; πολέμιον: VII 607a30, VIII 609b1, b14; مختلف بقدر اختلاف اجناسها (ἕτερά ἐστιν ἀλλήλων τὸν ... τρόπον): II 497b8; ἐμπόδιον εἶναι: VIII 619b9.

اختلاف (ἡ διαφορά): I 487a14, 491a7, II 500b14; اختلاف الحيوان وفصلها (λαμβάνοντα τὰ ζῷα διαφορὰν): VI 589b31; (διαφέρουσι): I 486a22, 491a16; ἀνωμαλίαν: I 495b2; بقدر اختلاف الزمان (ἄλλοτε): X 638a33; τοὐναντιον: V 545a17; μεταβάλλουσιν: II 501a1*; VIII 615a7; كثيرة الاختلاف (ποικίλοι): IV 525a11, V 539a3; ومناظر الحيوان في ارض لوبية كثيرة الاختلاف: πολυμορφότατα ... : VII 606b18–19; اختلاف افضاء زرع الرجل والمرأة (πρὸς ἀλλήλους μὴ συνδρόμως ἔχειν): X 636b13; لاختلاف البطن (πρὸς τὰς διαρροίας): III 522b10, X 638a16*; VII 605a27, a29.

مختلف (διαφέρουσα πρὸς ἄλληλα): III 510b7, IV 527a17; ἐπαμφοτερίζει: II 499b12; διέστησε: VIII 608a22; فمختلف ليس بمتفق (οὐ τὴν αὐτήν): IV 536b20; يصوت اصواتا كثيرة مختلفة (φωνὰς μὲν μεταβάλλει πλείστας): VIII 615b19; مختلفة اللون (ποικίλον): V 543a25, VIII 617a22; من اماكن مختلفة (πολλαχῇ): IX 587b32; πολλοὶ: IX 584a35, X 637a14; كثيرة مختلفة (πλείονα): VIII 618b18; مختلفا ب (ἀκολουθέω): II 499a10.

خلق (I: φύομαι): IV 526a24, VI 565a1; على قدر الفن الذي خلقت عليه طباعها (ὅνπερ πεφύκασι τρόπον νεῖν): VII 591b25; الحيوان الذي يخلق من البيض: VI 567b28*; لا يخلق منه سمك (ἄγονον): VI 568b8; ἐκδύνουσαι: VI 570a18; συνίσταμαι: I 494a27, VI 570a16; يخلق بيض (ᾠοτοκήσαντα): VI 564b17.

خُلق (τὰ ἤθη): I 488b27, II 502a21; بانواع اخلاقها (κατὰ τὸ ἦθος): I 488b12; صعوبة الخلق (ἀγριότητα): VIII 629b7; صعب الخلق مثل خلق السباع (θηριῶδες): VII 607a6.

خِلقة (ἡ φύσις): I 490a17, 492a17, 493a7; خلقة وطبيعة: ἡ ... φύσις: III 513a15, 516b31; من قبل خلقة الطبيعة (κατὰ φύσιν): I 496b18; وخلقة على مثل هذه الحال طباعه (πεφυκότας): VIII 614a5; خلقة المحمول ومولود (τὴν δημιουργίαν ταύτην): I 489a13; خلقة اللسان (ἡ γλῶττα): I 492b33; شبيه بخلقة عصب (νευρώδης): III 515a30; خلقة الخصى: αὐτοὶ δ' οἱ ὄρχεις: III 510a13; πῶς: III 511b19; يداني خلقته (τοῦτον ἔχει τὸν τρόπον): VII 589b1; خلقة من صفاق (ὑμενώδη): I 496b13; خلقتها من عصب لينة (ὑμενώδεσι καὶ χαλαροῖς): III 514a32; خلقتهما من عروق (φλεβικοὶ): III 510a14; تولد الانكليس وخلقته (τῆς τῶν ἐγχελύων γενέσεως): VI 570a23; حال اول ولاد الانسان وخلقته: περὶ δ' ἀνθρώπου γενέσεως τῆς τε πρώτης: IX 581a91; τῆς μορφῆς: II 501b18.

مخلوق; مخلوق من (ἔχει): II 497b30, IV 526b23; مخلوق من لحم (διφυές): I 493a1; σαρκώδη: III 510b28.

خلقس (ἡ χαλκίς: sardine): TF 282–283; VII 602b28, also خلقيس: IV 535b18, V 543a2.

خلقس (τῇ χαλκίδι: lizard): VII 604b23; bird, perhaps an owl, TB 185, 108–109: VIII 615b10.

خلقس: perh. owl: TB 185, 108–109: VIII 615b10.

خلقيدقي (ἡ Χαλκιδική: region in Greece): III 519a14.

خلقيس (ἡ Χαλκίς: town in Greece): IV 531b12.

خلى (II: ἀφῆκεν): VIII 631a13, X 638b3; وحلى سبيله (ἀφεθῇ): VIII 621a4, 629b26.

اخلى (IV: διαλείπουσιν): VII 595a26; اخلى سبيلها (ἀφιᾶσιν): VI 566b26; البقر المخلاة في الرعى (οἱ δὲ βόες οἱ ἀγελαῖοι): VII 604a13; الخيل مخلى في الرعى: τῶν δ' ἵππων αἱ μὲν φορβάδες: VII 604a22.

ما خلا (πλήν): I 490a22, 491b26.

خال (κενός): I 492b16, V 548b32, VII 590a25; خالية من الدم (κενὸν): I 496b5.

خلية (τὸ σμῆνος): VII 605b17, VIII 612b13; κηρίον: VIII 627a11; ما بين النحل الذي في الخلية (τὸν ἑσμόν): VIII 625a18; على ظهر الخلية (ἐν τῷ τεύχει): VIII 625a26; المقيم على الخلايا (ὁ μελιττουργός): VIII 626b14.

خلاوة: لاهل الخلاوة (ταῖς ἑδραίαις): IX 587a3.

خلورس (ἡ χλωρίς: greenfinch): TB 196–197; VIII 618a11, also خلوريس: VIII 615b32.

خلوروس (ὁ χλωρεύς: perh. greenfinch): TB 196; VIII 609a7.

خلوريون (ὁ χλωρίων: golden oriole): TB 197; VIII 616b11.

خليسيا (ὁ κλῆρος: a beetle destructive in bee-hives; المرض الذي يسمى خليسيا): VIII 626b17.

خماليون (ὁ χαμαιλέων: animal): II 503a15.

خنا (ἡ χάννη: sea-perch): TF 283–284; IV 538a21, VII 591a10; also خني: VI 567a27.

خنثى (ὁ ἀσφόδελος): VIII 627a8.

خندق (ἡ τάφρος): VII 603a4.

خنزير (ὁ; ἡ ὗς): I 488a31, II 498b27, 499b5; خنزير انيس (ἥμερος ὗς): II 499a6; الخنزير البري (ὗς ἄγριος): I 488b14; σῦς: VIII 621a1; τῶν κάπρων: VIII 632a7; ἡ καπρία: VI 572a21; اناث الخنازير (ἡ καπρία τῶν θηλείων ὑῶν): VIII 632a21; ὁ ἄρρην: V 546a20; لبن الخنزير (τὸ ὕειον): VI 574b13; جميع جوفه شبيه بجوف الخنزير (ἔχει παραπλήσια τοῖς ὑείοις): II 507b37; الحيوان الذي يقال له انه مركب من قرد والخنزير (τοῦ χοιροπιθήκου): II 503a19.

خنزيرة (ἡ ὗς): II 500a27, V 546a12.

خنق (I: πνίγω): I 493a4; خنق الجنين: γινομένου (πνιγομένου?) τοῦ ἐμβρύου: IX 587a6.

اختنق (VIII: ἀποπνίγεται): VII 589a30, 592a5, a19.

خنق (ὁ πνιγμός): III 514a6, IX 582b10; علة خنق: I 495b19*.

خانقة (τὸ φάρμακον τὸ παρδαλιαγχές: العشبة التي خانقة الفهود): VIII 612a7.

مخنوق (ἀποπεπνιγμένοις): III 513a13.

خنقولوس (ὁ κίγκλος: wagtail): TB 81–82; VII 593b5.

خوش (ὁ χοῦς; قدر الكيل الذي يسمى باليونانية خوش: χοᾶ): VIII 627b3.

خاف (I: φοβέομαι): VII 597a2, VIII 609a34; يجزع ويخاف (τὴν δειλίαν ὑπερβάλλει): VIII 618a29; ἐπικίνδυνον: VII 596a4; οὐχ ὑπομένει: VIII 610a17.

اخاف (IV: φοβέω): VIII 609b17.

خوف (τὴν δειλίαν): VIII 618a27; والجزع والخوف (δειλίαν): VIII 629b7.

مخيّف; اذا لم يكن فزعا مخيفا (ὅταν ἄφοβος ᾖ): VII 590b26.

خيط (ἡ ἴς; شبيهة بخيوط عروق: ταύτας ἶνας): III 515a25; خيوط منسجها (τῶν ἀποτεταμένων ἀραχνίων): V 542a13.

خياطة (ῥαφάς): I 492b2; التشعب والخياطة (αἱ ῥαφαὶ): III 515b4; τὴν ὁρμιάν: VIII 621a15.

خيل (ὁ/ἡ ἵππος): I 491a1, II 500a32; اناث الخيل (ταῖς ἵπποις): VI 575b20; ἡ θήλεια: VI 575b22; جنون الخيل (ἱππομανοῦσιν): VI 572a10; لبن الخيل (τὸ ἵππειον): III 522a28; الخيل النساوية (τῶν Νισαίων ἵππων): VIII 632a30.

Glossary Arabic-Greek: د

دارصيني (τὸ καλούμενον κιννάμωμον): VIII 616a8, a12.

داسوفوس (ὁ δασύπους: rabbit): IX 585a5.

داقتمنون (τὸ δίκταμνον: dittany: العشبة التي تسمى باليونانية داقتمنون): VIII 612a4.

دُب: ὁ/ἡ ἄρκτος: bear: II 498a34, 499a29.

دابة (τὸ ζῷον): VI 569b18*; ذباب الدواب (οἶστρος καὶ ἐμπίς): I 490a20; ذباب الدواب (οἱ μύωπες καὶ οἱ οἶστροι): IV 528b31; ذباب الدواب الذي يسمى باليونانية اسطروس (οἶστρος): VII 596b14; الدواب التي لها اربعة ارجل (τοῖς τετράποσιν): IV 527a16, VI 567a3; الدواب ذوات الاربعة الارجل (τὰ τετράποδα): VII 591b23, VIII 630a15.

دبر (II: διοικέω): VIII 628a34; يدبر تدبير بيضه وفراخه بحلم (φρόνιμον ποιεῖσθαι τὴν τέκνωσιν): VIII 618a26.

تدبير (οἱ βίοι): VIII 612b18; من قبل تدبير معاشها (κατά τε τοὺς βίους): I 487a11, 488b27; تدبير حيوة الانسان (τῆς ἀνθρωπίνης ζωῆς): VIII 612b19; جيد التدبير لحياته (εὐβίοτος): VIII 619b23; جيد التدبير لمعاشه كثير الاحتيال (τὴν δὲ διάνοιαν βιωτικὸς καὶ εὐμήχανος): VIII 616b27; التدبير الالهي (τὸ δαιμόνιον): X 636a25.

مدبر (ἡγεμόνα): I 488a12; رئيسا ومدبرا (ἡγεμόνα): I 488a13.

دَبْر (ὁ σφήξ: wasp): DI 75–83; I 487a32, IV 531b23; الدبر الذي له حمة (οἱ δὲ κέντρα ἔχοντες): III 628b21; μηλολόνθαι: dung beetle or cockchafer: DI 83–89; I 490a15, IV 531b25; μηλολόνθη καὶ σφήξ: IV 523b19 μελίττη: bee: DI 47–72; IV 531b23; الدبر الكبيروالصغير: (τὸ τῶν μελιττῶν, ἔτι δ' ἀνθρῆναι καὶ σφῆκες): VIII 622b21; والدبر الاصفر (ἀνθρήνη): DI 79–80; IV 531b23, VIII 629a32; الصنف الذي يسمى باليونانية انثريني وهو الدبر الاصفر: αἱ δ' ἀνθρῆναι: VIII 628b32; الدبر الجبلي (τῶν ἀγρίων σφηκῶν): VIII 628a29; الدبر البري (τῶν ἀγρίων): VIII 628b16; الدبر العمال (ἐργάτας): VIII 628a10, 628a22; τοῦ σφηκός: VIII 628a32; قواد الدبر (οἱ μὲν ἡγεμόνες): VIII 628a2; وللدبر الاحمر (οἱ σφῆκες): VIII 629a3; والدبر الاسود المستطيل (ἡ τενθρηδών): DI 82–83; VIII 623b10; صنف الدبر الذي يسمى باليونانية بمبوليو (οἱ δὲ βομβύλιοι): DI 73; VIII 629a29; اعشة الدبر (τὰς σφηκίας): VIII 626a12.

دَبَرَة (τὸ ἕλκος): VIII 609a32.

دبق (ὁ ἰξός): VIII 617a19.

دجاج (ὁ ἀλεκτρυών: domestic fowl): TB 20–26; V 539b30, VI 559b18; τὸ τῶν ἀλεκτορίδων γένος: V 544a31, VI 559b23; الدجاج العظيم الجثة: αἱ γενναῖαι (!): VI 558b16; الدجاج الذي ينسب الى ادريانوس الملك (αἱ Ἀδριανικαὶ): Bk: Ἀδριαναὶ, ἀλεκτορίδες; VI 558b16; αἱ ἀλεκτορίδες: VI 558b21, 559b28; اناث الدجاج (αἵ τε γὰρ ἀλεκτορίδες): VIII 631b8; αἱ ὄρνιθες: VI 560b7, 562a21; دجاجة او غيرها من الطيور (τῇ ὄρνιθι): VI 559b26.

دجاجة (ἡ ἀλεκτορίς): VI 558b12, 564b3, VIII 614b10; αἱ ὄρνιθες: VI 564b7.

دخن (II: κνισάω): ريح الاشياء المحرقة المدخنة (τὰ κνισώδη): IV 534a23.

دخان (ὁ καπνός): VIII 623b20; ὀσμήν: VII 604b30; اذا اصابه الدخان (καπνιζόμενος): VII 605b16.

دخن (κέγχροις): VII 595a28; κέγχρος: VI 568b23; حب الدخن (κεγχραμίς): V 549a29.

ادر (IV: ῥιπτέω): يدره ويرق (ῥιπτεῖται): IX 586a17*.

دراقون (ὁ δράκων: water-snake): TF 56–57; VII 598a11.

دربانس (ἡ δρεπανίς: swift): TB 51; I 487b29.

دراج (ὁ ὄρτυξ: quail): TB 123–126; II 506b21, 509a1, IV 536a26; والذي يسمى قرقوس وهو الدراج (ὁ κίρκος: hawk); TB 83–84; VIII 609b3; ὁ ἀτταγήν: francolin: TB 37–38; VIII 633b1.

درماذاس (ὁ δρομάς: migratory fish): TF 81; δρομάδας: I 488a6; دروماذاس (οἱ καλούμενοι δρομάδες): VI 570b21.

دسَم (ἡ λιπαρότης): III 522a21.

داغصة (ἡ μύλη): وعلى الركبة العظم الذي يسمى الداغصة: I 494a5, a18.

دغل (ἐπίβουλος): واقل دغلا وغائلة (ἧττον ἐπίβουλα): VIII 608b4.

دفئ (I: ἀναθερμαίνομαι): VI 559b1*, 569b11; θερμαίνομαι: VII 602b1; يدفأ ويسخن: (ἐκπέττεται): VI 559a30.

ادفأ (IV: συνθερμαίνομαι): VI 562b21, 563a29*; συμπέψασα: V 549b7.

دفاء (ἡ ἀλέα): V 548b26, VI 566a25, VII 596b22; دفاء الهواء (τὰς ἀλέας): VII 602b4; في اوان الحر والدفء (ταῖς ἀλέαις): IV 531b16, V 542a28; τὸ θερμὸν: VII 596b24.

دفيء (ἀλεεινὸν): V 544b9, VI 567b14; 573b21; θερμῶν: VII 597a1; εὐηλίοις: Bk: εὐείλοις; VII 597b7.

دفع (I: ὠθέομαι): VI 568b27; ἀπωθέω: IV 527b17, VII 591b21: ἀφίησιν: I 487a18; يدفع عن فراخه: VIII 618a27; مخرجا دافعا (ἐκβλητικὸν): VIII 612a5; تلقيه وتدفعه (ὑπὸ τῶν κυμάτων ἐκκλύζεται): IV 525a23.

دفلي [ἡ δάφνη]: sweet bay: VII 592a4*.

دق (I: κόπτω): I 493a28*; V 547a22, a26; ودقهما دقا نعما وذرهما (περιπαττομένων): IV 534b22.

دقة (λεπτότητα): III 517b9, IV 528a27; λεπτόν: IV 526a16; فيما بين العرض والدقة (μέση): I 492b31.

دقيق (λεπτὴ): I 495a24, II 508a22; ادق والطف (λεπτότερον): VI 574b12; لطيف دقيق (λεπτότατον): I 496b10; صفاق دقيقة (λεπτοῖς): I 497a21; الشعر الدقيق (οἱ λεπτότριχοι): III 518b6, 538b8; اضيق وادق (ἐλάττους): III 520a1; ما كان منها ذا جسد ادق خلقة (γλαφυρώτατοι): VIII 622b23; دقيق (τὰ ἄλευρα): VIII 627b20.

دقل (ὁ ἱστός): VIII 631a23, a30.

دكان (ἡ στιβάς): VII 607b21; يهيئ مثل دكان (στιβαδοποιεῖται): VII 607b20.

دل (I: σημεῖον γίνεται; ἐστί): دل على: I 492a4, VIII 627b14; δῆλον: X 638b32 or استدل: X 637b18.

دلالة: دلالة الزجر (τῆς μαντείας): VII 601b2.

دليل (τὸ τεκμήριον): VIII 615a11; σημεῖον: VI 569b4, VII 599b33; علامة دليلة (σημεῖον): I 492b7; φανερὸν: IX 583a25; ἀποδηλοῖ: X 635b6.

دلفين (ὁ δελφίς: dolphin): TF 52–56; I 489b2, II 504b21; الدلفين الصغير (δελφινίσκον μικρὸν): VIII 631a17.

دلك (τρίβω): III 522a8, VI 571a7, VII 605a30; προστρίβοντα: IV 535b23; περιαλείφουσι: IV 534a19.

دلك (ἡ τρίψις): IV 535b11, b21.

تدليك: واذا اصابه شيء من التدليك: (πηλούμενος: Bk: πιλούμενος): VIII 622a16.

دلم (ἡ φάττα): TB 177–179; ringdove: V 544b5, VI 562b3, VII 601a28: τῶν φαβῶν: TB 179–180: wild pigeon: VI 563b32, 564a18.

تدلى (V: ἀφίεμαι): الثيران التي بلغت وتدلت خصاها (ἐνόρχαι): VIII 632a20.

مدل: مرسلة مدلاة (ἀφεῖται): III 509b1.

دم (τὸ αἷμα): I 487a3, 489a22, 494b27; في الحيوان الذي فيه دم: ἐν τοῖς αἱματικοῖς, ὅσα ἔχει αἷμα...: I 489a25; وليس في بعض الحيوان دم: τὰ δ' ἄναιμα: I 489a32, III 510a16; نقطة من دم (στιγμὴ αἱματίνη): VI 561a11; ما يعيش من اكل ومص الدم: τὰ δ' αἱμοβόρα: VII 596b13; ينزفن الدم من ناحية المعقدة (ταῖς ἐχούσαις αἱμορροΐδας): IX 587b33; بالذي له دم (τοῖς ἐναίμοις ζῴοις): II 505b25; ومائية الدم (ἰχώρ): I 487a3; رطوبة مائية شبيهة بمائية الدم (ὑγρότητα τὴν τοῦ ἰχῶρος): III 515b28; خروج الدم (ἡ ὁρμὴ τῆς ὑγρότητος): IX 587b32.

دمي (αἱματώδη): III 521a14, IV 527a26, VI 559b9; αἱματικὰς: VI 561a15; ὕφαιμοι: VII 603b23.

دمع (I: δακρύω): X 635b21.

دماغ (ὁ ἐγκέφαλος): I 491a34, 492a19; دماغ آخر (ἡ παρεγκεφαλίς): I 494b32.

ادمن (IV: συνεχῶς): VII 605a25, a26.

ادمى (IV: αἱματίζω): IV 532a13, VIII 609a35*.

دنيء (χείρων): ضعيفا ودنيئا: (χείρους): IX 587b33.

دنا (I: πλησιάζω): VI 571b25, 572a18; ἅπτεται: VIII 621a18, 630b22; προσέρχονται: VIII 610b32; θιγγάνει: VIII 624b5; ὁρμῶντα: IX 586b5; ولا يدنو من اصناف الاطعمة: οὐδ' ὀψοφαγεῖ: VIII 625b21; προσπέσῃ: VII 590a28; اذا دنا من الموت (περὶ τὰς τελευτὰς): VIII 615b2.

ادنى (IV: προσαγαγεῖν): VIII 631a3.

دنوّ (πλησιασμός): IX 582b9*.

متداني (παραπλήσια): VII 588b3.

دهر: فيما سلف من الدهر (πρότερον): I 491b4, VII 606a6; الدهر الذي سلف (ἤδη γάρ ποτε): VIII 630b32.

دهن (I: ἀλείφω): VII 595b14, 604a16, IX 583a22; دهن بزيت (ἐλαιούμενα): VII 605b20.

دهن: بدهن قطران (ἐλαίῳ κεδρίνῳ): IX 583a22.

داء (τὸ πάθος): VI 572a18, IX 636a36, 636b6; τῆς ἀρρωστίας: VII 604a30; πόνος: VII 604b7.

دود (ὁ σκώληξ: wood-borer): DI 96; I 489b9, II 506a27, IV 537b28; τὰ σκωλήκια: VI 570b9, VIII 626b17; الدود الصغير (τὰ σκωλήκια): VI 569b18, VII 602a27; يأكل الدود (σκωληκοφάγα): VII 592b16; وبعضه يلد دودا (τὰ δὲ σκωληκοτόκα): I 489a35; ἕλμινθάς: V 548b15, VII 602b26; ἑλμίνθια: VI 570a13; ⟨حيوانا شبيها ب⟩دود: ἑλμινθώδη: IV 538a5; اذا كان في اجوافها دود (ἑλμινθιῶσιν): VIII 612a31; وما

يمشي على بطنه مثل مشي الدود وحركته: τὰ δ'ἑρπυστικά, τὰ δ' ἰλυσπαστικά: I 487b21; κάμπαι: caterpillar: DI 102–103; VII 605b16.

دودة: الدودة التي تنسج العنكبوت (τό τε σκωλήκιον τὸ ἀραχνιοῦν): VII 605b10.

دار (I: ἔχω): I 587b27; ἐξιόντος: I 587b30; وتدور معها (περιάγοντες): VIII 631b15.

دور: ويكون لها دور (ἐπιδινοῦντες αὐτοὺς): VIII 624a24.

استدارة (τὴν περιφέρειαν): V 542a17; الى الاستدارة ما هو (στρογγυλώτερον): I 496a18.

مدوّر (στρογγύλοι): IV 527b14.

مستدير (στρογγύλος): I 491b1, II 503a32, 508a34; مستدير الطول (στρογγύλα): IV 532b21; الحيوان المستدير الوجه (ὅσα στρογγυλοπρόσωπα): I 495a2; بنوع مستدير (κύκλῳ): I 491b2, II 503b1; περιφερῆ: I 491b14, IV 524b10; τῆς περιφερείας: IV 529b2; σφαιροειδεῖς: VI 567b30.

دياسة (ὁ πυραμητός; دياسة الحنطة: τὸν πυραμητόν): VI 571a26.

دوساليوس (δυσάλωτος): VIII 615a17.

دائم [συνεχῶς]: ويفعل ذلك بفعل دائم متتابع (συνεχῶς): VIII 632b21.

دوِيّ (ὁ ψόφος): IV 533b13, VIII 627a29, IX 582b10; ψοφεῖ: IV 535b4, VIII 610b34; والدوي وكل صوت (ὁ ψόφος): I 492a18, IV 533a16; ان كان ... صوت شديد او الدوي: ἐὰν ψοφῇ: VIII 611a1; بالاصوات وانواع الدوي (τῶν ψόφων): VIII 608a19; μυγμόν: VIII 621a29.

دواء (τὸ φάρμακον): VII 607a34, VIII 611b26; منفعة ودواء موافقا (τινὰ φαρμακείαν): VIII 611a30; عند باعة الادوية (παρὰ τοῖς φαρμακοπώλαις): VII 594a24, VIII 622b34; يكون دواء اقوى واكثر منفعة: ἀμβλύτερον καὶ ἧττον φαρμακῶδες (!): VIII 624a18.

دياجانس (Διογένης): III 511b30, 512b12.

ديك (ὁ ἀλεκτρυών): TB 20–26; I 488b4, II 508b27, IV 536a28; τοὺς ἄρρενες: VIII 631b9, X 637b8.

ديمقراطيس (Δημόκριτος): VIII 623a32.

Glossary Arabic-Greek: ذ

ذأب (ὁ λύκος): I 488a28, V 540a9; شبيه بالذي يسمى ذئابا: ὅμοιον τοῖς καλουμένοις λύκοις (spider): VIII 622b29, 623a2.

ذباب (ἡ μυῖα: fly): DI 150–155; I 488a18, IV 532a13, 535b9; ذباب الدواب (οἶστρος καὶ ἐμπίς): I 490a20; ذباب الدواب (οἱ μύωπες καὶ οἱ οἶστροι): IV 528b31; ذباب الدواب الذي يسمى باليونانية اسطروس (οἶστρος): VII 596b14.

ذبح (I: σφάζω): VI 575b5*; VIII 612b2; τοῖς ἱερείοις: I 496b25.

ذبح: عرقي الذبح (σφαγίτιδες): III 512b20, 514a4.

ذبحة (ἡ σφαγή): I 493b7; ومكان الذبحة (τῶν σφαγῶν): III 511b35, 512a20; ذِبحة (ἡ κυνάγχη): VII 604a5.

مذبوح: المذبوح حديثا (νεόσφακτον): IX 581b2.

ذبل (I: συντήκομαι): يذبل ويذوب (συντήκεται): VII 607b29.

ذرّ (I: καταπάττω): VIII 627b20; ويذر بذرور (ἐπιπάττουσιν): VIII 632a19.

ذرّاح (ἡ κανθαρίς: blister-beetle): DI 92–93; V 542a9.

ذراع (ὁ βραχίων): I 493b23, II 502a35, III 513a4; العضدين والذراعين (τῶν βραχιόνων): III 516a32; ὁ πῆχυς: III 513a3, IV 524a26; πηχυαῖος: VII 607a32; ذراعان (διπήχεις): IV 524a27; الرجال الذين قامات اجسادهم قدر ذراع (τοῖς Πυγμαίοις): VII 597a6; ὀργυιάς: VIII 630b9.

ذكر (μιμνήσκομαι): I 494a18*; II 498b23*; VIII 618b26; ذكرناها وسميناها (λεκτέον): I 494a23; διορίζω: I 497a26; τὰ θρυλούμενα: VIII 620b11; يذكر المثل عن افيقلوس: τὸν Ἰφικλέα … μυθολογοῦσιν: IX 585a14.

ذكر (ἡ μνήμη): I 488b25, IX 581b20; واكثر ذكرا (μνημονικώτερον): VIII 608b13, IX 589a1.

ذكَر (ὁ ἄρρην): I 489a11, 493a14, II 500a22; موافقا للولاد وخاصة لولاد الذكورة (γόνιμα καὶ ἀρρενογόνα μᾶλλον): IX 582a30–31; فلا يولد له منها الا الاناث وبعضهم لا يولد له الا الذكورة (θηλυγόνοι εἰσὶν ἢ ἀρρενογόνοι): IX 585b13; يلدنا اناثا اكثر من الذكورة

(θηλυτοκοῦσι μᾶλλον ἢ ἀρρενοτοκοῦσιν): IX 585b26; فتضع ذكورة (ἀρρενοτοκεῖ): VI 574a2; شبيه بطباع الذكورة (ἀρρενωπά): VII 589b31; τὸ αἰδοῖον: I 493a25, 494a19; شيئا شبيها بذكر (αἰδοιῶδές τι): V 541b8; والذكورة التي تكون في النحل (βασιλεῖς τῶν μελιττῶν): VIII 623b9; τοὺς κηφῆνας: VIII 624a19, 625a4; وذكورة النحل (τὰ κηφήνια): VIII 623b34, 624a2; الذكر المقدم (ὁ ἡγεμὼν): VIII 614a15; τὸν καῦλον: III 510a28; اصل الذكر (παρὰ τὸν καυλὸν τὸν ἐπὶ τὴν οὐρήθραν τείνοντα): I 497a20; τοῦ οὐρητῆρος: III 519b17; τὰ ὀχεῖα: VI 572a14.

تذكرة (ἀναμιμνήσκεσθαι): I 488b26.

ذنب (ἡ οὐρά): I 495a4, II 498b4; τοῖς οὐραίοις: II 504b16, IV 537a16; τὸ ὀρροπύγιον: VI 560b10, VIII 618b33; ناحية اذنابها (τὸ ὀρροπύγιον): VIII 631b11; من اصول الاذناب (κατὰ τὸ ὀρροπύγιον): VIII 631b25; ذنب بنات نعش (ἀρκτούρου): V 549b11, VI 569b3; الحيوان الذي ذنبه كثير الشعر (τοῖς λοφούροις): I 491a1, 495a4; والذي يسمى مالانوروس وتفسيره الاسود الذنب (μελάνουρος): VII 591a15; ἡ κέρκος: II 498b13, 499a10; اصل ذنبه (ἄκραν τὴν τῆς κέρκου πρόσφυσιν): II 503b13–14; كل ما كان منها عريضا له ذنب (τὰ πλατέα καὶ κερκοφόρα): I 489b31; طويل الذنب (μακρόκεντρόν): IV 532a17.

مذنب: الاصناف عريضة الجثث المذنبة (τὰ δὲ πλάτεα καὶ κερκόφορα): V 540b8.

ذهب (I: ἔρχομαι): VI 571b18, VII 607a20; περιελθόντος: VII 597b24; يذهب به الى فمه (προσάγεται πρὸς τὸ στόμα): VII 590b25, IX 587a27; ἀναλίσκεται: VI 562a13; وذهبت قبالته (ἀντιάσασα): VIII 614a25; يذهب عن الحيوان عادة: ἀσύνηθες αὐτοῖς ... ἐστίν: VII 606b26; ἀποβαλοῦσα: VIII 626a20; ἀφίησιν ἔξω: X 636a14; ἀποσβέννυσθαι: VIII 618b7; ينقلب ويذهب الى العمق (μεταστρέφει): VIII 622b9; يذهب به على خزانته (ἀπήνεγκεν): VIII 623a16; ذهب به الى ناحية العمق (καταφέροντο εἰς βυθόν): VIII 619a7.

ذهاب: لذهاب وهلاك امهاتها (ἀφαιρούμεναι τὰς μητέρας): VIII 611a13; تصيبه الضرورة والفساد وذهاب البصر (πηρουμένων): I 491b33.

ذهب (ὁ χρυσός): VII 597b2; لونه مثل لون الذهب (χρυσοειδές): VIII 627a2.

ذهن [νοῦς]: ثبت له في ذنبه بعد زمان: μνημονεύει δ' ὀψὲ: IX 587b10–11.

ذو: II 501a6; ذا اربع (τετράποδα): I 490a29; مثل الكوبين ذوات الفمين (ὥσπερ ἡ τῶν ἀμφικυπέλλων): VIII 624a9; ذوات القرون (τὰ δὲ κερατώδη): VII 595a13; ما كان منها ذا جسد ادق خلقة (γλαφυρώτατοι): VIII 622b23.

ذات: من ذاته (αὐτόματα): V 539a18, 548a11; كل واحد بذاتها (ἕκαστον): VIII 616a17; مفردة بذاتها (κατὰ ἕνα): VIII 617b7.

ذاب: I: χέω: χυτὸν: III 520a8; يذوب ... ويسيل: συγχεῖται: X 683a2; يذبل ويذوب (συντήκεται): VII 607b29.

اذاب (IV: τηκομένων): III 520a18.

ذوب: سريع الذوب (συντηκτικόν): VIII 622a15.

ذاق (γεύομαι): IV 532a7, VII 596b13; آلة حس كل مذوق: τὸ δ' αἰσθητικὸν χυμοῦ: I 492b27.

مذاقة (ἡ γεῦσις): I 494a17, IV 532b32, 535a2.

مذاق: حس المذاق (τὴν γεῦσιν): I 494b17, IV 534b17; also مذاقة: IV 533a17.

ذيل (τὸ οὐραῖον): VII 607b33*.

Glossary Arabic-Greek: ر

رئة (ὁ πνεύμων): I 487a30, II 506a2; الحيوان الذي له رئة مجوفة (ὅσα ἔχει τὸν πλεύμονα σομφόν): VII 594a8; τῆς ἀρτηρίας: I 495b14, 496a5; قصبة الرئة (τὸ τῆς ἀρτηρίας τρῆμα): I 495a29, 508a17; سبيل قصبة الرئة: II 504b4: العرق الخشن اعني قصبة الرئة (τὴν ἀρτηρίαν τὴν τοῦ πνεύμονος): III 514a5; شبيها بخلقة رئة (πλευμονῶδες): V 549a7.

الرئة: والحيوان البحري الذي (οἱ καλούμενοι πνεύμονες: jellyfish or medusa: pulmo marinus): V 548a11.

رأس (ἡ κεφαλή): I 486a10, 492a13, III 510a15; له رأسان (δικεφάλου): V 540b3; ابيض الرأس (λευκὴ κεφαλή): VIII 618b32; الى مؤخر الرأس (εἰς τὴν παρεγκεφαλίδα): I 495a12 or ἡ καλουμένη παρεγκεφαλὶς ἔσχατον: I 494b33; رؤوس كلاب (οἱ

κυνοκέφαλοι): II 502a18, a19; فروة الرأس (κρανίον): I 491a31, b1, or قحف الرأس: I 491b3; الطير الاسود الرأس: οἱ μελαγκόρυφοι: VIII 632b31; سدرة من ثقل رؤوسها (καρηβαροῦντας): IV 533b13; العظم الذي في يافوخ الرأس (τὸ βρέγμα): IX 587b13; τὸ στόμα: II 507a28, VII 591b7; رأس المعدة (τοῦ στομάχου): IV 524b13; عضوناتئ اعني الذي يكون على اصل اللسان ويغطي رأس سبيل قصبة الرئة: τὴν δ' ἐπιγλωττίδα ἐπὶ τῆς ἀρτηρίας: II 504b4; مؤخر الرأس: τὸ … ὀπίσθιον: I 491a33; تلسع بخرطومها الذي في مقدم رؤوسها (ἐμπροσθόκεντρα): I 490a18, a20.

رئيس (ἡγενόνα): I 488a12, VII 597b15, VIII 614a11; رئيسها ومتقدمها (ἡγεμόνα): VIII 614b21.

رأى (I: ὁράω): IV 537b17, VII 602a29; φαίνεται: X 637b20; يرى في نومه الاحلام (ἐνυπνιαζόμενον): IX 587b10; اذا رأت في حلمها (ὅταν δόξῃ ἐν τῷ ὕπνῳ): X 635b32; رأت في حلمها (ἐξονειρωξάσαις): X 636b24.

رأى (τὴν θεωρίαν): V 539a6; له رأى ومشورة (βουλευτικὸν): I 488b24; يحلم تدبير ورأى لطيف (τὴν τῆς διανοίας ἀκρίβειαν): VIII 612b20–21.

مربض: مأواه وعشه ومربضه (τὴν φωλείαν): VII 599a7.

ربط (I: συνδέδενται): III 515b12, VIII 628b19; περιδήσας: VII 590a25; περιεδηδεσμένας: Bk: ἀπεδηδεμένας; VII 587a5, IX 587a14; δεσμεύουσιν: VII 607a6, VIII 610a31.

رابط (III: προσεδρεύει): يرابطها ويحفظها: VI 568b15; يرابط ويثبت (προσεδρεύοντα καὶ μονίμως): VII 596a14.

رباط (δεσμοῖς): I 495b13, VIII 630a6; كان فيه رباط وعقدة (καταδεδεμένη): I 492b32; رباط سرة المولود (περὶ τὴν τοῦ ὀμφαλοῦ ἀπόδεσιν): IX 587a12; τὸ ἅμμα: IX 587a16.

ربيع (τὸ ἔαρ): V 541b22, 542a23; في ابتداء الربيع (ὅταν ἔαρ γενήται): VIII 633a9; في اوان الربيع (περὶ τὸν Θαργηλιῶνα μῆνα καὶ τὸν Σκιρροφοριῶνα): VI 575b15; ἐν μησὶ τρισί, Μουνυχιῶνι, Θαργηλιῶνι, Σκιρροφοριῶνι: V 543b7; في زمان الربيع (κατὰ τὴν ἐαρινὴν ὥραν): VII 597a29.

ربى (II: τοὺς τρέφοντας): VI 571b33, VIII 613a21, 619a27; ἀνατραφῶσιν: VII 608a2;

ἐκτρέφειν: V 545b2: يربيها ويحسن تعاهدها; VI 564a3; رضاعها وتربيتها: (ἐκτρέφειν): VI 573a32; تضعه وتربيه (ἐκτρεφουσι): VIII 611a10; يربى وينشأ (ἔχω αὔξησιν): IX 584a11; الذي يربى في المنازل (οἰκογενεῖς): VI 558b20; الذي يربون الانكليس فيه (οἱ ἐγχελυοτρόφοι): VII 592a2.

تربية (τὰς τροφὰς): VII 588b32; تربية وطعم: VI 563a26*, b6; تربية وغذاء الفرخ (τὴν τεκνοτροφίαν): VI 562b23; في اصناف ولادها وتربية وغذاء وتعاهد (περὶ τοὺς τόκους καὶ τὰς ἐκτροφὰς): VII 588b30; تربية وغذاء وطعم (τῇ ἐδωδῇ): VI 563a22.

رتب (τάττω): I 494b21*.

مرتّب (τεταγμέναι): VIII 625b18.

مرتبة (τῇ θέσει): I 491a17.

رجز: دلالة الرجز (τῆς μαντείας): VII 601b2.

رجع (I: ἀναφέροντες): VIII 631a32; ἀναπλέουσιν: VII 598b15; رجع الى الحال الاول (εἰστρέπεται πάλιν ἐντός): VIII 621a8; πάλιν εἰσελθόντες: VIII 624a25; ترجع الى الصعتر (ἐξέτιλλε): VIII 612a27.

رجيع (ἡ κόπρος): III 511b9.

مرجع: مراجع اكتافه (τὴν ὠμοπλάτην): II 498a33, III 512a28, 515b22; ὠμιαία: III 515b10.

رِجل (ὁ πούς): I 487b23, 489a28, 490a4; والتي لا ارجل لها (ἄποδα): I 487a23; الذي ⟨ليس⟩ له رجلان: VIII 621b10; اصناف السمك الكثيرة الارجل (τῶν πολυπό-δων): VIII 622a29, IV 532a2; رجلاه المؤخرتان: οἱ ... ὀπίσθιοι πόδες: II 498b2; الرجلين المتقدمتين (πόδας προσθίους): II 503b34; بالوساط الارجل (εἰς τοὺς μέσους): VIII 624b1; الاوساط معكوسة الرجلين الى خلف (τοὺς δὲ μέσους εἰς τὰ βλαισὰ τῶν ὀπι-σθίων): VIII 624b2; الرجل اليمنى المقدمة (τῶν δεξιῶν): II 498b7; حرك مرة الرجل اليمنى المقدمة اولا ومرة الرجل اليسرى المقدمة اولا (κατὰ διάμετρόν εἰσιν): II 498b6; والحيوان الذي يسمى ذا اربعة واربعين رجلا (σκολόπενδρα): DI 81, a little wasp: I 489b22, II 505b13; الطيور في رجليه جلد يجمع ما بين اصابعه (στεγανόποδες): VII 593a27,

VIII 617b19; والطير المشقق الرجلين (σχιζόποδες): VII 593a28, VIII 615a26; بين اصابع رجلي (μεταξὺ τῶν δακτύλων): VIII 622a11; اسود الرجلين: μεγαλόπους < μελανόπους (!): VIII 617a26; σκέλη: II 497b19, 498a9; τῶν κώλων: II 498a20; ταῖς πλεκτάναις: IV 524a3, V 541b3; τῶν καλουμένων πλεκτανῶν: IV 524b1; τὰ πηδάλια: IV 532a29.

رجُل (ὁ ἀνήρ): I 491b3, II 501b25; τὸ ἄρρεν: III 516a18, V 542a32; τοῦ ἀνθρώπου: VIII 622a4; τις: VI 559b2; ὁ ἐπιμελητής: VIII 630b33.

ترجل: من اوان الصبح الى ترجل النهار وتمتلاء الاسواق: τὸ γὰρ ἕωθεν ... μέχρι ἀγορᾶς πληθυούσης: VIII 619a16.

ترجى (V: προσδέχονται): VIII 627b13.

رحم (ἡ ὑστέρα): I 489a12, 493a25; ταῖς μήτραις: VIII 632a25; ὑστερικοὺς: VI 570a5; عنق الرحم: τοῦ καυλοῦ (cervix uteri): X 637a26; عنق الرحم في الناحية الداخلة (τὸ ἔμπροσθεν τῶν ὑστερῶν): X 637a34.

رحمة: اكثر رحمة (ἐλεημονέστερον): VIII 608b8.

رخمة (ὁ γύψ: vulture): TB 47–50; VI 563a5, VII 592b5, VIII 615a9.

ارخى (IV: καταβάλλω): VII 590b26, 604a20; تضع وترخي اذنيها (τὰ ὦτα καταβάλῃ): VI 573b8.

استرخى (X: ἀπαλλάττουσι): IX 582b6, X 635a20.

رخو (μανή): I 492b33; ἄχυλος: VII 603b20; رخوة مخاطية الاجساد (βλεννώδεις): VII 591a26, VIII 622a20; رخوا لينا (μαλακά): VI 559a17, VII 607a10; رخوا رقيقا (ψαθυρόν): V 549b31; رخو مجوف (σομφή): I 493a16; ولا ارخى (οὔτε κωφαί): X 635b7.

رخاء: واردأ رخاء (ἀγρυπνότερον): VIII 608b13.

رديء (χείριστα): V 544b11, VI 569b9, VII 596b3; κάκιστόν: VIII 610b24, VII 595b27; رديء الفعل (κακοῦργα): I 488b20; رديء الشكل (κακόηθες): VIII 613b23 (εὔηθες (!) in 610b23); رديء اللون (κακόχροοι): VIII 616b31; رديء الطيران (κακοπέτης): VIII 616b11; رديء البصر (οὐκ ὀξὺ βλέποντες): VII 598b21; رديء الرائحة: VII 591b3; σαπρόν: VII 596b16; ὄζει: VII 595b29; πονηροί:

VIII 625a4; مهزول رديء اللحم (φαῦλοι): VII 608a3; كسل رديء الحركة (νωθρός): VIII 624b27; الصمغ السمج الرديء (τὰ γλίσχρα καὶ κομμιώδη): VIII 628b27.

رداءة (κακίαν): VIII 625b34; نكر ورداءة حال (πανοῦργοι): I 494a18; لرداءة وسخافة بنائهم (φαύλως ᾠκοδομημένας): VI 572a1; لرداءة لحمه (διὰ τὸ ἄβρωται εἶναι): VIII 618a1.

رسم (τῆς διαγραφῆς): I 497a32.

مرسى: في اماكن الموانى والمراسي (ἐν τοῖς ὑφόρμοις): V 542b23.

رشق (I: βάλλει): VIII 611b29, 612a4; يرميه ويرشقه (τὸν βαλόντα): VIII 629b23.

رصاص (ὁ μόλυβδος): VIII 616a11.

رصد (I: ἐπιτηρέω): VIII 626a32; τηρήσαντα: VIII 629b23.

رض: I: διαφθείρουσι … τρίψει: III 510b1; θραυστόν: III 517a11, IV 523b7.

رضع (I: θηλάζομαι): II 504b25, III 522b6, VI 567a3; ἐκτιτθεῦσαι: III 522a6; σκυζᾶν (!): VI 574a30; تحمل وتضع وتبدأ ترضع (ὦσι γαλαθηναὶ μόνον): VII 603b25; يرضع لبنا (γάλακτι χρώμενα): IX 588a4.

ارضع (II/IV: θηλάζεται): VII 595b4.

رضاع (τὴν ἐκτροφὴν): III 522a26; رضاعها وتربيتها: ἐκτρέφειν: VI 573a32; τοῖς τιτθευμένοις: III 523a10.

مرضع (αἱ τίτθαι): IX 587b17, 588a5.

ترطب (V: ὑγραίνεσθαι): X 635b17; ἀφυγραίνεται: X 637b29, III 521a12.

رطوبة (ἡ ὑγρότης): I 489a20, III 510a26, 517a2; كثرت رطوبته (ἐξυγρανθεὶς): I 493a3; رطوبة مائية شبيهة بمائية الدم (ὑγρότητα τὴν τοῦ ἰχῶρος): III 515b28; τὸ ὑγρὸν: I 491b21, 493b5; ἡ ὑγρασία: VI 572b28, X 635b28; ὁ χυμός: IV 527a2, 535a2; χυλοῖς: VII 596b14; رطوبة المنى (θοροῦ): VI 566a2; ἡ ἰκμὰς: IX 582b15; والرطوبة التي الى الصفرة ما هى شبيهة بمائية القيح (ὁ ἰχώρ): I 489a23, VIII 632a18.

رطب (ὑγρός): I 487a2, II 509a12, III 520b23; ارطب لحما (ὑγροσαρκότερα): IV 538b9, VII 603b16.

رعد (I: βροντέω): VI 560a4.

رعد (ἡ βροντή): VII 602b23, VIII 610b35*; βροντήσαντος: VIII 610b34.

رعاف (ἐκ ῥινῶν ῥύσις): III 521a29.

رعى (νέμομαι): I 487b13, IV 525a23, V 547a14; لا يرعى ولا يشبع (οὐ γὰρ νέμονται): V 544a14; ἡ νομὴ: VII 596a29, VIII 626b21; ولا يجتمع ... ولا يرعى معا: οὐ συννέμονται: VI 572b21; تأوي وترعى (ὄντες σύννομοι): VI 571b22; عشب ترعى منه (ἐδεσμάτων τινῶν): III 522a4; الذي يرعى في الغياض والجبال (τῶν ὑλονόμων): VIII 624b29; ἁπτόμεναι: VII 596a15; يخرج ويرعى: προσέχονται (< προσέρχονται ms. C!): IV 530a18.

رعى (ἡ νομή): III 522b21, VII 598a3; في الموضع الذي يجد فيه الرعى (τὴν δὲ νομὴν ποιοῦνται): VII 596a14; τῆς ... τροφῆς: VII 598b3; βοσκὴν: VIII 624a27; البقر المخلاة في الرعى (οἱ δὲ βόες οἱ ἀγελαῖοι): VII 604a13.

راع (τοὺς βουκόλους): VI 572a33; οἱ ποιμένες: VI 573a2, 574a14; οἱ νομεῖς: VI 574a11, VIII 615b15.

مرعى (τῶν ἐδεσμάτων): III 522b14; νομήν: VI 575b3, VIII 609b15; جودة المرعى (εὐβοσίαν): III 520a33.

رغيب (λιχνότατοι): VII 594a6, VIII 629a33; رغيب كثير الطعم (λαίμαργος): VII 591b1.

رف (ἀγέλαιος): VII 598a29; مع كثير من اصحابه مثل الرف الذي يطير (ἀγελαῖα): I 487b34; تطير رفا اصناف السمك الذي يعوم في البحر رفا رفا (ἀγελαίων ἰχθύων): VII 598a28; رفا رفا (ἀγελάζονται): VII 597b7; يسير ويعوم في البحر ... رفا رفا: συναγελαζόμενοι: VIII 610b1.

مرفأ (ἡ λίμνη): VIII 618b24; τὸν λιμένα: VIII 631a13.

رفع (I: αἴρω): VI 574a17, VII 595a12, IX 581b5; ἀναιροῦνται: VII 602b8; ἀνέλκω: IV 537a11; ἀνάγουσιν: VIII 621a31; ويرفعه على وجه الماء (μετεωρίζει): VII 602b27, VIII 631a18.

ارتفع (VIII; αἴρομαι): VIII 619b5, X 636a22; ἐξαίρεται: VIII 631b10; ارتفع عن الماء وطار (πέτονται μετέωροι): IV 535b28, II 504a9 انتفاخ وارتفاع الثديين: τῶν μαστῶν ... ἀνοίδησις: VI 574b15; ترم وترتفع: ἀποσχῶσιν (< ὑπερέχουσιν ?): III 512a31; والى ارتفاع نهار اليوم المقبل (ἕως ἀκρατίσματος ὥρας): VI 564a20.

رفعة: لرفعة وكثرة معرفته (διὰ τὸ πολύιδρις εἶναι): VIII 616b24.

ارتفاع (ἔπαρσις): IX 581a27, 582a5*; X 638b16*.

مرتفع (μετέωρος): II 503a21, III 514a30; المرتفع في الهواء (ὑψηλοῖς): VI 559a6.

مرفق: مرفق اليد (τὸ ἐντὸς θέναρ): I 493b32; τοῖς ἀγκῶσι: II 498a24, 502b12, 513a2.

رقّ (I: λεπτὸν γίνεται): III 523a20; διοροῦται: III 521a13.

رقة (τὴν λεπτότητα): VI 567a24; الى الرقة ما هى (ἀπολελεπτυσμένον): I 489b33.

رقيق (λεπτός): III 512b10, 517b27, 519a31; رقيقا سخيفا (λεπτὸν): VIII 622b12; الجزء الرقيق (τὸ λεπτὸν): III 518a2; γλαφυρώτερα: VIII 632a9; يولي وينطلق ويمشي مشيا رقيقا (ὑπαγαγεῖν βάδην ὑποχωρεῖ καὶ κατὰ σκέλος): VIII 629b14; بيضا رقيقا سخيفا ضعيفا (τὸ ψαθυρὸν ᾠόν): III 517b6; ومائية رقيقة (ἰχῶρα ὑδατώδη): III 521b27.

مراقّ: "lower part of the belly": على جانب مراق البطن (ἐπὶ τῇ λαγόνι): VI 561b30; τὸ ἦτρον: VIII 632a24.

رقص (I: يرقص قبالة من يرقص): ἀντορχούμενος: VII 597b24.

رقية (ἡ ἐπῳδή): VII 605a6.

ركب (I: ἀναβαίνω): V 539b24, VI 572b4, VIII 610a25; ἐπιβαίνοντος: V 539b26, 540a28; περιβεβηκώς: V 540a14; يركب بعضها بعضا (συμπίπτουσιν): VIII 631b26.

ركب (II: συνέστηκεν): I 486b14; συντίθησι: VIII 616a31.

تركب (V: σύγκειται): III 515b11.

راكب: راكبه وسائسه (τῷ ἐλεφαντιστῇ): II 497b28.

رُكبة (τὸ γόνυ): I 494a18, II 499a20, IX 580b2; خلف ركبتين (ἀπὸ τῶν ἰγνύων): III 512b18.

مركب (τὸ πλοῖον): V 542b24; τὰς τριήρεις: VII 606b13.

مركّب (σύνθετα): I 486a6; ἀσύνθετα: I 486a5; مركبا متشبكا (πέπλεκται): VIII 616a5; σύγκειται: I 486a13.

ركض (I: θέω): 572a15, a16.

رمّ (I: ἀκέομαι): VIII 623a18; τῆς ὑφῆς: VIII 623a21.

رمح (I: λακτίζω): VIII 630b8.

رمدي (οὖσα τεφρά): III 519a2, VIII 630a28; σποδοειδές: VII 592b6, 593a13, VIII 617b4.

رمكة (ἡ ἵππος): VI 572a9, b5, b8.

رمل (ἡ ἄμμος): IV 524a19, V 543b18, VI 569a12; تحتفي في الرمل: καθαμμίζουσι δ' ἑαυτά: VIII 620b30; τῇ ἀμμώδει: V 547b20; τοῖς αἰγιαλοῖς: V 547a10.

رملي (ἀμμώδης; الاماكن الرملية: τοῖς ἀμμώδεσι): V 547b14, 548a3, VI 569a29; في الاماكن الرملية والعكرة الماء (ἐν τοῖς ἀμμώδεσιν ἢ θολώδεσιν): VIII 620b16.

ارمل (χήρους): VIII 614a1.

رمى (I: τοξεύω): VIII 616a11; ويرمي بنفسه الى (ἐπακοντίζει): VII 590b28; βάλλω: VIII 629b24; يرميه ويرشقه (τὸν βαλόντα): VIII 629b23.

روادس (οἱ ῥυάδες ἰχθύες: migratory fishes, such as tunny): TF 224; IV 534a27, VII 598a28; also رواس: IV 534a27, VII 570b11.

استراب (X: ὑπόπτης): VIII 629b10.

روباس (ἡ λεπάς: limpet): TF 147–148; IV 528a14.

راث (I: τὸ τῆς κοιλίας προίεσθαι): VII 605a24; ἀφοδεύουσι: VIII 627a10, 630b15.

روث (τῇ κόπρῳ): VI 569b18, VII 591b14, VIII 630b16; τὸ περίττωμα: VII 594b21, VIII 630b17.

استراح (X: ἀναπαύομαι): VIII 613b13.

روح (τὸ πνεῦμα): II 503b23, IV 535b4, X 637a19; يصل ... بالروح: ἀποπνέουσι: X 637a23.

ريح (τὸ πνεῦμα): I 495b8, IV 530a17, V 548b22; رياح ونفخ (πνευματικῶν): IX 584b22; καταπνεῦσαι: V 541a29; اذا كثرت الريح (πνεύματος ἀθρόου): I 492b7; ريح عاصفة (πνεῦμα πολὺ): V 548b13; ريح الشمال (τὸ βόρειον): VII 596a28; الريح الغربية (τοῖς ζεφυρίοις): VIII 618a7; ريح الجنوب (τοῦ νοτίου): VII 596a28; خرج الريح (ἐκπνέῃ): IV 536b22; سكون الريح (ταῖς εὐδίαις): IV 533b30; ἄνεμον: V 541a26; تمتلئ ريحا (ἐξανεμοῦσθαι): VI 572a13; الرياح لا تهب (νήνεμος): VI 567b17, VI 568b26; τὴν ὀσμὴν: VIII 624a16; بغير ريح (ἄνευ βίας πνευματικῆς): IX 586a17.

رائحة (ἡ ὀσμή): IV 534a24, VI 572b10, VII 594b24; ثقيل الرائحة (βαρεῖαν): VII 594b28; رائحة منتنة (δυσωδία): VIII 626b20; رائحة الشوي (τῆς κνίσης): IV 534a26; ὄσφρησιν: VI 560a15.

رواح: عند الرواح (πρὸς τὴν δείλην): VII 596a23.

ريّح: على اماكن ريحة كثيرة الفيء (ἐν προσηνέμῳ καὶ σκιᾷ): VIII 616b14.

اراد (IV: μέλλῃ): VIII 625b8; ἤδη ὥρα ᾖ: VI 567b23; ما يراد به: ἔστι (= ἔξεστι): VIII 611b30.

رويدا: رويدا رويدا (κατὰ μικρόν): VIII 619b1, 627a26.

رام (I: πειρῶνται): VIII 625a32, IX 581a21; ἐπιχειροῦσι: VIII 631b10, b16.

رومية (Ῥωμαῖος): VIII 618b34.

روى (I: πίνω): VII 595b23.

ريش (τὸ πτερὸν): I 486b21, II 504a31, VI 560a23; πτερωτά: الطير الذي له ريش: I 490a6, II 505a24; τὴν πτέρωσιν: VI 564b2, VII 601b6; ينبت ريش الفراخ (πτερ-οῦνται): VI 562b31; يلقي ريشه (πτερορρυεῖ): VI 564a32, VII 600a23; كثير الريش (τριχάς: song-thrush): TB 171; VIII 617a20; تنتف ريشه (τίλλεται): VIII 618a30.

ريق (τὸ πτύελον): VII 607a30; τὸ σίαλον: X 635b19.

رينوباطيس (ὁ ῥινόβατος: a crossing of ῥίνη and βάτος): TF 222–223; VI 566a28.

رينوس (ἡ ῥίνη: angel-fish): TF 221–222; V 540b11; sing.: ريني: V 543a14, VI 565b25; also رينيس.

Glossary Arabic-Greek: ز

زبيب (ἡ ἀσταφίς): VII 595b10, VIII 626a6*.

ازب (δασύτερα): II 498b27, VI 561b28, VIII 626b9; ازب كثير الشعر (δασὺ): VII 607a32; شعر ازب الجسد كله (τρίχας ἐχόντων τῶν μὲν ἅπαν τὸ σῶμα δασύ): II 498b26.

زبد (ὁ ἀφρός): VII 569b15, b16; الصنف الذي يسمى افروس وتفسيره زبد: VI 569b13; يخالطه زبد (ἀφρῶδες): III 512b10; زبد البحر (ἡ ἁλοσάχνη: sea-foam): VIII 616a27, VIII 616a20.

زبل (τὸ περίττωμα): VIII 626a25; τῇ κόπρῳ: IV 534a16, VI 559b2; προσαφοδεύων: VIII 630b9.

زبانة (ἡ χηλή): I 486b20, IV 525a31, 527b5.

زجر: العرافون واصحاب زجرالطير (οἱ μάντεις): VIII 608b28.

زرزر: الطير الذي يسمى زرزر وهو السوداني (ὁ ψάρος: starling): TB 198; VII 600a26, VIII 617b26; مثل لون الزرازير (ψαρά): VIII 632b19.

زرع (τὸ σπέρμα): I 489a9, III 509b21, V 539a17; من بزر وزرع (διὰ σπέρματος): VII 588b25; اجتماع الزرع (σπερμοποιεῖ): X 636b34; اتفقا فصار وزرعهما معا (ὦσι σύμμετροι τῷ ἅμα προίεσθαι): X 636b9; عروق الزرع (σπερματῖτις): III 512b8; τὴν γονήν: III 523a18, V 540a7; لايكون له زرع ولا ولد (ἄγονοι): III 518b3; قليل الزرع (ἀγονώτερα): III 520b6; θοροῦ: III 509b20; θορικός: VI 570a5; وفيها يكون زرع الذكورة (θορικά): IV 527a30; حمل الزرع (ἔγκυος ᾖ): VII 595b27; اختلاف افضاء زرع الرجل والمرأة (πρὸς ἀλλήλους μὴ συνδρόμους ἔχειν): X 636b13.

مزرعة: ما يأوي القرى ومزارع (σποραδικά): I 488a3.

مزروع (τὸ φυτόν): VIII 627b21*.

زرقة (τὸ γλαυκόν): I 492a3.

ازرق (γλαυκός): I 492a7*.

زرنيخ: الزرنيخ الاحمر (ἡ σανδαράκη): VII 604b28.

زفت (ἡ πίττα): VII 595b14; وان خلط به موم وزفت (ἡ δὲ συνεχὴς ἀλοιφὴ τούτῳ πισσόκηρος): VIII 624a17.

زكن (I: τεκμαίρομαι): IV 533b18, VIII 613a28.

زكّا (II: τεκμαίρονται): VII 602b16.

تقية زكية (ἁγνευτικά): I 488b5.

زلق (I: ἀπολισθαίνω): IX 583a16; لا تزلق ولا تفلت (οὐκ ἐξολισθαίνουσιν): VII 590b17.

زلق: يقال ذلك الوقوع مسيلا وزلقا (διαφθοραί): IX 583b11*.

زمر (φυσάω): IX 581b11*.

زمارة (ἡ σάλπιγξ): IV 536b23; ἅμα σύριγγος καὶ σάλπιγγος: II 501a33; τῶν αὐλῶν: VI 565a24.

ازمن (IV: χρονίζω): IV 537a10, VI 574b11; ولان الفاكهة لا تزمن: οὔτ' ὀπώρα χρόνιος: VII 606b2.

زمان (ἡ ὥρα): V 543a19, 544a2; في تغيير وتنقل الازمان (κατὰ τὰς ὥρας): VIII 632b15; في كل زمان وكل وقت (κατὰ πάντα τὸν χρόνον): VI 558b12; زمانا (εἰς τὸν ὕστερον χρόνον): IX 587b22; بعد زمان مضى (ὕστερον πολλῷ χρόνῳ): IX 585a9; في زمان طلوع كوكب الكلب (ὑπὸ κύνα): VII 602b27; τὴν ἡλικίαν: V 544b12; وفي زمان الكبر (πρεσβυτέροις οὖσιν): IX 582a14; الى زماننا هذا (ἐν τῷ παρόντι): VI 567b10; لم ... الى زماننا هذا: οὔπω: VIII 628b8; اذا كان ⟨في⟩ زمان خصب: εὐημερίαις τοιαύταις: VI 569b14; اذا كان الزمان مطيرا (ἔνυγρον): VI 569b21.

زمهرير: في اوان شدة الشتاء والزمهريرات (τῷ χειμῶνι καὶ τοῖς πάγοις): VII 597a18; والزمهرير (ἐν τοῖς πάγοις): VII 603a27.

زنبيل (ταῖς φορμίσιν): V 547a2; τοὺς κύρτους: IV 534a25; κόφινοι: VIII 629a13.

زنجفر (κινναβάρινος): II 501a30.

زنار: الصلب وهو مكان المنطقة والزنار (τὸ διάζωμα): I 493a22.

زهر (I: ἀνθέω): III 522b28, IX 581a16.

ازهر (IV; ἀνθῇ): VIII 627a1.

زهر (τὸ ἄνθος): V 547a7; يأتي بالزهر (ἀνθοφοροῦσιν): VIII 626a27; تصبغ بتلك الزهرة (ἀνθίζει): V 547a18.

زهو: حسن الزهو (εὔχαρις): VII 592b24.

تزوّج (V: γαμέω): III 518b26*.

تزاوج: (VI: συνδυάζονται): VII 597b10, VIII 610b8; يتزاوج بعضها مع بعض (σύζυγα): VIII 610b8.

زوج (τῷ ἀνδρὶ): IX 585a16, X 635a34; τὸ ζεῦγος: III 512b13, VIII 619a30; زوجا زوجا (κατὰ συζυγίας): VII 599b7, V 544a5.

مِزوَد: شيئا شبيها بمزود (θυλακοειδές): V 543b13; في صفاق شبيه بمزود (ἐν θυλάκῳ): VI 571a14.

زاغ عن (ἐγκλίνω): I 496a16.

زوال (ἡ τροπή): V 542b7, VII 600b2; قبل الزوال الشتوي: πρὸ τροπῶν ⟨χειμερινῶν⟩:

من حين الغداة الى حين V 542b6; في الزوال الصيفي (περὶ τροπὰς θερινάς): V 543b12; الزوال: ἀπ’ἀρίστου μέχρι δείλης: VIII 619a15.

[زوى]: زاوية: زاوية الاشفار: κανθοὶ δύο (!): I 491b23; زاوية العين (τοῦ κανθοῦ): II 504a25; ويصير زوايا على اوتاد البناء (συνυφὲς ποιοῦσιν ἕως τοῦ ἐδάφους ἱστοὺς πολλούς): VIII 624a6.

زيت (τὸ ἔλαιον): III 520a18, VII 595b14, IX 583a24; وهو الذي يظهر مثل زيت (γίνεται ἐλαιώδης): III 522a22.

زيتون (τὰς ἐλαίας): VII 601a7, VIII 614b11, 624b10.

زاد (I: τραπῇ (!)): VIII 611a4.

ازداد (VIII; μεταβαίνουσαι): III 517b23; περιελίττει: VIII 623a14.

زيادة (ἡ ὑπεροχή): من قبل الزيادة: (καθ’ ὑπεροχὴν): I 486a22, 491a18; في زيادة (νέος ὤν): II 501a2.

Glossary Arabic-Greek: س

ساتيريون (τὸ σατύριον: water animal of the rodent kind): VII 594b31.

ساثاريون (τὸ σαθέριον: a kind of beaver): VII 594b31.

سارغون (ὁ σαργός: sargue): TF 227–228; IV 534b15, VI 570a32.

سارفي (ἡ σάλπη: saupe): TF 224–225; IV 534a16; also سالبي: V 543a8, b8.

سالاخوديس (σελαχώδης: shark or ray): VII 591b25.

سبح (βαδίζω): II 497b29; νεῖ: IV 524a13, VIII 630b30.

سباحة: يكثر السباحة في الماء (κατακολυμβῶσιν): VI 560b10; الغواصون واصحاب السباحة (οἱ κατακολυμβηταί): VIII 631a31, VII 593b20; جيد السباحة (νευστικός): VII 593b20.

اسبرطون (τὸ σπάρτον: broom): VIII 627a9.

سبزي (ἡ σπίζα: chaffinch): TB 157–158; VIII 613b3.

سبع (τὸ θηρίον): I 490b9, II 501a26, VI 563a24; ὁ ὗς: VII 607a12; صعب الخلق مثل خلق السباع (θηριῶδες): VII 607a6; السبع البحري (τὰ κητώδη: tunny): TF 114; V 540b22.

سبيل (ὁ πόρος): I 495a11, 497a17, II 506b12; السبل التي فيها المني (οἵ τε θορικοὶ πόροι): VI 566a10; سبل الحواس (τοὺς πόρους τούτων τῶν αἰσθήσεων): II 504a21–22; سبيل قصبة الرئة (τῆς ἀρτηρίας): II 504b4; سبيل مخرج الفضلة: ᾗ δ' ἀφίησι τὸ περίττωμα: IV 530b20; من سبيل الذي تخرج منه فضلة الطعام (κατὰ τὴν ὑποχώρησιν): VII 594a13; قريبا من السبل وطرق (παρὰ τὰς ὁδούς): VIII 611a16; سبيل وسفاد (ἡ συμπλοκή): V 540b21.

سبيا, also سيبيا (ἡ σηπία: cuttlefish): TF 231–233; IV 525a6, 534b25, V 549b5; جنس الحيوان (الدمي) الذي يسمى (باليونانية) سبيا: τὸ τῶν σηπιῶν γένος: IV 523b4, 524a5; also سبيون: τὸ ... σήπιον: IV 524b24.

ستر (I: καλύπτω): I 490b29*; περικαλύψας: VIII 630b33, 631a4; περιλαμβάνω: II 510a22; مثل وقاية يوقيه ويستره (καθάπερ θαλάμη): VIII 621b8; يستره ويعضده (ἐρεί-σματος): IV 532b3.

سجود (προσκυνέω): VIII 630b20.

ساج (εὐδιεινός): V 542b10.

سحاب (τὸ νέφος): VIII 614b20.

سحر (ὁ πνεύμων): VIII 621b8*.

آلة السحر (περὶ τὰς φαρμακείας): VI 572a22.

ساحر (ἡ φαρμάκεια): VIII 616b23.

سحق (I: τρίβομαι): سحق وجرد (τριβομένου): VII 600a7, IX 581a29; صيرت الذكورة ظهورها قبالة ظهور الاناث وسحقت بعضها بعضا سحقا شديدا: παρατριβόμενα ... τὰ ὕπτια πρὸς τὰ ὕπτια: V 540b13.

منسحق (περιτετριμμένα): VIII 627a13.

ساحل [ὁ αἰγιαλός]: IV 525b6*.

سخيف: بيضا رقيقا سخيفا ضعيفا (τὸ ψαθυρὸν ᾠόν): III 517b6, V 549a21; رقيق سخيف (ψαθυ-ρότητα σομφήν): IV 524b26; τῶν μανῶν: V 548b9; سخيف متخلل (μανός): V 548a32; رقيقا سخيفا (λεπτόν): VIII 622b12.

سخافة 472

سخافة: لرداءة وسخافة بنائهم (φαύλως ᾠκοδομημένας): VI 572a1.

سخن (I: ἐκπέττεται): يدفأ ويسخن: VI 559a30, b5.

اسخن (IV; ἐπῳάζω): VI 563a27, 564b3*; ويسخن بيضها ويفرخ (ἐπῳάζουσιν): VI 564b6.

سخن (θερμός): X 638a19.

ساخن (θερμότερον): IX 587b17.

مسخون (χλιαινόμενα): VII 595b13.

سخونيون (ὁ σχοινίων: perh. wagtail): TB 164; VIII 610a8.

سدّ (I: περιφράττω): VII 603a9.

انسدّ [VII: ἀποκλείομαι]: IX 583a26; يلتصق بعضه ببعض وينسد (συμφύεσθαι): VII 600b10.

سدّ (ὁ περίβολος): VII 603a10*; X 630b16.

سُدّة: [ἔμφραξις]: ἐλλείπει: III 520a30.

مسدد: مسددة خفية (συγκεχυμένοι): III 515a23.

سدر: سدرة من ثقل رؤوسها (καρηβαροῦντας): IV 533b13.

سدى (στημονίζομαι); ويكون بذلك السدى: VIII 623a10.

سذاب (τὸ πήγανον: rue): VIII 612a29.

سرّة (ὁ ὀμφαλός): II 502b13, VI 561a24, 562a1; السرة التي يقال انها اصل البطن (ὁ ὀμφαλός): I 493a18; وقطع القابلة للسرة (τῆς μαίας ἡ ὀμφαλοτομία ἐστὶν): IX 587a9; فيما يلي بين السرة والعانة (τὸ ἦτρον): IX 586b32.

سرب (τρωγλοδύται): ومساكن اولائك الاسراب: VII 597a9.

السراج (ὁ λύχνος): IV 536a18, VII 604b30, 605b14; السراجا مسرجا (τὸ φῶς τὸ τῶν λύχνων): IV 537b12.

سرطان (ὁ καρκίνος: crab): TF 105–106; I 487b17, IV 523b8, 525b3; وجنس ثالث يسمى باليونانية السراطين الهرقلي (οἱ Ἡρακλεωτικοὶ καρκίνοι): IV 525b5; سرطانا صغيرا (καρκίνιον): V 547b17; السراطين الصخرية (οἱ πετραῖοι τῶν καρκίνων): VII 590b11; constellation of stars: Cancer: VI 558b14.

سرع (φέρομαι): I 489b3, IV 534a23; ταχὺ δ'αὐξάνεται: VII 603b4; μᾶλλον: IX 584a6.

اسرع (IV: ἔλαττον ἐργάζονται): VIII 627b21.

سرعة (ταχυτῆτος): VIII 631a21; ταχέως: IV 525b8; κατὰ τὴν ἑαυτῶν γὰρ δύναμιν: VIII 631a32.

سريع (ταχέως): II 500b9; ὀξέως: V 539b33, VIII 624a34; θᾶττον: VI 575b29; حركة سريعة (τάχιστα): I 490a2; اسرع الى الادب (εὐφυέστεραι): VIII 608a27; سريع الطيران (ὠκυβόλος): VIII 618b29; سريع القيء (ἐμετικά): VIII 632b11; سريع الذوب (συντηκτικόν): VIII 622a15; انشط واسرع الى العمل (ἐργατικωτέρας): VIII 627b9.

مسرع (τῇ ταχυτῆτι): VIII 631a28.

سرغون (ὁ σαργός: sargue): TF 227–228; V 543b8, VII 591b19.

سرف: يسرفون في النكاح: τῶν τ'ἀφροδισιαστικῶν: IX 582a23.

سرفي (ἡ σάλπη: saupe): TF 224–225; IV 534a9.

سرق (I: κλέπτω): VI 574a20, VIII 609b27; تسرق وتخطف (ὑφαιρεῖται): VIII 609a20.

سرم (ἡ ὄρχις): III 512b31.

سطرمبوس (ὁ στρόμβος: whelk): TF 252–253; IV 530a6, b21, 531a1.

سطرومون (ὁ Στρυμών: river): VII 592a7.

سطي (ἡ σίττη; ἡ σίππη: nuthatch): TB 154–155; VIII 609b11, 616b21–22.

سعتر (τὸ θύμον: thyme): VIII 626b21, 627a1; ἕρπυλλον: thyme: VIII 627b18.

سعادة (δι' εὐτύχημα): بالسعادة البخت: X 638a37.

سعط (I: κλύζω): VII 603b11.

سعل (I: ἐκβήσσω): I 495b19.

سغيون (τὸ Σίγειον): V 549b16.

سفح: سفح الجبال: [ποὺς ὄρους]: VIII 611b17*.

سفد (I: ὀχεύω): III 510a4, 519a13, IV 538a19; παροχεύονται: VIII 613a7; لم تسفد (ἀνόχευτα διατελῇ): III 523a4, V 540a28; ποιοῦνται τὸν συνδυασμόν: V 540b7; يسفد سفادا صعبا شديدا (χαλεπῶς εὐνάζεται καὶ ὀχεύει): VIII 609b23; τῆς ὀχείας: V 541a23; αἱ δὲ κυήσεις: VI 560b11; μίσγεσθαι: VII 606b21; λοχεύεται: VIII 616a33.

سفاد (τὰς ὀχείας): I 488b1, II 500a15; الجماع والسفاد (ὀχείας): II 500a15; النزو والسفاد (τῆς ὀχείας): VII 597a29; والذي لا يكون من سفاد (τῶν ἀνοχεύτων): 546b16; بغير سفاد: VI 559b23; واشتاق الى السفاد (ὀχευθῆναι δέηται): X 637b7; τὴν ὁμιλίαν: V 542a20; τῆς κοινωνίας: V 539b1; τῆς μίξεως: VII 607a5; مختلطة لحال سفاد بعضها بعضا (μέμικται καὶ μεμοίχευται ὑπ'ἀλλήλων): VIII 619a10; ὁ συνδυασμός: VI 569a12; τὴν συνουσίαν: VIII 630b35; في اوقات التهييج والسفاد (περὶ τὴν συνουσίαν): X 637b10; τὸ ἀφροδισιάζεσθαι: VI 572a12; ἡ συμπλοκή: V 540b21.

سفزوس (ὁ ὀρόσπιζος: blue-throat): TB 122; VII 592b25.

اسفل (κάτω): II 506b19, IV 526a21, VII 603b21; الاعضاء التي اسفل الجسد (τὰ κάτω): I 493b21; اسافل الاجساد (τοῖς κάτω δὲ μορίοις): III 521a5; واسافل رجليه (τὸ κάτω τοῦ ποδός): II 502b7; مؤخر واسفل جثته: τὰ δ' ὄπισθεν: VI 566a30; من اسفل (κάτωθεν): VIII 622b7, 632a16; من الناحية السفلى (τῶν κάτωθεν): II 500b27.

سفينة (ὁ τριήρης): IV 533b6; πλοίων: VIII 631a23; τῆς ἁλιάδος: IV 533b18; ماسكة السفينة (ἐχενηίδα: shipholder, i.e. blenny or goby): TF 67–70; II 505b19.

سفنج: وهو الغمام (ὁ σπόγγος: sponge): TF 249–250; I 487b9, V 548a28.

سقاروس (ὁ σκάρος: parrot wrasse): TF 238–241; VII 591a14, VIII 621b15.

سقربداس (οἱ σκορπίδες: bullhead): TF 245–246: V 543b5.

سقط: يسقطن اسقاطا (διαφθείρεται τῶν κυημάτων): IX 583b13, b20.

اسقط (IV: ἐκβάλλουσιν): VII 604a1; ἐκτιτρώσκει: VIII 610b35; تسقطه ويهلك (διαφθείρουσι τὰ ἔμβρυα): X 635b11.

سِقط (ἐκβόλιμόν): VI 575a28; ἐξέβαλον: IX 585a23; ἐκτρωσμοί: IX 583b12; διαφθορᾶς: IX 585a11.

سقلدريس (ἡ σκαλίδρις: perh. sandpiper): TB 155; VII 593b7.

سقلية (ἡ Σικελία): III 522a22.

سقم (I: νοσέω): III 521a13.

سقم (νόσοι): VII 601a25, X 638b24; ἀλγήματος: X 635a12; ἀσθενήματος: X 638a37; νοσερώτερα: IX 581b25; πάθους: X 635b5, 638a10; واكثر سقما (νοσερώτερα): IX 581a2.

سقيم (νοσώδης): X 635b40; ضعيفة سقيمة (ἀσθενῆ): X 582b21, 584b3.

سقمبري (οἱ σκόμβροι: mackerel): TF 243–245; VI 571a12, VIII 610b7, also قومبري: VII 597a22, 599a2.

سقوبس (ὁ σκώψ: little horned owl): TB 155–156; VII 592b11, b13.

سقونيس (ὁ σχοινίκλος: wagtail): TB 163–164; VII 593b4.

سقى (δίδωμι πιεῖν): VII 595a26, 605a28; δίδοται: VII 604b29; τὸ ποτόν: VII 595b25; ἀρδευόμενα: VII 601b13; φέρει ὕδωρ: VIII 625b20, 627a22; ἐξικμάζουσι: IX 583a11.

ساقية: عمقان يشبهان سواقيا (καθάπερ ὀχετοί τινες): III 515a23–24; شبيهة بسواقي ومجاري ماء (οἷον ῥύακας δύο): II 504b24.

سكة (τὰ νομίσματα): I 491a23.

سكت (I: σιωπάω): VIII 627a24, a28.

ساكت (σιγηλά): I 488a34.

سكر (I: μεθύω): VII 594a12.

سكن (I: ἡσυχάζουσιν): VI 570b8, VII 598b23, VIII 610a32; ἡσυχάζουσί τε καὶ ἀκινητίζουσιν: IV 537b8; ساكنا لا يتحرك (ἡσυχάζοντα): IV 537b13; يسكن في اعشته (φωλοῦσι): VII 599b2, 599b12; تعفي وتسكن وتصلح حالها (καθίστανται δὲ καὶ σωφρονίζονται): IX 582a25; ἠρεμοῦσι: IV 537a15; تكف وتسكن من الشوق (ἀποπαύονται τῆς ὁρμῆς): VI 572b8; ولا يسكن هذا الداء (ἀνίατα): VII 604b9; وهما يسكنان في الثقب والحجارة (τρωγλοδύται): VIII 610a12.

سكن (II; κατασιγάζειν): VIII 614a20.

ساكن (ἠρεμοῦντος): II 504a17; وديع لين ساكن (πραεῖς): VIII 610a33; ἡσυχίαν ἔχοντες: VI 564a14, VII 592a10; σιωπῇ: VIII 614a17; ولا يكون ثابتا ساكنا على حاله (καὶ οὐ τὴν αὐτὴν κατάστασιν): VII 601b7.

سكون (σιγῇ): IV 533b16*; b21; ἡ ἀτρεμία: VII 595a30, VIII 614b21; سكون الريح (ταῖς εὐδίαις): IV 533b30.

سُكان (πηδαλίων): VIII 622b14.

مسكن (οἰκητικά): I 488a21, a22, VII 597a9*.

سلّ (ἡ φθίσις): III 518b21.

سلاخوديس (σελαχώδεις: shark or ray): VII 591b10.

سلاخي (τὸ σέλαχος: shark or ray): VII 591a10, 598a12; also سلاخيا: V 540b17; and سلاسي (or: سلاشي): I 489b2, II 505a1, III 511a5; اصناف جميع السمك العريض الجثة الذي يسمى سلاشي: οἱ δ' ἰχθύες πάντες ἔξω τῶν πλατέων σελαχῶν (!): V 540b6. Sing.: سلاخوس: III 511a5.

سلاح (τὸ ὅπλον): IV 532a12, VIII 611a28; بان لها سلاحا تقاتل به (ὡς ἔχοντες ᾧ ἀμυνοῦνται): VIII 611b17.

سلحفاة (ἡ χελώνη: tortoise): IV 536a8, V 541a9, VIII 612a24; السلحفاة البرية والبحرية (χελώνη καὶ ἡ θαλαττία λκαὶ ἡ χερσαία): V 540a29.

سلخ (I: ἀφαιρέομαι): I 491b31, II 508b33, IV 533a4; ἐκδύνουσι: V 549b25; تسلخ جلودها: VII 600b23, 601a1; ἀποδύεται τὸ γῆρας: VII 600b30.

سلسلة (ὁ ὁρμαθός): VI 559a8.

سلف (I: καταπέτομαι): VIII 614b21; فيما سلف من الدهر (ἤδη): I 491b4, 497b7; πρότερον: VII 597a31; كما قلنا فيما سلف (ὥσπερ εἴρηται): I 496a20, 497a11.

سلوقي (κύων ἡ Λακωνική; والكلب السلوقي): VI 574a17, VII 607a3, VIII 608a33; اناث الكلاب السلوقية (αἱ δὲ Λακωνικαὶ): VI 574b26; αἱ Λάκαιναι κύνες αἱ θήλειαι: VIII 608a27.

مسلك (ἡ ἀτραπός): I 491a11*, b24*; VIII 622b25.

سلم (I: σῴζω): VI 567b1, 571a1, VII 591b27; ἐξήνεγκαν καὶ τίκτουσιν: IX 585a13; κατέχειν: VIII 625a8; διαφυγεῖν: VII 603b11; περιφεύγουσιν: VII 604a10; يهرب ويسلم (διαδράσῃ): VIII 613b20.

سليم (ἔχει ὡς δεῖ): X 635a32; سليما صحيحا (ὑγιεινότερον): VII 596a18, X 633b24*.

سلامة (ἡ σωτηρία): VIII 614b32; σῴζηται: VIII 613b30; معونتها وسلامتها (βοήθειαν): VIII 612a3.

واسماؤها كما سمينا (διωνόμασται): I 494b20; شبيه بإسمه (κατὰ τὴν ἐπωνυμίαν): VIII 617a6.

سم (ὁ ἰός): Bk: ἴς; I 498a23, VII 607a28*.

سموم: وغلب القحط وسموم (ἐν δὲ τοῖς αὐχμοῖς): VI 570a10; لحال الحر والسموم (διὰ τὰ καύματα): VII 597a20; اذا كان اوان الصيف والسموم (ἐν τῷ πνίγει): VIII 626b22.

سامّ (سامّ ابرص: ἡ σαύρα): I 488a24, II 498a14; جسده شبيه بجسد السام ابرص (σαυρο-ειδές): II 503a16.

سمج [I: αἰσχρὸν εἶναι]: I 492b12*.

سمّج [II: αἰσχύνω]: وهو سمج المنظر: II 499a23*.

سمج: الصمغ السمج الرديء (τὰ γλίσχρα καὶ κομμιώδη): VIII 628b27.

اسمر (μέλας): III 523a10, IX 582a15; السمر والسور الالوان: IX 583a8.

سمع (I: ἀκούω): I 494a24, IV 533b4; ἠκρόανται: IV 537b3; τὴν ὄσφρησιν … ἔχειν (!): IV 535a23.

سمع (ἡ ἀκοή): I 492a33, IV 532b32, 535a13; يواقع سمعها (τὴν ἀκοὴν ἔχουσι): IV 533b8; آلة السمع: δι' οὗ ἀκούει: I 492a13; τὸ αἰσθητήριον τῆς ἀκοῆς: I 494b13, IV 533b1; حاد السمع (ὀξυηκόους): IV 534a6, IV 534a6.

سمك (ὁ ἰχθῦς): I 486a25, 487a19, 488a6; صيادي السمك (τοῖς ποιουμένοις τὴν θήραν τῶν ἰχθύων): VIII 620b6; السمك الصغير (τῶν ἰχθυδίων): IV 531b5, V 548a30; ومعشه من السمك (ζῇ γὰρ ἰχθυοφαγοῦσα): VIII 616a32; سمك البحر (τῶν θαλαττίων): V 543a30, VI 568b8; السمك اللجي (τῶν δὲ πελαγίων): VII 598a9, a12; السمك النهري ونقائعي (οἱ δὲ λιμναῖοι καὶ οἱ ποτάμιοι τῶν ἰχθύων): VI 568a11; لاصناف السمك الجاسي الجلد: τῶν δ' ὀστρακοδέρμων: VII 603a12; or: اصناف السمك الخزفي الجلد: VIII 621b9; اصناف السمك اللين الخزف (τὰ δὲ μαλακόστρακα): TF 158; VII 599a28; اصناف وجميع اصناف السمك الذي له (τῶν πολυπόδων): VIII 622a29; السمك الكثير الارجل قشور (πάντες οἱ λεπιδωτοί: Nile perch): TF 148; VI 567a19; والسمك الصخري (οἱ πετραῖοι): VII 591b13; اصناف السمك الذي يسير ويعوم معا (τῶν ἀγελαίων): VI 570b21, VIII 610b4; اجناس السمك الذي يلد حيوانا والذي يبيض بيضا: τὸ τῶν ἰχθύων γένος, τό τε ζῳοτόκον καὶ τὸ ᾠοτόκον αὐτῶν: V 539a12; السمك الجسمي (ὁ ὀρφώς: sea-perch): TF 187–188; V 543b2; السمك الجاسي الجلد: τὰ … σκληρόδερμα: I 490a2.

سمكة (ὁ/ἡ ἰχθῦς): I 486a23, 490a5, II 505a18; سمكة صغيرة (ἰχθύδιον): II 505b18, V 548b16.

سميك (ὁ γόνος): VI 568b17; سميكات صغار (τὰ ἰχθύδια): VI 568a8.

سمن (I: πιαίνω): V 546a16, VII 595a25, 596a16; خصبت وسمنت (εὐτραφὴς ᾖ): V 546a15, 595b23.

سِمَن (τὴν; … παχύτητα): IX 581b26.

سمن (ἡ ὀρτυγομήτρα: corn-crake): TB 123; VII 597b19.

سمين (πῖον): I 495b31, III 519b8, 520a9; πιμελώδη: I 496a6, III 520a14; اخصب واسمن كثيرا: εὐημερεῖ … μᾶλλον: V 543a16; سمانا مخصبة (εὐημερίαι γίνωνται): VI 572b7; اخصب واسمن (πιότερα): VI 573a25.

سمان (ἡ κίχλη: thrush): TB 85–86; VII 593b6, 600a26, VIII 614b6.

سماء [ὁ οὐρανός]: ناظرة الى الهواء والسماء (πρὸς τὸ τοῦ ὅλου): I 494a34; بماء السماء (ὀμβρίῳ ὕδατι): VI 570a11; ὑδάτων: VII 601b16; ὑόμενα: VII 601b14.

سمورانا (ἡ μύραινα: murry): TF 162–165; VII 599b6.

سمولوس (ὁ μόρμυρος; μόρμυλος: sea-bream): TF 161; VI 570b20.

سمّى (II: καλέω): I 486a5, a6, II 498b32.

سِن (ὁ ὀδούς): I 493a2, II 501a8, 502a1; نبات اسنانه (ὀδοντοφυεῖν): IX 587b15; وليس لها اسنان في الفك الاعلى بل في الفك الاسفل (καὶ οὐκ ἄμφωδον): II 499a23, 507a35; الحيوان الذي له اسنان في الفك الاعلى والفك الاسفل معا (τὰ ἀμφώδοντα): II 507b15, III 519b10; مقاديم الاسنان (τοὺς προσθίους ὀδόντας): II 501a13, IX 587b15; الحيوان حاد الاسنان مختلفا يطبق بعضها على يعض (πάντων τῶν καρχαροδόντων): II 502a7, 508b2; صفان من صفوف الاسنان (διστοίχους ὀδόντας): II 501a24; بالحديد الذي له ثلثة اسنان (τριόδοντι): IV 537a28; اعلى الاسنان (τοὺς ἄνωθεν): IX 587b16; اسفل الاسنان (τοὺς κάτωθεν): IX 587b16; الاسنان التي بها تقاتل (τοὺς ἀμυντῆρας): VIII 611b5.

سن (ἡ ἡλικία): III 518a25, 519a1, V 546a24; طعن في السن (πρεσβυτέρους): II 501b12, b13; حداثة السن: νεωτέροις … οὖσιν: IX 582a14; عند الكبروالطعن في السن (πρεσβύτερα): III 520b7.

سنة (τὸ ἔτος): VI 575a1, VIII 625b23, 629b30; ابن سنتين (ἀπὸ διετοῦς): II 500a11.

مسن (ταῖς μείζοσιν): VI 561a8, VIII 622a24; τὰ πρεσβύτερα: VI 574a13, 575a12; المسنات الكبار (τῶν πρεσβυτέρων): IX 581b8; οἱ γέροντες: VII 607b28, VIII 611b7.

سنبل: سنبل القمح: τοῦ σίτου τὸ λήιον: VIII 612a32

اسند (IV: ὑφιστᾶσιν ἐρείσματα): واسنده ببناء: VIII 625a12.

استند (VIII: ἀπερείδεσθαι): VI 567a8.

سنور (ὁ αἴλουρος): V 540a10, a11, VIII 612b15.

سنام (ὁ ὗβος): II 499a14, a15.

سنة (ὁ ἐνιαυτός): VI 567b19; من سنة (αὐτοετὲς): VI 562b12; في كل سنة مرة واحدة (ἀνὰ ἕκαστον ἐνιαυτὸν): VIII 611b8.

سنودونوطاس (ὁ σινόδους; σινόδων: a kind of sea-bream): TF 255–256; VII 591a11.

سهر (I: ἐγείρω): IV 536b25; εἰς τὸ ἐγρηγορέναι μεταβάλλει: IX 587b9.

سهر (ἐγρηγόρσεως): IV 536b24, 537b21.

ساهر (ἐγρηγορότα): IX 587b7.

سهل (I: δύναμαι): VIII 625a13.

سهل (II: προπαρασκευάζων): VIII 613b4; يعين على تسهيل (δύνασθαι δεῖ βοηθεῖν): IX 587a11.

سهل (πεδινοῖς): VII 607a10, VIII 619a25; κάτω: VII 607a12; في موضع سهل (ἐν δὲ τοῖς ψιλοῖς): VIII 629b17; في السهل (τὰ ἥμερα): VIII 624b28, VIII 627b32.

سهلي: الدبر السهلي : τῶν ἡμερωτέρων: VIII 628a1.

سهم (ὁ οἰστός): VIII 616a11; τόξευμα: VIII 631a28; اذا رشقت بسهم (ὅταν τοξευθῶσι): VIII 612a4.

ساء: ساءت حالها (αἰσχίους γίνονται): VIII 632a14; تتعب وتسوء حالها (πονοῦσαι): IV 531b15; يسوء حال اصناف السمك (οὐκ εὐθηνοῦσιν): VII 601b29; يسوء حالها تهزل (γίνεται δὲ σαπρὸν): VII 603b2; وتسوء حالها (διαφθείρονται): VI 560b7; ساءت حال الدراج ومرضت (χαλεπῶς ἔχουσι): VII 597b11.

سوء: سوء الحال: [ἡ κακότης]: I 492a10*; VII 607b1*.

سيء: سيء الخلق: χαλεποί: VI 563a26; سيء الحال (πονεῖ): VII 602a11; βαρύτερον διάγουσι: IX 584a15.

اسوادّ [XI: μελάντερα]: III 519a2; γίνεται ... μέλαν: III 523a20.

اسود (μέλας): II 499a6, III 519a7, IV 525a11, etc.

سودان (τοὺς Αἰθίοπας): III 523a18.

سواد (ἡ δὲ μελανία): III 517a16*; VIII 630a34; سواد العين (τὸ μέλαν): I 491b21, 492a2; πελιδνότερον: III 523a9; الى سواد (κυάνεον): VIII 615b29; ولونه الى سواد ما هو (μελαγχρῶτες): VIII 627b26.

اسود (γλαυκός): I 492a6; μέλας: II 499a6, III 517a14; والمرة السوداء والصفراء (χολὴ ξανθὴ καὶ μέλαινα): III 511b10; والذي يسمى مالانوروس وتفسيره الاسود الذنب (μελάνουρος): VII 591a15; والطير الاسود الرأس (οἱ μελαγκόρυφοι): VIII 632b31, VII 592b22; اسود الرجلين: μεγαλόπους > μελανόπους: VIII 617a26; العقاب الاسود (μελανάετος): VIII 618b28; شيئا اسود (τῷ θόλῳ): VIII 621b29; والدبر الاسود المستطيل (ἡ τενθρηδών: wild bee): DI 82–83; VIII 623b10.

سوداني: الطير الذي يسمى زرزر وهو سوداني: عصفور سودانية, synonym for زرزر or زرزور (ὁ ψάρος: starling): TB 198; VIII 617b26.

سوراقوسا (αἱ Συράκουσαι): VI 559b2.

سائس: راكبه وسائسه (τῷ ἐλεφαντιστῇ): II 497b28.

ساسة (ὁ ἐλεφαντιστής): VIII 610a28; ساسة الفيلة: VIII 610a25*; a30.

سوّط (II: γίνονται γὰρ μαδαραί): وتكون شبيهة بما يشوط: IV 531b14.

سوط (δόρατα): II 502a14, VIII 624a16*.

ساعة (ἡ ὥρα): VIII 614b28*; من ساعته (συνεχῆ): X 635a38; εὐθὺς: I 489b16, 496b6.

سوفسطائي (ὁ σοφιστής): ارودوروس ابو برسون الحكيم السوفسطائي الحكيم (Ἡρόδωρος ὁ Βρύσωνος τοῦ σοφιστοῦ πατὴρ): VI 563a7, VIII 615a9–10.

ساق (τὸ σκέλος): I 486a11, 491a29, 493b23; دقيق الساقين اكثر (λεπτοσκελέστεραι): II 505b16; الحيوان الطويل الساقين (τὰ μὲν μακροσκελῆ τῶν ζῴων): VIII 632b11; ومقاديم ساقيه (τὰ δὲ σκέλη τὰ πρόσθια): VIII 622b32; ἡ κνήμη: I 494a18, II 502b13;

فاما نخذ: بطون الاسؤق: τὰς κνήμας: II 499b4; ساقي الحديد (τὰς κνημῖδας): V 528b2; ومؤخره الطائر فهو فيما بين الورك والساق (τὸν δὲ μηρὸν μεταξὺ τῆς κνήμης): II 504a2–3; مثل يقال له بطن الساق: τὸ δ’ὀπίσθιον γαστροκνημία: I 494a7; τὰ ἰσχία: VII 604b18; ساقي شكل المثلثة (ὡσπερεὶ λάμβδα): III 514b18.

سوق (ἀγορᾶς): VIII 619a16.

سويق (ἀλφίτων): VII 596a5.

ساقالس (ἡ συκαλίς: black-cap warbler): TB 163; VII 592b21; or: ساقاليس (αἱ συκαλίδες): VIII 632b31, b32.

سولناس (οἱ σωλῆνες: razor-shell): TF 257–258; IV 528a17, 535a14, V 547b13; or: سوليناس: VII 588b15.

سونادنطاس (ὁ σινόδων: kind of sea-bream): TF 255; VIII 610b5; or سونودن: VII 591b5 and سونودون: VII 591b9, 598a10.

سوى: II: يسوّئ عشا (ποιεῖται νεοττιάν): VI 559a8.

استوى (VIII: ὑποτίθησιν ἑαυτήν): V 540a11.

سوي (ὅμοια): VI 563b5.

مساو (ἴσος): II 505a11, VI 570b3.

استواء (ἡ ἰσημερία): قبل استواء الليل والنهار: πρὸ ἰσημερίας: V 543b9, VI 570b12, VII 596b30.

مستو (ἴσους; 500a27): ἰσοχειλῆ: IV 536a16; في الاوقات المتساوية المعروفة: δι’ ἴσων χρόνων: X 634a13; املس مستويا (ὁμαλὰ): VIII 624b31; غير املس مستو (ἀνωμαλέστερον): IX 581a18; ملس مستويا (πᾶν λεῖον): VIII 624b32.

سيانسوس (ἡ Συέννεσις): III 511b23, 512b12.

سيبي (ἡ σπίζα: chaffinch): TB 157–158: VIII 617a26.

سار (I: πορεύομαι): IV 524a23, VIII 614b6, 622a32; βαδίζουσι: VIII 622b25; ويسير في الماء ποιεῖται δὲ καὶ διὰ τοῦ ὕδατος τὴν πορείαν: VIII 630b27; يسير ويعوم في البحر συναγελαζόμενοι: VIII 610b1; اصناف السمك الذي يسير ويعوم معا ... رفا رفا (τῶν ἀγελαίων): VI 570b21; يسير على وجه الارض (ἕρπει): VIII 610b24.

سَير (ὁ ἱμάς): II 503a21; τῆς ῥύμης: IV 533b18, b19.

سيرة جميلة: سيرة (ἤθους βελτίστου): I 492a4.

سيار (πορευτικά): I 487b16, VII 588b17; مبسوط سيار: ἄπουν (!) I 490b23; ἀπολυόμε-ναι: I 490a33; اعني بقولي سيار حركته وسيره الذي يسير على بطنه (ἕρπειν): I 490b24.

مسيّر: مسيرة بخطوط : διαποίκιλα ῥάβδοις: IV 525a12; ليس بمسير بتلك الخطوط: τὰ δ' ἀρράβδωτα: IV 528a26.

سيريون (ὁ Σείριος: عند مطلع الكلب وهو الذي يسمى سيريون: ἀνίσχοντος τοῦ Σειρίου): VIII 633a15.

سيف (τὸ ξίφος): V 548b3*.

سال (I: ῥέω): II 504b25, VI 572a25, VII 597a6; προίηται: X 635a21; يذوب ... ويسيل: συγχεῖται: X 638a2; αἱμορροὶς: III 521a19.

سيل: سيل دم (ῥοῦς): III 521a28; سيل الدم الذي يسيل من المقعدة (αἱμορροὶς): III 521a29; سيل يعرض في البطن (ἡ κοιλία ῥεῖ): VII 603b9; سيل النساء (τὰ καταμήνια): X 634a12; الاماكن الصخرية العميقة التي يجتمع اليها سيل ماء السماء لعمقها (τὰς χαράδρας): VIII 614b35.

سائل [ῥέων] الميعة السائلة (τοῦ στύρακος): IV 534b25.

مسيل (ῥεύματος): VI 569a2; سهل المسيل (εὔρουν): IX 581b19; مسيل الانهار (οὗ ἂν ποταμοὶ ῥέωσιν): V 543b4.

سيمونيدس (ὁ Σιμωνίδης): V 542b7.

Glossary Arabic-Greek: ش

شأم (ἡ Φοινίκη; الشأم التي تسمى فونيقي): V 541a19; البحر الذي يلي ساحل الشأم (τὴν Φοινίκην): IV 525b7; وهم من سكان الشأم (καὶ τοὺς ἐν τῇ θαλάττῃ): V 603a1; غنم ارمينية والشأم (ἐν δὲ Συρίᾳ τὰ πρόβατα): VII 606a13.

شاهمرج (ὁ λάρος: sea-gull): TB 111; والطير الابيض الذي يسمى شاهمرج: VIII 609a24.

شب (I: αὐξάνομαι): V 548a16*; VI 563a21, 565a1; يشب ويكبر (αὔξονται): VI 571a22,

VI 568b20; تشب وتقوى القوة كلها: VI 575b4; اذا شبت وقويت (ὅταν εἰς ἡλικίαν ἔλθωσι): VI 572b22; ان لم يشب ويغذ وهو معه (ἂν ἀπότροφα γενωνται): IV 536b16; يشب ويعظم (αὐξάνεσθαι): VI 571a17; لا يشب ولا يكبر (ἀναυξής): VI 569a30; ἡ δ'αὔξησις: VI 571a14: قويت وشبت (οἷοι τ'ὦσιν): VIII 615b26; السمك الذي يشب (αὐξίδας: young tunnies or bonitos): TF 21; VI 571a17.

اشب (IV: τοῦ δὲ χρόνου προιόντος): V 545a9.

شاب (νεώτατος): V 546b7; οἱ δὲ νεώτεροι: VI 575a18.

شباب (ἐν ἀκμάζουσι): III 521a34; ἐν ἀκμῇ: V 546a18; οἱ μὲν γὰρ νέοι: VI 575a11; οἱ δὲ νεώτεροι: VI 560a29; وشباب اناث الطير (αἱ νεοττίδες): VI 560b4; في القرون التي بعد الشباب (εἰς τὰς ὕστερον ἡλικίας): IX 581b16.

شبيبة (τῆς ἀκμῆς): III 518b13; بنشاطه وشبيبته (διὰ τὴν ἀκμὴν): VI 575a19; من شبيبته (ἐκ νέων): VI 573b27.

شبر (ἡ σπιθαμή): VII 607b34; شبرا ونصفا (σπιθαμῆς καὶ παλαιστῆς): VII 606a14; قدر نصف شبر (σπιθαμῆς): VII 606b8; قدر شبر (σπιθαμαῖα): VIII 630a33.

شباط (κατὰ τὸν Μαιμακτηριῶνα μῆνα): V 546b3.

شبع (I: χορτασθεὶς): V 546a9.

اشبع (IV): لا يرعى ولايشبع (οὐ γὰρ νέμονται): V 544a14; وليس يكاد ان يشبع (ἄπληστος): VII 591b2.

شبع [ἡ εὐωχία]: اكل شبعا (εὐωχοῦσιν): VII 595a24; واكلت من العسل قدر شبعها (εὐωχοῦσιν): VIII 624a26.

شبك (II: ἐφαρμόττω): V 541b6; συμβάλλοντες: V 541b26.

تشبك (V: συμπλέκομαι): V 541b3, b12; ἐφαρμόττουσαι: V 541b13; تشبك وتلتوي (χρῆται): IV 524a9.

اشتبك (VIII): يلتوي ويشتبك بعضها ببعض (περιελίττονται ἀλλήλοις): V 540b2; συμπλέκονται: V 542a16, VI 568a29; يشتبك بعضها ببعض (περιπλοκῇ): V 540b4.

شبكة (τὸ δίκτυον): IV 533b16, 537a7, VII 590b15; τὸ δέλεαρ: IV 537a9.

تشبيك: كثير التشبيك (τῷ κεκρυφάλῳ): II 507b8; συμφύσεις ἔχον: II 507b35; τὰς ἀποφυάδας: II 509a18.

مشبك (ἰνώδει): II 508a32; مشبكة بعضها ببعض (διαπεπασμένα): IV 527b30.

متشبك: متشبكة محتبسة : περιεχομένους: III 509b27; مركبا متشبكا (πέπλεκται): VIII 616a5.

اشبه (IV: ἔοικα): II 500a31, III 510b32*; وما يشبه هذا الصنف: II 499b8; اجزاء يشبه بعضها بعضا (ὁμοιομερῆ): I 486a6, 487a1; في الاعضاء التي لا يشبه اجواؤها بعضها بعضا (ἐν τοῖς ἀνομοιομερέσιν): I 489a27; المنى الجامد الذي يشبه البرد τὰ χαλαζώδη γόνιμα: IX 582a30; جميع الاصناف التي والاصناف التي تشبهها (καὶ τὰ λοιπὰ ὅσα): VIII 619b18; تشبه هذه الاصناف (ἄλλων ὁμοιοτρόπων τούτοις): VI 571b5–6.

تشبه (V: μιμούμεναι): VIII 631b9; يحاكي ويتشبه (ἔστι δὲ κόβαλος καὶ μιμητής): VII 597b23.

شبيه (ὅμοιος): I 490a15, 492a1, 493b21; شبيه بحلقة لولب (οἷον οἱ στρόμβοι): I 492a17; شبيه بدودة صغيرة (οἷον σκωλήκιον): VII 602a27; شبيهة بشعر (ἰνώδεσι): I 496a11; فشبيهة بوجه الانسان (ἀνθρωποειδές): II 501a29; شبيها بشكل **مثلثة**: τριγωνοειδεῖς: III 516a19; شبيه بالشعر (τριχοειδές): VIII 620b14; شبيها بنسيج العنكبوت (ἀραχνιώδές): VIII 622b12; صوت بصوت شبيه بضوضاء (παταγεῖ καὶ φθέγγεται θορυβῶδες): VIII 632b17; وما يشبه هذه الاشياء (καὶ τὰ ὁμολογούμενα τούτοις): III 511b8; προσεμφερής: VIII 629a31; تبنية اللون شبيهة بمائية القيح (ὕπωχροι): IX 586b33.

شبه (τὴν ὁμοιότητα): II 508a17.

متشابه (ὅμοιον): II 506a4; τὴν αὐτὴν: IV 536b19; متشابهة متفقة (κοινὰ πάντων): II 497b6; مختلف غير متشابه (οὐκ ὁμοιώς): VI 558b11.

شتيت: مرارا شتى: πόλλακις: I 496a11.

شتيمة: ومحبة للشتيمة : φιλολοίδορον μᾶλλον: VIII 608b10.

شتا (I: χειμάζω): VII 597b4, 598a25.

شتاء (ὁ χειμών): IV 523b32, 531b12, V 542a22; في زمان الشتاء (τοῦ χειμῶνος): III 510a7; في آخر الشتاء (λήγοντος τοῦ χειμῶνος): V 544a16; في زمان مدخل الشتاء (περὶ τροπὰς τὰς χειμερινάς): V 542b4; في اوان شدة الشتاء والزمهرير (ἐν τοῖς πάγοις): VII 603a27.

شتوي (χειμερινόν): VIII 632b29; قبل الزوال الشتوي πρὸ τροπῶν (χειμερινῶν): V 542b6, VII 598b25.

شجر (τὸ δένδρον): II 497b29, VI 559a6, 568a28; τὸ φυτόν: IV 531b10, 537b31; والاماكن الكثيرة المياه والشجر (τοῖς ἕλεσιν): VII 605a9; τὰ ἄλση: VIII 618b19; τὰ ἕλη: VIII 609b19; ἕρκεσιν (< ἕλεσιν) VII 617b24; في الكتاب الذي وصفنا في الشجر (ἐν τῇ θεωρίᾳ τῇ περὶ φυτῶν): V 539a20–21; جذور الشجر (τὰ στελέχη): VI 559a10; الطيور التي تنقر الشجر (δρυοκολάπτας: woodpecker): TB 51–52; VII 593a5, VIII 614a34; من نقر الشجر (ὑλοκοποῦσα): VIII 616b25; اطراف الشجر ἀκρόδρυα: VII 606b2; شجر الغرب (τὰς πτελέας): VIII 628b26.

شحم (ἡ πιμελή): I 487a3, III 511b9; πιμελώδης: I 495b30, III 521b10; سمين كثير الشحم (πῖον): III 519b8; اقل شحما (ἀπιμελώτερος): III 520a30; πιότητα: III 515a22; لكثرة شحمه (διὰ τὴν παχύτητα): VIII 611a25; τὸ μὲν στέαρ: VI 571a34; كثير الشحم (στεατώδη): III 520a32; شحم كلي الحيوان (περίνεφρα): III 520a33.

شحمة: شحمة الاذن (ὁ λοβός): I 492a15.

شد (I: προσπιέζω): IV 526a23; يشد عليه (ἐπιτίθεται): VI 575a21, VII 594b9; ما يحمل منها ويشد على ما يمر به (ἐπιτίθεται): I 488b9; ἴεσθαι ἐπὶ τοῦτον: VIII 629b24; ἐπαίσσω: VIII 629b25; تشد على شباكهم وتقطعها διαφθείρειν αὐτῶν τὰ δίκτυα: VII 620b7–8.

اشتد (يصلب ويشتد: πήγνυται): I 492a32; VIII; μείζονα: V 545a9; يشتد شوقهن اليه (ἀκολαστότεραι; γίνονται): IX 581b17; وجع اشتد (μᾶλλον πονουσιν): IX 588a10.

شدة (ἡ σφοδρότης): VII 597a1*; قرص الشمس وشدة ضوئها: τὰ λαμπρότατα (!): X 635b22; بشدة (βίᾳ): III 522a9, I 489a21; كثرة وشدة (οὕτω σφόδρα): VIII 614b13; لحال شدة البرد (διὰ τὸ ψῦχος): VII 602a7; من شدة الحر (ὑπὸ τοῦ καύματος): VII 602b28; في شدة البرد (ἰσχυροῦ γενομένου ψύχους): VII 602a8; في شدة الصيف (τοῦ θέρους καὶ ἐν ταῖς θερμημερίαις): V 544b11; تغيير شدة الهواء: τὰς μεταβολὰς … τὰς ἰσχυράς: VII 592a17.

شديد (صلب شديد: στιφρόν): III 510b28, VII 592a18; بصعب شديد (ἐπίπονος): VI 575b30; λάβρως: VII 594b18; ἰσχυρόν: VIII 628a32, 633b8; صلب شديد قوي

(ἰσχυρον): VIII 630b6; اصابها وجع شديد: πονοῦσι … μάλιστα: IX 584b15; σφόδρα: VIII 615b14, IX 587a31; نزوا شديدا (σφοδρῶς): VI 575a14; اشد واغلب (ὀξύτεραι): IX 584a20; اقوى واشد (κρείττω ὄντα): VIII 618a25; شديد البياض جدا (ἔκλευκος): VIII 617a12; شديد التبن (ὠχροὶ σφόδρα): VIII 630a6.

شدق (ἡ γνάθος): III 519a22.

شرب (I: πίνω): I 495a26, III 519a10, VI 559b4; κάπτω: VII 593a21, 595a12; εἰς ἑαυτὰς λαμβάνουσιν: VII 596b17; طيبا يشرب: VII 590b27; لا يشرب شيئا من الماء البتة (ἄποτα πάμπαν ἐστίν): VII 601b1.

شرب (τὴν ὑγρὰν): I 492b20; يتناول … والشرب (πίνει): II 497b27; πίνειν: VII 595b30; τὴν πόσιν: III 519a13; τῷ ποτῷ: VII 595b23, 596a16; بغير شرب ماء (ἄποτος): VII 596a1; محب لكثرة شرب الخمر (φιλοπότης): VI 559b2.

شراب (τὸ πόμα): III 520b30, VII 605b4; ὁ οἶνος: VII 594a10, 595b11.

شراع (τὸ ἱστίον): VIII 622b13; τὰ δίκτυα (!) IV 533b18.

اشرف (IV: ἀνατέλλοντος): VIII 623a22.

شريف: كريم شريف (εὐγενῆ): I 488b17.

مشرف: الجبال المشرفة : τὰ ὄρη ἄνω: VII 597a20; على المواضع المشرفة العالية ἐφ’ ὑψηλῶν: VIII 619b5.

شرق (αἱ δυσμαί): VI 572a17.

مشرقي (ἀνατολικός): VII 596b4.

شرقرق (ὁ κολοιός: jackdaw): TB 89–90; II 504a19, VIII 614a5; ὁ αἰγωλιός: owl: TB 16–17; VIII 609a27.

شارك (III: κοινωνέω): I 496b30, III 513b5, 514b35; ἐπαμφοτερίζει: II 499b21.

اشترك (VIII: [μετέχω]): κοινά: I 488b29; تشترك بالجناس (τὰ αὐτά): II 497b7; جنس يشترك باسم (ὃ ἑνὶ μὲν ὀνόματι ὁμώνυμον): (Bk: ἀνώνυμόν; cf. B-G, p. X, note 3) VIII 623b5–6.

شرك (κοινωνέω): VIII 608a17.

شركة (κοινωνίαν): شركة فكر وذكر (κοινωνοῦντα μνήμης): VII 589a1.

اشتراك (τὸ μετέχειν): VII 590a9.

مشترك: شيء آخر مشترك: κοινός: I 488b1, 490b31, 493b7; مشترك عام (κοινὸν): IV 527b3, 531b22; ἐπαμφοτερίζω: III 511a25, 590a8; اصناف الحيوان المشترك الذي يقال له انه بري وبحري (τῶν ἐπαμφοτεριζόντων ζῴων): VI 566b27.

مشتركة: مشتركة حياة: μετέχειν ζωῆς: VII 588b8.

شره (I: πεινάω): VII 594a27.

شطّ (ὁ θίς): IV 537a25, V 548b6, VII 590b6; في الشط ἐν αἰγιαλῷ: IV 525b7, V 548a1; πρὸς τοῖς αἰγιαλοῖς: VI 568b25; فوق الارض قريبا من الشط (πρὸς τὴν γῆν): VI 566a24; مأواه في فهو يأوي على الارض قريبا من الشط (πρόσγειος): VII 591a23; قريب الشط (παράγεια): VII 602a16.

شاطئ (τὸ χεῖλος): VI 570a22; ما قرب من الارض على الشاطئ البحر والنهر (τὰ περὶ τὴν γῆν): VI 567b14.

شاطئ (αἰγιαλώδης): I 488b7, VII 598a15*.

شظية: شظية عود: τὸ κάρφος: VI 560b9.

شعبة: شعبتان (δικρόας): VI 564b18, 565a17; كثير الشعب (πολυσχιδῆ): III 517a24; بالحديدة التي لها ثلث شعب (τῷ τριόδοντι): VIII 608b17.

شعر (ἡ θρίξ): I 487a7, 489b1, 490b21; وجع الشعر (τριχιᾶν): VII 587b26; τὸ δὲ τρίχωμα: VII 595a4; ويكثر الشعر (τῇ τριχώσει): V 544b25; التواء الشعر (λίσσωμα τῶν τριχῶν): I 491b6; نبات شعر العانة (τρίχωσις τῆς ἥβης): VII 581a14; جيد الشعر (εὐθύτριχον): VIII 629b35; وادق شعرا (λεπτοτριχώτερον): IV 538b8; الشعر الذي ينبت اخيرا (αἱ μὲν ὑστερογενεῖς τρίχες): VIII 632a2; ليس فيه شبيه بشعر (μὴ θρομβώδη): IX 582a31; الحيوان الذي ذنبه كثير الشعر (τοῖς λοφούροις): I 491a1, 495a4; χαίτην: II 498b32.

شعير (κριθάς): VI 573b10, VII 595a28; الحمى الذي يكون من كثرة علف الشعير (κριθιᾶν): VII 604b8; ἀθέρας: VII 595b27.

شاعر [ὁ ποιητής]: القميون الشاعر Ἀλκμαίων ⟨ὁ ποιητής⟩ I 492a14.

شعرى (ὁ κύων: Sirius: طلوع الشعرى: ὑπὸ κύνα): VI 547a14; μέχρι κυνὸς ἐπιτολῆς: VIII 633a14.

شفر (τὸ βλέφαρον): I 491b19, II 498b25, 505a35; بالشفر الاسفل (τῷ κάτω βλεφάρῳ): II 504a25; بالشفر الاعلى (τῷ ἄνω βλεφάρῳ): II 504a26; τῆς βλεφαρίδος: I 491b23, II 498b21.

شفة (τὸ χεῖλος): I 492b25, II 503a5, IV 528a28; الشفتين (σιαγόνων καὶ χειλῶν): I 492b26.

شق (I: διαιρέω): III 510a23, VI 559b18, VIII 625b31; ἀφαιρέω: I 491b30; ἔχει σχίσεις: II 499b14; ἀνατετμημένος: II 503b23; ἀνοιχθέν: II 507a21; وفتحها ... وشق (ἀνα-σχίσῃ): VI 562a15; ῥηγνυμένων: IX 587a7.

انشق (VII: σχίζεται): I 495a32, III 514b15, 515a7; ἀποσχίσει: III 514a13; αἱ σχίσεις: III 514b29; ἀπορραγῇ: V 548b18; διαρρήγνυμαι: VI 567b23; ἐκρήγνυνται: VII 604b22; فليس ينشق (ἄσχιστος): III 515b15.

شق (τῶν σχισμάτων): II 499a27. صخور فيها شقوق وتجويف (πέτρα ἀπορρώξ): VIII 611a21; في شقوق الصخور والاماكن الخشنة الصعبة (λόχμας καὶ τρώγλας): VIII 615a17; في شقوق واجحار الصخور (περὶ δὲ τὰς σήραγγας τῶν πετριδίων): V 541b21; شقوق الصخور وثقب الجبال (χηραμοὺς καὶ πέτρας): VIII 614b35–615a1; ῥωγμὴν: VIII 614b15; والشقوق من الصخور (τὰ ῥήγματα τῆς γῆς τὰ εἰς ὀρθόν): VIII 628b29; من الشق (ἐκ τῶν ἀνατομῶν): III 511a13, IV 525a9; من الكتاب التي وضعت في شق الحيوان (ἐκ τῶν ἐν ταῖς ἀνατομαῖς διαγεγραμμένων): VI 566a15.

مشقوق (ἐσχισμένην): II 508a27, IV 526a17; مشفوق الرجلين المقدمتين (τὰ πολυσχιδῆ): II 497b20; مشقوق اطراف اليدين والرجلين باصابع: αἱ ... χεῖρες καὶ οἱ πόδες πολυδάκτυ-λοι: II 499b7–8; مشقوق بإثنين (διχαλὸν): II 499a23; لانها ... اصابع بعضها ملتئم ببعض ليست بمشقوقة δακτύλους ἀσχίστους: III 517a32; ليس بمشقوق الاظلاف (μώνυχον): II 499b18, IV 526a1; مشقوق الرجلين بأجزاء كثيرة (πολυσχιδές): II 499b22.

مشقق: والطير المشقق الرجلين : σχιζόποδες: VII 593a28.

اشقر (ξανθός): III 519a18, VI 559b10, VIII 619a13; πυρρά: VI 574a8.

شرقراق (ὁ χλωρεύς: perh. golden oriolebird): TB 196; VIII 609a25.

شك: شك ومعاودة ... يقول : ἔστι δ᾽ἐνστῆναι (cf. Balme, 1991, 528, note a): X 638a5.

مشكوك (ἀμφισβητεῖται): VII 600a30, VIII 628a35; διαπορεῖται: VIII 631b2; θρυλεῖται: VIII 615b24.

شكاع (ὁ ὕστριξ: porcupine): I 490b29, VII 600a28, VIII 623a33.

شكل (τὸ σχῆμα): I 486b6; II 498a12; شبيها بشكل مثلثة (τριγωνοειδεῖς): III 516a19; τῇ σχηματίσει: IV 537a26; τὰ ἤθη: I 487a14, VII 588a18; رديء الشكل (κακόηθες): VIII 613b23; τὸ δὲ ἦθος ἐστι βλακικός: VIII 618b5; حسن الشكل (εὐήθειαν): VIII 608a15; رديء الشكل: εὔηθες (!): VIII 610b23; كثيرة الشكل والبطلان (ἀργότατος): VIII 617a7.

شلون (ὁ χελών: grey mullet): TF 287–288; القفال الذي يسمى الناس شلون باليونانية (ὁ μὲν κέφαλος ὃν καλοῦσί τινες χελῶνα): VII 591a23.

شمّ (I: ὀσφραίνομαι): IV 533b4, 534a15; ὀσμώμενοι: IV 534b29.

اشتمّ (VIII: ὀσμῶνται): V 541a25.

مشمة (ἡ ὄσφρησις): II 505a34, IV 532b32, 534a12; آلة حس المشمة (ὀσμῆς): I 494b18*; IV 533a16.

تشمر (V: وتهيأ لذلك القتال وتشمر: θωρακίζοντες ἑαυτοὺς): VI 571b16.

شمس (ὁ ἥλιος): VII 590b8, 595b11, 598a3; قرص الشمس وشدة ضوئها (τὰ λαμπρότατα): X 635b22.

شمع (τὸ κηρίον; تهيئ شمع الذي يشبه شمع الشهد: κηριάζωσι): V 547a13, b11; بيوتا معمولة من شمع (κηρία): VIII 623b33; τοῦ κηροῦ: VIII 624b9.

شمال (ἀριστερὸν): I 494a21; βορείου: V 542b11; ريح الشمال (τὸ βόρειον): VII 596a28; ἄρκτον: VI 572a17.

شهد (τὴν καλουμένην μελίκηραν): V 546b19; τὰ κηρία: VIII 623b19, 624b31, 625a1; ثقب الشهد: VIII 625a6; موم الشهد: VII 605b11; يهيئ شيئا شبيها بالشهد (κηριάζουσι): V 546b25; في الزمان قطاف الشهد (βλίττων): VIII 627a32.

شاهد (δῆλον): X 637a7; φαίνεται: X 637a10.

شهر (ὁ μήν): VII 599a32, 600b2, VIII 611b9.

شهير; اشهر واخصب (εὐθηνεῖ): VI 566a22.

شهوة (τὴν ἡδονὴν): VI 571b9; αἱ ἐπιθυμίαι: IX 584a18; العضو المهيج للاناث الى شهوة السفاد (ἡ καπρία): VIII 632a25.

شاة (τὸ πρόβατον): I 488a31, II 499b10, III 523a5; αἱ ὄιες: VIII 611a3.

شوق (VIII: اشتاق : ἐφίεμαι): V 546a28*; ὁρμητικῶς ἔχουσι: VI 572a9, VI 573a28; تهيج وتشتاق الى السفاد (ὁρμᾷ πρὸς συνδυασμόν): V 542a24; تهيج وتشتاق الى النزو: λαγνίστατον … ἐστίν: VI 575b31.

شوق (τὴν ἐπιθυμίαν): VI 571b9, VIII 631a10; لشوقها الى ان تبيض (διὰ τὸ ὀργᾶν τεκεῖν): VIII 613b28–29.

شوك (ἡ ἄκανθα): III 516b16, IV 526b13, VI 565b30; شوك القنافذ البرية (οἵας οἱ χερσαῖοι ἔχουσιν ἐχῖνοι): I 490b29; τὰς ἀκανθώδεις τρίχας: I 490b28.

المشوك ⟨صنف السمك الذي يسمى باليونانية غاليوس ⟨اغنثياس وتفسير هذا الاسم (ὁ δ'ἀκανθίας γαλεὸς: picked dogfish): TF 6 and 39: VI 565a29, b27.

شوه: شاه: τὸ πρόβατον: VIII 627b4.

شوى (I: ὀπτάω): IV 534a25; رائحة الشي (τῆς κνίσης): IV 534a26.

شيء (τι; شيئا … ليس: οὐδὲν): I 487b2; شيء من الحس (τινα αἴσθησιν): I 487b9–10; في شيء من الحيوان (τῶν ἄλλων ζῴων): I 490b10; ليس فيها شيء من التجويف: δι' ὅλου μὲν ἔχει στερεὸν μόνον: II 500a6, a12.

شاب: **شيب** (I: [πολιαίνομαι]): IX 582a23*; شيب (ἡ πολιότης): III 518a11; الى شيب والكبر (μέχρι γήρως): IX 581a10; وبقى على حاله الى زمان الشيب συγκαταγηράσκει: X 638a17.

شاخ: شيخ (I: [γηράσκω]): IX 582a23*; شيخ (τοῖς γέρουσι): III 521a33, b1.

اشاط: شيط (σταθεύω): IV 534a24.

شيلون (ὁ χελών: grey mullet): TF 287–288; والذي يسمى باليونانية شيلون (ὃν καλοῦσι … χελῶνα): VI 570.

شامة (τὸ στίγμα): IX 585b33; شامة ونقط: κεραίας (!): IV 532a26.

مشيمة (τὸ χόριον): VI 562a6, VII 601a1, IX 586a26; τοῦ ὑστέρου: IX 587a8.

شينالوبقس (ὁ χηναλώπηξ: Egyptian goose): TB 195–196; وتفسيره هو خلط من الوز والثعلب: VI 559b29.

Glossary Arabic-Greek: ص

صأب: صؤاب (αἱ καλούμεναι κονίδες: nits): V 539b11.

صابرديس (ἡ σαπερδίς: perh. tilapia): TF 226; VII 608a2.

صالامينا (ἐν Σαλαμῖνι; وما يلي البلدة التي تسمى باليونانية صالامينا): VI 569b11.

صالبي (ἡ σάλπη: saupe): TF 224–225; VI 570b17, VII 598a20, VIII 621b7.

صبح (ὁ ὄρθρος; في اوان الصبح): VIII 619a16, b21.

صبع (ὁ δάκτυλος): I 493b27, 494a15, II 497b23; δακτυλιαῖοι: V 549b10; بين اصابع رجلي (μεταξὺ τῶν δακτύλων): VIII 622b11; كثيرة الاصابع (πολυδάκτυλα): II 502b34; اصناف الطير الذي ليس فيما بين اصابعه جلد (στεγανόποδες): VII 593b15; الطير الذي فيما بين اصابع رجليه جلد (τῶν σχιζοπόδων): VIII 615a26.

صبغ: صبغ (I: ἀνθίζω): V 547a18; ἀποβάψαντες: VII 607a25; βρέχουσα: VIII 612b24.

صبو: صبا: [ἡ παιδεία]: IV 536b6*; صبا الصبيان (τὴν τῶν παίδων ἡλικίαν): VII 588a31.

صبي (τὸ παιδίον): II 500a2, III 521a9, IV 536b5; τὸ ἔμβρυον: IX 587a17.

صبيا (ἡ σηπία: cuttlefish): TF 231–233; VII 607b7.

صحّ (I: ὑγιαίνω): X 636b31*; يصح ويحسن حالها (πρὸς τὴν ἄλλην ὑγίειαν): VII 601a27.

صحة (ἡ ὑγίεια): III 521a23, VII 601a25, X 636b25; اكثر صحة (ὑγιεινότερα): IX 581b32.

صحيح (ὑγιής): III 520b20; ὑγιεινόν: III 523a19, IX 581b28; حيا صحيحا γόνιμον: IX 583b31.

صحب (ἀγελαῖα; كثير من اصحابه): I 487b34; الطير الذي يأوي مع اصحابه: I 488a3.

صحو (ἡ γαλήνη): IV 533b30; εὐδίας: VIII 633a7.

صاح (εὐδιεινός): VII 597b9, 601b26.

صخر or صخرة: ἡ πέτρα: VII 599b1, VIII 619a26; في الصخور الناتئة البحرية τὰς ἀκτάς: V 547a10.

صدر (ὁ θώραξ): I 486; III 513a6, IV 526b5; τῷ στήθει: I 486b25, II 500a16; فيما بين الصدر والظهر τοῦ ἄνω καὶ κάτω: I 493b14; الى ناحية صدره (ἐπὶ τὰ πλάγια τοῦ ἐντός): II 498a21–22.

صدع (I: καρόομαι): VII 602b23.

تصدع (V: καρηβαροῦντα): IV 534a4.

صداع (πόνοι): IX 584a3; من صداع وثقل الرأس (διὰ τὸ καρηβαρεῖν): IV 534b8.

صدغ (κρόταφος): I 491b17, III 518a17, VI 567a11.

صادف (III: κυνηγέω): VIII 619a33; ἁλίσκονται: VIII 628b25.

صدام: disease of horses: κραῦρος: والآخر يسمى باليونانية قراوروس وهو شبيه بصدام: VII 604a14, a17.

صرّ (I: τρίζειν): II 504a19, IV 535b25; βομβήσασα: VIII 627a24, 628b20.

صرار (οἱ τέττιγες: cicada): DI 113–133; VII 601a6.

صرير (τῇ τρίψει): IV 535b7; شبيه بصرير (ψοφεῖν): IV 535b26.

صرخ (I: κοκκύζω): VIII 631b9, b16.

صعتر (ἡ ὀρίγανος: plant): VIII 612a26; صعتر جبلي (ἡ ὀρίγανος): IV 534b22, VIII 612a25.

صف (ὁ στίχος): VIII 624a11; صفان من صفوف الاسنان (διστοίχους ὀδόντας): II 501a24.

صفر (I: συρίττω): VIII 611b28; ἀφίησι … συριγμόν: IV 536a6.

صفرة (τὸ ὠχρόν): VI 559a18, a20; اصفر (ὠχρόν): VI 562a9; والمرة السوداء والصفراء (χολὴ ξανθὴ καὶ μέλαινα): III 511b10.

الدبر الاصفر (ἡ ἀνθρήνη): VIII 629a32, 623b10; الصنف الاصفر من الدبر (τῶν σφηκῶν): VIII 629a25.

صفق (ὁ ὑμήν): I 494b29, 495a8, III 510a22; صفاق البطن (ὁ ἐντὸς περίνεος): I 493b9; شبيه بصفاق (ὑμενοειδής): I 495b32, III 519b13; μῆνιγξ: I 495a7, III 514a17; τὸ χόριον: VI 562a10; τὸ διάζωμα: II 506a6, 507a26; صفاق الحجاب (τὸ ὑπόζωμα): VI 559b8.

صفاقة (πυκνότητα): VIII 624b11; صفاقة خلقتها (πυκνὴ ἡ σάρξ): I 493a15; اكثر صفاقة (πυκνότερόν): V 549a6.

صفيق (πυκνός): III 510a18, VIII 623a25, X 635b10.

صلاشي (τὰ σελάχη: shark or ray): VI 570b30, b32.

صلب: صُلب: στερεός: I 487a2, 489b14, II 500a6; στιφρὰν: II 508b32, III 516a2; صُلب: الصلب وهو مكان المنطقة والزنار: ὀσφύς: I 493a21, IX 586b31.

صلبي (ἡ σάλπη: saupe): TF 224–225; VII 591a15.

صلعة: ἡ λειότης: III 518a27; اصلع φαλακρός: III 518a27, VIII 632a4.

صلفيون: في البلدة التي تسمى باليونانية صلفيون: ἐν σιλφίῳ (the land from which the σίλφιον, Cyrenaica, comes instead of the juice), VII 607a23.

صم: اصمّ (κωφός): IV 536b3.

صمغ (ἡ ῥητίνη): VIII 628b27*; صمغ الصنوبر (ῥητίνην): VIII 617a19.

صمغ الصنوبر: VIII 617a19; صنوبرة (ταῖς σφαίραις ταῖς θαλαττίαις): VIII 616a20.

صنارة (τὸ ἄγκιστρον): VIII 621a7, a8; كثرة صنارات (πολυαγκίστροις): VIII 621a16.

صنف (τὸ γένος): I 486a22, II 497b7, VI 559a15; εἴδη: I 486a24, II 505b14; لاصناف المتفقة بالجنس (τὰ ὁμόγονα): VIII 610b13; اصناف مدياس (οἱ Μηδίου ξένοι): VIII 618b14.

اصاب: (IV: λαμβάνω): VIII 628a11, X 638a37; فيصيب طعاما (λαμβάνει τροφήν): VII 589b25; اصابها وجع شديد (πονοῦσι … μάλιστα): IX 584b15; اصاب تعب (ἀλγήσωσι): II 499a30.

صوت: I/II (φθέγγομαι): IV 536a26, VII 606a6, VIII 618a5; τὴν … φωνὴν ἀφιᾶσι: IV 535b21, V 545a7; ᾄδειν: IV 535b6, VIII 615b4; لا يصوت (ἄφωνα): I 488a32.

تصوت (V: βοῶντες): VII 597b14.

صوت: ودوي وكل صوت (ὁ ψόφος): I 492a18, IV 533a16, VII 595a4; اذا احس بصوت او دوي (ἄν τις ψοφήσῃ): IV 535a15; ἡ φωνή: II 501a32, IV 535a27; φθέγγομαι: IV 538b14, VIII 617a20; لحنة حسن الصوت (ᾠδικά): I 488a34; آلة الصوت (δι᾽ οὗ ἡ φωνή): I 493a7; شديد الصوت (νεβροφόνον): VIII 618b20.

صورة (τὸ εἶδος): I 486a16, II 497b10, X 637a13; μορφὴν: I 487b4, II 497b15; الحيوان الثابت على صورته: μόνιμα: I 487b6; ἰδέας: II 504b14.

صورو (ὁ σαῦρος: horse-mackerel): TF 230; VIII 610b5.

صوف (τὰ ἔρια): III 518b32, VII 596b8, VIII 615b22; شبيه بصوف (ἐριώδη): VIII 630a30; بين الصوف الاخضر (βρυώδεσι καὶ δασέσιν): V 543b1; الصوف الاخضر (τοῦ βυσσοῦ): V 547b15; الكثير الصوف (τῶν λασίων): VII 596b5; القليل الصوف (αἱ κολέραι): VII 596b5; جعد الوف (αἱ ὄιες): Bk: αἱ οὖλαι; VII 596b6.

صاح (βοάω): IV 533b27, VIII 614b25, 619a3; κράζουσιν: V 540a13, VIII 613b33.

صاد (θηρεύω): IV 528a32, V 548a30, VII 590b21; ἁλίσκομαι: IV 534a20, V 547a1; بعض الناس يصيدونها (οἱ ἁλιεῖς): VI 566b25; يكون صيد هذا الصنف عسرا (δυσάλωτοί εἰσιν): VII 599b25.

صيد (τῆς θήρας): I 488a18, IV 533b19, V 549b20; ἡ ἅλωσις: VII 593a20.

صيّاد (ὁ ἁλιεύς): I 488a18, IV 532b20, VI 571a9; صيادو الطير (οἱ ὀρνιθοθῆραι): VIII 609a15.

صيود (θηρευτικά): I 488a19.

صار (γίνονται): VIII 627b1, IX 586b20, X 636a15; ποιοῦσα: VIII 612b26; ἁλίσκομαι: VIII 628b22.

صِر (αἱ μαινίδες: sprat): TF 153–155: VI 570b27, VII 607b21 or بالسمك الصغير المستطيل الذي يهيأ منه الصير (μαινίδιον): VI 569a18.

صيرة (τῶν συοφορβίων): VI 571b19.

صيرين (ἡ σειρά; اصناف التي تسمى باليونانية صيرين; σειρῆν): VIII 623b11.

صيصية (τὸ πλῆκτρον): II 504b7.

صيف (τὸ θέρος): I 487b30, IV 531b4, V 542b1; اذا كان اوان الصيف والسموم: ἐν τῷ πνίγει; في شدة **الصيف** (τοῦ θέρους καὶ ἐν ταῖς θερμημερίαις): V 544b11.

صيفي (θερινοί): VIII 632b29; في الزوال الصيفي (περὶ τροπὰς θερινάς): V 543b12, VIII 617a30.

Glossary Arabic-Greek: ض

ضأن (τὸ πρόβατον): I 496b25, II 500a24, III 522a23, a27.

ضبع (ἡ ὕαινα; (animal: WgaÜ 693): ὃν δὲ καλοῦσιν οἱ μὲν γλάνον οἱ δ' ὕαιναν): VII 594a31.

انضجع (VII: κατάκεινται); *يأوي بعض مع بعض وينضجع معا: (νέμονται καθ'έταιρείας): VIII 611a7.

ضاد (III: يضاد بعضه بعضا): ὑπεναντίους: VII 589b12; ومضادة السباع (διαφέρει πρὸς τὰ θηρία): VIII 608a31; يضاده ويقاتله (ἀμυνόμενοι): VIII 615b1.

ضر (I: βλάπτεται): VII 605a26, VIII 609a26; وطلوع ذلك الكوكب يضره (ἀστροβλής): VII 602b22.

اضطر (VIII: ἀναγκάζει): VIII 613a2, IX 582a11.

مضرور (ἀνάπηροι): IX 585b29; πεπηρωμένον: I 498a32.

ضرورة (πηρουμένης): IV 533a12; τὴν βλάβην ταύτην; اضطرار (ἡ ἀνάγκη): X 636b23.

ضرب (I: τύπτω): I 493a23 (τὰ νομίσματα); ضربان [σφακελισμός]: تضرب ضربانا وجيعا مؤذيا (σφακελίζει): III 519b6.

ضرس (τοὺς γομφίους): II 501b4, IV 526a20; والعريضة اعني الاضراس (τοὺς πλατεῖς): II 501b17.

مضرس: بالحديد المضرس (τοῖς τριώδουσιν): IV 537a26.

ضرع (τὸ οὖθαρ): WgaÜ S1 813; III 523a1, VII 596a24; τὸν ... μαστόν: VI 573b7.

ضعف (I: ضعفت وعجزت ومرضت καταγηράσκειν καὶ ἀσθενεῖς γίνεσθαι): VIII 622a26.

ضعف (ἀσθένειαν): V 546a24, VII 596b2.

ضعيف (ἀσθενής): IV 536a6, V 543a4, 544b16; رديء ضعيف (φαῦλα): V 545a31.

ضفدع (ὁ βάτραχος: fishing-frog): TF 28–29; I 487a27, 505b4, II 505b35; الضفدع البحري: I 489b32, VI 565b29; الصفدع البحري الذي يسمى باليونانية اليا (τὸν βάτραχον τὸν ἁλιέα καλούμενον): VIII 620b12.

ضفيرة (τὸ βοστρύχιον): βοστρυχίοις οἰνάνθης: V 549b33.

ضلع (τὸ πλευρόν; η πλευρά): I 493b8, II 503a16; لهن اضلاع قوية جدا (εὔπλευροι): IX 587a3.

اضاء (IV: φαίνομαι): V 536a18.

ضوء الشمس (τὴν αὐγήν): VI 561a32.

ضوضاء (κωτίλος): صوت بصوت شبيه بالضوضاء (παταγεῖ καὶ φθεγγεται θορυβῶδες): VIII 632b18.

Glossary Arabic-Greek: ط

طارنطا (ὁ Τάρας): في ناحية البلدة التي تسمى طارنطا (περὶ Τάραντα): VIII 631a10.

طاطرقس (ἡ τέτριξ or τέτραξ: guinea-fowl): TB 168–169: VI 559a2, a12.

طاطقس (ὁ τέττιξ: cicada): DI 113–133: IV 532b10.

طاغريس (ὁ τίγρις): VII 606a4.

طالنطا (τὸ τάλαντον: weight): VII 607b33.

طاناغوس (τὸ τέναγος): فيما يلي المكان الذي يسمى طاناغوس: περὶ τὸ τέναγος: VII 602a9.

طاوثي (pl.): ὁ τευθός (calamary): TF 260–261: VIII 610b6.

طاوثيس (ἡ τεύθις: (sg.) (calamary): TF 260–261; VIII 621b30; طاوثيداس (pl): VII 590b33, 607b7.

طاوس (ὁ ταώς: peacock): TB 164–167; I 488b24, VI 559b29, 564a25, a30.

طبيب: (ὁ ἰατρός): III 512b24*; X 638b15.

متطبب (τῶν ἰατρῶν): III 512b17*; 514b2.

طبخ (ἑψήσαντες): VII 605b5, X 638b4*; طبخ ونضج: III 521a18*; ἑψήσει: X 638b5.

مطبخ (τὰ μαγειρεῖα): VIII 629a33.

مطبوخ (ἑφθάς): VI 573b11.

طباع: (ἡ φύσις): I 487a3, II 504b12, III 515b5; لحال خصوصية طباعه (διὰ τὴν φύσιν τὴν οἰκείαν): IX 581a11; شبيهة بطباع الاناث (θηλυκά): VII 589b30; على غير الطباع: (παρὰ φύσιν): IX 585b30; من قبل الطباع (κατὰ φύσιν I 499b17, VII 590b26; φύσει: VII 598b21.

طباعي (φυσική): VII 588a30, VIII 608a14.

طبيعة (τὴν φύσιν): I 494b23, II 502a16, III 511b11.

طحل: طحال (ὁ σπλήν): I 496b17, II 503b27, III 512b29; عرق الطحال (ἡ σπληνῖτις): III 512a6, a29; a32.

طحلب (τὸ βρύον: sea-moss): VI 568a29; τῶν φυκίων (sea grass): VI 570b25, VII 591a12, VIII 620b32; τὸ φῦκος (sea grass): VII 591b11, 602a19.

طراخياس (ὁ τριχίας: sardine): TF 268–270; V 543a5.

طرارشيس (ὁ τριόρχης: buzzard): TB 170; VII 592b3, VIII 609a24.

طرد (I: διώκω): VI 571b13, VII 591b6, VIII 619a1.

طرد (ὁ ἀφεσμός): VIII 624a28, 629a9; ἀφέσεις: VIII 625a20, b8; كان الطرد اعني فراخ النحل كثيرا (ὅταν ᾖ πολυγονία): VIII 624a1.

طرغلة (ἡ τρυγών: turtle-dove): TB 172–173: V 544b5, VI 566b7, VII 598a12.

طرغلي (ἡ τρίγλη: red mullet): TF 264–268: VII 591a12.

طرف (τὸ ἄκρον): I 491b16, II 498a27; وطرف القلفة (ἀκροποσθία): III 518a2; اطراف الشجر: ἀκρόδρυα: VII 606b2; فوق اطراف الكتفين (ἐπὶ τῶν ἀκρωμίων): II 498b30, VII 606a16, VIII 630a24; واطراف الاشفار (ἡ βλεφαρίς): III 518a2; مشقوق اطراف الارجل (πολυσχιδῆ): II 499b7; مشقوق اطراف اليدين والرجلين باصابع (αἱ … χεῖρες καὶ οἱ πόδες πολυδάκτυλοι): II 499b7–8; واطرافها الناتئة (τὰς κεραίας): II 499b30; بطرف فمها الحاد (τῷ ῥύγχει): VIII 621a5.

طروشيلوس (ὁ τρόχιλος: plover): TB 171–172: VII 593b11, VIII 612a21.

طروني (ἡ Τορώνη; البلدة التي تسمى باليونانية طروني): III 523a7, IV 530b10.

طري (ἁπαλός): VIII 610a6; طري الرائحة (κεκνισωμένῳ): IV 534b5; عشب الباقلي الطري (χλόῃ κυάμων): VII 595b7.

طريخيا (ὁ τριχίας: (sg.) sardine): TF 268–270; VI 569a26 and طريخيداس (pl): VI 569b25.

طريغلي (ἡ τρίγλη (sg)): TF 264–268; طريغلا (pl) (red mullet): VII 570b22, 591b19, VIII 610b5.

طريغون (ἡ τρυγών: turtle-dove): TB 172–173; VI 565b28.

طعن (πρεσβύτερος): طعن في السن: II 501b12.

طفلينا (ὁ τύφλινος): الحيات التي تسمى باليونانية طفلينا وتفسيره العمى: ὄφεις: VI 567b25–26.

طلطلة (σταφυλοφόρος): طلطلة اعني اللهاة: I 493a2.

طلع (I: ἐπιτέλλω): VIII 617a31; لما طلع كوكب الكلب (ὑπὸ κύνα): VI 569a14.

طلوع (ἀνατολή): VII 602b6; طلوع الضعرى (ὑπὸ κύνα): V 547a14; بعد طلوع الثريا (μετὰ Πλειάδα): VII 598b7.

مطلع: من مطلع الثريا (ἀπὸ Πλειάδος ἀνατολῆς): VII 598b7; عند مطلع الكلب وهو الذي يسمى سيريون (ἀνίσχοντος τοῦ σειρίου): VIII 633a15.

انطلق (VII: ἔρχομαι): VIII 627a23; وتنطلق به (ἀφίησιν): VIII 619a34; يولي وينطلق ويمشي مشيا رقيقا (ὑπαγαγεῖν βάδην ὑποχωρεῖ κατὰ σκέλος): VIII 629b14.

طلق (ἡ ὠδίς): IX 584a32, a33, X 638b8; ὠδίνειν: IX 584a31; اخذ الطلق: IX 586b27; ὁ τόκος: يكون وجع الطلق (ἐν τοῖς τόκοις πονοῦσι): IX 582a20, 584a28; وليس يكون وجع طلق (οὐκ ἐπίπονοι γίνονται οἱ τόκοι): IX 586b35; اوجاع طلق (τῆς ὠδῖνος): IX 587a2.

طمث (I: αἱ καθάρσεις ἐπιγίνονται): IX 587b33, 588a1; لا يطمثن γίνονται ἄνηβοι: 581b23; τὰ καταμήνια: VI 574a31, IX 581a32; αἱ συνήθειαι γίνονται: VI 575b19; τὰ γυναικεῖα γίνεται IX 582b24, X 636a39.

طمث (τὰ καταμήνια): III 518a34, VI 573a16, IX 581b1; τῶν γυναικείων: IX 582a9, X 635a14; الطمث يهيج (ἡ τῶν γυναικείων ὁρμὴ γίνεται): IX 582a34; ἡ κάθαρσις: IX 582b1; وانقطاع الطمث τῶν ἐπιμηνίων σχέσιν X 638b17; الطمث الابيض (τὰ λευκά): IX 581b2.

طنثردون (ἡ τενθρηδών: perh. wild bee): DI 82–83; VIII 629a31.

تطهر: بعد التطهر من الطمث (μετὰ τὴν κάθαρσιν): X 635a33.

طوبانوا (ὁ τύπανος: perh. gold-crested wren): TB 174: VIII 609a27.

طوثيس (ἡ τευθίς: (sg.) calamary): TF 260–261: I 489b35, IV 523b29; طوثيداس: (pl.):

IV 524a25, V 541b1; also ὁ τεῦθος: طوثو: (pl.) and طوثوا (οἱ τεῦθοι): I 490b13, IV 523b30, 524a25.

طورانوس (ὁ τύραννος: gold-crested wren): TB 174; VII 592b23.

طوروني (ἡ Τορώνη): الذين يسكنون البلدة التي تسمى باليونانية طوروني: οἱ ἐν Τορώνῃ: V 548b15.

طويثوس (τὸ ἦθος): VIII 615a18.

طيب: اقل لذة وطيبا (ἧττον ἡδέα): VI 559b25; رائحة الازهار الطيبة الريح (ταῖς τῶν μύρων): VIII 626a27; حلوة عاذبة طيبة (γλυκὺν): I 490a25; اسمن واخصب واطيب (πίονα): VII 598a17; ولحمه اطيب (ἡδύκρεων): VIII 630b7.

طيثوا (τὸ τήθυον: sea-squirt): TF 261–262; IV 528a20, V 547b21, VII 588b20.

طار (πέτομαι): II 504a34, IV 528a31, VII 597a32; ἀναπέτομαι: VII 601a9; ἀποπέτομαι: VIII 624b2; ἐκπετόμενοι: لا تطير ولا تخرج μηκέτι … ἐκπέτεσθαι: VIII 628a24; ولما يطير من هذا الحيوان ارتفع عن الماء وطار (πέτονται μετέωρα): IV 535b28; (τὰ πτηνὰ αὐτῶν): IV 532a19; تطير رفا رفا (ἀγελάζονται): VII 597b7.

طير (ὁ/ἡ ὄρνις): I 486b21, II 498a28, IV 529a2; حال اصناف واجناس الطير (περὶ τοὺς ὄρνιθας): VIII 620b9; طير صغير (τι ὀρνίθιον μικρὸν): VIII 616b28; صنف الطير الذي يقال ان ليس له رجلان (οἱ ἄποδες): VIII 618a31; وشباب اناث الطير (αἱ νεοττίδες): VI 560b4; الطير الذي يأوي في قرب المياء (τῶν ἐνύδρων): VI 559a21; τὸ ὄρνεον: VI 559a19, VII 593b26; الطير الليلي (τῶν νυκτερινῶν): VII 592b8; الطير المعقف المخالب (οἱ γαμψώνυχες): VI 563b7, VII 593b25; الطير المستقيم المخالب (τῶν εὐθυωνύχων): VII 600a19; VIII 633b2; الطير الاسود الرأس (οἱ μελαγκόρυφοι): VIII 632b31; الطيور التي تنقر الشجر δρυοκολάπτας: woodpecker: TB 51–52; VII 593a5, VIII 614a34; الطير الذي فيما بين اصابعه جلد (στεγανόποδες): VII 593b15; πτηνὸν: I 487b21, III 517b2.

طائر (ὁ ὄρνις): I 486a23, II 503b29, VII 597a11; جميع الحيوان المنسوب الى جنس الطائر ὅσα πτερωτὰ I 492a25.

طيران (τῇ πτήσει): IV 535b10, VI 563b24; رديء الطيران (κακοπέτης): VIII 616b11.

طيفي (ἡ τίφη: a kind of beetle): VII 603b26.

500 طيلباذياقي

طيلباذياقي (Λεβαδιακός; البلدة التي تسمى طيلباذياقي): VII 606a1.

طيلون (ὁ τίλων: perh. a kind of perch): TF 262; في البلدة التي تسمى باليونانية باليرو وطيلون (ἐν δὲ τῷ βαλλιρῷ καὶ τίλωνι): VII 602b26.

طين (ἡ ἰλύς): III 515a24, VI 569a11; βόρβορος: V 547b12; πηλοῦ: VII 591b20, VIII 618a34; في الاماكن الكثيرة الطين والحمأة (ἐν τοῖς σπιλώδεσι τόποις): V 548a2; في المواضع الخشنة والتي فيها طين كثير (τοὺς τραχεῖς καὶ τοὺς πηλώδεις): V 549b18.

Glossary Arabic-Greek: ظ

ظرف (ὁ κύρτος): السمك ⟨به⟩ الظرف الذي يصاد: IV 534b3.

ظفر (ὁ ὄνυξ): I 486b20, II 498b1, III 511b8; اظفار اعني مخالب شبيهة بمخالب الطير المعقف الطير الذي الاظفار (ὀνύχια ἐπὶ τούτων ὅμοια τοῖς τῶν γαμψωνύχων): II 503a29–30; له اظفار معقفة اعني مخالبه (γαμψώνυχον): I 488a5, III 517b1.

ظلف (ἡ χηλή): II 499b9, III 517a12; διχαλά: II 499a2, b14; ὄνυχές III 517a7; لها في كل فهو مشارك رجل الا ظلف واحد (μώνυχες): II 499b13; αἱ ὁπλαί: VI 575a28, 604a15; فهو مشارك الاظلاف (ἐπαμφοτερίζει): II 499b21.

ظهر (τὸ νῶτον): I 489b4, II 499a14, VII 593b1; τὰς ψοιάς: III 512b21, b25; في وسط الظهر (τῇ ὀσφύι): VI 566a12; فقار الظهر (τὴν ῥάχιν): I 497a15; خرز الظهر (τὴν νωτιαίαν ἄκανθαν): III 512a3; شوكة الظهر (τὴν νωτιαίαν ἄκανθαν): III 511b33; وظهره (τὸ ὕπτιον): II 499b28, VII 591b26; τοῖς πρανέσιν: IV 530b23; τῶν δ' ὄπισθεν: I 493a21, III 514b19; فيما بين الصدر والظهر (τοῦ ἄνω καὶ κάτω): I 493b14.

Glossary Arabic-Greek: ع

تعبد (V: δουλόω): يخضع ويتعبد (δουλοῦται ἰσχυρῶς): VIII 610a16–17.

عبد: لصنف الذي يسمى اسطارياس وتفسيره النجمي فانه يقال في امثال ان خلقته من خلقة عبيد: ὁ δ' ἀστερίας ὁ ἐπικαλούμενος ὄκνος μυθολογεῖται μὲν γένεσθαι ἐκ δούλων: VIII 617a5–6.

عبر (συναποθνήσκει): X 638a36; معبر (ὁ πόρος): I 492a25, 495b17.

عتق; عاتق (τῶν παρθένων): IX 581b29, 582a5; αἱ παῖδες: IX 582a8.

عجب (I: θαυμάζω): VIII 633a8.

عجب: شيئا من اصناف العجب (τι τερατῶδες): VI 575b13.

عجيبة: وانما ذلك صنف من اصناف العجائب (καὶ μὴ τερατωδῶς): I 496b19.

اعجوبة: ما مثل الاعاجيب (τι τερατῶδες πάθος): V 544b21.

عجيب (τερατῶδες): VI 562b1, IX 584b9.

عجز (I: γηράσκω): VI 573a33; λαμβάνει … γῆρας: IX 583b27; ضعفت وعجزت و مرضت (καταγηράσκειν καὶ ἀσθενεῖς γίνεσθαι): VIII 622a26; ἀπομαλακίζεται: VIII 613a1.

عجز (τὸ ὀρροπύγιον): IV 525a12.

عجل (ὁ μόσχος): VIII 632a13; οἱ δαμάλαι: VIII 632a15; عجل بقرة (ὁ μόσχος): V 546b12; τῶν νέων: VII 595b13.

عِجّول: (pl: عجاجيل) (οἱ μόσχοι): V 545a19.

عدس (ἀφάκη: tare): VIII 596a25.

عدم (I: στερίσκομαι): I 487a18, III 521a11, V 547b17.

عدم; عدم الولاد (τῆς ἀτεκνίας): X 636b8, 636b11*; b20*.

عذب (γλυκύς): VI 567b18, VII 601b18; الماء العذب (τὸ πότιμον ὕδωρ): VII 603a4, VII 590a19.

عربي: الجمال البحاتي والعربي αἱ κάμηλοι ἀμφότεραι, αἵ τε Βακτριαναὶ καὶ αἱ Ἀράβιαι II 498–499.

اعرج (χωλός): IX 585b29; الضبعة العرجاء (ὃν δὲ καλοῦσιν οἱ μὲν γλάνον οἱ δ᾽ ὕαιναν): VII 594a31.

منعرج: ملتو منعرج (ὅμοιον τῇ τοῖς κήρυξιν ἑλίκῃ): IV 524b12.

ابن عرس (ἡ γαλῆ: weasel): VIII 609a17, b28, 612a28.

عريض (πλατύς): I 491b13, II 497b34, III 514a33; كل ما كان منها عريضا له ذنب (τὰ πλάτεα καὶ κερκόφορα): II 489b31; اصناف السمك العريض (τῶν πλατέων): VI 565b28, VI 566a32.

عرف (λοφιὰν): II 498b30, VII 603b23; χαίτην: VII 594a32, VIII 630a24, a27.

عراف: العرافون واصحاب زجر الطير (οἱ μάντεις): VIII 608b28.

عرق (ἡ φλέψ): I 487a7, III 511b3, IX 586a21; العرق الكبير (τῆς μεγάλης φλεβὸς): VI 561b25; بالعرق العظيم: I 495b33, III 511b31; ἡ ἀορτὴ: III 514b20, b22; العرق الخشن (ἡ ἀρτηρία): III 514a9, IV 535b15; عروق ظاهرة كثيرة (κοτυληδόνας): III 511a29; بافواه العروق (κοτυληδόνος): III 527a25; عرق الطحال (ἡ σπληνῖτις): III 512a6; عرق الكبد (ἡ ἡπατῖτις): III 512a6; عروق الزرع (σπερματίτιδες): III 512b8; عرقي الذبح σφαγίτιδες: III 512b20, 514b4; عروق دقاق (αἱ ἶνες): III 520b26, VI 561a15; عِرق النسا (ἰξία): III 521a29; العرق الاعظم الذي يسمى اليونانية اوطي (τῆς ἀορτῆς): III 510a14; في اعراق الشجر (ἐν τοῖς θαλλοῖς τῶν δένδρων): VIII 616a10.

معَرَّق (νευρῶδες): I 492a2.

عرق (I: ἴδισαν): III 521a14.

عرق (ἱδρῶτα): III 521a14, 518a5*; ἴδρωμα: X 635b19.

عُسر (πόνος): VII 604b6*; بعسر (μόλις): IX 585b19; عسر البول (ἡ στραγγουρία): IV 530b9, IX 584a12; عسر ولادة النساء (τὰς δυστοκίας τῶν γυναικῶν): IX 587a11.

عسل (τὸ μέλι): I 488a17, VII 605a29, VIII 612b14; اصحاب التعاهد العسل (οἱ μελιττουργοὶ): VIII 623b31; القوام على العسل (τῶν μελιττουργῶν): VIII 623b31; النحل الذي يعمل العسل (τῶν μελιττίων): VIII 624a5.

عشش (νεοττεύω): VI 564a5, VII 593a23, VIII 615b15; φωλεύω or φωλέω: V 542b27, VII 599a16, 600a11; يعشش ويتولد (ἐκτίκτει): VIII 629a35.

عش (ταῖς θαλάμαις): IV 533b7, VII 590b24; τὰς μυρμηκίας: IV 534b23; ἡ νεοττία: VI 558b31, VIII 613a1; يبني عشا (νεοττιὰν ποιοῦνται): VI 559a5; ἡ φωλεία: VII 599a13; اعشة الدبر (τὰς σφηκίας): VIII 626a12.

عشب (ἡ πόα): VI 564a12, VII 590b7; الحشيش والعشب (πόαν): VIII 609b15; عشب ترعى منه (ἐδεσμάτων τινῶν): III 522a4; يعتلف العشب والحشيش (εἰσὶ ποηφάγα): VII 596a13; عشب الباقلى الطري (χλόη κυάμων): VII 595b7; τὸ βρύον: VII 591b22; βοτάνας: VII 592a25; τὸν ὀπὸν: VIII 612a30.

عشق (ὁ ἔρως): VIII 631a10.

عشي (ἡ δείλη): VIII 596a8.

عشاء: عند العشاء (ὀψὲ): VI 574a4.

عصب (τὸ νεῦρον): I 486a14, III 511b7; ὑμένες II 503b21; ἶνες III 519b33; من عصب (νευρώδη): II 500b22, III 510a18.

عصبي (νευρώδης): IV 533a13.

عصفور: ὁ/ἡ στρουθός (sparrow): TB 160–162: II 506b22, III 519a6, VII 592b17; ἡ ἀηδών (nightingale) TB 10–14: VIII 632b21; الطير الصغير اعني عصفور الشوك: αἰγίθῳ (perh. linnet) TB 15: VIII 609a31; ἡ ἀκανθίς (goldfinch) TB 18–19: III 610a4.

عضّ (I: δάκνω): VI 571b12, VII 594b14, VIII 623b2.

عض (τὰ δήγματα): VII 604b19, b21; عضة الكلب (τῶν κυνοδήκτων ἑλκῶν): VIII 630a8.

عضد (ὁ βραχίων): I 486a11, 491a29, III 513a2; العضدين والذراعين (τῶν βραχιόνων): III 516a32; موضع اصل العضد (κατὰ τὸ ὠλέκρανον): I 493b32; οἱ ἀγκῶνες: I 493b24.

عضلة (ἡ ἴς): III 519b23.

عضو (τὸ μέλος): I 486a9, V 550a6, IX 583b18; τὸ μέρος: I 486a10, III 511a35; اعضائه العامية κοινὰ … μέρη: IV 523a31; العضو الذي يتلوه (τῆς μήκωνος): V 547a16, IV 529a5; τὸ μόριον: I 486a15, III 511b3; العضو المهيج للاناث الى شهوة السفاد (ἡ καπρία): VIII 632a25; اعضاء في افواهها شبيهة بآذان (τὰ βραγχιοειδῆ): IV 526b20; العضو الذي يكون على اصله (ἡ ἐπιγλωττίς): I 492b34; الاعضاء التي في الظهر τὰ ὀπίσθια I 493b20; اعضاء المحاشي (τῶν αἰδοίων): VII 581a28.

عطاس (ὁ πταρμός): I 492b6, b7*.

عطش (I: διψάω): VII 596a20.

عَظم (τὸ ὀστοῦν): I 486a14, II 506a19, VIII 612b16; العظم الذي في يافوخ الرأس (τὸ βρέγμα· IX 587b13; ὀστῶδες: IV 523b15, II 500b23.

عظم (I: εἰμι μείζων): III 518b28, IV 525b2; فنه ما يعظم (τὰ μείζω): X 638b23,

III 509b30; ما عظم من الحيوان البحري (τῶν ἐνύδρων τὰ κητώδη): I 489b1; ما عظم من السباع (τὰ θηρία τὰ μεγάλα): II 598b1.

عظيم (μέγας): I 490b16, IV 526a4; الحيوان البحري العظيم الجثة (ὅσα οὕτω κητώδη): I 492a27; عظيمة البطن (πλατυγάστωρ): VII 624b25.

عظاية (ἡ σαύρα): II 498a14.

عفن (I: σήπεται): III 521a1, VI 570a23, VIII 626b19.

عفونة (σήψεως): VI 569a28, 570a20; في مواضع الفيء الكثيرة العفونة (ἐν τοῖς ἐπισκίοις καὶ ἑλώδεσι τόποις): VI 569b9–10.

عقب (ἡ πτέρνή): I 494a11, II 502b18, 503a11.

عقاب (ὁ ἀετός): TB: 1–10: eagle: I 490a6, III 517b2, V 540b18; العقاب الاسود (μελανάετος: eagle): TB 114: VIII 618b28; ὠτίδος (bustard): TB: 199–200; VIII 619b13.

عقرب (ὁ σκορπίος: sea-scorpion): IV 532a16, VII 602a28, 607a14; العقرب البري τοῦ σκορπίου τοῦ χερσαίου: II 501a31; V 543a7; خلقته شبيهة بخلقة العقرب (σκορπιῶδες): IV 532a19.

عقل [νοῦς]: I 492a8*; حاد العقل (πρὸς ὀξύτητα ὄψεως κράτιστον): I 492a4; حسن حال العقل (βελτίστου ἤθους): I 492a12; لب العقل (τῆς περὶ τὴν διάνοιαν συνέσεως): VIII 588a23.

عقم (στέριφος): VIII 611a13.

عقورين: صنف العقورين الاحدب (ἡ κυφή): IV 525b31; τῶν κυφῶν καρίδων (small crab): TF 103–104: IV 525b32; ἡ σμαρίς (picarel): TF 247–248: VII 607b22.

عقوسين (ἡ καρίς: small crab or lobster): TF 103–104: VII 591b14.

عكّر (II: ταράττω): VII 592a6, VIII 621b29*.

تعكر (V: ἀναθολοῦται): VII 592a8.

عكر: في الاماكن الرملية العكرة الماء (ἐν τοῖς ἀμμώδεσιν ἢ θολώδεσιν): VIII 620b16.

معكوس (βλαισός): الاوساط معكوسة الرجلين الى خلف (τοὺς δὲ μέσους εἰς τὰ βλαισὰ τῶν ὀπισθίων): VIII 624b2.

اعتلف (VIII: ἐσθίοντα): VI 573a26, VII 596a3; الخيل التي تعتلف في البيوت (οἱ τροφίαι ἵπποι): VII 604a29; يعتلف الحبوب (εἰσὶ … καρποφάγοι): VII 595b5; يعتلف العشب والحشيش (εἰσὶ … ποηφάγα): VII 596a13.

علف (τὰ ἐπιτήδεια): III 522a4, V 544b9; τὴν τροφήν: VI 564b9, 572a3; الحمى الذي يكون من كثرة علف الشعير (κριθιᾶν): VII 604b8; العلف والمرعى (τροφῆς): VI 575b32–33; εὔχορτον ἐστιν: VII 595b26.

علم (ἡ ἐπιστήμη): I 491a9*; III 518a11*; في علم الشق (ἐν ταῖς ἀνατομαῖς): I 497a32.

علامة (τὸ σημεῖον): III 523a1, IV 530b16, VIII 620b34; علامة دليلة (σημεῖον): I 492b7, VIII 611a12; تلك النقطة اعني العلامة (τοῦτο τὸ σημεῖον): VI 561a12; τεκμηρίῳ: VIII 628b21, 629b31.

تعليم (διδασκαλίας): VIII 608a18; اكثر ادبا وتعليما (μαθητικώτερον): VIII 608a27; جيد التعليم (μαθεῖν ἀγαθὸς): VIII 616b11.

عمر (ὁ βίος): V 545b17, 546a28, VII 588a17; من قبل تدبير اعمارها (κατὰ τοὺς βίους): I 487a14; طول العمر τοῖς μακροβίοις I 493b33; القليل العمر (βραχυβιωτέρων): VIII 608a12.

عمق (κοῖλος): I 497a5, IV 525a22, 531a27; اعماق وتجويف (ἐν τοῖς κοίλοις): VI 559a10; في المواضع واعماق الكعبين (τὰ κῶλα): II 499b28; τὸ βάθος: III 520b9, IV 529a31; ... التي لا عمق لها (ἐπὶ τοῖς … πλαταμώδεσιν): V 548a26; τῷ βυθῷ: IV 537a24, VII 600a7; من اعماق البحر (ἐκ τοῦ πελάγους καὶ τῶν βαθέων): VI 566a24.

عميق (κοῖλος): I 495b8, IV 530b24, V 549b32; في المياه العميقة (ἐν τοῖς βαθέσι): VI 568a26; الاماكن الصخرية العميقة التي يجتمع اليها سيل ماء السماء لعمقها (τὰς χαράδρας): VIII 614a31.

اعمى (IV: ἀποτυφλόω): VII 602a2, VIII 618b7.

اعمى (τυφλός): VI 574a23, VII 600b28, IX 585b30; الحيات التي تسمى باليونانية طفلينا وتفسيره العمي (οἱ τυφλίναι ὄφεις): VI 567b25–26.

عنبة (ἡ σταφυλή): I 493a4.

عنز (ὁ/ἡ αἴξ): I 488a31, II 499b10, V 545a24; عنز بري (αἴξ ἄγριος): VII 606a7.

عنق (ἡ αὐχήν): I 491a28, II 497b14, 521a21; ὁ τράχηλος: III 512a25, V 547a16, VIII 612a35; عنق الرحم (τοῦ καυλοῦ): X 637a26; الاطواق السود التي في اعناق الذكورة (τὰ περὶ τὸν πώγωνα μέλανα): VIII 613a31.

عنقود (ὁ βότρυς): V 547a3, 549a24; ἀφέσεως: VIII 625b7.

عنكبوت (ὁ ἄραχνος ἤ ἀράχνη); I 488a16, IV 529b25: VIII 609a29; ἀράχνιον: VII 605b13; الدودة التي تنسج العنكبوت (τὸ σκωλήκιον τὸ ἀραχνιοῦν): VII 605b10; φαλάγγια: IV 538a28, V 542a11.

تعاهد (VI: θεραπεύηται): V 545b32; ἐπιμέλειαν ποιοῦνται: VI 563b10; اصناف تعاهد الاولاد لمصلحتها (αἱ περὶ τὴν τεκνοποιίαν … πράξεις): VII 589a3; اصناف التعاهد العسل (οἱ μελιττουργοὶ): VIII 623b31.

Glossary Arabic-Greek: غ

غالا (ὁ γαλεός (sg.): dog-fish): TF 39–42: III 511a4, VI 565b27, VIII 621b16.

غاليوس (ὁ γαλεός: (sg.): صنف السمك الذي يسمى (باليونانية) غاليوس وهوالصنف الاملس الجسد (οἱ δὲ καλούμενοι λεῖοι τῶν γαλεῶν): VI 565b24; صنف السمك الذي يسمى باليونانية غاليوس ⟨اغثياس⟩ ὁ δ' ἀκανθίας γαλεὸς (shark): TF 6: VI 565a29.

غالائي (ὁ γαλεός: (pl.): والصنف الآخر من السمك الذي يسمى باليناينة غالائي (οἱ μὲν οὖν ἄλλοι γαλεοὶ): VI 565b24, also: غالاي: ὁ γαλεός (pl.): VI 566a19.

غالاودس (ὁ γαλεώδης): V 540b27, and also غالاودي (ὁ γαλεώδης): VI 565a13–14, a20.

غالاوديس (ὁ γαλεοειδής): VI 566a31.

غداف (ἡ κορώνη: crow): TB 97–100: III 509a1, VII 593b13, 606a25; ὁ κόραξ (raven: TB 91–95): VIII 609a20.

غذو (I: غذا: τρέφω): IV 532b13, VI 570a11; ويغذى وينشؤ (τρέφεται): V 548a20; وغذى ويصيب طعمه (τρέφεται; ἐκτρέφει): VII 589a30, 598b5; تغذى معه (συντρεφόμενον αὐτοῖς): VIII 618a25; σιτίζοντες: VI 564a18; νέμονται: VII 591a25, 598b23.

غذى (II: ἐκτρέφοντες): VIII 631b15, X 635b9*.

تغذى (V: τρέφεται): III 515b17.

غذاء (ἡ τροφή): I 487a17, 489b8, IV 535a1; طعمه وغذاءه (τὴν τροφὴν): I 487b1, VI 567b14; اكثر غذاء (τροφιμώτατον) واصناف الغذاء والطعم والعلف (τὰς τροφὰς): VII 588a18; ἔκβρωμα: VIII 625a9.

غرب (ἡ πτελέα: elm): VII 595b11; شجر الغرب (τὰς πτελέας): VIII 628b26.

غراب (ὁ κόραξ: raven): TB 91–95; II 506b21, 509a1, III 519a6; والذي يسمى غراب الليل: νυκτικόρακες (long-eared owl or night-heron): TB 119–120: VIII 619b18; τῶν κορωνῶν (crow): TB 97–100; VI 564a16.

غريب (ξένον): VIII 619a20; ξενικὸς: VIII 616b18, 618a13*.

غرنوق : ἡ γέρανος (crane): TB 41–44; I 488a4, III 519a2, VII 597a4; τῶν πελαργῶν (stork): TB 127–129: VIII 615b23.

غزير (μέγας): VII 600a9; مطر غزير (ἐπομβρίας): VIII 628b28.

غزال (ἡ δορκάς): II 499a9; νεβροὺς: VIII 619b10.

غشاء [ὁ ὑμήν]: II 508b33*; مثل غشاء وغطاء (οἷον ἔλυτρον): IX 586b23.

غصن (ἡ κερκίς: aspen): VII 595a2.

غطّى (καλύπτω): V 549a34; عضو ناتئ اعني الذي يكون على اصل اللسان ويغطي رأس سبيل قصبة الرئة: τὴν δ᾽ ἐπιγλωττίδα ἐπὶ τῆς ἀρτηρίας: II 504b4; غطوا القدر بغطائها (πωμασάντες): VII 627b8.

غطاء (ἐλύτρῳ): I 490a14, 495a29; مثل غشاء وغطاء (οἷον ἔλυτρον): IX 586b23; τὸ κάλυμμα: II 505a2, V 547b5; τὸ ἐπιπολῆς κάλυμμα: VIII 624b31; τὸ ἐπικάλυμμα: II 505a1; τὸ πῶμα: IV 530a21; τὸ ἐπίπτυγμα: IV 528b8; ومنه ما له غطاء رقيق سبيه بالقشر (ἀνέλυτρα): I 490a15; غطاء اعني صفاقات (ὑμένες): III 519a30.

غلاقس (ἡ γλαύξ: owl): TB 45–46: VII 592b13.

غلانيس (ὁ/ἡ γλάνις: sheat-fish): TF 43–48: VI 568a21, VII 602b22.

غلاقاس (ἡ γάλαξ: shell-fish): TF 38; IV 528a23.

غلاو (ὁ γαλεός: dog-fish): TF 39–42: I 489b6.

غلطيس (ἡ γλωττίς: perh. wryneck): TB 47: VII 597b20.

غلظ (I: παχύνομαι): III 522a1; ἁδρυνόμενον: IX 586b24; تغلظ وتخن (τραχύτερον): VIII 611a35.

غلظ (τὸ πάχος): II 507b26, 512a15, IV 528a27; παχύτητι: VI 574b13; مستوي الغلظ (ἰσοπαχὲς): IV 527a7, 532b21.

غليظ (παχύς): I 494a17, III 512a14, IV 524b13; غليظ ثخين (παχύ): VIII 622b11.

غلاف (τὸ κολεόν): IV 531b24; ما لجناحيه غلاف (τὰ δὲ κολεόπτερα): I 490a14, VII 601a3; ἔλυτρον: IV 532a23.

غلام: ὁ παῖς: VIII 632a1*.

غلوقس (ἡ γλαύξ: owl): TB 45–46; VII 597b22, b25, 600a27.

غلوقوس (ἡ γλαῦκος: perh. a kind of shark): TF 48; VII 598a13, 599b32.

غمام (ὁ σπόγγος: sponge): TF 249–250; V 548a23, 549a4; **للسفنج وهو الغمام** (ὁ σπόγγος): I 487b9, V 548a28; الحيوان البحري الذي يسمى باليناية اسفنج وهو الغمام (ὁ δὲ σπόγγος): VII 588b20.

منغمس (ὑπερέχῃ): VIII 630b28.

اغمض (IV: συμμύουσιν): IV 535a18; σκαρδαμύττουσί: II 504a29; ويغمض عينيه (τὰ βλέφαρα συμβεβληκότες): III 514a7.

غنقروس: غنقري (pl.): ὁ γόγγρος (conger eel): TF 49–50; II 507a11; (sg.): (pl.) VI 571a28, VII 590b18; وغنقري البيض (γόγγροι οἱ λευκοί): VII 598a13; وغنقري السود (γόγγροι οἱ μέλανες): VII 598a14.

غنم (τὸ πρόβατον): III 519a13, VI 573b24, VII 596a13; τῶν οἰῶν: VII 596a31, VIII 610b32.

غاب (I: ἐκτοπίζω): تغيب من مكانها: VIII 614b19; οὐ (!) φωλοῦσιν: VII 600a25.

غيبوبة (τῆς φωλείας): VII 600b17; δύσιν: V 542b22, VII 599b11; عند غيبوبة الشمس (καταφερομένου τοῦ ἡλίου): VIII 623a21; من زمان غيبوبة الثريا (ἀπὸ Πλειάδος): VII 599a27–28.

غياض (ἡ λόχμη): VIII 610a10; τοῖς δασέσιν: VIII 611b11, 629b15; τῇ ὕλῃ: VIII 615a15,

629a19; الذي يرعى في الغياض والجبال (τῶν ὑλονόμων): VIII 624b29; βήσσας: VIII 618b24.

غيلانيس (ὁ γλανίς: sheat-fish): TF 43–48: I 490a5.

غيم (ἡ σπογγιά: sponge): TF 249–250; VIII 616a24.

Glossary Arabic-Greek: ف

فأقس (ἡ φῶυξ: heron): TB 185; VIII 617a9.

فابيص (ἡ φάψ: pigeon): TB 179–180; VIII 618a10.

فأر (ὁ μῦς): I 488a21, III 511a31, VII 595a8; الحيات التي يصيد الفأر (τοῖς ὄφεσι … τοῖς μυοθήραις): VIII 612b3.

فابوطوبوس (ὁ φαβοτύπος: (sg.) hawk): TB 175; فابوطوبوا (pl.): البازي الذي يسمى باليونانية فابوطوبوس: VII 592b2 (sg); البزاة التي تسمى فابوطوبوا (pl.): τῶν δὲ γυπῶν (!) VII 592b6.

فارس (ἡ Φάρος): VII 607a14.

فأس (ὁ πέλεκυς): X 638b12.

فاسياني (ὁ φασιανός: pheasant): TB 176–177; VI 559a25.

فاسيس (ὁ Φᾶσις): III 522b14.

فاغروس (ὁ φάγρος: (sg.): فاغري (pl.): sea-bream): TF 273–275; VII 601b30 (sg.), VII 598a13 (pl.).

فالاخيوان (τὸ φαλάγγιον: spider): VI 571a5.

فالارغوس (ὁ πελαργός: stork): TB 127–129; VII 593b19.

فالاريس (ἡ φαλαρίς: coot): TB 176; VII 593b16.

فالاريقي (Φαληρικός): VI 569b24.

فالانا (ἡ φάλαινα: whale): TF 275; I 489b4, III 521b24.

فبص (ἡ φάψ: pigeon): TB 179–180; VII 593a20.

نفت: فواخت (pl): (ringdove) TB 177–179; I 488b2, II 508b28, VI 558b22; φαψὶ

(pigeon) TB 179–180; VIII 613a12; ἡ οἰνάς (pigeon) TB 120–121; V 544b5; ἡ τρυγών (turtle-dove) TB 172–173; VI 562b4, VII 597b6; الذي يسمى فاختة الحيوان (τρυγόνες): V 540a31.

فخذ (ὁ μηρός: thigh): I 487a1, II 499b4, III 516a36; τὰ σκέλη: VIII 630b3; وساقين وناحية الفخذين (τοῖς προσθίοις σκέλεσιν): I 498a24; اصل الفخذين (τὴν πρόσφυσιν): III 512a12; فاما فخذ الطائر فهو فيما بين الورك والساق (τὸν δὲ μηρὸν μεταξὺ τῆς κνήμης): II 504a2–3.

فخار (τὸ κεράμιον): IV 534a21; والذي خزفه جاس مثل خزف الفجار (τὰ ὀστρακόδερμα): IV 534b15.

فروج (ἡ νεοττίς): V 559b23.

افرخ (IV: ἐκτρέφω): V 542b4; τίκτειν: يبيض ويفرخ: VI 558b24, 559a10; νεοττεύει: VI 559a4; γεννᾶν: VI 562b28; وتفرخ وينكسر قشرها (ἐκλέπεται): VI 562b19; ويسخن بيضها ويفرخ (ἐπῳάζουσιν): VI 546b6.

فرخ (τὸ γινόμενον ζῷον): I 489b7; τὰ δ' ἔκγονα: VI 562a23, VIII 615b24; τοῖς νεοῖς: VIII 613a33; ὁ νεοττός: II 508b5; τοῖς τέκνοις: VI 563a26; كان له فراخ (τεκνοτροφῇ): VIII 625b20; τῶν σχαδόνων: VIII 624a8; جيد الخروج لفراخ (εὔτεκνος): VIII 615a33; كان الطرد اعني فراخ النحل كثيرا (ὅταν ᾖ πολυγονία): VIII 624a1; τὸ ἔμβρυον: VI 561b23, 565a7; الفراخ الصغار من فراخ الطير (τῶν μικρῶν ὀρνιθίων): IV 536b14; وضعه البيض وخروج فراخه (τοὺς τόκους): V 542b3, 544a29.

فراخ النحل (ὁ γόνος τῶν μελιττῶν): VIII 625b28; μόσχου: VIII 626b32.

فرس (ὁ ἵππος): I 486a19, II 498b30; فرس انثى: (τὴν ἵππον): IX 585a4; فرس ايل (ὁ ἱππέλαφος): II 498b32, 499a8; والفرس النهري (ἵππος ὁ ποτάμιος): VII 605a13; والافراس البحرية (ἵπποι ποτάμιοι): VII 589a27.

فارس (ὁ ἱππεύς: crab: سراطين صغار تسمى الفرسان: οὓς καλοῦσιν ἱππεῖς): IV 525b7–8; صنف النمل الذي يسمى فرسانا: ἱππομύρμηκες (horse-ant) VII 606a5.

فرسالوس (ἡ Φάρσαλος): VIII 618b14, IX 586a13.

فرستيس (ἡ πρίστις: perh. saw-fish): TF 219; VI 566b3.

فراش (ἡ ψυχή: butterfly): IV 532a27; ὁ ἠπίολος (moth): VII 605b14.

فرع (ἡ ἀποφυάς: appendage): II 508b14, b16*, b22*.

فرفر or فرفورا: ἡ πορφύρα (purple-fish) TF 209–218; IV 528b30, IV 530a5.

فرنوس or (فرونوس; ἡ φρύνη; ὁ φρῦνος: toad): IV 531a1, VIII 609a24.

فروة: فروة الرأس: (τὸ κρανίον): I 491a31, b9.

فسق (I: الذي فسق: ὁ μοιχός): IX 585a16; فاسقة (μοιχευομένη): IX 585a15.

فسّل: (II; διηρθρῶσθαι): I 496a19*; III 521a10.

تفسل (V: تفصلت: διαρθροῦται): IX 584b6.

فصد (I: τὰς φλεβοτομίας ποιέομαι): III 512b17; ἀποσχαζόντων: III 514b2.

انفصل (VII: διαρθρουμένου): I 489b9, VI 566b5, IX 586a19.

تفصيل (διάρθρωσις): IV 535a31, IX 583b23; ἄρθρον τι: IV 536a4.

مفصل (διηρθρωμένα): II 504b34, 508a32; مفصلة بفصلين (δικοτύλους): IV 523b28.

مَفصِل (καμπὰς): II 498b1; τῶν ἄρθρων: III 515b4; في ناحية مفصل المنكبين (ἡ καμπὴ τῶν ὤμων): I 498a25.

فضلة (τὸ περίττωμα): I 489a3, II 500b29, V 541b32; τὸ ὑπόστημα: VI 562a9; وما من سبيل الذي تخرج منه فضلة الطعام يجتمع من فضلة الطعام (τὰ ὑποστήματα): I 487a6; (κατὰ τὴν ὑποχώρησιν): VII 594a13; τὴν ἔκκρισιν: IX 582b1; ἡ σφυράς: IX 586b9; اجتمعت فضلة يابسة (ξηρὰς συστάσεις): III 519b19.

الفضلة المخاطية (τὸ βλέννος: sea-goby): VII 591a28.

فطس (I: βλαισός): IV 526a24.

افطس الوجه (τὴν δ᾽ ὄψιν σιμός): II 502a11.

افعى (ἡ ἔχιδνα): I 490b25, VII 599b1; ἡ ἔχις: III 511a16, VII 607a29; ἡ ἀσπίς: IV 532b22, VII 607a22; τὴν ἀκρίδα: VIII 612a34; الحية الافعى (ἔχεως): VIII 612a24.

فقار (ἡ ῥάχις): I 493a8, III 509b18; ووسط فقاره (ἡ ῥάχις): II 503a17; τῇ ὀσφύι: III 509a33, VIII 631b23.

فك (τὸ γένειον): I 492b23; وليس لها اسنان في الفك الاعلى بل في الفك الاسفل (καὶ οὐκ ἄμφωδον): II 499a23, 501a11; τῶν σιαγόνων: IV 536a18; الفك الاسفل (ἡ κάτωθεν

الحيوان الذي له قرون وليس له اسنان في الفك الاعلى والفك الاسفل (σιαγών): III 516a24; معا (τὰ μὲν οὖν κερατοφόρα καὶ μὴ ἀμφώδοντα): II 507b13.

فاكهة (ἡ ὀπώρα): VI 606b2.

فلاوس (ὁ φλεώς: wool-tufted reed): VIII 627a9.

تفليس: (ἡ φολίς): I 490b22, III 517b5, IX 582b33; مفلس (φολιδωτόν): II 508a11; مفلس الجسد (φολιδωτόν): I 490b24, VII 594a4.

فلو (ὁ πῶλος): VI 572a28; τὰ πωλία: VIII 611a10; τοὺς ἵππους: VIII 631a2; فلائها (pl.): VIII 631a3.

فم (τὸ στόμα): I 489a2, II 497b28, VII 590a28; مفتوحة الافواه (ἀνεστομωμένη): X 635a12; فاتحة افواهها (χασκόντων): VIII 612a20; عظيم الفم مشقوق جدا (τὸ δὲ στόμα οἱ μὲν ἀνερρωγός): II 505a32; بافواه العروق (κοτυληδόνος): III 511a34; αἱ κοτυληδόνες: IX 586b11.

فم المعدة: cf. also المريء (ὁ στόμαχος): II 507a10, III 514b14, IV 524b18; τὸν μυκτῆρα: V 541b11; بطرف فمها الحاد (τῷ ῥύγχει): VIII 621a5.

فنطوس (ὁ Πόντος): VI 568a4.

فهد (ἡ πάρδαλις: leopard): I 488a28, II 500a28, VII 606b16; τὸ πάρδιον: II 498b33; τὰ παρδάλια: II 503b5; العشبة التي تسمى خانقة الفهود (τὸ φάρμακον τὸ παρδαλιαγχές): VIII 612a7.

فوراس (ὁ φώρ: robber-bee or فورس: التي تسمى باليونانية فوراس وتفسيره لصوص): VII 625a5, a14, a34.

فورفورا (ἡ πορφύρα: purple-fish): TF 207–218; VIII 621b11.

فوسيني (ὁ φοξῖνος: perh. minnow): TF 276; VI 567a31, 568a21.

فوقوس (τὸ φῦκος: wrack): VI 568a5.

فوقي (ἡ φώκη: seal): TF 281; VI 567a10, VII 595a5; والحيوان البحري الذي يسمى باليونانية فوقي: II 506a23.

فوقيس (ἡ φυκίς (sg.) فوقيداس: (pl.) wrasse): TF 276–278; VI 567b19, VII 591b13, 607b18.

فوقينا (ἡ φώκαινα: porpoise): TF 281; فوقينا ⟨والذي يسمى باليونانية⟩: VI 566b9, VII 598b1.

فولس (ἡ φωλίς: perh. kind of blenny): TF 281: VIII 621b8.

فوليداس (ἡ ποικιλίς: goldfinch): TB 149; VIII 609a6.

فونيقاس (ὁ Φοῖνιξ: pl): VII 603a1.

فونيقوروس (ὁ φοινίκουρος (sg.)فونيقورو: (pl.) redstart): TB 182; VIII 632b28,b29.

فونيقي (ἡ Φοινίκη; شام التي تسمى فونيقي): V 541a19.

فيأ (ἡ σκιά): في مواضع الفيء الكثيرة (ἐν τοῖς ἐπισκίοις καὶ ἑλώδεσι τόποις): VI 569b9–10; على اماكن ريحة كثيرة الفيء (ἐν προσηνέμῳ καὶ σκιᾷ): VIII 616b14.

فيل (ὁ ἐλέφας): I 488a29, II 497b22; الفيل الانثى (ἡ θήλεια ἐλέφας): II 500a19.

فيني (ἡ φήνη: vulture): TB 180; VI 563a27, VII 592b5; الطير الذي يسمى باليونانية فيني وبالعربية كاسر العظام (ἡ καλουμένη φήνη): VIII 619b23.

Glossary Arabic-Greek: ق

قارابوس (ὁ κάραβος: (sg.) crayfish): TF 102–103; قارابو or قارابوا (pl): I 490b11, IV 525b27, V 549b17, VIII 621b17.

قارثيوس (ὁ κέρθιος: tree creeper): TB 79: VIII 616b28.

قاريا (ἡ Καρία): V 547a6, 548a14, VIII 631a10.

قاسطروس (ὁ κεστρεύς: (sg.) mullet): TF 108–110; VI 570b7, VIII 621b21, 622a2; قاسطريس: ὁ κεστρεύς (pl.): VI 569a7, VIII 610b15; قاسطريوس: ὁ κεστρεύς (acc. pl.) κεστρεὰς: VIII 620b25.

قاسطوس (ὁ κάστωρ: beaver): VII 594b31.

قاطاراقتيس (ὁ καταρράκτης: sea-bird): TB 74–75; VIII 615a28.

قاطيفي (ὁ κόττυφος: (plur.) wrasse): TF 128; VII 607b15.

قافالانا (ἡ Κεφαληνία): VII 605b28.

قاقي (ὁ κύκνος: swan): TB 104–108; VII 593b16, 597b29, VIII 610a1.

قالارينيوس (ὁ κάλαρις: unknown bird): TB 74; VIII 609a27.

قاليوس (ὁ κελεός: woodpecker): TB 77–78; VII 593a8, VIII 609a19.

قاوليون (τὸ καυλίον: quillweed): VII 591b12.

قبج (ὁ πέρδιξ): TB 137–139; III 510a6, VI 559a1; قبجة (θήλεια): VIII 614a14; القبجة الانثى (ἡ πέρδιξ): VIII 613b18.

قبرسي (Κύπριος): II 511b24.

قبرنوس (ὁ κυπρῖνος: carp): TF 135–136; IV 538a15.

قبل: ج: اقبال (τῶν αἰδοίων): VI 572b2, b27, 574a32.

قبوة: (subst.): ἐπίγρυπος (hooked: adi.): ووجوهها الى القبوة ما هى: II 499a7.

قت (ἡ Μηδικὴ πόα: lucerne): III 522b28, b29.

قتل (I: κτείνω): VI 558b19; VIII 625a16; ويقتل الارانب (λαγωφόνος): VIII 618b28.

قتل; حال قتل فراخ الطير (περὶ δὲ τῆς φθορᾶς τῆς τῶν νεοττῶν τῆς ὄρνιθος): VIII 618a19.

قاتل: قاتل اوز الماء: νηττοφόνος (eagle: duck-killer): VIII 618b25.

قتوفوس (ὁ κόττυφος: blackbird): TB 101–102; VIII 609b9.

قثا (ὁ σίκυος): VII 595a29; قثا رطب [σίκυοι ὑγροί] VIII 627b17*.

قحف (τὸ κρανίον: skull; وقحف الرأس: τὸ κρανίον): I 491b1.

قحقح (τὸ ἐφέδρανον; العظم الذي يسمى القحقح: τὸ μὲν οἷον ἐφέδρανον γλουτός): I 493a23; τὸ ἦτρον: I 493b9; بعظم القحقح (κωλῆνες): III 516b1.

قخراموس (ὁ κύχραμος: corncrake or waterrail): TB 109; VII 597b17.

قخلي (ἡ κίχλη: (sg.) or قخلا: (pl.) wrasse): TF 116–117; VII 598a11, 599b8, 607b15.

قخلي (ἡ κίχλη: (sg.) قخلا: thrush): TB 85–86; VIII 617a18, b2, 632b18.

قخلوس (ὁ κόχλος: (sg.) or قخلو (pl.): shell-fish: murex): TF 132; IV 528a1; 529a16–17, 530a27.

قخلياس (ὁ κόχλιας: (sg.) or قخليا (pl.) snail): IV 527b35, 528b28, V 544a23.

قدم (ὁ πούς): I 494a11, III 512b17, 515a10; صدر القدم (στῆθος): I 494a13.

مقدم: في مقدم جسده (ἐν τοῖς ὑπτίοις): I 487a33, IV 532a30; في مقدم (πρόσθιον): I 491a31; مقاديم ارجلها (τὰ ἐμπρόσθια σκέλη): VIII 610a31; مقاديم الاسنان (τοὺς προσθίους ὀδόντας): II 501a13; مقاديم اجسادها (τὰ πρανῆ): II 502a23, III 514a2.

قرابوس or قرابس: ὁ κάραβος (sg.) (crayfish): TF 102–103; I 489a33, 490a2, IV 525b33; شبيه بخلقة الحيوان الذي ينسب الى منظر قرابوس (ὅμοιον τοῖς καραβοειδέσι): IV 529b22, IV 526b26; قرابو or قربوا or قربو (pl.): IV 526b20, I 487b16.

قراقيس (ὁ κορακίας: chough): TB 91; VIII 617b16; قراقو بيدون (κορακοειδῶν): I 488b5.

قروروس (κραυράω: to be ill of κραῦρος): VII 603b8; κραῦρος: VII 604a14.

قرح (ἔμπυοι): VII 604b6, X 638a16; οἰδήματα: IX 584a16; قرح المصارين (δυσεντερίας): X 638a16, a27.

قرحة (τὸ φῦμα): X 636a35; في القرحة جرح شديد (πολλὰ ἑλκωθέντος): X 636a36.

قرد (ὁ πίθηκος: monkey): II 502a17, a18; اجناس الحيوان التي صورتها صورة قرود (τῶν πιθηκοειδῶν ζῴων): II 498b15; الحيوان الذي يقال له انه مركب من قرد وخنزير (τοῦ χοιροπιθήκου): II 503a19.

قردولوس (ὁ κορδύλος: newt): I 487a28.

قاروس (ὁ σκάρος: parrot-wrasse): TF 238–241; II 508b11.

قريص (ἡ κνίδη: nettle): III 522a8.

قرع (ἡ κολοκύντη: gourd): VII 591a16, 596a21.

قرقوس (ὁ κίρκος: hawk): TB 83–84; VIII 609b3.

قرقس (ἡ κρέξ: corn-crake, land-rail): TB 103; VIII 616b20; قركس: VIII 609b9.

قرمد (ὁ κέραμος): VIII 617a16.

قرن (τὸ κέρας): I 487a8, III 517a8, IV 526a31; κεράτια: III 510b19, IV 526a7; وليس لبعضها قرون: τὰ δ' ἄκερα: II 499b16; حيوان له قرنان (δίκερων): II 499b18; الحيوان الذي له قرن واحد (μονοκέρατα): II 499b18; ذوات القرون (τὰ δὲ κερατώδη): VII 595a13; τὰς ἡλικίας: III 521a32, V 542a19; طعنوا في هذه القرون (ἐν ταύταις ταῖς ἡλιηκίαις): V 545b29.

قرنجو (ἡ κραγγών: shrimp): TF 132; IV 525b21, b29.

قروطنيا (ὁ Κροτωνιάτης): IX 581a16.

قسا (ἡ κίττα: jay): TB 84–85; VIII 616a3.

قسطراوس (ὁ κεστρεύς: (sg.) mullet): TF 108–110; VIII 610b11; قسطروس: ὁ κεστρεύς

(sg.): IV 534a8, V 543a2; قسطريس: ὁ κεστρεύς (pl. κεστρεῖς): V 543b3; قسطريوس (ὁ κεστρεύς: gen. sg. κεστρέως): VII 591a18, 602a1.

قسطنطنية (τὸ Βυζάντιον): VII 598b14; في مدينة البزنطية وهى القسطنطنية (ἐν Βυζαντίῳ): VIII 612b8, VII 598b10.

قسفياس (ὁ ξιφίας: sword-fish): TF 178–180; II 505a18.

قشر (II: ἐκλέπομαι): VI 561a11.

قشر (ἡ λεπίς): I 486b21, III 517b6; τὸ ὄστρακον: VI 516b16, 564b28; له قشور (οἱ μὲν λεπιδωτοὶ): II 505b3, VII 607b26; قشر جلده (τὸ κέλυφος): VI 568b9.

قصا (ἡ κίττα: jay): TB 84–85; VIII 615b19.

قصب (ὁ κάλαμος: reed): VI 568a25, VII 601a7; τῶν δονάκων: VII 593b10.

قصبة: قصبة الرئة (ἡ ἀρτηρία): II 503b11, 505b4; τὸ τῆς ἀρτηρίας τρῆμα: I 495a29; سبيل قصبة الرئة (τῆς ἀρτηρίας): II 504b4; انابيب القصبة: I 496a28, a29; العرق الخشن اعني قصبة الرئة (τὴν ἀρτηρίαν τὴν τοῦ πνεύματος): III 514a5; καυλὸν: IV 532a25; اصل مجوف مثل القصبة (καυλὸν): II 504a31; شبيه بقصبة (αὐλός): II 507a10.

قصيل (ἡ κράστις: green fodder): VII 595b26.

قطران (κέδρινος): بدهن قطران (ἐλαίῳ κεδρίνῳ): IX 583a23.

قطيع (ἀγέλη): VII 590b31, VIII 631a16; فاما ما كان منه يأوي بعضه مع بعض في قطيع واحد: τὰ δ' ἀγελαῖα: VIII 632b7; ποίμνη: VI 573b25; τὸ ποιμνίον: VII 596a18; ... خرجت من قطيعها: ἀτιμαγελήσαντες: VIII 611a2.

قطيعي (ἀγελαῖα): VI 568b25.

قطاف (βλήττω): VIII 627b2: في الزمان قطاف الشهد (βλήττων): VIII 627a32.

قطوفوس (ὁ κόττυφος: blackbird): TB 101–102; V 544a27.

قفا (τὸ ἰνίον): I 491a33, 495a21*.

قفليا (τὰ κοκάλια: shell-fish): IV 528a9.

قاقنس (ὁ κύκνος: swan): TB 104–108; I 488a4.

قلب (ἡ καρδία): II 503b15, III 511b18, VIII 615a5.

قلتيكي (ἡ Κελτική): VII 606b4.

قلفة (τὸ περὶ αὐτὴν ἀνώνυμον δέρμα): I 493a28; طرف القلفة: ἀκροποσθία: III 518a2.

قلقية (ἡ Κιλικία): VII 606a17.

قلمبيس (ἡ κολυμβίς: grebe): TB 90–91; I 487a23.

قليونيموس (ὁ καλλιώνυμος): TF 98–99; VII 598a11.

قمح (ὁ σῖτος): VIII 612a32.

قمحدوة (ἡ κορυφή): I 491a33–34.

قمر (ἡ σελήνη): IX 582a35; في ليالي بدر القمر (ταῖς πανσελήνοις): VII 599b16.

مقمر (πανσελήνους): VIII 622b27; ان لم يكن مقمرة (ἐὰν μὴ σελήνη ᾖ): VII 598b23.

قماش (τὸ κλῆμα; قماش من اعواد: τὰ κλήματα καὶ τὸ φορυτόν): V 549b6.

قمع: V: (تقمع; ἀναφυσάω; ويتقمع ويلقي): I 497b29.

قمل (ὁ φθείρ: louse): V 539b10, VII 602b29; تولد قملا كثيرا اكثر من (φθειρωδέστερα γίνεται πολὺ μᾶλλον): VII 596b9; الزهر الذي وقعت فيه القمل (ἐρυσιβώδη: واذا وقعت القمل: ἐρυσίβη: rust in corn): VIII 627b21.

قنثاروس (ὁ κάνθαρος: sea-bream): TF 100–101; VII 598a10.

قنخا (ἡ κόγχη: cockle): TF 118–119; V 547b20, 548a5 or قنشا: IV 528a22, a24.

قنخريس (ἡ κεγχρίς: hawk): TB 76–77: VII 594a2.

قنخلوس (ὁ κίγχλος: wagtail): TB 81–82: VIII 615a21.

قنزعة (τὸ πλῆκτρον): I 486b13, VI 559a2*; ὁ λόφος: II 504b9, VII 592b24, VIII 617b20.

قنفذ (ὁ ἐχῖνος: sea-urchin and hedgehog): TF 70–73: III 509b8, IV 528a2; ἐχῖνοι (λευκοὶ) θαλάττιοι: IV 530b10.

القنفذ البحري (ἐχῖνος): IV 528a7; القنافذ البرية: οἱ χερσαῖοι … ἐχῖνοι (hedgehog): I 490b29, III 517b24, V 540a3.

قنى (ὁ σωλήν: razor-fish): TF 257–258: VII 588b15.

قنيبولوغوس (ὁ κνιπολόγος: tree creeper): TB 87: VII 593a12.

قنيدا (ἡ κνίδη: (pl.) sea-nettle): TF 118: V 548a23, VIII 621a11.

قنيدوس (ἡ Κνίδος): VI 569a14.

قوانوس (ὁ κύανος: wall-creeper): TB 103–104: VIII 617a23.

قوبرينوس (ὁ κυπρῖνος: carp): TF 135–136: VI 568a17, VII 602b24.

قوبيطس (ἡ κωβῖτις: gudgeon): TF 139: VI 569b23.

قوبيوس (ὁ κωβιός: (sg.) gudgeon): TF 137–139; VII 591b13, 598a11, VIII 621b13; قوبيو: ὁ κωβιός (pl.): VII 591b13, 598a11, 601b22, VIII 610b4; قوبي: ὁ κωβιός (pl.): VI 567b11.

قار (πιττώδης: like pitch): IX 587a32.

قوراقينوس (ὁ κορακῖνος: (sg.) black fish): TF 122–125: VI 570b22, VII 599b3; قوراقينوا: ὁ κορακῖνος (pl.): V 543a31. قوراقيني: ὁ κορακῖνος (pl.): VII 602a12, 610b5.

قورديلاوس (ὁ σκορδύλος: tunny-fish): TF 245: VI 571a16.

قورنية (ἡ Κυρήνη): VII 606a6, 607a2.

قورودوس (ὁ κορύδαλος/κόρυδος: lark): TB 95–97: VIII 617b20 or قورولوس: VIII 615b33 or قوريدوس: VIII 610a9, 614a33, 618a10 or قوريدوناس: VIII 609a7.

قوسوفوس (ὁ κόττυφος: blackbird): TB 101–102: VII 600a20, VIII 614b8; قوسوفوس اسود (τῷ μέλανι κοττύφῳ): VIII 617a15.

قوطسوس (ὁ κύτισος: tree-medick): III 522b27.

قوطولوس (ὁ κότυλος or ἡ κοτύλη: vessel): VII 596a7.

قوطيفوس (ὁ κόττυφος: (sg.) blackbird): TB 101–102: VIII 610a13.

قوطيفي (ὁ κόττυφος) (pl.): VII 599b8.

قوقس (ὁ κόκκυξ: (sg.) cuckoo): TB 87–89; IV 535b18, VI 559a11.

قوقفس (ὁ κόκκυξ): VIII 633a11; قوقكس: ὁ κόκκυξ (sing.): VIII 618a8, a13, a16; وقيغاس: ὁ κόκκυξ (plur.): VII 598a15.

قولوثريون (ὁ κολλυρίων: perh. fieldfare): TB 89: VIII 617b9.

قولوطوس (ὁ κωλωτής: lizard): VIII 609b19.

قولومبس (ἡ κολυμβίς: grebe): TB 90–91: VII 593b17.

قوليا (ὁ κολίας (pl.) coly-mackerel): TF 120–121: VIII 610b7; قوليون: ὁ κολίας (pl.) VII 598a24. قولي: ὁ κολίας (pl.) VIII 598b27.

اقام (IV: φωλεῖ): يقيم يومين وليلتين بلا طعم ;VII 600b1 وتقيم في مجاثمها (ἡμέρας δύο ἢ τρεῖς ἀσιτεῖ): VII 594b19.

قامة: الرجال الذين قامات اجسادهم قدر ذراع (οἱ πυγμαῖοι): VII 597a6.

قائم: القوام على النحل (οἱ μελιττουργοὶ): VIII 623b19, 627b6; οἱ μελισσεῖς: VIII 626a10: القوام على عسل ;VIII 626a1 :(οἱ μελιττουργοὶ) القوام على تعاهد النحل (τῶν μελιττουργῶν): VIII 626b3.

قيم: القيم عليه: ὁ δ' ἐπιμελόμενος τῶν σμηνῶν: VIII 626a33; القيم على الخلايا (ὁ μελιττουργός): VIII 626b14.

قومندس (ἡ κύμινδις: perh. Owl): TB 108–109: VIII 619a14, or قومنديس (ἡ κύμινδις): VIII 615b6, b8, b10.

قونخا (ἡ κόγχη: (pl.) mussel or cockle): TF 118; V 547b13; قونخي: ἡ κόγχη (sg.) VIII 622b2.

قونخليا (τὸ κογχύλιον: (pl.) small mussel): TF 118; VIII 590b4; قونخيليا: τὸ κογχύλιον (plur.) VII 591a1.

قونوزا (ἡ κόνυζα: fleabane): IV 534b28.

قيء (قاء; I: ἀνεμέω): VII 594a29, VIII 626b26; ἐξεμοῦσιν: VIII 614b29.

تقيأ (V: ἔμετον ποιοῦνται): VIII 612a6.

قيء (ἔμετοι): IX 584a7; ἐμέσαι: IX 588a1; سريع القيء (ἐμετικά): VIII 632b11.

قيبوس (ὁ κῆβος: monkey): II 502a17, a18, a24.

قيتا (ἡ κίττα: jay): TB 84–85; VIII 617a20.

قيتون (ὁ κιττός: hedera): VIII 611b18.

قاح: I: τὸ ἐμπύημα: واصناف الخراجات التي تقيح (τῶν τοιούτων ἐμπυημάτων): VIII 624a17.

قيح (τὸ πύον): III 521a21; ἰχῶρες: VIII 630a6; تبنية اللون شبيهة بمائية القيح (ὕπωχροι): IX 586b33; والرطوبة التي الى الصفرة ما هى شبيهة بمائية القيح (ἰχὼρ): I 489a23, VIII 632a18; والرطوبة تشبه مائية القيح (ὑγρότητος ἰχωροειδοῦς): VI 561b22; شبيها بالقيح (πυοειδές): VI 573a24; شيء شبيه بقيح (ὑπόπυον): III 522a10.

قيروقاس (ὁ κήρυξ: (pl.) trumpet-shell): TF 113–114 IV 528b30, 529a7; قيريقاس (pl.) IV 528a24.

قيريقوس (gen. sg.) IV 527a24; قيريقيس (nom. pl.) VII 599a12, a17.

قيريلوس (ὁ κήρυλος: sea-bird, perh. kingfisher): TB 80: VII 593b12.

قيسا (ἡ κίττα: jay): TB 84–85: VII 592b13.

قيفال (ὁ κέφαλος: mullet): TF 110–112: V 543b15; VI 570b15.

Glossary Arabic-Greek: ك

كئب (κατηφής): VI 572b9.

كبد (τὸ ἧπαρ): I 496b16, II 506a12, III 511b28; عرق الكبد (ἡ ἡπατῖτις): III 512a6; τὸ ἦτρον (!) VI 567b25.

كبر (I: πρεσβυτέρων δὲ γινομένων): VIII 613a19, 629b28; γηράσκοντας: VIII 615b26.

كبر (τὸ γῆρας): III 518b22, V 546a33; الى الشيب والكبر (μέχρι γήρως): IX 581a10; حسن الكبر (εὔγηροι): VIII 615a33; τοὺς γέροντας: VIII 611b3; γινομένοις πρεσβυτέροις: III 518b7, VI 560a28.

كبير: كبير العمر (μακρόβιοι): V 549b28; المسنات الكبار (τῶν πρεσβυτέρων): IX 581b8.

كبريت (τὸ θεῖον: brimstone): IV 534b21, b22.

كبس (I: يكبس ويستأنس: ἡμεροῦσθαι): V 544a30; τιθασσότατον καὶ ἡμερώτατον: VIII 630b18.

كبش (τὰ πρόβατα): IV 536a15; οἱ κριοί 546a4, VI 571b21, VII 590b29.

كبفوس (ὁ κέπφος: kind of sea-gull): TB 78; VII 593b14.

كتف (ὁ ὦμος): I 493b8, III 516a32; ما بين الكتفين (ἐπωμίς): I 493a9; ὠμοπλάται: I 493b12; مراجع اكتافه (τὴν ὠμοπλάτην): II 498a33, III 512a28; مراجع الكتفين ὠμιαία: III 515b10; واطراف الكتفين (τῆς ἀκρωμίας): II 498b30; الى موضع طرف اكتافه (μέχρι τῆς ἀκρωμίας): VIII 630a24; ما بين اكتافه (τὴν ἀκρωμίαν): VII 594b14.

كخلي (ἡ κίχλη: thrush): TB 85–86 VI 559a5.

كدر (θολερὸν): VII 595b31, 605a10; شيئا كدرا (τὸν θόλον): VIII 621b31; παχεῖαν: IX 583a2.

كرّاز (ὁ ἡγεμών; وكراز الغنم: οἱ ἡγεμόνες τῶν προβάτων): VI 573b24, b25, 574a11.

كرسنة (ὁ ὄροβος): III 522b28, VII 595b6; كرسنة والعشبة التي تسمى بيونانية قوطسوس (κύτισος καὶ ὄροβοι): III 522b27.

كرم (ἡ ἄμπελος): V 546a2.

كرة (ἡ σφαῖρα): IV 537a12, VIII 616a5.

كزاز (ὁ τέτανος): VII 604b4; ὁ σπασμὸς: IX 588a3.

كسب (I: πορίζω): I 487b1, 488a25, VIII 613b13, 619b20.

تكسب (V: وتكسب طعمها): τὰς εὐπορίας τῆς τροφῆς: VII 596b21.

اكتسب (VIII: ποιεῖται τὴν τροφὴν): يكتسب الطعمه وغذاءه VII 594b29.

مكسب: مكسب الطعام (τὸν βίον): VII 589b23; مأواها ومكسب طعمها (τόπος γὰρ τῆς νομῆς καὶ βίος): VIII 609a19; τὰς τροφὰς: VIII 610a34.

كسيح (χωλός): VIII 629b30.

كسر (I: συντρίβω): VI 564b4, VIII 613b27; κατάγνυσιν: VII 590b6, VIII 609b12; ἡ ἐκκόλαψις γίνεται: VI 561b28; تكسره وتفتحه (ἐκλέπει): VI 562b21; وهو يكسر ويرض (θραυστὸν ὂν καὶ κατακτόν): IV 523b10.

انكسر (VII: ἐκλέπω): ينكسر قشر البيض (ἐκλαπείῃ τὰ ᾠά): VI 559b4; θραύοντι: VIII 616a27.

كعب (τὸ γόνυ): I 499a22; τὸ σφυρόν: I 494a10, II 497b25, III 512b16; ἀστράγαλον: II 499a22, 502a11; شيء شبيه بنصف كعب (ὅμοιον ἡμιαστραγαλίῳ): II 499b24–25; واعماق الكعبين (τὰ κῶλα ἐντός): II 499b28.

كغنيس (ἡ ζιγνίς: a little lizard): VII 604b24.

كف (ἡ χείρ): I 493b27; τὸν ταρσὸν τοῦ ποδὸς: III 512a17; اصل الكف (τὸν ταρσόν): III 512a7; واصول الكفين (τοὺς καρποὺς καὶ τὰς συγκαμπάς): III 513a3; وما يلي داخل الكف (χειρὸς δὲ τὸ ἐντὸς θέναρ): I 493b32.

كلب (ὁ κύων): II 497b18; وعضة الكلب (τῶν κυνοδήκτων ἑλκῶν): VIII 630a8; اناث

الكلاب السلوقية (αἱ Λάκαιναι κύνες αἱ θήλειαι): VIII 608a27; الكلب بحري (τοῖς σκυλίοις): VI 565a16, 566a19; في اوان طلوع كوكب الكلب (ὑπὸ κύνα): VII 602b22; عند مطلع الكلب وهو الذي يسمى سيريون (ἀνίσχοντος τοῦ σειρίου): VIII 633a15.

كَلَب (ἡ λύττα): VII 604a5; بالكلب والجنون (λυττήσῃ): VII 604b13.

كلى ; كلوة (ὁ νεφρός): I 497a14; الكليتان (οἱ νεφροὶ): I 496b34, II 500b9, III 509a34; ومنظره شبيه بمنظر كلية (νεφροειδές): II 508a30; على بين الكلى (περίνεφρα): III 520a31; شحم كلى الحيوان (περίνεφρα): III 520a33.

كمثرى (ἡ ἀχράς; الكمثرى البري: ἀχράσι): VII 595a29.

كمرة (ἡ βάλανος): I 493a27.

كنخريس (ἡ κεγχρίς: kestrel-hawk): TB 76–77; VI 558b28, 559a26.

كندر (ὁ λιβανωτός): IX 583a24.

كنز (I: ταμιεύομαι): VIII 615b22; يكنز طعمه (τὴν ἀπόθεσιντῆς τροφῆς καὶ ταμιείαν): VIII 622b26.

اكنز (IV: to hoard): مُكنز (θησαυριστικὰ): I 488a20.

كسب : I: [νέμομαι] بعضها يتحرك ويكسب مصلحة معاشه ليلا (τὰ μὲν νυκτερόβια): I 488a25.

كهني (ἱερός): VII 607a31, VIII 620b35.

كوحكس (ὁ κόκκυξ: cockoo): TB 87–89; VI 563b14, b29.

كور : كوائر النحل (τὸ σμῆνος): VII 584b8, 605b9.

كوكب (τὸ ἄστρον): VII 600a3; في اوان طلوع كوكب الكلب (ὑπὸ κύνα): VII 602b22.

كينونة (ἡ γένεσις): VII 588b26; ومزاوجة وولاد وكينونة: τὴν γένεσιν: VII 588a17.

مكان: في اماكن مختلفة (πολλαχῇ): IX 587b32; الاماكن الملتفة الشجر (ἕλη): VIII 617a4; الاماكن الجبلية الخشنة (ἄλση): VIII 618b34; τὸ ἄγγος: (Bk: ἄγκος); والاماكن الجبلية التي تسلك (ἄγγη): VIII 618b24.

كاس (I: ἡμερόομαι): V 544a30; τιθασσεύεται: VIII 608a25; يكيس ويستأنس (πρᾶα καὶ τιθασσευτικά): I 488b22.

كيل : قدر الكيل الذي يسمى باليونانية خوش (ὁ χοῦς): VIII 627b3.

كيمي (ἡ χήμη: clam): TF 288–289; V 547b13.

Glossary Arabic-Greek: ل

لا براق (ὁ λάβραξ: bass): TF 140–142; V 543b11.

لاطقيس (ὁ λάταξ: perh. beaver): VII 594b32.

لاروس (ὁ λάρος: sea-gull): TB 111; V 542b17, b19; لاروس الابيض (λάρος ὁ λευκὸς): VII 593b14.

لازبوس (ἡ Λέσβος): VIII 621b22.

لازورد (κυανους: dark-blue): VII 592b27, 593b11, VIII 616a15.

لاهي (θεῖον): VIII 619b7.

لايدوس (ὁ λαεδός: perh. blue thrush): TB 110; VIII 610a9, a10.

لب (ἡ σύνεσις): VII 588a29; لب العقل (τῆς περὶ τὴν διάνοιαν συνέσεως): VII 588a23.

لبؤة / لبوة (ἡ λέαινα): II 500a29.

لبث (I: φωλέω): VII 600a1; μένει: VIII 615a30.

لبراق (ὁ λάβραξ: bass): TF 140–142; V 543b4, VII 591b17.

لبن (τὸ γάλα): I 487a4, 493a13, II 504b25; ἡ ὑγρότης: IX 587b23; لبن البقر (τὸ βόειον): III 521b33, 522a28; لبن التين (ὀπος … συκῆς): III 522b2.

لبني (γαλακτώδη): V 540b32, IX 587a32.

لثة (τὸ οὖλον): I 493a1, II 501b2; παρίσθμιον: I 493a1 (!).

لج (ἡ θάλαττα): I 490a24, VI 571a19; τὸ πέλαγος: V 549b21, VII 597a15.

لجأ (II: κινέω): VIII 610b26.

لجأ (τῶν χελωνῶν: tortoise): II 503b9, III 509b8.

لجأة; فللجأة البحرية (χελώνη ἡ θαλαττία): II 506b27, VII 589a26; فللجأة البرية (χελώνῃ χερσαίᾳ): II 508a4–5.

لح; الح: (IV; συνεχῶς): VIII 632b23.

ملح: ملحا دائما VI 564b12; ملح متتابع: IX 584a28.

لحس (I: περιλείχω): VII 605a4.

لحم (ἡ σάρξ): I 486a6, II 503b12; كثير اللحم (κρεῶδες): I 491b25; لينة اللحم (μαλακόσαρκα): I 486b9; لشوقها الى اكل اللحم (ἐφιέμενον τῆς σαρκοφαγίας): VII 594b4.

لحمي (σαρκώδης; الجزء اللحمي: τὸ σαρκῶδες): VII 590a31.

لحى (ἡ σιαγών): I 495a4, II 503b13; الحيوان كل ما ليس له اسنان في اللحى الاسفل واللحى الاعلى (τὰ μὴ ἀμφώδοντα): VIII 632b1–2; عظم اللحى (αἱ γένυες): III 514a10.

لحية (τοῦ γενείου): III 518a23; πώγωνι: I 499a1, III 518b6.

لحاء (ὁ φλοιός): VIII 623a32.

لحيا (ἡ ἐλέα: perh. reed-warble): TB 53; VIII 616b12.

لدغ (I: πληγεῖσαι): VII 607a20, VIII 626a19; τύπτουσιν: VIII 626a23.

لدغ (πρὸς δὲ τὰς πληγὰς καὶ τὰ δήγματα): VIII 612a18.

لدغة (τὸ πλῆγμα): VIII 627b27.

لداغ: الحيوان اللداغ (τῶν φαλαγγίων): VIII 622b28; النحل اللداغ (κεντρωτούς): VIII 624b16.

لسع (I: κεντέω): IV 532a14, VII 605b15; تلسع بخرطومها الذي في مقدم رؤوسها (ἐμπροσθόκεντρά): I 490a18; δάκῃ: VII 607a33, VIII 611b20, 621a10; τὰ … δήγματα: VII 607a21, a24*.

لسعة (τὸ δῆγμα): VII 607a24*.

لسان (ἡ γλῶττα): I 492b27; عضو شبيه بلسان (οἷον γλῶτταν): IV 532a6; العريضة الالسن (τὰ πλαττύγλωττα): II 504b3; غليظ اللسان (πλατύγλωττα): VII 597b26; عضو ناتئ اعني الذي يكون على اصل اللسان ويغطي رأس سبيل قصبة الرئة (τὴν δ' ἐπγλωττίδα ἐπὶ τῆς ἀρτηρίας): II 504b4; صدوق اللسان (ἀξιόπιστος): VII 606a8.

لص: التي تسمى باليونانية فوراس وتفسيره لصوص (οἱ φῶρες καλούμενοι): VIII 625a5.

لصق (προσφύομαι): I 487b8, IV 526b24; لاصقة بالفقار (προσπεφύκασι προς τῇ ὀσφύι): III 509b32; يلصق بعضها ببعض (ἀπτόμενα πρὸς ἄλληλα): III 515b11; يلصق حول جسده (περιπλάττεται περὶ αὐτὴν): VIII 621b8; συνήρτηται: I 495b12; لاصق بالعرق العظيم (ἐξήρτηται τῇ μεγάλῃ φλεβί): I 496a26.

الصاق (ἡ σύμφυσις): V 547a16.

التصق (VIII: συμφύομαι): VI 600b10.

ملتصق: ملتئما ملتصقا (συμφύεται): X 636b1.

لطيف (λεπτός): II 506b13; لطيف دقيق صاف جدا (λεπτότατον): I 496b10 or رقيق لطيف (λεπτόττατον): III 521b32; لطيف اكثر من سائر الحواس (ἀκριβεστάτην τῶν αἰσθήσεων): I 494b17.

لطقس or لاطقس: λάταξ (perh. beaver): I 487a22.

لغكس (ἡ λύγξ: lynx): II 490b24.

لف (I: ἐπηλυγάζομαι): VIII 613b10; σπαργανοῦσι: IX 584b4.

ملتف: ملتف التفافا يسيرا (εἱλιγμένον): I 495b26; في المواضع الملتفة الشجرة التي فيها عشب (πρὸς δὲ τόποις ἑλώδεσι τε καὶ πόαν ἔχουσι): VI 564a12, VIII 609b19, 617a4.

لقح: لقوح, plur. and collect.: لقاح (ὁ κάμηλος): III 521b32.

لقلق (ὁ πελαργός: stork): TB 127–129; VII 600a19, VIII 612a32.

لمنسطريا or لمنوسطريا: τὰ λιμνόστρεα (lagoon-oyster): TF 151; IV 528a23, V 547b29.

لمنو (ἡ Λῆμνος): III 522a13.

التهب (VIII: ἐπιφλεγμαίνω): يثور ويلتهب (ἐπιφλεγμαίνουσά): X 638a33.

التهاب (ἡ φλεγμασία): الحرارة والتهاب: (φλεγμασίᾳ): X 636a30.

لهاة: طلاطلة اعني اللهاة (σταφυλοφόρον): I 493a2.

لوباس: (sg.) ἡ λεπάς (limpet): TF 147–148; IV 528b1, IV 529a31, IV 529b15; لوباداس or لوبادس: (pl.): VII 590a32, V 547b22, 548a27.

لوبية (ἡ Λιβύη): VII 606a6, 607a22, VIII 615b4.

لوديا (ἡ Λυδία): VIII 617b19.

لوز (ἡ ἀμυγδαλῆ): VIII 627b18; لوزة (τὸ ἀμύγδαλον): VIII 614b16; اللوزتان (τὸ μὲν διφυὲς τοὺ στόματος παρίσθμιον): I 493a4.

لوف (τὸ ἄρον: cuckoo-pint): VII 600b11, VIII 611b35; τὸ χόριον: VIII 611a18.

لوقتون (τὸ Λεκτόν: mountains near Sigeion): V 547a4.

لوقوس (ὁ λευκός: a white heron): VIII 609b22.

لوقيا (ἡ Λυκία): V 548b20.

لولب (ὁ στρόμβος: trumpet-shell): TF 252–253; I 492a17.

ليباذياقي (Λεβαδικῇ): VII 606a1.

ليبيوس (ὁ λιβυός: unknown bird): TB 112; VIII 609a20.

ليوباطوس (ὁ λειόβατος: ray): TF 147; VI 566a32.

ليل (ἡ νύξ): بعضها يتحرك ويكسب مصلحة معاشه ليلا (τὰ μὲν νυκτερόβια): I 488a25.

ليلي; الطير الليلي (τῶν νυκτερινῶν): VII 592b8.

ليّن (μαλακός): I 487a1, III 517b17; جنس آخر يسمى اللين الخزف (τὸ τῶν μαλακοστρά-κων): IV 523b5, 525a30.

Glossary Arabic-Greek: م

المارس (ὁ μέροψ: bee-eater): TB 116–117: VIII 626a9, and ماروس: VIII 615b25.

الماراثون (ὁ Μαραθών): VI 569b12.

مارطيخوران (ὁ μαρτιχόρας: tiger): II 501a26.

المارماهى (ἡ ἔγχελυς: eel): TF 58–60: II 504b31.

ماريس (ὁ μάρις: liquid measure): VII 596a6.

مارينوس (ὁ μαρῖνος: sea-fish): TF 159; VI 570a32, VII 602a1.

ماق (ὁ κανθός: corner of the eye): I 491b24.

ماقونيون (τὸ μηκώνιον: discharge of new-born children): IX 587a31.

مالاغرايداس (ἡ μελεαγρίς: guinea-fowl): TB 114–115: VI 559a25.

مالاقوسترا (τὸ μαλακόστρακον: crustacea or soft-shelted): TF 118; VII 589b20.

مالاقوقرانوس (ὁ μαλακοκρανεύς: unknown bird): TB 112–113; VIII 617a32.

مالاقيا (τὸ μαλάκιον: cephalopods): TF 155–158; I 489b34, 490a23; الحيوان اللين الخزف الذي يسمى مالاقيا: IV 537b25, also مالاقية (τὸ μαλάκιον): VI 567b8.

مالانوروس (ὁ μελάνουρος: black-tail): TF 159–160; VII 591a15.

ماليسيا (Μιλήσιος): VII 605b26.

ماينيس (ἡ μαινίς (sg.) sprat): TF 153–155; VI 570b30; مانيداس: plur.: VI 569b28, VIII 610b4.

ماوطيس (Μαιῶτις): VIII 620b6.

مايا (ἡ μαῖα: (sg.) large crab): TF 153 IV 527b12–13; ماياس: pl.: VII 601a18.

مثانة (ἡ κύστις): I 487a6, II 506b25.

مح (τὸ ὠχρόν): VI 559a18.

مخ (ὁ μυελός): I 487a4, III 516b6; مخ الفقار (τοῦ νωτιαίου μυελοῦ): III 512b2; شبيهة بمخ (μυελώδης): III 517a3.

مخاط (ἡ μύξα): I 492b16*; VIII 621b8.

مخاطي (μυξώδης): III 515b17, 517b28, V 546b29, VII 591a26, VIII 622a20; الفضلة المخاطية (τὸ βλέννος): VII 591a28.

مُدى (ὁ μέδιμνος: a corn-measure): VII 596a5, a18, VII 596a4.

مدياس (Μήδιος): VIII 618b14.

مِرة (ἡ χολή): I 487a4, II 506a21, III 511b10; τῆς πικρίδος: VIII 612a30.

مرارة (τὴν χολήν): II 506b20.

مرأ; امرأة (ἡ γυνή): II 502b24.

مريء (οἰσοφάγον): IV 527a4; المريء وفم المعدة (ὁ στόμαχος): I 493a6; انبوبة المريء (ὁ στόμαχος): I 493a8, 495b19; ὁ οἰσοφάγος: I 495a19, IV 524b9.

مرج (ὁ λειμών): VII 609; VIII 617a4.

مرض (I: κάμνω): III 518a13, VI 603a30; νοσέω: VII 602b15, 604a13.

مرض (ὁ νόσος): III 518b21, VII 604a13; νόσημα: VII 602b21; ἀρρωστίαν: IV 537b20, VII 601b6; مرض ووباء (νόσημα δὲ λοιμῶδες): VII 602b12.

مرط: (مُرَيطاء: ὁ γλουτός; القحقح والمريطاء): I 493b9.

مرق (ὁ ζωμός: sauce with fish): III 520a9, a10*.

مسطيس (ἡ μύτις): IV 524b15, b17.

مسطقيطوس (ὁ μυστόκητος: a kind of whale): TF 166–168; III 519a23.

ماسكة السفينة: ἐχενηΐδα (ship-detainer): TF 67–70; II 505b19.

مسوة (ἡ πυετία): الانفحة وهى المسوة: III 522b2, b5.

مشط (ὁ κτείς: scallop): TF 133–134; IV 525a22, 529b7, IV 529b1.

مص (I: ἐξικμάζω): وتمص رطوبة: VII 594a13; ما يعيش من اكل ومص الدم (τὰ δ' αἱμοβόρα): VII 596b13.

مصر (ἡ Αἴγυπτος): VII 597a6, VIII 612a16, 617b27.

مصير: pl.: مصارين [τὰ ἔντερα] 638a16*; قرح المصارين (δυσεντερίας): X 638a16.

مضغ (διαμασάομαι): VIII 612a1, a3.

معدة (ὁ στόμαχος): II 503b11, 506a3; ἡ κοιλία: II 507a29; فم المعدة (ὁ στόμαχος): II 507a10.

معز (ἡ αἶξ): I 492a14, III 520a10; also an unknown kind of bird: HA VIII 593b.

معى; معاء (τὸ ἔντερον): I 495b26, II 506a32; معاء الاوسط (τὸ μεσεντέριον): I 495b32, III 514b12; مستقيم المعاء (εὐθυέντερον): II 507b34; الدود الذي يسمى معاء الارض (τῶν καλουμένων γῆς ἐντερων): VI 570a16; τὰ σπλάγχια: II 504b16, 507b37.

مغالي (ἡ μυγαλῆ: shrew): VII 604b19.

مغرة (ἡ μίλτος: ruddle): VI 559a26.

مقدون (Μακεδονικός): مقدوني VII 596a4, a8.

مقسون (ὁ μύξων: grey mullet): TF 162; V 543b15, VI 570b2.

ملاقيا (τὸ μαλάκιον: cephalopod): TF 155–158; I 487b16, VII 591b10.

ملح (I: ἁλίζομαι): VI 570a1; ἁλὶ πάττοντες: VII 596a21.

ملاح (τοῖς ναύταις): IV 533b21; ὁ ἁλιεὺς: VIII 631a13; οἱ σπογγεῖς: VIII 620b34.

مالح (ἁλυκὸν): VI 574a8; ἁλμυρόν: IX 585a31; ἁλμυριζούσης: VIII 613a3.

مليح (ἡ ἀηδών: nightingale): TB 10–14; VIII 616b18.

مملوح (ταριχηρός): IV 534a19, a21.

تمليح (ἡ ταριχεία): VII 607b28.

ملك (ὁ βασιλεύς): VII 595b20, 607a25, VIII 615a19 (wren): TB 39; VIII 624a1 (bee); ملوح النحل (βασιλεῖς): VIII 623b34, 624a26; ὁ ἡγεμὼν (bee) VIII 624b13.

ملوطيا: ἡ Μολοττία: VIII 608a32.

ممبراداس (ἡ μεμβράς: (pl.) sprat): TF 32; VI 569b25.

مني (ἡ γονή): III 521b18; τῷ σπέρματι: VI 582a30; τοῦ θοροῦ: VII 608a1; τὸ κύημα: IX 583b10.

مواس (ὁ μῦς: (pl.) mussel): TF 166–168: IV 528a15, a22, V 547b11.

تموج: V: تموج البحر (κλύδων): V 548b13.

موج (τὸ κῦμα): IV 525a23, VI 566b21*.

موس (ὁ μῦς: (sing.) mussel): TF 166–168: موس بنديقوس (ὁ μῦς Ποντικὸς): VIII 600b13.

موساوس (Μουσαῖος: poet): VI 563a18.

مولوطيا (ἡ Μολοττία): VI 608a28.

مولي (ἡ μύλη: hard formation in a woman's womb): (سقم): X 638a11, a17.

موم (ὁ κηρός): VII 595b13, VIII 623b25; τῷ κηρίῳ: VII 605b12; τὸ κηρίον: VIII 623b28; جميع الاصناف التي تهيئ موما (ταῦτα ὅσα κηριοποιά): VIII 623b7.

مونابون (ὁ μόναπος; βόνασος): VIII 630a20.

ماء (τὸ ὑγρον): I 487; الذي يأوي في الماء (τῶν ἐνύδρων): I 487b2; الماء العذب (τὸ πότιμον ὕδωρ): VII 603a4; من قبل قلة الامطار والمياه (διὰ τὴν ἀνομβρίαν): VII 606b20.

مائي (τὰ ἔνυδρα): I 487a15, II 505b6; الجنس المائي (τὸ ἔνυδρον): VII 589b13; الحيوان المائي الذي يعوم (τῶν νευστικῶν): I 489b23; مائية الدم (ἰχώρ): I 487a3, III 521b2; ἰχωροειδές: III 521a13; ὑδαρεῖς: IX 586b33, X 638b20; تبنية اللون شبيهة بمائية القيح (ὕπωχροι): IX 586b33.

مياس (ἡ μαῖα: (pl.) (crab): TF 153; IV 525b4.

ميديقي (Μαιδικός): VIII 630a19.

متميز: متميز منكر (πανοῦργος): VIII 613b23.

ميعة (ἡ στύραξ: storax): IV 534b25.

ميقون (ἡ μήκων; عضو الحيوان الذي يسمى ميقون: ἡ τοῦ κήρυκος μήκων): IV 527a24; الذي يسمى باليونانية ميقون: (quasi-liver of ὀστρακηρά): IV 529a10, 530a15; ميقون مثل بطن قبول للفضلة (ἔστι γὰρ ἡ μήκων οἱονεὶ περίττωμα): IV 529a11.

ميلين (τὸ πλέθρον): VIII 615a30.

ميناء: (ج: موان: ὁ λιμήν): VI 569b26.

مينيس (ἡ μαινίς: sprat): TF 153–155; VII 607b25, b10, b21.

Glossary Arabic-Greek: ن

نارقي (ἡ νάρκη: torpedo): TF 169–172; V 543b9, VI 565b25, VIII 620b13.

ناطيلوس(ὁ ναυτίλος: cephalopod mollusc): TF 172–175; VIII 622b5.

انبوبة (ὁ αὐλός): I 498b3, VII 589b2; ὁ καυλός: III 510b11; τὸν φάρυγγα: IV 536a10; ὁ στόμαχος: I 493a8.

نبت (I: φύονται): II 500a8, III 518a10, VIII 632a11; ينبت ويتولد (φύονται): V 548b5.

نبات (τὰ φυόμενοι): V 543b25, VII 590b3.

نبح (ὁ ὑλαγμός): III 516b33.

نبش (I: τυμβωρυχέω): VII 594b4.

نبص (I: φθέγγεται): VI 561b27, 562a19.

نبع (I: ἐξερεύγομαι): VII 603a14.

نتوء: آثار الخراج ونتوء في اجسادهم (φύματα καὶ οὐλάς): IX 585b31; الكباش الناتئة القرون (κέρατα ἔχοντα): VII 606a18.

نتف (ἐκτίλλομαι): III 518b12, VI 560a23, VII 603b22.

منتوف: المنتوفو اللحى (οἱ μαδηγένειοι): III 518b20.

منتن (σαπρός): IV 535b3; حريفة منتنة جدا (σφόδρα δριμεῖαν): VII 594b24.

نجم (τὸ ἄστρον): VI 568a18, TF 19; V 548a7.

نجمي: الصنف الذي يسمى باليونانية اسطارياس وتفسيره النجمي: ὁ καλούμενος τῶν γαλεῶν ἀστερίας (starry dogfish): TF 19; VI 566a17, VIII 617a5–6.

نحل (ἡ μέλιττα): I 487a32, III 519a27; النحل الذكر (τῇ ἀνθρήνῃ): VIII 624b25, 625a2; ὁ κηφήν: VIII 624b26, 628b3; ذكورة النحل (τὰ κηφήνια): VIII 623b34, 624a2; τὸ σμῆνος: VII 605b13, VIII 625a29; ما بين النحل الذي في الخلية (τὸν ἑσμόν): VIII 625a18; القوام على تعاهد النحل (οἱ μελιττουργοί): VIII 626a1.

ناحية (τὸ μέρος): I 492a15; في ناحية طرف اكتافه (ἐπὶ τῇ ἀκρωμίᾳ): I 498b32; ناحية الصلب (τὴν ὀσφὺν): IX 586b31; ناحية اذنابها (τὸ ὀρροπύγιον): VIII 631b11.

نخر (I: ῥέγχω): IV 537b3, VI 566b15.

منخار (ὁ μυκτήρ): I 494b12, II 504a21; ثقب المنخار (τὴν ἐκ τῶν μυκτήρων σύντρησιν): I 495a25; ταῖς ῥισὶ: III 521a19, X 637a28.

نخامة (τὸ φλέγμα): III 511b10.

ندو (ἡ ὑγρότης): IX 581a20*; ندي (ἐνίκμῳ): VI 570a17.

نريتا (ὁ νηρείτης: sea-snail): TF 176; IV 535a19; نريطا: IV 530a7, a18, V 547b23.

نزع: فاذا نزعت او قطعت الخصى: ἀποτεμνομένων δ' ἢ ἀφαιρομένων τῶν ὄρχεων αὐτῶν: III 510a35–b1.

نزعة (ἡ φαλακρότης): WgaÜ S2 577; III 518a28.

نزف (οἱ καθαρμοί): IX 587b1; οἱ καθάρσεις ταῖς γυναιξὶ: IX 587b2, b19.

نزا (I: ὀχεύω καὶ ὀχεύομαι): V 540a1, VI 571b33, VIII 630b34.

نزو (ἡ ὀχεία): V 540a24, 545b17, VI 571b15; النزو والسفاد (τῆς ὀχείας): VI 571b23, VII 597a29; τὸν συνδυασμὸν: VI 572a9; نزو وولاد (τῆς γεννήσεως): V 545b26; اشتاقت الى النزو (ταυρῶσιν): VI 572a31; لكثرة النزو (διὰ τὴν λαγνείαν): VI 575a21.

نساوي (Νισαῖος): الخيل النساوية: (τῶν Νισαίων ἵππων): VIII 632a30.

ناسب (III: ἀλληλοφάγοι τοῦ γένους τοῦ οἰκείου εἰσίν): يأكل الطير الذي يناسبه بالجنس: VII 593b27.

منسوب [ὁμόφυλος]: الحيوان المنسوبة الى جنس واحد: ὅσων τὸ γένος ἐστὶ ταὐτόν I 486a22–23, 492a25.

نسج (I: ὑφαίνω): VIII 623a2, a25; ينسج نسجه (ποιεῖ τὸ ἀράχνιον): VIII 623a4; الدودة تنسج العنكبوت (τό τε σκωλήκιον τὸ ἀραχνιοῦν): VII 605b10.

نسج (τὸ ἀράχνιον): VIII 623a4, a7.

نسيج: شبيها بنسيج العكبوت (ἀραχνιῶδες): VIII 622b12.

منسج (ἀράχνιον): V 542a13.

عرق النسا (ἡ ἰξία): III 521a29.

نساء (ἡ γυνή; γυναῖκες): I 491b3, II 501b25, IV 537b17.

نصب (I: φυτεύω): VIII 627b16.

نصف (ἡ ἡμίσεια): X 635a16; نصف كعب (ἡμιαστραγαλίῳ): II 499b25; في انصاف النهار

(μεσημβρίας): VII 596a23, VIII 609a9; شبرا ونصفا (σπιθαμῆς καὶ παλαιστῆς): VII 606a14.

ناصية (ὁ λόφος): I 486b13; الحيوان ذوات الاذناب والنواصي (τὰ λοφοῦρα): II 501a6.

نصوس (ὁ Νέσσος): VII 606b16.

نضج (I: πέττω): VI 565b23, VIII 614b29.

نضح (I: ἀπορραίνω): V 541a25, VI 567a31, 572b28; καταφυσᾷ: V 544a4.

منظر (εἶδος): I 488b31, IV 525b10; τὴν ὄψιν: I 494b33; τὴν ἰδέαν: IV 530a30.

نعر (I: φθέγγομαι): IX 587a27, a33.

نعار (τὸ σπάσμα): X 636a28, a29.

نغنغة (τὸ βράγχιον: gill): VI 566b3, VII 589b19 (Lane I 8, 3036a; PA 659b15).

انتفج (VIII: ἐμφυσάομαι): II 500b22.

انفج (Bad.: انفخ): ὀγκωδέστερον: VIII 630a21.

نفحة (τὸ πῆγμα): III 516a4; ἡ πυετία: III 522b2.

نفخ (I: φυσάω): I 495b8, VII 595b8; يتورم وينفخ (ἐπανοιδέω): IV 531b3.

انتفاخ (τὸ οἴδημα): VI 561a20*; انتفاخ وارتفاع الثديين (τῶν μαστῶν ... ἀνοίδησις): VI 574b15.

منفذ (ὁ πόρος): I 492a19, IV 529a20.

تنفس (V: ἀναπνεῖν): I 492a14, IV 535b5, VIII 630b28; يقبل الهواء ويتنفس (δεχόμενα τὸν ἀέρα): VII 589a18.

نفس (ἡ ψυχή): VII 588a19, VIII 608a14; للتي لا انفس لها (τῶν ἀψύχων): VII 588b4; τῷ πνεύματι ... ἀναπνεῖ καὶ ἐκπνεῖ: I 492b5–6; الذي يسمى انفس وهو الفراش وما يشبه هذا الصنف: αἵ τε ψυχαὶ (moths) IV 532a27.

نفع (I: ὠφελέω): VIII 624a16.

نافع (τὸ φάρμακον): VIII 624a16; اطيب والذ وانفع (ἀμείνους): VII 598a2.

نقر (I: κολάπτω): VIII 609a35; (الطيور التي تنقر الشجر; δρυοκολάπτης: woodpecker): TB 51–52; VII 593a5, VIII 614a34; ينقر الخشب نقرا شديدا: ξυλοκόπος: pecking wood: VII 593a9, a14.

نقر (τὴν πληγήν): VIII b16; οἱ σπασμοὶ: IX 587a11.

نقرة; نقرة القفا (τὸ ἰνίον): I 491a33, b1.

منقار (τὸ ῥύγχος): I 486b10, II 504a21, VII 593b3; احمر المنقار (φοινικόρυγχος): VIII 617b17.

نقرس (ἡ ποδάγρα): VII 604a5, a14, VI 575b8.

نقيعة (ἡ λίμνη): VI 559a19; جميع اصناف الطير الذي يأوي فيما يلي النقائع (πάντων τῶν λιμναίων ὀρνίθων): VI 564a12; الضفادع التي تكون في النقائع (οἱ τελματιαῖα βάτραχοι): VI 570a8; τὰ ἕλη: VIII 616b15, 633b3.

نقطة (ἡ κεραία): IV 526a6; στιγμαι: VI 563b24.

انتقل (VIII: μεταβάλλει): V 548a3, VII 597a5; ἐκτοπίζειν: VI 601b17; μεταχωροῦσι: VII 590a33.

نقنق (II: κακκαβιζω): IV 536b14.

نقنقة (τὴν ὀλολυγόνα): IV 536a11.

نقى (II: καθαίρουσαι): VII 605a4; ἐκματτουσι: VIII 624b1.

نقي (καθαρός): III 520b32, 521a3; النقي الطيب الصافي (καθαρὸν): VII 596b18.

تنقية: تنقية واغتسال النساء (τὰς καθάρσεις ταῖς γυναιξὶ): IX 587b19.

منكب (ὁ ὦμος); في ناحية مفصل المنكبين: (ἡ τῶν ὤμων καμπή): I 498a25.

نكح: [ἀφροδισιάζειν]: سريفون في النكاح (τῶν ἀφροδισιαστικῶν): IX 582a23.

نكر (ἡ πανουργία): VII 588a23; πανοῦργος: I 494a18.

منكر (πανοῦργα): I 488b20, VIII 615a22; πανοῦργον: VIII 613b23.

نمل (ὁ μύρμηξ: ant.): I 488a13, IV 523b20; حجر مأوى النمل (τὰς μυρμηκίας): IV 534b22.

نمر (ὁ θώς: jackal): VIII 610a14.

نمس [ἡ ἴκτις] (weasel): VIII 612b15*.

نهري (ποτάμια): I 487a27; السمك النهري والنقائعي (οἱ δὲ λιμναῖοι καὶ οἱ ποτάμιοι τῶν ἰχθύων): VI 586a11.

نهار (ἡ ἡμέρα): II 503a12, VIII 609a11; بعد نصف النهار (ἀπὸ δείλης ἀρξαμένη):

VI 564a19; من اوان الصبح الى ترجل النهار وتمتلاء الاسواق (τὸ γὰρ ἕωθεν ... μέχρι ἀγο-ρᾶς πληθυούσης): VIII 619a16.

نهض (I: ἐγείρω): VIII 627a24; ἀνίστασθαι: X 638a6.

مناهضة (τὸ ἀμύνεσθαι): VIII 630a32.

نهق (I: ὀγκάομαι): VIII 609a33.

انتهى (VIII: ἀφικνέομαι): I 492a18, 495a15; يمتد وينتهي الى (τείνει εἰς): I 496b33.

منتهى; (τὸ δ' ἔσχατον): I 492a17.

نوبليا (ἡ Ναυπλία): VII 602a8.

نوع (ὁ τρόπος): I 488b12, VIII 624b8, X 635b40; بنوع واحد (ὁμοίως): VII 601a24, IX 583a31; بمثل هذا النوع (τὸν αὐτὸν τρόπον): IX 584b18; نوعين (διχῶς): I 487a16; بنوع الاستحالة: κατὰ μεταφοράν ... II 500a3.

ناقة (ἡ κάμηλος): II 500a29.

نام (καθεύδω): II 498a12, III 521a15; κοιμηθῆναι: VII 605a30.

نوم (ὁ ὕπνος): IV 536b24, V 538b30; يرى في نومه الاحلام (ἐνυπνιαζόμενον): IX 587b10.

ني (ὠμός): الصنف الذي يأكل اللحم الني: τοῖς ὠμοφάγοις): VIII 608b26.

ناب (χαυλιόδους): IV 533a15; τοὺς ὀδόντας τοὺς μεγάλους: VIII 610a22; κυνόδοντας: II 501b7.

نيريطاس (ὁ νηρίτης: sea-snail): TF 176; V 548a17.

نيسوروس (ἡ Νίσυρος); B-G: Σκύρῳ; VIII 617a24.

نيل (I: [τυγχάνω]): لا يمكن ان ينالها احد (ἀπροσβάτοις): VI 563a5.

نيل: ماء النيل (ὁ Νεῖλος): VII 597a6.

Glossary Arabic-Greek: ه

هب (I: πνέω): V 541a26*; VI 560a6*; الرياح لا تهب: VI 567b17; ὑπηνέμοις: VI 586b26.

هدهد (ὁ ἔποψ: hoopoe): TB 54–57; I 488b3, VIII 615a16; κορύδῳ (lark: TB 95–97) VIII 609b27.

مهارش (μάχιμος): VIII 613a8; مهارشة مقاتلة (ἀμυντικά): I 488b8, b9.

هرقلي (Ἡρακλεωτικός): جنس ثالث يسمى باليونانية السراطين الهرقلي: οἱ Ἡρακλεωτικοὶ καρκίνοι (crab: TF 105–106) IV 525b5, 527b12.

هزل (I: λεπτύνω): III 518b30; ἰσχναίνει: IX 581b4; يسوء حالها وتهزل (γίνεται δὲ σαπρὸν): VII 603b2.

هزال (τὴν; … ἰσχνότητα): IX 581b26.

مهزول (λέπτος): V 546a20; مهزول وليس عليه شيء من الشحم (ἀπίμελόν): III 519b8; ταῖς ἰσχναῖς: IX 583b2.

هلك (I: ἀποθνήσκω): VI 558b21, VII 592a16; ἀπόλλυμαι: VI 568b31, 631b13; ἀποπνίγεται: VII 592a21.

هامة (τὸ φαλάγγιον: spider): VII 594a22, VIII 611b21; [τὸ ἑρπετόν] VII 607a13*; τῶν ἄλλων θηρίων: VIII 623b31; جميع الهوام الذي له سم: VII 607a28, a30*.

هند (ἡ Ἰνδική; ارض الهند: τῇ Ἰνδικῇ): VII 606a8, 607a34.

هندي: للطير الهندي الذي يسمى باليونانية ابسطاخي: τὸ Ἰνδικὸν ὄρνεον (Phoenix): TB 70, 182–184) ἡ ψιττάκη (parrot: TB 198–199) VII 597b27; الحمار الهندي: ὁ Ἰνδικὸς ὄνος (unicorn) II 499b19; الكلاب الهندية (τοὺς Ἰνδικούς): VII 607a4.

هواء (ὁ ἀήρ): I 487a21, IV 536a1; دخول الهواء الى الجوف وخروجه منه (ἀναπνεῦσαι ἢ ἐκπνεῦσαι): I 492b9*; الهواء الخارج (τῆς αἰθρίας): II 503a14; ترتفع وتطير في الهواء العالي (εἰς ὕψος πέτονται): VIII 614b19.

هيأ (II: κηριάζω): V 547a20; هيأ عشه (στιβαδοποιεῖται): VIII 612b25; يهيئ شيئا شبيها بالشهد (κηριάζουσι): V 546b25; جميع الاصاف التي تهيئ موما (ταῦτα ὅσα κηριοποιά): VIII 623b7.

هاج (I: ὁρμάω): V 546a15, VI 574a13; والطمث يهيج (ἡ τῶν γυναικείων ὁρμὴ γίνεται): IX 582a34; ὀργάω: VII 607a8, X 636b21; تهيج وتشتاق الى السفاد (ὁρμᾷ πρὸς συνδυασμόν): V 542a24.

تهيج: τὸ καλούμενον οἶστρον (LS: insect that infests tunny-fish): VII 602a28.

هيولى (ἡ ὕλη): VII 590a9, 591b12.

Glossary Arabic-Greek: و

وباء: مرض ووباء (νόσημα λοιμῶδες): VII 602b12; λοιμῶδες: VII 602b20.

وتر (ἡ νευρά): V 540a19; χορδαῖς: IX 581a20.

اوجر (IV: εἰσπτύω) (Σ sugit): VIII 613a4.

وجع (I: ἀλγέω): VII 595b14; πονῶσι: VIII 611b16.

وجع (ὁ πόνος): II 501b28, III 514b3; τῶν ἀλγημάτων: III 512b18; τὸ πάθος: X 638a18; اوجاع طلق (τῆς ὠδῖνος): IX 587a2; وجع الشعر (τριχιᾶν): IX 587b26.

وجنة (ἡ σιαγών): I 492b22, III 516a23; وجنة (γνάθου): III 518a2; طرف الوجنة (γνάθος): I 493a29.

وجه (τὸ πρόσωπον): I 486a8, 493a5, II 502a20; بين يدي وجه ⟨الثور⟩ (κατὰ πρόσωπον): VII 594b12; على وجه الارض (πρὸς τῇ γῇ): VIII 623a3; يعوم على وجه الماء (ἐπιπλεῖ γὰρ ἐπὶ τῆς θαλάττης): VIII 622b6; الدبر الذي يأوي على وجه الارض: σφὴξ ὁ ἐπέτειος (> ἐπίγειος) VIII 623b10.

وحد (χῆρος γίνομαι; يوحد وييأس منه: χῆρος ἢ χήρα γένηται): VIII 612b34.

وحشي (ἄγριος): I 488a27, VIII 610a26*; ἄγροικα: I 488b2.

وديع (πρᾶα): I 488b13, VIII 628a3, 610a30; ἤπιος: VIII 619b23.

دعة (ἡ πραότης): VII 588a21, VIII 610b21.

وريد (ἡ ἀρτηρία): I 495a20, a23.

ورق (τὸ φύλλον): VII 595b11, VIII 624b9*, b10.

ورك (τὸ ἰσχίον): I 494b4, II 499b4, III 512b15.

ورم (I: φλεγμαίνω): VII 603a32; ورم ... او التهب (φλεγμαίνῃ): VIII 632a19.

تورم (V: οἰδοῦσιν): 604a15; يتورم وينفخ (ἐπανοιδεῖν): IV 531b3.

ورم (ἡ ἔπαρσις): VI 572b2, 574a32, IX 584a16; ورم وامتداد العروق (αἱ φλέβες τέτανται): VII 604b5.

وز or **اوز**: ἡ χήν (goose): TB 193–195: III 590b30, VI 559b23, 563a29; وطير الذي يسمى باليونانية شينالوبقس وتفسيره هو خلط من الوز والثعلب: χηναλώπεκος (Egyptian

goose: TB 195–196: VI 559b29; والوز الذي يسمى باسم مركب وزا وثعلبا (χηναλώπηξ): VII 593b22; وز الماء (νῆττα: duck): TB 118; VII 593b16; قاتل اوز الماء (νηττοφόνος: eagle): TB 118: VIII 618b25; الوز الصغير الذي يقال له قطيعيا (ὁ μικρὸς χὴν; ὁ ἀγελαῖος: wild species of goose): TB 195 VII 593b22.

ميزان (τοῦ σταθμοῦ): VII 603a18.

وسخ (σαπρός): VII 598b15*; وسخا عتيقا (σαπρῷ): IV 534b3.

وسط (τὸ μέσον): وسط الرأس وهو يسمى القمحدوة: (ἡ κορυφή): I 491a33–34; في وسط الظهر (τῇ ὀσφύι): VI 566a12; وسط المعاء (τὸ μεσέντερον): III 514b24.

اتسع: تفتح وتتسع (ἀναστομοῦνται): IX 581b19; تفصلت واتسعت (διαρθροῦται): IX 584b6.

واسع (εὐρύν): II 508b30, III 512b6, VIII 623b32.

وصل (I: εἰσέρχομαι): I 495b16; يكون بعد وصول الاصابع (οἱ δάκτυλοι ἔχουσι τὸ καλούμενον θέναρ): II 502b20.

متصل (συνεχὲς): II 499b14, III 509b12; ففيما بين اصابع رجليه جلد قوي متصل (στεγανόποδά): II 504a8.

وضع (I: τίκτει): V 545a29, VI 573a2; تحمل وتضع (τίκτειν): VI 573a1; تضع اناث الخيل فلوا واحدا: ἔστι … μονοτόκος: VI 576a1; ما يضع اناثا (θηλυτοκεῖ): VI 574a1.

وطئ (βαίνω): يطأ ويمشي (βαίνουσιν): I 494a17.

وطواط (ἡ νυκτερίς: bat): I 487b23, 488a26, III 511a31.

وعى: I: ἐπιβουλεύω: تعي وتصيد (ἐπιβουλεύει δὲ καὶ θηρεύει): VII 594b3.

وعاء (τὸ ἀγγεῖον): II 507b36, III 520b13, VIII 612a10; δελέατος: IV 534a13, b5.

قحة (ἀναίδεια): قحة وبله (ἀναιδής): I 492a12.

وقع (I: وقع عليه: ἐπιτίθεται): VIII 609b2; الزهر الذي وقعت فيه القمل: ἐρυσιβώδη (affected with mildew) VIII 626b23.

وقاية; مثل وقاية يوقيه ويستره (καθάπερ θαλάμη): VIII 621b8.

تقية زكية (ἁγνευτικά): I 488b5.

ولد (I: γεννάω): I 487a21, III 510b4, VIII 628a18; γίνομαι: III 522a16, V 539b9; τίκτω: IV 537b24.

ولد (II: γεννᾶν): V 545b11; تولد قلا كثيرا اكثر من (φθειρωδέστερα γίνεται πολὺ μᾶλλον): VII 596b9.

تولد (V: γίνομαι): V 539a22, VIII 608a31; γεννᾷ: IV 538a4, VIII 624b14; يتولد اثنان (διδυμοτόκος): VI 573b32; ينبت ويتولد (φύονται): V 548b5; الفأر الذي يتولد في البر (τῶν ἀρουραίων): VII 606b7.

ولد (τὸ τέκνον): III 522a26, V 545b29, VII 588b32; τὸ παιδίον: II 501a2.

ولاد (ἡ γένεσις): I 489b18; موافقا للولاد (γεννητικὸς): V 544b26; كثير الولاد (πολύγονον): V 544a9; عدم الولاد (τῆς ἀτεκνίας): X 636b8; يسيرة الوضع وولاد (εὐτοκώτατον): VI 572a9; عسر ولادة النساء (τὰς δυστοκίας τῶν γυναικῶν): IX 587a11; يكون الولاد عسرا جدا (δυσαπαλλακτότεραι γίνονται): IX 587b1.

مولد (τὴν γένεσιν): V 549a11, VIII 618a6; τὸ γεγενημένον: IX 584b12.

ميلاد (αἱ ... γενέσεις): VI 558b8, 566a2.

تولد (ἡ ... γένεσις): VI 560a17, 561a4.

ولى (I: παρατυγχάνω): VI 568b17; يلي الانف (ἐστὶν πρὸς τῷ μυκτῆρι): I 495a14.

مستول (κυριωτάτων): III 511b14.

Glossary Arabic-Greek: ى

يبس (ἡ αὐότης): III 518a11; ξηροῦ: I 487a2, VII 603a4; جاف يابس (ξηραὶ): X 638a6; والقحط واليبس (τὰ τῶν ξηροβατικῶν): VI 559a20; الطير الذي يأوي في البراري واليبس الهواء (οἱ αὐχμοὶ): VII 601a27, 603a19.

يابس (αὖον): III 518a12; ξηρὰς: I 489a4, X 638a20; διψηραί: X 635a25.

ايسر (ἀριστερῷ): II 507a1, IV 526a16; الناحية اليمنى والناحية اليسرى (καὶ δεξιὰ καὶ ἀριστερά): I 493b18, 495a15, II 507a6; ἐπὶ τὰ εὐώνυμα: II 498a11.

يسير (μικρόν): II 499a24; ὀλίγος: VI 563a25.

يافوخ (τὸ βρέγμα): I 491a31, 495a10.

يمام (ἡ φάττα: ringdove): TB 177–179; III 510a6.

يمن؛ يمنة (δεξιός): II 598b19.

يمين (τὸ δεξιόν): I 494a21, III 511b28; يمينان (ἀμφιδέξιος): II 497b31.

ايمن (δεξιός): IV 526a16; الساق الايمن (τοῦ δεξιοῦ σκέλους): VI 561b30.

يوليداس: ἡ ἰουλίς (rainbow wrasse: T F 91–92; Fajen 346): VIII 610b6.

زيومي يوميا يسمى الذي الحيوان (τὸ καλούμενον ζῷον ἐφήμερον): I 490a34.